토목 기사

기출문제 정복하기

토목기사 3개년

기출문제 정복하기

초판 1쇄 인쇄 2022년 06월 13일

초판 1쇄 발행 2022년 06월 17일

편 저 자 | 주한종

발 행 처 | (주)서원각

등록번호 | 1999-1A-107호

주 소 | 경기도 고양시 일산서구 덕산로 88-45(가좌동)

대표번호 | 070-4233-2507

교재주문 | 031-923-2051

팩 스 | 02-324-2057

교재문의 | 카카오톡 플러스 친구 [서원각]

영상문의 | 02-324-2501

홈페이지 | www.goseowon.com

책임편집 | 김수진

디 자 인 | 김한울

Preface

모든 시험에 앞서 가장 중요한 것은 출제되었던 문제를 풀어봄으로써 그 시험의 유형 및 출제경향, 난이도 등을 파악하는 데에 있다. 즉, 최소시간 내 최대의 학습효과를 거두기 위해서는 기출문제의 분석이 무엇보다도 중요하다는 것이다.

토목기사 기출문제 정복하기는 이를 주지하고 그동안 시행되어 온 필기시험 기출문제를 연도별로 수록하여 수험생들로 하여금 매년 다양하게 변화하고 있는 출제경향에 적응하여 단기간에 최대의 학습효과를 거둘 수 있도록 하였다.

토목기사 필기시험은 100점을 만점으로 하여 과목당 40점 이상, 전 과목 평균 60점 이상이면 합격이기 때문에 기본적인 내용에 대한 탄탄한 학습이 빛을 발한다.

수험생 모두가 자신을 믿고 본서와 함께 끝까지 노력하여 합격의 결실을 맺기를 희망한다.

1%의 행운을 잡기 위한 99%의 노력!
본서가 수험생 여러분의 행운이 되어 합격을 향한 노력에 힘을 보탤 수 있기를 바란다.

Information

개요

토목기사란 응시자격을 갖춘 자가 산업인력공단에서 시행하는 토목기사 시험에 합격하여 그 자격을 취득한 자를 말한다. 토목공사는 공공의 편의를 제공하기 위해 사회 인프라를 구축하는 작업으로, 그 규모가 매우 크고, 공사과정이 상당히 복잡하고 정밀하게 이루어지기 때문에 보다 전문적인 지식과 기술이 요구된다. 이에 따라 토목 관련 지식 및 기술을 겸비한 전문가를 양성하기 위해 토목기사 자격제도가 제정되었다.

수행직무

토목기사는 도로, 공항, 항만, 철도, 해안, 터널, 하천, 교량 등 토목사업에 대한 조사 및 연구, 계획, 설계, 시공, 감리, 유지 및 보수 등의 업무를 수행하는 자격이다. 토목공사 현장에서 시공계획을 검토하고, 공정표, 사용자재, 도면 및 준공검사 등의 설계 및 시공업무를 담당하며, 입찰관련업무, 원가분석업무, 공무업무, 시공 감독업무 등을 수행한다. 이 외에도 안전사고를 관리하고 주변 환경이 훼손되지 않도록 현장을 관리하는 역할도 한다.

실시기관

한국산업인력공단(http://www.q-net.or.kr)

관련학과

대학 및 전문대학에 개설되어 있는 토목공학, 농업토목, 해양토목 관련학과

진로 및 전망

① **창업** : 경력을 쌓고 기술사자격을 취득한 후에는 사무소를 혼자 또는 공동으로 창업이 가능하고, 토목기술에 대한 분석이나 연구, 설계, 평가, 진단, 자문, 지도 등의 업무를 하게 된다.

② **취업**

㉠ 종합 및 전문건설업체, 토목엔지니어링회사 등에 취업이 가능하다.

㉡ 포장전문공사업체, 상하수도전문공사업체, 철도궤도전문공사업체 등에도 진출할 수 있다.

㉢ 정부투자기관, 지방자체단체 등에서 기술직 공무원으로 활동할 수 있고, 관련 연구소에서 건설기술과 관련한 연구업무를 맡기도 한다.

③ **우대**

㉠ 토목 관련업체의 기술인력 채용시 자격증 소지자를 우대한다.

㉡ 국가기술자격법에 의해 공공기관 및 일반기업 채용 시 보수, 승진, 전보, 신분보장 등에 있어서 우대받을 수 있다.

시험과목

① **필기**

필기과목명	문항수	주요항목
응용역학	20	힘과 모멘트 / 단면의 성질 / 재료의 역학적 성질 / 정정보 / 보의 응력 / 보의 처짐 / 기둥 / 정정트러스, 라멘, 아치, 케이블 / 구조물의 탄성변형 / 부정정 구조물
측량학	20	측량기준 및 오차 / 국가기준점 / 위성측위시스템(GNSS) / 삼각측량 / 다각측량 / 수준측량 / 지형측량 / 면적 및 체적 측량 / 노선측량 / 하천측량
수리학 및 수문학	20	물의 성질 / 정수역학 / 동수역학 / 관수로 / 개수로 / 지하수 / 해안 수리 / 수문학의 기초 / 주요 이론 / 응용 및 설계
철근콘크리트 및 강구조	20	철근콘크리트 / 프리스트레스트 콘크리트 / 강구조
토질 및 기초	20	흙의 물리적 성질과 분류 / 흙속에서의 물의 흐름 / 지반내의 응력분포 / 압밀 / 흙의 전단강도 / 토압 / 흙의 다짐 / 사면의 안정 / 지반조사 및 시험 / 기초일반 / 얕은기초 / 깊은기초 / 연약지반개량
상하수도공학	20	상수도 시설계획 / 상수관로 시설 / 정수장 시설 / 하수도 시설계획 / 하수관로 시설 / 하수처리장 시설

② **실기** : 토목설계 및 시공실무

검정방법

① **필기** : 객관식 4지 택일형 과목당 20문항(과목당 30분)
② **실기** : 필답형(3시간, 100점)

합격기준

① **필기** : 100점을 만점으로 하여 과목당 40점 이상, 전과목 평균 60점 이상
② **실기** : 100점을 만점으로 하여 60점 이상

최근 3개년 검정현황

종목명	연도	필기			실기		
		응시	합격	합격률	응시	합격	합격률
토목기사	2021	11,523	3,220	27.9%	6,173	2,946	47.7%
	2020	9,940	3,555	35.8%	5,963	3,006	50.4%
	2019	10,304	3,424	33.2%	7,321	2,837	38.8%

Structure

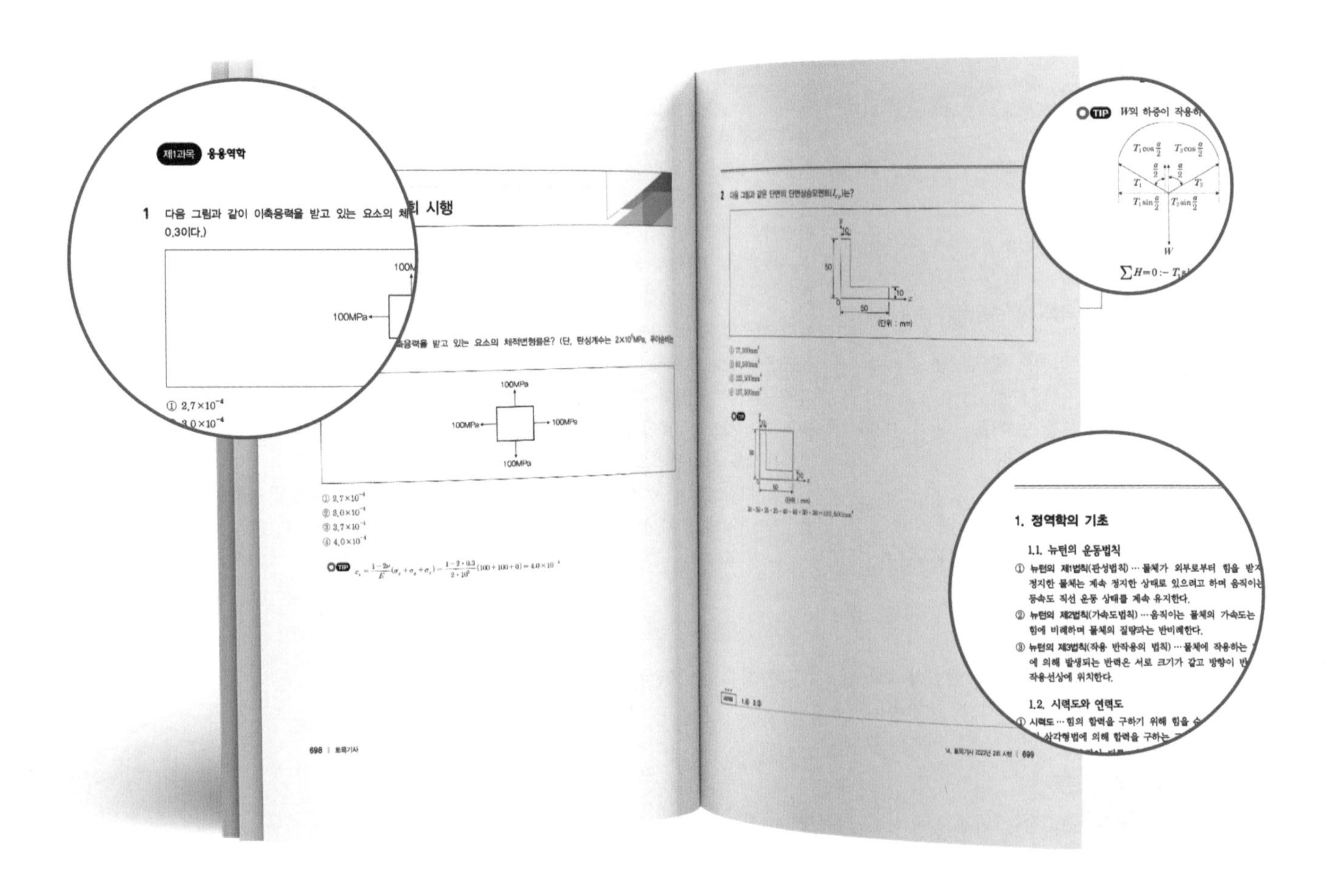

3개년 기출문제 수록

• 2020년부터 2022년까지의 기출문제를 통해 시험의 출제 경향 변화를 파악하고 다음 시험에 대한 준비를 할 수 있습니다.

정 · 오답에 대한 상세한 해설

• 매 문제마다 저자의 상세한 해설을 수록하여 이해도 높은 학습이 가능하고, 이를 통해 문제를 해결하는 방법을 익힐 수 있습니다.

과목별 핵심이론 정리

• 주요 이론을 과목별로 정리하여 미흡한 부분에 대한 재학습 및 시험 전 이론 정리를 할 수 있습니다.

Contents

01 토목기사 3개년 기출문제

02 토목기사 핵심이론

01

토목 기사

3개년 기출문제

01 토목기사

2020년 1, 2회 시행

제1과목 응용역학

1 다음 그림과 같은 삼각형 물체에 작용하는 힘 P_1, P_2를 AC면에 수직한 방향의 성분으로 변환할 경우 힘 P의 크기는?

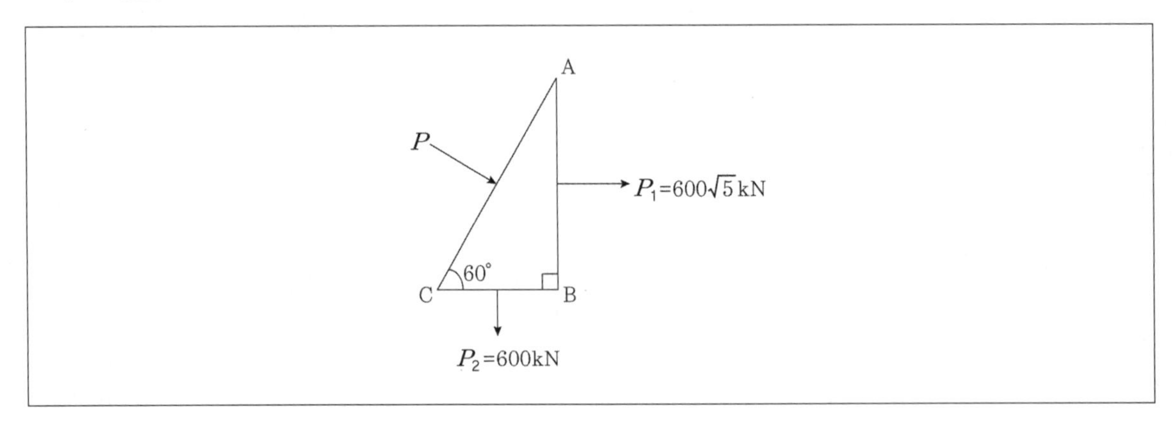

① 1,000kN ② 1,200kN

③ 1,400kN ④ 1,600kN

TIP 직관적으로 맞출 수 있는 문제이다. 변의 길이의 비가 1 : $\sqrt{3}$: 2를 이루고 있으므로 바로 P의 크기는 600kN의 2배인 1,200kN임을 알 수 있다.

2 다음 그림의 트러스에서 수직부재 V의 부재력은?

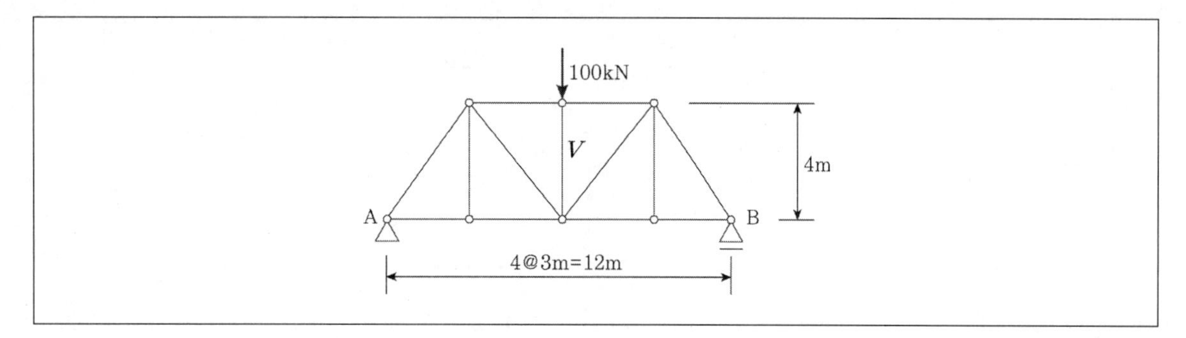

① 100kN (인장)
② 100kN (압축)
③ 50kN (인장)
④ 50kN (압축)

TIP 절점법을 사용하면 손쉽게 풀 수 있는 문제이다.
100kN의 하중이 작용하는 절점에서 연직방향으로 힘의 평형이 이루어져야 하므로 V=100kN(압축)이 된다.

ANSWER 1.② 2.②

3 다음 그림과 같은 구조물에 하중 W가 작용할 때 P의 크기는? (단, $0^\circ < \alpha < 180^\circ$이다.)

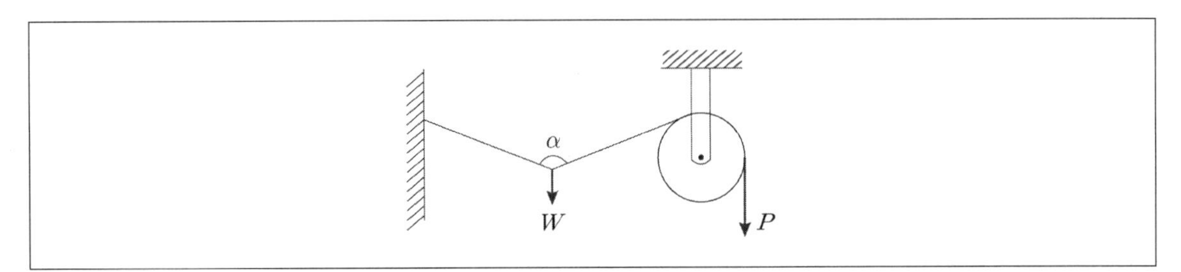

① $P = \dfrac{W}{2\cos\dfrac{\alpha}{2}}$ ② $P = \dfrac{W}{2\cos\alpha}$

③ $P = \dfrac{W}{\cos\dfrac{\alpha}{2}}$ ④ $P = \dfrac{2W}{\cos\dfrac{\alpha}{2}}$

TIP W의 하중이 작용하는 점의 자유물체도를 그리면

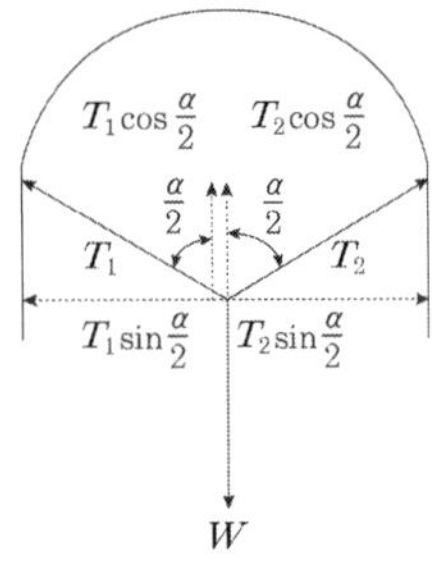

$\sum H = 0 : -T_1\sin\dfrac{a}{2} + T_2\sin\dfrac{a}{2} = 0$이므로 $T_1 = T_2$

$\sum V = 0 : T_1\cos\dfrac{a}{2} + T_2\cos\dfrac{a}{2} - W = 0$

$2T\cos\dfrac{a}{2} = W$

고정도르래이므로 $T = P$이며, $2P\cos\dfrac{a}{2} = W$

$P = \dfrac{W}{2\cos\dfrac{a}{2}}$가 성립한다.

4 다음 중 휨모멘트를 받는 보의 탄성에너지를 나타내는 식으로 바른 것은?

① $U=\int_0^L \frac{M^2}{2EI}dx$

② $U=\int_0^L \frac{2EI}{M^2}dx$

③ $U=\int_0^L \frac{EI}{2M^2}dx$

④ $U=\int_0^L \frac{M^2}{EI}dx$

TIP 휨모멘트를 받는 보의 탄성에너지 $U=\int_0^L \frac{M^2}{2EI}dx$

5 다음 그림과 같은 부정정보에 집중하중 50kN이 작용할 때 A점의 휨모멘트는?

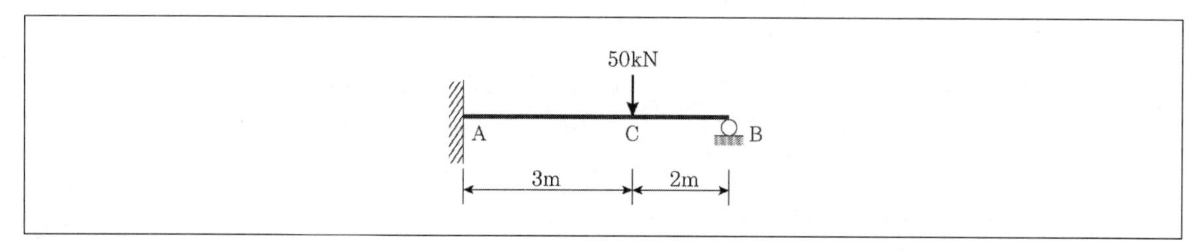

① −26kN · m　　② −36kN · m

③ −42kN · m　　④ −57kN · m

TIP $M_A=-\frac{P\cdot a\cdot b(L+b)}{2\cdot L^2}=-\frac{50\times3\times2(5+2)}{2\times5^2}=-42[\text{kN}\cdot\text{m}]$

ANSWER 3.① 4.① 5.③

6 다음 그림과 같은 단순보의 단면에서 최대 전단응력은?

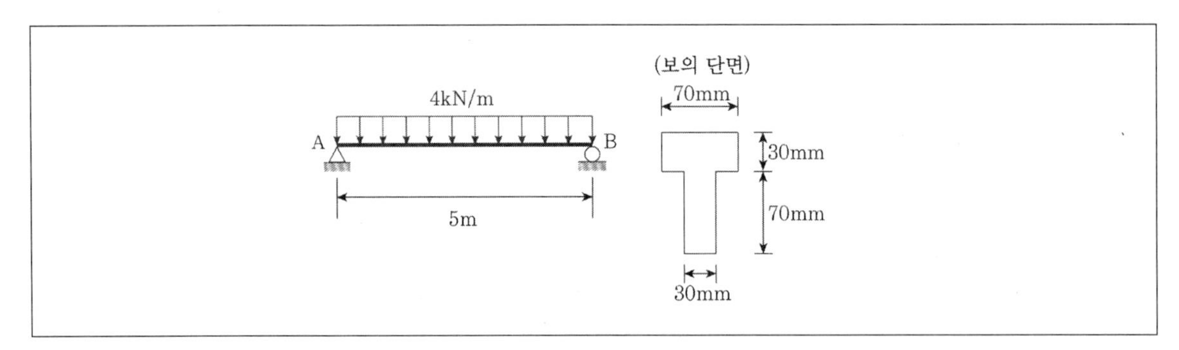

① 2.47MPa
② 2.96MPa
③ 3.64MPa
④ 4.95MPa

TIP 단면의 중립축의 위치는 도심의 y좌표이므로 단면의 중립축위치는 밑면으로부터

$$\bar{y}=\frac{G_x}{A}=\frac{70\times30\times85+30\times70\times35}{70\times30+30\times70}=60[\text{mm}]$$

$$\tau_{\max}=\frac{S_{\max}G_{NA}}{I_{NA}b}=\frac{10{,}000\times54{,}000}{3{,}640{,}000\times30}=4.95[\text{MPa}]$$

$$I_{N.A.}=\frac{70\times30^3}{12}+70\times30\times25^2+\frac{30\times70^3}{12}+30\times70\times\left(\frac{70}{2}-10\right)^2=3{,}640{,}000[\text{mm}^4]$$

$$S_{\max}=\frac{wl}{2}=\frac{4\times5}{2}=10[\text{kN}]=10{,}000[\text{N}]$$

$$G_{N.A.}=60\times30\times\frac{60}{2}=54{,}000[\text{mm}^3]$$

7 반지름이 30cm인 원형단면을 가지는 단주에서 핵의 면적은 약 얼마인가?

① 44.2cm²
② 132.5cm²
③ 176.7cm²
④ 228.2cm²

TIP

$$A_{빗금}=\pi k_x^2=\pi\left(\frac{D}{8}\right)^2=\frac{\pi D^2}{64}=\frac{\pi(2R)^2}{64}=\frac{\pi R^2}{16}=176.7\text{cm}^2$$

8 다음 게르버보에서 E점의 휨모멘트의 값은?

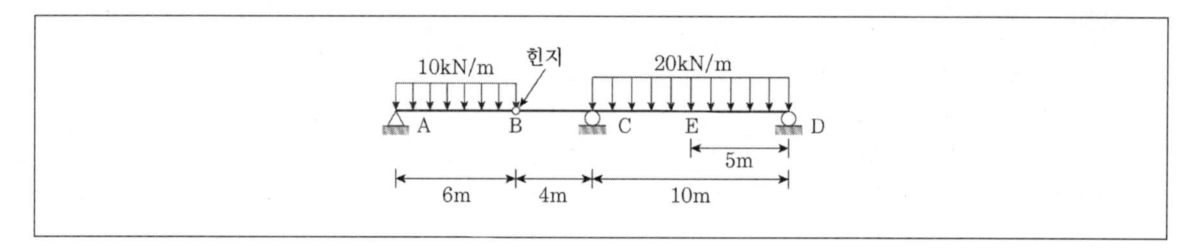

① 190kN · m
② 240kN · m
③ 310kN · m
④ 710kN · m

TIP

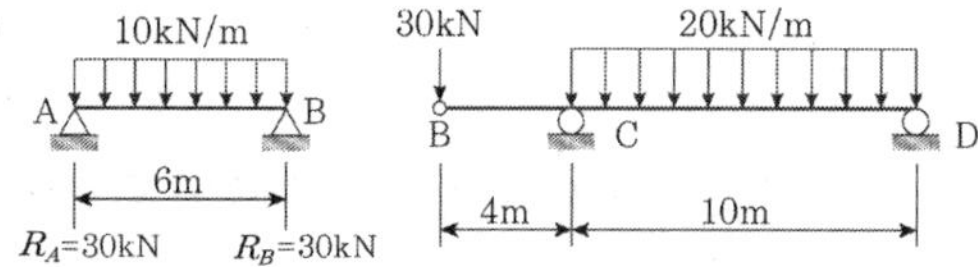

$\sum M_C = 0 : -30\times4+20\times10\times5-R_D\times10=0,\ R_D=88$

$M_E = 88\times5-20\times5\times2.5 = 190[\text{kN}\cdot\text{m}]$

9 다음 그림의 캔틸레버보에서 C점, B점의 처짐비($\delta_C : \delta_B$)는? (단, EI는 일정하다.)

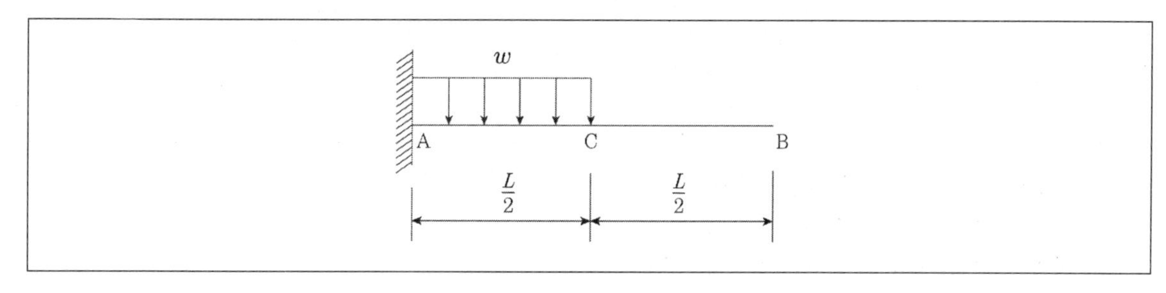

① 3 : 8
② 3 : 7
③ 2 : 5
④ 1 : 2

TIP B점의 처짐은 $\dfrac{7wL^4}{384EI}$, C점의 처짐은 $\dfrac{w(0.5L)^4}{8EI}=\dfrac{wL^4}{128EI}$

따라서 C점의 처짐 : B점의 처짐은 3 : 7이 된다.

ANSWER 6.④ 7.③ 8.① 9.②

10 지간 10m인 단순보 위를 1개의 집중하중 P=200kN이 통과할 때 이 보에 생기는 최대전단력(S)과 최대휨 모멘트(M)는?

① S=100kN, M=500kN · m
② S=100kN, M=1,000kN · m
③ S=200kN, M=500kN · m
④ S=200kN, M=1,000kN · m

TIP 최대전단력은 하중이 지점에 위치할 때 발생하며 크기는 200kN이 된다. 최대휨모멘트는 하중이 보의 중앙에 위치할 때이며 그 크기는 $\frac{PL}{4}=\frac{200\times10}{4}=500$[kN · m]이 된다.

11 그림과 같은 단면을 갖는 부재(A)와 부재(B)가 있다. 동일조건의 보에 사용하고 재료의 강도도 같다면 휨에 대한 강성을 비교한 설명으로 옳은 것은?

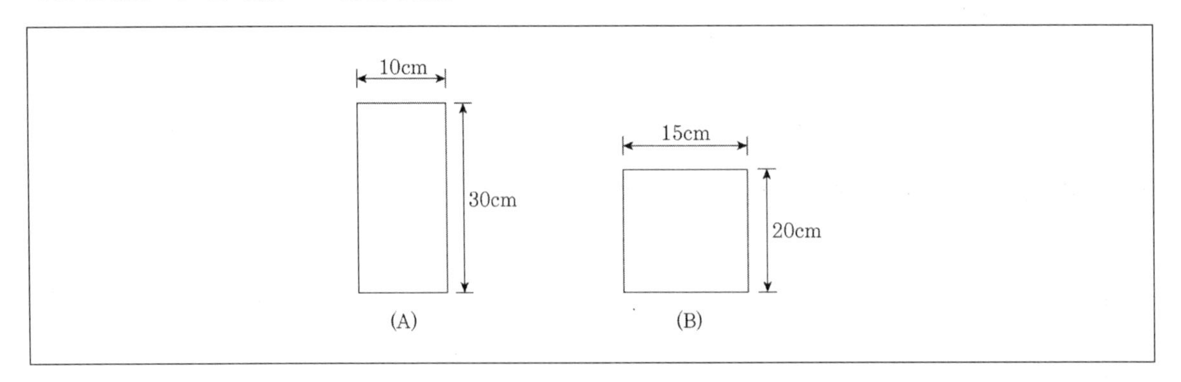

① 보(A)는 보(B)보다 휨에 대한 강성이 2.0배 크다.
② 보(B)는 보(A)보다 휨에 대한 강성이 2.0배 크다.
③ 보(B)는 보(A)보다 휨에 대한 강성이 1.5배 크다.
④ 보(A)는 보(B)보다 휨에 대한 강성이 1.5배 크다.

TIP 휨응력에 대한 변형저항성능인 휨강성은 단면계수로 비교한다.

$Z_A=\frac{(10)(30)^2}{6}=1,500\text{cm}^3$, $Z_B=\frac{(15)(20)^2}{6}=1,000\text{cm}^3$

$\frac{Z_A}{Z_B}=1.5$이므로 보(A)는 보(B)보다 휨에 대한 강성이 1.5배 크다.

12 길이 5m의 철근을 200MPa의 인장응력으로 인장하였더니 그 길이가 5mm만큼 늘어났다고 한다. 이 철근의 탄성계수는? (단, 철근의 지름은 20mm이다.)

① 2×10^4MPa
② 2×10^5MPa
③ 6.37×10^4MPa
④ 6.37×10^5MPa

TIP $\Delta=\dfrac{PL}{AE}=200[\text{MPa}]\cdot\dfrac{5[\text{m}]}{E}=5$이므로 이를 만족하는 $E=2\times10^5$MPa가 된다.

13 다음 그림과 같이 길이가 L인 양단고정보 AB의 왼쪽처짐이 그림과 같이 작은 각 θ만큼 회전할 때 생기는 반력 R_A와 M_A는? (단, EI는 일정하다.)

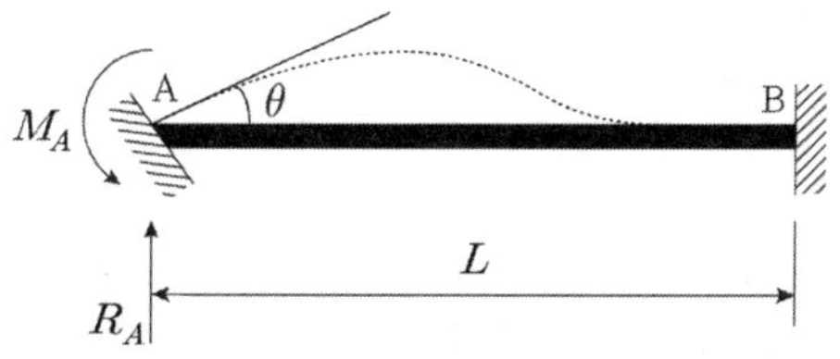

① $R_A=\dfrac{6EI\theta}{L^2}$, $M_A=\dfrac{4EI\theta}{L}$

② $R_A=\dfrac{12EI\theta}{L^3}$, $M_A=\dfrac{6EI\theta}{L}$

③ $R_A=\dfrac{4EI\theta}{L^2}$, $M_A=\dfrac{6EI\theta}{L}$

④ $R_A=\dfrac{2EI\theta}{L}$, $M_A=\dfrac{2EI\theta}{L^2}$

TIP 처짐각법을 통해서 공식을 산출할 수 있으나 시간이 많이 소요되며 또 그럴 필요가 없이 정형화된 문제이므로 다음의 식을 암기하도록 한다.
$R_A=\dfrac{6EI\theta}{L^2}$, $M_A=\dfrac{4EI\theta}{L}$

ANSWER 10.③ 11.④ 12.② 13.①

14 다음 중 정(+)의 값뿐만 아니라 부(−)의 값도 가지는 것은?

① 단면계수
② 단면 2차 반지름
③ 단면 2차 모멘트
④ 단면 상승 모멘트

TIP 단면 상승 모멘트는 x좌표값, y좌표값을 곱해야 하며 단면의 중심이 2사분면이나 4사분면에 있게 되면 단면 상승 모멘트의 값은 음의 값을 가지게 된다.

15 탄성계수 $E = 2.1\times10^6$[kg/cm^2], 푸아송비 $\nu = 0.25$일 때 전단탄성계수의 값으로 바른 것은?

① 8.4×10^5[kg/cm^2]
② 9.8×10^5[kg/cm^2]
③ 1.7×10^5[kg/cm^2]
④ 2.1×10^6[kg/cm^2]

TIP $G = \frac{E}{2(1+\nu)} = \frac{2.1\times10^6}{2(1+0.25)} = 8.4\times10^5[\text{kg/cm}^2]$

16 다음 그림과 같은 단순보에서 B단에 모멘트 하중 M이 작용할 때 경간 AB 중에서 수직처짐이 최대가 되는 곳의 거리 X는? (단, EI는 일정하다.)

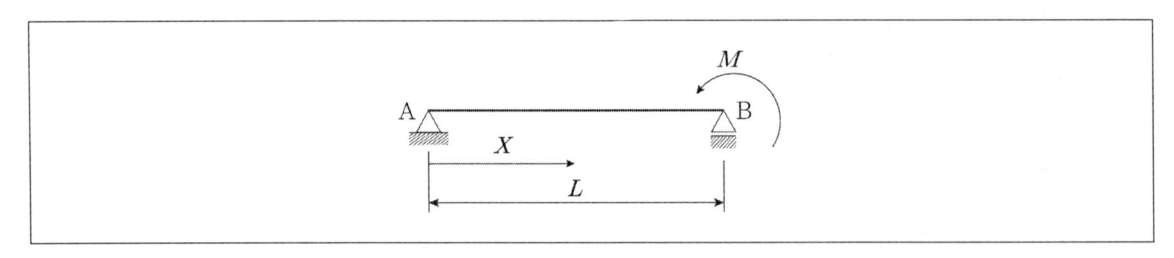

① 0.500L
② 0.577L
③ 0.667L
④ 0.750L

TIP $x = \frac{L}{\sqrt{3}} = 0.577L$에서 수직처짐이 최대가 된다. (공액보법으로 답을 도출할 수 있으나 시간이 많이 소요되므로 이 문제는 공식을 암기할 것을 권한다.)

17 길이가 8m인 양단고정의 장주에 중심축하중이 작용할 때 이 기둥의 좌굴응력은? (단, E = 2.1×10^{5}MPa이고, 기둥은 지름이 4cm인 원형기둥이다.)

① 3.35MPa　　② 6.72MPa
③ 12.95MPa　　④ 25.91MPa

TIP

$$I = \frac{\pi d^4}{64} = \frac{\pi \times (40\text{mm})^4}{64} = 40{,}000\pi[\text{mm}^4]$$

$$A = \frac{\pi d^2}{4} = \frac{\pi \times 40^2}{4} = 400\pi[\text{mm}^2]$$

$$P_{cr} = \frac{n\pi^2 EI}{l^2} = \frac{4 \times \pi^2 \times 2.1 \times 10^5 \times 40{,}000\pi}{8{,}000^2} = 1{,}6278.3[\text{N}]$$

$$\sigma_{cr} = \frac{P_{cr}}{A} = \frac{16{,}278.3}{400\pi} = 12.95[\text{MPa}]$$

※ 좌굴하중의 기본식(오일러의 장주공식)

$$P_{cr} = \frac{\pi^2 EI}{(KL)^2} = \frac{n\pi^2 EI}{L^2} = \frac{\pi^2 EI}{(KL)^2} = \frac{\pi^2 EI}{(2L)^2} = \frac{\pi^2 EI}{4L^2}$$

EI : 기둥의 휨강성
L : 기둥의 길이
K : 기둥의 유효길이 계수
KL : (l_k로도 표시함) 기둥의 유효좌굴길이(장주의 처짐곡선에서 변곡점과 변곡점 사이의 거리)
n : 좌굴계수(강도계수, 구속계수)

	양단힌지	1단고정 1단힌지	양단고정	1단고정 1단자유
지지상태	L	L_c, L	L_c, L	L
좌굴길이 KL	$1.0L$	$0.7L$	$0.5L$	$2.0L$
좌굴강도	$n=1$	$n=2$	$n=4$	$n=0.25$

ANSWER　14.④　15.①　16.②　17.③

18 단순보에서 그림과 같이 하중 P가 작용할 때 보의 중앙점의 단면 하단에 생기는 수직응력의 값은? (단, 보의 단면에서 높이는 h, 폭은 b이다.)

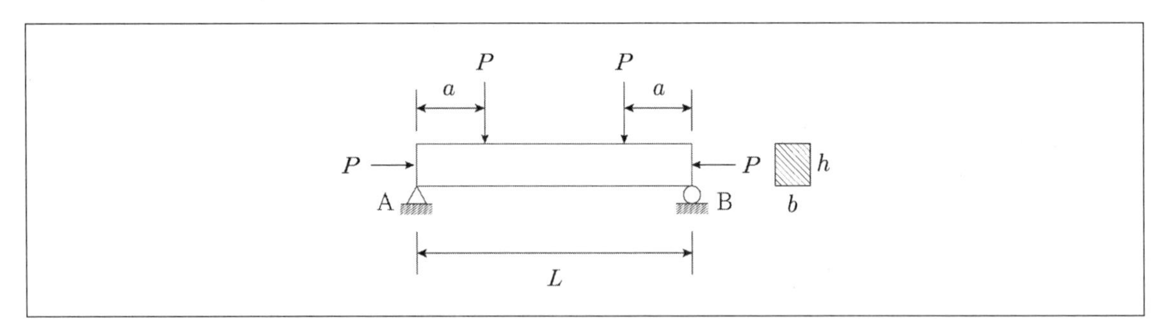

① $\frac{P}{bh^2}\left(1+\frac{6a}{h}\right)$
② $\frac{P}{bh}\left(1-\frac{6a}{h}\right)$
③ $\frac{P}{b^2h^2}\left(1-\frac{6a}{h}\right)$
④ $\frac{P}{b^2h}\left(1-\frac{a}{h}\right)$

TIP 단순보의 중앙점 단면 하단에는 단부에서 가해지는 압축력에 의한 압축응력과 휨에 의한 휨인장응력이 함께 발생하게 된다. 양단에 발생하는 연직반력은 P가 되며, 중앙부의 휨모멘트는 $P \cdot a$가 되므로 단순보 중앙점 단면 하단에 발생하는 응력은 $\sigma = \frac{P}{A} - \frac{M}{Z} = \frac{P}{bh} - \frac{P \cdot a}{\frac{bh^2}{6}} = \frac{P}{bh} - \frac{6P \cdot a}{bh^2} = \frac{P}{bh}\left(1-\frac{6a}{h}\right)$

19 다음 그림과 같은 3힌지 아치에서 A지점의 반력은?

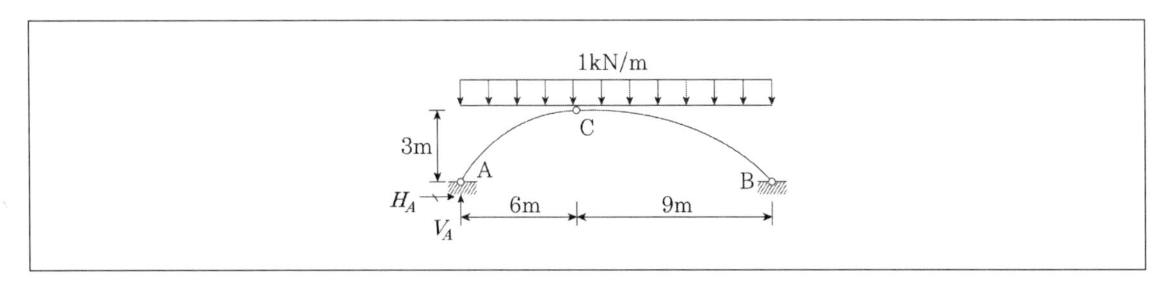

① V_A=6.0kN(↑), H_A=9.0kN(→)
② V_A=6.0kN(↑), H_A=12.0kN(→)
③ V_A=7.5kN(↑), H_A=9.0kN(→)
④ V_A=7.5kN(↑), H_A=12.0kN(→)

TIP 각 지점의 연직반력은 7.5[kN]이 되며 따라서 $V_A = 7.5\text{kN}(\uparrow)$가 된다.
힌지절점에 대해서 모멘트의 합이 0이 되어야 하는 조건을 충족시켜야 하므로
$\sum M_C = 0$이어야 하므로 $7.5 \times 6 - 1 \times 6 \times 3 - H_A \times 3 = 0$이어야 한다.
이를 만족하는 $H_A = 9.0\text{kN}(\rightarrow)$가 된다.

20

다음 그림과 같은 보에서 B지점의 반력이 $2P$가 되기 위해서 $\frac{b}{a}$는 얼마가 되어야 하는가?

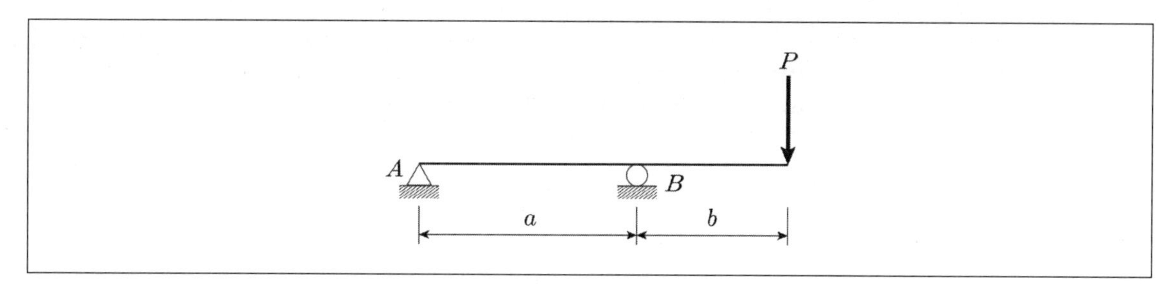

① 0.75
② 1.00
③ 1.25
④ 1.50

TIP $\sum F_y = 0 : -R_A + R_B - P = 0,\ R_A = P(\downarrow)$이며
$R_B = 2P(\uparrow)$이므로
$\sum F_y = 0 : -R_A + 2P - P = 0,\ R_A = P(\downarrow)$
$\sum M_B = 0 : -P \times a + P \times b = 0,\ \frac{b}{a} = 1$

ANSWER 18.② 19.③ 20.②

제2과목 측량학

21 다음 중 지형도의 이용법에 해당되지 않는 것은?

① 저수량 및 토공량 산정 ② 유역면적의 도상 측정
③ 직접적인 지적도 작성 ④ 동경사선 관측

TIP 지형도는 등고선, 색깔 등 다양한 기법을 사용하여 지형, 수로, 수변 지역 등 지표면을 나타낸 지도의 종류를 총칭하는 개념이다.
지적도는 토지를 좀 더 세분하여 필지별로 구분하고 땅의 경계를 그어놓은 것으로서 지적도와는 개념이 전혀 다르다. 지적도는 토지에 관한 정보를 제공해 주는 중요한 공문서의 일종으로 토지의 소재, 지번, 지목, 면적, 소유자의 주소, 성명, 토지의 등급 등 토지의 권리를 행정적 또는 사법적으로 관리하는 데 이용된다.
따라서 지형도는 지적도 작성에 이용된다고 보기 어렵다.

22 초점거리 210mm의 카메라로 지면의 비고가 15m인 구릉지에서 촬영한 연직사진의 축척이 1:5,000이었다. 이 사진에서 비고에 의한 최대변위량은? (단, 사진의 크기는 24cm×24cm이다.)

① ±1.2mm ② ±2.4mm
③ ±3.8mm ④ ±4.6mm

TIP $\Delta r_{\max} = \frac{h}{H} r_{\max} = \frac{15}{5,000 \times 0.21} \times \frac{\sqrt{2}}{2} \times 0.24 = 0.0024[\mathrm{m}] = 2.4[\mathrm{mm}]$

23 지표상 P점에서 9km 떨어진 Q점을 관측할 때 Q점에 세워야 할 측표의 최소높이는? (단, 지구의 반지름은 6,370km이고 P, Q점은 수평면상에 존재한다.)

① 10.2m ② 6.4m
③ 2.5m ④ 0.6m

TIP $h = \frac{D^2}{2R} = \frac{9,000^2}{2 \times 6,370 \times 1,000} = 6.36[\mathrm{m}]$
지구의 곡률에 의해 Q점에 세울 측표는 최소 6.4m 이상이 되어야만 한다.

24 한 측선의 자오선(종축)과 이루는 각이 60° 00′이고 계산된 측선의 위거가 -60m, 경거가 -103.92m일 때 이 측선의 방위와 거리는?

① 방위 : S60° 00′ E, 거리=130m
② 방위 : N60° 00′ E, 거리=130m
③ 방위 : N60° 00′ W, 거리=120m
④ 방위 : S60° 00′ W, 거리=120m

TIP 문제에서 주어진 조건을 그려보면 다음과 같다.

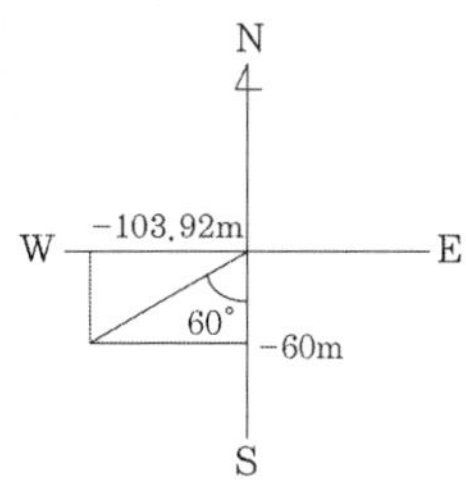

방위는 S60° 00′ W
거리는 |거리×cos240°|=60이므로 거리는 120m가 된다.

25 다음 그림과 같은 토지의 BC에 평행한 XY로 $m : n$=1 : 2.5의 비율로 면적을 분할하고자 한다. AB의 길이가 35m일 때 AX의 길이는?

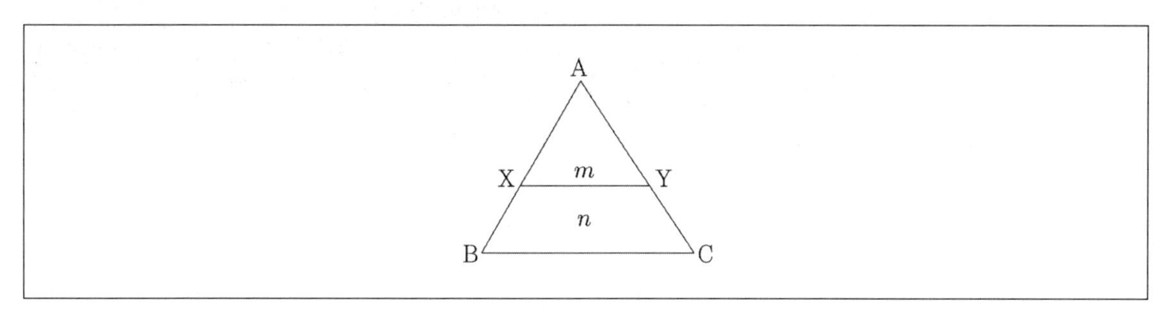

① 17.7m　　② 18.1m
③ 18.7m　　④ 19.1m

TIP $\overline{AX} = \sqrt{\frac{m}{m+n}} \times \overline{AB} = \sqrt{\frac{1}{1+2.5}} \times 35 = 18.7[m]$

ANSWER 21.③ 22.② 23.② 24.④ 25.③

26 종중복도 60%, 횡중복도 20%일 때 촬영종기선의 길이와 촬영횡기선의 길이의 비는?

① 1 : 2
② 1 : 3
③ 2 : 3
④ 3 : 1

TIP 종기선의 길이 : $\left(1-\frac{p}{100}\right)ma$

횡기선의 길이 : $\left(1-\frac{q}{100}\right)ma$

$\therefore \left(1-\frac{60}{100}\right):\left(1-\frac{20}{100}\right)=0.4:0.8=1:2$

27 종단곡선에 대한 설명으로 바르지 않은 것은?

① 철도에서는 원곡선을 도로에서는 2차 포물선을 주로 사용한다.
② 종단경사는 환경적, 경제적 측면에서 허용할 수 있는 범위 내에서 최대한 완만하게 한다.
③ 설계속도와 지형조건에 따라 종단경사의 기준값이 제시되어 있다.
④ 지형의 상황, 주변 지장물 등의 한계가 있는 경우 100% 정도 증감이 필요하다.

TIP 차도의 종단경사는 도로의 구분, 지형 상황과 설계속도에 따라 다음 표의 비율 이하로 하여야 한다. 다만, 지형 상황, 주변 지장물 및 경제성을 고려하여 필요하다고 인정되는 경우에는 다음 표의 비율에 1퍼센트를 더한 값 이하로 할 수 있다.

설계속도 (km/hr)	최대종단경사(퍼센트)							
	고속도로		간선도로		집산도로 및 연결로		국지도로	
	평지	산지등	평지	산지등	평지	산지등	평지	산지등
120	4	5						
110	4	6						
100	4	6	4	7				
90	6	7	6	7				
80	6	7	6	8	8	10		
70			7	8	9	11		
60			7	9	9	11	9	14
50			7	9	9	11	9	15
40			8	10	9	12	9	16
30					9	13	10	17
20							10	17

※ 종단경사 … 도로의 진행방향 중심선의 길이에 대한 높이의 변화 비율

28 삼각측량을 위한 삼각망 중에서 유심다각망에 대한 설명으로 바르지 않은 것은?

① 농지측량에 많이 사용된다.
② 방대한 지역의 측량에 적합하다.
③ 삼각망 중에서 가장 정확도가 높다.
④ 동일측점 수에 비하여 표면적이 가장 넓다.

TIP 삼각망 중에서 정확도가 가장 높은 것은 사변형삼각망이다.

29 토량 계산공식 중 양단면의 면적차가 클 때 산출된 토량의 일반적인 대소관계로 옳은 것은? (단, 중앙단면법 A, 양단면평균법 B, 각주공식 C)

① A = C < B
② A < C = B
③ A < C < B
④ A > C > B

TIP 단면의 면적차가 클 때 산출된 토량의 일반적인 대소관계는 중앙단면법 < 각주공식 < 양단면평균법이 된다.

30 트래버스 측량에서 거리 관측의 오차가 관측거리 100m에 대하여 ±1.0mm인 경우 이에 상응하는 각 관측의 오차는?

① ±1″
② ±2″
③ ±3″
④ ±4″

TIP $\frac{\Delta l}{l} = \frac{\theta''}{\rho''}$에서 $\frac{0.001}{100} = \frac{\theta''}{206.265''}$이므로 $\theta'' = 2$

ANSWER 26.① 27.④ 28.③ 29.③ 30.②

31 위성측량의 DOP(Dilution of Precision)에 관한 설명 중 바르지 않은 것은?

① DOP는 위성의 기하학적 분포에 따른 오차이다.
② 일반적으로 위성들간의 공간이 더 크면 위치정밀도는 낮아진다.
③ DOP를 이용하여 실제 측량 전에 위성측량의 정확도를 예측할 수 있다.
④ DOP값이 클수록 정확도가 좋지 않은 상태이다.

TIP 일반적으로 위성들간의 공간이 더 크면 위치정밀도는 높아진다.

※ DOP(Dilution of Precision)
- GNSS 위치의 질을 나타내는 지표이다.
- DOP는 위성군(Constellation)에서 한 위성의 다른 위성에 대한 상대 위치와, GNSS 수신기에 대한 위성들의 기하구조에 의해 결정된다.
- 정밀도저하율을 의미하며, 위성과 수신기들 간의 기하학적 배치에 따른 오차를 나타낸다.
- 위성의 기하학적 배치상태가 정확도에 어떻게 영향을 주는가를 추정할 수 있는 척도이다.
- 정확도를 나타내는 계수로서 수치로 표시한다.
- 수치가 작을수록 정밀하다.
- 지표에서 가장 배치상태가 좋을 때 DOP의 수치는 1이다.
- 위성의 위치, 높이, 시간에 대한 함수관계가 있다.

※ GNSS의 표준 DOP의 종류
- GDOP : 기하학적 정밀도 저하율
- PDOP : 위치 정밀도 저하율(3차원위치) 3~5 정도가 적당
- RDOP : 상대(위치, 시간 평균)정밀도 저하율
- HDOP : 수평(2개의 수평 좌표)정밀도 저하율
- VDOP : 수직(높이)정밀도 저하율
- TDOP : 시간정밀도 저하율

32 종단점법에 의한 등고선 관측방법을 사용하는 가장 적당한 경우는?

① 정확한 토량을 산출할 때
② 지형이 복잡할 때
③ 비교적 소축적으로 산지 등의 지형측량을 행할 때
④ 정밀한 등고선을 구하려 할 때

TIP 종단점법은 지성선을 기준으로 거리와 표고를 관측하여 등고선을 삽입하는 방법으로 비교적 소축적으로 산지 등의 지형측량을 행할 때 이용된다.

33 삼변측량에서 △ABC 세변의 길이가 a =1,200.00[m], b =1,600.00[m], c =1,442.22[m]라면 변 c의 대각인 $\angle C$는?

① 45° ② 60°

③ 75° ④ 90°

TIP $\cos C = \dfrac{a^2+b^2-c^2}{2ab}$ 이므로,

$$C = \cos^{-1}\left(\frac{a^2+b^2-c^2}{2ab}\right) = \cos^{-1}\left(\frac{1,200^2+1,600^2-1,442.22^2}{2\times1,200\times1,600}\right) = 60°$$

34 그림과 같이 수준측량을 실시하였다. A점의 표고는 300m이고 B와 C구간은 교호수준측량을 실시하였다면 D점의 표고는? (단, A→B = +1.233m, B→C = +0.726m, C→B = −0.720m, C→D = −0.926m)

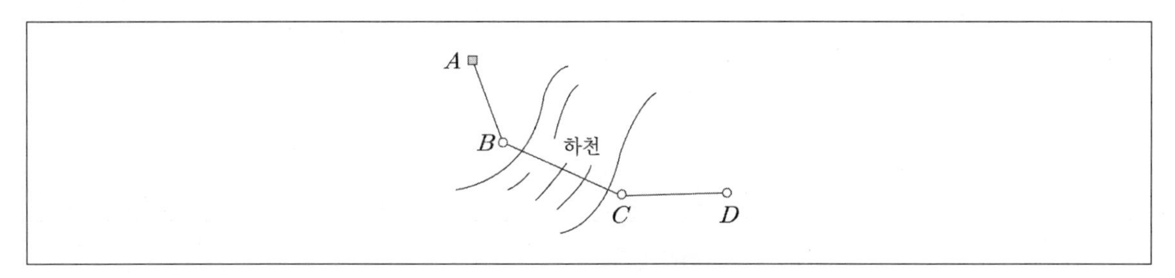

① 300.310m ② 301.030m

③ 302.153m ④ 302.882m

TIP $H_D = H_A + 1.233 + h - 0.926 = 300 + 1.233 + \dfrac{[0.726-(-0.720)]}{2} - 0.926 = 301.030[\text{m}]$

35 트래버스 측량에서 선점 시 주의해야 할 사항이 아닌 것은?

① 트래버스의 노선은 가능한 폐합 또는 결합이 되게 한다.
② 결합트래버스의 출발점과 결합점간의 거리는 가능한 단거리로 한다.
③ 거리측량과 각측량의 정확도가 균형을 이루게 한다.
④ 측점간 거리는 다양하게 선점하여 부정오차를 소거한다.

TIP 트래버스 측량에서 선점 시 측점간 거리는 삼각점보다 짧은 거리로 시준이 잘되는 곳으로 선점한다.

ANSWER 31.② 32.③ 33.② 34.② 35.④

36 중력이상에 대한 설명으로 바르지 않은 것은?

① 중력이상에 의해 지표면의 밑의 상태를 추정할 수 있다.
② 중력이상에 대한 취급은 물리학적 측지학에 속한다.
③ 중력이상이 양(+)이면 그 지점 부근에 무거운 물질이 있는 것으로 추정할 수 있다.
④ 중력식에 의한 계산값에서 실측값을 뺀 것이 중력이상이다.

TIP 중력이상은 중력의 실측값에서 계산값을 뺀 값이다.

37 아래 종단수준측량의 야장에서 ㉠, ㉡, ㉢에 들어갈 값으로 알맞은 것은? (단위는 m임)

측점	후시	기계고	전시		지반고
			전환점	이기점	
BM	0.175	㉠			37.133
No.1				0.154	
No.2				1.569	
No.3				1.143	
No.4	1.098	㉡	1.237		㉢
No.5				0.948	
No.6				1.175	

① ㉠ : 37.308, ㉡ : 37.169, ㉢ : 36.071
② ㉠ : 37.308, ㉡ : 36.071, ㉢ : 37.169
③ ㉠ : 36.958, ㉡ : 35.860, ㉢ : 37.097
④ ㉠ : 36.958, ㉡ : 37.097, ㉢ : 35.860

TIP 기고식으로 작성된 야장으로서 다음의 식만 알고 있으면 손쉽게 구할 수 있다.
지반고(G.H) = 기계고(I.H) − 전시(F.S)
기계고(I.H) = 지반고(G.H) + 후시(B.S)에 의하면
위의 식을 만족하는 값을 구하여 기입하면 다음과 같이 된다.
BM점 기계고 = 37.133 + 0.175 = 37.308
NO.4 지반고 = 37.308 − 1.237 = 36.071
NO.4 기계고 = 36.071 + 1.098 = 37.169

측점	후시	기계고	전시		지반고
			전환점	이기점	
BM	0.175	37.308			37.133
No.1				0.154	37.154
No.2				1.569	35.739
No.3				1.143	36.165
No.4	1.098	37.169	1.237		36.071
No.5				0.948	36.221
No.6				1.175	35.994

38 캔트(Cant)의 계산 시 속도 및 반지름을 2배로 하면 캔트는 몇 배가 되는가?

① 2배
② 4배
③ 8배
④ 16배

TIP $C=\frac{SV^2}{gR}$ 이므로 V와 R이 각각 2배가 되면 캔트는 2배가 된다.

39 종단측량과 횡단측량에 관한 설명으로 바르지 않은 것은?

① 종단도를 보면 노선의 형태를 알 수 있으나 횡단도를 보면 알 수 없다.
② 종단측량은 횡단측량보다 높은 정확도가 요구된다.
③ 종단도의 횡축척과 종축척은 서로 다르게 잡는 것이 일반적이다.
④ 횡단측량은 노선의 종단측량에 앞서 실시한다.

TIP 횡단수준측량(cross section survey)은 단면적을 결정하기 위해서 이루어지는 측량방법으로 일반적으로 종단수준측량이 이루어진 후 횡단수준측량을 실시한다.

- **종단측량** : 선로의 중심말뚝 등의 표고를 측정하고, 종단면도를 작성하는 작업
- **횡단측량** : 선로의 중심말뚝 등을 기준으로 중심선의 직각방향 단면상 지형변화점 등의 위치를 측정하고, 횡단면도를 작성하는 작업

ANSWER 36.④ 37.① 38.① 39.④

40 노선측량에서 단곡선의 설치법에 대한 설명으로 바르지 않은 것은?

① 중앙종거를 이용한 설치법은 터널속이나 산림지대에서 벌목량이 많을 때 사용하면 편리하다.
② 편각설치법은 비교적 높은 정확도로 인해 고속도로나 철도에 사용할 수 있다.
③ 접선편거와 현편거에 의해 설치하는 방법은 줄자만으로 사용하여 원곡선을 설치할 수 있다.
④ 장현에 대한 종거와 횡거에 의하는 방법은 곡률반지름이 짧은 곡선일 때 편리하다.

TIP 중앙종거는 시가지 등의 이미 설치된 곡선을 확장할 경우 주로 적용되는 방법이다. 터널 속이나 삼림지대에서 벌목량이 많을 경우에는 주로 지거법이 적용된다.

제3과목 수리학 및 수문학

41 다음 그림과 같은 사다리꼴 수로에서 수리상 유리한 단면으로 설계된 경우의 조건은?

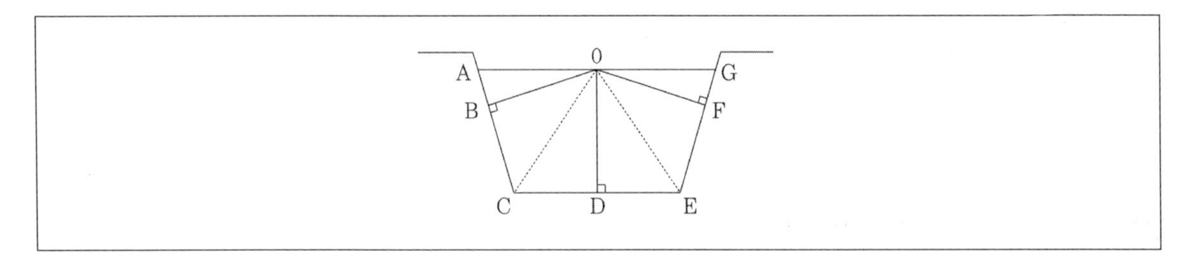

① OB=OD=OF
② OA=OD=OG
③ OC=OG+OA=OE
④ OA=OC=OE=OG

TIP 사다리꼴 수로에서 수리상 유리한 단면은 일정한 반지름의 반원에 외접하는 단면으로서 보기 중 OB=OD=OF의 조건이 이를 충족시킨다.

42 토리첼리(Torricelli) 정리는 다음 중 어느 것을 이용하여 유도할 수 있는가?

① 파스칼 원리
② 아르키메데스 원리
③ 레이놀즈 원리
④ 베르누이 정리

TIP 토리첼리의 정리

p_1 ① v_1 H z_1 z_2 v_2 ② p_2

기준면

수조 측면 하부의 대기와 개방된 비교적 작은 구멍을 통하여 유출되는 유체(Fluid)의 속도(Velocity) 값을 계산하는 공식으로서 $v_2 = \sqrt{2gH}$ 의 식으로 표현한다. 이 식은 베르누이의 정리에서 유도된 것이다.

43 강우강도 공식에 관한 설명으로 바르지 않은 것은?

① 강우강도(I)와 강우지속시간(D)과의 관계로서 Talbot, Sherman, Japanese형의 경험공식에 의해 표현될 수 있다.
② 강우강도공식은 자기우량계의 우량자료로부터 결정되며, 지역에 무관하게 적용이 가능하다.
③ 도시지역의 우수거, 고속도로 암거 등의 설계시에 기본자료로서 널리 이용된다.
④ 강우강도가 커질수록 강우가 계속되는 시간은 일반적으로 작아지는 반비례관계이다.

TIP 강우강도공식은 지역특성에 따라 다르게 적용을 해야 한다.

ANSWER 40.① 41.① 42.④ 43.②

44 밑변 2m, 높이 3m인 삼각형 형상의 판이 밑변을 수면과 맞대고 연직으로 수중에 있다. 이 삼각형 판의 작용점의 위치는? (단, 수면을 기준으로 한다.)

① 1m
② 1.33m
③ 1.5m
④ 2m

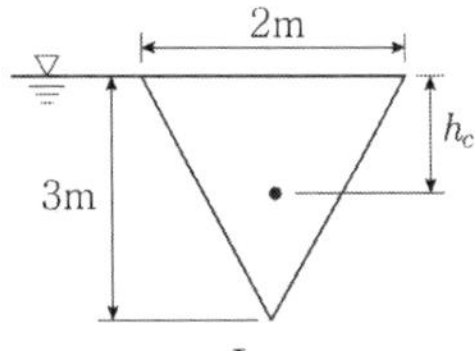

$h_c = h_G + \frac{I_X}{h_G A}$ 이며 $h_G = \frac{1}{3}h = \frac{1}{3} \times 3 = 1[\text{m}]$

$I_X = \frac{bh^2}{36} = \frac{2 \times 3^3}{36} = 1.5[\text{m}^4]$ 이며 $A = 2 \times 3 \times \frac{1}{2} = 3[\text{m}^2]$, $h_c = 1 + \frac{1.5}{1 \times 3} = 1.5[\text{m}]$

45 지하의 사질 여과층에서 수두차가 0.5m이며 투과거리가 2.5m일 때 이곳을 통과하는 지하수의 유속은? (단, 투수계수는 0.3cm/s이다.)

① 0.03cm/s
② 0.04cm/s
③ 0.05cm/s
④ 0.06cm/s

TIP $V = Ki = K\frac{dh}{dl} = 0.3 \times \frac{50}{250} = 0.06[\text{cm/sec}]$

46 평면상 x, y방향의 속도성분이 각각 $u = ky$, $v = kx$인 유선의 형태는?

① 원
② 타원
③ 쌍곡선
④ 포물선

TIP 유선방정식 $\frac{dx}{u} = \frac{dy}{v}$에서 $u = ky$, $v = kx$를 대입하면, $\frac{dx}{ky} = \frac{dy}{kx}$이므로, $kxdx + kydy = 0$이 되므로,

$\int kxdx + \int kydy = C$이며 이는 $x^2 + y^2 = C$이므로 원의 방정식이며 유선의 형태는 원이 된다.

47 유역면적 $20km^2$ 지역에서 수공구조물의 축조를 위해 다음 아래의 수문곡선을 얻었을 때 총 유출량은?

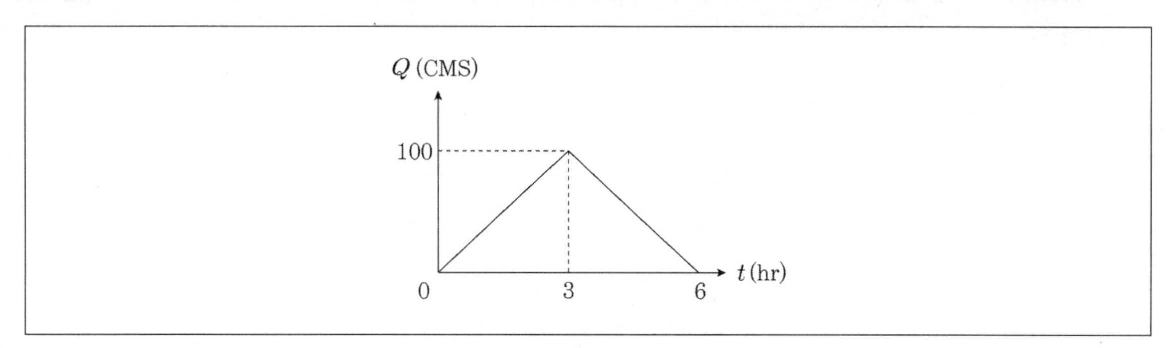

① $108m^3$ ② $108 \times 10^4 m^3$
③ $300m^3$ ④ $300 \times 10^4 m^3$

TIP 수문곡선의 면적은 총 유출량을 나타내며 단위가 hr이므로 $\frac{6 \times 100}{2} \times 3,600 = 108 \times 10^4 [m^3]$이 된다.

48 주어진 유량에 대한 비에너지(specific energy)가 3m일 때 한계수심은?

① 1m ② 1.5m
③ 2m ④ 2.5m

TIP 한계수심 $h_c = \frac{2}{3} H_e = \frac{2}{3} \times 3 = 2m$

ANSWER 44.③ 45.④ 46.① 47.② 48.③

49 그림과 같이 지름 3m, 길이 8m인 수로의 드럼게이트에 작용하는 전수압이 수문 $\widehat{ABC}$에 작용하는 지점의 수심은?

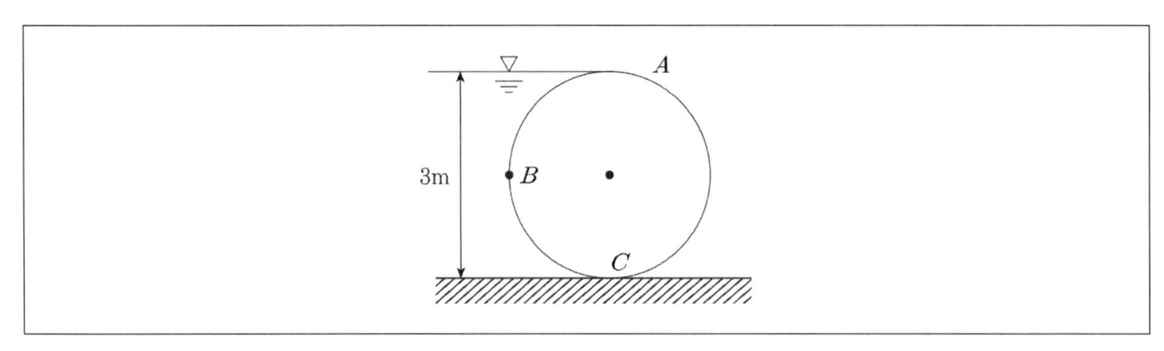

① 2.68m
② 2.43m
③ 2.25m
④ 2.00m

TIP 수평수압 $P_H = 1 \times 1.5 \times (8 \times 3) = 36\text{t}$

연직수압 $P_V = 1 \times \frac{1}{2} \times \frac{\pi \times 3^2}{4} \times 8 = 28.3\text{t}$

$\tan\theta = \frac{P_Y}{P_H}$ 이므로 $\theta = \tan^{-1}\left(\frac{28.3}{36}\right) = 38.2°$

$h_c = \frac{3}{2} + \frac{3}{2}\sin 38.2° = 2.43\text{m}$

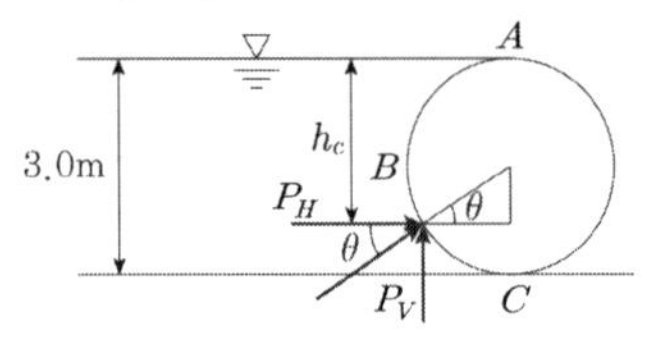

50 유체의 흐름에 대한 설명으로 바르지 않은 것은?

① 이상유체에서 점성은 무시된다.
② 유관(stream tube)은 유선으로 구성된 가상적인 관이다.
③ 점성이 있는 유체가 계속 흐르기 위해서는 가속도가 필요하다.
④ 정상류의 흐름상태는 위치변화에 따라 변화하지 않는 흐름을 의미한다.

TIP 정상류는 한 점에서 수리학적 특성이 시간에 따라 변화하지 않는 흐름을 의미한다.
- **정류**(정상류) : 시간에 따라 흐름의 특성들이 변하지 않는 흐름
- **부정류** : 시간에 따라 흐름의 특성들이 변하는 흐름
- **등류** : 거리에 따른 흐름의 특성들이 변하지 않는 흐름
- **부등류** : 거리에 따른 흐름의 특성들이 변하는 흐름

51 광정위어(Weir)의 유량공식 $Q=1.704CbH^{\frac{3}{2}}$ 에 사용되는 수두(H)는?

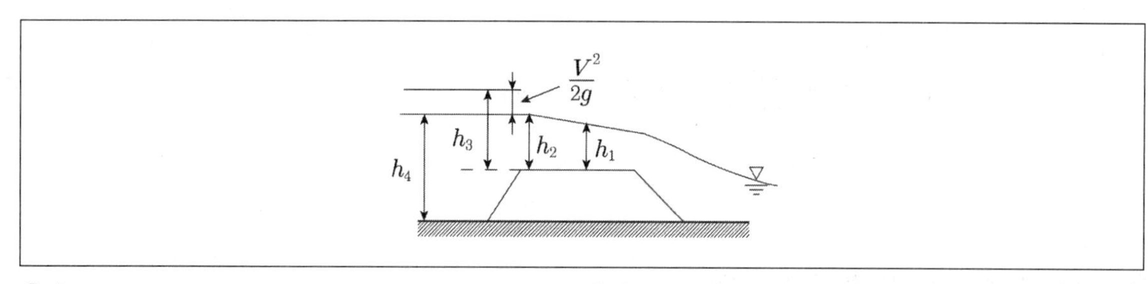

① h_1
② h_2
③ h_3
④ h_4

TIP 광정위어의 유량공식에서 수두(H)는 주어진 그림의 h_3를 적용한다.

ANSWER 49.② 50.④ 51.③

52 오리피스(Orifice)로부터의 유량을 측정한 경우 수두 H를 측정함에 있어 1%의 오차가 있었다면 유량 Q에는 몇 %의 오차가 발생하는가?

① 1%
② 0.5%
③ 1.5%
④ 2%

TIP $Q = Ca\sqrt{2gh}$ 이며 오차는 $\frac{dQ}{Q} = \frac{1}{2}\frac{dh}{h}$

따라서 수두측정 시 1%의 오차가 있었다면 유량의 오차는 이의 절반인 0.5%의 오차가 발생한다.

53 강우강도 $I = \dfrac{5,000}{t+40}$[mm/hr]로 표시되는 어느 도시에 있어서 20분간의 강우량 R_{20}은?

① 17.8[mm]
② 27.8[mm]
③ 37.8[mm]
④ 47.8[mm]

TIP 강우강도 $I = \dfrac{5,000}{20+40} = 83.33[\text{mm/hr}]$

20분간의 강우량 $R_{20} = \dfrac{83.33[\text{mm}]}{60[\text{min}]} \times 20[\text{min}] = 27.8[\text{mm}]$

54 관망계산에 대한 설명 중 틀린 것은?

① 관망은 Hardy-Cross 방법으로 근사계산할 수 있다.
② 관망계산에서 시계방향과 반시계방향으로 흐를 때의 마찰 손실수두의 합은 0이라고 가정한다.
③ 관망계산 시 각 관에서의 유량을 임의로 가정해도 결과는 같아진다.
④ 관망계산 시는 극히 작은 손실의 무시로도 결과에 큰 차를 가져올 수 있으므로 무시하여서는 안 된다.

TIP 관망계산 시 손실은 마찰손실만을 고려하며 극히 작은 손실은 일반적으로 무시한다.

55 지하수의 흐름에서 Darcy의 법칙에 관한 설명으로 바른 것은?

① 정상상태이면 난류영역에서도 적용된다.
② 투수계수(수리전도계수)는 지하수의 특성과 관계가 있다.
③ Darcy 공식에 의한 유속은 공극 내 실제 유속의 평균치를 나타낸다.
④ 대수층의 모세관 작용은 이 공식에 간접적으로 반영되었다.

TIP ① Darcy 법칙은 정상류상태이면 층류영역에서만 적용된다.
③ Darcy 공식에 의한 유속은 실제유속과 공극률의 곱으로 나타낸다.
④ 대수층의 모세관 작용에 Darcy의 법칙이 반영되었다고 보기는 어렵다. Darcy법칙은 투수성에 관한 법칙으로서 대수층 내에서는 모세관대가 존재하지 않는 것으로 본다.

56 일반적인 수로단면에서 단면계수 Z_c와 수심 h의 상관식은 $Z_c^2 = Ch^M$로 표시될 수 있는데 이 식에서 M은?

① 단면지수
② 수리지수
③ 윤변지수
④ 흐름지수

TIP 단면계수 Z_c와 수심 h의 상관식은 $Z_c^2 = Ch^M$로 나타내며 여기서 M은 수리지수를 의미한다.

57 시간을 t, 유속을 v, 두 단면간의 거리가 l이라고 할 때 다음 조건 중 부등류인 경우는?

① $\frac{v}{t} = 0$
② $\frac{v}{t} \neq 0$
③ $\frac{v}{t} = 0$, $\frac{v}{l} = 0$
④ $\frac{v}{t} = 0$, $\frac{v}{l} \neq 0$

TIP

정류	$\frac{\partial Q}{\partial t} = 0,\ \frac{\partial V}{\partial t} = 0,\ \frac{\partial \rho}{\partial t} = 0$
부정류	$\frac{\partial Q}{\partial t} \neq 0,\ \frac{\partial V}{\partial t} \neq 0,\ \frac{\partial \rho}{\partial t} \neq 0$
등류	$\frac{\partial v}{\partial t} = 0,\ \frac{\partial v}{\partial l} = 0$
부등류	$\frac{\partial v}{\partial t} = 0,\ \frac{\partial v}{\partial l} \neq 0$

ANSWER 52.② 53.② 54.④ 55.② 56.② 57.④

58 그림과 같이 A에서 분기했다가 B에서 다시 합류하는 관수로에 물이 흐를 때 관 Ⅰ과 Ⅱ의 손실 수두에 대한 설명으로 옳은 것은? (단, 관의 성질은 같고 관 Ⅰ의 직경 < 관 Ⅱ의 직경이다.)

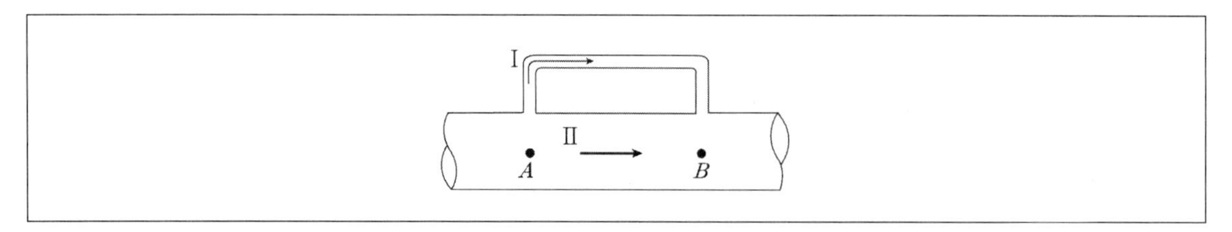

① 관 Ⅰ의 손실수두가 크다.
② 관 Ⅱ의 손실수두가 크다.
③ 관 Ⅰ과 관 Ⅱ의 손실수두는 같다.
④ 관 Ⅰ과 관 Ⅱ의 손실수두의 합은 0이다.

TIP 병렬관수로인 경우 관 Ⅰ과 관 Ⅱ의 손실수두는 같다.

59 강우로 인한 유수가 그 유역 내의 가장 먼 지점으로부터 유역출구까지 도달하는데 소요되는 시간을 의미하는 것은?

① 기저시간
② 도달시간
③ 지체시간
④ 강우지속시간

TIP ② 도달시간 : 강우로 인한 유수가 그 유역 내의 가장 먼 지점으로부터 유역출구까지 도달하는데 소요되는 시간
① 기저시간 : 단위강우에 의한 단위도에서 유출이 지속되는 시간. 즉, 수문곡선에서 상승부분이 시작하는 점에서부터 직접유출이 끝나는 지점까지의 시간
③ 지체시간 : 유효우량 주상도의 중심점으로부터 첨두유량이 발생하는 시간적 차이
④ 강우지속시간(유달시간) : 유입시간과 유하시간의 합

60 다음 중 밀도를 나타내는 차원은?

① $[FL^{-4}T^2]$
② $[FL^4T^2]$
③ $[FL^{-2}T^4]$
④ $[FL^{-2}T^4]$

TIP 밀도를 나타내는 차원은 FLT계에서는 $[FL^{-4}T^2]$가 된다.

물리량	MLT계	FLT계	물리량	MLT계	FLT계
길이	$[L]$	$[L]$	질량	$[M]$	$[FL^{-1}T^2]$
면적	$[L^2]$	$[L^2]$	힘	$[MLT^{-2}]$	$[F]$
체적	$[L^3]$	$[L^3]$	밀도	$[ML^{-3}]$	$[[FL^{-4}T^2]$
시간	$[T]$	$[T]$	운동량, 역적	$[MLT^{-1}]$	$[FT]$
속도	$[LT^{-1}]$	$[LT^{-1}]$	비중량	$[ML^{-2}T^2]$	$[FL^{-3}]$
각속도	$[T^{-1}]$	$[T^{-1}]$	점성계수	$[ML^{-1}T^{-1}]$	$[FL^{-2}T]$
가속도	$[LT^{-2}]$	$[LT^{-2}]$	표면장력	$[MT^{-2}]$	$[FL^{-1}]$
각가속도	$[T^{-2}]$	$[T^{-2}]$	압력강도	$[ML^{-1}T^{-2}]$	$[FL^{-2}]$
유량	$[L^3T^{-1}]$	$[L^3T^{-1}]$	일, 에너지	$[ML^2T^{-2}]$	$[FL]$
동점성계수	$[L^2T^{-1}]$	$[L^2T^{-1}]$	동력	$[ML^2T^{-3}]$	$[FLT^{-1}]$

ANSWER 58.③ 59.② 60.①

제4과목 철근콘크리트 및 강구조

61 다음 그림과 같이 경간이 8[m]인 PSC보에 계수등분포하중 w =20[kN/m]가 작용할 때 중앙 단면 콘크리트 하연에서의 응력이 0이 되려면 강재에 줄 프리스트레스의 힘 P는 얼마인가? (단, PS강재는 콘크리트 도심에 배치되어 있다.)

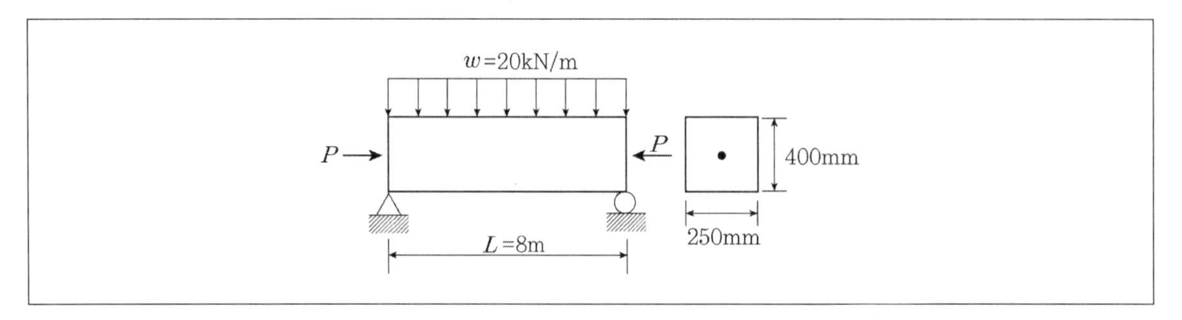

① P=2,000[kN]

② P=2,200[kN]

③ P=2,400[kN]

④ P=2,600[kN]

TIP

$$f_b = \frac{P}{A} - \frac{M}{Z} = \frac{P}{bh^2} - \frac{3wl^2}{4bh^2} = 0$$

$$P = \frac{3wl^2}{4h} = \frac{3 \times 20,000 \times 8^2}{4 \times 400} = 2,400[\text{kN}]$$

62 콘크리트 구조물에서 비틀림에 대한 설계를 하려고 할 때 계수비틀림 모멘트(T_u)를 계산하는 방법에 대한 다음 설명 중 틀린 것은?

① 균열에 의하여 내력의 재분배가 발생하여 비틀림 모멘트가 감소할 수 있는 부정정 구조물의 경우, 최대 계수비틀림 모멘트를 감소시킬 수 있다.
② 철근콘크리트 부재에서 받침부로부터 d 이내에 위치한 단면은 d에서 계산된 T_u보다 작지 않은 비틀림 모멘트에 대하여 설계해야 한다.
③ 프리스트레스트 부재에서 받침부로부터 d 이내에 위치한 단면을 설계할 때 d에서 계산된 T_u보다 작지 않은 비틀림 모멘트에 대하여 설계해야 한다.
④ 정밀한 해석을 수행하지 않은 경우 슬래브로부터 전달되는 비틀림하중은 전체 부재에 걸쳐 균등하게 분포하는 것으로 가정할 수 있다.

TIP 프리스트레스트 부재에서 받침부로부터 $\frac{h}{2}$ 이내에 위치한 단면을 $\frac{h}{2}$에서 계산된 T_u보다 작지 않은 비틀림 모멘트에 대하여 설계해야 한다. 만약 $\frac{h}{2}$ 이내에서 집중된 비틀림 모멘트가 작용하면 위험단면은 받침부의 내부면으로 해야 한다.

63 단철근 직사각형 보에서 설계기준압축강도 f_{ck}=58MPa일 때 계수 β_1은? (단, 등가 직사각형응력블록의 깊이는 $a=\beta_1 c$이다.)

① 0.78
② 0.72
③ 0.65
④ 0.64

TIP 콘크리트의 설계기준압축강도가 56MPa를 초과하면 등가압축영역계수 β_1은 0.65를 적용한다.

64 프리스트레스트 콘크리트의 경우 흙에 접하여 콘크리트를 친 후 영구히 흙에 묻혀 있는 콘크리트의 최소 피복두께는?

① 40[mm]
② 60[mm]
③ 80[mm]
④ 100[mm]

TIP 흙에 접하여 콘크리트를 친 후 영구히 흙에 묻혀있는 콘크리트의 경우 보, 기둥에서의 주철근의 최소피복두께는 80[mm]이다.

ANSWER 61.③ 62.③ 63.③ 64.③

65 다음 그림과 같은 띠철근 기둥에서 띠철근의 최대간격으로 적당한 것은? (단, D10의 공칭직경은 9.5mm, D32의 공칭직경은 31.8mm)

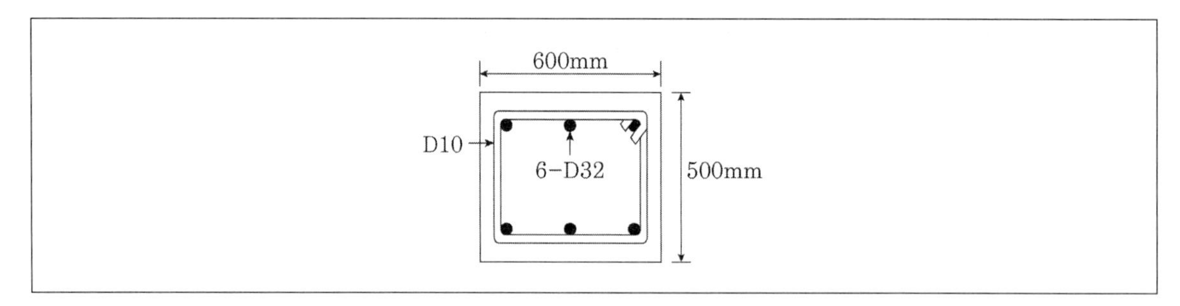

① 400mm
② 450mm
③ 500mm
④ 550mm

TIP 다음 중 최솟값을 적용해야 한다.
- 축방향 철근 지름의 16배 이하 : $31.8 \times 16 = 508.8$mm 이하
- 띠철근 지름의 48배 이하 : $9.5 \times 48 = 456$mm 이하
- 기둥 단면의 최소 치수 이하 : 400mm 이하

66 인장철근의 겹침이음에 대한 설명으로 바르지 않은 것은?

① 다발철근의 겹침이음은 다발 내의 개개철근에 대한 겹침이음길이를 기본으로 결정되어야 한다.
② 어떤 경우이든 300mm 이상 겹침이음한다.
③ 겹침이음에는 A급, B급 이음이 있다.
④ 겹침이음된 철근량이 전체 철근량의 1/2 이하인 경우는 B급이음이다.

TIP 배근된 철근량이 소요철근량의 2배 이상이며 소요겹침이음 길이 내 겹침이음된 철근량이 전체 철근량의 1/2 이하인 경우는 A급이음이다.

67 부재의 순단면적을 계산할 경우 지름 22mm의 리벳을 사용하였을 때 리벳구멍의 지름은? (단, 강구조 연결 설계기준[허용응력설계법]을 적용한다.)

① 21.5mm
② 22.5mm
③ 23.5mm
④ 24.5mm

TIP 리벳의 직경이 20mm 미만인 경우 구멍의 직경은 리벳직경보다 1.0mm가 더 크며 리벳의 직경이 20mm 이상인 경우는 구멍의 직경이 1.5mm가 더 커야 한다. 따라서 문제에서 주어진 조건이 구멍직경이 22mm이므로 23.5mm가 답이 된다.

68 아래 그림과 같은 보의 단면에서 표피철근의 간격 s는 약 얼마인가? (단, 습윤환경에 노출되는 경우로서, 표피철근의 표면에서 부재측면까지 최단거리(C_c)는 50[mm], f_{ck} =28[MPa], f_y =400[MPa]이다.)

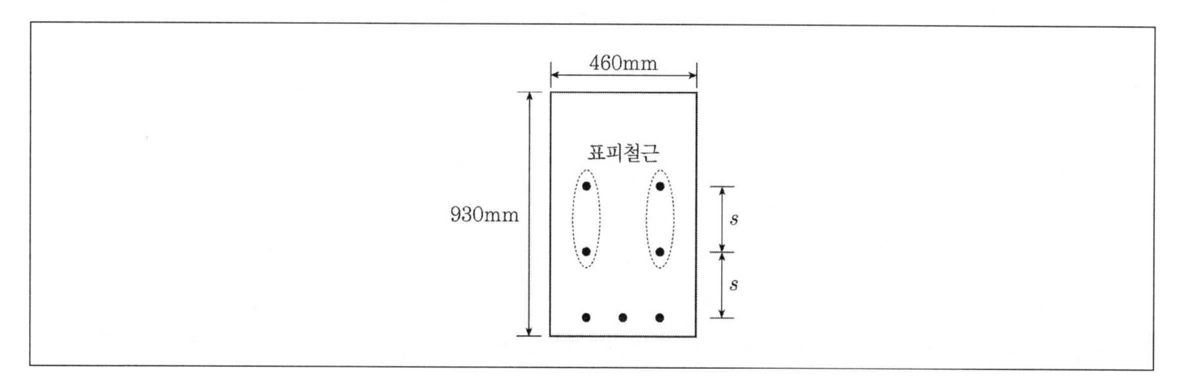

① 170[mm]
② 190[mm]
③ 220[mm]
④ 240[mm]

TIP $k_{cr} = 210$ (건조환경 : 280, 그 외의 환경 : 210)

$$f_s = \frac{2}{3}f_y = \frac{2}{3} \times 400 = 266.7[\text{MPa}]$$

$$S_1 = 375\left(\frac{k_{cr}}{f_s}\right) = 2.5C_c = 375 \times \left(\frac{210}{266.7}\right) - 2.5 \times 50 = 170.3[\text{mm}]$$

$$S_2 = 300\left(\frac{k_{cr}}{f_s}\right) = 300 \times \left(\frac{210}{266.7}\right) = 236.2[\text{mm}]$$

$$S = [S_1,\ S_2]_{\min} = 170.3[\text{mm}]$$

ANSWER 65.① 66.④ 67.③ 68.①

69 과도한 처짐에 의해 손상되기 쉬운 비구조 요소를 지지 또는 부착한 지붕 또는 바닥구조의 최대 허용처짐은? (단, l은 부재의 길이이고, 콘크리트구조기준 규정을 따른다.)

① $\frac{l}{180}$
② $\frac{l}{240}$
③ $\frac{l}{360}$
④ $\frac{l}{480}$

TIP 과도한 처짐에 의해 손상되기 쉬운 비구조요소를 지지 또는 부착한 지붕 또는 바닥구조의 허용처짐은 $\frac{l}{480}$이다.

70 옹벽의 안정조건 중 전도에 대한 저항휨모멘트는 횡토압에 의한 전도모멘트의 최소 몇 배 이상이어야 하는가?

① 1.5배
② 2.0배
③ 2.5배
④ 3.0배

TIP 옹벽의 안전율은 전도에 대해서는 2.0, 활동에 대해서는 1.5, 침하에 대해서는 1.0이다.

71 콘크리트의 설계기준압축강도(f_{ck})가 50[MPa]인 경우 콘크리트 탄성계수 및 크리프 계산에 적용되는 콘크리트의 평균압축강도(f_{cu})는?

① 54[MPa]
② 55[MPa]
③ 56[MPa]
④ 57[MPa]

TIP $f_{cu}=f_{ck}+\Delta f$

- Δf의 값

  $f_{ck}\leq 40[\text{MPa}]$, $\Delta f=4[\text{MPa}]$

  $f_{ck}\geq 60[\text{MPa}]$, $\Delta f=6[\text{MPa}]$

  $40[\text{MPa}]<f_{ck}<60[\text{MPa}]$, $\Delta f=4+0.1(f_{ck}-40)[\text{MPa}]$

- f_{cu}의 값

  $f_{cu}=f_{ck}+\Delta f$이므로 $f_{ck}=50[\text{MPa}]$인 경우

  $\Delta f=4+0.1(f_{ck}-40)=4+0.1(50-40)=5[\text{MPa}]$

따라서 $f_{cu}=f_{ck}+\Delta f=50+5=55[\text{MPa}]$

72 2방향 슬래브의 직접설계법을 적용하기 위한 제한사항으로 바르지 않은 것은?

① 각 방향으로 3경간 이상이 연속되어야 한다.
② 슬래브판들은 단변 경간에 대한 장변 경간의 비가 2 이하인 직사각형이어야 한다.
③ 모든 하중은 슬래브 판 전체에 걸쳐 등분포된 연직하중이어야 한다.
④ 연속한 기둥 중심선을 기준으로 어긋남은 그 방향 경간의 최대 20% 이하여야 한다.

TIP 연속한 기둥 중심선을 기준으로 어긋남은 그 방향 경간의 최대 10% 이하여야 한다.

73 b_w =350mm, d =600mm인 단철근 직사각형 보에서 콘크리트가 부담할 수 있는 공칭 전단 강도를 정밀식으로 구하면 약 얼마인가? (단, V_u =100kN, M_u =300kN · m, ρ_w =0.016, f_{ck} =24MPa)

① 164.2kN
② 171.5kN
③ 176.4kN
④ 182.7kN

TIP $\frac{V_u d}{M_u} = \frac{100 \times (600 \times 10^{-3})}{300} = 0.2 < 1$이므로

$$V_c = \left(0.16\sqrt{f_{ck}} + 17.6\rho_w \frac{V_u d}{M_u}\right) b_w d = 176.4\text{kN}$$

ANSWER 69.④ 70.② 71.② 72.④ 73.③

74 $A_s = 3{,}600\text{mm}^2$, $A_s{}' = 1{,}200\text{mm}^2$로 배근된 그림과 같은 복철근 보의 탄성처짐이 12mm라고 할 때 5년 후 지속하중에 의해 유발되는 추가 장기처짐은 얼마인가? (단, 5년 후 지속하중 재하에 따른 계수는 $\xi = 2.0$이다.)

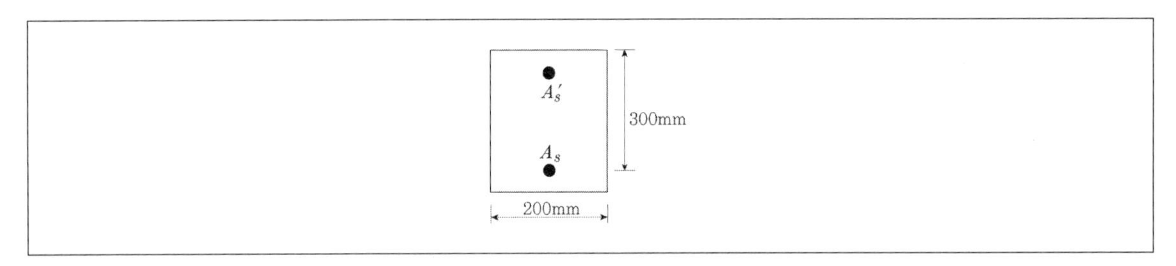

① 36mm　　② 18mm
③ 12mm　　④ 6mm

TIP 압축철근비 $\rho' = \dfrac{A_s{}'}{bd} = \dfrac{1{,}200}{200 \times 300} = 0.02$

장기처짐계수 $\lambda = \dfrac{\xi}{1+50\rho'} = \dfrac{2.0}{1+50\times0.02} = \dfrac{2.0}{2.0} = 1.0$

장기처짐은 순간처짐과 장기처짐계수의 곱이므로 $\delta_L = \lambda \cdot \delta_i = 1.0 \times 12 = 12\text{mm}$

75 다음 그림과 같은 2경간 연속보의 양단에서 PS강재를 긴장할 때 단(端) A에서 중간 B까지의 마찰에 의한 프리스트레스의 (근사적인) 감소율은? (단, 곡률마찰계수 $\mu_p = 0.4$, 파상마찰계수 $K = 0.0027$)

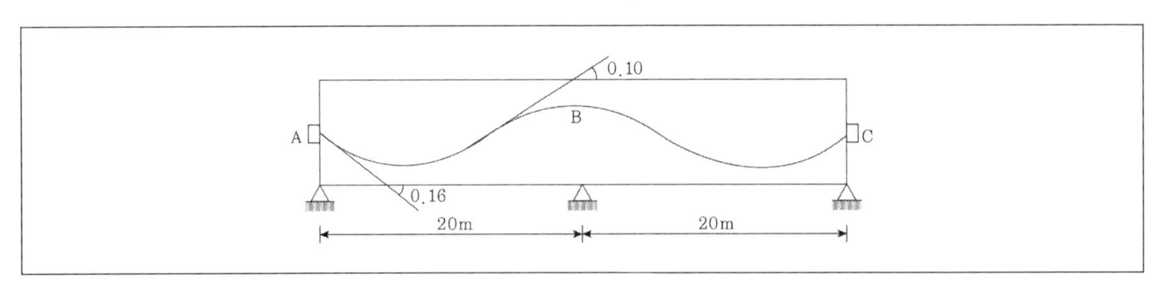

① 12.6%　　② 13.6%
③ 15.8%　　④ 18.2%

TIP $l_{px} = 20\text{m}$

$\alpha_{px} = \theta_1 + \theta_2 = 0.16 + 0.10 = 0.26$

$(Kl_{px} + \mu_p \alpha_{px}) = 0.0027 \times 20 + 0.4 \times 0.26 = 0.158 \leq 0.3$

$\Delta P_f = P_{pj}\left[\dfrac{(Kl_{px} + \mu_p\alpha_{px})}{1+(Kl_{px} + \mu_p\alpha_{px})}\right] = 0.136P_{pj}$

감소율 $= \dfrac{\Delta P_f}{P_{pj}} \times 100 = \dfrac{0.136P_{pj}}{P_{pj}} \times 100 = 13.6\%$

76 유효깊이(d)가 910mm인 아래 그림과 같은 단철근 T형보의 설계휨강도(ϕM_n)를 구하면? (단, 인장철근량(A_s)는 7,652mm², f_{ck}=21MPa, f_y=350MPa, 인장지배단면으로 ϕ=0.85, 경간은 3,040mm이다.)

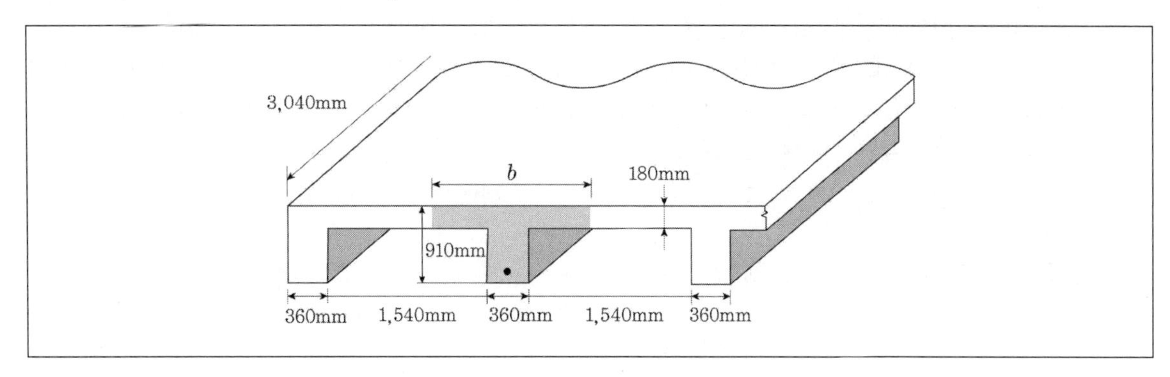

① 1,845kN · m
② 1,863kN · m
③ 1,883kN · m
④ 1,901kN · m

TIP • 플랜지의 유효폭 (다음 값 중 최솟값으로 한다.)

$16t_f + b_w = 16 \times 180 + 360 = 2,880 + 360 = 3,240[\text{mm}]$

양쪽슬래브의 중심간 거리 $= 1,540 + 360 = 1,900[\text{mm}]$

보경간의 $1/4 = 3,040/4 = 760[\text{mm}]$

• 설계휨강도 산정

$$A_{sf} = \frac{0.85 f_{ck}(b - b_w)t}{f_y} = \frac{0.85 \times 21 \times (760 - 360) \times 180}{350} = 3,672[\text{mm}^2]$$

$$a = \frac{(A_s - A_{sf})f_y}{0.85 f_{ck} b_w} = \frac{(7,652 - 3,672) \times 350}{0.85 \times 21 \times 360} = 216.78[\text{mm}]$$

$$M_n = (A_s - A_{sf})f_y\left(d - \frac{a}{2}\right) + A_{sf} f_y\left(d - \frac{t}{2}\right)$$

$$= \left[(7,652 - 3,672) \times 350\left(910 - \frac{217}{2}\right) + 3,672 \times 350 \times \left(910 - \frac{180}{2}\right)\right] \times 10^{-6}$$

$$= 2,170.35\text{kN} \cdot \text{m}$$

여기에 강도감소계수 0.85를 곱하면 1,844.8[kN · m]

ANSWER 74.③ 75.② 76.①

77 다음 중 철근콘크리트 구조물에서 연속 휨부재의 모멘트 재분배를 하는 방법에 대한 설명으로 바르지 않은 것은?

① 근사해법에 의해 휨모멘트를 계산한 경우에는 연속 휨부재의 모멘트 재분배를 할 수 없다.
② 근사해법에 의해 휨모멘트를 계산한 경우를 제외하고, 어떠한 가정의 하중을 적용하여 탄성이론에 의하여 산정한 연속휨부재 받침부의 부모멘트는 10% 이내에서 $800\varepsilon_t$%만큼 증가 또는 감소시킬 수 있다.
③ 경간내의 단면에 대한 휨모멘트의 계산은 수정된 부모멘트를 사용해야 한다.
④ 휨모멘트를 감소시킬 단면에서 최외단 인장철근의 순인장변형률 ε_t가 0.0075 이상인 경우에만 가능하다.

TIP 근사해법에 의해 휨모멘트를 계산한 경우를 제외하고, 어떠한 가정의 하중을 적용하여 탄성이론에 의하여 산정한 연속휨부재 받침부의 부모멘트는 20% 이내에서 $1,000\varepsilon_t$%만큼 증가 또는 감소시킬 수 있다.
연속휨부재의 모멘트 재분배량은 경간조건에 따라 다른 기준을 적용해야 한다.
※ 연속 휨부재의 부모멘트 재분배
- 근사해법에 의해 휨모멘트를 계산한 경우에는 연속 휨부재의 모멘트 재분배를 할 수 없다.
- 근사해법에 의해 휨모멘트를 계산한 경우를 제외하고, 어떠한 가정의 하중을 적용하여 탄성이론에 의하여 산정한 연속휨부재 받침부의 부모멘트는 20% 이내에서 $1,000\varepsilon_t$%만큼 증가 또는 감소시킬 수 있다.
- 휨모멘트의 재분배는 휨모멘트를 감소시킬 단면에서 최외단 인장철근의 순인장변형률 ε_t가 0.0075 이상인 경우에만 가능하다.
- 경간 내의 단면에 대한 휨모멘트의 계산은 수정된 부모멘트를 사용해야 하며, 휨모멘트 재분배 이후에도 정적 평형을 유지해야 한다.
- 부모멘트의 재분배는 소성힌지 부근에서 충분한 연성능력이 있을 때 가능하다.

78 다음 그림과 같은 직사각형 보를 강도설계이론으로 해석할 때 콘크리트의 등가사각형 깊이 a는? (단, f_{ck} =21MPa이며 f_y =300MPa이다.)

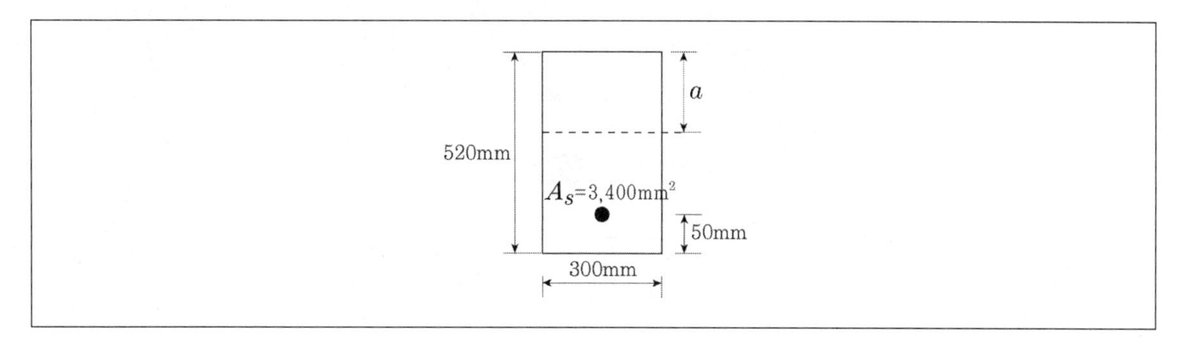

① 109.9mm
② 121.6mm
③ 129.9mm
④ 190.5mm

TIP

$$a=\frac{A_sf_y}{0.85f_{ck}b}=\frac{3,400\times300}{0.85\times21\times300}=190.476\fallingdotseq190.5\text{mm}$$

79 복전단 고장력볼트의 이음에서 강판에 P=350kN이 작용할 때 필요한 볼트의 수는? (단, 볼트의 지름은 20mm, 허용전단응력은 120MPa이다.)

① 3개
② 5개
③ 8개
④ 10개

TIP

$$P_s=v_a(2A)=120\times\left(2\times\frac{\pi\times20^2}{4}\right)=75,398\text{N}$$

$$n=\frac{P}{P_s}=\frac{350\times10^3}{75,398}=4.64\fallingdotseq5\text{개}$$

ANSWER 77.② 78.④ 79.②

80 다음 그림과 같은 용접부의 응력은?

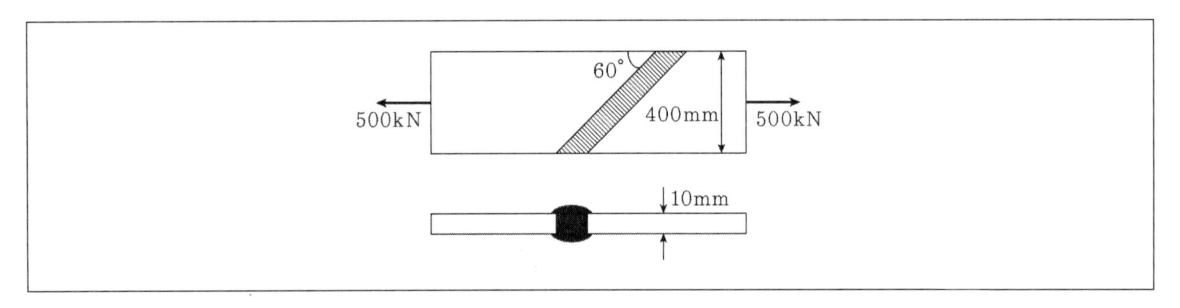

① 110MPa
② 125MPa
③ 250MPa
④ 722MPa

TIP $f = \dfrac{P}{A} = \dfrac{P}{\sum al} = \dfrac{500,000}{400 \times 10} = 125[\text{MPa}]$

제5과목 토질 및 기초

81 어떤 흙의 입경가적곡선에서 D_{10}=0.05mm, D_{30}=0.09mm, D_{60}=0.15mm이었다. 균등계수(C_u)와 곡률계수(C_g)의 값은?

① 균등계수=1.7, 곡률계수=2.45
② 균등계수=2.4, 곡률계수=1.82
③ 균등계수=3.0, 곡률계수=1.08
④ 균등계수=3.5, 곡률계수=2.08

TIP 균등계수 $C_u = \dfrac{D_{60}}{D_{10}} = \dfrac{0.15}{0.05} = 3$

곡률계수 $C_g = \dfrac{D_{30}^2}{D_{10} \cdot D_{60}} = \dfrac{0.09^2}{0.05 \times 0.15} = 1.08$

82 말뚝지지력에 관한 여러 가지 공식 중 정역학적 지지력 공식이 아닌 것은?

① Dorr의 공식
② Terzzgahi의 공식
③ Meyerhof의 공식
④ Engineering News 공식

TIP Engineering News 공식은 동역학적 공식이다.

※ 말뚝의 지지력 공식

정역학적 공식	동역학적 공식
Terzaghi Meyerhof Dunham Dorr	Engineering-news Hiley Sander Weisbach

분 류	안전율	비 고
재하시험	3	가장 확실하나 비경제적임
정역학적 지지력공식	3	시공전 설계에 사용, N치 이용가능
동역학적 지지력공식	3~8	시공시 사용, 점토지반에 부적합

83 압밀시험결과 시간-침하량 곡선에서 구할 수 없는 것은?

① 초기압축비
② 압밀계수
③ 1차 압밀비
④ 선행압밀압력

TIP 선행압밀압력은 하중-간극비곡선에서 구할 수 있다.

※ 압밀곡선 중 시간-침하량곡선과 하중-간극비곡선의 비교

	시간-침하량곡선	하중-간극비곡선
공통	압축계수 체적변화계수	압축계수 체적변화계수
차이점	압밀계수 투수계수 1차 압밀비 압밀시간 산정 각 하중단계별 작성	압축지수 선행압밀하중 압밀침하량산정 전 하중 단계에서 작성

ANSWER 80.② 81.③ 82.④ 83.④

84 다음 그림과 같은 점토지반에서 안전수(m)가 0.1인 경우 높이 5m의 사면에 있어서의 안전율은?

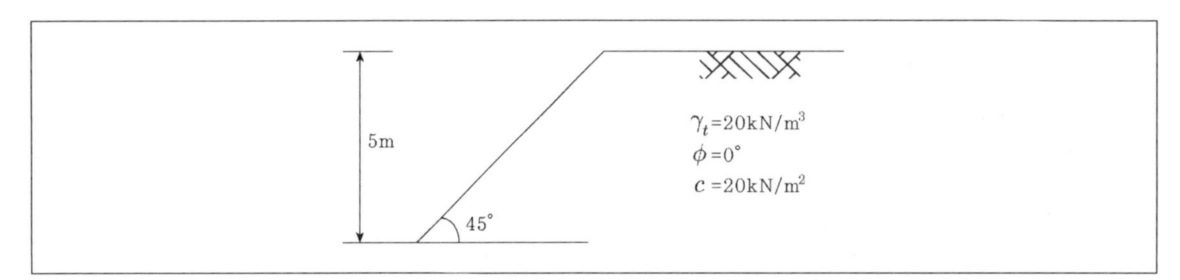

① 1.0
② 1.25
③ 1.50
④ 2.0

TIP 안전율 $F_s = \frac{H_c}{H}$ 이며, $H = 5[m]$

$H_c = \frac{c}{\gamma_m} = \frac{20}{20 \times 0.1} = 10[m]$ 이므로 $F_s = \frac{10}{5} = 2.0$

85 다음 중 일시적인 지반개량공법에 속하는 것은?

① 동결공법
② 프리로딩공법
③ 약액주입공법
④ 모래다짐말뚝공법

TIP 동결공법은 지반을 일시적으로 동결시키는 공법이다.

86 얕은 기초에 대한 Terzaghi의 수정지지력 공식은 아래의 표와 같다. 4m×5m의 직사각형기초를 사용할 경우 형상계수 α, β의 값으로 옳은 것은?

$$q_u = a \cdot c \cdot N_c + \beta \cdot \gamma_1 \cdot B \cdot N + \gamma_2 \cdot D_f \cdot N_q$$

① $\alpha = 1.18$, $\beta = 0.32$
② $\alpha = 1.24$, $\beta = 0.42$
③ $\alpha = 1.28$, $\beta = 0.42$
④ $\alpha = 1.32$, $\beta = 0.38$

TIP α, β : 기초모양에 따른 형상계수 (B : 구형의 단변길이, L : 구형의 장변길이)

구분	연속	정사각형	직사각형	원형
α	1.0	1.3	$1+0.3\frac{B}{L}$	1.3
β	0.5	0.4	$0.5-0.1\frac{B}{L}$	0.3

$1+0.3\frac{B}{L}$, $0.5-0.1\frac{B}{L}$에 $B=4$, $L=5$를 대입하면 $\alpha=1.24$, $\beta=0.42$가 된다.

※ Terzaghi의 수정지지력 공식(얕은 기초의 극한지지력)

$q_u = \alpha \cdot c \cdot N_c + \beta \cdot r_1 \cdot B \cdot N_r + r_2 \cdot D_f \cdot N_q$

N_c, N_r, N_q : 지지력 계수로서 ϕ의 함수이다.

c : 기초저면 흙의 점착력

B : 기초의 최소폭

r_1 : 기초 저면보다 하부에 있는 흙의 단위중량(t/m3)

r_2 : 기초 저면보다 상부에 있는 흙의 단위중량(t/m3)

단, r_1, r_2는 지하수위 아래에서는 수중단위중량(r_{sub})을 사용한다.

D_f : 근입깊이(m)

α, β : 기초모양에 따른 형상계수 (B : 구형의 단변길이, L : 구형의 장변길이)

구분	연속	정사각형	직사각형	원형
α	1.0	1.3	$1+0.3\frac{B}{L}$	1.3
β	0.5	0.4	$0.5-0.1\frac{B}{L}$	0.3

ANSWER 84.④ 85.① 86.②

87 성토나 기초지반에 있어 특히 점성토의 압밀 완료 후 추가 성토 시 단기 안정문제를 검토하고자 하는 경우가 적용되는 시험법은?

① 비압밀 비배수시험 ② 압밀 비배수시험
③ 압밀 배수시험 ④ 일축 압축시험

TIP 압밀 비배수시험 … 성토나 기초지반에 있어 특히 점성토의 압밀 완료 후 추가 성토 시 단기 안정문제를 검토하고자 하는 경우가 적용되는 시험법

※ 배수방법에 따른 적용의 예

㉠ 비압밀 비배수
- 점토지반이 시공 중 또는 성토한 후 급속한 파괴가 예상되는 경우
- 압밀이나 함수비의 변화가 없이 급속한 파괴가 예상되는 경우
- 재하속도가 과잉공극수압의 소산속도보다 빠른 경우
- 즉각적인 함수비의 변화, 체적의 변화가 없는 경우
- 점토지반의 단기적 안정해석을 하는 경우

㉡ 압밀 비배수
- 성토하중으로 어느 정도 압밀된 후 급속한 파괴가 예상되는 경우
- 기존의 제방, 흙 댐에서 수위가 급강하할 때의 안정해석을 하는 경우
- 사전압밀 후 급격한 재하시의 안정해석을 하는 경우

㉢ 압밀 배수
- 성토하중에 의하여 압밀이 서서히 진행되고 파괴도 극히 완만하게 진행될 때
- 공극수압의 측정이 곤란한 경우
- 점토지반의 장기적 안정해석을 하는 경우
- 흙 댐의 정상류에 의한 장기적인 공극수압을 산정하는 경우
- 과압밀점토의 굴착이나 자연사면의 장기적 안정해석을 하는 경우
- 투수계수가 큰 모래지반의 사면 안정해석을 하는 경우

88 외경(D_o) 50.8mm, 내경(D_i) 34.9mm인 스플리트 스푼 샘플러의 면적비로 옳은 것은?

① 112% ② 106%
③ 53% ④ 46%

TIP 면적비

$$C_a = \frac{D_w^2 - D_e^2}{D_e^2} \times 100 = \frac{50.8^2 - 34.9^2}{34.9^2} \times 100 = 111.87\%$$

89 사운딩(Sounding)의 종류에서 사질토에 가장 적합하고 점성토에서도 쓰이는 시험법은?

① 표준관입시험
② 베인전단시험
③ 더치 콘 관입시험
④ 이스키이터(Iskymeter)

TIP ① 표준관입시험기 : 사질토에 가장 적합하나 점토지반의 N치에 의한 강도판정과 지지력을 계산할 수 있다.
② 베인전단시험 : 점성토의 전단력을 측정하는 시험이다.
③ 더치 콘 관입시험 : 점토질 지반을 조사하는 데 적합한 정적 관입시험의 하나. 이중관식 장비를 사용하여 선단 콘의 관입 저항과 로드의 주면 마찰을 측정한다.
④ 이스키미터(Iskymeter) : 관입저항시험의 일종으로서 연약점성토를 측정한다.

90 흙의 투수성에서 사용되는 Darcy의 법칙($Q = k \cdot \frac{\Delta h}{L} \cdot A$)에 대한 설명으로 바르지 않은 것은?

① Δh는 수두차이다.
② 투수계수(k)의 차원은 속도의 차원(cm/s)와 같다.
③ A는 실재로 물이 통하는 공극부분의 단면적이다.
④ 물의 흐름이 난류인 경우에는 Darcy의 법칙이 성립하지 않는다.

TIP A는 매질의 내부단면적이다.(흙 시료에 다르시의 법칙을 적용한다고 할 때, 단면적 A는 흙 시료 전체 단면적이므로 이를 통해 계산한 유속 v는 실제 유속 v_a과는 다르다.)

91 100% 포화된 흐트러지지 않은 시료의 부피가 20[cm^3]이고 무게는 36g이었다. 이 시료를 건조로에서 건조시킨 후의 무게가 24g일 때 간극비는 얼마인가?

① 1.36
② 1.50
③ 1.62
④ 1.70

TIP
함수비 $w = \frac{W_w}{W_s} \times 100 = \frac{36-24}{24} \times 100 = 50\%$
상관식 $S \cdot e = G_s \cdot w$이며 $1 \cdot e = G_s \cdot 0.5$
$e = 0.5G_s$
건조단위중량 $\gamma_d = \frac{W_s}{V} = \frac{G_s}{1+e}\gamma_w$ 이므로 $1.2 = \frac{G_s}{1+0.5G_s}$
$G_s = 1.2 + 0.6G_s$ 이므로 $G_s = 3$
간극비 $e = 0.5G_s = 0.5 \times 3 = 1.5$

ANSWER 87.② 88.① 89.① 90.③ 91.②

92 어느 모래층의 간극률이 35%, 비중이 2.66이다. 이 모래의 분사현상(Quick Sand)에 대한 한계동수경사는?

① 0.99　　② 1.08
③ 1.16　　④ 1.32

TIP 한계동수구배 $i_c = \dfrac{\Delta h}{L} = \dfrac{\gamma_{sub}}{\gamma_w} = \dfrac{G_s - 1}{1+e} = \dfrac{2.66-1}{1+0.538} = 1.08$

간극비 $e = \dfrac{n}{1-n} = \dfrac{0.35}{1-0.35} = 0.538$

93 흙의 다짐에 대한 설명으로 바르지 않은 것은?

① 최적함수비로 다질 때 흙의 건조밀도는 최대가 된다.
② 최대건조밀도는 점성토에 비해 사질토일수록 크다.
③ 최적함수비는 점성토일수록 작다.
④ 점성토일수록 다짐곡선은 완만하다.

TIP 최적함수비는 점성토일수록 증가한다.

94 판재하시험에서 재하판의 크기에 의한 영향(Scale Effect)에 관한 설명으로 바르지 않은 것은?

① 사질토 지반의 지지력은 재하판의 폭에 비례한다.
② 점토지반의 지지력은 재하판의 폭에 무관하다.
③ 사질토 지반의 침하량은 재하판의 폭이 커지면 약간 커지기는 하지만 비례하는 정도는 아니다.
④ 점토지반의 침하량은 재하판의 폭에 무관하다.

TIP $S_F = S_P\left(\dfrac{2B_F}{B_F+B_P}\right)^2 = 10\left(\dfrac{2\times1,500}{1,500[\text{mm}]+300[\text{mm}]}\right)^2 = 27.7[\text{mm}]$ (B_F는 기초의 폭, B_P는 재하판의 폭)

구분	점토	모래
지지력	$q_{u(기초)} = q_{u(재하판)}$	$q_{u(기초)} = q_{u(재하판)} \cdot \dfrac{B_{(기초)}}{B_{(재하판)}}$
침하량	$S_{u(기초)} = S_{u(재하판)} \cdot \dfrac{B_{(기초)}}{B_{(재하판)}}$	$S_{u(기초)} = S_{u(재하판)} \cdot [\dfrac{2B_{(기초)}}{B_{(기초)}+B_{(재하판)}}]^2$

95 지표면에 설치된 2m×2m의 정사각형 기초에 100kN/m^{2}의 등분포하중이 작용하고 있을 때 5m 깊이에 있어서의 연직응력 증가량을 2:1 분포법으로 계산한 값은?

① 0.83kN/m^2
② 8.16kN/m^2
③ 19.75kN/m^2
④ 28.57kN/m^2

TIP $\Delta\sigma_z = \frac{qBL}{(B+z)(L+z)} = \frac{100\times2\times2}{(2+5)(2+5)} = 8.16$

96 Paper Drain 설계 시 Drain Paper의 폭이 10[cm], 두께가 0.3[cm]일 때 Drain Paper의 등치환산원의 직경이 얼마이면 Sand Drain과 동등한 값으로 볼 수 있는가? (단, 형상계수: 0.75)

① 5[cm]
② 8[cm]
③ 10[cm]
④ 15[cm]

TIP 등치환산원의 지름

$D = \alpha\frac{2(A+B)}{\pi} = 0.75\times\frac{2\times(10+0.3)}{\pi} ≒ 5[cm]$

97 점착력이 8kN/m^2, 내부마찰각이 30°, 단위중량이 16kN/m^{3}인 흙이 있다. 이 흙에 인장균열은 약 몇 m 깊이까지 발생할 것인가?

① 6.92m
② 3.73m
③ 1.73m
④ 1.00m

TIP $Z_c = \frac{2c}{r}\tan\left(45° + \frac{\phi}{2}\right) = \frac{2\times8}{16}\tan\left(45° + \frac{30°}{2}\right) = \sqrt{3} = 1.73$

ANSWER 92.② 93.③ 94.④ 95.② 96.① 97.③

98 다음 그림에서 A점 흙의 강도정수가 c' =30kN/m^2, $\phi' = 30°$ 일 때, A점에서의 전단강도는? (단, 물의 단위중량은 9.81kN/m^{3}이다.)

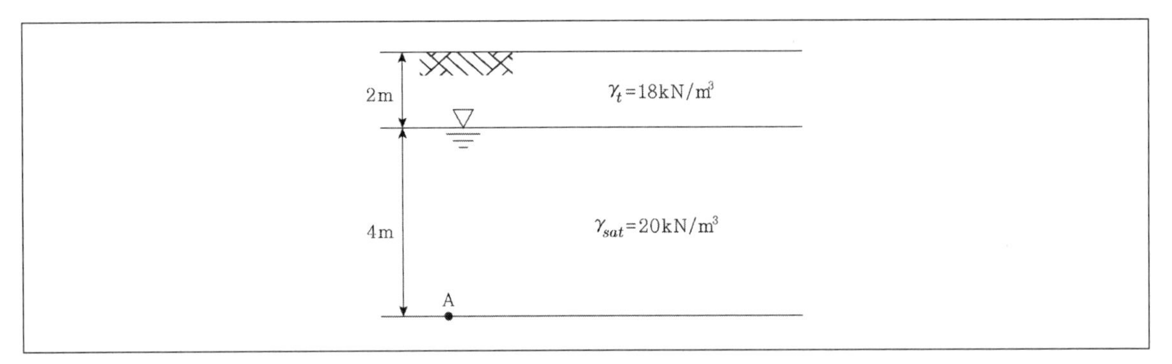

① 69.31kN/m^2
② 74.32kN/m^2
③ 96.97kN/m^2
④ 103.92kN/m^2

TIP $\overline{\sigma_A} = \gamma_1 h_1 + \gamma_{sub} h_2 = 18 \times 2 + (20 - 9.81) \times 4 = 76.76[\text{kN/m}^2]$

$\tau = c + \overline{\sigma_A}\tan\phi = 30 + 76.76\tan 30° = 74.317[\text{kN/m}^2]$

99 Terzaghi는 포화점토에 대한 1차 압밀이론에서 수학적 해를 구하기 위해 다음과 같은 가정을 하였다. 이 중 바르지 않은 것은?

① 흙은 균질하다.
② 흙은 완전히 포화되어 있다.
③ 압축과 흐름은 1차원적이다.
④ 압밀이 진행되면 투수계수는 감소한다.

TIP 투수계수와 흙의 성질은 압밀압력의 크기와 관계없이 일정하다.
흙 입자와 물의 압축성은 무시한다.
※ Terzaghi의 1차 압밀에 대한 가정
- 흙은 균질하다.
- 지반은 완전 포화상태이다.
- 흙입자와 물의 압축성은 무시한다.
- 흙 속의 물의 흐름은 1차원적이고 Darcy법칙이 적용된다.
- 투수계수와 흙의 성질은 압밀압력의 크기와 관계없이 일정하다.
- 압밀시 압력-간극비 관계는 이상적으로 직선적 변화를 한다.

100 아래 그림과 같은 지반의 A점에서 전응력(σ), 간극수압(u), 유효응력(σ')을 구하면? (단, 물의 단위중량은 9.81kN/m^{3}이며 아래 보기의 단위는 kN/m^{2}이다.)

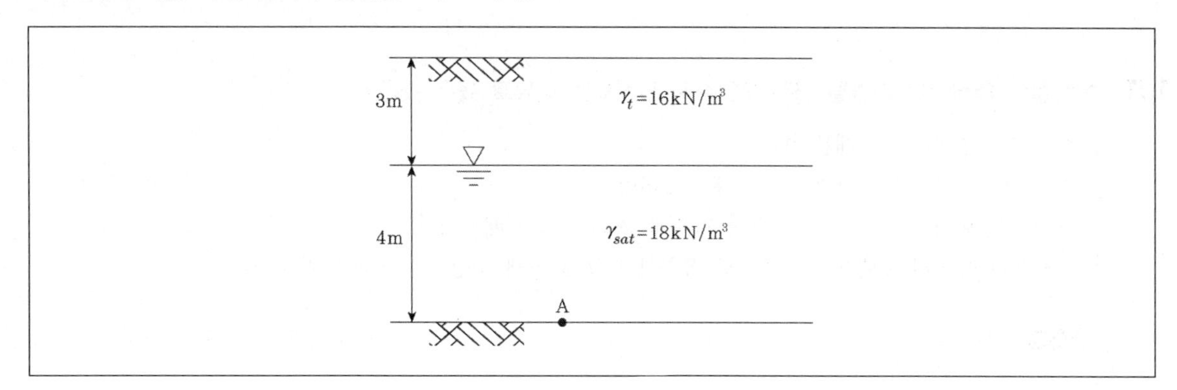

	전응력(σ)	간극수압(u)	유효응력(σ')
①	100	9.8	90.2
②	100	29.4	70.6
③	120	19.6	100.4
④	120	39.2	80.8

TIP 전응력 $\sigma = \gamma_1 H_1 + \gamma_{sat} H_2 = 16 \times 3 + 18 \times 4 = 120$

간극수압 $u = \gamma_w \cdot h = 9.81 \times 4 = 39.24$

유효응력 $\sigma' = \sigma - u = 80.8$

ANSWER 98.② 99.④ 100.④

제6과목 상하수도공학

101 먹는 물에 대장균이 검출될 경우 오염수로 판정되는 이유로 옳은 것은?

① 대장균은 병원균이기 때문이다.
② 대장균은 반드시 병원균과 공존하기 때문이다.
③ 대장균은 번식 시 독소를 분비하여 인체에 해를 끼치기 때문이다.
④ 사람이나 동물의 체내에 서식하므로 병원성 세균의 존재 추정이 가능하기 때문이다.

TIP 먹는 물에 대장균이 검출될 경우 오염수로 판정되는 이유는 사람이나 동물의 체내에 서식하므로 병원성 세균의 존재 추정이 가능하기 때문이다.

102 하수도 시설에 관한 설명으로 바르지 않은 것은?

① 하수배제방식은 합류식과 분류식으로 대별할 수 있다.
② 하수도시설은 관로시설, 펌프장시설 및 처리장시설로 크게 구별할 수 있다.
③ 하수배제는 자연유하를 원칙으로 하고 있으며 펌프시설도 사용할 수 있다.
④ 하수처리장 시설은 물리적 처리시설을 제외한 생물학적 화학적 처리시설을 의미한다.

TIP 하수처리장 시설은 물리적 처리시설도 포함한다.

103 하수관로의 매설방법에 대한 설명으로 바르지 않은 것은?

① 실드공법은 연약한 지반에 터널을 시공할 목적으로 개발되었다.
② 추진공법은 실드공법에 비해 공사기간이 짧고 공사비용도 저렴하다.
③ 하수도공사에 이용되는 터널공법에는 개착공법, 추진공법, 실드공법 등이 있다.
④ 추진공법은 중요한 지하매설물의 횡단공사 등으로 개착공법으로 시공하기 곤란할 때 가끔 채용된다.

TIP 개착공법은 터널공법의 일종이 아니며 전혀 다른 개념이다.
하수관거의 시공 방법에는 개착공법과 터널공법으로 나눌 수 있는데 개착공법은 부지의 여유가 있거나 주변 구조물 또는 장애물이 없는 경우 하수관거를 설치하고자 하는 깊이까지 지반을 굴착한 다음 하수관거를 설치하고 흙을 다시 되메우는 방법이다. 하수관거의 매설깊이가 깊고 지하매설물이 많고 도로교통이 복잡하고 소음 및 진동이 문제가 되는 경우 개착공법의 채택이 곤란한 경우에는 터널공법을 적용한다. 터널공법으로는 추진공법, 실드공법, 보통터널공법 등이 있다.

104 배수 및 급수시설에 관한 설명으로 바르지 않은 것은?

① 배수본관은 시설의 신뢰성을 높이기 위해 2개열 이상으로 한다.
② 배수지의 건설에는 토압, 벽체의 균열, 지하수의 부상, 환기 등을 고려한다.
③ 급수관 분기지점에서 배수관 내의 최대정수압은 1,000kPa 이상으로 한다.
④ 관로공사가 끝나면 시공의 적합여부를 확인하기 위해 수압 시험 후 통수한다.

TIP 급수관 분기지점에서 배수관 내의 최대정수압은 700kPa 이상으로 한다.

105 하수도 계획의 기본적 사항에 관한 설명으로 바르지 않은 것은?

① 계획구역은 계획목표년도까지 시가화 예상구역을 포함하여 광역적으로 정하는 것이 좋다.
② 하수도계획의 목표연도는 시설의 내용연수, 건설기간 등을 고려하여 50년을 원칙으로 한다.
③ 신시가지 하수도 계획수립 시 기존시가지를 포함하여 종합적으로 고려해야 한다.
④ 공공수역의 수질보전 및 자연환경보전을 위하여 하수도 정비를 필요로 하는 지역을 계획구역으로 한다.

TIP 하수도계획의 목표년도는 원칙적으로 20년으로 한다.

106 대기압이 10.33m, 포화수증기압이 0.238m, 흡입관내의 전 손실수두가 1.2m, 토출관의 전손실수두가 5.6m, 펌프의 공동현상계수가 0.8이라고 할 때 공동현상을 방지하기 위하여 펌프가 흡입수면으로부터 얼마의 높이까지 위치할 수 있는가?

① 약 0.8m
② 약 2.4m
③ 약 3.4m
④ 약 4.5m

TIP 상당히 난이도가 높은 반면 출제빈도가 매우 낮은 문제이므로 과감하게 넘어갈 것을 권한다.
유효흡십수두는 필요흡입수두의 1.3배보다 커야 한다.
따라서 대기압 = 포화수증기압 + (마찰손실수두) + 토출관의 전손실수두 + H_S이므로 $H_{SV} + H_S = 3.292$가 되며
이는 $1.3(H_{SV} + H_S)$보다 커야 하므로 $H_S = \frac{3.292}{1.3} \fallingdotseq 2.5[m]$ 이므로 보기 중 가장 정답에 가까운 것은 ②가 된다.

※ 공동현상(Cavitation)의 방지법
- 펌프의 설치위치를 낮게 한다.
- 펌프의 회전속도를 낮게 한다.
- 흡입양정을 작게 한다.

ANSWER 101.④ 102.④ 103.③ 104.③ 105.② 106.②

107 계획급수량을 산정하는 식으로 바르지 않은 것은?

① 계획1인1일 평균급수량 = 계획1인1일 평균사용수량 / 계획첨두율
② 계획1일 최대급수량 = 계획1일 평균급수량 × 계획첨두율
③ 계획1일 평균급수량 = 계획1인1일 평균급수량 × 계획급수인구
④ 계획1일 최대급수량 = 계획1인1일 최대급수량 × 계획급수인구

TIP 계획1인1일 평균급수량은 계획1일 평균급수량을 계획급수인구로 나눈 값으로, 계획1일 평균급수량은 계획1일 최대급수량에 중소도시인 경우는 0.7을 곱하고, 대도시와 공업도시인 경우에는 0.85을 곱하여 구한다.

- 중소도시 : 1인1일 최대급수량×0.7
- 대도시(공업도시) : 1인1일 최대급수량×0.85

108 다음 생물학적 처리방법 중 생물막 공법은?

① 산화구법
② 살수여상법
③ 접촉안정법
④ 계단식 폭기법

TIP 생물막법은 원판이나 침지상등에 미생물을 부착고정시켜 생물막을 형성하게 하고, 폐수가 그 생물막에 자주 접촉하게 하여 폐수를 정화시키는 방법으로 살수여상법, 회전원판법이 있다.

109 정수처리에서 염소소독을 실시할 경우 물이 산성일수록 살균력이 커지는 이유는?

① 수중의 OCl 감소
② 수중의 OCl 증가
③ 수중의 HOCl 감소
④ 수중의 HOCl 증가

TIP 염소는 물에 용해되면 HOCl(Hypochlorous Acid, 차아염소산)을 만드는데 이 차아염소산은 물이 산성일수록 살균력이 커지게 된다.

110 1/1,000의 경사로 묻힌 지름 2,400mm의 콘크리트 관내에 20°C의 물이 만관상태로 흐를 때의 유량은? (단, Manning공식을 적용하며 조도계수는 n=0.015이다.)

① $6.78m^3/s$ ② $8.53m^3/s$
③ $12.71m^3/s$ ④ $20.57m^3/s$

TIP Manning공식 : $Q=\frac{1}{n}R^{2/3}I^{1/2}$이며 $R=\frac{D}{4}$

$Q=\frac{\pi D^2}{4}\cdot\frac{1}{n}\cdot\left(\frac{D}{4}\right)^{\frac{2}{3}}\cdot\sqrt{I}$ 이므로 따라서

$Q=\frac{\pi\cdot 2.4^2}{4}\times\frac{1}{0.015}\times\left(\frac{2.4}{4}\right)^{\frac{2}{3}}\times\sqrt{\frac{1}{10^3}}=6.784[m^3/s]$

111 원형침전지의 처리유량이 $10,200m^3/day$, 위어의 월류부하가 $169.2m^3/m\cdot day$라면 원형침전지의 지름은?

① 18.2m ② 18.5m
③ 19.2m ④ 20.5m

TIP 주어진 부하의 단위가 면적이 아닌 길이로 주어져 있음에 유의해야 한다.

월류부하 $169.2[m^2/m\cdot day]=\frac{10,200[m^2/day]}{\text{침전지둘레}}$ 이므로

이를 만족하는 $\pi d=60.28$을 만족하는 d=19.2[m]

112 정수장의 약품침전을 위한 응집제로서 사용되지 않는 것은?

① PACl ② 황산철
③ 활성탄 ④ 황산알루미늄

TIP 활성탄은 주로 색도를 제거하기 위해 사용된다.

정수장의 약품침전을 위한 응집제로는 황산알루미늄, PACl(폴리염화알루미늄), 황산철, 염화철 등이 사용된다.

ANSWER 107.① 108.② 109.④ 110.① 111.③ 112.③

113 금속이온 및 염소이온(염화나트륨 제거율 93% 이상)을 제거할 수 있는 막여과공법은?

① 역삼투법
② 나노여과법
③ 정밀여과법
④ 한외여과법

TIP 금속이온 및 염소이온(염화나트륨 제거율 93% 이상)을 제거할 수 있는 막여과공법은 역삼투법이다.
(역삼투현상 : 삼투현상과는 반대로 고농도의 용액측 용매가 저농도의 용액측으로 역류하는 현상)

114 계획오수량에 대한 설명으로 바르지 않은 것은?

① 오수관로의 설계에는 계획시간 최대오수량을 기준으로 한다.
② 계획오수량의 산정에서는 일반적으로 지하수의 유입량은 무시할 수 있다.
③ 계획1일 평균오수량은 계획1일 최대오수량의 70~80%를 표준으로 한다.
④ 계획시간 최대오수량은 계획1일 최대오수량의 1시간당 수량의 1.3~1.8배를 표준으로 한다.

TIP 계획오수량의 산정에서는 일반적으로 지하수의 유입량을 필수적으로 고려해야 한다. 계획오수량은 생활오수량, 공장폐수량, 지하수량으로 구분할 수 있다.

115 함수율 95%인 슬러지를 농축시켰더니 최초 부피의 1/30이 되었다. 농축된 슬러지의 함수율은? (단, 농축 전후의 슬러지 비중은 1로 가정한다.)

① 65%　　② 70%
③ 85%　　④ 90%

TIP $\frac{V_2}{V_1}=\frac{100-W_1}{100-W_2}$ 에서 $\frac{100-95}{100-W_2}=\frac{1}{3}$ 이므로 $W_2=85$

116 우수가 하수관로로 유입하는 시간이 4분, 하수관로에서의 유하시간이 15분, 이 유역의 유역면적이 $4km^2$, 유출계수는 0.6, 강우강도식 $I=\dfrac{6,500}{t+40}$[mm/hr]일 때 첨두유량은? (단, t의 단위는 [분]이다.)

① $73.4m^3/s$ ② $78.8m^3/s$
③ $85.0m^3/s$ ④ $98.5m^3/s$

TIP 유달시간 = 유입시간 + 유하시간 = 4 + 15 = 19분

$$I=\frac{6,500}{t+40}\text{mm/h}=\frac{6,500}{19+40}=110.17[\text{mm/hr}]$$

$$Q=\frac{1}{3.6}CIA=\frac{1}{3.6}\times0.6\times110.17\times4=73.4[\text{m}^3/\text{sec}]$$

117 저수시설의 유효지수량 결정방법이 아닌 것은?

① 합리식 ② 물수지계산
③ 유량도표에 의한 방법 ④ 유량누가곡선 도표에 의한 방법

TIP 저수시설의 유효저수량 결정방법
- 물수지법에 의한 방법
- 유량도표에 의한 방법
- 유량누가곡선 도표에 의한 방법

합리식은 계획우수량을 구하기 위한 식으로서 $Q=\dfrac{1}{360}CIA$을 의미한다. (C : 유출계수, I : 강우강도[mm/hr], A : 유역면적[km^2])이므로 I는 강우강도이다.

118 상수도 취수시설의 침사지에 관한 시설기준으로 틀린 것은?

① 침사지의 형상은 장방형으로 하고 길이는 폭의 3~8배를 표준으로 한다.
② 침사지의 체류시간은 계획취수량의 10~20분을 표준으로 한다.
③ 침사지의 유효수심은 3~4[m]를 표준으로 하고, 퇴사심도는 0.5~1[m]로 한다.
④ 침사지 내의 평균유속은 20~30cm/s를 표준으로 한다.

TIP 침사지 내에서의 평균유속은 2~7[cm/sec]를 표준으로 한다.

ANSWER 113.① 114.② 115.③ 116.① 117.① 118.④

119 정수장 침전지의 침전효율에 영향을 주는 인자에 대한 설명으로 바르지 않은 것은?

① 수온이 낮을수록 좋다.
② 체류시간이 길수록 좋다.
③ 입자의 직경이 클수록 좋다.
④ 침전지의 수표면적이 클수록 좋다.

TIP 수온이 높을수록 정수장 침전지의 침전효율이 좋아진다.

120 송수에 필요한 유량 $Q=0.7\text{m}^3/\text{s}$, 길이 $l=100\text{m}$, 지름 $d=40\text{cm}$, 마찰손실계수 $f=0.03$인 관을 통하여 높이 30m에 양수할 경우 필요한 동력(HP)은? (단, 펌프의 합성효율은 80%이며 마찰 이외의 손실은 무시한다.)

① 122HP
② 244HP
③ 489HP
④ 978HP

TIP $Q=AV$이므로 $V=\dfrac{Q}{A}=\dfrac{4Q}{\pi d^2}=\dfrac{4\times 0.7}{\pi\times 0.4^2}=5.57[\text{m/s}]$

$$h_L=f\cdot\frac{l}{d}\cdot\frac{V^2}{2g}=0.03\times\frac{100}{0.4}\times\frac{5.57^2}{2\times 9.8}=11.87[\text{m}]$$

$$P_p=\frac{13.33QH}{\eta}=\frac{13.33\times 0.7(30+11.87)}{0.8}=488.36[\text{HP}]$$

02

토목기사

2020년 3회 시행

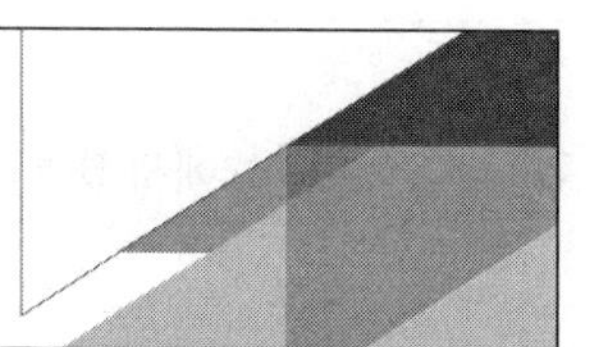

제1과목 응용역학

1 지름 d=120cm, 벽두께 t=0.6cm인 긴 강관이 q=20[MPa]의 내압을 받고 있다. 이 관벽 속에 발생하는 원환응력 σ의 크기는?

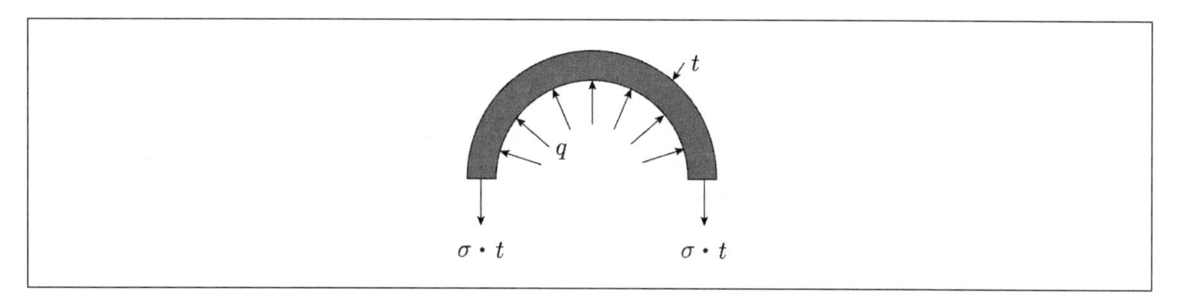

① 50[MPa]
② 100[MPa]
③ 150[MPa]
④ 200[MPa]

TIP $\sigma = \frac{qr}{t} = \frac{2 \times 60}{0.6} = 200[\text{MPa}]$

2 전단중심(shear center)에 대한 다음 설명 중 옳지 않은 것은?

① 1축이 대칭인 단면의 전단중심은 도심과 일치한다.
② 1축이 대칭인 단면의 전단중심은 그 대칭축 선상에 있다.
③ 하중이 전단중심점을 통과하지 않으면 보는 비틀린다.
④ 전단중심이란 단면이 받아내는 전단력의 합력점의 위치를 말한다.

TIP 1축이 대칭이라도 단면의 전단중심이 도심과 일치하지 않는 경우도 있다.

ANSWER 119.① 120.③ / 1.④ 2.①

3 다음 연속보에서 B점의 지점반력을 구한 값은?

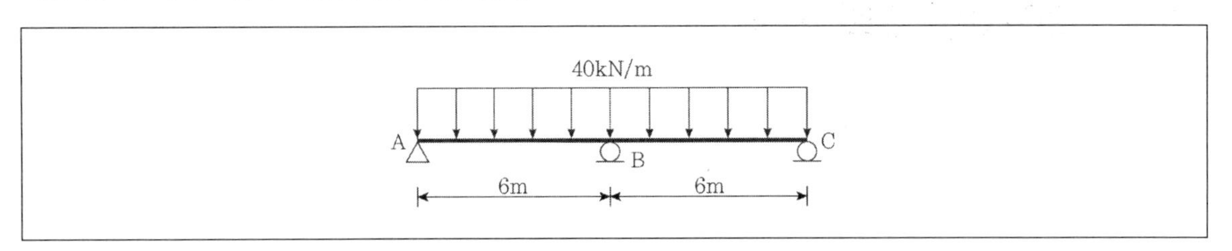

① 240kN
② 280kN
③ 300kN
④ 320kN

TIP 변위일치법으로 풀 수 있다.

$$\frac{5w(2l)^4}{384EI}=\frac{R_B(2l)^3}{48EI}, \quad R_B=\frac{5wl}{4}=\frac{5\times40\times6}{4}=300[\text{kN}]$$

4 아래 그림과 같은 보에서 A점의 수직반력은?

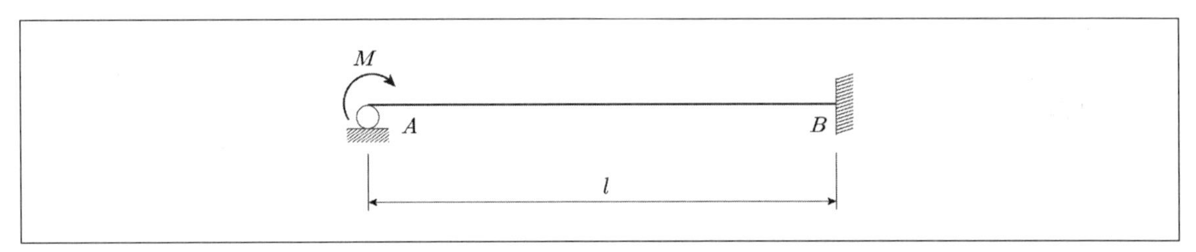

① $\frac{M}{l}(\uparrow)$
② $\frac{M}{l}(\downarrow)$
③ $\frac{3M}{2l}(\uparrow)$
④ $\frac{3M}{2l}(\downarrow)$

TIP $\sum M_B=0: M+\frac{M}{2}-V_A\times l=0,\ V_A=\frac{3M}{2l}(\downarrow)$

5 다음 그림과 같은 1/4원 중에서 음영부분의 도심까지의 위치 y_0은?

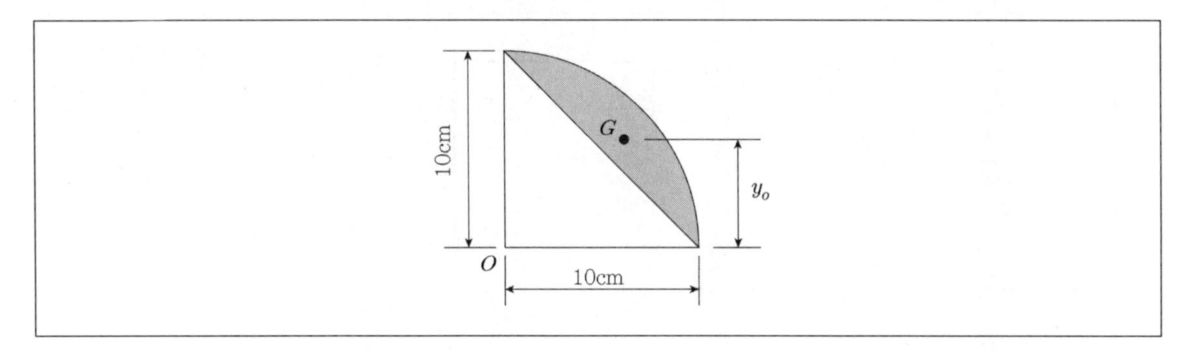

① 4.94cm
② 5.20cm
③ 5.84cm
④ 7.81cm

TIP $G_x = A \cdot y_o = \left(\frac{\pi r^2}{4} - \frac{r^2}{2}\right) y_o = \left(\frac{\pi r^2}{4}\right)\left(\frac{4r}{3\pi}\right) - \left(\frac{r^2}{2}\right)\left(\frac{r}{3}\right)$

$y_o = \frac{r}{3\left(\frac{\pi}{2} - 1\right)} = \frac{10}{3\left(\frac{\pi}{2} - 1\right)} = 5.84[\text{cm}]$

6 다음 그림과 같이 단순보의 A점에 휨모멘트가 작용하고 있을 경우 A점에서 전단력의 절댓값은?

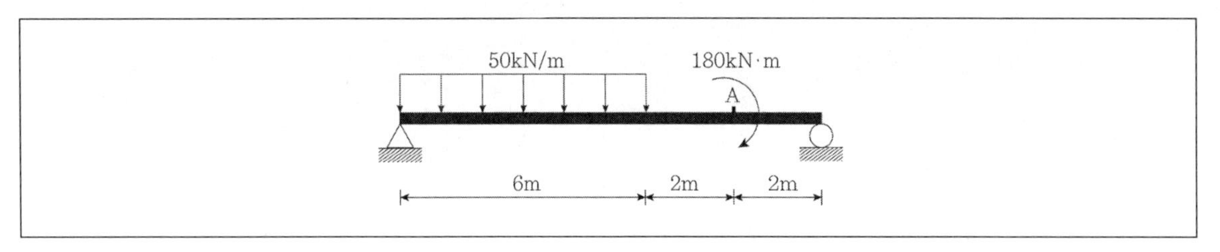

① 72kN
② 108kN
③ 126kN
④ 252kN

TIP $\sum M_B = 0 : R_C \times 10 - 50 \times 6 \times 3 - 180 = 0$

따라서 $R_C = 108[\text{kN}]$이 되며 $R_B = 192[\text{kN}]$이 된다.

A점의 전단력의 크기는 R_C와 같으므로 A점의 전단력은 108[kN]이 된다.

ANSWER 3.③ 4.④ 5.③ 6.②

7 다음 그림과 같은 3힌지 라멘의 휨모멘트도(BMD)는?

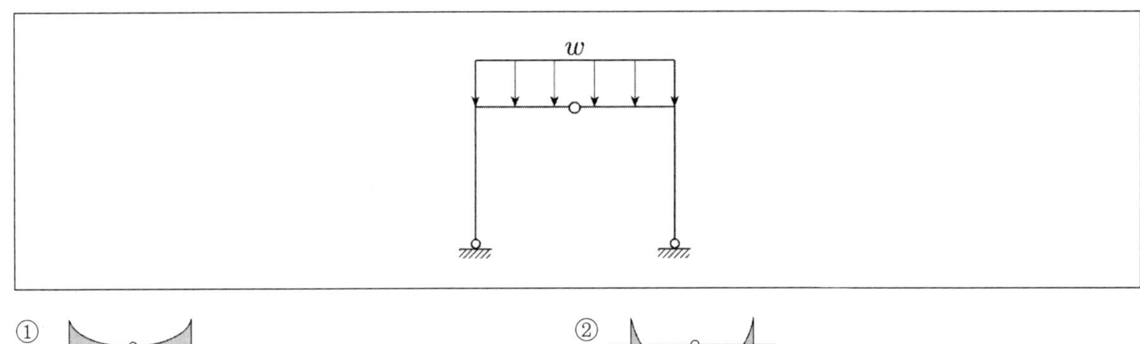

① 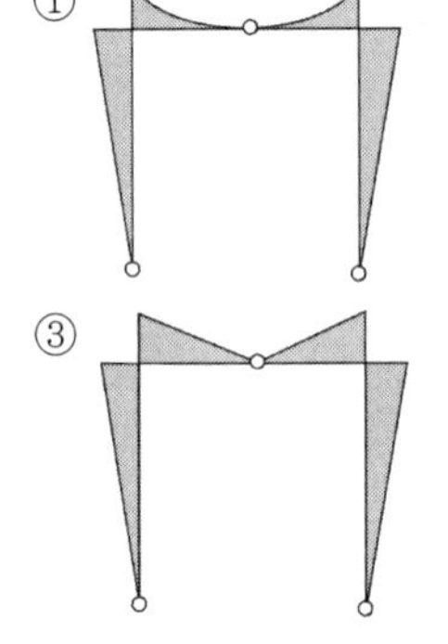

② 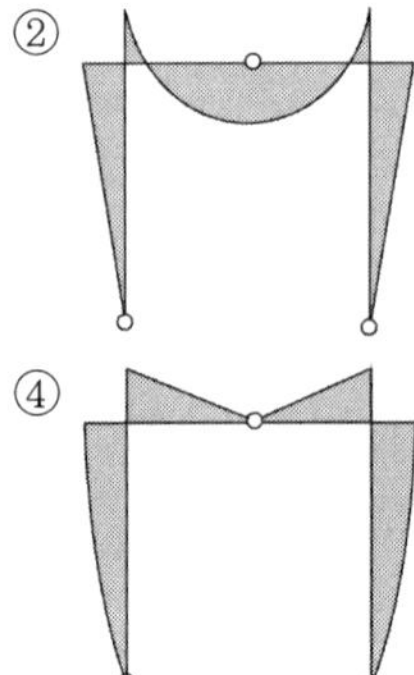

③

④

TIP 등분포하중이 작용하는 보의 처짐은 곡선을 이루므로 ③, ④는 정답이 아님을 알 수 있다. 또한 힌지절점의 휨모멘트는 0이 되어야 하므로 ①과 같은 형상이 된다.

8 다음 그림과 같은 도형에서 빗금친 부분에 대한 x, y축의 단면상승모멘트(I_{xy})는?

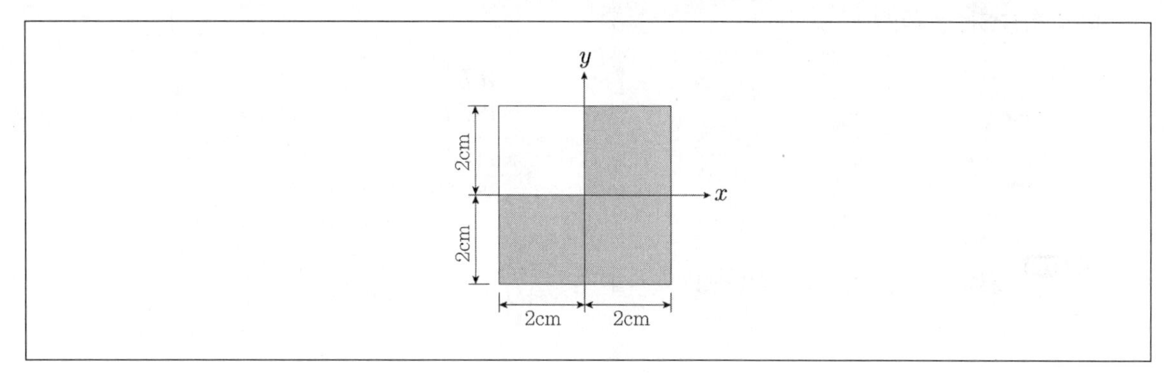

① $2cm^4$
② $4cm^4$
③ $8cm^4$
④ $16cm^4$

TIP 단면상승모멘트는 단면의 면적을 원점에서부터 단면도심의 x, y좌표를 곱한 값이다. 따라서
$I_{xy}=(2\times2)\times1\times1+(2\times2)\times1\times(-1)+(2\times2)\times(-1)\times(-1)=4$

9 다음 그림과 같은 보의 허용휨응력이 80MPa일 때 보에 작용할 수 있는 등분포하중(w)은?

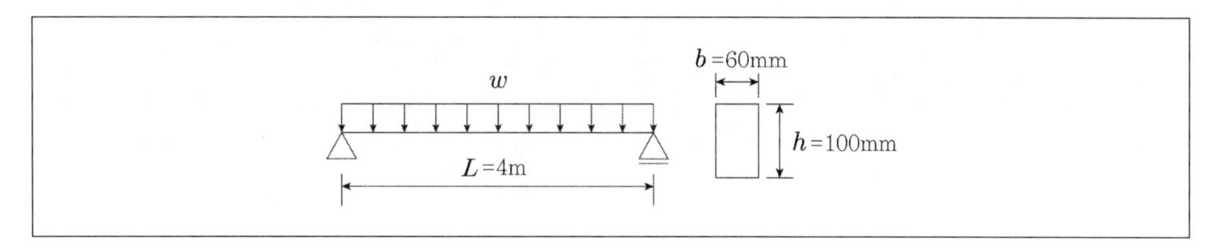

① 50kN/m
② 40kN/m
③ 5kN/m
④ 4kN/m

TIP

$$\sigma_{\max}=\frac{M}{Z}=\frac{\frac{wL^2}{8}}{\frac{bh^2}{6}}=\frac{\frac{w\times4,000^2}{8}}{\frac{60\times100^2}{6}}=80[\text{MPa}]$$

이를 만족하는 $w=4[\text{kN/m}]$이다.

ANSWER 7.① 8.② 9.④

10 등분포 하중을 받는 단순보에서 중앙점의 처짐을 구하는 공식은? (단, 등분포 하중은 W, 보의 길이는 L, 보의 휨강성은 EI이다.)

① $\dfrac{WL^3}{24EI}$　　② $\dfrac{WL^3}{48EI}$

③ $\dfrac{WL^4}{8EI}$　　④ $\dfrac{5WL^4}{384EI}$

TIP 등분포 하중을 받는 단순보에서 중앙점의 처짐식은 $\dfrac{5WL^4}{384EI}$

11 다음 3힌지 아치에서 수평반력 H_B를 구하면?

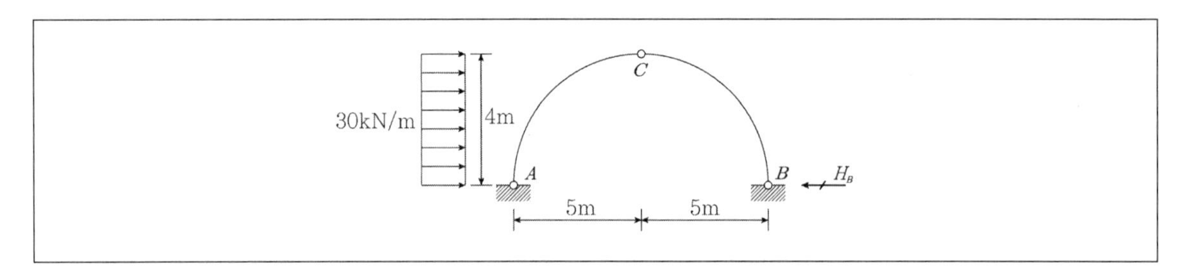

① 20kN　　② 30kN

③ 40kN　　④ 60kN

TIP

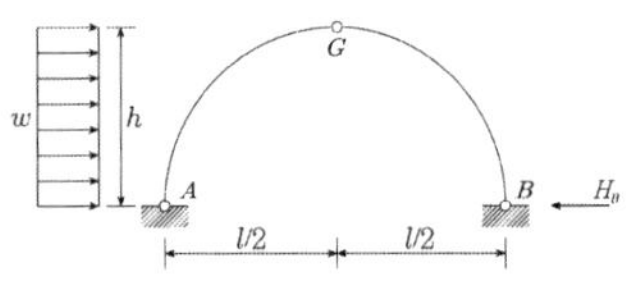

$\sum M_A = 0 : (w \times h) \times \dfrac{h}{2} - V_B \times l = 0,\ V_B = \dfrac{wh^2}{2l}(\uparrow)$

$\sum M_G = 0 : H_B \times h - \dfrac{wh^2}{2l} \times \dfrac{l}{2} = 0,\ H_B = \dfrac{wh}{4}(\leftarrow)$

따라서 $w=30$을 대입하면 $H_B = \dfrac{wh}{4}(\leftarrow) = \dfrac{30 \times 4}{4} = 30$

12 다음 그림과 같이 속이 빈 단면에 전단력 V=150kN이 작용하고 있다. 단면에 발생하는 최대전단응력은?

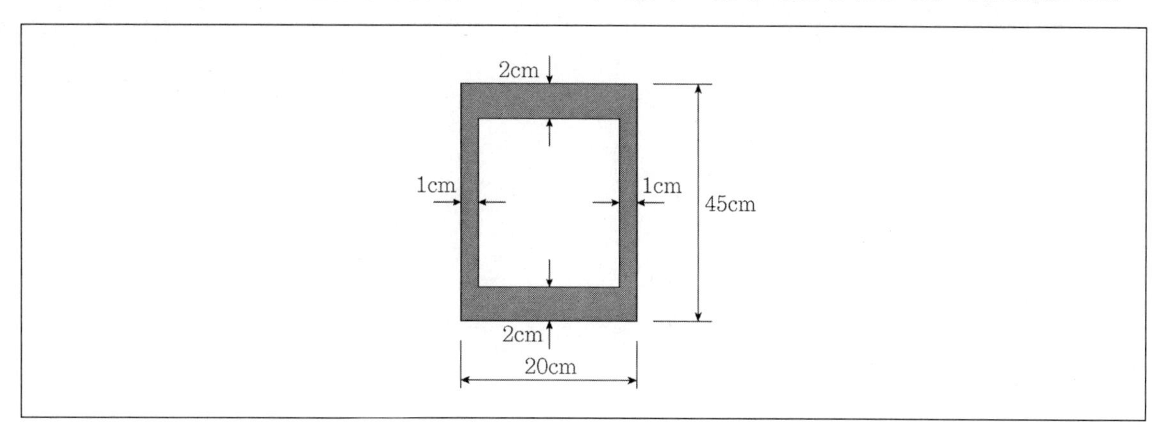

① 9.9[MPa]
② 19.8[MPa]
③ 99[MPa]
④ 198[MPa]

TIP 최대전단응력은 중립축에서 발생된다.

$$G_x = A_1y_1 - A_2y_2 = 200\times 225\times \frac{225}{2} - \left(180\times 205\times \frac{205}{2}\right) = 1,280,250[\text{mm}^2]$$

V= 150[kN]= 150,000[N]이며 $b = 10\times 2 = 20$[mm] (단면의 중립축에서 폭)

$$I_x = \frac{BH^3}{12} - \frac{bh^3}{12} = \frac{200\times 450^3}{12} - \frac{180\times 410^3}{12} = 484,935,000[\text{mm}^4]$$

$$\tau_{\max} = \frac{VG_x}{I_x b} = \frac{150,000\times 1,280,250[\text{mm}^3]}{484,935,000[\text{mm}^4]\times 20[\text{mm}]} = 19.8[\text{MPa}]$$

ANSWER 10.④ 11.② 12.②

13 다음 그림은 정사각형 단면을 갖는 단주에서 단면의 핵을 나타낸 것이다. x의 거리는?

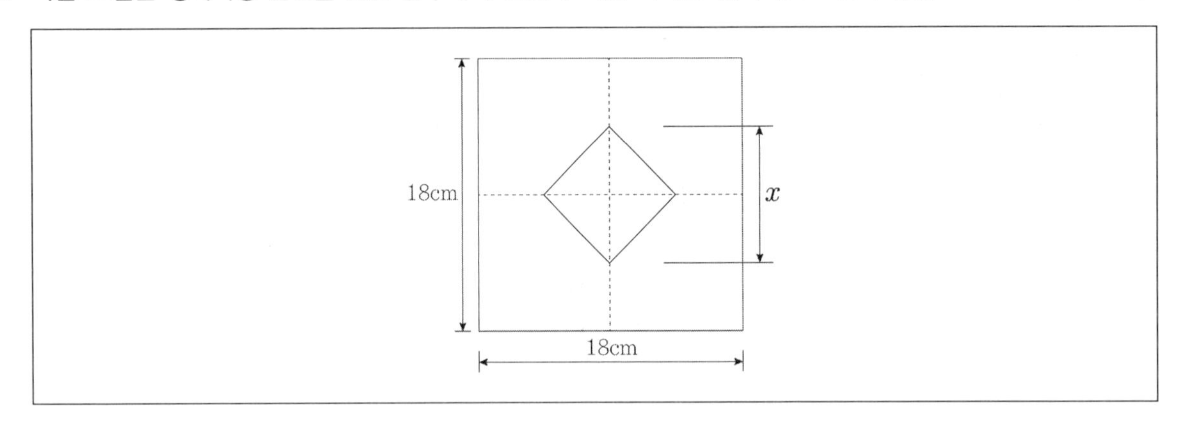

① 3cm
② 4.5cm
③ 6cm
④ 9cm

TIP 정사각형 단면의 핵거리는 중심으로부터 $\frac{\text{한 변의 길이}}{6}$이므로 18/6=3cm가 된다. 따라서 $x=2\times3=6$cm가 된다.

14 아래 그림과 같은 캔틸레버보에서 휨모멘트에 의한 탄성변형에너지는? (단, EI는 일정)

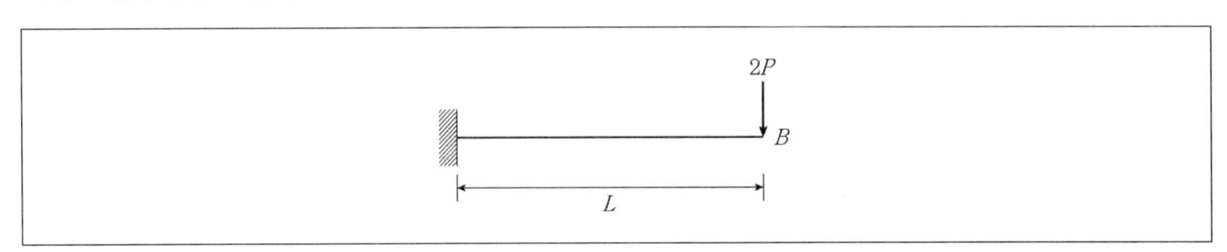

① $\frac{3P^2L^3}{2EI}$
② $\frac{2P^2L^3}{3EI}$
③ $\frac{P^2L^3}{3EI}$
④ $\frac{P^2L^3}{6EI}$

TIP $U=\int\frac{M_x^2}{2EI}dx=\frac{1}{2EI}\int_0^L(-2P\times x)^2dx=\frac{4P^2}{2EI}\left[\frac{x^3}{3}\right]_o^L=\frac{2}{3}\times\frac{P^2L^3}{EI}$

15 지름 50mm, 길이 2m의 봉을 길이방향으로 당겼더니 길이가 2mm 늘어났다면, 이 때 봉의 지름은 얼마나 줄어드는가? (단, 이 봉의 푸아송비는 0.3이다.)

① 0.015mm ② 0.030mm
③ 0.045mm ④ 0.060mm

TIP

$$\nu=-\frac{\frac{\Delta D}{D}}{\frac{\Delta L}{L}},\ \Delta D=-\frac{\nu\cdot D\cdot\Delta L}{L}=-\frac{0.3\times50\times2}{2{,}000}=-0.015\text{mm}(\text{수축})$$

16 다음 그림과 같은 크레인의 D_1 부재의 부재력은?

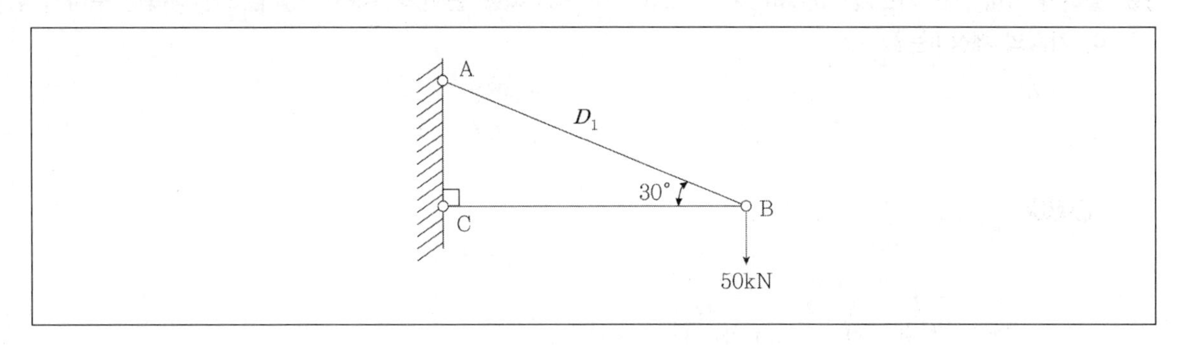

① 43kN ② 50kN
③ 75kN ④ 100kN

TIP 직관적으로 바로 풀 수 있는 문제이다.
$D_1\sin30^\circ=50$이어야 하므로 $D_1=100[\text{kN}]$

ANSWER 13.③ 14.② 15.① 16.④

17 다음 그림과 같은 직사각형 단면의 보가 최대휨모멘트 M_{max} =20kN · m를 받을 때 a-a단면의 휨응력은?

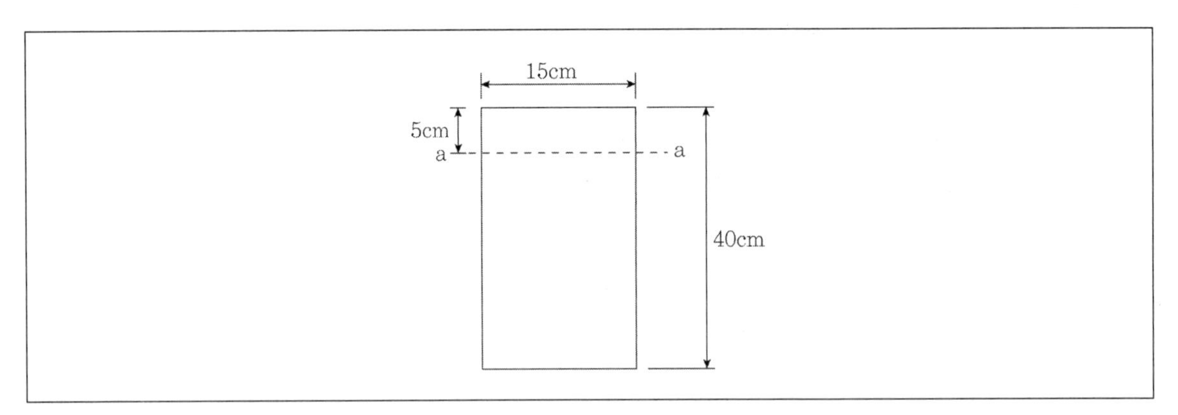

① 2.25MPa
② 3.75MPa
③ 4.25MPa
④ 4.65MPa

TIP $I=\dfrac{bh^3}{12}=8\times10^4\text{cm}^4,\ y=\dfrac{h}{2}-5=15\text{cm}$

$\sigma_{a-a}=\dfrac{M}{I}y=\dfrac{20[\text{kN}\cdot\text{m}]}{8\times10^4[\text{cm}^4]}\times15[\text{cm}]=3.75[\text{MPa}]$

18 길이가 3[m]이고 가로가 20[cm], 세로 30[cm]인 직사각형 단면의 기둥이 있다. 좌굴응력을 구하기 위한 이 기둥의 세장비는?

① 34.6
② 43.3
③ 52.0
④ 60.7

TIP 세장비 $\lambda=\dfrac{l}{r_{min}}$

$r_{min}=\sqrt{\dfrac{I_{min}}{A}}=\sqrt{\dfrac{\frac{bh^3}{12}}{bh}}=\sqrt{\dfrac{\frac{30\times20^3}{12}}{20\times30}}=5.77[\text{cm}]$

$\lambda=\dfrac{300}{5.77}=52.0$

19 다음 그림에서 합력 R과 P_1 사이의 각을 α라고 할 때 $\tan\alpha$를 나타낸 식으로 바른 것은?

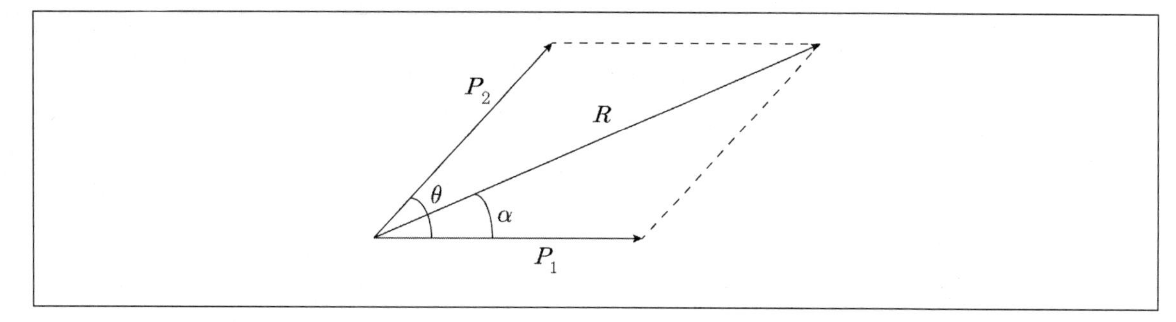

① $\tan\alpha = \dfrac{P_2 \sin\theta}{P_1 + P_2 \cos\theta}$

② $\tan\alpha = \dfrac{P_1 \sin\theta}{P_1 + P_2 \cos\theta}$

③ $\tan\alpha = \dfrac{P_2 \cos\theta}{P_1 + P_2 \sin\theta}$

④ $\tan\alpha = \dfrac{P_1 \cos\theta}{P_1 + P_2 \sin\theta}$

TIP $\tan\alpha = \dfrac{P_2 \sin\theta}{P_1 + P_2 \cos\theta}$ 이 성립한다.

ANSWER 17.② 18.③ 19.①

20 다음 그림과 같은 캔틸레버보에서 최대처짐각(θ_B)은? (단, EI는 일정하다.)

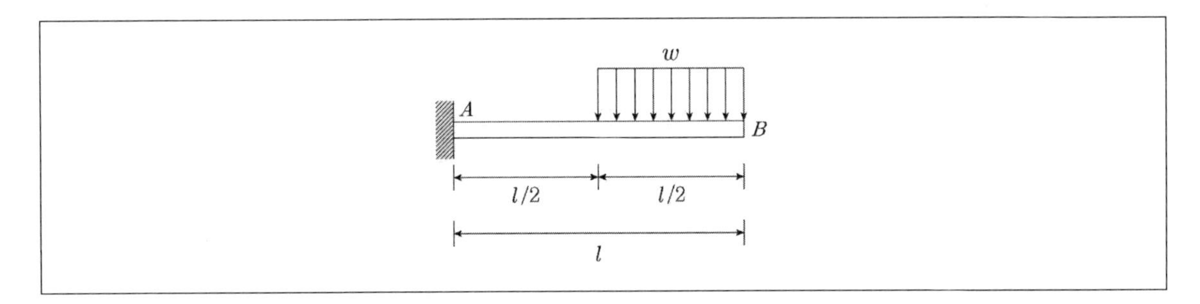

① $\dfrac{3wL^3}{48EI}$　　② $\dfrac{5wL^3}{48EI}$

③ $\dfrac{7wL^3}{48EI}$　　④ $\dfrac{9wL^3}{48EI}$

TIP 공액보법으로 해석을 해야 한다.

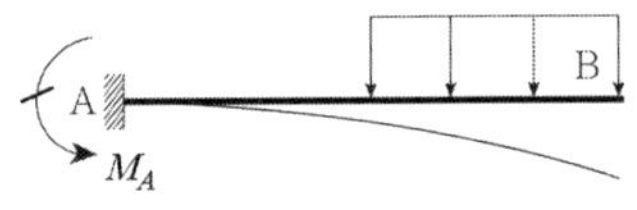

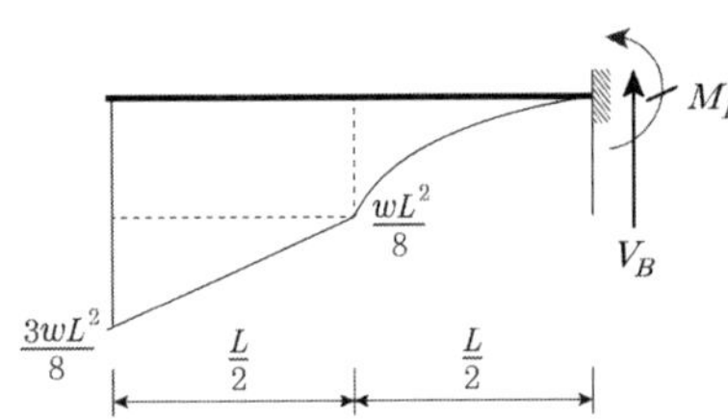

A점에서의 휨모멘트는 $M_A = \dfrac{wL}{2}\left(\dfrac{L}{2}\times\dfrac{1}{2}+\dfrac{L}{2}\right)=\dfrac{3wL^2}{8}$

중앙점에서의 휨모멘트는 $M_C = \dfrac{wL}{2}\times\dfrac{L}{2}\times\dfrac{1}{2}=\dfrac{wL^2}{8}$

공액보를 그리고 B점의 전단력을 구하면

$V_B' = \left(\dfrac{3wL^2}{8}+\dfrac{wL^2}{8}\right)\times\dfrac{1}{2}\times\dfrac{L}{2}+\dfrac{wL^2}{8}\times\dfrac{L}{2}\times\dfrac{1}{3}=\dfrac{7wL^3}{48}$

공액보의 전단력은 부재의 처짐각이므로 $\theta_B = \dfrac{V_B}{EI}=\dfrac{7}{48}\dfrac{wL^3}{EI}$

제2과목 측량학

21 다음 그림과 같이 $\widehat{A_O B_O}$의 노선을 e =10m만큼 이동하여 내측으로 노선을 설치하고자 한다. 새로운 반지름 R_N은? (단, R_O =200m, I=60°)

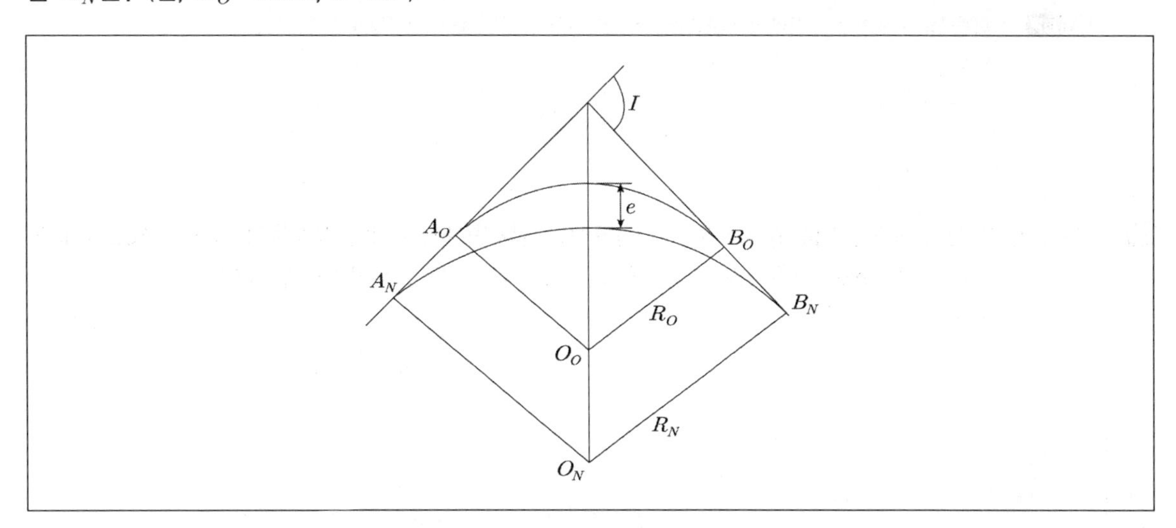

① 217.64m
② 238.26m
③ 250.50m
④ 264.64m

TIP $E_N = E_O + 10$이며 $R_N\left(\sec\frac{I}{2} - 1\right) = R_O\left(\sec\frac{I}{2} - 1\right) + 10$

$$R_N = R_O + \frac{10}{\sec\frac{I}{2} - 1} = 200 + \frac{10}{\sec\frac{60}{2} - 1} = 262.64$$

ANSWER 20.③ 21.④

22 하천측량에 대한 설명으로 바르지 않은 것은?

① 수위관측소의 위치는 지천의 합류점 및 분류점으로서의 수위의 변화가 뚜렷한 곳이 적당하다.
② 하천측량에서 수준측량을 할 때의 거리표는 하천의 중심에 직각방향으로 설치한다.
③ 심천측량은 하천의 수심 및 유수부분의 하저사항을 조사하고 횡단면도를 제작하는 측량을 말한다.
④ 하천측량시 처음에 할 일은 도상조사로서 유로상황, 지역면적, 지형지물, 토지이용 상황 등을 조사해야 한다.

TIP 수위관측소의 위치는 지천의 합류분류점에서 수위변화가 없는 곳에 설치해야 한다.

23 다음 그림과 같이 곡선반지름 R = 500m인 단곡선을 설치할 때 교점에 장애물이 있어 ∠ACD = 150°, ∠CDB = 90°, CD = 100m를 관측하였다. 이 때 C점으로부터 곡선의 시점까지의 거리는?

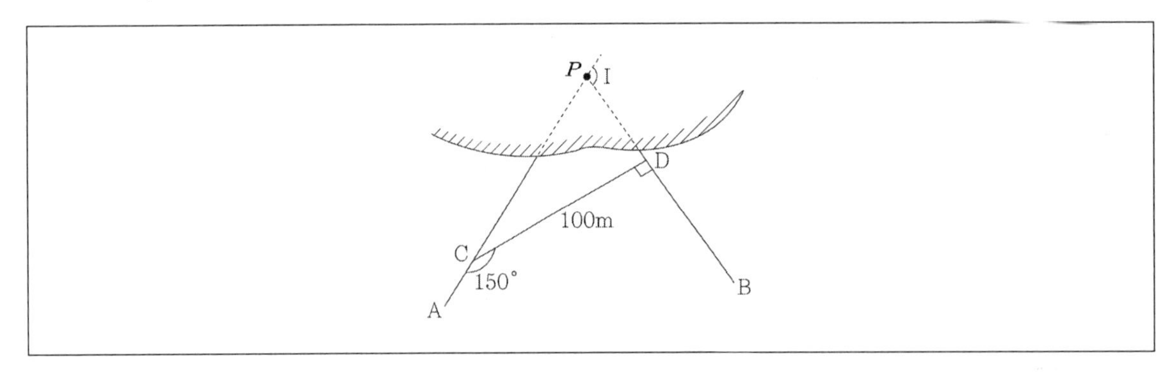

① 530.27m
② 657.04m
③ 750.56m
④ 769.09m

TIP $AC = TL - CP = R\tan\frac{I}{2} - CP = 500\tan\frac{120}{2} - \frac{100}{\sin 60} = 750.56[\text{m}]$

24 다음 그림의 다각망에서 C점의 좌표는? (단, AB = BC = 100m이다.)

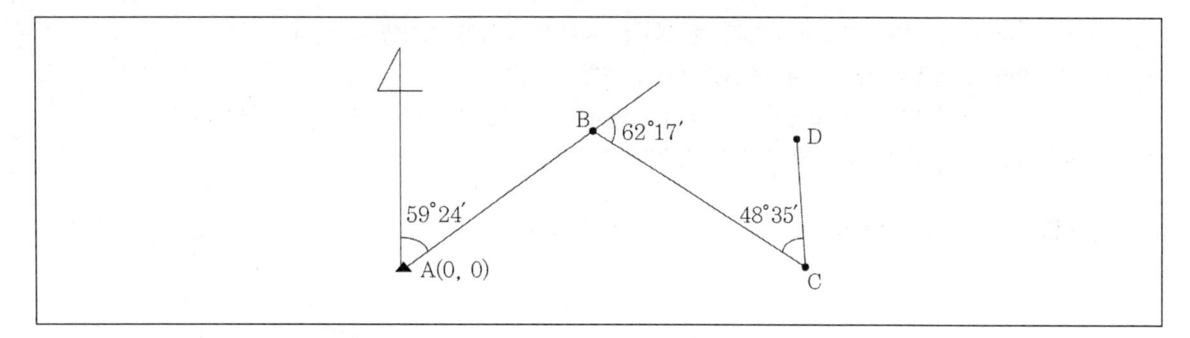

① X_C=−5.31m, Y_C=160.45m

② X_C=−1.62m, Y_C=171.17m

③ X_C=−10.27m, Y_C=89.25m

④ X_C=50.90m, Y_C=86.07m

TIP $X_C = X_B + BC\cos BC,\ X_B = X_A + AB\cos AB$

$Y_C = Y_B + BC\sin BC,\ Y_B = Y_A + AB\sin AB$

위의 식에 주어진 값들을 대입하고 연립방정식을 통해 X_C=−1.62m, Y_C=171.17m가 산출된다.

25 각관측 방법 중 배각법에 관한 설명으로 바르지 않은 것은?

① 방향각법에 비하여 읽기 오차의 영향을 적게 받는다.

② 수평각 관측법 중 가장 정확한 방법으로 정밀한 삼각측량에 주로 이용된다.

③ 시준할 때의 오차를 줄일 수 있고 최소눈금 미만의 정밀한 관측값을 얻을 수 있다.

④ 1개의 각을 2회 이상 반복관측하여 관측한 각도의 평균을 구하는 방법이다.

TIP 수평각 관측법 중 가장 정확한 방법은 각관측법으로서 3등 삼각측량에 주로 이용된다.

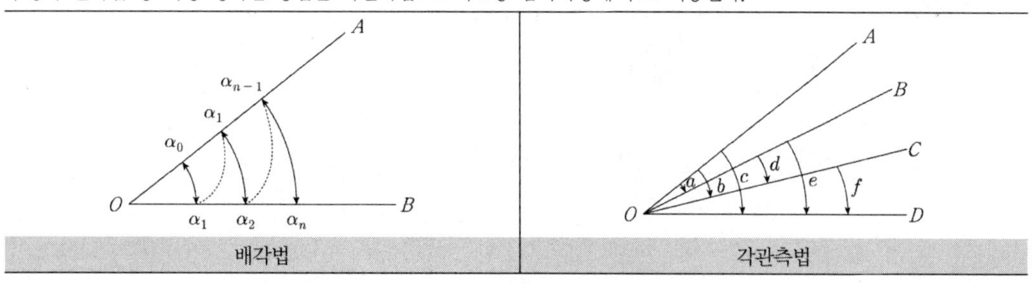

ANSWER 22.① 23.③ 24.② 25.②

26 수준측량에서 시준거리를 같게 함으로써 소거할 수 있는 오차에 대한 설명으로 바르지 않은 것은?

① 기포관축과 시준선이 평행하지 않을 때 생기는 시준선 오차를 소거할 수 있다.
② 시준거리를 같게 함으로써 지구곡률오차를 소거할 수 있다.
③ 표척 시준시 초점나사를 조정할 필요가 없으므로 이로 인한 오차인 시준오차를 줄일 수 있다.
④ 표척의 눈금 부정확으로 인한 오차를 소거할 수 있다.

TIP 표척의 눈금 부정확으로 인한 오차는 전시와 후시를 같게(시준거리를 같게) 해서 소거할 수 있는 오차가 아니다.

27 삼각측량을 위한 삼각점의 위치선정에 있어서 피해야 할 장소와 가장 거리가 먼 것은?

① 측표를 높게 설치해야 되는 곳
② 나무의 벌목면적이 큰 곳
③ 편심관측을 해야 되는 곳
④ 습지 또는 하상인 곳

TIP 삼각측량 시 시통상황이 좋지 않은 경우 등 부득이한 경우 편심관측을 할 수 있다.

28 폐합다각측량을 실시하여 위거오차 30cm, 경거오차 40cm를 얻었다. 다각측량의 전체 길이가 500m라면 다각형의 폐합비는?

① 1/100
② 1/125
③ 1/1,000
④ 1/1,250

TIP $E=\sqrt{(\text{위거오차량})^2+(\text{경거오차량})^2}=\sqrt{E_L^2+E_D^2}=\sqrt{0.3^2+0.4^2}=0.5\text{m}$

폐합비 $R=\dfrac{E}{\sum l}=\dfrac{l}{m}=\dfrac{0.5}{500}=\dfrac{1}{1,000}$

29 직접고저측량을 실시한 결과가 그림과 같을 때, A점의 표고가 10m라면 C점의 표고는? (단, 그림은 개략도로 실제 치수와 다를 수 있음)

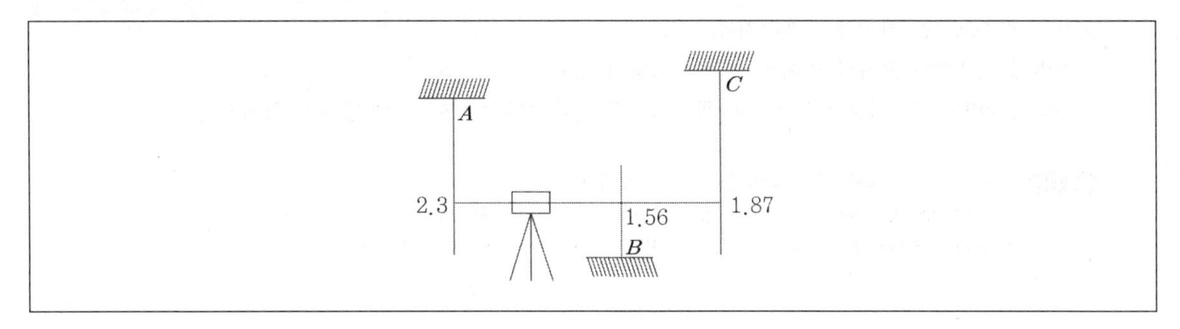

① 9.57m
② 9.66m
③ 10.57m
④ 10.66m

TIP $H_A = 10[\text{m}]$, $H_C = 10 - 2.3 + 1.87 = 9.57[\text{m}]$

30 하천측량에서 유속관측에 대한 설명으로 바르지 않은 것은?

① 유속계에 의한 평균유속 계산식은 1점법, 2점법, 3점법 등이 있다.
② 하천기울기를 이용하여 유속을 구하는 식에는 Chezy식과 Manning식 등이 있다.
③ 유속관측을 위해 이용되는 부자는 표면부자, 2중부자, 봉부자 등이 있다.
④ 위어(Weir)는 유량관측을 위해 직접적으로 유속을 관측하는 장비이다.

TIP 위어는 하천을 가로막는 둑을 만들어 그 위로 물을 흐르게 하는 구조물이다. 즉, 유속을 직접적으로 관측하는 장비로 보기에는 무리가 있다.

31 직사각형 두변의 길이를 1/100 정밀도로 관측하여 면적을 산출할 경우 산출된 면적의 정밀도는?

① 1/50
② 1/100
③ 1/200
④ 1/300

TIP $\frac{\Delta A}{A} = 2\frac{\Delta L}{L} = 2 \times \frac{1}{100} = \frac{1}{50}$

ANSWER 26.④ 27.③ 28.③ 29.① 30.④ 31.①

32 전자파거리측량기로 거리를 측량할 때 발생되는 관측 오차에 대한 설명으로 바른 것은?

① 모든 관측오차는 거리에 비례한다.
② 모든 관측오차는 거리에 비례하지 않는다.
③ 거리에 비례하는 오차와 비례하지 않는 오차가 있다.
④ 거리가 어떤 길이 이상으로 커지면 관측오차가 상쇄되어 길이에 대한 영향이 없어진다.

TIP 관측거리에 비례하는 오차와 비례하지 않는 오차가 있다.
- 관측거리에 비례하는 오차 : 광속도 오차, 광변조 주파수의 우차, 굴절률의 오차
- 거리에 비례하지 않는 오차 : 기계정수 및 반사경 정수오차, 위상차 관측오차

33 토적곡선(Mass Curve)을 작성하는 목적으로 가장 거리가 먼 것은?

① 토량의 배분
② 교통량 산정
③ 토공기계의 선정
④ 토량의 운반거리 산출

TIP 토적곡선은 교통량의 산정과는 거리가 멀다.

34 지반의 높이를 비교할 때 사용하는 기준면은?

① 표고(elevation)
② 수준면(level surface)
③ 수평면(horizontal plane)
④ 평균해수면(mean sea level)

TIP 지반의 높이를 비교할 때 사용하는 기준면은 평균해수면(mean sea level)이다.

35 축척 1:50,000 지형도 상에서 주곡선 간의 도상길이가 1cm이었다면 이 지형의 경사는?

① 4%　　② 5%
③ 6%　　④ 10%

TIP 주곡선은 20m마다 그려지는 선이며 도상길이가 1cm라는 것은 50,000cm=500m를 의미한다. 따라서 500m의 수평길이에 대한 20m의 수직길이가 만드는 경사도는 4%가 된다.

36 노선설치에서 단곡선을 설치할 때 곡선의 중앙종거(M)을 구하는 식은?

① $M=R\left(\sec\frac{I}{2}-1\right)$　　② $M=R\cdot\tan\frac{I}{2}$
③ $M=2R\cdot\sin\frac{I}{2}$　　④ $M=R\left(1-\cos\frac{I}{2}\right)$

TIP 중앙종거를 구하는 식은 $M=R\left(1-\cos\frac{I}{2}\right)$

37 다음 우리나라에서 사용되고 있는 좌표계에 대한 설명 중 바르지 않은 것은?

> 우리나라의 평면직각좌표는 ㉠ 4개의 평면직각좌표계(서부, 중부, 동부, 동해)를 사용하고 있다. 각 좌표계의 ㉡ 원점은 위도 38°선과 경도 125°, 127°, 131°선의 교점에 위치하며 ㉢ 투영법은 TM(Transverse Mecrator)을 사용한다. 좌표의 음수 표기를 방지하기 위해 ㉣ 횡좌표에 200,000m, 종좌표에 500,000m를 가산한 가좌표를 사용한다.

① ㉠　　② ㉡
③ ㉢　　④ ㉣

TIP 좌표의 음수 표기를 방지하기 위해 횡좌표에 500,000m, 종좌표에 1,000,000m를 가산한 가좌표를 사용한다.

ANSWER　32.③ 33.② 34.④ 35.① 36.④ 37.④

38 다음 그림과 같은 편심측량에서 $\angle ABC$는? (단, $\overline{AB}$=2.0km, $\overline{BC}$=1.5km, e=0.5m, $t=54°\ 30'$, $\rho=300°\ 30'$)

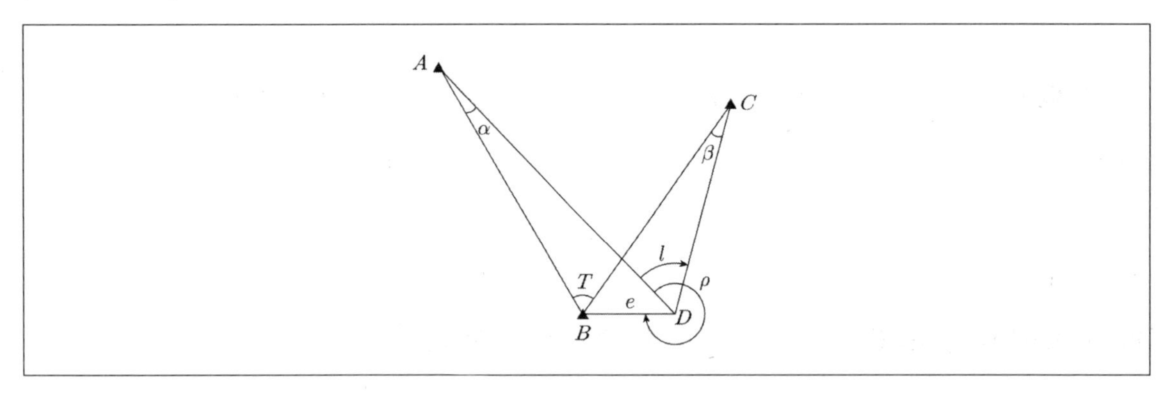

① $54°\ 28'\ 45''$　　② $54°\ 30'\ 19''$
③ $54°\ 31'\ 58''$　　④ $54°\ 33'\ 14''$

TIP $\dfrac{e}{\sin\alpha}=\dfrac{\overline{AB}}{\sin(360°-p)}$ 이므로,

$\alpha=\sin^{-1}\dfrac{0.5}{2,000}\times\sin(360°-300°\ 30')=44.43''$

$\dfrac{e}{\sin\beta}=\dfrac{\overline{BC}}{\sin(360°-p+t)}$ 이므로,

$\beta=\sin^{-1}\dfrac{0.5}{1,500}\times\sin(360°-300°\ 30'+54°\ 30')=62.81''$

$\alpha+\angle ABC=\beta+t$ 이므로,

$\angle ABC=62.81''+54°\ 30'-44.43''=54°\ 30'\ 19''$

39 지형의 표시방법 중 하천, 항만, 해안측량 등에서 심천측량을 할 때 측점에 숫자로 기입하여 고저를 표시하는 방법은?

① 점고법　　② 음영법
③ 연선법　　④ 등고선법

TIP 지형의 표시방법 중 하천, 항만, 해안측량 등에서 심천측량을 할 때 측점에 숫자로 기입하여 고저를 표시하는 방법은 점고법이다.

40 다각측량에서 거리관측 및 각관측의 정밀도는 균형을 고려해야 한다. 거리관측의 허용오차가 $\pm\frac{1}{10,000}$이라고 할 때 각관측의 허용오차는?

① $\pm 20.63''$　　② $\pm 15.43''$
③ $\pm 30.24''$　　④ $\pm 18.64'$

TIP $\frac{\Delta l}{l}=\frac{\Delta\alpha}{206,265}$이므로 $\frac{1}{10,000}=\frac{\Delta\alpha}{206,265}$를 만족하는 각관측 허용오차는 $\Delta\alpha=\pm 20.63''$이 된다.

제3과목 수리학 및 수문학

41 다음 그림과 같이 1m×1m×1m인 정육면체의 나무가 물에 떠 있을 때 부체(浮體)로서 상태로 옳은 것은? (단, 나무의 비중은 0.8이다.)

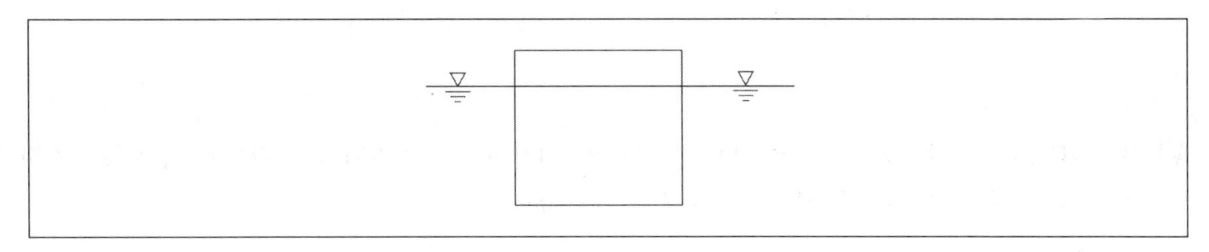

① 안정하다.　　② 불안정하다.
③ 중립상태다.　　④ 판단할 수 없다.

TIP 물속에 잠긴 나무부피만큼의 물무게와 나무 전체의 무게가 평형을 이루고 있는 상태이므로 안정된 상태이다.

ANSWER 38.② 39.① 40.① 41.①

42 관의 마찰 및 기타 손실수두를 양정고의 10%로 가정할 경우 펌프의 동력을 마력으로 구하면? (단, 유량은 $Q=0.07\text{m}^3/\text{s}$이며 효율은 100%로 가정한다.)

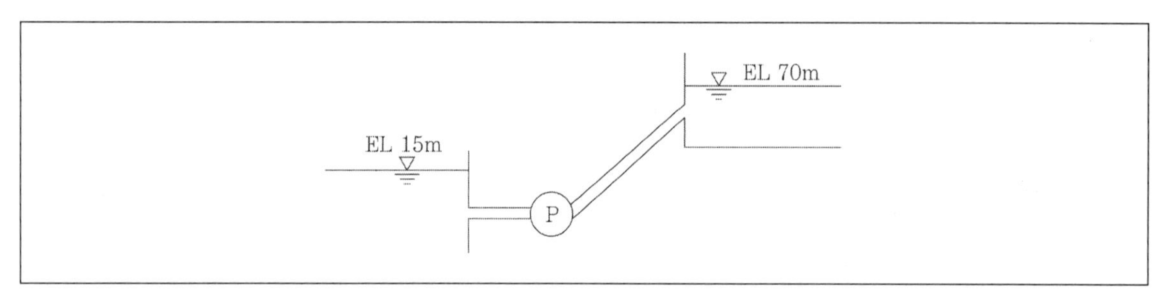

① 57.2HP
② 48.0HP
③ 51.3HP
④ 56.5HP

TIP $E=\frac{1,000}{75}\cdot\frac{Q(H+\sum h)}{\eta}=\frac{1,000}{75}\times\frac{0.07((70-15)+0.1(70-15))}{1.0}=56.46$

43 비피압대수층 내 지름 $D=2\text{m}$, 영향권의 반지름 $R=1{,}000\text{m}$, 원지하수의 수위 $H=9\text{m}$, 집수정의 수위 $h_0=5\text{m}$인 심정호의 양수량은? (단, 투수계수 $k=0.0038\text{m/s}$)

① $0.0415\text{m}^3/\text{s}$
② $0.0461\text{m}^3/\text{s}$
③ $0.0968\text{m}^3/\text{s}$
④ $1.8232\text{m}^3/\text{s}$

TIP 심정호의 양수량

$$Q=\frac{\pi k(H^2-h_o^2)}{\ln(R/r_o)}=\frac{\pi\times0.0038\times(9^2-5^2)}{\ln(1,000)}=0.0968\text{m}^3/\text{s}$$

44 지름 25cm, 길이 1m의 원주가 연직으로 물에 떠 있을 때, 물속에 가라앉은 부분의 길이가 90cm라면 원주의 무게는? (단, 무게 1kgf=9.8N)

① 253N
② 344N
③ 433N
④ 503N

TIP 길이 1m 중 가라앉은 부분의 길이가 90cm이면 원주의 비중은 0.9이다.

따라서 $W = wV = 0.9 \times \frac{\pi \times 0.25^2}{4} \times 1 \times 9.8 = 0.4329[\text{kN}] \fallingdotseq 433[\text{N}]$

45 폭이 50m인 직사각형 수로의 도수 전 수위 h_1=3m, 유량 Q=2,000m³/s일 때 대응수심은?

① 1.6m
② 6.1m
③ 9.0m
④ 도수가 발생하지 않는다.

TIP $F_{r1} = \frac{V_1}{\sqrt{gh_1}} = \frac{\frac{2,000}{50 \times 3}}{\sqrt{9.8 \times 3}} = 2.46$이며 $\frac{h_2}{h_1} = \frac{1}{2}(-1 + \sqrt{1 + 8F_{r1}^2})$이므로

$\frac{h_2}{3} = \frac{1}{2}(-1 + \sqrt{1 + 8 \times 2.46^2}) = 9.04[\text{m}]$

46 배수면적이 500ha, 유출계수가 0.70인 어느 유역에 연평균강우량이 1,300mm 내렸다. 이 때 유역 내에서 발생한 최대유출량은?

① $0.1443\text{m}^3/\text{s}$
② $12.64\text{m}^3/\text{s}$
③ $14.43\text{m}^3/\text{s}$
④ $1264\text{m}^3/\text{s}$

TIP 연평균강우량이 1,300mm이면 시간당 강우량은 0.1484[mm]가 되어 강우강도 I=0.1484[mm/hr]가 된다. 따라서

$Q = \frac{1}{360}CIA = \frac{1}{360} \times 0.7 \times 0.1484 \times 500 = 0.14427 \fallingdotseq 0.1443[\text{m}^3/\text{hr}]$

ANSWER 42.④ 43.③ 44.③ 45.③ 46.①

47 다음 그림과 같은 개수로에서 수로경사 $S_0=0.001$, Manning의 조도계수 $n=0.002$일 때 유량은?

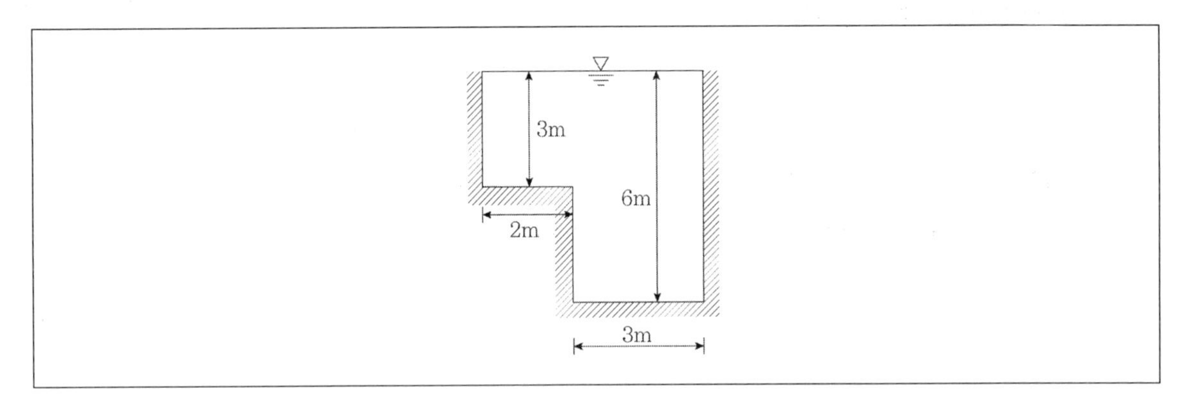

① 약 $150m^3/s$　　② 약 $320m^3/s$

③ 약 $480m^3/s$　　④ 약 $540m^3/s$

TIP $R=\frac{A}{D}=\frac{3\times2+3\times6}{3+2+3+3+6}=1.41$

$V=\frac{1}{n}R^{2/3}I^{1/2}=\frac{1}{0.002}\times(1.41)^{2/3}\times(0.001)^{1/2}=19.88$

$Q=AV=19.88\times(3\times2+3\times6)=477.15\fallingdotseq480m^3/s$

48 20°C에서 지름 0.3mm인 물방울이 공기와 접하고 있다. 물방울 내부의 압력이 대기압보다 $10gf/cm^2$만큼 크다고 할 때 표면장력의 크기를 dyne/cm로 나타내면?

① 0.075　　② 0.75

③ 73.50　　④ 75.0

TIP $PD=4T$이므로 $10\times0.03=4T$, 따라서 $T=0.075g/cm=0.075\times980=73.5dyne/cm$

49 수조에서 수면으로부터 2m 깊이에 있는 오리피스의 이론 유속은?

① 5.26m/s
② 6.26m/s
③ 7.26m/s
④ 8.26m/s

TIP 오리피스의 이론유속 $V=\sqrt{2gh}=\sqrt{2\times9.8\times2}=6.26[\mathrm{m/s}]$

50 수심이 10cm, 수로폭이 20cm인 직사각형 개수로에서 유량 Q = 80cm^3/s가 흐를 때 동점성계수 v = 1.0×10^{-2}cm^2/s이면 흐름은?

① 난류, 사류
② 층류, 사류
③ 난류, 상류
④ 층류, 상류

TIP 경심 $R=\frac{A}{P}=\frac{20\times10}{20+2\times10}=5[\mathrm{cm}]$

$$Re=\frac{VR}{\nu}=\frac{\frac{80}{20\times10}\times5}{1\times10^{-2}}=200<500\text{이므로 층류이다.}$$

$$Fr=\frac{\frac{80}{20\times10}}{\sqrt{980\times10}}=0.004<1\text{이므로 상류이다.}$$

51 방파제 건설을 위한 해안지역의 수심이 5.0m, 입사파랑의 주기가 14.5초인 장파(long wave)의 파장(wave length)은? (단, 중력가속도 g =9.8m/s^2)

① 49.5m
② 70.5m
③ 101.5m
④ 190.5m

TIP 파장 $L=T\sqrt{gh}=14.5\times\sqrt{9.8\times5}=101.5[\mathrm{m}]$

ANSWER 47.③ 48.③ 49.② 50.④ 51.③

52 아래 그림과 같은 수중 오리피스(Orifice)의 유속에 관한 설명으로 바른 것은?

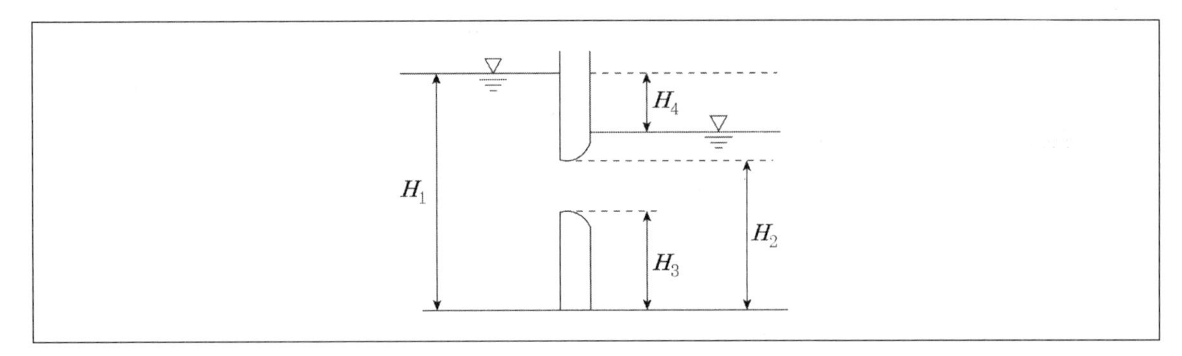

① H_1이 클수록 유속이 빠르다.
② H_2가 클수록 유속이 빠르다.
③ H_3가 클수록 유속이 빠르다.
④ H_4가 클수록 유속이 빠르다.

TIP 수두차인 H_4가 클수록 유속이 빠르게 된다.

53 누가우량곡선(Rainfall Mass Curve)의 특성으로 옳은 것은?

① 누가우량곡선의 경사가 클수록 강우강도가 크다.
② 누가우량곡선의 경사는 지역에 관계없이 일정하다.
③ 누가우량곡선으로부터 일정기간 내의 강우량을 산출하는 것은 불가능하다.
④ 누가우량곡선은 자기우량기록에 의해 작성하는 것보다 보통 우량계의 기록에 의해 작성하는 것이 더 정확하다.

TIP ② 누가우량곡선의 경사는 지역에 따라 다를 수 있다.
③ 누가우량곡선으로부터 일정기간 내의 강우량을 산출하는 것은 가능하다.
④ 누가우량곡선은 자기우량기록에 의해 작성하는 것이 보통 우량계의 기록에 의해 작성하는 것보다 더 정확하다.

54 다음 그림과 같은 유역(12km×8km)의 평균강우량을 Thiessen방법으로 구한 값은? (단, 작은 사각형은 2km×2km의 정사각형으로서 모두 크기가 동일하다.)

관측점	1	2	3	4
강우량(mm)	140	130	110	100

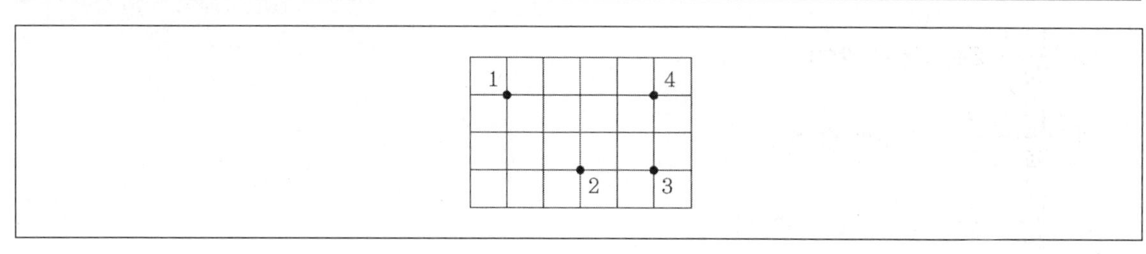

① 120mm
② 123mm
③ 125mm
④ 130mm

TIP 다음 그림과 같이 관측소간 우량의 중간선을 긋고 관측소가 차지하는 면적을 구해야 한다.

$A_1 = 30\text{m}^2,\ A_2 = 28\text{m}^2,\ A_3 = 16\text{m}^2,\ A_4 = 22\text{m}^2$

$$P_m = \frac{\sum_{i=1}^{N} A_i P_i}{\sum_{i=1}^{N} A_i} = \frac{30\times140+28\times130+16\times110+22\times100}{30+28+16+22} = 122.9\text{mm}$$

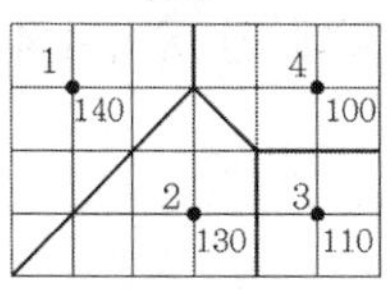

55 Hardy-Corss의 관망 계산 시 가정조건에 대한 설명으로 옳은 것은?

① 합류점에 유입하는 유량은 그 점에서 1/2만 유출된다.
② 각 분기점에 유입하는 유량은 그 점에서 정지하지 않고 전부 유출한다.
③ 폐합관에서 시계방향 또는 반시계방향으로 흐르는 관로의 손실수두의 합은 0이 될 수 없다.
④ Hardy-Cross 방법은 관경에 관계없이 관수로의 분할 개수에 의해 유량 분배를 하면 된다.

TIP Hardy-Corss 관망 계산 시 가정조건

- 각 분기점 또는 합류점에 유입하는 수량은 그 점에 정지하지 않고 전부 유출한다. ($\sum Q=0$)
- 각 폐합관에서 시계방향 또는 반시계방향으로 흐르는 관로의 손실수두의 합은 0이다. ($\sum h_L=0$)
- 유량은 초기유량을 가정하며 손실은 마찰손실만을 고려한다.
- 보정량(ΔQ)은 +, -값 모두를 갖는다.

ANSWER 52.④ 53.① 54.② 55.②

56 정상적인 흐름에서 1개 유선 상의 유체입자에 대하여 그 속도수두를 $\frac{V^2}{2g}$, 위치수두를 Z, 압력수두를 $\frac{P}{\gamma_o}$ 라 할 때 동수경사는?

① $\frac{P}{\gamma_o}+Z$를 연결한 값이다.

② $\frac{V^2}{2g}+Z$를 연결한 값이다.

③ $\frac{V^2}{2g}+\frac{P}{\gamma_o}$를 연결한 값이다.

④ $\frac{V^2}{2g}+\frac{P}{\gamma_o}+Z$를 연결한 값이다.

TIP 동수경사는 위치수두와 압력수두의 합을 연결한 선으로 $\frac{P}{\gamma_o}+Z$를 연결한 값이다.

57 아래 그림과 같이 지름 10cm인 원 관이 지름 20cm로 급확대되었다. 관의 확대 전 유속이 4.9m/s라면 단면 급확대에 의한 손실수두는?

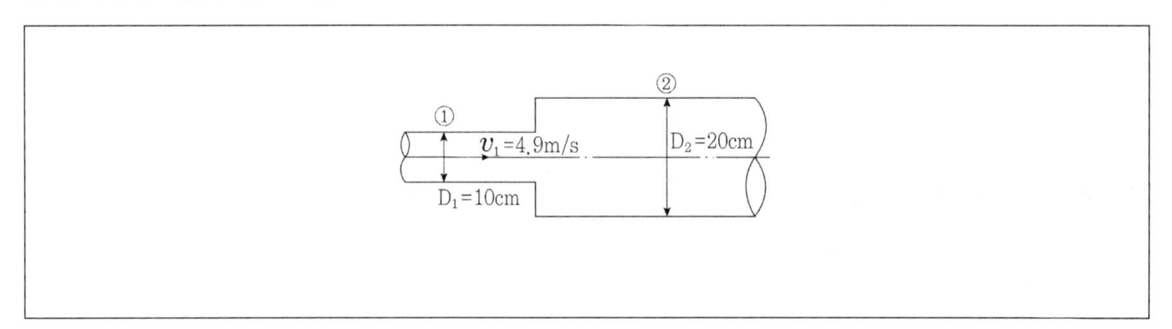

① 0.69m
② 0.96m
③ 1.14m
④ 2.45m

TIP

$$h_{se}=\left(1-\frac{A_1}{A_2}\right)^2\frac{V_1^2}{2g}=\left(1-\frac{\frac{\pi(0.1)^2}{4}}{\frac{\pi(0.2)^2}{4}}\right)^2\frac{(4.9)^2}{2\times9.8}=0.689[\text{m}]$$

58 왜곡모형에서 Froude 상사법칙을 이용하여 물리량을 표시한 것으로 틀린 것은? (단, X_r은 수평축척비, Y_r은 연직축척비이다.)

① 시간비 : $T_r = \dfrac{X_r}{Y_r^{1/2}}$

② 경사비 : $S_r = \dfrac{Y_r}{X_r}$

③ 유속비 : $V_r = \sqrt{Y_r}$

④ 유량비 : $Q_r = X_r Y_r^{5/2}$

TIP 유량비의 식은 $Q_r = X_r Y_r^{3/2}$이다.

자연하천의 모형의 축적을 작게하면 수심이 작아져 유속도 너무 작아지기 때문에 층류발생의 위험과 유속측정의 정확성을 얻기가 어려워 연직축척 Y_r이 수평축척 X_r보다 큰 이형축척의 왜곡모형을 사용하여 문제점을 해결해야 한다.

축척 $I_r = \dfrac{Y_r}{X_r}$, 유속비 $V_r = \sqrt{Y_r}$, 시간비 $T_r = \dfrac{X_r}{\sqrt{Y_r}}$

경사비 $S_r = \dfrac{Y_r}{X_r}$, 유량비 $Q_r = X_r Y_r^{3/2}$

59 관의 지름이 각각 3m, 1.5m인 서로 다른 관이 연결되어 있을 때, 지름 3m 관내에 흐르는 유속이 0.03m/s라면 지름 1.5m 관내에 흐르는 유량은?

① $0.157\text{m}^3/\text{s}$

② $0.212\text{m}^3/\text{s}$

③ $0.378\text{m}^3/\text{s}$

④ $0.540\text{m}^3/\text{s}$

TIP 지름 3m 관내에 흐르는 유량과 지름 1.5m 관내에 흐르는 유량은 서로 같다.

$$Q_1 = A_1 V_1 = \frac{\pi d_1^2}{4} \times 0.03 = \frac{\pi (3)^2}{4} \times 0.03 = 0.212[\text{m}^3/\text{s}]$$

ANSWER 56.① 57.① 58.④ 59.②

60 홍수유출에서 유역면적이 작으면 단시간의 강우에, 면적이 크면 장시간의 강우에 문제가 발생한다. 이와 같은 수문학적 인자 사이의 관계를 조사하는 DAD해석에 필요 없는 인자는?

① 강우량
② 유역면적
③ 증발산량
④ 강우지속시간

TIP DAD해석은 최대평균우량깊이 – 유역면적 – 강우지속시간의 관계를 나타낸 방법이다. 따라서 증발산량은 고려하지는 않는다.

제4과목 철근콘크리트 및 강구조

61 보의 경간이 10m이고 양쪽 슬래브의 중심간 거리가 2.0m인 대칭형 T형보에 있어서 플랜지의 유효폭은? (단, 부재의 복부폭은 500mm, 플랜지의 두께는 100mm이다.)

① 2,000mm
② 2,100mm
③ 2,500mm
④ 3,000mm

TIP T형보의 플랜지 유효폭은 다음 중 최솟값으로 한다.
$16t_f + b_w = 16 \times 100 + 500 = 2,100\text{mm}$
양쪽슬래브의 중심간 거리$=2,000$mm
보경간의 $1/4 = 10,000\text{mm}/4 = 2,500\text{mm}$

62 옹벽의 구조해석에 대한 설명으로 틀린 것은?

① 뒷부벽은 직사각형 보로 설계해야 하며 앞부벽은 T형보로 설계해야 한다.
② 저판의 뒷굽판은 정확한 방법이 사용되지 않는 한 뒷굽판 상부에 재하되는 모든 하중을 지지하도록 설계해야 한다.
③ 캔틸레버식 옹벽의 저판은 전면벽과의 접합부를 고정단으로 간주한 캔틸레버로 가정하여 단면을 설계할 수 있다.
④ 부벽식 옹벽의 전면벽은 3변 지지된 2방향 슬래브로 설계할 수 있다.

TIP 부벽식 옹벽에서 부벽의 설계는 앞부벽의 경우 직사각형 보로 설계하고 뒷부벽은 T형보로 설계한다.

63 깊은 보의 전단설계에 대한 구조세목의 설명으로 바르지 않은 것은?

① 휨인장철근과 직각인 수직전단철근의 단면적 A_v를 $0.0025b_ws$ 이상으로 하여야 한다.

② 휨인장철근과 직각인 수직전단철근의 간격 s를 $d/5$ 이하, 또한 300mm 이하로 해야 한다.

③ 휨인장철근과 평행한 수평전단철근의 단면적 A_{vh}를 $0.0015b_ws_h$ 이상으로 하여야 한다.

④ 휨인장철근과 평행한 수평전단철근의 간격 s_h를 $d/4$ 이하, 또한 350mm 이하로 해야 한다.

TIP 휨인장철근과 평행한 수평전단철근의 간격 s_h를 $d/5$ 이하, 또한 300mm 이하로 해야 한다.

64 다음 그림과 같은 단면의 균열모멘트 M_{cr}은? (단, f_{ck}=24MPa, f_y=400MPa, 보통중량콘크리트이다.)

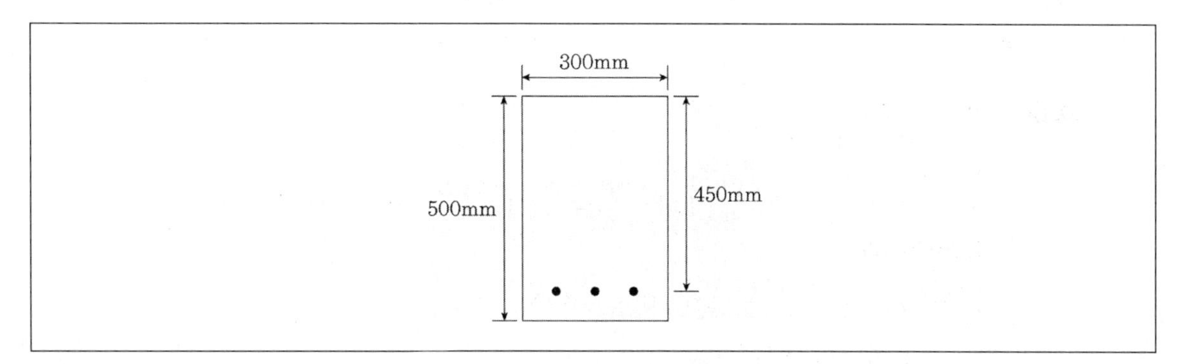

① 22.46[kN · m]

② 28.24[kN · m]

③ 30.81[kN · m]

④ 38.58[kN · m]

TIP

$f_r = 0.63\sqrt{f_{ck}} = 0.63\sqrt{24} = 3.086[\text{MPa}]$, $I_g = \dfrac{bh^3}{12} = \dfrac{300\times(500)^3}{12} = 3.125\times10^9[\text{mm}^4]$

$y_b = \dfrac{h}{2} = \dfrac{500}{2} = 250[\text{mm}]$

$M_{cr} = \dfrac{f_r \cdot I_g}{y_b} = \dfrac{3.086[\text{MPa}]\times3.125\times10^9[\text{mm}^4]}{250[\text{mm}]} = 38.575[\text{kN}\cdot\text{m}]$

ANSWER 60.③ 61.① 62.① 63.④ 64.④

65 다음 그림과 같은 보에서 계수전단력 V_u =262.5[kN]에 대해 가장 적당한 스터럽의 간격은? (단, 사용된 스터럽은 D13철근이다. 철근 D13의 단면적은 127[mm^2], f_{ck} =24[MPa], f_y =350[MPa]이다.)

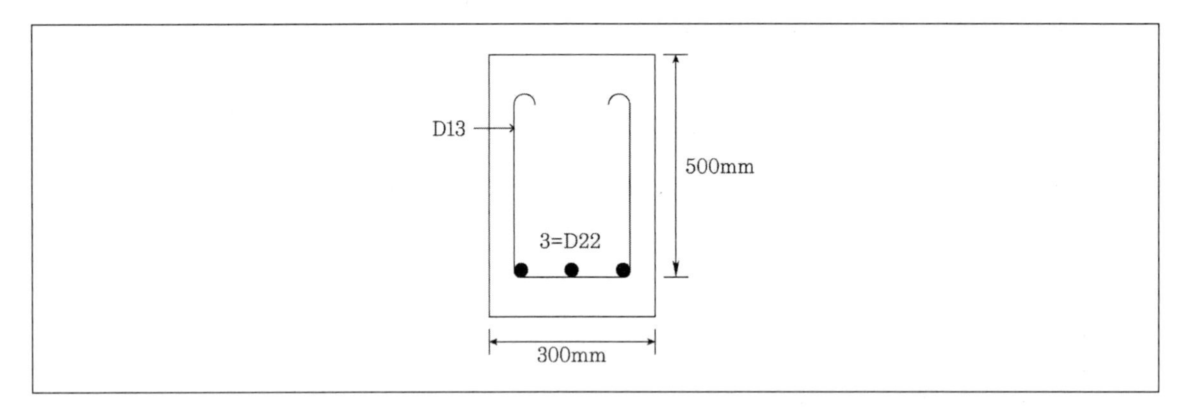

① 125[mm]
② 195[mm]
③ 210[mm]
④ 250[mm]

TIP ㉠ 전단철근의 강도

$V_u \le \phi V_n = \phi(V_C + V_S)$

$V_S = \frac{V_U}{\phi} - V_C = \frac{V_U}{\phi} - \left(\frac{\lambda\sqrt{f_{ck}}}{6}\right)b_w d = \frac{262.5 \times 10^3}{0.75} - \left(\frac{1.0\sqrt{24}}{6}\right) \times 300 \times 500 = 227.53[\text{kN}]$

㉡ 전단철근의 검토

$\left(\frac{\lambda\sqrt{f_{ck}}}{3}\right)b_w d = \left(\frac{1.0 \times \sqrt{24}}{3}\right) \times 300 \times 500 = 244.95[\text{kN}]$

전단철근의 강도는 $\left(\frac{\lambda\sqrt{f_{ck}}}{3}\right)b_w d$보다 작다.

㉢ 전단철근의 간격

다음 중 최솟값을 전단철근의 간격으로 해야 한다.

- $S = \frac{A_v f_{yt} \cdot d}{V_S} = \frac{(127 \times 2) \times 350 \times 500}{227.53 \times 10^3} \fallingdotseq 195[\text{mm}]$
- $\frac{d}{2} = \frac{500}{2} = 250[\text{mm}]$
- 600[mm]

따라서, 전단철근의 간격은 195[mm] 이하여야 한다.

66 철근의 겹침이음 등급에서 A급 이음의 조건은 다음 중 어느 것인가?

① 배근된 철근량이 이음부 전체 구간에서 해석결과 요구되는 소요철근량의 2배 이상이고 소요겹침이음길이 내 겹침이음된 철근량이 전체 철근량의 1/2 이하인 경우
② 배근된 철근량이 이음부 전체 구간에서 해석결과 요구되는 소요철근량의 1.5배 이상이고 소요겹침이음길이 내 겹침이음된 철근량이 전체 철근량의 1/2 이상인 경우
③ 배근된 철근량이 이음부 전체 구간에서 해석결과 요구되는 소요철근량의 2배 이상이고 소요겹침이음길이 내 겹침이음된 철근량이 전체 철근량의 1/3 이하인 경우
④ 배근된 철근량이 이음부 전체 구간에서 해석결과 요구되는 소요철근량의 1.5배 이상이고 소요겹침이음길이 내 겹침이음된 철근량이 전체 철근량의 1/3 이상인 경우

TIP A급 이음 … 배근된 철근량이 이음부 전체 구간에서 해석결과 요구되는 소요철근량의 2배 이상이고 소요겹침이음길이 내 겹침이음된 철근량이 전체 철근량의 1/2 이하인 경우

67 그림과 같은 맞대기 용접의 용접부에 발생하는 인장응력은?

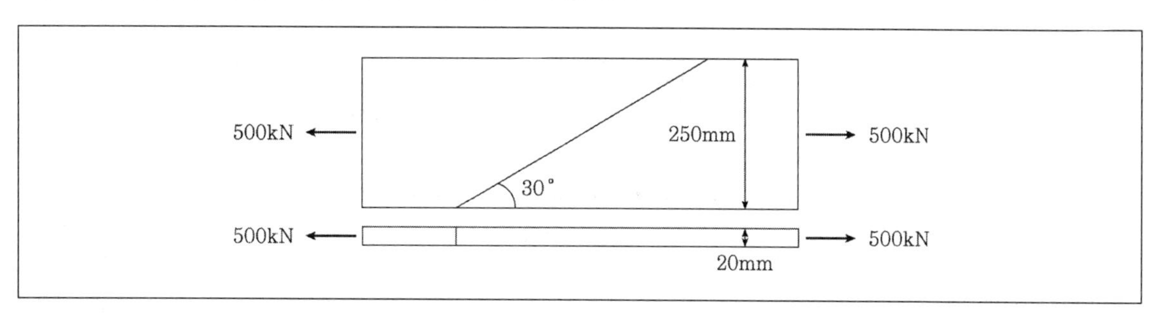

① 100MPa
② 150MPa
③ 200MPa
④ 220MPa

TIP $f = \frac{P}{A} = \frac{500[\text{kN}]}{250 \times 20[\text{mm}^2]} = 100[\text{MPa}]$

ANSWER 65.② 66.① 67.①

68 균형철근량보다 적고 최소철근량보다 많은 인장철근을 가진 과소철근보가 휨에 의해 파괴될 때의 설명 중 옳은 것은?

① 인장측 철근이 먼저 항복한다.
② 압축측 콘크리트가 먼저 파괴된다.
③ 압축측 콘크리트와 인장측 철근이 동시에 항복한다.
④ 중립축이 인장측으로 내려오면서 철근이 먼저 파괴된다.

TIP 과소철근보는 인장측 철근이 먼저 항복하여 연성파괴가 일어나게 된다.

69 $A_s{}'$ =1,500mm², A_s =1,800mm²로 배근된 그림과 같은 복철근보의 탄성처짐이 10mm라 할 때 5년 후 지속하중에 의해 유발되는 장기처짐은?

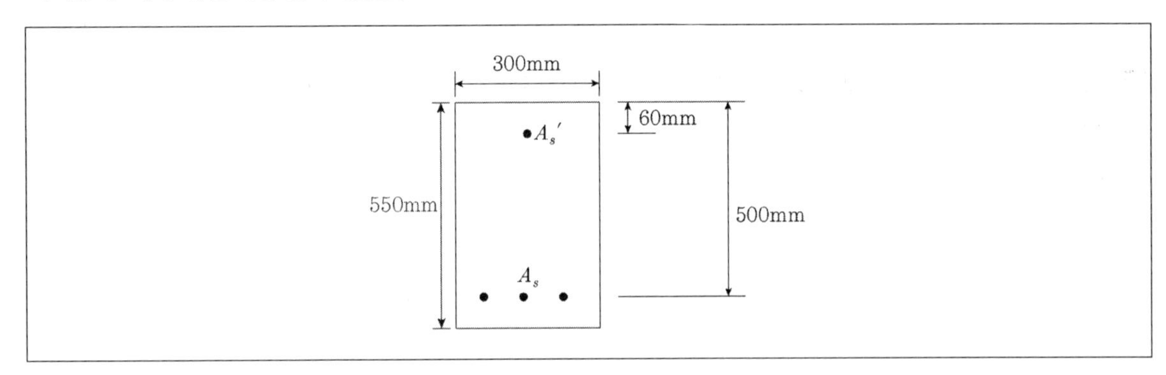

① 14.1mm
② 13.3mm
③ 12.7mm
④ 11.5mm

TIP $\xi = 2.0$ (하중재하기간이 5년 이상인 경우)

압축철근비 $\rho' = \dfrac{A_s{}'}{bd} = \dfrac{1,500}{300 \times 500} = 0.01$

$\lambda = \dfrac{\xi}{1+50\rho'} = \dfrac{2.0}{1+(50 \times 0.01)} = 1.333$

$\delta_L = \lambda\delta_i = 1.333 \times 10 = 13.33\text{mm}$

70 다음 그림과 같은 단면을 가지는 직사각형 단철근보의 설계휨강도를 구할 때 사용되는 강도감소계수의 값은 약 얼마인가?

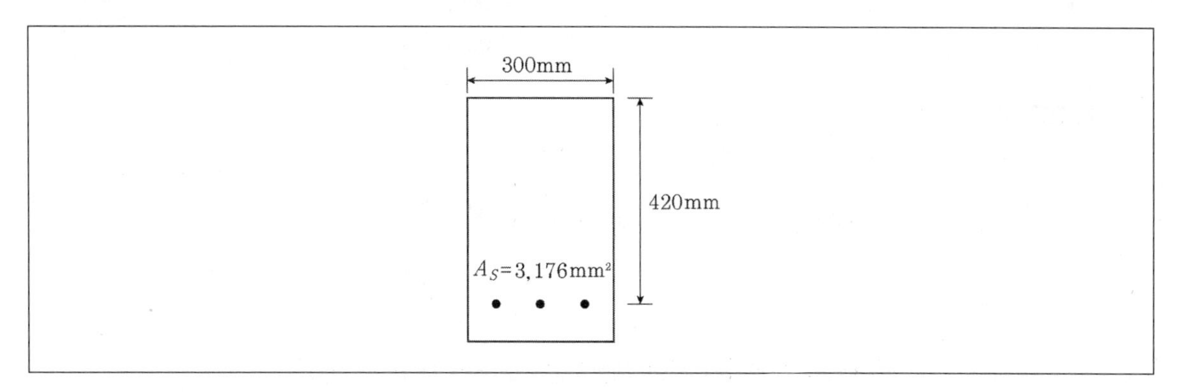

① 0.731
② 0.764
③ 0.817
④ 0.834

TIP 풀이과정이 상당한 시간이 소요되므로 이런 문제는 과감히 넘어갈 것을 권한다. (문제 자체가 반복되어 출제될 가능성이 높은 문제이므로 문제와 답을 암기한다.)

$$a = \frac{A_s f_y}{0.85 f_{ck} b} = \frac{3,176 \times 400}{0.85 \times 38 \times 300} = 131.10[\text{mm}]$$

$$c = \frac{a}{\beta_1} = \frac{131.10}{0.78} = 168.08[\text{mm}]$$

$f_{ck} > 28[\text{MPa}]$ 이므로,

$$\beta_1 = 0.85 - 0.007(38-28) = 0.78$$

$$\varepsilon_t = 0.003\left(\frac{d-c}{c}\right) = 0.003\left(\frac{420-168.08}{168.08}\right) = 0.0045$$

$$\varepsilon_y(=0.002) < \varepsilon_t(=0.0045) < \varepsilon_{tcl}(=0.005)$$

문제에서 주어진 단면은 변화구간 단면에 속하므로 직선보간을 해야 한다.

$$\phi = 0.65 + 0.20\left(\frac{\varepsilon_t - \varepsilon_y}{\varepsilon_{tcl} - \varepsilon_y}\right) = 0.65 + 0.20\left(\frac{0.0045 - 0.002}{0.005 - 0.002}\right) = 0.817$$

71 콘크리트 속에 묻혀있는 철근이 콘크리트와 일체가 되어 외력에 저항할 수 있는 이유로 적합하지 않은 것은?

① 철근과 콘크리트 사이의 부착강도가 크다.
② 철근과 콘크리트의 탄성계수가 거의 같다.
③ 콘크리트 속에 묻힌 철근은 부식하지 않는다.
④ 철근과 콘크리트의 열팽창계수가 거의 같다.

TIP 철근과 콘크리트의 탄성계수는 큰 차이가 난다.

ANSWER 68.① 69.② 70.③ 71.②

72 강도설계법에서 f_{ck}=30MPa, f_y=350MPa일 때 단철근 직사각형 보의 균형철근비는?

① 0.0351
② 0.0369
③ 0.0385
④ 0.0391

TIP $f_{ck} > 28\text{MPa}$인 경우 β_1의 값

$\beta_1 = 0.85 - 0.007(f_{ck} - 28) = 0.836$

$$\rho_b = 0.85\beta_1 \frac{f_{ck}}{f_y} \times \frac{600}{600 + f_y} = 0.85 \times 0.836 \times \frac{30}{350} \times \frac{600}{600 + 350} = 0.03846$$

73 2방향 슬래브의 직접설계법을 적용하기 위한 제한사항으로 바르지 않은 것은?

① 각 방향으로 3경간 이상이 연속되어야 한다.
② 슬래브판들은 단변 경간에 대한 장변 경간의 비가 2 이하인 식사각형이어야 한다.
③ 각 방향으로 연속한 받침부 중심간 경간 차이는 각 경간의 1/3 이하여야 한다.
④ 연속한 기둥 중심선으로부터 기둥의 이탈은 이탈방향 경간의 최대 20%까지 허용할 수 있다.

TIP 2방향 슬래브 설계 시 직접설계법을 적용하려면 연속한 기둥중심선으로부터 기둥의 이탈은 이탈방향 경간의 최대 10%까지 허용할 수 있어야 한다.

74 프리스트레스트 콘크리트의 원리를 설명하는 개념 중 아래의 표에서 설명하는 개념은?

PSC보를 RC보처럼 생각하여, 콘크리트는 압축력을 받고 긴장재는 인장력을 받도록 하여 두 힘의 우력모멘트로 외력에 의한 휨모멘트에 저항시킨다는 개념

① 균등질보의 개념
② 하중평형의 개념
③ 내력모멘트의 개념
④ 허용응력의 개념

TIP
- 강도개념(내력모멘트의 개념) : PSC보를 RC보처럼 생각하여, 콘크리트는 압축력을 받고 긴장재는 인장력을 받도록 하여 두 힘의 우력모멘트로 외력에 의한 휨모멘트에 저항시킨다는 개념
- 응력개념(균등질보개념) : 콘크리트에 프리스트레스가 도입되면 콘크리트가 탄성체로 전환되어 탄성이론에 의한 해석이 가능하다는 개념
- 하중평형개념(등가하중개념) : 프리스트레싱에 의하여 부재에 작용하는 힘과 부재에 작용하는 외력이 평형되게 한다는 개념

75 다음 중 용접부의 결함이 아닌 것은?

① 오버랩(Overlap)
② 언더컷(Undercut)
③ 스터드(Stud)
④ 균열(Crack)

TIP 스터드(stud)는 강재와 콘크리트를 일체화시키기 위하여 강재보의 상부플랜지에 용접한 볼트모양의 전단연결재이다. 따라서 이를 용접부의 결함으로 보기에는 무리가 있다.

76 부분적 프리스트레싱(Partial Prestressing)에 대한 설명으로 바른 것은?

① 구조물에 부분적으로 PSC부재를 사용하는 것
② 부재단면의 일부에만 프리스트레스를 도입하는 것
③ 설계하중의 일부만 프리스트레스에 부담시키고 나머지는 긴장재에 부담시키는 것
④ 설계하중이 작용할 때 PSC부재 단면의 일부에 인장응력이 생기는 것

TIP 부분 프리스트레싱은 설계하중이 작용할 때 PSC부재단면의 일부에 인장응력이 생기는 것이다.

77 강도설계법의 설계가정으로 틀린 것은?

① 콘크리트의 인장강도는 철근콘크리트 부재단면의 휨강도 계산에서 무시할 수 있다.
② 콘크리트의 변형률은 중립축부터 거리에 비례한다.
③ 콘크리트의 압축응력의 크기는 $0.80f_{ck}$로 균등하고, 이 응력은 최대 압축변형률이 발생하는 단면에서 $\alpha = \beta_1 c$까지의 부분에 등분포한다.
④ 사용철근의 응력이 설계기준항복강도 f_y 이하일 때 철근의 응력은 그 변형률에 E_s를 곱한 값으로 취한다.

TIP 콘크리트의 압축응력의 크기는 $0.85f_{ck}$로 균등하고, 이 응력은 최대 압축변형률이 발생하는 단면에서 $\alpha = \beta_1 c$까지의 부분에 등분포한다.

ANSWER 72.③ 73.④ 74.③ 75.③ 76.④ 77.③

78 아래 그림과 같은 독립확대기초에서 1방향 전단에 대해 고려할 경우 위험단면의 계수전단력(V_u)은? (단, 계수하중 P_u =1,500[kN]이다.)

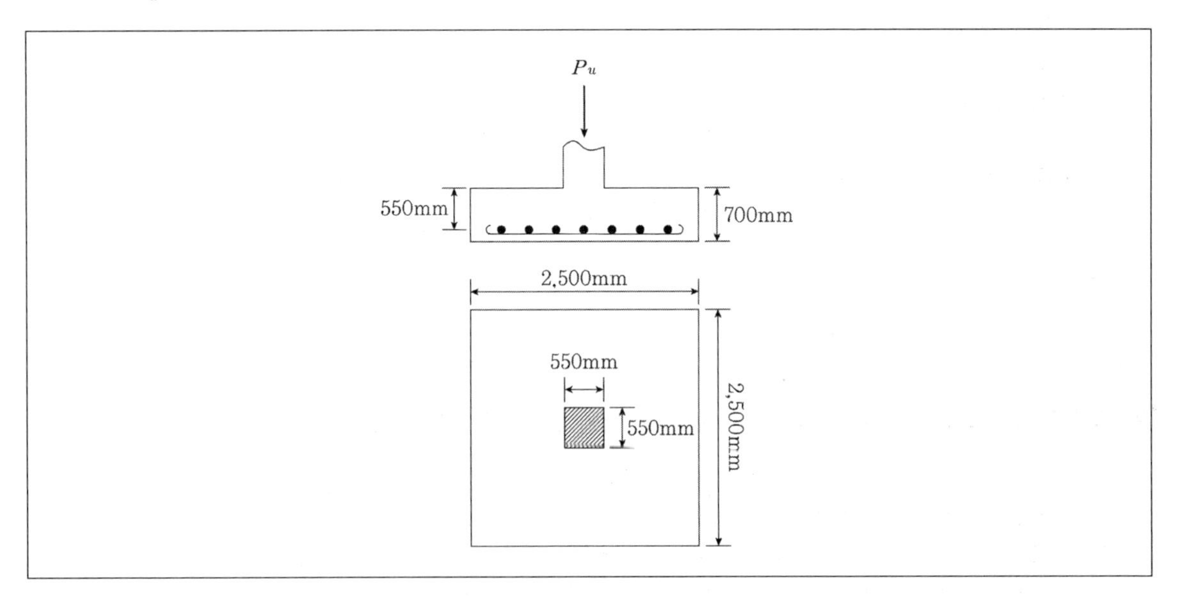

① 255[kN]
② 387[kN]
③ 897[kN]
④ 1,210[kN]

TIP 1방향 작용을 하는 기초판이므로 기둥면으로부터 d만큼 떨어진 곳이 위험단면이 된다.

$$q = \frac{P}{A} = \frac{1,500}{2.5 \times 2.5} = 240[\text{kN/m}^2]$$

$$V_u = q\left(\frac{L-t}{2} - d\right)S = 240 \times \left(\frac{2.5-0.55}{2} - 0.55\right) \times 2.5 = 255[\text{kN}]$$

79 PS강재를 포물선으로 배치한 PSC보에서 상향의 등분포력(u)의 크기는 얼마인가? (단, P=2,600kN, 폭은 50cm, 단면의 높이는 80cm, 지간 중앙에서 PS강재의 편심은 20cm이다.)

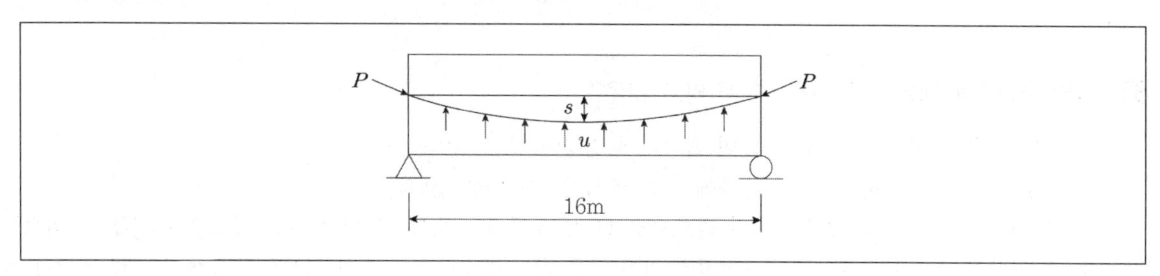

① 8.50kN/m
② 16.25kN/m
③ 19.65kN/m
④ 35.60kN/m

TIP $u = \frac{8Ps}{L^2} = \frac{8 \times 2,600 \times 0.2}{16^2} = 16.25[\text{kN/m}]$

80 순단면이 볼트의 구멍 하나를 제외한 단면(즉, A-B-C 단면)과 같아지도록 피치(s)를 결정하면, (단, 구멍의 지름은 22mm이다.)

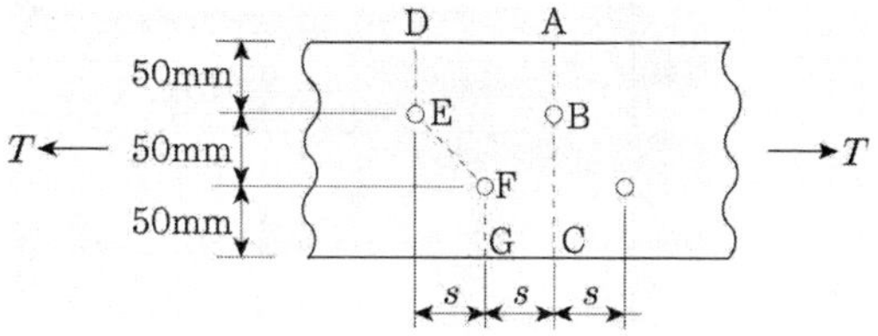

① 114.9mm
② 90.6mm
③ 66.3mm
④ 50mm

TIP 순단면이 동일하면 순폭이 동일해야 한다. 따라서

$b_g - 2d + \frac{s^2}{4g} = b_g - d$이어야 하므로, $d = \frac{s^2}{4g}$

$s = \sqrt{4gd} = \sqrt{4 \times 50 \times 22} = 66.3[\text{mm}]$

ANSWER 78.① 79.② 80.③

81 흙의 활성도에 대한 설명으로 바르지 않은 것은?

① 점토의 활성도가 클수록 물을 많이 흡수하여 팽창이 많이 일어난다.
② 활성도는 $2\mu m$ 이하의 점토함유율에 대한 액성지수의 비로 정의된다.
③ 활성도는 점토광물의 종류에 따라 다르므로 활성도로부터 점토를 구성하는 점토광물을 추정할 수 있다.
④ 흙 입자의 크기가 작을수록 비표면적이 커져 물을 많이 흡수하므로 흙의 활성은 점토에서 뚜렷이 나타난다.

TIP 활성도는 $2\mu m$ 이하의 점토함유율에 대한 소성지수의 비로 정의된다.
※ **활성도** … 점토광물의 성질이 일정한 경우 점토분의 함유율이 증가하면 소성지수도 증가하며, 점토함유율에 대한 소성지수를 점토의 활성도라 한다.

82 다음 그림과 같은 지반에서 유효응력에 대한 점착력 및 마찰각이 각각 c' =10[kN/m^2], ϕ' =20°일 때 A점에서의 전단강도는? (단, 물의 단위중량은 9.81kN/m^{3}이다.)

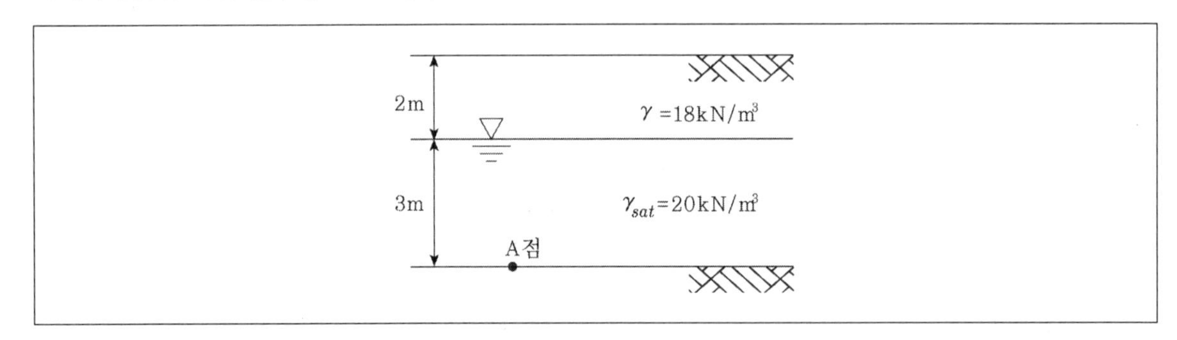

① 34.23kN/m^2
② 44.94kN/m^2
③ 54.25kN/m^2
④ 66.17kN/m^2

TIP $\overline{\sigma_A} = \gamma_1 h_1 + \gamma_{sub} h_2 = 18 \times 2 + (20 - 9.81) \times 3 = 66.57[\text{kN/m}^2]$
$\tau = c' + \overline{\sigma} \tan\phi' = 10 + 66.57 \tan 20° = 34.229 = 34.23[\text{kN/m}^2]$

83 흙의 다짐에 관한 설명 중 옳지 않은 것은?

① 일반적으로 흙의 건조밀도는 가하는 다짐 Energy가 클수록 크다.
② 모래질 흙은 진동 또는 진동을 동반하는 다짐방법이 유효하다.
③ 건조밀도-함수비 곡선에서 최적함수비와 최대건조밀도를 구할 수 있다.
④ 모래질을 많이 포함한 흙의 건조밀도-함수비 곡선의 경사는 완만하다.

TIP 모래질을 많이 포함한 흙의 건조밀도-함수비 곡선의 경사는 급하다.

84 표준관입시험(SPT)을 할 때 처음 15cm 관입에 요하는 N값을 제외하고 그 후 30cm 관입에 요하는 타격수로 N값을 구한다. 그 이유로 가장 타당한 것은?

① 흙은 보통 15cm 밑부터 그 흙의 성질을 가장 잘 나타낸다.
② 관입봉의 길이가 정확히 45cm이므로 이에 맞도록 관입시키기 위함이다.
③ 정확히 30cm를 관입시키기 어려워서 15cm 관입에 요하는 N값을 제외한다.
④ 보링구멍 밑면 흙이 보링에 의하여 흐트러져 15cm 관입 후부터 N값을 측정한다.

TIP 표준관입시험을 위해 보링을 하여 구멍을 뚫으면 보링날에 의해 굴착면의 흙들이 보링에 의해 교란되어 있는 상태여서 정확한 시험을 행할 수가 없다. 따라서 이를 고려하여 로드를 우선 타격하여 15cm 정도를 관입시킨 상태에서 추가로 30cm를 관입시키는데 요하는 타격수 N값을 측정한다.

85 다음 연약지반 개량공법에 관한 사항 중 옳지 않은 것은?

① 샌드드레인 공법은 2차 압밀비가 높은 점토와 이탄 같은 흙에 큰 효과가 있다.
② 화학적 변화에 의한 흙의 강화공법으로는 소결공법, 전기화학적 공법 등이 있다.
③ 동압밀공법 적용시 과잉간극수압의 소산에 의한 강도증가가 발생한다.
④ 장기간에 걸친 배수공법은 샌드드레인이 페이퍼 드레인보다 유리하다.

TIP 샌드드레인 공법은 2차 압밀비가 높은 점토와 이탄 같은 흙에는 큰 효과가 없다.

ANSWER 81.② 82.① 83.④ 84.④ 85.①

86 흐트러지지 않은 시료를 이용하여 액성한계 40%, 소성한계 22.3%를 얻었다. 정규압밀점토의 압축지수(C_c) 값을 Terzaghi의 Peck이 발표한 경험식에 의해 구하면?

① 0.25
② 0.27
③ 0.30
④ 0.35

TIP $C_c = 0.009(W_L - 10) = 0.009(40-10) = 0.27$

87 다음 중 흙댐(Dam)의 사면안정 검토 시 가장 위험한 상태는?

① 상류사면의 경우 시공 중과 만수위일 때
② 상류사면의 경우 시공 직후와 수위 급강하일 때
③ 하류사면의 경우 시공직후와 수위 급강하일 때
④ 하류사면의 경우 시공 중과 만수위일 때

TIP 흙댐(Dam)은 상류사면의 시공 직후와 수위 급강하일 때가 사면안정 검토 시 가장 위험하다.

88 5m×10m의 장방형 기초위에 q=60kN/m²의 등분포하중이 작용할 때 지표면 아래 10m에서의 연직응력증가량은? (단, 2:1 응력분포법을 사용한다.)

① 10kN/m²
② 20kN/m²
③ 30kN/m²
④ 40kN/m²

TIP $\Delta\sigma_z = \dfrac{q_s BL}{(B+Z)(L+Z)} = \dfrac{60\times5\times10}{(5+10)(10+10)} = 10[\mathrm{kN/m^2}]$

89 모래 지층 사이에 두께 6m 점토층이 있다. 이 점토의 토질실험 결과가 아래표와 같을 때 이 점토층의 90% 압밀을 요하는 시간은 약 얼마인가? (단, 1년은 365일로 계산하고 물의 단위중량은 9.81kN/m^3이다.)

> • 간극비(e) : 1.5
> • 압축계수(a_v) : 4×10^{-3}(m^2/kN)
> • 투수계수(k) : 3×10^{-7}(cm/sec)

① 50.7년 ② 12.7년
③ 5.07년 ④ 1.27년

TIP 압밀시험에 의한 투수계수

$$K = C_v \cdot m_v \cdot \gamma_w = C_v \cdot \frac{a_v}{1+e} \cdot \gamma_w \text{ 에서}$$

$$3\times10^{-7} = C_v \times \frac{4\times10^{-5}}{1+1.5} \times 9.81[\text{kN/m}^3]$$

$$\text{압밀계수 } C_v = \frac{3\times10^{-7}}{\frac{4\times10^{-5}}{1+1.5}\times9.81} = 1.911\times10^{-3}\text{cm}^2/\text{sec}$$

침하시간(모래지층 사이에 위치하고 있으므로 양면배수조건이다.)

$$t_{50} = \frac{T_v \cdot H^2}{C_v} = \frac{0.848\times\left(\frac{600}{2}\right)^2}{1.911\times10^{-3}} = 39,937,205\text{초} = 1.266\text{년}$$

90 도로의 평판재하시험방법(KS F 2310)에서 시험을 끝낼 수 있는 조건이 아닌 것은?

① 재하응력이 현장에서 예상할 수 있는 가장 큰 접지압력의 크기를 넘으면 시험을 멈춘다.
② 재하응력이 그 지반의 항복점을 넘을 때 시험을 멈춘다.
③ 침하가 더 이상 일어나지 않을 때 시험을 멈춘다.
④ 침하량이 15mm에 달할 때 시험을 멈춘다.

TIP 완전히 침하가 멈추거나 1분 동안의 침하량이 그 단계 하중의 총 침하량의 1%이하가 될 때 그 다음 단계의 하중을 이어서 가하는 방식으로 평판재하시험을 연속해 나간다.

ANSWER 86.② 87.② 88.① 89.④ 90.③

91 다음 그림에서 흙의 단면적이 40cm²이고 투수계수가 0.1cm/s일 때 흙 속을 통과하는 유량은?

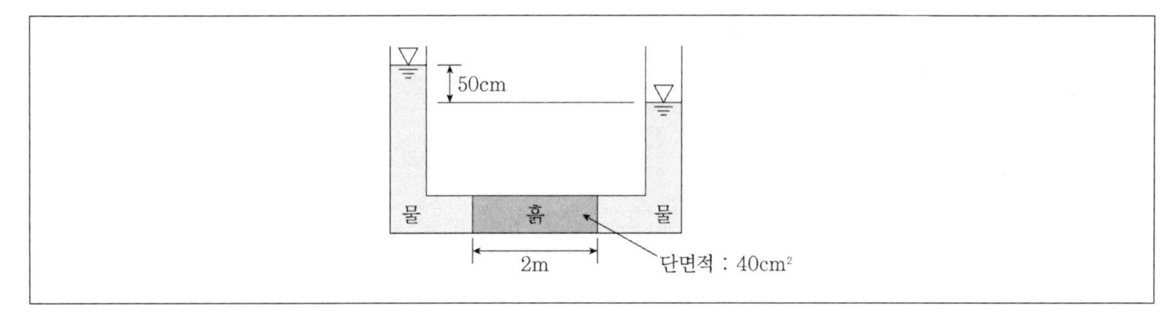

① $1m^3/h$

② $1cm^3/s$

③ $100m^3/h$

④ $100cm^3/s$

TIP Darcy법칙에 따라 침투유량을 산정하면

$$Q = A \cdot V \cdot K \cdot i = A \cdot K \cdot \frac{\Delta h}{L} = 40 \times 0.1 \times \frac{50}{200} = 1[cm^3/sec]$$

92 Terzaghi의 얕은 기초에 대한 수정지지력 공식에서 형상계수에 대한 설명으로 바르지 않은 것은? (단, B는 단변의 길이, L은 장변의 길이이다.)

① 연속기초에서 $\alpha = 1.0$, $\beta = 0.5$이다.

② 원형기초에서 $\alpha = 1.3$, $\beta = 0.6$이다.

③ 정사각형기초에서 $\alpha = 1.3$, $\beta = 0.4$이다.

④ 직사각형기초에서 $\alpha = 1 + 0.3\frac{B}{L}$, $\beta = 0.5 - 0.1\frac{B}{L}$이다.

TIP 원형기초에서 $\alpha = 1.3$, $\beta = 0.3$이다.

α, β : 기초모양에 따른 형상계수 (B : 구형의 단변길이, L : 구형의 장변길이)

구분	연속	정사각형	직사각형	원형
α	1.0	1.3	$1+0.3\frac{B}{L}$	1.3
β	0.5	0.4	$0.5-0.1\frac{B}{L}$	0.3

93 포화된 점토에 대해 비압밀비배수(UU) 삼축압축시험을 하였을 때 결과에 대한 설명으로 바른 것은? (단, ϕ는 마찰각이고 c는 점착력이다.)

① ϕ와 c가 나타나지 않는다.
② ϕ와 c가 모두 0이 아니다.
③ ϕ는 0이고 c는 0이 아니다.
④ ϕ는 0이 아니지만 c는 0이다.

TIP 포화된 점토에 대하여 비압밀비배수(UU)시험을 하였을 때 내부마찰각 ϕ은 0°이나 점착력 c는 0이 아니다.

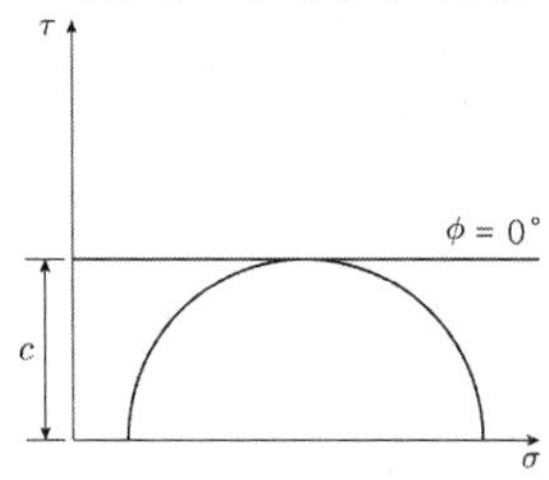

94 흙의 동상에 영향을 미치는 요소가 아닌 것은?

① 모관 상승고
② 흙의 투수계수
③ 흙의 전단강도
④ 동결온도의 계속시간

TIP 흙의 전단강도는 흙의 동상에 영향을 미치는 요소로 보기에는 무리가 있다.

ANSWER 91.② 92.② 93.③ 94.③

95 아래의 그림에서 각층의 손실수두 $\triangle h_1$, $\triangle h_2$, $\triangle h_3$를 각각 구한 값으로 옳은 것은?

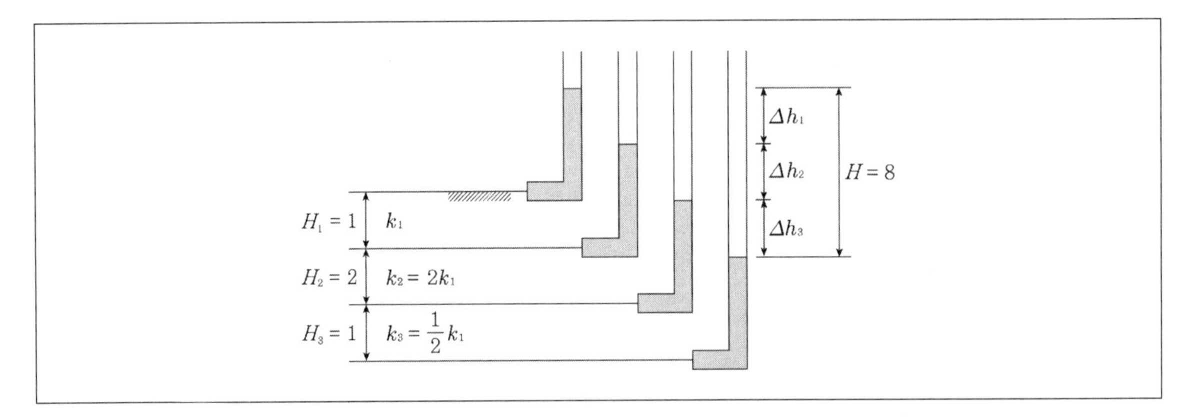

① $\triangle h_1 = 2$, $\triangle h_2 = 2$, $\triangle h_3 = 4$

② $\triangle h_1 = 2$, $\triangle h_2 = 3$, $\triangle h_3 = 3$

③ $\triangle h_1 = 2$, $\triangle h_2 = 4$, $\triangle h_3 = 2$

④ $\triangle h_1 = 2$, $\triangle h_2 = 5$, $\triangle h_3 = 1$

TIP 각 층의 손실수두

$$\triangle h_1 = \frac{h_1}{k_1} = \frac{1}{k_1},\ \triangle h_2 = \frac{h_2}{k_2} = \frac{2}{2k_1} = \frac{1}{k_1},$$

$$\triangle h_3 = \frac{h_3}{k_3} = \frac{1}{\frac{1}{2}k_1} = \frac{2}{k_1}$$

총 손실수두가 8[m]이므로 1 : 1 : 2의 비율로 2[m], 2[m], 4[m]이다.

96 다짐되지 않은 두께 2m, 상대밀도 40%의 느슨한 사질토 지반이 있다. 실내시험결과 최대 및 최소 간극비가 0.80, 0.40으로 각각 산출되었다. 이 사질토를 상대밀도 70%까지 다짐할 때 두께는 얼마나 감소하겠는가?

① 12.41cm　　② 14.63cm
③ 22.71cm　　④ 25.83cm

TIP $D_r = \dfrac{e_{\max} - e}{e_{\max} - e_{\min}} \times 100$이므로,

$40 = \dfrac{0.8 - e_1}{0.8 - 0.4} \times 100$가 되어 $e_1 = 0.64$이며

$70 = \dfrac{0.8 - e_2}{0.8 - 0.4} \times 100$가 되어 $e_2 = 0.52$

두께감소량 $\Delta H = \dfrac{e_1 - e_2}{1 + e_1} H = \dfrac{0.64 - 0.52}{1 + 0.64} \times 200 = 14.63\text{cm}$

97 모래나 점토같은 입상재료(粒狀材料)를 전단하면 Dilatancy 현상이 발생하며 이는 공극수압과 밀접한 관련이 있다. 다음 중 이와 관련하여 바르지 않은 것은?

① 정규압밀 점토에서는 (-) Dilatancy에 정(+)의 공극수압이 발생한다.
② 과압밀 점토에서는 (+) Dilatancy에 부(-)극 공극수압이 발생한다.
③ 조밀한 모래에서는 (+) Dilatancy가 일어난다.
④ 느슨한 모래에서는 (+) Dilantancy가 일어난다.

TIP 느슨한 모래에서는 (-) Dilantancy가 일어난다.
※ 다일러턴시(Dilantancy) … 시료가 조밀하게 채워져 있는 경우 전단시험을 할 때 전단면의 모래가 이동을 하면서 다른 입자를 누르고 넘어가기 때문에 체적이 팽창을 하게 되는 현상이다.

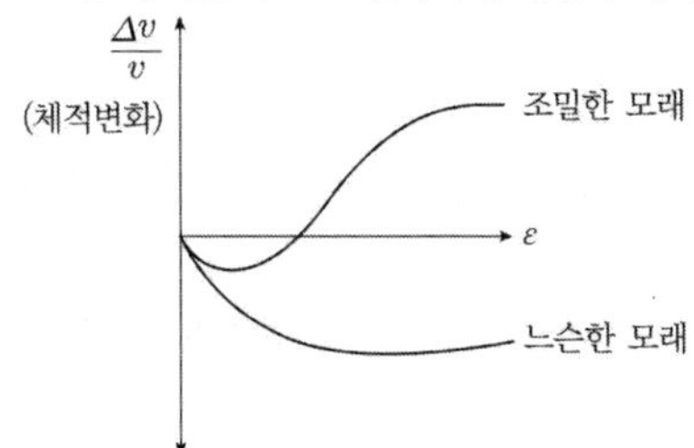

ANSWER 95.① 96.② 97.④

98 다음 그림과 같이 수평지표면 위에 등분포하중 q가 작용할 때 연직옹벽에 작용하는 주동토압의 공식으로 바른 것은? (단, 뒤채움 흙은 사질토이며 이 사질토의 단위중량을 γ, 내부마찰각을 ϕ라 한다.)

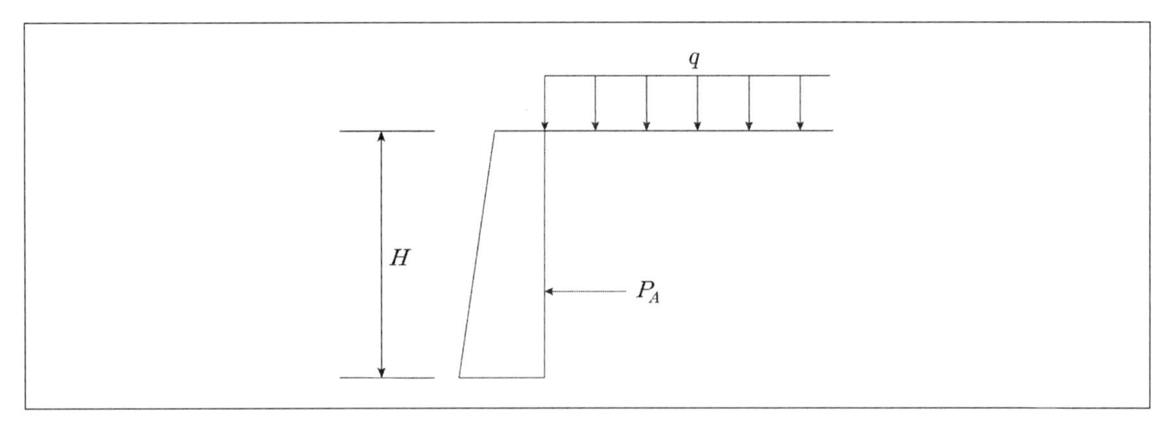

① $P_a = \left(\frac{1}{2}\gamma H^2 + qH\right)\tan^2\left(45^o - \frac{\phi}{2}\right)$

② $P_a = \left(\frac{1}{2}\gamma H^2 + qH\right)\tan^2\left(45^o + \frac{\phi}{2}\right)$

③ $P_a = \left(\frac{1}{2}\gamma H^2 + qH\right)\tan^2\phi$

④ $P_a = \left(\frac{1}{2}\gamma H^2 + q\right)\tan^2\phi$

TIP 주어진 그림과 같은 경우 주동토압의 공식은 $P_a = \left(\frac{1}{2}\gamma H^2 + qH\right)\tan^2\left(45^\circ - \frac{\phi}{2}\right)$

99 기초의 구비조건에 대한 설명으로 바르지 않은 것은?

① 상부하중을 안전하게 지지해야 한다.
② 기초깊이는 동결깊이 이하여야 한다.
③ 기초는 전체침하나 부등침하가 전혀 없어야 한다.
④ 기초는 기술적, 경제적으로 시공이 가능해야 한다.

TIP 기초는 전체침하나 부등침하가 구조기준에 제시된 허용치 이내여야 한다. (현실적으로 침하가 0이 될 수는 없다.)

100 중심간격이 2.0[m], 지름이 40[cm]인 말뚝을 가로 4개, 세로 5개씩 전체 20개의 말뚝을 박았다. 말뚝 한 개의 허용지지력이 15ton이라면 이 군항의 허용지지력은 약 얼마인가? (단, 군말뚝의 효율은 Converse-Labarre공식을 사용)

① 4,500kN
② 3,000kN
③ 2,415kN
④ 1,215kN

TIP $\phi = \tan^{-1}\frac{D}{S} = \tan^{-1}\frac{0.4}{2.0} = 11.31°$

군항의 지지력 효율(Converse-Labarre)

$E = 1 - \frac{\phi}{90} \times \left[\frac{(m-1)n + (n-1)m}{m \times n}\right] = 1 - \frac{11.31}{90} \times \left[\frac{(4-1)5 + (5-1)4}{4 \times 5}\right] = 0.805$

$\phi = \tan^{-1}\frac{d}{s} = \tan^{-1}\frac{20}{100} = 11.3°$

군항의 허용지지력

$R_{ag} = E \cdot N \cdot R_a = 0.805 \times 20 \times 150 = 2,415[kN]$

(시간이 상당히 많이 소요되는 문제이며 공식암기 역시 어려우므로 과감히 넘어가기를 권한다.)

제6과목 상하수도공학

101 배수지의 적정 배치와 용량에 대한 설명으로 바르지 않은 것은?

① 배수 상 유리한 높은 장소를 선정하여 배치한다.
② 용량은 계획1일 최대급수량의 18시간분 이상을 표준으로 한다.
③ 시설물의 배치에는 가능한 한 안정되고 견고한 지반의 장소를 선정한다.
④ 가능한 한 비상시에도 단수없이 급수할 수 있도록 배수지 용량을 설정한다.

TIP 용량은 계획1일 최대급수량의 8~12시간분을 표준으로 한다.

ANSWER 98.① 99.③ 100.③ 101.②

102 구형수로가 수리학상 유리한 단면을 얻으려 할 경우 폭이 28m라면 경심(R)은?

① 3m
② 5m
③ 7m
④ 9m

TIP
$$R=\frac{A}{P}=\frac{(28+14)\times\frac{1}{2}\times 14}{14+14+14}=7[\text{m}]$$

구형수로가 수리학상 유리한 단면을 얻으려면 수심을 반지름으로 하는 반원을 외접원으로 하는 제형단면형상이어야 한다. "제형"은 "제방형태"의 준말로서 사다리꼴 단면을 의미한다. 수심을 반지름으로 하는 반원을 내접원으로 하는 정육각형의 제형단면일 때 수리학상 유리학 단면이 된다. (즉, $\theta=60^\circ$일 때가 유리한 단면형상을 이루게 된다.)

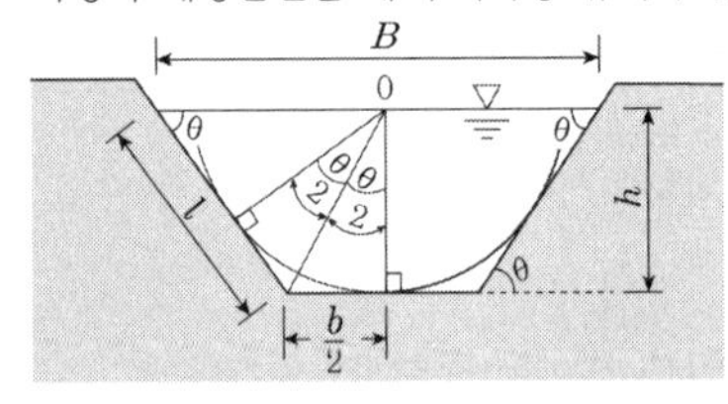

103 활성탄흡착공정에 대한 설명으로 바르지 않은 것은?

① 활성탄흡착을 통해 소수성의 유기물질을 제거할 수 있다.
② 분말활성탄의 흡착능력이 떨어지면 재생공정을 통해 재활용한다.
③ 활성탄은 비표면적이 높은 다공성의 탄소질 입자로 형상에 따라 입상활성탄과 분말활성탄으로 구분된다.
④ 모래여과 공정진단에 활성탄흡착 공정을 두게 되면, 탁도 부하가 높아져서 활성탄 흡착효율이 떨어지거나 역세척을 자주 해야할 필요가 있다.

TIP 입상활성탄은 재사용을 하지만 분말활성탄은 재사용을 하지 않고 버린다.

104 상수도의 수원으로서 요구되는 조건이 아닌 것은?

① 수질이 좋을 것
② 수량이 풍부할 것
③ 상수 소비지에서 가까울 것
④ 수원이 도시 가운데 위치할 것

TIP 상수도의 수원은 청정한 환경이 요구되므로 도시로부터 되도록 먼 곳에 위치한다.

105 조류(algae)가 많이 유입되면 여과지를 폐쇄시키거나 물에 맛과 냄새를 유발시키기 때문에 이를 제거해야 하는데 조류제거에 흔히 쓰이는 대표적인 약품은?

① $CaCO_3$
② $CuSO_4$
③ $KMnO_4$
④ $K_2Cr_2O_7$

TIP 조류제거에 흔히 쓰이는 대표적인 약품은 황산구리($CuSO_4$)이다.

106 다음 중 오존처리법을 통해 제거할 수 있는 물질이 아닌 것은?

① 철
② 망간
③ 맛 · 냄새물질
④ 트리할로메탄(THM)

TIP 트리할로메탄(THM)은 염소처리 공정에서 발생하는 발암물질로서 오존처리법만으로는 제거가 되지 않는다.

ANSWER 102.③ 103.② 104.④ 105.② 106.④

107 상수도계통의 도수시설에 관한 설명으로 바른 것은?

① 수원에서 취한 물을 정수장까지 운반하는 시설을 말한다.
② 정수처리된 물을 수용가에서 공급하는 시설을 말한다.
③ 적당한 수질의 물을 수원지에서 모아서 취하는 시설을 말한다.
④ 정수장에서 정수처리된 물을 배수지까지 보내는 시설을 말한다.

TIP 상수도계통의 시설
- 취수시설 : 적당한 수질의 물을 수원지에서 모아서 취하는 시설
- 도수시설 : 수원에서 취한 물을 정수장까지 운반하는 시설
- 송수시설 : 정수장으로부터 배수지까지 정수를 수송하는 시설
- 배수시설 : 정수장에서 정수처리된 물을 배수지까지 보내는 시설

108 하수고도처리 중 하나인 생물학적 질소 제거항법에서 질소의 제거 직전 최종형태(질소제거의 최종산물)는?

① 질소가스(N_2)
② 질산염(NO_3^-)
③ 아질산염(NO_2^-)
④ 암모니아성 질소(NH_4^+)

TIP 하수고도처리 중 하나인 생물학적 질소 제거항법에서 질소의 제거 직전 최종형태는 질소가스(N_2)이다.

109 다음 상수도관의 관종 중 내식성이 크고 중량이 가벼우며 손실수두가 적으나 저온에서 강도가 낮고 열이나 유기용제에 약한 것은?

① 흄관
② 강관
③ PVC관
④ 석면 시멘트관

TIP PVC관은 내식성이 크고 중량이 가벼우며 손실수두가 적으나 저온에서 강도가 낮고 열이나 유기용제에 약하다.

110 하수처리에 관한 설명으로 바르지 않은 것은?

① 하수처리 방법은 크게 물리적, 화학적, 생물학적 처리공정으로 분류된다.
② 화학적 처리공정은 소독, 중화, 산화 및 환원, 이온교환 등이 있다.
③ 물리적 처리공정은 여과, 침사, 활성탄흡착, 응집침전 등이 있다.
④ 생물학적 처리공정은 호기성 분해와 혐기성 분해로 크게 구분된다.

TIP 응집침전, 활성탄 흡착법은 화학적 처리법에 속한다.

※ 하수처리법

㉠ 예비처리 : 굵은 부유물, 부상 고형물, 유지의 제거와 분리를 위해 하수를 고체와 액체로 분리하는 과정

㉡ 1차 하수처리(물리적 처리)
- 수중의 미세 부유물질의 제거하는 과정이다.
- 부유물의 제거와 아울러 BOD의 일부도 제거된다.
- 일반적으로 스크린, 분쇄기, 침사지, 침전지 등으로 이루어진다.

㉢ 2차 하수처리(화학적, 생물학적 처리)
- 하수 중에 남아있는 미생물을 제거하는 과정이다.
- BOD의 상당부분 제거되는 처리과정이다.
- 수중의 용해성 유기 및 무기물의 처리 공정이다.
- 활성슬러지법, 살수여상 등의 생물학적 처리와 산화, 환원, 소독, 흡착, 응집 등의 화학적 처리를 병용하거나 단독으로 이용한다.

㉣ 3차 하수처리(고도처리)
- 2차 처리수를 다시 고도의 수질로 하기 위하여 행하는 처리법으로 난분해성 유기물, 부유물질, 부영양화 유발물질을 제거하는 과정이다.
- 부영양화와 적조현상의 방지를 위한 처리가 주를 이룬다.
- 제거해야 할 물질(질소, 인, 분해되지 않은 유기물과 무기물, 중금속, 바이러스 등)의 종류에 따라 각각 다른 방법이 적용된다.

※ 물리적 처리와 화학적 처리
- 물리적 처리 : 처리조작, 공정 및 보조설비에 유지관리문제를 일으키는 하수 성분(굵은 부유물, 부상 고형물)을 제거(고체와 액체로 분리)하는 것으로서 스크린(여과), 분쇄, 침사, 흡착, 침전, 부상분리 등이다.
- 화학적 처리 : 주로 영양염류인 질소와 인의 제거, 하수 중의 부유물질의 응결성과 침전성 개선, 슬러지 개량 등을 위해 사용된다. 소독, 중화, 산화 및 환원, 이온교환, 화학적 응집침전, 활성탄흡착 등이다.

ANSWER 107.① 108.① 109.③ 110.③

111 장기(장시간)폭기(포기)법에 관한 설명으로 바른 것은?

① F/M비가 크다.
② 슬러지 발생량이 적다.
③ 부지가 적게 소요된다.
④ 대규모 하수처리장에 많이 이용된다.

TIP ① 장기폭기법은 F/M비가 작다.
③ 장기폭기법은 넓은 부지를 대상으로 한다.
④ 소규모 하수처리장에 많이 이용된다.
※ 장기폭기(extended aeration)법

- 잉여 슬러지양을 크게 감소시키기 위한 방법으로 BOD-SS부하를 아주 작게, 포기시간을 길게 하여 내생호흡상으로 유지하도록 하는 활성슬러지법의 일종이다.
- 체류시간을 길게 하여 F/M비를 낮춤으로써 내생호흡상으로 유지되도록 한다.
- 폭기시간이 길므로 폭기조의 미생물은 내생 호흡율 단계에 있으므로 슬러지 생산량이 매우 적다.
- 학교, 주택단지, 공원 등에서 생기는 적은 양의 폐수를 처리하기 위해 많이 채택된다.
- 처리량이 작은 도시하수 등의 경우에 적용되며 소규모 처리장에 적용된다.

112 아래와 같이 구성된 지역의 총괄유출계수는?

- 주거지역 : 면적 4ha, 유출계수 0.6
- 상업지역 : 면적 2ha, 유출계수 0.8
- 녹지 : 면적 1ha, 유출계수 0.2

① 0.42
② 0.53
③ 0.60
④ 0.70

TIP 총괄유출계수는 각 지역별로 산술평균값으로 구한다.

$$\frac{4\times0.6+2\times0.8+1\times0.2}{4+2+1}=0.6$$

113 급수량에 관한 설명으로 바른 것은?

① 시간 최대급수량은 계획1일 최대급수량보다 작게 나타난다.
② 계획1일 평균급수량은 시간최대급수량에 부하율을 곱해 산정한다.
③ 소화용수는 일최대급수량에 포함되므로 별도로 산정하지 않는다.
④ 계획1일 최대급수량은 계획1일 평균급수량에 계획첨두율을 곱해 산정한다.

TIP ① 시간 최대급수량은 계획1일 평균급수량에 2.25를 곱한 값이다.
② 계획1일 평균급수량은 계획1일 최대급수량에 부하율을 곱한 값이다.
③ 소화용수는 별도로 산정한다.

114 하수처리계획 및 재이용계획의 계획오수량에 대한 설명 중 바르지 않은 것은?

① 계획1일 최대오수량은 1인1일 최대오수량에 계획인구를 곱한 후, 공장폐수량, 지하수량 및 기타배수량을 더한 것으로 한다.
② 계획오수량은 생활오수량, 공장폐수량 및 지하수량으로 구분한다.
③ 지하수량은 1인1일 최대오수량의 20% 이하로 한다.
④ 계획시간 최대오수량은 계획1일 평균오수량의 1시간당 수량의 2~3배를 표준으로 한다.

TIP 계획시간 최대오수량은 계획1일 최대오수량의 1시간당 수량의 1.3~1.8배를 표준으로 한다.

115 하수관로의 유속 및 경사에 대한 설명으로 바른 것은?

① 유속은 하류로 갈수록 점차 작아지도록 설계한다.
② 관로의 경사는 하류로 갈수록 점차 커지도록 설계한다.
③ 오수관로는 계획1일 최대오수량에 대해 유속을 최소 1.2m/s로 한다.
④ 우수관로 및 합류식관로는 계획우수량에 대해 유속을 최대 3.0m/s로 한다.

TIP ① 유속은 하류로 갈수록 점차 커지도록 설계한다.
② 관거의 경사는 하류로 갈수록 점차 작아지도록 설계한다.
③ 오수관거는 계획1일 최대오수량에 대하여 유속을 최소 0.6m/s로 한다.

ANSWER 111.② 112.③ 113.④ 114.④ 115.④

116 알칼리도가 30[mg/L]의 물에 황산알루미늄을 첨가했더니 20[mg/L]의 알칼리도가 소비되었다. 여기에 $Ca(OH)_2$를 주입하여 알칼리도를 15[mg/L]로 유지하기 위해 필요한 $Ca(OH)_2$는? (단, $Ca(OH)_2$ 분자량 74, $CaCO_3$ 분자량 100이다.)

① 1.2mg/L
② 3.7mg/L
③ 6.2mg/L
④ 7.4mg/L

TIP $Ca(OH)_2$에 의해 공급되어야 할 알칼리도

30[mg/L] − 20[mg/L] = 10[mg/L]

15[mg/L] − 5[mg/L] = 10[mg/L]

$Ca(OH)_2 \rightarrow Ca^{2+} + 2OH^-$

$Ca(OH)_2$ 1mole에서 2mole의 OH^-를 생성하므로 알칼리도로 환산하면

$$(2 \times 17gOH^-/mole) \times \frac{100g\,CaCO_3/2mole}{17OH^-/1mole} = 100g\,CaCO_3/mole$$

$Ca(OH)_2$ 1mole(74g)으로부터 100g의 알칼리도가 생성된다.

따라서 74g : 100g = x : 5[mg/L]

x = 3.7[mg/L]

(이런 문제는 풀이에 상당한 시간이 걸리며 출제 빈도도 높지 않고, 또한 오답률도 매우 높으므로 풀지 말 것을 권한다.)

117 하수처리수 재이용 기본계획에 대한 설명으로 바르지 않은 것은?

① 하수처리 재이용수는 용도별 요구되는 수질기준을 만족해야 한다.
② 하수처리수 재이용지역은 가급적 해당지역 내의 소규모 지역 범위로 한정하여 계획한다.
③ 하수처리 재이용수의 용도는 생활용수, 공업용수, 농업용수, 유지용수를 기본으로 계획한다.
④ 하수처리수 재이용량은 해당지역 물 재이용 관리계획과에서 제시된 재이용량을 참고하여 계획해야 한다.

TIP 하수처리수 재이용지역은 가급적 해당지역 내의 대규모 지역 범위로 하여 계획한다.

118 다음 펌프 중 가장 큰 비교회전도를 나타내는 것은?

① 사류펌프 ② 원심펌프
③ 축류펌프 ④ 터빈펌프

TIP 축류펌프는 펌프 중 가장 큰 비교회전도를 갖는다.

펌프의 비속도(비회전도, 비교회전도) $Ns = N \times \frac{Q^{1/2}}{H^{3/4}}$

- N : 펌프의 회전수[rpm]
- Q : 최고효율 시의 양수량[m^3/min]
- H : 최고효율 시의 전양정[m]

119 다음 중 계획1일 최대급수량을 기준으로 하지 않는 시설은?

① 배수시설 ② 송수시설
③ 정수시설 ④ 취수시설

TIP 배수시설은 계획1일 최대급수량을 시설기준으로 하지 않고, 계획시간 최대급수량을 시설기준으로 한다.

120 오수 및 우수의 배제방식인 분류식과 합류식에 대한 설명으로 바르지 않은 것은?

① 합류식은 관의 단면적이 크기 때문에 폐쇄의 염려가 적다.
② 합류식은 일정량 이상이 되면 우천 시 오수가 월류할 수 있다.
③ 분류식은 별도의 시설 없이 오염도가 높은 초기우수를 처리장으로 유입시켜 처리한다.
④ 분류식은 2계통을 건설하는 경우, 합류식에 비해 일반적으로 관거의 부설비가 많이 든다.

TIP 분류식은 오수관과 우수관을 별도로 설치하여 오수만을 처리장으로 이송하는 방식이다.

ANSWER 116.② 117.② 118.③ 119.① 120.③

03 2020년 4회 시행

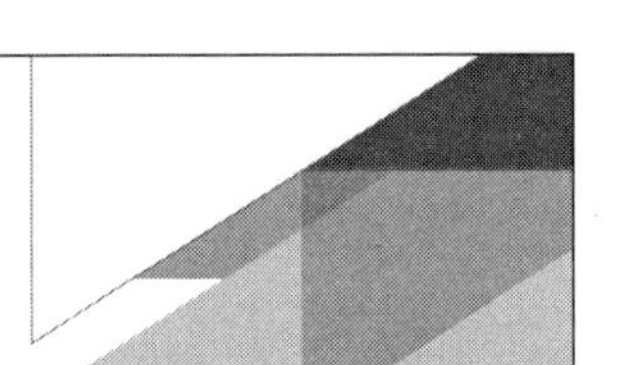

제1과목 응용역학

1 다음 그림과 같은 단순보에서 일어나는 최대 전단력은?

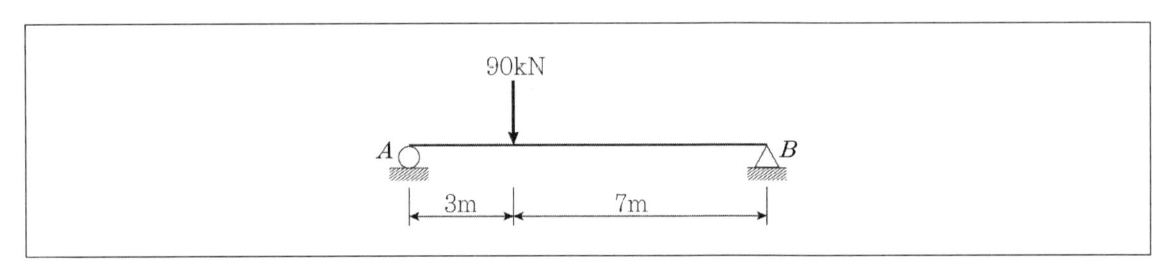

① 27kN
② 45kN
③ 54kN
④ 63kN

TIP 직관적으로 바로 답이 나와야 하는 문제이다.

A지점에서 최대전단력이 발생하게 되며 $90 \times \frac{7}{10} = 63\text{kN}$

2 15cm×30cm의 직사각형 단면을 가진 길이가 5m인 양단힌지기둥이 있다. 이 기둥의 세장비는?

① 57.7
② 74.5
③ 115.5
④ 149.5

TIP $\lambda = \frac{KL}{r_{\min}} = \frac{KL}{\sqrt{\frac{I_{\min}}{A}}} = \frac{(1.0)(5 \times 10^2)}{\sqrt{\frac{\left(\frac{(30)(15)^3}{12}\right)}{(30 \times 15)}}} = 115.5$

3 탄성변형에너지는 외력을 받는 구조물에서 변형에 의해 구조물에 축적되는 에너지를 말한다. 탄성체이며 선형거동을 하는 길이 L인 캔틸레버보의 끝단에 집중하중 P가 작용할 경우 굽힘모멘트에 의한 탄성변형에너지는? (단, EI는 일정함)

① $\dfrac{P^2L^2}{6EI}$　　② $\dfrac{P^2L^2}{2EI}$

③ $\dfrac{P^2L^3}{6EI}$　　④ $\dfrac{P^2L^3}{2EI}$

TIP $M_x = -(P)\cdot(x) = -P\cdot x$

$$U = \int \frac{M_x^2}{2EI}dx = \frac{1}{2EI}\int_0^L(-P\cdot x)^2dx = \frac{P^2L^3}{6EI}$$

4 다음과 같이 A점과 B점에 모멘트 하중(M_0)이 작용할 때 생기는 전단력도의 모양은 어떤 형태인가?

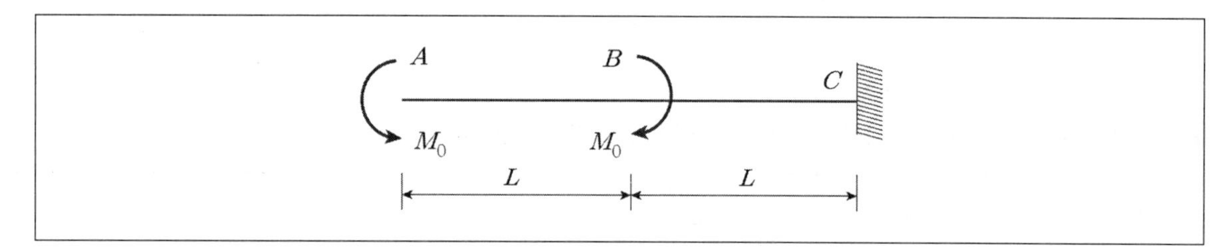

① A　B　C

② A　B　C

③ A　B　C

④ A　C

TIP AB구간에서는 휨모멘트에 의한 내력 M_o만이 일정하게 존재하는 상태(순수휨상태)이며 BC구간은 내력이 발생하지 않는다. 즉, 부재의 전구간에 걸쳐 전단력이 발생하지 않는다.

ANSWER　1.④　2.③　3.③　4.④

5 다음 그림과 같은 3힌지 아치에서 C점의 휨모멘트는?

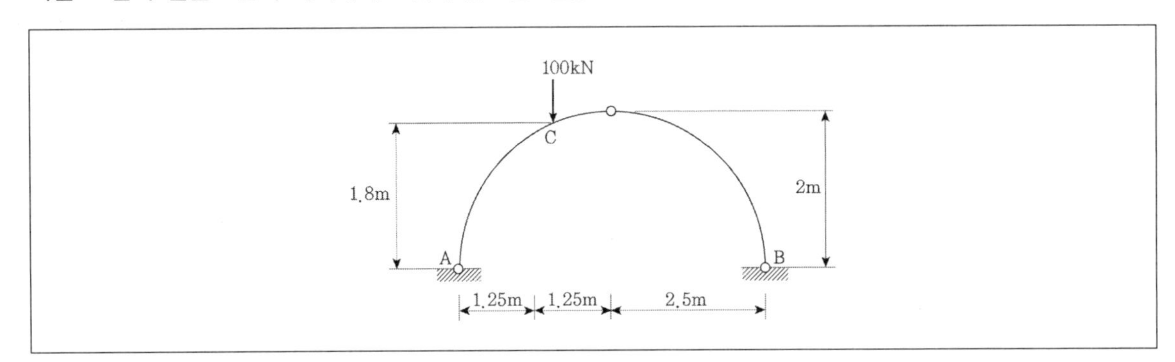

① 32.5kN · m
② 35.0kN · m
③ 37.5kN · m
④ 40.0kN · m

TIP 중앙에 힌지가 있는 단순보로 변형시켜 지점의 반력을 구한다.

$M_C = V_A \cdot a - H_A \cdot h = 75 \times 1.25 - 31.25 \times 1.8 = 37.5[\text{kN·m}]$

$V_A = \frac{100 \times 3.75}{5} = 75[\text{kN}]$

$H_A = \frac{M_D}{h} = \frac{100 \times 1.25}{2 \times 2} = 31.25$

6 다음 그림과 같은 연속보에서 B점의 반력은? (단, EI는 일정하다.)

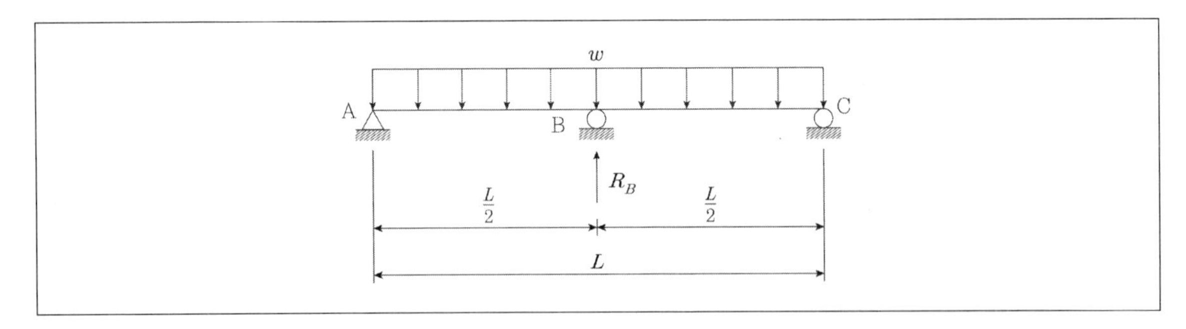

① $\frac{3}{10}wL$
② $\frac{3}{8}wL$
③ $\frac{5}{8}wL$
④ $\frac{5}{4}wL$

TIP 등분포하중이 작용하는 단순연속보의 중앙지점에 작용하는 반력은 $\frac{5}{8}wL$이다.

7 그림과 같이 이축응력(二軸應力)을 받는 정사각형 요소의 체적변형률은? (단, 이 요소의 탄성계수 E=2.0×10^{6}kg/cm^2, 푸아송비 ν = 0.3이다.)

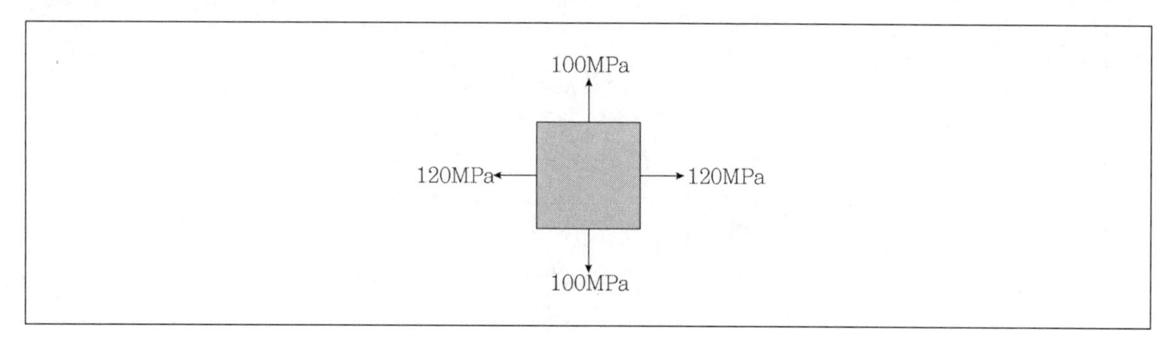

① 3.6×10^{-4}　　② 4.4×10^{-4}

③ 5.2×10^{-4}　　④ 6.4×10^{-4}

TIP $\varepsilon_v = \dfrac{1-2\nu}{E}(\sigma_x + \sigma_y + \sigma_z) = \dfrac{1-2\times0.3}{E}(120+100+0)$

$= \dfrac{1-0.6}{2.0\times10^6\times10^{-1}}\times220 = 4.4\times10^{-4}$

8 반지름이 25cm인 원형단면을 가지는 단주에서 핵의 면적은 약 얼마인가?

① 122.7cm^2　　② 168.4cm^2

③ 254.4cm^2　　④ 336.8cm^2

TIP 원형단면의 핵의 반경은 $d/4$이므로

핵의 단면적 $A = \dfrac{\pi(d/4)^2}{4} = 122.7\text{cm}^2$가 된다.

9 지름 D인 원형 단면 보에 휨모멘트 M이 작용할 때 최대 휨응력은?

① $\dfrac{64M}{\pi D^3}$　　② $\dfrac{32M}{\pi D^3}$

③ $\dfrac{16M}{\pi D^3}$　　④ $\dfrac{8M}{\pi D^3}$

TIP 지름 D인 원형 단면 보에 휨모멘트 M이 작용할 때 최대 휨응력 … $\dfrac{32M}{\pi D^3}$

ANSWER　5.③　6.③　7.②　8.①　9.②

10 다음 그림과 같이 단순보 위에 삼각형 분포하중이 작용하고 있다. 이 단순보에 작용하는 최대 휨모멘트는?

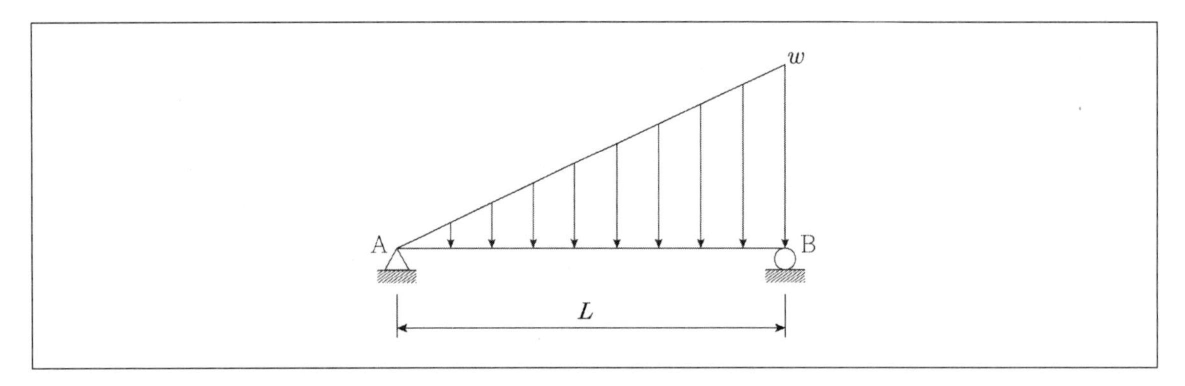

① $0.03214wl^2$
② $0.04816wl^2$
③ $0.05217wl^2$
④ $0.06415wl^2$

TIP

$\sum M_B = 0 : R_A \times l - \left(\frac{1}{2} \times w \times l\right) \times \frac{l}{3} = 0,\ R_A = \frac{wl}{6}(\uparrow)$

$\sum F_y = 0(\uparrow) : \frac{wl}{6} - \left(\frac{1}{2} \times \frac{w}{l}x \times x\right) - S_x = 0$

$S_x = \frac{wl}{6} - \frac{w}{2l}x^2$

$\sum M_X = 0 : \frac{wl}{6} \times x - \left(\frac{1}{2} \times \frac{w}{l}x \times x\right) \times \frac{x}{3} - M_x = 0$

$M_x = \frac{wl}{6}x - \frac{w}{6l}x^3$

최대휨모멘트는 전단력이 0인 곳에서 발생하게 된다.

$S_x = \frac{wl}{6} - \frac{w}{2l}x^2 = 0,\ x = \frac{l}{\sqrt{3}}$

$M_{\max} = M_{x = \frac{l}{\sqrt{3}}} = \frac{wl}{6}\left(\frac{l}{\sqrt{3}}\right) - \frac{w}{6l}\left(\frac{l}{\sqrt{3}}\right)^3 = \frac{wl^2}{9\sqrt{3}}$

$= 0.06415wl^2$

11 다음 그림과 같은 캔틸레버보에서 집중하중 P가 작용할 경우 최대처짐(δ_{max})은? (단, EI는 일정하다.)

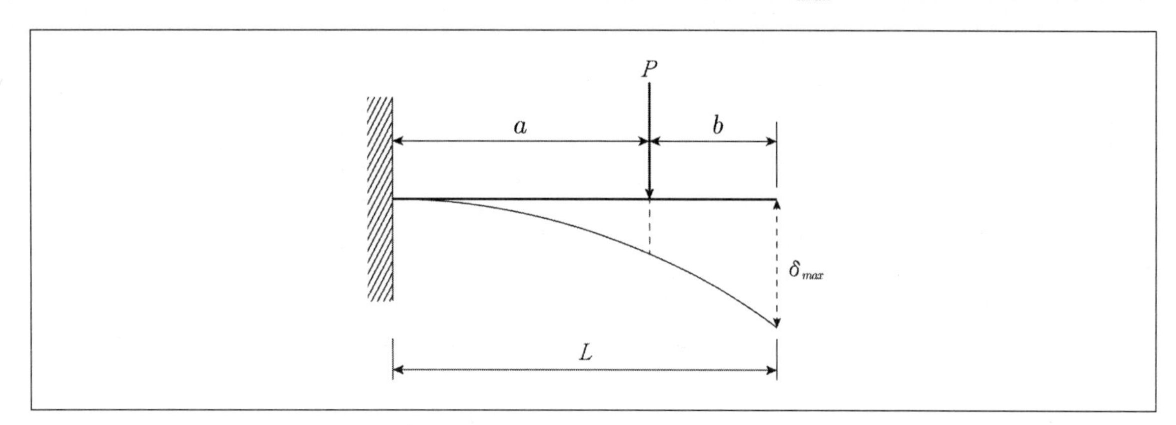

① $\delta_{max} = \dfrac{Pa^2}{3EI}(3L+a)$

② $\delta_{max} = \dfrac{Pa^2}{3EI}(3L-a)$

③ $\delta_{max} = \dfrac{P^2a}{6EI}(3L+a)$

④ $\delta_{max} = \dfrac{Pa^2}{6EI}(3L-a)$

TIP 여러 가지 방법으로 처짐공식을 도출할 수 있으나 매우 비효율적이므로 이 문제의 경우 공식을 암기할 것을 권한다.

$$\delta_{max} = \frac{Pa^2}{6EI}(3L-a)$$

ANSWER 10.④ 11.④

12 다음 그림과 같은 트러스의 사재 D의 부재력은?

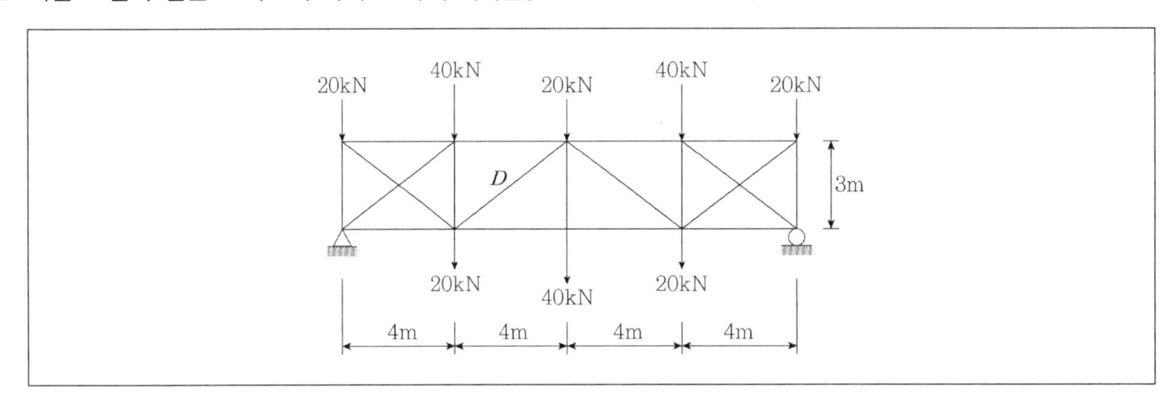

① 50kN(인장)　　② 50kN(압축)

③ 37.5kN(인장)　　④ 37.5kN(압축)

TIP $\sum M_B = 0 : R_A \times 16 - 20 \times 16 - (40+20) \times 12 - (20+40) \times 8 - (40+20) \times 4 = 0$

이를 만족하는 $R_A = 110\text{kN}(\uparrow)$이며 부재의 자유물체도를 그려보면 다음과 같다.

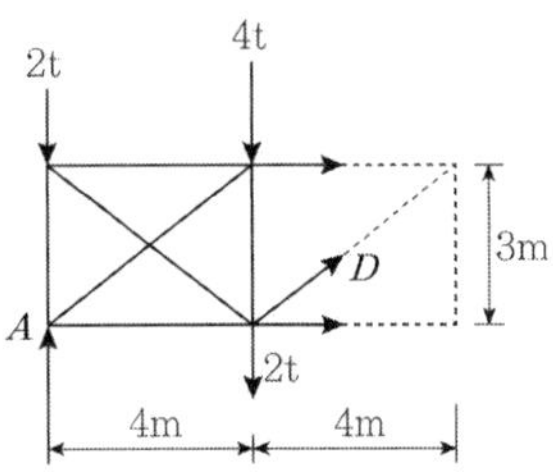

$\sum F_y = 0 : 110 - 20 - 40 - 20 + D \times \frac{3}{5} = 0$, $D = -50[\text{kN}]$(압축)

13 어떤 재료의 탄성계수를 E, 전단탄성계수를 G, 푸아송수를 m이라고 할 때 G와 E의 관계식으로 바른 것은?

① $G = \dfrac{mE}{2(m+1)}$　　② $G = \dfrac{m}{2(m-1)}$

③ $G = \dfrac{E}{2(m+1)}$　　④ $G = \dfrac{m}{2(m-1)}$

TIP 재료의 탄성계수를 E, 전단탄성계수를 G, 푸아송 비를 ν라고 할 때 G와 E의 관계식은 $G = \dfrac{E}{2(1+\nu)}$이며 푸아송 비는 푸아송 수의 역수이므로 전단탄성계수는 $G = \dfrac{mE}{2(m+1)}$

14 다음 중 정(+)의 값 뿐만 아니라 부(−)의 값도 갖는 것은?

① 단면계수
② 단면 2차 반지름
③ 단면상승 모멘트
④ 단면 2차 모멘트

TIP 단면상승 모멘트는 정(+)의 값 뿐만 아니라 부(−)의 값도 갖는다.

15 그림과 같이 단순보에 이동하중이 작용하는 경우 절대최대휨모멘트는?

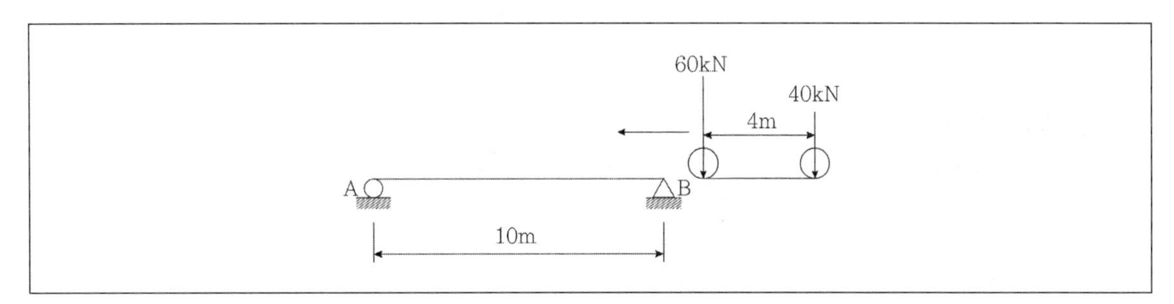

① 176.4kNm
② 167.2kNm
③ 162.0kNm
④ 125.1kNm

TIP 절대최대휨모멘트가 발생하는 것은 두 작용력의 합력이 작용하는 위치와 큰 힘(60[kN])이 작용하는 위치의 중간이 부재의 중앙에 위치했을 때이며 이 때 60[kN]이 작용하는 위치에서 절대최대 휨모멘트가 발생한다.
따라서 60[kN]의 하중이 작용하는 위치로부터 0.8[m]우측으로 떨어진 위치가 부재의 중앙부에 있을 때 60[kN]의 하중이 작용하는 지점의 휨모멘트의 크기를 구하면 된다.
우선 A점에서의 반력을 구하기 위하여 B점을 기준으로 모멘트평형의 원리를 적용하면,
$\sum M_B = 0 : R_A \times 10 - 60 \times 5.8 - 40 \times 1.8 = 0,\ R_A = 42[\mathrm{kN}]$
절대최대휨모멘트는 60[kN]의 하중 작용점에서 발생하므로 A지점으로부터 5−0.8=4.2[m]떨어진 곳에서 발생하며 그 크기는 $M_{\max} = R_A \times 4.2 = 42 \times 4.2 = 176.4[\mathrm{kNm}]$

ANSWER 12.② 13.① 14.③ 15.①

16 다음 그림에 표시된 힘들의 x방향의 합력으로 옳은 것은?

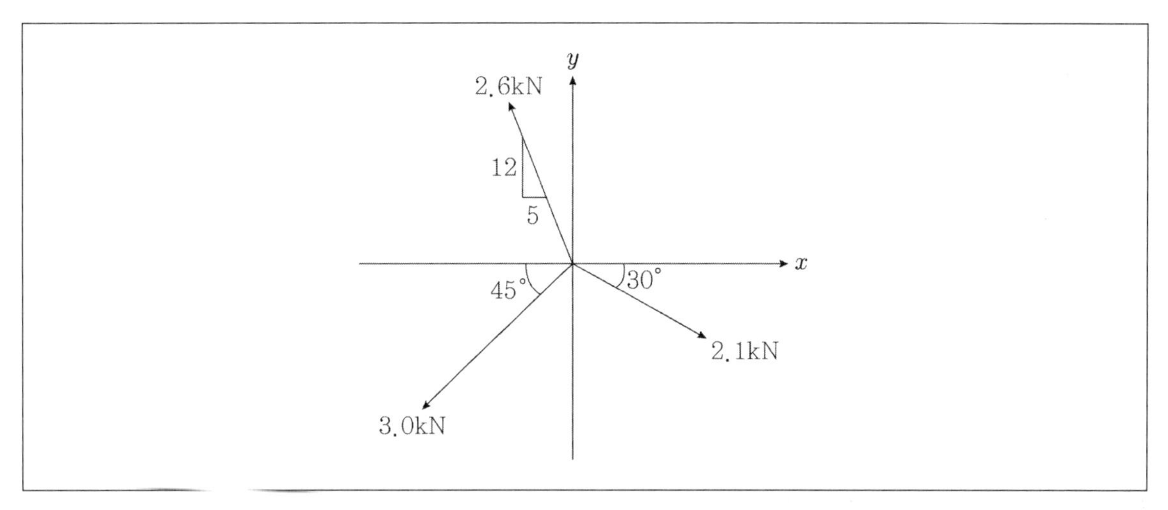

① 0.4kN(←)　　② 0.7kN(→)
③ 1.0kN(→)　　④ 1.3kN(←)

TIP 단순계산 문제로서 각 힘의 x방향 성분들을 합하면 1.3kN(←)가 된다.
수평방향 성분은 $\sum H = -2.6\times\frac{5}{\sqrt{5^2+12^2}} - 3.0\cos 45^\circ + 2.1\cos 30^\circ = -1.302$

17 동일평면상의 한 점에 여러 개의 힘이 작용하고 있을 때 여러 개의 힘의 어떤 점에 대한 모멘트의 합은 그 합력의 동일점에 대한 모멘트와 같다는 것은 무슨 정리인가?

① Mohr의 정리
② Lami의 정리
③ Varignon의 정리
④ Castigliano의 정리

TIP Varignon의 정리…동일평면상의 한 점에 여러 개의 힘이 작용하고 있을 때 여러 개의 힘의 어떤 점에 대한 모멘트의 합은 그 합력의 동일점에 대한 모멘트와 같다.

18 다음 그림과 같은 단순보에 등분포하중(q)이 작용할 때 보의 최대처짐은? (단, EI는 일정하다.)

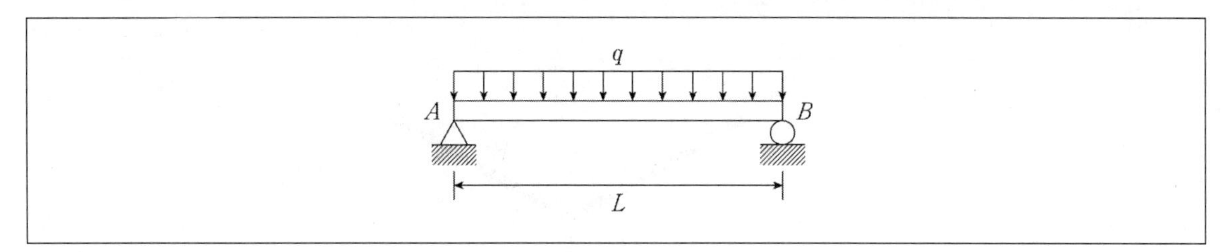

① $\dfrac{qL^4}{128EI}$

② $\dfrac{qL^4}{64EI}$

③ $\dfrac{qL^4}{38EI}$

④ $\dfrac{5qL^4}{384EI}$

TIP 그림과 같은 단순보에 등분포하중(q)이 작용할 때 보의 최대처짐은 $\dfrac{5qL^4}{384EI}$

ANSWER 16.④ 17.③ 18.④

19 다음 그림과 같은 구조물에서 단부 A, B는 고정, C지점은 힌지일 때 OA, OB, OC 부재의 분배율로 옳은 것은?

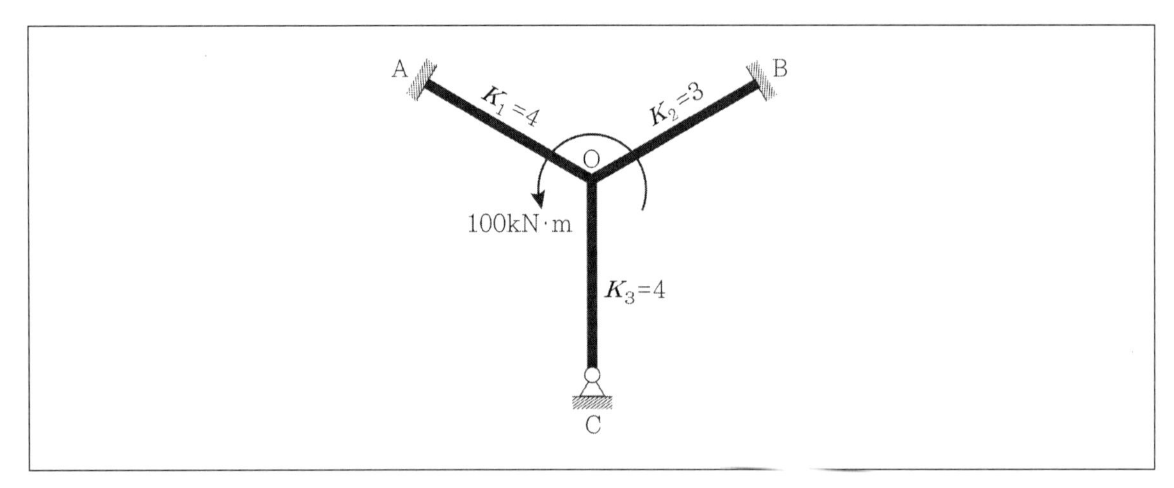

① $DF_{OA}=\frac{4}{10}$, $DF_{OB}=\frac{3}{10}$, $DF_{OC}=\frac{4}{10}$

② $DF_{OA}=\frac{4}{10}$, $DF_{OB}=\frac{3}{10}$, $DF_{OC}=\frac{3}{10}$

③ $DF_{OA}=\frac{4}{11}$, $DF_{OB}=\frac{3}{11}$, $DF_{OC}=\frac{4}{11}$

④ $DF_{OA}=\frac{4}{11}$, $DF_{OB}=\frac{3}{11}$, $DF_{OC}=\frac{3}{11}$

TIP $K_{OA}:K_{OB}:K_{OC}=4:3:4\times\frac{3}{4}=4:3:3$

$$DF_{OA}:DF_{OB}:DF_{OC}=\frac{K_{OA}}{\sum k_i}:\frac{K_{OB}}{\sum k_i}:\frac{K_{OC}}{\sum k_i}=0.4:0.3:0.3$$

20 다음 그림과 같은 단면의 A-A측에 대한 단면 2차 모멘트는?

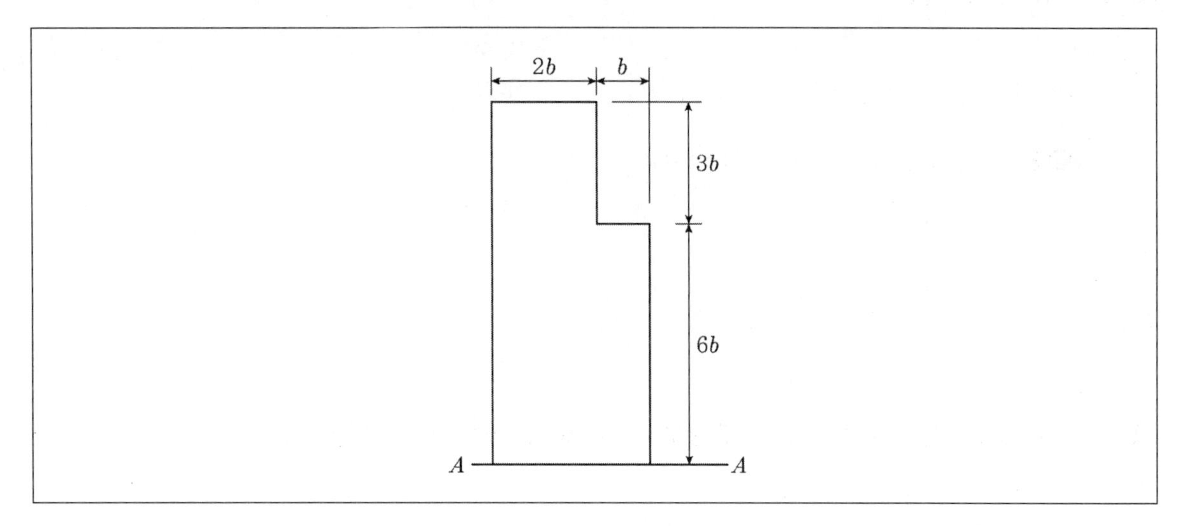

① $558b^4$　　② $623b^4$

③ $685b^4$　　④ $729b^4$

TIP $I_{A-A} = \frac{(2b)(9b)^3}{3} + \frac{(b)(6b)^3}{3} = 558b^4$

제2과목 측량학

21 지형측량의 순서로 옳은 것은?

① 측량계획 – 골조측량 – 측량원도 작성 – 세부측량
② 측량계획 – 세부측량 – 측량원도 작성 – 골조측량
③ 측량계획 – 측량원도작성 – 골조측량 – 세부측량
④ 측량계획 – 골조측량 – 세부측량 – 측량원도 작성

TIP 지형측량의 순서 … 측량계획 – 골조측량 – 세부측량 – 측량원도 작성

ANSWER 19.② 20.① 21.④

22 항공사진의 특수 3점이 아닌 것은?

① 주점 ② 보조점
③ 연직점 ④ 등각점

TIP 항공사진의 특수 3점 … 주점, 연직점, 등각점

23 수준측량에서 전시와 후시의 거리를 같게 하여 소거할 수 있는 오차가 아닌 것은?

① 지구의 곡률에 의해 생기는 오차
② 기포관축과 시준축이 평행하지 않기 때문에 생기는 오차
③ 시준선상에 생기는 빛의 굴절에 의한 오차
④ 표척의 조정 불완전으로 인해 생기는 오차

TIP 전시와 후시를 같게 한다고 해도 표척의 조정 불완전으로 인하여 발생하는 오차는 소거할 수 없다.

24 노선측량의 일반적인 작업순서로 바른 것은?

A : 종횡단측량	B : 중심선측량
C : 공사측량	D : 답사

① A → B → D → C
② A → C → D → B
③ D → B → A → C
④ D → C → A → B

TIP 노선측량의 작업순서 … 답사 → 중심선측량 → 종 · 횡단측량 → 공사측량

25 수준망의 관측결과가 표와 같을 때 정확도가 가장 높은 것은?

구분	총거리(km)	폐합오차(mm)
Ⅰ	25	±20
Ⅱ	16	±18
Ⅲ	12	±15
Ⅳ	8	±13

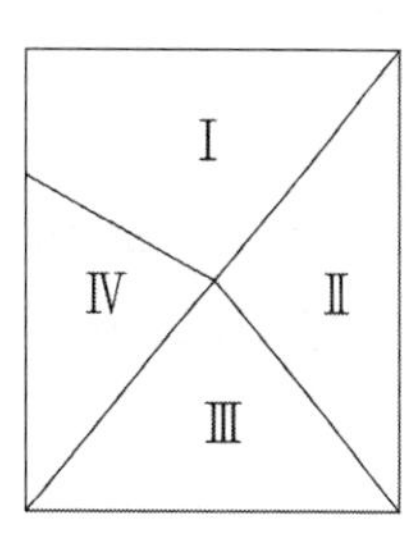

① Ⅰ
② Ⅱ
③ Ⅲ
④ Ⅳ

TIP 수준측량의 정밀도는 1km당 수준측량의 오차값으로 판별을 한다.

$K_1 : K_2 : K_3 : K_4 = \frac{20}{\sqrt{25}} : \frac{18}{\sqrt{16}} : \frac{15}{\sqrt{12}} : \frac{13}{\sqrt{8}}$ 이며 K_1이 가장 작은 값이므로 Ⅰ노선이 가장 정확하다.

26 수평각 관측을 할 때 망원경의 정위, 반위로 관측하여 평균하여도 소거되지 않는 오차는?

① 수평축 오차
② 시준축 오차
③ 연직축 오차
④ 편심 오차

TIP 연직축 오차는 망원경의 정위, 반위로 관측하여 평균하여도 소거되지 않는다.

27 트래버스 측량의 일반적인 사항에 대한 설명으로 바르지 않은 것은?

① 트래버스 종류 중 결합트래버스는 가장 높은 정확도를 얻을 수 있다.
② 각관측방법 중 방위각법은 한 번 오차가 발생하면 그 영향은 끝까지 미친다.
③ 폐합오차 조정방법 중 컴퍼스 법칙은 각관측의 정밀도가 거리관측의 정밀도보다 높을 때 실시한다.
④ 폐합트래버스에서 편각의 총합은 반드시 360도가 되어야 한다.

TIP 폐합오차 조정방법 중 컴퍼스 법칙은 각관측의 정밀도가 거리관측의 정밀도와 비슷할 경우 실시하는 방법이다. 각관측의 정밀도가 거리관측의 정밀도보다 높을 때 실시하는 폐합오차 조정법은 트랜싯 법칙이다.

ANSWER 22.② 23.④ 24.③ 25.① 26.③ 27.③

28 축척 1 : 1,500 지도상의 면적을 축척 1 : 1,000으로 잘못 관측한 결과가 10,000m²이었다면 실제면적은?

① 4,444m^2 ② 6,667m^2
③ 15,000m^2 ④ 22,500m^2

TIP 면적비는 축척비의 제곱이므로,

$$A = A_o\left(\frac{1,500}{1,000}\right)^2 = 22,500[m^2]$$

29 토목의 노선측량에서 반지름(R)이 200m인 원곡선을 설치할 때 도로의 기점으로부터 교점($I.P$)까지의 추가거리가 423.26m, 교각(I)가 42° 20'일 때 시단현의 편각은? (단, 중심말뚝간격은 20m이다.)

① 0° 50′ 00″
② 2° 01′ 52″
③ 2° 51′ 11″
④ 2° 51′ 47″

TIP (이 문제를 풀려면 공학용계산기에서 각도, 라디안, 그리드 모드를 사용할 수 있어야 한다. 최소한 공학용계산기를 사용할 때 이 정도는 알아두도록 하자.)

$$T.L = R\tan\frac{I}{2} = 200\tan\frac{42°\ 20'}{2} = 77.44[m]$$

$BC = IP$의 거리 $- TL = 423.26 - 77.44 = 345.82[m]$

시단편각 $\delta_1 = \frac{l_1}{2R} \times \frac{180°}{\pi} = \frac{90° \times 14.18}{200\pi} = 2°\ 01'\ 52''$

30 초점거리가 210mm인 사진기로 촬영한 항공사진의 기선고도비는? (단, 사진크기는 23cm×23cm, 축척은 1 : 10,000, 종중복도 60%이다.)

① 0.32 ② 0.44
③ 0.52 ④ 0.61

TIP 촬영 종기선길이

$$B = ma\left(1 - \frac{p}{100}\right) = 10,000 \times 0.23 \times \left(1 - \frac{60}{100}\right) = 920[m]$$

촬영고도 $H = f \cdot m = 0.21 \times 10,000 = 2,100[m]$

기선고도비 $\frac{B}{H} = \frac{920}{2,100}$ 이므로 $\frac{B}{H} = 0.438$

31 폐합트래버스 ABCD에서 각 측선의 경거, 위거가 표와 같을 때 $\overline{AD}$측선의 방위각은?

측선	위거		경거	
	+	−	+	−
AB	50		50	
BC		30	60	
CD		70		60
DA				

① 133°　　② 135°
③ 137°　　④ 145°

TIP 위거의 합 $E_L = -50$, 경거의 합 $E_D = +50$
$\overline{AD}$의 방위각은 $\tan^{-1}\left(\frac{E_D}{E_L}\right) = -45°$
위거가 −, 경거가 +이면 2상한에 해당되므로
$\overline{AD}$의 방위각은 $180° - 45° = 135°$

32 GNSS 데이터로 교환 등에 필요한 공통적인 형식으로 원시데이터에서 측량에 필요한 데이터를 추출하여 보기 쉽게 표현한 것은?

① Bernese　　② RINEX
③ Ambiguity　　④ Binary

TIP RINEX … GNSS 데이터로 교환 등에 필요한 공통적인 형식으로 원시데이터에서 측량에 필요한 데이터를 추출하여 보기 쉽게 표현한 것이다. RINEX 데이터는 과거 정지측량을 위한 데이터 처리에 많이 사용되었으나, 최근 MMS(Mobile Mapping System), 드론 등 GNSS/INS로 관측한 데이터의 후처리에 많이 사용되고 있다.

ANSWER 28.④ 29.② 30.② 31.② 32.②

33 교호수준측량을 한 결과 a_1=0.472m, a_2=2.656m, b_1=2.106m, b_2=3.895m를 얻었다. A점의 표고가 66.204m일 때 B점의 표고는?

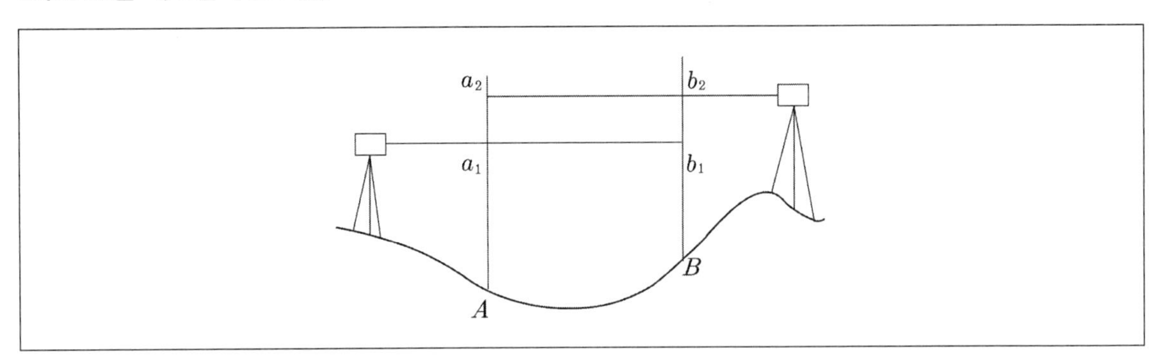

① 64.130m
② 64.768m
③ 65.238m
④ 67.641m

TIP $H_B = H_A + \frac{(a_2 - b_2)+(a_1 - b_1)}{2} = 66.204 + \frac{(2.656 - 3.895)+(0.472 - 2.106)}{2} = 64.7675[\mathrm{m}]$

34 2,000m의 거리를 50m씩 끊어서 40회 관측하였다. 관측결과 총 오차가 ±0.14m이었고, 40회 관측의 정밀도가 동일하다면 50m 거리관측의 오차는?

① ±0.022m
② ±0.019m
③ ±0.016m
④ ±0.013m

TIP 부정오차에 관한 문제로서 $a\sqrt{n} = a\sqrt{40} = 0.14$를 만족하는 a의 값은 0.022m이다.

35 구면삼각형의 성질에 대한 설명으로 바르지 않은 것은?

① 구면 삼각형의 내각의 합은 180°보다 크다.
② 2점간 거리가 구면상에서는 대원의 호길이가 된다.
③ 구면삼각형의 한 변은 다른 두 변의 합보다는 작고 차보다는 크다.
④ 구과량은 구 반지름의 제곱에 비례하고 구면 삼각형의 면적에 비례한다.

TIP 구과량은 구 반지름의 제곱에 반비례하고 구면 삼각형의 면적에 비례한다.

※ **구과량** … 구면삼각형 ABC의 세 내각의 합이 180°보다 크게 되면 이 차이를 말한다. $\varepsilon'' = \frac{F}{R^2}\rho''$ (R은 지구반경, F는 삼각형의 면적)

36 다음 그림과 같은 횡단면의 면적은?

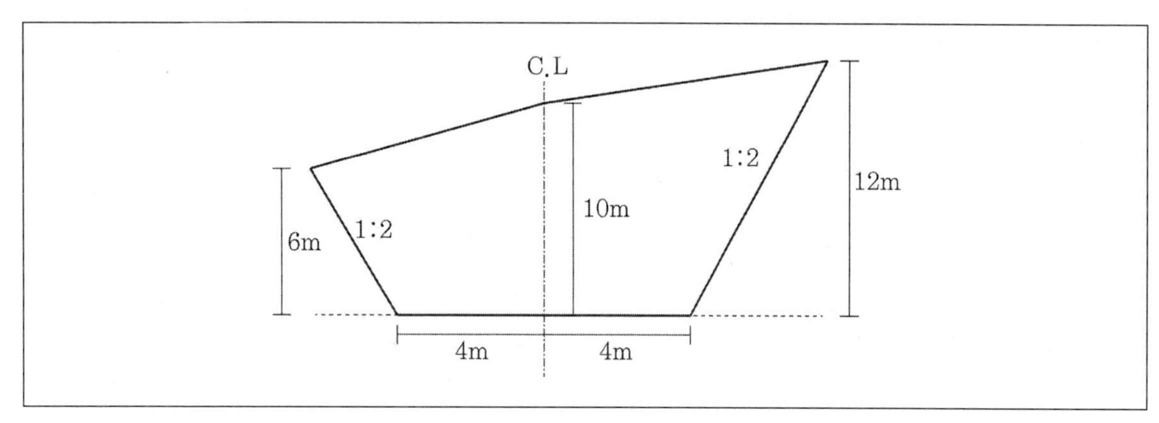

① $196m^2$　　② $204m^2$
③ $216m^2$　　④ $256m^2$

TIP

x	y	$(x_{i-1}-x_{i+1})y_i$
4	0	(−4−28)×0=0
28	12	(4−0)×12=48
0	10	(28+16)×10=440
−16	6	(0+4)×6=24
−4	0	0
		$2A$=512

$A=\frac{1}{2}\sum x_i(y_{i+1}-y_{i-1})$ or $\frac{1}{2}\sum y_i(x_{i+1}-x_{i-1})$이므로 주어진 수치를 여기에 대입하면 256이 산출된다.

37 30m에 대해 3mm 늘어나 있는 줄자로써 정사각형의 지역을 측정한 결과 $80,000m^2$이었다면 실제의 면적은?

① $80,016m^3$　　② $80,008m^3$
③ $79,984m^3$　　④ $79,992m^3$

TIP $A=A_o\left(1+\frac{dl}{l}\right)^2=80,000\left(1+\frac{0.003}{30}\right)^2=80,016[m^2]$

ANSWER 33.② 34.① 35.① 36.④ 37.①

38 삼변측량을 실시하여 길이가 각각 a =1,200m, b =1,300m, c =1,500m이었다면 ∠ACB는?

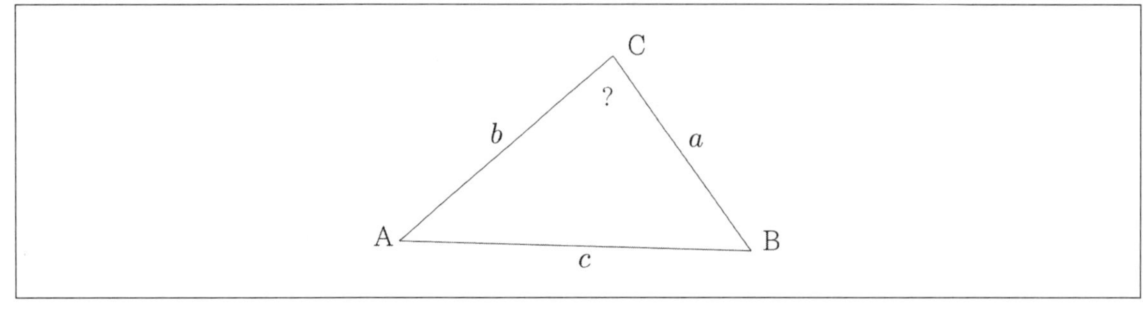

① 73° 31′ 02″
② 73° 33′ 02″
③ 73° 35′ 02″
④ 73° 37′ 02″

TIP $\cos C = \dfrac{a^2+b^2-c^2}{2ab}$ 이므로,

$$C = \cos^{-1}\left(\frac{a^2+b^2-c^2}{2ab}\right) = \cos^{-1}\left(\frac{1,200^2+1,300^2-1,500^2}{2\times 1,200\times 1,300}\right) = 73°\ 37'\ 02''$$

39 GPS 위성측량에 대한 설명으로 바른 것은?

① GPS를 이용하여 취득한 높이는 지반고이다.
② GPS에서 사용하고 있는 기준타원체는 GRS80 타원체이다.
③ 대기 내 수증기는 GPS 위성신호를 지연시킨다.
④ GPS측량은 별도의 후처리 없이 관측값을 직접 사용할 수 있다.

TIP ① GPS를 이용하여 취득한 높이는 타원체고이다.
② GPS에서 사용하고 있는 기준타원체는 WGS-84 타원체이다.
④ 망조정이 필요한 것은 정지측량에 의한 기준점측량이다.

40 완화곡선에 대한 설명으로 바르지 않은 것은?

① 완화곡선의 접선은 시점에서 원호에, 종점에서 직선에 접한다.
② 완화곡선에 연한 곡선반지름의 감소율은 캔트(Cant)의 증가율과 같다.
③ 완화곡선의 반지름은 그 시점에서 무한대, 종점에서는 원곡선의 반지름과 같다.
④ 모든 클로소이드(Clothoid)는 닮음 꼴이며 클로소이드 요소는 길이의 단위를 가진 것과 단위가 없는 것이 있다.

TIP 완화곡선의 접선은 시점에서 직선에 접하고, 종점에서 원호에 접한다.

제3과목 수리학 및 수문학

41 유출(流出)에 대한 설명으로 옳지 않은 것은?

① 총유출은 통상 직접유출(direct run off)과 기저유출(base flow)로 분류된다.
② 하천에 도달하기 전에 지표면 위로 흐르는 유수를 지표유하수(overland flow)라 한다.
③ 하천에 도달한 후 다른 성분의 유출수와 합친 유수량을 총 유출수(total flow)라 한다.
④ 지하수유출은 토양을 침투한 물이 침투하여 지하수를 형성하나 총 유출량에는 고려하지 않는다.

TIP 총 유출량 산정 시 지하수유출량을 고려해야 한다.

42 수면 아래 30m 지점의 수압을 kN/m^2으로 표시하면? (단, 물의 단위중량은 $9.81kN/m^3$이다.)

① $2.94[kN/m^2]$
② $29.43[kN/m^2]$
③ $294.3[kN/m^2]$
④ $2,943[kN/m^2]$

TIP $9.81kN/m^3 \times 30m = 294.3[kN/m^2]$

43 두 개의 수평한 판이 5mm 간격으로 놓여 있고, 점성계수 $0.01N \cdot s/cm^2$인 유체로 채워져 있다. 하나의 판을 고정시키고 다른 하나의 판을 2m/s로 움직일 때 유체 내에서 발생되는 전단응력은?

① $1N/cm^2$
② $2N/cm^2$
③ $3N/cm^2$
④ $4N/cm^2$

TIP $\tau = \mu \cdot \frac{dV}{dy} = 0.01 \times \frac{200}{0.5} = 4N/cm^2$

ANSWER 38.④ 39.③ 40.① 41.④ 42.③ 43.④

44 유역면적이 2km²인 어느 유역에 다음과 같은 강우가 있었다. 직접유출용적이 140,000m³일 때 이 유역에서의 ϕ-index는?

시간(30min)	1	2	3	4
강우강도(mm/hr)	102	51	152	127

① 36.5mm/h
② 51.0mm/h
③ 73.0mm/h
④ 80.3mm/h

TIP 2시간 동안의 직접유출용적이 140,000m³이며, 유역면적이 2km²이므로

2시간 동안의 유출량은 $Q=\frac{140,000[m^3]}{2[km^2]}=\frac{1.4\times10^5}{2\times10^3\times10^3}[m]=0.07[m]=70[mm]$

총 강우량은 $P=51+25.5+76+63.5=216[mm]$이고, 총강우량 = 총유출량 + 총침투량이므로

총 침투량은 $F=P-Q=216-70=146[mm]$가 된다.

총 침투량 146[mm]을 구분하는 수평선에 대응하는 ϕ-index의 값은 40.16[mm/30min] 정도이므로 80.3[mm/hr]가 주어진 보기 중 가장 적합한 값이 된다.

45 지름 0.3m, 수심 6m인 굴착정이 있다. 피압대수층의 두께가 3.0m라 할 때 5L/s의 물을 양수하면 우물의 수위는? (단, 영향원의 반지름은 500m, 투수계수는 4m/h이다.)

① 3.848m
② 4.063m
③ 5.920m
④ 5.999m

TIP 단위에 주의해야 한다. 투수계수의 단위 분모가 시간단위이므로 이를 초단위로 환산해야 한다.

굴착정의 유량 산정식은 $Q=\frac{2c\pi K(H-h_0)}{\ln(R/r_o)}$ 이다.

양수량은 $Q=5[L/s]=5\times10^{-3}[m^3/s]$

투수계수 $K=4[m/h]=\frac{4[m]}{3,600[s]}=1.11\times10^{-3}[m/s]$

이 공식에 문제에서 주어진 조건을 대입하면 $5[L/s]=\frac{2\times3\pi\times1.11\times10^{-3}\times(6-h_0)}{\ln(500/0.15)}$ 을 만족하는 $h_0=4.063[m]$

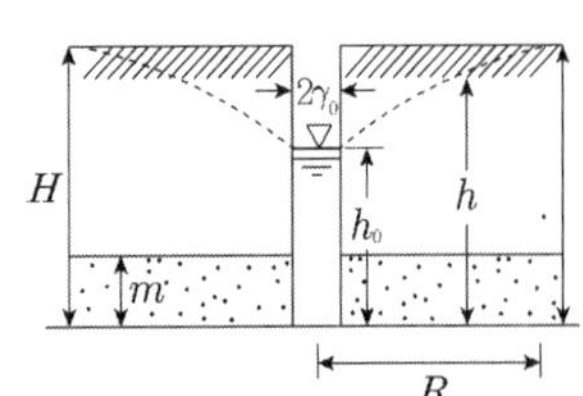

굴착정의 유량산정식 : $Q=\frac{2\pi mK(H-h_0)}{\ln(R/r_o)}$

R : 영향원의 반지름, r_0 : 굴착정 반지름

m : 피압대수층의 두께, K : 투수계수

H : 굴착정수심, h_0 : 우물의 수위

46 합성단위유량도(Synthetic Unit Hydrograph)의 작성방법이 아닌 것은?

① Snyder방법
② Nakayasu방법
③ 순간 단위유량도법
④ SCS의 무차원 단위유량도 이용법

TIP 미계측유역에 대한 단위유량도의 합성방법으로는 Snyder 방법, SCS의 무차원 단위유량도 이용법, Nakayasu 방법 등이 있다.

47 마찰손실계수(f)와 Reynolds수(Re) 및 상대조도(ϵ/d)의 관계를 나타낸 Moody 도표에 대한 설명으로 옳지 않은 것은?

① 층류와 난류의 물리적 상이점은 $f-Re$ 관계가 한계 Reynolds 수 부근에서 갑자기 변한다.
② 층류영역에서는 단일 직선이 관의 조도에 관계없이 적용된다.
③ 난류영역에서는 $f-Re$ 곡선은 상대조도(ϵ/d)에 따라 변하며 Reynolds수보다는 관의 조도가 더 주요한 변수가 된다.
④ 완전 난류의 완전히 거친 영역에서 f는 Re^n과 반비례하는 관계를 보인다.

TIP 완전 난류의 완전히 거친 영역에서 f는 Re^n과 비례하는 관계를 보인다.

48 오리피스(Orifice)의 압력수두가 2m이고 단면적이 4cm^2, 접근유속이 1m/s일 때 유출량은? (단, 유량계수 C =0.63이다.)

① 1,558cm^3/s
② 1,578cm^3/s
③ 1,598cm^3/s
④ 1,618cm^3/s

TIP $Q=CAV=CA\sqrt{2gh}=0.63\times4\times\sqrt{2\times980\times200}=1,578[\text{cm}^3/\text{sec}]$

ANSWER 44.④ 45.② 46.③ 47.④ 48.②

49 위어(Weir)에 물이 월류할 경우 위어의 정상을 기준으로 상류측 전수두를 H, 하류수위를 h라 할 때 수중위어(Submerged Weir)로 해석될 수 있는 조건은?

① $h < \frac{2}{3}H$
② $h < \frac{1}{2}H$
③ $h > \frac{2}{3}H$
④ $h > \frac{1}{3}H$

TIP 위어(weir)에 물이 월류할 경우에 위어 정상을 기준하여 상류측 전수두를 H라 하고, 하류수위를 h라 할 때 수중위어(submerged weir)로 해석될 수 있는 조건은 $h > \frac{2}{3}H$이다.

50 수심이 50m로 일정하고 무한히 넓은 해역에서 주태양반일주조(S_2)의 파장은? (단, 주태양반일주조의 주기는 12시간, 중력가속도 $g = 9.81\text{m/s}^2$이다.)

① 9.56km
② 95.6km
③ 956km
④ 9,560km

TIP 파장 $L = T\sqrt{gh} = 12 \times 60^2 \sqrt{9.81 \times 50} = 956,760.53[\text{mm}] = 956[\text{km}]$

51 직사각형의 단면(폭 4[m]×수심 2[m]) 개수로에서 Manning공식의 조도계수 n =0.017이고 유량 Q = 15[m^3/s]일 때 수로의 경사(I)는?

① 1.016×10^3
② 4.548×10^3
③ 15.365×10^3
④ 31.875×10^3

TIP Manning공식

$$Q = A \cdot V = A \cdot \frac{1}{n} \cdot R^{2/3} \cdot I^{1/2}$$

$$15 = (4 \times 2) \times \frac{1}{0.017} \times \left(\frac{4 \times 2}{4 + 2 \times 2}\right)^{2/3} \times I^{1/2}$$

$$I = \left[\frac{15}{8 \times \frac{1}{0.017} \times 1}\right]^2 = 1.016 \times 10^{-3}$$

52 수리학적으로 유리한 단면에 관한 내용으로 바르지 않은 것은?

① 동수반경을 최대로 하는 단면이다.
② 구형에서는 수심이 폭의 반과 같다.
③ 사다리꼴에서는 동수반경이 수심의 반과 같다.
④ 수리학적으로 가장 유리한 단면의 형태는 이등변 직각삼각형이다.

TIP 최적 수리단면에서는 직사각형 수로단면이나 사다리꼴 수로단면 모두 동수반경이 수심의 절반이 된다. (이등변 직각삼각형은 수리학적으로 좋지 못한 단면 형상이다.)

53 개수로 내의 흐름에서 비에너지(Specific energy, H_e)가 일정할 때, 최대 유량이 생기는 수심 h로 옳은 것은? (단, 개수로의 단면은 직사각형이고 $\alpha = 1$이다.)

① $h = H_e$
② $h = \frac{1}{2}H_e$
③ $h = \frac{2}{3}H_e$
④ $h = \frac{3}{4}H_e$

TIP 개수로 내의 흐름에서 비에너지(Specific energy, H_e)가 일정할 때, 최대 유량이 생기는 수심 $h = \frac{2}{3}H_e$이다.

54 관수로에서의 마찰손실수두에 대한 설명으로 바른 것은?

① 프루드 수에 반비례한다.
② 관수로의 길이에 비례한다.
③ 관의 조도계수에 반비례한다.
④ 관내 유속의 1/4 제곱에 비례한다.

TIP ① 프루드 수에 비례한다.
③ 관의 조도계수에 비례한다.
④ 관내 유속의 제곱에 비례한다.

ANSWER 49.③ 50.③ 51.① 52.④ 53.③ 54.②

55 수(Hydraulic Jump) 전후의 수심 h_1, h_2의 관계를 도수 전의 푸르드 수 Fr_1의 함수로 표시한 것으로 옳은 것은?

① $\frac{h_1}{h_2}=\frac{1}{2}(\sqrt{8Fr_1^{\ 2}+1}-1)$
② $\frac{h_1}{h_2}=\frac{1}{2}(\sqrt{8Fr_1^{\ 2}+1}+1)$
③ $\frac{h_2}{h_1}=\frac{1}{2}(\sqrt{8Fr_1^{\ 2}+1}-1)$
④ $\frac{h_2}{h_1}=\frac{1}{2}(\sqrt{8Fr_1^{\ 2}+1}+1)$

TIP 도수(Hydraulic Jump) 전후의 수심 h_1, h_2의 관계를 도수 전의 푸르드 수 Fr_1의 함수로 표시하면
$\frac{h_2}{h_1}=\frac{1}{2}(\sqrt{8Fr_1^{\ 2}+1}-1)$

56 다음 중 베르누이 정리를 응용한 것이 아닌 것은?

① 오리피스
② 레이놀즈 수
③ 벤츄리미터
④ 토리첼리의 정리

TIP 레이놀즈 수 $Re=\frac{V\cdot D}{\nu}$ (V는 관내평균유속, D는 관경, ν는 동점성계수)로서 움직이는 유체 내에 물체를 놓거나 유체가 관속을 흐를 때 난류와 층류의 경계가 되는 값이다.

57 흐르는 유체 속에 물체가 있을 때 물체가 유체로부터 받는 힘은?

① 장력(張力)
② 충력(衝力)
③ 항력(抗力)
④ 소류력(掃流力)

TIP 흐르는 유체 속에 물체가 있을 때, 물체가 유체로부터 받는 힘은 항력(抗力)이다.

58 양정이 5m일 때 4.9kW의 펌프로 0.03m³/s를 양수했다면 이 펌프의 효율은?

① 약 0.3
② 약 0.4
③ 약 0.5
④ 약 0.6

TIP $E=9.8\cdot\frac{QH}{\eta}$ 이므로 $4.9=9.8\times\frac{0.03\times5}{\eta}$ 이어야 하므로 $\eta=0.3$

59 부체의 안정에 관한 설명으로 바르지 않은 것은?

① 경심(M)이 무게중심(G)보다 낮을 경우 안정하다.
② 무게중심(G)이 부심(B)보다 아래쪽에 있으면 안정하다.
③ 경심(M)이 무게중심(G)보다 높을 경우 복원모멘트가 작용한다.
④ 부심(B)과 무게중심(G)이 동일 연직선 상에 위치할 때 안정을 유지한다.

TIP 경심(M)이 무게중심(G)보다 위에 있으면 안정상태이고 경심이 무게중심보다 아래에 있으면 불안정상태이다. 경심과 무게중심이 일치하면 중립상태이다.

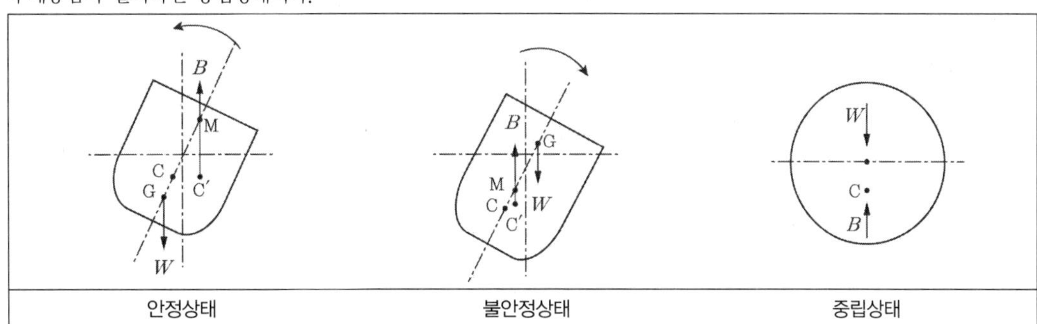

- **부심(C)** : 부체가 배제한 물의 무게중심으로 배수용적의 중심이다.
- **경심(M)** : 부체의 중심선과 부력의 작용선과의 교점이다.
- **경심고(MG)** : 중심에서 경심까지의 거리
- **부양면** : 부체가 수면에 의해 절단되는 가상면
- **흘수** : 부양면에서 물체의 최하단까지의 깊이

60 DAD해석에 관한 내용으로 바르지 않은 것은?

① DAD의 값은 유역에 따라 다르다.
② DAD해석에서 누가우량곡선이 필요하다.
③ DAD곡선은 대부분 반대수지로 표시된다.
④ DAD관계에서 최대평균우량은 지속시간 및 유역면적에 비례하여 증가한다.

TIP DAD분석 … 그 동안의 강우기록으로부터 Depth(강우량), Area(유역면적), Duration(지속시간)에 관한 데이터를 이용하여 강수량을 해석하는 방법이다. DAD곡선이라 함은 최대평균우량깊이-유역면적-강우지속시간 관계곡선이다.

ANSWER 55.③ 56.② 57.③ 58.① 59.① 60.④

제4과목 **철근콘크리트 및 강구조**

61 복철근 콘크리트 단면에 인장철근비 0.02, 압축철근비 0.01이 배근된 경우 순간처짐이 20mm일 때 6개월이 지난 후 총 처짐량은? (단, 작용하는 하중은 지속하중이다.)

① 26mm ② 36mm
③ 48mm ④ 68mm

TIP $\lambda = \frac{\xi}{1+50\rho'} = \frac{1.2}{1+50(0.01)} = \frac{1.2}{1.5} = 0.8$ (6개월이므로 $\xi = 1.2$)
장기처짐 $\delta_L = \lambda \cdot \delta_i = 0.8 \times 20 = 16\text{mm}$
총 처짐은 순간처짐과 장기처짐의 합이므로 $\delta_T = \delta_i + \delta_L = 20 + 16 = 36\text{mm}$

62 표피철근의 정의로 바른 것은?

① 전체 깊이가 900mm를 초과하는 휨부재 복부의 양 측면에 부재방향으로 배치하는 철근
② 전체 길이가 1,200mm를 초과하는 휨부재 복부의 양 측면에 부재 축방향으로 배치하는 철근
③ 유효 깊이가 900mm를 초과하는 휨부재 복부의 양 측면에 부재 축방향으로 배치하는 철근
④ 유효 깊이가 1,200mm를 초과하는 휨부재 복부의 양 측면에 부재 축방향으로 배치하는 철근

TIP 표피철근 … 전체 깊이가 900mm를 초과하는 휨부재 복부의 양 측면에 부재방향으로 배치하는 철근

63 슬래브의 구조상세에 대한 설명으로 바르지 않은 것은?

① 1방향 슬래브의 두께는 최소 100mm 이상으로 해야 한다.
② 1방향 슬래브의 정모멘트 철근 및 부모멘트 철근의 중심간격은 위험단면에서는 슬래브 두께의 2배 이하여야 하고 또한 300mm 이하로 해야 한다.
③ 1방향 슬래브의 수축온도철근의 간격은 슬래브 두께의 3배 이하, 또한 400mm 이하로 하여야 한다.
④ 2방향 슬래브의 위험단면에서 철근의 간격은 슬래브 두께의 2배 이하, 또한 300mm 이하로 해야 한다.

TIP 1방향 슬래브의 수축온도철근의 간격은 슬래브 두께의 5배 이하이며 또한 400mm 이하로 하여야 한다.
※ 벽체나 슬래브에서 휨 주철근의 중심간격은 위험단면을 제외한 단면에서는 벽체 또는 슬래브 두께의 3배 이하여야 하며 450mm 이하여야 한다.

64 다음 그림과 같은 직사각형 단면을 가진 프리텐션 단순보에 편심배치한 긴장재를 820kN으로 긴장했을 때 콘크리트 탄성변형으로 인한 프리스트레스의 감소량은? (단, 탄성계수비 n=6이고, 자중에 의한 영향은 무시한다.)

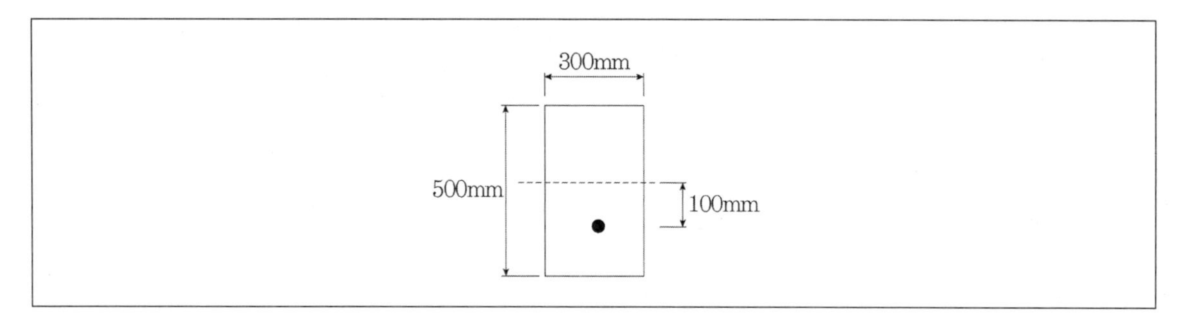

① 44.5MPa
② 46.5MPa
③ 48.5MPa
④ 50.5MPa

TIP $\Delta f_{pe} = nf_{cs} = n\left(\frac{P_i}{A_c} + \frac{P_i e}{I_c} e_p\right) = 6\left(\frac{820,000}{300 \times 500} + \frac{820,000 \times 100}{3.125 \times 10^9} \times 100\right) ≒ 48.5[\text{MPa}]$

65 옹벽설계 안정조건에 대한 설명으로 바르지 않은 것은?

① 전도에 대한 저항휨모멘트는 횡토압에 의한 전도모멘트의 1.5배 이상이어야 한다.
② 옹벽의 활동에 대한 저항력은 옹벽에 작용하는 수평력의 1.5배 이상이어야 한다.
③ 지반에 유발되는 최대 지반반력은 지반의 허용지지력을 초과하지 않아야 한다.
④ 전도 및 지반지지력에 대한 안정조건은 만족하지만 활동에 대한 안정조건만을 만족하지 못할 경우 활동방지벽 혹은 횡방향 앵커 등을 설치하여 활동저항력을 증대시킬 수 있다.

TIP 전도에 대한 저항휨모멘트는 횡토압에 의한 전도모멘트의 2.0배 이상이어야 한다.

ANSWER 61.② 62.① 63.③ 64.③ 65.①

66 아래 단철근 T형보에서 다음 주어진 조건에 대하여 공칭모멘트강도(M_n)은? (조건 b =1,000mm, t = 80mm, d =600mm, A_g =5,000mm^2, b_w =400mm, f_{ck} =21MPa, f_y =300MPa)

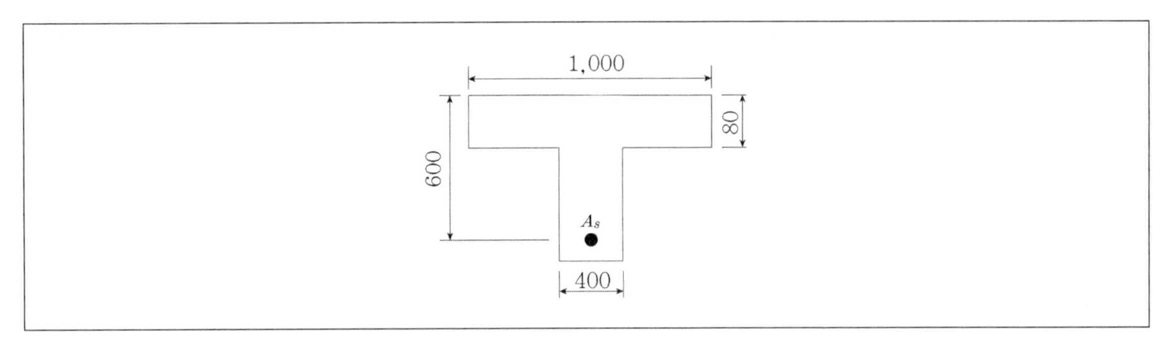

① 711.3kN · m
② 836.8kN · m
③ 947.5kN · m
④ 1,084.6kN · m

TIP • T형보의 판별

폭이 b = 1,000mm인 직사각형 단면보에 대한 등가직사각형의 깊이 $a = \dfrac{A_s f_y}{0.85 f_{ck} b}$ = 84mm, t_f = 80mm

$a > t_f$ 이므로 T형보로 해석한다.

• T형보의 공칭 휨강도

$$A_{sf} = \frac{0.85 f_{ck}(b - b_w) t_f}{f_y} = 2{,}856\text{mm}^2$$

$$a = \frac{(A_s - A_{sf}) f_y}{0.85 f_{ck} b_w} = 90\text{mm}$$

$$M_n = A_{sf} f_y \left(d - \frac{t_f}{2}\right) + (A_s - A_{sf}) f_y \left(d - \frac{a}{2}\right) \fallingdotseq 836.8\text{kN} \cdot \text{m}$$

67 다음 중 반 T형보의 유효폭을 구할 때 고려해야 할 사항이 아닌 것은? (단, b_w는 플랜지가 있는 부재의 복부폭이다.)

① 양쪽 슬래브의 중심 간 거리
② 한쪽으로 내민 플랜지 두께의 6배 + b_w
③ 보 경간의 1/12 + b_w
④ 인접 보와의 내측거리의 1/2 + b_w

TIP 반 T형보의 플랜지 유효폭

• 한쪽으로 내민 플랜지 두께의 6배 + b_w
• 보 경간의 1/12 + b_w
• 인접 보와의 내측거리의 1/2 + b_w

위 값 중에서 최솟값을 취해야 한다.

68 b_w = 250mm, d = 500mm인 직사각형 보에서 콘크리트가 부담하는 설계전단강도(ϕV_c)는? (단, f_{ck} = 21MPa, f_y = 400MPa, 보통중량콘크리트이다.)

① 91.5kN　　② 82.2kN
③ 76.4kN　　④ 71.6kN

TIP $\phi V_c = \phi \frac{1}{6}\sqrt{f_{ck}}\, b_w d = 0.75 \times \frac{1}{6} \times \sqrt{21} \times 250 \times 500 = 71.6[\text{kN}]$

69 다음 그림과 같은 용접이음에서 이음부의 응력은?

420kN
420kN
45°
250mm
12mm

① 140[MPa]　　② 152[MPa]
③ 168[MPa]　　④ 180[MPa]

TIP $f = \frac{P}{A} = \frac{420 \times 10^3}{12 \times 250} = 140[\text{MPa}]$

70 PSC보를 RC보처럼 생각하여 콘크리트는 압축력을 받고 긴장재는 인장력을 받게 하여 두 힘의 우력모멘트로 외력에 의한 휨모멘트에 저항시킨다는 개념은?

① 응력개념　　② 강도개념
③ 하중평형개념　　④ 균등질 보의 개념

TIP 강도개념에 관한 설명이다.

※ **프리스트레스트 콘크리트 해석의 기본개념**

- **응력개념**(균등질보개념) : 콘크리트에 프리스트레스가 도입되면 콘크리트가 탄성체로 전환되어 탄성이론에 의한 해석이 가능하다는 개념이다.
- **강도개념**(내력모멘트개념) : RC보와 같이 압축력은 콘크리트가 받고 인장력은 긴장재가 받도록 하여 두 힘에 의한 우력이 외력모멘트에 저항한다는 개념이다.
- **하중평형개념**(등가하중개념) : 프리스트레싱에 의하여 부재에 작용하는 힘과 부재에 작용하는 외력이 평형되게 한다는 개념이다.

ANSWER　66.②　67.①　68.④　69.①　70.②

71 강도설계법에서 보의 휨파괴에 대한 설명으로 바르지 않은 것은?

① 보는 취성파괴보다는 연성파괴가 일어나도록 설계되야 한다.
② 과소철근보는 인장철근이 항복하기 전에 압축연단 콘크리트의 변형률이 극한 변형률에 먼저 도달하는 보이다.
③ 균형철근 보는 인장철근이 설계기준 항복강도에 도달함과 동시에 압축연단 콘크리트의 변형률이 극한 변형률에 도달하는 보이다.
④ 과다철근 보는 인장철근량이 많아서 갑작스런 압축파괴가 발생하는 보이다.

TIP 과소철근보는 인장측 철근이 먼저 항복하여 연성파괴가 일어나는 보이다.

72 그림과 같은 강재의 이음에서 P는 600kN이 작용할 때 필요한 리벳의 수는? (단, 리벳의 지름은 19mm, 허용전단응력은 110MPa, 허용지압응력은 240MPa이다.)

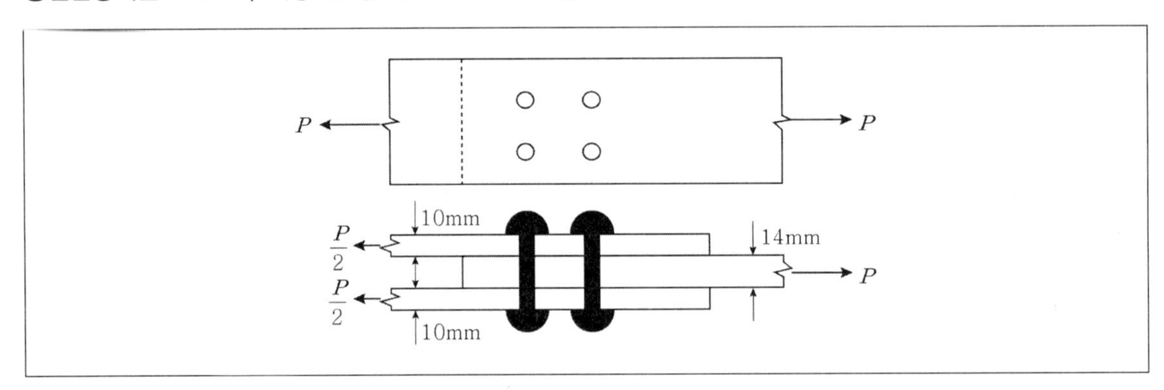

① 6개
② 8개
③ 10개
④ 12개

TIP 요구되는 전단강도 $\rho_s = V_a \times \frac{\pi d^2}{2} \times 2 = 110 \times \left(\frac{\pi}{4} \times 19^2 \times 2\right) = 62,376[N]$

요구되는 지압강도 $\rho_b = f_b \times d \times t = 240 \times 19 \times 14 = 63,840[N]$

위의 2가지 값 중 강재의 강도는 작은 값을 기준으로 한다.

따라서 리벳의 수는 $n = \frac{P}{\rho_b} = \frac{600 \times 10^3}{62,376} = 9.6 \fallingdotseq 10$개

73 b = 300mm, d = 500mm, A_s = 3 – D25 = 1,520mm^{2}가 1열로 배치된 단철근 직사각형 보의 설계휨강도 ϕM_n은 얼마인가? (단, f_{ck} =28MPa, f_y =400MPa이고, 과소철근보이다.)

① 132.5kN · m
② 183.3kN · m
③ 236.4kN · m
④ 307.7kN · m

TIP

$$a = \frac{A_s f_y}{0.85 f_{ck} b} = 85.15\text{mm}$$

$\beta_1 = 0.85\ (f_{ck} \leq 28\text{MPa})$

$$\varepsilon_t = \frac{d_1 \beta_1 - a}{a} \varepsilon_c = 0.01197$$

$\varepsilon_{l,t} = 0.005\ (f_y \leq 400\text{MPa})$

$\varepsilon_{t,l} < \varepsilon_t$ 이므로 인장지배단면이며 강도감소계수는 0.85이다.

$$\phi M_n = \phi A_s f_y \left(d - \frac{a}{2}\right) = 0.85 \times 1{,}520 \times 400 \times \left(500 - \frac{85.15}{2}\right)$$

$$= 236.4\text{kN} \cdot \text{m}$$

74 다음 그림과 같은 두께 13mm의 플레이트에 4개의 볼트구멍이 배치되어 있을 때 부재의 순단면적은? (단, 구멍의 지름은 24mm이다.)

(단위 : mm)

① $4{,}056\text{mm}^2$

② $3{,}916\text{mm}^2$

③ $3{,}775\text{mm}^2$

④ $3{,}524\text{mm}^2$

TIP

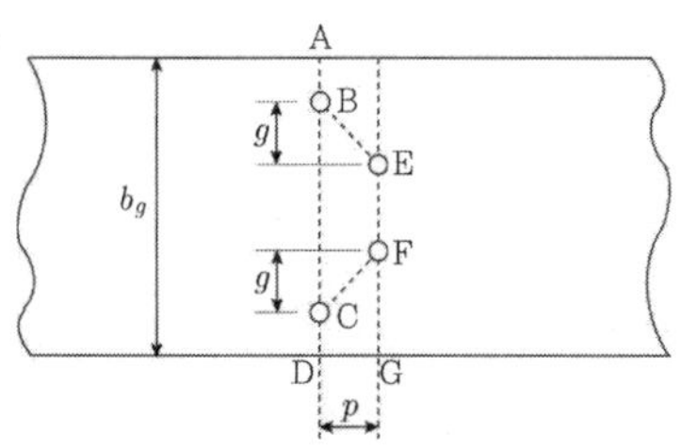

ABCD단면 : $b_n = b_g - 2d = 360 - 2 \times 24 = 312\text{mm}$

ABEFG단면 : $b_n = b_g - 2d - \left(d - \frac{p^2}{4g}\right) = 360 - 2 \times 24 - \left(24 - \frac{65^2}{4 \times 80}\right) = 301.20[\text{mm}]$

ABEFCD단면 : $b_n = b_g - 2d - 2\left(d - \frac{p^2}{4g}\right) = 360 - 2 \times 24 - 2\left(24 - \frac{65^2}{4 \times 80}\right) = 290.41[\text{mm}]$

순폭은 위의 값 중 최솟값인 290.41[mm]이다. 따라서 부재의 순단면적은 $A_n = b_n \cdot t = 290.41 \times 13 = 3{,}775\text{mm}^2$

ANSWER 71.② 72.③ 73.③ 74.③

75 다음 중 전단철근으로 사용할 수 없는 것은?

① 스터럽과 굽힘철근의 조합
② 부재축에 직각으로 배치한 용접철망
③ 나선철근, 원형띠철근 또는 후프철근
④ 주인장 철근에 30도 각도로 설치되는 스터럽

TIP 주철근에 최소 45° 이상의 각도로 설치되는 스터럽이 전단철근으로 사용할 수 있다.
※ 전단철근의 종류
- 부재축에 직각인 스터럽
- 부재축에 직각으로 배치한 용접철망
- 나선철근 및 띠철근
- 주철근에 45° 이상의 각도로 설치되는 스터럽
- 주철근에 30° 이상의 각도로 구부린 굽힘철근
- 스터럽과 굽힘철근의 병용

76 다음 그림과 같이 단순지지된 2방향 슬래브에 등분포 하중 w가 작용할 때 ab방향에 분배되는 하중은 얼마인가?

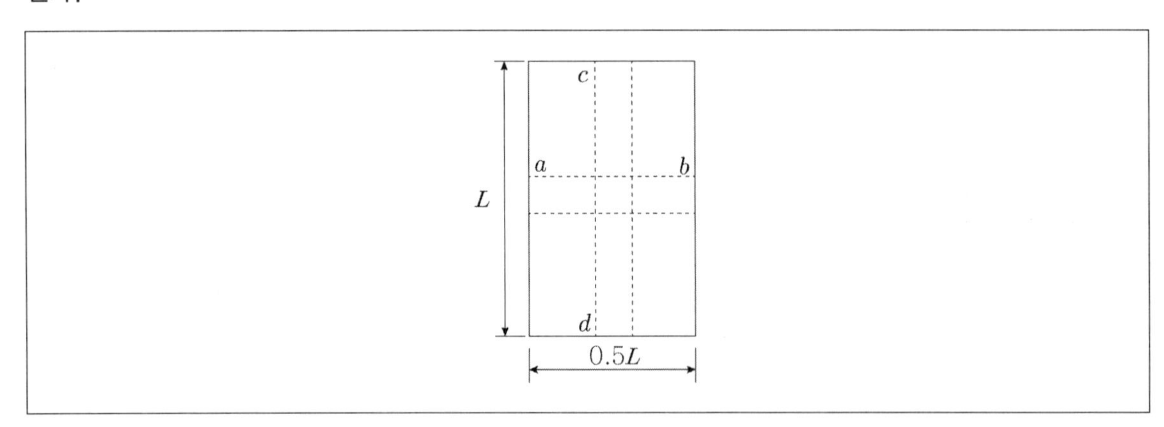

① 0.059w
② 0.111w
③ 0.889w
④ 0.941w

TIP 단변에 분배되는 등분포하중의 크기는

$$w_{ab} = \frac{L^4}{L^4 + S^4} w = \frac{L^4}{L^4 + (0.5L)^4} w = 0.941w$$가 된다.

77 다음 띠철근 기둥이 받을 수 있는 최대 설계축하중강도($\phi P_{n(\max)}$)는 얼마인가? (단, 축방향 철근의 단면적 A_{st} =1,865[mm²], f_{ck} =28[MPa], f_y =300[MPa]이고 기둥은 단주이다.)

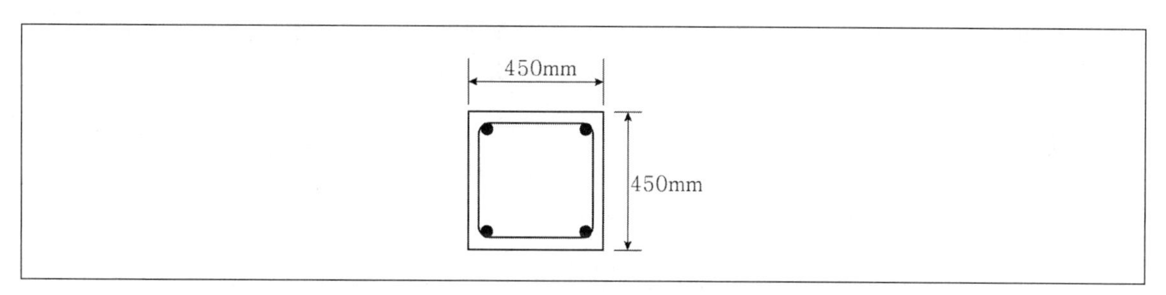

① 1,998[kN]
② 2,490[kN]
③ 2,774[kN]
④ 3,075[kN]

TIP $\phi P_n = \phi\alpha\{0.85f_{ck}(A_g - A_{st}) + f_y A_{st}\} = 0.80 \times 0.65[0.85 \times 28(450^2 - 1,865) + 300 \times 1,865] = 2,774[\text{kN}]$

78 프리스트레스의 손실 원인은 그 시기에 따라 즉시 손실과 도입 후에 시간적인 경과 후에 일어나는 손실로 나타낼 수 있다. 다음 중 손실원인의 시기가 나머지와 다른 하나는?

① 콘크리트의 크리프
② 콘크리트의 건조수축
③ 긴장재의 응력 릴렉세이션
④ 포스트텐션 긴장재와 덕트 사이의 마찰

TIP 포스트텐션 긴장재와 덕트 사이의 마찰에 의한 프리스트레스 손실은 프리스트레스 도입 시 발생한다.

※ 프리스트레스 손실의 원인

㉠ 프리스트레스 도입 시(즉시손실)
- 콘크리트의 탄성변형(수축)
- PS강재와 시스, 덕트 사이의 마찰(포스트텐션 방식만 해당)
- 정착장치의 활동

㉡ 프리스트레스 도입 후(시간적 손실)
- 콘크리트의 건조수축
- 콘크리트의 크리프
- PS강재의 응력 릴렉세이션(이완)

ANSWER 75.④ 76.④ 77.③ 78.④

79 처짐을 계산하지 않는 경우 단순지지된 보의 최소두께는? (단, 보통중량콘크리트(m_c=2,300kg/m^3) 및 f_y= 300MPa인 철근을 사용한 부재이며, 길이가 10m인 보이다.)

① 429mm ② 500mm
③ 537mm ④ 625mm

TIP 문제에 주어진 조건에서 철근의 항복강도가 400MPa 이하인 300MPa이므로, 수정계수를 필히 고려해야 한다.
처짐을 계산하지 않는 경우 보의 최소두께는 다음과 같이 구한다.

㉠ 수정계수 : $\left(0.43+\frac{300}{700}\right)=0.859$

㉡ 단순지지보의 최소두께 : $\frac{l}{16}\times$수정계수$=\frac{10,000}{16}\times 0.859=536.87 \fallingdotseq 537[\text{mm}]$

80 압축이형철근의 정착에 대한 설명으로 바르지 않은 것은?

① 정착길이는 항상 200mm 이상이어야 한다.
② 정착길이는 기본정착길이에 적용가능한 모든 보정계수를 곱하여 구해야 한다.
③ 해석결과 요구되는 철근량을 초과하여 배치한 경우의 보정계수는 $\left(\frac{\text{소요 } A_s}{\text{배근 } A_s}\right)$이다.
④ 지름이 6mm 이상이고 나선간격이 100mm 이하인 나선철근으로 둘러싸인 압축이형철근의 보정계수는 0.8이다.

TIP 지름이 6mm 이상이고 나선간격이 100mm 이하인 나선철근으로 둘러싸인 압축이형철근의 보정계수는 0.75이다.

 **토질 및 기초**

81 현장 흙의 밀도 시험 중 모래치환법에서 모래는 무엇을 구하기 위하여 사용하는가?

① 시험구멍에서 파낸 흙의 중량
② 시험구멍의 체적
③ 지반의 지지력
④ 흙의 함수비

TIP 모래치환법 … 현장에서 다짐된 흙의 밀도를 구하기 위하여 사용되는 보편적인 방법으로 검증용 용기와 현장 시험 구멍의 크기 또는 체적이 서로 비슷하여 모래가 쌓이는 과정이 비슷하다는 가정에 기초한 방법이다. 즉 모래치환법에서 모래는 시험구멍의 체적을 구하기 위해 사용된다.

82 사질토에 대한 직접전단시험을 실시하여 다음과 같은 결과를 얻었다. 내부마찰각은 약 얼마인가?

수직응력(kN/m^2)	30	60	90
최대전단응력(kN/m^2)	17.3	34.6	51.9

① 25°
② 30°
③ 35°
④ 40°

TIP $\tau_f = c + \sigma' \tan\phi$에서 사질토의 경우에는 $c=0$, $\phi=0$이므로
$\tau_f = \sigma' \tan\phi$가 된다.
$$\phi = \tan^{-1}\frac{\tau}{\sigma'} = \tan^{-1}\frac{17.3}{30} = \tan^{-1}\frac{34.6}{60} = \tan^{-1}\frac{51.9}{90} = 29.97^\circ$$

83 Terzaghi의 극한지지력 공식에 대한 설명으로 틀린 것은?

① 기초의 형상에 따라 형상계수를 고려하고 있다.
② 지지력계수 N_c, N_q, N_r는 내부마찰각에 의해 결정된다.
③ 점성토에서의 극한지지력은 기초의 근입깊이가 깊어지면 증가된다.
④ 사질토에서의 극한지지력은 기초의 폭에 관계없이 기초 하부의 흙에 의해 결정된다.

TIP 극한지지력은 기초의 폭이 증가하면 지지력도 증가한다.

ANSWER 79.③ 80.④ 81.② 82.② 83.④

84 다음 그림과 같은 모래시료의 분사현상에 대한 안전율을 3.0 이상이 되도록 하려면 수두차 h를 최대 얼마 이하로 해야 하는가?

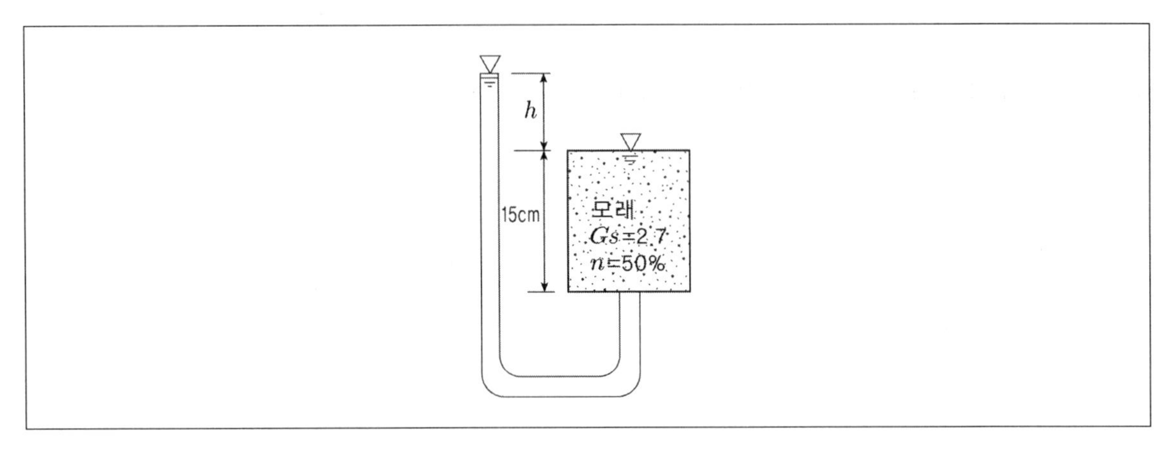

① 12.75cm
② 9.75cm
③ 4.25cm
④ 3.25cm

분사현상 안전율 $F=\frac{i_c}{i}=\frac{\frac{G_s-1}{1+e}}{\frac{\Delta h}{L}}$

안전율 $F=3$을 고려

$\therefore\ 3=\frac{\frac{2.7-1}{1+1}}{\frac{\Delta h}{15}}$ 이므로 $h=4.25$cm

85 어떤 시료를 입도분석한 결과, 0.075[mm]체 통과율이 65%이었고, 에터버그한계시험 결과 액성한계가 40%이었으며 소성도표(Plastic Chart)에서 A선 위의 구역에 위치한다면 이 사료의 통일분류법(USCS)상 기호로서 바른 것은? (단, 시료는 무기질이다.)

① CL
② ML
③ CH
④ MH

TIP 시료를 입도분석한 결과, 0.075[mm]체 통과율이 65%이었고, 에터버그한계시험 결과 액성한계가 40%이었으며 소성도표(Plastic Chart)에서 A선 위의 구역에 위치한다면 이 시료는 통일분류법상 CL로 분류된다.

86 다음 그림과 같이 $c=0$인 모래로 이루어진 무한사면이 안정을 유지(안전율 1 이상)하기 위한 경사각 β의 크기로 옳은 것은? (단, 물의 단위중량은 9.81kN/m³)이다.

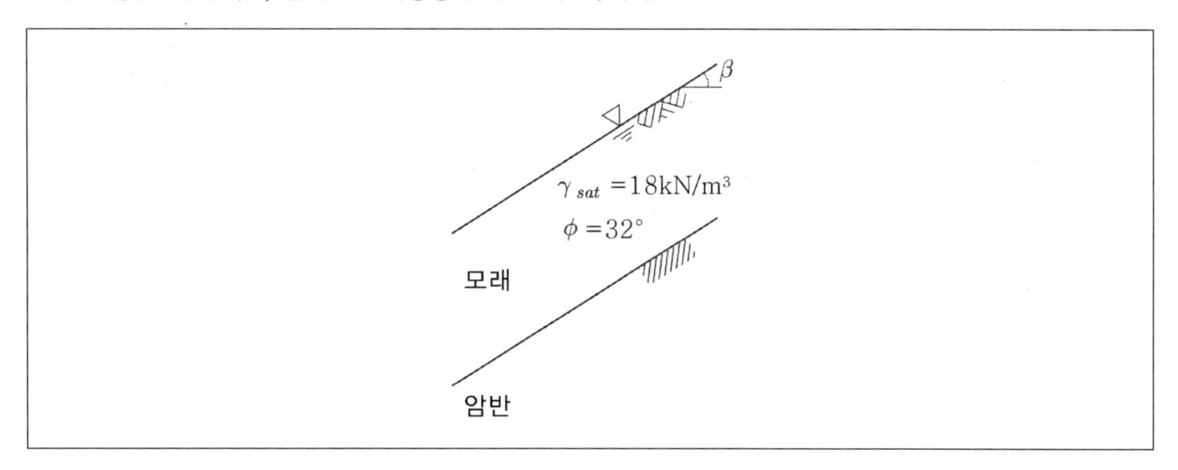

① $\beta \leq 7.94''$ ② $\beta \leq 15.87''$
③ $\beta \leq 23.79''$ ④ $\beta \leq 31.76''$

TIP 반무한 사면의 안전율 ($c=0$인 사질토, 지하수위가 지표면과 일치하는 경우)

$$F=\frac{\gamma_{sub}}{\gamma_{sat}}\cdot\frac{\tan\phi}{\tan\beta}=\frac{18-9.81}{18}\times\frac{\tan 32^{\circ}}{\tan\beta}\geq 1$$

여기서, 안전율 ≥ 1이므로 $\beta \leq \tan^{-1}(0.2843)=15.87^{\circ}$

87 유선망의 특징에 대한 설명으로 바르지 않은 것은?

① 각 유로의 침투유량은 같다.
② 유선과 등수두선은 서로 직교한다.
③ 인접한 유선 사이의 수두감소량(head loss)은 동일하다.
④ 침투속도 및 동수경사는 유선망의 폭에 반비례한다.

TIP 인접한 두 등수두선 사이의 수두감소량이 동일한 것이지 유선 사이에서의 수두감소량이 동일한 것이 아니다.

ANSWER 84.③ 85.① 86.② 87.③

88 어떤 점토의 압밀계수는 $1.92 \times 10^{-7}m^2/s$, 압축계수는 $2.86 \times 10^{-1}m^2/kN$이다. 이 점토의 투수계수는? (단, 이 점토의 초기간극비는 0.8이고 물의 단위중량은 $9.81kN/m^3$이다.)

① $0.99 \times 10^{-5}cm/s$
② $1.99 \times 10^{-5}cm/s$
③ $2.99 \times 10^{-5}cm/s$
④ $3.99 \times 10^{-5}cm/s$

TIP

$$K = C_v \cdot m_v \cdot r_w = C_v \cdot \frac{a_v}{1+e} \cdot \gamma_w = (1.92 \times 10^{-3}) \times (1.589 \times 10^{-1}) \times (9.81 \times 10^{-2})$$

$$= 2.99 \times 10^{-5}[cm/s]$$

$$\frac{a_v}{1+e} = \frac{2.86 \times 10^{-1}}{1+0.8} = 1.589 \times 10^{-1}[m^3/kN]$$

89 사운딩에 대한 설명으로 바르지 않은 것은?

① 로드 선단에 지중저항체를 설치하고 지반 내 관입, 압입, 또는 회전하거나 인발하여 그 저항치로부터 지반의 특성을 파악하는 지반조사방법이다.
② 정적사운딩과 동적사운딩이 있다.
③ 압입식 사운딩의 대표적인 방법은 Standard Penetration Test(SPT)이다.
④ 특수사운딩 중 측압사운딩의 공내횡방향 재하시험은 보링공을 기계적으로 수평으로 확장시키면서 측압과 수평변위를 측정한다.

TIP Standard Penetration Test(SPT)는 표준관입시험을 의미하며 이는 타입식 사운딩의 일종이다.

90 두께 H인 점토층에 압밀하중을 가하여 요구되는 압밀도에 도달할 때까지 소요되는 기간이 단면배수일 경우 400일이라면 양면배수일 때는 며칠이 걸리는가?

① 800일
② 400일
③ 200일
④ 100일

TIP

$$C_v = \frac{T_v \cdot H^2}{t}, \quad t = \frac{T_v \cdot H^2}{C_v}$$

$$t_1 : H_1^2 = t_2 : H_2^2$$

$$400 : H^2 = t_2 : \left(\frac{H}{2}\right)^2$$

$$t_2 = \frac{4\left(\frac{H}{2}\right)^2}{H^2} = 100\text{day}$$

91 전체 시추코어 길이가 150cm이고 이 중 회수된 코어의 길이가 합이 80cm이었으며, 10cm 이상의 코어길이의 값이 70cm이었다면 코어의 회수율(TCR)은?

① 56.67%　　② 53.33%
③ 46.67%　　④ 43.33%

TIP $\text{회수율} = \frac{\text{회수된 코어의 길이의 합}}{\text{전체 시추코어 길이}} \times 100 = \frac{80}{150} \times 100 = 53.33\%$

92 동상방지대책에 대한 설명으로 바르지 않은 것은?

① 배수구 등을 설치하여 지하수위를 저하시킨다.
② 지표의 흙을 화학약품으로 처리하여 동결온도를 내린다.
③ 동결깊이보다 깊은 흙을 동결하지 않은 흙으로 치환한다.
④ 모관수의 상승을 차단하기 위해 조립의 차단층을 지하수위보다 노은 위치에 설치한다.

TIP 동결깊이보다 깊은 경우 동결이 일어나지 않으므로 동결하지 않은 흙으로 치환을 할 필요가 없다.

93 다음 지반 개량공법 중 연약한 점토지반에 적당하지 않은 공법은?

① 프리로딩 공법　　② 샌드 드레인 공법
③ 생석회 말뚝 공법　　④ 바이브로플로테이션 공법

TIP 바이브로플로테이션 공법은 사질토지반개량에 적합한 공법이다.

94 두 개의 규소판 사이에 한 개의 알루미늄판이 결합된 3층 구조가 무수히 많이 연결되어 형성된 점토광물로서 각 3층 구조 사이에는 칼륨이온(K^+)으로 결합되어 있는 것은?

① 일라이트(illite)　　② 카올리나이트(kaolinite)
③ 할로이사이트(halloysite)　　④ 몬모릴로나이트(montmorillonite)

TIP 일라이트(illite) … 두 개의 규소판 사이에 한 개의 알루미늄판이 결합된 3층 구조가 무수히 많이 연결되어 형성된 점토광물로서 각 3층 구조 사이에는 칼륨이온(K^+)으로 결합되어 있는 것

ANSWER 88.③ 89.③ 90.④ 91.② 92.③ 93.④ 94.①

95 단위중량(γ_t) = 19[kN/m^3], 내부마찰각(ϕ) = 30°, 정지토압계수(K_o) = 0.5인 균질한 사질토지반이 있다. 지하수위면이 지표면 아래 2[m]지점에 있고 지하수위면 아래의 단위중량(γ_{sat}) = 20[kN/m^3]이다. 지표면 아래 4[m]지점에서 지반 내 응력에 대한 다음 설명 중 틀린 것은? (단, 물의 단위중량은 9.81kN/m^{3}이다.)

① 연직응력(σ_v)은 80[kN/m^2]이다.

② 간극수압(u)은 19.62[kN/m^2]이다.

③ 유효연직응력($\sigma_v{'}$)은 58.38[kN/m^2]이다.

④ 유효수평응력($\sigma_h{'}$)은 29.19[kN/m^2]이다.

TIP 연직응력(σ_v)은 78[kN/m^2]이다.

간극수압 $u = \gamma_w \cdot h = 1.0 \times 9.81 \times 2 = 19.62[\text{kN/m}^2]$

연직응력 $\sigma_v = \gamma_t \cdot h_1 + \gamma_{sat} \cdot h_2 = 19 \times 2 + 20 \times 2 = 78[\text{kN/m}^2]$

유효연직응력 $\sigma_v{'} = \sigma_v - u = 78 - 19.62 = 58.38[\text{kN/m}^2]$

유효수평응력 $\sigma_h{'} = K \cdot \sigma_v{'} = 0.5 \times 58.38 = 29.19[\text{kN/m}^2]$

96 γ_t=19[kN/m^3], 내부마찰각 ϕ=30°인 뒤채움 모래를 이용하여 8m 높이의 보강토 옹벽을 설치하고자 한다. 폭 75mm, 두께 3.69mm의 보강띠를 연직방향 설치간격 S_v=0.5m, 수평방향 설치간격 S_h =1.0m로 시공하고자 할 때 보강띠에 적용하는 최대 힘 $T_{\max}$의 크기를 계산하면?

① 15.33[kN] ② 25.33[kN]

③ 35.33[kN] ④ 45.33[kN]

TIP 주동토압계수 $K_a = \dfrac{1-\sin\phi}{1+\sin\phi} = \tan^2\left(45° - \dfrac{\phi}{2}\right) = \dfrac{1}{3} = 0.33$

최대수평토압 $\sigma_h = K \cdot \gamma_t \cdot H = 0.33 \times 19 \times 8 = 50.66[\text{kN/m}]$

연직방향 설치간격 $S_v = 0.5\text{m}$

수평방향 설치간격 $S_h = 1.0\text{m}$이므로 단위면적당 평균 보강띠 설치개수는 2개이다.

따라서 보강띠에 작용하는 최대 힘은

$$T_{\max} = \frac{\sigma_h}{\text{설치개수}} = \frac{50.66}{2} = 25.33$$

97 말뚝기초의 지반거동에 대한 설명으로 바르지 않은 것은?

① 연약지반상에 타입되어 지반이 먼저 변형하고 그 결과 말뚝이 저항하는 말뚝을 주동말뚝이라고 한다.
② 말뚝에 작용한 하중은 말뚝주변의 마찰력과 말뚝선단의 지지력에 의해 주변 지반에 전달된다.
③ 기성말뚝을 타입하면 전단파괴를 일으키며 말뚝 주위의 지반은 교란된다.
④ 말뚝 타입 후 지지력의 증가 또는 감소현상을 시간효과라고 한다.

TIP 연약지반상에 타입되어 지반이 먼저 변형하고 그 결과 측방토압이 작용하게 되면서 말뚝이 저항하는 말뚝은 수동말뚝이라고 한다.
주동말뚝은 수평력이 작용하는 상부구조물에 의해 말뚝의 두부가 먼저 변형이 되고 이로 인해 말뚝 주변 지반이 저항하게 되는 말뚝이다.

98 사질토 지반에 축조된 강성기초의 접지압 분포에 대한 설명으로 바른 것은?

① 기초 모서리 부분에서 최대 응력이 발생한다.
② 기초에 작용하는 접지압 분포는 토질에 관계없이 일정하다.
③ 기초의 중앙부분에서 최대응력이 발생한다.
④ 기초 밑면의 응력은 어느 부분이나 동일하다.

TIP ① 사질토 지반은 기초 중앙 부분에서 최대 응력이 발생한다.
② 강성기초에 작용하는 접지압 분포는 토질에 따라 다르다.
④ 강성기초 밑면에 작용하는 응력선도는 균일하지 않으며 곡면형상분포를 이룬다.

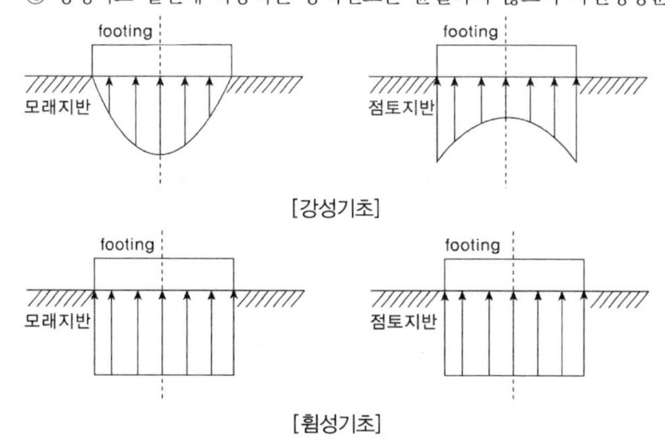

ANSWER 95.① 96.② 97.① 98.③

99 습윤단위중량이 19kN/m^3, 함수비 25%, 비중이 2.7인 경우 건조단위중량과 포화도는? (단, 물의 단위중량은 9.81kN/m^{3}이다.)

① 17.3[kN/m^3], 97.8%
② 17.3[kN/m^3], 90.9%
③ 15.2[kN/m^3], 97.8%
④ 15.2[kN/m^3], 91.2%

TIP
건조단위중량 $\gamma_d = \frac{\gamma_t}{1+w} = \frac{19}{1+0.25} = 15.2[\text{kN/m}^3]$

공극비 $e = \frac{2.7 \times 9.81}{15.2} - 1 = 0.743$

포화도 $S = \frac{G_s w}{e} = \frac{2.7 \times 25}{0.74} = 91.2[\%]$

100 아래의 공식은 흙 시료에 삼축압력이 작용할 때 시료 내부에 발생하는 간극수압을 구하는 공식이다. 이 식에 대한 설명으로 틀린 것은?

$$\triangle u = B[\triangle \sigma_3 + A(\triangle \sigma_1 - \triangle \sigma_3)]$$

① 포화된 흙의 경우 $B=1$이다.
② 간극수압계수 A값은 언제나 (+)의 값을 갖는다.
③ 간극수압계수 A값은 삼축압축시험에서 구할 수 있다.
④ 포하된 점토에서 구속응력을 일정하게 두고 간극수압을 측정했다면 축차응력과 간극수압으로부터 A값을 계산할 수 있다.

TIP 간극수압계수 A값은 과압밀된 점토의 경우 −0.5 ~ 0의 범위이며 정규압밀 점토인 경우 0.5 ~ 1의 범위이다.

제6과목 상하수도공학

101 수질오염 지표항목 중 COD에 대한 설명으로 바르지 않은 것은?

① $NaNO_3$, SO_2^-는 COD값에 영향을 미친다.
② 생물분해 가능한 유기물도 COD로 측정할 수 있다.
③ COD는 해양오염이나 공장폐수의 오염지표로 사용된다.
④ 유기물 농도값은 일반적으로 COD > TOD > TOC > BOD이다.

TIP 유기물 농도를 나타내는 지표들의 상관관계는 일반적으로 TOD > COD > TOC > BOD이다.
- BOD(Biochemical Oxygen Demand) : 생화학적 산소요구량으로서 호기성 미생물이 일정 기간 동안 물속에 있는 유기물을 분해할 때 사용하는 산소의 양
- COD(Chemical Oxygen Demand) : 화학적 산소요구량으로서 산화제(과망간산칼륨)를 이용하여 일정 조건(산화제 농도, 접촉시간 및 온도)에서 환원성 물질을 분해시켜 소비한 산소량을 ppm으로 표시한 것
- TOC(Total Organic Carbon) : 유기물질의 분자식상 함유된 탄소량
- TOD(Total Oxygen Demand) : 총산소 요구량으로서 유기물질을 백금 촉매중에서 900℃로 연소시켜 완전 산화한 경우의 산소 소비량

102 지표수를 수원으로 하는 일반적인 상수도의 계통도로 바른 것은?

① 취수량 → 침사지 → 급속여과 → 보통침전지 → 소독 → 배수지 → 급수
② 침사지 → 취수탑 → 급속여과 → 응집침전지 → 소독 → 배수지 → 급수
③ 취수량 → 침사지 → 보통침전지 → 급속여과 → 배수지 → 소독 → 급수
④ 취수탑 → 침사지 → 응집침전지 → 급속여과 → 소독 → 배수지 → 급수

TIP 상수도의 계통도 … 취수탑 → 침사지 → 응집침전지 → 급속여과 → 소독 → 배수지 → 급수

ANSWER 99.④ 100.② 101.④ 102.④

103 펌프대수 결정을 위한 일반적인 고려사항에 대한 설명으로 바르지 않은 것은?

① 펌프는 용량이 작을수록 효율이 높으므로 가능한 소용량의 것으로 한다.
② 펌프는 가능한 최고효율점 부근에서 운전하도록 대수 및 용량을 정한다.
③ 건설비를 절약하기 위해 예비는 가능한 대수를 적게하고 소용량으로 한다.
④ 펌프의 설치대수는 유지관리상 가능한 적게하고 동일용량의 것으로 한다.

TIP 펌프는 용량이 클수록 효율이 높으므로 가능한 한 대용량의 것을 소량 배치하는 것이 좋다.

104 하수관로의 배제방식에 대한 설명으로 바르지 않은 것은?

① 합류식은 청천 시 관내 오물이 침천하기 쉽다.
② 분류식은 합류식에 비해 부실비용이 많이 든다.
③ 분류식은 우천 시 오수가 월류하도록 설계한다.
④ 합류식 관로는 단면이 커서 환기가 잘되고 검사에 편리하다.

TIP 합류식의 경우 일정량 이상이 되면 우천시 오수가 월류한다.

105 원형하수관에서 유량이 최대가 되는 해는?

① 수심비가 72~78% 차서 흐를 때
② 수심비가 80~85% 차서 흐를 때
③ 수심비가 92~94% 차서 흐를 때
④ 가득차서 흐를 때

TIP 원형하수관에서는 수심비가 92~94% 차서 흐를 때 유량이 최대가 된다.

106 하수고도처리 방법으로 질소와 인 동시제거가 가능한 공법은?

① 정석탈인법
② 혐기호기 활성슬러지법
③ 혐기무산소 호기 조합법
④ 연속회분식 활성슬러지법

TIP 주어진 보기 중에서는 혐기무산소 호기조합법이 수고도처리 방법으로 질소와 인 동시제거가 가능한 공법에 속한다.

107 취수보의 취수구에서의 표준유입속도는?

① 0.3~0.6[m/s]
② 0.4~0.8[m/s]
③ 0.5~1.0[m/s]
④ 0.6~1.2[m/s]

TIP 취수보의 취수구에서의 표준유입속도 … 0.4~0.8[m/s]

108 도수관로에 관한 설명으로 바르지 않은 것은?

① 도수거 동수경사의 통상적인 범위는 1/1,000~1/3,000이다.
② 도수관의 평균유속은 자연유하식인 경우에 허용최소한도를 0.3m/s로 한다.
③ 도수관의 평균유속은 자연유하식인 경우에 최대한도를 3.0m/s로 한다.
④ 관경의 산정에 있어서 시점의 고수위, 종점의 저수위를 기준으로 동수경사를 구한다.

TIP 도수관거의 경우 관경의 산정에 있어서 시점의 저수위, 종점의 고수위를 기준으로 동수경사를 구한다.

109 침전지의 침전효율을 크게 하기 위한 조건과 거리가 먼 것은?

① 유량을 작게 한다.
② 체류시간을 작게 한다.
③ 침전지 표면적을 크게 한다.
④ 플록의 침강속도를 크게 한다.

TIP 침전효율은 체류시간이 길수록 높아진다.

110 하천 및 저수지의 수질해석을 위한 수학적 모형을 구성하고자 할 때 가장 기본이 되는 수학적 방정식은?

① 질량보존의 식
② 에너지보존의 식
③ 운동량보존의 식
④ 난류의 운동방정식

TIP 하천 및 저수지의 수질해석을 위한 수학적 모형을 구성하고자 할 때 가장 기본이 되는 수학적 방정식은 질량보존의 식이다.

ANSWER 103.① 104.③ 105.③ 106.③ 107.② 108.④ 109.② 110.①

111 어떤 지역의 강우지속시간(t)과 강우강도의 역수($\frac{1}{I}$)의 관계를 구해보니 다음 그림과 같이 기울기가 1/3,000, 절편이 1/150이 되었다. 이 지역의 강우강도(I)를 Talbot형 $\left(I=\frac{a}{t+b}\right)$으로 표시한 것으로 옳은 것은?

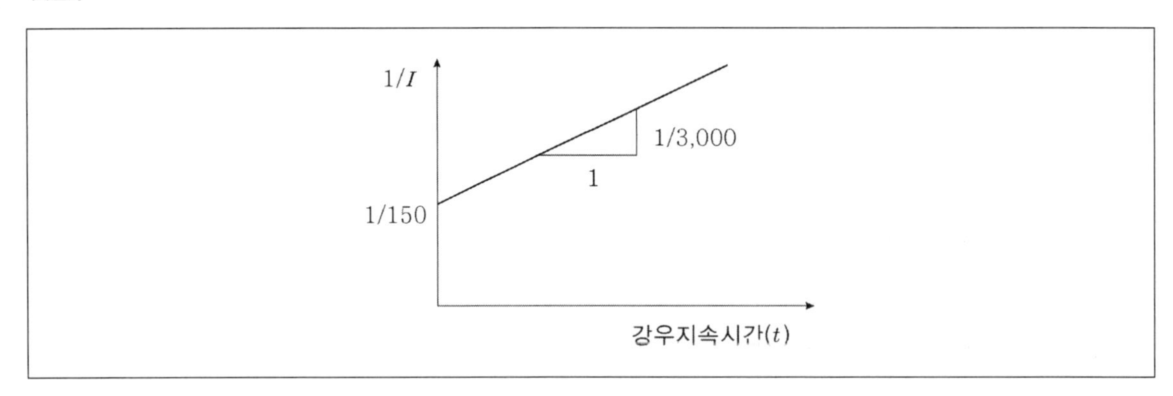

① $\frac{3,000}{t+20}$

② $\frac{10}{t+1,500}$

③ $\frac{1,500}{t+10}$

④ $\frac{20}{t+3,000}$

TIP $I=\frac{a}{t+b}$에서 $t=0$일 때 $I=150$이 되며 $a=150b$가 된다.
그래프의 식은 $\frac{1}{I}=\frac{t+b}{a}=\frac{1}{a}t+\frac{b}{a}$이며
$a=3,000$, $b=20$임을 알 수 있다.

112 잉여슬러지 양을 크게 감소시키기 위한 방법으로 BOD-SS부하를 아주 작게, 포기시간을 길게 하여 내생호흡상으로 유지되도록 하는 활성슬러지 변법은?

① 계단식 포기법
② 점감식 포기법
③ 장시간 포기법
④ 완전혼합 포기법

TIP 장시간 포기법 … 잉여슬러지 양을 크게 감소시키기 위한 방법으로 BOD-SS부하를 아주 작게, 포기시간을 길게 하여 내생호흡상으로 유지되도록 하는 활성슬러지 변법

113 고속용 침전지를 선택할 때 고려하여야 할 사항으로 바르지 않은 것은?

① 처리수량의 변동이 적어야 한다.
② 탁도와 수온의 변동이 적어야 한다.
③ 원수탁도는 10NTU 이상이어야 한다.
④ 최고 탁도는 10,000NTU 이하인 것이 바람직하다.

TIP 고속응집침전지의 원수 탁도는 10NTU 이상, 최고탁도는 1,000NTU 이하인 것이 바람직하다.

114 여과면적이 1지당 $120m^2$인 정수장에서 역세척과 표면세척을 6분/회씩 수행할 경우 1지당 배출되는 세척수량은? (단, 역세척 속도는 5m/분, 표면세척 속도는 4m/분이다.)

① $1,080m^3$/회
② $2,640m^3$/회
③ $4,920m^3$/회
④ $6,480m^3$/회

TIP $A=\frac{Q}{Vn}$이며 $n=1$이므로

역세척과 표면세척의 합을 구하면 $Q=(120\times5\times6+120\times4\times6)\times1=6,480m^3$/회

115 경도가 높은 물을 보일러 용수로 사용할 때 발생되는 주요 문제점은?

① Cavitation
② Scale
③ Priming
④ Foaming

TIP 경도가 높은 물(경수)를 보일러 용수로 사용하면 스케일현상이 발생하는 문제가 있다.

ANSWER 111.① 112.③ 113.④ 114.④ 115.②

116 도수관에서 유량을 Hazen-Williams 공식으로 다음과 같이 나타내었을 때 a, b의 값은? (단, C는 유속계수, D는 관의 지름, I는 동수경사이다.)

$$Q = 0.84935 \cdot C \cdot D^a \cdot I^b$$

① $a=0.63$, $b=0.54$
② $a=0.63$, $b=2.54$
③ $a=2.63$, $b=2.54$
④ $a=2.63$, $b=0.54$

TIP Hazen-Williams 공식

$$Q = AV = \frac{\pi d^2}{4} \cdot 0.84935C \cdot D^{0.63} \cdot I^{0.54}$$

K는 0.84935, C는 유속계수, D는 관의 직경, I는 동수경사

117 유출계수 0.6, 강우강도 2mm/min 유역면적 $2km^2$인 지역의 우수량을 합리식으로 표현하면?

① $0.007m^3/s$
② $0.4m^3/s$
③ $0.667m^3/s$
④ $40m^3/s$

TIP 유역면적이 km^2로 주어질 경우 $Q = 0.278 \times CIA$

C : 유출계수, I : 강우강도[mm/hr], A : 유역면적[km^2]

$0.278 \times 0.6 \times 2 \times 2 = 0.6672m^3/s$

118 혐기성 소화공정을 적절하게 운전 및 관리하기 위하여 확인해야 할 사항으로 바르지 않은 것은?

① COD 농도 측정
② 가스발생량 측정
③ 상징수의 pH 측정
④ 소화슬러지의 성상 파악

TIP 혐기성 소화는 산소공급 없이 분해과정이 이루어지는 것으로서 산소측정을 요구하는 COD 농도 측정과는 관련이 없다.

119 오수 및 우수관로의 설계에 대한 설명으로 바르지 않은 것은?

① 우수관경의 결정을 위해서는 합리식을 적용한다.
② 오수관로의 최소관경은 200mm를 표준으로 한다.
③ 우수관로 내의 유속은 가능한 사류상태가 되도록 한다.
④ 오수관로의 계획하수량은 계획시간 최대오수량으로 한다.

TIP 우수관로 내의 유속을 사류상태로 설정하여 설계를 하게 되면 최적 단면과 차이가 많이 생겨 바람직하지 못하다.

120 양수량이 500m^3/h, 전양정이 10m, 회전수가 1,100rpm일 대 비교회전도(N_s)는?

① 362
② 565
③ 614
④ 809

TIP 양수량의 단위를 min 단위로 환산해야 함에 유의해야 한다.

$$\text{비교회전도 } N_s = 1,100 \times \frac{\sqrt{\frac{500}{60}}}{10^{3/4}} = 564.67 \fallingdotseq 565$$

ANSWER 116.② 117.③ 118.① 119.③ 120.②

04 2021년 1회 시행

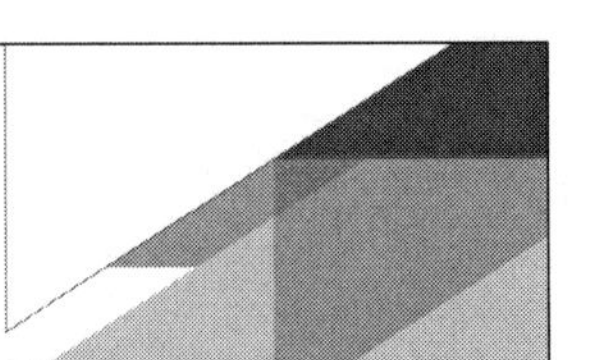

제1과목 응용역학

1 다음 그림과 같은 직사각형 단면 기둥에서 e=10[cm]인 편심하중이 작용할 경우 발생하는 최대압축응력은? (단, 기둥은 단주로 간주한다.)

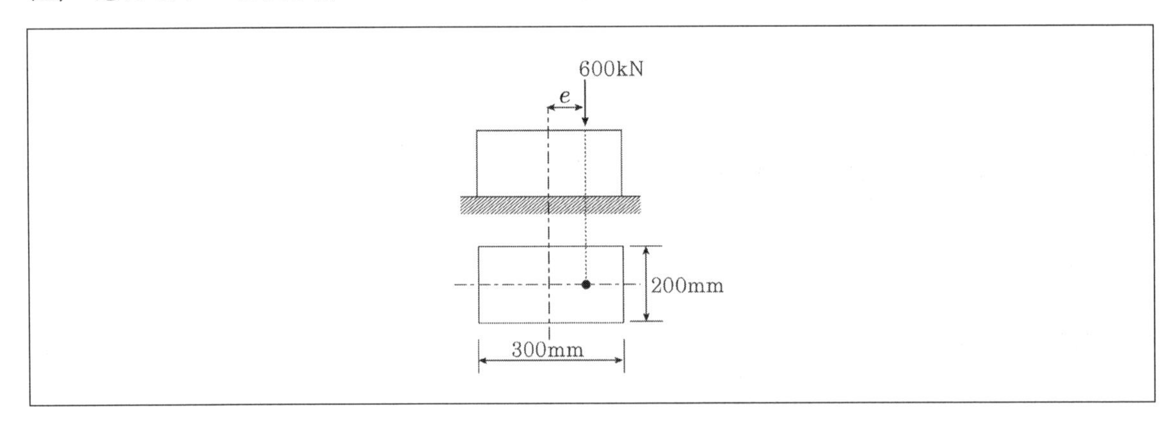

① 30[MPa]
② 35[MPa]
③ 40[MPa]
④ 60[MPa]

TIP

$$\sigma_{\max} = \frac{P}{A} + \frac{M_{\max}}{Z} = \frac{600[\text{kN}]}{200[\text{mm}] \times 300[\text{mm}]} + \frac{600[\text{kN}] \times 100[\text{mm}]}{\frac{200 \times 300^2}{6}} = 30[\text{MPa}](\text{압축})$$

2 단면과 길이가 같으나 지지조건이 다른 그림과 같은 2개의 장주가 있다. 장주 (a)가 30[kN]의 하중을 받을 수 있다면 장주 (b)가 받을 수 있는 하중은?

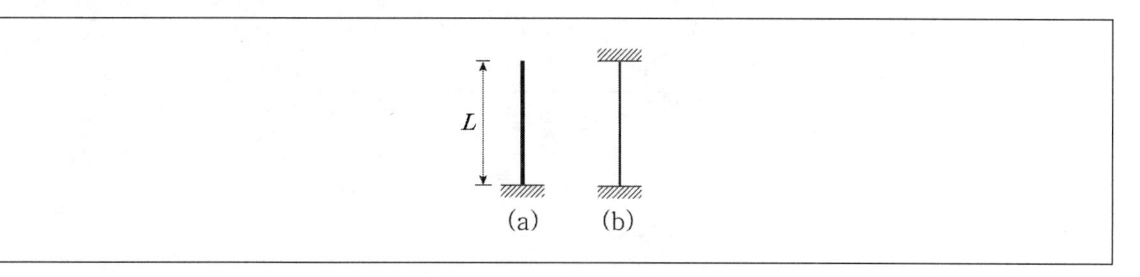

① 120[kN]
② 240[kN]
③ 360[kN]
④ 480[kN]

TIP

(a)의 좌굴하중은 $P_{cr} = \dfrac{\pi^2 EI}{(KL)^2} = \dfrac{0.25 \cdot \pi^2 EI}{L^2}$

(b)의 좌굴하중은 $P_{cr} = \dfrac{\pi^2 EI}{(KL)^2} = \dfrac{4 \cdot \pi^2 EI}{L^2}$

따라서 (b)의 좌굴하중은 (a)의 16배가 되므로 480[kN]이 된다.

※ **좌굴하중의 기본식**(오일러의 장주공식)

$$P_{cr} = \frac{\pi^2 EI}{(KL)^2} = \frac{n\pi^2 EI}{L^2}$$

- EI : 기둥의 휨강성
- L : 기둥의 길이
- K : 기둥의 유효길이 계수
- KL : (l_k로도 표시함) 기둥의 유효좌굴길이(장주의 처짐곡선에서 변곡점과 변곡점 사이의 거리)
- n : 좌굴계수(강도계수, 구속계수)

ANSWER 1.① 2.④

3 다음 그림과 같은 단순보에서 A점의 처짐각은?

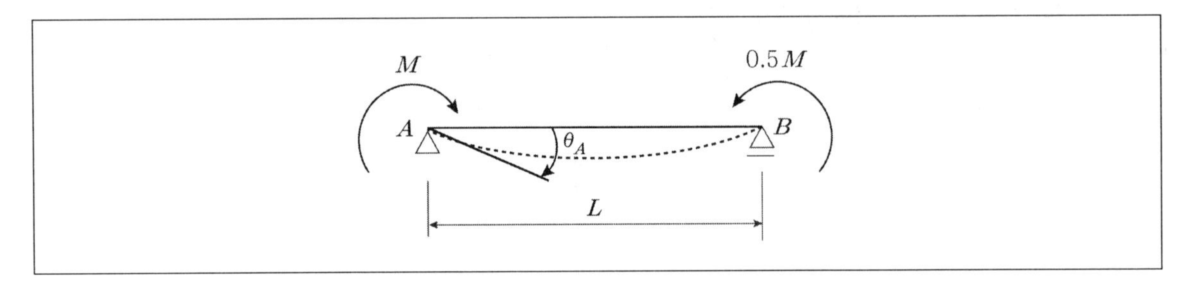

① $\dfrac{ML}{2EI}$　　② $\dfrac{5ML}{6EI}$

③ $\dfrac{5ML}{12EI}$　　④ $\dfrac{5ML}{24EI}$

TIP $\theta_A = \left(\dfrac{M_A \cdot l}{3EI} + \dfrac{M_B \cdot l}{6EI}\right) = \dfrac{M \cdot l}{3EI} + \dfrac{0.5M \cdot l}{6EI} = \dfrac{5M \cdot l}{12EI}$

하중조건	A점의 처짐각(θ_A)	B점의 처짐각(θ_B)
M_A, B, l	$\theta_A = \dfrac{M_A \cdot l}{3EI}$	$\theta_B = -\dfrac{M_A \cdot l}{6EI}$
M_A	$\theta_A = -\dfrac{M_A \cdot l}{3EI}$	$\theta_B = \dfrac{M_A \cdot l}{6EI}$
M_B	$\theta_B = \dfrac{M_B \cdot l}{6EI}$	$\theta_B = -\dfrac{M_B \cdot l}{3EI}$
M_B	$\theta_B = -\dfrac{M_B \cdot l}{6EI}$	$\theta_B = \dfrac{M_B \cdot l}{3EI}$
M_A, M_B	$\theta_A = \left(\dfrac{M_A \cdot l}{3EI} - \dfrac{M_B \cdot l}{6EI}\right)$	$\theta_B = \left(\dfrac{M_B \cdot l}{3EI} + \dfrac{M_A \cdot l}{6EI}\right)$
M_A, M_B	$\theta_A = \left(\dfrac{M_A \cdot l}{3EI} + \dfrac{M_B \cdot l}{6EI}\right)$	$\theta_B = -\left(\dfrac{M_B \cdot l}{3EI} + \dfrac{M_A \cdot l}{6EI}\right)$
M_A, M_B	$\theta_A = -\left(\dfrac{M_A \cdot l}{3EI} + \dfrac{M_B \cdot l}{6EI}\right)$	$\theta_B = \left(\dfrac{M_B \cdot l}{3EI} + \dfrac{M_A \cdot l}{6EI}\right)$
M_A, M_B	$\theta_A = \left(-\dfrac{M_A \cdot l}{3EI} + \dfrac{M_B \cdot l}{6EI}\right)$	$\theta_B = \left(-\dfrac{M_B \cdot l}{3EI} + \dfrac{M_A \cdot l}{6EI}\right)$

4 다음 그림과 같은 평면도형의 $x-x'$축에 대한 단면 2차 반경(r_x)과 단면 2차 모멘트(I_x)는?

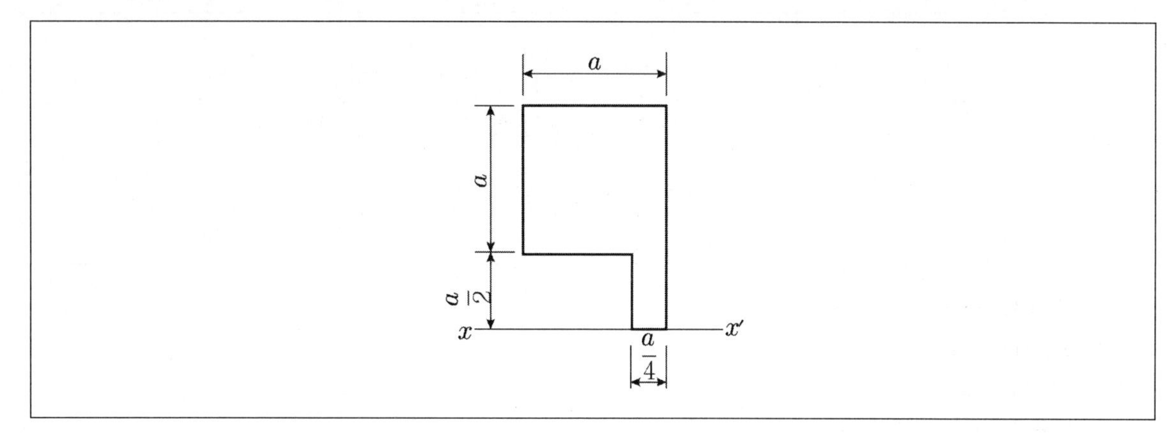

① $r_x = \dfrac{\sqrt{35}}{6}a,\ I_x = \dfrac{35}{32}a^4$

② $r_x = \dfrac{\sqrt{139}}{12}a,\ I_x = \dfrac{139}{128}a^4$

③ $r_x = \dfrac{\sqrt{129}}{12}a,\ I_x = \dfrac{129}{128}a^4$

④ $r_x = \dfrac{\sqrt{11}}{12}a,\ I_x = \dfrac{11}{128}a^4$

TIP 단면 2차 반경을 구하기 위해서는 우선 단면 2차 모멘트부터 구해야 한다.

단면 2차 모멘트값은 $I_x = \dfrac{a\left(\dfrac{3}{2}a\right)^3}{3} - \dfrac{\dfrac{3}{4}a\left(\dfrac{a}{2}\right)^3}{3} = \dfrac{35}{32}a^4$

단면 2차 모멘트값은 $I_x = \dfrac{35}{32}a^4$이 되며 단면 2차 반경은

$$r_x = \sqrt{\frac{I_x}{A}} = \sqrt{\frac{\frac{35}{32}a^4}{\frac{9a^2}{8}}} = \frac{\sqrt{35}}{6}a$$

ANSWER 3.③ 4.①

5 다음 그림의 보에서 지점 B의 휨모멘트는? (단, EI는 일정하다.)

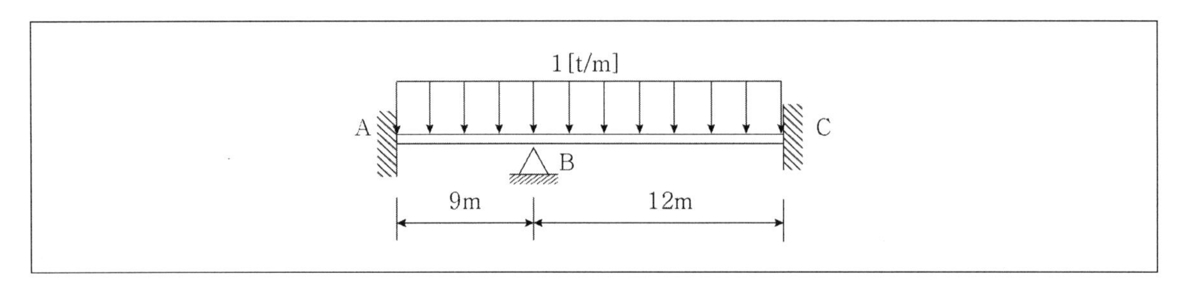

① 67.5[kN · m]

② 97.5[kN · m]

③ 120[kN · m]

④ 165[kN · m]

TIP (시간이 상당히 소요되는 문제이므로 과감하게 문제와 답을 암기하는 선에서 넘어가기를 권한다.)

처짐각법과 절점방정식의 적용에 관한 전형적인 문제이다. 우선 처짐각 기본방정식은

$M_{AB}=2EK_{BA}(2\theta_B+\theta_A-3R)+C_{BA}$

$\theta_A=0$(고정지점이므로), $R=0$(지점의 침하량이 0이므로)

$M_{AB}=2E\frac{I}{9}(2\theta_B+0-0)+\frac{1\times 9^2}{12}=\frac{4EI\theta_B}{9}+6.75$

$M_{BC}=2EK_{BC}(2\theta_B+\theta_C-3R)+C_{BC}$

$\theta_C=0$(고정지점이므로), $R=0$(지점의 침하량이 0이므로)

$M_{BC}=2E\frac{I}{12}(2\theta_B+0-0)-\frac{1\times 12^2}{12}=\frac{EI\theta_B}{3}-12$

절점방정식 $M_{BA}+M_{BC}=0$이므로

$\frac{4EI\theta_B}{9}+6.75+\frac{EI\theta_B}{3}-12=0$

$\frac{7EI\theta_B}{9}=5.25$이므로 $EI\theta_B=6.75[t\cdot m]$

$M_{BA}=\frac{4\times 6.75}{9}+6.75=9.75[t\cdot m]$

$M_{BC}=\frac{6.75}{3}-12=-9.75[t\cdot m]$

$\therefore$ 9.75[t · m] = 97.5[kN · m]

6 그림에서 직사각형의 도심축에 대한 단면상승모멘트 I_{XY}의 크기는?

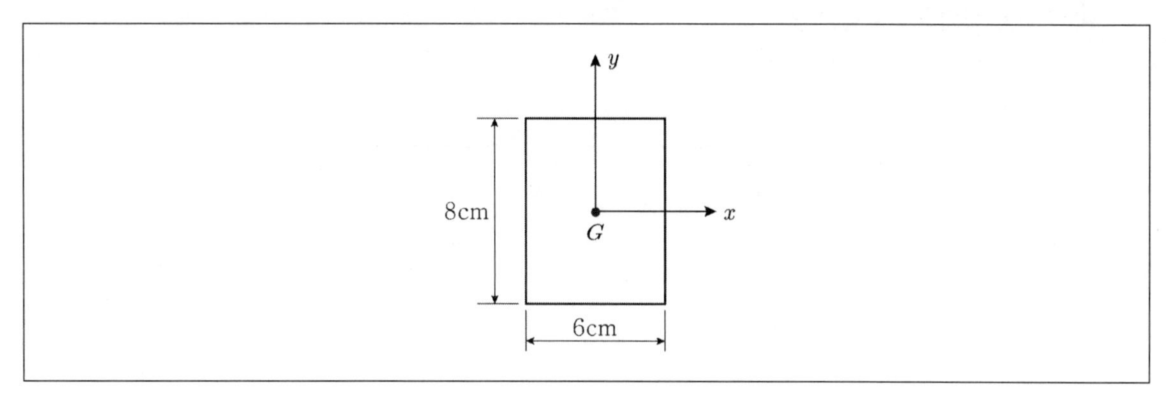

① $0cm^4$
② $142cm^4$
③ $256cm^4$
④ $576cm^4$

TIP 단면이 대칭인 경우 x, y 두 축 중 한 개의 축이라도 도심을 지나게 되면 $I_{xy}=0$이 된다.

7 폭 100[mm], 높이 150[mm]인 직사각형 단면의 보가 $S=7$[kN]의 전단력을 받을 경우 최대전단응력과 평균전단응력의 차이는?

① 0.13[MPa]
② 0.23[MPa]
③ 0.33[MPa]
④ 0.43[MPa]

TIP 직사각형 단면보에서

평균전단응력의 산정식 : $\frac{V}{A}$

최대전단응력의 산정식 : $\frac{3}{2}\frac{V}{A}$

문제에서 주어진 조건에 의하면 평균전단응력은

$\frac{V}{A}=\frac{7[kN]}{100\times150[mm^2]}=0.466[MPa]$

최대전단응력과 평균전단응력의 차이값은 평균전단응력의 $\frac{1}{2}$배이므로 0.23[MPa]가 된다.

ANSWER 5.② 6.① 7.②

8 다음 그림과 같은 단순보에 등분포하중 w가 작용하고 있을 때 이 보에서의 휨모멘트에 의한 탄성변형에너지는? (단, 보의 EI는 일정하다.)

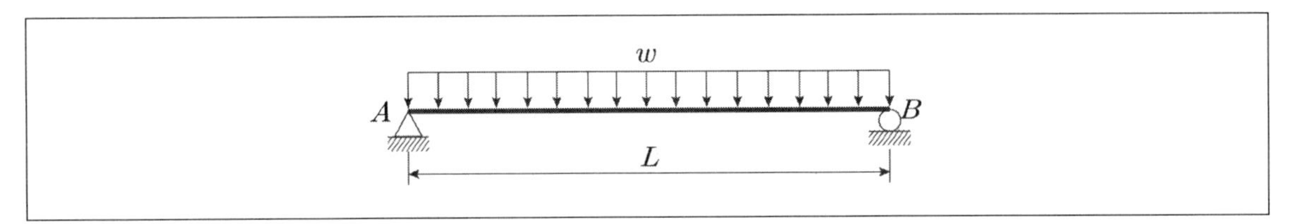

① $\dfrac{w^2L^5}{384EI}$
② $\dfrac{w^2L^5}{240EI}$
③ $\dfrac{7w^2L^5}{384EI}$
④ $\dfrac{w^2L^5}{48EI}$

TIP (출제빈도가 매우 높은 문제이지만 구체적인 풀이를 해서 문제를 풀지 말고 문제와 답을 암기하도록 한다.)

A지점의 반력을 구한 후 A점으로부터 x만큼 떨어진 곳의 휨모멘트는 $M_x = \dfrac{wL}{2} \cdot x - \dfrac{wx}{2} \cdot \dfrac{x}{2}$

탄성변형에너지는 다음의 식으로 구한다.

$$\int_0^L \frac{{M_x}^2}{2EI}dx = \frac{1}{2EI}\int_0^L [\frac{w}{2}(Lx - x^2)]^2 dx = \int_0^L (L^2x^2 - 2Lx^3 + x^4)dx = \frac{w^2L^5}{240EI}$$

9 재질과 단면이 같은 다음 2개의 외팔보에서 자유단의 처짐을 같게 하는 P_1/P_2의 값은?

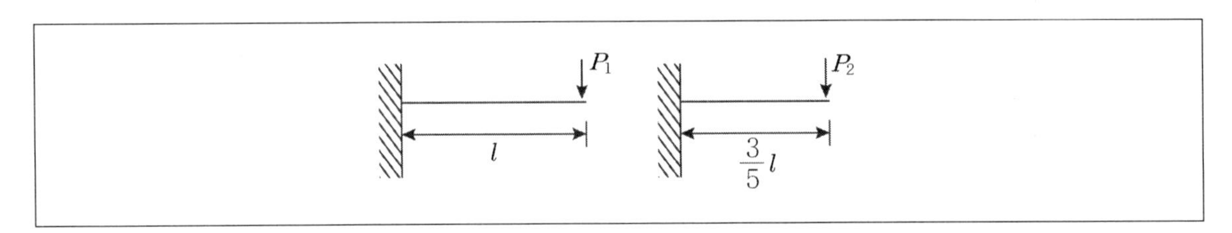

① 0.129
② 0.216
③ 4.63
④ 7.72

TIP

$$y_1 = \frac{P_1 l^3}{3EI},\ y_2 = \frac{P_2\left(\frac{3}{5}l\right)^3}{3EI} = \frac{27}{125} \cdot \frac{P_2 l^3}{3EI}$$

$y_1 = y_2$이므로 $\dfrac{P_2}{P_1} = \dfrac{125}{27} = 4.63$

10 다음 그림과 같이 하중을 받는 단순보에 발생하는 최대전단응력은?

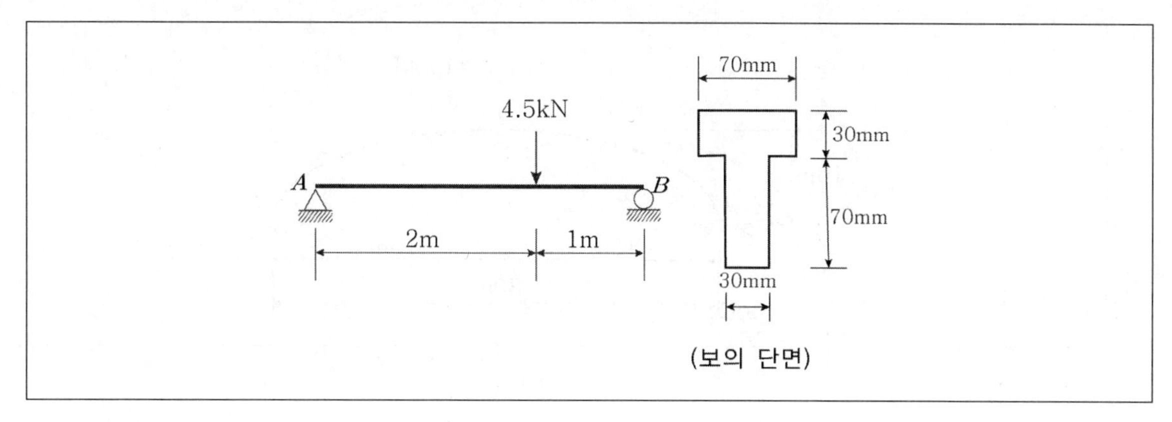

① 1.48[MPa]

② 2.48[MPa]

③ 3.48[MPa]

④ 4.48[MPa]

TIP

$R_A = \frac{2}{3} \times 4.5[\text{kN}] = 3[\text{kN}]$, $R_B = \frac{1}{3} \times 450 = 150\text{kg}$

$S_{max} = R_A = 3[\text{kN}]$

단면 하단으로부터의 단면 1차 모멘트

$G = 7 \times 3 \times 8.5 + 3 \times 7 \times 3.5 = 252\text{cm}^3$

단면하단으로부터 도심까지의 거리

$y_o = \frac{G}{A} = \frac{252}{3 \times 7 + 7 \times 3} = 6\text{cm}$

$I_o = \left(\frac{7 \times 3^3}{12} + 7 \times 3 \times 2.5^2\right) + \left(\frac{3 \times 7^3}{12} + 3 \times 7 \times 2.5^2\right) = 364\text{cm}^4$

$G_o = 3 \times 6 \times 3 = 54\text{cm}^3$

$\tau_{max} = \frac{S_{max} G_o}{I_o b} = \frac{3[\text{kN}] \times 54}{364 \times 3} = 0.148[\text{kN/cm}^2] = 1.48[\text{MPa}]$

ANSWER 8.② 9.③ 10.①

11 다음 그림과 같은 3힌지 아치의 C점에 연직하중 P(400kN)이 작용한다면 A점에 작용되는 수평반력은?

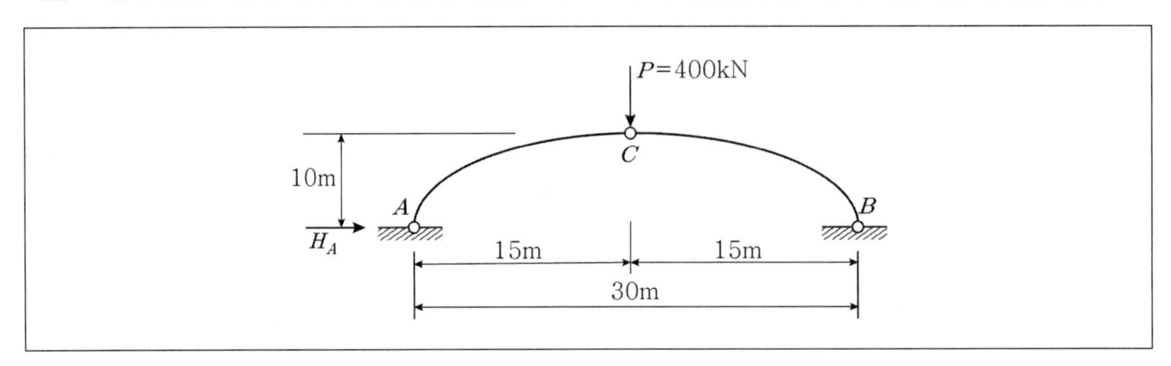

① 100[kN]　　② 150[kN]
③ 200[kN]　　④ 300[kN]

TIP $\sum M_A = 0 : 400\times 15 - R_B \times 30 = 0,\ R_B = 200[\text{kN}](\uparrow)$

$\sum M_C = 0 : H_B \times 10 - R_B \times 15 = H_B \times 10 - 3{,}000 = 0,\ H_B = 300[\text{kN}](\leftarrow)$

$\sum H = 0 : H_A - H_B = 0,\ H_A = 300[\text{kN}](\rightarrow)$

12 다음 그림과 같이 X, Y축에 대칭인 빗금 친 단면에 비틀림우력 50[kN · m]가 작용할 때 최대전단응력은?

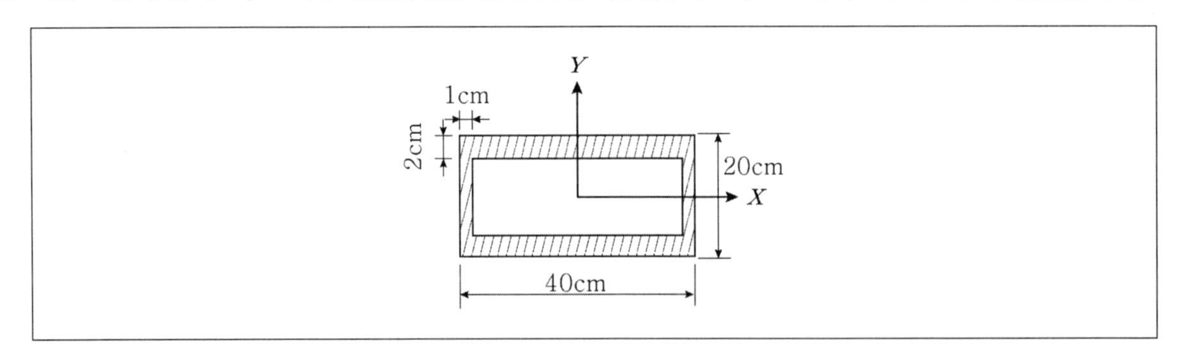

① 15.63[MPa]　　② 17.81[MPa]
③ 31.25[MPa]　　④ 35.61[MPa]

TIP $\tau_{\max} = \dfrac{50[\text{kN}\cdot\text{m}]}{2A_m t} = \dfrac{50[\text{kN}\cdot\text{m}]}{2\cdot 702[\text{cm}^2]\cdot 1[\text{cm}]} = 35.61[\text{MPa}]$

$A_m = 39\times 18 = 702[\text{cm}^2]$

13 다음 그림과 같이 균일 단면봉이 축인장응력(P)을 받을 때 단면 $a-b$에 생기는 전단응력은? (단, 여기서 $m-n$은 수직단면이고, $a-b$는 수직단면과 $\phi=45^o$의 각을 이루고 A는 봉의 단면적이다.)

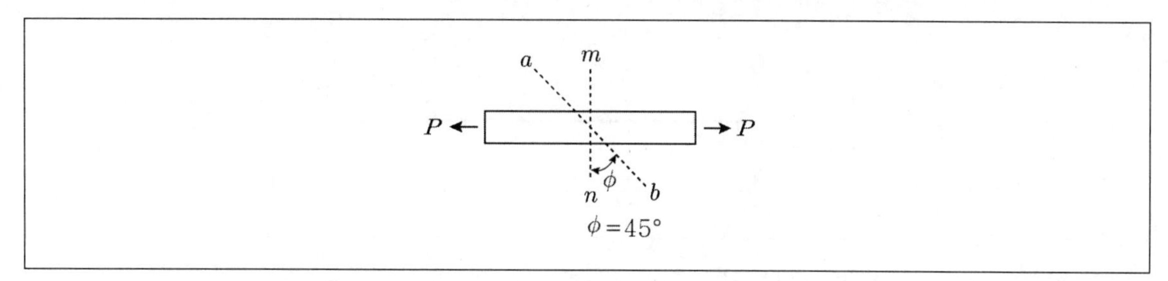

① $\tau=0.5\dfrac{P}{A}$
② $\tau=0.75\dfrac{P}{A}$
③ $\tau=1.0\dfrac{P}{A}$
④ $\tau=1.5\dfrac{P}{A}$

TIP 인장을 받고 있는 봉의 수직절단면과 45도의 각도를 이루는 면에 생기는 전단응력은 인장응력의 $\dfrac{1}{2}$값을 갖는다.

14 그림과 같은 구조물에서 지점 A의 수직반력은?

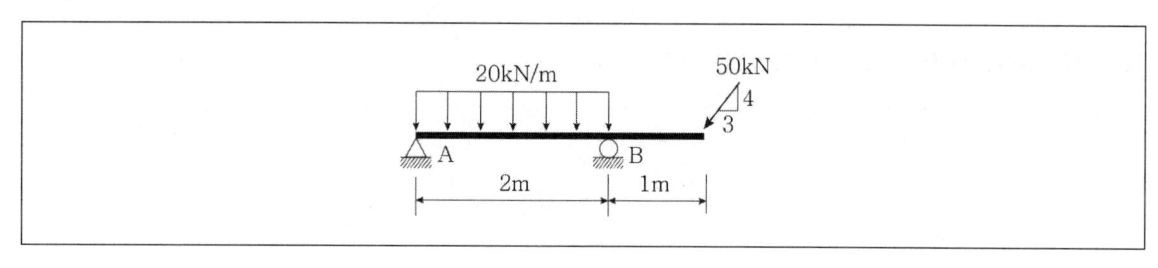

① 0kN
② 10kN
③ 20kN
④ 30kN

TIP 우측 끝단에 작용하는 50kN을 수평성분과 수직성분으로 분해한 다음 구조물에 작용하는 힘의 자유물체도를 그려서 힘의 평형이 이루어져야 한다는 조건으로 지점 A의 수직반력을 구할 수 있다. 직관적으로 우측 끝단에 가해지는 수직력은 40[kN]이 된다.
A점에 대한 모멘트의 합이 0이 되어야 하므로
$\sum M_A=20\times2\times1-R_B\times2+40\times3=0:R_B=80[kN]$
$\sum V=R_A+R_B-20\times2-40=0:R_A=0[kN]$

ANSWER 11.④ 12.④ 13.① 14.①

15 그림과 같은 단순보에 이동하중이 작용할 때 절대최대휨모멘트가 발생하는 위치는?

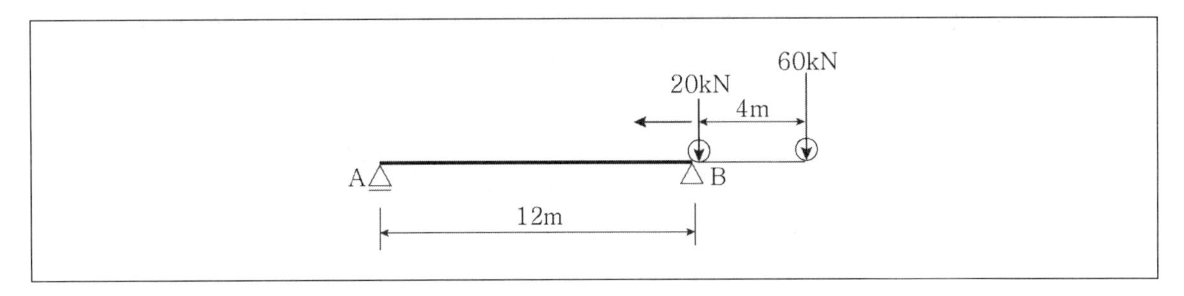

① A점으로부터 6m인 점에 20[kN]의 하중이 실릴 때 60kN의 하중이 실리는 점
② A점으로부터 7.5m인 점에 60[kN]의 하중이 실릴 때 20kN의 하중이 실리는 점
③ B점으로부터 5.5m인 점에 20[kN]의 하중이 실릴 때 60kN의 하중이 실리는 점
④ B점으로부터 9.5m인 점에 20[kN]의 하중이 실릴 때 60kN의 하중이 실리는 점

TIP 절대최대휨모멘트의 크기를 구하기 위해서는 우선 합력의 위치부터 우선 구해야 한다.
합력의 작용점과 합력과 가장 가까운 하중 60[kN]과의 거리는 1.0[m]가 되며 이 두 간격의 중앙점을 보의 중앙에 위치시켰을 때 합력과 가장 인접한 하중작용점에서 절대최대휨모멘트가 발생하게 된다.
따라서 주어진 그림에서 절대최대휨모멘트가 발생하는 위치는 B점으로부터 9.5m인 점에 20[kN]의 하중이 실릴 때 60kN의 하중이 실리는 점이 된다.

16 다음 그림에서 두 힘 P_1, P_2에 대한 합력(R)의 크기는?

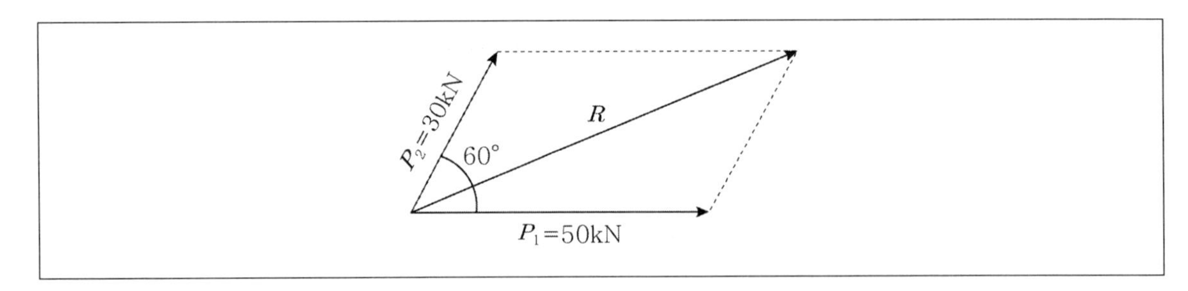

① 60[kN]
② 70[kN]
③ 80[kN]
④ 90[kN]

TIP 각 α를 이루고 있는 두 힘의 합력의 크기는
$$R=\sqrt{F_1^{\ 2}+F_2^{\ 2}+2F_1 \cdot F_2 \cdot \cos\alpha}=\sqrt{50^2+30^2+2\times 50\times 30\times \cos 60^o}=70[\text{kN}]$$

17 그림과 같이 밀도가 균일하고 무게가 W인 구(球)가 마찰이 없는 두 벽면 사이에 놓여 있을 때 반력 R_A의 크기는?

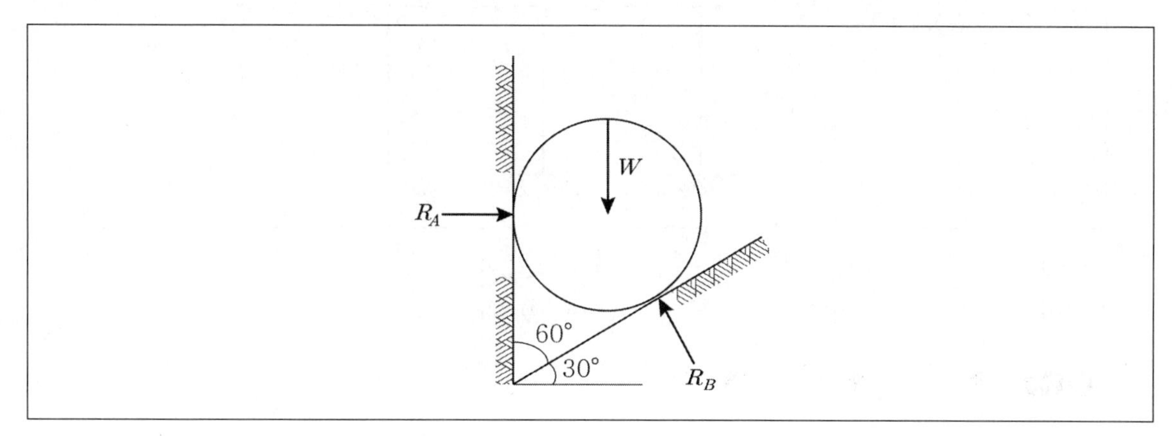

① 0.500 W

② 0.577 W

③ 0.866 W

④ 1.155 W

TIP

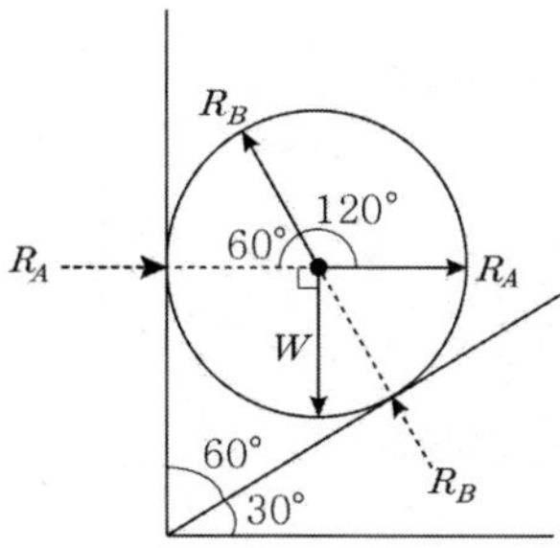

다음과 같이 라미의 정리로 손쉽게 풀 수 있다.

$\dfrac{R_B}{\sin 90^o} = \dfrac{W}{\sin 120^o}$ 이므로 $\dfrac{R_B}{1} = \dfrac{W}{\frac{\sqrt{3}}{2}}$ 이므로

$R_B = \dfrac{2}{\sqrt{3}} W = 1.155\,W$

ANSWER 15.④ 16.② 17.④

18 다음 그림과 같은 라멘의 부정정차수는?

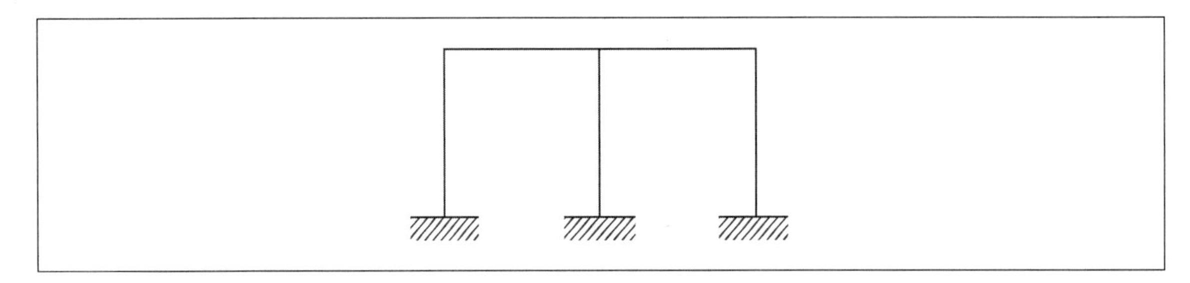

① 3차　　② 5차
③ 6차　　④ 7차

TIP

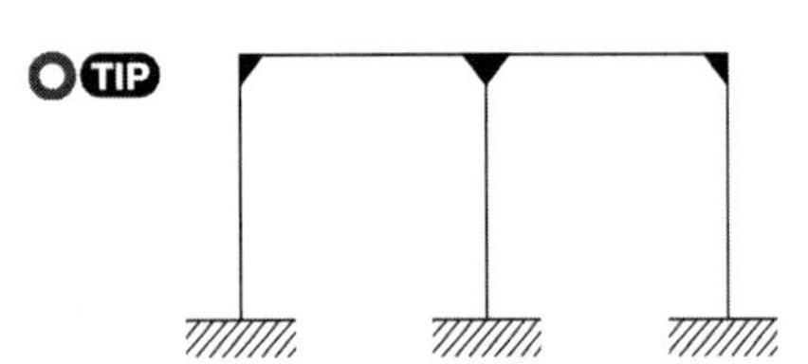

주어진 구조물의 부재간 접합부는 강절점이다. 따라서
$r-3m=18-3\times4=6$이 성립하므로 6차 부정정이 된다.

19 다음 그림과 같은 라멘구조물에서 A점의 수직반력(R_A)는?

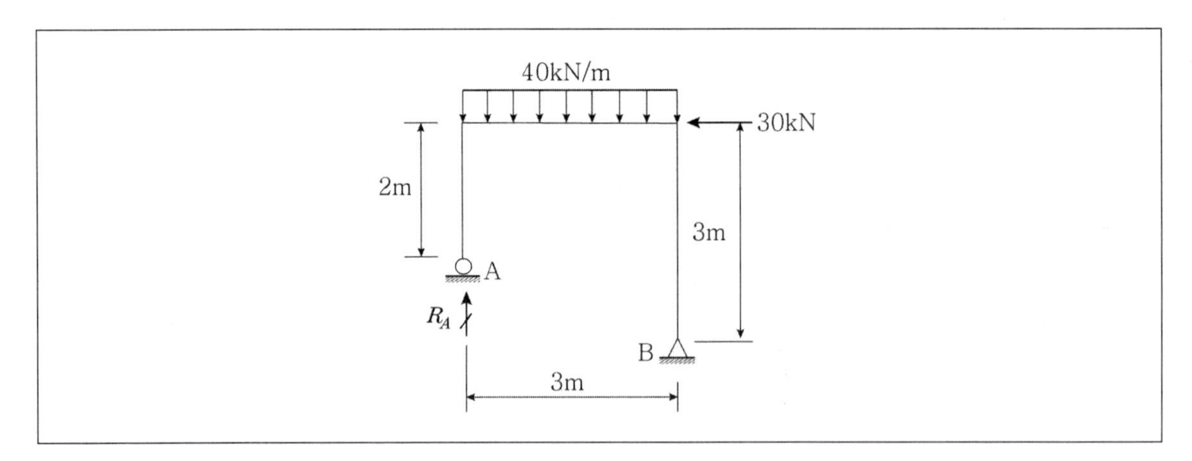

① 30[kN]　　② 45[kN]
③ 60[kN]　　④ 90[kN]

TIP $\sum M_B=0: R_A\times3-(40\times3)\times1.5-30\times3=0,\ R_A=90[\text{kN}]$

20 다음 그림과 같은 단순보에서 최대휨모멘트가 발생하는 위치 x(A점으로부터의 거리)와 최대휨모멘트 M_x는?

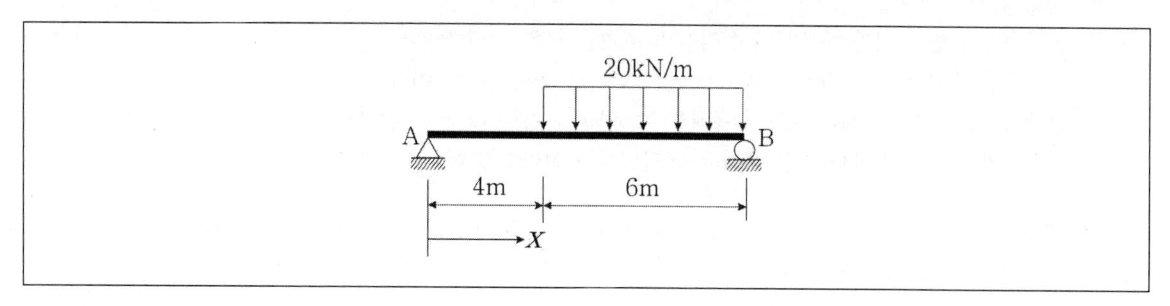

① x=5.2[m], M_x=230.4[kN · m]

② x=5.8[m], M_x=176.4[kN · m]

③ x=4.0[m], M_x=180.2[kN · m]

④ x=4.8[m], M_x=96[kN · m]

TIP 우선 각 지점의 반력을 구하면

$R_A = 36$[kN](↑), $R_A = 84$[kN](↑)

A점에서부터 시작해서 4m까지의 전단력은 36kN으로 일정하며 휨모멘트는 A점으로부터의 거리에 비례하여 커지게 된다. A점으로부터의 거리를 x라고 할 경우 C점에서의 휨모멘트는 144[kN · m]이 되며 전단력이 0인 지점에서 최대휨모멘트가 발생하게 되므로 $V_x = 36 - 20(x-4) = 0$을 만족하는 $x = 5.8$[m]이 된다.

$M_x = 36 \times 5.8 - 20 \times (5.8-4) \times \frac{5.8-4}{2} = 176.4$[kN · m]

제2과목 측량학

21 삼각망 조정에 관한 설명으로 바르지 않은 것은?

① 임의의 한 변의 길이는 계산경로에 따라 달라질 수 있다.

② 검기선은 측정한 길이와 계산된 길이가 동일하다.

③ 1점 주위에 있는 각의 합은 360°이다.

④ 삼각형의 내각의 합은 180°이다.

TIP 삼각망 중의 임의의 한 변의 길이는 계산 경로에 관계없이 항상 일정하다.

ANSWER 18.③ 19.④ 20.② 21.①

22 삼각측량과 삼변측량에 대한 설명으로 바르지 않은 것은?

① 삼변측량은 변 길이를 관측하여 삼각점의 위치를 구하는 측량이다.
② 삼각측량의 삼각망 중 가장 정확도가 높은 망은 사변형 삼각망이다.
③ 삼각점의 선점 시 기계나 측표가 동요할 수 있는 습지나 하상은 피한다.
④ 삼각점의 등급을 정하는 주된 목적은 표적설치를 편리하게 하기 위함이다.

TIP 삼각점의 등급을 정하는 주된 목적은 측량의 기준점을 효과적으로 배치하기 위한 것이지 표석설치의 편리함을 위한 것이 아니다. (삼각점의 등급은 국가적 중요도, 정밀도에 의해 1~4등급까지 구분한다.)

23 다음 그림과 같은 유토곡선에서 하향구간이 의미하는 것은?

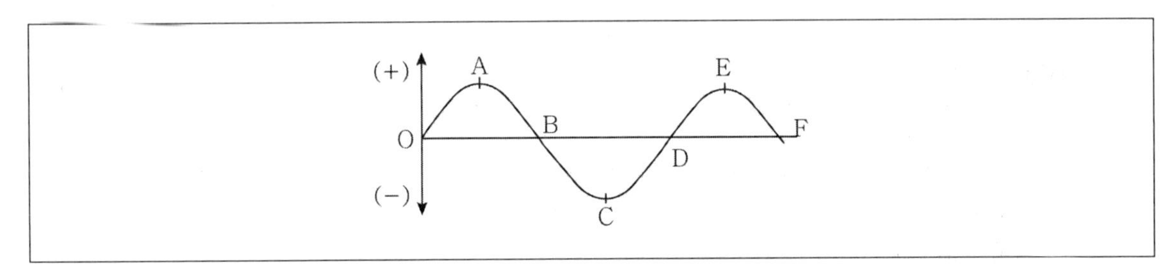

① 성토구간
② 절토구간
③ 운반토량
④ 운반거리

TIP 그림에 제시된 유토곡선에서 A-C구간과 E-F구간은 토량이 감소하는 구간이므로 성토하여야 할 구간이다.

24 조정계산이 완료된 조정각 및 기선으로부터 처음 신설하는 삼각점의 위치를 구하는 계산순서로 가장 적합한 것은?

① 편심조정계산 → 삼각형계산(변, 방향각) → 경위도계산 → 좌표조정계산 → 표고계산
② 편심조정계산 → 삼각형계산(변, 방향각) → 좌표조정계산 → 표고계산 → 경위도계산
③ 삼각형계산(변, 방향각) → 편심조정계산 → 표고계산 → 경위도계산 → 좌표조정계산
④ 삼각형계산(변, 방향각) → 편심조정계산 → 표고계산 → 좌표조정계산 → 경위도계산

TIP 계산순서 … 편심조정계산 → 삼각형계산(변, 방향각) → 좌표조정계산 → 표고계산 → 경위도계산

25 기지점의 지반고가 100[m]이고 기지점에 대한 후시는 2.75[m], 미지점에 대한 전시가 1.40[m]일 때 미지점의 지반고는?

① 98.65[m]
② 101.35[m]
③ 102.75[m]
④ 104.15[m]

TIP 미지점의 지반고 ··· $100 + 2.75 - 1.40 = 101.35$[m]

26 어느 두 지점 사이의 거리를 A, B, C, D 4명의 사람이 각각 10회 관측한 결과가 다음과 같다면 가장 신뢰성이 낮은 관측자는?

- A : 165.864±0.002m
- B : 165.867±0.006m
- C : 165.862±0.007m
- D : 165.864±0.004m

① A
② B
③ C
④ D

TIP 경중률은 오차의 제곱에 반비례하므로 A가 가장 신뢰성이 높다.
경중률을 계산하면

$$P_A : P_B : P_C : P_D = \frac{1}{{m_A}^2} : \frac{1}{{m_B}^2} : \frac{1}{{m_C}^2} : \frac{1}{{m_D}^2} = \frac{1}{2^2} : \frac{1}{6^2} : \frac{1}{7^2} : \frac{1}{4^2} = 12.25 : 1.36 : 1 : 3.06$$

27 레벨의 불완전 조정에 의해 발생한 오차를 최소화하는 가장 좋은 방법은?

① 왕복 2회 측정하여 그 평균을 취한다.
② 기포를 항상 중앙에 오도록 한다.
③ 시준선의 거리를 짧게 한다.
④ 전시, 후시의 표척거리를 같게 한다.

TIP 레벨의 불완전 조정에 의하여 발생한 오차를 최소화하는 가장 좋은 방법은 전시, 후시의 표척거리를 같게 하는 것이다.

ANSWER 22.④ 23.① 24.② 25.② 26.③ 27.④

28 원곡선에 대한 설명으로 바르지 않은 것은?

① 원곡선을 설치하기 위한 기본요소는 반지름(R)과 교각(I)이다.
② 접선길이는 곡선반지름에 비례한다.
③ 원곡선은 평면곡선과 수직곡선으로 모두 사용할 수 있다.
④ 고속도로와 같이 고속의 원활한 주행을 위해서는 복심곡선 또는 반향곡선을 주로 사용한다.

TIP 반향곡선은 곡선의 방향이 급변하여 차량의 원활한 운행이 어렵다.

29 트래버스 측량에서 1회 각 관측의 오차가 ±10″이라면 30개의 측점에서 1회씩 각 관측하였을 때의 총 각 관측오차는?

① ±15″ ② ±17″
③ ±55″ ④ ±70″

TIP 1회 각 관측의 오차가 ±10″인 경우 n개의 측점에서 1회씩 각 관측을 했을 때 총 각 관측오차는
$\pm 10'' \sqrt{n} = \pm 10'' \sqrt{30} = 54.7'' \fallingdotseq 55$

30 노선측량에서 단곡선 설치 시 필요한 교각 $I = 95^{o}30'$, 곡선반지름 $R = 200$m일 때 장현(Long Chord : L)은?

① 296.087[m] ② 302.619[m]
③ 417.131[m] ④ 597.238[m]

TIP $C = 2R \cdot \sin\frac{I}{2} = 2 \times 200 \times \sin\frac{95^{o}30'}{2} = 296.087[\text{m}]$

31 등고선에 대한 설명으로 바르지 않은 것은?

① 높이가 다른 등고선은 절대 교차하지 않는다.
② 등고선간의 최단거리 방향은 최대경사방향을 나타낸다.
③ 지도의 도면 내에서 폐합되는 경우에 등고선의 내부에는 산꼭대기 또는 분지가 있다.
④ 동일한 경사의 지표에서 등고선의 간격은 길다.

TIP 등고선은 절벽이나 동굴에서 교차할 수 있다.

32 설계속도 80[km/h]의 고속도로에서 클로소이드 곡선의 곡선반지름이 360[m], 완화곡선의 길이가 40[m]일 때 클로소이드 매개변수 A는?

① 100[m] ② 120[m]
③ 140[m] ④ 150[m]

TIP $A^2 = R \cdot L$이므로 $A = \sqrt{360 \times 40} = 120[m]$

33 교호수준측량의 결과가 아래와 같고 A점의 표고가 10m일 때 B점의 표고는?

- 레벨 P에서 A→B 관측 표고차 : −1.256m
- 레벨 Q에서 B→A 관측 표고차 : +1.238m

① 8.753m ② 9.753m
③ 11.238m ④ 11.247m

TIP B점은 A점보다 고도가 낮으며 서로 다른 방향에서 측정한 값의 절댓값의 크기를 평균한 값만큼을 A점에서 빼주면 B점의 표고는 $10[m] - \frac{(1.256 + 1.238)}{2} = 8.753[m]$

34 직사각형 토지의 면적을 산출하기 위해 두 변 a, b의 거리를 관측한 결과가 a는 48.25±0.04m, b는 23.42±0.02m이었다면 면적의 정밀도($\triangle A/A$)는?

① 1/420 ② 1/630
③ 1/840 ④ 1/1,080

TIP 면적을 구하면 48.25×23.42=1,130.015
부정오차 전파에 의해
$M=\pm\sqrt{(ym_1)^2+(xm_2)^2}=\pm\sqrt{(23.42 \cdot 0.04)^2+(48.25 \cdot 0.02)^2}=\pm 1.345$
면적의 정밀도는 $\frac{\triangle}{A} = \frac{1.345}{48.25 \cdot 23.42} = 0.0119 \fallingdotseq \frac{1}{840}$

ANSWER 28.④ 29.③ 30.① 31.① 32.② 33.① 34.③

35 각관측장비의 수평축이 연직축과 직교하지 않기 때문에 발생하는 측각오차를 최소화하는 방법으로 바른 것은?

① 직교에 대한 편차를 구하여 더한다.
② 배각법을 사용한다.
③ 방향각법을 사용한다.
④ 망원경의 정 · 반위로 측정하여 평균한다.

TIP 각관측장비의 수평축이 연직축과 직교하지 않기 때문에 발생하는 측각오차를 최소화하는 방법으로 가장 흔한 것은 망원경의 정 · 반위로 측정하여 평균한다.

36 원격탐사(Remote Sensing)을 정의한 것으로 바른 것은?

① 지상에서 대상 물체에 전파를 발생시켜 그 반사파를 이용하여 측정하는 방법이다.
② 센서를 이용하여 지표의 대상물에서 반사 또는 방사된 전자스펙트럼을 측정하고 이들의 자료를 이용하여 대상물이나 현상에 관한 정보를 얻는 기법이다.
③ 우주에 산재해 있는 물체의 고유스펙트럼을 이용하여 각각의 구성 성분을 지상의 레이더망으로 수집하여 처리하는 방법이다.
④ 우주선에서 찍은 중복된 사진을 이용하여 지상에서 항공사진의 처리와 같은 방법으로 판독하는 작업이다.

TIP 원격탐사는 센서를 이용하여 지표의 대상물에서 반사 또는 방사된 전자스펙트럼을 측정하고 이들의 자료를 이용하여 대상물이나 현상에 관한 정보를 얻는 기법이다.

37 초점거리가 153[mm], 사진크기 23cm×23cm인 카메라를 사용하여 동서 14km, 남북 7km, 평균고도 250[m]인 거의 평탄한 지역을 축척 1:5,000으로 촬영하고자 할 때 필요한 모델의 수는? (단, 종중복도 60%, 횡중복도 30%)

① 81
② 240
③ 279
④ 961

TIP 종모델의 수는

$$\frac{S_1}{B_o} = \frac{S_1}{ma\left(1-\frac{p}{100}\right)} = \frac{14,000}{5,000\times 0.23\left(1-\frac{60}{100}\right)} = 30.4 = 31\text{매}$$

횡모델의 수는

$$\frac{S_2}{C_o} = \frac{S_2}{ma\left(1-\frac{q}{100}\right)} = \frac{7,000}{5,000\times 0.23\left(1-\frac{30}{100}\right)} = 8.69 = 9\text{매}$$

종모델의 수와 횡모델의 수를 곱한 값만큼 모델이 필요하므로 279매가 필요하다.

38 다음 그림과 같이 한 점 O에서 A, B, C 방향의 각관측을 실시한 결과가 다음과 같을 때 ∠BOC의 최확값은?

∠AOB	2회 관측결과 40° 30′ 25″
	3회 관측결과 40° 30′ 20″
∠AOC	6회 관측결과 85° 30′ 20″
	4회 관측결과 85° 30′ 25″

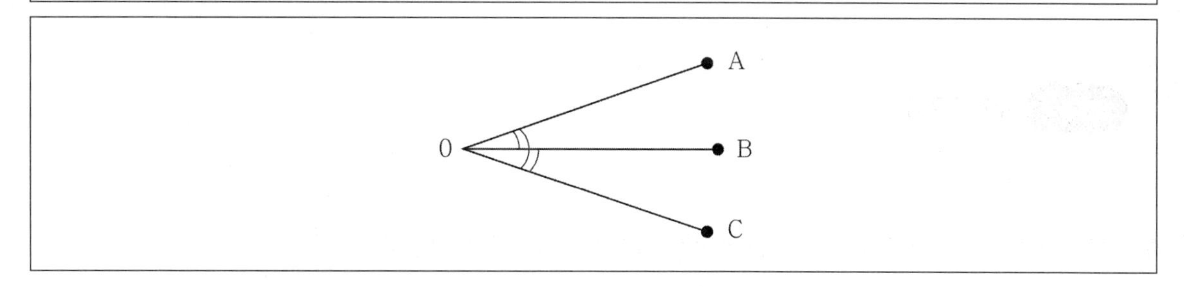

① 45° 00′ 05″
② 45° 00′ 02″
③ 45° 00′ 03″
④ 45° 00′ 00″

TIP 최확값을 구하려면 측정값 중 경중률이 높은 값들을 적용해야 하므로 ∠AOB는 3회 관측결과인 40° 30′ 20″을 최확값으로 하고 ∠AOB는 6회 관측결과인 85° 30 ′20″을 최확값으로 고려하여 계산하면
∠BOC = ∠AOC − ∠AOB = 85° 30′ 20″ − 40° 30′ 20″ = 45° 00′ 00″가 ∠*BOC*의 최확값이 된다.

39 측지학에 관한 설명 중 바르지 않은 것은?

① 측지학이란 지구 내부의 특성, 지구의 형상, 지구표면의 상호위치관계를 결정하는 학문이다.
② 물리학적 측지학은 중력측정, 지자기측정 등을 포함한다.
③ 기하학적 측지학에는 천문측량, 위성측량, 높이의 결정 등이 있다.
④ 측지측량이란 지구의 곡률을 고려하지 않는 측량으로 11km 이내를 평면으로 취급한다.

TIP 측지측량은 지구의 곡률을 고려한 정밀측량이다.

ANSWER 35.④ 36.② 37.③ 38.④ 39.④

40 해도와 같은 지도에 이용되며 주로 하천이나 항만 등의 심천측량을 한 결과를 표시하는 방법으로 가장 적당한 것은?

① 채색법　　② 영선법
③ 점고법　　④ 음영법

TIP 점고법 … 해도와 같은 지도에 이용되며 주로 하천이나 항만 등의 심천측량을 한 결과를 표시하는 방법으로 가장 적당하다.

41 유속 3[m/s]로 매초 100[L]의 물이 흐르게 하는데 필요한 관의 지름은?

① 153[mm]　　② 206[mm]
③ 265[mm]　　④ 312[mm]

TIP 물 1,000[L]는 물 $1m^3$이다. 따라서 문제에서 주어진 조건을 만족하는 D의 값은

$$Q = AV = \frac{\pi D^2}{4} \times 3[\text{m/s}] = 100[\text{L/s}]$$

$$D = \sqrt{\frac{4 \times 0.1}{3\pi}} = 0.206[\text{m}] = 206[\text{mm}]$$

42 수로경사 1/10,000인 직사각형 단면 수로에 유량 $30m^3/s$를 흐르게 할 때 수리학적으로 유리한 단면은? (단, h는 수심, B는 폭이며 Manning공식을 쓰고 n은 $0.025m^{-1/3}s$)

① h=1.95m, B=3.9m　　② h=2.0m, B=4.0m
③ h=3.0m, B=6.0m　　④ h=4.63m, B=9.26m

TIP 사각형 단면의 경우 수리상 유리한 단면은 $H = B/2$이고, 동수경사가 $R_h = H/2$인 관계가 성립하는 단면이다.

$$Q = AV = bh \cdot \frac{1}{n} R^{2/3} I^{1/2} = 2h^2 \cdot \frac{1}{n} \left(\frac{h}{2}\right)^{2/3} I^{1/2}$$

$$30 = 2h^2 \times \frac{1}{0.025} \times \left(\frac{h}{2}\right)^{2/3} \left(\frac{1}{10,000}\right)^{1/2}$$

이를 만족하는 h=4.63m, B=9.26m

43 부력의 원리를 이용하여 다음 그림과 같이 바닷물 위에 떠있는 빙산의 전 체적을 구한 값은?

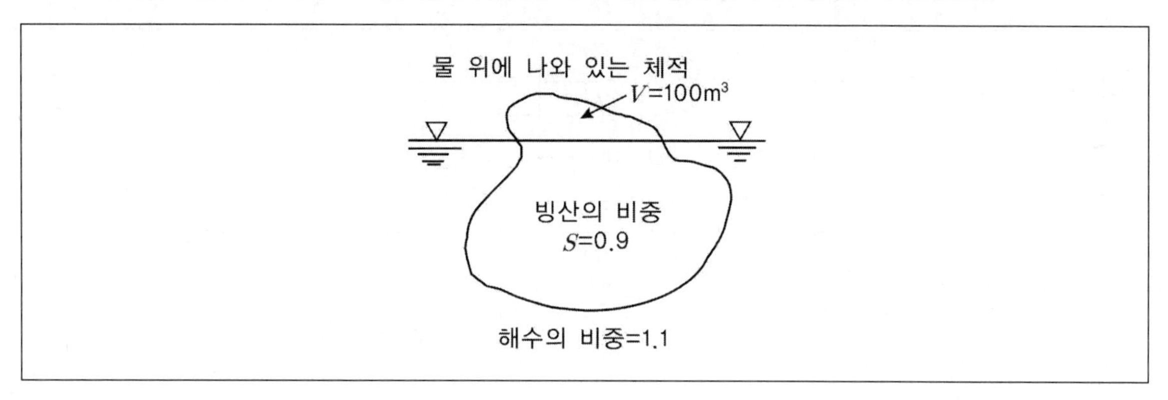

① $550m^3$
② $890m^3$
③ $1,000m^3$
④ $1,100m^3$

TIP $w_1 V_1 = w_2 V_2$에서 $0.9 \times V = 1.1(V-100)$이므로
$1,100 = 0.2V$이므로 빙산의 전체적 V는 550이 된다.

44 축척이 1;50인 하천수리모형에서 원형유량 $10,000m^3/s$에 대한 모형유량은?

① $0.401m^3/s$
② $0.566m^3/s$
③ $14.142m^3/s$
④ $28.284m^3/s$

TIP $Q_r = \frac{Q_m}{Q_p} = L_r^{5/2}$에서 $\frac{Q_m}{10,000} = \left(\frac{1}{50}\right)^{5/2}$
$Q_m = 0.566[m^3/sec]$

ANSWER 40.③ 41.② 42.④ 43.① 44.②

45 그림과 같은 노즐에서 유량을 구하기 위한 식으로 바른 것은? (단, 유량계수는 1.0으로 가정한다.)

① $C \cdot \frac{\pi d^2}{4}\sqrt{\frac{2gh}{1-C^2(d/D)^2}}$

② $C \cdot \frac{\pi d^2}{4}\sqrt{\frac{2gh}{1-C^2(d/D)^4}}$

③ $\frac{\pi d^2}{4}\sqrt{\frac{2gh}{1-C^2(d/D)^2}}$

④ $C \cdot \frac{\pi d^4}{4}\sqrt{2gh}$

TIP 노즐에서의 유량

$$Q = C \cdot a\sqrt{\frac{2gh}{1-(Ca/A)^2}} = C \cdot \frac{\pi d^2}{4}\sqrt{\frac{2gh}{1-C^2(d/D)^4}}$$

46 수로 바닥에서의 마찰력 τ_o, 물의 밀도 ρ, 중력가속도 g, 수리평균수심 R, 수면경사 I, 에너지선의 경사 I_e라고 할 때 등류와 부등류의 경우에 대한 마찰속도를 순서대로 바르게 나열한 것은?

① ρRI_e, ρRI

② $\frac{\rho RI}{\tau_o}$, $\frac{\rho RI_e}{\tau_o}$

③ $\sqrt{\rho RI}$, $\sqrt{\rho RI_e}$

④ $\sqrt{\frac{\rho RI_e}{\tau_o}}$, $\sqrt{\frac{\rho RI}{\tau_o}}$

TIP 수로 바닥에서의 마찰력 τ_o, 물의 밀도 ρ, 중력가속도 g, 수리평균수심 R, 수면경사 I, 에너지선의 경사 I_e라고 할 때

- 등류의 마찰속도 : $\sqrt{\rho RI}$
- 부등류의 마찰속도 : $\sqrt{\rho RI_e}$

47 유속을 V, 물의 단위중량을 γ_w, 물의 밀도를 ρ, 중력가속도를 g라고 할 때 동수압을 바르게 표시한 것은?

① $\frac{V^2}{2g}$
② $\frac{\gamma_w V^2}{2g}$
③ $\frac{\gamma_w V}{2g}$
④ $\frac{\rho V^2}{2g}$

TIP 유속을 V, 물의 단위중량을 γ_w, 물의 밀도를 ρ, 중력가속도를 g라고 할 때 동수압은 $\frac{\gamma_w V^2}{2g}$으로 산정한다.

48 관수로의 흐름에서 마찰손실계수를 f, 동수반경을 R, 동수경사를 I, Chezy 계수를 C라 할 때 평균유속 V는?

① $V=\sqrt{\frac{8g}{f}}\sqrt{RI}$
② $V=fC\sqrt{RI}$
③ $V=\frac{\pi d^2}{4}f\sqrt{RI}$
④ $V=f\frac{l}{4R}\cdot\frac{V^2}{2g}$

TIP 관수로의 흐름에서 마찰손실계수를 f, 동수반경을 R, 동수경사를 I, Chezy 계수를 C라 할 때 평균유속산정식은 $V=\frac{\pi d^2}{4}f\sqrt{RI}$가 된다.

49 피압지하수를 설명한 것으로 바른 것은?

① 하상 밑의 지하수
② 어떤 수원에서 다른 지역으로 보내지는 지하수
③ 지하수와 공기가 접해있는 지하수면을 가지는 지하수
④ 두 개의 불투수층 사이에 끼어 있어 대기압보다 큰 압력을 받고 있는 대수층의 지하수

TIP 피압지하수 … 두 개의 불투수층 사이에 끼어 있어 대기압보다 큰 압력을 받고 있는 대수층의 지하수

ANSWER 45.② 46.③ 47.② 48.③ 49.④

50 물의 순환에 대한 설명으로 바르지 않은 것은?

① 지하수 일부는 지표면으로 용출해서 다시 지표수가 되어 하천으로 유입한다.
② 지표에 강하한 우수는 지표면에 도달 전에 그 일부가 식물의 나무와 가지에 의해 차단된다.
③ 지표면에 도달한 우수는 토양 중에 수분을 공급하고 나머지가 아래로 침투해서 지하수가 된다.
④ 침투란 토양면을 통해 스며든 물이 중력에 의해 계속 지하로 이동하여 불투수층까지 도달하는 것이다.

TIP 침루(percolation) … 토양면을 통해 스며든 물이 중력의 영향 때문에 지하로 이동하여 지하수면까지 도달하는 현상
※ 물의 순환과정 … 증발 → 강수 → 차단 → 증산 → 침투 → 침루 → 유출

51 중량이 600[N], 비중이 3.0인 물체를 물(담수) 속에 넣었을 때 물 속에서의 중량은?

① 100[N] ② 200[N]
③ 300[N] ④ 400[N]

TIP 믈 속에서의 중량 $W' = W - wV$
$V = \frac{W}{w_s} = \frac{600}{3} = 200\text{cm}^3$
$\therefore W' = W - wV = 600 - 1 \times 200 = 400\text{N}$ (w는 물의 비중인 1.0이고, w'는 물체의 비중 3.0이다.)

52 단위유량도 이론에서 사용하고 있는 기본가정이 아닌 것은?

① 비례가정 ② 중첩가정
③ 푸아송 분포가정 ④ 일정 기저시간 가정

TIP 단위유량도 3가지 기본가정 … 일정 기저시간의 가정, 중첩가정, 비례가정

53 $10\text{m}^3/\text{s}$의 유량이 흐르는 수로에 폭 10m의 단수축이 없는 위어를 설계할 경우 위어의 높이를 1m로 할 때 예상되는 월류수심은? (단, Francis공식을 적용하며 접근유속은 무시한다.)

① 0.67m ② 0.71m
③ 0.75m ④ 0.79m

TIP Francis공식 … $Q = 1.84 B_0 h^{3/2}$ (B_o는 유효폭, h는 월류수심이다.)
위의 공식에 주어진 조건들을 대입하면
$10[\text{m}^3/\text{s}] = 1.84 \times 10[\text{m}] \times h^{3/2}$
이를 만족하는 $h = \left(\frac{1}{1.84}\right)^{2/3} \fallingdotseq 0.67[\text{m}]$이다.

54 액체 속에 잠겨있는 경사평면에 작용하는 힘에 대한 설명으로 바른 것은?

① 경사각과 상관없다.
② 경사각에 직접 비례한다.
③ 경사각의 제곱에 비례한다.
④ 무게중심에서의 압력과 면적의 곱과 같다.

TIP 액체 속에 잠겨있는 경사평면에 작용하는 힘은 무게중심에서의 압력과 면적의 곱과 같다.

55 수로 폭이 10[m]인 직사각형 수로의 도수 전 수심이 0.5[m], 유량이 40[m^3/s]이었다면 도수 후의 수심은?

① 1.96[m]
② 2.18[m]
③ 2.31[m]
④ 2.85[m]

TIP 도수 전 유속은 유량을 단면적으로 나눈 값이다.
도수 전 수심이 0.5[m]이고 수로폭이 10[m]이므로 단면적은 5[m^2]이 되며 유속은 8[m/sec]이 된다.
도수 후의 수심은

$$h_2 = \frac{h_1}{2}\left(-1+\sqrt{1+8\frac{V_1^2}{gh_1}}\right) = \frac{0.5}{2}\left(-1+\sqrt{1+8\times\frac{8^2}{9.8\times0.5}}\right) = 2.31[\mathrm{m}]$$

56 유역면적이 10[km^2], 강우강도 80[mm/h], 유출계수 0.70일 때 합리식에 의한 첨두유량(Q_{max})은?

① 155.6[m^3/s]
② 560[m^3/s]
③ 1,556[m^3/s]
④ 5.6[m^3/s]

TIP 합리식에 의한 설계유량

$$Q = 0.2778 \cdot C \cdot I \cdot A = 0.2778 \times 0.70 \times 80 \times 10 = 155.56[\mathrm{m^3/s}]$$

57 Darcy법칙에 대한 설명으로 바르지 않은 것은?

① 투수계수는 물의 점성계수에 따라서도 변화한다.
② Darcy의 법칙은 지하수의 흐름에 대한 공식이다.
③ Reynolds 수가 100 이상이면 안심하고 적용할 수 있다.
④ 평균유속이 동수경사와 비례관계를 가지고 있는 흐름에 적용될 수 있다.

TIP Reynolds 수가 클수록 불안정하며 난류이다.

ANSWER 50.④ 51.④ 52.③ 53.① 54.④ 55.③ 56.① 57.③

58 수두차가 10m인 두 저수지를 지름이 30[cm]인 길이가 300[m], 조도계수가 $0.013m^{-1/3}\cdot s$인 주철관으로 연결하여 송수할 때, 관을 흐르는 유량(Q)은? (단, 관의 유입손실계수 $f_e=0.5$, 유출손실계수 $f_c=1.0$이다.)

① $0.02[m^3/s]$
② $0.08[m^3/s]$
③ $0.17[m^3/s]$
④ $0.19[m^3/s]$

TIP $f=\dfrac{64}{R_e}=\dfrac{8g}{c^2}=\dfrac{124.5m^2}{D^{1/3}}$이므로

$$f=\frac{124.5\times(0.013)^2}{(0.3)^{1/3}}=0.0314$$

$$Q=AV=\frac{\pi D^2}{4}\times\frac{\sqrt{2gH}}{\sqrt{f_i+f\dfrac{l}{D}+f_0}}=\frac{\pi(0.3)^2}{4}\times\frac{\sqrt{2\times9.8\times10}}{\sqrt{0.5+0.0314\times\dfrac{300}{0.3}+1.0}}=0.1725\fallingdotseq0.17[m^3/s]$$

59 개수로 내의 흐름에서 평균유속을 구하는 방법 중 2점법의 유속 측정 위치로 옳은 것은?

① 수면과 전수심의 50% 위치
② 수면으로부터 수심의 10%와 90% 위치
③ 수면으로부터 수심의 20%와 80% 위치
④ 수면으로부터 수심의 40%와 60% 위치

TIP 개수로 내의 흐름에서 평균유속을 구하는 방법 중 2점법의 유속 측정 위치는 수면으로부터 수심의 20%와 80% 위치이다.

60 어떤 유역에서 표와 같이 30분간 집중호우가 발생한 경우 지속시간 15분인 최대강우강도는?

시간(분)	0~5	5~10	10~15	15~20	20~25	25~30
우량(mm)	2	4	6	4	8	6

① 50mm/h
② 64mm/h
③ 72mm/h
④ 80mm/h

TIP 15분간 지속 최대강우량은 10~25분, 또는 15~30분

강우강도 $I=(4+8+6)\times\dfrac{60}{15}=72mm/hr$

61 다음 그림과 같은 맞대기 용접의 용접부에 생기는 인장응력은?

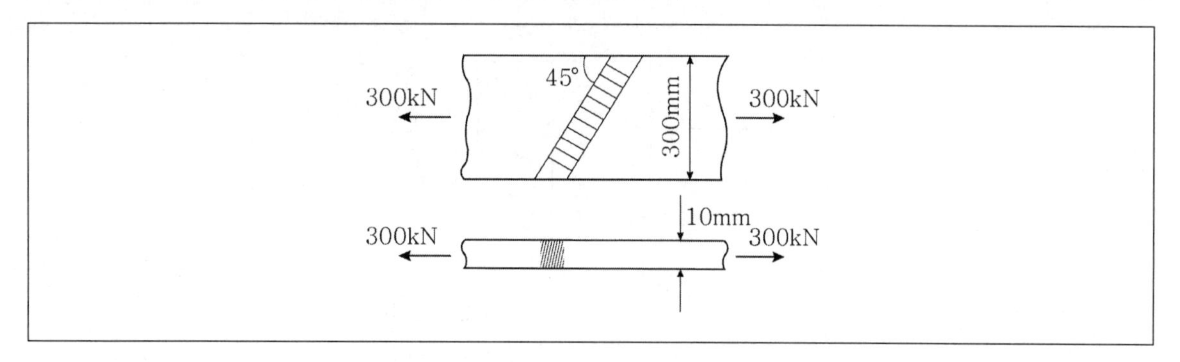

① 50[MPa]
② 70.7[MPa]
③ 100[MPa]
④ 141.4[MPa]

TIP 용접부의 인장응력은 유효면적에 작용하는 것으로 가정하므로 유효면적은 제시된 각도와는 관련이 없이 직선 폭 300[mm]와 두께 10[mm]를 곱한 값이 된다.

따라서 용접부에 발생하는 인장응력은 $f=\dfrac{P}{A}$ 이므로

$a=10\text{mm},\ l=300\text{mm}$

$f=\dfrac{300\times10^3}{10\times300}=100[\text{MPa}]$

62 깊은 보는 한쪽 면이 하중을 받고 반대쪽 면이 지지되어 하중과 받침부 사이에 압축대가 형성되는 구조요소로서 아래의 (가) 또는 (나)에 해당하는 부재이다. 아래의 ( ) 안에 들어갈 숫자를 순서대로 바르게 나열한 것은?

- 순경간이 부재 깊이의 ( )배 이하인 부재
- 받침부 내면에서 부재 깊이의 ( )배 이하인 위치에 집중하중이 작용하는 경우는 집중하중과 받침부 사이의 구간

① 4, 2
② 3, 2
③ 2, 4
④ 2, 3

TIP 깊은 보의 정의

㉠ 순경간 l_n이 부재 깊이 h의 4배 이하인 부재이다.

㉡ 하중이 받침부로부터 부재 깊이의 2배 거리 이내에 작용하고 하중의 작용점과 받침부가 서로 반대면에 있어서 하중 작용점과 받침부 사이에 압축대가 형성될 수 있는 부재이다.

ANSWER 58.③ 59.③ 60.③ 61.③ 62.①

63 다음 그림과 같은 인장재의 순단면적은 약 얼마인가? (단, 구멍의 지름은 25mm이고 강판두께는 10mm이다.)

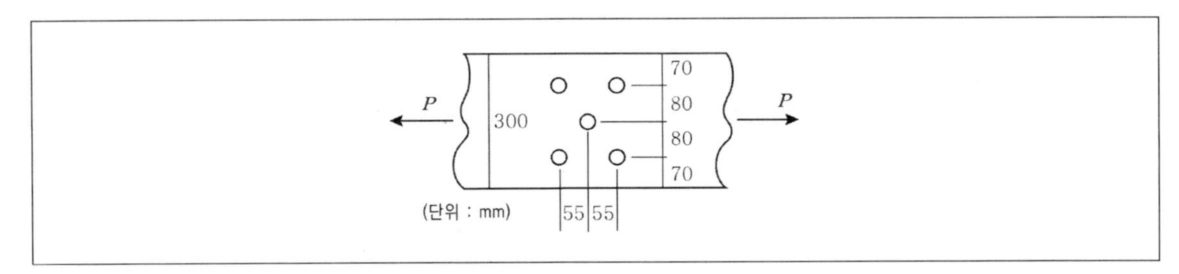

① 2,323[mm²]
② 2,439[mm²]
③ 2,500[mm²]
④ 2,595[mm²]

TIP 볼트가 다음의 그림과 같이 엇모배치로 되어 있는 경우에는 4가지 파단선을 생각해볼 수 있다. 이들 각 경우에 대한 순단면적을 구하면 다음과 같다.

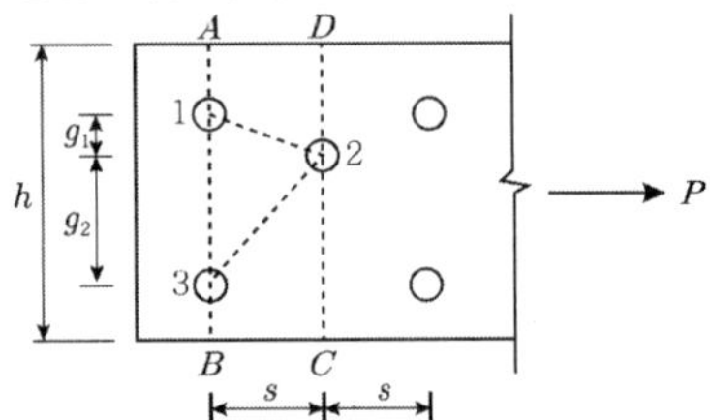

① 파단선 A-1-3-B : $A_g = (h-2d)\cdot t = (300-2\times25)\times10 = 2,500[\text{mm}^2]$

② 파단선 A-1-2-3-B : $A_g = \left(h-3d+\dfrac{s^2}{4g_1}+\dfrac{s^2}{4g_s}\right)\times t = \left(300-3\times25+\dfrac{55^2}{4\times80}+\dfrac{55^2}{4\times80}\right)\times10 = 2,439[\text{mm}^2]$

③ 파단선 A-1-2-C : $A_n = \left(h-2d+\dfrac{s^2}{4g_1}\right)\times t = \left(300-2\times25+\dfrac{55^2}{4\times80}\right)\times10 = 2,594[\text{mm}^2]$

④ 파단선 D-2-3-B : $A_n = \left(h-2d+\dfrac{s^2}{4g_2}\right)\cdot t$

이 중 순단면적의 크기가 가장 작은 경우는 ②가 되며 실제로 파괴가 일어나게 되는 파단선이 된다.

64 계수하중에 의한 전단력 $V_u = 75[\text{kN}]$을 받을 수 있는 직사각형 단면을 설계하려고 한다. 기준에 의한 최소전단철근을 사용할 경우 필요한 보통중량콘크리트의 최소단면적($b_w d$)는? (단, f_{ck}는 28[MPa], f_y는 300[MPa]이다.)

① 101,090[mm²]
② 103,073[mm²]
③ 106,303[mm²]
④ 113,390[mm²]

TIP $\phi V_c \geq V_u$ 이므로 $\phi\left(\dfrac{1}{6}\sqrt{f_{ck}}\,b_w d\right) \geq V_u$

$$b_w d \geq \frac{6V_u}{\phi\sqrt{f_{ck}}} = \frac{6\times75[\text{kN}]}{0.75\sqrt{28}} = 113,389.3[\text{mm}^2]$$

65 단철근 직사각형보의 폭이 300mm, 유효깊이가 500mm, 높이가 600mm일 때 외력에 의해 단면에서 휨균열을 일으키는 휨모멘트는? (단, $f_{ck}=28[\mathrm{MPa}]$이며 보통중량콘크리트이다.)

① 58[kN · m]
② 60[kN · m]
③ 62[kN · m]
④ 64[kN · m]

TIP $f_r=0.63\sqrt{f_{ck}}=0.63\sqrt{28}=3.33[\mathrm{MPa}]$

$Z=\dfrac{bh^2}{6}=\dfrac{300\times600^2}{6}=18\times10^6[\mathrm{mm}^3]$

$M_{cr}=f_r\cdot Z=3.33\times(18\times10^6)\fallingdotseq60.0[\mathrm{kN\cdot m}]$

66 옹벽의 설계에 대한 일반적인 설명으로 바르지 않은 것은?

① 부벽식 옹벽의 뒷부벽은 캔틸레버로 설계해야 하며 앞부벽은 T형보로 설계해야 한다.
② 활동에 대한 저항력은 옹벽에 작용하는 수평력의 1.5배 이상이어야 한다.
③ 전도에 대한 저항휨모멘트는 횡토압에 의한 전도모멘트의 2.0배 이상이어야 한다.
④ 저판의 뒷굽판은 정확한 방법이 사용되지 않는 한 뒷굽판 상부에 재하되는 모든 하중을 지지하도록 설계해야 한다.

TIP 뒷부벽식 옹벽의 뒷부벽은 T형보로 설계해야 하고 앞부벽은 2방향 슬래브로 설계해야 한다.

옹벽의 종류	설계위치	설계방법
뒷부벽식 옹벽	전면벽 저판 뒷부벽	2방향 슬래브 연속보 T형보
앞부벽식 옹벽	전면벽 저판 앞부벽	2방향 슬래브 연속보 직사각형 보

ANSWER 63.② 64.④ 65.② 66.①

67 다음은 슬래브의 직접설계법에서 모멘트 분배에 대한 내용이다. 아래의 ( ) 안에 들어갈 숫자를 순서대로 바르게 나열한 것은?

> 내부 경간에서는 전체 정적 계수휨모멘트를 다음과 같은 비율로 분배해야 한다.
> • 부계수휨모멘트 : (　　)
> • 정계수휨모멘트 : (　　)

① 0.65, 0.35
② 0.55, 0.45
③ 0.45, 0.55
④ 0.35, 0.65

TIP 내부 경간에서는 전체 정적 계수휨모멘트를 다음과 같은 비율로 분배해야 한다.
• 부계수휨모멘트 : 0.65
• 정계수휨모멘트 : 0.35

68 다음 그림과 같은 철근콘크리트 보-슬래브구조에서 대칭 T형보의 유효폭(b)은?

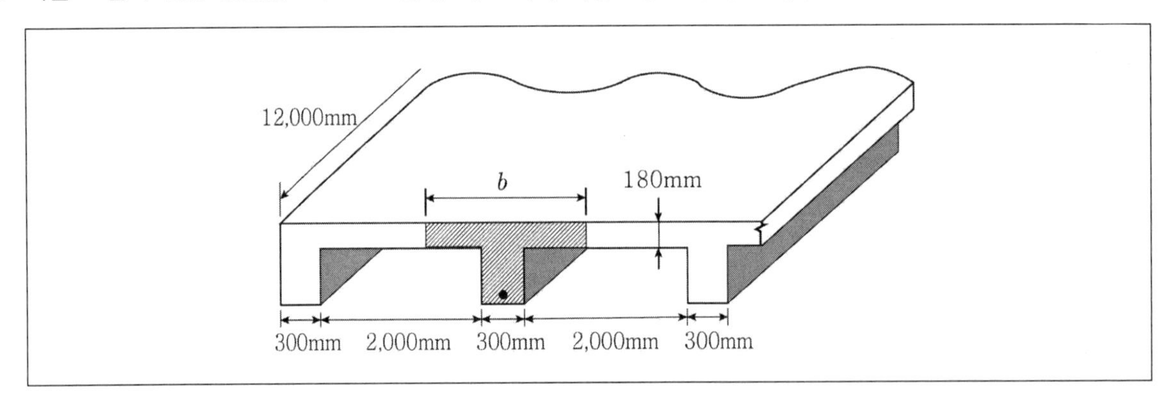

① 2,000[mm]
② 2,300[mm]
③ 3,000[mm]
④ 3,180[mm]

TIP T형보(대칭 T형보)에서 플랜지의 유효폭
$16t_f + b_w = 16 \times 180 + 300 = 3,180$[mm]
양쪽슬래브의 중심간 거리 : 2,300[mm]
보 경간의 1/4 : $12,000 \times 1/4 = 3,000$[mm]
위의 값 중 최솟값을 적용해야 하므로 유효폭은 2,300[mm]

69 복철근 콘크리트보 단면에 압축철근비 $\rho' = 0.01$이 배근되어 있다. 이 보의 순간처짐이 20[mm]일 때 1년간 지속하중에 의해 유발되는 전체 처짐량은?

① 38.7[mm]
② 40.3[mm]
③ 42.4[mm]
④ 45.6[mm]

TIP 전체 처짐량은 순간처짐량과 장기처짐량의 합이다.
장기처짐은 순간처짐(탄성처짐)에 다음의 계수를 곱하여 구한다.

장기처짐계수 $\lambda = \frac{\xi}{1+50\rho'}$

시간경과계수 ξ : 3개월인 경우 1.0, 6개월인 경우 1.2, 1년인 경우 1.4, 5년 이상인 경우 2.0

$\rho' = \frac{A_s'}{bd} = 0.01$, $\lambda = \frac{\xi}{1+50\rho'} = \frac{1.4}{1+50 \cdot 0.01} = 0.933$

$\delta_L = \lambda \cdot \delta_i = 0.93 \times 20 = 18.66$[mm]

$\delta_T = \delta_i + \delta_L = 20 + 18.66 = 38.66 ≒ 38.7$[mm]

70 철근콘크리트부재에서 V_s가 $\frac{1}{3}\lambda\sqrt{f_{ck}}b_w d$를 초과하는 경우 부재축에 직각으로 배치된 전단철근의 간격제한으로 바른 것은? (단, b_w는 복부의 폭, d는 유효깊이, λ는 경량콘크리트 계수, V_s는 전단철근에 의한 단면의 총 강도이다.

① $d/2$ 이하, 또 어느 경우이든 600mm 이하
② $d/2$ 이하, 또 어느 경우이든 300mm 이하
③ $d/4$ 이하, 또 어느 경우이든 600mm 이하
④ $d/4$ 이하, 또 어느 경우이든 300mm 이하

TIP $V_s > \frac{1}{3}\sqrt{f_{ck}}b_w d$이므로 전단철근의 간격은 다음 값 중 가장 작은 값을 취한다.

$s \le \frac{d}{4}$, $s \le 300\text{mm}$, $s \le \frac{A_v f_y d}{V_s}$

즉, 어떤 경우든 $d/4$ 이하이면서 300[mm] 이하여야 한다.

ANSWER 67.① 68.② 69.① 70.④

71 다음 보기에서 ( ) 안에 들어갈 수치로 바른 것은?

> 보나 장선의 깊이 h가 ( )mm를 초과하게 되면 종방향 표피철근을 인장연단부터 $h/2$지점까지 부재 양쪽 측면을 따라 균일하게 배치해야 한다.

① 700
② 800
③ 900
④ 1,000

TIP 보나 장선의 깊이 h가 900mm를 초과하게 되면 종방향 표피철근을 인장연단부터 $h/2$지점까지 부재 양쪽 측면을 따라 균일하게 배치해야 한다.

72 단면이 300×400[mm]이고, 150mm^{2}의 PS강선 4개를 단면도심축에 배치한 프리텐션 PS콘크리트 부재가 있다. 초기 프리스트레스 1,000[MPa]일 때 콘크리트의 탄성수축에 의한 프리스트레스의 손실량은? (단, 탄성계수비는 6.0이다.)

① 30[MPa]
② 34[MPa]
③ 42[MPa]
④ 52[MPa]

TIP 탄성수축에 의한 프리스트레스의 손실

$$\Delta f_p = nf_c = n\frac{P_i \cdot A_g}{b \cdot h} = 6 \times \frac{1,000(150 \times 4)}{300 \times 400} = 30[\mathrm{MPa}]$$

※ 탄성변형에 의한 프리스트레스의 손실

㉠ 프리텐션방식 : 부재의 강재와 콘크리트는 일체로 거동하므로 강재의 변형률 ε_p와 콘크리트의 변형률 ε_c는 같아야 한다.

$\Delta f_{pe} = E_p\varepsilon_p = E_p\varepsilon_c = E_p \cdot \frac{f_{ci}}{E_c} = n \cdot f_{ci}$($f_{ci}$: 프리스트레스 도입 후 강재 둘레 콘크리트의 응력, n : 탄성계수비)

PS강재가 편심배치가 된 경우 $f_c = \frac{P}{A} + \frac{P \cdot e}{I} \cdot e$

㉡ 포스트텐션방식 : 강재를 전부 한꺼번에 긴장할 경우는 응력의 감소가 없다. 콘크리트 부재에 직접 지지하여 강재를 긴장하기 때문이다. 순차적으로 긴장할 때는 제일 먼저 긴장하여 정착한 PC강재가 가장 많이 감소하고 마지막으로 긴장하여 정착한 긴장재는 감소가 없다. 따라서 프리스트레스의 감소량을 계산하려면 복잡하므로 제일 먼저 긴장한 긴장재의 감소량을 계산하여 그 값의 1/2을 모든 긴장재의 평균손실량으로 한다. 즉, 다음과 같다.

(평균감소량)$\Delta f_{pe} = \frac{1}{2} \times$(최초에 긴장하여 정착된 강재의 총 감소량), 또는 $\Delta f_{pe} = \frac{1}{2} n f_{ci} \frac{N-1}{N}$

(N : 긴장재의 긴장횟수, f_{ci} : 프리스트레싱에 의한 긴장재 도심 위치에서의 콘크리트의 압축응력)

73 용접이음에 관한 설명으로 바르지 않은 것은?

① 내부검사(X선 검사)가 간단하지 않다.
② 작업의 소음이 적고 경비와 시간이 절약된다.
③ 리벳구멍으로 인한 단면의 감소가 없어서 강도저하가 없다.
④ 리벳이음에 비해 약하므로 응력집중현상이 일어나지 않는다.

TIP 용접이음에서도 응력집중현상이 발생할 수 있다.

74 포스트텐션 긴장재의 마찰손실을 구하기 위해 아래의 표와 같은 근사식을 사용하고자 한다. 이 때 근사식을 사용할 수 있는 조건으로 옳은 것은?

$$P_x = \frac{P_o}{1 + Kl + \mu\alpha}$$

① P_o의 값이 5,000kN 이하인 경우
② P_o의 값이 5,000kN을 초과하는 경우
③ $(Kl + \mu\alpha)$의 값이 0.3 이하인 경우
④ $(Kl + \mu\alpha)$의 값이 0.3을 초과하는 경우

TIP $(Kl + \mu\alpha)$의 값이 0.3 이하인 경우 주어진 공식을 적용할 수 있다.

ANSWER 71.③ 72.① 73.④ 74.③

75 2방향 슬래브의 직접 설계법의 제한사항에 대한 설명으로 틀린 것은?

① 각 방향으로 3경간 이상 연속되어야 한다.
② 슬래브 판들은 단변 경간에 대한 장변 경간의 비가 2 이하인 직사각형이어야 한다.
③ 각 방향으로 연속한 받침부 중심간 경간의 차이는 긴 경간의 1/3 이하여야 한다.
④ 연속한 기둥 중심선을 기준으로 기둥의 어긋남은 그 방향 경간의 20% 이하여야 한다.

TIP 연속한 기둥 중심선을 기준으로 기둥의 어긋남은 그 방향 경간의 최대 10% 이하여야 한다.

76 철근의 정착에 대한 설명으로 바르지 않은 것은?

① 인장이형철근 및 이형철선의 정착길이는 항상 300mm 이상이어야 한다.
② 압축이형철근의 정착길이는 항상 400mm 이상이어야 한다.
③ 갈고리는 압축을 받는 경우 철근정착에 유효하지 않은 것으로 보아야 한다.
④ 단부에 표준갈고리가 있는 인장이형철근의 정착길이는 항상 철근의 공칭지름의 8배 이상, 또한 150mm 이상이어야 한다.

TIP 압축이형철근의 정착길이는 항상 200mm 이상이어야 한다.

77 림과 같은 단면의 도심에 PS강재가 배치되어있다. 초기 프리스트레스 힘을 1,800[kN]작용시켰다. 30%의 손실을 가정하여 콘크리트의 하연 응력이 0이 되도록 하려면 이때의 휨모멘트 값은? (단, 자중은 무시)

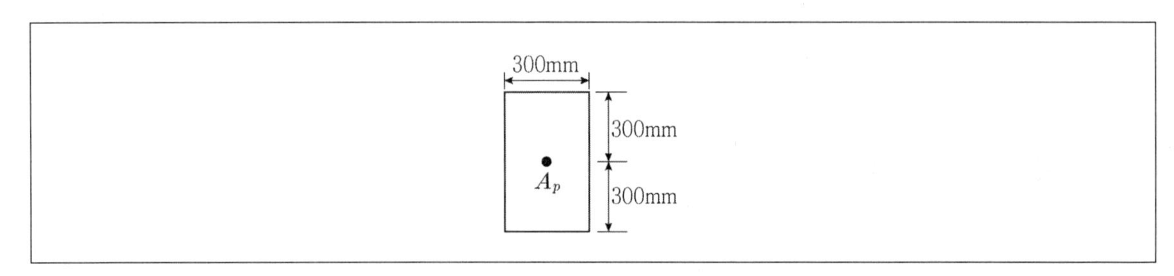

① 120[kN · m]　　② 126[kN · m]
③ 130[kN · m]　　④ 150[kN · m]

TIP $P = 1,800 \times 0.7 = 1,260[\text{kN}]$

$$M = \frac{P \cdot h}{6} = \frac{1,260 \times 0.6}{6} = 126[\text{kN} \cdot \text{m}]$$

$$f_{te} = \frac{P}{A} - \frac{M}{Z} = \frac{1,260}{0.3 \times 0.6} - \frac{126}{\frac{0.3 \times 0.6^2}{6}} = 0$$

78 콘크리트 설계기준 강도가 28[MPa], 철근의 항복강도가 350[MPa]로 설계된 내민 길이 4[m]인 캔틸레버보가 있다. 처짐을 계산하지 않는 경우의 최소 두께는? (단, 보통중량콘크리트 m_c=2,300kg/m^{3}이다.)

① 340mm ② 465mm
③ 512mm ④ 600mm

TIP

$$h_{\min} = \frac{l}{8} \times \left(0.43 + \frac{f_y}{700}\right) = \frac{4,000}{8} \times \left(0.43 + \frac{350}{700}\right) = 465[\text{mm}]$$

79 나선철근 압축부재 단면의 심부 지름이 300[mm], 기둥 단면의 지름이 400[mm]인 나선철근 기둥의 나선철근비는 최소 얼마 이상이어야 하는가? (단, 나선철근의 설계기준항복강도는 400MPa, 콘크리트 설계기준압축강도는 28MPa이다.)

① 0.0184 ② 0.0201
③ 0.0225 ④ 0.0245

TIP

$$\rho_s \geq 0.45\left(\frac{A_g}{A_{ch}} - 1\right)\frac{f_{ck}}{f_{yt}} = 0.45 \times \left(\frac{\frac{\pi \times 400^2}{4}}{\frac{\pi \times 300^2}{4}} - 1\right) \times \frac{28}{400} = 0.0245$$

80 강도설계법에서 강도감소계수를 규정하는 목적이 아닌 것은?

① 부정확한 설계방정식에 대비한 여유를 반영하기 위하여
② 구조물에서 차지하는 부재의 중요도 등을 반영하기 위하여
③ 재료강도와 치수가 변동될 수 있으므로 부재의 강도저하 확률에 대비한 여유를 반영하기 위해
④ 하중의 변경, 구조해석을 할 때의 가정 및 계산의 단순화로 인해 야기될지 모르는 초과하중에 대비한 여유를 반영하기 위해

TIP 하중의 변경, 구조해석을 할 때의 가정 및 계산의 단순화로 인해 야기될지 모르는 초과하중에 대비한 여유를 반영하기 위해 사용하는 것은 하중계수이다.

ANSWER 75.④ 76.② 77.② 78.② 79.④ 80.④

제4과목 **토질 및 기초**

81 포화단위중량(γ_{sat})이 19.62[kN/m³]인 사질토로 된 무한사면이 20°로 경사져 있다. 지하수위가 지표면과 일치하는 경우 이 사면의 안전율이 1 이상이 되기 위해서는 흙의 내부마찰각이 최소 몇 도 이상이어야 하는가? (단, 물의 단위중량은 9.81[kN/m³]이다.)

① 18.21°
② 20.52°
③ 36.06°
④ 45.47°

TIP $F_s = \frac{\gamma_{sub}}{\gamma_{sat}} \cdot \frac{\tan\phi}{\tan\beta} \geq 1$이어야 하므로,

$\phi = \tan^{-1}\left(\frac{\gamma_{sat}}{\gamma_{sub}} \cdot \tan\beta\right) = \tan^{-1}\left(\frac{19.62}{9.81} \times \tan 20^o\right) = 36.05^o$

82 다음 그림에서 지표면으로부터 깊이 6m에서의 연직응력과 수평응력의 크기를 순서대로 바르게 나열한 것은? (단, 토압계수는 0.6이다.)

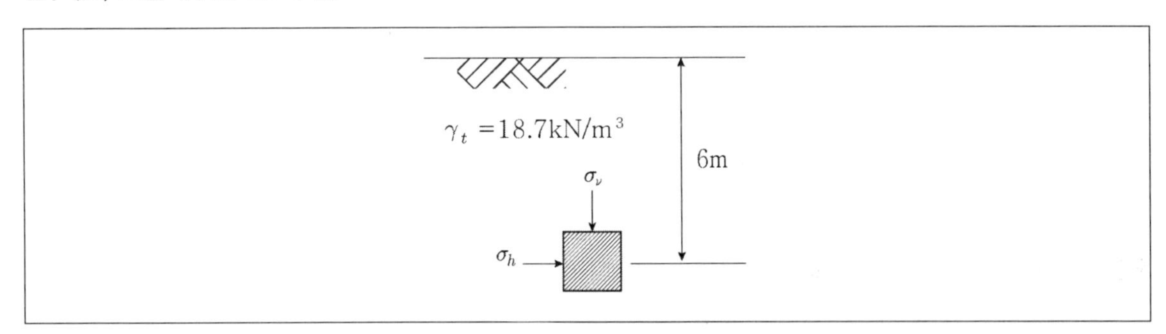

① 87.3[kN/m²], 52.4[kN/m²]
② 95.2[kN/m²], 57.1[kN/m²]
③ 112.2[kN/m²], 67.3[kN/m²]
④ 123.4[kN/m²], 74.0[kN/m²]

TIP 연직응력 $\sigma_v = \gamma_t \cdot h = 18.7 \times 6 = 112.2$[kN/m²]
수평응력 $\sigma_h = \sigma_v K = 112.2 \times 0.6 = 67.3$[kN/m²]

83 흙의 분류법인 AASHTO분류법과 통일분류법을 비교분석한 내용으로 바르지 않은 것은?

① 통일분류법은 0.075[mm]체 통과율 35%를 기준으로 조립토와 세립토로 분류하는데 이것은 AASHTO분류법보다 더 적합하다.
② 통일분류법은 입도분포, 액성한계, 소성지수 등을 주요 분류인자로 한 분류법이다.
③ AASHTO 분류법은 입도분포, 군지수 등을 주요 분류인자로 한 분류법이다.
④ 통일분류법은 유기질토 분류방법이 있으나 AASHTO분류법은 없다.

TIP 통일분류법은 0.075mm체 통과율을 50%를 기준으로 조립토와 세립토로 분류하며 AASHTO분류법은 통과율을 35%를 기준으로 조립토와 세립토로 분류한다.

84 흙 시료의 전단시험 중 일어나는 다일러턴시(Dilatancy)현상에 대한 설명으로 바르지 않은 것은?

① 흙이 전단될 때 전단면 부근의 흙입자가 재배열되면서 부피가 팽창하거나 수축하는 현상을 다일러턴시라 부른다.
② 사질토 시료는 전단 중 다일러턴시가 일어나지 않는 한계의 간극비가 존재한다.
③ 정규압밀 점토의 경우 정(+)의 다일러턴시가 일어난다.
④ 느슨한 모래는 보통 부(−)의 다일러턴시가 일어난다.

TIP 정규압밀 점토에서는 (−) Dilatancy에 정(+)의 간극수압이 발생, 과압밀 점토에서는 (+) Dilatancy에 부(−)의 간극수압이 발생한다.
※ 다일러턴시(Dilatancy) … 시료가 조밀하게 채워져 있는 경우 전단시험을 할 때 전단면의 모래가 이동을 하면서 다른 입자를 누르고 넘어가기 때문에 체적이 팽창을 하게 되는 현상이다.

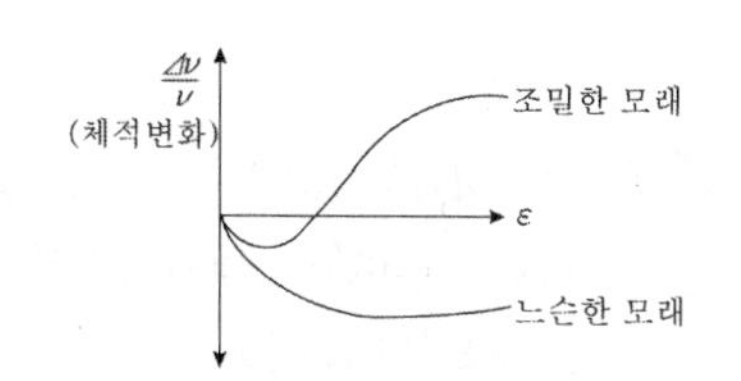

85 도로의 평판재하시험에서 시험을 멈추는 조건으로 바르지 않은 것은?

① 완전히 침하가 멈출 때
② 침하량이 15mm에 달할 때
③ 재하응력이 지반의 항복점을 넘을 때
④ 재하응력이 현장에서 예상할 수 있는 가장 큰 접지 압력의 크기를 넘을 때

TIP 침하측정은 완전히 침하가 멈출 때까지 하지는 않는다.
침하량이 15mm에 달하거나 하중강도가 현장에서 예상할 수 있는 가장 큰 접지 압력의 크기 또는 지반의 항복점을 넘으면 시험을 멈춘다.

ANSWER 81.③ 82.③ 83.① 84.③ 85.①

86 압밀시험에서 얻은 $e-\log P$ 곡선으로 구할 수 있는 것이 아닌 것은?

① 선행압밀압력
② 팽창지수
③ 압축지수
④ 압밀계수

TIP

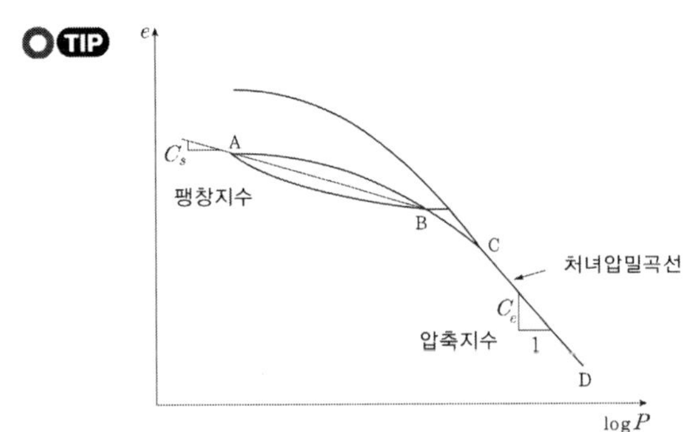

$e-\log P$ 곡선(하중-간극비곡선)
압밀침하량을 구하는데 주로 사용되는 곡선이며 선행압밀하중, 팽창지수, 압축지수를 구할 수 있으나 압밀계수를 구할 수는 없다.

- 압축지수 : $e-\log P$곡선에서 직선의 기울기
- 압축지수 $= \dfrac{e_1-e_2}{\log P_2-\log P_1}$
- 팽창지수 : 점 A, B를 연결한 직선의 기울기

87 상·하층이 모래로 되어 있는 두께 2m의 점토층이 어떤 하중을 받고 있다. 이 점토층의 투수계수가 5×10^{-7}[cm/s], 체적변화계수(m_v)가 5.0[cm^2/kN]일 때 90% 압밀에 요구되는 시간은? (단, 물의 단위중량은 9.81[kN/m^3]이다.)

① 약 5.6일
② 약 9.8일
③ 약 15.2일
④ 약 47.2일

TIP $K=C_v m_v \gamma_w \rightarrow 5\times10^{-7}=C_v(0.05\times10^{-3})\times1$이므로

$C_v=0.01[\text{cm}^2/\text{sec}]$

$$t_{90}=\frac{0.848H^2}{C_v}=\frac{0.848\left(\frac{200}{2}\right)^2}{0.01}=848,000[\text{sec}]=9.81[\text{day}]$$

88 어떤 지반에 대한 흙의 입도분석결과 곡률계수(C_g)는 1.5, 균등계수(C_u)는 15이고 입자는 모난 형상이었다. 이 때 Dunham의 공식에 의한 흙의 내부마찰각의 추정치는? (단, 표준관입시험 결과 N치는 10이었다.)

① 25° ② 30°
③ 36° ④ 40°

TIP 토립자가 모나고 입도분포가 양호한 경우이므로
$\phi = \sqrt{12N} + 25$ 식을 적용해야 한다.
$\phi = \sqrt{12 \times 10} + 25 = 35.96 ≒ 36^o$
※ Dunham 내부마찰각 산정공식
- 토립자가 모나고 입도분포가 양호한 경우 : $\phi = \sqrt{12N} + 25$
- 토립자가 모나고 입도분포가 불량한 경우 : $\phi = \sqrt{12N} + 20$
- 토립자가 둥글고 입도분포가 양호한 경우 : $\phi = \sqrt{12N} + 20$
- 토립자가 둥글고 입도분포가 불량한 경우 : $\phi = \sqrt{12N} + 15$

89 그림에서 $a = a'$ 면 바로 아래의 유효응력은? (단, 흙의 간극비는 0.4, 비중은 2.65, 물의 단위중량은 9.81[kN/m³] 이다.)

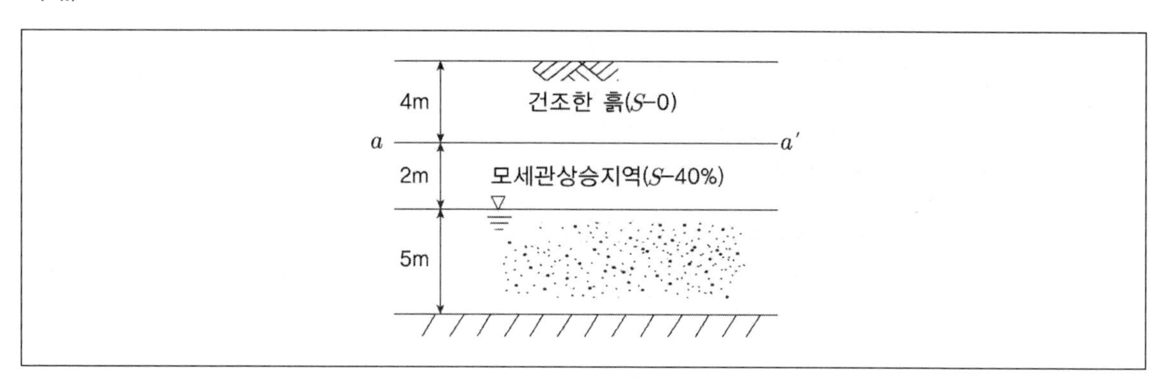

① 68.2[kN/m²] ② 82.1[kN/m²]
③ 97.4[kN/m²] ④ 102.1[kN/m²]

TIP $\gamma_d = \dfrac{G_s}{1+e}\gamma_w = \dfrac{2.65}{1+0.4} \times 1 = 1.89[\mathrm{t/m^3}]$
$\sigma = 1.89 \times 4 = 7.57[\mathrm{t/m^2}]$
$u = 1(-2 \times 0.4) = -0.8[\mathrm{t/m^2}]$
$\sigma_e = \sigma - u = 7.57 - (-0.8) = 8.37[\mathrm{t/m^2}]$
[t]단위를 [N]으로 환산하면 $8.37[\mathrm{t/m^2}] = 82.1[\mathrm{kN/m^2}]$

ANSWER 86.④ 87.② 88.③ 89.②

90 흙의 내부마찰각이 20°, 점착력이 50[kN/m²], 지하수위 아래 흙의 포화단위중량이 19[kN/m³]일 때 3m×3m 크기의 정사각형 기초의 극한지지력을 Terzaghi의 공식으로 구하면? (단, 지하수위는 기초바닥 깊이와 같고 물의 단위중량은 9.81[kN/m³]이고 지지력계수 N_c=18, N_r=5, N_q=7.5이다.)

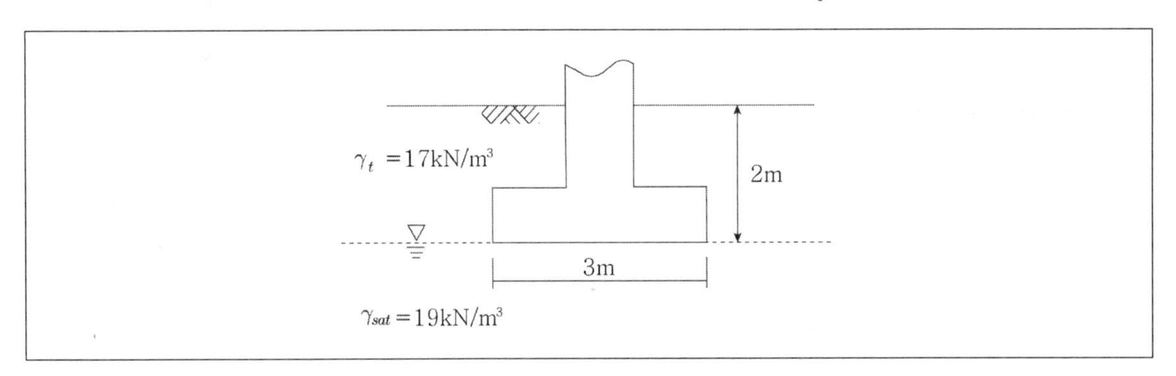

① 1,231.24[kN/m²]
② 1,337.31[kN/m²]
③ 1,480.14[kN/m²]
④ 1,540.42[kN/m²]

TIP 정사각형 기초이므로 $\alpha=1.3$, $\beta=0.4$

$q_u=\alpha\cdot c\cdot N_c+\beta\cdot r_1\cdot B\cdot N_r+r_2\cdot D_f\cdot N_q$

$=1.3\times50\times18+0.4\times3\times(19-9.81)\times5+2\times17\times7.5=1,480.14$[kN/m²]

※ Terzaghi의 수정지지력 공식

- $q_u=\alpha\cdot c\cdot N_c+\beta\cdot r_1\cdot B\cdot N_r+r_2\cdot D_f\cdot N_q$
- N_c, N_r, N_q : 지지력 계수로서 ϕ의 함수
- c : 기초저면 흙의 점착력
- B : 기초의 최소폭
- r_1 : 기초 저면보다 하부에 있는 흙의 단위중량(t/m³)
- r_2 : 기초 저면보다 상부에 있는 흙의 단위중량(t/m³)

  단, r_1, r_2는 지하수위 아래에서는 수중단위중량(r_{sub})을 사용한다.
- D_f : 근입깊이(m)
- α, β : 기초모양에 따른 형상계수 (B : 구형의 단변길이, L : 구형의 장변길이)

구분	연속	정사각형	직사각형	원형
α	1.0	1.3	$1+0.3\frac{B}{L}$	1.3
β	0.5	0.4	$0.5-0.1\frac{B}{L}$	0.3

91 시료채취 시 샘플러(Sampler)의 외경이 6cm, 내경이 5.5cm일 때 면적비는?

① 8.3% ② 9.0%
③ 16% ④ 19%

TIP $C_d = \frac{D_e^2 - D_i^2}{D_i^2} \times 100 = \frac{60^2 - 55^2}{55^2} \times 100 = 19[\%]$

92 다짐에 대한 설명으로 바른 것은?

① 다짐에너지는 래머(Rammer)의 중량에 비례한다.
② 입도배합이 양호한 흙에서는 최대건조 단위중량이 높다.
③ 동일한 흙일지라도 다짐기계에 따라 다짐효과가 다르다.
④ 세립토가 많을수록 최적함수비가 감소한다.

TIP 세립토가 많을수록 최적함수비는 증가한다. 반면 조립토일수록 최적함수비는 작고 최대건조단위중량은 크다.

93 20개의 무리말뚝에 있어서 효율이 0.75이고 단항으로 계산된 말뚝 한 개의 허용지지력이 150[kN]일 때 무리말뚝의 허용지지력은?

① 1,125[kN] ② 2,250[kN]
③ 3,000[kN] ④ 4,000[kN]

TIP 군항의 허용지지력
$R_{ag} = E \cdot N \cdot R_a = 0.75 \times 20 \times 150[\text{kN}] = 2,250[\text{kN}]$

ANSWER 90.③ 91.④ 92.④ 93.②

94 연약지반 위에 성토를 실시한 다음, 말뚝을 시공하였다. 시공 후 발생될 수 있는 현상에 대한 설명으로 바른 것은?

① 성토를 실시했으므로 말뚝의 지지력은 점차 증가한다.
② 말뚝을 암반층 상단에 위치하도록 시공하였다면 말뚝의 지지력에는 변함이 없다.
③ 압밀이 진행됨에 따라 지반의 전단강도가 증가되므로 말뚝의 지지력은 점차 증가된다.
④ 압밀로 인해 부주면마찰력이 발생되므로 말뚝의 지지력은 감소된다.

TIP ① 성토로 인하여 상부로부터 가해지는 하중의 증가에 의해, 시간이 지남에 따라 말뚝의 지지력은 감소하게 된다.
② 말뚝을 암반층 상단에 위치하도록 시공하였다면 부마찰력이 발생할 때 말뚝의 지지력은 감소하게 된다.
③ 압밀이 진행됨에 따라 지반의 전단강도는 증가될 수도 있으나 성토 정도의 여부에 따라 말뚝의 지지력은 전체적으로 감소가 될 수 있다.

95 다음과 같은 상황에서 강도정수 결정에 적합한 삼축압축시험의 종류는?

최근에 매립된 포화점성토 지반 위에 구조물을 시공한 직후의 초기안정 검토에 필요한 지반 강도정수를 결정한다.

① 비압밀 비배수시험　② 비압밀 배수시험
③ 압밀 비배수시험　④ 압밀 배수시험

TIP 비압밀 배수시험은 토질 및 기초에서 다루지 않는 개념이다. 점토 자체가 물을 빨아들이는 성질이 있으므로 하중(압력)을 받지 않으면 가지고 있는 물을 배출하지 않게 된다. 햇빛을 오래 동안 쬐게 되면 점토 내의 수분이 제거되기는 하겠지만 기본적으로 점토는 불투수성이기 때문에 햇빛을 장기간 쬐어도 내부의 수분은 좀처럼 제거되지 않는다. 즉, 점토의 경우 압밀되는 상황이 아니라면 배수가 이뤄지지 않으며 따라서 비압밀 배수라는 것은 자연적인 상태로 볼 수 없기 때문이다.

96 베인전단시험(Vane Shear Test)에 대한 설명으로 바르지 않은 것은?

① 베인전단시험으로부터 흙의 내부마찰각을 측정할 수 있다.
② 현장 원위치 시험의 일종으로 점토의 비배수 전단강도를 구할 수 있다.
③ 연약하거나 중간 정도의 점성토 지반에 적용된다.
④ 십자형의 베인(Vane)을 땅 속에 압입한 후 회전모멘트를 가해서 흙이 원통형으로 전단파괴될 때까지 저항모멘트를 구함으로써 비배수 전단강도를 측정하게 된다.

TIP 베인전단시험으로부터 흙의 내부마찰각을 측정할 수는 없다. 또한 베인전단시험은 사질토가 아닌 점성토의 전단특성을 측정하는 데 이용하며, 점성토 자체가 내부마찰각이 매우 작아 일반적으로 무시한다.

97 연약지반 개량공법 중 점성토지반에 이용되는 공법은?

① 전기충격공법
② 폭파다짐공법
③ 생석회말뚝공법
④ 바이브로플로테이션공법

TIP 생석회말뚝공법은 점성토지반 개량공법이다. 전기충격공법, 폭파다짐공법, 바이브로플로테이션공법 등은 사질토지반 개량공법이다.

98 어떤 모래층의 간극비는 0.2, 비중은 2.60이었다. 이 모래가 분사현상이 일어나는 한계동수경사는?

① 0.56
② 0.95
③ 1.33
④ 1.80

TIP $i_c = \dfrac{G_s - 1}{1+e} = \dfrac{2.60-1}{1+0.2} = 1.33$

99 주동토압, 수동토압 정지토압의 크기를 비교한 것으로 바른 것은?

① 주동토압 > 수동토압 > 정지토압
② 수동토압 > 정지토압 > 주동토압
③ 수동토압 > 주동토압 > 정지토압
④ 정지토압 > 주동토압 > 수동토압

TIP 토압의 크기는 수동토압 > 정지토압 > 주동토압이다.

ANSWER 94.④ 95.① 96.① 97.③ 98.③ 99.②

100 다음 그림과 같은 지반 내의 유선망이 주어졌을 때 폭 10[m]에 대한 침투유량은? (단, 투수계수[K]는 2.2×10^{-2}[cm/s]이다.)

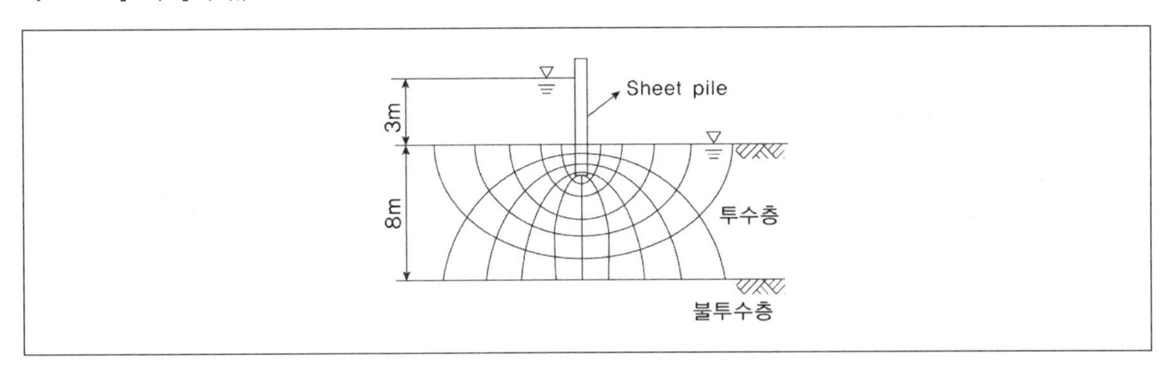

① 3.96[cm^3/s]
② 39.6[cm^3/s]
③ 396[cm^3/s]
④ 3,960[cm^3/s]

TIP 등수두선의 수는 11이며 등수두면의 수는 10이다. 또한 유로의 수는 6이며 수두차는 3[m]이므로 단위폭당 침투수량은 다음과 같이 산정된다.

$$q=K\cdot H\cdot \frac{N_f}{N_d}=(2.2\times10^{-2})\times300\times\frac{6}{10}=3.96[\text{cm}^3/\text{sec}]$$

(유로의 수 $N_f=6$, 등수두면의 수 $N_d=10$)

폭이 10m이며 이는 1,000[cm]이므로 이 폭에 대한 침투수량은 3,960[cm^3/s]이 된다.

제5과목 상하수도공학

101 분류식 하수도의 장점이 아닌 것은?

① 오수관내 유량이 일정하다.
② 방류장소 선정이 자유롭다.
③ 사설 하수관에 연결하기가 쉽다.
④ 모든 발생오수를 하수처리장으로 보낼 수 있다.

TIP 분류식 하수도의 경우 기존관로에 사설 하수관을 연결하려고자 하면 연결되는 관로의 수밀상태의 유지가 매우 힘들고 신축 건물 등에서 나오는 오수는 모두 모아서 오수받이로 집수한 후에 기존관로에 연결해야 하는 등의 번거로움이 있다.

102 활성슬러지의 SVI가 현저하게 증가되어 응집성이 나빠져 최종 침전지에서 처리수의 분리가 곤란하게 되었다. 이것은 활성슬러지의 어떤 이상현상에 해당되는가?

① 활성슬러지의 부패
② 활성슬러지의 상승
③ 활성슬러지의 팽화
④ 활성슬러지의 해체

TIP 활성슬러지의 팽화 … 활성슬러지의 SVI(슬러지용량지표)가 현저하게 증가되어 응집성이 나빠져 최종 침전지에서 처리수의 분리가 곤란하게 되는 현상

103 하수도용 펌프 흡입구의 표준 유속으로 옳은 것은? (단, 흡입구의 유속은 펌프의 회전수 및 흡입실 양정 등을 고려한다.)

① 0.3~0.5[m/s]
② 1.0~1.5[m/s]
③ 1.5~3.0[m/s]
④ 5.0~10.0[m/s]

TIP 하수도용 펌프 흡입구의 유속은 일반적으로 1.5~3.0m/s를 표준으로 하나 원동기의 회전수가 클 경우에는 유속을 크게 하고 회전수가 작을 경우에는 적게 하도록 한다.

104 양수량이 8[m^3/min], 전양정이 4[m], 회전수 1,160[rpm]인 펌프의 비교회전도는?

① 316
② 985
③ 1,160
④ 1,436

TIP

$$N_s = N\frac{Q^{1/2}}{H^{3/4}} = 1,160 \times \frac{8^{1/2}}{4^{3/4}} = 1,160$$

ANSWER 100.④ 101.③ 102.③ 103.③ 104.③

105 도수관을 설계할 때 자연유하식인 경우에 평균유속의 허용한도로 옳은 것은?

① 최소한도 0.3[m/s], 최대한도 3.0[m/s]
② 최소한도 0.1[m/s], 최대한도 2.0[m/s]
③ 최소한도 0.2[m/s], 최대한도 1.5[m/s]
④ 최소한도 0.5[m/s], 최대한도 1.0[m/s]

TIP 자연유하식인 경우에 평균유속의 허용한도는 최소한도 0.3[m/s], 최대한도 3.0[m/s]이다.

106 혐기성 소화공정의 영향인자가 아닌 것은?

① 온도
② 메탄함량
③ 알칼리도
④ 체류시간

TIP 혐기성 소화에는 pH, 온도, 독성물질인 암모니아, 황화물, 휘발산, 항생물질 등이 영향을 미친다.

107 정수장에서 응집제로 사용하고 있는 폴리염화알루미늄(PACl)의 특성에 관한 설명으로 바르지 않은 것은?

① 탁도제거에 우수하며 특히 홍수 시 효과가 탁월하다.
② 최적 주입율의 폭이 크며 과잉으로 주입을 해도 효과가 떨어지지 않는다.
③ 물에 용해가 되면 가수분해가 촉진되므로 원액을 그대로 사용하는 것이 바람직하다.
④ 낮은 수온에 대해서도 응집효과가 좋지만 황산알루미늄과 혼합하여 사용해야 한다.

TIP 폴리염화알루미늄은 황산알루미늄보다 응집효과가 훨씬 우수하며 혼합하여 사용하지 않는다.

※ 폴리염화알루미늄의 특징

- 매우 강력한 응집력을 가지고 있다.
- 하천수, 지하수, 각종 폐수에 대한 제탁 효과가 황산알루미늄보다 1.5~3배 강하며 특히 고탁도에서 효과가 탁월하다.
- 플럭의 형성속도가 빠르고 크기가 커서 침강속도가 빠르다.
- 10℃ 이하의 저온에서도 응집 효과가 우수하여 통상 활성실리카, 고분자응집제 등의 침강조제의 사용량이 급감한다.
- 염기성 염이 존재하여 알카리도의 소모가 작고 기존 황산알루미늄보다 사용량이 1/3로 줄어든다.
- 황산알루미늄에 비해 응집 pH범위가 넓어 운전하기 용이하다.
- 제품의 안정성이 탁월하여 저장 시 슬러지가 거의 발생하지 않는다.

108 완속여과지와 비교할 경우 급속여과지에 대한 설명으로 바르지 않은 것은?

① 대규모 처리에 적합하다.
② 세균처리에 있어 확실성이 적다.
③ 유입수가 고탁도인 경우에 적합하다.
④ 유지관리비가 적게 들고 특별한 관리기술이 필요치 않다.

TIP 급속여과지는 급속한 처리로 인해 세균처리능력이 떨어지며 상당한 유지관리비 및 고도의 관리기술이 요구된다.

109 유량이 100,000m^3/day이고 BOD가 2mg/L인 하천으로 유량 1,000m^3/day, BOD 100mg/L인 하수가 유입된다. 하수가 유입된 후 혼합된 BOD의 농도는?

① 1.97mg/L
② 2.97mg/L
③ 3.97mg/L
④ 4.97mg/L

TIP 혼합농도

$$C = \frac{C_1Q_1 + C_2Q_2}{Q_1 + Q_2} = \frac{2\text{mg/L} \times 100{,}000\text{m}^3/\text{d} + 100\text{mg/L} \times 1{,}000\text{m}^3/\text{d}}{100{,}000\text{m}^3/\text{d} + 1{,}000\text{m}^3/\text{d}} = 2.97\text{mg/L}$$

110 보통 상수도의 기본계획에서 대상이 되는 기간인 계획(목표)년도는 계획수립시부터 몇 년간을 표준으로 하는가?

① 3~5년간
② 5~10년간
③ 15~20년간
④ 25~30년간

TIP 보통 상수도의 기본계획에서 대상이 되는 기간인 계획(목표)년도는 계획수립 시부터 15~20년간을 표준으로 한다.

ANSWER 105.① 106.② 107.④ 108.④ 109.② 110.③

111 일반 활성슬러지 공정에서 다음 조건과 같은 반응조의 수리학적 체류시간(HRT) 및 미생물 체류시간(SRT)을 모두 올바르게 배열한 것은? (단, 처리수 SS를 고려한다.)

- 반응조 용량(V) : $10,000m^3$
- 반응조 유입수량(Q) : $40,000m^3$
- 반응조로부터의 잉여슬러지량(Q_w) : $400m^3/day$
- 반응조 내 SS농도(X) : 4,000mg/L
- 처리수의 SS농도(X_e) : 20mg/L
- 잉여슬러지농도(X_w) : 10,000mg/L

① HRT : 0.25일, SRT : 8.35일
② HRT : 0.25일, SRT : 9.53일
③ HRT : 0.5일, SRT : 10.35일
④ HRT : 0.5일, SRT : 11.53일

TIP

$$SRT=\frac{X\cdot V}{X_r\cdot Q_w+(Q-Q_w)X_e}=\frac{4,000[mg/L]\times 10,000[m^3]}{10,000[mg/L]\times 400[m^3/day]+(40,000-400)[m^3/day]\times 20[mg/L]}=8.35[day]$$

$$HRT=\frac{V}{Q}=\frac{10,000m^3}{40,000m^3}=0.25day$$

112 배수면적 $2[km^2]$인 유역 내 강우의 하수관거 유입시간이 6분, 유출계수가 0.70일 때 하수관거 내 유속이 2[m/s]인 1[km] 길이의 하수관에서 유출되는 우수량은? (단, 강우강도 $I=\frac{3,500}{t+25}[mm/h]$, t의 단위 : [분])

① $0.3[m^3/s]$
② $2.6[m^3/s]$
③ $34.6[m^3/s]$
④ $43.9[m^3/s]$

TIP 합리식 $Q=\frac{1}{3.6}CIA$를 사용하여 푼다.

$$T=t+\frac{L}{V}=6+\frac{1,000}{2\times 60}=14.33\text{분}$$

$$I=\frac{3,500}{t+25}[mm/h]=\frac{3,500}{14.33+25}=88.99[mm/h]$$

$$Q=\frac{1}{3.6}\cdot C\cdot I\cdot A=\frac{1}{3.6}\times 0.7\times 88.99\times 2=34.6[m^3/s]$$

113 펌프의 흡입구경을 결정하는 식으로 바른 것은? (단, Q는 펌프의 토출량[m^3/min], V는 흡입구의 유속[m/s]이다.)

① $D = 146\sqrt{\frac{Q}{V}}$ [mm]

② $D = 186\sqrt{\frac{Q}{V}}$ [mm]

③ $D = 273\sqrt{\frac{Q}{V}}$ [mm]

④ $D = 357\sqrt{\frac{Q}{V}}$ [mm]

TIP 펌프의 흡입구경 $D = 146\sqrt{\frac{Q}{V}}$

114 펌프의 공동현상(Cavitation)에 대한 설명으로 틀린 것은?

① 공동현상이 발생하면 소음이 발생된다.
② 공동현상은 펌프의 성능저하의 원인이 될 수 있다.
③ 공동현상을 방지하려면 펌프의 회전수를 크게 해야 한다.
④ 펌프의 흡입양정이 너무 작고 임펠러의 회전속도가 빠를 때 공동현상이 발생한다.

TIP 공동현상을 방지하려면 펌프의 회전수를 낮게 해야 한다.

115 하수도 시설에 손상을 주지 않기 위하여 설치되는 전처리(Primary Treatment) 공정을 필요로 하지 않는 폐수는?

① 산성 또는 알칼리성이 강한 폐수
② 대형 부유물질만을 함유하는 폐수
③ 침전성 물질을 다량으로 함유하는 폐수
④ 아주 미세한 부유물질만을 함유하는 폐수

TIP 아주 미세한 부유물질만을 함유하는 폐수는 전처리 공정을 필요로 하지 않는다.

ANSWER 111.① 112.③ 113.① 114.③ 115.④

116 지하의 사질 여과층에서 수두차가 0.5m이며 투과거리가 2.5m일 때 이곳을 통과하는 지하수의 유속은? (단, 투수계수는 0.3cm/s이다.)

① 0.06cm/s
② 0.015cm/s
③ 1.5cm/s
④ 0.375cm/s

TIP $V = K\hat{i} = K\frac{dh}{dl} = 0.3 \times \frac{50}{250} = 0.06[cm/sec]$

117 정수시설에 관한 사항으로 틀린 것은?

① 착수정의 용량은 체류시간을 5분 이상으로 한다.
② 고속응집침전지의 용량은 계획정수량의 1.5~2.0시간분으로 한다.
③ 정수지의 용량은 첨두수요대처용량과 소독접촉시간용량을 고려하여 최소 2시간분 이상을 표준으로 한다.
④ 플록형성지에서 플록형성시간은 계획정수량에 대하여 20~40분간을 표준으로 한다.

TIP 착수정의 용량은 체류시간을 1.5분 이상으로 하며, 수심은 3~5[m] 정도로 한다.

118 송수시설의 계획송수량은 원칙적으로 무엇을 기준으로 하는가?

① 연평균급수량
② 시간최대급수량
③ 계획1일 평균급수량
④ 계획1일 최대급수량

TIP 송수시설의 계획송수량은 계획1일 최대급수량을 기준으로 한다.

119 자연수 중 지하수의 경도(硬度)가 높은 이유는 어떤 물질이 지하수에 많이 함유되어 있기 때문인가?

① O_2
② CO_2
③ NH_3
④ Colloid

TIP 경도(또는 전경도 : Total Hardness)라 함은 물속에 용해되어 있는 Ca^{2+}, Mg^{2+} 등의 2가 양이온 금속이온에 의하여 발생하며 이에 대응하는 $CaCO_3$(ppm)으로 환산표시한 값으로 물의 세기를 나타낸다.
대부분의 경도는 토양과 암석으로부터 유발되는데 비가 내리면 그 빗물은 땅속으로 스며들게 되고 그 과정에서 토양미생물의 활동에 의해 생성된 이산화탄소가 녹아들게 된다. 이로 인해 물은 산성을 띄게 되고 이 물은 토양이나 암석 등과 접촉하며 양이온 금속들이 녹아들이게 된다.

120 일반적인 상수도 계통도를 올바르게 나열한 것은?

① 수원 및 저수시설 → 취수 → 배수 → 송수 → 정수 → 도수 → 급수
② 수원 및 저수시설 → 취수 → 도수 → 정수 → 송수 → 배수 → 급수
③ 수원 및 저수시설 → 취수 → 배수 → 정수 → 급수 → 도수 → 송수
④ 수원 및 저수시설 → 취수 → 도수 → 정수 → 급수 → 배수 → 송수

TIP 상수도 계통도 … 수원 및 저수시설 → 취수 → 도수 → 정수 → 송수 → 배수 → 급수

ANSWER 116.① 117.① 118.④ 119.② 120.②

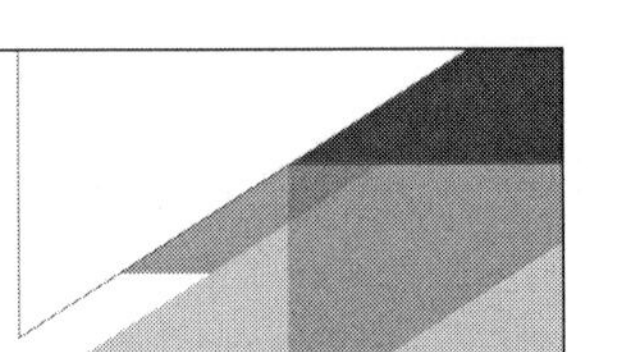

05

토목기사

2021년 2회 시행

제1과목 응용역학

1 다음 그림과 같은 케이블(cable)에 5kN의 추가 매달려 있다. 이 추의 중심을 수평으로 3m 이동시키기 위해 케이블 길이 5m 지점인 A점에 수평력 P를 가하고자 한다. 이 때 힘 P의 크기는?

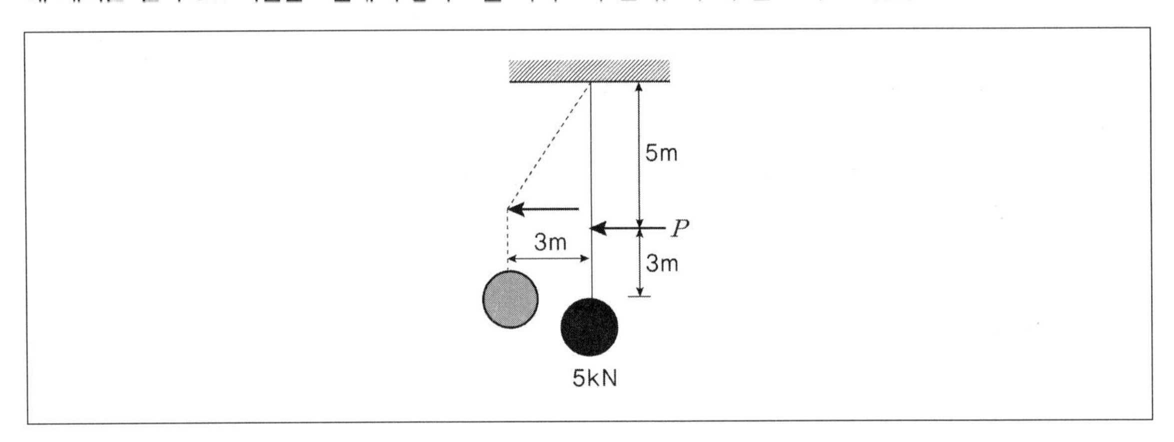

① 3.75kN
② 4.00kN
③ 4.25kN
④ 4.50kN

TIP $\dfrac{P}{\sin\theta_2}=\dfrac{5[\text{kN}]}{\sin\theta_1}$ 이므로,

$P=\dfrac{\sin\theta_2}{\sin\theta_1}\times5[\text{kN}]=\dfrac{3/5}{4/5}\times5[\text{kN}]=3.75[\text{kN}]$

2 지름이 D인 원형단면의 단면 2차 극모멘트(I_p)의 값은?

① $\frac{\pi D^4}{64}$

② $\frac{\pi D^4}{32}$

③ $\frac{\pi D^4}{16}$

④ $\frac{\pi D^4}{8}$

TIP 지름이 D인 원형단면의 단면2차 극모멘트값은 $\frac{\pi D^4}{32}$이다.

3 그림과 같은 3힌지 아치에서 A점의 수평반력(H_A)은?

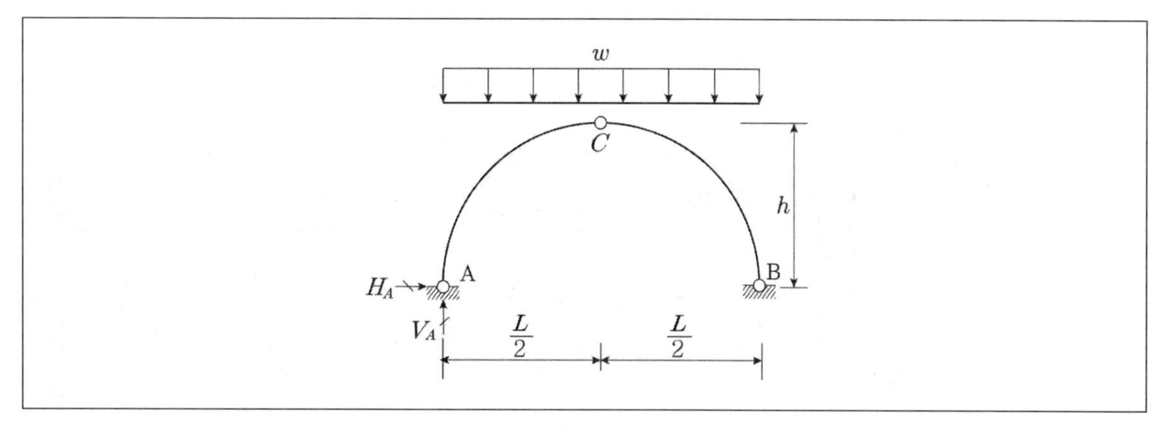

① $\frac{wL^2}{16h}$

② $\frac{wL^2}{8h}$

③ $\frac{wL^2}{4h}$

④ $\frac{wL^2}{2h}$

TIP 힌지가 중앙에 위치하는 3힌지 아치나 라멘의 경우 부재를 등분포하중을 받는 단순보로 가정하여 수평력과 수직력을 손쉽게 구할 수 있다. 단순보로 가정한 경우 부재의 중앙에 작용하는 휨모멘트를 구한 후 이 값을 3힌지(중앙에 힌지위치) 아치나 3힌지(중앙에 힌지위치)라멘의 높이인 h로 나눈 값이 바로 아치나 라멘의 수평력이 된다.

따라서 $H_A = \frac{M_C}{h} = \frac{\frac{wL^2}{8}}{h} = \frac{wL^2}{8h}$가 된다.

ANSWER 1.① 2.② 3.②

4 단면 2차 모멘트가 I, 길이가 L인 균일한 단면의 직선상의 기둥이 있다. 이 기둥의 양단이 고정되어 있을 때 오일러 좌굴하중은? (단, 이 기둥의 탄성계수는 E이다.)

① $\frac{4\pi^2 EI}{L^2}$

② $\frac{\pi^2 EI}{(0.7L)^2}$

③ $\frac{\pi^2 EI}{L^2}$

④ $\frac{\pi^2 EI}{4L^2}$

TIP 단면2차 모멘트가 I, 길이가 L인 균일한 단면의 직선상의 기둥이 있다. 이 기둥의 양단이 고정되어 있을 때 오일러 좌굴하중은 $\frac{4\pi^2 EI}{L^2}$이 된다.

※ 좌굴하중의 기본식(오일러의 장주공식)

- $P_{cr} = \frac{\pi^2 EI}{(KL)^2} = \frac{n\pi^2 EI}{L^2}$
- EI : 기둥의 휨강성
- L : 기둥의 길이
- K : 기둥의 유효길이 계수
- KL : (l_k로도 표시함) 기둥의 유효좌굴길이 (장주의 처짐곡선에서 변곡점과 변곡점 사이의 거리)
- n : 좌굴계수(강도계수, 구속계수)

	양단 힌지	1단 고정 1단 힌지	양단 고정	1단 고정 1단 자유
지지상태	L	L_c, L	L_c, L	L
좌굴길이 KL	$1.0L$	$0.7L$	$0.5L$	$2.0L$
좌굴강도	$n=1$	$n=2$	$n=4$	$n=0.25$

5 다음 그림과 같은 집중하중이 작용하는 캔틸레버보에서 A점의 처짐은? (단, EI는 일정하다.)

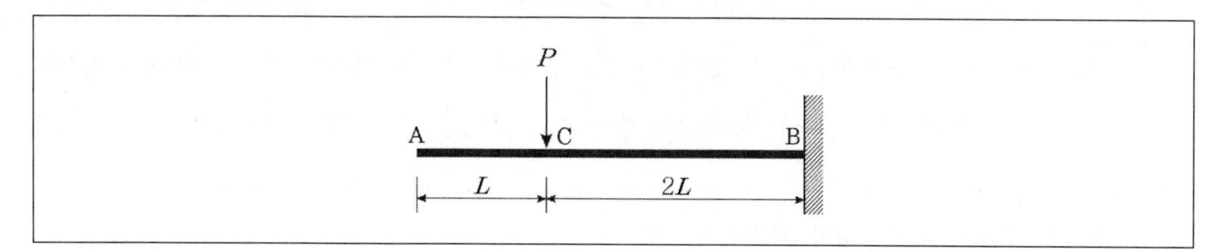

① $\dfrac{14PL^3}{3EI}$ ② $\dfrac{2PL^3}{EI}$

③ $\dfrac{8PL^3}{3EI}$ ④ $\dfrac{10PL^3}{3EI}$

TIP 다음과 같이 탄성하중법을 이용하여 푸는 것이 정석이나 정형화된 문제이므로 공식을 암기하는 것을 권장한다.

$$y_A = \left(\frac{1}{2}\times\frac{2PL}{EI}\times 2L\right)\times\frac{7L}{3} = \frac{14PL^3}{3EI}$$

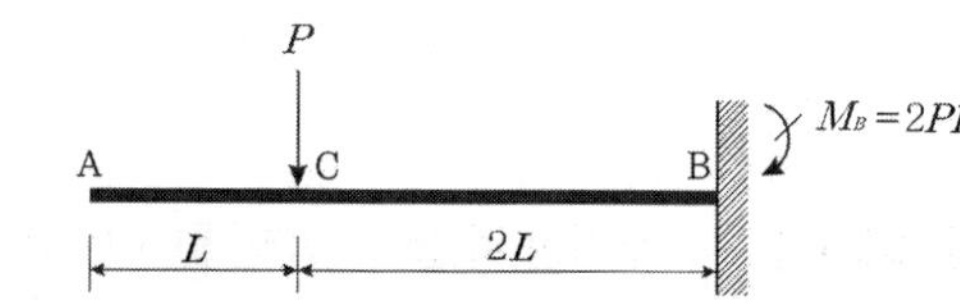

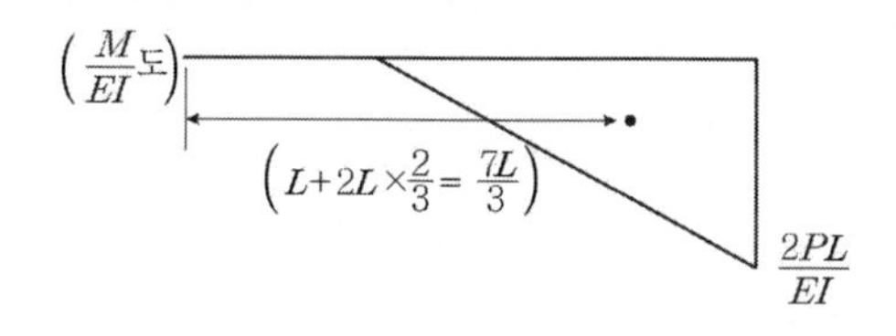

ANSWER 4.① 5.①

6 아래에서 설명하는 것은?

> 탄성체에서 저장된 변형에너지 U를 변위의 함수로 나타내는 경우에, 임의의 변위 Δ_i에 관한 변형에너지 U의 1차 편도함수는 대응되는 하중 P_i와 같다. 즉, $P_i = \dfrac{\partial U}{\partial \Delta_i}$로 나타낼 수 있다.

① 카스틸리아노(Castigliano)의 제1원리
② 카스틸리아노(Castigliano)의 제2원리
③ 가상일의 원리
④ 공액보법

TIP 카스틸리아노(Castigliano)의 제1원리에 관한 설명이다.
제1원리는 변형에너지를 변위로 편미분하면 하중이 된다는 것이며, 제2원리는 변형에너지를 하중으로 편미분하면 변위가 된다는 것이다.

7 재료의 역학적 성질 중 탄성계수를 E, 전단탄성계수를 G, 푸아송 수를 m이라 할 때, 각 성질의 상호관계식으로 옳은 것은?

① $G = \dfrac{E}{2(m-1)}$

② $G = \dfrac{E}{2(m+1)}$

③ $G = \dfrac{mE}{2(m-1)}$

④ $G = \dfrac{mE}{2(m+1)}$

TIP 탄성계수 E, 전단탄성계수 G, 푸아송 수 m 사이의 관계는 $G = \dfrac{mE}{2(m+1)}$식으로 표현된다.

8 다음 그림과 같은 단순보에서 C점의 휨모멘트는?

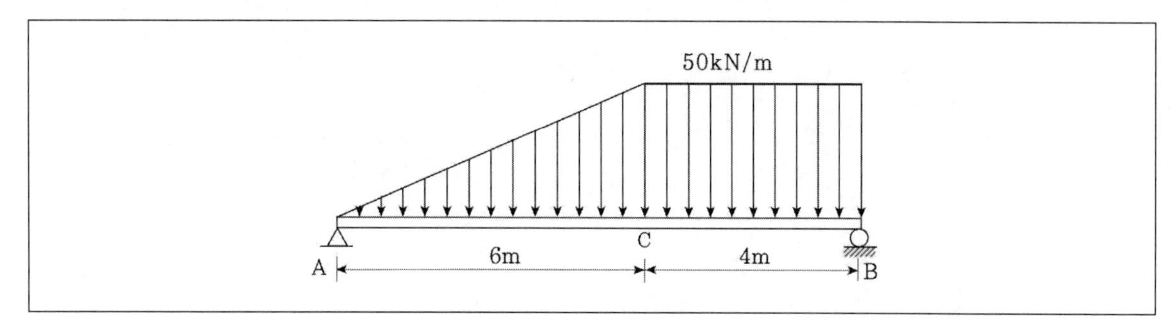

① 320kN · m
② 420kN · m
③ 480kN · m
④ 540kN · m

TIP 주어진 하중조건을 집중하중으로 치환하여 각 지점의 반력을 구하면 다음과 같다.

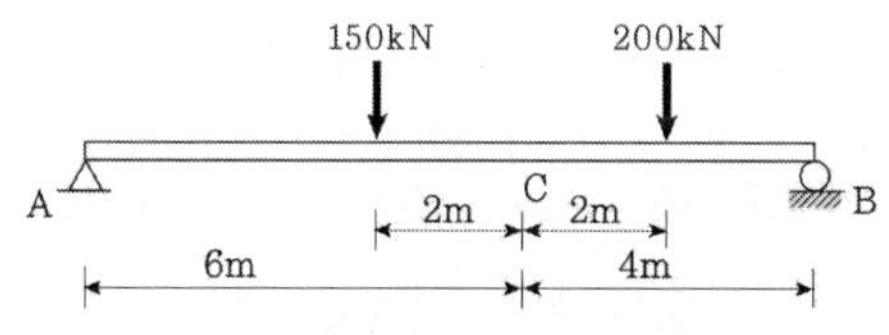

$R_A = 150 \times \frac{6}{10} + 200 \times \frac{2}{10} = 130[\text{kN}](\uparrow)$

$R_B = (150+200) - 130 = 220[\text{kN}](\uparrow)$

A점으로부터 x만큼 떨어진 곳의 등변분포하중의 크기는

$w_x = \frac{50}{6}x$이며, 따라서 A점으로부터 x만큼 떨어진 곳의 전단력은

$V_x = 130 - \int_0^x w_x dx = 130 - \int_0^x \frac{50}{6} x dx = 130 - \frac{50}{6} \times \frac{1}{2} x^2$

따라서 C점에 발생하는 휨모멘트는

$\int_0^6 V_x dx = \int_0^6 \left(130 - \frac{50}{12} x^2\right) dx = \left[130x - \frac{50}{12} \times \frac{1}{3} x^3\right]_0^6 = 780 - 300 = 480$

ANSWER 6.① 7.④ 8.③

9 다음 그림과 같이 2개의 집중하중이 단순보 위를 통과할 때 절대최대 휨모멘트의 크기(M_{max})와 그 발생위치(x)는?

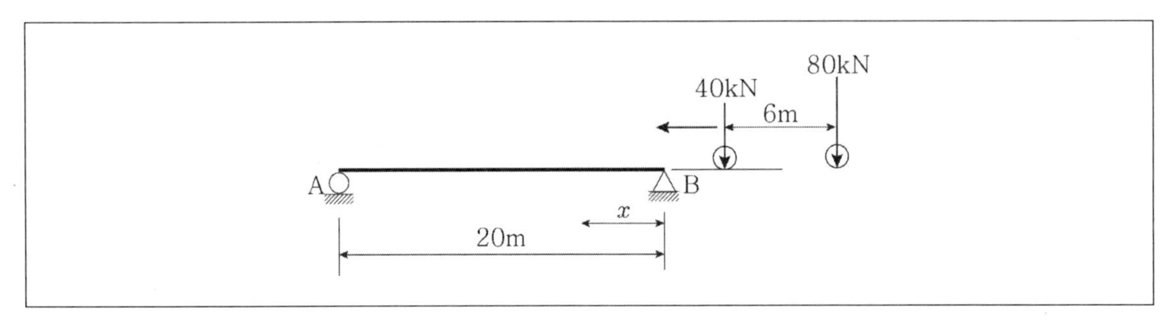

① $M_{max}=362\text{kN}\cdot\text{m}$, $x=8\text{m}$

② $M_{max}=382\text{kN}\cdot\text{m}$, $x=8\text{m}$

③ $M_{max}=486\text{kN}\cdot\text{m}$, $x=9\text{m}$

④ $M_{max}=506\text{kN}\cdot\text{m}$, $x=9\text{m}$

TIP 절대최대 휨모멘트가 발생하는 것은 두 작용력의 합력이 작용하는 위치와 큰 힘(80[kN])이 작용하는 위치의 중간이 부재의 중앙에 위치했을 때이며 이 때 80[kN]이 작용하는 위치에서 절대최대 휨모멘트가 발생한다. 따라서 80[kN]의 하중이 작용하는 위치로부터 1[m] 좌측으로 떨어진 위치가 AB부재의 중앙부에 있을 때 80[kN]의 하중이 작용하는 지점의 휨모멘트의 크기를 구하면 된다.

우선 A점에서의 반력을 구하기 위하여 B점을 기준으로 모멘트평형의 원리를 적용하면,

$\sum M_B=0: R_A\times 20-40(20-5)-80(10-1)=0$, $R_A=66[\text{kN}]$이며 $R_B=54[\text{kN}]$

따라서 절대최대 휨모멘트는 A지점으로부터 9[m] 떨어진 곳에서 발생하며 그 크기는

$M_{max}=R_B\times 9=54\times 9=486[\text{kN}]$

10 폭 20mm, 높이 50mm인 균일한 직사각형 단면의 단순보에 최대전단력이 10kN 작용할 때 최대 전단응력은?

① 6.7MPa

② 10MPa

③ 13.3MPa

④ 15MPa

TIP 단순보에서 최대 전단력이 발생하는 곳은 양지점부이며 이 지점부에서 발생하는 최대 전단응력은 단면의 중앙부이다. 이를 식으로 구하면

$$\tau_{max}=\frac{3}{2}\frac{V}{A}=\frac{3}{2}\times\frac{10[\text{kN}]}{20\times 50[\text{mm}^2]}=15[\text{MPa}]$$

11 그림과 같은 보에서 두 지점의 반력이 같게 되는 하중의 위치(x)는 얼마인가?

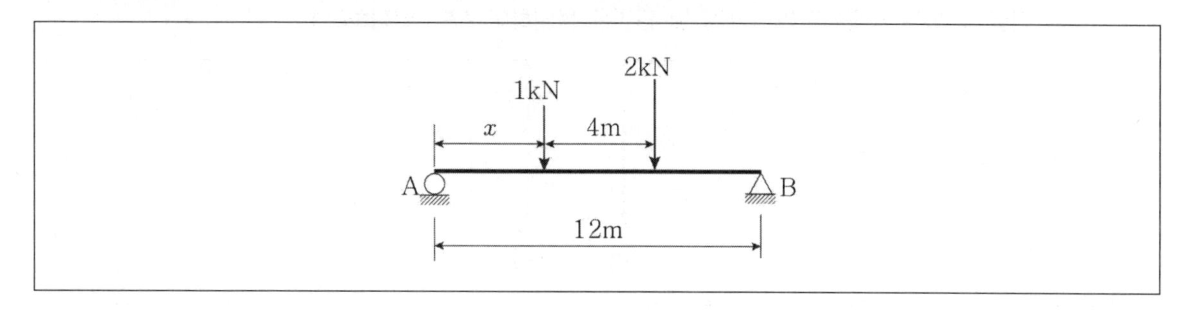

① 0.33m
② 1.33m
③ 2.33m
④ 3.33m

TIP $\sum F_y = 0 : R_A + R_B - 100 - 200 = 0$

$R_A + R_A = 300,\ R_A = 150\text{kg}(\uparrow)$

$R_B = R_A = 150\text{kg}(\uparrow)$

$\sum M_A = 0 : 100 \times x + 200 \times (x+4) - 150 \times 12 = 0$

$\therefore x = 3.33\text{m}$

12 그림과 같은 부정정보에서 A점의 처짐각 (θ_A)은? (단, 보의 휨강성은 EI이다.)

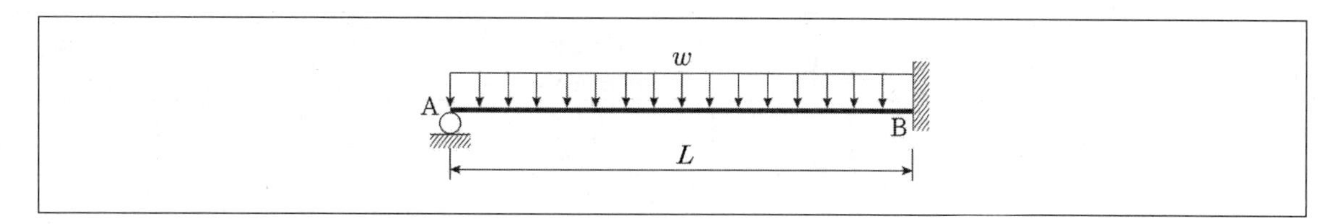

① $\frac{1}{12}\frac{wl^3}{EI}$
② $\frac{1}{24}\frac{wl^3}{EI}$
③ $\frac{1}{36}\frac{wl^3}{EI}$
④ $\frac{1}{48}\frac{wl^3}{EI}$

TIP $M_{ab} = 2EK_{AB}(2\theta_A + \theta_B - 3R) + FEM$

$\theta_B = 0,\ R = 0,\ FEM = -\frac{wl^2}{12}$

$K = \frac{EI}{L}$ 이므로, $\frac{4EI\theta_A}{L} = \frac{wL^2}{12}$ 이므로, $\theta_A = \frac{wL^3}{48EI}$

ANSWER 9.③ 10.④ 11.④ 12.④

13 길이가 같으나 지지조건이 다른 2개의 장주가 있다. 그림 (a)의 장주가 40kN에 견딜 수 있다면 그림 (b)의 장주가 견딜 수 있는 하중은? (단, 재질 및 단면은 동일하며 EI는 일정하다.)

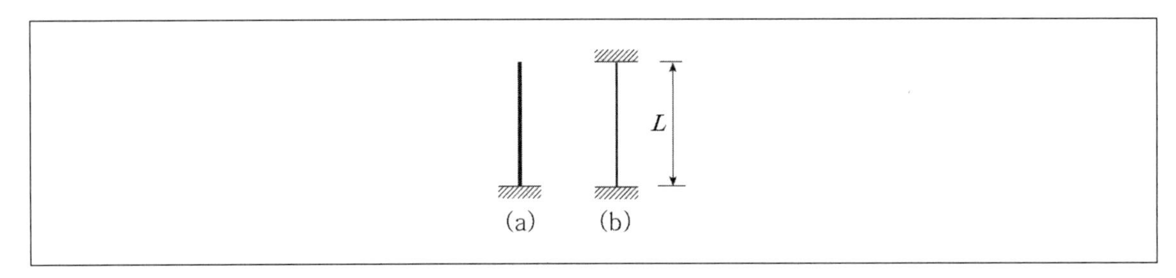

① 40kN
② 160kN
③ 320kN
④ 640kN

TIP 양단 고정인 경우 1단 고정 1단 자유보다 16배의 좌굴하중을 견딜 수 있다.

※ 좌굴하중의 기본식(오일러의 장주공식)

- $P_{cr} = \dfrac{\pi^2 EI}{(KL)^2} = \dfrac{n\pi^2 EI}{L^2}$
- EI : 기둥의 휨강성
- L : 기둥의 길이
- K : 기둥의 유효길이 계수
- KL : (l_k로도 표시함) 기둥의 유효좌굴길이 (장주의 처짐곡선에서 변곡점과 변곡점 사이의 거리)
- n : 좌굴계수(강도계수, 구속계수)

	양단 힌지	1단 고정 1단 힌지	양단 고정	1단 고정 1단 자유
지지상태	L	L_c, L	L_c, L	L
좌굴길이 KL	$1.0L$	$0.7L$	$0.5L$	$2.0L$
좌굴강도	$n=1$	$n=2$	$n=4$	$n=0.25$

14 그림에 표시한 것과 같은 단면의 변화가 있는 AB 부재의 강성도(stiffness factor)는?

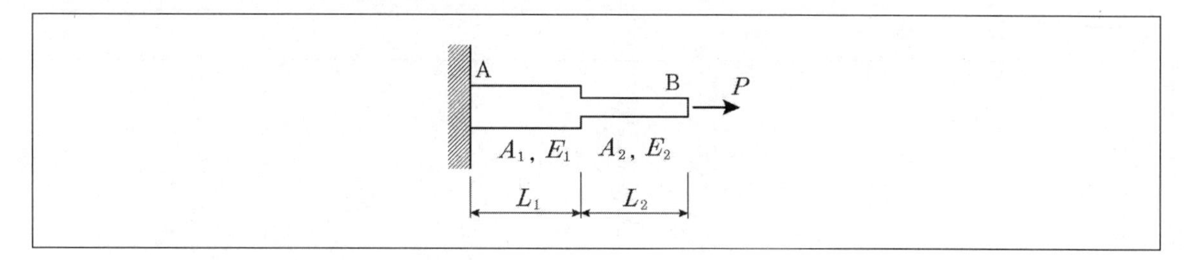

① $\dfrac{PL_1}{A_1E_1}+\dfrac{PL_2}{A_2E_2}$

② $\dfrac{A_1E_1}{PL_1}+\dfrac{A_2E_2}{PL_2}$

③ $\dfrac{A_1E_1}{L_1}+\dfrac{A_2E_2}{L_2}$

④ $\dfrac{A_1A_2E_1E_2}{L_1(A_2E_2)+L_2(A_1E_1)}$

TIP 강성도는 유연도(단위하중을 가하였을 때 늘어난 길이)의 역수로서 단위변위가 발생하기 위해 필요한 힘의 크기를 말한다.

강성도는 $\Delta L=1$일 때의 힘의 크기이므로 $\Delta L=\dfrac{PL_1}{E_1A_1}+\dfrac{PL_2}{E_2A_2}=1$를 만족하는 $P=\dfrac{A_1A_2E_1E_2}{L_1(A_2E_2)+L_2(A_1E_1)}$가 되며 이 값이 부재의 강성도가 된다 .

전형적인 재료역학 문제로서 문제 자체가 정형화가 되어 있으므로 식을 암기할 것을 권한다. (도출하는데 시간이 상당히 소요된다.)

ANSWER 13.④ 14.④

15 그림과 같이 밀도가 균일하고 무게가 W인 구(球)가 마찰이 없는 두 벽면 사이에 놓여 있을 때 반력 R_A의 크기는?

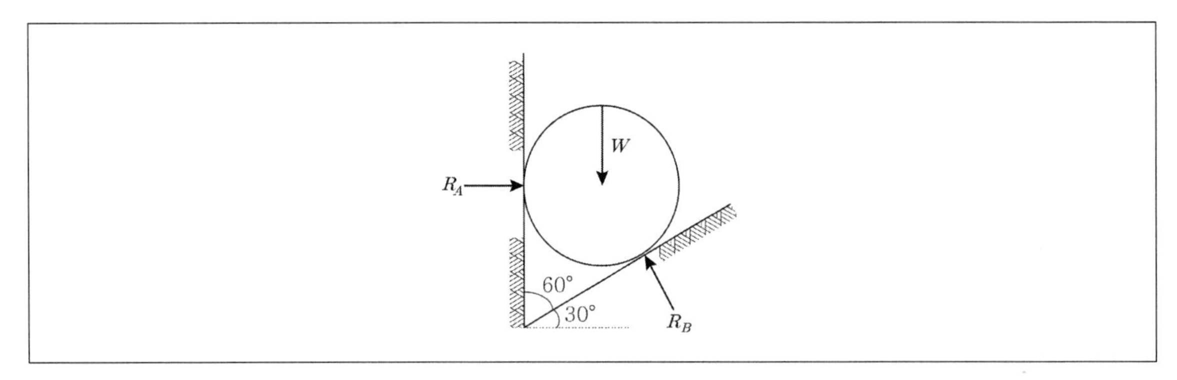

① 0.500W
② 0.577W
③ 0.707W
④ 0.866W

$\sum F_y = 0 : - W + R_B \times \cos 30° = 0,\ R_B = \dfrac{W}{\cos 30°}$

$\sum F_x = 0 : R_A - R_B \times \sin 30° = 0,\ R_A = \dfrac{W}{\cos 30°} \sin 30° = \tan 30° \cdot W = 0.577W$

※ 다음과 같이 라미의 정리로 손쉽게 풀 수도 있다.

$\dfrac{R_A}{\sin 150°} = \dfrac{W}{\sin 120°}$ 이므로 $\dfrac{R_A}{0.5} = \dfrac{W}{0.866}$, $R_A = 0.577W$

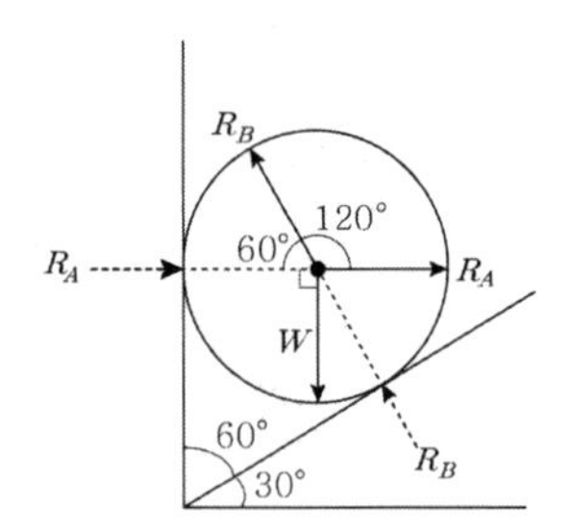

16 그림과 같은 단순보의 최대전단응력(τ_{max})을 구하면? (단, 보의 단면은 지름이 D인 원이다.)

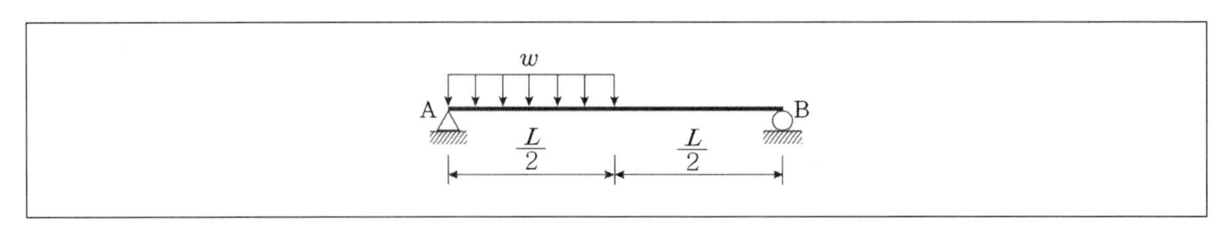

① $\dfrac{9WL}{4\pi D^2}$
② $\dfrac{3WL}{2\pi D^2}$
③ $\dfrac{2WL}{\pi D^2}$
④ $\dfrac{WL}{2\pi D^2}$

TIP 단순보에서 최대전단력이 발생하게 되는 위치는 지점이다.

$$\sum M_B = 0 : R_A \times L - \left(W \times \frac{L}{2}\right) \times \frac{3L}{4} = 0,\ R_A = \frac{3WL}{8}(\uparrow)$$

$$\sum F_y = 0 : R_A + R_B - \left(W \times \frac{L}{2}\right) = 0$$

$$R_B = \frac{WL}{2} - R_A = \frac{WL}{2} - \frac{3WL}{8} = \frac{WL}{8}(\uparrow)$$

$$S_{\max} = R_A = \frac{3WL}{8},\ \tau_{\max} = \alpha\frac{S_{\max}}{A} = \frac{4}{3} \times \frac{\left(\frac{3WL}{8}\right)}{\left(\frac{\pi D^2}{4}\right)} = \frac{2WL}{\pi D^2}$$

17 아래 그림에서 A-A축과 B-B축에 대한 음영 부분의 단면 2차 모멘트가 각각 $8 \times 10^8 \text{mm}^4$, $16 \times 10^8 \text{mm}^4$일 때 음영부분의 면적은?

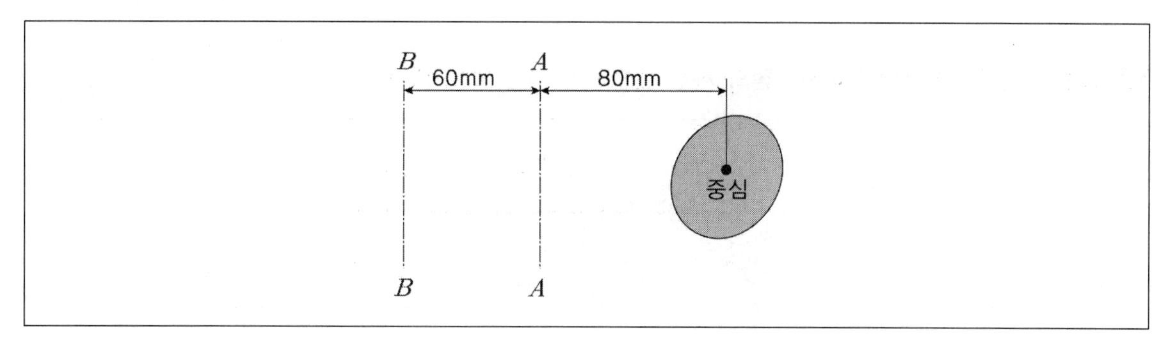

① $8.00 \times 10^4 \text{mm}^2$
② $7.52 \times 10^4 \text{mm}^2$
③ $6.06 \times 10^4 \text{mm}^2$
④ $5.73 \times 10^4 \text{mm}^2$

TIP $I_{B-B} = I + A \times 140^2 = 16 \times 10^8 [\text{mm}^4]$

$I_{A-A} = I + A \times 80^2 = 8 \times 10^8 [\text{mm}^4]$

$I_{B-B} - I_{A-A} = A(140^2 - 80^2) = 8 \times 10^8$ 이므로

$A = 6.06 \times 10^4 [\text{mm}^2]$

ANSWER 15.② 16.③ 17.③

18 그림과 같은 연속보에서 B점의 지점 반력을 구한 값은?

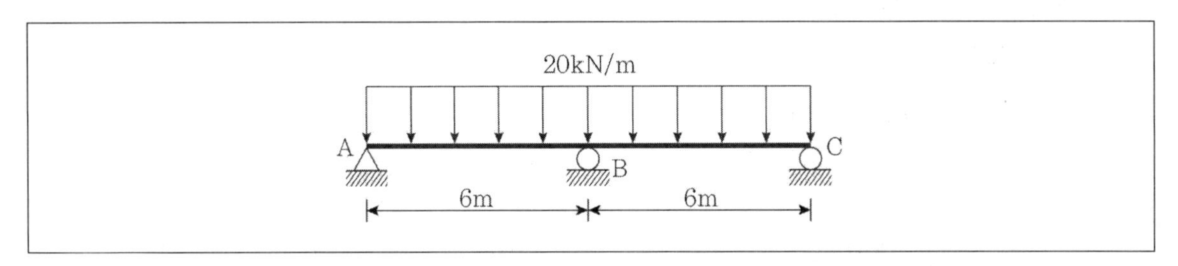

① 100kN
② 150kN
③ 200kN
④ 250kN

TIP $\frac{5w(2l)^4}{384EI} = \frac{R_B(2l)^3}{48EI}$, $R_B = \frac{5wl}{4} = \frac{5\times20\times6}{4} = 150\text{kN}$

19 그림과 같은 캔틸레버 보에서 B점의 처짐각은? (단, EI는 일정하다.)

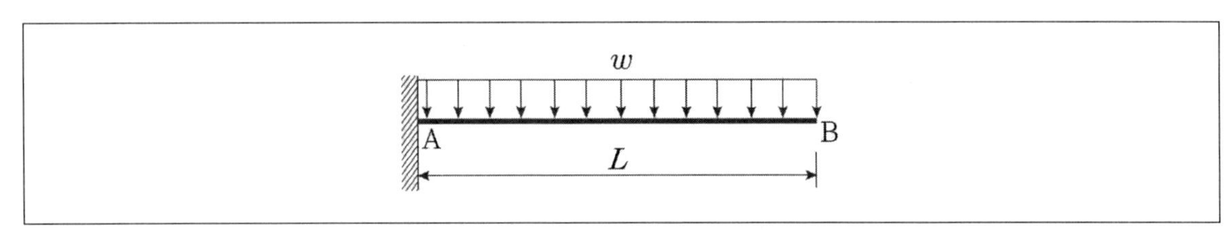

① $\frac{wL^3}{3EI}$
② $\frac{wL^3}{6EI}$
③ $\frac{wL^3}{8EI}$
④ $\frac{2wL^3}{3EI}$

TIP 등분포하중이 작용하는 캔틸레버보의 자유단의 처짐각은 $\theta_B = \frac{wL^3}{6EI}$ 이다.

20 다음 그림과 같은 트러스에서 L_1U_1 부재의 부재력은?

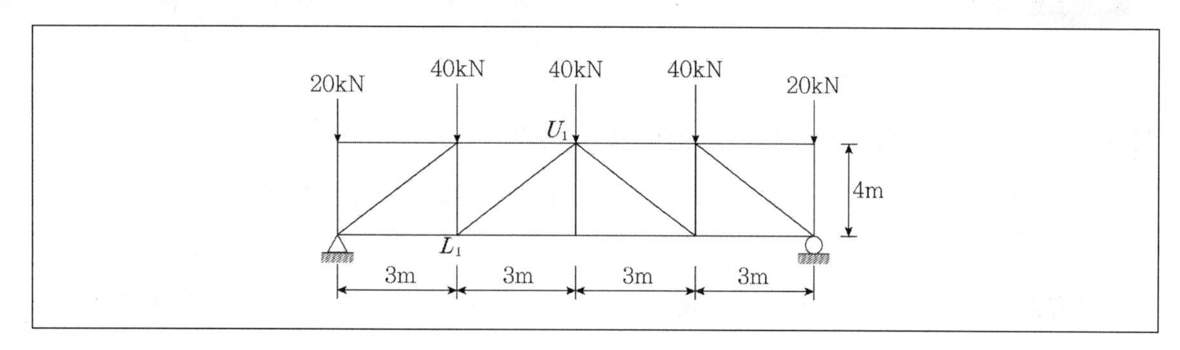

① 22kN(인장)
② 25kN(인장)
③ 22kN(압축)
④ 25kN(압축)

TIP 전형적인 절단법 적용 문제이다. 구하고자 하는 부재를 지나는 절단선을 그은 후 힘의 평형법칙을 적용하면 손쉽게 풀 수 있다.

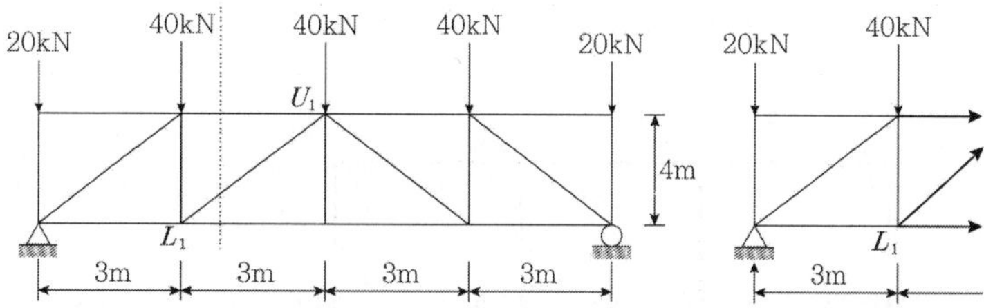

L_1U_1 부재를 지나는 절단선을 그으면 우측과 같은 형상의 부재가 되며 이 부재에 작용하는 힘들의 평형이 이루어져야 한다. 지점에 작용하는 연직반력은 80kN이며 그 외의 힘들과의 총 합이 0이 되어야 하므로

$\sum V=0:80-20-40+L_1U_1\times\frac{4}{5}=0$을 만족하는 값은 -25kN가 된다. (-는 압축을 의미함)

ANSWER 18.② 19.② 20.④

21 수로조사에서 간출지의 높이와 수심의 기준이 되는 것은?

① 약최고고저면 ② 평균중등수위면
③ 수애면 ④ 약최저저조면

TIP 지형도상에 나타나는 해안선의 표시기준은 약최고고조면(바닷물이 해안선에 가장 많이 들어 왔을 때의 수면)이다.
※ 간출지와 수애선
㉠ 간출지 : 썰물 시에 수면에 둘러싸여 수면 위에 있으나, 밀물 때에는 물에 잠기는 자연적인 육지
㉡ 수애선 : 바다와 육지가 맞닿아서 길게 뻗은 선. 지형도에서는 만조면과 육지의 경계선

22 그림과 같이 각 격자의 크기가 10m×10m로 동일한 지역의 전체 토량은?

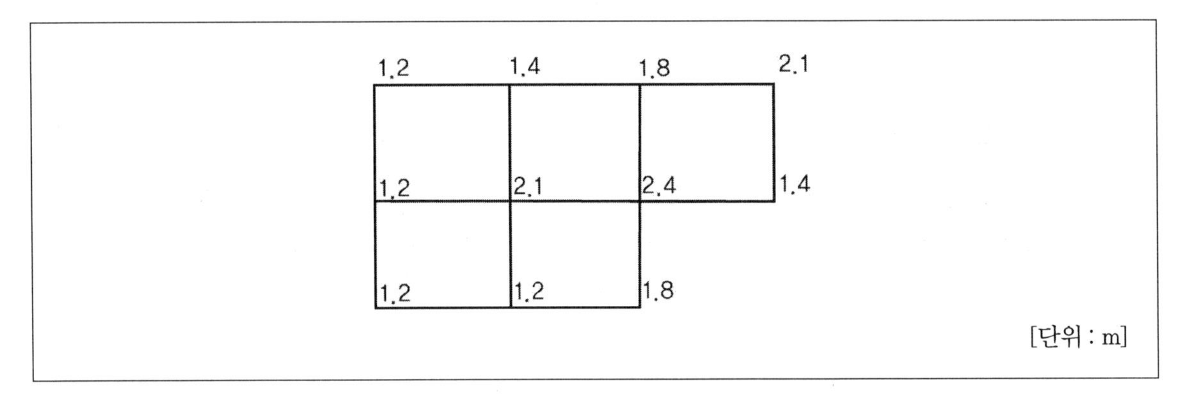

① $877.5m^3$ ② $893.6m^3$
③ $913.7m^3$ ④ $926.1m^3$

TIP $V=\frac{A}{4}(\sum H_1+2\sum H_2+3\sum H_3+4\sum H_4)$

$\sum H_1=1.2+2.1+1.4+1.8+1.2=7.7$

$2\sum H_2=2(1.4+1.8+1.2+1.5)=11.8$

$3\sum H_3=3(2.4)=7.2$

$4\sum H_4=4(2.1)=8.4$

$V=\frac{10\times 10}{4}(7.7+11.8+7.2+8.4)=877.5[m^3]$

23 동일 구간에 대해 3개의 관측군으로 나누어 거리관측을 실시한 결과가 표와 같을 때, 이 구간의 최확값은?

관측군	관측값(m)	관측횟수
1	50.362	5
2	50.348	2
3	50.359	3

① 50.354m
② 50.356m
③ 50.358m
④ 50.362m

TIP $\frac{P_1L_1+P_2L_2+P_3L_3}{P_1+P_2+P_3}=\frac{5\times50.362+2\times50.348+3\times50.359}{5+2+3}=50.356[\text{m}]$

24 클로소이드 곡선(clothoid curse)에 대한 설명으로 옳지 않은 것은?

① 고속도로에 널리 이용된다.
② 곡률이 곡선의 길이에 비례한다.
③ 완화곡선의 일종이다.
④ 클로소이드 요소는 모두 단위를 갖지 않는다.

TIP 클로소이드 요소에는 길이의 단위를 가진 것과 단위가 없는 것이 있다.

25 표척이 앞으로 3° 기울어져 있는 표척의 읽음값이 3.645m이었다면 높이의 보정량은?

① 5mm
② −5mm
③ 10mm
④ −10mm

TIP 피타고라스의 정리로 간단하게 풀 수 있는 문제이다.

문제에서 주어진 상황은 우측과 같이 도식하되며 여기서 참값은 약 3,640mm이므로 3,645mm에서 -5mm 처리를 해 줘야 한다.

3.654
3.654cos3°
(3.640)
3°

ANSWER 21.④ 22.① 23.③ 24.④ 25.②

26 최근 GNSS 측량의 의사거리 결정에 영향을 주는 오차와 거리가 먼 것은?

① 위성의 궤도 오차
② 위성의 시계 오차
③ 위성의 기하학적 위치에 따른 오차
④ SA(selective availability) 오차

TIP SA 오차는 2000년대 이전에는 오차로서 인정하였으나 현재는 GNSS의 의사거리 결정에 영향을 주는 오차에 속하지 않는다.

- GNSS 오차의 원인 : 위성에서 발생하는 오차(위성궤도 오차, 위성시계 오차), 신호전달과 관련된 오차(전리층 오차, 대류권 오차), 수신기 오차(다중경로 오차, 사이클 슬립)
- SA 오차(Selective Availability, 고의 오차) : SA는 오차요소 중 가장 큰 오차의 원인이다. 허가되지 않은 일반 사용자들이 일정한도내로 정확성을 얻지 못하게 하기 위해 고의적으로 인공위성의 시간에다 오차를 집어 넣어서 95% 확률로 최대 100m까지 오차가 나게 만든 것을 말한다.
- 의사거리 : 전파원으로부터의 신호를 수신하여 거리를 측정하는 경우에, 송 · 수신점의 시각 맞춤이 정확하지 않으면 측정에 오차가 생기는데 이 측정 거리를 의사거리라 한다.

27 평탄한 지역에서 9개 측선으로 구성된 다각측량에서 $2'$의 각관측 오차가 발생되었다면 오차의 처리 방법으로 옳은 것은? (단, 허용오차는 $60''\sqrt{N}$로 가정한다.)

① 오차가 크므로 다시 관측한다.
② 측선의 거리에 비례하여 배분한다.
③ 관측각의 크기에 역비례하여 배분한다.
④ 관측각에 같은 크기로 배분한다.

TIP $2' = 120''$이며 $2'\sqrt{N} = 120''\sqrt{N}$이다. 평한한 지역의 허용범위는 일반적으로 $30''\sqrt{N} \sim 60''\sqrt{N}$이므로 문제에서 주어진 조건의 경우 오차의 허용범위 밖이므로 관측각에 같은 크기로 균등배분해야 한다.

28 도로의 단곡선 설치에서 교각이 60°, 반지름이 150m이며 곡선시점이 No.8+17m(20m×8+17m)일 때 종단현에 대한 편각은?

① 0° 02′ 45″
② 2° 41′ 21″
③ 2° 57′ 54″
④ 3° 15′ 23″

TIP

$$C.L = R \times I \times \frac{\pi}{180^o} = 150 \times 60^\circ \times \frac{\pi}{180^\circ} = 157.08[\mathrm{m}]$$

$$E.C = B.C + C.L = 177 + 157.08 = 334.08[\mathrm{m}]$$

종단현 $l_2 = 334.08 - 320 = 14.08[\mathrm{m}]$

종단편각 $\delta_2 = \frac{l_2}{R} \times \frac{90^\circ}{\pi} = \frac{14.08}{150} \times \frac{90^\circ}{\pi} = 2^\circ\ 41'\ 21''$

29 표고가 300m인 평지에서 삼각망의 기선을 측정한 결과 600m이었다. 이 기선에 대하여 평균해수면 상의 거리로 보정할 때 보정량은? (단, 지구반지름 R=6,370km)

① +2.83cm　　② +2.42cm
③ −2.42cm　　④ −2.83cm

TIP 보정치는 $-\frac{HL}{R}=-\frac{300\times600}{6,370\times10^3}=-2.83[m]$

30 수치지형도(Digital Map)에 대한 설명으로 틀린 것은?

① 우리나라는 축척 1 : 5,000 수치지형도를 국토기본도로 한다.
② 주로 필지정보와 표고자료, 수계정보 등을 얻을 수 있다.
③ 일반적으로 항공사진측량에 의해 구축된다.
④ 축척별 포함 사항이 다르다.

TIP 수계정보란 강우, 강설, 하천유역 등의 정보로 수치지형도에는 표기되지 않는다.

31 등고선의 성질에 대한 설명으로 옳지 않은 것은?

① 등고선은 분수선(능선)과 평행하다.
② 등고선은 도면 내 · 외에서 폐합하는 폐곡선이다.
③ 지도의 도면 내에서 등고선이 폐합하는 경우에 등고선의 내부에는 산꼭대기 또는 분지가 있다.
④ 절벽에서 등고선은 서로 만날 수 있다.

TIP 등고선은 분수선(능선)과 직교한다.

ANSWER 26.④ 27.④ 28.② 29.④ 30.② 31.①

32 트래버스 측량의 작업순서로 알맞은 것은?

① 선점 – 계획 – 답사 – 조표 – 관측
② 계획 – 답사 – 선점 – 조표 – 관측
③ 답사 – 계획 – 조표 – 선점 – 관측
④ 조표 – 답사 – 계획 – 선점 – 관측

TIP 트래버스 측량의 작업순서 … 계획 – 답사 – 선점 – 조표 – 관측 – 계산 및 조정 – 측점의 전개

33 지오이드(Geoid)에 대한 설명으로 옳지 않은 것은?

① 평균해수면을 육지까지 연장하여 지구전체를 둘러싼 곡면이다.
② 지오이드면은 등포텐셜면으로 중력방향은 이 면에 수직이다.
③ 지표 위 모든 점의 위치를 결정하기 위해 수학적으로 정의된 타원체이다.
④ 실제로 지오이드면은 굴곡이 심하므로 측지측량의 기준으로 채택하기 어렵다.

TIP 지표 위 모든 점의 위치를 결정하기 위해 수학적으로 정의된 타원체는 지구타원체이다.

34 장애물로 인하여 접근하기 어려운 2점 P, Q를 간접거리 측량한 결과가 그림과 같다. $\overline{AB}$의 거리가 216.90m일 때 PQ의 거리는?

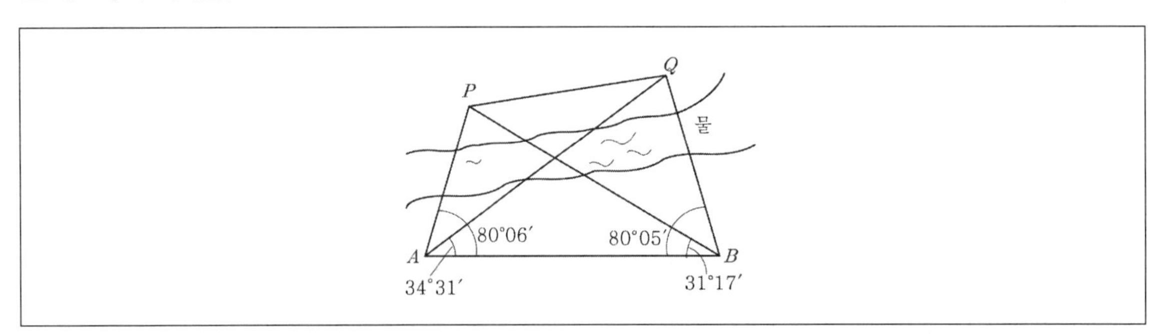

① 120.96m
② 142.29m
③ 173.39m
④ 194.22m

TIP $\frac{AP}{\sin 31°17'} = \frac{216.90}{\sin 68°37'}$, $AP = 120.96[\text{m}]$

$\frac{AQ}{\sin 80°05'} = \frac{216.90}{\sin 65°24'}$, $AP = 120.96[\text{m}]$

$AQ = 234.99[\text{m}]$

$PQ = \sqrt{AP^2 + AQ^2 - 2AP \cdot AQ \cos \angle PAQ} = 173.39[\text{m}]$

(계산시간이 상당히 소요되므로 과감히 넘어가길 권한다.)

35 수준측량야장에서 측점 3의 지반고는?

(단위 : m)

측점	후시	전시		지반고
		T.P	I.P	
1	0.95			10.00
2			1.03	
3	0.90	0.36		
4			0.96	
5		1.05		

① 10.59m ② 10.46m
③ 9.92m ④ 9.56m

TIP 단순한 계산문제이다.
H3의 지반고 = H1의 지반고 + 0.95−0.36 = 10.59

36 다각측량의 특징에 대한 설명으로 옳지 않은 것은?

① 삼각점으로부터 좁은 지역의 세부측량 기준점을 측설하는 경우에 편리하다.
② 삼각측량에 비해 복잡한 시가지나 지형의 기복이 심한 지역에는 알맞지 않다.
③ 하천이나 도로 또는 수로 등의 좁고 긴 지역의 측량에 편리하다.
④ 다각측량의 종류에는 개방, 폐합, 결합형 등이 있다.

TIP 다각측량은 삼각측량에 비해 복잡한 시가지나 지형의 기복이 심한 지역에 더 적합하다.

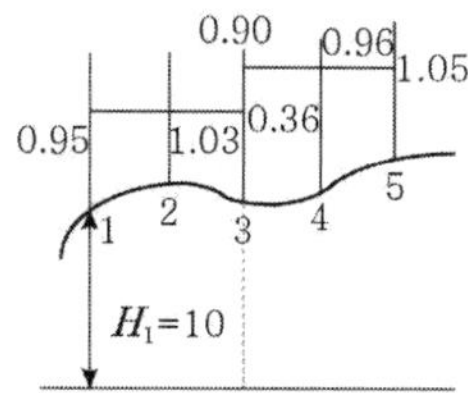

ANSWER 32.② 33.③ 34.③ 35.① 36.②

37 항공사진 측량에서 사진상에 나타난 두 점 A, B의 거리를 측정하였더니 208mm이었으며, 지상좌표는 아래와 같았다면 사진축척(S)은? (단, X_A=205,346.39m, Y_A=10,793.16m, X_B=205,100.11m, Y_B=11,587.87m)

① $S = 1 : 3,000$　　② $S = 1 : 4,000$
③ $S = 1 : 5,000$　　④ $S = 1 : 6,000$

TIP $\frac{1}{m} = \frac{ab}{AB} = \frac{0.208}{831.996} = \frac{f}{H}$ 이므로 사진의 축적은 1 : 4,000이 된다.
$(AB = \sqrt{(X_A - X_B)^2 + (Y_A - Y_B)^2} = 831.996[\text{mm}])$

38 그림과 같은 수준망에서 높이차의 정확도가 가장 낮은 것으로 추정되는 노선은? (단, 수준환의 거리 Ⅰ=4km, Ⅱ=3km, Ⅲ=2.4km, Ⅳ(㉯㉳㉲)=6km)

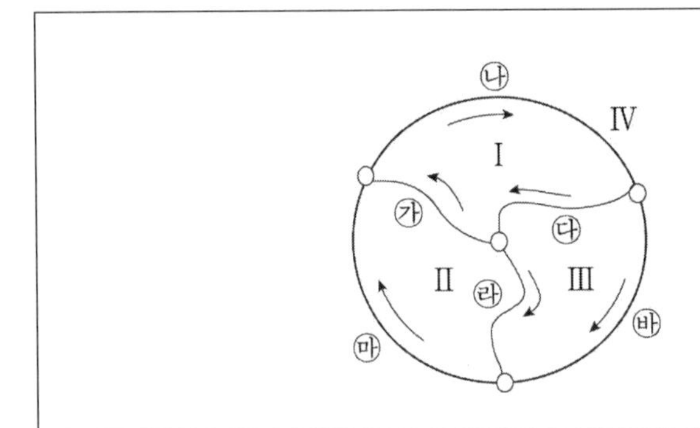

노선	높이차(m)
㉮	+3.600
㉯	+1.385
㉰	−5.023
㉱	+1.105
㉲	2.523
㉳	−3.912

① ㉮　　② ㉯
③ ㉰　　④ ㉱

TIP Ⅰ노선 : ㉮ + ㉯ + ㉰ = 3.6+1.385−5.023 = −0.038m
Ⅱ노선 : ㉱ + ㉲ − ㉮ = 1.105+2.523−3.6 = 0.028m
Ⅲ노선 : ㉰ + ㉱ − ㉳ = −5.023+1.105+3.912 = −0.006m
㉮ 노선의 유무에 의해 높이차의 변화가 크므로 ㉮ 노선이 가장 정확도가 낮은 것으로 추정할 수 있다.

39 도로의 곡선부에서 확폭량(Slack)을 구하는 식으로 옳은 것은? (단, R은 차선 중심선의 반지름, L은 차량 앞면에서 차량의 뒤축까지의 거리)

① $\frac{L}{2R^2}$
② $\frac{L^2}{2R^2}$
③ $\frac{L^2}{2R}$
④ $\frac{L}{2R}$

TIP 확폭량 $\varepsilon = \frac{L^2}{2R}$ (단, R은 차선 중심선의 반지름, L은 차량 앞면에서 차량의 뒤축까지의 거리)

※ **확폭**(Slack) … 차량이 곡선 위를 주행할 때 뒷바퀴가 앞바퀴보다 안쪽을 통과하게 되므로 차선의 너비를 넓혀야 하는데 이를 확폭이라 한다.

40 표준길이에 비하여 2cm 늘어난 50m 줄자로 사각형 토지의 길이를 측정하여 면적을 구하였을 때 그 면적이 88m²이었다면 토지의 실제 면적은?

① $87.30m^2$
② $87.93m^2$
③ $88.07m^2$
④ $88.71m^2$

TIP $A_0 = \frac{(L+\Delta l)^2}{L^2} \times A = \frac{(50+0.02)^2}{50^2} \times 88 = 88.07m^2$

ANSWER 37.② 38.① 39.③ 40.③

제3과목 수리학 및 수문학

41 지름 1m의 원통 수조에서 지름 2cm의 관으로 물이 유출되어 있다. 관내의 유속이 2.0m/s일 때, 수조의 수면이 저하되는 속도는?

① 0.3cm/s
② 0.4cm/s
③ 0.06cm/s
④ 0.08cm/s

TIP 연속방정식 $Q = A_1 V_1 = A_2 V_2$에서

$\frac{\pi \times 100^2}{4} \times V_1 = \frac{\pi \times 2^2}{4} \times 200$이므로 $V_1 = 0.08[\text{cm/s}]$

42 유체의 흐름에 관한 설명으로 옳지 않은 것은?

① 유체의 입자가 흐르는 경로를 유적선이라 한다.
② 부정류(不定流)에서는 유선이 시간에 따라 변화한다.
③ 정상류(定常流)에서는 하나의 유선이 다른 유선과 교차하게 된다.
④ 점성이나 압축성을 완전히 무시하고 밀도가 일정한 이상적인 유체를 완전유체라고 한다.

TIP 정상류에서는 하나의 유선이 다른 유선과 교차하지 않는다.

43 오리피스의 지름이 2cm, 수축단면(Vena Contracta)의 지름이 1.6cm라면, 유속계수가 0.9일 때 유량계수는?

① 0.49
② 0.58
③ 0.52
④ 0.72

TIP $C = C_a \times C_v = 0.64 \times 0.9 = 0.576 ≒ 0.580$

수축계수 $C_a = \frac{a}{A} = \frac{\frac{\pi \times 1.6^2}{4}}{\frac{\pi \times 2^2}{4}} = 0.64 < 1$

44 유역면적이 $4km^2$이고 유출계수가 0.8인 산지하천에서 강우강도는 80mm/h이다. 합리식을 사용한 유역출구에서의 첨두홍수량은?

① $35.5m^3/s$
② $71.1m^3/s$
③ $128m^3/s$
④ $256m^3/s$

TIP $Q = \frac{1}{3.6}CIA = \frac{1}{3.6} \times 0.8 \times 80 \times 4 = 71.1$

45 유역의 평균 강우량 산정방법이 아닌 것은?

① 등우선법
② 기하평균법
③ 산술평균법
④ Thiessen의 가중법

TIP 유역의 평균 강우량 산정방법에는 산술평균법, Thiessen의 가중법, 등우선법 등이 있다.

46 강우강도(I), 지속시간(D), 생기빈도(F) 관계를 표현하는 식 $I = \frac{kT^x}{t^n}$에 대한 설명으로 틀린 것은?

① k, x, n은 지역에 따라 다른 값을 가지는 상수이다.
② T는 강우의 생기빈도를 나타내는 연수(年數)로서 재현기간(연)을 의미한다.
③ t는 강우의 지속시간(min)으로서, 강우지속시간이 길수록 강우강도(I)는 커진다.
④ I는 단위시간에 내리는 강우량(mm/hr)인 강우강도이며 각종 수문학적 해석 및 설계에 필요하다.

TIP 강우가 계속 지속될수록 강우강도(I)는 작아지는 반비례관계에 있다.

ANSWER 41.④ 42.③ 43.② 44.② 45.② 46.③

47 항력(Drag Force)에 대한 설명으로 틀린 것은?

① 항력 $D = C_D A \frac{\rho V^2}{2}$ 으로 표현되며, 항력계수 C_D는 Froude의 함수이다.

② 형상항력은 물체의 형상에 의한 후류(Wake)로 인해 압력이 저하하여 발생하는 압력저항이다.

③ 마찰항력은 유체가 물체표면을 흐를 때 점성과 난류에 의해 물체표면에 발생하는 마찰저항이다.

④ 조파항력은 물체가 수면에 떠 있거나 물체의 일부분이 수면위에 있을 때에 발생하는 유체저항이다.

TIP 항력계수는 레이놀즈수의 함수로 볼 수 있다. (프루드수의 함수로 볼 수는 없다.)

48 단위유량도(unit hydrograph)를 작성함에 있어서 주요 기본가정(또는 원리)으로만 짝지어진 것은?

① 비례가정, 중첩가정, 직접유출의 가정

② 비례가정, 중첩가정, 일정기저시간의 가정

③ 일정기저시간의 가정, 직접유출가정, 비례가정

④ 직접유출의 가정, 일정기저시간의 가정, 중첩가정

TIP 단위유량도를 작성함에 있어서 주요 기본가정 3가지는 비례가정, 중첩가정, 일정기저시간의 가정이다.

49 레이놀즈(Reynolds) 수에 대한 설명으로 옳은 것은?

① 관성력에 대한 중력의 상대적인 크기

② 압력에 대한 탄성력의 상대적인 크기

③ 중력에 대한 점성력의 상대적인 크기

④ 관성력에 대한 점성력의 상대적인 크기

TIP
- 레이놀즈수는 관성력에 대한 점성력의 상대적인 크기를 나타내는 수이다.
- 프루드수는 중력에 대한 관성력의 비이다.
- 레이놀즈수는 점성력에 대한 관성력의 비이다.
- 웨버수는 표면장력에 대한 관성력의 비이다.
- 마하수는 탄성력에 대한 관성력의 비이다.
- 오일러수는 관성력에 대한 압축력의 비이다.

50 지름 D=4cm, 조도계수 n=0.01m$^{-1/3}$ · s인 원형관의 Chezy의 유속계수 C는?

① 10
② 50
③ 100
④ 150

TIP $V=C\sqrt{RI}=\dfrac{1}{n}R^{2/3}I^{1/2}$ 이므로

$C=\dfrac{1}{n}R^{1/6}=\dfrac{1}{0.01}\left(\dfrac{D}{4}\right)^{1/6}=100=\sqrt{\dfrac{8g}{f}}$

51 폭이 1m인 직사각형 수로에서 0.5m^3/s의 유량이 80cm의 수심으로 흐르는 경우, 이 흐름을 가장 잘 나타낸 것은? (단, 동점성 계수는 0.012cm^2/s, 한계수심은 29.5cm이다.)

① 층류이며 상류
② 층류이며 사류
③ 난류이며 상류
④ 난류이며 사류

TIP 층류와 난류는 레이놀즈수로 판정한다.

$V=\dfrac{Q}{A}=\dfrac{0.5}{1\times0.8}=0.625[\text{m/s}]$, $R=\dfrac{A}{P}=\dfrac{1\times0.8}{1+2\times0.8}=0.308[\text{m}]$

레이놀즈수 $R_e=\dfrac{VR}{\nu}=\dfrac{62.5\times30.8}{0.012}=160,416.7$

레이놀즈수가 500을 초과하므로 난류이다.

프루드수 $Fr=\dfrac{V}{\sqrt{gh}}=\dfrac{0.625}{\sqrt{9.8\times0.8}}=0.223<1$ 이므로 상류이다.

(또한 문제에서 주어진 조건에 따라 $h=80[\text{cm}]>h_c=29.5[\text{cm}]$ 이므로 상류이다.)

52 빙산의 비중이 0.92이고, 바닷물의 비중은 1.025일 때 빙산이 바닷물 속에 잠겨있는 부분의 부피는 수면 위에 나와있는 부분의 약 몇 배인가?

① 0.8배
② 4.8배
③ 8.8배
④ 10.8배

TIP 빙산의 무게와 부력이 서로 평형을 이루어야 한다.

따라서 $wV=w_sV_s$가 되어야 하므로, $0.92V=1.025V_s$가 되어 $V_s=\dfrac{0.92}{1.025}V=0.897V$가 된다.

잠겨있는 부분의 부피를 나와 있는 부피로 나눈 값은 0.897/(1−0.897)=8.8이 된다.

ANSWER 47.① 48.② 49.④ 50.③ 51.③ 52.③

53 수온에 따른 지하수의 유속에 대한 설명으로 옳은 것은?

① 4℃에서 가장 크다.
② 수온이 높으면 크다.
③ 수온이 낮으면 크다.
④ 수온에는 관계없이 일정하다.

TIP 지하수의 수온이 높을수록 유속은 빨라진다.

54 유체 속에 잠긴 곡면에 작용하는 수평분력은?

① 곡면에 의해 배제된 액체의 무게와 같다.
② 곡면의 중심에서의 압력과 면적의 곱과 같다.
③ 곡면의 연직상방에 실려 있는 액체의 무게와 같다.
④ 곡면을 연직면상에 투영하였을 때 생기는 투영면적에 작용하는 힘과 같다.

TIP 유체 속에 잠긴 곡면에 작용하는 수평분력은 곡면을 연직면상에 투영하였을 때 생기는 투영면적에 작용하는 힘과 같다.

55 지하수(地下水)에 대한 설명으로 옳지 않은 것은?

① 자유 지하수를 양수(揚水)하는 우물을 굴착정(Artesian well)이라고 한다.
② 불투수층(不透水層) 상부에 있는 지하수를 자유 지하수(自由地下水)라고 한다.
③ 불투수층과 불투수층 사이에 있는 지하수를 피압지하수(被壓地下水)라고 한다.
④ 흙입자 사이에 충만되어 있으며 중력의 작용으로 운동하는 물을 지하수라 부른다.

TIP 굴착정(dug well, bored well) … 집수정을 불투수층 사이에 있는 투수층까지 판 후 투수층 사이에 있는 피압지하수를 양수하는 우물이다.

56 월류수심 40cm인 전폭 위어의 유량을 Francis 공식에 의해 구한 결과 0.40m³/s였다. 이 때 위어 폭의 측정에 2cm의 오차가 발생했다면 유량의 오차는 몇 %인가?

① 1.16%
② 1.50%
③ 2.00%
④ 2.33%

TIP $Q=1.84 \cdot b_0 \cdot h^{3/2}=1.84 \times b_0 \times (0.4)^{3/2}=0.4$이므로 $b_0=0.86\text{m}$

$\dfrac{dQ}{Q}=\dfrac{db_0}{b_0}=\dfrac{2}{86}\times 100=2.33[\%]$ 이다.

57 폭 9m의 직사각형 수로에 16.2m³/s의 유량이 92cm의 수심으로 흐르고 있다. 장파의 전파속도 C와 비에너지 E는? (단, 에너지 보정계수 α=1.0이다.)

① C=2.0m/s, E=1.015m
② C=2.0m/s, E=1.115m
③ C=3.0m/s, E=1.015m
④ C=3.0m/s, E=1.115m

TIP 장파의 전파속도 $C=\sqrt{gh}=\sqrt{9.8\times 0.92}=3.0[\text{m/sec}]$

비에너지 $V=\dfrac{Q}{A}=\dfrac{16.2}{9\times 0.92}=1.957[\text{m/sec}]$

$H_e=h+\alpha\dfrac{V^2}{2g}=0.92+1.0\dfrac{1.957^2}{2\times 9.8}=1.115[\text{m}]$

58 Chezy의 평균유속 공식에서 평균유속계수 C를 Manning의 평균유속 공식을 이용하여 표현한 것으로 옳은 것은?

① $\dfrac{R^{1/2}}{n}$
② $\dfrac{R^{1/6}}{n}$
③ $\sqrt{\dfrac{f}{8g}}$
④ $\sqrt{\dfrac{8g}{f}}$

TIP $V=\dfrac{1}{n}R^{2/3}I^{1/2}=C\sqrt{RI}$ 에서 $C=\dfrac{1}{n}R^{1/6}$

ANSWER 53.② 54.④ 55.① 56.④ 57.④ 58.②

59 비압축성 이상유체에 대한 아래 내용 중 ( ) 안에 들어갈 알맞은 말은?

> 비압축성 이상유체는 압력 및 온도에 따른 ( )의 변화가 미소하여 이를 무시할 수 있다.

① 밀도 ② 비중
③ 속도 ④ 점성

TIP 비압축성 이상유체는 압력과 온도에 따른 밀도의 변화가 미소하여 이를 무시할 수 있다.

60 수로경사 $I=\frac{1}{2,500}$, 조도계수 $n=0.013\text{m}^{-1/3}\cdot\text{s}$ 인 수로에 아래 그림과 같이 물이 흐르고 있다면 평균유속은? (단, Manning의 공식을 사용한다.)

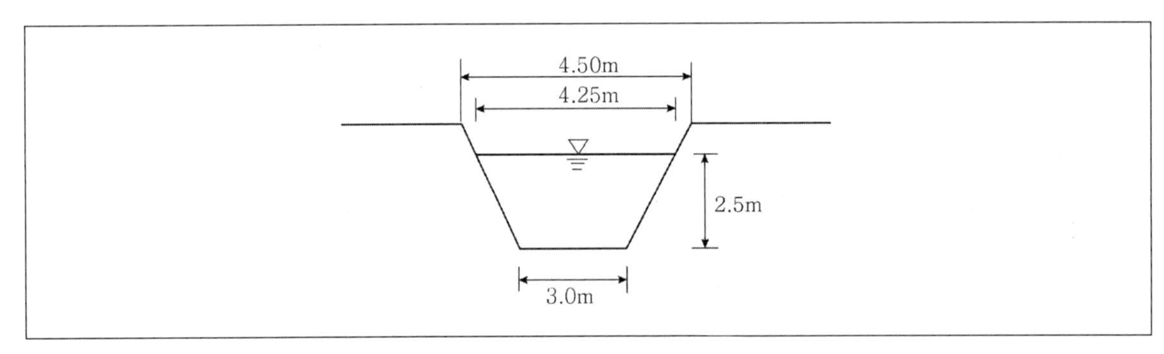

① 1.65m/s ② 2.16m/s
③ 2.65m/s ④ 3.16m/s

TIP Manning의 평균유속공식 $V=\frac{1}{n}R^{2/3}I^{1/2}[\text{m/sec}]$

수로경사 $I=\frac{1}{2,500}$, 조도계수 $n=0.013\text{m}^{-1/3}\cdot\text{s}$

단면의 경심(동수반경)은 통수단면적을 윤변(마찰이 작용하는 주변길이)으로 나눈 값이다.

통수단면적은 $A=\frac{(4.25+3.0)}{2}\times 2.5=9.0625$

윤변은 $S=2\sqrt{\left(\frac{4.25-3}{2}\right)^2+2.5^2}+3.0=8.154$

경심은 $R=\frac{9.0625}{8.154}=1.11$

$V=\frac{1}{n}R^{2/3}I^{1/2}[\text{m/sec}]=\frac{1}{0.013}\times(1.11)^{2/3}\left(\frac{1}{2,500}\right)^{1/2}=1.649[\text{m/sec}]$

제3과목 철근콘크리트 및 강구조

61 옹벽의 구조해석에 대한 설명으로 틀린 것은?

① 뒷부벽식 옹벽의 뒷부벽은 직사각형보로 설계하여야 한다.
② 캔틸레버식 옹벽의 전면벽은 저판에 지지된 캔틸레버로 설계할 수 있다.
③ 저판의 뒷굽판은 정확한 방법이 사용되지 않는 한, 뒷굽판 상부에 재하되는 모든 하중을 지지하도록 설계하여야 한다.
④ 부벽식 옹벽 저판은 정밀한 해석이 사용되지 않는 한, 부벽 사이의 거리를 경간으로 가정한 고정보 또는 연속보로 설계할 수 있다.

TIP 뒷부벽식 옹벽의 뒷부벽은 T형보로 설계해야 한다.

62 철근콘크리트가 성립되는 조건으로 틀린 것은?

① 철근과 콘크리트 사이의 부착강도가 크다.
② 철근과 콘크리트의 탄성계수가 거의 같다.
③ 철근은 콘크리트 속에서 녹이 슬지 않는다.
④ 철근과 콘크리트의 열팽창계수가 거의 같다.

TIP 철근과 콘크리트의 탄성계수는 차이가 크다.

63 경간이 12m인 대칭 T형보에서 양쪽의 슬래브 중심 간 거리가 2.0m, 플랜지의 두께가 300mm, 복부의 폭이 400mm일 때 플랜지의 유효폭은?

① 2,000mm ② 2,500mm
③ 3,000mm ④ 5,200mm

TIP T형보의 플랜지 유효폭은 다음 중 최솟값으로 한다.
$16t_f + b_w = 5,200\text{mm}$
양쪽 슬래브의 중심간 거리 : 2,000mm
보경간의 1/4 : 3,000mm

ANSWER 59.① 60.① 61.① 62.② 63.①

64 콘크리트의 크리프에 대한 설명으로 틀린 것은?

① 고강도 콘크리트는 저강도 콘크리트보다 크리프가 크게 일어난다.
② 콘크리트가 놓이는 주위의 온도가 높을수록 크리프 변형은 크게 일어난다.
③ 물-시멘트비가 큰 콘크리트는 물-시멘트비가 작은 콘크리트보다 크리프가 크게 일어난다.
④ 일정한 응력이 장시간 계속하여 작용하고 있을 때 변형이 계속 진행되는 현상을 말한다.

TIP 고강도 콘크리트는 저강도 콘크리트보다 크리프가 적게 일어난다.

65 그림과 같은 단순지지 보에서 긴장재는 C점에 150mm의 편차에 직선으로 배치되고 1,000kN으로 긴장되었다. 보에는 120kN의 집중하중이 C점에 작용한다. 보의 고정하중은 무시할 때 C점에서의 휨모멘트는 얼마인가? (단, 긴장재의 경사가 수평압축력에 미치는 영향 및 자중은 무시한다.)

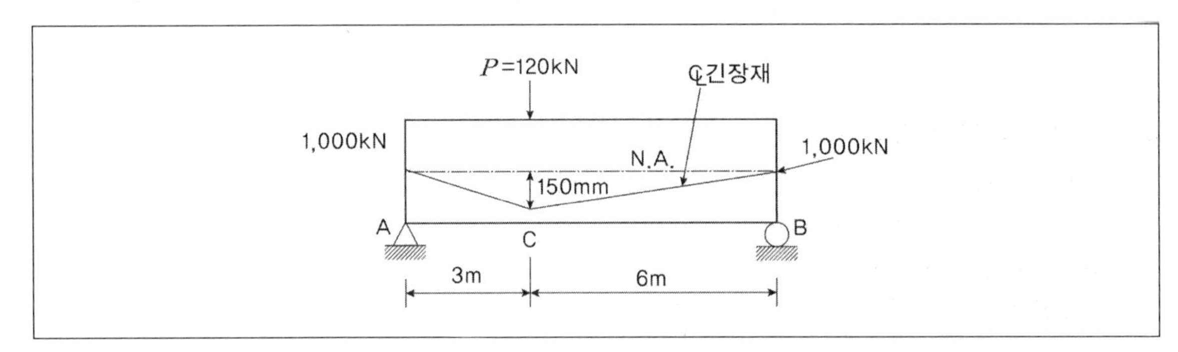

① -150kN · m
② 90kN · m
③ 240kN · m
④ 390kN · m

TIP $\sum M_B = 0 : V_A \times 9 - 120 \times 6 = 0,\ V_A = 80\text{kN}(\uparrow)$

(1) 외력($P=120$kN)에 의한 C점의 단면력

$\sum F_y = 0 : 80 - S_c' = 0,\ S_c = 80\text{kN}$

$\sum M_c = 0 : 80 \times 3 - M_c' = 0,\ M_c' = 240\text{kN} \cdot \text{m}$

(2) 프리스트레싱력($P_i = 1{,}000$kN)에 의한 C점의 단면력

$P_x = P \cdot \cos\theta = P_i = 1{,}000\text{kN}$

$P_y = P \cdot \sin\theta = 1{,}000 \times \dfrac{0.15}{\sqrt{3^2 + 0.15^2}} = 50\text{kN}$

$M_P = P_x \cdot e = 1{,}000 \times 0.15 = 150\text{kN} \cdot \text{m}$

(3) 외력과 프리스트레싱력에 의한 C점의 단면력

$A_c = P_x = 1{,}000\text{kN},\ S_c = S_c' - P_y = 30\text{kN}$

$M_c = M_c' - M_p = 240 - 150 = 90\text{kN} \cdot \text{m}$

66 지름 450[mm]인 원형 단면을 갖는 중심축하중을 받는 나선철근 기둥에서 강도 설계법에 의한 축방향 설계축 강도(ϕP_n)는 얼마인가? (단, 이 기둥은 단주이고, $f_{ck}=27[\text{MPa}]$, $f_y=350[\text{MPa}]$, $A_{st}=8-\text{D}22=3{,}096[\text{mm}^2]$이며 압축지배단면이다.)

① 1,166[kN]　　② 1,299[kN]
③ 2,425[kN]　　④ 2,774[kN]

TIP $P_n=\alpha\phi[0.85f_{ck}(A_g-A_{st})+f_y\cdot A_{st}]$

$A_g=\frac{\pi d^2}{4}=\frac{\pi\times 450^2}{4}=159{,}043[\text{mm}^2]$

$A_s=3{,}096[\text{mm}^2]$

$\therefore P_n=0.85\times 0.70[0.85\times 27(159{,}043-3{,}096)+350\times 3{,}096]=2{,}774[\text{kN}]$

67 옹벽의 활동에 대한 저항력은 옹벽에 작용하는 수평력의 최소 몇 배 이상이어야 하는가?

① 1.5배　　② 2.0배
③ 2.5배　　④ 3.0배

TIP 옹벽의 활동에 대한 저항력은 옹벽에 작용하는 수평력의 최소 1.5배 이상이어야 한다.

68 폭(b)이 250mm이고, 전체높이(h)가 500mm인 직사각형 철근콘크리트 보의 단면에 균열을 일으키는 비틀림 모멘트(T_{cr})는 약 얼마인가? (단, 보통중량콘크리트이며, $f_{ck}=28\text{MPa}$이다.)

① 9.8kN · m　　② 11.3kN · m
③ 12.5kN · m　　④ 18.4kN · m

TIP $A_{cp}=b_w\cdot h=250\times 500=125{,}000\text{mm}^2$

$p_{cp}=2(b_w+h)=2\times(250+500)=1{,}500\text{mm}$

$T_{cr}=\frac{1}{3}\sqrt{f_{ck}}\frac{A_{cp}^2}{p_{cp}}=\frac{1}{3}\times\sqrt{28}\times\frac{125{,}000^2}{1{,}500}=18.4\text{kN}\cdot\text{m}$

ANSWER 64.① 65.② 66.④ 67.① 68.④

69 프리스트레스트 콘크리트(PSC)의 균등질 보의 개념(homogeneous beam concept)을 설명한 것으로 옳은 것은?

① PSC는 결국 부재에 작용하는 하중의 일부 또는 전부를 미리 가해진 프리스트레스와 평행이 되도록 하는 개념
② PSC보를 RC보처럼 생각하여, 콘크리트는 압축력을 받고 긴장재는 인장력을 받게 하여 두 힘의 우력 모멘트로 외력에 의한 휨모멘트에 저항시키는 개념
③ 콘크리트에 프리스트레스가 가해지면 PSC부재는 탄성재료로 전환되고 이의 해석은 탄성이론으로 가능하다는 개념
④ PSC는 강도가 크기 때문에 보의 단면을 강재의 단면으로 가정하여 압축 및 인장을 단면전체가 부담 할 수 있다는 개념

TIP PSC의 균등질보의 개념 … 콘크리트에 프리스트레스가 가해지면 PSC부재는 탄성재료로 전환되고 이의 해석은 탄성이론으로 가능하나는 개념

70 철근콘크리트 구조물 설계시 철근 간격에 대한 설명으로 틀린 것은? (단, 굵은 골재의 최대 치수에 관련된 규정은 만족하는 것으로 가정한다.)

① 동일 평면에서 평행한 철근 사이의 수평 순간격은 25[mm] 이상, 또한 철근의 공칭지름 이상으로 하여야 한다.
② 벽체 또는 슬래브에서 휨 주철근의 간격은 벽체나 슬래브 두께의 3배 이하로 하여야 하고, 또한 450[mm] 이하로 하여야 한다.
③ 나선철근과 띠철근이 배근된 압축부재에서 축방향 철근의 순간격은 40[mm] 이상, 또한 철근 공칭 지름의 1.5배 이상으로 하여야 한다.
④ 상단과 하단에 2단 이상으로 배치된 경우 상하 철근은 동일 연직면 내에 배치되어야 하고, 이때 상하 철근의 순간격은 40[mm] 이상으로 하여야 한다.

TIP 상단과 하단에 2단 이상으로 배치된 경우 상하 철근은 동일 연직면 내에 배치되어야 하고, 이때 상하 철근의 순간격은 25[mm] 이상으로 하여야 한다.

71 철근콘크리트 휨부재에서 최소철근비를 규정한 이유로 가장 적당한 것은?

① 부재의 시공 편의를 위해서
② 부재의 사용성을 증진시키기 위해서
③ 부재의 경제적인 단면 설계를 위해서
④ 부재의 급작스런 파괴를 방지하기 위해서

TIP 철근콘크리트 휨부재에서 최소철근비를 규정한 이유는 휨부재의 급작스런 파괴를 방지하기 위함이다.

72 전단철근이 부담하는 전단력 $V_s = 150\text{kN}$일 때 수직스터럽으로 전단보강을 하는 경우 최대 배치간격은 얼마 이하인가? (단, 전단철근 1개의 단면적은 125mm², 횡방향 철근의 설계기준항복강도(f_{yt})는 400MPa, $f_{ck} = 28\text{MPa}$, $b_w = 300\text{mm}$, $d = 500\text{mm}$, 보통중량콘크리트이다.)

① 167mm
② 250mm
③ 333mm
④ 600mm

TIP $V_s = 150\text{kN}$, $\frac{1}{3}\sqrt{f_{ck}}\,b_w d = 264.6\text{kN}$

$V_s \le \frac{1}{3}\sqrt{f_{ck}}\,b_w d$이므로 전단철근의 간격은 다음 중 최솟값으로 한다.

$s \le \frac{d}{2} = \frac{500}{2} = 250\text{mm}$, $s \le 600\text{mm}$

따라서 전단철근의 간격은 $s \le \frac{A_v f_{yt} d}{V_s} = 333.3\text{mm}$

73 압축 이형철근의 겹침이음길이에 대한 설명으로 옳은 것은? (단, d_b는 철근의 공칭직경)

① 어느 경우에나 압축 이형철근의 겹침이음길이는 200mm 이상이어야 한다.
② 콘크리트의 설계기준압축강도가 28MPa 미만인 경우는 규정된 겹침이음길이를 1/5 증가시켜야 한다.
③ f_y가 500MPa 이하인 경우는 $0.72 f_y d_b$ 이상, f_y가 500MPa을 초과할 경우는 $(1.3 f_y - 24) d_b$ 이상이어야 한다.
④ 서로 다른 크기의 철근을 압축부에서 겹침이음하는 경우, 이음길이는 크기가 큰 철근의 정착길이와 크기가 작은 철근의 겹침이음길이 중 큰 값 이상이어야 한다.

TIP ① 압축 이형철근의 겹침이음길이는 300mm 이상이어야 한다. (정착길이의 경우가 200mm 이상이어야 함에 유의)
② 콘크리트의 설계기준압축강도가 21MPa 미만인 경우는 규정된 겹침이음길이를 1/3 증가시켜야 한다.
③ f_y가 400MPa 이하인 경우는 $0.72 f_y d_b$ 이상, f_y가 400MPa을 초과할 경우는 $(1.3 f_y - 24) d_b$ 이상이어야 한다.

ANSWER 69.③ 70.④ 71.④ 72.② 73.④

74 2방향 슬래브의 설계에서 직접설계법을 적용할 수 있는 제한조건으로 틀린 것은?

① 각 방향으로 3경간 이상이 연속되어야 한다.
② 슬래브 판들은 단변 경간에 대한 장변 경간의 비가 2 이하인 직사각형이어야 한다.
③ 각 방향으로 연속한 받침부 중심간 경간 차이는 긴 경간의 1/3 이하이어야 한다.
④ 모든 하중은 연직하중으로 슬래브 판 전체에 등분포이고, 활하중은 고정하중의 3배 이상이어야 한다.

TIP 2방향 슬래브의 설계 시 직접설계법을 적용하려면 모든 하중은 연직하주응로서 슬래브판 전체에 등분포되어야 하며 활하중은 고정하중의 2배 이하여야 한다.

75 아래 그림과 같은 보의 단면에서 표피철근의 간격 s는 최대 얼마 이하로 하여야 하는가? (단, 건조환경에 노출되는 경우로서, 표피철근의 표면에서 부재 측면까지의 최단거리(c_c)는 40mm, $f_{ck}=24\text{MPa}$, $f_y=50\text{MPa}$이다.)

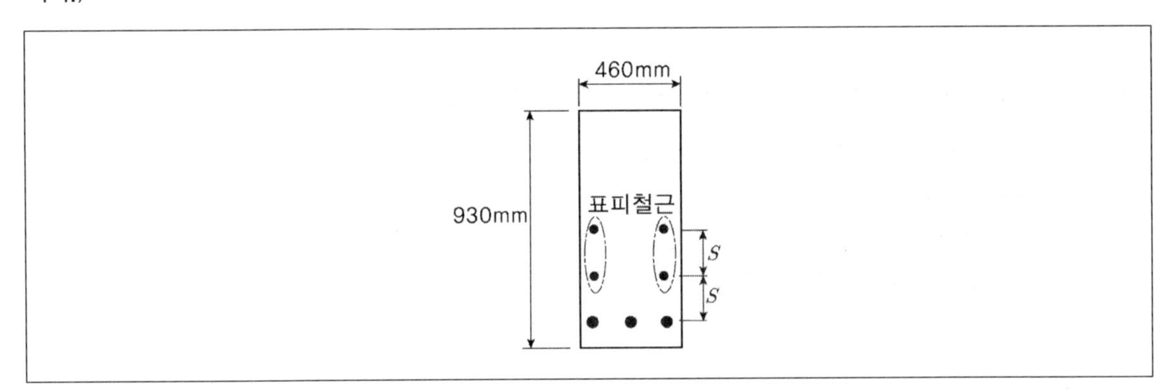

① 330mm
② 340mm
③ 350mm
④ 360mm

TIP $k_{cr}=210$ (건조환경 : 280, 그 외의 환경 : 210)

$$f_s=\frac{2}{3}f_y=\frac{2}{3}\times 400=266.7\text{MPa}$$

$$S_1=375\left(\frac{k_{cr}}{f_s}\right)=2.5C_c=375\times\left(\frac{210}{266.7}\right)-2.5\times 50=170.3\text{mm}$$

$$S_2=300\left(\frac{k_{cr}}{f_s}\right)=300\times\left(\frac{210}{266.7}\right)=236.2\text{mm}$$

$$S=[S_1, S_2]_{\min}=170.3\text{mm}$$

76 강판형(Plate Girder) 복부(Web) 두께의 제한이 규정되어 있는 가장 큰 이유는?

① 시공상의 난이 ② 좌굴의 방지
③ 공비의 절약 ④ 자중의 경감

TIP 복부 두께를 제한하는 것은 좌굴을 방지하고자 하는 것이 주 목적이다.

77 프리스트레스 손실 원인 중 프리스트레스 도입 후 시간의 경과에 따라 생기는 것이 아닌 것은?

① 콘크리트의 크리프
② 콘크리트의 건조수축
③ 정착 장치의 활동
④ 긴장재 응력의 릴렉세이션

TIP 프리스트레스의 손실원인
- 도입 시 발생하는 손실 : PS강재의 마찰, 콘크리트 탄성변형, 정착 장치의 활동
- 도입 후 손실 : 콘크리트의 건조수축, PS강재의 릴랙세이션, 콘크리트의 크리프

78 강합성 교량에서 콘크리트 슬래브와 강(鋼)주형 상부 플랜지를 구조적으로 일체가 되도록 결합시키는 요소는?

① 볼트 ② 접착제
③ 전단연결재 ④ 합성철근

TIP 강합성 교량에서 콘크리트 슬래브와 강(鋼)주형 상부 플랜지를 구조적으로 일체가 되도록 결합시키는 요소는 전단연결재이다.

79 리벳으로 연결된 부재에서 리벳이 상·하 두 부분으로 절단되었다면 그 원인은?

① 리벳의 압축파괴 ② 리벳의 전단파괴
③ 연결부의 인장파괴 ④ 연결부의 지압파괴

TIP 리벳이 상하 두 부분으로 절단이 되는 것은 전단력에 의해 전단파괴가 일어난 것이다.

ANSWER 74.④ 75.③ 76.② 77.③ 78.③ 79.②

80 강도 설계에 있어서 강도감소계수(ϕ)의 값으로 틀린 것은?

① 전단력 : 0.75
② 비틀림모멘트 : 0.75
③ 인장지배단면 : 0.85
④ 포스트텐션 정착구역 : 0.75

TIP 포스트텐션 정착구역에서 강도감소계수는 0.85이다.

제5과목 토질 및 기초

81 흙의 포화단위중량이 20kN/m³인 포화점토층을 45° 경사로 8m를 굴착하였다. 흙의 강도정수 $C_u = 65\text{kN/m}^2$, $\phi = 0$이다. 다음 그림과 같은 파괴면에 대한 사면의 안전율을 구하면?

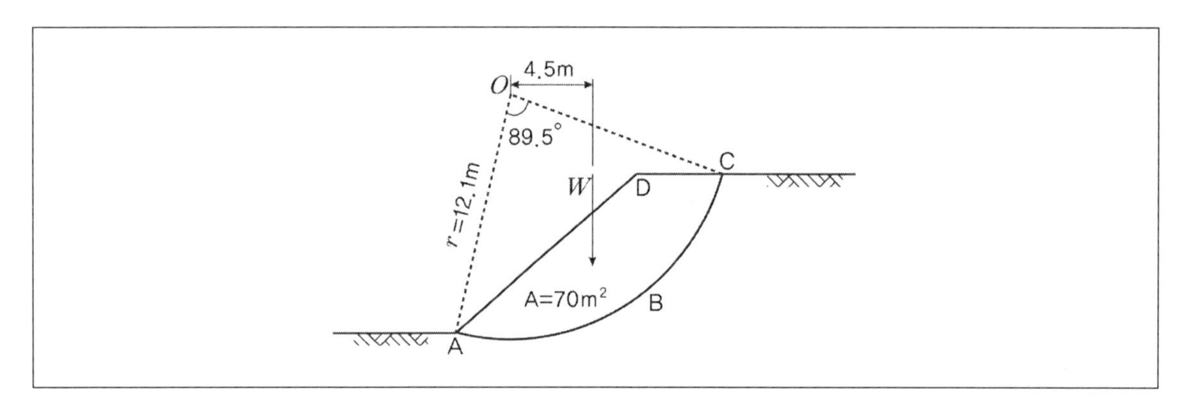

① 4.72
② 4.21
③ 2.67
④ 2.36

TIP 원호 활동면 안전율

$$F = \frac{저항M}{활동M} = \frac{C \cdot l \cdot R}{A \cdot \gamma \cdot L} = \frac{6.5 \times \left(2 \times \pi \times 12.1 \times \frac{89.5^o}{360^o}\right) \times 12.1}{70 \times 2 \times 4.5} = 2.36$$

82 통일분류법에 의한 분류기호와 흙의 성질을 표현한 것으로 틀린 것은?

① SM : 실트 섞인 모래
② GC : 점토 섞인 자갈
③ CL : 소성이 큰 무기질 점토
④ GP : 입도분포가 불량한 자갈

TIP CL은 소성이 낮은 무기질 점토이다.

※ 통일분류법에 의한 분류
- *GW* : 입도분포 양호한 자갈 또는 모래혼합토
- *GP* : 입도분포 불량한 자갈 또는 모래혼합토
- *GM* : 실트질 자갈, 자갈모래실트혼합토
- *GC* : 점토질 자갈, 자갈모래점토혼합토
- *SW* : 입도분포가 양호한 모래 또는 자갈 섞인 모래
- *SP* : 입도분포가 불량한 모래 또는 자갈 섞인 모래
- *SM* : 실트질모래, 실트 섞인 모래
- *SC* : 점토질모래, 점토 섞인 모래
- *ML* : 무기질점토, 극세사, 암분, 실트 및 점토질세사
- *CL* : 저 · 중소성의 무기질점토, 자갈 섞인 점토, 모래 섞인 점토, 실트 섞인 점토, 점성이 낮은 점토
- *OL* : 저소성 유기질실트, 유기질 실트 점토
- *MH* : 무기질실트, 운모질 또는 규조질세사 또는 실트, 탄성이 있는 실트
- *CH* : 고소성 무기질점토, 점성많은 점토
- *OH* : 중 또는 고소성 유기질점토
- *Pt* : 이탄토 등 기타 고유기질토

83 다음 중 연약점토지반 개량공법이 아닌 것은?

① 프리로딩(Pre-loading) 공법
② 샌드 드레인(Sand drain) 공법
③ 페이퍼 드레인(Paper drain) 공법
④ 바이브로 플로테이션(Vibro flotation) 공법

TIP 바이브로 플로테이션 공법은 진동다짐에 의한 공법으로서 사질토에 적용할 수 있는 공법이다.

공법	적용되는 지반	종류
다짐공법	사질토	동압밀 공법, 다짐말뚝 공법, 폭파다짐법, 바이브로 컴포져 공법, 바이브로 플로테이션 공법
압밀공법	점성토	선하중재하 공법, 압성토 공법, 사면선단재하 공법
치환공법	점성토	폭파치환 공법, 미끄럼치환 공법, 굴착치환 공법
탈수 및 배수공법	점성토	샌드드레인 공법, 페이퍼드레인 공법, 생석회말뚝 공법
	사질토	웰포인트 공법, 깊은우물 공법
고결공법	점성토	동결 공법, 소결 공법, 약액주입 공법
혼합공법	사질토, 점성토	소일시멘트 공법, 입도조정법, 화학약제혼합 공법

ANSWER 80.④ 81.④ 82.③ 83.④

84 그림과 같은 지반에 재하순간 수주(水柱)가 지표면으로 부터 5m이었다. 20% 압밀이 일어난 후 지표면으로 부터 수주의 높이는? (단, 물의 단위중량은 $9.81kN/m^3$이다.)

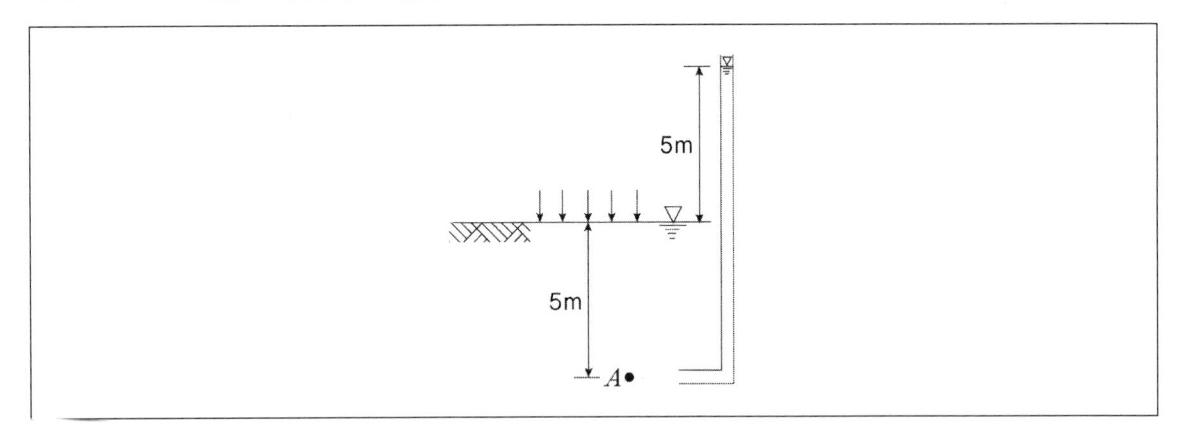

① 1m ② 2m
③ 3m ④ 4m

TIP 순간하중 재하 전의 공극수압 $u = \gamma_w \times h = 1 \times 5 = 5[t/m^2]$

20%압밀이 일어났을 때의 과잉간극수압 $U = \dfrac{u_i - u_e}{u_i} \times 100$식에 따라 $u_e = \left(1 - \dfrac{U}{200}\right) \times u_1 = \left(1 - \dfrac{20}{100}\right) \times 5 = 4[t/m^2]$

85 내부마찰각이 30°, 단위중량이 $18kN/m^3$인 흙의 인장균열 깊이가 3m일 때 점착력은?

① $15.6kN/m^2$ ② $16.7kN/m^2$
③ $17.5kN/m^2$ ④ $18.1kN/m^2$

TIP $Z_c = \dfrac{2c}{r}\tan\left(45^\circ + \dfrac{\phi}{2}\right)$, $3 = \dfrac{2c}{18}\tan\left(45^\circ + \dfrac{30^\circ}{2}\right)$

점착력 $c = 15.6[kN/m^2]$

86 일반적인 기초의 필요조건으로 틀린 것은?

① 침하를 허용해서는 안 된다.
② 지지력에 대해 안정해야 한다.
③ 사용성, 경제성이 좋아야 한다.
④ 동해를 받지 않는 최소한의 근입깊이를 가져야 한다.

TIP 기초는 상부에서 작용하는 하중에 의해 침하가 발생할 수 밖에 없으며 이러한 침하 중 허용한계 이내의 침하는 허용을 할 수 있다.

87 흙 속에 있는 한 점의 최대 및 최소 주응력이 각각 $200kN/m^2$ 및 $100kN/m^2$일 때 최대 주응력면과 30°를 이루는 평면상의 전단응력을 구한 값은?

① $10.5kN/m^2$
② $21.5kN/m^2$
③ $32.3kN/m^2$
④ $43.3kN/m^2$

TIP 수직응력

$$\sigma = \frac{\sigma_1 - \sigma_3}{2}\cos 2\theta + \frac{\sigma_1 + \sigma_3}{2} = \frac{200-100}{2}\cos 60^\circ + \frac{200+100}{3} = 125$$

전단응력 $\tau = \frac{\sigma_1 - \sigma_3}{2}\sin 2\theta = \frac{200-100}{2}\sin 60^\circ = 25\sqrt{3} = 43.301[kN/m^2]$

88 토립자가 둥글고 입도분포가 양호한 모래지반에서 N치를 측정한 결과 N=19가 되었을 경우, Dunham의 공식에 의한 이 모래의 내부마찰각은?

① 20°
② 25°
③ 30°
④ 35°

TIP $\phi = \sqrt{12N} + 20 = \sqrt{12 \times 19} + 20 = 35^\circ$

※ Dunham 내부마찰각 산정공식

- 토립자가 모나고 입도분포가 양호한 경우 : $\phi = \sqrt{12N} + 25$
- 토립자가 모나고 입도분포가 불량한 경우 : $\phi = \sqrt{12N} + 20$
- 토립자가 모나고 입도분포가 양호한 경우 : $\phi = \sqrt{12N} + 20$
- 토립자가 모나고 입도분포가 불량한 경우 : $\phi = \sqrt{12N} + 15$

ANSWER 84.④ 85.① 86.① 87.④ 88.④

89 그림과 같은 지반에 대해 수직방향 등가투수계수를 구하면?

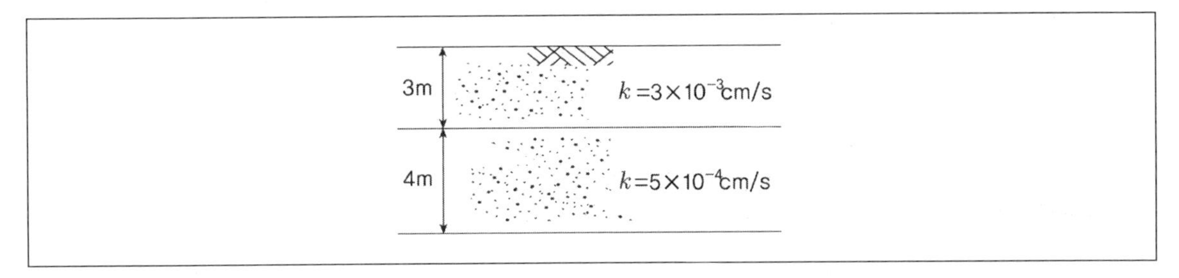

① 3.89×10^{-4}cm/s
② 7.78×10^{-4}cm/s
③ 1.57×10^{-3}cm/s
④ 3.14×10^{-3}cm/s

TIP 수직방향 등가투수계수는

$$K_v=\frac{H}{\frac{H_1}{K_1}+\frac{H_2}{K_2}}=\frac{300+400}{\frac{300}{3\times10^{-3}}+\frac{400}{5\times10^{-4}}}=7.78\times10^{-4}[\text{cm/sec}]$$

90 다음 중 동상에 대한 대책으로 틀린 것은?

① 모관수의 상승을 차단한다.
② 지표부근에 단열재료를 매립한다.
③ 배수구를 설치하여 지하수위를 낮춘다.
④ 동결심도 상부의 흙을 실트질 흙으로 치환한다.

TIP 실트질의 흙은 모관현상이 강하게 작용하므로 동상에 매우 좋지 않다.

91 흙의 다짐곡선은 흙의 종류나 입도 및 다짐에너지 등의 영향으로 변한다. 흙의 다짐 특성에 대한 설명으로 바르지 않은 것은?

① 세립토가 많을수록 최적함수비는 증가한다.
② 점토질 흙은 최대건조단위중량이 작고 사질토는 크다.
③ 일반적으로 최대건조단위중량이 큰 흙일수록 최적함수비도 커진다.
④ 점성토는 건조측에서 물을 많이 흡수하므로 팽창이 크고 습윤측에서는 팽창이 작다.

TIP 일반적으로 최대건조단위중량이 큰 흙일수록 최적함수비는 작아지게 된다.

92 현장에서 채취한 흙 시료에 대하여 아래 조건과 같이 압밀시험을 실시하였다. 이 시료에 320kPa의 압밀압력을 가했을 때, 0.2cm의 최종 압밀침하가 발생되었다면 압밀이 완료된 후 시료의 간극비는? (단, 물의 단위중량은 9.81kN/m^{3}이다.)

- 시료의 단면적(A) : 30cm^2
- 시료의 초기 높이(H) : 2.6cm
- 시료의 비중(G_s) : 2.5
- 시료의 건조중량(W_s) : 1.18N

① 0.125　② 0.385
③ 0.500　④ 0.625

TIP $V = A \cdot H = 30 \times 2.6 = 78\text{cm}^3$

$\gamma_d = \frac{W}{V} = \frac{120}{78} = 1.54\text{g/cm}^3$

$\gamma_d = \frac{G_s}{1+e}\gamma_w$ 이므로 $1.54 = \frac{2.5}{1+e} \times 1$

$e = 0.62$

압밀침하량 $\triangle H = \frac{e_1 - e_2}{1+e_1} \cdot H$

$0.2 = \frac{0.62 - e_2}{1+0.62} \times 2.6$

압밀이 완료된 후 시료의 간극비 $e_2 = 0.5$

93 노상토 지지력비(CBR)시험에서 피스톤 2.5mm 관입될 때와 5.0mm 관입될 때를 비교한 결과, 관입량 5.0mm에서 CBR이 더 큰 경우 CBR 값을 결정하는 방법으로 옳은 것은?

① 그대로 관입량 5.0mm일 때의 CBR 값으로 한다.
② 2.5mm 값과 5.0mm 값의 평균을 CBR 값으로 한다.
③ 5.0mm 값을 무시하고 2.5mm 값을 표준으로 하여 CBR 값으로 한다.
④ 새로운 공시체로 재시험을 하며, 재시험 결과도 5.0mm 값이 크게 나오면 관입량 5.0mm일 때의 CBR 값으로 한다.

TIP 노상토 지지력비(CBR)시험에서 피스톤 2.5mm 관입될 때와 5.0mm 관입될 때를 비교한 결과, 관입량 5.0mm에서 CBR이 더 큰 경우 새로운 공시체로 재시험을 하며, 재시험 결과도 5.0mm 값이 크게 나오면 관입량 5.0mm일 때의 CBR 값으로 한다.

ANSWER　89.②　90.④　91.③　92.③　93.④

94 다음 중 사운딩 시험이 아닌 것은?

① 표준관입시험
② 평판재하시험
③ 콘 관입시험
④ 베인 시험

TIP 사운딩(Sounding)이란 지중에 저항체를 삽입하며 토층의 성상을 파악하는 현장시험으로서 표준관입시험, 콘 관입시험, 베인 시험 등이 있다.
평판재하시험은 사운딩에 속하지 않으며 지내력시험에 속한다.

95 단면적이 $100cm^2$, 길이 30cm인 모래 시료에 대하여 정수두 투수시험을 실시하였다. 이때 수두차가 50cm, 5분 동안 집수된 물이 $350cm^3$이었다면 이 시료의 투수계수는?

① 0.001cm/s
② 0.007cm/s
③ 0.01cm/s
④ 0.07cm/s

TIP $Q = A \cdot v \cdot t = 100 \times (Ki) \times (5 \times 60) = 100 \times K \times \frac{50}{30} \times 300 = 350$
$K = 0.007[cm/sec]$

96 아래와 같은 조건에서 AASHTO분류법에 따른 군지수(GI)는?

- 흙의 액성한계 : 45%
- 흙의 소성한계 : 25%
- 200번체 통과율 : 50%

① 7
② 10
③ 13
④ 16

TIP $a = P_{NO.200} - 35 = 50 - 35 = 15$
$b = P_{NO.200} - 15 = 50 - 15 = 35$
$c = W_L - 40 = 45 - 40 = 5$
$d = I_p - 10 = (45 - 25) - 10 = 10$
군지수 $G.I = 0.2a + 0.005ac + 0.01bd = 0.2 \times 15 + 0.005 \times 15 \times 5 + 0.01 \times 35 \times 10 = 6.875 \fallingdotseq 7$
$P_{NO.200}$: 200체의 통과량, W_L : 액성한계, I_p : 소성지수

97 점토층 지반 위에 성토를 급속히 하려고 한다. 성토 직후에 있어서 이 점토의 안정성을 검토하는데 필요한 강도정수를 구하는 가장 합리적인 시험은?

① 비압밀 비배수시험(UU-test)
② 압밀 비배수시험(CU-test)
③ 압밀 배수시험(CD-test)
④ 투수시험

TIP 비압밀비배수시험에 관한 설명이다.

㉠ **압밀 배수시험**(장기안정해석) : 포화시료에 구속응력을 가해 압밀시킨 다음 배수가 허용되도록 밸브를 열어 놓고 공극수압이 발생하지 않도록 서서히 축차응력을 가해 시료를 전단파괴시키는 시험이다. 과잉수압이 빠져나가는 속도보다 더 느리게 시공을 하여 완만하게 파괴가 일어나도록 하는 시험이다.

㉡ **압밀 비배수시험**(중기안정해석) : 포화시료에 구속응력을 가해 공극수압이 0이 될 때까지 압밀시킨 다음 비배수 상태로 축차응력을 가해 시료를 전단파괴시키는 시험이다. 어느 정도 성토를 시켜놓고 압밀이 이루어지게 한 후 몇 개월 후에 다시 성토를 하면 압밀이 다시 일어나도록 한 시험이다.

㉢ **비압밀 비배수시험**(단기안정해석) : 시료 내의 공극수가 빠져 나가지 못하도록 한 상태에서 구속압력을 가한 다음 비배수 상태로 축차응력을 가해 시료를 전단파괴시키는 시험이다. 포화점토가 성토 직후에 급속한 파괴가 예상되는 조건으로 행하는 시험이다.

98 연속 기초에 대한 Terzaghi의 극한지지력 공식은 $q_u = cN_c + 0.5\gamma_1 BN_r + \gamma_2 D_f N_q$로 나타낼 수 있다. 아래 그림과 같은 경우 극한지지력 공식의 두 번째 항의 단위중량(γ_1)의 값은? (단, 물의 단위중량은 9.81kN/m³이다.)

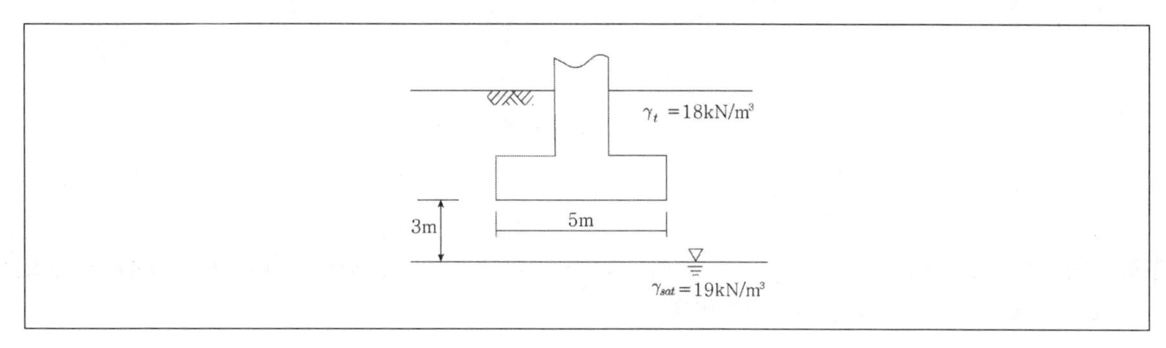

① 14.48kN/m³
② 16.00kN/m³
③ 17.45kN/m³
④ 18.20kN/m³

TIP 지하수위의 영향(지하수위가 기초바닥면 아래에 위치한 경우) 기초폭 B와 지하수위까지의 거리 d의 비교하여

$B \le d$: 지하수위의 영향이 없음으로 간주

$B > d$: 지하수위의 영향을 고려해야 함

즉, 기초폭 $B = 5\text{m} >$ 지하수위까지의 거리 $d = 3\text{m}$이므로

단위중량 $\gamma_1 = \gamma_{ave} = \gamma_{sub} + \frac{d}{B}(\gamma_t - \gamma_{sub})$

$\gamma_1 = (19 - 9.81) + \frac{3}{5}(18 - (19 - 9.81)) = 14.48[\text{kN/m}^3]$

ANSWER 94.② 95.② 96.① 97.① 98.①

99 점토 지반에 있어서 강성 기초의 접지압 분포에 대한 설명으로 옳은 것은?

① 접지압은 어느 부분이나 동일하다.
② 접지압은 토질에 관계없이 일정하다.
③ 기초의 모서리 부분에서 접지압이 최대가 된다.
④ 기초의 중앙 부분에서 접지압이 최대가 된다.

TIP 점토 지반의 강성 기초 접지압 분포도를 살펴보면 다음과 같다.
㉠ 접지압 분포는 곡선형상을 나타낸다.
㉡ 접지압은 토질에 따라 변한다.
㉢ 기초의 중앙 부분에서 접지압은 최소가 된다.
점토지반의 강성기초는 기초 중앙부분에서 최소응력이 발생한다.

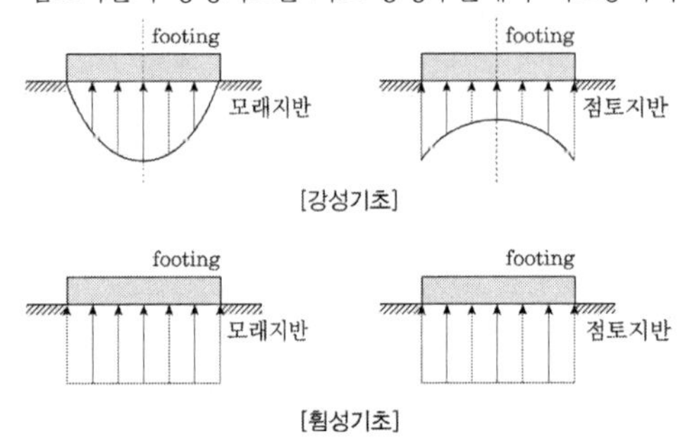

[강성기초]
[휨성기초]

100 토질시험 결과 내부마찰각이 30°, 점착력이 50kN/m^2, 간극수압이 800kN/m^2, 파괴면에 작용하는 수직응력이 3,000kN/m^{2}일 때 이 흙의 전단응력은?

① 1,270kN/m^2
② 1,320kN/m^2
③ 1,580kN/m^2
④ 1,950kN/m^2

TIP $\tau = C + \sigma' \tan\phi$이므로
$\tau = C + (\sigma - u)\tan\phi = 50 + (3,000 - 800)\tan 30° = 1,320[\mathrm{kN/m^2}]$

제6과목 상하수도공학

101 수원으로부터 취수된 상수가 소비자까지 전달되는 일반적 상수도의 구성순서로 옳은 것은?

① 도수 → 송수 → 정수 → 배수 → 급수
② 송수 → 정수 → 도수 → 급수 → 배수
③ 도수 → 정수 → 송수 → 배수 → 급수
④ 송수 → 정수 → 도수 → 배수 → 급수

TIP 수원지에서부터 각 가정까지의 상수계통도는 도수→정수→송수→배수→급수이다.

102 하수관의 접합방법에 관한 설명으로 틀린 것은?

① 관중심접합은 관의 중심을 일치시키는 방법이다.
② 관저접합은 관의 내면하부를 일치시키는 방법이다.
③ 단차접합은 지표의 경사가 급한 경우에 이용되는 방법이다.
④ 관정접합은 토공량을 줄이기 위하여 평탄한 지형에 많이 이용되는 방법이다.

TIP 관정접합은 관의 내면 상단부를 일치시키는 접합법으로서 굴착의 깊이가 증가하게 되어 토공량이 많아지게 되므로 공사비가 증대가 된다.

103 계획오수량을 결정하는 방법에 대한 설명으로 틀린 것은?

① 지하수량은 1일1인최대오수량의 20% 이하로 한다.
② 생활오수량의 1일1인최대오수량은 1일1인최대급수량을 감안하여 결정한다.
③ 계획1일평균오수량은 계획1일최소오수량의 1.3~1.8배를 사용한다.
④ 합류식에서 우천 시 계획오수량은 원칙적으로 계획시간최대오수량의 3배 이상으로 한다.

TIP 계획1일평균오수량은 계획1일최대오수량의 70~80%를 표준으로 한다.

ANSWER 99.③ 100.② 101.③ 102.④ 103.③

104 하수 배제방식의 특징에 관한 설명으로 틀린 것은?

① 분류식은 합류식에 비해 우천시 월류의 위험이 크다.
② 합류식은 단면적이 크기 때문에 검사, 수리 등에 유리하다.
③ 합류식은 분류식(2계통 건설)에 비해 건설비가 저렴하고 시공이 용이하다.
④ 분류식은 강우초기에 노면의 오염물질이 포함된 세정수가 직접 하천 등으로 유입된다.

TIP 합류식은 분류식에 비해 우천 시 월류의 위험이 크다.

105 호수의 부영양화에 대한 설명으로 틀린 것은?

① 부영양화는 정체성 수역의 상층에서 발생하기 쉽다.
② 부영양화된 수원의 상수는 냄새로 인하여 음료수로 부적당하다.
③ 부영양화로 식물성 플랑크톤의 번식이 증가되어 투명도가 저하된다.
④ 부영양화로 생물활동이 활발하여 깊은 곳의 용존산소가 풍부하다.

TIP 부영양화가 발생하면 용존산소가 부족해진다.

106 하수관로시설의 유량을 산출할 때 사용하는 공식으로 옳지 않은 것은?

① Kutter 공식
② Janssen 공식
③ Manning 공식
④ Hazen-Williams 공식

TIP Jassen 공식은 지하매설관에 가해지는 토압을 산정하는 공식이다.
Manning 공식은 Kutter의 조도계수보다 이후에 제안되었다.

107 하수처리장 유입수의 SS농도는 200mg/L이다. 1차 침전지에서 30% 정도가 제거되고, 2차 침전지에서 85%의 제거효율을 갖고 있다. 하루 처리용량이 3,000[m^3/d]일 때 방류되는 총 SS량은?

① 63kg/d
② 2,800g/d
③ 6,300kg/d
④ 6,300mg/d

TIP 1차 침전지에서의 처리 후 잔류 SS농도는 200mg/L−200mg/L×0.3=140mg/L
2차 침전지 처리 후 잔류 SS농도는 140mg/L−140mg/L×0.85=21mg/L
방류가 되는 총 SS량은 21×10^{-3}kg/$m^3\times3,000m^3$/day=63kg/day

108 상수도관의 관종 선정 시 기본으로 해야 하는 사항으로 틀린 것은?

① 매설조건에 적합해야 한다.
② 매설환경에 적합한 시공성을 지녀야 한다.
③ 내압보다는 외압에 대해 안전해야 한다.
④ 관 재질에 의해 물이 오염될 우려가 없어야 한다.

TIP 상수관로는 내압과 외압 모두 안전해야 하나 외부압보다는 우선적으로 내압부터 고려해야 한다.

109 하수도 계획에서 계획우수량 산정과 관계가 없는 것은?

① 배수면적 ② 설계강우
③ 유출계수 ④ 집수관로

TIP 집수관로 자체는 계획우수량 산정과 직접적인 연관이 있다고 볼 수 없다. 계획우수량을 산정하기 위해서는 배수면적, 설계강우, 유출계수 등이 고려된다.

110 먹는 물의 수질기준 항목에서 다음 특성을 가지고 있는 수질기준항목은?

- 수질기준은 10mg/L를 넘지 아니할 것
- 하수, 공장폐수, 분뇨 등과 같은 오염물의 유입에 의한 것으로 물의 오염을 추정하는 지표항목
- 유아에게 청색증 유발

① 불소 ② 대장균군
③ 질산성질소 ④ 과망간산칼륨 소비량

TIP 질산성질소
- 유기물 중의 질소 화합물이 산화 분해하여 무기화한 최종 산물이다. 과거의 유기오염 정도를 나타내는 데 쓰이며, 상수도의 수질 기준에서는 10ppm이 한도치로 정해져 있다.
- 하수, 공장폐수, 분뇨 등과 같은 오염물의 유입에 의한 것으로 물의 오염을 추정하는 지표항목이다.
- 유아에게 청색증을 유발한다. (청색증 : 입술과 피부가 암청색을 띠는 상태로서 오염된 물속에 포함된 질산염(NO_3)이 혈액 속의 헤모글로빈과 결합해 산소 공급을 어렵게 해서 나타나는 질병이다.)

ANSWER 104.① 105.④ 106.② 107.① 108.③ 109.④ 110.③

111 관의 길이가 1,000m이고, 지름이 20cm인 관을 지름 40cm의 등치관으로 바꿀 때 등치관의 길이는? (단, Hazen-Williams 공식을 사용한다.)

① 2,924.2m
② 5,924.2m
③ 1,9242.6m
④ 29,242.6m

TIP $L_2 = L_1\left(\frac{D_2}{D_1}\right)^{4.87} = 1{,}000 \times \left(\frac{40}{20}\right)^{4.87} = 29{,}242.6[m]$

112 폭기조의 MLSS농도 2,000[mg/L], 30분간 정치시킨 후 침전된 슬러지 체적이 300[mL/L]일 때 SVI는?

① 100
② 150
③ 200
④ 250

TIP 슬러지용량지표(SVI)는 반응조 내 혼합액을 30분간 정체시킨 경우 1g의 활성슬러지 부유물질이 포함하는 용적을 mL로 표시한 것이며 정상적으로 운전되는 반응조의 SVI는 50~150범위이다. 이 값은 슬러지밀도(SDI)의 역수에 100을 곱한 값으로서 포기시간, BOD농도, 수온 등에 영향을 받는다.

$SVI = \frac{100}{SDI} = \frac{\overline{V}}{C} \times 1{,}000 = \frac{300}{2{,}000} \times 1{,}000 = 150$

113 유출계수가 0.6이고 유역면적 $2km^2$에 강우강도 200mm/h의 강우가 있었다면 유출량은? (단, 합리식을 사용한다.)

① $24.0[m^3/s]$
② $66.7[m^3/s]$
③ $240[m^3/s]$
④ $667[m^3/s]$

TIP 합리식 $Q = \frac{1}{3.6}CIA = \frac{1}{3.6} \times 0.6 \times 200 \times 2 = 66.67m^3/sec$

114 정수지에 대한 설명으로 틀린 것은?

① 정수지 상부는 반드시 복개해야 한다.
② 정수지의 유효수심은 3~6m를 표준으로 한다.
③ 정수지의 바닥은 저수위보다 1m 이상 낮게 해야 한다.
④ 정수지란 정수를 저류하는 탱크로 정수시설로는 최종단계의 시설이다.

TIP 정수지의 바닥은 저수위보다 15cm 이상 낮게 해야 한다.

115 합류식 관로의 단면을 결정하는데 중요한 요소로 옳은 것은?

① 계획우수량
② 계획1일평균오수량
③ 계획시간최대오수량
④ 계획시간평균오수량

TIP 합류식 관로 단면결정 시에는 시간최대오수량과 계획우수량을 함께 고려하는 것이 일반적이지만 계획우수량을 가장 우선적으로 고려한다.

116 혐기성 소화법과 비교할 때 호기성 소화법의 특징으로 옳은 것은?

① 최초시공비 과다
② 유기물 감소율 우수
③ 저온시의 효율 향상
④ 소화슬러지의 탈수 불량

TIP 호기성 소화는 소화슬러지의 탈수가 불량하다.

※ 호기성 소화의 특징

- 처리된 소화슬러지에서 악취가 나지 않는다.
- 상징수의 BOD 농도가 낮다.
- 폭기를 위한 동력 때문에 유지관리비가 많이 든다.
- 수온이 낮을 때에는 처리효율이 떨어진다.
- 최초 시공비용이 적게 든다.
- 유기물의 감소율이 낮다.
- 저온시의 효율이 저하된다.
- 소화슬러지의 탈수가 불량하다.

소화의 방법	호기성 소화	혐기성 소화
처리수질	처리수 수질이 양호함	처리수 수질이 좋지 않음
냄새	슬러지의 냄새가 없음	슬러지의 냄새가 많음
비료가치	비료가치가 큼	비료가치가 작음
시설비	시설비가 적게 듬	시설비가 많이 듬
적합조건	저농도 슬러지에 적합	고농도 슬러지에 적합

ANSWER 111.④ 112.② 113.② 114.③ 115.① 116.④

117 정수처리 시 염소소독 공정에서 생성될 수 있는 유해물질은?

① 유기물
② 암모니아
③ 환원성 금속이온
④ THM(트리할로메탄)

TIP 트리할로메탄(THM)은 염소처리 공정에서 발생하는 발암물질이다. (전염소처리 : 침전지 이전에 미리 염소를 뿌려 철, 망간, 암모니아성 질소 등을 제거하는 방법이다.)

118 정수시설 내에서 조류를 제거하는 방법 중 약품으로 조류를 산화시켜 침전처리 등으로 제거하는 방법에 사용되는 것은?

① Zeolite
② 황산구리
③ 과망간산칼륨
④ 수산화나트륨

TIP 작은 연못에서 조류의 과도한 생장을 막을 수 있는 가장 일반적인 수단은 황산구리($CuSO_4$)를 투여하는 것이다. 많은 양의 조류가 나타나기 전인 이른 봄철에 황산구리를 투여하는 것이 바람직하다.
※ 부영양화라는 용어는 "영양분이 풍부하게 공급되었다"라고 하는 그리스어에서 유래한 것으로서 하천이나 호소에 있어 영양염류가 적은 빈 영양 상태에서 각종 오염물질의 유입으로 영양염류가 많아지게 되어 조류(algae)가 많아지게 되고 투명도가 낮아지게 되는데 이와 같이 빈영양에서 부영양으로 변화하는 현상을 말한다.

119 병원성미생물에 의해 오염되거나 오염될 우려가 있는 경우, 수도꼭지에서의 유리잔류염소는 몇 mg/L 이상이 되도록 해야 하는가?

① 0.1mg/L
② 0.4mg/L
③ 0.6mg/L
④ 1.8mg/L

TIP 병원성미생물에 의해 오염되거나 오염될 우려가 있는 경우, 수도꼭지에서의 유리잔류염소는 0.4mg/L 이상이어야 한다.

120 배수관의 갱생공법으로 기존 관내의 세척(Cleaning)을 수행하는 일반적인 공법으로 옳지 않은 것은?

① 제트(jet) 공법
② 실드(shield) 공법
③ 로터리(rotary) 공법
④ 스크레이퍼(scraper) 공법

TIP **노후된 관의 갱생(세척) 공법** … 제트 공법, 로터리 공법, 스크레이퍼 공법, 에어샌드 공법 등이 있다. 실드(shield) 공법은 터널굴착 공법의 일종이다.

ANSWER 117.④ 118.② 119.② 120.②

06

토목기사

2021년 3회 시행

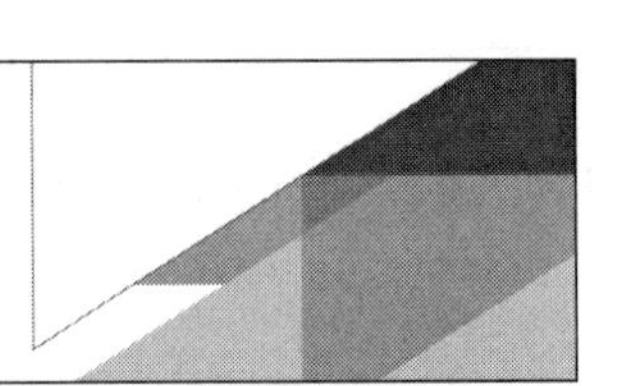

제1과목 응용역학

1 다음 그림과 같은 구조물의 부정정차수는?

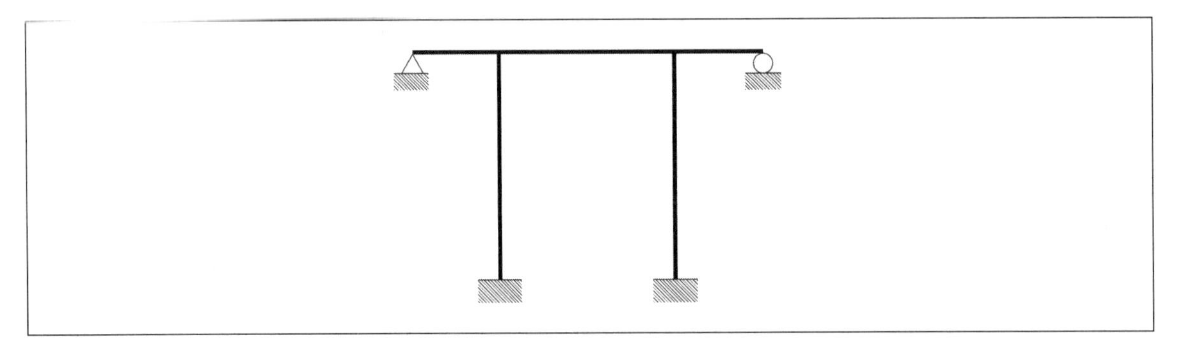

① 6차 부정정
② 5차 부정정
③ 4차 부정정
④ 3차 부정정

TIP $N = r + m + s - 2p = 9 + 5 + 4 - 2 \times 6 = 6$
N : 부정정차수, r : 반력수, m : 부재수, s : 강접합수,
p : 지점 또는 절점수

2 다음 그림과 같은 단면에 600kN의 전단력이 작용할 경우 최대전단응력의 크기는?

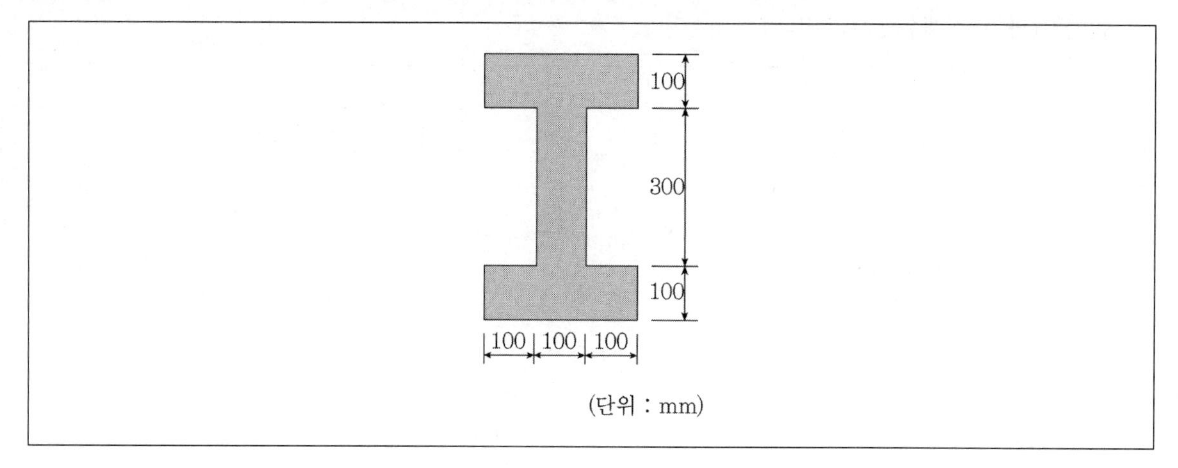

(단위 : mm)

① 12.71MPa

② 15.98MPa

③ 19.83MPa

④ 21.32MPa

TIP

$$\tau_{\max} = \frac{SG}{Ib_{\min}} = \frac{600 \cdot 10^3[N] \cdot 7,125,000}{I_X \cdot 100} = 15.98[\text{MPa}]$$

$$I_X = \frac{300 \cdot 500^3}{12} - \frac{200 \cdot 300^3}{12} = 2,675,000,000[\text{mm}^4]$$

ANSWER 1.① 2.②

3 다음 그림과 같은 30° 경사진 언덕에 40kN의 물체를 밀어올릴 때 필요한 힘 P는 최소 얼마 이상이어야 하는가? (단, 마찰계수는 0.25이다.)

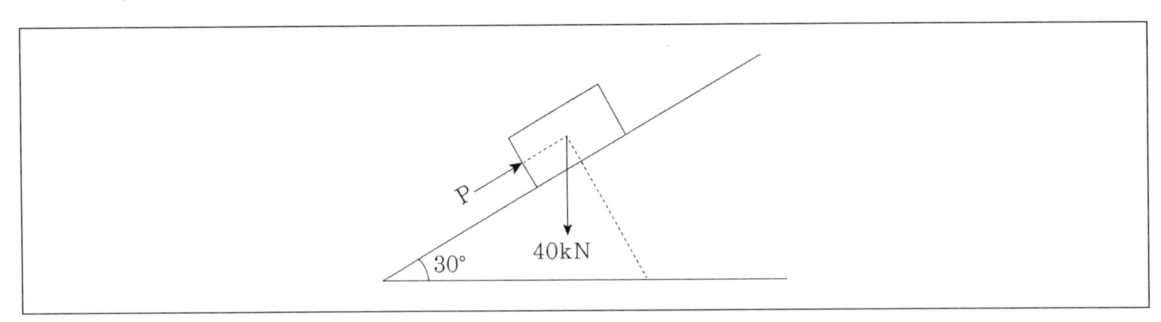

① 28.7kN
② 30.2kN
③ 34.7kN
④ 40.0kN

TIP 경사면에 대한 수직항력의 크기 : $40\cos 30^o$
물체를 밀어올리는 힘에 대한 마찰력 : $\mu 40\cos 30^o = 5\sqrt{3}$
경사면 방향에 대한 분력의 크기 : $40\sin 30^o = 20$
$P \geq 20 + 5\sqrt{3} = 28.66$이어야 한다.

4 다음 그림과 같은 인장부재의 수직변위를 구하는 식으로 바른 것은? (단, 탄성계수는 E이다.)

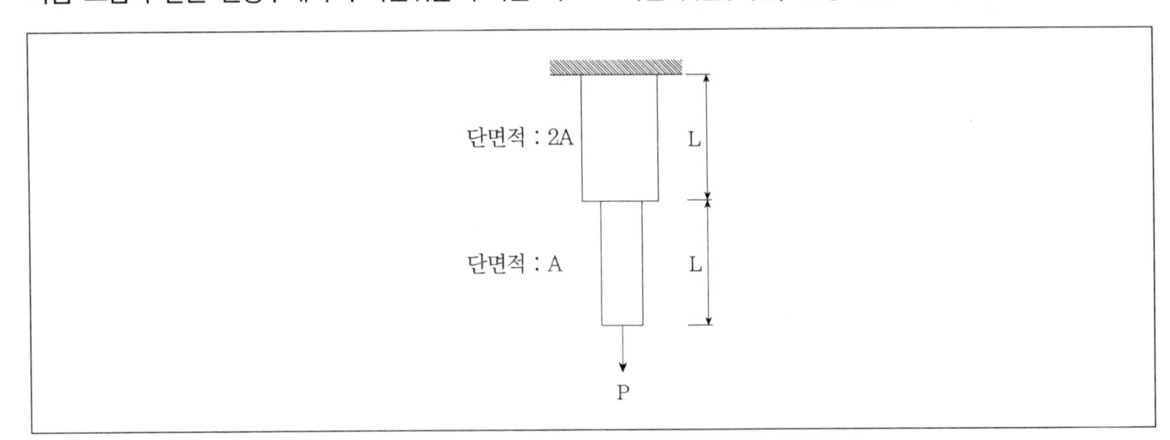

① $\dfrac{PL}{EA}$
② $\dfrac{3PL}{2EA}$
③ $\dfrac{2PL}{EA}$
④ $\dfrac{5PL}{2EA}$

TIP $\delta = \delta_{AB} + \delta_{BC} = \dfrac{PL}{2EA} + \dfrac{PL}{EA} = \dfrac{3PL}{2EA}$

5 다음 그림과 같은 사다리꼴 단면에서 X-X' 축에 대한 단면 2차 모멘트 값은?

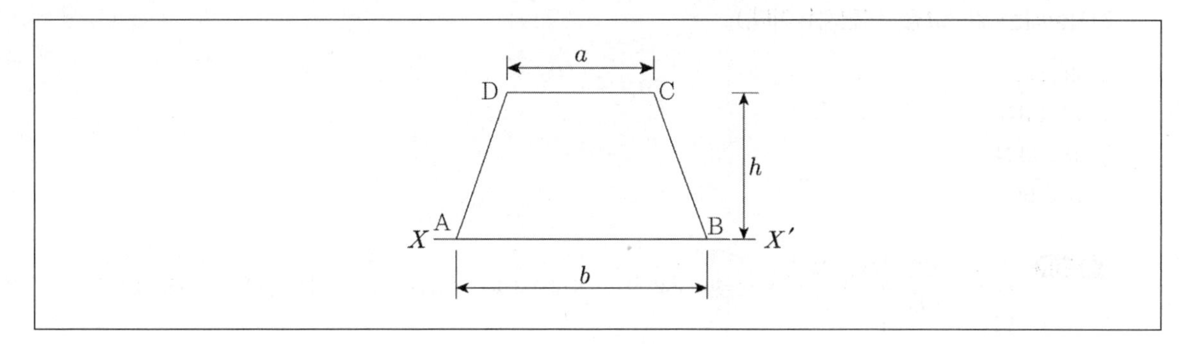

① $\frac{h^3}{12}(b+3a)$ ② $\frac{h^3}{12}(b+2a)$

③ $\frac{h^3}{12}(3b+a)$ ④ $\frac{h^3}{12}(2b+a)$

TIP $I_X = \frac{(b-a)h^3}{12} + \frac{ah^3}{3} = \frac{h^3}{12}(3a+b)$

6 다음 그림과 같은 단순보에서 C~D구간의 전단력 값은?

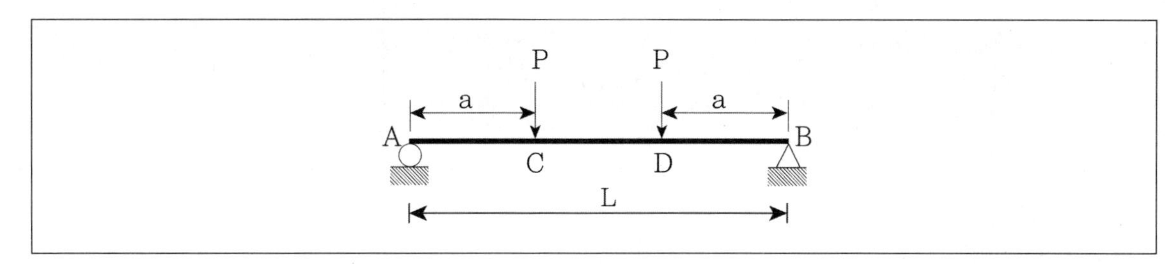

① P ② 2P

③ 0.5P ④ 0

TIP 전단력 선도를 그리면 다음과 같으며 C~D구간에서 전단력은 0이 된다.

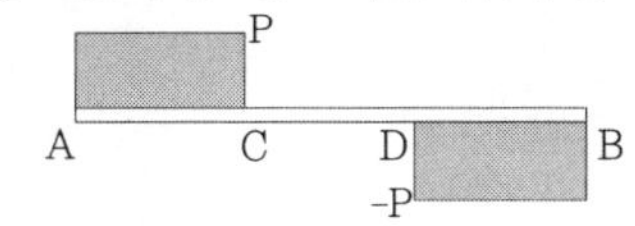

ANSWER 3.① 4.② 5.① 6.④

7 단면이 100mm×200mm인 장주의 길이가 3m일 때 이 기둥의 좌굴하중은? (단, 기둥의 E=2.0×10^4MPa, 지지상태는 일단고정, 타단자유이다.)

① 45.8kN
② 91.4kN
③ 182.8kN
④ 365.6kN

TIP $P_{cr}=\dfrac{\pi^2 EI_{\min}}{(KL)^2}=\dfrac{n\pi^2 EI_{\min}}{L^2}$ 이며 일단고정 타단자유이므로 K=2.0이 된다. 문제에서 주어진 조건을 대입하면

$$P_{cr}=\frac{\pi^2 EI_{\min}}{(KL)^2}=\frac{\pi^2\cdot 2.0\cdot 10^4[\text{MPa}]\cdot \dfrac{200\cdot 100^3}{12}}{(2.0\cdot 3000\text{mm})^2}=91.385[\text{kN}]$$

8 다음 그림과 같은 기둥에서 좌굴하중의 비 (a) : (b) : (c) : (d)는? (단, EI와 기둥의 길이는 모두 같다.)

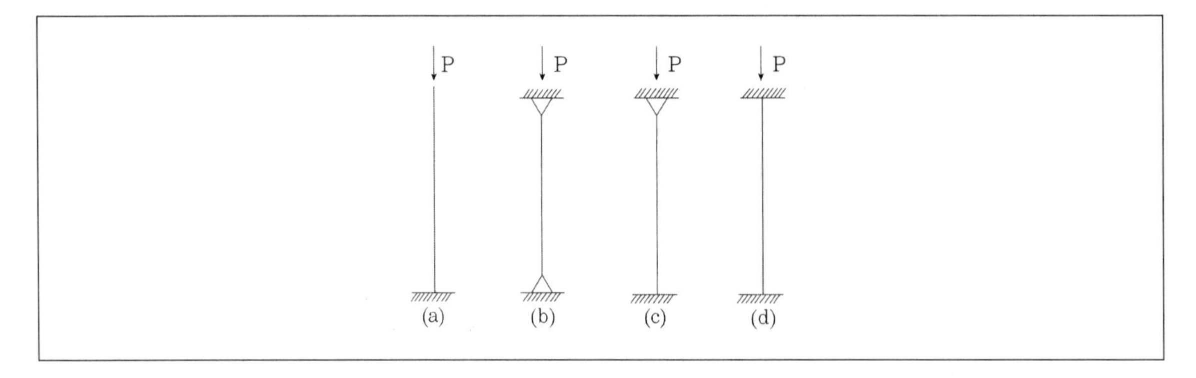

① 1 : 2 : 3 : 4
② 1 : 4 : 8 : 12
③ 1 : 4 : 8 : 16
④ 1 : 8 : 16 : 32

TIP $P_{(a)}:P_{(b)}:P_{(c)}:P_{(d)}=1:4:8:16$

※ 좌굴하중의 기본식(오일러의 장주공식)

- $P_{cr}=\dfrac{\pi^2 EI}{(KL)^2}=\dfrac{n\pi^2 EI}{L^2}$
- EI : 기둥의 휨강성
- L : 기둥의 길이
- K : 기둥의 유효길이 계수
- KL(l_k로도 표시함) : 기둥의 유효좌굴길이 (장주의 처짐곡선에서 변곡점과 변곡점 사이의 거리)
- n : 좌굴계수(강도계수, 구속계수)

	양단 힌지	1단 고정 1단 힌지	양단 고정	1단 고정 1단 자유
지지상태				
좌굴길이 KL	$1.0L$	$0.7L$	$0.5L$	$2.0L$
좌굴강도	$n=1$	$n=2$	$n=4$	$n=0.25$

9 다음 그림과 같은 2개의 캔틸레버 보에 저장되는 변형에너지를 각각 $U_{(1)}$, $U_{(2)}$라고 할 때 $U_{(1)} : U_{(2)}$의 비는? (단, EI는 일정하다.)

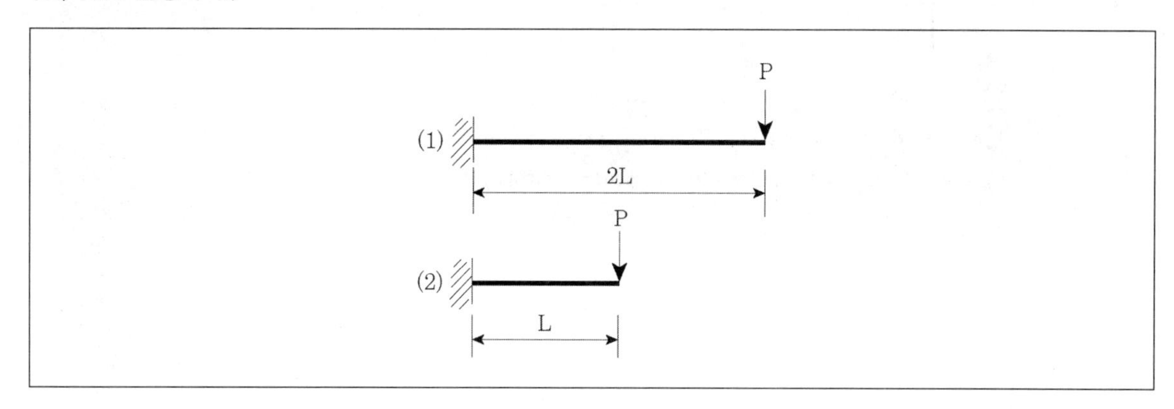

① 2:1
② 4:1
③ 8:1
④ 16:1

TIP $M_x = -(P) \cdot (x) = -P \cdot x$,

$$U = \int \frac{M_x^2}{2EI} dx = \frac{1}{2EI} \int_0^L (-P \cdot x)^2 dx = \frac{P^2 L^3}{6EI}$$

길이의 세제곱에 비례하므로 $U_{(1)} : U_{(2)} = 8:1$이 된다.

ANSWER 7.② 8.③ 9.③

10 다음 그림과 같은 r=4m인 3힌지 원호아치에서 지점 A에서 2m 떨어진 E점에 발생하는 휨모멘트의 크기는?

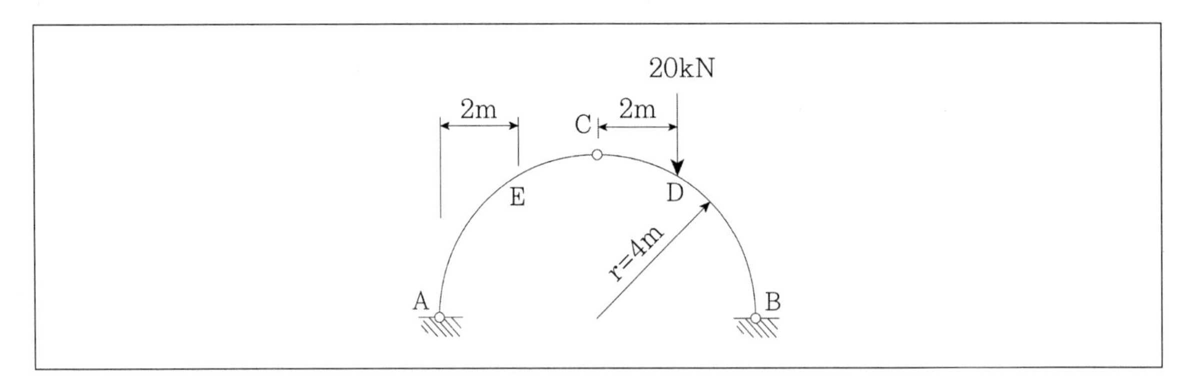

① 6.13kN
② 7.32kN
③ 8.27kN
④ 9.16kN

TIP

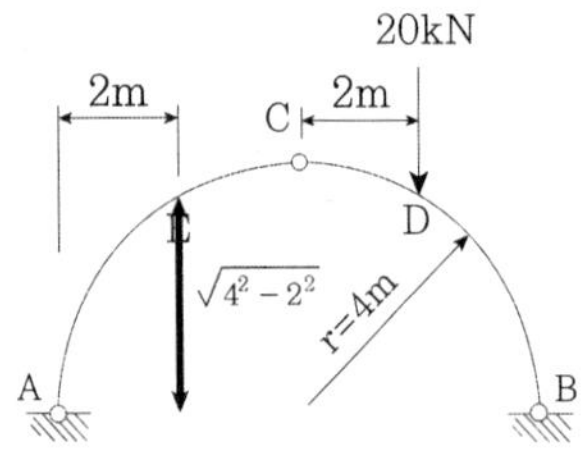

$\sum M_B = 0 : R_A \times 8 - 20 \times 2 = 0,\ R_A = 5[\text{kN}](\uparrow)$

$\sum M_C = 0 : R_A \times 4 - H_A \times 4 = 0,\ H_A = 5[\text{kN}](\rightarrow)$

$M_E = R_A \cdot 2 - H_A \cdot \sqrt{4^2-2^2} = 5 \cdot 10 - 5 \cdot 3.464 = -7.32[\text{kNm}]$

11 다음 그림과 같은 트러스에서 AC부재의 부재력은?

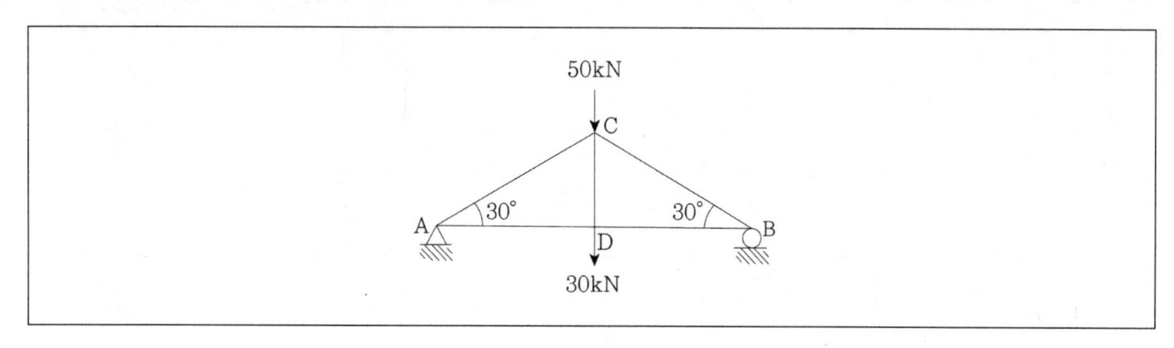

① 인장 40kN
② 압축 40kN
③ 인장 80kN
④ 압축 80kN

TIP △ABC는 이등변 삼각형이므로 $L_{AD}=L_{DB}=L$이라 하면

$\sum M_B=0: V_A\times 2L-(50+30)\times L=0,\ V_A=40[\text{kN}](\uparrow)$

$\sum F_y=0: 40+AC\cdot\sin 30^o=0,\ AC=-80[\text{kN}]$ (−: 압축)

12 다음 그림과 같은 캔틸레버 보에서 C점의 처짐은? (단, EI는 일정하다.)

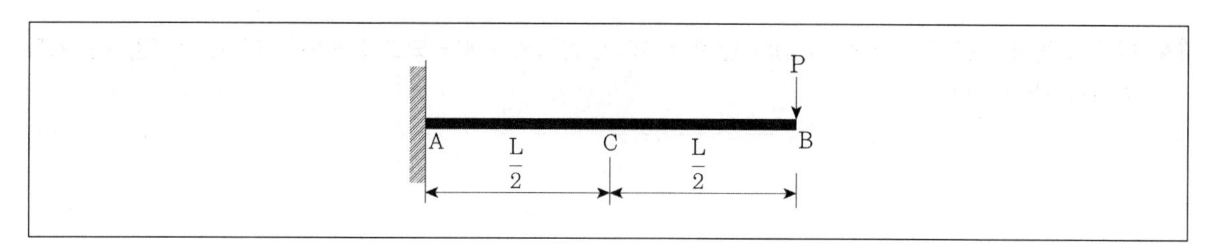

① $\dfrac{PL^3}{24EI}$
② $\dfrac{5PL^3}{24EI}$
③ $\dfrac{PL^3}{48EI}$
④ $\dfrac{5PL^3}{48EI}$

TIP 매우 자주 출제되는 전형적인 공식 암기문제이다. 문제에서 주어진 조건인 경우 C지점의 처짐은 $\dfrac{5PL^3}{48EI}$이 된다.

ANSWER 10.② 11.④ 12.④

13 다음 그림과 같은 부정정구조물에서 B지점의 반력의 크기는? (단, 보의 휨강도 EI는 일정하다.)

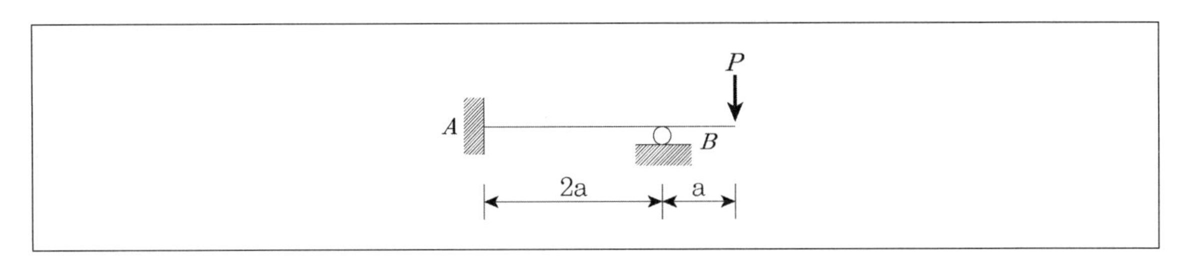

① $\frac{7}{3}P$ ② $\frac{7}{4}P$

③ $\frac{7}{5}P$ ④ $\frac{7}{6}P$

TIP $M_A = \frac{1}{2}M_B = \frac{Pa}{2}$, $M_B = Pa$

$\sum M_A = 0 : \frac{Pa}{2} - R_B \times 2a + P \times 3a = 0$

$R_B = \frac{7}{4}P = 1.75P(\uparrow)$

14 다음 그림과 같은 단순보에서 A점의 반력이 B점의 반력의 2배가 되도록 하는 거리 x는? (단, x는 A점으로부터의 거리이다.)

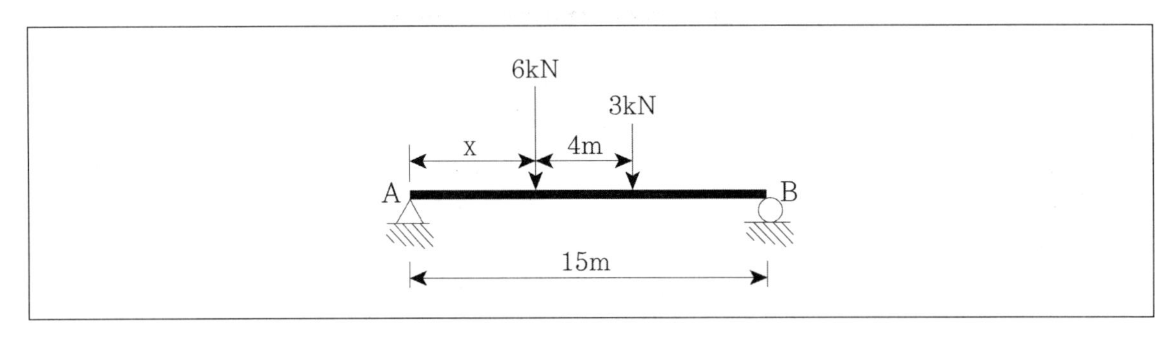

① 1.67m ② 2.67m

③ 3.67m ④ 4.67m

TIP $R_A = 2R_B$, $\sum F_y = 0 : R_A + R_B - 9 = 0$

$(2R_B) + R_B = 9$, $R_B = 3[kN]$

$\sum M_A = 0 : 6 \times X + 3 \times (X+4) - 3 \times 15 = 0$

$X = 3.67\text{m}(\rightarrow)$

15 다음 그림과 같은 단순보에서 B점에 모멘트 M_B가 작용할 때 A점에서의 처짐각은? (단, EI는 일정하다.)

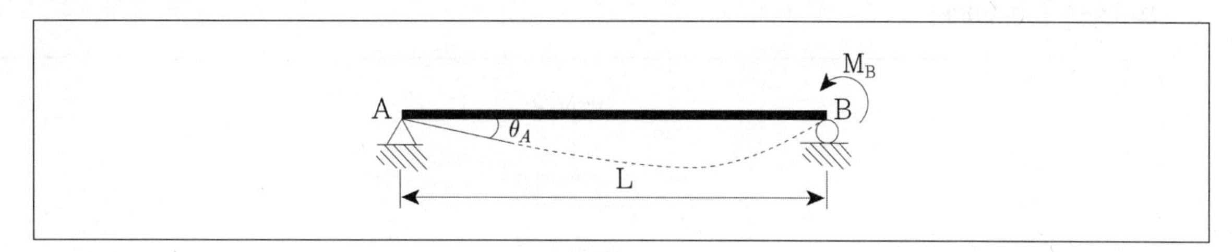

① $\dfrac{M_B L}{2EI}$

② $\dfrac{M_B L}{3EI}$

③ $\dfrac{M_B L}{6EI}$

④ $\dfrac{M_B L}{8EI}$

TIP 매우 자주 출제되는 정형화된 문제이다.

주어진 조건 하에서 A점의 처짐각은 $\dfrac{M_B L}{6EI}$, B점의 처짐각은 $\dfrac{M_B L}{3EI}$이 된다.

16 다음 중 정(+)과 부(−)의 값을 모두 갖는 것은?

① 단면계수

② 단면 2차 모멘트

③ 단면 2차 반지름

④ 단면 상승 모멘트

TIP 단면상승모멘트는 정(+)과 부(−)의 값을 모두 가질 수 있다.

ANSWER 13.② 14.③ 15.③ 16.④

17 다음 그림과 같이 이축응력을 받고 있는 요소의 체적변형률은? (단, 이 요소의 탄성계수는 $E=2\times10^5$MPa, 푸아송비 $v=0.3$이다.)

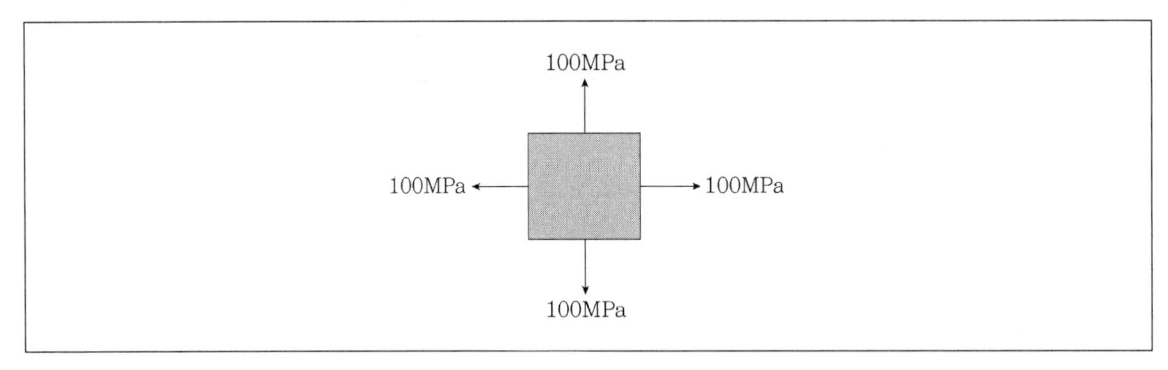

① 3.6×10^{-4}
② 4.0×10^{-4}
③ 4.4×10^{-4}
④ 4.8×10^{-4}

TIP $\varepsilon_v = \frac{1-2\nu}{E}(\sigma_x+\sigma_y+\sigma_z) = \frac{1-2\cdot0.3}{2.0\cdot10^5}(100+100+0)$
$=4.0\times10^{-4}$

18 다음 그림과 같이 구조물의 C점에 연직하중이 작용할 때 AC부재가 받는 힘은?

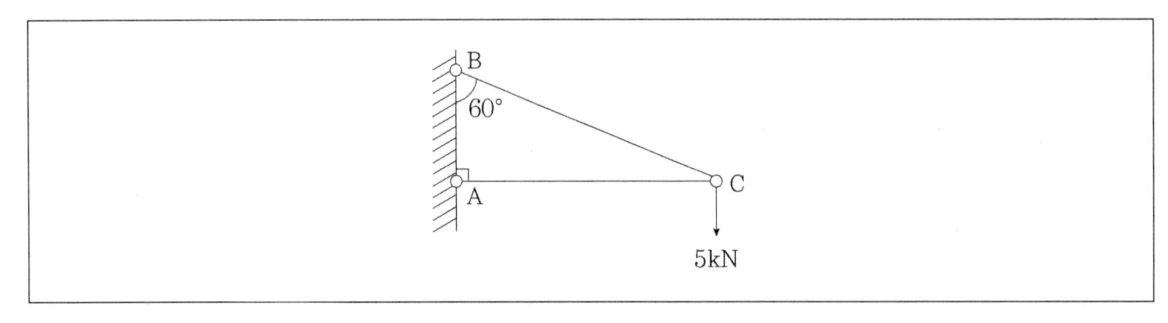

① 2.5kN
② 5.0kN
③ 8.7kN
④ 10.0kN

TIP 절점 C에서 절점법을 사용하여 풀어나간다.
$\sum F_y=0: F_{BC}\cdot\sin30^o-5=0,\ F_{BC}=10$(인장)
$\sum F_x=0: -F_{BC}\cdot\cos30^o-F_{AC}=0$
$F_{AC}=-F_{BC}\cdot\cos30^o=-10\cdot\frac{\sqrt{3}}{2}=-8.66$(−: 압축)

19 다음 그림과 같은 단순보에서 C점에 30kNm의 모멘트가 작용할 경우 A점의 반력은?

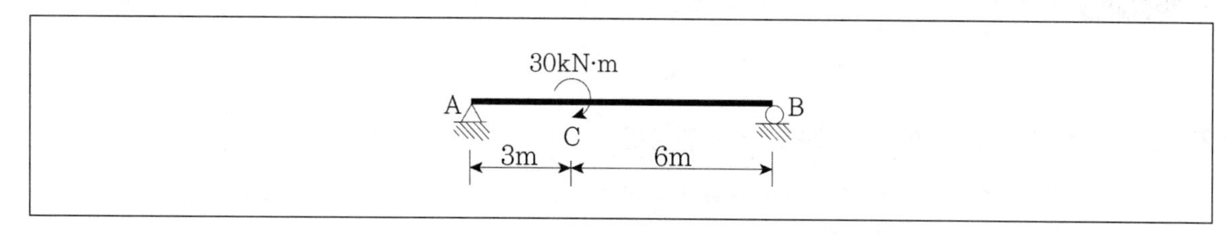

① $\frac{10}{3}kN(\downarrow)$ ② $\frac{10}{3}kN(\uparrow)$

③ $\frac{20}{3}kN(\downarrow)$ ④ $\frac{20}{3}kN(\uparrow)$

TIP $\sum M_A = R_B \cdot 9 - 30 = 0$이며 $R_B = \frac{10}{3}\text{kN}(\uparrow)$이고 수직력이 평형을 이루어야 하므로 $R_A = \frac{10}{3}\text{kN}(\downarrow)$임을 알 수 있다.

20 다음 그림과 같은 하중을 받는 보의 최대전단응력은?

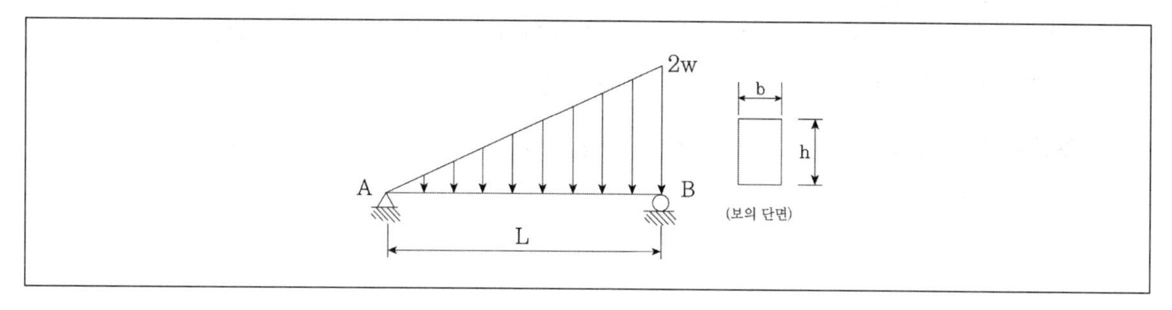

① $\frac{2wL}{3bh}$ ② $\frac{3wL}{2bh}$

③ $\frac{2wL}{bh}$ ④ $\frac{wL}{bh}$

TIP 최대전단력은 B지점에서 발생하며 크기는 $\frac{2wL}{3bh}$이다.

최대전단응력은 단면의 중앙에서 발생하며 평균전단응력의 1.5배이다.

따라서 평균전단응력은 $\tau_{avg.B} = \frac{R_B}{A_B} = \frac{R_B}{bh}$이며 최대전단응력은 $\tau_{\max,B} = 1.5\tau_{avg,B} = 1.5 \cdot \frac{R_B}{bh} = \frac{3}{2} \cdot \frac{2wL}{3bh} = \frac{wL}{bh}$

ANSWER 17.② 18.③ 19.① 20.④

제2과목 **측량학**

21 하천의 심천(측심)측량에 관한 설명으로 틀린 것은?

① 심천측량은 하천의 수면으로부터 하저까지 깊이를 구하는 측량으로 횡단측량과 같이 행한다.
② 측심간(rod)에 의한 심천측량은 보통 수심 5m 정도의 얇은 곳에 사용된다.
③ 측심추(lead)로 관측이 불가능한 깊은 곳은 음향측심기를 이용한다.
④ 심천측량은 수위가 높은 장마철에 하는 것이 효과적이다.

TIP 평균수위란 어떤 기간의 관측수위를 합계한 뒤 관측 회수로 나누어 평균한 수위로 일반적으로 평수위(1년 중 185일 이보다 저하하지 않는 수위)보다 약간 낮고 심천측량의 기준이 된다.

22 트래버스측량의 각 관측방법 중 방위각법에 대한 설명으로 바르지 않은 것은?

① 진북을 기준으로 어느 측선까지 시계방향으로 측정하는 방법이다.
② 방위각법에는 반전법과 부전법이 있다.
③ 각이 독립적으로 관측되므로 오차 발생 시, 개별 각의 오차는 이후의 측량에 영향이 없다.
④ 각 관측값의 계산과 제도가 편리하고 신속히 관측할 수 있다.

TIP 방위각법은 오차 발생 시 이후의 측량에도 영향을 미친다.

23 종단 및 횡단 수준측량에서 중간점이 많은 경우에 가장 편리한 야장기법은?

① 고차식
② 승강식
③ 기고식
④ 간접식

TIP
- 기고식 : 중간점이 많을 때 사용되는 야장기법으로서 완전한 검산을 할 수 없다는 단점이 있다.
- 고차식 : 두 점간의 고저차를 구하는 것이 주목적이고 전시와 후시만 있는 경우 사용되는 야장기입법이다.
- 승강식 : 중간점이 많은 경우 불편하지만 완전한 검산을 할 수 있는 장점이 있는 야장기법이다.

24 일반적으로 단열삼각망으로 구성하기에 가장 적합한 것은?

① 시가지와 같이 정밀을 요하는 골조측량
② 복잡한 지형의 골조측량
③ 광대한 지역의 지형측량
④ 하천조사를 위한 골조측량

TIP 일반적으로 단열삼각망은 하천, 도로와 같이 폭이 좁고 긴 지역의 골조측량에 적합하다.

25 GNSS 측량에 대한 설명으로 바르지 않은 것은?

① 상대측위기법을 이용하면 절대측위보다 높은 측위정확도의 확보가 가능하다.
② GNSS 측량을 위해서는 최소 4개의 가시위성이 필요하다.
③ GNSS 측량을 통해 수신기의 좌표뿐만 아니라 시계오차도 계산할 수 있다.
④ 위성의 고도각(elevation level)이 낮은 경우 상대적으로 높은 측위정확도의 확보가 가능하다.

TIP
- 위성의 고도각이 낮으면 측위정확도가 떨어지는 문제가 발생한다.
- 상대측위는 2점측위라고도 하며 위성에서 오는 전파를 2점에서 받아서 오차를 보정하는 방식으로 이루어진다.
- 절대측위는 1점에서만 받는 방식으로서 정밀도가 상대측위보다 떨어지게 된다.

26 축척 1:5000인 지형도에서 AB 사이의 수평거리가 2cm이면 AB의 경사는?

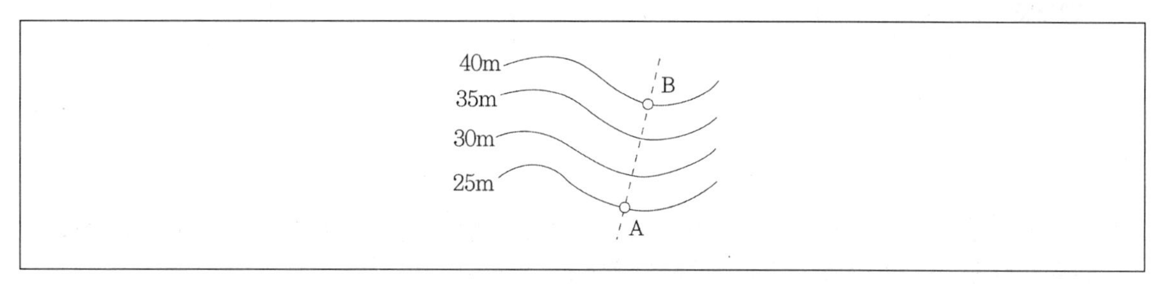

① 10%　　② 15%
③ 20%　　④ 25%

TIP 경사도는 $\frac{40-20}{2 \cdot 5000 \cdot \frac{1}{100}} = 0.15$이므로 15%가 된다.

ANSWER 21.④ 22.③ 23.③ 24.④ 25.④ 26.②

27 A, B 두 점에서 교호수준측량을 실시하여 다음의 결과를 얻었다. A점의 표고가 67.104m일 때 B점의 표고는? (단, a_1=3.756m, a_2=1.572m, b_1=4.995m, b_2=3.209m)

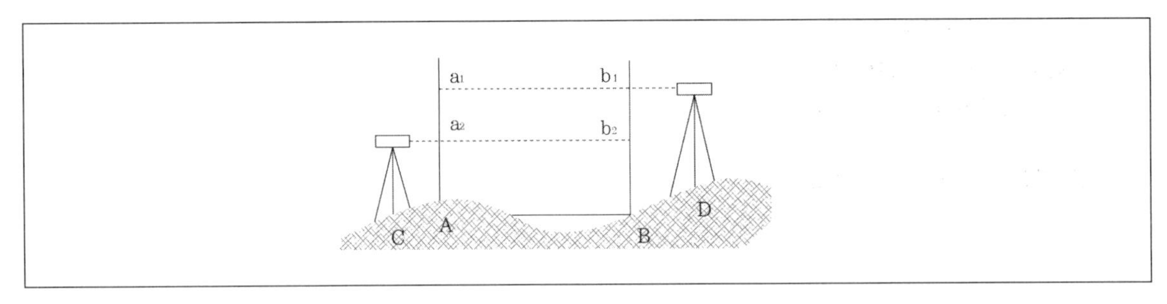

① 64.668m
② 65.666m
③ 68.542m
④ 69.089m

TIP
$$H_B = H_A + \frac{(a_1 - b_1) + (a_2 - b_2)}{2} = 67.104 + \frac{(3.756 - 4.995) + (1.572 - 3.209)}{2} = 65.666[\text{m}]$$

28 폐합트래버스에서 위거의 합이 -0.17m, 경거의 합이 0.22m이고 전 측선의 거리의 합이 252m일 때 폐합비는?

① 1/900
② 1/1000
③ 1/1100
④ 1/1200

TIP
$$\frac{E}{\sum l} = \frac{\sqrt{0.17^2 + 0.22^2}}{252} = \frac{1}{900}$$

29 토탈스테이션으로 각을 측정할 때 기계의 중심과 측점이 일치하지 않아 0.5mm의 오차가 발생하였다면 각 관측 오차를 2초 이하로 하기 위한 관측변의 최소길이는?

① 82.51m
② 51.57m
③ 8.25m
④ 5.16m

TIP
$$\Delta\alpha = 206265''\frac{\Delta l}{l} = 206265'' \times \frac{0.0005}{l} \le 0°0'02''$$
이를 만족하는 $l \le 51.57[\text{m}]$

30 상차라고도 하며 그 크기와 방향(부호)이 불규칙적으로 발생하고 확률론에 의해 추정할 수 있는 오차는?

① 착오
② 정오차
③ 개인오차
④ 우연오차

TIP 우연오차 : 상차라고도 하며 그 크기와 방향(부호)이 불규칙적으로 발생하고 확률론에 의해 추정할 수 있는 오차

31 평판측량에서 거리의 허용오차를 1/500000까지 허용한다면 지구를 평면으로 볼 수 있는 한계는 몇 km인가? (단, 지구의 곡률반지름은 6370km이다.)

① 22.07km
② 31.2km
③ 2207km
④ 3121km

TIP 정도산정식 $\frac{1}{12}\left(\frac{l}{R}\right)^2$의 값이 1/500000 이하여야 하므로 이를 만족하는 $l \leq 22.07[\text{km}]$이다.

32 수준측량과 관련된 용어에 대한 설명으로 바르지 않은 것은?

① 수준면은 각 점들이 중력방향에 직각으로 이루어진 곡면이다.
② 어느 지점의 표고라 함은 그 지역 기준타원체로부터의 수직거리를 말한다.
③ 지구곡률을 고려하지 않는 범위에서는 수준면을 평면으로 간주한다.
④ 지구의 중심을 포함한 평면과 수준면이 교차하는 선이 수준선이다.

TIP 어느 지점의 표고라 함은 수준기준면으로부터 그 지표 위 지점까지의 연직거리를 말한다.

ANSWER 27.② 28.① 29.② 30.④ 31.① 32.②

33 축척 1:20000인 항공사진에서 굴뚝의 변위가 2.0mm이고, 연직점에서 10cm 떨어져 나타났다면 굴뚝의 높이는? (단, 촬영카메라의 초점거리는 15cm이다.)

① 15m
② 30m
③ 60m
④ 80m

TIP $\Delta r = 0.002 = \frac{h}{H}r = \frac{h}{3000}0.1$이므로 $h = 60[\text{m}]$이다.
$(\frac{1}{m} = \frac{1}{20,000} = \frac{f}{H} = \frac{0.15}{3000})$

34 대단위 신도시를 건설하기 위한 넓은 지형의 정지공사에서 토량을 계산하고자 할 때 가장 적합한 방법은?

① 점고법
② 비례중앙법
③ 양단면 평균법
④ 각주공식에 의한 방법

TIP
- **점고법** : 측량구역을 일정한 크기의 사각형이나 삼각형으로 나누고 각 교점의 지반고를 측정한 다음 기준면을 정하고 사각형이나 삼각형 공식으로 체적을 구하는 방법이다. 대단위 신도시, 운동장이나 비행장 등을 건설하기 위한 넓은 지형의 정지공사에서 토량을 계산하고자 할 때 가장 적당한 방법이다.
- **양단면 평균법** : 두 개의 단면적(A1, A2)과 거리(L)만으로 두 단면 사이의 체적(토량)을 구하는 방법이다.

35 곡선반지름이 500m인 단곡선의 종단현이 15.343m이라면 종단현에 대한 편각은?

① $0^o\ 31'\ 37''$
② $0^o\ 43'\ 19''$
③ $0^o\ 52'\ 45''$
④ $1^o\ 04'\ 26''$

TIP $\delta = \frac{L}{2R}rad = \frac{15.343}{2 \cdot 500} \cdot \frac{180^o}{\pi} = 0^o52'44.7''$

36 축척 1:500 도상에서 3변의 길이가 각각 20.5cm, 32.4cm, 28.5cm인 삼각형 지형의 실제면적은?

① $40.70m^2$
② $288.53m^2$
③ $6924.15m^2$
④ $7213.26m^2$

TIP $A=\sqrt{s(s-a)(s-b)(s-c)}$ 이며, $s=\frac{a+b+c}{2}=\frac{20.5+32.4+28.5}{2}=40.7$

$A=\sqrt{40.7(40.7-20.5)(40.7-32.4)(40.7-28.5)}=\sqrt{40.7\cdot 20.2\cdot 8.3\cdot 12.2}\fallingdotseq 288.5305$

$\frac{\text{도면상 면적}}{\text{실제면적}}=\left(\frac{1}{m}\right)^2=\frac{1}{25,000}$

따라서 실제면적은 $288.5305[cm^2]\times 25,000 \fallingdotseq 7213.26m^2$

37 지형의 표시법에서 자연적 도법에 해당하는 것은?

① 점고법
② 등고선법
③ 영선법
④ 채색법

TIP 지형의 표시법

㉠ 자연적 방법
- 태양광이 지표면을 비출 때 생긴 음영의 상태를 이용하여 지표면의 입체감을 나타내는 방법
- 영선법(우모선법) : 기복상태를 최대경사선 방향의 짧은 선을 여러 개 그려서 나타내는 도법
- 음영법(명암법) : 어느 특정한 곳에서 일정한 방향으로 평행선광선을 비출 때 생기는 그림자를 연직방향에서 본 상태로 지료의 기복을 모양으로 표시하는 도법

㉡ 부호적(기호적) 방법
- 일정한 부호를 사용하여 지형을 세부적으로 정확히 나타내는 방법
- 점고법 : 하천, 해양 측량 등에서 '시'로 나타내는 방법
- 채색법 : 연속하는 등고선 사이의 구역을 몇 개의 구역으로, 몇 개의 단계로 구분하여 각 단계에 따라 동일한 색의 농담으로 채색하는 방법
- 등고선법 : 동일 표고를 한 곡선으로 하여 지형의 기복을 나타내는 방법

ANSWER 33.③ 34.① 35.③ 36.④ 37.③

38 완화곡선에 대한 설명으로 바르지 않은 것은?

① 완화곡선의 곡선반지름은 시점에서 무한대, 종점에서 원곡선의 반지름 R이 된다.
② 클로소이드의 형식에는 S형, 복합형, 기본형 등이 있다.
③ 완화곡선의 접선은 시점에서 원호에, 종점에서 직선에 접한다.
④ 모든 클로소이드는 닮은꼴이며 클로소이드 요소에는 길이의 단위를 가진 것과 단위가 없는 것이 있다.

TIP 완화곡선의 접선은 시점에서 직선에, 종점에서 원호에 접한다.

39 측점 A에 토탈스테이션을 정치하고 B점에 설치한 프리즘을 관측하였다. 이 때 기계고 1.7m, 고저각 +15°, 시준고 3.5m, 경사거리가 2000m이었다면 두 측점의 고저차는?

① 512.438m
② 515.838m
③ 522.838m
④ 534.098m

TIP $H_B = H_A + \triangle h = H_A + (I + h - S) = H_A + (1.7 + 2000\sin 15^o - 3.5) = H_A + 515.838[\text{m}]$

40 곡선반지름 R, 교각 I인 단곡선을 설치할 때 각 요소의 계산 공식으로 바르지 않은 것은?

① $M = R(1 - \sin\frac{I}{2})$

② $T.L = R\tan\frac{I}{2}$

③ $C.L = \frac{\pi}{180^o} RI^o$

④ $E = R(\sec\frac{I}{2} - 1)$

TIP 중앙종거 $M = R\left(1 - \cos\frac{I}{2}\right)$이다.

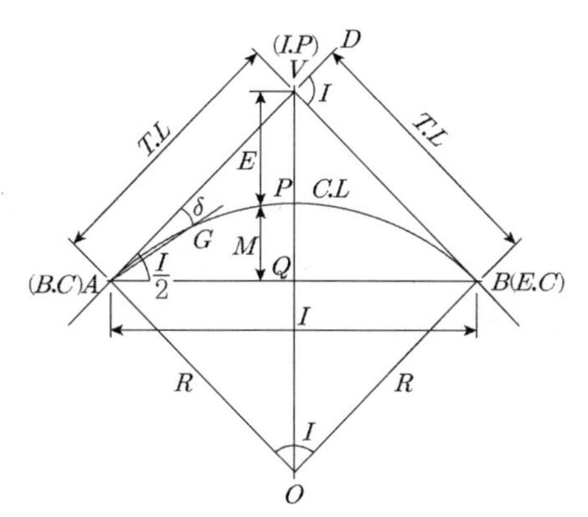

① 교점(I.P) : V
② 곡선시점(B.C) : A
③ 곡선종점(E.C) : B
④ 곡선중점(S.P) : P
⑤ 교각(I.A 또는 I) : $\angle DVB$
　가장 중요한 요소
⑥ 접선길이(T.L) : $\overline{AV} = \overline{BV}$
⑦ 곡선반지름(R) : $\overline{OA} = \overline{OB}$
　가장 먼저 결정해야할 요소
⑧ 곡선길이(C.L) : $\overset{\frown}{AB}$
⑨ 중앙종거(M) : $\overline{PQ}$
⑩ 외할길이(S.L) : $\overline{VP}$
⑪ 현길이(L) : $\overline{AB}$
⑫ 편각(δ) : $\angle VAG$

접선길이 $T.L = R\tan\frac{I}{2}$,

외할 $E = R\left(\sec\frac{I}{2} - 1\right)$,

중앙종거 $M = R\left(1 - \cos\frac{I}{2}\right)$

곡선의 길이 $C.L = 0.0174533RI$, $C.L = R \cdot I^o \cdot \frac{\pi}{180^o}$

시단현의 편각 $\delta_1 = \frac{l_1}{R} \cdot \frac{90^o}{\pi}$ (시단현의 길이 δ_1)

ANSWER 38.③ 39.② 40.①

제3과목 수리학 및 수문학

41 가능최대강수량(PMP)에 대한 설명으로 바른 것은?

① 홍수량 빈도해석에 사용된다.
② 강우량과 장기변동성향을 판단하는데 사용된다.
③ 최대강우강도와 면적관계를 결정하는데 사용된다.
④ 대규모 수공구조물의 설계홍수량을 결정하는데 사용된다.

TIP 가능최대강수량(probable maximum precipitation; PMP)은 특정 유역, 특정 지속기간, 가장 극심한 기상 조건에서 발생 가능한 최대 강수량으로서 대규모 수공구조물의 설계홍수량을 결정하는데 사용된다.

42 수로의 폭이 3m인 직사각형 수로에 수심이 50cm로 흐를 때 흐름이 상류(subcritical flow)가 되는 유량은?

① $2.5\text{m}^3/\text{sec}$　② $4.5\text{m}^3/\text{sec}$
③ $6.5\text{m}^3/\text{sec}$　④ $8.5\text{m}^3/\text{sec}$

TIP

$$Fr = \frac{V}{\sqrt{gh}} = \frac{\frac{Q}{3\times0.5}}{\sqrt{9.8\times0.5}} < 1$$ 이므로 $Q < 3.32$이어야 한다.

$Q = 2.5\text{m}^3/\text{sec}$

43 폭 35cm인 직사각형 위어(weir)의 유량을 측정하였더니 $0.03\text{m}^3/\text{s}$이었다. 월류수심의 측정에 1mm의 오차가 생겼다면 유량에 발생하는 오차는? (단, 유량계산은 프란시스(Francis) 공식을 사용하고 월류 시 단면수축은 없는 것으로 가정한다.)

① 1.16%　② 1.50%
③ 1.67%　④ 1.84%

TIP $Q = 1.84 b_o h^{1.5}$에서 단면수축이 없으므로 $b = b_o$

$$h = \left(\frac{Q}{1.84\cdot b}\right)^{1.5} = \left(\frac{0.03}{1.84\cdot 0.35}\right)^{1.5} = 0.129[\text{m}]$$

$$\frac{dQ}{Q} = \frac{3}{2}\cdot\frac{dh}{h} = \frac{3}{2}\cdot\frac{0.001}{0.129} = 0.0116$$

44 1cm 단위도의 종거가 1, 5, 3, 1이다. 유효강우량이 10mm, 20mm내렸을 때 직접 유출 수문곡선의 종거는? (단, 모든 시간 간격은 1시간이다.)

① 1, 5, 3, 1, 1
② 1, 5, 10, 9, 2
③ 1, 7, 13, 7, 2
④ 1, 7, 13, 9, 2

TIP

10mm	1	5	3	1	
20mm		2	10	6	2
종거	1	7	13	7	2

45 다음 중 도수(hydraulic jump)가 생기는 경우는?

① 사류(射流)에서 사류(射流)로 변할 때
② 사류(射流)에서 상류(上流)로 변할 때
③ 상류(上流)에서 상류(上流)로 변할 때
④ 상류(上流)에서 사류(射流)로 변할 때

TIP 도수(hydraulic jump)는 사류(射流)에서 상류(上流)로 변할 때 발생한다.

46 압력 150kN/m^{2}을 수은기둥으로 계산한 높이는? (단, 수은의 비중은 13.57, 물의 단위중량은 9.81kN/m^{3}이다.)

① 0.905m
② 1.13m
③ 15m
④ 203.5m

TIP $p=150[\text{kN/m}^2]=w_s h=133.12 \cdot h$이므로 h=1.13[m]

수은의 비중은 $13.57=\frac{w_s}{w_w}=\frac{133.12}{9.81}$이므로 수은의 단위중량은 133.12kN/m^{3}이다.

ANSWER 41.④ 42.① 43.① 44.③ 45.② 46.②

47 1차원 정류흐름에서 단위시간에 대한 운동량 방정식은? (단, F는 힘, m은 질량, V_1은 초속도, V_2는 종속도, $\triangle t$는 시간의 변하량, S는 변위, W는 물체의 중량)

① $F = W \cdot S$
② $F = m \cdot \triangle t$
③ $F = m\dfrac{V_2 - V_1}{S}$
④ $F = m(V_2 - V_1)$

TIP $F = ma = m\dfrac{v_2 - v_1}{\Delta t}$ 이므로 $F \cdot \Delta t = m \cdot \Delta v$

따라서 $F = m(V_2 - V_1)$이 된다.

48 지름 4cm, 길이 30cm인 시험원통에 대수층의 표본을 채웠다. 시험원통의 출구에서 압력수두를 15cm로 일정하게 유지할 때 2분 동안 12cm^3의 유출량이 발생하였다면 이 대수층 표본의 투수계수는?

① 0.008cm/s
② 0.016cm/s
③ 0.032cm/s
④ 0.048cm/s

TIP $Q = AV = AKi = AK\dfrac{\Delta h}{L}$ 이므로

$$K = \frac{QL}{hA} = \frac{\frac{12}{2} \cdot \frac{\text{min}}{60\text{sec}} \cdot 30^2}{15 \cdot \frac{\pi \cdot 4^2}{4}} = 0.016[\text{cm/sec}]$$

49 다음 중 부정류 흐름의 지하수를 해석하는 방법은?

① Thesis 방법
② Dupuit 방법
③ Thiem 방법
④ Laplace 방법

TIP 부정류를 해석하는 방법은 Thesis, Jacob, Chow 방법이 있다.

50 안지름 20cm인 관로에서 관의 마찰에 의한 손실수두가 속도수두와 같게 되었다면 이 때 관로의 길이는? (단, 마찰저항계수 f=0.04이다.)

① 3m
② 4m
③ 5m
④ 6m

TIP $h_L = f \cdot \frac{l}{D} \cdot \frac{V^2}{2g} = h_v = \frac{V^2}{2g}$ 이므로 $f \cdot \frac{l}{D} = 0.04 \cdot \frac{l}{0.2} = 1$

따라서 관로의 길이 $l = 5[\mathrm{m}]$

51 관수로에서 관의 마찰손실계수가 0.02, 관의 지름이 40cm일 때 관내 물의 흐름이 100m를 흐르는 동안 2m의 마찰손실수두가 발생하였다면 관내의 유속은?

① 0.3m/s
② 1.3m/s
③ 2.8m/s
④ 3.8m/s

TIP $h_L = f \cdot \frac{l}{D} \cdot \frac{V^2}{2g}$ 이므로, $2 = 0.02 \cdot \frac{100}{0.4} \cdot \frac{V^2}{2 \cdot 9.8}$, 따라서 $V = 2.8[\mathrm{m/s}]$

ANSWER 47.④ 48.② 49.① 50.③ 51.③

52 물이 유량 $Q=0.06m^3/s$로 60도의 경사평면에 충돌할 때 충돌 후의 유량 Q_1, Q_2는? (단, 에너지 손실과 평면의 마찰은 없다고 가정하고 기타 조건은 일정하다.)

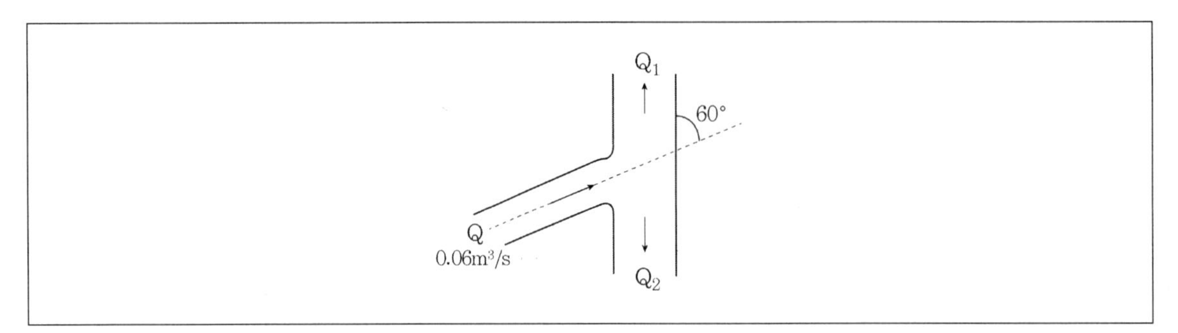

① Q_1 : $0.030m^3/s$, Q_2 : $0.03m^3/s$
② Q_1 : $0.035m^3/s$, Q_2 : $0.025m^3/s$
③ Q_1 : $0.040m^3/s$, Q_2 : $0.020m^3/s$
④ Q_1 : $0.045m^3/s$, Q_2 : $0.015m^3/s$

TIP $Q=Q_1+Q_2$, $Q_1=\frac{Q}{2}+\frac{Q}{2}\cos 60^o$, $Q_2=\frac{Q}{2}-\frac{Q}{2}\cos 60^o$

$Q=0.06$, $Q_1=0.045$, $Q_2=0.015$

53 자연하천의 특성을 표현할 때 이용되는 하상계수에 대한 설명으로 바른 것은?

① 최심하상고와 평형하상고의 비이다.
② 최대유량과 최소유량의 비로 나타낸다.
③ 개수 전과 개수 후의 수심변화량의 비를 말한다.
④ 홍수 전과 홍수 후의 하상 변화량의 비를 말한다.

TIP 하상계수는 최대유량을 최소유량으로 나눈 값이다.

54 탱크 속에 깊이 2m의 물과 그 위에 비중 0.85의 기름이 4m 들어있다. 탱크바닥에서 받는 압력을 구한 값은? (단, 물의 단위중량은 9.81kN/m^{3}이다.)

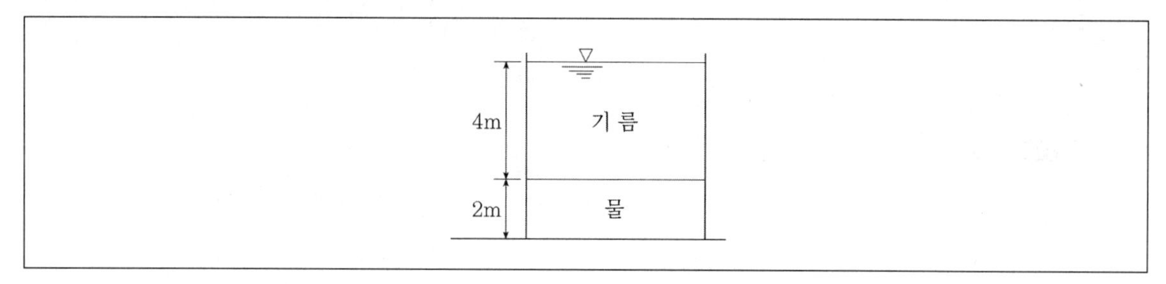

① 52.974kN/m^2
② 53.974kN/m^2
③ 54.974kN/m^2
④ 55.974kN/m^2

TIP $2 \cdot 9.81 + 0.85 \cdot 4 \cdot 9.81 = 52.974$

55 폭이 무한히 넓은 개수로의 동수반경(경심)은?

① 계산할 수 없다.
② 개수로의 폭과 같다.
③ 개수로의 면적과 같다.
④ 개수로의 수심과 같다.

TIP 단면의 경심(동수반경)은 통수단면적을 윤변(마찰이 작용하는 주변길이)으로 나눈 값이다. 폭이 무한히 넓은 개수로라면 경심(동수반경도)의 값도 이와 같아진다.

56 원형 관내 층류영역에서 사용가능한 마찰손실계수의 식은? (단, Re : Reynolds 수)

① $\frac{1}{Re}$
② $\frac{4}{Re}$
③ $\frac{24}{Re}$
④ $\frac{64}{Re}$

TIP 원형 관내 층류영역에서 사용가능한 마찰손실계수의 식 : $\frac{64}{Re}$

ANSWER 52.④ 53.② 54.① 55.④ 56.④

57 저수지에 설치된 나팔형 위어의 유량 Q와 월류수심 h와의 관계에서 완전 월류상태는 $Q \propto h^{3/2}$이다. 불완전 월류(수중위어)상태에서의 관계는?

① $Q \propto h^{-1}$　② $Q \propto h^{1/2}$
③ $Q \propto h^{3/2}$　④ $Q \propto h^{-1/2}$

TIP 입구부가 완전히 잠수된 상태에서 유량은 $Q = C_1 a h_2^{1/2} = C_2 a (h + h_1)^{1/2}$이다.

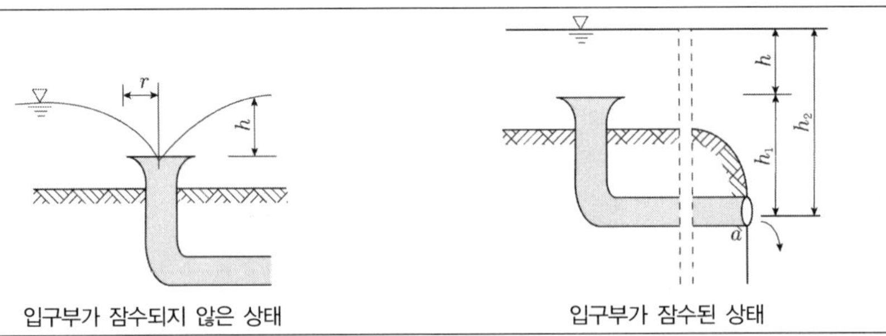

입구부가 잠수되지 않은 상태　입구부가 잠수된 상태

불완전월류란 저수지에 물을 가두거나 하류로 배출하기 위한 시설에서 물이 제대로 배출되지 않아 측수로 내 수위가 상승하고, 상승한 수위에 의해 물넘이의 일부 또는 전부가 잠기는 현상을 의미한다. 이는 저수지의 홍수 대응 능력을 저하할 수 있다.

58 다음 중 토양의 침투능(Infiltration Capacity) 결정방법에 해당되지 않는 것은?

① Philip 공식
② 침투계에 의한 실측법
③ 침투지수에 의한 방법
④ 물수지 원리에 의한 산정법

TIP 물수지 원리에 의한 산정법은 침투능 결정방법이 아닌 증발량 산정방법이다.

59 동점성계수와 비중이 각각 $0.0019m^2/s$와 1.2인 액체의 점성계수는? (단, 물의 밀도는 $1,000kg/m^3$)

① $1.9kgf \cdot s/m^2$
② $0.19kgf \cdot s/m^2$
③ $0.23kgf \cdot s/m^2$
④ $2.3kgf \cdot s/m^2$

TIP 동점성계수는 점성계수를 밀도로 나눈 값이다.
이를 식으로 나타내면 $\nu = 0.0019 = \frac{\mu}{\rho} = \frac{\mu}{1.2 \cdot 1000}$ 이어야 하므로 $\mu = 0.228$

60 개수로의 흐름에 대한 설명으로 바르지 않은 것은?

① 사류(supercritical flow)에서는 수면변동이 일어날 때 상류(上流)로 전파될 수 없다.
② 상류(subcritical flow)일 때는 Froude 수가 1보다 크다.
③ 수로경사가 한계경사보다 클 때 사류(supercritical flow)가 된다.
④ Reynolds 수가 500보다 커지면 난류(Turbulent flow)가 된다.

TIP 상류(subcritical flow)일 때는 Froude 수가 1보다 작다.

ANSWER 57.② 58.④ 59.③ 60.②

제4과목 철근콘크리트 및 강구조

61 철근의 이음방법에 대한 설명으로 바르지 않은 것은? (단, l_d는 정착길이)

① 인장을 받는 이형철근의 겹침이음길이는 A급 이음과 B급 이음으로 분류하며 A급 이음은 $1.0l_d$ 이상, B급 이음은 $1.3l_d$ 이상이며 두 가지 경우 모두 300mm 이상이어야 한다.

② 인장 이형철근의 겹침이음에서 A급 이음은 배치된 철근량이 이음부 전체 구간에서 해석결과 요구되는 소요 철근량의 2배 이상이고, 소용 겹침이음길이 내 겹침이음된 철근량이 전체 철근량의 1/2 이하인 경우이다.

③ 서로 다른 크기의 철근을 압축부에서 겹침이음하는 경우, D41과 D51 철근은 D35이하 철근과의 겹침이음은 허용할 수 있다.

④ 휨부재에서 서로 직접 접촉되지 않게 겹침이음된 철근은 횡방향으로 소요겹침이음길이의 1/3 또는 200mm 중 작은 값 이상 떨어지지 않아야 한다.

TIP 휨부재에서 서로 직접 접촉되지 않게 겹침이음된 철근은 횡방향으로 소요 겹침이음길이의 1/5 또는 150[mm] 중 작은 값 이상 떨어지지 않아야 한다.

62 b_w =400 mm, d=700mm인 보에 f_y=400MPa인 D16 철근을 인장 주철근에 대한 경사각 α=60°인 U형 경사 스터럽으로 설치했을 때 전단철근에 의한 전단강도는? (단, 스터럽 간격 s=300mm, D16철근 1본의 단면적은 199mm^{2}이다.)

① 253.7kN ② 321.7kN
③ 371.5kN ④ 507.4kN

TIP

$$V_s = \frac{A_v f_y d(\sin\alpha + \cos\alpha)}{s} = \frac{A_v \cdot 400 \cdot 700(\sin 60^o + \cos 60^o)}{300}$$

$$= \frac{2 \cdot 199 \cdot 400 \cdot 700\left(\frac{\sqrt{3}+1}{2}\right)}{300} = 507.4\text{kN}$$

63 철근콘크리트 구조물의 전단철근에 대한 설명으로 틀린 것은?

① 전단철근의 설계기준항복강도는 450MPa을 초과할 수 없다.
② 전단철근으로서 스터럽과 굽힘철근을 조합하여 사용할 수 있다.
③ 주인장철근에 45° 이상의 각도로 설치되는 스터럽은 전단철근으로 사용할 수 있다.
④ 경사스터럽과 굽힘철근은 부재 중간높이인 0.5d에서 반력점 방향으로 주인장철근까지 연장된 45°선과 한 번 이상 교차되도록 배치해야 한다.

TIP 전단철근의 설계기준항복강도는 500[MPa] 이하여야 한다.

64 옹벽의 설계에 대한 설명으로 바르지 않은 것은?

① 무근콘크리트 옹벽은 부벽식 옹벽의 형태로 설계해야 한다.
② 활동에 대한 저항력은 옹벽에 작용하는 수평력의 1.5배 이상이어야 한다.
③ 저판의 뒷굽판은 정확한 방법이 사용되지 않는 한 뒷굽판 상부에 재하되는 모든 하중을 지지하도록 설계해야 한다.
④ 부벽식 옹벽의 저판은 정밀한 해석이 사용되지 않는 한, 부벽 사이의 거리를 경간으로 가정한 고정보 또는 연속보로 설계할 수 있다.

TIP 무근콘크리트 옹벽은 중력식 옹벽의 형태로 설계한다.

65 옹벽에서 T형보로 설계해야 하는 부분은?

① 뒷부벽식 옹벽의 전면벽
② 뒷부벽식 옹벽의 뒷부벽
③ 앞부벽식 옹벽의 저판
④ 앞부벽식 옹벽의 앞부벽

TIP

옹벽의 종류	설계위치	설계방법
뒷부벽식 옹벽	전면벽 저판 뒷부벽	2방향 슬래브 연속보 T형보
앞부벽식 옹벽	전면벽 저판 앞부벽	2방향 슬래브 연속보 직사각형보

ANSWER 61.④ 62.④ 63.① 64.① 65.②

66 경간이 8m인 단순 프리스트레스트 콘크리트보에 등분포하중(고정하중과 활하중의 합)이 w=30kN/m 작용할 때 중앙 단면 콘크리트 하연에서의 응력이 0이 되려면 PS강재에 작용되어야 할 프리스트레스 힘(P)은? (단, PS강재는 단면 중심에 배치되어 있다.)

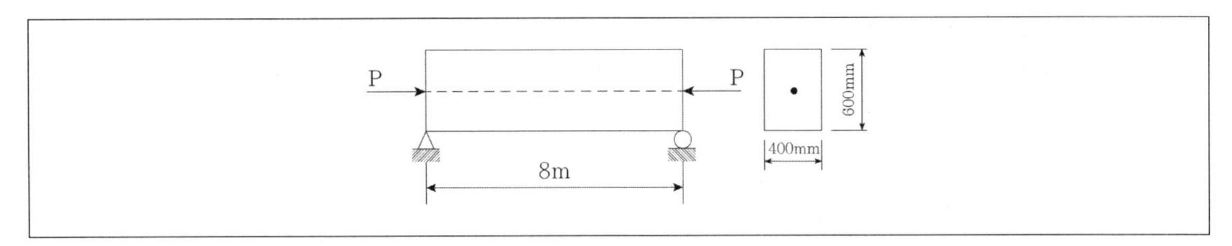

① 2400kN
② 3500kN
③ 4000kN
④ 4920kN

TIP $f_b = \frac{P}{A} - \frac{M}{Z} = \frac{P}{bh^2} - \frac{3wl^2}{4bh^2} = 0$

$P = \frac{3wL^2}{4h} = \frac{3 \cdot 20[\text{kN/m}] \cdot (8[\text{m}])^2}{4 \cdot 0.4[\text{m}]} = 2,400[\text{kN}]$

67 균형철근량보다 적고 최소철근량보다 많은 인장철근을 가진 과소철근 보가 휨에 의해 파괴될 때의 설명으로 바른 것은?

① 인장측 철근이 먼저 항복한다.
② 압축측 콘크리트가 먼저 파괴된다.
③ 압축측 콘크리트와 인장측 철근이 동시에 항복한다.
④ 중립축이 인장측으로 내려오면서 철근이 먼저 파괴된다.

TIP 과소철근보는 인장측철근이 먼저 항복하여 연성파괴가 일어나게 된다.

68 강도설계법에 의한 콘크리트구조 설계에서 변형률 및 지배단면에 대한 설명으로 바르지 않은 것은?

① 인장철근이 설계기준항복강도 f_y에 대응하는 변형률에 도달하고 동시에 압축콘크리트가 가정된 극한변형률에 도달할 때, 그 단면이 균형변형률 상태에 있다고 본다.
② 압축연단 콘크리트가 가정된 극한변형률에 도달할 때 최외단 인장철근의 순인장변형률이 0.0025의 인장지배변형률 한계 이상인 단면을 인장지배단면이라고 한다.
③ 압축연단 콘크리트가 가정된 극한변형률에 도달할 때 최외단 인장철근의 순인장변형률이 압축지배변형률 한계 이하인 단면을 압축지배단면이라고 한다.
④ 순인장변형률이 압축지배변형률 한계와 인장지배변형률 한계 사이인 단면은 변화구간 단면이라고 한다.

TIP 압축연단 콘크리트가 가정된 극한변형률에 도달할 때 최외단 인장철근의 순인장변형률이 0.005의 인장지배변형률 한계 이상인 단면을 인장지배단면이라고 한다.

69 다음 중 강도설계법의 기본 가정으로 바르지 않은 것은?

① 철근과 콘크리트의 변형률은 중립축에서의 거리에 비례한다고 가정한다.
② 콘크리트의 인장강도는 철근콘크리트 부재단면의 축강도와 휨강도 계산에서 무시한다.
③ 철근의 응력이 설계기준항복강도(f_y) 이하일 때 철근의 응력은 그 변형률에 관계없이 f_y와 같다고 가정한다.
④ 휨모멘트 또는 휨모멘트와 축력을 동시에 받는 부재의 콘크리트 압축연단의 극한변형률은 콘크리트의 설계기준 압축강도가 40MPa 이하인 경우에는 0.0033으로 가정한다.

TIP 철근의 응력이 설계기준항복강도(f_y) 이상일 때 철근의 응력은 설계기준항복강도와 동일한 값으로 해야 한다.

70 나선철근 기둥의 설계에 있어서 나선철근비를 구하는 식은? (단, A_g는 기둥의 총 단면적, A_{ch}는 나선철근 기둥의 심부 단면적, f_{yt}는 나선철근의 설계기준항복강도, f_{ck}는 콘크리트의 설계기준압축강도)

① $0.45\left(\frac{A_g}{A_{ch}}-1\right)\frac{f_{yt}}{f_{ck}}$
② $0.45\left(\frac{A_g}{A_{ch}}-1\right)\frac{f_{ck}}{f_{yt}}$
③ $0.45\left(1-\frac{A_g}{A_{ch}}\right)\frac{f_{ck}}{f_{yt}}$
④ $0.85\left(\frac{A_{ch}}{A_g}-1\right)\frac{f_{ck}}{f_{yt}}$

TIP 나선철근비 $\rho_s = \frac{\text{나선철근의 전 체적}}{\text{심부체적}} \geq 0.45\left(\frac{A_g}{A_{ch}}-1\right)\frac{f_{ck}}{f_{yt}}$

ANSWER 66.① 67.① 68.② 69.③ 70.②

71 그림과 같은 단순 PSC보에서 등분포하중 W=30kN/m가 작용하고 있다. 프리스트레스에 의한 상향력과 이 등분포하중이 비기기 위해서는 프리스트레스 힘 P를 얼마로 도입해야 하는가?

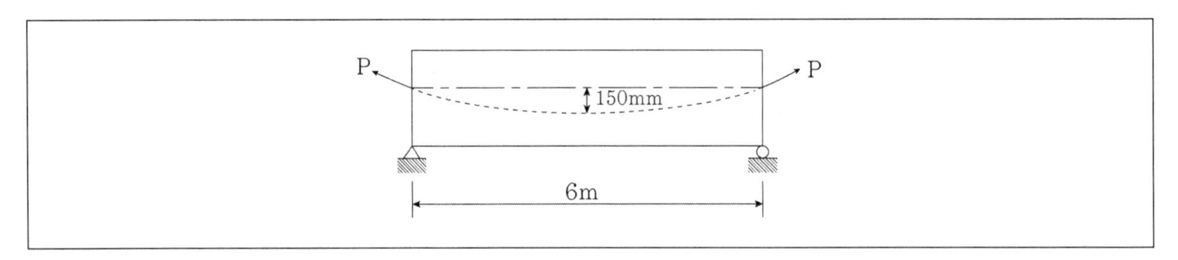

① 900[kN]
② 1200[kN]
③ 1500[kN]
④ 1800[kN]

TIP $u = \frac{8Ps}{l^2} = w$이어야 하므로, $P = \frac{wl^2}{8s} = \frac{30 \cdot 6^2}{8 \cdot 0.15} = 900$[kN]

72 다음 그림과 같은 필릿용접의 유효목두께로 옳게 표시된 것은? (단, KDS 14 30 25 강구조 연결 설계기준(허용응력설계법)에 따른다.)

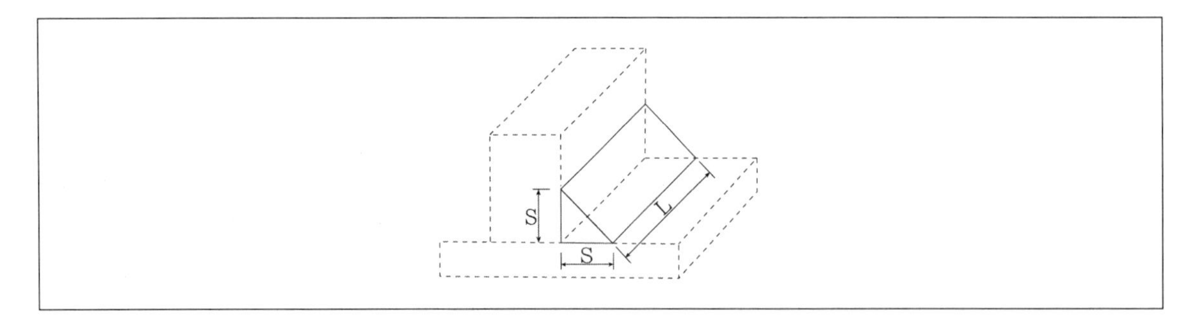

① S
② 0.9S
③ 0.7S
④ 0.5L

TIP 필릿용접의 유효목두께는 0.7S이다.

73 다음 그림과 같은 맞대기 용접의 인장응력은?

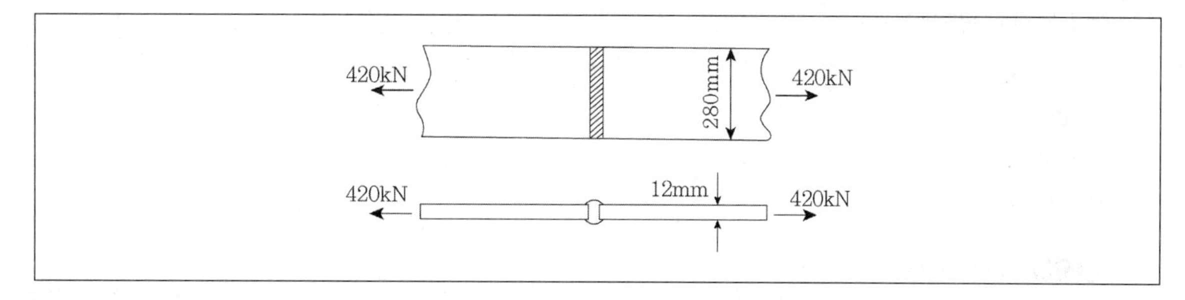

① 25MPa

② 125MPa

③ 250MPa

④ 1250MPa

TIP $f = \frac{P}{A} = \frac{420 \cdot 10^3}{12 \cdot 280} = 125[\text{MPa}]$

74 다음 그림과 같은 필릿용접에서 일어나는 응력은? (단, KDS 14 30 25 강구조 연결 설계기준(허용응력설계법)에 따른다.)

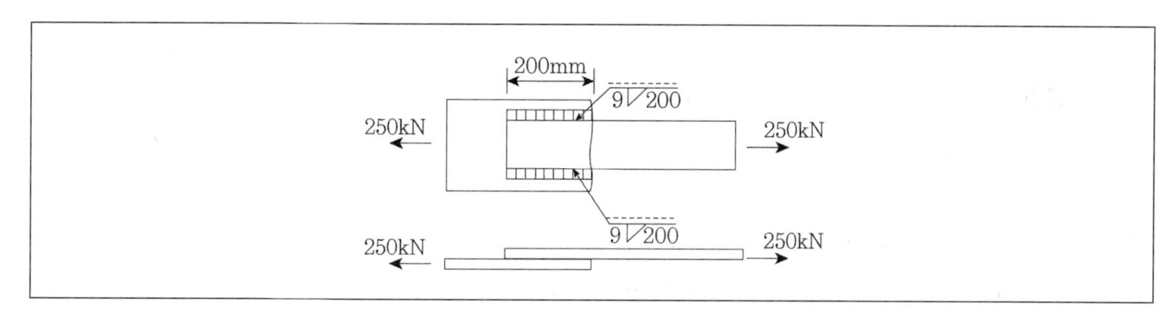

① 82.3MPa

② 95.05MPa

③ 109.02MPa

④ 130.25MPa

TIP $v_a = \frac{P}{\sum aL_e} = \frac{250,000}{2 \cdot 9 \cdot 0.7 \cdot (200 - 2 \cdot 9)} = 109.018[\text{MPa}]$

$L_e = L - 2s = 200 - 2 \cdot 9$

ANSWER 71.① 72.③ 73.② 74.③

75 직접설계법에 의한 2방향 슬래브 설계에서 전체 정적 계수 휨모멘트가 340kNm로 계산되었을 때, 내부 경간의 부계수 휨모멘트는?

① 102kNm
② 119kNm
③ 204kNm
④ 221kNm

TIP 내부경간의 부계수 휨모멘트
양단부에서는 부(-)의 모멘트가 발생하므로, 내부경간에서 부계수휨모멘트는 전체 정적계수휨모멘트의 65%가 분배되므로 부계수 휨모멘트는
$0.65 \cdot M_o = 0.65 \cdot 340 = 221[\text{kN} \cdot \text{m}]$

76 부재의 설계 시 적용되는 강도감소계수(ϕ)에 대한 설명 중 바르지 않은 것은?

① 인장지배 단면에서의 강도감소계수는 0.85이다.
② 포스트텐션 정착구역에서 강도감소계수는 0.80이다.
③ 압축지배단면에서 나선철근으로 보강된 철근콘크리트 부재의 강도감소계수는 0.70이다.
④ 공칭강도에서 최외단 인장철근의 순인장변형률(ε_t)이 압축지배와 인장지배단면 사이일 경우에는, ε_t가 압축지배변형률 한계에서 인장지배변형률 한계로 증가함에 따라 ϕ값을 압축지배단면에 대한 값에서 0.85까지 증가시킨다.

TIP 포스트텐션 정착구역에서 강도감소계수는 0.85이다.

77 표피철근(skin reinforcement)에 대한 설명으로 옳은 것은?

① 상하 기둥 연결부에서 단면치수가 변하는 경우에 구부린 주철근이다.
② 비틀림모멘트가 크게 일어나는 부재에서 이에 저항하도록 배치되는 철근이다.
③ 건조수축 또는 온도변화에 의해 콘크리트에 발생하는 균열을 방지하기 위한 목적으로 배치되는 철근이다.
④ 주철근이 단면의 일부에 집중배치된 경우일 때 부재의 측면에 발생 가능한 균열을 제어하기 위한 목적으로 주철근 위치에서부터 중립축까지의 표면 근처에 배치하는 철근이다.

TIP 표피철근
- 주철근이 단면의 일부에 집중배치된 경우일 때 부재의 측면에 발생가능한 균열을 제어하기 위한 목적으로 주철근 위치에서부터 중립축까지의 표면 근처에 배치하는 철근이다.
- 보나 장선의 깊이 h가 900mm를 초과하면, 종방향 표피철근을 인장연단으로부터 h/2지점까지 부재 양쪽 측면을 따라 균일하게 배치해야 한다.

78 프리스트레스트 콘크리트(PSC)에 대한 설명으로 바르지 않은 것은?

① 프리캐스트를 사용할 경우 거푸집 및 동바리공이 불필요하다.
② 콘크리트 전 단면을 유효하게 이용하여 철근콘크리트(RC)부재보다 경간을 길게 할 수 있다.
③ 철근콘크리트(RC)에 비해 단면이 작아서 변형이 크고 진동하기 쉽다.
④ 철근콘크리트(RC)보다 내화성에 있어서 유리하다.

TIP 프리스트레스트 콘크리트는 고강도 강재가 사용되므로 내화성에 있어 불리하다. 강재가 열을 받아 온도가 올라가게 되면 프리스트레스트 부재의 강도가 급격히 떨어지게 된다.

79 압축철근비가 0.01이고, 인장철근비가 0.003인 철근콘크리트보에서 장기 추가처짐에 대한 계수의 값은? (단, 하중재하기간은 5년 6개월이다.)

① 0.66
② 0.80
③ 0.93
④ 1.33

TIP 장기처짐계수 $\lambda = \dfrac{\xi}{1+50\rho'} = \dfrac{2.0}{1+50 \cdot 0.01} = 1.33$

80 다음 그림과 같은 나선철근 단주의 강도설계법에 의한 공칭축강도(P_n)를 구하면? (단, D32 1개의 단면적 794[mm²], $f_{ck} = 24[\text{MPa}]$, $f_y = 420[\text{MPa}]$)

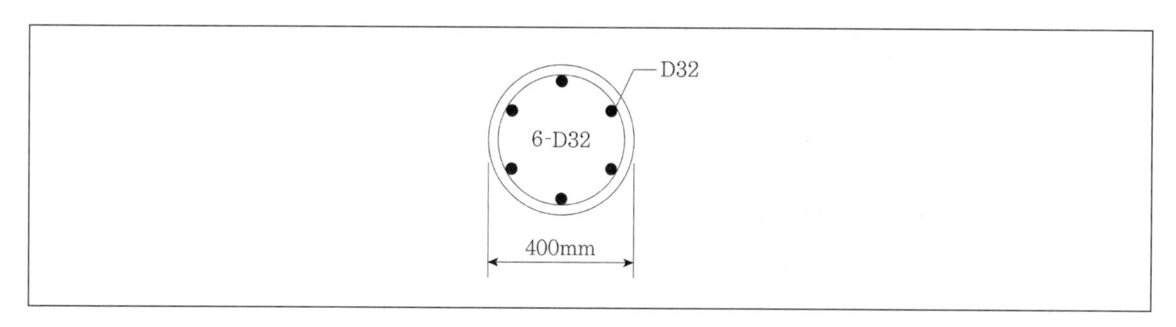

① 2648[kN]
② 3254[kN]
③ 3797[kN]
④ 3972[kN]

TIP $P_n = \alpha[0.85 f_{ck}(A_g - A_{st}) + f_y A_{st}]$

$$P_n = 0.85[0.85 \cdot 24 \cdot \left(\frac{\pi \cdot 400^2}{4} - 794 \cdot 6\right) + 400 \cdot 794 \cdot 6] = 3797.15[\text{kN}]$$

ANSWER 75.④ 76.② 77.④ 78.④ 79.④ 80.③

81 두께 2cm의 점토시료의 압밀시험 결과 전 압밀량의 90%에 도달하는데 1시간이 걸렸다. 만일 같은 조건에서 같은 점토로 이루어진 2m의 토층 위에 구조물을 축조할 경우 최종침하량의 90%에 도달하는 데 걸리는 시간은?

① 약 250일
② 약 368일
③ 약 417일
④ 약 525일

TIP 압밀시험은 양면배수시험이므로 배수거리(d), 계산 시 시료두께의 1/2로 해야 한다. $t = \frac{T_v \cdot d^2}{C_v}$

압밀시간은 배수거리의 제곱에 비례한다.
$t_1 : t_2 = d_1^2 : d_2^2$ 이므로,
$t_2 = \frac{d_2^2}{d_1^2} t_1 = \frac{100^2}{1^2} \cdot 1 = 10,000[hr] = 417[\text{day}]$

82 유효응력에 대한 설명으로 바르지 않은 것은?

① 항상 전응력보다는 작은 값이다.
② 점토지반의 압밀에 관계되는 응력이다.
③ 건조한 지반에서는 전응력과 같은 값으로 본다.
④ 포화된 흙인 경우 전응력에서 간극수압을 뺀 값이다.

TIP 간극수압이 0이 되는 경우 유효응력은 전응력과 동일한 값이 된다.

83 다음 그림과 같은 지반에서 x–x' 단면에 작용하는 유효응력은? (단, 물의 단위중량은 9.81kN/m^3이다.)

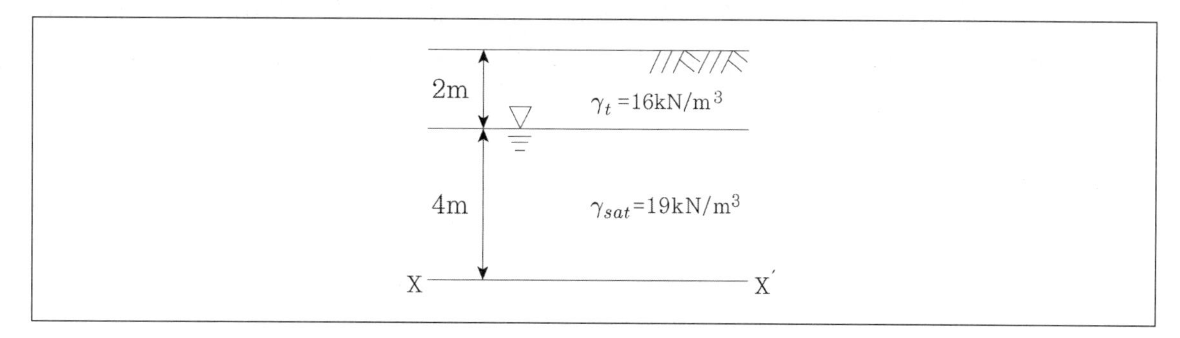

① 46.7kN/m^2
② 68.8kN/m^2
③ 90.5kN/m^2
④ 108kN/m^2

TIP $\sigma' = r_t h_1 + r_{sub} h_2 = 16 \cdot 2 + (19 - 9.81) \cdot 4 = 68.8$

84 다음 중 사면안정해석방법이 아닌 것은?

① 마찰원법
② 비숍(Bishop)의 방법
③ 펠레니우스(Fellenius) 방법
④ 테르자기(Terzaghi)의 방법

TIP 테르자기(Terzaghi)의 방법은 벽체나 지반에 작용하는 힘과 지지력에 관한 해석 시 주로 사용된다.

85 보링(Boring)에 대한 설명으로 바르지 않은 것은?

① 보링(Boring)에는 회전식과 충격식이 있다.
② 충격식은 굴진속도가 빠르고 비용도 싸지만 분말상의 교란된 시료만 얻어진다.
③ 회전식은 시간과 공사비가 많이 들뿐만 아니라 확실한 코어(Core)도 얻을 수 없다.
④ 보링은 지반의 상황을 판단하고자 실시한다.

TIP 회전식 보링 : 동력에 의하여 내관인 로드 선단에 설치한 드릴 피트를 회전시켜 땅에 구멍을 뚫으며 내려간다. 지층의 변화를 연속적으로 비교적 정확히 알 수 있는 방식이다. (로터리보링=코어보링, 논코어보링(코어 채취를 하지 않고 연속적으로 굴진하는 보링), 와이어라인공법(파들어 가면서 로드 속을 통해 코어를 당겨 올리는 공법)

ANSWER 81.③ 82.① 83.② 84.④ 85.③

86 4m×4m 크기인 정사각형 기초를 내부마찰각 20도, 점착력 c=30kN/m²인 지반에 설치하였다. 흙의 단위중량이 19kN/m³이고 안전율을 3으로 할 때 Terzaghi 공식에 의한 이 기초의 허용지지력 q_a는 얼마인가? (단, 기초의 근입깊이는 1m이고, 전반전단파괴가 발생한다고 가정하며 지지력계수 $N_c = 17.69$, $N_q = 7.44$, $N_r = 4.97$이다.)

① 3780kN
② 5239kN
③ 6750kN
④ 8140kN

TIP 극한지지응력 $q_u = \alpha \cdot c \cdot N_c + \beta \cdot r_1 \cdot B \cdot N_r + r_2 \cdot D_f \cdot N_q$

$q_u = 1.3 \cdot 30 \cdot 17.69 + 0.4 \cdot 19 \cdot 4 \cdot 4.97 + 19 \cdot 1 \cdot 7.44 = 982.358$

허용지시응력 $q_a = \dfrac{q_u}{F} = \dfrac{982.358}{3} = 327.45$

허용지지응력에 기초의 면적을 곱하면 허용지지력이 되므로 327.45×16 = 5239.2[kN]

※ Terzaghi의 수정극한지지력 공식

- $q_u = \alpha \cdot c \cdot N_c + \beta \cdot r_1 \cdot B \cdot N_r + r_2 \cdot D_f \cdot N_q$
- N_c, N_r, N_q: 지지력 계수로서 ϕ의 함수이다.
- c : 기초저면 흙의 점착력
- B : 기초의 최소폭
- r_1 : 기초 저면보다 하부에 있는 흙의 단위중량(t/m³)
- r_2 : 기초 저면보다 상부에 있는 흙의 단위중량(t/m³)
  단, r_1, r_2는 지하수위 아래에서는 수중단위중량(r_{sub})을 사용한다.
- D_f : 근입깊이(m)
- α, β : 기초모양에 따른 형상계수 (B : 구형의 단변길이, L : 구형의 장변길이)

구분	연속	정사각형	직사각형	원형
α	1.0	1.3	$1+0.3\dfrac{B}{L}$	1.3
β	0.5	0.4	$0.5-0.1\dfrac{B}{L}$	0.3

87 다짐곡선에 대한 설명으로 바르지 않은 것은?

① 다짐에너지를 증가시키면 다짐곡선은 왼쪽 위로 이동하게 된다.
② 사질성분이 많은 시료일수록 다짐곡선은 오른쪽 위에 위치하게 된다.
③ 점성분이 많은 흙일수록 다짐곡선은 넓게 퍼지는 형태를 가지게 된다.
④ 점성분이 많은 흙일수록 오른쪽 아래에 위치하게 된다.

TIP 사질성분이 많은 시료일수록 다짐곡선은 왼쪽 위에 위치하게 된다.

88 하중이 완전히 강성인 푸팅 기초판을 통하여 지반에 전달되는 경우의 접지압(또는 지반반력) 분포로 옳은 것은?

TIP

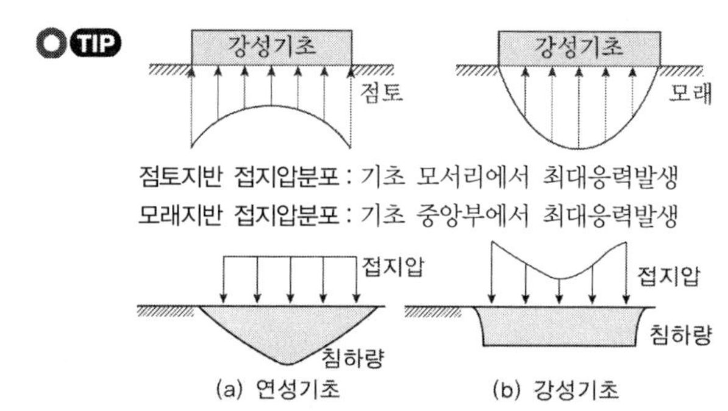

[점토지반의 접지압과 침하량 분포]

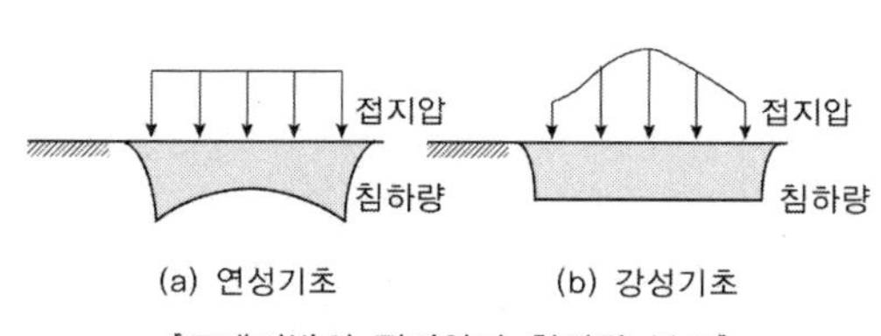

[모래지반의 접지압과 침하량 분포]

ANSWER 86.② 87.② 88.②

89 수조에 상방향의 침투에 의한 수두를 측정한 결과, 그림과 같이 나타났다. 이 때 수조 속에 있는 흙에 발생하는 침투력을 나타낸 식은? (단, 시료의 단면적은 A, 시료의 길이는 L, 시료의 포화단위중량은 γ_{sat}, 물의 단위중량은 γ_w 이다.)

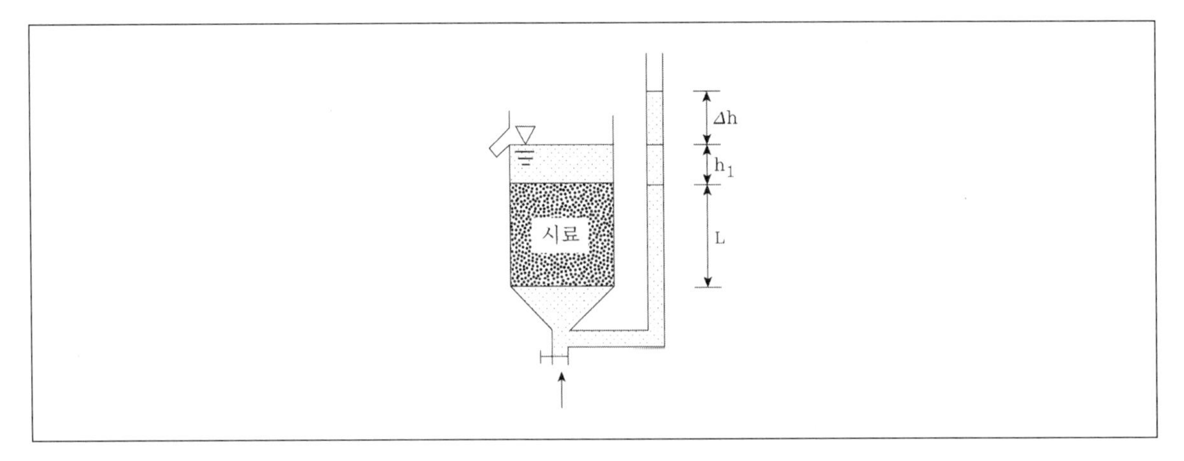

① $\Delta h \cdot \gamma_w \cdot A$

② $\Delta h \cdot \gamma_w \cdot \dfrac{A}{L}$

③ $\Delta h \cdot \gamma_{sat} \cdot A$

④ $\dfrac{\gamma_{sat}}{\gamma_w} \cdot A$

TIP 수조 속에 있는 흙에 발생하는 침투력은 $\Delta h \cdot \gamma_w \cdot A$

90 포화상태에 있는 흙의 함수비가 40%이고, 비중이 2.60이다. 이 흙의 간극비는?

① 0.65
② 0.065
③ 1.04
④ 1.40

TIP $e = \dfrac{V_v}{V_s} = \dfrac{n}{1-n}$, $Gw = Se$, $\gamma_d = \dfrac{(G+Se)\gamma_w}{1+e}$

$Gw = 2.6 \cdot 0.4 = Se = 1 \cdot e$가 성립되어야 하므로 e=1.04

91 자연 상태의 모래지반을 다져 $e_{\min}$에 이르도록 했다면 이 지반의 상대밀도는?

① 0%
② 50%
③ 75%
④ 100%

TIP $D_r = \frac{e_{\max} - e}{e_{\max} - e_{\min}} \cdot 100 = \frac{e_{\max} - e_{\min}}{e_{\max} - e_{\min}} \cdot 100 = 100\%$

e가 $e_{\min}$에 가까워질수록 상대밀도가 커지게 되어 지반의 안전성이 향상된다.

92 말뚝에서 부주면마찰력에 대한 설명으로 바르지 않은 것은?

① 아래쪽으로 작용하는 마찰력이다.
② 부주면마찰력이 작용하면 말뚝의 지지력은 증가한다.
③ 압밀층을 관통하여 견고한 지반에 말뚝을 박으면 일어나기 쉽다.
④ 연약지반에 말뚝을 박은 후 그 위에 성토를 하면 일어나기 쉽다.

TIP 부주면마찰력이 작용하면 말뚝의 지지력은 감소한다.

93 포화된 점토에 대한 일축압축시험에서 파괴 시 축응력이 0.2MPa일 때 이 점토의 점착력은?

① 0.1MPa
② 0.2MPa
③ 0.4MPa
④ 0.6MPa

TIP 포화된 점토의 경우 점토의 점착력은 일축압축시험에서 파괴 시 축응력의 1/2값이 된다.

ANSWER 89.① 90.③ 91.④ 92.② 93.①

94 포화된 점토지반에 성토하중으로 어느 정도 압밀된 후 급속한 파괴가 예상될 때 이용해야 할 강도정수는?

① CU-test
② UU-test
③ UC-test
④ CD-test

TIP
- 압밀비배수시험(CU-test, 중기안정해석) : 어느 정도 성토를 시켜놓고 압밀이 이루어지게 한 후 몇 개월 후에 다시 성토를 하면 압밀이 다시 일어난다. 이후 급한 파괴가 일어난다. (시료에 구속압력을 가하고 간극수압이 0이 될 때까지 압밀시킨 후 비배수상태에서 축차응력을 가하여 전단시키는 시험이며, 간극수압계를 사용하여 공극수압을 측정한 결과를 이용하여 유효응력으로 전단강도정수를 결정하는 시험이다.)
- 압밀배수시험(CD-test, 장기안정해석) : 과잉수압이 빠져나가는 속도보다 더 느리게 시공을 하여 완만하게 파괴가 일어나도록 한다. (시료에 구속압력을 가한 후 압밀한 후 시료 중의 공극수의 배수가 허용되도록 축차응력을 가하는 시험이다.)
- 비압밀 비배수시험(UU-test, 단기간 안정해석) : 급속시공을 하여 급속성토를 하면 압밀과 과잉수압 배수속도보다 더 빠른 속도로 성토가 되며 갑작스런 파괴가 일어난다. 점토에서는 배수에 오랜 시간이 필요한데 파괴가 급한 속도루 일어났으므로 배수가 일어나지 않은 상황이다. (시료 내에 간극수의 배출을 허용하지 않은 상태에서 구속압력을 가하고 비배수 상태에서 축차응력을 가하여 전단시키는 시험이므로 즉각적인 함수비의 변화나 체적의 변화가 없다. 전단 중에는 공극수압을 측정하지 않으므로 전응력시험이다.)

95 Coulomb 토압에서 옹벽배면의 지표면 경사가 수평이고, 옹벽배면 벽체의 기울기가 연직인 벽체에서 옹벽과 뒤채움 흙 사이의 벽면마찰각(δ)을 무시할 경우, Coulomb토압과 Rankine토압의 크기를 비교할 때 옳은 것은?

① Rankine토압이 Columb토압보다 크다.
② Coulomb토압이 Rankine토압보다 크다.
③ 항상 Rankine토압과 Coulomb토압의 크기는 같다.
④ 주동토압은 Rankine토압이 더 크고 수동토압은 Coulomb토압이 더 크다.

TIP 옹벽배면의 지표면 경사가 수평이고, 옹벽배면 벽체의 기울기가 연직인 벽체에서 옹벽과 뒤채움 흙 사이의 벽면마찰각(ϕ)을 무시할 경우 항상 Rankine토압과 Coulomb토압의 크기는 같다.

96 표준관입시험에 대한 설명으로 바르지 않은 것은?

① 표준관입시험의 N값으로 모래지반의 상대밀도를 추정할 수 있다.
② 표준관입시험의 N값으로 점토지반의 연경도를 추정할 수 있다.
③ 지층의 변화를 판단할 수 있는 시료를 얻을 수 있다.
④ 모래지반에 대해서 흐트러지지 않은 시료를 얻을 수 있다.

TIP 표준관입시험을 실시하면 Rod에 의한 충격에 의하여 토사의 교란이 일어날 수 밖에 없다.

97 현장 도로 토공에서 모래치환법에 의한 흙의 밀도 시험을 하였다. 파낸 구멍의 체적이 V=1800cm^3, 흙의 질량이 3,950g이고 이 흙의 함수비는 11.2%였으며 비중은 2.65이다. 실내시험으로부터 구한 최대건조밀도가 2.05g/cm^3일 때 다짐도는 얼마인가?

① 92%
② 94%
③ 96%
④ 98%

TIP $\gamma_d = \frac{\gamma_t}{1+w} = \frac{\frac{3950[g]}{1800[cm^3]}}{1+\frac{11.2}{100}} = 1.973[g/cm^3]$ 이므로 다짐도는 $\frac{1.973[g/cm^3]}{2.05[g/cm^3]} \cdot 100 = 96.24[\%]$

98 지반개량공법 중 연약한 점성토 지반에 적당하지 않은 것은?

① 치환 공법
② 침투압 공법
③ 폭파다짐공법
④ 샌드드레인 공법

TIP 폭파다짐공법은 사질토 지반에 적합하다.

공법	적용되는 지반	종류
다짐공법	사질토	동압밀공법, 다짐말뚝공법, 폭파다짐법, 바이브로 컴포져공법, 바이브로 플로테이션공법
압밀공법	점성토	선하중재하공법, 압성토공법, 사면선단재하공법
치환공법	점성토	폭파치환공법, 미끄럼치환공법, 굴착치환공법
탈수 및 배수공법	점성토	샌드드레인공법, 페이퍼드레인공법, 생석회말뚝공법
	사질토	웰포인트공법, 깊은우물공법
고결공법	점성토	동결공법, 소결공법, 약액주입공법
혼합공법	사질토, 점성토	소일시멘트공법, 입도조정법, 화학약제혼합공법

ANSWER 94.① 95.③ 96.④ 97.③ 98.③

99 다음과 같은 지반에서 재하순간 수주(水柱)가 지표면(지하수위)으로부터 5m였다. 40% 압밀이 일어난 후 A 점에서의 전체 간극수압은 얼마인가? (단, 물의 단위중량은 $9.81\mathrm{kN/m^3}$이다.)

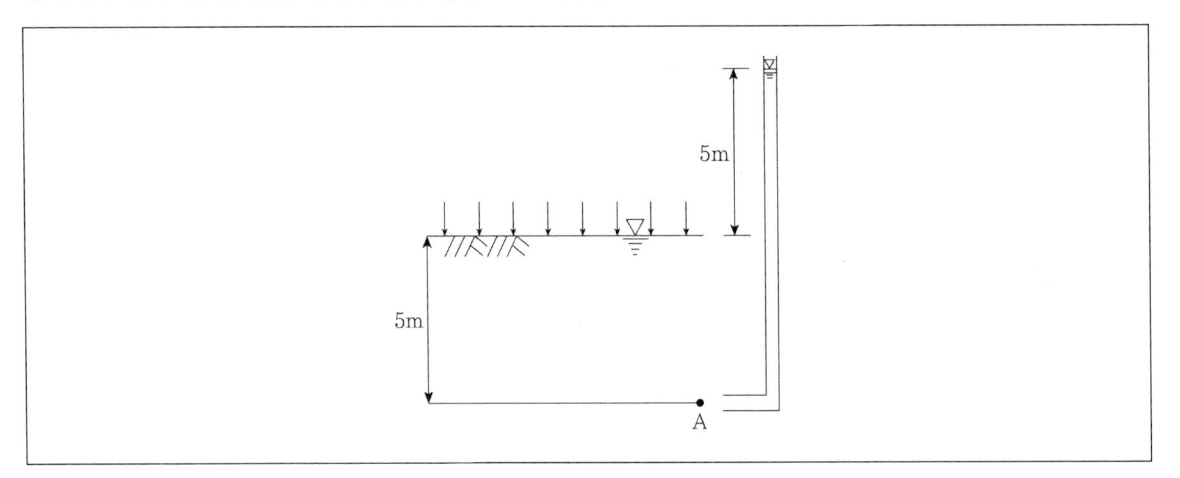

① $19.62\mathrm{kN/m^2}$
② $29.43\mathrm{kN/m^2}$
③ $49.05\mathrm{kN/m^2}$
④ $78.48\mathrm{kN/m^2}$

TIP 정수압 $u_1 = \gamma_w \cdot h_1 = 9.81 \cdot 5 = 49.05[\mathrm{kN/m^2}]$

압밀도 $U = \dfrac{u_1 - u_2}{u_1} \times 100 = \dfrac{49.05 - u_2}{49.05} \times 100 = 40\%$

과잉간극수압 $u_2 = 29.43[\mathrm{kN/m^2}]$

A지점의 간극수압

$u =$ 정수압(u_1) + 과잉간극수압$(u_2) = 49.05 + 29.43 = 78.48[\mathrm{kN/m^2}]$

100 아래 그림에서 투수계수 $K=4.8\times10^{-3}$cm/sec일 때 Darcy의 유출속도 V와 실제 물의 속도(침투속도) V_s는?

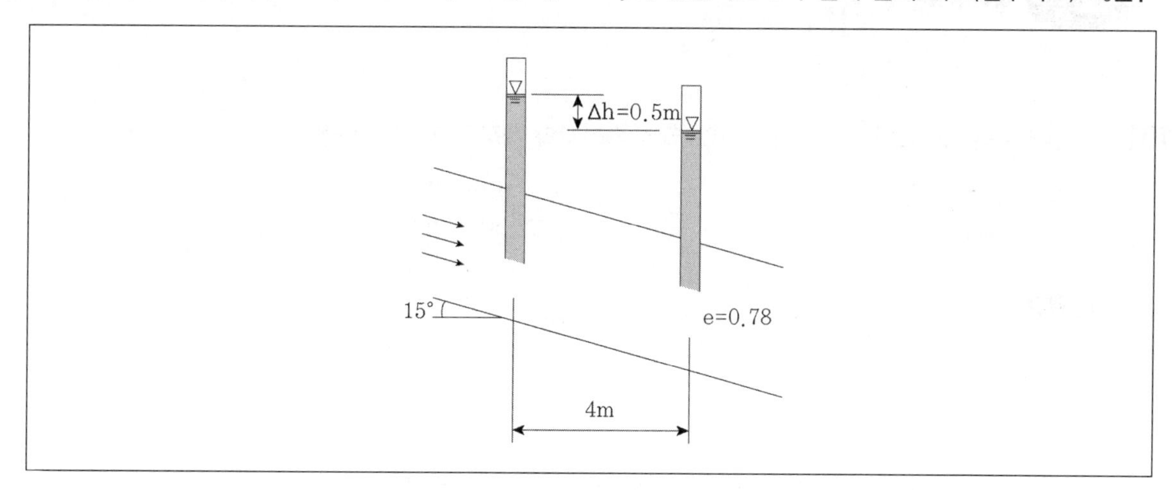

① $V=3.4\times10^{-4}$cm/sec, $V_s=5.6\times10^{-4}$cm/sec
② $V=3.4\times10^{-4}$cm/sec, $V_s=9.4\times10^{-4}$cm/sec
③ $V=5.8\times10^{-4}$cm/sec, $V_s=10.8\times10^{-4}$cm/sec
④ $V=5.8\times10^{-4}$cm/sec, $V_s=13.2\times10^{-4}$cm/sec

TIP 유출속도

$$V=K\cdot i=K\cdot\frac{\Delta h}{L}=4.8\times10^{-3}\times\frac{0.5}{4.14}=0.00058\text{cm/sec}$$

$$=5.8\times10^{-4}\text{cm/sec}$$

여기서 $L=\dfrac{4}{\cos15^{o}}=4.14\text{m}$

침투속도

$$V_s=\frac{V}{n}=\frac{0.00058}{0.438}=0.00132\text{cm/sec}=13.2\times10^{-4}\text{cm/sec}$$

간극률 $n=\dfrac{e}{1+e}=\dfrac{0.78}{1+0.78}=0.438$

ANSWER 99.④ 100.④

제6과목 상하수도공학

101 상수슬러지의 함수율이 99%에서 98%로 되면 슬러지의 체적은 어떻게 변하는가?

① 1/2로 증대 ② 1/2로 감소
③ 2배로 증대 ④ 2배로 감소

TIP $\frac{V_2}{V_1}=\frac{100-99}{100-98}=\frac{1}{2}$ 이므로 슬러지 체적은 1/2로 감소된다.

102 공동현상(Cavitation)의 방지책에 대한 설명으로 바르지 않은 것은?

① 마찰손실을 작게 한다.
② 흡입양정을 작게 한다.
③ 펌프의 흡입관경을 작게 한다.
④ 임펠러 속도를 작게 한다.

TIP 공동현상을 방지하려면 펌프의 흡입관경을 크게 해야 한다.
흡입관경이 작으면 유속이 빨라지게 되고 공기가 흡입되어 공동현상이 발생하게 될 수 있다.

103 상수도에서 많이 사용되고 있는 응집제인 황산알루미늄에 대한 설명으로 바르지 않은 것은?

① 가격이 저렴하다.
② 독성이 없으므로 대량으로 주입할 수 있다.
③ 결정은 부식성이 없어 취급이 용이하다.
④ 철염에 비하여 플록의 비중이 무겁고 적정 pH의 폭이 넓다.

TIP 황산알루미늄은 철염보다 플록의 비중이 가볍다.
㉠ **황산알루미늄**($Al_2(SO_4)_3 \cdot 18H_2O$)
- 명반이라고도 불린다.
- 가격이 저렴하고 무독성이며 플록이 가볍다.
- 응집 pH범위는 5.5~8.5로 범위가 좁다.

㉡ **철염**(($FeCl_3 \cdot 6H_2O$)
- 염화제2철이라고도 하며 부식성이 강하다.
- 응집 pH범위는 4~12로 넓은 편이며 플록이 무겁다.

104 비교회전도(Ns)의 변화에 따라 나타나는 펌프의 특성곡선의 형태가 아닌 것은?

① 양정곡선
② 유속곡선
③ 효율곡선
④ 축동력곡선

TIP 펌프특성곡선은 양정곡선, 효율곡선, 축동력곡선이 있다.

105 우수 조정지의 구조형식으로 바르지 않은 것은?

① 댐식(제방높이 15m 미만)
② 월류식
③ 지하식
④ 굴착식

TIP 우수조정지의 구조형식에는 댐식, 굴착식, 지하식, 현지저류식이 있다.

106 정수시설 중 배출수 및 슬러지처리시설에 대한 설명이다. ㉠, ㉡에 알맞은 것은?

농축조의 용량은 계획슬러지량의 (㉠)시간분, 고형물 부하는 (㉡)kg/(m^2 · day)을 표준으로 하되, 원수의 종류에 따라 슬러지의 농축특성에 큰 차이가 발생할 수 있으므로 처리대상 슬러지의 농축특성을 조사하여 결정한다.

① ㉠ 12~24, ㉡ 5~10
② ㉠ 12~24, ㉡ 10~20
③ ㉠ 24~48, ㉡ 5~10
④ ㉠ 24~48, ㉡ 10~20

TIP 농축조의 용량은 계획슬러지량의 24~48시간분, 고형물 부하는 10~20kg/(m^2 · day)을 표준으로 하되, 원수의 종류에 따라 슬러지의 농축특성에 큰 차이가 발생할 수 있으므로 처리대상 슬러지의 농축특성을 조사하여 결정한다.

ANSWER 101.② 102.③ 103.④ 104.② 105.② 106.④

107 하수관로의 개보수 계획 시 불명수량 산정방법 중 일평균하수량, 상수사용량, 지하수사용량, 오수전환 등을 주요인자로 이용하여 산정하는 방법은?

① 물사용량 평가법
② 일최대유량 평가법
③ 야간생활하수 평가법
④ 일최대-최소유량 평가법

TIP 물사용량 평가법에 관한 설명이다.

108 수중의 질소화합물의 질산화 진행과정으로 옳은 것은?

① NH_3-N → NO_2-N → NO_3-N
② NH_3-N → NO_3-N → NO_2-N
③ NO_2-N → NO_3-N → NH_3-N
④ NO_3-N → NO_2-N → NH_3-N

TIP 수중의 질소화합물의 질산화 진행과정
NH_3-N → NO_2-N → NO_3-N

109 간이공공하수처리시설에 대한 설명으로 바르지 않은 것은?

① 계획구역이 작으므로 유입하수의 수량 및 수질의 변동을 고려하지 않는다.
② 용량은 우천 시 계획오수량의 공공하수처리시설의 강우 시 처리기능량을 고려한다.
③ 강우 시 우수처리에 대한 문제가 발생할 수 있으므로 강우 시 3Q 처리가 가능하도록 계획한다.
④ 간이공공하수처리시설은 합류식 지역 내 500m^3/일 이상 공공하수처리장에 설치하는 것을 원칙으로 한다.

TIP 간이공공하수처리시설은 유입하수의 수량 및 수질의 변동을 반드시 고려해야 한다. 간이공공하수처리시설 설치근거(하수도법)에 따르면 BOD와 총대장균군수 등을 기준으로 방류수질등급을 나눈다.

※ 간이공공하수처리시설

- 강우로 인하여 공공하수처리시설에 유입되는 하수가 일시적으로 늘어날 경우 하수를 신속히 처리하여 하천, 바다, 그 밖의 공유수면에 방류하기 위하여 지방자치단체가 설치 또는 관리하는 처리시설과 이를 보완하는 시설을 말한다.
- BOD와 총대장균군수 등을 기준으로 방류수질등급을 나눈다.
- 용량은 우천 시 계획오수량의 공공하수처리시설의 강우 시 처리기능량을 고려한다.
- 강우 시 우수처리에 대한 문제가 발생할 수 있으므로 강우 시 3Q 처리가 가능하도록 계획한다.
- 합류식 지역 내 500m^3/일 이상 공공하수처리장에 설치하는 것을 원칙으로 한다.

110 호소의 부영양화에 관한 설명으로 바르지 않은 것은?

① 부영양화의 원인물질은 질소와 인 성분이다.
② 부영양화는 수심이 낮은 호소에서도 잘 발생된다.
③ 조류의 영향으로 물에 맛과 냄새가 발생되어 정수에 어려움을 유발시킨다.
④ 부영양화된 호소에서는 조류의 성장이 왕성하여 수심이 깊은 곳까지 용존산소농도가 높다.

TIP 부영양화된 호소에서는 조류의 성장이 왕성하여 수심이 깊은 곳까지 용존산소 농도가 낮다.

111 급수보급율 90%, 계획 1인 1일 최대급수량 440L/인, 인구 12만의 도시에 급수계획을 하고자 한다. 계획 1일 평균급수량은? (단, 계획유효율은 0.85로 가정한다.)

① $33,915m^3/d$
② $36,660m^3/d$
③ $38,600m^3/d$
④ $40,932m^3/d$

TIP 계획 1일 평균급수량
$440 \times 10^{-3} \times 120,000 \times 0.9 \times 0.85 = 40,392m^3/day$

112 다음 그림은 포기조에서 부유물질의 물질수지를 타나낸 것이다. 포기조 내 MLSS를 300mg/L로 유지하기 위한 슬러지의 반송비는?

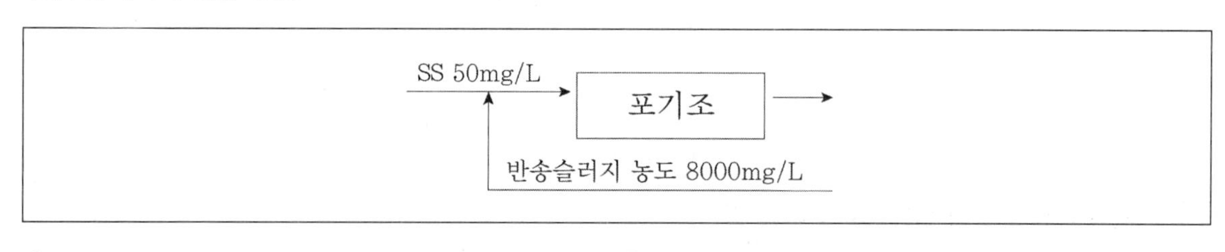

① 39%
② 49%
③ 59%
④ 69%

TIP 슬러지의 반송률

$$\gamma = \frac{\text{폭기조의 } MLSS\text{농도} - \text{유입수의 } SS\text{농도}}{\text{반송슬러지의 } SS\text{농도} - \text{폭기조의 } MLSS\text{농도}} \times 100 = \frac{3000-50}{8000-3000} \times 100 = 59\%$$

ANSWER 107.① 108.① 109.① 110.④ 111.④ 112.③

113 상수도 시설 중 접합정에 관한 설명으로 바르지 않은 것은?

① 철근콘크리트조의 수밀구조로 한다.
② 내경은 점검이나 모래반출을 위해 1m 이상으로 한다.
③ 접합정의 바닥을 얕은 우물구조로 하여 접수하는 예도 있다.
④ 지표수나 오수가 침입하지 않도록 맨홀을 설치하지 않는 것이 일반적이다.

TIP 접합정의 유지관리를 위하여 맨홀을 설치해야 한다.

114 하수도의 효과에 대한 설명으로 적합하지 않은 것은?

① 도시환경의 개선
② 토지이용의 감소
③ 하천의 수질보전
④ 공중위생상의 효과

TIP 하수도의 효과
- 하천의 수질보전
- 공중보건위생상의 효과
- 도시환경의 개선
- 토지이용의 증대(지하수위저하로 지반상태가 양호한 토지로 개량)
- 도로 및 하천의 유지비 감소
- 우수에 의한 하천범람의 방지

115 혐기성 소화 공정의 영향인자가 아닌 것은?

① 독성물질
② 메탄함량
③ 알칼리도
④ 체류시간

TIP 혐기성 소화에는 pH, 온도, 독성물질인 암모니아, 황화물, 휘발산, 항생물질 등이 영향을 미친다.

116 우리나라 먹는 물 수질기준에 대한 내용으로 바르지 않은 것은?

① 색도는 2도를 넘지 아니할 것
② 페놀은 0.005mg/L를 넘지 아니할 것
③ 암모니아성 질소는 0.5mg/L를 넘지 아니할 것
④ 일반세균은 1mL 중 100CFU를 넘지 아니할 것

TIP 색도는 5도를 넘지 아니해야 한다.

※ 먹는 물 수질기준

검사항목		기준	검사항목		기준
1	일반 세균	100CFU/mL 이하	30	1.1-디클로로에틸렌	0.03mg/L 이하
2	총대장균군	불검출/100mL	31	사염화탄소	0.002mg/L 이하
3	분원성대장균군	불검출/100mL	32	1.2디브로모3클로프로판	0.003mg/L 이하
4	납	0.05mg/L 이하	33	경도	300mg/L 이하
5	불소	1.5mg/L 이하	34	과망간산칼륨소비량	10mg/L 이하
6	비소	0.05mg/L 이하	35	냄새	무취
7	세레늄	0.01mg/L 이하	36	맛	무미
8	수은	0.001mg/L 이하	37	동	1mg/L 이하
9	시안	0.01mg/L 이하	38	색도	5도 이하
10	크롬	0.05mg/L 이하	39	세제	0.5mg/L이하
11	암모니아성질소	0.5mg/L 이하	40	수소이온농도	5.8 - 8.5
12	질산성질소	10mg/L 이하	41	아연	1mg/L 이하
13	카드뮴	0.005mg/L 이하	42	염소이온	250mg/L 이하
14	보론	0.3mg/L 이하	43	증발잔류물	500mg/L 이하
15	페놀	0.005mg/L 이하	44	철	0.3mg/L 이하
16	총트리할로메탄	0.1mg/L 이하	45	망간	0.3mg/L 이하
17	클로로포름	0.08mg/L 이하	46	탁도	0.5 NTU 이하
18	다이아지논	0.02mg/L 이하	47	황산이온	200mg/L 이하
19	파라티온	0.06mg/L 이하	48	알루미늄	0.2mg/L 이하
20	페니트로티온	0.04mg/L 이하	49	잔류염소	4mg/L 이하
21	카바릴	0.07mg/L 이하	50	할로아세틱에시드	0.1mg/L 이하
22	1.1.1-트리클로로에탄	0.1mg/L 이하	51	디브로모아세토니트릴	0.1mg/L 이하
23	테트라클로로에틸렌	0.01mg/L 이하	52	디클로로아세토니트릴	0.09mg/L 이하
24	트리클로로에틸렌	0.03mg/L 이하	53	트리클로로아세토니트릴	0.004mg/L 이하
25	디클로로메탄	0.02mg/L 이하	54	클로랄하이드레이트	0.3mg/L 이하
26	벤젠	0.01mg/L 이하	55	디브로모클로로메탄	0.100mg/L 이하
27	톨루엔	0.7mg/L 이하	56	브로모디클로로메탄	0.030mg/L 이하
28	에틸벤젠	0.3mg/L 이하	57	1.4-다이옥산	0.050mg/L 이하
29	크실렌	0.5mg/L 이하			

ANSWER 113.④ 114.② 115.② 116.①

117 계획우수량 산정에 필요한 용어에 대한 설명으로 바르지 않은 것은?

① 강우강도는 단위시간 내에 내린 비의 양을 깊이로 나타낸 것이다.
② 유하시간은 하수관로로 유입한 우수가 하수관 길이 L을 흘러가는데 필요한 시간이다.
③ 유출계수는 배수구역 내로 내린 강우량에 대하여 증발과 지하로 침투하는 양의 비율이다.
④ 유입시간은 우수가 배수구역의 가장 원거리 지점으로부터 하수관로로 유입하기까지의 시간이다.

TIP 유출계수는 강우량에 대한 유출량의 비이다. (강우 계속시간 중의 어느 시간에서 어느 시간까지 내린 강우와 그 강우의 유효분과의 비이다.)

118 하수의 배제방식에 대한 설명으로 바르지 않은 것은?

① 분류식은 관로오접의 철저한 감시가 필요하다.
② 합류식은 분류식보다 유량 및 유속의 변화폭이 크다.
③ 합류식은 2계통의 분류식에 비해 일반적으로 건설비가 많이 소요된다.
④ 분류식은 관로내의 퇴적이 적고 수세효과를 기대할 수 없다.

TIP 합류식은 분류식보다 유량 및 유속의 변화폭이 작다.

119 지름 15cm, 길이 50cm인 주철관으로 유량 0.03m^3/s의 물을 50m 양수하려고 한다. 양수 시 발생되는 총 손실수두가 5m이었다면 이 펌프의 소요축동력(kW)은? (단, 여유율은 0이며 펌프의 효율은 80%이다.)

① 20.2[kW]
② 30.5[kW]
③ 33.5[kW]
④ 37.2[kW]

TIP 펌프의 소요축동력 : $\frac{9.8 \cdot Q \cdot H_t}{\eta} = \frac{9.8 \cdot 0.03 \cdot (50+5)}{0.8} = 20.2$[kW]

120 맨홀에 인버트(Invert)를 설치하지 않았을 때의 문제점이 아닌 것은?

① 맨홀 내에 퇴적물이 쌓이게 된다.
② 환기가 되지 않아 냄새가 발생한다.
③ 퇴적물이 부패되어 악취가 발생한다.
④ 맨홀 내에 물기가 있어 작업이 불편하다.

TIP 인버트를 설치하지 않았을 때 퇴적물의 부패로 냄새가 발생하는 것이다. 환기장치가 문제가 있는 경우 악취가 발생할 수는 있으나 이를 인버트 설치와 직접적인 연관이 있다고 보기 어렵다.

- **맨홀** : 하수관거의 청소, 점검, 장애물 제거, 보수를 위한 사람 및 기계의 출입을 가능하게 하고 악취나 부식성 가스의 통풍 및 환기, 관거의 접합을 위한 시설이다.
- **인버트** : 맨홀 저부에 반원형의 홈을 만들어 하수를 원활히 흐르게 하는 것으로 오수받이 저부에 설치한다.

ANSWER 117.③ 118.③ 119.① 120.②

토목기사

07 2022년 1회 시행

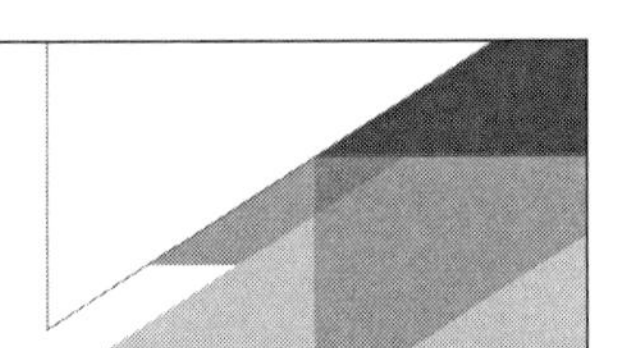

제1과목 응용역학

1 다음 그림과 같이 중앙에 집중하중 P를 받는 단순보에서 지점 A로부터 L/4인 지점(점 D)의 처짐각과 처짐량을 순서대로 바르게 나타낸 것은?(단, EI는 일정하다.)

① $\theta_D = \dfrac{3PL^2}{128EI}$, $\delta_D = \dfrac{11PL^3}{384EI}$

② $\theta_D = \dfrac{3PL^2}{128EI}$, $\delta_D = \dfrac{5PL^3}{384EI}$

③ $\theta_D = \dfrac{5PL^2}{64EI}$, $\delta_D = \dfrac{3PL^3}{768EI}$

④ $\theta_D = \dfrac{3PL^2}{64EI}$, $\delta_D = \dfrac{11PL^3}{768EI}$

TIP 출제빈도가 높지 않고 공식유도에 상당한 시간이 걸리므로 문제와 답을 암기할 것을 권하는 문제이다.
휨모멘트선도를 그리고 휨모멘트를 하중으로 간주하면 이 하중도에서 전단력이 처짐각, 휨모멘트는 처짐량을 의미한다.

$V = \dfrac{1}{16} - \dfrac{1}{64} = \dfrac{3}{64}$

$M = \dfrac{1}{16} \cdot \dfrac{1}{4} - \dfrac{1}{64}\left(\dfrac{1}{4} \cdot \dfrac{1}{3}\right) = \dfrac{1}{64} - \dfrac{1}{768} = \dfrac{11}{768}$

따라서 $\theta_D = \dfrac{3PL^2}{64EI}$, $\delta_D = \dfrac{11PL^3}{768EI}$

2 길이가 4m인 원형단면 기둥의 세장비가 100이 되기 위한 기둥의 지름은? (단, 지지상태는 양단힌지로 가정한다.)

① 20cm　　② 18cm

③ 16cm　　④ 12cm

TIP

$$r_{\min} = \sqrt{\frac{I_{\min}}{A}} = \sqrt{\frac{\frac{\pi d^4}{64}}{\frac{\pi d^4}{4}}} = \frac{d}{4},\ \lambda = \frac{l}{r_{\min}} = \frac{4l}{d},\ d = 16cm$$

3 단면 2차 모멘트가 I이고 길이가 L인 균일한 단면의 직선형상의 기둥이 있다. 지지상태가 일단 고정, 타단 자유인 경우 오일러 좌굴하중은? (단, 이 기둥의 영(Young)계수는 E이다.)

① $\frac{4\pi^2 EI}{L^2}$　　② $\frac{2\pi^2 EI}{L^2}$

③ $\frac{\pi^2 EI}{L^2}$　　④ $\frac{\pi^2 EI}{4L^2}$

TIP 좌굴하중의 기본식(오일러의 장주공식)

$$P_{cr} = \frac{\pi^2 EI}{(KL)^2} = \frac{n\pi^2 EI}{L^2}$$

EI : 기둥의 휨강성

L : 기둥의 길이

K : 기둥의 유효길이 계수

KL(l_k로도 표시함) : 기둥의 유효좌굴길이 (장주의 처짐곡선에서 변곡점과 변곡점 사이의 거리)

n : 좌굴계수(강도계수, 구속계수)

	양단 힌지	1단 고정 1단 힌지	양단 고정	1단 고정 1단 자유
지지상태	L	L_c L	L_c L	L
좌굴길이 KL	$1.0L$	$0.7L$	$0.5L$	$2.0L$
좌굴강도	$n=1$	$n=2$	$n=4$	$n=0.25$

ANSWER 1.④ 2.③ 3.④

4 직사각형 단면 보의 단면적을 A, 전단력을 V라고 할 때 최대전단응력은?

① $\frac{2V}{3A}$
② $1.5\frac{V}{A}$
③ $3\frac{V}{A}$
④ $2\frac{V}{A}$

TIP 직사각형 단면 보의 단면적을 A, 전단력을 V라고 할 때 최대전단응력은 $1.5\frac{V}{A}$가 된다.

5 단면 2차 모멘트의 특성에 대한 설명으로 바르지 않은 것은?

① 단면 2차 모멘트의 최솟값은 도심에 대한 것이며 0이다.
② 정삼각형, 정사각형 등과 같이 대칭인 단면의 도심축에 대한 단면 2차 모멘트는 모누 같다.
③ 단면 2차 모멘트는 좌표축에 상관없이 항상 양(+)의 부호를 갖는다.
④ 단면 2차 모멘트가 크면 휨 강성이 크고 구조적으로 안전하다.

TIP 단면 2차 모멘트의 값은 항상 0보다 크다.

6 다음 그림과 같은 단순보에서 휨모멘트에 의한 탄성변형에너지는? (단, EI는 일정하다.)

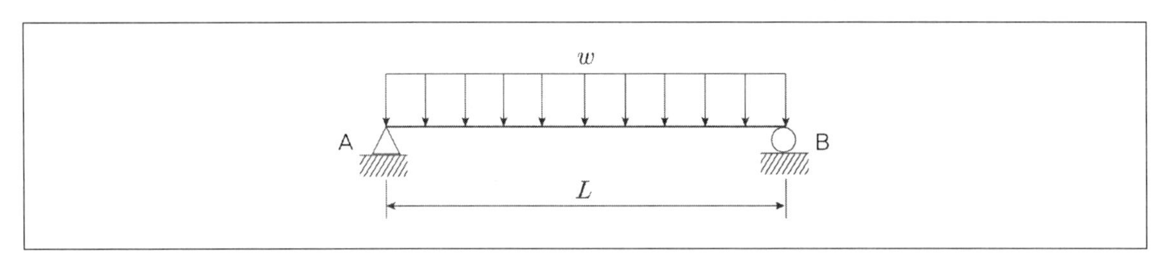

① $\frac{w^2L^5}{40EI}$
② $\frac{w^2L^5}{98EI}$
③ $\frac{w^2L^5}{240EI}$
④ $\frac{w^2L^5}{384EI}$

TIP 등분포하중 w가 부재 전체에 작용하는 길이 L인 단순보의 휨모멘트에 의한 변형에너지의 크기는 $\frac{w^2L^5}{240EI}$이다.

7 다음 그림과 같은 모멘트 하중을 받는 단순보에서 B지점의 전단력은?

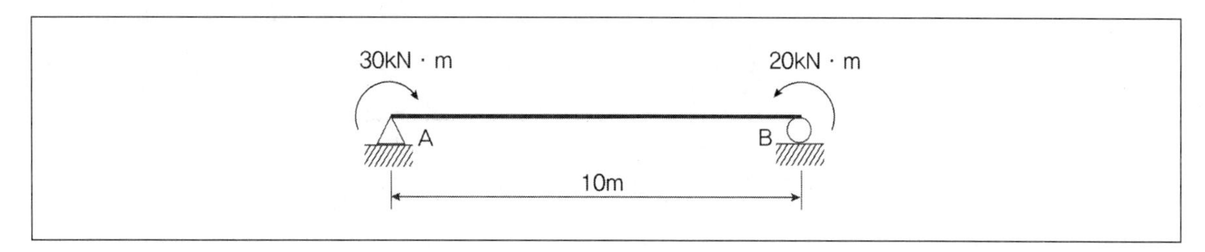

① −1.0kN ② −10kN

③ −5.0kN ④ −50kN

TIP $R_B = -(\frac{30[kN]-20[kN]}{10[m]}) = -1.0[kN]$

8 내민보에 그림과 같이 지점 A에 모멘트가 작용하고, 집중하중이 보의 양 끝에 발생한다. 이 때 이 보에 발생하는 최대휨모멘트의 절대값은?

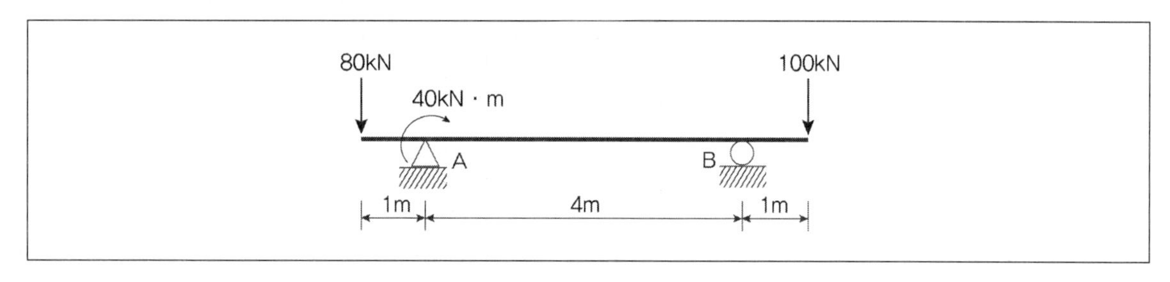

① 60kNm ② 80kNm

③ 100kNm ④ 120kNm

TIP 부재를 보고 직관적으로 답을 고를 수 있는 문제이다.
부재의 좌측을 살펴보면 80kN의 하중이 작용하고 있으나 A점에 대해 1m의 거리에 불과하며 A지점에 시계방향의 모멘트가 작용하므로 A지점의 우측부는 80kNm보다 작은 크기의 모멘트가 발생할 수 밖에 없다. 한편 B지점 우측에서 100kNm의 휨모멘트가 발생하므로 B지점에서 최대휨모멘트가 발생하게 된다.

ANSWER 4.② 5.① 6.③ 7.① 8.③

9 다음 그림과 같이 양단 내민보에 등분포하중 1kN/m가 작용할 때 C점의 전단력은?

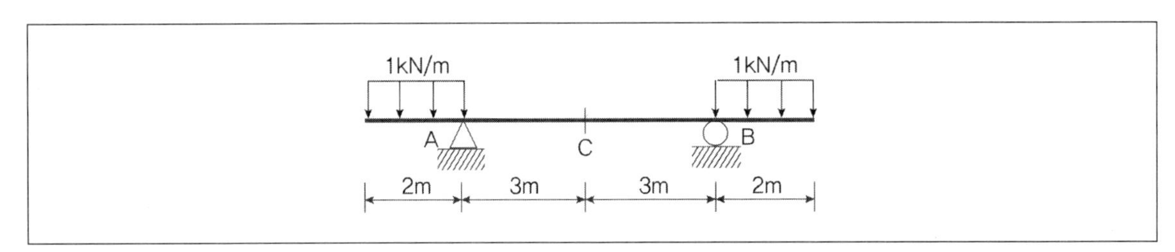

① 0kN

② 5kN

③ 10kN

④ 15kN

TIP 하중이 대칭으로 작용하고 있으며 구조물의 형상도 대칭이므로 중앙에 작용하는 전단력은 0이 된다.

10 다음 그림과 같은 직사각형 보에서 중립축에 대한 단면계수 값은?

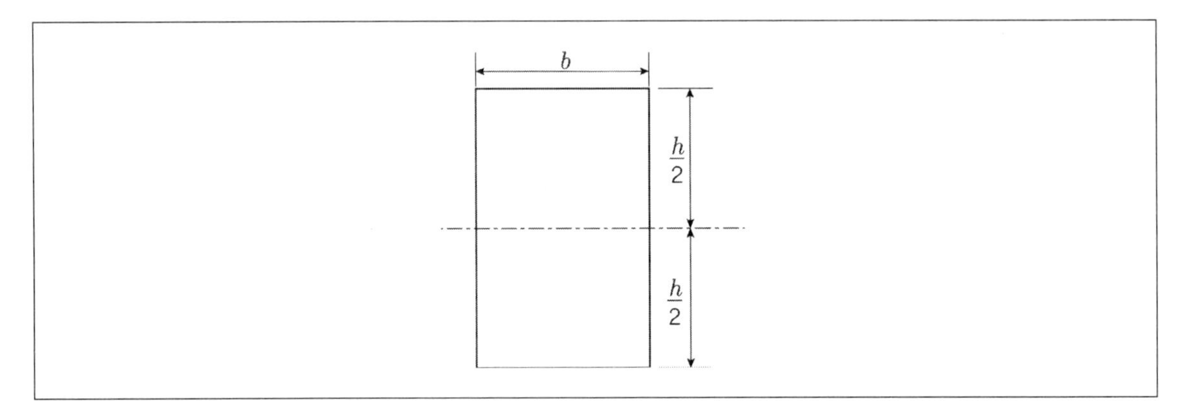

① $\frac{bh^2}{6}$

② $\frac{bh^2}{12}$

③ $\frac{bh^3}{6}$

④ $\frac{bh}{4}$

TIP

$$Z_{X-X} = \frac{I_X}{y_t} = \frac{\frac{bh^3}{12}}{\frac{h}{2}} = \frac{bh^3}{6}$$

11 다음 그림과 같이 캔틸레버 보의 B점에 집중하중 P와 우력모멘트 M_o가 작용할 때 B점에서의 연직범위는? (단, EI는 일정하다.)

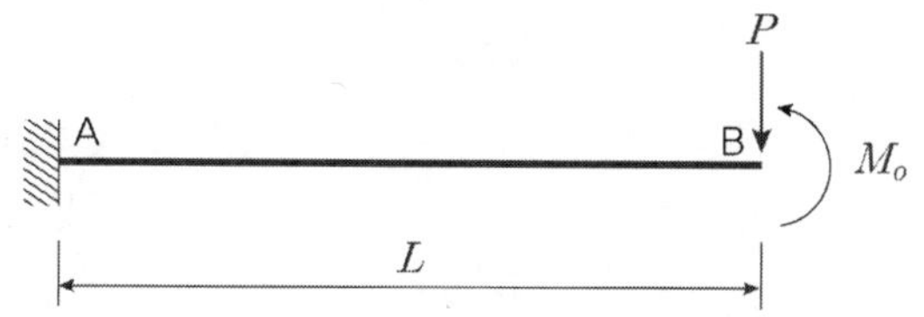

① $\frac{PL^3}{4EI}+\frac{M_oL^2}{2EI}$

② $\frac{PL^3}{4EI}-\frac{M_oL^2}{2EI}$

③ $\frac{PL^3}{3EI}+\frac{M_oL^2}{2EI}$

④ $\frac{PL^3}{3EI}-\frac{M_oL^2}{2EI}$

TIP

집중하중에 의한 처짐 $\delta_{B1}=\frac{1}{3}\cdot\frac{PL^3}{EI}(\downarrow)$

모멘트하중에 의한 처짐 $\delta_{B2}=\frac{1}{2}\cdot\frac{ML^2}{EI}(\uparrow)$

중첩의 원리를 적용하면 $\delta_B=\frac{PL^3}{3EI}-\frac{M_0L^2}{2EI}$

12 전단탄성계수가 81,000MPa, 전단응력이 81MPa이면 전단변형률의 값은?

① 0.1

② 0.01

③ 0.001

④ 0.0001

TIP 전단응력은 전단탄성계수와 전단변형률을 곱한 값이다. 따라서 전단변형률의 값은 0.001이 된다.

ANSWER 9.① 10.① 11.④ 12.③

13 다음 그림과 같은 3힌지 아치에서 A점의 수평반력은?

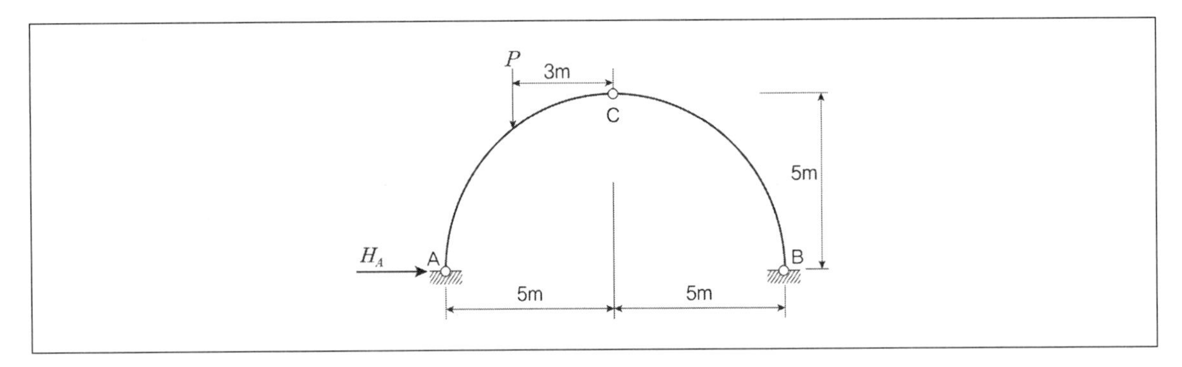

① P
② P/2
③ P/4
④ P/5

TIP

$\sum M_A = 0 : P \times 2 - V_B \times 10 = 0,\ V_B = \frac{P}{5}(\uparrow)$

$\sum M_C = 0 : H_B \times 5 - \frac{P}{5} \times 5 = 0,\ H_B = \frac{P}{5}(\leftarrow)$

$\sum F_x = 0 : H_A - H_B = 0,\ H_A = H_B = \frac{P}{5}(\rightarrow)$

14 다음 그림과 같은 라멘 구조물의 E점에서의 불균형모멘트에 대한 부재 EA의 모멘트 분배율을 구하면?

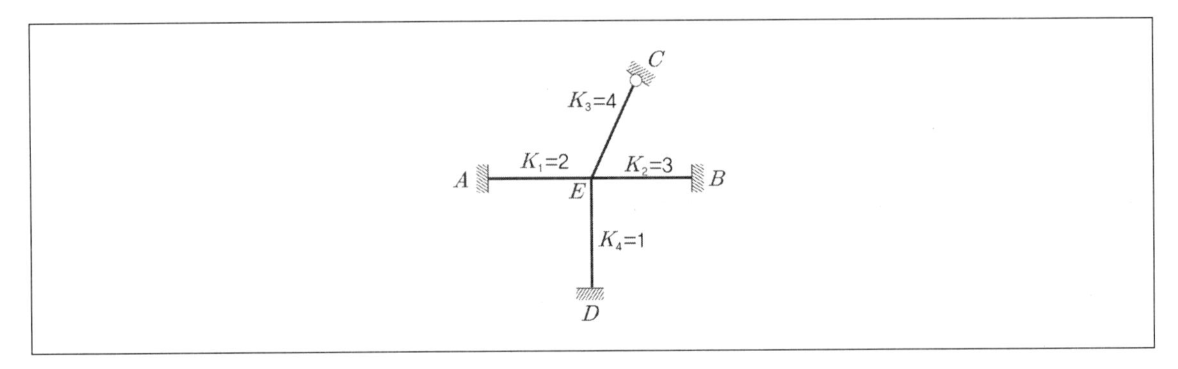

① 0.167
② 0.222
③ 0.386
④ 0.441

TIP

$K_{EA} : K_{EB} : K_{EC} : K_{ED} = 2 : 3 : 4 \times \frac{3}{4} : 1 = 2 : 3 : 3 : 1$

$DF_{EA} = \frac{K_{EA}}{\sum k_i} = \frac{2}{9} = 0.222$

15 다음 그림과 같이 지간(span)이 8m인 단순보에 연행하중이 작용할 때 절대최대휨모멘트가 발생하는 위치는?

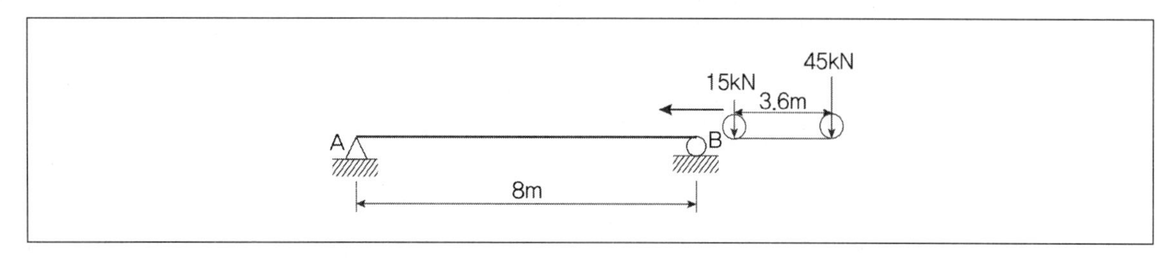

① 45kN의 재하점이 A점으로부터 4m인 곳
② 45kN의 재하점이 A점으로부터 4.45m인 곳
③ 15kN의 재하점이 B점으로부터 4m인 곳
④ 합력의 재하점이 B점으로부터 3.35m인 곳

TIP 절대최대휨모멘트가 발생하는 것은 두 작용력의 합력이 작용하는 위치와 큰 힘(45[kN])이 작용하는 위치의 중간이 부재의 중앙에 위치했을 때이며, 이 때 45[kN]이 작용하는 위치에서 절대최대휨모멘트가 발생한다.
15kN으로부터 합력이 작용하는 위치까지의 거리를 x라 하면 $15\times0+45\times3.6=60\times x$이며 $x=2.7$이 된다.
따라서 45[kN]의 하중이 작용하는 위치로부터 0.45[m] 좌측으로 떨어진 위치가 AB부재의 중앙부에 있을 때 45[kN]의 하중이 작용하는 지점의 휨모멘트의 크기를 구하면 되므로 절대최대휨모멘트가 발생하는 위치는 45kN의 재하점이 A점으로부터 4.45m인 곳이 된다.

16 다음 그림과 같은 구조물에서 부재 AB가 받는 힘의 크기는?

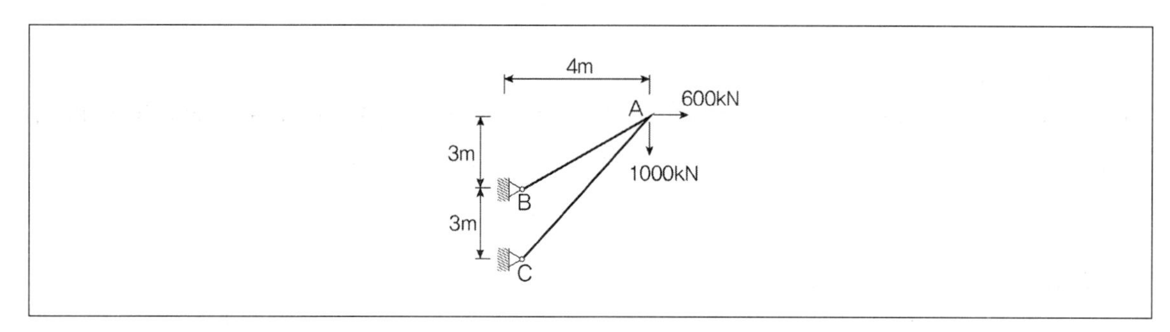

① 3166.7kN
② 3274.2kN
③ 3368.5kN
④ 3485.4kN

TIP 절점 A에서 절점법을 적용하여 푼다.

$$\sum H=0:-\left(F_{AB}\cdot\frac{4}{5}\right)-\left(F_{AC}\cdot\frac{4}{\sqrt{52}}\right)+600=0$$

$$\sum V=0:-\left(F_{AB}\cdot\frac{3}{5}\right)-\left(F_{AC}\cdot\frac{6}{\sqrt{52}}\right)-1,000=0$$

위의 두 식을 연립하면
$F_{AB}=3.166.7[t]$(인장), $F_{AC}=-3.485.37[t]$(압축)

ANSWER 13.④ 14.② 15.② 16.①

17 다음 그림과 같은 구조에서 절댓값이 최대로 되는 휨모멘트의 값은?

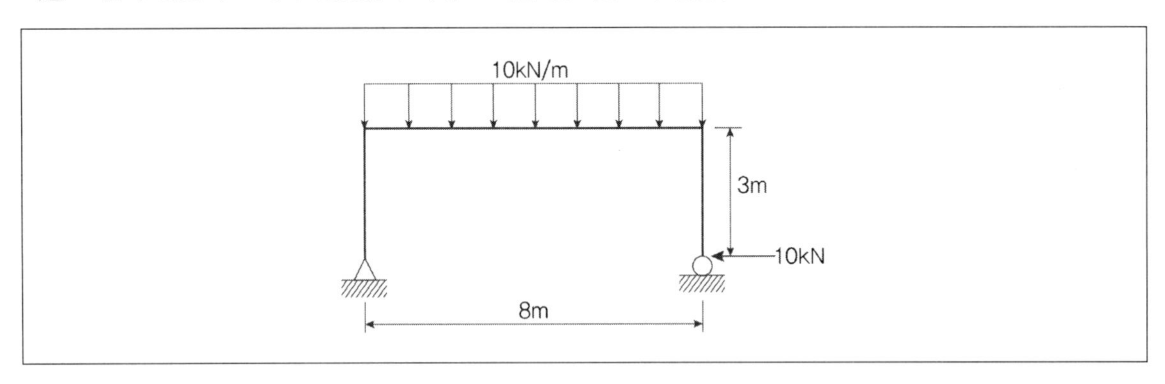

① 80kNm ② 50kNm
③ 40kNm ④ 30kNm

TIP $\sum F_x = 0 : H_A - 10 = 0,\ H_A = 10[kN](\rightarrow)$

$\sum M_B = 0 : V_A \times 8 - (10 \times 8) \times 4 = 0,\ V_A = 40[kN](\uparrow)$

$\sum F_y = 0 : V_A - (10 \times 8) + V_B = 0,\ \ V_B = 80 - V_A = 40[kN](\uparrow)$

18 어떤 금속의 탄성계수(E)가 21×10^4[MPa]이고, 전단 탄성계수(G)가 8×10^4[MPa]일 때 금속의 푸아송비는?

① 0.3075 ② 0.3125
③ 0.3275 ④ 0.3325

TIP $G = \frac{E}{2(1+v)}$ 이므로 $8 \cdot 10^4 = \frac{21 \cdot 10^4}{2(1+v)}$ 를 만족하는 $v = 0.3125$

19 다음 그림과 같은 단순보의 단면에서 발생하는 최대전단응력의 크기는?

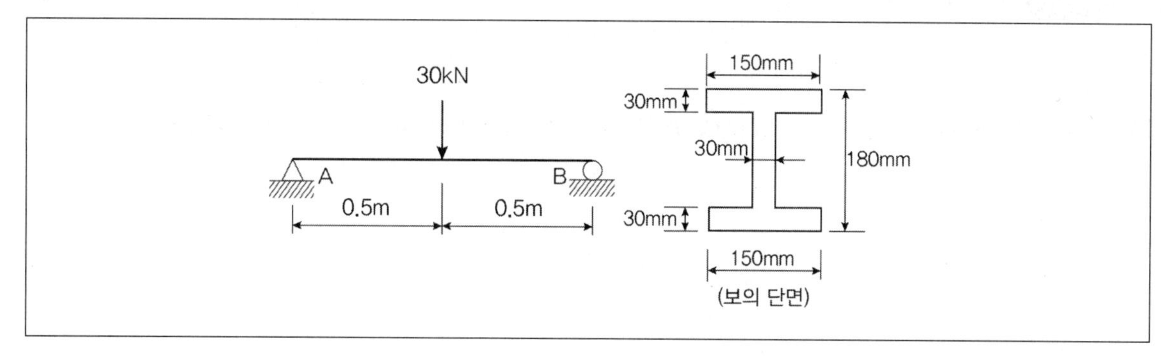

① 3.52MPa
② 3.86MPa
③ 4.45MPa
④ 4.93MPa

TIP 최대전단력은 A지점, B지점에서 발생하며 크기는 15kN이 된다.

$$\frac{VQ}{Ib} = \frac{15 \cdot 10^3 (150 \cdot 30 \cdot 75 + 30 \cdot 60 \cdot 30)}{\frac{1}{12}(150 \cdot 100^3 - 120 \cdot 120^3) \cdot 30} = 3.52$$

20 다음 그림과 같은 부정정보에서 B점의 반력은?

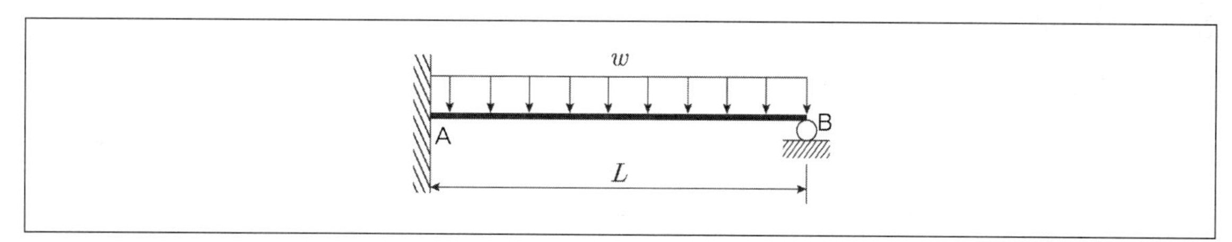

① $\frac{3}{4}wL$
② $\frac{3}{8}wL$
③ $\frac{3}{16}wL$
④ $\frac{5}{16}wL$

TIP $R_B = \frac{3}{8}wL,\ R_A = \frac{5}{8}wL,\ M_A = \frac{1}{8}wL^2$

ANSWER 17.② 18.② 19.① 20.②

제2과목 측량학

21 노선거리 2km의 결합트래버스 측량에서 폐합비를 1/5000으로 제한한다면 허용폐합오차는?

① 0.1m
② 0.4m
③ 0.8m
④ 1.2m

TIP $\frac{폐합오차}{\sum l} = \frac{1}{5000}$ 이므로 폐합오차는 0.4m가 된다.

22 다음 설명 중 바르지 않은 것은?

① 측지선은 지표상 두 점간의 최단거리선이다.
② 라플라스점은 중력측정을 실시하기 위한 점이다.
③ 항정선은 자오선과 항상 일정한 각도를 유지하는 지표의 선이다.
④ 지표면의 요철을 무시하고 적도반지름과 극반지름으로 지구의 형상을 나타내는 가상의 타원체를 지구타원체라고 한다.

TIP 중력측정을 목적으로 설치되는 점은 중력점이다. 라플라스점은 중력측정과는 관련이 없다.
※ **라플라스점** … 측지망이 광범위하게 설치된 경우 측량오차가 누적되는 것을 피하기 위해 200~300km마다 하나씩 설치한 점

23 다음 그림과 같은 반지름 50m인 원곡선에서 $\overline{HC}$의 거리는? (단, 교각은 60°이고 α는 20°, $\angle AHC$=90°)

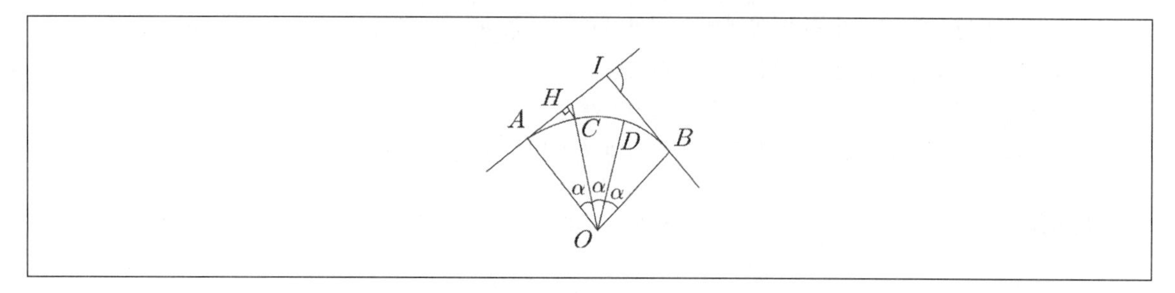

① 0.19m

② 1.98m

③ 3.02m

④ 3.24m

TIP $\overline{OJ} \cdot \cos\alpha = \overline{OA}$

$\overline{OJ} = \frac{\overline{OA}}{\cos\alpha} = \frac{50}{\cos 20^o} = 53.208[m]$

$\overline{CJ} = \overline{OJ} - \overline{OC} = 53.208 - 50 = 3.208[m]$

$\overline{HC} = \overline{CJ} \cdot \cos 20^o = 3.015[m]$

24 GNSS 상대측위 방법에 대한 설명으로 바른 것은?

① 수신기 1대만을 사용하여 측위를 실시한다.

② 위성과 수신기 간의 거리는 전파의 파장 개수를 이용하여 계산할 수 있다.

③ 위상차의 계산은 단순차, 2중차, 3중차와 같은 차분기법으로는 해결하기 어렵다.

④ 전파의 위상차를 관측하는 방식이나 절대측위 방법보다 정확도가 떨어진다.

TIP ① 수신기 2대 이상을 사용하여 측위를 실시한다.

③ 위상차의 계산은 단순차, 2중차, 3중차와 같은 차분기법으로 해결이 용이하다.

④ 절대측위 방법보다 정확도가 높다.

ANSWER 21.② 22.② 23.③ 24.②

25 지형측량에서 등고선의 성질에 대한 설명으로 바르지 않은 것은?

① 등고선의 간격은 경사가 급한 곳에서는 넓어지고 완만한 곳에는 좁아진다.
② 등고선은 지표의 최대경사선 방향과 직교한다.
③ 동일 등고선 상에 있는 모든 점은 같은 높이이다.
④ 등고선간의 최단거리 방향은 그 지표면의 최대경사 방향을 가리킨다.

TIP 등고선의 간격은 경사가 급한 곳에서는 좁아지고 완만한 곳에는 넓어진다.

26 지형의 표시법에 대한 설명으로 바르지 않은 것은?

① 영선법은 짧고 거의 평행한 선을 이용하여 경사가 급하면 가늘고 길게, 경사가 완만하면 굵고 짧게 표시하는 방법이다.
② 음영법은 태양광선이 서북쪽에서 45도 각도로 비친다고 가정하고 지표의 기복에 대해 그 명암을 2~3색 이상으로 채색하여 기복의 모양을 표시하는 방법이다.
③ 채색법은 등고선의 사이를 색으로 채색, 색채의 농도를 변화시켜 표고를 구분하는 방법이다.
④ 점고법은 하천, 항만, 해양측량 등에서 수심을 나타낼 때 측점에 숫자를 기입하여 수심 등을 나타내는 방법이다.

TIP 영선법은 경사가 급하면 굵고 짧게, 완만하면 가늘고 길게 표시한다.

27 동일한 정확도로 3변을 관측한 직육면체의 체적을 계산한 결과가 1200m^3이었다. 거리의 정확도를 1/10000까지 허용한다면 체적의 허용오차는?

① 0.08m^3
② 0.12m^3
③ 0.24m^3
④ 0.36m^3

TIP $\frac{\Delta L}{L}\times 2=\frac{\Delta A}{A}$, $\frac{\Delta L}{L}\times 3=\frac{\Delta V}{V}$

$\frac{3}{10000}=\frac{x}{1200}$이므로 $x=0.36m^2$

28 △ABC의 꼭지점에 대한 좌표값이 (30, 50), (20, 90), (60, 100)일 때 삼각형 토지의 면적은? (단, 좌표의 단위는 m이다.)

① 500m^2
② 750m^2
③ 850m^2
④ 960m^2

TIP $A=\frac{1}{2}\sum x_i(y_{i+1}-y_{i-1})$ or $\frac{1}{2}\sum y_i(x_{i+1}-x_{i-1})$이므로 주어진 수치를 여기에 대입하면

$A=\frac{1}{2}|(60-20)\cdot 50+(30-60)\cdot 90+(20-30)\cdot 100|=850$이 산출된다.

29 교각 $I=90^o$, 곡선반지름 R=150m인 단곡선에서 교점(I.P)의 추가거리가 1139.250m일 때 곡선종점(E.C)까지의 추가거리는?

① 875.375m
② 989.250m
③ 1224.869m
④ 1374.825m

TIP $IP-TL=BC$이며 $TL=R\tan\frac{I}{2}=150\cdot\tan 45^o=150$

BC=1139.25 − 150=989.25

$CL=R\cdot I\cdot rad=150\cdot 90^o\cdot\frac{\pi}{180^o}=235.619[\text{m}]$

$E.C=B.C+C.L=989.25+235.619=1224.869[\text{m}]$

30 수준측량의 부정오차에 해당되는 것은?

① 기포의 순간 이동에 의한 오차
② 기계의 불완전 조정에 의한 오차
③ 지구곡률에 의한 오차
④ 표척의 눈금오차

TIP 기계의 불완전 조정에 의한 오차, 지구곡률에 의한 오차(구차), 표척의 눈금오차 등은 정오차(조정 가능한 오차)에 속한다.

ANSWER 25.① 26.① 27.④ 28.③ 29.③ 30.①

31 어떤 노선을 수준측량하여 작성된 기고식 야장의 일부 중 지반고 값이 틀린 측점은? (단, 단위는 m이다.)

측점	B.S	F.S		기계고	지반고
		T.P	I.P		
0	3.121				123.567
1			2.586		124.102
2	2.428	4.065			122.623
3			−0.664		124.387
4		2.321			122.730

① 측점1
② 측점2
③ 측점3
④ 측점4

TIP 측점3의 지반고는 측점2의 지반고 값인 122.623에 2.428을 더하고 0.664를 더해야 한다.
표에서 -0.664는 0.664로 기입하는 것이 옳다.

32 노선측량에서 실시설계측량의 순서에 해당되지 않는 것은?

① 중심선 설치
② 지형도 작성
③ 다각측량
④ 용지측량

TIP **실시설계측량 순서** : 지형도의 작성 → 중심선의 선정 및 설치(도상) → 다각측량 → 중심선의 설치(현장) → 고저측량
※ **노선측량** … 노선의 계획, 설계 및 공사를 위하여 노선을 중심으로 좁고 긴 지역에 걸쳐 실시되는 측량으로서, 도로, 철도, 운하 등의 교통로, 수력발전의 도수로, 상하수도의 도수관 등 폭이 좁고 길이가 긴 구역의 측량을 총칭한다.

33 트래버스 측량에서 측점 A의 좌표가 (100m, 100m)이고 측선 AB의 길이가 50m일 때 B점의 좌표는? (단, AB측선의 방위각는 195도이다.)

① (51.7m, 87.1m)
② (51.7m, 112.9m)
③ (148.3m, 87.1m)
④ (148.3m, 112.9m)

TIP $x:100+50\cos 195^o$, $y:100+50\sin 195^o$ 이므로
B점의 좌표는 (51.7m, 87.1m)가 된다.

34 수심 H인 하천의 유속측정에서 수면으로부터 깊이 0.2H, 0.4H, 0.6H, 0.8H인 지점의 유속이 각각 0.663m/s, 0.556m/s, 0.532m/s, 0.466m/s이었다면 3점법에 의한 평균유속은?

① 0.543m/s
② 0.548m/s
③ 0.559m/s
④ 0.560m/s

TIP $$V=\frac{V_{0.2}+2V_{0.6}+V_{0.8}}{4}=\frac{0.663+2\cdot 0.532+0.466}{4}=0.548[m/s]$$

35 L1과 L2, 두 개의 주파수 수신이 가능한 2주파 GNSS수신기에 의하여 제거가 가능한 오차는?

① 위성의 기하학적 위치에 따른 오차
② 다중경로오차
③ 수신기오차
④ 전리층오차

TIP 위성측량은 열권의 전리층에 의한 오차에 영향을 받는데 이는 2주파 GNSS수신기로 제거가 가능한 오차이다.

ANSWER 31.③ 32.④ 33.① 34.② 35.④

36 줄자로 거리를 관측할 때 한 구간 20m의 거리에 비례하는 정오차가 +2mm라면 전 구간 200m를 관측하였을 때 정오차는?

① +0.2mm
② +0.63mm
③ +6.3mm
④ +20mm

TIP 정오차는 측정횟수에 비례하므로,

$$E=+2[mm]\times\frac{200}{20}=+20[mm]$$

37 삼변측량에 대한 설명으로 바르지 않은 것은?

① 전자파거리측량기(EDM)의 출현으로 그 이용이 활성화되었다.
② 관측값의 수에 비해 조건식이 많은 것이 장점이다.
③ 코사인 제2법칙과 반각공식을 이용하여 각을 구한다.
④ 조정방법에는 조건방정식에 의한 조정과 관측방정식에 의한 조정이 있다.

TIP 삼변측량은 조건식의 수가 적은 단점이 있다.

38 트래버스 측량의 종류와 그 특징으로 바르지 않은 것은?

① 결합 트래버스는 삼각점과 삼각점을 연결시킨 것으로 조정계산 정확도가 가장 좋다.
② 폐합 트래버스는 한 측점에서 시작하여 다시 그 측점에 돌아오는 관측형태이다.
③ 폐합 트래버스는 오차의 계산 및 조정이 가능하나 정확도는 개방 트래버스보다 좋지 못하다.
④ 개방 트래버스는 임의의 한 측점에서 시작하여 다른 임의의 한 점에서 끝나는 관측형태이다.

TIP 폐합 트래버스는 개방 트래버스보다 정확도가 높다.

39 수준점 A, B, C에서 P점까지 수준측량을 한 결과가 표와 같다. 관측거리에 대한 경중률을 고려한 P점의 표고는?

측량경로	거리	P점의 표고
A → P	1km	135.487m
B → P	2km	135.563m
C → P	3km	135.603m

① 135.529m
② 135.551m
③ 135.563m
④ 135.570m

TIP 경중률은 노선거리에 반비례 하므로, $P_1 : P_2 : P_3 = \frac{1}{L_1} : \frac{1}{L_2} : \frac{1}{L_3} = \frac{1}{1} : \frac{1}{2} : \frac{1}{3}$

$$최확고도 = H_o = \frac{P_1H_1 + P_2H_2 + P_3H_3}{P_1 + P_2 + P_3}$$

$$= \frac{(\frac{1}{1} \cdot 135.487) + (\frac{1}{2} \cdot 135.563) + (\frac{1}{3} \cdot 135.603)}{(\frac{1}{1} + \frac{1}{2} + \frac{1}{3})} = 135.529[m]$$

40 도로노선의 곡률반지름 R=2000m, 곡선길이 L=245m일 때, 클로소이드의 매개변수 A는?

① 500m
② 600m
③ 700m
④ 800m

TIP $A^2 = R \cdot L$이므로, $A^2 = 2000 \cdot 245 = 490,000$
$A = 700$

ANSWER 36.④ 37.② 38.③ 39.① 40.③

제3과목 수리학 및 수문학

41 하폭이 넓은 완경사 개수로 흐름에서 물의 단위중량 $W=\rho g$, 수심 h, 하상경사 S일 때 바닥 전단응력 τ_0은? (단, ρ은 물의 밀도, g는 중력가속도)

① ρhS

② ghS

③ $\sqrt{\frac{hS}{\rho}}$

④ WhS

TIP 하폭이 넓은 완경사 개수로 흐름에서 물의 단위중량 $W=\rho g$, 수심 h, 하상경사 S일 때, 바닥 전단응력 τ_0은 $\tau_0 = wRI = whs$가 된다.

42 베르누이(Bernoulli)의 정리에 관한 설명으로 바르지 않은 것은?

① 회전류의 경우는 모든 영역에서 성립한다.

② Euler의 운동방정식으로부터 적분하여 유도할 수 있다.

③ 베르누이의 정리를 이용하여 Torricelli의 정리를 유도할 수 있다.

④ 이상유체 흐름에 대해 기계적 에너지를 포함한 방정식과 같다.

TIP 회전류의 경우는 동일한 유선상에서만 성립하며 비회전류의 경우는 모든 영역에서 성립한다.

43 삼각위어(weir)에 월류 수심을 측정할 때 2%의 오차가 있었다면 유량 산정 시 발생하는 오차는?

① 2%

② 3%

③ 4%

④ 5%

TIP 삼각위어의 유량오차

$$\frac{dQ}{Q} = \frac{5}{2} \cdot \frac{dH}{H} = \frac{5}{2} \cdot 2 = 5\%$$

44 다음 사다리꼴 수로의 윤변은?

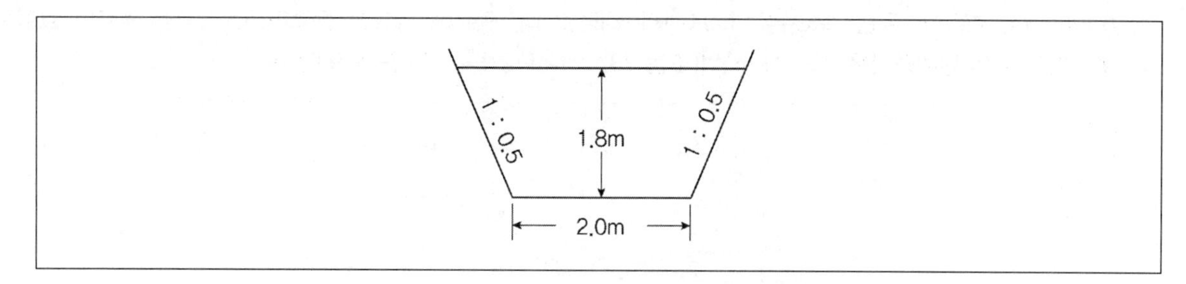

① 8.02m

② 7.02m

③ 6.02m

④ 9.02m

TIP 윤변은 마찰이 작용하는 주변길이를 의미한다.

$S=2\sqrt{0.9^2+1.8^2}+2.0=6.02[m]$

45 흐르는 유체 속의 한 점$(x,\ y,\ z)$의 각 축방향의 속도성분을 $(u,\ v,\ w)$라 하고 밀도를 ρ, 시간을 t로 표시할 때 가장 일반적인 경우의 연속방정식은?

① $\frac{\partial u}{\partial t}+\frac{\partial v}{\partial t}+\frac{\partial w}{\partial t}=0$

② $\frac{\partial \rho u}{\partial x}+\frac{\partial \rho v}{\partial y}+\frac{\partial \rho w}{\partial z}=0$

③ $\frac{\partial \rho}{\partial t}+\frac{\partial u}{\partial x}+\frac{\partial v}{\partial y}+\frac{\partial w}{\partial z}=0$

④ $\frac{\partial \rho}{\partial t}+\frac{\partial \rho u}{\partial x}+\frac{\partial \rho v}{\partial y}+\frac{\partial \rho w}{\partial z}=0$

TIP 흐르는 유체 속의 한 점$(x,\ y,\ z)$의 각 축방향의 속도성분을 $(u,\ v,\ w)$라 하고 밀도를 ρ, 시간을 t로 표시할 때 가장 일반적인 경우의 연속방정식은

$$\frac{\partial \rho}{\partial t}+\frac{\partial \rho u}{\partial x}+\frac{\partial \rho v}{\partial y}+\frac{\partial \rho w}{\partial z}=0$$

ANSWER 41.④ 42.① 43.④ 44.③ 45.④

46 다음 그림과 같이 수조 A의 물을 펌프를 이용해 수조 B로 양수한다. 연결관의 단면적 200cm^2, 유량 0.196m^3/s, 총손실수두는 속도수두의 3.0배에 해당할 때, 펌프에 필요한 동력(HP)는? (단, 펌프의 효율은 98%이며 물의 단위중량은 9.81kN/m^3, 1HP는 737.75Nm/s, 중력가속도는 9.8m/s^2)

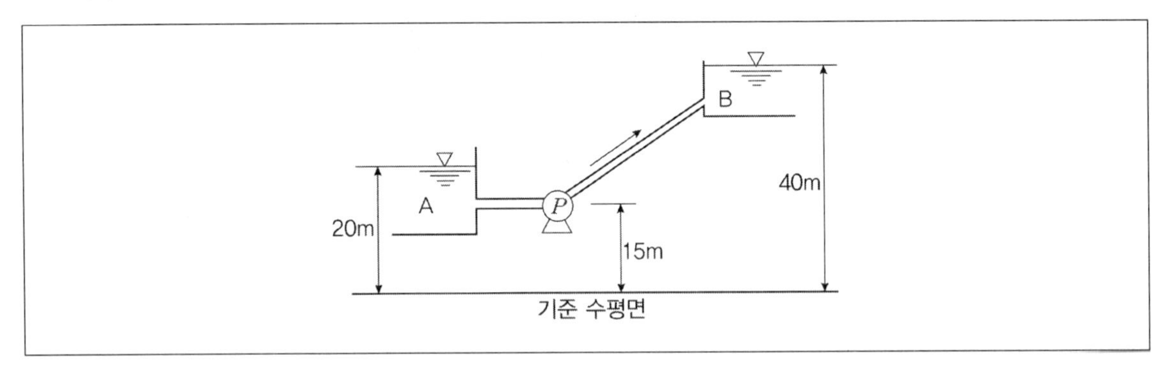

① 92.5 HP
② 101.6 HP
③ 105.9 HP
④ 115.2HP

TIP $P = \frac{1000}{75} \cdot 0.196 \cdot (20 + 3 \cdot \Delta h) \times \frac{1}{0.98} = 92.49$

$V = \frac{Q}{A} = \frac{0.196}{200 \cdot 10^{-4}} = 9.8[m/s]$

$\Delta h = \frac{V^2}{2g} = \frac{9.8^2}{2 \cdot 9.81} = 4.895$

따라서 $P = \frac{1000}{75} \cdot 0.196 \cdot (20 + 3 \cdot 4.895) \times \frac{1}{0.98} = 92.49$

47 수리학적으로 유리한 단면에 관한 설명으로 바르지 않은 것은?

① 주어진 단면에서 윤변이 최소가 되는 단면이다.
② 직사각형 단면일 경우 수심이 폭의 1/2인 단면이다.
③ 최대유량의 소통을 가능하게 하는 가장 경제적인 단면이다.
④ 사다리꼴 단면일 경우 수심을 반지름으로 하는 반원을 외접원으로 하는 사다리꼴 단면이다.

TIP 수심을 반지름으로 하는 반원을 내접원으로 하는 정육각형의 제형단면일 때 수리학상 유리한 단면이 된다.

48 여과량이 $2m^3/s$, 동수경사가 0.2, 투수계수가 1cm/s일 때 필요한 여과지의 면적은?

① $1,000m^2$

② $1,500m^2$

③ $2,000m^2$

④ $2,500m^2$

TIP $Q=A \cdot K \cdot I$이므로 $A=\frac{Q}{K \cdot I}=\frac{2}{0.01 \cdot 0.2}=1000[m^2]$

49 비중이 0.9인 목재가 물에 떠 있다. 수면 위에 노출된 체적이 $1.0m^3$이라면 목재 전체의 체적은? (단, 물의 비중은 1.0이다.)

① $1.9m^3$

② $2.0m^3$

③ $9.0m^3$

④ $10.0m^3$

TIP 부력에 관한 단순문제이다.
$wV+M=w'V'+M'$라는 식을 만족해야 하므로 $0.9V+0=1 \cdot (V-1)+0$이며, $0.1V=1$이므로 목재 전체의 체적 $V=10[m^3]$이 된다.

50 두께가 10m인 피압대수층에서 우물을 통해 양수한 결과 50m 및 100m 떨어진 두 지점에서 수면강하가 각각 20m 및 10m로 관측되었다. 정상상태를 가정할 때 우물의 양수량은? (단, 투수계수는 0.3m/h)

① $7.6 \times 10^{-2}[m^3/s]$

② $6.0 \times 10^{-3}[m^3/s]$

③ $9.4[m^3/s]$

④ $21.6[m^3/s]$

TIP
$$Q=\frac{2\pi ck(H-h_o)}{2.3\log\frac{R}{r_o}}=\frac{2\pi \cdot 10 \cdot \frac{0.3}{3,600} \cdot (20-10)}{2.3\log\frac{100}{50}}=0.076m^3/\sec$$

ANSWER 46.① 47.④ 48.① 49.④ 50.①

51 첨두홍수량 계산에 있어서 합리식의 적용에 관한 설명으로 바르지 않은 것은?

① 하수도 설계 등 소유역에만 적용될 수 있다.
② 우수 도달시간은 강우 지속시간보다 길어야 한다.
③ 강우강도는 균일하고 전유역에 고르게 분포되어야 한다.
④ 유량이 점차 증가되어 평형상태일 때의 첨두유출량을 나타낸다.

TIP 우수 도달시간은 강우 지속시간과 동일하다고 가정한다.
※ 도달시간 … 강우가 유역의 가장 먼 지점에서 유역출구까지 물이 유하하는데 소요되는 시간

52 다음 그림과 같은 모양의 분수를 만들었을 때 분수의 높이는? (단, 유속계수(C_v)는 0.96, 중력가속도(g)는 9.8m/s^2, 다른 손실은 무시한다.)

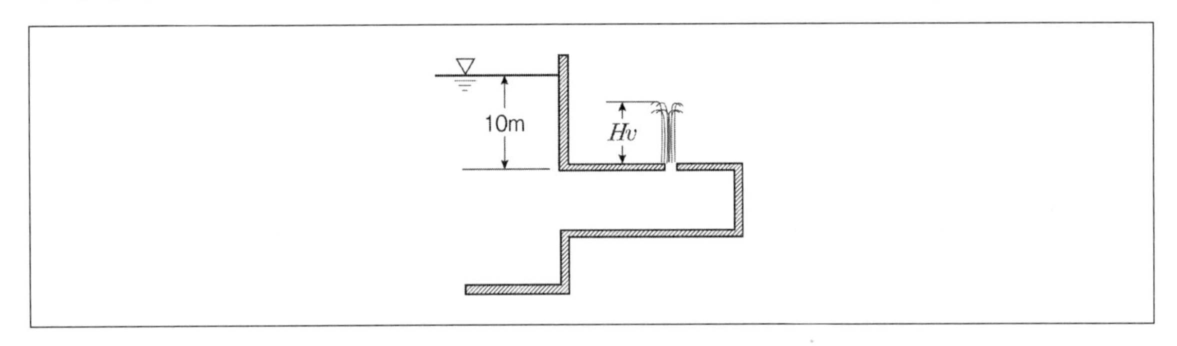

① 9.00m
② 9.22m
③ 9.62m
④ 10.00m

TIP 분수의 높이 $H_v = C_v^2 \cdot H = 0.96^2 \cdot 10 = 9.216m$

53 동수반경에 대한 설명으로 바르지 않은 것은?

① 원형관의 경우 지름의 1/4이다.
② 유수단면적을 윤변으로 나눈 값이다.
③ 폭이 넓은 직사각형수로의 동수반경은 그 수로의 수심과 거의 같다.
④ 동수반경이 큰 수로는 동수반경이 작은 수로보다 마찰에 의한 수두손실이 크다.

TIP 동수반경이 큰 수로는 동수반경이 작은 수로보다 마찰에 의한 수두손실이 작다.

54 댐의 상류부에서 발생되는 수면곡선으로, 흐름방향으로 수심이 증가함을 뜻하는 곡선은?

① 배수곡선
② 지하곡선
③ 유사량곡선
④ 수리특성곡선

TIP 배수곡선은 개수로에 댐, 위어 등의 구조물이 있을 경우 수위의 상승이 상류쪽으로 미칠 때 발생하는 수면곡선이다. 즉, 댐의 상류부에서 발생되는 수면곡선으로서 흐름방향으로 수심이 증가함을 뜻하는 곡선이다.

55 일반적인 물의 성질로 바르지 않은 것은?

① 물의 비중은 기름의 비중보다 크다.
② 물은 일반적으로 완전유체로 취급한다.
③ 해수도 담수와 같은 단위중량으로 취급한다.
④ 물의 밀도는 보통 $1g/cc=1000kg/m^3=1t/m^3$를 쓴다.

TIP 담수는 $1t/m^3$, 해수는 $1.025t/m^3$로 단위중량은 서로 다르다.

56 강우 자료의 일관성을 분석하기 위해 사용하는 방법은?

① 합리식
② DAD 해석법
③ 누가우량곡선법
④ SCS(Soil Conservation Service) 방법

TIP 누가우량곡선은 자기우량계에 의해 관측점별로 누가우량의 시간적 변화를 기록한 것이다.

ANSWER 51.② 52.② 53.④ 54.① 55.③ 56.③

57 수문자료 해석에 사용되는 확률분포모형의 매개변수를 추정하는 방법이 아닌 것은?

① 모멘트법(method of moments)
② 회선적분법(convolution integral method)
③ 최우도법(method of maximum likelihood)
④ 확률가중모멘트법(method of probability weighted moments)

⊙TIP 수문자료의 해석에 사용되는 확률분포형의 매개변수를 추정하는 방법으로는 모멘트법, 확률가중모멘트법, 최우도법, 최소자승법이 있다.

- 모멘트법 : 가장 오래되고 간단하여 많이 사용하는 방법 중의 하나로 모집단의 모멘트와 표본 자료의 모멘트를 같게 하여 매개변수를 추정하는 방법
- 최우도법 : 추출된 표본자료가 나올 수 있는 확률이 최대가 되도록 매개변수를 추정하는 방법
- 확률가중모멘트법 : 모멘트법이나 최우도법 등의 대안으로 Greenwood(1979) 등에 의해 소개된 후 최근에는 가장 널리 쓰이는 매개변수 추정 방법

58 정수역학에 관한 설명으로 바르지 않은 것은?

① 정수 중에는 전단응력이 발생된다.
② 정수 중에는 인장응력이 발생되지 않는다.
③ 정수압은 항상 벽면에 직각방향으로 작용한다.
④ 정수 중의 한 점에 작용하는 정수압은 모든 방향에서 균일하게 작용한다.

⊙TIP 정수역학에서는 정수 중에는 전단응력이 발생하지 않는 것으로 가정한다.

59 수심이 1.2m인 수조의 밑바닥에 길이 4.5m, 지름 2cm인 원형관이 연직으로 설치되어 있다. 최초에 물이 배수되기 시작할 때 수조의 밑바닥에서 0.5m 떨어진 연직관 내의 수압은? (단, 물의 단위중량은 $9.81kN/m^3$이며 손실은 무시한다.)

① $49.05kN/m^2$
② $-49.05kN/m^2$
③ $39.24kN/m^2$
④ $-39.24kN/m^2$

TIP 위치수두 $1.2+0.5=1.7=\frac{P_2}{9.81}+\frac{V_2}{19.6}$

$1.2+4.5=\frac{V_3^2}{19.62}$ 이므로 $V_3=\sqrt{19.62\cdot 5}=10.575[m/s]$

$V_2=V_3=10.575[m/s]$ 이며 $P_2=-39.24[kN/m^2]$

60 어느 유역에 1시간 동안 계속되는 강우기록이 아래 표와 같을 때 10분 지속 최대강우강도는?

시간(분)	0	0 ~ 10	10 ~ 20	20 ~ 30	30 ~ 40	40 ~ 50	50 ~ 60
우량(mm)	0	3.0	4.5	7.0	6.0	4.5	6.0

① 5.1[mm/h]
② 7.0[mm/h]
③ 30.6[mm/h]
④ 42.0[mm/h]

TIP 최대우량이 가장 큰 구간은 20~30mm구간이다.
이 구간에서 강우량을 구하면 $10:7=60:x$ 이므로, x는 42[mm/h]가 된다.

ANSWER 57.② 58.① 59.④ 60.④

61 단철근 직사각형 보에서 $f_{ck}=38MPa$인 경우 콘크리트 등가직사각형 압축응력블록의 깊이를 나타내는 계수의 값은?

① 0.74
② 0.76
③ 0.80
④ 0.85

TIP $f_{ck} \le 40MPa$인 경우 압축응력블록의 깊이를 나타내는 계수 값은 0.80이 된다.

62 표준갈고리를 갖는 인장 이형철근의 정착에 대한 설명으로 바르지 않은 것은? (단, d_b는 철근의 공칭지름이다.)

① 갈고리는 압축을 받는 경우 철근정착에 유효하지 않은 것으로 보아야 한다.
② 정착길이는 위험단면으로부터 갈고리의 외측단부까지 거리로 나타낸다.
③ D35 이하 180도 갈고리 철근에서 정착길이 구간을 $3d_b$ 이하 간격으로 띠철근 또는 스터럽이 정착되는 철근을 수직으로 둘러싼 경우에 보정계수는 0.7이다.
④ 기본 정착길이에 보정계수를 곱하여 정착길이를 계산하는 데 이렇게 구한 정착길이는 항상 $8d_b$ 이상, 또한 150mm 이상이어야 한다.

TIP D35 이하 180도 갈고리 철근에서 정착길이 구간을 $3d_b$ 이하 간격으로 띠철근 또는 스터럽이 정착되는 철근을 수직으로 둘러싼 경우에 보정계수는 0.8이다.

63 프리스트레스 도입을 할 때 일어나는 손실(즉시손실)의 원인에 해당되는 것은?

① 콘크리트의 크리프
② 콘크리트의 건조수축
③ 긴장재 응력의 릴렉세이션
④ 포스트텐션 긴장재와 덕트 사이의 마찰

TIP 포스트텐션 긴장재와 덕트 사이의 마찰은 즉시손실에 속한다.
※ 프리스트레스 손실의 원인
㉠ 프리스트레스 도입 시(즉시손실)
- 콘크리트의 탄성변형(수축)
- PS강재와 시스 사이의 마찰(포스트텐션 방식만 해당)
- 정착장치의 활동

㉡ 프리스트레스 도입 후(시간적 손실)
- 콘크리트의 건조수축
- 콘크리트의 크리프
- PS강재의 릴렉세이션(이완)

64 콘크리트 설계기준압축강도가 28MPa, 철근의 설계기준항복강도가 400MPa로 설계된 길이가 7m인 양단 연속보에서 처짐을 계산하지 않는 경우 보의 최소두께는? (단, 보통중량콘크리트 $m_c = 2300[kg/m^3]$이다.)

① 275mm
② 334mm
③ 379mm
④ 438mm

TIP 양단연속보에서 처짐을 계산하지 않는 보의 최소두께는 L/21이어야 하므로 L=7[m], 따라서 333[mm]가 된다.
처짐을 계산하지 않는 경우 보 또는 1방향 슬래브의 최소 두께는 다음과 같다.

부재	최소 두께			
	단순지지	1단연속	양단연속	캔틸레버
1방향 슬래브	L/20	L/24	L/28	L/10
보 및 리브가 있는 1방향 슬래브	L/16	L/18.5	L/21	L/8

ANSWER 61.③ 62.③ 63.④ 64.②

65 철근콘크리트의 강도설계법을 적용하기 위한 설계 가정으로 바르지 않은 것은?

① 철근과 콘크리트의 변형률은 중립축으로부터 거리에 비례한다.
② 인장 측 연단에서 철근의 극한변형률은 0.003으로 가정한다.
③ 콘크리트 압축연단의 극한변형률은 콘크리트의 설계기준압축강도가 40MPa 이하인 경우에는 0.0033으로 가정한다.
④ 철근의 응력이 설계기준항복강도(f_y) 이하일 때 철근의 응력은 그 변형률에 철근의 탄성계수(E_s)를 곱한 값으로 한다.

TIP 압축 측 연단에서 콘크리트의 극한변형률은 0.003으로 가정한다.

66 강도설계법에서 구조의 안전을 확보하기 위해 사용되는 강도감소계수(ϕ) 값으로 바르지 않은 것은?

① 인장지배 단면 : 0.85
② 포스트텐션 정착구역 : 0.70
③ 전단력과 비틀림모멘트를 받는 부재 : 0.75
④ 압축지배 단면 중 띠철근으로 보강된 철근콘크리트 부재 : 0.65

TIP 포스트텐션 정착구역에서 강도감소계수는 0.85이다.

67 연속보 또는 1방향 슬래브의 휨모멘트와 전단력을 구하기 위하여 근사해법을 적용할 수 있다. 근사해법을 적용하기 위해 만족하여야 하는 조건으로 바르지 않은 것은?

① 등분포 하중이 작용하는 경우
② 부재의 단면 크기가 일정한 경우
③ 활하중이 고정하중의 3배를 초과하는 경우
④ 인접 2경간의 차이가 짧은 경간의 20% 이하인 경우

TIP 연속보 또는 1방향 슬래브의 휨모멘트와 전단력을 구하기 위한 근사해법은 활하중이 고정하중의 3배를 초과하지 않는 경우 적용이 가능하다.

68 순간처짐이 20mm 발생한 캔틸레버 보에서 5년 이상의 지속하중에 의한 총 처짐은? (단, 보의 인장철근비는 0.02, 받침부의 압축철근비는 0.01이다.)

① 26.7mm
② 36.7mm
③ 46.7mm
④ 56.7mm

TIP 하중재하기간이 5년 이상이므로 $\xi = 2.0$

$\lambda = \dfrac{\xi}{1+50\rho'} = 1.33$

$\delta_L = \lambda\delta_i = 1.33 \times 20 = 26.6\text{mm}$

$\delta_T = \delta_i + \delta_L = 20 + 26.6 = 46.6\text{mm}$

69 다음 그림과 같은 단면을 갖는 지간 20m의 PSC보에 PS강재가 200mm의 편심거리를 가지고 직선배치되어 있다. 자중을 포함한 계수등분포하중 16kN/m가 보에 작용할 때 보 중앙단면의 콘크리트 상연응력은? (단, 유효프리스트레스힘은 2400kN이다.)

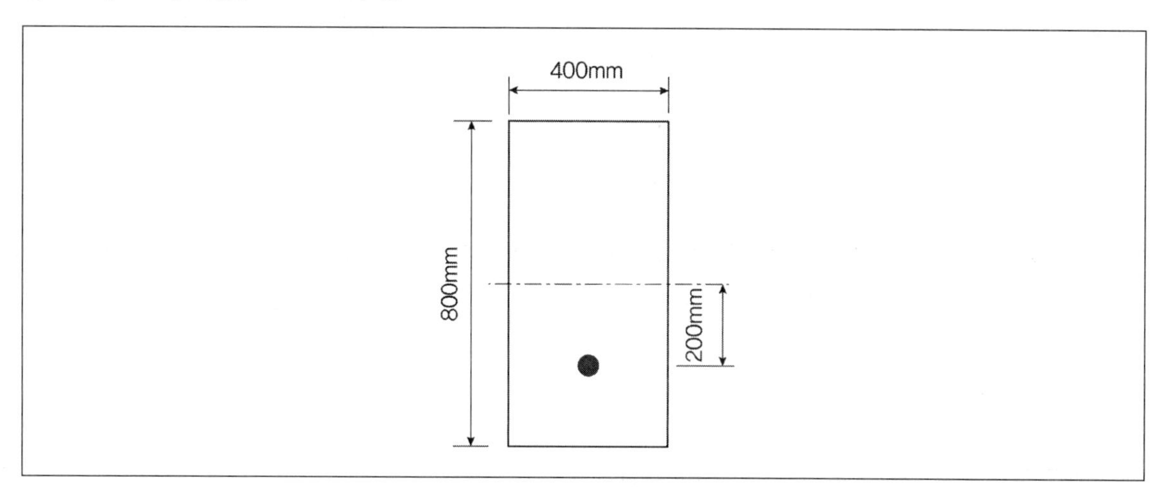

① 6MPa
② 9MPa
③ 12MPa
④ 15MPa

TIP $f_t = \dfrac{P_e}{A} - \dfrac{P_e \cdot e}{I}y + \dfrac{M}{I}y = \dfrac{P_e}{bh}\left(1 - \dfrac{6e}{h}\right) + \dfrac{3wl^2}{4bh^2} = 15\text{MPa}$

ANSWER 65.② 66.② 67.③ 68.③ 69.④

70 다음 그림과 같은 맞대기 용접의 이음부에 발생하는 응력의 크기는? (단, P=360[kN], 강판두께는 12mm)

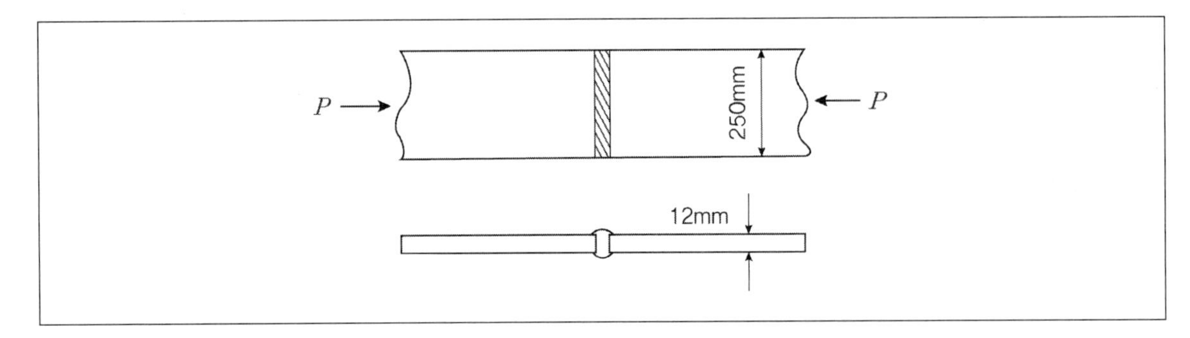

① 압축응력(f_c) 14.4MPa

② 인장응력(f_t) 3,000MPa

③ 전단응력(τ) 150MPa

④ 압축응력(f_c) 120MPa

TIP 용접부의 유효면적은 목두께와 용접부 유효길이의 곱이므로 12×250=3000[mm²]

용접부의 압축응력 $f_c = \frac{P}{A} = \frac{360,000[N]}{3,000[mm^2]} = 120[MPa]$

71 유효깊이가 600mm인 단철근 직사각형 보에서 균형단면이 되기 위한 압축연단에서 중립축까지의 거리는? (단, $f_{ck} = 28MPa$, $f_y = 300MPa$, 강도설계법에 의한다.)

① 494.5mm

② 412.5mm

③ 390.5mm

④ 293.5mm

TIP $C_b = \frac{660}{660+f_y} \cdot d = \frac{660}{660+400} \cdot 600 = 412.5[mm]$

72 보의 길이가 20m, 활동량이 4mm, 긴장재의 탄성계수(E_p)가 200,000MPa일 때 프리스트레스의 감소량($\triangle f_{an}$)은? (단, 일단정착이다.)

① 40MPa ② 30MPa
③ 20MPa ④ 15MPa

TIP $E_p \cdot \frac{\triangle L}{L} = 2 \cdot 10^5 \cdot \frac{4}{20 \cdot 10^3} = 40[\text{MPa}]$

73 다음 그림과 같은 띠철근 기둥에서 띠철근의 최대 수직간격은? (단, D10의 공칭직경은 9.5mm, D32의 공칭직경은 31.8mm이다.)

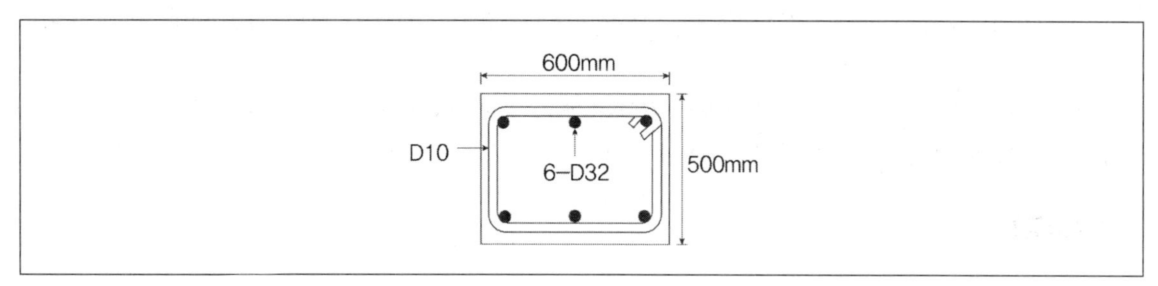

① 400mm ② 456mm
③ 500mm ④ 509mm

TIP 띠철근 기둥에서 띠철근의 간격은 다음 중 최솟값으로 한다.
- 축방향 철근 지름의 16배 이하 : 31.8×16 = 508.8mm 이하
- 띠철근 지름의 48배 이하 : 9.5×48 = 456mm 이하
- 기둥단면의 최소 치수 이하 : 500mm 이하

ANSWER 70.④ 71.② 72.① 73.②

74 강판을 리벳(Rivet)이음할 때 지그재그로 리벳을 체결한 모재의 순폭은 총폭으로부터 고려하는 단면의 최초의 리벳구멍에 대해 그 지름을 공제하고 이하 순차적으로 다음 식을 각 리벳구멍으로 공제하는데 이 때의 식은? (단, g는 리벳 선간의 거리, d는 리벳구멍의 지름, p는 리벳 피치)

① $d-\frac{p^2}{4g}$　② $d-\frac{g^2}{4p}$
③ $d-\frac{4p^2}{g}$　④ $d-\frac{4g^2}{p}$

TIP 강판을 리벳(Rivet)이음할 때 지그재그로 리벳을 체결한 모재의 순폭은 총폭으로부터 고려하는 단면의 최초의 리벳구멍에 대해 그 지름을 공제하고 이하 순차적으로 다음 식을 각 리벳구멍으로 공제하는 식은 $d-\frac{p^2}{4g}$ 이다.

75 비틀림철근에 대한 설명으로 바르지 않은 것은? (단, A_{oh}는 가장 바깥의 비틀림 보강철근의 중심으로 닫혀진 단면적(mm2)이고 P_h는 가장 바깥의 횡방향 폐쇄스터럽 중심선의 둘레(mm)이다.)

① 횡방향 비틀림철근은 종방향 철근 주위로 135도 표준갈고리에 의해 정착되어야 한다.
② 비틀림모멘트를 받는 속빈 단면에서 횡방향 비틀림철근의 중심선으로부터 내부 벽면까지의 거리는 0.5 A_{oh}/P_h 이상이 되도록 설계해야 한다.
③ 횡방향 비틀림철근의 간격은 $P_h/6$보다 작아야 하고, 또한 400mm보다 작아야 한다.
④ 종방향 비틀림철근은 양단에 정착하여야 한다.

TIP 횡방향 비틀림철근의 간격은 $\frac{P_h}{8}$ 및 300[mm]보다 작아야 한다.

76 뒷부벽식 옹벽에서 뒷부벽을 어떤 보로 보고 설계해야 하는가?

① T형보　② 단순보
③ 연속보　④ 직사각형보

TIP 뒷부벽은 T형보로 설계를 해야 한다.

77 직사각형 단면의 보에서 계수전단력 40kN을 콘크리트만으로 지지하고자 할 경우 필요한 최소 유효깊이는? (단, 보통중량콘크리트이며 $f_{ck}=25MPa$, $b_W=300mm$ 이다.)

① 320mm
② 348mm
③ 384mm
④ 427mm

TIP 콘크리트가 부담하는 공칭전단강도 $V_c=\frac{1}{6}\lambda\sqrt{f_{ck}}b_w d=\frac{1}{6}\cdot 1.0\cdot\sqrt{25}\cdot 300\cdot d=250\cdot d$

전단보강철근이 필요없는 조건은 $V_u\le\frac{1}{2}\phi V_c$이므로, $40,000\le\frac{1}{2}\cdot 0.75\cdot 250d$

따라서 $d\ge 426.67[mm]$

78 슬래브와 보가 일체로 타설된 비대칭 T형보(반 T형보)의 유효폭은? (단, 플랜지 두께 100mm, 복부 폭 300mm, 인접보와의 내측거리 1600mm, 보의 경간 6.0m)

① 800mm
② 900mm
③ 1000mm
④ 1100mm

TIP 반 T형보의 플랜지 유효 폭 $6t_f+b_w=(6\times 100)+300=900mm$

인접보와의 내측간 거리의 $\frac{1}{2}+b_w=1,100mm$

보경간의 $\frac{1}{12}+b_w=\frac{6,000}{12}+300=800mm$

위 값 중에서 최솟값을 취해야 한다.

ANSWER 74.① 75.③ 76.① 77.④ 78.①

79 다음 그림과 같은 인장철근을 갖는 보의 유효깊이는? (단, D19철근의 공칭단면적은 $287mm^2$이다.)

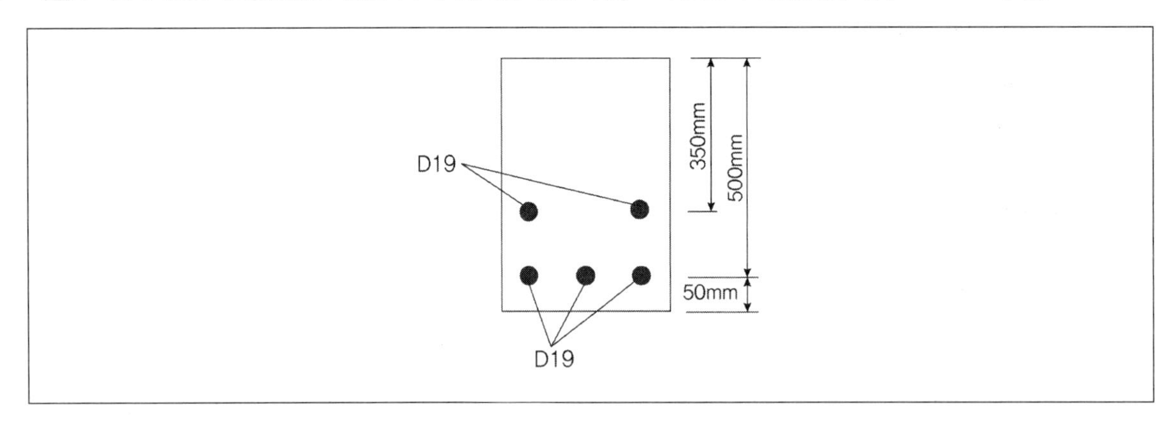

① 350mm
② 410mm
③ 440mm
④ 500mm

TIP 바리뇽의 정리를 따르면 $5A_s \cdot d = 2A_s(350) + 3A_s(500)$
따라서 d=440[mm]

80 인장응력검토를 위한 L−150×90×12인 형강(angle)의 전개한 총 폭은?

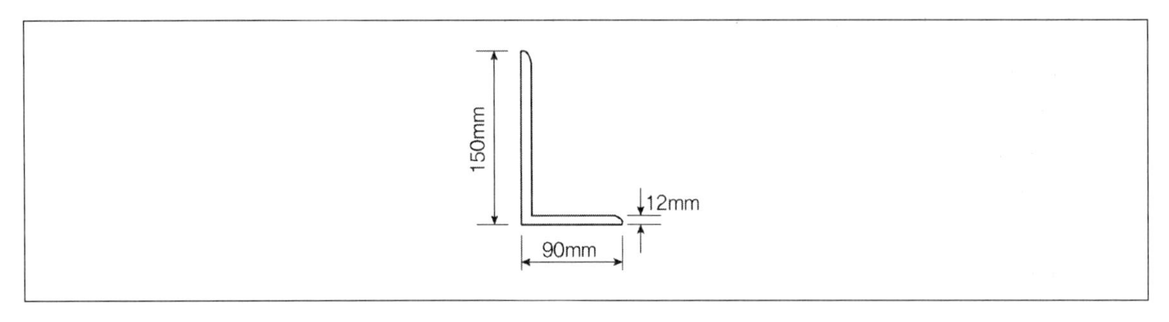

① 228mm
② 232mm
③ 240mm
④ 252mm

TIP L형강의 전개 총폭은 $b_g = b_1 + b_2 - t = 150 + 90 - 12 = 228[mm]$

제5과목 토질 및 기초

81 두께 9m의 점토층에서 하중강도 P1일 때 간극비는 2.0이고 하중강도를 P2로 증가시키면 간극비는 1.8로 감소되었다. 이 점토층의 최종압밀침하량은?

① 20cm
② 30cm
③ 50cm
④ 60cm

TIP $\Delta H = \frac{e_1 - e_2}{1+e_1} H = \frac{2.0-1.8}{1+2.0} \cdot 900 = 60[cm]$

82 지반개량공법 중 주로 모래질 지반을 개량하는데 사용되는 공법은?

① 프리로딩 공법
② 생석회 말뚝 공법
③ 페이퍼드레인 공법
④ 바이브로플로테이션 공법

TIP 프리로딩, 생석회말뚝, 페이퍼드레인공법은 점성토지반 개량에 적용되는 공법이다.

※ 공법과 적용 지반

공법	적용되는 지반	종류
다짐공법	사질토	동압밀공법, 다짐말뚝공법, 폭파다짐법, 바이브로 컴포져공법, 바이브로 플로테이션공법
압밀공법	점성토	선하중재하공법, 압성토공법, 사면선단재하공법
치환공법	점성토	폭파치환공법, 미끄럼치환공법, 굴착치환공법
탈수 및 배수공법	점성토	샌드드레인공법, 페이퍼드레인공법, 생석회말뚝공법
	사질토	웰포인트공법, 깊은우물공법
고결공법	점성토	동결공법, 소결공법, 약액주입공법
혼합공법	사질토, 점성토	소일시멘트공법, 입도조정법, 화학약제혼합공법

83 포화된 점토에 대해 비압밀비배수 시험을 하였을 때 결과에 대한 설명으로 바른 것은? (단, ϕ는 내부마찰각, c는 점착력)

① ϕ와 c가 나타나지 않는다.
② ϕ와 c가 모두 0이 아니다.
③ ϕ는 0이 아니지만 c는 0이다.
④ ϕ는 0이고 c는 0이 아니다.

TIP 포화된 점토에 대해 비압밀비배수 시험을 하였을 때 결과는 ϕ는 0이고 c는 0이 아니다.

ANSWER 79.③ 80.① 81.④ 82.④ 83.④

84 점토지반으로부터 불교란 시료를 채취하였다. 이 시료의 지름이 50mm, 길이가 100mm, 습윤 질량이 350g, 함수비가 40%일 때 이 시료의 건조밀도는?

① 1.78g/cm³　　② 1.43g/cm³
③ 1.27g/cm³　　④ 1.14g/cm³

TIP 건조단위무게 $\gamma_d = \dfrac{\gamma_t}{1+\dfrac{w}{100}}$, 습윤단위무게 $\gamma_t = \dfrac{W}{V} = \dfrac{350}{\dfrac{\pi \cdot 5^2}{4} \cdot 10} = 1.783g/cm^3$

따라서 $\gamma_d = \dfrac{1.783}{1+\dfrac{40}{100}} = 1.27g/cm^3$

85 말뚝의 부주면마찰력에 대한 설명으로 바르지 않은 것은?

① 연약한 지반에서 주로 발생한다.
② 말뚝 주변의 지반이 말뚝보다 더 침하될 때 발생된다.
③ 말뚝주면에 역청코팅을 하면 부주면 마찰력을 감소시킬 수 있다.
④ 부주면마찰력의 크기는 말뚝과 흙 사이의 상대적인 변위속도와 큰 연관성이 없다.

TIP 부주면마찰력의 크기는 말뚝과 흙 사이의 상대적인 변위속도와 연관되어 있다.

86 말뚝기초에 대한 설명으로 바르지 않은 것은?

① 군항은 전달되는 응력이 겹쳐지므로 말뚝 1개의 지지력에 말뚝개수를 곱한 값보다 지지력이 크다.
② 동역학적 지지력 공식 중 엔지니어링 뉴스 공식의 안전율은 6이다.
③ 부주면마찰력이 발생하면 말뚝의 지지력은 감소한다.
④ 말뚝기초는 기초의 분류에서 깊은 기초에 속한다.

TIP 군항은 말뚝 1개의 지지력에 말뚝개수를 곱한 값보다 지지력이 작다.

87 다음 그림과 같이 폭 2m, 길이가 3m인 기초에 100[kN/m^2]의 등분포하중이 작용할 때 A점 아래 4m 깊이에서의 연직응력 증가량은? (단, 아래 표의 영향계수 값을 활용하여 구하며, $m=\frac{B}{z}$, $n=\frac{L}{z}$ 이고, B는 직사각형 단면의 폭, L은 직사각형 단면의 길이, z는 토층의 깊이이다.)

[영향계수(I) 값]

m	0.25	0.5	0.5	0.5
n	0.5	0.25	0.75	1.0
I	0.048	0.048	0.115	0.112

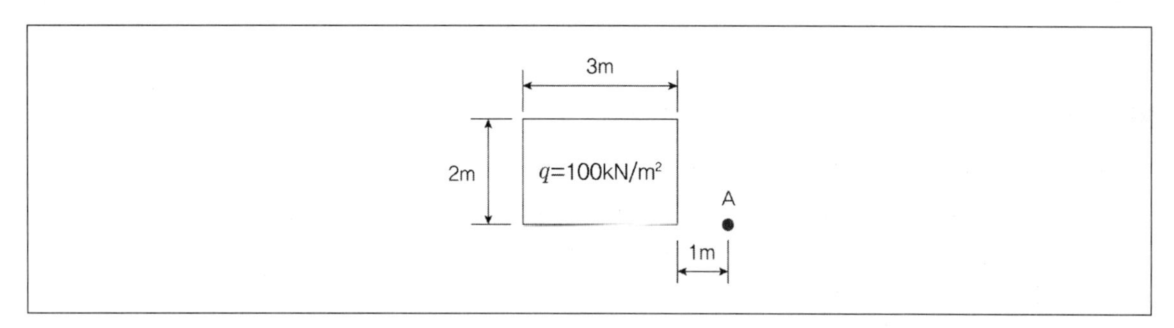

① 6.7kN/m^2
② 7.4kN/m^2
③ 12.2kN/m^2
④ 17.0kN/m^2

TIP 시간이 상당히 소요되며 출제빈도가 낮은 문제이므로 풀지 말고 과감히 넘어갈 것을 권하는 문제이다.

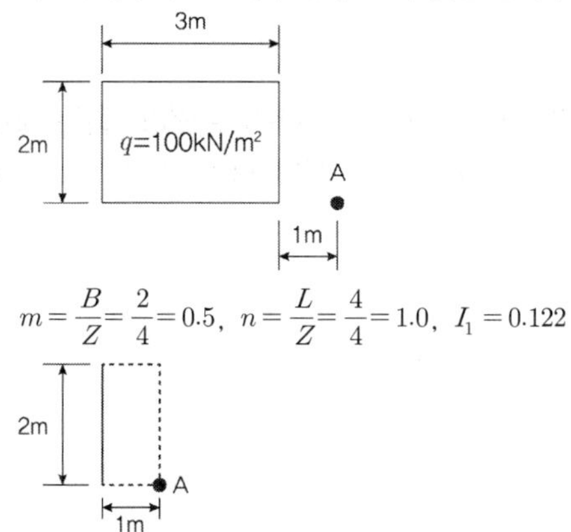

$m=\frac{B}{Z}=\frac{2}{4}=0.5$, $n=\frac{L}{Z}=\frac{4}{4}=1.0$, $I_1=0.122$

$m=\frac{B}{Z}=\frac{1}{4}=0.25$, $n=\frac{L}{Z}=\frac{2}{4}=0.5$, $I_1=0.048$

따라서 연직응력의 증가량 $\Delta\sigma_Z=q\cdot I_1-q\cdot I_2=100\cdot 0.122-100\cdot 0.048=7.4[kN/m^2]$

ANSWER 84.③ 85.④ 86.① 87.②

88 기초가 갖추어야 할 조건이 아닌 것은?

① 동결, 세굴 등에 안전하도록 최소한의 근입깊이를 가져야 한다.
② 기초의 시공이 가능하고 침하량이 허용치를 넘지 않아야 한다.
③ 상부로부터 오는 하중을 안전하게 지지하고 기초지반에 전달하여야 한다.
④ 미관상 아름답고 주변에서 쉽게 구득할 수 있는 재료로 설계되어야 한다.

TIP 기초는 외부에 드러나지 않으므로 미관은 고려되어야 할 요소로 간주되지 않는다.

89 평판재하시험에 대한 설명으로 바르지 않은 것은?

① 순수한 점토지반의 지지력은 재하판의 크기와 관계없다.
② 순수한 모래지반의 지지력은 재하판의 폭에 비례한다.
③ 순수한 점토지반의 침하량은 재하판의 폭에 비례한다.
④ 순수한 모래지반의 침하량은 재하판의 폭에 관계없다.

TIP 모래 지반의 경우 기초의 극한지지력은 재하판의 폭에 비례하여 증가한다.

90 두께 2cm의 점토시료에 대한 압밀시험결과 50%의 압밀을 일으키는데 6분이 걸렸다. 같은 조건 하에서 두께 3.6m의 점토층 위에 축조한 구조물이 50%의 압밀에 도달하는데 며칠이 걸리는가?

① 1350일
② 270일
③ 135일
④ 27일

TIP 압밀시험에서 별도의 언급이 없는 경우는 양면배수조건으로 간주한다.

$t=\frac{T_v H^2}{C_v}$ 이므로 $t_1 : H_1^3 = t_2 \cdot H_2^2$

$$t_2 = t_1 \cdot \left(\frac{H_2}{H_1}\right)^2 = 6[\text{min}] \cdot \left(\frac{\frac{360cm}{2}}{\frac{2cm}{2}}\right)^2 = 194400\text{분}$$, 이는 135일과 같다.

91 비교적 가는 모래와 실트가 물속에서 침강하여 고리모양을 이루며 작은 아치를 형성한 구조로, 단립구조보다 간극비가 크고 충격과 진동에 약한 흙의 구조는?

① 붕소구조
② 낱알구조
③ 분산구조
④ 면모구조

TIP ① **붕소구조** : 비교적 가는 모래와 실트가 물속에서 침강하여 고리모양을 이루며 작은 아치를 형성한 구조로 단립구조보다 간극비가 크고 충격과 진동에 약한 흙의 구조
② **낱알구조**(홑알구조) : 토양입자들이 서로 결합되지 않고 개개의 입자들로 흩어져 있는 상태
③ **분산구조** : 현탁액에 용해된 점토가 침전될 때, 입자 사이의 반발력이 인력(引力)보다 강하여 개별 입자 상태로 침강됨으로써 형성된 평평한 구조
④ **면모구조** : 점토의 모서리와 면 사이의 강한 인력과 Van der Waals 인력에 의하여 입자들이 붙어서 생성된 구조

92 아래 그림과 같은 흙의 구성도에서 체적 V를 1로 했을 때의 간극의 체적은? (단, 간극률은 n, 함수비는 w, 흙입자의 비중은 G_s, 물의 단위중량은 γ_w)

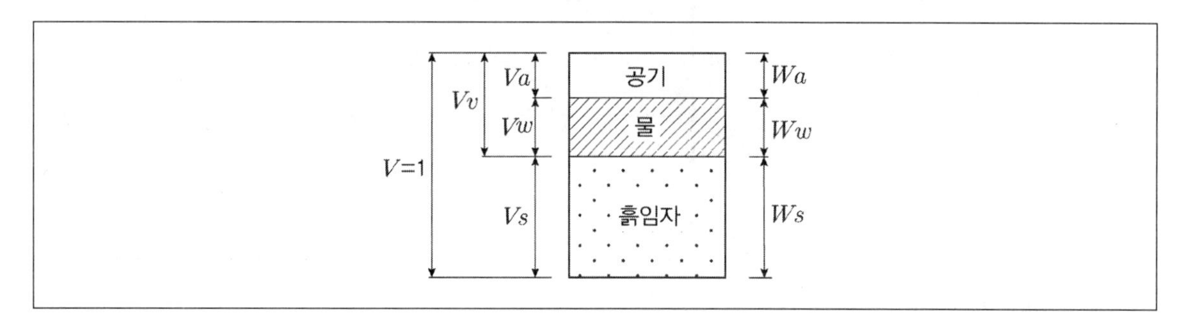

① n
② wG_s
③ $\gamma_w(1-n)$
④ $[G_s-n(G_s-1)]\gamma_w$

TIP $n=\frac{V_v}{V}\times 100$, $V_v=\frac{n \cdot V}{100}=\frac{n}{100}$ 이므로 간극의 체적은 n이 된다.

ANSWER 88.④ 89.④ 90.③ 81.① 92.①

93 유선망의 특징에 대한 설명으로 바르지 않은 것은?

① 각 유로의 침투수량은 같다.
② 동수경사는 유선망의 폭에 비례한다.
③ 인접한 두 등수두선 사이의 수두손실은 같다.
④ 유선망을 이루는 사변형은 이론상 정사각형이다.

TIP 유선망 중 정사각형이 가장 작은 곳이 동수경사가 가장 크다. (동수경사는 유선망의 폭에 반비례한다.)

94 벽체에 작용하는 주동토압을 Pa, 수동토압을 Pp, 정지토압을 Po이라고 할 때 크기의 비교로 바른 것은?

① Pa > Pp > Po
② Pp > Po > Pa
③ Pp > Pa > Po
④ Po > Pa > Pp

TIP 수동토압 > 정지토압 > 주동토압

95 다음 그림과 같이 3개의 지층으로 이루어진 지반에서 토층에 수직한 방향의 평균 투수계수(K_v)는?

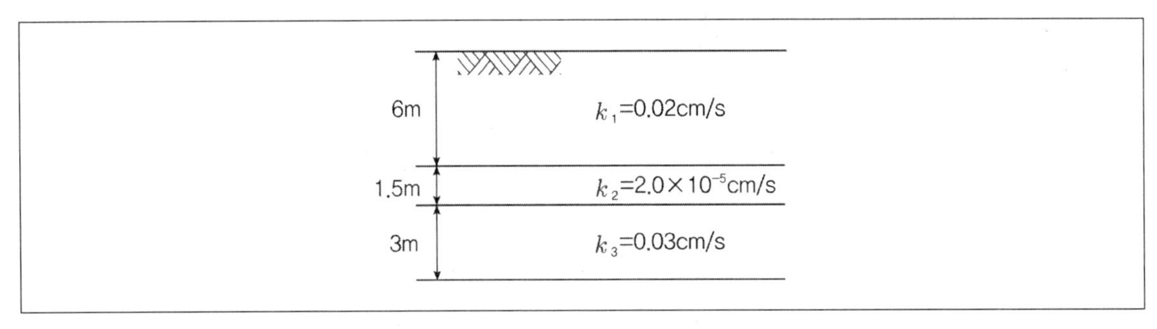

① 2.516×10^{-6}cm/s
② 1.274×10^{-5}cm/s
③ 1.393×10^{-4}cm/s
④ 2.0×10^{-2}cm/s

TIP $k_v = \dfrac{H}{\dfrac{H_1}{k_1}+\dfrac{H_2}{k_2}+\dfrac{H_3}{k_3}} = \dfrac{6+1.5+3}{\dfrac{6}{0.02}+\dfrac{1.5}{2\cdot10^{-5}}+\dfrac{3}{0.03}} = 1.393\cdot10^{-4}[cm/s]$

96 응력경로(Stress Path)에 대한 설명으로 바르지 않은 것은?

① 응력경로는 특성상 전응력으로만 나타낼 수 있다.
② 응력경로란 시료가 받는 응력의 변화과정을 응력공간에 궤적으로 나타낸 것이다.
③ 응력경로는 Morh의 응력원에서 전단응력이 최대인 점을 연결하여 구한다.
④ 시료가 받는 응력상태에 대한 응력경로는 직선 또는 곡선으로 나타난다.

TIP 응력경로는 전응력 경로와 유효응력 경로로 나눌 수 있다.

97 암반층 위에 5m 두께의 토층이 경사 15도의 자연사면으로 되어 있다. 이 토층의 강도정수 c는 15kN/m^2, 내부마찰각 ϕ는 30도이며 포화단위중량은 18kN/m^{3}이다. 지하수면은 토층의 지표면과 일치하고 침투는 경사면과 대략 평행이다. 이 때 사면의 안전율은? (단, 물의 단위중량은 9.81kN/m^{3}이다.)

① 0.85
② 1.15
③ 1.65
④ 2.05

TIP

$$F_s = \frac{c+\gamma_{sub} \cdot z \cdot \cos^2 a \cdot \tan\phi}{\gamma_{sat} \cdot z \cdot \sin a \cdot \cos a} = \frac{15+(18-9.81)\cos^2 15^o \cdot \tan 30^o}{18 \cdot 5 \cdot \sin 15^o \cdot \cos 15^o} = 1.65$$

98 모래시료에 대해서 압밀배수 삼축압축시험을 실시하였다. 초기 단계에서 구속응력은 100kN/m^{2}이고 전단파괴시에 작용된 축차응력은 200kN/m^{2}이었다. 이와 같은 모래시료의 내부마찰각 및 파괴면에 작용하는 전단응력의 크기를 바르게 나열한 것은?

① 30도, 115.47kN/m^2
② 40도, 115.47kN/m^2
③ 30도, 86.60kN/m^2
④ 40도, 86.60kN/m^2

TIP 모어원을 작도하여 쉽게 구할 수 있다.

$\Delta\sigma = \sigma_1 - \sigma_3 = 300 - 100 = 200$

파괴포락선과 모어원이 만나는 접점을 모어원의 중심과 연결한 선은 서로 수직을 이룬다.

$$\sin\phi = \frac{\frac{\sigma_1 - \sigma_3}{2}}{\frac{\sigma_1 + \sigma_3}{2}} \text{ 이므로 } \phi = \sin^{-1}\left(\frac{\sigma_1 - \sigma_3}{\sigma_1 + \sigma_3}\right) = \sin^{-1}\left(\frac{300-100}{300+100}\right) = 30^o$$

따라서 전단응력 $\tau_f = \frac{\sigma_1 - \sigma_3}{2}\sin 2\theta = \frac{300-100}{2}\sin 2 \cdot 30^{\circ} = 86.60[\text{kN/m}^2]$

ANSWER 93.② 94.② 95.③ 96.① 97.③ 98.③

99 흙의 다짐시험에서 다짐에너지를 증가시킬 때 일어나는 결과는?

① 최적함수비는 증가하고, 최대건조단위중량은 감소한다.
② 최적함수비는 감소하고, 최대건조단위중량은 증가한다.
③ 최적함수비와 최대건조단위중량이 모두 감소한다.
④ 최적함수비와 최대건조단위중량이 모두 증가한다.

TIP 흙의 다짐시험에서 다짐에너지를 증가시키면 최적함수비는 감소하고, 최대건조단위중량은 증가한다.

100 토립자가 둥글고 입도분포가 나쁜 모래지반에서 표준관입시험을 한 결과 N값은 10이었다. 이 모래의 내부마찰각을 Dunham의 공식으로 구하면?

① 21도
② 26도
③ 31도
④ 36도

TIP $\phi = \sqrt{12N} + 20 = \sqrt{12 \cdot 10} + 15 = 26^{o}$

※ Dunham 내부마찰각 산정공식

- 토립자가 모나고 입도분포가 양호한 경우 : $\phi = \sqrt{12N} + 25$
- 토립자가 모나고 입도분포가 불량한 경우 : $\phi = \sqrt{12N} + 20$
- 토립자가 둥글고 입도분포가 양호한 경우 : $\phi = \sqrt{12N} + 20$
- 토립자가 둥글고 입도분포가 불량한 경우 : $\phi = \sqrt{12N} + 15$

제6과목 상하수도공학

101 상수도의 정수공정에서 염소소독에 대한 설명으로 바르지 않은 것은?

① 염소살균은 오존살균에 비해 가격이 저렴하다.
② 염소소독의 부산물로 생성되는 THM은 발암성이 있다.
③ 암모니아성 질소가 많은 경우에는 클로라민을 형성한다.
④ 염소요구량은 주입염소량과 유리 및 결합 잔류염소량의 합이다.

TIP 염소요구량 농도=주입염소 농도-잔류염소 농도

102 집수매거(infiltration galleries)에 관한 설명으로 바르지 않은 것은?

① 철근콘크리트조의 유공관 또는 권선형 스크린관을 표준으로 한다.
② 집수매거 내의 평균유속은 유출단에서 1m/s이하가 되도록 한다.
③ 집수매거의 부설방향은 표류수의 상황을 정확하게 파악하여 위수할 수 있도록 한다.
④ 집수매거는 하천부지의 하상 밑이나 구하천 부지 등의 땅속에 매설하여 복류수나 자유수면을 갖는 지하수를 취수하는 시설이다.

TIP 집수매거의 부설방향은 복류수의 상황을 정확하게 파악하여 위수할 수 있도록 한다.

ANSWER 99.② 100.② 101.④ 102.③

103 수평으로 부설한 지름 400mm, 길이 1500m의 주철관으로 20000m^3/day의 물이 수송될 때 펌프에 의한 송수압이 53.95N/cm^{2}이면 관수로 끝에서 발생되는 압력은? (단, 관의 마찰손실계수 f=0.03, 물의 단위중량은 9.81[kN/m^3], 중력가속도는 9.8m/s^{2}이다.)

① 3.5×10^5[N/m^2]
② 4.5×10^5[N/m^2]
③ 5.0×10^5[N/m^2]
④ 5.5×10^5[N/m^2]

TIP 출제빈도가 낮으며 풀이에 상당시간이 걸리는 문제이므로 과감히 넘어갈 것을 권한다.

$$\frac{53.95(10^{-2})^2}{9.81 \cdot 10^3} + \frac{V_1^2}{19.62} = \frac{P_2}{9.81 \cdot 10^3} + \frac{V_2^2}{19.62} + h_L$$

$$V_1 = \frac{4 \cdot \frac{20,000}{86400}}{\pi \cdot 0.4^2} = 1.84[m/s] \text{ (1일 = 86400초)}$$

$$h_L = 0.03 \cdot \frac{1500}{0.4} \cdot \frac{1.84^2}{19.62} = 19.41m$$

$$P_2 = 349,638[N/m^2] \fallingdotseq 3.5 \times 10^5 [N/m^2]$$

104 하수처리시설의 2차 침전지에 대한 내용으로 바르지 않은 것은?

① 유효수심은 2.5~4m를 표준으로 한다.
② 침전지 수면의 여유고는 40~60cm정도로 한다.
③ 직사각형인 경우 길이와 폭의 비는 3:1 이상으로 한다.
④ 표면부하율은 계획1일 최대오수량에 대하여 25~40m^3/m^2 · day로 한다.

TIP 2차 침전지의 표면부하율은 계획1일 최대오수량에 대하여 20~30m^3/m^2 · day로 한다.

105 A시의 2021년 인구는 588,000명이며 연간 약 3.5%씩 증가하고 있다. 2027년도를 목표로 급수시설의 설계에 임하고자 한다. 1일 1인 평균급수량은 250L이고 급수율은 70%로 가정할 경우, 계획 1일 평균급수량은? (단, 인구추정식은 등비증가법으로 산정한다.)

① 약 $126,500m^3/day$
② 약 $129,000m^3/day$
③ 약 $258,000m^3/day$
④ 약 $387,000m^3/day$

TIP 등비급수법으로 인구추정을 하면 $P_n = P_o(1+r)^n = 588,000(1+0.035)^6 = 722.802$명
계획 1일 평균급수량은 계획급수인구와 1인1일 평균급수량, 그리고 급수율(급수보급률)의 곱이므로
$722.802 \times 250 \times 0.7 = 126,494,700[L/day] = 126,500[m^3/day]$

106 운전 중인 펌프의 토출량을 조절할 때 공동현상을 일으킬 우려가 있는 것은?

① 펌프의 회전수를 조절한다.
② 펌프의 운전대수를 조절한다.
③ 펌프의 흡입측 밸브를 조정한다.
④ 펌프의 토출측 밸브를 조절한다.

TIP 펌프의 토출량은 펌프의 흡입 측 밸브를 조절하여 조절할 수 없다.

107 원수수질 상황과 정수수질 관리목표를 중심으로 정수방법을 선정할 때 종합적으로 검토해야 할 사항으로 바르지 않은 것은??

① 원수수질
② 원수시설의 규모
③ 정수시설의 규모
④ 정수수질의 관리목표

TIP 정수방법 선정 시에는 원수시설의 규모까지 고려하지는 않는다.

ANSWER 103.① 104.④ 105.① 106.③ 107.②

108 하수도의 계획오수량 산정 시 고려할 사항이 아닌 것은?

① 계획오수량 산정 시 산업폐수량을 포함하지 않는다.
② 오수관로는 계획시간최대오수량을 기준으로 계획한다.
③ 합류식에서 하수의 차집관로는 우천 시 계획오수량을 기준으로 계획한다.
④ 우천 시 계획오수량 산정 시 생활오수량 외 우천 시 오수관로에 유입되는 빗물의 양과 지하수의 침입량을 추정하여 합산한다.

TIP 계획오수량 산정 시 산업폐수량을 포함한다.

109 주요 관로별 계획하수량으로서 바르지 않은 것은?

① 오수관로 : 계획시간 최대오수량
② 차집관로 : 우천 시 계획오수량
③ 우수관로 : 계획우수량 + 계획오수량
④ 합류식관로 : 계획시간 최대오수량 + 계획우수량

TIP 우수관로는 계획우수량으로 산정한다. 계획오수량을 포함하지 않는다.

계획하수량 산정
- 계획 1일 최대오수량 : 1년을 통하여 가장 많은 오수가 유출되는 날의 오수량으로서 하수처리장 설계의 기준이 된다.
- 계획 1일 평균오수량 : 계획 1일 최대오수량에 0.7(중소도시), 0.8(대도시)를 곱하여 구한다.
- 계획 시간 최대오수량 : 계획 1일 최대오수량의 1시간당 수량의 1.3(대도시), 1.5(중소도시), 1.8(농촌)를 표준으로 하며 오수관거의 계획하수량을 결정하거나 오수펌프의 용량을 결정하는 기준이 된다.

분류식의 계획하수량
- 분류식 오수관거 : 계획시간 최대오수량
- 분류식 우수관거 : 계획우수량

합류식의 계획하수량

종별	하수량
관거(차집관거 제외)	계획시간 최대오수량 + 계획우수량
차집관거 및 펌프장	계획시간 최대오수량의 3배 이상
처리장의 최초침전지까지 및 소독설비	계획시간 최대오수량의 3배 이상
처리장에서 상기 이외의 처리시설	계획 1일 최대오수량

(합류식에서 우천 시 계획오수량은 계획시간 최대오수량의 3배 이상으로 한다.)

110 하수도시설에서 펌프의 선정기준 중 바르지 않은 것은?

① 전양정이 5m 이하이고 구경이 400mm 이상인 경우는 축류펌프를 선정한다.
② 전양정이 4m 이상이고 구경기 80mm 이상인 경우는 원심펌프를 선정한다.
③ 전양정이 5~20m이고 구경이 300mm 이상인 경우 원심사류펌프를 선정한다.
④ 전양정이 3~12m이고 구경이 400mm 이상인 경우는 원심펌프를 선정한다.

TIP 전양정이 3~12[m]이고 구경이 400[mm] 이상인 경우는 사류펌프로 한다.

111 아래 펌프의 표준특성곡선에서 양정을 나타내는 것은? (단, Ns는 100~250이다.)

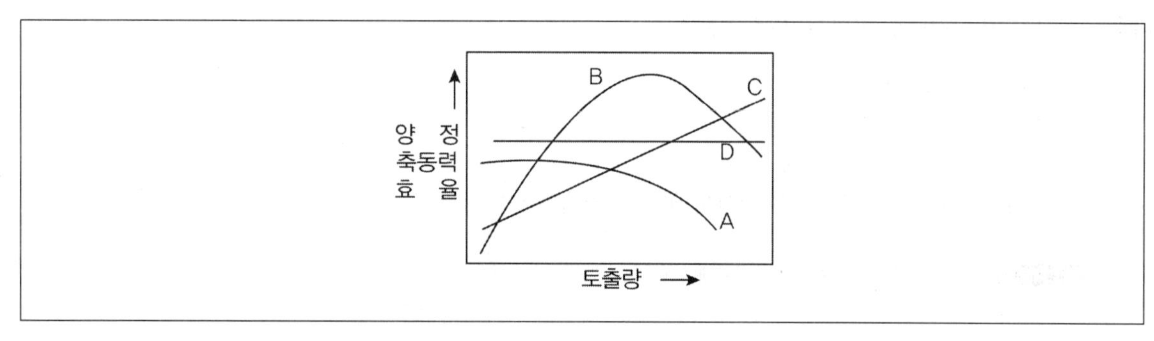

① A
② B
③ C
④ D

TIP A는 전양정곡선, B는 효율곡선, C는 축동력곡선이다.

112 양수량이 15.5m^3/min이고 전양정이 24m일 때 펌프의 축동력은? (단, 펌프의 효율은 80%로 가정한다.)

① 4.65kW
② 7.58kW
③ 46.57kW
④ 75.95kW

TIP

$$P = \frac{1000QH_t}{102\eta} = \frac{1000 \cdot \frac{15.5}{60} \cdot 24}{102 \cdot 0.8} = 75.98[kW]$$

ANSWER 108.① 109.③ 110.④ 111.① 112.④

113 맨홀 설치 시 관경에 따라 맨홀의 최대간격에 차이가 있다. 관로 직선부에서 관경 600mm 초과 1000mm 이하에서 맨홀의 최대간격표준은?

① 60m ② 75m
③ 90m ④ 100m

TIP 맨홀은 관거의 직선부에서도 관경에 따라 아래와 같은 범위 내의 간격으로 설치한다.

관경(mm)	300 이하	600 이하	1000 이하	1500 이하	1650 이하
최대간격(m)	50	75	100	150	200

114 수원의 구비요건으로 바르지 않은 것은?

① 수질이 좋아야 한다.
② 수량이 풍부해야 한다.
③ 가능한 한 낮은 곳에 위치해야 한다.
④ 가능한 한 수돗물 소비지에서 가까운 곳에 위치해야 한다.

TIP 수원은 가능한 한 높은 곳에 위치해야 한다.

115 다음 중 저농도 현탁입자의 침전형태는?

① 단독침전
② 응집침전
③ 지역침전
④ 압밀침전

TIP 저농도 현탁입자의 침전형태는 단독침전 형태를 띤다.
- 단독침전 : 이웃입자에 영향을 받지 않고 등속침전하는 형태(침전속도는 스토크스의 법칙을 따른다.)
- 응집침전 : 침강하는 입자들이 서로 플럭을 형성하여 침강속도가 증가하는 형태
- 지역침전 : 슬러지의 방해를 받아 침강속도가 증가하는 형태
- 압축(압밀)침전 : 무게에 의해 압축되어 수분이 토출되는 형태

116 계획우수량 산정 시 유입시간을 산정하는 일반적인 Kerby식과 스에이시 식에서 각 계수와 유입시간의 관계로 바르지 않은 것은?

① 유입시간과 지표면거리는 비례관계이다.
② 유입시간과 지체계수는 반비례관계이다.
③ 유입시간과 설계강우강도는 반비례관계이다.
④ 유입시간과 지표면 평균경사는 반비례관계이다.

TIP Kerby의 식 : $t_i = 1.44\left(\frac{Ln}{I^{1/2}}\right)^{0.467}$

t_i : 유입시간, L : 지표면의 거리(m), I : 지표면의 평균경사, n : 지체계수

117 자연유하방식과 비교할 때 압송식 하수도에 관한 특징으로 바르지 않은 것은?

① 불명수(지하수 등)의 침입이 없다.
② 하향식 경사를 필요로 하지 않는다.
③ 관로의 매설깊이를 낮게 할 수 있다.
④ 유지관리가 비교적 간편하고 관로 점검이 용이하다.

TIP 압송식 하수도는 유지관리가 어렵다.

118 염소 소독 시 생성되는 염소성분 중 살균력이 가장 강한 것은?

① OCl^-
② HOCl
③ $NHCl_2$
④ NH_2Cl

TIP 살균력의 세기는 O_3>HOCl>OCl^->클로라민 순이다. 따라서 제시된 보기 중 염소소독 시 생성되는 염소성분 중 살균력이 가장 강한 것은 HOCl이다.

※ **클로라민** … 수돗물의 정화에 쓰이는 암모니아와 염소가 반응하여 생성되는 무색의 액체이다. 암모니아가 함유된 물에 염소를 주입하면 염소와 암모니아성 질소가 결합하여 클로라민(결합잔류염소)가 생성된다. 살균작용이 오래 지속되며 살균 후 물에 맛과 냄새를 주지 않으며 휘발성이 약하다.

ANSWER 113.④ 114.③ 115.① 116.② 117.④ 118.②

119 석회를 사용하여 하수를 응집침전하고자 할 경우의 내용으로 바르지 않은 것은?

① 콜로이드성 부유물질의 침전성이 향상된다.
② 알칼리도, 인산염, 마그네슘 등과도 결합하여 제거시킨다.
③ 석회첨가에 의한 인 제거는 황산반토보다 슬러지 발생량이 일반적으로 적다.
④ 알칼리제를 응집보조제로 첨가하여 응집침전의 효과가 향상되도록 pH를 조정한다.

TIP 석회첨가에 의한 인 제거는 황산반토(황산알루미늄)보다 슬러지 발생량이 일반적으로 많다.

120 정수처리의 단위조작으로 사용되는 오존처리에 관한 설명으로 바르지 않은 것은?

① 유기물질의 생분해성을 증가시킨다.
② 염소주입에 앞서 오존을 주입하면 염소의 소비량을 감소시킨다.
③ 오존은 자체의 높은 산화력으로 염소에 비하여 높은 살균력을 가지고 있다.
④ 인의 제거능력이 뛰어나고 수온이 높아져도 오존 소비량은 일정하게 유지된다.

TIP 오존처리는 수온이 높아지면 오존소비량이 급격히 증가한다.

08

토목기사

2022년 2회 시행

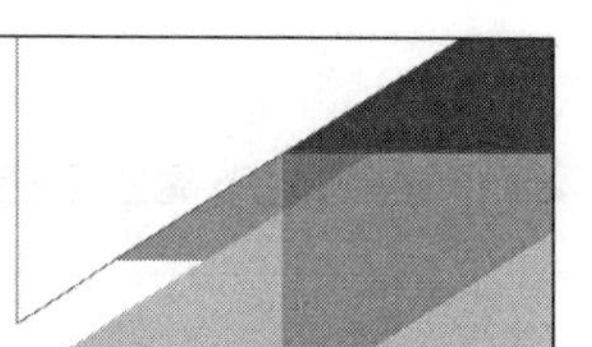

제1과목 응용역학

1 다음 그림과 같이 이축응력을 받고 있는 요소의 체적변형률은? (단, 탄성계수는 2×10^5MPa, 푸아송비는 0.3이다.)

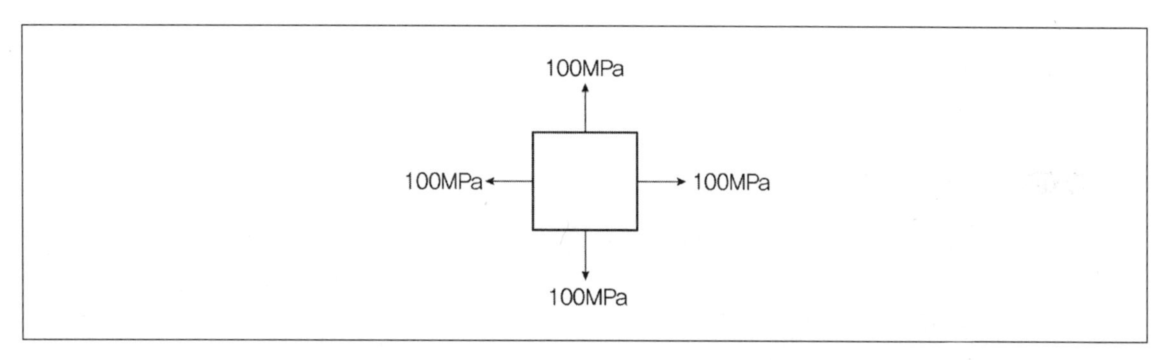

① 2.7×10^{-4}
② 3.0×10^{-4}
③ 3.7×10^{-4}
④ 4.0×10^{-4}

TIP $\varepsilon_v = \dfrac{1-2\nu}{E}(\sigma_x + \sigma_y + \sigma_z) = \dfrac{1-2\cdot0.3}{2\cdot10^5}(100+100+0) = 4.0\times10^{-4}$

ANSWER 119.③ 120.④ / 1.④

2 다음 그림과 같은 단면의 단면상승모멘트(I_{xy})는?

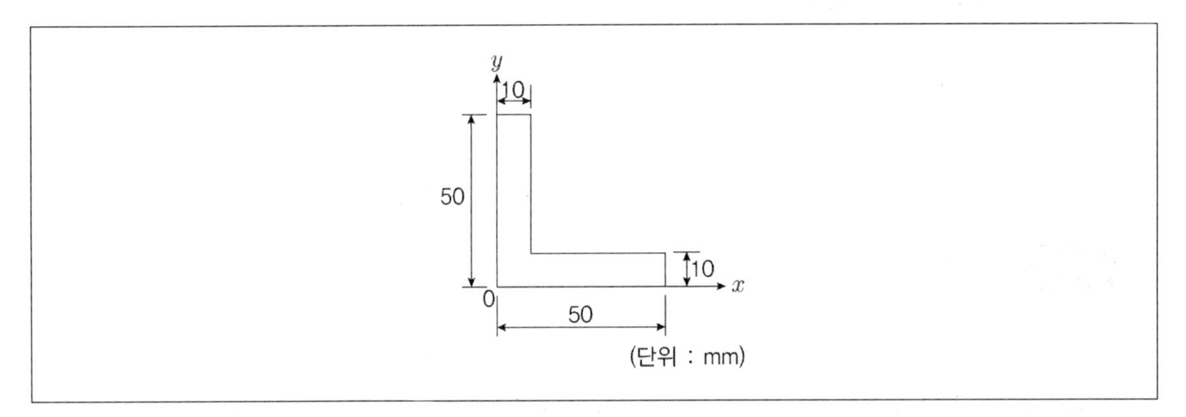

① 77,500mm^4

② 92,500mm^4

③ 122,500mm^4

④ 157,500mm^4

TIP

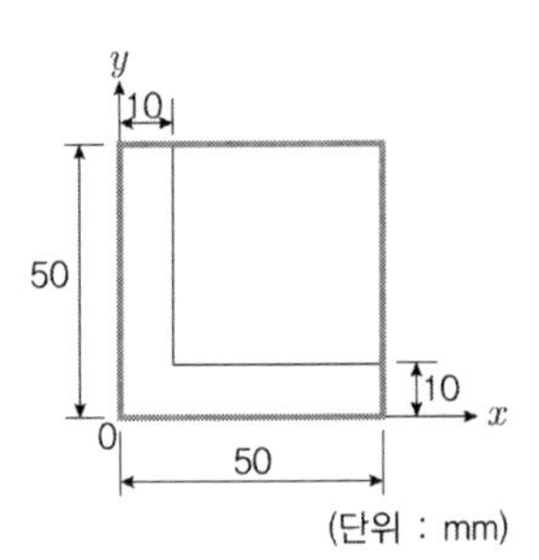

$50 \cdot 50 \cdot 25 \cdot 25 - 40 \cdot 40 \cdot 30 \cdot 30 = 122,500\text{mm}^4$

3 다음 그림과 같이 봉에 작용하는 힘들에 의한 봉 전체의 수직처짐의 크기는?

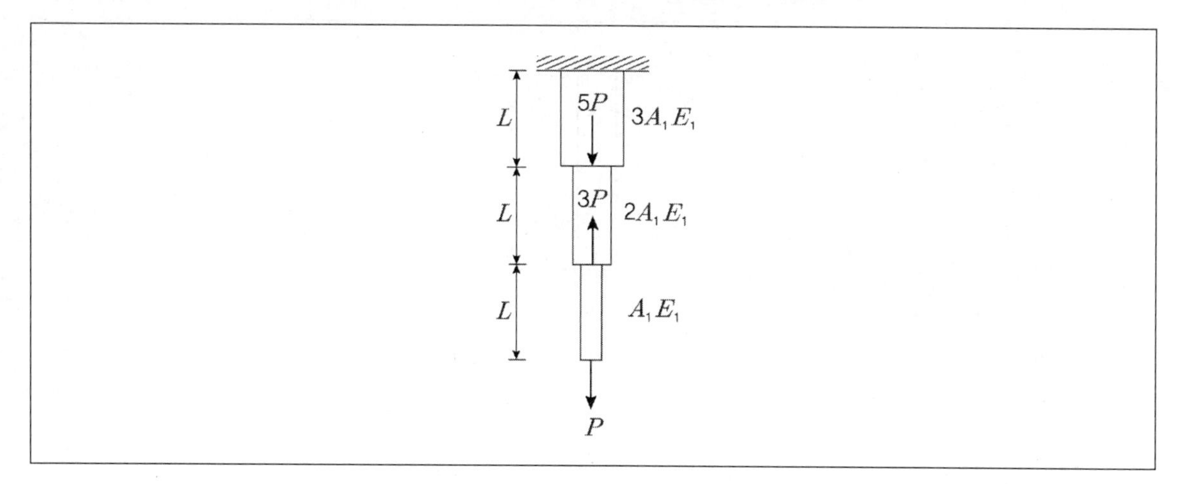

① $\dfrac{PL}{A_1E_1}$　　② $\dfrac{2PL}{3A_1E_1}$

③ $\dfrac{4PL}{3A_1E_1}$　　④ $\dfrac{3PL}{2A_1E_1}$

TIP 각 부분별로 나누어서 자유물체도를 그리면 손쉽게 풀 수 있다.

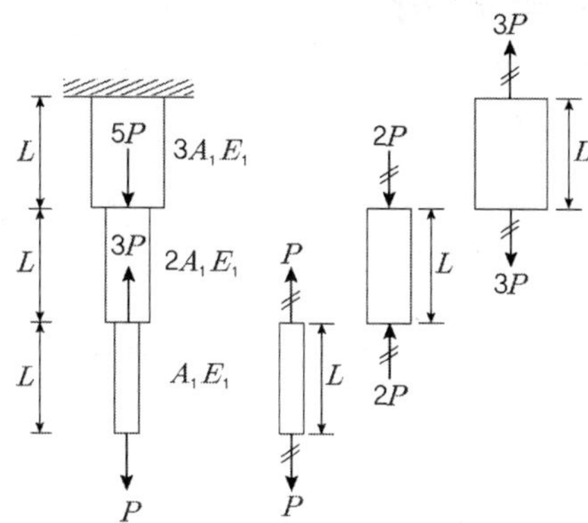

수직처짐량은 각 부재의 변위량의 합이므로, $\Delta l = \dfrac{PL}{AE} = \dfrac{PL}{A_1E_1} - \dfrac{2PL}{2A_1E_1} + \dfrac{3PL}{3A_1E_1} = \dfrac{PL}{A_1E_1}$

ANSWER　2.③　3.①

4 다음 그림과 같은 구조물의 BD부재에 작용하는 힘의 크기는?

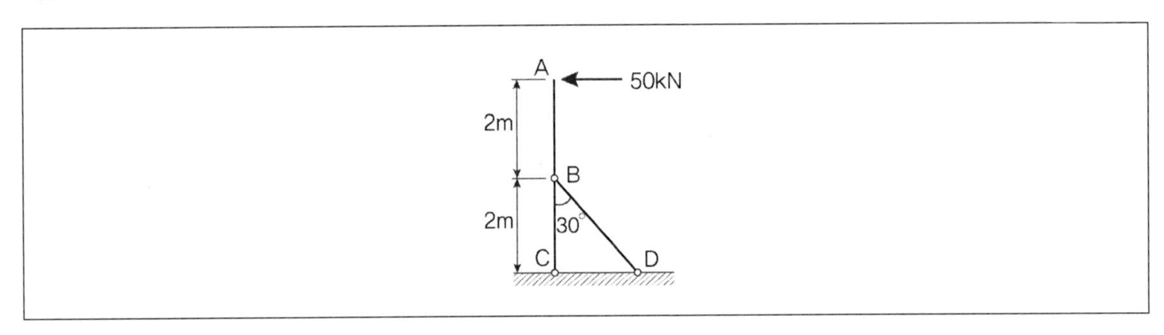

① 100kN
② 125kN
③ 150kN
④ 200kN

 $\sum M_C = 0 : T \cdot \sin 30^o \cdot 2 - 5t \cdot 4 = 0$이므로 $T - 20t = 0$, 따라서 BD부재에 작용하는 힘 T는 20t이다.

5 다음 그림과 같은 와렌 트러스에서 부재력이 0인 부재는 몇 개인가?

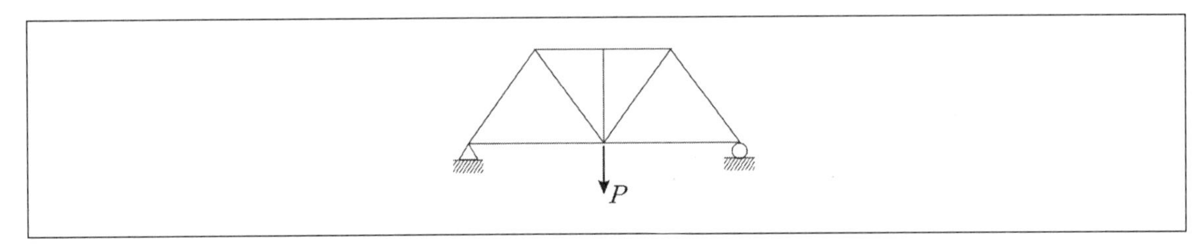

① 0개
② 1개
③ 2개
④ 3개

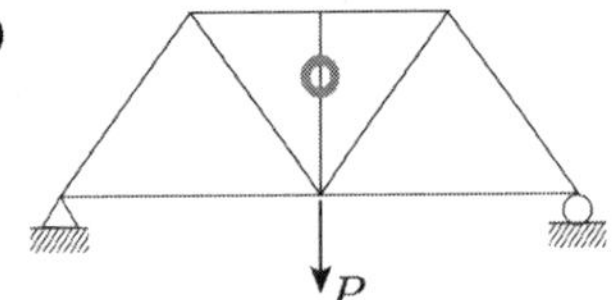

6 전단응력도에 대한 설명으로 바르지 않은 것은?

① 직사각형 단면에서는 중앙부의 전단응력도가 제일 크다.
② 원형 단면에서는 중앙부의 전단응력도가 제일 크다.
③ I형 단면에서는 상하단의 전단응력도가 제일 크다.
④ 전단응력도는 전단력의 크기에 비례한다.

TIP I형 단면에서는 상하단의 전단응력도가 제일 작고 휨응력도가 가장 크다.

7 다음 그림과 같은 2경간 연속보에 등분포 하중 w=4kN/m가 작용할 때 전단력이 0이 되는 위치는 지점 A로부터 얼마의 거리(X)에 있는가?

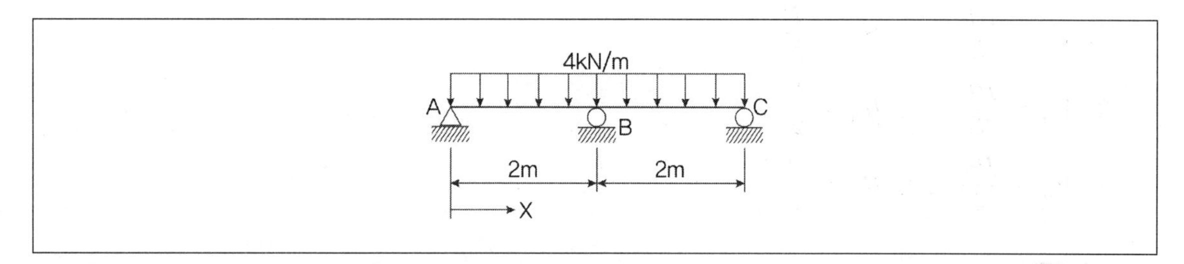

① 0.75m
② 0.85m
③ 0.95m
④ 1.05m

TIP $R_A = \frac{3wl}{8} = \frac{3 \cdot 4[kN/m] \cdot 2}{8} = 3[kN](\uparrow)$

$S_x = 3 - 4x = 0$이므로, $x = 0.75m$

※ 다음의 공식은 필히 암기하도록 한다.

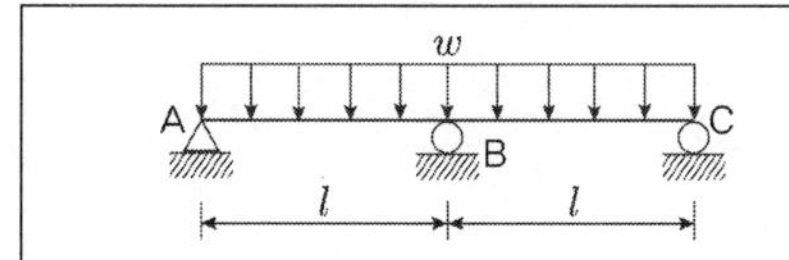	$M_B = -\frac{wl^2}{8}$, $R_A = \frac{3wl}{8}$, $R_B = \frac{5wl}{4}$

ANSWER 4.④ 5.② 6.③ 7.①

8 다음 그림과 같은 3힌지 아치의 중간힌지에 수평하중 P가 작용할 때 A지점의 수직반력(V_A)과 수평반력(H_A)은?

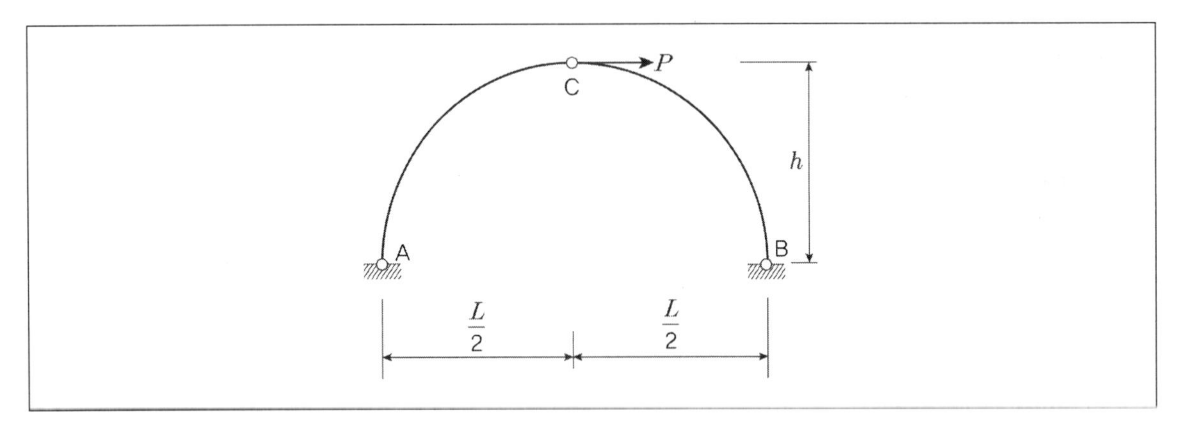

① $V_A = \dfrac{Ph}{L}(\uparrow)$, $H_A = \dfrac{P}{2L}(\leftarrow)$

② $V_A = \dfrac{Ph}{L}(\downarrow)$, $H_A = \dfrac{P}{2L}(\rightarrow)$

③ $V_A = \dfrac{Ph}{L}(\uparrow)$, $H_A = \dfrac{P}{2}(\rightarrow)$

④ $V_A = \dfrac{Ph}{L}(\downarrow)$, $H_A = \dfrac{P}{2}(\leftarrow)$

TIP 직관적으로 바로 $H_A = \dfrac{P}{2}(\leftarrow)$가 됨을 알 수 있고

힌지절점을 기준으로 모멘트합이 $\sum M = 0$이 되어야 하므로 $V_A = \dfrac{Ph}{L}(\downarrow)$이다.

9 다음 그림과 같이 단순지지된 보에 등분포하중 q가 작용하고 있다. 지점 C의 부모멘트와 보의 중앙에 발생하는 정모멘트의 크기를 같게 하여 등분포하중 q의 크기를 제한하려고 한다. 지점 C와 D는 보의 대칭거동을 유지하기 위해 각각 A와 B로부터 같은 거리에 배치하고자 한다. 이 때 A점으로부터 지점 C까지의 거리(X)는?

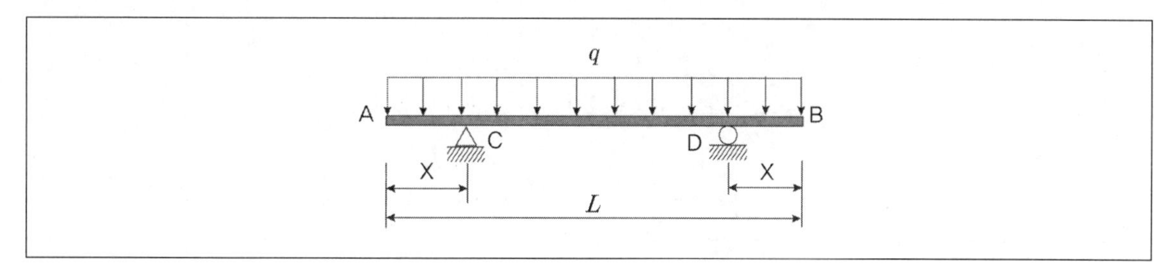

① 0.207L
② 0.250L
③ 0.333L
④ 0.444L

TIP $M_C = -\frac{qx^2}{2}$ 이며 $M_E = -\frac{qx^2}{2} + \frac{q(L-2x)^2}{8}$

따라서 $M_C + M_E = -\frac{qx^2}{2} - \frac{qx^2}{2} + \frac{q(L-2x)^2}{8} = 0$

$x = \frac{\sqrt{2}-1}{2} \cdot L = 0.207L$

10 탄성변형에너지에 대한 설명으로 바르지 않은 것은?

① 변형에너지는 내적인 일이다.
② 외부하중에 의한 일은 변형에너지와 같다.
③ 변형에너지는 강성도가 클수록 크다.
④ 하중을 제거하면 회복될 수 있는 에너지이다.

TIP 변형에너지는 강성도와는 관계가 없으며 외부에서 가해지는 외력과 변형량에 의해 결정된다.

ANSWER 8.④ 9.① 10.③

11 다음 그림에서 중앙점(C점)의 휨모멘트(M_c)는?

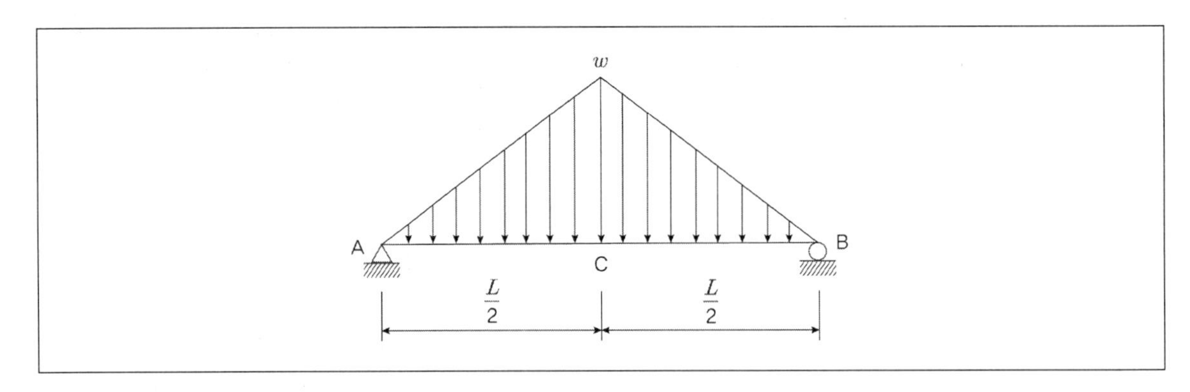

① $\frac{1}{20}wL^2$

② $\frac{5}{96}wL^2$

③ $\frac{1}{6}wL^2$

④ $\frac{1}{12}wL^2$

TIP $M_C = \frac{wL}{4} \cdot \frac{L}{2} - \frac{wL}{4} \cdot \frac{L}{6} = \frac{1}{12}wL^2$

12 단면이 200mm×300mm인 압축부재가 있다. 부재의 길이가 2.9m일 때 이 압축부재의 세장비는 약 얼마인가? (단, 지지상태는 양단힌지이다.)

① 33

② 50

③ 60

④ 100

TIP $\lambda = \frac{l}{r} = \frac{l}{h/2\sqrt{3}} = \frac{2\sqrt{3}\,l}{h} = \frac{2\sqrt{3} \cdot 290}{20} = 50.17$

(단면2차반경은 2개의 값을 갖는데 세장비를 계산하려면 이 중 작은 값을 취해야 한다. 문제에서 주어진 조건은 r_x가 r_y보다 작으므로 r_x를 단면2차반경으로 취한다.)

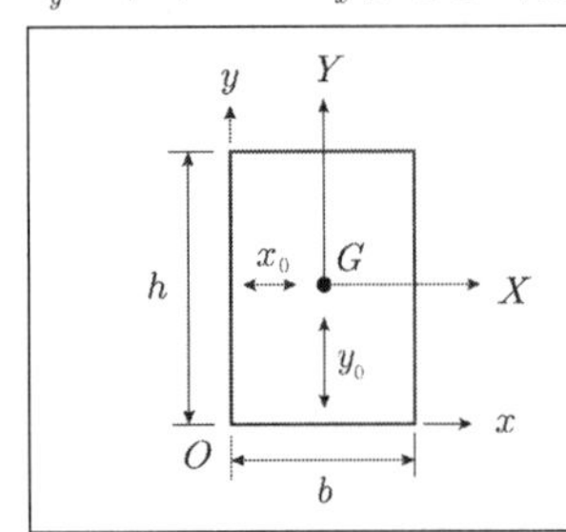	직사각형 단면의 단면2차반경(회전반경, r) • $r_X = \frac{h}{2\sqrt{3}}$, $r_x = \frac{h}{\sqrt{3}}$ • $r_Y = \frac{b}{2\sqrt{3}}$, $r_y = \frac{b}{\sqrt{3}}$

13 다음 그림과 같이 한 변이 a인 정사각형 단면의 1/4을 절취한 나머지 부분의 도심(C)의 위치(y_0)는?

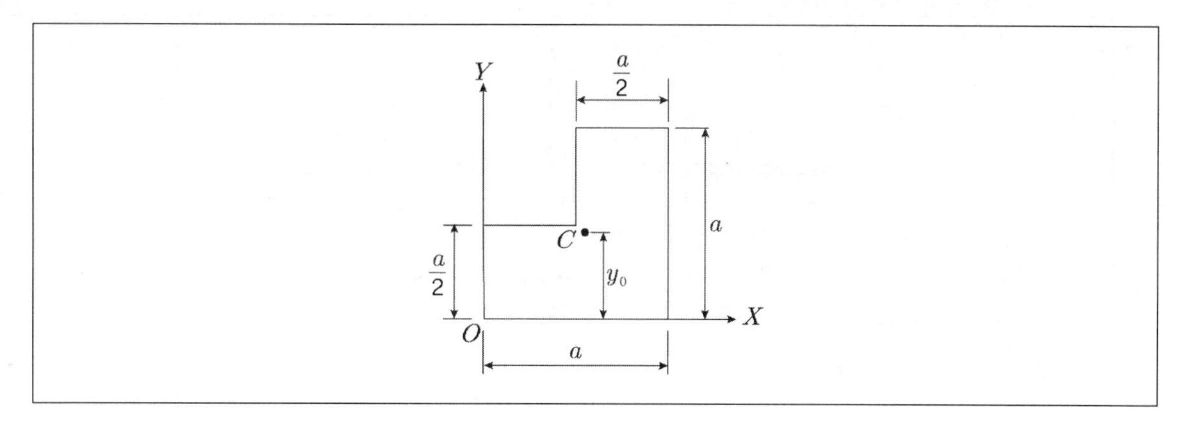

① $\frac{4}{12}a$

② $\frac{5}{12}a$

③ $\frac{6}{12}a$

④ $\frac{7}{12}a$

TIP 보면 바로 답을 알 수 있는 문제이다.

y_0의 값은 a/2보다 작은 값이어야 하며 a/3보다는 커야 하므로 $\frac{5}{12}a$가 답임을 바로 알 수 있다.

$$\frac{G}{A} = \frac{\frac{1}{2}\cdot\frac{1}{2}\cdot\frac{1}{4}+\frac{1}{2}\cdot 1\cdot\frac{1}{2}}{\frac{1}{2}\cdot\frac{1}{2}+\frac{1}{2}\cdot 1}a = \frac{\frac{5}{16}}{\frac{3}{4}}a = \frac{20}{48}a = \frac{5}{12}a$$

ANSWER 11.④ 12.② 13.②

14 다음 그림과 같은 구조물에서 하중이 작용하는 위치에서 일어나는 처짐의 크기는?

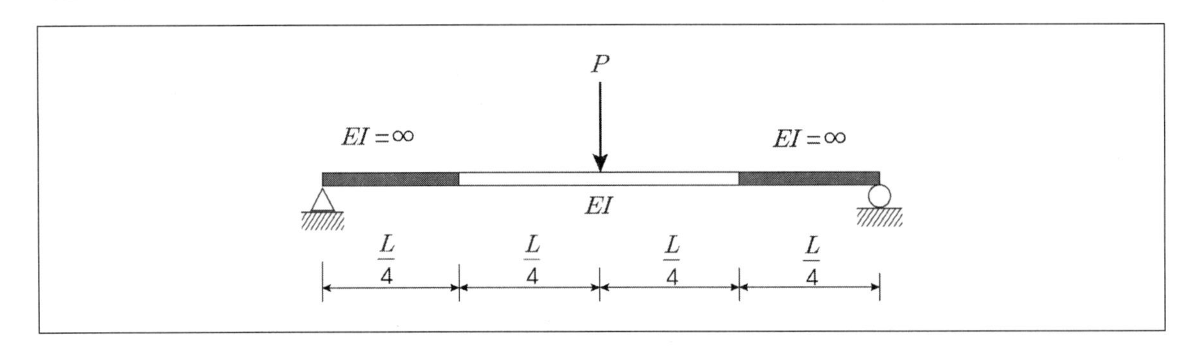

① $\dfrac{PL^3}{48EI}$
② $\dfrac{PL^3}{96EI}$
③ $\dfrac{7PL^3}{384EI}$
④ $\dfrac{11PL^3}{384EI}$

TIP (탄성하중법을 이용하여 처짐을 구하는 문제는 풀이과정이 매우 복잡하며 출제빈도도 매우 낮다. 또한 문제 자체가 변형되어 출제되는 유형이 아니므로 문제와 답을 암기하도록 한다.)

양지점으로부터 L/4의 위치까지는 휨강성이 무한대이므로 처짐이 발생하지 않는다. 따라서 탄성하중도를 그려도 그 값은 0이 된다.

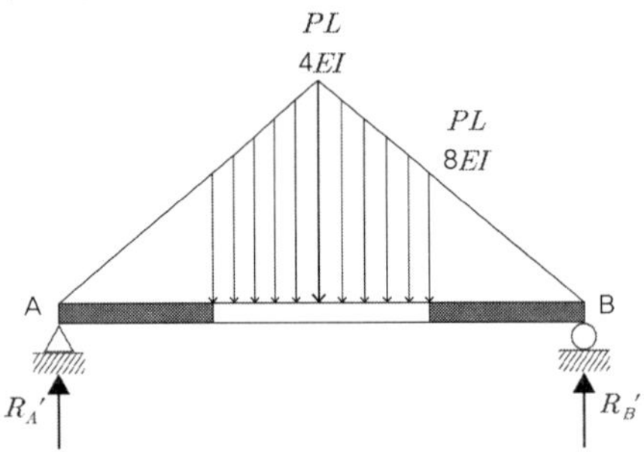

$\sum M_B = 0 : R_A' \times L - \left\{\left(\dfrac{PL}{8EI} \times \dfrac{L}{2}\right) + \left(\dfrac{L}{2} \times \dfrac{PL}{8EI} \times \dfrac{L}{2}\right)\right\} \times \dfrac{L}{2} = 0$

$R_A' = \dfrac{3PL^2}{64EI}(\uparrow)$

$M_C' = \dfrac{3PL^2}{64EI} \times \dfrac{L}{2} - \left(\dfrac{PL}{8EI} \times \dfrac{L}{4}\right) \times \left(\dfrac{L}{4} \times \dfrac{1}{2}\right) - \left(\dfrac{1}{2} \times \dfrac{PL}{8EI} \times \dfrac{L}{4}\right) \times \left(\dfrac{L}{4} \times \dfrac{1}{3}\right) = \dfrac{7PL^3}{384EI}$

$\delta_C = M_C' = \dfrac{7PL^3}{384EI}(\downarrow)$

15 다음 그림과 같은 게르버 보에서 A점의 반력은?

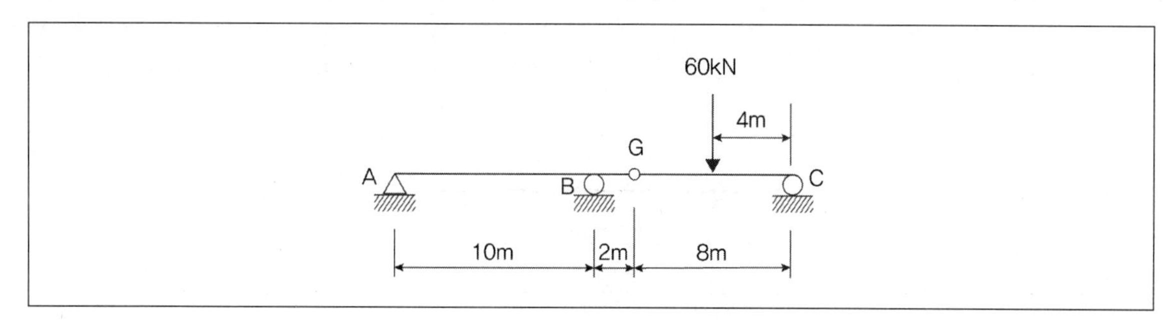

① 6kN(↓) ② 6kN(↑)

③ 30kN(↓) ④ 30kN(↑)

TIP 힌지절점에 작용하는 힘은 30kN이며 B점을 기준으로 모멘트의 합이 0이 되어야 하므로 좌측의 모멘트와 우측(힌지절점까지)의 합이 0이 되어야 한다. 따라서 $30kN \times 2m - R_A \cdot 10 = 0$

이를 만족하는 A점의 반력은 6kN(↓)가 된다.

16 다음 그림과 같은 부정정보의 A단에 작용하는 휨모멘트는?

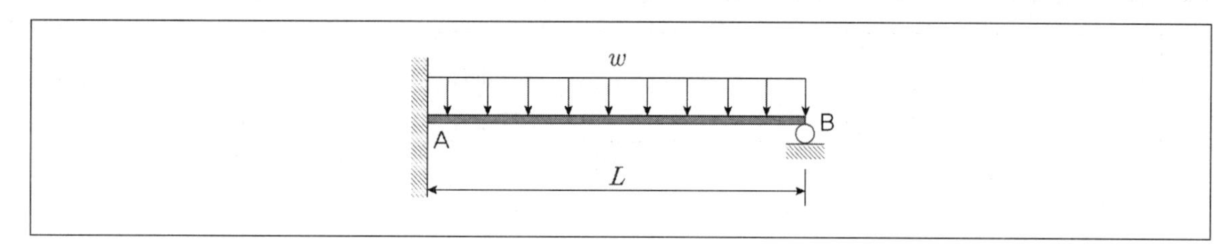

① $-\frac{1}{4}wL^2$ ② $-\frac{1}{8}wL^2$

③ $-\frac{1}{12}wL^2$ ④ $-\frac{1}{24}wL^2$

TIP $M_A = -\frac{1}{8}wL^2$

ANSWER 14.③ 15.① 16.②

17 다음 그림과 같이 단순보에 이동하중이 작용할 때 절대최대휨모멘트는?

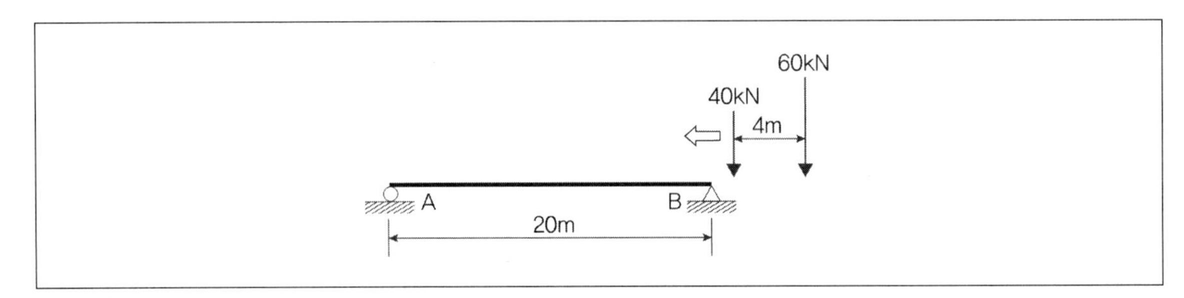

① 387.2kN · m　　② 423.2kN · m
③ 478.4kN · m　　④ 531.7kN · m

TIP 최대휨모멘트의 발생위치는 $x=\frac{L}{2}-\frac{F_{less}\cdot d}{2R}=\frac{20}{2}-\frac{40\cdot 4}{2\cdot 100}=10-0.8=9.2[m]$

절대최대휨모멘트는 $|M_{\max}|=\frac{R}{L}x^2=\frac{100}{20}(9.2)^2=423.2$($x$는 B점으로부터 최대휨모멘트 발생위치까지의 거리)

18 다음 그림과 같은 내민보에서 A점의 처짐은? (단, I는 1.6×10^8mm^4, E는 2.0×10^5MPa이다.)

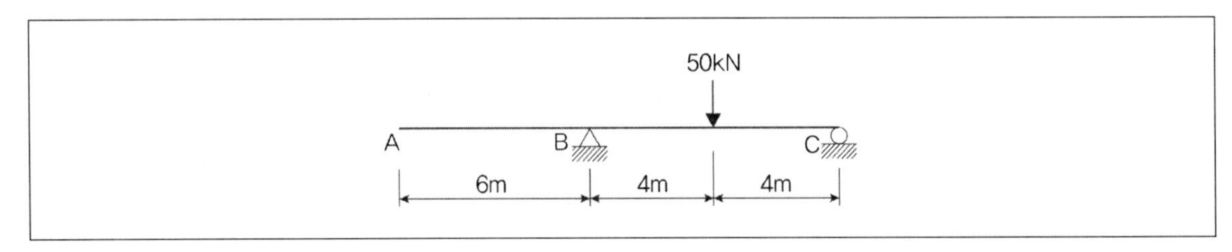

① 22.5mm　　② 27.5mm
③ 32.5mm　　④ 37.5mm

TIP $\theta_B=-\frac{Pl^2}{16EI}$, $y_A=a\cdot\theta_B=a\left(-\frac{Pl^2}{16EI}\right)=-\frac{Pl^2}{16EI}=-3.75cm$(상향)

19 다음 그림과 같이 연결부에 두 힘 50kN과 20kN이 작용한다. 평형을 이루기 위한 두 힘 A와 B의 크기는?

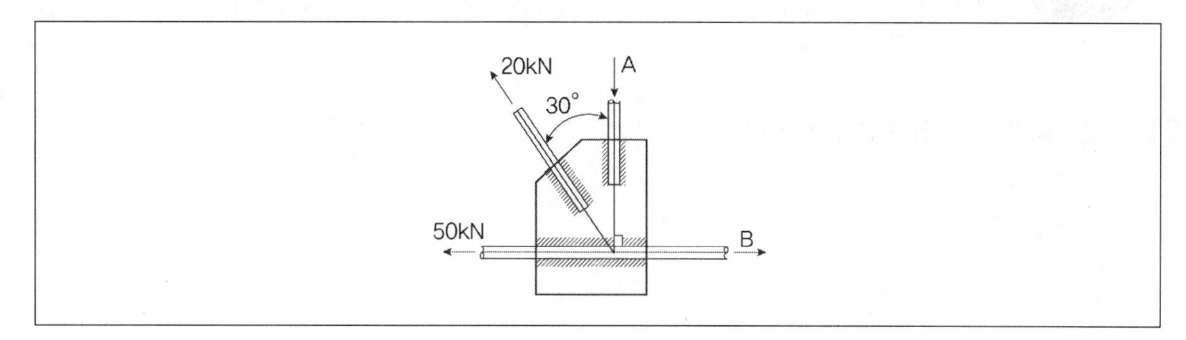

① $A = 10kN,\ B = 50 + \sqrt{3}\,kN$
② $A = 50 + \sqrt{3}\,kN,\ B = 10kN$
③ $A = 10\sqrt{3}\,kN,\ B = 60kN$
④ $A = 60kN,\ B = 10\sqrt{3}\,kN$

TIP $\sum F_y = 0 : 2 \cdot \cos 30^o - A = 0$이므로 $A = \sqrt{3}t$
$\sum F_x = 0 : B - 5 - 2\sin 30^o = 0$이므로 $B - 6t$

20 바닥은 고정, 상단은 자유로운 기둥의 좌굴형상이 그림과 같을 때 임계하중은?

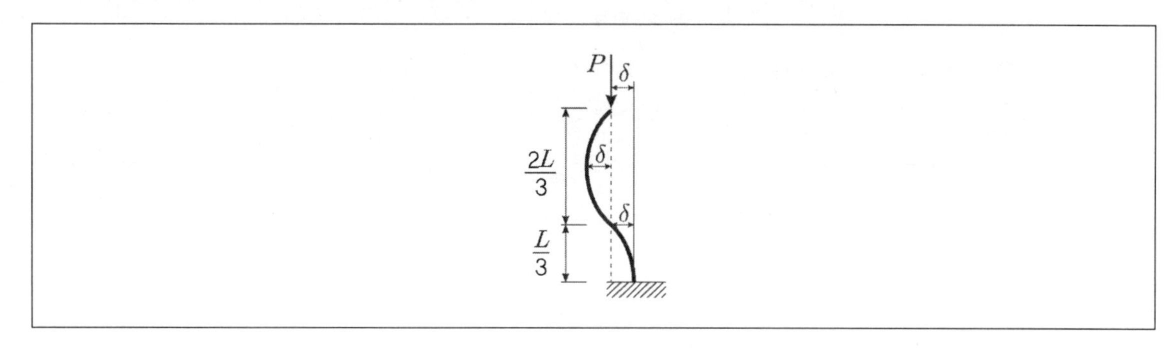

① $\dfrac{\pi^2 EI}{4L}$
② $\dfrac{9\pi^2 EI}{4L^2}$
③ $\dfrac{13\pi^2 EI}{4L^2}$
④ $\dfrac{25\pi^2 EI}{4L^2}$

TIP 길이가 $\frac{2}{3}L$인 양단힌지 기둥으로 볼 수 있다.

$$P_{cr} = \frac{\pi^2 EI}{(kl)^2} = \frac{\pi^2 EI}{\left(\frac{4L^2}{9}\right)} = \frac{9\pi^2 EI}{4L^2}$$

ANSWER 17.② 18.④ 19.③ 20.②

제2과목 측량학

21 다음 중 완화곡선의 종류가 아닌 것은?

① 램니스케이트 곡선
② 클로소이드 곡선
③ 3차 포물선
④ 배향곡선

TIP 배향고선은 원곡선에 속한다.

<table>
<tr><td rowspan="13">곡선</td><td rowspan="8">수평곡선</td><td rowspan="4">원곡선</td><td>단곡선</td><td>가장 많이 사용</td></tr>
<tr><td>복심곡선</td><td>복수의 곡률반경</td></tr>
<tr><td>반향곡선</td><td>S자곡선</td></tr>
<tr><td>배향곡선</td><td>머리핀곡선</td></tr>
<tr><td rowspan="4">완화곡선</td><td>클로소이드</td><td>(고속)도로</td></tr>
<tr><td>3차포물선</td><td>철도</td></tr>
<tr><td>렘니스케이트</td><td>지하철</td></tr>
<tr><td>반파장sine체감</td><td>고속철도</td></tr>
<tr><td rowspan="5">수직곡선</td><td rowspan="2">종단곡선</td><td>2차모물선</td><td>(고속)도로</td></tr>
<tr><td>원곡선</td><td>철도</td></tr>
<tr><td rowspan="3">횡단곡선</td><td>직선</td><td rowspan="3">(고속)도로</td></tr>
<tr><td>2차포물선</td></tr>
<tr><td>쌍곡선</td></tr>
</table>

22 다음 그림과 같이 교호수준측량을 실시한 결과 a_1=0.63m, a_2=1.25m, b_1=1.15m, b_2=1.73m이었다면 B점의 표고는? (단, A의 표고는 50.00m이다.)

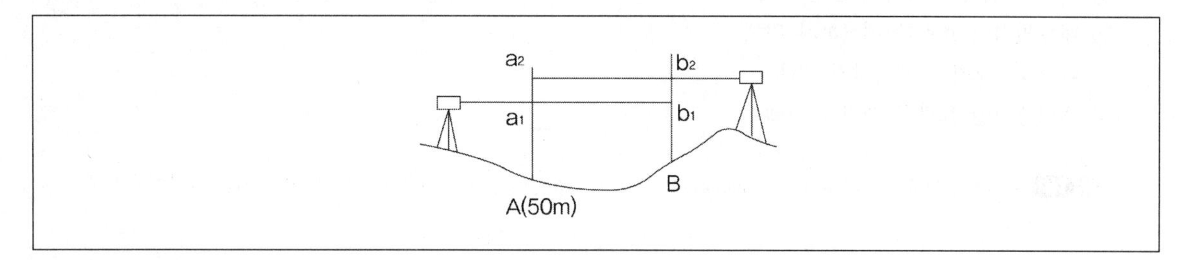

① 49.50m

② 50.00m

③ 50.50m

④ 51.00m

TIP $H=\frac{(a_1-b_1)+(a_2-b_2)}{2}=\frac{(0.63-1.15)+(1.25-1.73)}{2}=-0.5$

B점의 표고 = A점의 표고 + H = 50 − 0.5 = 49.5[m]

23 수심 h인 하천의 수면으로부터 0.2h, 0.4h, 0.6h, 0.8h인 곳에서 각각의 유속을 측정하여 0.562m/s, 0.521m/s, 0.497m/s, 0.364m/s의 결과를 얻었다면 3점법을 이용한 평균유속은?

① 0.474m/s

② 0.480m/s

③ 0.486m/s

④ 0.492m/s

TIP $V_m=\frac{V_{0.2}+2V_{0.6}+V_{0.8}}{4}=\frac{0.562+2\cdot0.497+0.364}{4}=0.48$

ANSWER 21.④ 22.① 23.②

24 GNSS가 다중주파수(multi-frequency)를 채택하고 있는 가장 큰 이유는?

① 데이터 취득 속도의 향상을 위해
② 대류권지연 효과를 제거하기 위해
③ 다중경로오차를 제거하기 위해
④ 전리층지연 효과의 제거를 위해

TIP GNSS가 다중주파수(Multi-Frequency)를 채택하고 있는 가장 주된 이유는 전리층지연효과를 제거하기 위해서이다.

25 측점간의 시통이 불필요하고 24시간 상시 높은 정밀도로 3차원 위치측정이 가능하며, 실시간 측정이 가능하여 항법용으로도 활용되는 측량방법은?

① NNSS 측량
② GNSS 측량
③ VLBI 측량
④ 토털스테이션 측량

TIP
- NNSS 측량 : 인공위성의 도플러 효과를 이용한 위치 결정법이다.
- VLBI 측량 : 두 점에 도착하는 전파의 시간차를 이용해 두 점간 거리 구하는 방법이다.
- 토탈스테이션 측량 : 토탈스테이션은 이름 그대로 모든 것을 관측할 수 있는 측량기계로서, 각도를 정밀하게 관측하는 기기인 세오돌라이트와 거리를 정밀하게 측정할 수 있는 광파측거기가 하나의 기기로 통합된 것이며 이를 사용한 측량법을 말한다.

26 어떤 측선의 길이를 관측하여 다음 표와 같은 결과를 얻었다면 최확값은?

관측군	관측값(m)	관측횟수
1	40.532	5
2	40.537	4
3	40.529	6

① 40.530m
② 40.531m
③ 40.532m
④ 40.533m

TIP $\frac{P_1L_1+P_2L_2+P_3L_3}{P_1+P_2+P_3}=\frac{5\cdot 40.532+4\cdot 40.537+6\cdot 40.529}{5+4+6}=40.532[m]$

27 다음 그림과 같은 구역을 심프슨 제1법칙으로 구한 면적은? (단, 각 구간의 지거는 1m로 동일하다.)

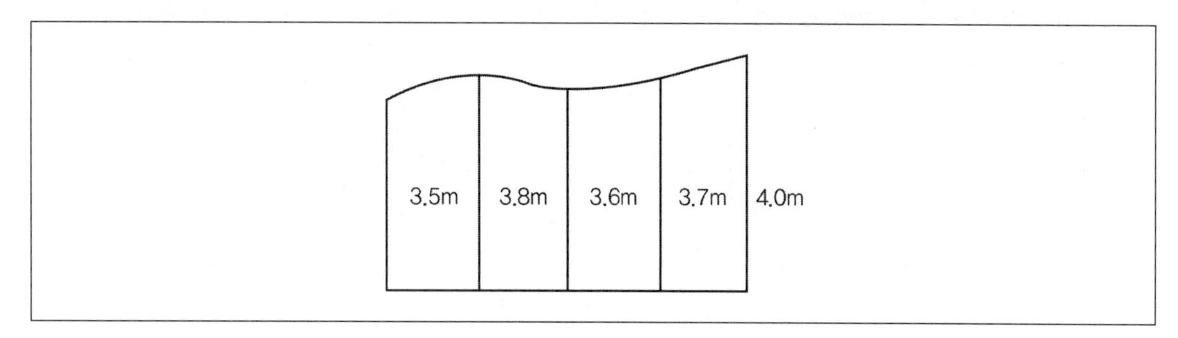

① $14.20m^2$
② $14.90m^2$
③ $15.50m^2$
④ $16.00m^2$

TIP $A=\frac{d}{3}(y_1+y_5+4(y_2+y_4)+2\cdot 3.6)=\frac{1}{3}(3.5m+4.0m+4(3.8+3.7)m+2\cdot 3.6m)=14.90$

28 단곡선을 설치할 때 곡선반지름이 250m, 교각이 $116°23'$, 국선시점까지의 추가거리가 1146M일 때 시단현의 편각은? (단 중심말뚝 간격은 20M이다.)

① $0°41'15''$
② $1°15'36''$
③ $1°36'15''$
④ $2°54'15''$

TIP $1146=57\cdot 20+6$이므로 $l=6m$

시단현의 편각은 $\frac{l}{2R}\cdot\frac{180^o}{\pi}=\frac{6[m]}{2\cdot 250}\cdot\frac{180^o}{\pi}=0°41'15''$

ANSWER 24.④ 25.② 26.③ 27.② 28.①

29 다음 그림과 같은 트래버스에서 AL의 방위각이 29°40′15″, BM의 방위각이 320°27′12″, 교각의 총합이 1190°47′32″일 때 각관측오차는?

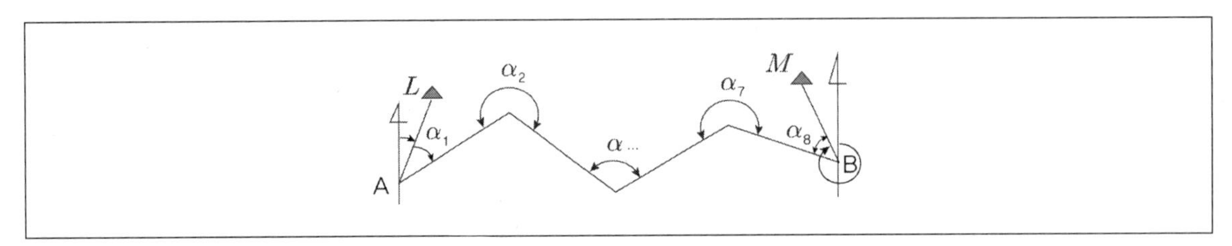

① 45″ ② 35″
③ 25″ ④ 15″

TIP $w_A + \sum a_n - 180^o(n-3) + w_B = 29^o 40'15'' + 1190^o 47'32'' - 180^o(8-3) + 320^o 27'12'' = 35''$

30 지형측량을 할 때 기본 삼각점만으로는 기준점이 부족하여 추가로 설치하는 기준점은?

① 방향전환점 ② 도근점
③ 이기점 ④ 중간점

TIP
- 이기점(T.P) : Turning Point 약자로서 측량을 할 때 직선형태로 가다가 꺽이는 지점(곡점)이며 전시와 후시를 같이 취하는 점이다.
- 중간점(I.P) : Intermediate Point 약자로서 어떤 지반에 표고만을 알기 위해 수준척을 세운 점(전시만 취하는 점)이다.
  - 전시 : 표고를 구하려고 하는 지점에 세운 수준척의 읽음값
  - 후시 : 표고를 이미 알고 있는 지점에 세운 수준척의 읽음값

31 지구반지름이 6370km이고 거리의 허용오차가 1/105이면 평면측량으로 볼 수 있는 범위의 지름은?

① 약 69km ② 약 64km
③ 약 36km ④ 약 22km

TIP $\frac{d-D}{D} = \frac{1}{12}\left(\frac{D}{R}\right)^2$ 이므로, $D^2 = 12R^2 \cdot \frac{d-D}{D}$

$D = \sqrt{12 \cdot 6370^2 \cdot \frac{1}{10^5}} \fallingdotseq 69.78[km]$

32 다음 그림과 같은 수준망을 각각의 환에 따라 폐합오차를 구한 결과가 표와 같고 폐합오차의 한계가 $\pm 1.0\sqrt{S}cm$일 때 우선적으로 재관측할 필요가 있는 노선은? (단, S는 거리[km]이다.)

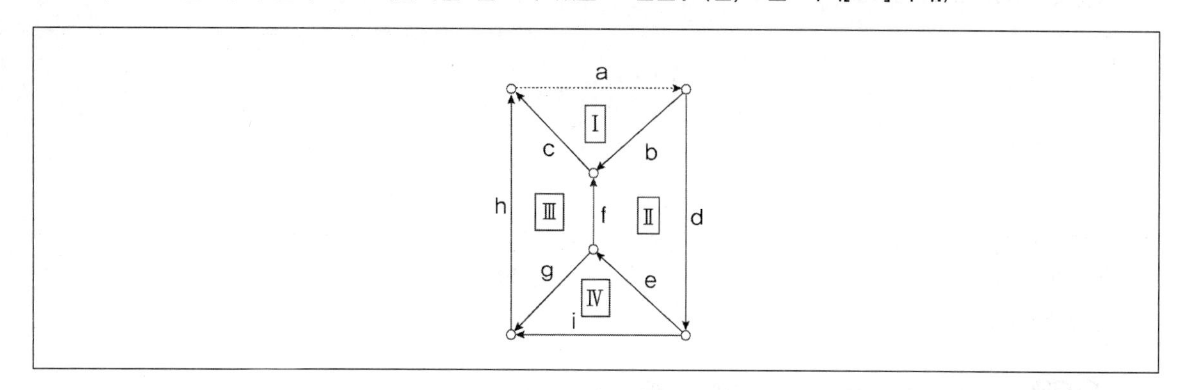

환	노선	거리(km)	폐합오차(m)
I	abc	8.7	−0.017
II	bdef	15.8	0.048
III	cfgh	10.9	−0.026
IV	eig	9.3	−0.083
외주	adih	15.9	−0.031

① e노선 ② f노선
③ g노선 ④ h노선

TIP km당 폐합오차가 가장 큰 것은 IV이며 그 다음은 II이다. 둘 다 공통적으로 e를 포함하고 있어 e노선을 우선적으로 재관측해 볼 필요가 있다.

33 수준측량에서 발생하는 오차에 대한 설명으로 바르지 않은 것은?

① 기계의 조정에 의해 발생하는 오차는 전시와 후시의 거리를 같게 하여 소거할 수 있다.
② 삼각수준측량은 대지역을 대상으로 하기 때문에 곡률오차와 굴절오차는 그 양이 상쇄되어 고려하지 않는다.
③ 표척의 영눈금 오차는 출발점의 표척을 도착점에서 사용하여 소거할 수 있다.
④ 기포의 수평조정이나 표척면의 읽기는 육안으로 한계가 있으나 이로 인한 오차는 일반적으로 허용오차 범위 안에 들 수 있다.

TIP 삼각수준측량에서는 곡률오차와 굴절오차를 필히 고려해야 한다.

ANSWER 29.② 30.② 31.① 32.① 33.②

34 다음 그림과 같은 관측결과 $\theta = 30^o 11' 00''$, S=1000m일 때 C점의 X좌표는? (단, AB의 방위각 $89^o 9' 0''$, A점의 X좌표=1200m)

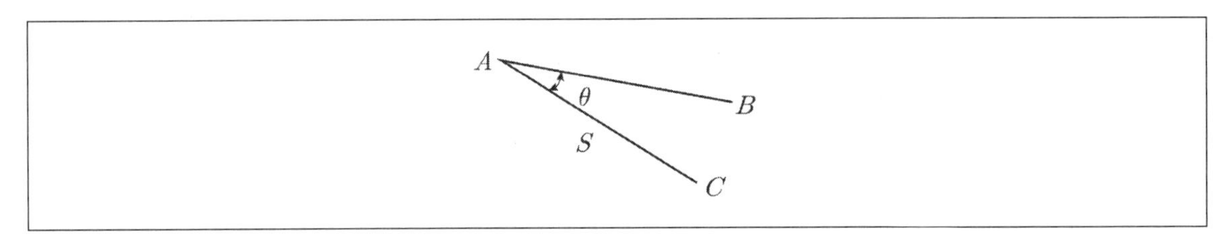

① 700.00m
② 1203.20m
③ 2064.42m
④ 2066.03m

TIP $\alpha = 120^o$이며, $x_1 = x + l\cos\alpha = 1200 + 1000\cos 120^o = 700$

35 다음 그림과 같은 복곡선에서 $t_1 + t_2$의 값은?

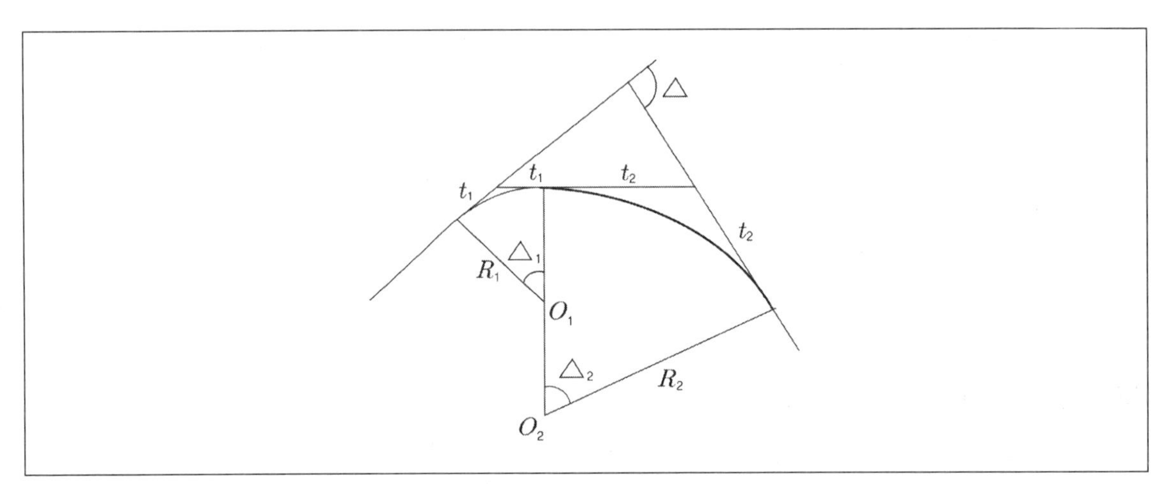

① $R_1(\tan\Delta_1 + \tan\Delta_2)$
② $R_2(\tan\Delta_1 + \tan\Delta_2)$
③ $R_1\tan\Delta_1 + R_2\tan\Delta_2$
④ $R_1\tan\frac{\Delta_1}{2} + R_2\tan\frac{\Delta_2}{2}$

TIP $t_1 + t_2 = R_1\tan\frac{\Delta_1}{2} + R_2\tan\frac{\Delta_2}{2}$

36 노선 설치 방법 중 좌표법에 의한 설치방법에 대한 설명으로 바르지 않은 것은?

① 토털스테이션, GPS 등과 같은 장비를 이용하여 측점을 위치시킬 수 있다.
② 좌표법에 의한 노선의 설치는 다른 방법보다 지형의 굴곡이나 시통 등의 문제가 적다.
③ 좌표법은 평면곡선 및 종단곡선의 설치 요소를 동시에 위치시킬 수 있다.
④ 평면적인 위치의 측설을 수행하고 지형표고를 관측하여 종단면도를 작성할 수 있다.

TIP 좌표법은 평면곡선 및 종단곡선의 설치요소를 동시에 위치시킬 수 없다.

37 다각측량에서 각 측량의 기계적 오차 중 시준축과 수평축이 직교하지 않아 발생하는 오차를 처리하는 방법으로 옳은 것은?

① 망원경을 정위와 반위로 측정하여 평균값을 취한다.
② 배각법으로 관측한다.
③ 방향각법으로 관측을 한다.
④ 편심관측을 하여 귀심계산을 한다.

TIP 다각측량에서 각 측량의 기계적 오차 중 시준축과 수평축이 직교하지 않아 발생하는 오차는 망원경을 정위와 반위로 측정하여 평균값을 취하여 보정한다.

38 30m당 0.03m가 짧은 줄자를 사용하여 정사각형 토지의 한 변을 측정한 결과 150m였다면 면적에 대한 오차는?

① $41m^2$
② $43m^2$
③ $45m^2$
④ $47m^2$

TIP $\frac{1}{500} = \frac{x}{150^2}$ 이므로 $x = \frac{22500}{500} = 45[m^2]$

ANSWER 34.① 35.④ 36.③ 37.① 38.③

39 지성선에 관한 설명으로 바르지 않은 것은?

① 철(凸)선은 능선 또는 분수선이라고 한다.
② 경사변환선이란 동일 방향의 경사면에서 경사의 크기가 다른 두 면의 접합선이다.
③ 요(凹)선은 지표의 경사가 최대로 되는 방향을 표시한 선으로 유하선이라고 한다.
④ 지성선은 지표면이 다수의 평면으로 구성되었다고 할 때 평면간 접합부, 즉 접선을 말하며 지세선이라고도 한다.

TIP 요(凹)선(계곡선)은 지표면의 낮은 점들을 연결한 선으로 합수선이라 한다. 최대경사선(유하선)은 지표 임의의 한 점에서 그 경사가 최대로 되는 방향을 표시한 선으로 등고선에 직각으로 교차하며 물이 흐르는 선이다.
※ 지성선 … 지모의 골격이 되는 선으로서 능선(분수선), 계곡선(합수선), 경사변환선, 최대경사선(유하선) 등이 있다.

40 다음 그림과 같은 지형에서 각 등고선에 쌓인 부분의 면적이 표와 같을 때 각주공식에 의한 토량은? (단, 윗면은 평평한 것으로 가정한다.)

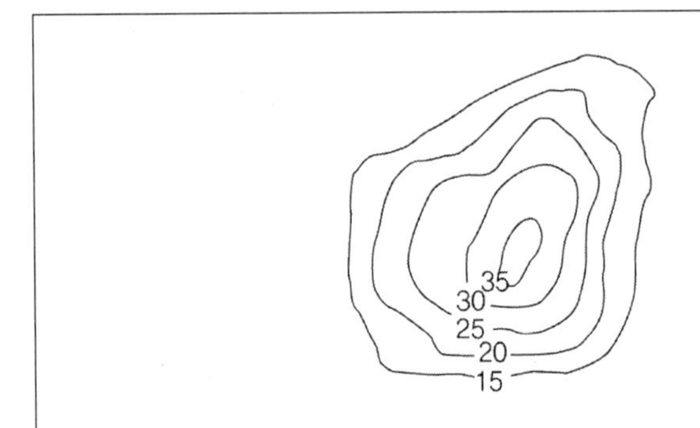

등고선 (m)	면적 (m^2)
15	3800
20	2900
25	1800
30	900
35	200

① 11,400m^3
② 22,800m^3
③ 33,800m^3
④ 38,000m^3

TIP 심프슨 제1법칙에 의하면, $\frac{d}{3}(y_1+y_n+4(y_2+y_4)+2y_1)=\frac{5}{3}(3800+200+4(2900+900)+2\cdot 1800)=38,000m^3$

제3과목 수리학 및 수문학

41 2개의 불투수층 사이에 있는 대수층 두께 a, 투수계수 k인 곳에 반지름 r_0인 굴착정을 설치하고 일정 양수량 Q를 양수하였더니 양수 전 굴착정 내의 수위 H가 h_0로 강하하여 정상흐름이 되었다. 굴착정의 영향원 반지름을 R이라 할 때 $(H-h_0)$의 값은?

① $\frac{2Q}{\pi ak}ln(\frac{R}{r_0})$

② $\frac{Q}{2\pi ak}ln(\frac{R}{r_0})$

③ $\frac{2Q}{\pi ak}ln(\frac{r_0}{R})$

④ $\frac{Q}{2\pi ak}ln(\frac{r_0}{R})$

TIP $H-h_o = \frac{Q}{2\pi ak}ln(\frac{R}{r_0})$

42 침투능(Infiltration Capacity)에 관한 설명으로 바르지 않은 것은?

① 침투능은 토양조건과는 무관하다.
② 침투능은 강우강도에 따라 변화한다.
③ 일반적으로 단위는 mm/h 또는 in/h로 표시된다.
④ 어떤 토양면을 통해 물이 침투할 수 있는 최대율을 말한다.

TIP 침투능은 토양조건에 의해 결정된다.

ANSWER 39.③ 40.④ 41.② 42.①

43 3차원 흐름의 연속방정식을 아래와 같은 형태로 나타낼 때 이에 알맞은 흐름의 상태는?

$$\frac{\partial u}{\partial x}+\frac{\partial v}{\partial y}+\frac{\partial w}{\partial z}=0$$

① 압축성 부정류
② 압축성 정상류
③ 비압축성 부정류
④ 비압축성 정상류

TIP 비압축성 정상류 : $\frac{\partial u}{\partial x}+\frac{\partial v}{\partial y}+\frac{\partial w}{\partial z}=0$

※ 3차원 흐름의 연속방정식

㉠ 부등류의 연속방정식

- 압축성 유체일 때 $\frac{\partial(\rho u)}{\partial x}+\frac{\partial(\rho v)}{\partial y}+\frac{\partial(\rho w)}{\partial z}=-\frac{\partial \rho}{\partial t}$
- 비압축성 유체일 때 $\frac{\partial u}{\partial x}+\frac{\partial v}{\partial y}+\frac{\partial w}{\partial z}=-\frac{\partial \rho}{\partial t}$

㉡ 정류의 연속방정식

- 압축성 유체일 때 $\frac{\partial \rho}{\partial t}=0$이므로 $\frac{\partial(\rho u)}{\partial x}+\frac{\partial(\rho v)}{\partial y}+\frac{\partial(pw)}{\partial z}=0$
- 비압축성 유체일 때 ρ는 일정하므로 $\frac{\partial u}{\partial x}+\frac{\partial v}{\partial y}+\frac{\partial w}{\partial z}=0$

44 지름 20cm의 원형단면 관수로에 물이 가득차서 흐를 때의 동수반경은?

① 5cm
② 10cm
③ 15cm
④ 20cm

TIP 동수반경 $R=\frac{D}{4}=\frac{20}{4}=5cm$

45 대수층의 두께 2.3m, 폭 1.0m일 때 지하수 유량은? (단, 지하수류의 상하류 두지점 사이의 수두차 1.6m, 두 지점 사이의 평균거리 360m, 투수계수 k=192m/day)

① $1.53m^3/day$
② $1.80m^3/day$
③ $1.96m^3/day$
④ $2.21m^3/day$

TIP $Q = AV = AKi = AK\frac{dh}{dl} = 2.3 \times 1.0 \times 192 \times \frac{1.6}{360} = 1.962[m^3/day]$

46 다음 그림과 같은 수조벽면에 작은 구멍을 뚫고 구멍의 중심에서 수면까지 높이가 h일 때 유출속도 V는? (단, 에너지 손실은 무시한다.)

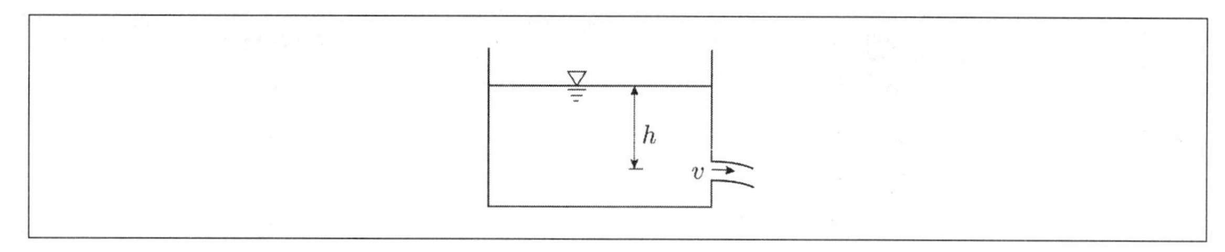

① $\sqrt{2gh}$
② $\sqrt{gh}$
③ $2gh$
④ gh

TIP 전형적인 암기문제이다. 유출속도는 $V = \sqrt{2gh}$ 이다.

ANSWER 43.④ 44.① 45.③ 46.①

47 다음 그림과 같이 원형관 중심에서 V의 유속으로 물이 흐르는 경우에 대한 설명으로 바르지 않은 것은? (단, 흐름은 층류로 가정한다.)

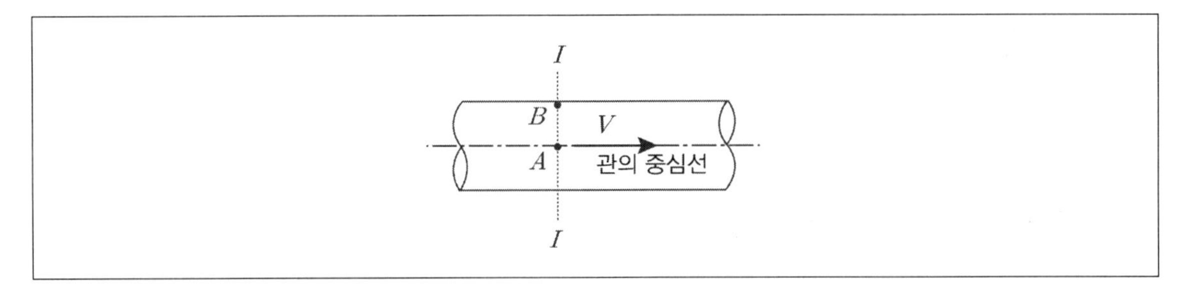

① 지점 A에서의 마찰력은 V^2에 비례한다.
② 지점 A에서의 유속은 단면 평균유속의 2배이다.
③ 지점 A에서 지점 B로 갈수록 마찰력은 커진다.
④ 유속은 지점 A에서 최대인 포물선 분포를 한다.

TIP 지점 A에서의 마찰력은 0이다.

48 어떤 유역에 다음 표와 같이 30분간 집중호우가 계속되었을 때 지속기간 15분인 최대강우강도는?

시간(분)	우량(mm)
0 ~ 5	2
5 ~ 10	4
10 ~ 15	6
15 ~ 20	4
20 ~ 25	8
25 ~ 30	6

① 64mm/h
② 48mm/h
③ 72mm/h
④ 80mm/h

TIP $15:18=60:x$이므로 $x=72mm/h$

49 정지하고 있는 수중에 작용하는 정수압의 성질로 옳지 않은 것은?

① 정수압의 크기는 깊이에 비례한다.
② 정수압은 물체의 면에 수직으로 작용한다.
③ 정수압은 단위면적에 작용하는 힘의 크기로 나타낸다.
④ 한 점에 작용하는 정수압은 방향에 따라 크기가 다르다.

TIP 한 점에 작용하는 정수압은 모든 방향에서 크기가 같다.

50 단위유량도에 대한 설명으로 바르지 않은 것은?

① 단위유량도의 정의에서 특정 단위시간은 1시간을 의미한다.
② 일정기저시간가정, 비례가정, 중첩가정은 단위유량도의 3대 기본가정이다.
③ 단위유량도의 정의에서 단위유효우량은 유역 전 면적 상의 등가우량 깊이로 측정되는 특정량의 우량을 의미한다.
④ 단위 유효우량은 유출량의 형태로 단위유량도상에 표시되며, 단위유량도 아래의 면적은 부피의 차원을 가진다.

TIP 단위유량도의 특정단위시간은 유효우량의 지속시간을 의미한다. 2시간이 될 수도 있고 3시간이 될 수도 있는 것이다.

51 한계수심에 대한 설명으로 바르지 않은 것은?

① 유량이 일정할 때 한계수심에서 비에너지가 최소가 된다.
② 직사각형 단면 수로의 한계수심은 최소 비에너지의 2/3이다.
③ 비에너지가 일정하면 한계수심으로 흐를 때 유량이 최대가 된다.
④ 한계수심보다 수심이 작은 흐름이 상류이고 큰 흐름이 사류이다.

TIP 한계수심보다 수심이 작은 흐름이 사류이고 큰 흐름이 상류이다.

ANSWER 47.① 48.③ 49.④ 50.① 51.④

52 개수로 흐름의 도수현상에 대한 설명으로 바르지 않은 것은?

① 비력과 비에너지가 최소인 수심은 근사적으로 같다.
② 도수 전후의 수심관계는 베르누이 정리로부터 구할 수 있다.
③ 도수는 흐름이 사류에서 상류로 바뀔 경우에만 발생된다.
④ 도수 전후의 에너지손실은 주로 불연속 수면 발생 때문이다.

TIP 도수 전후의 수심관계는 운동량 방정식으로부터 구할 수 있다.

53 단면 2m×2m, 높이 6m인 수조에 물이 가득 차 있을 때 이 수조의 바닥에 설치한 지름이 20cm인 오리피스로 배수시키고자 한다. 수심이 2m가 될 때까지 배수하는데 필요한 시간은? (단, 오리피스 유량계수 C=0.6, 중력가속도 $g=9.8m/s^2$)

① 1분 39초
② 2분 36초
③ 2분 55초
④ 3분 45초

TIP $T=\frac{2A}{Ca\sqrt{2g}}(\sqrt{H}-\sqrt{h})=\frac{2(2\times2)}{0.6\cdot\frac{\pi\cdot0.2^2}{4}\times\sqrt{19.6}}(\sqrt{6}-\sqrt{2})=99.2[\text{sec}]$

54 정상류에 관한 설명으로 바르지 않은 것은?

① 유선과 유적선이 일치한다.
② 흐름의 상태가 시간에 따라 변하지 않고 일정하다.
③ 실제 개수로 내 흐름의 상태는 정상류가 대부분이다.
④ 정상류 흐름의 연속방정식은 질량보존의 법칙으로 설명된다.

TIP 실제 개수로 내 흐름의 상태는 비정상류가 대부분이다.

55 다음 수로의 단위폭에 대한 운동량 방정식은? (단, 수로의 경사는 완만하며 바닥 마찰저항은 무시한다.)

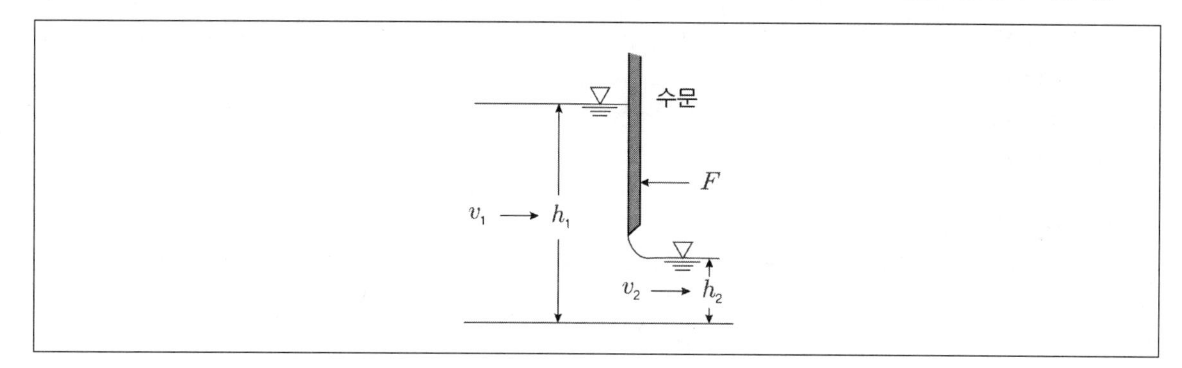

① $\frac{\gamma h_1^2}{2} - \frac{\gamma h_2^2}{2} - F = \rho Q(V_1 - V_2)$

② $\frac{\gamma h_1^2}{2} - \frac{\gamma h_2^2}{2} - F = \rho Q(V_2 - V_1)$

③ $\frac{\gamma h_1^2}{2} + \frac{\gamma h_2^2}{2} - F = \rho Q(V_2 - V_1)$

④ $\frac{\gamma h_1^2}{2} + \rho Q V_1 + F = \frac{\gamma h_2^2}{2} + \rho Q V_2$

TIP $\frac{\gamma h_1^2}{2} - \frac{\gamma h_2^2}{2} - F = \rho Q(V_2 - V_1)$

56 완경사 수로에서 배수곡선에 해당하는 수면곡선은?

① 홍수 시 하천의 수면곡선
② 댐을 월류할 때의 수면곡선
③ 하천 단락부 상류의 수면곡선
④ 상류 상태로 흐르는 하천에 댐을 구축했을 때 저수지 상류의 수면곡선

TIP 배수곡선(backwater curve) … 상류로 흐르는 수로에 댐, 위어(weir) 등의 수리구조물을 만들면 수리구조물의 상류에 흐름방향으로 수심이 증가하게 되는 수면곡선이 나타내게 되는데 이러한 수면곡선을 말한다. 댐의 상류부에서는 흐름방향으로 수심이 증가하는 배수곡선이 나타난다.

ANSWER 52.② 53.① 54.③ 55.② 56.④

57 지하수의 연직분포를 크게 통기대와 포화대로 나눌 때 통기대에 속하지 않는 것은?

① 모관수대
② 중간수대
③ 지하수대
④ 토양수대

TIP 지하수대는 통기대에 속하지 않는다.
통기대 : 지하수면 윗부분의 공기와 물로 차 있는 부분으로서 모관수대, 중간수대, 토양수대로 구성된다.

58 하천의 수리모형실험에 주로 사용되는 상사법칙은?

① Weber의 상사법칙
② Cauchy의 상사법칙
③ Froude의 상사법칙
④ Reynolds의 상사법칙

TIP 하천의 모형실험은 개수로의 축소실험으로 볼 수 있으며 개수로의 흐름은 관성력과 중력이 지배하므로 Froude의 상사법칙을 주로 적용한다. 이와 달리 관수로의 경우는 점성력과 마찰력이 지배하므로 Reynolds의 법칙을 적용한다.

59 속도분포를 $v = 4y^{2/3}$으로 나타낼 수 있을 때 바닥면에서 0.5m 떨어진 높이에서의 속도경사는? (단, v는 m/s, y는 m)

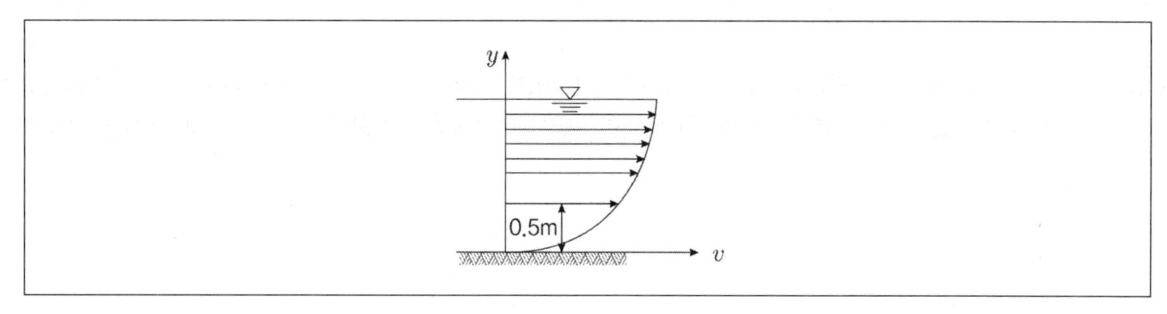

① 2.67sec^{-1}
② 2.67sec^{-2}
③ 3.36sec^{-1}
④ 3.36sec^{-2}

TIP $v = 4y^{2/3}$,

$v' = 4 \cdot \frac{2}{3} y^{-1/3} = \frac{8}{3} y^{-1/3}$

$v'_{y=0.5} = \frac{8}{3} \cdot 0.5^{-1/3} = 3.36[\text{sec}^{-1}]$

60 수중에 잠겨있는 곡면에 작용하는 연직분력은?

① 곡면에 의해 배제된 물의 무게와 같다.
② 곡면중심의 압력에 물의 무게를 더한 값이다.
③ 곡면을 밑면으로 하는 물기둥의 무게와 같다.
④ 곡면을 연직면상에 투영했을 때 그 투영면이 작용하는 정수압과 같다.

TIP 유체 속에 잠긴 곡면에 작용하는 수평분력은 곡면을 연직면상에 투영하였을 때 생기는 투영면적에 작용하는 힘과 같다.

ANSWER 57.③ 58.③ 59.③ 60.③

제3과목 철근콘크리트 및 강구조

61 프리텐션 PSC부재의 단면적이 200,000mm²인 콘크리트 도심에 PS강선을 배치하여 초기의 긴장력(P1)을 800kN을 가하였다. 콘크리트의 탄성변형에 의한 프리스트레스의 감소량은? (단, 탄성계수비(n)는 6이다.)

① 12MPa

② 18MPa

③ 20MPa

④ 24MPa

TIP

$$\Delta f_{pe} = nf_{cs} = n\frac{P_i}{A_g} = 6 \cdot \frac{800[\text{kN}]}{200,000[\text{mm}^2]} = 24[\text{MPa}]$$

62 경간이 8m인 단순지지된 프리스트레스트 콘크리트 보에서 등분포하중(고정하중과 활하중의 합)이 w=40kN/m 작용할 때 중앙 단면 콘크리트 하연에서의 응력이 0이 되려면 PS강재에 작용되어야 할 프리스트레스 힘(P)은? (단, PS강재는 단면 중심에 배치되어 있다.)

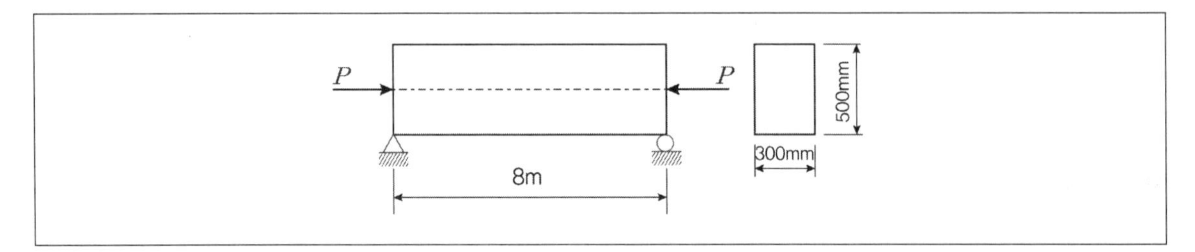

① 1250kN

② 1880kN

③ 2650kN

④ 3840kN

TIP

$f_b = \frac{P}{A} - \frac{M}{Z} = \frac{P}{bh} - \frac{6M}{bh^2} = 0$이어야 하므로

$$M = \frac{wl^2}{8} = \frac{40 \times 8^2}{8} = 320[\text{kN} \cdot \text{m}]$$

$$P = \frac{6M}{h} = \frac{6 \times 320}{0.5} = 3,840[\text{kN}]$$

63 아래 그림과 같은 직사각형 단면의 단순보에 PS강재가 포물선으로 배치되어 있다. 보의 중앙단면에서 일어나는 상연응력(㉠) 및 하연응력(㉡)은? (단, PS강재의 긴장력은 3300kN이고 자중을 포함한 작용하중은 27kN/m이다.)

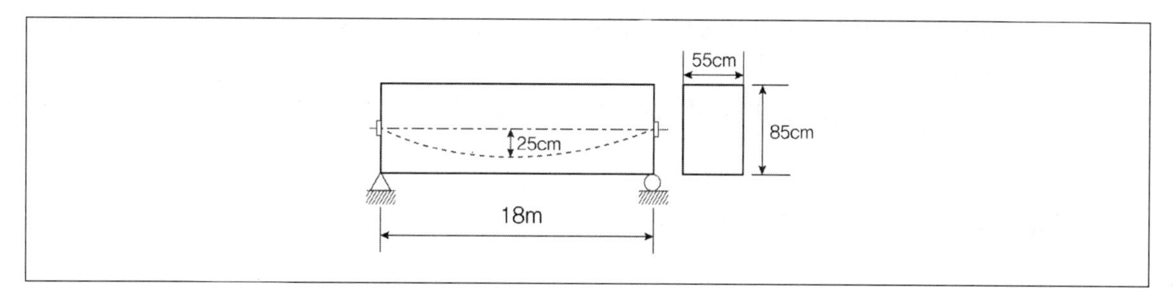

① ㉠ : 21.21MPa, ㉡ : 1.8MPa
② ㉠ : 12.07MPa, ㉡ : 0MPa
③ ㉠ : 11.11MPa, ㉡ : 3.00MPa
④ ㉠ : 8.6MPa, ㉡ : 2.45MPa

TIP 작용하는 하향력에서 상향력을 빼주면, 하향력 27[kN] − 상향력 20.37[kN] = 6.63[kN]

상향력 $u = \frac{8Ps}{L^2} = \frac{8 \cdot (3,000 \cdot 10^3) \cdot 0.25}{18^2} = 20.37$

상연응력을 f_t, 하연응력을 f_b라고 하면

$$f_{(t,b)} = \frac{P}{A} \pm \frac{M}{Z} = \frac{3,300 \cdot 10^3}{550 \cdot 850} \pm \frac{\frac{6.63 \cdot (18 \cdot 10^3)}{8}}{\frac{550 \cdot 850^2}{6}}$$

따라서 상연응력 f_t는 11.1[MPa], 하연응력 f_b는 3.0[MPa]가 된다.

64 2방향 슬래브 설계 시 직접설계법을 적용하기 위해 만족해야 하는 사항으로 바르지 않은 것은?

① 각 방향으로 3경간 이상이 연속되어야 한다.
② 슬래브 판들은 단변 경간에 대한 장변 경간의 비가 2 이하인 직사각형이어야 한다.
③ 각 방향으로 연속한 받침부 중심간 경간차이는 긴 경간의 1/3 이하여야 한다.
④ 연속한 기둥중심선을 기준으로 기둥의 어긋남은 그 방향 경간의 20% 이하여야 한다.

TIP 연속한 기둥 중심선을 기준으로 기둥의 어긋남은 그 방향 경간의 최대 10% 이하여야 한다.

ANSWER 61.④ 62.④ 63.③ 64.④

65 옹벽의 설계 및 구조해석에 대한 설명으로 바르지 않은 것은?

① 지반에 유발되는 최대지반반력은 지반의 허용지지력을 초과할 수 없다.
② 전도에 대한 저항휨모멘트는 횡토압에 의한 전도모멘트의 1.5배 이상이어야 한다.
③ 저판의 뒷굽판은 정확한 방법이 사용되지 않는 한, 뒷굽판 상부에 재하되는 모든 하중을 지지하도록 설계해야 한다.
④ 캔틸레버식 옹벽의 저판은 전면벽과의 접합부를 고정단으로 간주한 캔틸레버로 가정하여 단면을 설계할 수 있다.

TIP 전도에 대한 저항휨모멘트는 횡토압에 의한 전도모멘트의 2.0배 이상이어야 한다.

66 다음 그림과 같은 띠철근 기둥에서 띠철근의 최대수직간격은? (단, D10의 공칭직경은 9.5mm, D32의 공칭직경은 31.8mm이다.)

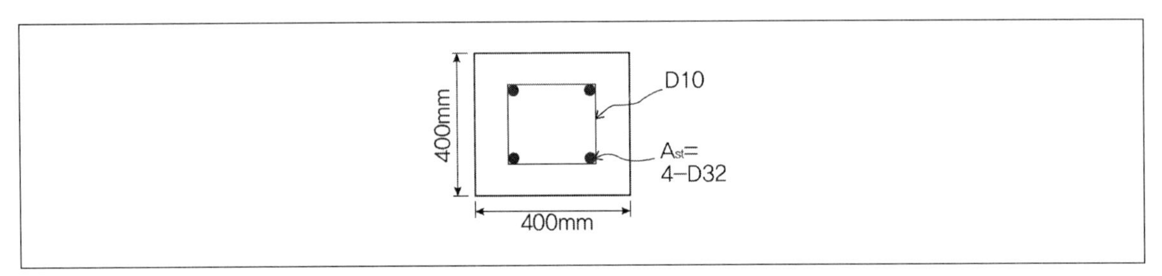

① 400mm
② 456mm
③ 500mm
④ 509mm

TIP 띠철근 기둥에서 띠철근의 간격은 다음 중 최솟값으로 한다.
- 축방향 철근 지름의 16배 이하 : $31.8 \times 16 = 508.8$mm 이하
- 띠철근 지름의 48배 이하 : $9.5 \times 48 = 456$mm 이하
- 기둥단면의 최소 치수 이하 : 400mm 이하

67 강구조의 특징에 대한 설명으로 바르지 않은 것은?

① 소성변형능력이 우수하다.
② 재료가 균질하여 좌굴의 영향이 낮다.
③ 인성이 커서 연성파괴를 유도할 수 있다.
④ 단위면적당 강도가 커서 자중을 줄일 수 있다.

TIP 일반적으로 강구조는 다른 부재보다 세장하여 좌굴에 영향을 크게 받는다.

68 콘크리트와 철근이 일체가 되어 외력에 저항하는 철근콘크리트 구조에 대한 설명으로 바르지 않은 것은?

① 콘크리트와 철근의 부착강도가 크다.
② 콘크리트와 철근의 탄성계수는 거의 같다.
③ 콘크리트 속에 묻힌 철근은 거의 부식하지 않는다.
④ 콘크리트와 철근의 열에 대한 팽창계수는 거의 같다.

TIP 콘크리트와 철근의 탄성계수는 큰 차이를 보인다.

69 폭이 300mm, 유효깊이가 500mm인 단철근 직사각형 보에서 인장철근 단면적이 1700mm^{2}일 때 강도설계법에 의한 등가직사각형 압축응력블록의 깊이는? (단, $f_{ck}=20\text{MPa}$, $f_y=300\text{MPa}$이다.)

① 50mm
② 100mm
③ 200mm
④ 400mm

TIP $A_s f_y = 0.85 f_{ck} ab$이므로
$A_s f_y = 300 \cdot 1700 = 0.85 f_{ck} ab = 0.85 \cdot 20 \cdot a \cdot 300$에 따라 a는 100mm가 된다.

ANSWER 65.② 66.① 67.② 68.② 69.②

70 아래에서 설명하는 용어는?

> 보나 지판이 없이 기둥으로 하중을 전달하는 2방향으로 철근이 배치된 콘크리트 슬래브

① 플랫플레이트　　② 플랫 슬래브
③ 리브쉘　　④ 주열대

TIP
- 플랫플레이트 : 보나 지판이 없이 기둥으로 하중을 전달하는 2방향으로 철근이 배치된 콘크리트 슬래브
- 플랫 슬래브 : 보가 사용되지 않고 슬래브가 직접 기둥에 지지하는 구조로서 기둥과 슬래브사이에는 뚫림전단이 발생하게 될 수 있으므로 기둥과 슬래브의 접점 주변에 지판이나 주두를 설치한다.

71 다음 그림과 같은 L형강에서 인장응력 검토를 위한 순폭계산에 대한 설명으로 바르지 않은 것은?

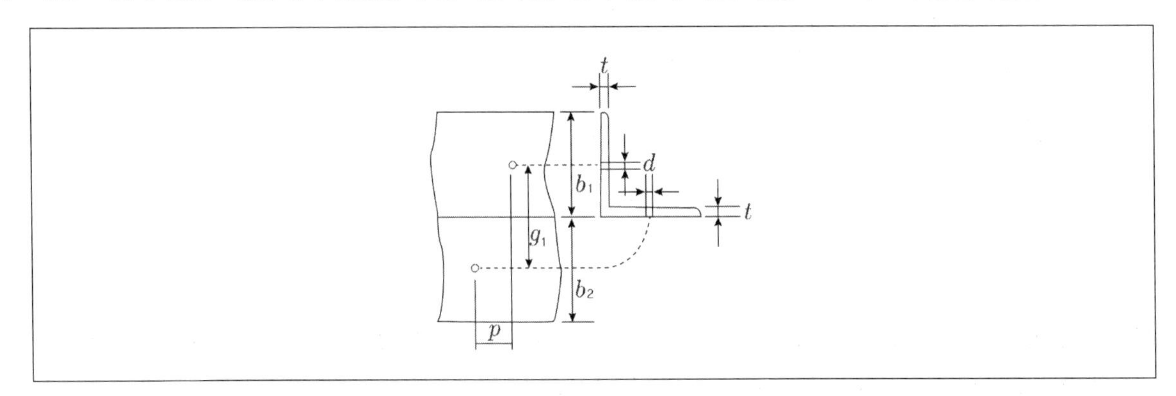

① 전개된 총 폭$(b) = b_1 + b_2 - t$이다.

② 리벳선간 거리$(g) = g_1 - t$이다.

③ $\frac{p^2}{4g} \geq d$인 경우 순폭(b_n)은 $b - d$이다.

④ $\frac{p^2}{4g} < d$인 경우 순폭(b_n)은 $b - d - \frac{p^2}{4g}$이다.

TIP $\frac{p^2}{4g} \geq d$이면 $b_n = b - d$, $\frac{p^2}{4g} < d$이면 $b_n = b - d - \left(d - \frac{p^2}{4g}\right)$

72 단변 : 장변 경간의 비가 1 : 2인 단순지지된 2방향 슬래브의 중앙점에 집중하중 P가 작용할 때 단변과 장변이 부담하는 하중비(P_S : P_L)는? (단, P_S는 단변이 부담하는 하중, P_L은 장변이 부담하는 하중)

① 1 : 8
② 8 : 1
③ 1 : 16
④ 16 : 1

TIP
단변이 부담하는 하중 : $P_S = \frac{l_x^3}{l_x^3 + l_y^3}P = \frac{1^3}{1^3+2^3}P = \frac{1}{9}P$

장변이 부담하는 하중 : $P_L = \frac{l_y^3}{l_x^3 + l_y^3}P = \frac{2^3}{1^3+2^3}P = \frac{8}{9}P$

73 보통중량콘크리트에서 압축을 받는 이형철근 D29(공칭지름 28.6mm)를 정착시키기 위해 소요되는 기본정착길이는? (단, $f_{ck} = 35MPa$, $f_y = 400MPa$ 이다.)

① 491.92mm
② 483.43mm
③ 464.09mm
④ 450.38mm

$l_{db} = \frac{0.25 d_b f_y}{\sqrt{f_{ck}}} = \frac{0.25 \times 28.6 \times 400}{\sqrt{35}} = 483.43[mm]$

$0.0043 d_b f_y = 0.043 \times 28.6 \times 400 = 491.92[mm]$

위의 값 중 큰 값으로 해야 하므로 491.92mm가 된다.

74 철근콘크리트 부재의 전단철근에 대한 설명으로 바르지 않은 것은?

① 전단철근의 설계기준항복강도는 300MPa을 초과할 수 없다.
② 주인장 철근에 30도 이상의 각도로 구부린 굽힘철근은 전단철근으로 사용할 수 있다.
③ 최소 전단철근량은 $\frac{0.35 b_w s}{f_{yt}}$ 보다 작지 않아야 한다.
④ 부재축에 직각으로 배치된 전단철근의 간격은 d/2이하, 또한 600mm이하로 하여야 한다.

TIP 전단철근의 설계기준항복강도는 500MPa를 초과할 수 없다. 그러나 용접이형철망을 사용할 경우 전단철근의 설계기준항복강도는 600MPa을 초과할 수 없다.

ANSWER 70.① 71.④ 72.② 73.① 74.①

75 폭 350mm, 유효깊이 500mm인 보에 설계기준항복강도가 400MPa인 D13 철근을 인장주철근에 대한 경사각(α)이 60°인 U형 경사스터럽으로 설치했을 때 전단보강철근의 공칭강도(V_s)는? (단, 스터럽의 간격 s=250mm, D13 철근 1본의 단면적은 127mm²이다.)

① 201.4kN
② 212.7kN
③ 243.2kN
④ 277.6kN

TIP $V_s = \frac{A_v f_y (\sin\alpha + \cos\alpha) d}{s} = \frac{127 \cdot 400(\sin 60^o + \cos 60^o) \cdot 500}{250} = 277.57[kN]$

76 철근콘크리트 보를 설계할 때 변화구간 단면에서 강도감소계수(ϕ)를 구하는 식은? (단, $f_{ck} = 40MPa$, $f_y = 400MPa$, 띠철근으로 보강된 부재이며 ε_t는 최외단 인장철근의 순인장변형률이다.)

① $\phi = 0.65 + (\varepsilon_t - 0.002)\frac{200}{3}$
② $\phi = 0.70 + (\varepsilon_t - 0.002)\frac{200}{3}$
③ $\phi = 0.65 + (\varepsilon_t - 0.002) \cdot 50$
④ $\phi = 0.70 + (\varepsilon_t - 0.002) \cdot 50$

TIP 철근콘크리트 보를 설계할 때 변화구간 단면에서 강도감소계수를 구하는 식 $\phi = 0.65 + (\varepsilon_t - 0.002)\frac{200}{3}$

77 다음 그림과 같이 지름 25mm의 구멍이 있는 판(Plate)에서 인장응력 검토를 위한 순폭은?

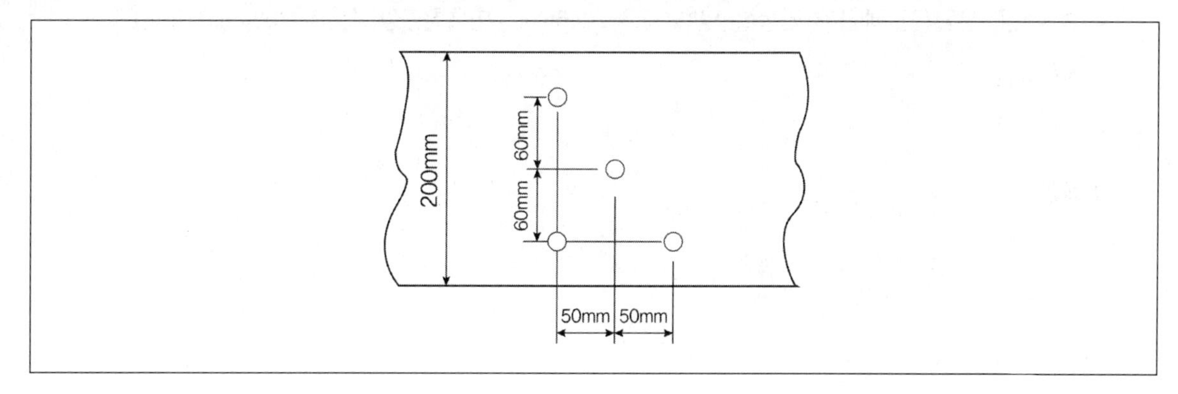

① 160.4mm
② 150mm
③ 145.8mm
④ 130mm

TIP

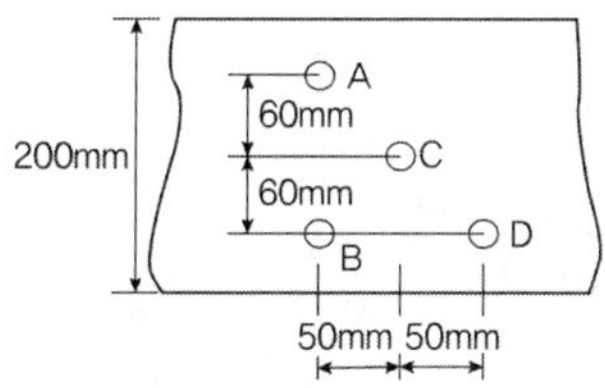

ABCD단면 : $b_n = b_g - 2d = 200 - 2 \cdot 25 = 150[mm]$

ABEH단면 : $b_n = b_g - d - \left(d - \dfrac{p^2}{4g}\right) = 200 - 25 - \left(25 - \dfrac{50^2}{4 \cdot 60}\right) = 160.4[mm]$

ABECD단면 : $b_n = b_g - d - 2\left(d - \dfrac{p^2}{4g}\right) = 200 - 25 - 2\left(25 - \dfrac{50^2}{4 \cdot 60}\right) = 145.8[mm]$

ABEFG단면 : $b_n = b_g - d - 2\left(d - \dfrac{p^2}{4g}\right) = 200 - 25 - 2\left(25 - \dfrac{50^2}{4 \cdot 60}\right) = 145.8[mm]$

이 중 가장 작은 값을 갖는 ABECD단면을 순폭으로 하므로 145.8[mm]이 된다.

ANSWER 75.④ 76.① 77.③

78 폭이 350mm, 유효깊이가 550mm인 직사각형 단면의 보에서 지속하중에 의한 순간처짐이 16mm일 때 1년 후 총 처짐량은? (단, 배근된 인장철근량(A_s)은 2246mm², 압축철근량(A_s')은 1284mm²이다.)

① 20.5mm
② 26.5mm
③ 32.8mm
④ 42.1mm

TIP $\rho' = \dfrac{A_s'}{bd} = 0.00667$, $\lambda = \dfrac{\xi}{1+50\rho'} = 1.0499$

$\delta_L = \lambda \cdot \delta_i = 1.0499 \times 16 = 16.8mm$

$\delta_T = \delta_i + \delta_L = 16 + 16.8 = 32.8mm$

79 단철근 직시각형 보에서 $f_{ck} = 32\text{MPa}$인 경우, 콘크리트 등가 직사각형 압축응력블록의 깊이를 나타내는 계수(β_1)는?

① 0.74
② 0.76
③ 0.80
④ 0.85

TIP $f_{ck} \le 40MPa$이면 $\beta_1 = 0.80$이 된다.

80 폭이 300mm, 유효깊이가 500mm인 단철근 직사각형 보에서 강도설계법으로 구한 균형철근량은? (단, 등가직사각형 압축응력블록을 사용하며 $f_{ck} = 35\text{MPa}$, $f_y = 350\text{MPa}$이다.)

① 5285mm²
② 5890mm²
③ 6665mm²
④ 7235mm²

TIP $f_{ck} > 28MPa$인 경우 β_1의 값

$\beta_1 = 0.85 - 0.007(35-28) = 0.801\ (\beta_1 \ge 0.65)$

$\rho_b = 0.85\beta_1 \dfrac{f_{ck}}{f_y}\dfrac{600}{600+f_y} = 0.85 \cdot 0.801 \cdot \dfrac{35}{350}\dfrac{600}{600+f_y} = 0.85 \cdot 0.801 \cdot \dfrac{1}{10} \cdot \dfrac{600}{950}$

$A_{s,b} = \rho_b \cdot b \cdot d = 6,665\text{mm}^2$

제4과목 토질 및 기초

81 4.75mm체(4번체) 통과율이 90%, 0.075mm체(200번체) 통과율이 4%이고 D10는 0.25mm, D30은 0.6mm, D60은 2mm인 흙을 통일분류법으로 분류하면?

① GP
② GW
③ SP
④ SW

TIP 균등계수 $C_u = \frac{D_{60}}{D_{10}} = \frac{2}{0.25} = 8$

곡률계수 $C_g = \frac{D_{30}^2}{D_{10} \cdot D_{60}} = \frac{0.6^2}{0.25 \cdot 2} = \frac{0.36}{0.50} = 0.72$

곡률계수가 1미만이므로 빈입도(P)가 된다.
4.75mm체(4번체)의 통과율이 50%이상이므로 모래이다. 따라서 입도분포가 나쁜 모래(SP)가 된다.

※ 양입도 판정기준

구분	균등계수	곡률계수
흙	10초과	1~3
모래	6초과	1~3
자갈	4초과	1~3

ANSWER 78.③ 79.③ 80.③ 81.③

82 다음 그림과 같은 정사각형 기초에서 안전율을 3으로 할 때 Terzaghi의 공식을 사용하여 지지력을 구하고자 한다. 이 때 한 변의 최소길이(B)는? (단, 물의 단위중량은 9.81kN/m³, 점착력(c)은 60kN/m², 내부마찰각(ϕ)은 0도이고 지지력계수 $N_c = 5.7$, $N_q = 1.0$, $N_r = 0$이다.)

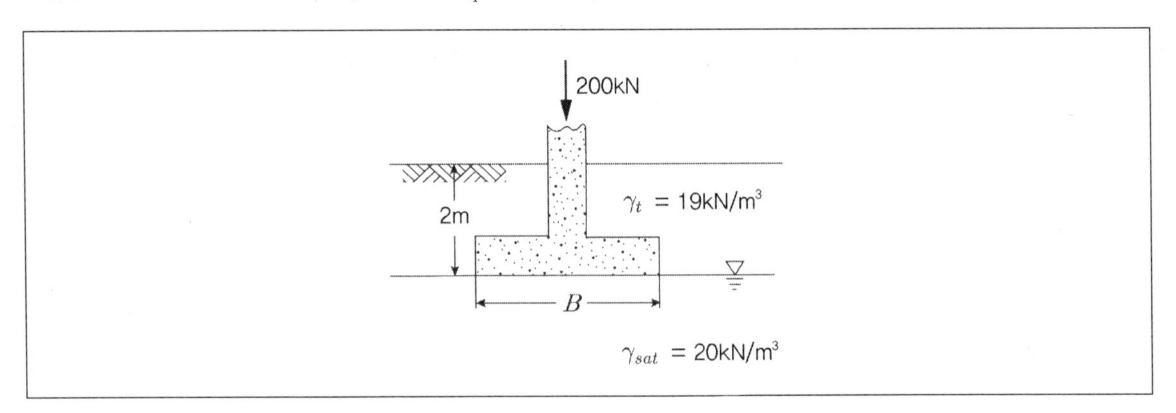

① 1.12m
② 1.43m
③ 1.51m
④ 1.62m

TIP $q_u = \alpha \cdot c \cdot N_c + \beta \cdot r_1 \cdot B \cdot N_r + r_2 \cdot D_f \cdot N_q$

$= 1.3 \times 60 \times 5.7 + 0.4 \times (2.0 - 1) \times B \times 0 + 19 \times 2 \times 1.0 = 48.26[\text{kN/m}^2]$

- 허용지지력 $q_a = \dfrac{q_u}{F} = \dfrac{48.26}{3} = 16.09t/\text{m}^2$
- 허용하중 $Q_a = \dfrac{Q_u}{3} = q_a \cdot A = 200 = 16.09 \cdot B^2$ 이므로 이를 만족하는 B=1.12m이다.

※ Terzaghi의 수정극한지지력 공식

- $q_u = \alpha \cdot c \cdot N_c + \beta \cdot r_1 \cdot B \cdot N_r + r_2 \cdot D_f \cdot N_q$
- N_c, N_r, N_q: 지지력 계수로서 ϕ의 함수이다.
- c : 기초저면 흙의 점착력
- B : 기초의 최소폭
- r_1 : 기초 저면보다 하부에 있는 흙의 단위중량(t/m³)
- r_2 : 기초 저면보다 상부에 있는 흙의 단위중량(t/m³)

  단, r_1, r_2는 지하수위 아래에서는 수중단위중량(r_{sub})을 사용한다.
- D_f : 근입깊이(m)
- α, β : 기초모양에 따른 형상계수(B : 구형의 단변길이, L : 구형의 장변길이)

구분	연속	정사각형	직사각형	원형
α	1.0	1.3	$1+0.3\dfrac{B}{L}$	1.3
β	0.5	0.4	$0.5-0.1\dfrac{B}{L}$	0.3

83 접지압(또는 지반반력)이 그림과 같이 되는 경우는?

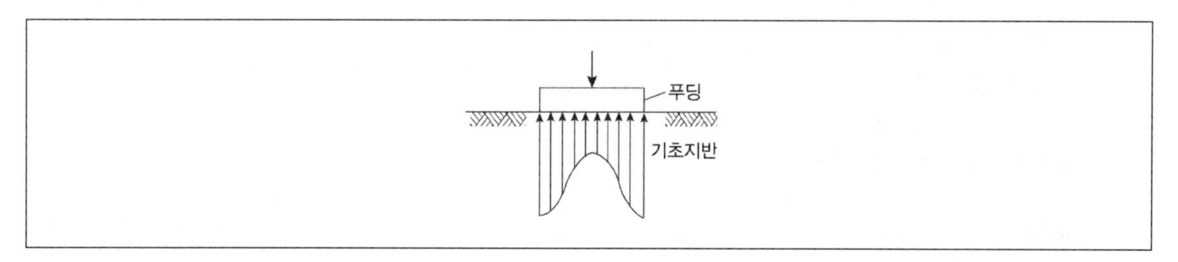

① 푸팅 : 강성, 기초지반 : 점토
② 푸팅 : 강성, 기초지반 : 모래
③ 푸팅 : 연성, 기초지반 : 점토
④ 푸팅 : 연성, 기초지반 : 모래

TIP 강성기초는 점토지반에서 모서리에 최대응력이 발생한다.

84 지표면이 수평이고 옹벽의 뒷면과 흙과의 마찰각이 0도인 연직옹벽에서 Coulomb 토압과 Rankine 토압은 어떤 관계가 있는가? (단, 점착력은 무시한다.)

① Coulomb 토압은 항상 Rankine 토압보다 크다.
② Coulomb 토압은 Rankine 토압과 같다.
③ Coulomb 토압이 Rankine 토압보다 작다.
④ 옹벽의 형상과 흙의 상태에 따라 클 때도 있고 작을 때도 있다.

TIP 지표면이 수평이고 벽면마찰각이 0°이면 Coulomb의 토압과 Rankine의 토압은 서로 같다.

85 도로와 평판 재하시험에서 1.25mm 침하량에 해당하는 하중강도가 250kN/m^{2}일 때 지반반력의 계수는?

① 100MN/m^3
② 200MN/m^3
③ 1000MN/m^3
④ 2000MN/m^3

TIP $K=\frac{g[\text{kN/m}^2]}{y[\text{m}]}=\frac{250[\text{kN/m}^2]}{1.25\cdot 10^{-3}[\text{m}]}=2000[\text{MN/m}^3]$

ANSWER 82.① 83.① 84.② 85.②

86 다음 지반개량공법 중 연약한 점토지반에 적합하지 않은 것은?

① 프리로딩 공법
② 샌드드레인 공법
③ 페이퍼 드레인 공법
④ 바이브로 플로테이션 공법

TIP

공법	적용되는 지반	종류
다짐공법	사질토	동압밀공법, 다짐말뚝공법, 폭파다짐법 바이브로 컴포져공법, 바이브로 플로테이션공법
압밀공법	점성토	선하중재하공법, 압성토공법, 사면선단재하공법
치환공법	점성토	폭파치환공법, 미끄럼치환공법, 굴착치환공법
탈수 및 배수공법	점성토	샌드드레인공법, 페이퍼드레인공법, 생석회말뚝공법
	사질토	웰포인트공법, 깊은우물공법
고결공법	점성토	동결공법, 소결공법, 약액주입공법
혼합공법	사질토, 점성토	소일시멘트공법, 입도조정법, 화학약제혼합공법

87 표준관입시험(SPT) 결과 N값이 25이었고 이 때 채취한 교란시료로 입도시험을 한 결과 입자가 둥글고, 입도분포가 불량할 때 Dunham의 공식으로 구한 내부마찰각은?

① 32.3°
② 37.3°
③ 42.3°
④ 48.3°

 $\phi = \sqrt{12 \cdot 25} + 20 = 32.3^{o}$

※ Dunham 내부마찰각 산정공식

- 토립자가 모나고 입도분포가 양호한 경우 : $\phi = \sqrt{12N} + 25$
- 토립자가 모나고 입도분포가 불량한 경우 : $\phi = \sqrt{12N} + 20$
- 토립자가 둥글고 입도분포가 양호한 경우 : $\phi = \sqrt{12N} + 20$
- 토립자가 둥글고 입도분포가 불량한 경우 : $\phi = \sqrt{12N} + 15$

88 현장에서 완전히 포화되었던 시료라 할지라도 시료 채취 시 기포가 형성되어 포화도가 저하될 수 있다. 이 경우 생성된 기포를 원상태로 용해시키기 위해 작용시키는 압력은?

① 배압 ② 축차응력
③ 구속압력 ④ 선행압밀압력

TIP 배압(back pressure) : 현장에서 완전히 포화되었던 시료라 할지라도 시료 채취 시 기포가 형성되어 포화도가 저하될 수 있는데 이 경우 생성된 기포를 원상태로 용해시키기 위해 작용시키는 압력을 말한다.

89 다음 그림과 같은 지반에서 하중으로 인하여 수직응력($\triangle\sigma_1$)이 100kN/m^{2}증가되고 수평응력($\triangle\sigma_3$)이 50kN/m^{2}증가되었다면 간극수압은 얼마나 증가되었는가? (단, 간극수압계수 A는 0.5이고 B=1이다.)

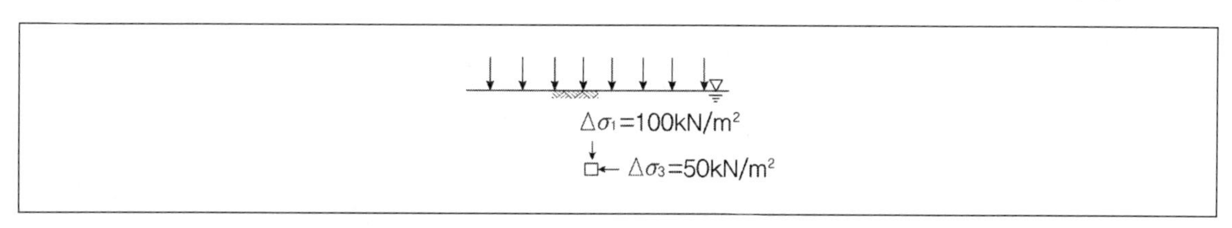

① 50kN/m^2 ② 75kN/m^2
③ 100kN/m^2 ④ 125kN/m^2

TIP $\Delta u = B[\Delta\sigma_3 + A(\Delta\sigma_1 - \Delta\sigma_3)] = 1.0[50 + 0.5(100-50)] = 75[kN/m^2]$

90 어떤 점토지반에서 베인 시험을 실시하였다. 베인의 지름이 50mm, 높이가 100mm, 파괴 시 토크가 59Nm 일 때 이 점토의 점착력은?

① 129kN/m^2 ② 157kN/m^2
③ 213kN/m^2 ④ 276kN/m^2

TIP $$C_c = \frac{M_{\max}}{\pi D^2\left(\frac{H}{2}+\frac{D}{6}\right)} = \frac{59[N\cdot m]}{\pi\cdot 5^2\left(\frac{100}{2}+\frac{50}{6}\right)} = 129[kN/m^2]$$

ANSWER 86.④ 87.① 88.① 89.② 90.①

91 다음 그림과 같이 동일한 두께의 3층으로 된 수평모래층이 있을 때 토층에 수직한 방향의 평균투수계수는?

3m $k_1=2.3\times10^{-4}$cm/s
3m $k_2=9.8\times10^{-3}$cm/s
3m $k_3=4.7\times10^{-4}$cm/s

① 2.38×10^{-3}cm/s
② 3.01×10^{-4}cm/s
③ 4.56×10^{-4}cm/s
④ 5.60×10^{-4}cm/s

TIP 수직방향 평균투수계수

$$K_v=\frac{H}{\frac{H_1}{K_1}+\frac{H_2}{K_2}+\frac{H_3}{K_3}}=\frac{9}{\frac{3}{2.34\cdot10^{-4}}+\frac{3}{9.8\cdot10^{-3}}+\frac{3}{4.7\cdot10^{-4}}}$$
$$=4.56\cdot10^{-4}[\text{cm/sec}]$$

92 Terzaghi의 1차 압밀에 대한 설명으로 바르지 않은 것은?

① 압밀방정식은 점토 내에 발생하는 과잉간극수압의 변화를 시간과 배수거리에 따라 나타낸 것이다.
② 압밀방정식을 풀면 압밀도를 시간계수의 함수로 나타낼 수 있다.
③ 평균압밀도는 시간에 따른 압밀침하량을 최종압밀침하량으로 나누면 구할 수 있다.
④ 압밀도는 배수거리에 비례하고 압밀계수에 반비례한다.

TIP 압밀도는 배수거리에 반비례하고 압밀계수에 비례한다.

93 흙의 다짐에 대한 설명으로 바르지 않은 것은?

① 다짐에 의해 간극이 작아지고 부착력이 커져서 역학적 강도 및 지지력은 증대하고 압축성, 흡수성 및 투수성은 감소한다.

② 점토를 최적함수비보다 약간 건조측의 함수비로 다지면 면모구조를 가지게 된다.

③ 점토를 최적함수비보다 약간 습윤측에서 다지면 투수계수가 감소하게 된다.

④ 면모구조를 파괴시키지 못할 정도의 작은 압력으로 점토시료를 압밀할 경우 건조측 다짐을 한 시료가 습윤측 다짐을 한 시료보다 압축성이 크게 된다.

TIP 면모구조를 파괴시키지 못할 정도의 작은 압력으로 점토시료를 압밀할 경우 건조측 다짐을 한 시료가 습윤 측 다짐을 한 시료보다 압축성이 작게 된다.

94 3층 구조로 구조결합 사이에 치환성 양이온이 있어서 활성이 크고 시트 사이에 물이 들어가 팽창 · 수축이 크고 공학적 안정성이 약한 점토 광물은?

① Sand

② Illite

③ Kaolinite

④ Montmorillonite

TIP

- **몬모릴로나이트**(montmorillonite) : 공학적 안정성이 매우 작으며 3대 점토광물 중에서 결합력도 가장 약하여 물이 침투하면 쉽게 팽창하게 된다.
- **할로이사이트**(halloysite) : 생체 적합성 천연 나노재료로 꼽히는 점토광물로서 서로 다른 이종의 점토광물과 혼합된 상태로 나타난다. 알루미늄과 실리콘의 비가 1:1인 규산알루미늄 점토광물이다.
- **고령토**(kaolinite) : 1개의 실리카판과 1개의 알루미나판으로 이루어진 층들이 무수히 많이 결합한 것으로서 다른 광물에 비해 상당히 안정된 구조를 이루고 있으며 물의 침투를 억제하고 물로 포화되더라도 팽창이 잘 일어나지 않는다. 정장석, 소다장석, 회장석과 같은 장석류가 탄산 또는 물에 의해 화학적으로 분해되는 풍화에 의해 생성된다.
- **일라이트**(illite) : 두 개의 규소판 사이에 한 개의 알루미늄판이 결합된 3층구조가 무수히 많이 연결되어 형성된 점토광물로서 각 3층 구조사이에는 칼륨이온(K+)으로 결합되어 있는 것이다. 중간정도의 결합력을 가진다.

ANSWER 91.③ 92.④ 93.④ 94.④

95 간극비 e_1=0.80인 어떤 모래의 투수계수가 K_1=8.5×10^{-2}cm/s일 때, 이 모래를 다져서 간극비를 e_2=0.57로 하면 투수계수 K_2는?

① 4.1×10^{-1}cm/s
② 8.1×10^{-2}cm/s
③ 3.5×10^{-2}cm/s
④ 8.5×10^{-3}cm/s

TIP 공극비와 투수계수

$$K_1 : K_2 = \frac{e_1^3}{1+e_1} : \frac{e_2^3}{1+e_2}$$

$$8.5\times10^{-2} : K_2 = \frac{0.80^3}{1+0.80} : \frac{0.57^3}{1+0.57}$$

$$K_2 = 3.5\times10^{-2}cm/\mathrm{sec}$$

96 사면안정 해석방법에 대한 설명으로 바르지 않은 것은?

① 일체법은 활동면 위에 있는 흙덩어리를 하나의 물체로 보고 해석하는 방법이다.
② 마찰원법은 점착력과 마찰각을 동시에 갖고 있는 균질한 지반에 적용된다.
③ 절편법은 활동면 위에 있는 흙을 여러 개의 절편으로 분할하여 해석하는 방법이다.
④ 절편법은 흙이 균질하지 않아도 적용이 가능하지만 흙 속에 간극수압이 있을 경우 적용이 불가능하다.

TIP 흙이 균질하지 않고 간극수압을 고려할 경우에는 절편법이 적합하다.

97 다음 그림과 같이 지표면에 집중하중이 작용할 때 A점에서 발생하는 연직응력의 증가량은?

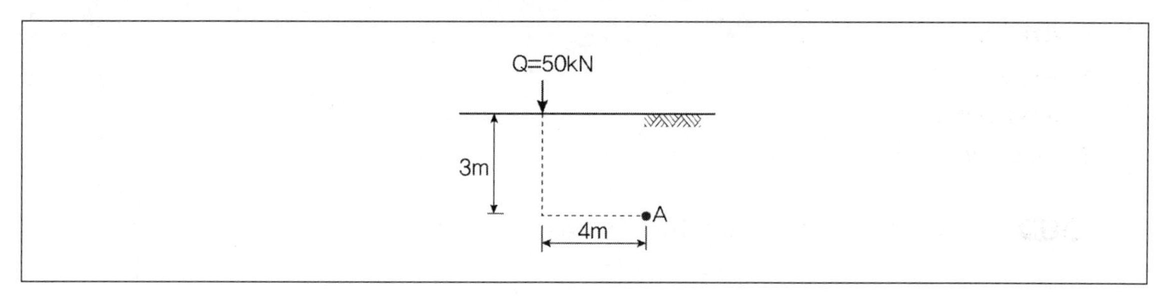

① 0.21kN/m^2
② 0.24kN/m^2
③ 0.27kN/m^2
④ 0.30kN/m^2

TIP 집중하중에 의한 자중응력의 증가량

$$\Delta\sigma = I \cdot \frac{P}{Z^2} = \frac{3 \cdot Z^5}{2 \cdot \pi \cdot R^5} \cdot \frac{P}{Z^2} = \frac{3 \cdot 3^5}{2 \cdot \pi \cdot 4^5} \cdot \frac{50[kN]}{3^2} = 0.21kN/m^2$$

98 지표에 설치된 3m×3m의 정사각형 기초에 80kN/m^2의 등분포하중이 작용할 때, 지표면 아래 5m 깊이에서의 연직응력의 증가량은? (단, 2:1 분포법을 사용한다.)

① 7.15kN/m^2
② 9.20kN/m^2
③ 11.25kN/m^2
④ 13.10kN/m^2

TIP

$$\Delta\sigma_z = \frac{qBL}{(B+z)(L+z)} = \frac{100 \cdot 3 \cdot 3}{(3+5)(3+5)} = 11.25[kN/m^2]$$

ANSWER 95.③ 96.④ 97.① 98.③

99 다음 연약지반 개량공법 중 일시적인 개량공법은?

① 치환공법
② 동결공법
③ 약액주입공법
④ 모래다짐말뚝공법

TIP 동결공법은 지반을 일시적으로 동결시키는 공법이다.

100 연약지반에 구조물을 축조할 때 피에조미터를 설치하여 과잉간극수압의 변화를 측정한 결과 어떤 점에서 구조물 축조 직후 과잉간극수압이 $100kN/m^2$이었고 4년 후에 $20kN/m^2$이었다면, 이때의 압밀도는?

① 20%
② 40%
③ 60%
④ 80%

TIP $u=\frac{100-20}{100}\cdot 100[\%]=80\%$

제6과목 상하수도공학

101 1인 1일 평균급수량에 대한 일반적인 특징으로 바르지 않은 것은?

① 소도시는 대도시에 비해서 수량이 크다.
② 공업이 번성한 도시는 소도시보다 수량이 크다.
③ 기온이 높은 지방이 추운 지방보다 수량이 크다.
④ 정액급수의 수도는 계량급수의 수도보다 소비수량이 크다.

TIP 소도시는 대도시에 비해서 수량이 적다. 대도시일수록, 공업이 번성할수록, 기온이 높을수록, 정액급수일수록 급수량은 증가한다.

102 침전지의 수심이 4m이고 체류시간이 1시간일 때 이 침전지의 표면부하율은?

① $48m^3/m^2 \cdot d$
② $72m^3/m^2 \cdot d$
③ $96m^3/m^2 \cdot d$
④ $108m^3/m^2 \cdot d$

TIP 표면부하율은 수면적부하로서 $V = \frac{Q}{A} = \frac{h}{t}$ 이므로 $V = \frac{4}{1 \cdot \frac{1}{24}d} = 96m/d$

103 인구가 10,000명인 A시에 폐수배출시설 1개소가 설치될 계획이다. 이 폐수 배출시설의 유량은 $200m^3/d$이고 평균 BOD배출농도는 $500gBOD/m^3$이다. 이를 고려하여 A시에 하수종말처리장을 신설할 때 적합한 최소 계획인구수는? (단, 하수종말처리장 건설 시 1인 1일 BOD부하량은 50gBOD/인 · d로 한다.)

① 10,000명
② 12,000명
③ 14,000명
④ 16,000명

TIP $BOD\text{량} = BOD\text{농도} \cdot \text{하수량} = \frac{500g}{[m^3]} \cdot \frac{200[m^3]}{day} = 100,000[g/day]$

$\text{등가인구수} = \frac{BOD\text{량}}{1\text{인}1\text{일}\,BOD\text{부하량}} = \frac{100,000[g/day]}{50[gBOD/\text{인} \cdot day]} = 2,000\text{명}$

따라서 계획인구수는 10,000+2,000=12,000명

ANSWER 99.② 100.④ 101.① 102.③ 103.②

104 우수관로 및 합류식 관로 내에서의 부유물 침전을 막기 위해 계획우수량에 대해 요구되는 최소유속은?

① 0.3m/s
② 0.6m/s
③ 0.8m/s
④ 1.2m/s

TIP 도수관의 최소유속은 0.3m/s, 오수관과 차집관거의 최소유속은 0.6m/s, 우수관의 최소유속은 0.8m/s이다.

105 어느 A시의 장래에 2030년의 인구추정 결과 85000명으로 추산되었다. 계획년도의 1인 1일당 평균급수량을 380L, 급수보급률을 95%로 가정할 때 계획년도의 계획 1일 평균급수량은?

① $30685m^3/d$
② $31205m^3/d$
③ $31555m^3/d$
④ $32305m^3/d$

TIP 계획 1일 평균급수량 $= 380 \times 10^{-3} \times 85,000 \times 0.95 = 30,685m^3/day$

106 정수처리 시 트리할로메탄 및 곰팡이 냄새의 생성을 최소화하기 위해 침전지와 여과지 사이에 염소제를 주입하는 방법은?

① 전염소처리
② 중간염소처리
③ 후염소처리
④ 이중염소처리

TIP 중간염소처리법에 관한 설명이다.
- **전염소처리** : 소독작용이 아닌 산화, 분해 작용을 목적으로 침전지 이전에 염소를 투입하는 정수 처리 과정이다. 조류, 세균, 암모니아성 질소, 아질산성 질소, 황화 수소(H2S), 페놀류, 철, 망간, 맛, 냄새 등을 제거할 수 있다.
- **중간염소처리** : 정수처리 시 트리할로메탄 및 곰팡이 냄새의 생성을 최소화하기 위해 침전지와 여과지 사이에 염소제를 주입하는 과정이다.
- **후염소처리** : 여과와 같은 최종 입자제거공정 이후에 살균소독을 목적으로 염소를 주입하여 실시하는 염소처리이다.

107 하수도의 관로계획에 대한 설명으로 바른 것은?

① 오수관로는 계획1일평균오수량을 기준으로 계획한다.
② 관로의 역사이펀을 많이 설치하여 유지관리 측면에서 유리하도록 계획한다.
③ 합류식에서 하수의 차집관로는 우천 시 계획오수량을 기준으로 계획한다.
④ 오수관로와 우수관로가 교차하여 역사이펀을 피할 수 없는 경우는 우수관로를 역사이펀으로 하는 것이 바람직하다.

TIP ① 오수관로는 계획 시간 평균오수량을 기준으로 계획한다.
② 관로의 역사이펀을 적게 설치하여 유지관리 측면에서 유리하도록 계획한다.
④ 오수관로와 우수관로가 교차하여 역사이펀을 피할 수 없는 경우는 오수관로를 역사이펀으로 하는 것이 바람직하다.

108 지름 400mm, 길이 1000mm인 원형철근 콘크리트 관에 물이 가득 차 흐르고 있다. 이 관로 시점의 수두가 50m라면 관로종점의 수압(kgf/cm^2)은? (단, 손실수두는 마찰손실 수두만을 고려하며 마찰계수(f)는 0.05, 유속은 Manning공식을 이용하여 구하고 조도계수 n=0.013, 동수경사 I=0.001이다.)

① $2.92kgf/cm^2$　② $3.28kgf/cm^2$
③ $4.83kgf/cm^2$　④ $5.31kgf/cm^2$

TIP
$$V=\frac{1}{0.013}\times\left(\frac{0.4}{4}\right)^{2/3}\cdot\sqrt{0.001}=0.524[m]$$
$$h_L=0.05\cdot\frac{1,000}{0.4}\cdot\frac{0.524^2}{19.6}=1.75[m]$$
50m에서 1.75m가 손실되어 48.25m가 되며 이를 kg/cm^2으로 환산하면 $4.825kgf/cm^2$가 된다.

109 교차연결에 대한 설명으로 바른 것은?

① 2개의 하수도관이 90도로 서로 연결된 것을 말한다.
② 상수도관과 오염된 오수관이 서로 연결된 것을 말한다.
③ 두 개의 하수관로가 교차해서 지나가는 구조를 말한다.
④ 상수도관과 하수도관이 서로 교차해서 지나가는 것을 말한다.

TIP 교차연결 : 상수도관과 오염된 오수관이 서로 연결된 것을 말한다.

ANSWER 104.③ 105.① 106.② 107.③ 108.③ 109.②

110 슬러지 농축과 탈수에 대한 설명으로 바르지 않은 것은?

① 탈수는 기계적 방법으로 진공여과, 가압여과 및 원심탈수법 등이 있다.
② 농축은 매립이나 해양투기를 하기 전에 슬러지 용적을 감소시켜 준다.
③ 농축은 자연의 중력에 의한 방법이 가장 간단하며 경제적인 처리방법이다.
④ 중력식 농축조에 슬러지 제거기 설치 시 탱크바닥의 기울기는 1/10 이상이 좋다.

TIP 중력식 농축조에 슬러지 제거기 설치 시 탱크바닥의 기울기는 1/20 이상이 좋다.

111 송수시설에 대한 설명으로 바른 것은?

① 급수관, 계량기 등이 붙어 있는 시설
② 정수장에서 배수지까지 물을 보내는 시설
③ 수원에서 취수한 물을 정수장까지 운반하는 시설
④ 정수 처리된 물을 소요수량만큼 수요자에게 보내는 시설

TIP
- 송수시설 : 정수장으로부터 배수지까지 정수를 수송하는 시설
- 취수시설 : 적당한 수질의 물을 수원지에서 모아서 취하는 시설
- 도수시설 : 수원에서 취한 물을 정수장까지 운반하는 시설
- 배수시설 : 정수장에서 정수 처리된 물을 배수지까지 보내는 시설

112 압력식 하수도 수집시스템에 대한 특징으로 바르지 않은 것은?

① 얕은 층으로 매설할 수 있다.
② 하수를 그라인더 펌프에 의해 압송한다.
③ 광범위한 지형조건 등에 대응할 수 있다.
④ 유지관리가 비교적 간편하고, 일반적으로는 유지관리비용이 저렴하다.

TIP 압력식 하수도 수집시스템은 유지관리가 어렵고 유지관리비용이 많이 든다.

113 pH가 5.6에서 4.3으로 변화할 때 수소이온 농도는 약 몇 배가 되는가?

① 약 13배
② 약 15배
③ 약 17배
④ 약 20배

TIP $pH = -\log[H^+]$ 이므로

$4.3 = -\log[H^+]$를 만족하는 $H^+ = 10^{-4.3} = 5.01 \times 10^{-5}$

$5.6 = -\log[H^+]$를 만족하는 $H^+ = 10^{-5.6} = 2.51 \times 10^{-6}$

$\frac{5.01 \cdot 10^{-5}}{2.51 \cdot 10^{-6}} = 19.96 ≒ 20$

114 하수처리계획 및 재이용계획을 위한 계획오수량에 대한 설명으로 바른 것은?

① 지하수량은 계획1일 평균오수량의 10~20%로 한다.
② 계획1일 평균오수량은 계획1일 최대오수량의 70~80%를 표준으로 한다.
③ 합류식에서 우천 시 계획오수량은 원칙적으로 계획 1일 평균오수량의 3배 이상으로 한다.
④ 계획 1일 최대오수량은 계획시간 최대오수량을 1일의 수량으로 환산하여 1.3배~1.8배를 표준으로 한다.

TIP ① 지하수량은 계획1일 최대오수량의 10~20%로 한다.
③ 합류식에서 우천 시 계획오수량은 원칙적으로 계획 1시간 최대오수량의 3배 이상으로 한다.
④ 계획 1일 최대오수량은 계획시간 최대오수량을 1시간 당 수량으로 환산하여 1.3배~1.8배를 표준으로 한다.

115 배수관망의 구성방식 중 격자식과 비교한 수지상식의 설명으로 바르지 않은 것은?

① 수리계산이 간단하다.
② 사고 시 단수구간이 크다.
③ 제수밸브를 많이 설치해야 한다.
④ 관의 말단부에 물이 정체되기 쉽다.

TIP 수지상식은 격자식에 비해 제수밸브를 적게 설치해도 되는 장점이 있다.

구분	장점	단점
격자식	• 물이 정체되지 않음 • 수압의 유지가 용이함 • 단수 시 대상지역이 좁아짐 • 화재 시 사용량 변화에 대처가 용이함	• 관망의 수리계산이 복잡함 • 건설비가 많이 소요됨 • 관의 수선비가 많이 듦 • 시공이 어려움
수지상식	• 수리 계산이 간단하며 정확함 • 제수밸브가 적게 설치됨 • 시공이 용이함	• 수량의 상호보충이 불가능함 • 관 말단에 물이 정체되어 냄새, 맛, 적수의 원인이 됨 • 사고 시 단수구간이 넓음

ANSWER 110.④ 111.② 112.④ 113.④ 114.② 115.③

116 슬러지 처리의 목표로 바르지 않은 것은?

① 중금속 처리
② 병원균의 처리
③ 슬러지의 생화학적 안정화
④ 최종 슬러지 부피의 감량화

TIP 슬러지처리는 중금속의 처리를 포함하지는 않는다.

117 합류식과 분류식에 대한 설명으로 바르지 않은 것은?

① 분류식의 경우 관로 내 퇴적은 적으나 수세효과는 기대할 수 없다.
② 합류식의 경우 일정량 이상이 되면 우천 시 오수가 월류한다.
③ 합류식의 경우 관경이 커지기 때문에 2계통인 분류식보다 건설비용이 많이 든다.
④ 분류식의 경우 오수와 우수를 별개의 관로로 배제하기 때문에 오수의 배제계획이 합리적이다.

TIP 합류식은 분류식보다 건설비용이 적게 든다.

118 하수의 고도처리에 있어서 질소와 인을 동시에 제거하기 어려운 공법은?

① 수정 Phostrip 공법
② 막분리 활성슬러지법
③ 혐기무산소호기조합법
④ 응집제병용형 생물학적 질소제거법

TIP 막분리 활성슬러지법은 질소와 인을 동시에 제거하기가 어려운 공법이다.

119 저수지에서 식물성 플랑크톤의 과도성장에 따라 부영양화가 발생될 수 있는데, 이에 대한 가장 일반적인 지표기준은?

① COD 농도　　② 색도
③ BOD와 DO농도　　④ 투명도

TIP 부영양화를 판단하는 가장 일반적인 지표기준은 투명도이다.

120 정수장의 소독 시 처리수량이 10,000m^3/d인 정수장에서 염소를 5mg/L의 농도로 주입할 경우 잔류염소농도가 0.2mg/L이었다. 염소요구량은? (단, 염소의 순도는 80%이다.)

① 24kg/d　　② 30kg/d
③ 48kg/d　　④ 60kg/d

TIP 염소요구량은 주입량에서 잔류염소량을 뺀 값이며 염소의 순도가 80%이므로

$$(5-0.2)\cdot 10^{-3}\cdot 10{,}000\cdot \frac{1}{0.8}=60[kg/d]$$

ANSWER 116.① 117.③ 118.② 119.④ 120.④

02

토목기사

핵심 이론

핵심이론

01 응용역학

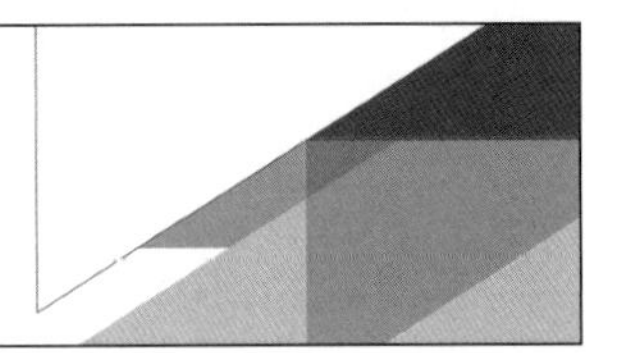

대분류	세부 색인
1. 정역학의 기초	1.1. 뉴턴의 운동법칙
	1.2. 시력도와 연력도
	1.3. 라미의 정리
	1.4. 마찰력
	1.5. 도르래
	1.6. 3차원 모멘트
2. 구조물의 안정	2.1. 구조물의 안정성 판별
	2.2. 라멘구조의 부정정차수
	2.3. 트러스구조의 부정정차수
3. 단면의 특성	3.1. 단면의 특성치
	3.2. 주축과 주단면
4. 트러스	4.1. 트러스의 종류
	4.2. 트러스해석법
	4.3. 트러스의 영(0)부재 판별
5. 정정보	5.1. 절대최대전단력
	5.2. 절대최대휨모멘트
6. 영향선	6.1. 영향선의 정의와 성질
	6.2. 영향선 해석원리
	6.3. 부정정보의 영향선 (뮐러-브레슬러의 원리)
7. 재료의 변형	7.1. 재료의 변형률
	7.2. 포아슨비와 포아슨수
	7.3. 축하중 부재의 변위
	7.4. 트러스 부재의 변위
	7.5. 정정 조합부재의 해석
	7.6. 강체로 된 수평봉의 변형률
	7.7. 충격하중에 의한 변형률
8. 재료의 응력	8.1. 비틀림응력
	8.2. 전단중심
	8.3. 조합응력
	8.4. 온도응력
	8.5. 3축 응력상태
	8.6. 구응력(spherical stress)상태
	8.7. 내압응력
9. 평면응력과 변형률	9.1. 평면응력과 평면변형률 정의
	9.2. Mohr's Circle(모어원)
	9.3. 평면변형률
	9.4. 스트레인 로제트

대분류	세부 색인
10. 소성해석	10.1. 항복모멘트와 소성모멘트
	10.2. 소성힌지
	10.3. 소성해석의 응용
11. 기둥해석	11.1. 단주의 해석
	11.2. 장주의 해석
	11.3. 중간주 영역의 이론과 경험식
12. 변형에너지	12.1. 변형에너지 밀도
	12.2. 보에서 외력이 한 일
	12.3. 상반일의 정리 및 상반변위의 정리
13. 처짐과 처짐각	13.1. 처짐 및 처짐각의 정의
	13.2. 처짐각과 처짐을 구하는 방법의 종류
	13.3. 탄성하중법
	13.4. 공액보법
	13.5. 모멘트 면적법
	13.6. 가상일의 방법(단위하중법)
	13.7. 카스틸리아노의 정리
14. 부정정구조물	14.1. 부정정구조물의 정의와 특성
	14.2. 변위일치법
	14.3. 최소일의 원리
	14.4. 3연 모멘트법
	14.5. 처짐각법
	14.6. 모멘트분배법
	14.7. 다층 라멘구조의 근사해석법

1. 정역학의 기초

1.1. 뉴턴의 운동법칙

① **뉴턴의 제1법칙(관성법칙)** … 물체가 외부로부터 힘을 받지 않으면 정지한 물체는 계속 정지한 상태로 있으려고 하며 움직이는 물체는 등속도 직선 운동 상태를 계속 유지한다.

② **뉴턴의 제2법칙(가속도법칙)** … 움직이는 물체의 가속도는 작용하는 힘에 비례하며 물체의 질량과는 반비례한다.

③ **뉴턴의 제3법칙(작용 반작용의 법칙)** … 물체에 작용하는 힘과 이 힘에 의해 발생되는 반력은 서로 크기가 같고 방향이 반대이며 동일 작용선상에 위치한다.

1.2. 시력도와 연력도

① **시력도** … 힘의 합력을 구하기 위해 힘을 순서대로 평행이동시켜 힘의 삼각형법에 의해 합력을 구하는 그림이다.

② **연력도** … 작용점이 다른 여러 힘(평행하거나 평행에 가까운 힘)의 합력을 구할 때 합력의 작용점을 찾기 위한 그림이다.

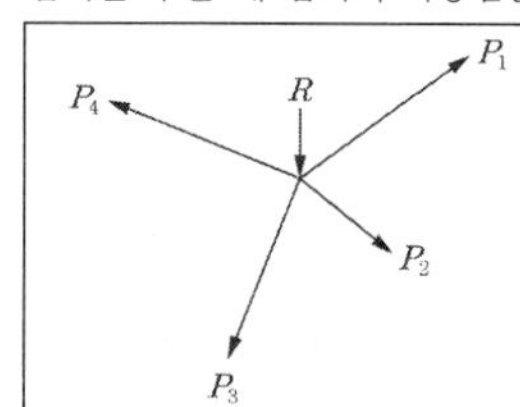

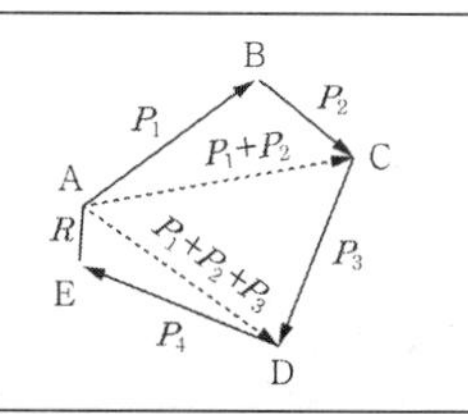

동일점에 여러 힘들이 작용하는 경우 시력도가 폐합되어야 평형을 이룬다.

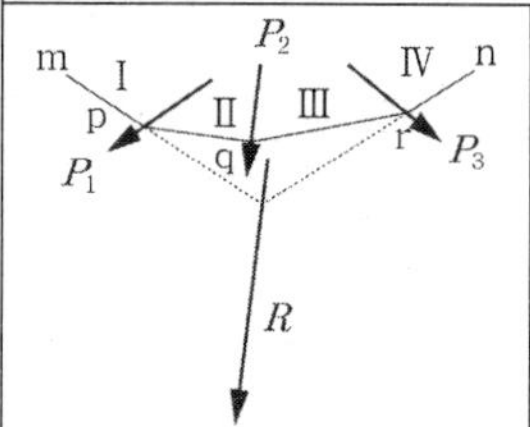

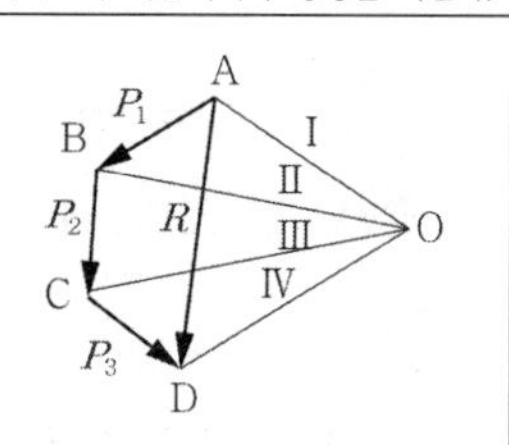

동일하지 않은 점에 여러 힘들이 작용하는 경우 연력도가 폐합되어야 평형을 이룬다.

시력도에 의해서 합력의 크기와 방향을 결정하고 연력도에 의해서 합력의 작용점을 구한다.

1.3. 라미의 정리

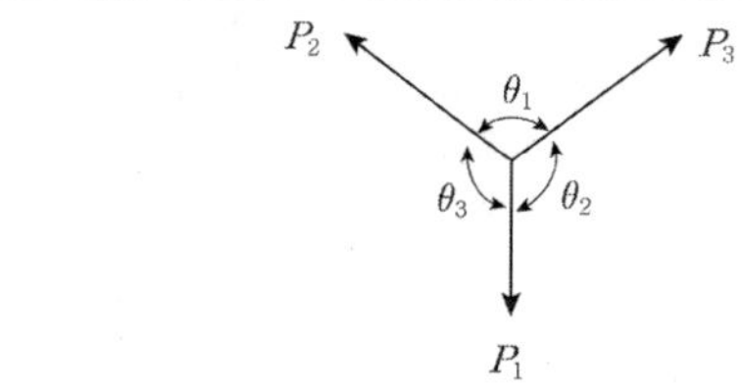

한 점에 작용하는 서로 다른 세 힘이 평형을 이루면

$$\frac{P_1}{\sin\theta_1} = \frac{P_2}{\sin\theta_2} = \frac{P_3}{\sin\theta_3}$$ 가 성립한다.

1.4. 마찰력

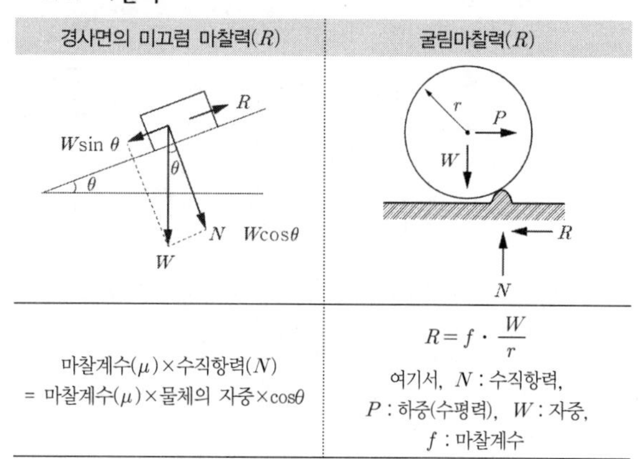

경사면의 미끄럼 마찰력(R)	굴림마찰력(R)
마찰계수(μ)×수직항력(N) = 마찰계수(μ)×물체의 자중×cosθ	$R = f \cdot \frac{W}{r}$ 여기서, N : 수직항력, P : 하중(수평력), W : 자중, f : 마찰계수

1.5. 도르래

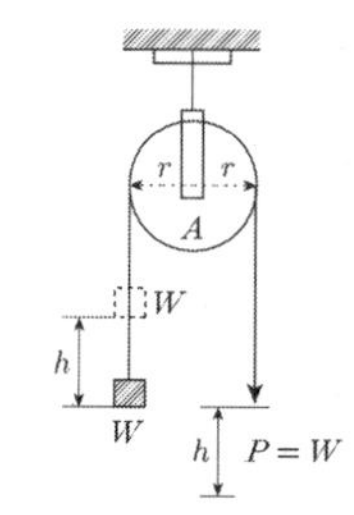

고정도르래 : 도르래 자체의 이동이 없으며 바퀴의 회전만으로 물체를 들어 올리는 도르래로 제1종 지레의 역할을 한다.

$\sum M_A = 0$, $P \times r - W \times r = 0$, $P = W$

즉, 힘에 대한 이득은 없으나 힘의 방향을 바꾸고 물체를 쉽게 들어 올리도록 한다

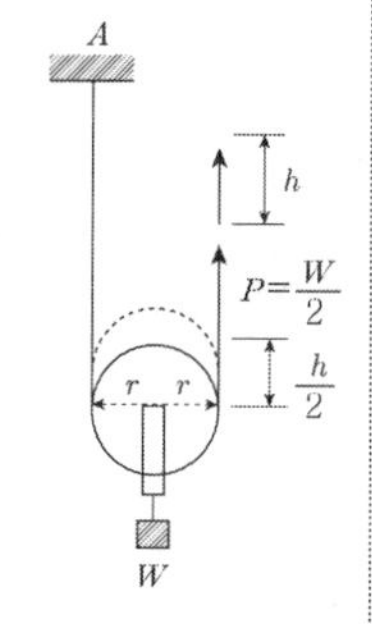

움직도르래 : 도르래 축의 이동과 바퀴의 회전으로 물체를 들어 올리는 도르래로서 제2종 지레의 역할을 한다.

$\sum M_A = 0$, $-P \times 2r + W \times r = 0$, $P = \frac{W}{2}$

힘에 있어서는 2배의 이득이 생기지만 일의 원리에 의해 가한 일과 하는 일이 같아야 하므로 물체가 움직인 거리는 당긴 거리의 1/2이 된다.

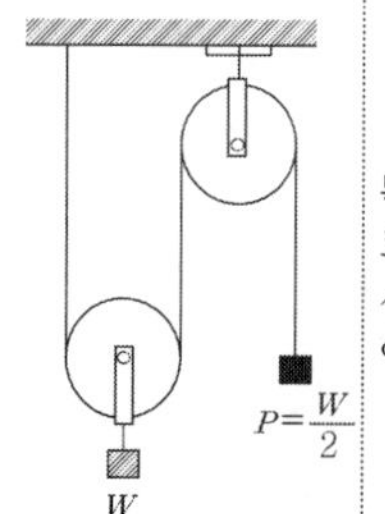

복합도르래 : 고정도르래와 움직도르래를 결합한 도르래이다. 실재로 가장 많이 사용되는 도르래이며 시험문제에서도 가장 많이 출제되는 유형의 도르래이다.

1.6. 3차원 모멘트

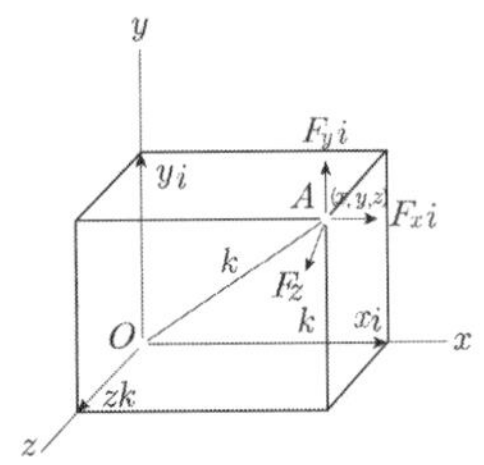

3차원공간에서 A점에 힘 F가 작용하고 있다. 이 때 A점의 위치벡터는 $r = xi + yj + zk$이고 이 점에 작용하는 힘은

$F = F_x i + F_y j + F_z k$로 나타낼 수 있다.

이 경우, O점을 축으로 하여 힘 F가 강체를 회전시키기 위해 발생시키는 힘은 $M_o = r \times F = M_x i + M_y j + M_z k$가 된다.

(M_o은 위치벡터 r과 힘 F를 서로 벡터곱을 한 값이다.)

$M_o = r \times F$ 이며

$M_o = \begin{vmatrix} i & j & k \\ x & y & z \\ F_x & F_y & F_z \end{vmatrix} = (yF_y - zF_y)i + (xF_z - zF_x)j + (xF_y - yF_x)k$이므로

$M_x = yF_z - zF_y$, $M_y = zF_x - xF_z$, $M_z = xF_y - yF_x$이 된다.

이 힘 F에 의해 O점에 대해 강체를 회전시키는 모멘트의 크기는

$|M_o| = \sqrt{M_x^2 + M_y^2 + M_z^2}$ 이며

$\cos\theta_x = \dfrac{M_x}{|M_o|}$, $\cos\theta_y = \dfrac{M_y}{|M_o|}$, $\cos\theta_z = \dfrac{M_z}{|M_o|}$ 가 성립한다.

※ 하중 벡터 $\vec{F}$에 의해 O점에 발생되는 모멘트 벡터 산정식
(단, $\vec{i}$, $\vec{j}$, $\vec{k}$는 각각 x, y, z축의 단위벡터이다)

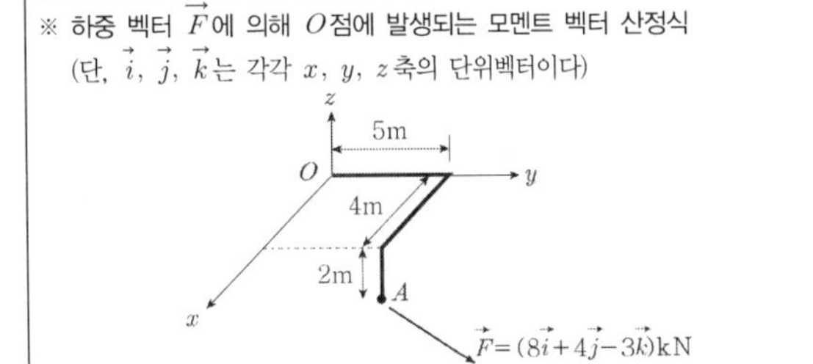

$$\begin{bmatrix} M_x \\ M_y \\ M_z \end{bmatrix} = \begin{bmatrix} i & j & k \\ r_x & r_y & r_z \\ F_x & F_y & F_s \end{bmatrix} = (r_y \times F_z - r_z \times F_y)\vec{i} + (r_z \times F_x - r_x \times F_z)\vec{j} + (r_x \times F_y - r_y \times F_x)\vec{k}$$

2. 구조물의 안정

2.1. 구조물의 안정성 판별

① 구조물 판별의 일반식(모든 구조물에 적용가능)
… $N = r + m + S - 2K$
여기서, N : 총부정정차수, r : 지점반력수, m : 부재의 수, S : 강절점수, K : 절점 및 지점수(자유단 포함)

② 총부정정차수 … 내적 부정정차수 + 외적 부정정차수
㉠ 내적 부정정차수 : $N_e = r - 3$
㉡ 외적 부정정차수 : $N_i = N - N_e = 3 + m + S - 2K$

③ $N < 0$이면 불안정구조물, $N = 0$이면 정정구조물, $N > 0$이면 부정정구조물이 된다.

④ 부재의 절점이 힌지절점이면 회전이 가능하므로 불안정한 요소가 되므로 부정정차수 산정시 부재내의 힌지절점수 만큼을 부정정차수에서 빼줘야 한다.

⑤ 보와 단층 구조물의 간편식 … $N = r - 3 - h$ (h는 내부힌지수[힌지절점수])
트러스의 간편식 : $N = r + m - 2K$ (트러스 부재는 핀으로 연결되어 있어서 절점을 모두 힌지절점으로 간주하므로 강절점수 $S = 0$이다.)

⑥ 부정정구조물을 정정구조물로 만들려면 부정정차수 만큼의 힌지절점을 넣어주면 된다.

절점형태				
S (강절점수)	1	2	3	1
m (부재수)	2	3	4	3
K (절점수)	1	1	1	1
절점형태				
S (강절점수)	1	2	3	0
m (부재수)	4	4	4	4
K (절점수)	1	1	1	1

2.2. 라멘구조의 부정정차수

① 라멘구조에서 기둥과 기둥을 연결한 수평부재, 기둥과 보를 대각가새로 연결한 부재만이 내적 (+)요인이 된다. 다음 그림의 구조물의 부정정차수는 3이지만 이 구조물에 양단고정인 보를 추가하면 부정정차수는 6이 되며 타단힌지인 보를 추가하면 5가 되고 양단힌지인 보를 추가하면 4가 된다.

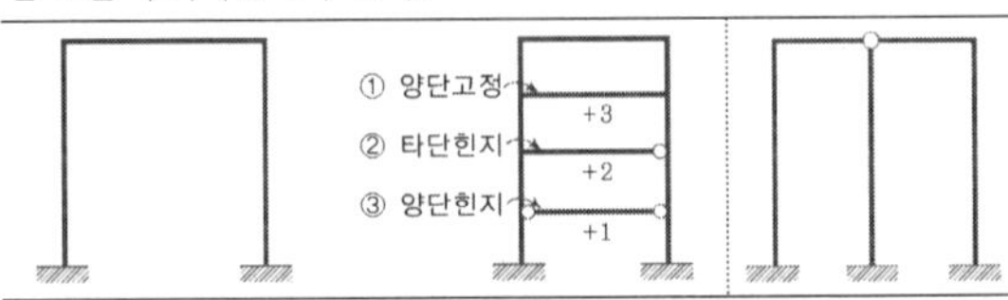

② 우측의 구조물의 경우 보와 보를 힌지로 연결한 곳을 가운데 기둥이 힌지로 연결되었으므로 2개의 힌지가 존재하는 것으로 간주한다.

③ 라멘의 부정정차수 계산 예

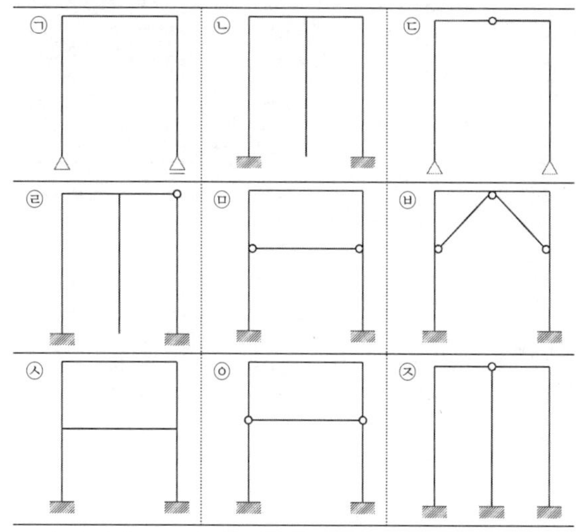

(위의 각 라멘구조물의 부정정차수는 번호순서대로 다음과 같다.)

㉠ $N = N_e + N_i = [(2+1)-3]+[0] = 0$차(정정)

㉡ $N = N_e + N_i = [(3+3)-3]+[0] = 3$차(부정정)

㉢ $N = N_e + N_i = [(2+2)-3]+[-1\times1] = 0$차(정정)

㉣ $N = N_e + N_i = [(3+3)-3]+[-1\times1] = 2$차(부정정)

㉤ $N = N_e + N_i = [(3+3)-3]+[+1\times1] = 4$차(부정정)

㉥ $N = N_e + N_i = [(3+3)-3]+[+1\times2] = 5$차(부정정)

㉦ $N = N_e + N_i = [(3+3)-3]+[+3\times1] = 6$차(부정정)

㉧ $N = N_e + N_i = [(3+3)-3]+[-1\times2+1\times1] = 2$차(부정정)

㉨ $N = N_e + N_i = [(3+3+3)-3]+[-1\times2] = 4$차(부정정)

2.3. 트러스구조의 부정정차수

① 트러스는 특성상 내적 부정정차수와 외적 부정정차수를 각각 독립적으로 산출할 수 있다. 트러스를 형성하고 있는 각각의 단면형태가 삼각형 형상을 유지하면 정정구조로 본다.

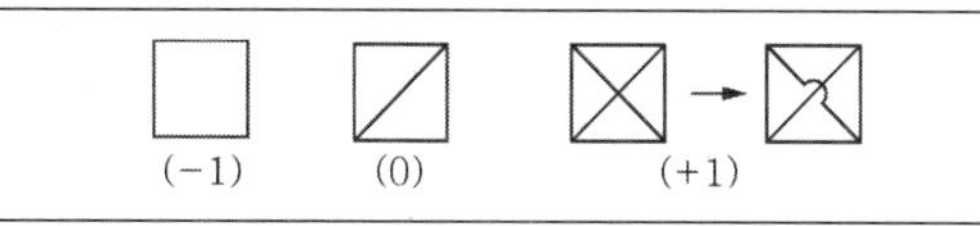

② 트러스 부정정차수 산정의 원칙

㉠ 모든 절점이 힌지인 사각형 트러스의 부정정차수는 −1이다.

㉡ 모든 절점이 힌지이며 가새부재가 1개인 트러스의 부정정차수는 0이다.

㉢ 모든 절점이 힌지이며 서로 교차하는 가새부재가 2개인 트러스의 부정정차수는 1이다

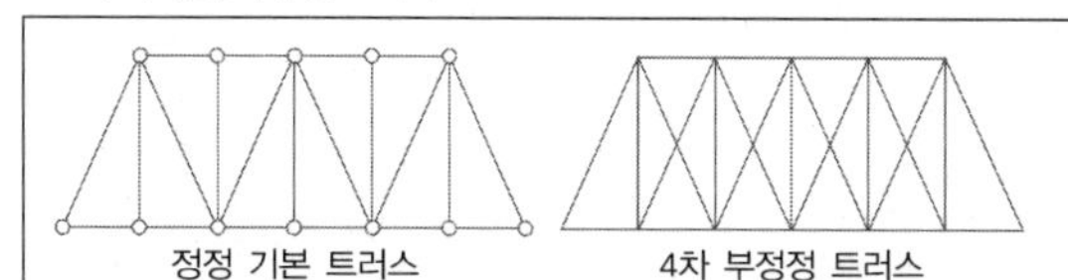

정정 기본 트러스 4차 부정정 트러스

아래쪽의 부정정 트러스는 위쪽의 정정기본트러스에 내적 보강을 위한 +1요소의 대각선 가새가 4개 추가된 형태이므로 4차 부정정 구조물이다.

3. 단면의 특성

3.1. 단면의 특성치

구분	직사각형(구형) 단면	이등변삼각형 단면	중실원형 단면
단면 형태	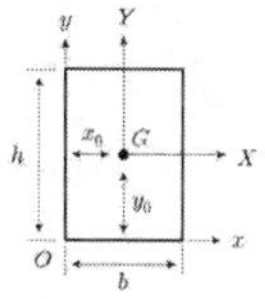	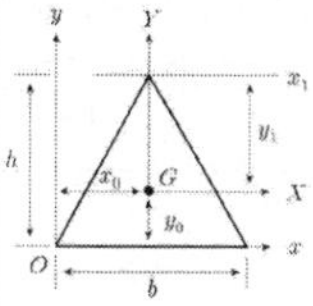	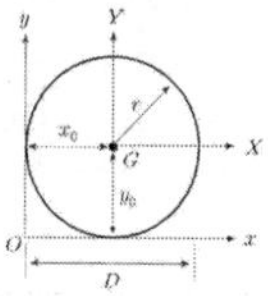
단면적	$A = bh$	$A = \frac{bh}{2}$	$A = \pi r^2 = \frac{\pi D^2}{4}$
도심 위치	$x_0 = \frac{b}{2},\ y_0 = \frac{h}{2}$	$x_0 = \frac{b}{2},\ y_0 = \frac{h}{3},$ $y_1 = \frac{2h}{3}$	$x_0 = y_0 = r = \frac{D}{2}$
단면 1차 모멘트	$G_X = G_Y = 0$ $G_x = \frac{bh^2}{2},\ G_y = \frac{bh^2}{2}$	$G_X = G_Y = 0$ $G_x = \frac{bh^2}{6},\ G_y = \frac{bh^2}{4}$	$G_X = G_Y = 0$ $G_x = A \cdot y_o = \pi r^3$ $= \frac{\pi D^3}{8}$
단면 2차 모멘트	$I_X = \frac{bh^3}{12},\ I_Y = \frac{hb^3}{12}$ $I_x = \frac{bh^3}{3},\ I_y = \frac{hb^3}{3}$	$I_X = \frac{bh^3}{36},\ I_Y = \frac{hb^3}{48}$ $I_x = \frac{bh^3}{12},\ I_y = \frac{7hb^3}{48}$ $I_{x1} = \frac{bh^3}{4}$	$I_X = I_Y = \frac{\pi r^4}{4} = \frac{\pi D^4}{64}$ $I_x = \frac{5\pi r^4}{4} = \frac{5\pi D^4}{64}$
단면 계수	$Z_X = \frac{bh^2}{6},\ Z_Y = \frac{hb^2}{6}$	$Z_{X(상단)} = \frac{bh^2}{24}$ $Z_{X(하단)} = \frac{bh^2}{12}$	$Z_X = Z_Y = \frac{\pi r^3}{4} = \frac{\pi D^3}{32}$
회전 반경	$r_X = \frac{h}{2\sqrt{3}},\ r_x = \frac{h}{\sqrt{3}}$ $r_Y = \frac{b}{2\sqrt{3}},\ r_y = \frac{b}{\sqrt{3}}$	$r_X = \frac{h}{3\sqrt{2}},\ r_x = \frac{h}{\sqrt{6}}$ $r_{x1} = \frac{h}{\sqrt{2}}$	$r_X = \frac{r}{2} = \frac{D}{4}$ $r_x = \frac{\sqrt{5}\,r}{2} = \frac{\sqrt{5}\,D}{4}$
단면 2차 극모멘트	$I_{P(G)} = \frac{bh}{12}(h^2+b^2)$ $I_{P(O)} = \frac{bh}{3}(h^2+b^2)$	$I_{P(G)} = \frac{bh}{144}(3b^2+4h^2)$ $I_{P(O)} = \frac{bh}{48}(4h^2+7b^2)$	$I_{P(G)} = \frac{\pi r^4}{2} = \frac{\pi D^4}{32}$ $I_{P(O)} = \frac{5\pi r^4}{2} = \frac{5\pi D^4}{32}$
단면 상승 모멘트	$I_{XY} = 0$ $I_{xy} = \frac{b^2h^2}{4}$	$I_{XY} = 0$ $I_{XY} = \frac{b^2h^2}{12}$	$I_{XY} = 0$ $I_{XY} = \pi r^4 = \frac{\pi D^4}{16}$

구분	사다리꼴 단면	반원 단면	1/4 단면
단면 형태	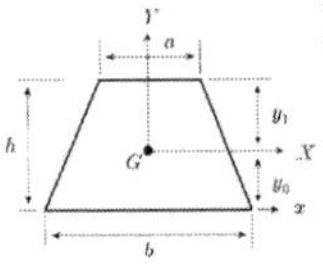	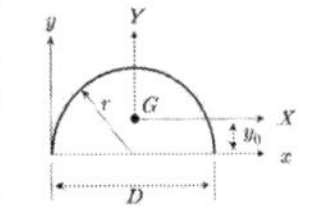	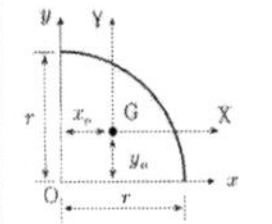
단면적	$A=\frac{h}{2}(a+b)$	$A=\frac{\pi r^2}{2}=\frac{\pi D^2}{8}$	$A=\frac{\pi r^2}{4}=\frac{\pi D^2}{16}$
도심위치	$y_0=\frac{h(2a+b)}{3(a+b)}$ $y_1=\frac{h(a+2b)}{3(a+b)}$	$y_0=\frac{4r}{3\pi}$	$x_0=y_0=\frac{4r}{3\pi}$
단면 1차 모멘트	$G_X=0$ $G_x=\frac{h^2(2a+b)}{6}$	$G_X=G_Y=0$ $G_x=\frac{2r^3}{3}=\frac{D^3}{12}$	$G_X=G_Y=0$ $G_x=\frac{r^3}{3}$
단면 2차 극모멘트	$I_X=\frac{h^3(a^2+4ab+b^2)}{36(a+b)}$ $I_x=\frac{h^3(3a+b)}{12}$	$I_X=\frac{(9\pi^2-64)}{72\pi}r^4$ $I_Y=\frac{\pi r^4}{8}=\frac{\pi D^4}{128}$ $I_x=\frac{\pi r^4}{8}=\frac{\pi D^4}{128}$	$I_x=I_y=\frac{\pi r^4}{16}$ $I_X=\frac{(9\pi^2-64)r^4}{144\pi}$
단면상승 모멘트	$I_{XY}=0$		

구분	타원 단면	1/4타원 단면	부채꼴 단면
단면 형태			
단면적	$A=\pi ab$	$A=\frac{\pi ab}{4}$	$A=\alpha r^2$
도심 위치	$x_0=a,\ y_0=b$	$x_0=\frac{4a}{3\pi},\ y_0=\frac{4b}{3\pi}$	$x_0=\frac{2}{3}\left(\frac{r\sin\alpha}{\alpha}\right)$
단면 1차 모멘트	$G_X=G_Y=0$ $G_x=\pi ab^2,\ G_y=\pi a^2b$	$G_x=\frac{ab^2}{3},\ G_y=\frac{a^2b}{3}$	$G_y=\frac{2r^3}{3}\sin\alpha$
단면 2차 모멘트	$I_X=\frac{\pi ab^3}{4},\ I_Y=\frac{\pi ba^3}{4}$	$I_x=\frac{\pi ab^3}{16},\ I_y=\frac{\pi ba^3}{16}$	$I_x=\frac{r^4}{4}\left(\alpha-\frac{1}{2}\sin2\alpha\right)$ $I_y=\frac{r^4}{4}\left(\alpha+\frac{1}{2}\sin2\alpha\right)$
단면 2차 극모멘트	$I_{P(G)}=\frac{\pi ab}{4}(b^2+a^2)$	$I_{P(G)}=\frac{\pi ab}{16}(b^2+a^2)$	$I_{P(O)}=\frac{\alpha r^4}{2}$
단면상승 모멘트	$I_{XY}=0$		

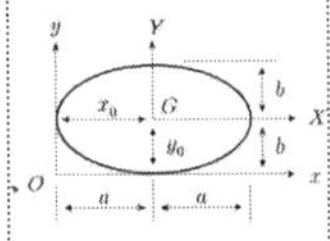

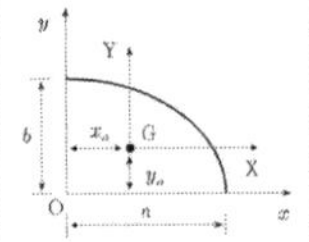

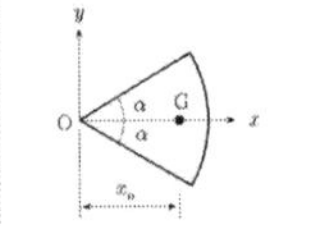

구분	삼각형 단면	직각삼각형 단면	중공원형 단면
단면형태	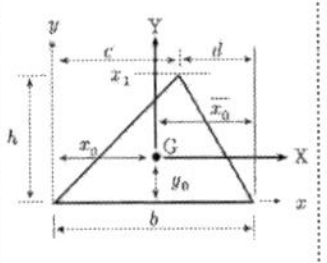	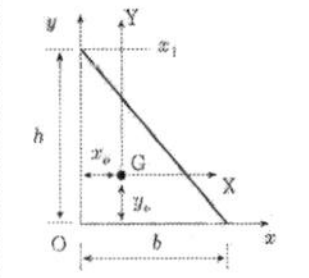	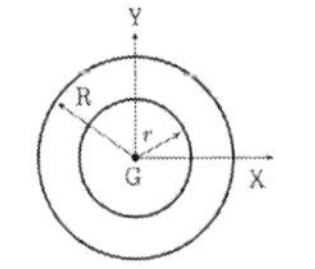
단면적	$A=\frac{bh}{2}$	$A=\frac{bh}{2}$	$A=\pi(R^2-r^2)$
도심위치	$x_0=\frac{b+c}{3},\ y_0=\frac{h}{3}$ $\overline{x_0}=\frac{b+d}{3}$	$x_0=\frac{b}{3},\ y_0=\frac{h}{3}$	$x_0=0,\ y_0=0$
단면 1차 모멘트	$G_X=G_Y=0$	$G_X=G_Y=0$	$G_X=G_Y=0$
단면 2차 모멘트			$I_X=I_Y=\frac{\pi}{4}(R^4-r^4)$
단면상승 모멘트	$I_{XY}=\frac{bh^2}{72}(b-2c)$ $I_{xy}=\frac{bh^2}{24}(3b-2c)$	$I_{XY}=-\frac{b^2h^2}{72}$ $I_{xy}=\frac{b^2h^2}{24}$	$I_{XY}=0$
단면 2차 극모멘트	$I_{P(G)}$ $=\frac{bh}{36}(h^2+b^2-bc+c^2)$	$I_{P(G)}=\frac{bh}{36}(b^2+h^2)$ $I_{P(G)}=\frac{bh}{12}(b^2+h^2)$	$I_{P(G)}=\frac{\pi}{2}(R^4-r^4)$

구분	얇은 원환 단면	스팬드럴 단면	포물선 단면
단면형태		$y=f(x)=\frac{hx^n}{b^n}(n>0)$	$y=f(x)=\frac{hx^2}{b^2}$
단면적	$A=2\pi rt$	$A=\frac{bh}{n+1}$	$A=\frac{bh}{3}$
도심위치	$x_0=0,\ y_0=0$	$x_0=\frac{(n+1)b}{n+2}$ $y_0=\frac{(n+1)h}{2(2n+1)}$	$x_0=\frac{3b}{4}$ $y_0=\frac{3h}{10}$
단면 1차 모멘트	$G_X=G_Y=0$	$G_x=\frac{b^2h}{n+2}$ $G_y=\frac{bh^2}{2(2n+1)}$	$G_x=\frac{b^2h}{4}$ $G_y=\frac{bh^2}{10}$
단면 2차 모멘트	$I_X=I_Y=\pi r^3t$	$I_x=\frac{bh^3}{3(3n+1)}$ $I_y=\frac{hb^3}{n+3}$	$I_x=\frac{bh^3}{21}$ $I_y=\frac{bh^3}{5}$
단면상승 모멘트	$I_{XY}=0$	$I_{xy}=\frac{b^2h^2}{4(n+1)}$	$I_{xy}=\frac{b^2h^2}{12}$
단면 2차 극모멘트	$I_{P(G)}=2\pi r^3t$		

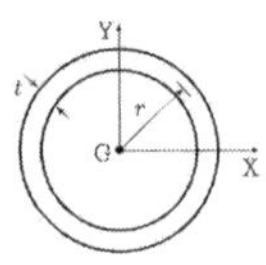

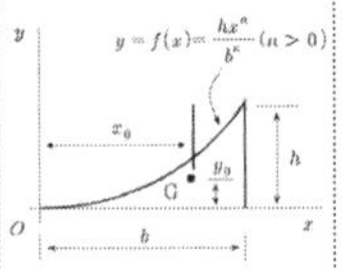

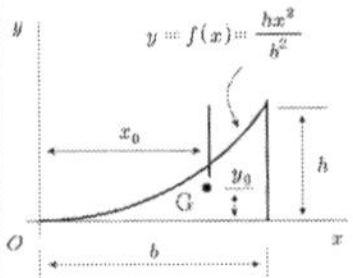

평행사변형	정사각형 마름모	일반삼각형
$I_X = \dfrac{bh^3}{12}$	$I_X = \dfrac{a^4}{12}$, $Z_X = \dfrac{\sqrt{2}\,a^3}{12}$	$I_X = \dfrac{bh^3}{36}$, $I_x = \dfrac{bh^3}{12}$

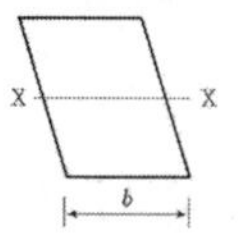

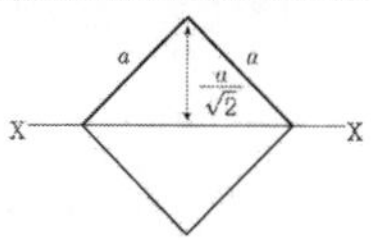

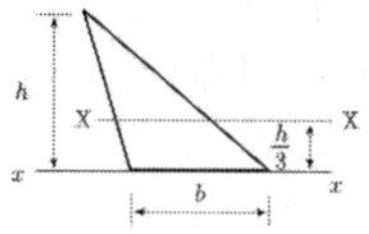

3.2. 주축과 주단면

(1) 주축

① 원점 O를 지나는 주축들은 단면2차 모멘트(관성모멘트)를 최대 및 최소가 되게 하는 한 쌍의 직교축을 말한다.

② 주축의 방향은 $\tan 2\theta = \dfrac{-2I_{xy}}{I_x - I_y} = \dfrac{2I_{xy}}{I_y - I_x}$의 식으로 구할 수 있다.

③ 대칭축은 항상 주축이다. 그러나 주축이라고 해서 모두 대칭축은 아니다. (비대칭 단면의 경우 주축은 대칭축이 아니기 때문이다.)

④ 주축에 대한 단면상승모멘트(I_{xy})는 0이다.

⑤ **주점** … 특정한 한 점을 통과하는 모든 축에 관한 단면2차 모멘트(관성모멘트)가 같은 점을 주점이라고 한다.

(2) 도심주축

서로 다른 두 쌍의 도심축을 지나고 도심축 중 적어도 한 축이 대칭이 되는 그런 단면적을 고려해야 한다. 즉, 서로 다른 수직이 아닌 두 개의 서로 다른 대칭축이 존재한다. 이것은 도심의 주점임을 의미한다. 면적이 세 개의 서로 다른 대칭축을 가진다면 그들 중 두 개가 서로 수직이더라도 모두가 주축이 된다. 도심은 주점이 된다는 의미이다. 즉, 세 개 또는 그 이상의 대칭축을 가진다면 도심은 주점이 되고 도심을 통과하는 모든 축은 주축이며 동일한 단면 2차 모멘트를 가진다. 그런 예가 정삼각형, 정사각형, 정오각형, 정육각형 등의 단면인 경우이다.

(3) 주단면 2차 모멘트

① 임의점을 원점으로 회전하는 두 축에 관한 단면 2차 모멘트가 최대 또는 최소일 때 이 두 축을 그 점에서 주축이라 하고, 두 주축에 관한 단면 2차 모멘트를 주단면 2차 모멘트라고 한다.

② 주단면 2차 모멘트 정리

㉠ 주축에 대한 단면 상승모멘트는 0이다.

㉡ 주축에 대한 단면 2차 모멘트는 최대 및 최소이다.

㉢ 대칭축은 주축이다.

㉣ 정다각형 및 원형 단면에서는 대칭축이 여러 개이므로 주축도 여러 개 있다.

㉤ 주축이라고 해서 대칭을 의미하는 것은 아니다.

※ 아치구조의 주요 특성

㉠ 수평보는 지간이 길어지면 휨모멘트가 커지므로 경제적인 설계를 위해서, 즉 휨모멘트를 감소시키기 위하여 게르버보, 연속보, 아치 등을 채택한다.

㉡ 아치는 양단의 지점에서 중앙으로 향하는 수평반력에 의해 아치의 각 단면에서 휨모멘트가 감소한다.

㉢ 아치 부재의 단면은 주로 축방향 압축력을 지지하게 된다. (휨모멘트는 2차적인 문제이다.)

㉣ 캔틸레버아치, 3힌지아치, 타이드아치는 정정구조물이다.

㉤ 등분포하중을 받는 3활절 포물선 아치는 전단력이나 휨모멘트는 발생하지 않으며 축방향력만 발생하므로 이 원리를 잘 활용하면 경제적인 단면설계를 할 수 있다. (3활절 아치에서 아치 모형이 포물선 이냐 원형에 따라 선도가 다르게 나타난다. 포물선형이면 축방향력만 존재하고 원형이면 축방향력, 전단력, 모멘트가 모두 존재한다.)

4. 트러스

4.1. 트러스의 종류

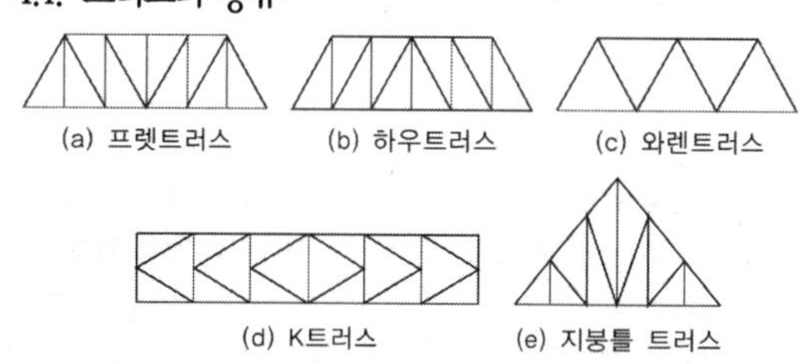

(a) 프렛트러스 (b) 하우트러스 (c) 와렌트러스

(d) K트러스 (e) 지붕틀 트러스

트러스의 종류	형상과 부재력
ⓐ 플랫트러스 압축재 : 상현재, 수직재 인장재 : 하현재, 사재	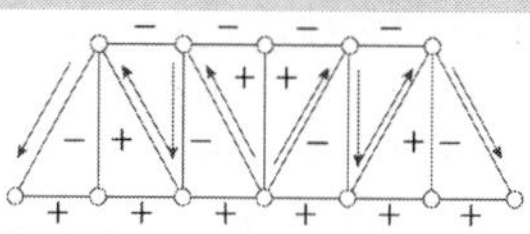
ⓑ 하우트러스 압축재 : 상현재, 사재 인장재 : 하현재, 수직재	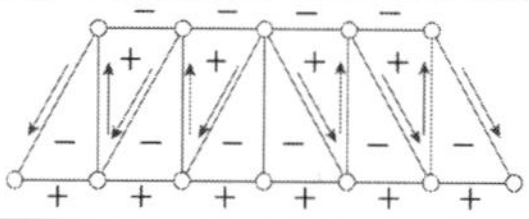
ⓒ 와렌트러스 현재의 길이가 길어서 부재수가 적으나 강성이 감소된다.	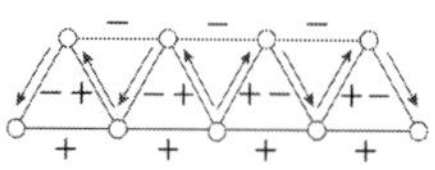

4.2. 트러스해석법

① **트러스해석의 전제조건** … 모든 절점은 핀으로 되어 회전을 할 수 있으며 외력의 작용선은 트러스를 품는 평면 내에 있다. 그리고 각 부재는 모두 직선으로 가정한다. 실제에서 트러스의 각 절점은 용접 등의 강철로 되어있는 것이 대부분이나, 구조해석을 위해 가정되는 이상적인 트러스는 다음과 같은 조건을 만족한다.

㉠ 모든 외력의 작용선은 트러스를 품는 평면 내에 존재한다. (면외하중이 작용하지 않는다.)

㉡ 부재들은 마찰이 없는 핀으로 연결되어 있으며 회전할 수 있다.
㉢ 부재들은 마찰이 없는 핀으로 연결되어 있다. 따라서 삼각형만이 안정한 형태를 이루며, 부재들에 인접한 부재는 휘지 않는다.
㉣ 모든 부재는 직선으로 되어 있다. 그러므로 축방향력으로 인한 휘는 힘(휨모멘트)은 발생하지 않는다.
㉤ 모든 외력과 반작용(힘의 방향의 반대에서 작용하는 힘)은 격점에서만 작용한다.
㉥ 하중으로 인한 변형(부재의 길이 변화)은 매우 작으므로 무시한다.

4.3. 트러스의 영(0)부재 판별

① **영(0)부재** … 트러스해석상의 가정에서 변형을 무시한다고 했으므로 계산상 부재력이 0이 되는 부재가 존재한다. 이 부재를 영부재라고 한다. 이러한 영부재는 변형과 처짐을 억제하고 구조적으로 안정을 유지하기 위해서 설치를 한다.

② **트러스의 영(0)부재 판별원칙**

㉠ 두 개의 부재가 모이는 절점에 외력이 작용하지 않을 경우 이 두 부재의 응력은 0이다.
절점에 외력이 한 부재의 방향에 작용시에는 그 부재의 응력은 외력과 같고 다른 부재의 응력은 0이다.

㉡ 3개의 부재가 절점에서 교차되고 있고, 2개의 부재가 동일선상에 있으며, 나머지 하나의 부재가 동일 직선상에 있지 않을 경우 절점에 외력 P가 작용할 때, 이 부재의 응력은 외력 P와 같고 동일 직선상에 있는 두 개의 부재응력은 서로 같다. (만약 외력 P가 0인 경우 서로 마주보는 트러스 부재들은 모두 축하중만 받기 때문에 나머지 부재에 작용하는 부재력을 상쇄시킬 능력이 없으므로 평형을 이루려면 이 부재의 부재력은 결국 0이 되어야 한다.)

㉢ 한 절점에 4개의 부재가 교차되어 있고 그 절점에서 외력이 작용하지 않는 경우 동일 선상에 있는 2개의 부재의 응력은 서로 동일하다. (트러스의 0부재를 찾기 위해서는 외력과 반력이 작용하지 않는 절점, 또는 3개 이하의 부재가 모이는 절점을 우선 찾는 것이 좋다.)

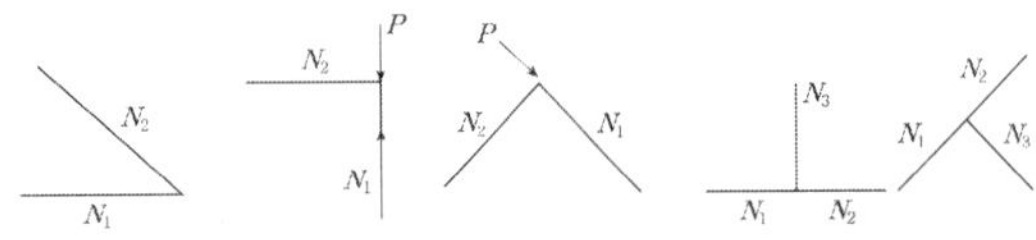

(a) $N_1 = N_2 = 0$ (b) $N_1 = P,\ N_2 = 0$ (c) $N_1 = N_2,\ N_3 = 0$

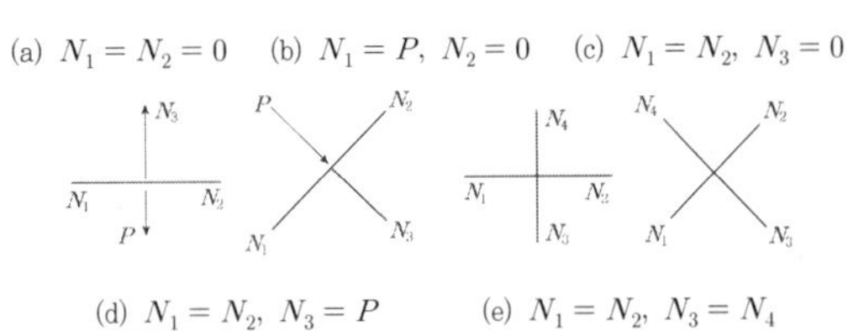

(d) $N_1 = N_2,\ N_3 = P$ (e) $N_1 = N_2,\ N_3 = N_4$

5. 정정보

5.1. 절대최대전단력

① **최대전단력**

㉠ **한 개의 집중하중이 이동하는 경우** : 최대 종거에 재하될 때 발생
㉡ **두 개의 집중하중이 이동하는 경우** : 하나의 집중하중이 최대 종거에 재하되고 나머지 하중은 부호가 동일한 위치에 재하될 때 발생
㉢ **등분포하중이 이동하는 경우** : 등분포하중의 한 쪽 끝이 최대종거에 재하될 때 발생

② **단순보의 전 구간에 대한 최대전단력** … 큰 하중이 지점에 재하될 때 그 지점에서 최대 전단력이 발생

③ 단순보에서 절대최대전단력은 지점에 무한히 가까운 단면에서 일어나고 그 값은 최대 반력과 같다. 즉, '절대 최대 전단력 = 최대 반력'이다.

5.2. 절대최대휨모멘트

① **최대휨모멘트**

㉠ **한 개의 집중하중이 이동하는 경우** : 최대 종거에 재하될 때 발생
㉡ **두 개의 집중하중이 이동하는 경우** : 차례로 최대 종거에 재하시켜 계산한 휨모멘트 중 큰 값
㉢ **등분포하중이 이동하는 경우** : 영향선도의 면적이 큰 쪽에 재하될 때 발생

② **절대최대휨모멘트의 발생위치** … 연행하중이 단순보 위를 지날 때의 절대최대휨모멘트는 보에 실리는 전 하중의 합력의 작용점과 그와 가장 가까운 하중(또는 큰 하중)과의 1/2되는 점이 보의 중앙에 있을 대 큰 하중 바로 밑의 단면에서 생긴다.

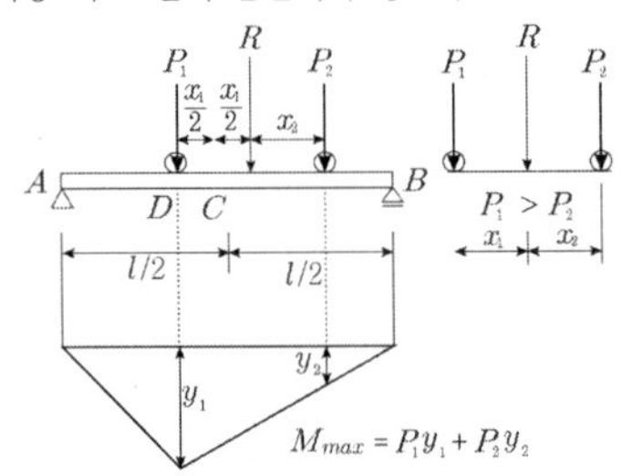

6. 영향선

6.1. 영향선의 정의와 성질

① 영향선 … 단위 이동하중($P=1$)이 구조물 위를 지나갈 때 특정위치에 작용하는 반력과 전단력, 휨모멘트 등 단면력의 값을 단위이동하중의 작용 위치마다 종거(y)로 표시하고 이를 연결한 선도를 영향선이라고 한다. (단, 등분포하중의 경우는 단위이동하중의 경우와 달리 면적으로 표시한다.)

② 영향선의 용도 … 특정 단면의 절대최대반력과 절대최대단면력 및 최댓값이 작용하는 하중의 위치를 결정하기 위해 사용된다.

③ 영향선의 성질

㉠ 1개의 집중활하중에 의한 최댓값을 얻으려면 영향선의 종거가 최대인 점에 그 하중이 놓여야 한다.

㉡ 1개의 집중활하중에 의한 값은 그 하중의 작용점의 영향선의 종거에 그 집중활하중의 크기를 곱한 값과 같다.

㉢ 등분포 활하중에 의한 정(+)의 최댓값을 얻기 위하여서는 영향선이 정(+)인 모든 부분에 걸쳐 하중이 놓여야 한다.

㉣ 등분포활하중에 의한 값은 그 구조물의 재하된 부분에 놓인 영향선의 면적에 등분포하중의 강도를 곱한 값과 같다.

6.2. 영향선 해석원리

지점 반력의 영향선	
집중하중의 경우	등분포하중의 경우
$R_A = P\times y\ \left(y=\frac{l-x}{l}\right)$ $R_B = P\times y\ \left(y=\frac{x}{l}\right)$	$R_A = w\times A$ $\left(A=\frac{(l-x)y}{2},\ y=\frac{l-x}{l}\right)$ $R_B = w\times A$ $\left(A=\frac{1+y}{2}\times(l-x),\ y=\frac{x}{l}\right)$
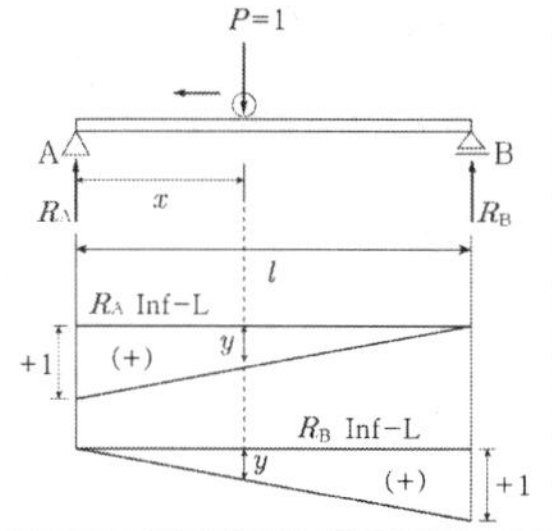	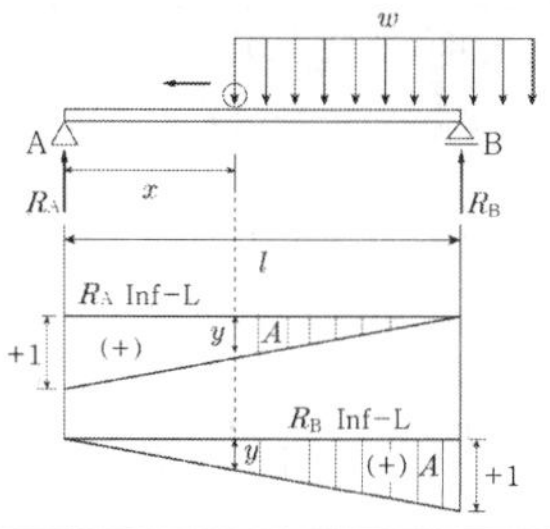

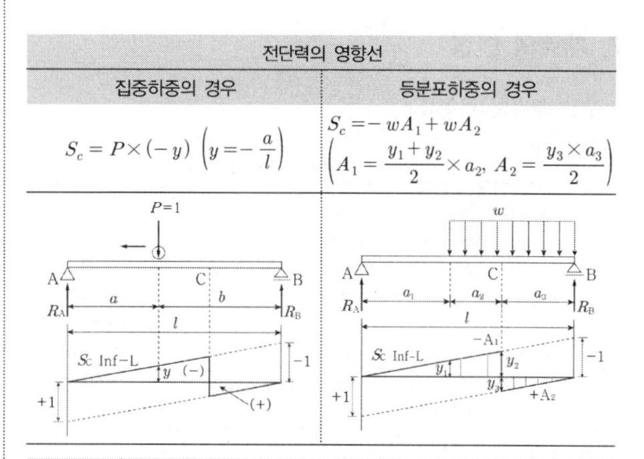

전단력의 영향선	
집중하중의 경우	등분포하중의 경우
$S_c = P\times(-y)\ \left(y=-\frac{a}{l}\right)$	$S_c=-wA_1+wA_2$ $\left(A_1=\frac{y_1+y_2}{2}\times a_2,\ A_2=\frac{y_3\times a_3}{2}\right)$
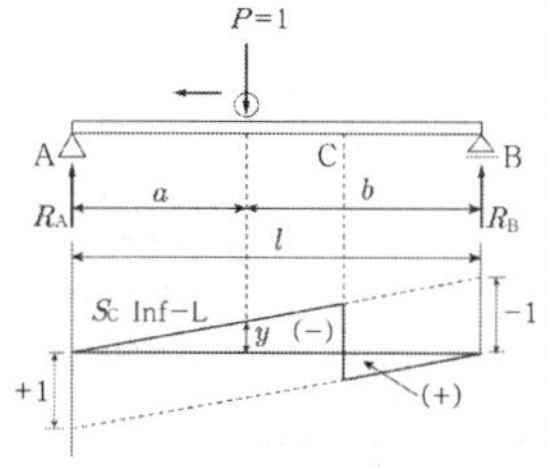	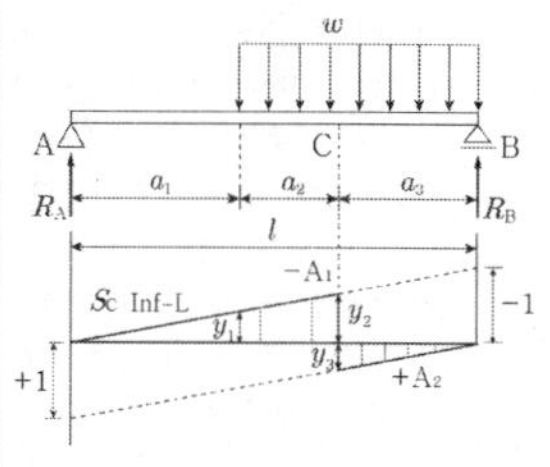

휨모멘트의 영향선	
집중하중의 경우	등분포하중의 경우
$M_c = P\times y\ \left(y=\frac{bx}{l}\right)$	$M_c = w(A_1+A_2)$ $\left(A_1=\frac{xy}{2},\ A_2=\frac{y}{2}(l-x)\right)$
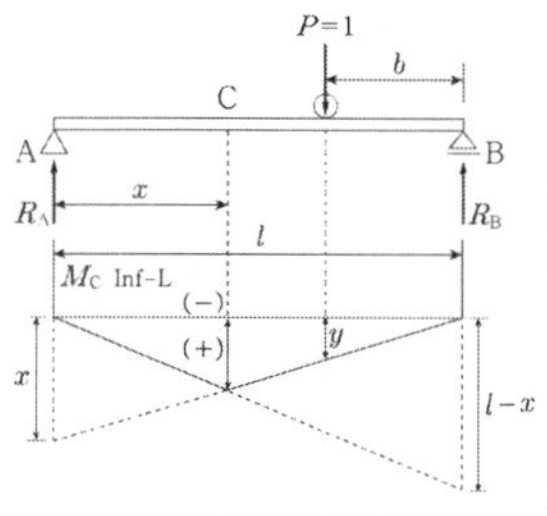	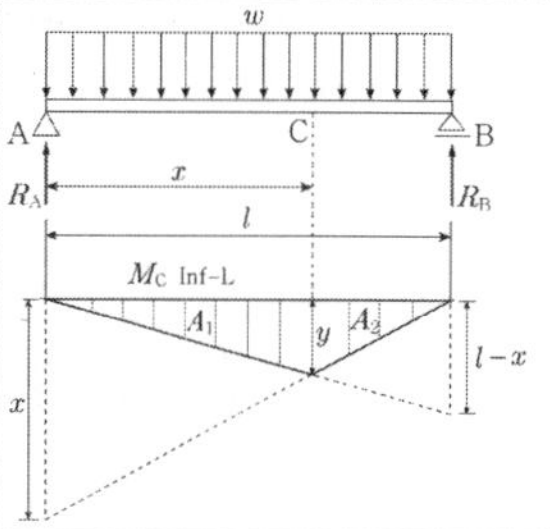

6.3. 부정정보의 영향선(뮐러-브레슬러의 원리)

① 뮐러-브레슬러의 원리 … 구조물의 한 응력요소(반력, 전단력, 휨모멘트, 부재력, 처짐)에 대한 영향선의 종거는 구조물에서 그 응력요소에 대응하는 구속을 제거하고 그 점에 응력요소에 대응하는 단위변위를 일으켰을 때 처짐곡선의 종거와 같다. 즉, 특정기능(반력, 전단력, 휨모멘트 등)의 영향선은 그 기능이 단위변위 만큼 움직였을 때 구조물이 처진 모양과 같다. 이 뮐러-브레슬러의 원리는 정정 및 부정정보, 라멘 그리고 트러스 등에 모두 적용할 수 있다.

② 1차 부정정보의 영향선 … 어느 특정기능(임의 점의 반력, 전단력, 휨모멘트, 또는 부재력)의 영향선의 종거는 구조물에 그 특정기능에 대응하는 구속을 제거하고 제거된 구속위치에 단위변위를 발생시켰을 때 그 처짐형상의 종거와 같다.

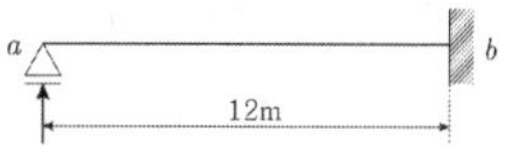

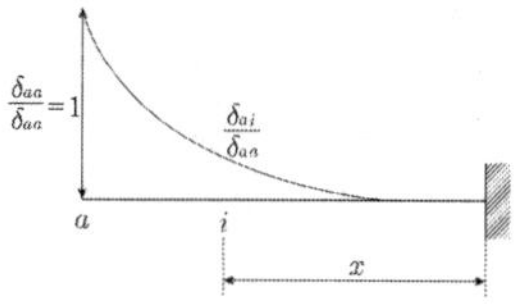

좌측의 1차 부정정보에서 이 원리를 적용하여 R_a의 영향선을 그리면 우측의 그림처럼 지점 a를 제거하고 $\delta_{aa}=1$을 R_a방향으로 발생시켰을 때 구조물의 처짐형상과 같게 되는 것이다.

7. 재료의 변형

7.1. 재료의 변형률

① 축변형률

㉠ **길이변형률**(선변형률) : 부재가 축방향력(인장력, 압축력)을 받을 때의 변형량(Δl)을 변형 전의 길이(l)로 나눈 값이다.

㉡ **세로변형률** : 부재가 축방향력을 받을 때 부재단면폭의 변형량을 변형 전의 폭으로 나눈 값이다.

㉢ **체적변형률** : 부재에 축방향력을 가한 후의 변형량을 부재에 축방향력을 가하기 전의 체적으로 나눈 값이다. 체적변형률은 길이변형률의 약 3배 정도이다.

② 휨변형률

$$\epsilon = \frac{y}{\rho} = ky = \frac{\Delta dx}{dx}$$

ρ : 보의 곡률반경

k : 곡률

y : 중립축으로부터의 거리

dx : 임의 두단면 사이의 미소거리

Δdx : dx의 변형량

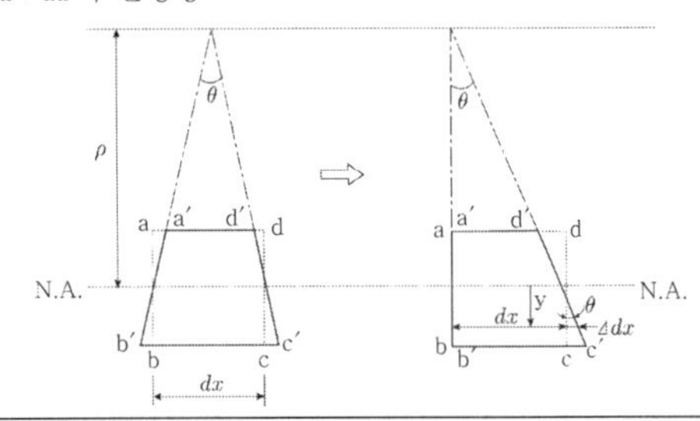

③ 전단변형률

$$\gamma = \frac{\lambda}{l} \quad (\tau = G \cdot \gamma)$$

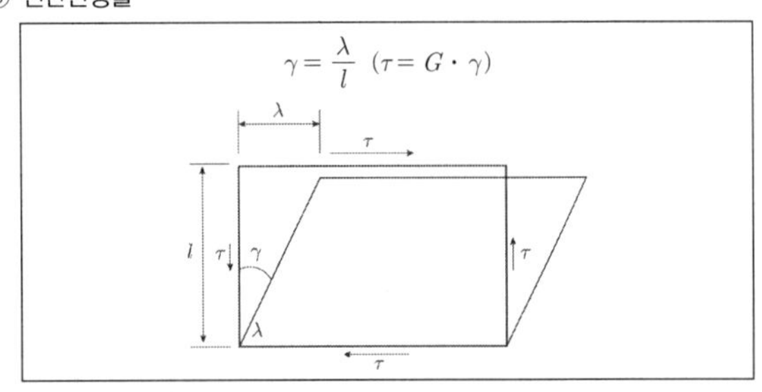

④ 비틀림 변형률

$$\gamma_t = \frac{r \cdot \phi}{l} \quad (\tau_t = G \cdot \gamma_t)$$

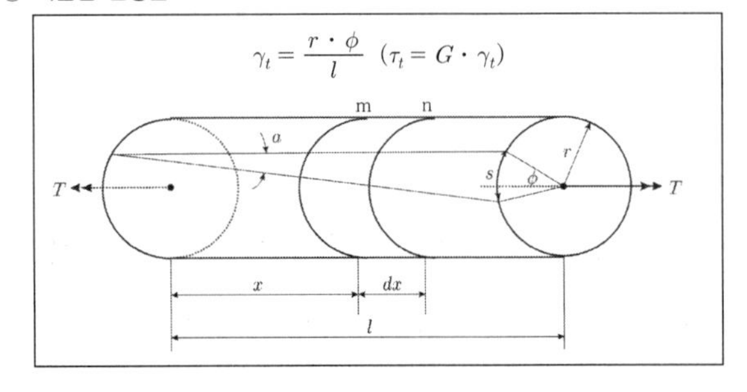

7.2. 포아슨비와 포아슨수

① 포아슨비(ν)는 축방향 변형률에 대한 축의 직각방향 변형률의 비이다.

$$\nu = \frac{\text{가로 변형률}}{\text{세로 변형률}} = \frac{\text{축에 직각방향 변형률}}{\text{축방향 변형률}}$$

② 포아슨수는 포아슨비의 역수이다. (코르크의 포아슨수는 0이다.)

$$\nu = -\frac{\epsilon_d}{\epsilon_l} = -\frac{l \cdot \Delta d}{d \cdot \Delta l} = \frac{1}{m} \quad (\nu : \text{포아슨비},\ m : \text{포아슨수})$$

③ 포아슨비의 식은 단일방향으로만 축하중이 작용하는 부재에 적용된다.

④ 포아슨비는 항상 양의 값만을 갖으며 정상적인 재료에서 포아슨비는 0과 0.5 사이의 값을 가진다.

⑤ 포아슨비가 0인 이상적 재료는 축하중이 작용할 경우 어떤 측면의 수축이 없이 한쪽 방향으로만 늘어난다.

⑥ 포아슨비가 1/2 이상인 재료는 완전비압축성 재료이다.

7.3. 축하중 부재의 변위

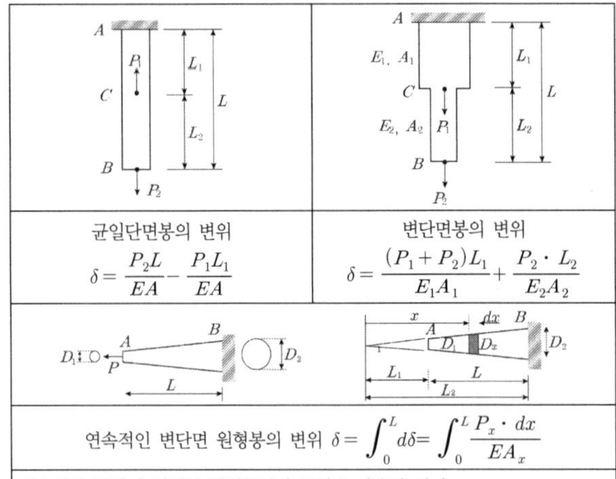

균일단면봉의 변위	변단면봉의 변위
$\delta = \frac{P_2 L}{EA} - \frac{P_1 L_1}{EA}$	$\delta = \frac{(P_1 + P_2) L_1}{E_1 A_1} + \frac{P_2 \cdot L_2}{E_2 A_2}$

연속적인 변단면 원형봉의 변위 $\delta = \int_0^L d\delta = \int_0^L \frac{P_x \cdot dx}{EA_x}$

연속적인 변단면 원형봉 변위공식의 증명은 다음과 같다.

$\frac{L_1}{L_2} = \frac{D_1}{D_2}$ 이며 x 거리에 있는 지름 D_x는 삼각형의 닮음비로부터 $D_x = \frac{D_1 x}{L_1}$

x 거리에서 단면적 A_x는 $A_x = \frac{\pi D_x^2}{4} = \frac{\pi D_1^2}{4L_1^2} x^2$

따라서 변위는

$$\delta = \int_{L_2}^{L_1} \frac{P_x}{EA_x} dx = \int_{L_1}^{L_2} \frac{P}{E\left(\frac{\pi D_1^2}{4L_1^2} x^2\right)} dx = \frac{4PL}{\pi E D_1^2} \int_{L_1}^{L_2} \frac{1}{x^2} dx$$

$$= \frac{4PL_1^2}{\pi E D_1^2} - \left[\frac{1}{L_2} - \left(-\frac{1}{L_1}\right)\right] = \frac{4PL_1}{\pi E D_1^2} \times \frac{L_1}{L_2} = \frac{4PL}{\pi E D_1^2} \times \frac{D_1}{D_2}$$

$$= \frac{4PL}{\pi E D_1 D_2}$$

7.4. 트러스 부재의 변위

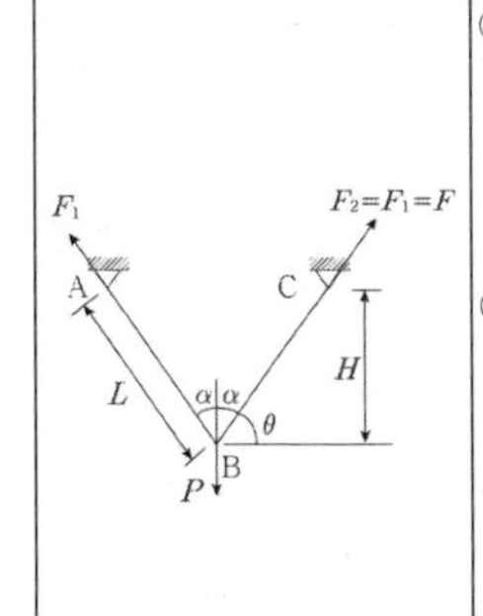

① 부재력 계산

구조대칭, 하중대칭이므로 두 부재력은 같다. 힘의 평형조건식, $\sum V=0$이므로

$2F\cos\alpha - P = 0$이며 $P = 2F\cos\alpha$

② 두 부재의 늘음량(δ_1)

두 부재의 길이 $L=\dfrac{H}{\cos\alpha}$이다.

$$\delta_1=\frac{F\cdot L}{EA}=\frac{P\cdot H}{2EA\cos^2\alpha}=\frac{P\cdot L}{2EA\cos\alpha}$$
$$=\frac{P\cdot L}{2EA\sin\theta}$$

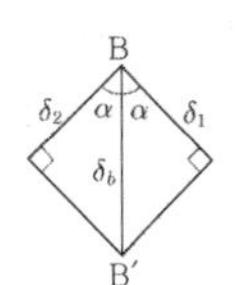

③ B점의 수직처짐(δ_b)

williot 선도를 이용한다.

$$\delta_b=\frac{\delta_1}{\cos\alpha}=\frac{PH}{2EA\cos^3\alpha}=\frac{P\cdot L}{2EA\cos^2\alpha}$$
$$=\frac{P\cdot L}{2EA\sin^2\theta}$$

$(\cos\alpha=\cos(90^o-\theta)=\sin\theta)$

7.5. 정정 조합부재의 해석

① 철근콘크리트와 같이 재질이 서로 다른 2개 이상의 부재가 일체가 되어 거동하는 부재를 조합부재 또는 합성부재라고 한다.

② 조합 축부재의 변형률

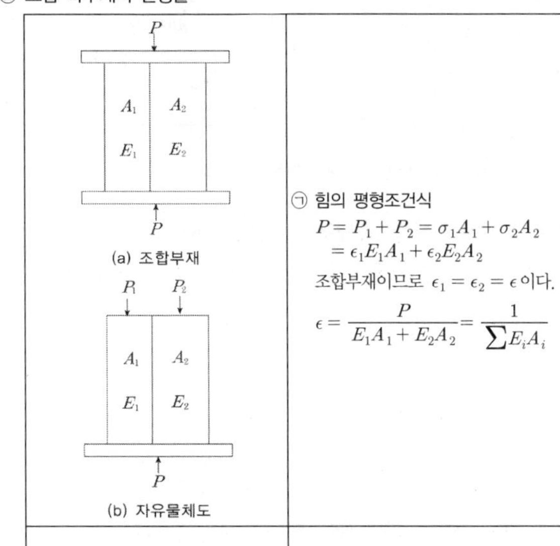

(a) 조합부재

(b) 자유물체도

㉠ 힘의 평형조건식

$$P=P_1+P_2=\sigma_1A_1+\sigma_2A_2$$
$$=\epsilon_1E_1A_1+\epsilon_2E_2A_2$$

조합부재이므로 $\epsilon_1=\epsilon_2=\epsilon$이다.

$$\epsilon=\frac{P}{E_1A_1+E_2A_2}=\frac{1}{\sum E_iA_i}$$

㉡ 각 부재의 응력

$$\sigma_1=\epsilon\cdot E_1=\frac{P\cdot E_1}{E_1A_1+E_2A_2}$$
$$\sigma_2=\epsilon\cdot E_2=\frac{P\cdot E_2}{E_1A_1+E_2A_2}$$
$$\sigma_i=\frac{P\cdot E_s}{\sum E_iA_i}$$

㉢ 각 부재의 힘

$$P_1=\sigma_1\cdot A_1=\frac{P\cdot E_1A_1}{E_1A_1+E_2A_2}$$
$$P_2=\sigma_2\cdot A_2=\frac{P\cdot E_2A_2}{E_1A_1+E_2A_2}$$
$$P_i=\frac{P\cdot E_iA_i}{\sum E_iA_i}$$

7.6. 강체로 된 수평봉의 변형률

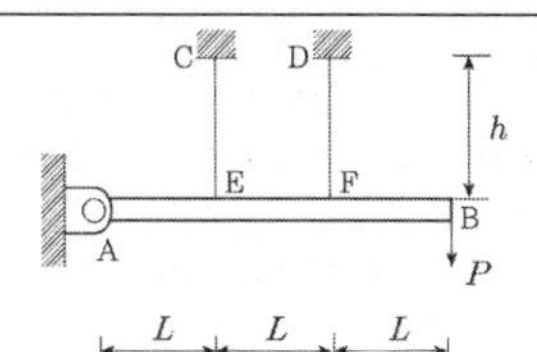

(a) 강체로 된 수평봉

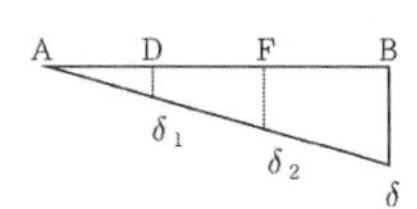

(b) 수평봉 변위도

AB는 강체이고 CD, EF는 케이블구조물이다.

① 케이블의 응력

㉠ 힘의 평형조건식

$\sum M_A=0,\ F_1\cdot l+F_2\cdot(2l)-P\cdot(3l)=0$

$F_1+2F_2-3P=0$

㉡ 변위의 적합조건식

$\delta_2=2\delta_1$

$\delta=\dfrac{FL}{EA}$에서 $\delta\propto F$이므로 $F_2=2F_1$

㉢ 케이블의 장력

$$F_1=\frac{3}{5}P,\ F_2=\frac{6}{5}P$$

㉣ 케이블의 응력

$$\sigma_1=\frac{F_1}{A}=\frac{3P}{5A},\ \sigma_2=\frac{F_2}{A}=\frac{6P}{5A}$$

여기서, A는 케이블의 단면적이다.

② 항복하중과 항복처짐

㉠ 항복하중(P_y)

항복하중이란 구조물의 임의 한 부재가 항복하게 될 때의 외력을 의미한다. EF부재가 먼저 항복하므로

$F_2=\sigma_y\cdot A$에서 $F_1=\dfrac{F_2}{2}=\dfrac{\sigma_y\cdot A}{2}$

이 값을 힘의 평형조건식에 대입하면

$$\frac{\sigma_y\cdot A}{2}+2\sigma_y\cdot A-3P_y=0$$

$$P_y=\frac{5}{6}\sigma_y\cdot A$$

㉡ B점의 항복처짐(δ_y)

케이블 EF가 항복할 경우의 EF처짐 δ_{2y}

$$\delta_{2y}=\frac{h}{E}\sigma_y$$

따라서 B점의 항복처짐 δ_y

$$\delta_y=\frac{3}{2}\delta_{2y}=\frac{3h}{2E}\sigma_y$$

③ 극한하중과 극한처짐

㉠ 극한하중(P_u)

극한하중은 구조물이 파괴될 때의 외력을 의미한다.

$F_1 = F_2 = \sigma_y \cdot A$ 일 때이다.

이 값을 힘의 평형조건식에 대입하면

$\sigma_y \cdot A + 2\sigma_y \cdot A - 3P_u = 0$

$P_u = \sigma_y \cdot A$

㉡ B점의 극한처짐(δ_u)

케이블CD가 항복할 경우의 CD의 처짐 δ_{1y}

$$\delta_{1y} = \frac{h}{E}\sigma_y$$

따라서 B점의 극한처짐 δ_u

$$\delta_u = 3\delta_{1y} = \frac{3h}{E}\sigma_y$$

7.7. 충격하중에 의한 변형률

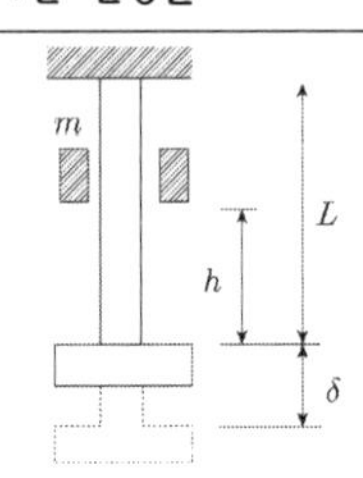

① 충격처짐

에너지 보존법칙, 즉 질량의 위치에너지는 봉의 변형에너지와 같다고 본다.

$$W(h+\delta) = \frac{EA\delta^2}{2L}$$

여기서, $W = mg$

$$\delta = \delta_{st} + \sqrt{\delta_{st}^2 + 2h\delta_{st}}$$

여기서 정적처짐 $\delta_{st} = \dfrac{WL}{EA}$

만약, $h \gg \delta_{st}$이면 $\delta \fallingdotseq \sqrt{2h\delta_{st}}$

② 충격에 의한 최대인장응력

$\sigma = \epsilon E = \dfrac{\delta}{L}E$에서

$$\sigma_{\max} = \sigma_{st} + \sqrt{\sigma_{st}^2 + \frac{2hE}{L}\sigma_{st}}$$

$$\sigma_{\max} = \sigma_{st}\left(1 + \sqrt{1 + \frac{2h}{\delta_{st}}}\right)$$

여기서 $\sigma_{st} = \dfrac{W}{A}$로 정적하중의 응력이다.

③ 충격계수(i)

$$i = 1 + \sqrt{1 + \frac{2h}{\delta_{st}}}$$

하중이 갑자기 작용하는 경우 이는 충격하중의 특별한 경우로서 $h = 0$이므로 충격계수가 2가 되어 $\delta = 2\delta_{st}$가 된다.

④ 최종처짐(δ_l)

봉은 상하진동을 하다가 최종적으로 정적 처짐량에서 정지한다. $\delta_l = \delta_{st}$

8. 재료의 응력

8.1. 비틀림응력

(1) 중공원형 단면의 비틀림응력

① 외반경이 R이고, 내반경이 r인 중공원형 단면의 자유단에 비틀림모멘트 T를 받고 있는 캔틸레버봉의 비틀림응력

$$r = \frac{T \cdot \rho}{J},\ J = \frac{\pi(R^4 - r^4)}{2} : \text{비틀림상수}$$

② 최대 비틀림응력 : $r_{\max} = \dfrac{T \cdot R}{J}$, 최소 비틀림응력 : $r_{\min} = \dfrac{T \cdot r}{J}$

다음 표에서 알 수 있듯이 원형단면의 중앙부로 갈수록 비틀림응력이 매우 적게 발생하게 되며 내경이 $0.6R$인 중공단면의 경우 중실단면과 비틀림에 대한 내력성능에서 큰 차이가 나지 않음을 알 수 있다. (중공단면에 발생하는 최대전단응력은 중실단면에 발생하는 최대전단응력의 약 1.15배 정도에 불과하다.)

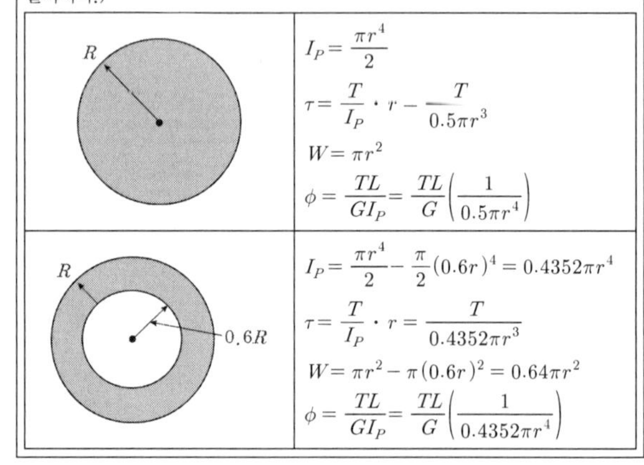

R	$I_P = \dfrac{\pi r^4}{2}$ $\tau = \dfrac{T}{I_P} \cdot r = \dfrac{T}{0.5\pi r^3}$ $W = \pi r^2$ $\phi = \dfrac{TL}{GI_P} = \dfrac{TL}{G}\left(\dfrac{1}{0.5\pi r^4}\right)$
R, 0.6R	$I_P = \dfrac{\pi r^4}{2} - \dfrac{\pi}{2}(0.6r)^4 = 0.4352\pi r^4$ $\tau = \dfrac{T}{I_P} \cdot r = \dfrac{T}{0.4352\pi r^3}$ $W = \pi r^2 - \pi(0.6r)^2 = 0.64\pi r^2$ $\phi = \dfrac{TL}{GI_P} = \dfrac{TL}{G}\left(\dfrac{1}{0.4352\pi r^4}\right)$

③ 최소 비틀림응력에 대한 최대 비틀림응력의 비 … $\dfrac{r_{\max}}{r_{\min}} = \dfrac{R}{r}$

(2) 두께가 얇은 관과 폐단면의 비틀림상수

A_m : 중심선 치수의 단면적, L_m : 중심선의 둘레길이라고 할 경우

① 얇은 관 … $J = \dfrac{4A_m^2}{\displaystyle\int_0^{L_m}\frac{ds}{t}}$

② 두께 t가 일정한 얇은 폐단면 … $J = \dfrac{4tA_m^2}{L_m}$

㉠ 얇은 원형관의 비틀림상수 : $J = \dfrac{4t(\pi r^2)^2}{2\pi r} = 2\pi r^3 t$

㉡ 얇은 정사각형관의 비틀림상수 : $J = \dfrac{4t(a^2)^2}{4a} = a^3 t$

㉢ 얇은 정삼각형관의 비틀림상수 : $J = \dfrac{4t\left(\dfrac{\sqrt{3}}{4}b^2\right)^2}{3b} = \dfrac{b^3 t}{4}$

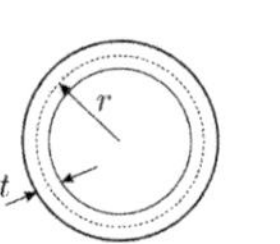

〈얇은 원형관〉

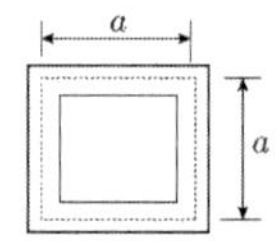

〈얇은 정사각형관〉

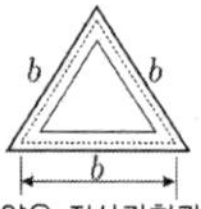

〈얇은 정삼각형관〉

8.2. 전단중심

(1) 전단중심의 특성

① 전단중심 … 비틀림이 없는 단순굽힘상태(순수휨상태)를 유지하기 위한 하중의 전단응력의 합력이 통과하는 위치나 점

② 양측에 대칭인 단면의 전단중심은 도심과 일치한다.

③ 어느 한 축에 대칭인 단면의 전단중심은 대칭축상에 존재한다.

④ 어느 축에도 대칭이 아닌 경우의 전단중심은 축상에 위치하지 않을 경우가 많다.

⑤ 비대칭단면 중에 특히 두 개의 좁은 직사각형으로 구성된 단면에서는 전단중심은 두 단면의 연결부에 위치한다.

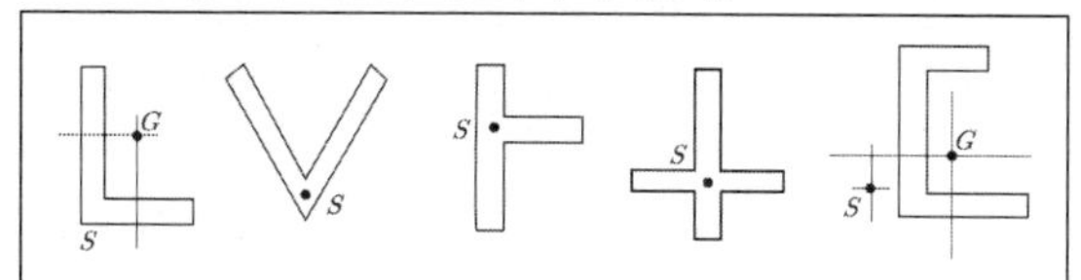

(2) 전단흐름(전단류)

① 부재에 외력(주로 비틀림)이 작용할 때 발생하는 단위길이당 전단응력을 전단흐름이라 한다.

② 전단흐름의 크기 $F=\tau\cdot t=\dfrac{S}{I}G=\dfrac{1}{2}\tau tb=\dfrac{1}{2}bt\dfrac{bhP}{2I}=\dfrac{b^2htP}{4I}$

여기서 $\tau\cdot t$: 전단흐름(kgf/cm)

S : 전단력(kgf), G : 단면 1차 모멘트(cm^3)

I : 단면 2차 모멘트(cm^4)

③ 폐쇄된 단면의 전단흐름은 $\tau_1\cdot t_1=\tau_2\cdot t_2=\dfrac{T}{2\cdot A}$ 로 크기가 일정하다. (T : 비틀림 모멘트, A : 전단흐름 내부의 면적)

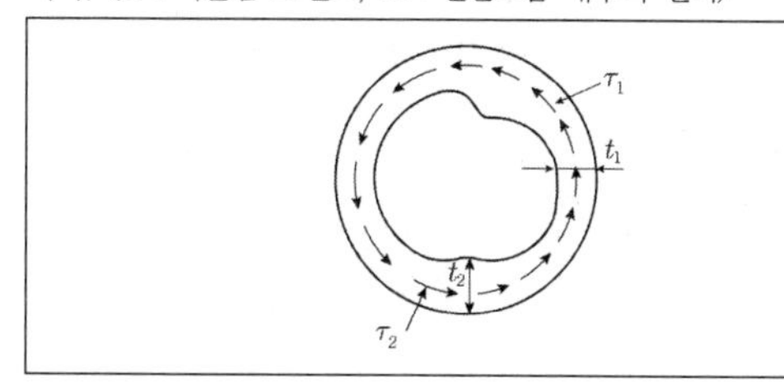

④ 전단류는 단면의 모든 점에서 동일하므로 최대 전단응력은 두께가 가장 작은 곳에서 발생하게 된다.

8.3. 조합응력

① 축응력과 휨응력의 조합

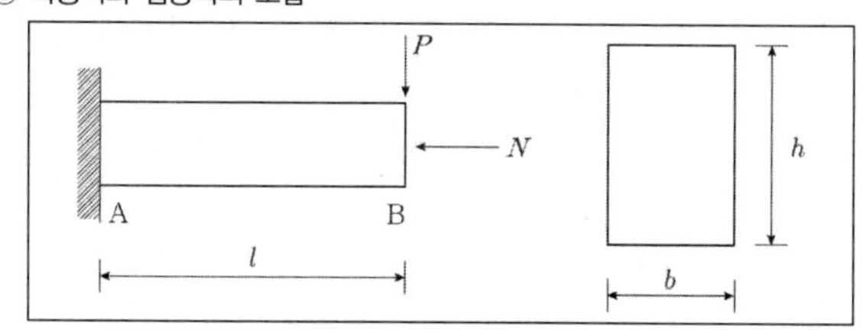

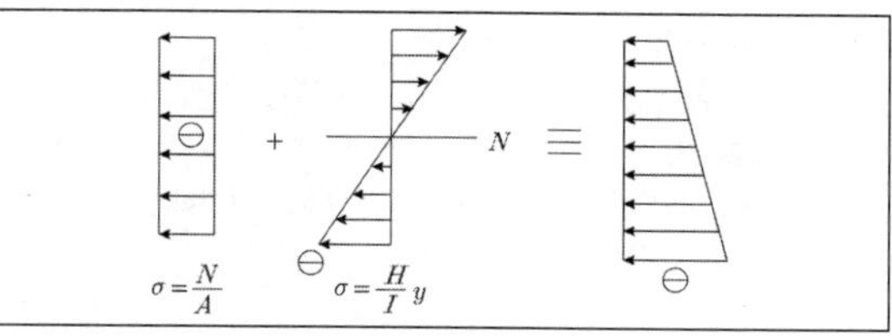

㉠ 상연응력 : $\sigma_t=-\dfrac{N}{A}+\dfrac{M}{I}y=-\dfrac{N}{bh}+\dfrac{6PL}{bh^2}$

㉡ 하연응력 : $\sigma_b=-\dfrac{N}{A}+\dfrac{M}{I}y=-\dfrac{N}{bh}-\dfrac{6PL}{bh^2}$

② 휨응력과 비틀림응력의 조합 … 캔틸레버보의 자유단에 비틀림 모멘트(T)와 수직하중(P)이 작용할 때 보의 상면의 A요소와 중립축상의 측면의 B요소에 대한 각각의 조합응력은 다음과 같다.

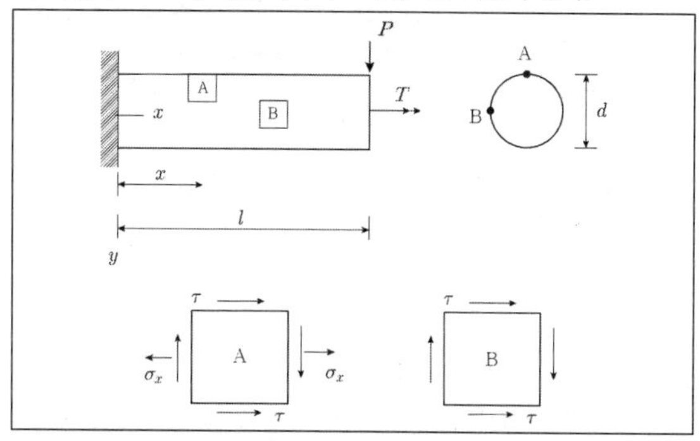

㉠ A요소의 응력

$$\sigma_x=\frac{M}{I}y=\frac{32M}{\pi d^3}$$

$$\tau=\frac{T\cdot r}{J}=\frac{16T}{\pi d^3}$$

여기서 $M=P\cdot(l-x)$, $J=I_P=\dfrac{\pi d^4}{32}$, $r=\dfrac{d}{2}$

㉡ A요소의 주응력

$$\sigma_{1,2}=\frac{\sigma_x}{2}\pm\frac{1}{2}\sqrt{\sigma_x^2+4\tau^2}=\frac{\sigma_x}{2}\pm\sqrt{(\frac{\sigma_x}{2})^2+\tau^2}$$

㉢ A요소의 최대전단응력

$$\tau_{\max}=\frac{\sigma_1-\sigma_2}{2}=\frac{1}{2}\sqrt{\sigma_x^2+4\tau^2}=\sqrt{(\frac{\sigma_x}{2})^2+\tau^2}$$

$$\sigma_{1\cdot2}=\frac{16}{\pi d^3}(M\pm\sqrt{M^2+T^2})$$

$$\tau_{\max}=\frac{16}{\pi d^3}\sqrt{M^2+T^2}$$

㉠ B요소의 응력

B요소는 중립축상에 있으므로 순수전단 상태에 있다.

비틀림 모멘트(T)에 의한 전단응력 : $\tau_1=\dfrac{T\cdot r}{I_P}$

전단력($S=P$)에 의한 전단응력 : $\tau_2=\dfrac{S\cdot G}{Ib}=\dfrac{4}{3}\cdot\dfrac{S}{A}$

㉡ B요소에 작용하는 전체 전단응력

$$\tau=\tau_1+\tau_2=\frac{T\cdot r}{I_P}+\frac{4}{3}\cdot\frac{S}{A}$$

㉢ 주응력은 축에 45° 방향에서 작용한다.

$\sigma_{1\cdot2}=\pm\tau$

8.4. 온도응력

① 온도응력과 반력, 변형률

㉠ 임의부재의 온도가 변하게 되면 변위가 발생하게 되는데 이 때 발생되는 변위를 억제하는 경우 응력이 발생하게 되며 이러한 응력을 온도응력이라고 한다.
(α : 선팽창계수($1/°C$), ΔT: 온도변화량, E : 탄성계수, l : 부재의 길이, A : 단면적)

㉡ 온도변화에 의한 변위 $\delta_t = \alpha \cdot \Delta T \cdot l$

㉢ 온도변화에 의한 변형률 $\epsilon_t = \dfrac{\delta_t}{l} = \alpha \cdot \Delta T$

㉣ 양단이 구속된 양단고정봉의 온도응력 $\sigma_t = \epsilon_t E = \alpha \cdot \Delta T \cdot E$

㉤ 양단이 구속된 양단고정봉의 온도반력
$R_t = \sigma_t A = \alpha \cdot \Delta T \cdot EA$

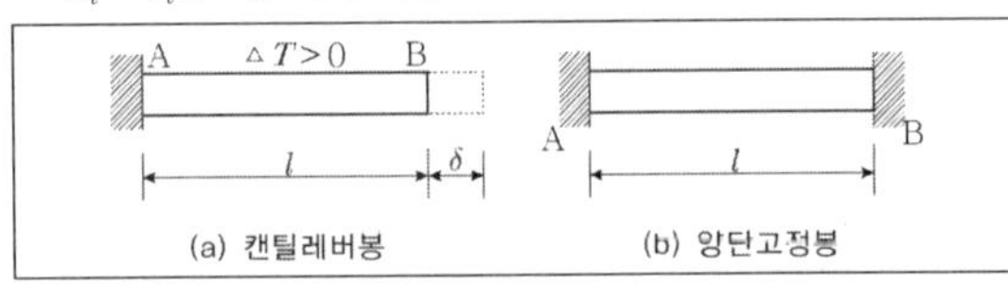

(a) 캔틸레버봉 (b) 양단고정봉

② 온도응력의 특성

㉠ 온도응력은 온도반력을 단면적으로 나눈 값이다.

㉡ 온도응력은 단면적과는 관련이 없다.

㉢ 정정구조물에서는 온도변형량은 발생하지만 ΔT가 일정한 경우에 온도응력은 발생하지 않는다.

㉣ 부정정구조물에서는 온도응력이 발생한다. 양단고정보의 온도가 상승하면 이 부재는 이 팽창을 하려고 하지만 양단이 고정되어 있으므로 압축을 받으므로 압축부재가 되고 온도가 하강을 하면 양단으로부터 인장력을 받는 인장부재가 된다.

8.5. 3축 응력상태

① 3축 방향으로 축응력(σ_x, σ_y, σ_z)가 작용할 때 각 방향의 변형률은

$$\epsilon_x = \frac{1}{E}[(\sigma_x - \nu(\sigma_y + \sigma_z)]$$

$$\epsilon_y = \frac{1}{E}[(\sigma_y - \nu(\sigma_z + \sigma_x)]$$

$$\epsilon_z = \frac{1}{E}[(\sigma_z - \nu(\sigma_x + \sigma_y)]$$

(여기서, ν : 포아슨비)

② 평균수직응력

$$\sigma_m = \frac{1}{3}(\sigma_x + \sigma_y + \sigma_z)$$

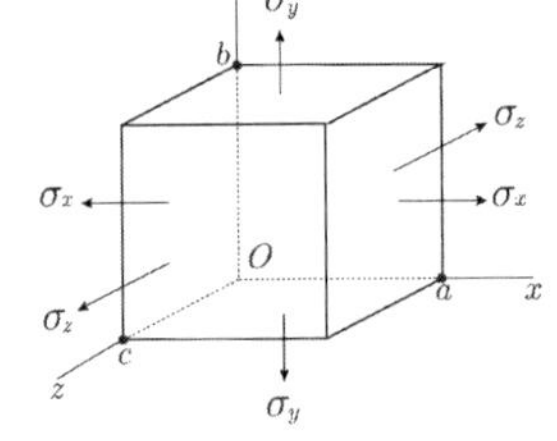

③ 체적변화량 $\Delta V = a(1+\epsilon_x) \cdot b(1+\epsilon_y) \cdot c(1+\epsilon_z) - abc$
ϵ_x, ϵ_y, ϵ_z의 2차 이상의 항을 생략(매우 미소하여 무시할 수 있다.)하면 $\Delta V \fallingdotseq abc(\epsilon_x + \epsilon_y + \epsilon_z)$가 된다.

④ 체적변형률 $\epsilon_v = \dfrac{\Delta V}{V} = \epsilon_x + \epsilon_y + \epsilon_z$

또는 $\dfrac{\Delta V}{V} = \dfrac{(1-2\nu)}{E}(\sigma_x + \sigma_y + \sigma_z)$

⑤ 체적탄성계수 K는 Hooke의 법칙에 의해 $K = \dfrac{\sigma_m}{\epsilon_y}$ 이다.

8.6. 구응력(spherical stress)상태

① 구응력상태란 3축 응력의 특수한 경우로 3축 방향의 응력이 동일한 상태를 말한다. 즉, $\sigma_x = \sigma_y = \sigma_z = \sigma_0$가 성립하는 상태이다. 구응력상태에서는 모든 방향으로 동일한 수직응력이 작용하고, 전단응력은 0이 되며, 모든 평면이 주평면이 되고 모어원은 1개의 점으로 나타난다. ($\epsilon_x = \epsilon_y = \epsilon_z = \epsilon_0$가 성립)

② 각 방향의 수직변형률

$$\epsilon_0 = \frac{\sigma_o}{E}(1-2\nu)$$

③ 체적변형률

$$\epsilon_v = 3\epsilon_0$$

④ 체적탄성계수

$$K = \frac{\sigma_0}{\epsilon_v}$$

⑤ 체적탄성계수와 영계수와의 관계

$$K = \frac{\sigma_0}{\epsilon_0} = \frac{\sigma_0}{\dfrac{3\sigma_0}{E}(1-2\nu)} = \frac{E}{3(1-2\nu)}$$

(위의 식으로부터 포아슨비는 이론상 0.5를 초과할 수 없음을 알 수 있다.)

⑥ $G = \dfrac{E}{2(1+\nu)} = \dfrac{mE}{2(1+m)}$, $K = \dfrac{E}{3(1-2\nu)} = \dfrac{mE}{3(m-2)}$,
$G = \dfrac{3(1-2\nu)}{2(1+2\nu)}K = \dfrac{3(m-2)}{2(1+m)}K$
(여기서, ν : 포아슨비, m : 포아슨수)

8.7. 내압응력

① 내압을 받는 얇은 원형관의 응력

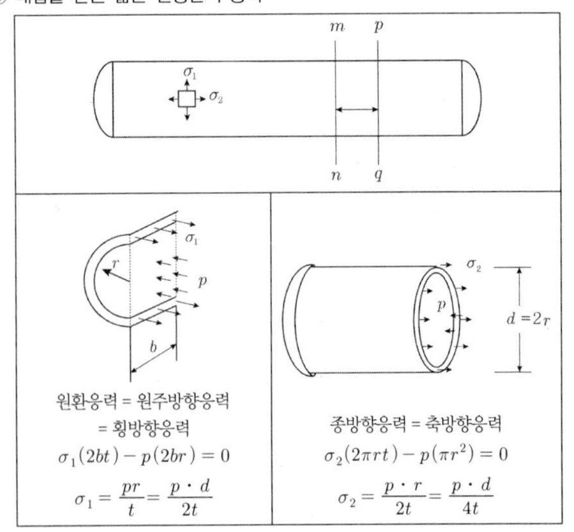

② 내압을 받는 얇은 구형관의 응력

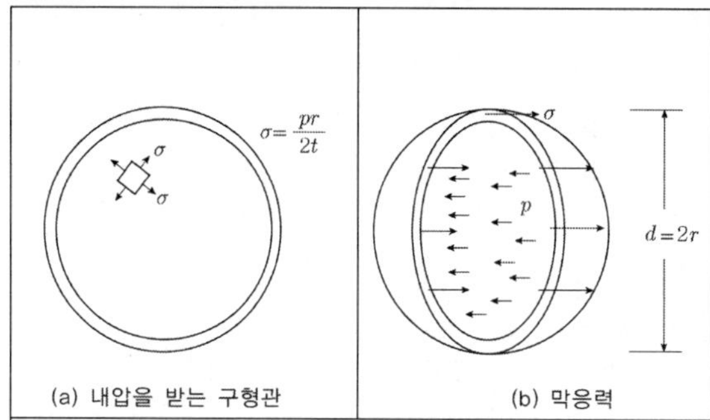

(a) 내압을 받는 구형관 (b) 막응력

위의 그림에서와 같이 구의 대칭적인 특성에 따라 모든 방향으로 일정한 인장응력이 곡면에 대해 접선방향으로 작용하는데 이를 막응력이라고 한다.

$\sigma \cdot (2\pi rt) - p(\pi r^2) = 0$이므로 막응력은 $\sigma = \dfrac{p \cdot r}{2t} = \dfrac{p \cdot d}{4t}$이다.

9. 평면응력과 변형률

9.1. 평면응력과 평면변형률 정의

(1) 평면응력상태

xy평면에 3개의 응력, 즉 x방향의 응력, y방향의 응력, 전단응력만이 작용하고 있는 상태이다. 평면응력은 평면변형률을 발생시킨다.

(2) 평면변형률

xy평면에 발생하는 3개의 변형률, 즉 x방향으로의 변형률 (ε_x), y방향의 수직변형률(ε_y), 그리고 전단변형률(γ_{xy})을 의미한다.

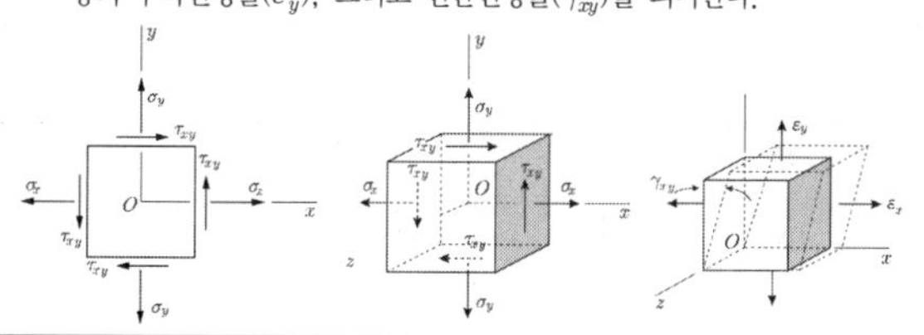

9.2. Mohr's Circle(모어원)

① 재료를 구성하고 있는 미소요소에 다음과 같은 응력이 작용하고 있다고 하면 모어원을 이용한 주응력 $\sigma_{\max}$와 $\sigma_{\min}$은 우측의 원(모어원)을 작도하여 구할 수 있다.

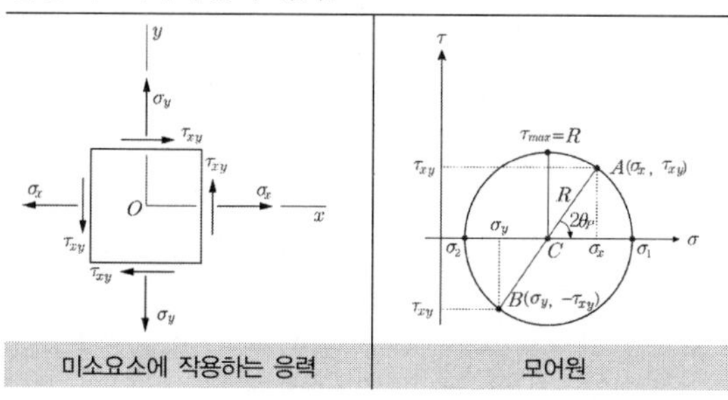

미소요소에 작용하는 응력 | 모어원

② 모어원의 작도법 … 모어원을 작도하면 주응력과 최대전단응력을 손쉽게 구할 수 있다. 주어진 평면응력조건에 해당되는 A점과 B점을 찾아 서로 연결한 직선의 길이를 지름으로 하는 원이 모어원이며 이 원의 반지름이 최대전단응력이 되며 이 원이 x축과 만나는 x좌표의 최댓값과 최솟값이 주응력이 되는 것이다. (모어원의 좌표축은 보통 사용하는 1사분면을 (+)로 설정하고, x축을 면에 대한 수직응력(σ), y축을 면에 평행한 전단응력(τ)으로 둔다. 수직응력(σ)은 인장인 경우를 (+), 전단응력(τ)은 시계방향인 경우를 (+)로 둔다.)

③ 주응력과 최대전단응력의 크기

㉠ 주응력의 크기 $\sigma_{\max,\min} = \dfrac{\sigma_x + \sigma_y}{2} \pm \sqrt{\left(\dfrac{\sigma_x - \sigma_y}{2}\right)^2 + \tau_{xy}^2}$ (위의 그림에서 $\sigma_{\max} = \sigma_1$, $\sigma_{\min} = \sigma_2$이다.)

㉡ 주평면각을 구하기 위한 식 $\tan 2\theta_P = \dfrac{2\tau_{xy}}{\sigma_x - \sigma_y}$

㉢ 최대전단응력 $\tau_{\max,\min} = \sqrt{\left(\dfrac{\sigma_x - \sigma_y}{2}\right)^2 + \tau_{xy}^2}$ (최대전단응력의 크기는 모어원의 반지름, 주응력 차이의 1/2과 같다.)

④ 파괴시의 최대응력

㉠ 최대 수직응력설(Rankine 응력) : σ_θ가 최대가 되어 부재가 파괴된다는 학설 ($\theta = 0^o$, $\sigma_{\max} = \sigma_x$)

㉡ 최대 전단응력설(Columb 응력) : τ_θ가 최대가 되어 부재가 파괴된다는 학설 $\left(\theta = 45^o,\ \tau_{\max} = \dfrac{\sigma_x}{2}\right)$

9.3. 평면변형률

앞 절에서도 살펴보았듯이 평면변형은 변형이 xy면에서만 발생하는 변형을 말한다. 어떤 요소의 평면응력이 작용하게 되면 평면변형(ε_x, ε_y, γ_{xy})이 발생하게 되며 이러한 평면변형이 발생한 상황에서 가장 큰 평면변형률과 가장 작은 평면변형률이 작용하는 각을 주변형각이라고 한다. (평면은 기본적으로 직사각형으로 가정한다.)

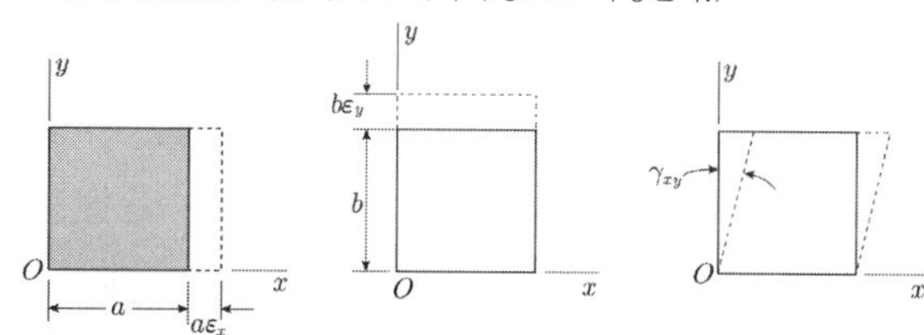

(1) 각 θ방향에 대한 평면변형률

평면응력이 작용하여 평면변형률(ε_x, ε_y, γ_{xy})이 발생한 한 요소에 대해서 각 θ를 이루는 평면의 각 θ방향에 대한 평면변형률은 다음과 같다.

① 각 θ방향으로의 변형률 $\varepsilon_\theta = \dfrac{\varepsilon_x + \varepsilon_y}{2} + \dfrac{\varepsilon_x - \varepsilon_y}{2}\cos 2\theta + \dfrac{\gamma_{xy}}{2}\sin 2\theta$

② 각 θ방향으로의 전단변형률 $\dfrac{\gamma_\theta}{2} = -\left(\dfrac{\varepsilon_x - \varepsilon_y}{2}\right)\sin 2\theta + \dfrac{\gamma_{xy}}{2}\cos 2\theta$

(2) 주변형률과 최대전단변형률

① **주변형률** … 임의의 각 θ가 변하는 동안 발생할 수 있는 최대, 또는 최소변형률

$$\varepsilon_{\substack{max\\min}} = \frac{\varepsilon_x + \varepsilon_y}{2} \pm \sqrt{\left(\frac{\varepsilon_x - \varepsilon_y}{2}\right)^2 + \left(\frac{\gamma_{xu}}{2}\right)^2}$$

② 최대 전단 변형률

$$\frac{\gamma_{max}}{2} = \sqrt{\left(\frac{\varepsilon_x - \varepsilon_y}{2}\right)^2 + \left(\frac{\gamma_{xy}}{2}\right)^2}$$

③ 주변형각

$\tan 2\theta_p = \dfrac{\gamma_{xu}}{\varepsilon_x - \varepsilon_y}$ (위의 식들은 주응력 및 최대전단응력의 산정식과 매우 유사하다.)

9.4. 스트레인 로제트

(1) 스트레인 로제트의 기본식

$\epsilon_\theta = \dfrac{\epsilon_x + \epsilon_y}{2} + \dfrac{\epsilon_x - \epsilon_y}{2}\cos 2\theta + \dfrac{\gamma_{xy}}{2}\sin 2\theta$ 이므로 다음의 3가지 식이 성립한다.

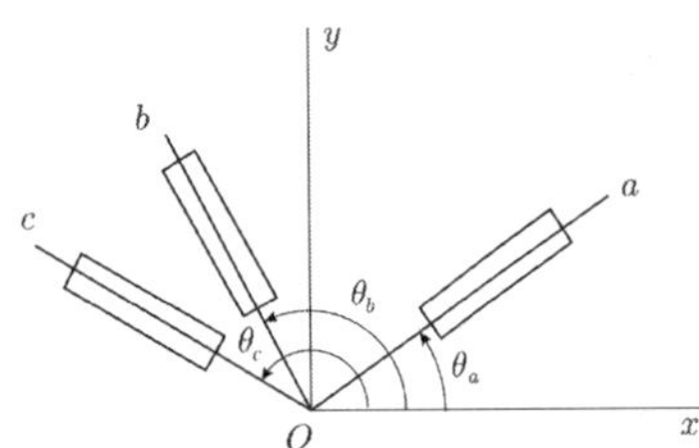

$$\epsilon_a = \frac{\epsilon_x + \epsilon_y}{2} + \frac{\epsilon_x - \epsilon_y}{2}\cos 2\theta_a + \frac{\gamma_{xy}}{2}\sin 2\theta_a$$

$$\epsilon_b = \frac{\epsilon_x + \epsilon_y}{2} + \frac{\epsilon_x - \epsilon_y}{2}\cos 2\theta_b + \frac{\gamma_{xy}}{2}\sin 2\theta_b$$

$$\epsilon_c = \frac{\epsilon_x + \epsilon_y}{2} + \frac{\epsilon_x - \epsilon_y}{2}\cos 2\theta_c + \frac{\gamma_{xy}}{2}\sin 2\theta_c$$

위의 식은 다음의 식과 동치관계가 성립한다.

$$\epsilon_a = \epsilon_x \cos\theta_a^2 + \epsilon_y \sin\theta_a^2 + \gamma_{xy}\sin\theta_a\cos\theta_a$$

$$\epsilon_b = \epsilon_x \cos\theta_b^2 + \epsilon_y \sin\theta_b^2 + \gamma_{xy}\sin\theta_b\cos\theta_b$$

$$\epsilon_c = \epsilon_x \cos\theta_c^2 + \epsilon_y \sin\theta_c^2 + \gamma_{xy}\sin\theta_c\cos\theta_c$$

(2) 여러 가지 스트레인 로제트

① 45° 스트레인 로제트

게이지 A와 C는 x와 y축 방향이므로 $\epsilon_x = \epsilon_a$, $\epsilon_y = \epsilon_c$이다.

전단변형률 γ_{xy}를 계산하기 위해서는 다음의 공식을 사용해야 한다.

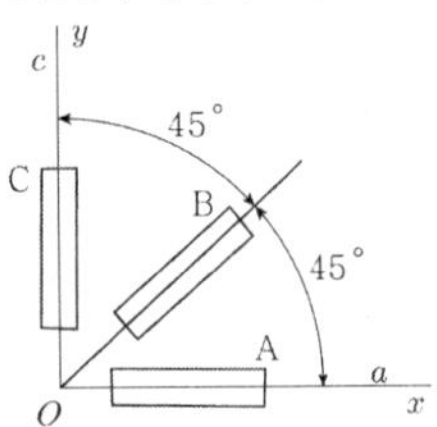

$$\epsilon_\theta = \frac{\epsilon_x + \epsilon_y}{2} + \frac{\epsilon_x - \epsilon_y}{2}\cos 2\theta + \frac{\gamma_{xy}}{2}\sin 2\theta$$

이 식에 $\theta = 45^o$를 대입하면 $\epsilon_\theta = \epsilon_b$가 되므로

$$\epsilon_b = \frac{\epsilon_a + \epsilon_c}{2} + \frac{\epsilon_a - \epsilon_c}{2}\cos 90^o + \frac{\gamma_{xy}}{2}\sin 90^o$$

위의 식을 정리하면 $\gamma_{xy} = 2\epsilon_b - (\epsilon_a + \epsilon_c)$

45° 스트레인 로제트의 주변형률은 다음과 같다.

$$\epsilon_{1,2} = \frac{\epsilon_x + \epsilon_y}{2} \pm \sqrt{\left(\frac{\epsilon_x - \epsilon_y}{2}\right)^2 + \left(\frac{\gamma_{xy}}{2}\right)^2}$$

② 60° 스트레인 로제트(델타로제트)

위와 같은 원리를 적용하면 다음의 식이 성립한다.

ε_b 산출시 기본식에 $\theta = 60^o$를 대입하면

$\varepsilon_b = \dfrac{\varepsilon_x}{4} + \dfrac{3\varepsilon_y}{4} - \dfrac{\sqrt{3}}{4}\gamma_{xy}$가 된다.

ε_c 산출시 기본식에 $\theta = 120^o$를 대입하면

$\varepsilon_b = \dfrac{\varepsilon_x}{4} + \dfrac{3\varepsilon_y}{4} - \dfrac{\sqrt{3}}{4}\gamma_{xy}$가 된다.

위의 두 식을 연립하여 풀면

$\epsilon_x = \epsilon_a$이므로 $\epsilon_y = \dfrac{1}{3}(2\epsilon_b + 2\epsilon_c - \epsilon_a)$, $\gamma_{xy} = \dfrac{2}{\sqrt{3}}(\epsilon_b - \epsilon_c)$가 산출된다.

10. 소성해석

10.1. 항복모멘트와 소성모멘트

탄소성재료로 구성된 보의 하중 증가에 따른 단면응력의 변화는 다음과 같다.

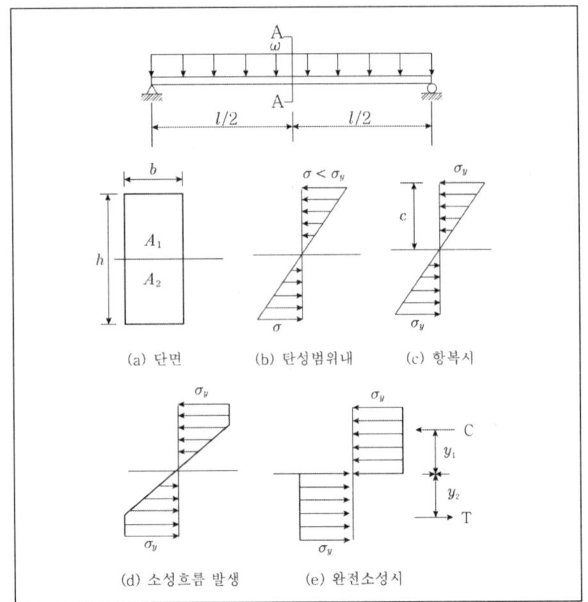

(a) 단면 (b) 탄성범위내 (c) 항복시

(d) 소성흐름 발생 (e) 완전소성시

① **항복모멘트** … 탄소성 재료로 구성된 보에서 단면연단의 휨응력이 항복응력에 도달할 때의 휨모멘트이다. 항복응력에 단면계수를 곱한 값과 같다.

② **소성모멘트**

㉠ 탄소성 재료로 구성된 보에서 전단면의 휨응력이 항복응력에 도달할 때의 휨모멘트이다.

㉡ **소성모멘트의 크기** : 우력모멘트의 원리에 의해

$M_p = C \cdot y_1 + T \cdot y_2$이며 $M_p = \dfrac{\sigma_y \cdot A(y_1 + y_2)}{2}$

(y_1, y_2는 중립축에서 면적 A_1, A_2의 도심까지의 거리이다.)

㉢ **소성중립축의 위치** : 중립축 상부의 압축응력의 합(압축력)과 중립축 하부의 인장응력의 합(인장력)의 크기가 서로 같다는 조건으로부터 구할 수 있다. 압축력과 인장력이 같아야 하므로 $\sigma_y \cdot A_1 = \sigma_y \cdot A_2$이며 $A_1 = A_2$이므로 소성상태의 중립축은 전단면적을 상·하로 이등분한다.

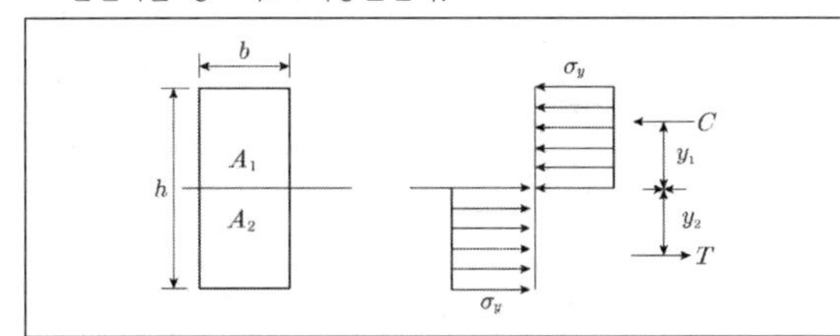

	항복모멘트
응력도	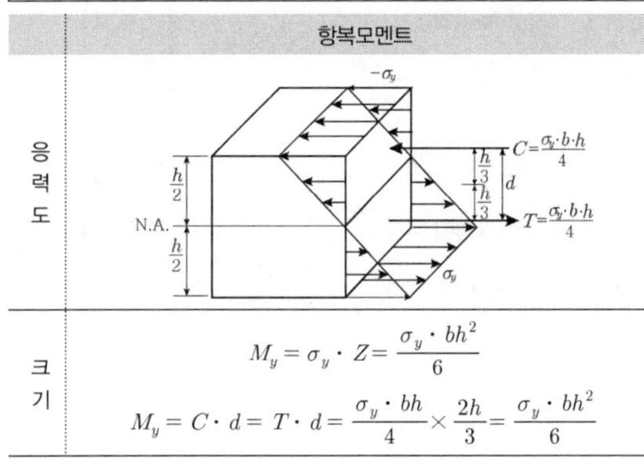
크기	$M_y = \sigma_y \cdot Z = \dfrac{\sigma_y \cdot bh^2}{6}$ $M_y = C \cdot d = T \cdot d = \dfrac{\sigma_y \cdot bh}{4} \times \dfrac{2h}{3} = \dfrac{\sigma_y \cdot bh^2}{6}$

	소성모멘트
응력도	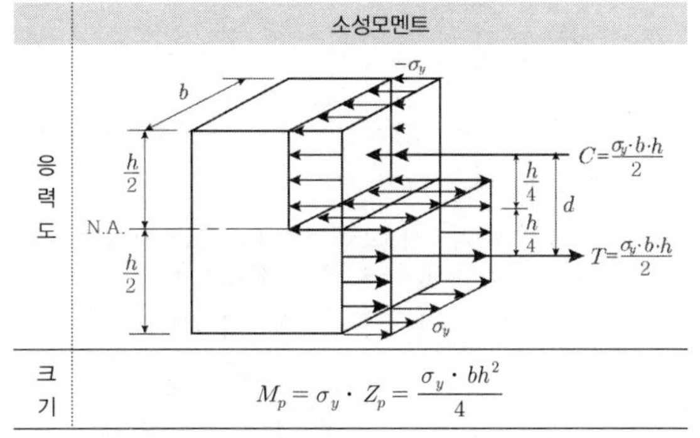
크기	$M_p = \sigma_y \cdot Z_p = \dfrac{\sigma_y \cdot bh^2}{4}$

③ 형상계수 = 소성모멘트 / 항복모멘트

(단면 모양에 따른 형상계수 : 마름모(2.0), 원형(1.7), 직사각형(1.5), I형 단면(1.2))

④ **소성계수** … 소성모멘트를 항복응력으로 나눈 값

단면형상	소성계수
직사각형 (b, h, y_1, y_2)	$\dfrac{bh^2}{4}$
원형 (D, y_1, y_2)	$\dfrac{D^3}{6}$
마름모 (b, h, y_1, y_2)	$\dfrac{bh^2}{12}$

10.2. 소성힌지

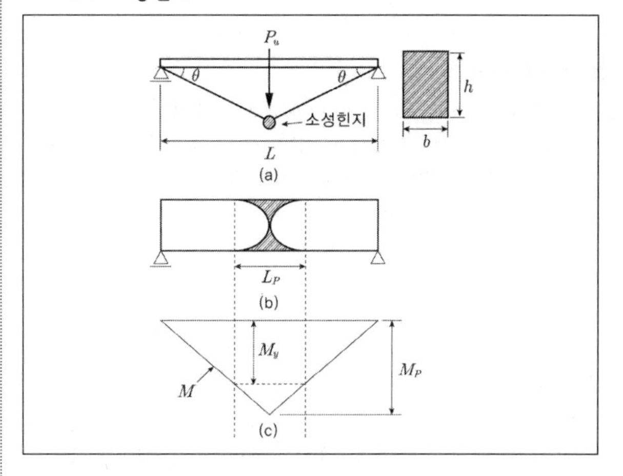

(1) 소성힌지의 정의

보의 중앙부에 그림과 같이 하중을 작용시키면 보 중앙부의 상단과 하단이 먼저 항복이 발생한다. 이때의 모멘트를 항복모멘트라고 하며 이때의 하중이 항복하중이다. 이러한 항복하중과 같거나 더 큰 하중이 계속 작용하게 되면 단면 전체가 항복해버리는데 이때를 소성상태라고 한다. 이러한 소성상태가 되면 마치 단면에 힌지가 생긴 것처럼 단면 좌우의 두 부재가 회전을 하게 되어 과도한 회전변위가 생기게 되고 종국적으로는 파괴에 이르게 된다. 이때의 힌지를 소성힌지라고 한다.

(2) 소성힌지의 발생점과 소성영역(L_P)

① 소성힌지는 최대 휨모멘트가 발생하는 곳에서 생긴다.

② 정정구조물은 단 1개의 소성힌지라도 추가하면 파괴가 된다.

③ N차 부정정구조물은 $N+1$개의 소성힌지가 발생하면 파괴된다.

④ 소성힌지의 위치는 중첩법으로 구할 수 없다.

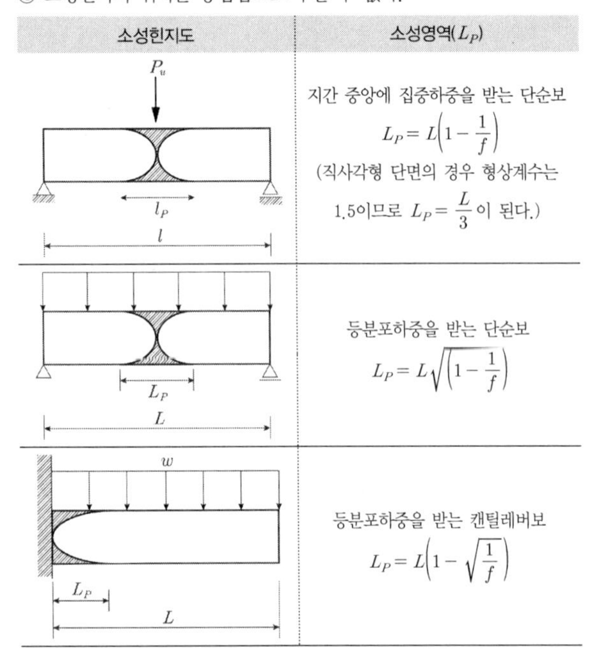

소성힌지도	소성영역(L_P)
	지간 중앙에 집중하중을 받는 단순보 $L_P = L\left(1-\frac{1}{f}\right)$ (직사각형 단면의 경우 형상계수는 1.5이므로 $L_P = \frac{L}{3}$이 된다.)
	등분포하중을 받는 단순보 $L_P = L\sqrt{\left(1-\frac{1}{f}\right)}$
	등분포하중을 받는 캔틸레버보 $L_P = L\left(1-\sqrt{\frac{1}{f}}\right)$

(3) 소성힌지의 특성

① 소성힌지가 발생한 곳은 휨강성이 0이 된 상태이다.

② 소성힌지는 일정한 휨모멘트에 대해 저항을 하고 있는 힌지이므로 휨모멘트에 대한 저항력이 전혀 없는 실제의 힌지와는 다르다.

③ 소성힌지가 최대로 발휘할 수 있는 강도를 전소성모멘트라고 한다.

④ 소성화된 부분의 탄성계수는 휨강성이 0이므로 0이 된다.

10.3. 소성해석의 응용

(1) 보의 소성해석

몇 가지 가능한 파괴매커니즘을 설정하고 각 매커니즘별 가상일의 원리를 적용하여 해석한다. 다음의 그림에서 극한하중에 의한 보의 중앙부의 처짐을 $\frac{L}{2}\cdot\theta$가 되며 이 극한하중에 의한 일은 $P_u\cdot\left(\frac{L}{2}\cdot\theta\right)$이다. 이는 외적인 하중에 의한 일이다. 한 편 부재의 내적인 응력을 살펴보면 보의 중앙부에 소성모멘트가 발생하여 2θ의 회전각변위가 발생하였으므로 내적인 일은 $M_P\cdot 2\theta$가 된다. 가상일의 원리는 외력에 의한 가상일은 내력에 의한 가상일과 동일하다는 것이므로 $P_u\cdot\left(\frac{L}{2}\cdot\theta\right)=M_P\cdot 2\theta$가 성립하게 되며 $P_u=\frac{4M_P}{L}$가 된다.

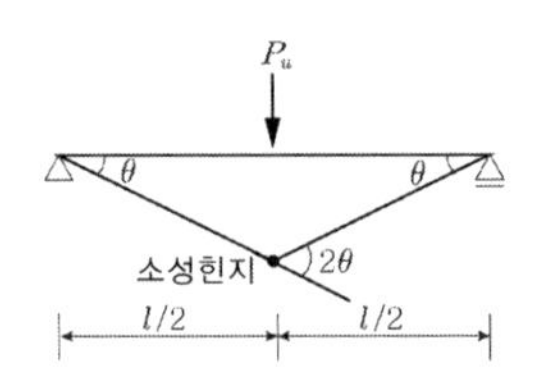

(2) 라멘구조물의 소성해석

라멘구조물은 다음과 같이 몇 가지 파괴메커니즘을 고려하여 소성힌지를 산정해야 한다.

① **보 파괴매커니즘** … 구조물을 구성하고 있는 부재 중 보가 붕괴를 유발하는 주요인이 되어 극한하중을 지배하는 경우이다.

② **뼈대 파괴매커니즘** … 구조물을 구성하고 있는 부재 중 뼈대가 붕괴를 유발하는 주요인이 되어 극한하중을 지배하는 경우이다.

③ **합성 파괴매커니즘** … 구조물을 구성하고 있는 부재 중 보와 뼈대가 합성되어 붕괴를 유발하는 주요인이 되어 극한하중을 지배하는 경우이다.

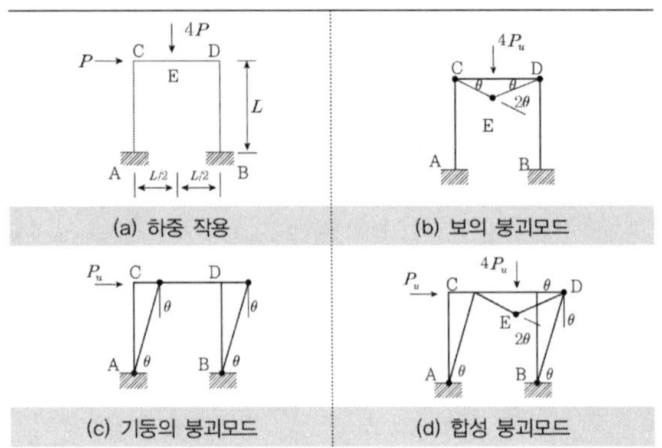

(a) 하중 작용 (b) 보의 붕괴모드 (c) 기둥의 붕괴모드 (d) 합성 붕괴모드

(b)의 보의 붕괴모드에서 $4P_u\left(\frac{L}{2}\cdot\theta\right)=M_P\cdot\theta\times 2+M_P\cdot 2\theta$이며

$$P_u=\frac{2M_P}{L}$$

(c)의 기둥의 붕괴모드에서 $P_u(L\cdot\theta)=M_P\cdot 4\theta$이며 $P_u=\frac{4M_P}{L}$

(d) 합성 붕괴모드에서

$$4P_u\left(\frac{L}{2}\cdot\theta\right)+P_u(L\cdot\theta)=M_P\cdot 4\theta+M_P\cdot 2\theta\text{이며 } P_u=\frac{2M_P}{L}$$

위의 3가지 중 가장 최솟값인 $P_u=\frac{2M_P}{L}$이 극한하중이 되고 소성힌지는 C, D, E에 발생하게 된다.

등분포하중이 작용하는 양단고정보의 붕괴의 소성해석시 외적인 일의 크기는 삼각형의 면적과 등분포하중을 곱한 값과 같다.

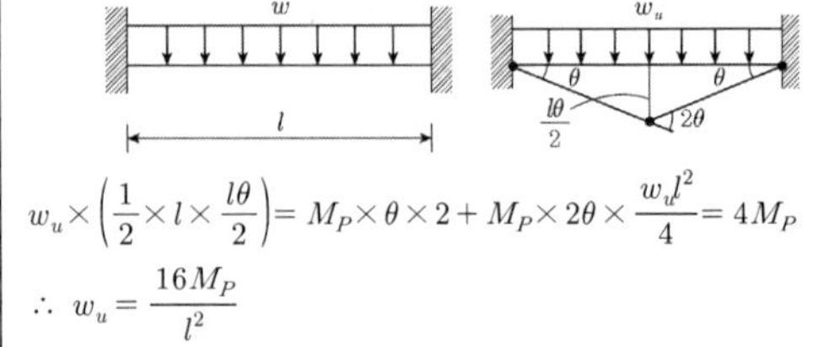

$$w_u\times\left(\frac{1}{2}\times l\times\frac{l\theta}{2}\right)=M_P\times\theta\times 2+M_P\times 2\theta\times\frac{w_u l^2}{4}=4M_P$$

$$\therefore\ w_u=\frac{16M_P}{l^2}$$

11. 기둥해석

11.1. 단주의 해석

① 중심축 하중이 작용하는 경우 압축을 (+), 인장을 (−)로 한다.

$$\sigma_c = \frac{P}{A} \quad (\sigma_c: \text{압축응력},\ P: \text{중심축하중},\ A: \text{단면적})$$

② 1축 편심축 하중이 작용하는 경우

㉠ X축으로 편심이 된 경우 $\sigma = \frac{P}{A} \pm \frac{P \cdot e_x}{I_y} \cdot x$

㉡ Y축으로 편심이 된 경우 $\sigma = \frac{P}{A} \pm \frac{P \cdot e_y}{I_x} \cdot y$

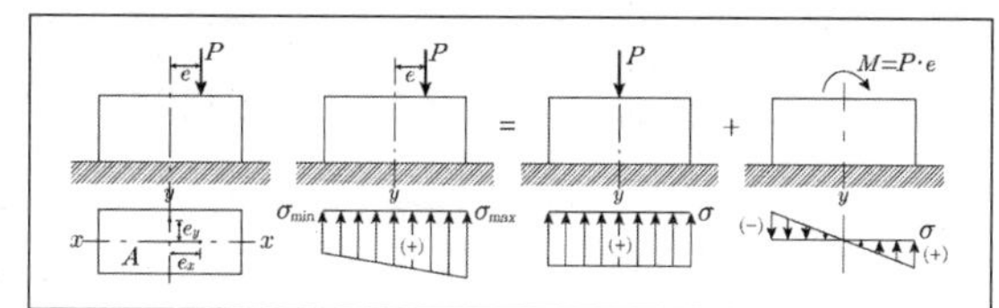

③ 편심거리에 따른 응력분포도

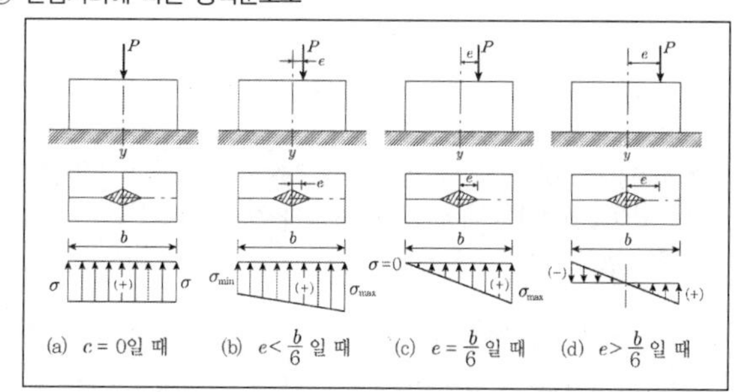

(a) $e = 0$일 때 (b) $e < \frac{b}{6}$일 때 (c) $e = \frac{b}{6}$일 때 (d) $e > \frac{b}{6}$일 때

④ 단면의 핵과 핵점

㉠ 핵점 : 단면 내에 압축응력만이 일어나는 하중의 편심거리의 한계점

㉡ 핵 : 핵점에 의해 둘러싸인 부분

㉢ 핵거리 : 인장응력이 생기지 않는 편심거리

※ X축으로 1축 편심된 축하중이 작용하는 경우

$\sigma = \frac{P}{A} \pm \frac{P \cdot e_x}{I_y} \cdot x$의 응력이 발생하게 되며 이 때

$\frac{P}{A} = \frac{P \cdot e}{I_y} \cdot x$가 되는 e의 값이 핵거리이다.

구형 단면	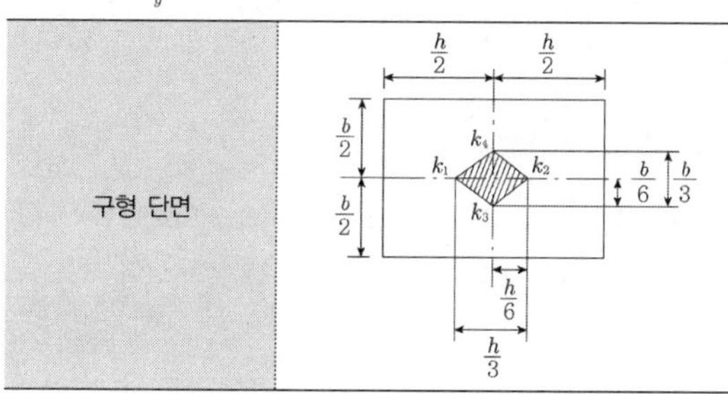
원형 단면	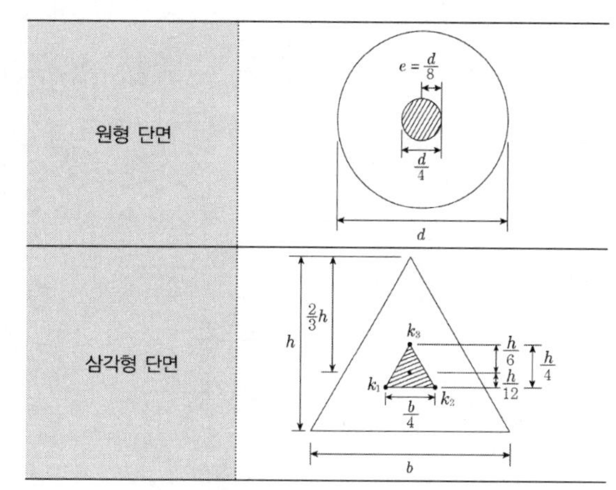
삼각형 단면	

⑤ 2축 편심축 하중이 작용하는 경우 단면의 각 꼭짓점에 발생하는 응력의 크기

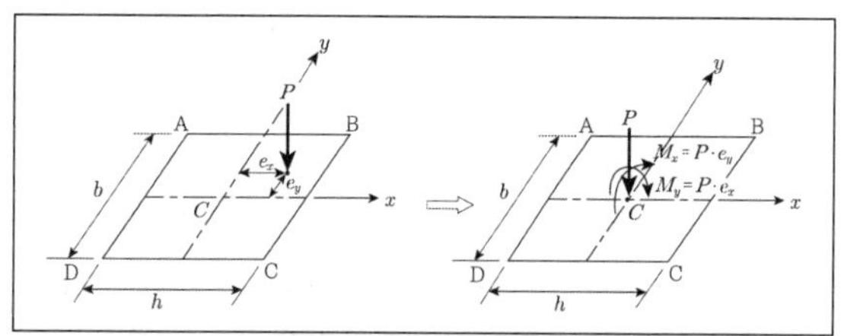

좌측의 그림은 우측과 등가로 치환될 수 있다. 이 경우 A, B, C, D 각 점에서 발생하는 응력은 다음과 같다. (A점에서 최대의 압축응력이 발생한다.)

㉠ A점에서 발생하는 응력 : $\sigma_A = \frac{P}{A}\left(1 + \frac{6 \cdot e_y}{b} - \frac{6 \cdot e_x}{h}\right)$

㉡ B점에서 발생하는 응력 : $\sigma_B = \frac{P}{A}\left(1 + \frac{6 \cdot e_y}{b} + \frac{6 \cdot e_x}{h}\right)$

㉢ C점에서 발생하는 응력 : $\sigma_C = \frac{P}{A}\left(1 - \frac{6 \cdot e_y}{b} + \frac{6 \cdot e_x}{h}\right)$

㉣ D점에서 발생하는 응력 : $\sigma_D = \frac{P}{A}\left(1 - \frac{6 \cdot e_y}{b} - \frac{6 \cdot e_x}{h}\right)$

11.2. 장주의 해석

① **좌굴(buckling)과 좌굴하중** … 장주에 압축하중이 작용하고 있으며 이 하중이 일정크기 이상에 도달하면 휘기 시작하고, 어느 정도 휘어진 상태에서는 작용하고 있는 압축하중과 평형상태(중립평형상태)를 이룬다. 그러나 이 상태에서 조금 더 큰 하중이 작용하게 되면 기둥은 더 이상 압축하중에 저항하지 못하고 계속 휘어지게 되는데 이런 현상을 좌굴이라고 하며 좌굴을 발생시키는 최소한의 하중을 좌굴하중(P_{cr})이라고 한다.

② 장주의 좌굴특성

㉠ 장주의 좌굴응력은 비례한도응력보다 작으므로 장주의 좌굴은 탄성좌굴에 속한다.

㉡ 중간주의 좌굴은 오일러 응력보다는 낮고 비례한도 응력보다는 높은 영역에서 발생하므로 비탄성좌굴에 속한다.

㉢ 장주의 좌굴은 단면 2차 모멘트가 최대인 주축의 방향으로 발생하며 이는 단면2차모멘트가 최소인 주축의 직각방향과 동일하다.

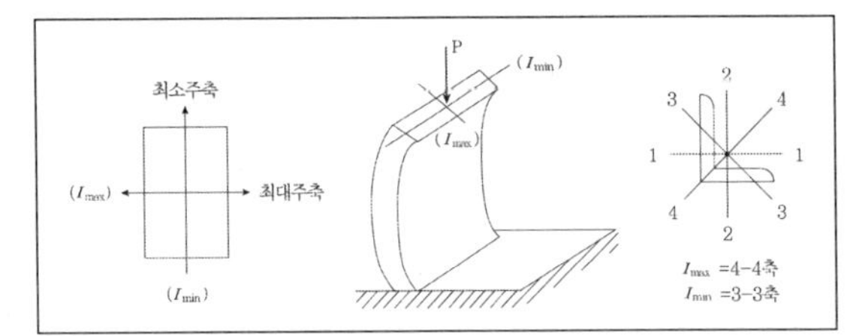

③ 좌굴하중의 기본식(오일러의 장주공식)

$$P_{cr}=\frac{\pi^2EI}{(kl)^2}=\frac{n\pi^2EI}{l^2}$$

EI : 기둥의 휨강성
l : 기둥의 길이
k : 기둥의 유효길이 계수
kl : (l_k로도 표시함) 기둥의 유효길이 (장주의 처짐곡선에서 변곡점과 변곡점 사이의 거리)
n : 좌굴계수(강도계수, 구속계수)
$n=\frac{1}{k^2}$

좌굴응력(임계응력)

$$\sigma_b=\frac{P_b}{A}=\frac{n\pi^2E}{\lambda^2}$$

11.3. 중간주 영역의 이론과 경험식

중간주 영역은 장주와 단주영역과 달리 해석에 있어서 다소 복잡한 면이 있으므로 여러 가지 해석이론이 제시되고 있다.

① **접선계수이론** … 접선계수이론은 말 그대로 응력-변형도 곡선의 각 점에서 접선을 그 재료의 탄성계수로 적용하는 것이다. 이 경우 비례한도를 넘는 응력에서는 접선의 기울기가 급격히 감소하다가 항복이후 탄성계수는 0이 된다. 접선계수이론을 적용하여 탄성계수를 적용하고 좌굴하중을 구하면 실제 좌굴하중보다 작게 평가된다. 그래서 감소계수이론이 등장하게 된다.

② **감소계수이론** … 좌굴이 일어나면 한쪽방향으로 휨이 발생하므로 부재단면상으로 보면 한쪽은 인장, 한쪽은 압축을 받는다는 생각을 기본으로 한다. 따라서 압축을 받는 부분은 좌굴하중에 가까워지지만 인장을 받는 부분은 그렇지 않다는 생각으로 부재 전체 좌굴하중을 더 높게 평가해야 한다. (전단면이 동시에 압축좌굴하지 않는다는 의미이다.). 하지만 이 이론으로 좌굴하중을 구하면 실제 좌굴하중보다 크게 평가된다.

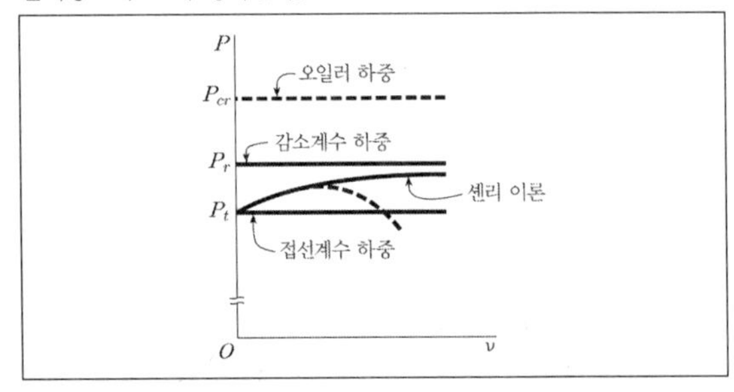

③ **shanley이론** … 기둥의 좌굴하중은 접선계수하중과 감소계수하중의 중간값을 적용해야 한다는 것이다.

12. 변형에너지

12.1. 변형에너지 밀도

① **변형에너지 밀도** … 단위체적당의 변형에너지를 변형에너지 밀도라고 한다.

축방향력의 변형에너지 밀도	전단력의 변형에너지 밀도
$u=\frac{U}{AL}=\frac{N^2L}{2EA}\left(\frac{1}{AL}\right)=\frac{\sigma^2}{2E}$	$u=\frac{U}{AL}=\frac{S^2L}{2GA}\left(\frac{1}{AL}\right)=\frac{r^2}{2G}$
또는 $u=\frac{\sigma^2}{2E}=\frac{(\epsilon E)^2}{2E}=\frac{E\epsilon^2}{2}$	$u=\frac{r^2}{2G}=\frac{(G\gamma)^2}{2G}=\frac{G\gamma^2}{2}$

② **레질리언스계수** … 부재가 비례한도(탄성한도)에 해당하는 응력(σ_{pl})을 받고 있을 때의 변형에너지 밀도를 레질리언스계수(u_r)라고 한다.

$$u_r=\frac{\sigma_{pl}^2}{2E}$$

레질리언스란 재료가 탄성범위 내에서 에너지를 흡수하는 능력을 말한다.

③ **인성계수** … 재료가 파괴점까지의 응력을 받았을 때의 변형에너지 밀도이다. 인성이란 재료가 파괴시까지 에너지를 흡수할 수 있는 능력을 말한다.

12.2. 보에서 외력이 한 일

(1) 하중이 서서히 작용할 경우

선형탄성 구조물에 하중이 0에서 서서히 증가하고 동시에 변위도 서서히 증가할 때 외력이 한 일 $W_E=\frac{1}{2}\times(\text{작용하중})\times(\text{변위})$가 된다.

여기서, 작용하중은 축방향력(P), 휨모멘트(M), 전단력(S), 비틀림모멘트(T)가 되고 이에 각각 대응하는 변위는 δ, θ, λ, ϕ가 된다.

(2) 하중이 갑자기 작용할 경우

선형탄성 구조물에 하중이 갑자기 작용하거나 일정한 하중이 작용한 상태에서 변위가 갑자기 발생할 경우의 외력이 한 일 $W_E=(\text{작용하중})\times(\text{변위})$가 된다. 외력이 한 일은 모두 내적인 일로 변화된다. 따라서 외적 일은 내적 일, 즉 변형에너지와 같아진다.

(3) 보에서 외력이 한 일

① 하나의 집중하중이 작용하는 경우

㉠ 하중이 서서히 작용할 경우 : $W_E=\frac{1}{2}\times\text{작용하중}\times\text{변위}$

㉡ 하중이 갑자기 작용할 경우 : $W_E=\text{작용하중}\times\text{변위}$

② 둘 이상의 집중하중이 직용하는 경우

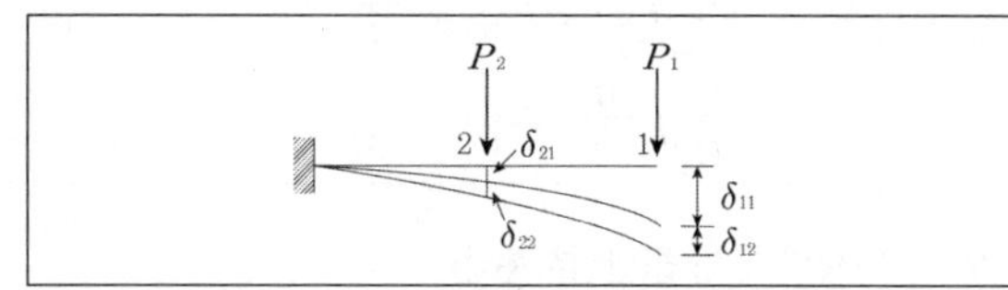

㉠ P_1, P_2가 동시에 서서히 작용할 경우의 외적 일

$$W_E = \frac{P_1}{2}(\delta_{11}+\delta_{12}) + \frac{P_2}{2}(\delta_{21}+\delta_{22})$$

δ_{11} : P_1이 작용할 때 P_1방향의 1점의 처짐

δ_{12} : P_2가 작용할 때 P_1방향의 1점의 처짐

δ_{21} : P_1가 작용할 때 P_2방향의 2점의 처짐

δ_{22} : P_2가 작용할 때 P_2방향의 2점의 처짐

㉡ P_1이 먼저 서서히 작용하고 P_2가 후에 서서히 작용할 때 외적일 :

$$W_E = \frac{P_1}{2}\cdot\delta_{11} + \frac{P_2}{2}\cdot\delta_{22} + P_1\delta_{12}$$

㉢ P_2이 먼저 서서히 작용하고 P_1이 후에 서서히 작용할 때 외적일 :

$$W_E = \frac{P_2}{2}\cdot\delta_{22} + \frac{P_1}{2}\cdot\delta_{11} + P_2\delta_{21}$$

㉣ P_1이 먼저 서서히 작용하고 P_2가 후에 서서히 작용할 때 P_1이 한 일 : $W_H = \frac{P_1}{2}\cdot\delta_{11} + P_1\delta_{12}$

㉤ P_2이 먼저 서서히 작용하고 P_1가 후에 서서히 작용할 때 P_2이 한 일 : $W_H = \frac{P_2}{2}\cdot\delta_{22} + P_2\delta_{21}$

12.3. 상반일의 정리 및 상반변위의 정리

(1) 상반일의 정리(Betti의 상반작용 정리)

온도변화 및 지점침하가 없는 선형탄성 구조물에서 이 동일한 구조물에 작용하는 서로 독립된 두 하중군 P_1, P_2에서 P_1 하중군이 P_2 하중군에 의한 변위를 따라가며 한 외적 가상 일은 P_2 하중군이 P_1하중군이 의한 변위를 따라가며 한 외적 가상일은 같다. 이것을 상반일의 정리, 또는 Betti의 상반작용정리라고 한다. P_1이 먼저 작용하고 P_2가 나중에 작용한 외적 일의 식과 P_2이 먼저 작용하고 P_1가 나중에 작용한 외적 일의 식은 서로 같다.

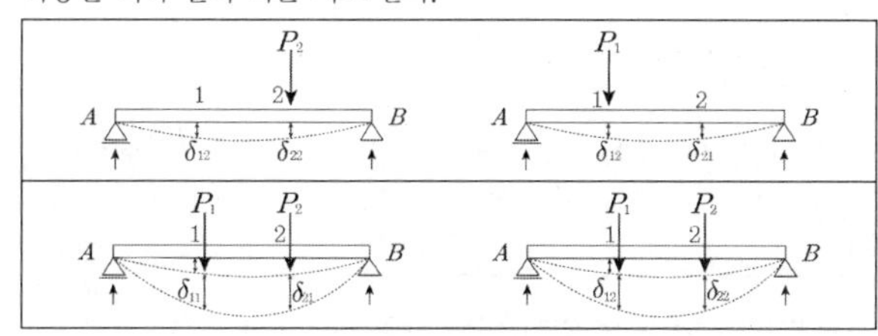

$$\frac{P_1}{2}\cdot\delta_{11} + \frac{P_2}{2}\cdot\delta_{22} + P_1\delta_{12} = \frac{P_2}{2}\cdot\delta_{22} + \frac{P_1}{2}\cdot\delta_{11} + P_2\delta_{21}$$ 이므로

$P_1 \cdot \delta_{12} = P_2 \cdot \delta_{21}$

δ_{12} : P_2에 의한 P_1작용점의 작용방향 변위

δ_{21} : P_1에 의한 P_2작용점의 작용방향 변위

Betti의 정리는 직선변위 뿐만 아니라 회전변위에 대해서도 성립하며 부정정구조물의 부정정력의 영향선 작도에도 사용된다.

(2) 상반변위의 정리(Maxwell의 상반작용정리)

온도변화 및 지점침하가 없는 선형탄성구조물에서 $P_1=1$, $P_2=1$일 때 $\delta_{12}=\delta_{21}$가 된다.

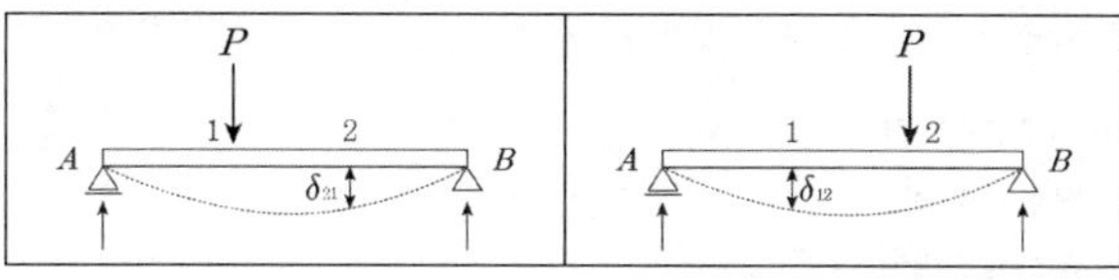

이것을 상반변위의 정리 또는 Maxwell의 상반작용정리라고 한다.
(Maxwell의 상반작용 정리는 Betti의 상반작용 정리의 특수한 경우이다.)

13. 처짐과 처짐각

13.1. 처짐 및 처짐각의 정의

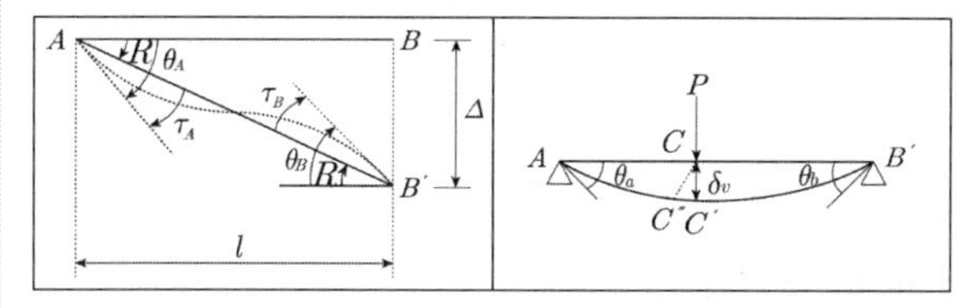

① 처짐각(θ) … 변형 전의 부재 축방향과 탄성곡선상의 임의점의 접선이 이루는 각을 처짐각, 회전각 또는 절점각이라 한다. 접선각과 부재각의 합이며 시계방향의 각을 (+), 반시계방향의 각을 (−)로 한다.

② 부재각(R) … 지점의 침하 또는 절점의 이동으로 변위(Δ)가 발생했을 때 부재의 양단 사이의 각$\left(R=\frac{\Delta}{l}\right)$을 부재각이라 한다. (처짐변위는 주로 Δ나 δ로 표시하지만 x나 y로 표시하기도 한다.)

③ 접선각(τ) … 재단모멘트에 의해서 생기는 접선회전각이다. (부재가 변위가 발생함과 동시에 변형이 일어날 때 재단에서 변형 후의 접선은 변형후의 양쪽 재단을 연결한 직선과 각을 이루게 되는데 이 각을 접선각이라 한다.)

④ 처짐(δ_h) … 부재의 임의 한 점의 이동량을 의미하는 것으로 수직처짐(δ_v)과 수평처짐(δ_h)이 있다.

⑤ 탄성곡선 … 구조물이 하중을 받으면 곡선으로 휘어지게 되는데 이 곡선을 탄성곡선, 또는 처짐곡선이라고 한다.

13.2. 처짐각과 처짐을 구하는 방법의 종류

(1) 기하학적 방법

① 탄성곡선식법(처짐곡선식법, 2중적분법, 미분방정식법) … 보, 기둥에 적용

② 모멘트 면적법(Green의 정리) … 보, 라멘에 적용

③ 탄성하중법(Mohr의 정리) … 보, 라멘에 적용

④ 공액보법 … 모든 보

⑤ New mark의 방법 … 비균일 단면의 보에 적용

⑥ 부재열법 … Truss에만 적용

⑦ Williot Mohr도에 의한 법 … Truss에만 적용

⑧ 중첩법(겹침법)

(2) Energy 방법

① 실제 일의 방법(탄성변형, energy 불변의 정리) … 보에 적용

② 가상 일의 방법(단위하중법) … 모든 구조물에 적용

③ Castiliano의 제2정리 … 모든 구조물에 적용

(3) 수치해석법

① 유한차분법

② 유한요소법

③ 경계요소법

④ 매트릭스법

⑤ 레일리리츠법

13.3. 탄성하중법

① 제1정리 … 단순보의 임의점에서 처짐각(θ)은 $\frac{M}{EI}$도를 탄성하중으로 한 경우의 그 점의 전단력값과 같다.

② 제2정리 … 단순보의 임의점에서의 처짐(δ)은 $\frac{M}{EI}$도를 탄성하중으로 한 경우의 그 점의 휨모멘트값과 같다.

13.4. 공액보법

① 정의 … 탄성하중법의 원리를 그대로 적용시켜 지점 및 단부의 조건을 변화시켜 처짐각, 처짐을 구한다. 단부의 조건 및 지점의 조건을 변화시킨 보를 공액보라 한다. 공액보법은 모든 보에 적용된다.

② 공액보를 만드는 방법

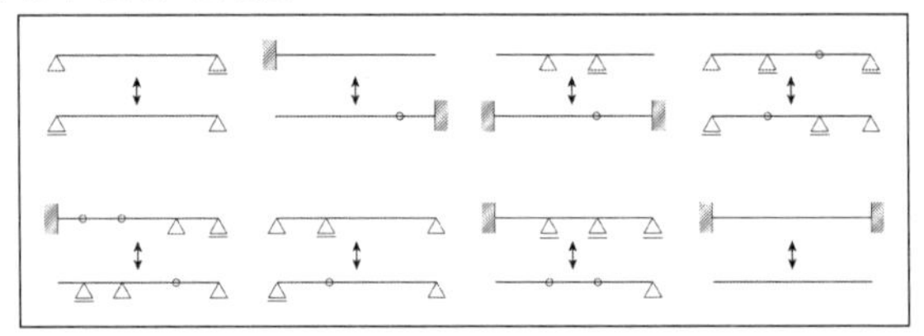

- 힌지단은 롤러단으로 변형시키고, 롤러단은 힌지단으로 변형시킨다.
- 고정단은 자유단으로 변형시키고, 자유단은 고정단으로 변형시킨다.

③ 중간힌지 또는 롤러지점은 내부힌지절점으로 변형시키고, 내부힌지절점은 중간힌지 또는 롤러지점으로 변형시킨다.

13.5. 모멘트 면적법

(1) 모멘트 면적법 제1정리 (Green의 정리)

탄성곡선상에서 임의의 두 점의 접선이 이루는 각(θ)은 이 두 점간의 휨모멘트도의 면적(A)을 EI로 나눈 값과 같다.

$$\theta = \int \frac{M}{EI} dx = \frac{A}{EI}$$

(2) 모멘트 면적법 제2정리

탄성곡선상의 임의의 m점으로부터 n점에서 그은 접선까지의 수직거리(y_m)는 그 두 점 사이의 휨모멘트도 면적의 m점에 대한 1차 모멘트를 EI로 나눈 값과 같다.

$$y_m = \int \frac{M}{EI} \cdot x_1 \cdot dx = \frac{A}{EI} \cdot x_1$$
$$y_n = \int \frac{M}{EI} \cdot x_2 \cdot dx = \frac{A}{EI} \cdot x_2$$

13.6. 가상일의 방법(단위하중법)

(1) 가상일의 원리

어떤 하중을 받고 있는 구조물이 평형상태에 있을 때 이 구조물에 작은 가상변형을 주면 외부하중에 의한 가상일은 내력(합응력)에 의한 가상일과 동일하다.

$$W_{ext} = W_{int}$$

W_{ext} : 외부가상일

W_{int} : 내부가상일($\int N d\delta + \int M d\theta + \int S d\lambda + \int T d\phi$)

N, M, S, T : 축력, 휨모멘트, 전단력, 비틀림 모멘트 등이 실제합응력

d, $d\theta$, $d\lambda$, $d\phi$: 가상변위

(2) 단위하중법의 일반식

① 단위하중에 의한 외적가상일 W_{ext}

$$W_{ext} = 1 \cdot \Delta$$

② 단위하중에 의한 내적가상일 W_{int}

$$W_{int} = \int n d\delta + \int m d\theta + \int s d\lambda + \int t d\phi$$

(여기서 n, m, s, t는 단위하중에 의한 합응력이다.)

③ $W_{ext} = W_{int}$이므로 $\Delta = \int n d\delta + \int m d\theta + \int s d\lambda + \int t d\phi$로 된다. 여기서, 실제하중에 의한 구조물의 합응력, N, M, S, T을 변형으로 표시한다.

$$d\delta = \frac{Ndx}{EA},\ d\theta = \frac{Mdx}{EI},\ d\lambda = \frac{\alpha_x Sdx}{GA},\ d\phi = \frac{Tdx}{GI_p}$$

(여기서 α_x는 형상계수이다.)

④ 선형탄성구조물의 단위하중법의 일반식

$$\Delta = \int \frac{nN}{EA} dx + \int \frac{mM}{EI} dx + \int \alpha_s \frac{sS}{GA} dx + \int \frac{tT}{GJ} dx$$

(Δ는 수직 및 수평변위, 회전각, 상대변위 등 계산하고자 하는 변위를 의미한다.)

(3) 휨부재의 단위하중법에 의한 변위 : 보, 라멘

휨부재에서는 축력과 전단력의 영향은 극히 적다. 그래서 휨모멘트에 대한 것만 고려하는 경우가 많다. 그러므로 다음의 식만을 적용해서 간단하게 처짐을 구할 수 있다.

$$\Delta = \int \frac{mM}{EI}dx$$

Δ : 구하고자 하는 휨모멘트
m : 단위하중에 의한 휨모멘트
M : 실제하중에 의한 휨모멘트

13.7. 카스틸리아노의 정리

(1) 카스틸리아노의 제1정리 : 하중을 구함

변위의 함수로 표시된 변형에너지에서 임의의 변위 δ_i에 대한 변형에너지의 1차 편도함수는 그 변위에 대응하는 하중 P_i와 같다. 즉, 다음의 식이 성립한다.

$$P_i = \frac{\partial U}{\partial \delta_i},\ M_i = \frac{\partial U}{\partial \theta_i}$$

(2) 카스틸리아노의 제2정리 : 변위를 구함

① 구조물의 재료가 선형탄성적이고, 온도변화나 지점침하가 없는 경우에 하중의 함수로 표시된 변형에너지의 임의의 하중 P_i에 대한 변형에너지의 1차 편도함수는 그 하중의 대응변위 δ_i와 같다. 즉, 다음의 공식이 성립한다.

$$\delta_i = \frac{\partial U}{\partial P_i},\ \theta_i = \frac{\partial U}{\partial M_i}$$

$$\delta_i = \frac{\partial U}{\partial P_i} = \int \left(\frac{\partial N}{\partial P_i}\right)\cdot\frac{N}{EA}dx + \int\left(\frac{\partial M}{\partial P_i}\right)\cdot\frac{M}{EI}dx + \int\left(\frac{\partial S}{\partial P_i}\right)\cdot\frac{\alpha_x S}{GA}dx + \int\left(\frac{\partial T}{\partial P_i}\right)\cdot\frac{T}{GJ}dx$$

② 휨부재

$$\delta_i = \int \frac{\partial M}{\partial P_i}\cdot\frac{M}{EI}dx,\ \theta_i = \int\frac{\partial M}{\partial M_i}\cdot\frac{M}{EI}dx$$

③ 트러스부재

$$\delta_i = \int\frac{\partial N}{\partial P_i}\cdot\frac{N}{EA}dx$$

14. 부정정구조물

14.1. 부정정구조물의 정의 및 특성

(1) 부정정구조물

정역학적 힘의 평형조건($\sum H = 0$, $\sum V = 0$, $\sum M = 0$)에 의해 구조물의 반력 또는 부재력을 해석할 수 없는 구조물을 의미한다. 따라서 n차 부정정구조물을 해석하기 위해서는 정역학적 평형조건식 외에 독립된 n개의 평형조건식이 소요된다.

(2) 부정정구조물의 장 · 단점

① 장점

㉠ 정정구조물에 비해 단면의 크기를 줄이거나 지간을 길게 할 수 있다.

㉡ 같은 지간의 단순보보다 연속보로 설계하면 최대휨모멘트를 작게 할 수 있으므로 단면의 크기를 줄일 수 있다.

㉢ 과대응력발생시 다른 부재에 응력을 재분배시켜 안전성을 확보할 수 있다.

② 단점

㉠ 응력해석 및 설계가 번거롭다.

㉡ 지점이 침하되거나 온도변화가 발생하면 추가적인 응력이 발생한다.

㉢ 응력교체현상이 자주 일어나게 되어 부가적인 부재가 필요하다.

14.2. 변위일치법

여분의 지점반력이나 응력을 부정정여력(부정정력)으로 간주하여 이를 정정구조물로 변환시켜 기본구조물로 만든 뒤, 처짐이나 처짐각의 값을 이용하여 구조물을 해석하는 방법이다. 모든 부정정구조물의 해석에 적용할 수 있는 가장 일반적인 방법이다.

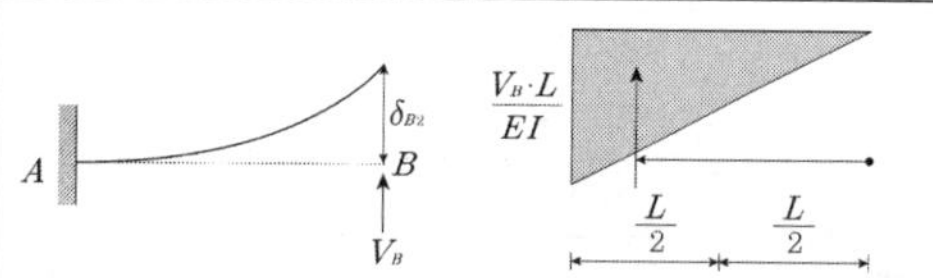

예제) 변위일치법을 적용한 간단한 1차 부정정보의 해석과정은 다음과 같다.

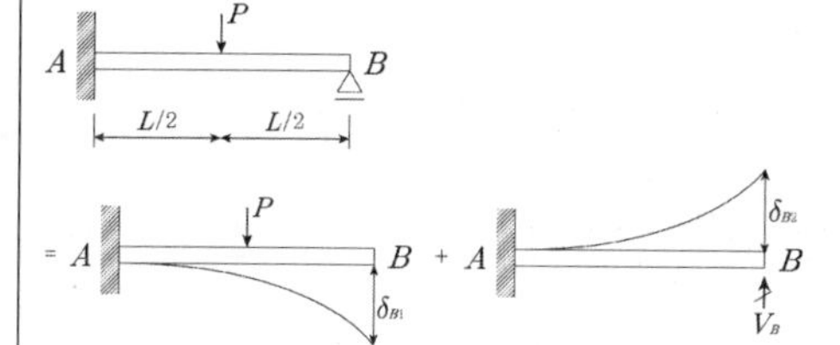

지점의 처짐이 0인 것에 주목하여 반력 V_B를 부정정력으로 설정한다.
B지점을 제거하여 캔틸레버보(정정구조물)로 만든다.
하중 P에 의한 하향처짐 δ_{B1}을 모멘트 면적법으로 구한다.

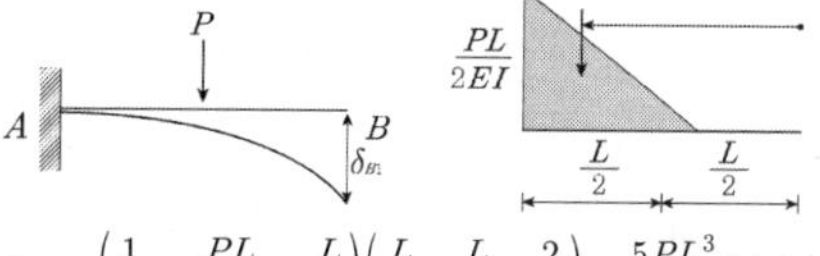

$$\delta_{B1} = \left(\frac{1}{2}\cdot\frac{PL}{2EI}\cdot\frac{L}{2}\right)\left(\frac{L}{2}+\frac{L}{2}\times\frac{2}{3}\right) = \frac{5PL^3}{48EI}(\downarrow)$$

반력 V_B를 하중으로 작용시켰을 때의 상향처짐 δ_{B2}을 모멘트 면적법으로 구한다.

$$\delta_{B2} = \left(\frac{1}{2}\cdot\frac{V_B\cdot L}{EI}\cdot L\right)\left(L\times\frac{2}{3}\right) = \frac{V_B\cdot L^3}{3EI}(\uparrow)$$

적합조건식 : $\delta_B = \delta_{B1}(\downarrow) + \delta_{B2}(\uparrow) = 0$을 통해서 V_B를 구할 수 있다.

14.3. 최소일의 원리

(1) 최소일 원리의 정의

온도변화 및 지점침하가 없는(변위가 발생하지 않는) 선형탄성구조물에 외력이 작용할 때 부정정구조물의 각 부재가 한 내적일은 평형을 유지하기 위해 필요한 최소한의 일이다. 이것을 최소일의 원리라 하며 이 원리를 적용하여 변위를 손쉽게 구할 수 있다.

$$\triangle_1 = \frac{\partial U}{\partial X_1} = 0$$

$\triangle_1$: X_1 방향의 변위(수직변위, 수평변위, 회전각)

U : 부재에 발생하는 변형에너지

X_1 : 부정정력 (수직(수평력) 또는 모멘트)

위의 식은 Castiliano의 제2정리를 이용한 것이다.

(2) 최소일의 방법 적용

최소일의 방법은 부정정 트러스 구조물이나 부정정 합성구조물의 해석에 매우 유용하다.

① 보 및 라멘구조물

$$U = \int \frac{M^2}{2EI} dx$$

$$\triangle = \frac{\partial U}{\partial X_1} = \frac{1}{EI}\int M \cdot \left(\frac{\partial M}{\partial X_1}\right) dx = 0$$

② 트러스 구조물

$$U = \sum \frac{N^2}{2EA} L$$

$$\triangle = \frac{\partial U}{\partial X_1} = \sum N \cdot \left(\frac{\partial N}{\partial X_1}\right) \cdot \left(\frac{L}{EA}\right) = 0$$

③ 보와 트러스의 합성구조물의 경우

$$U = \int \frac{M^2}{2EI} dx + \sum \frac{N^2}{2EA} L$$

$$\triangle = \frac{\partial U}{\partial X_1} = \sum \int M \cdot \left(\frac{\partial M}{\partial X_1}\right) \cdot \frac{dx}{EI} + \sum N \cdot \left(\frac{\partial N}{\partial X_1}\right) \cdot \left(\frac{L}{EA}\right) = 0$$

14.4. 3연 모멘트법

(1) 3연 모멘트법의 원리

연속보에서 각 경간의 부재 양단에 발생하는 휨모멘트를 잉여력으로 두고 각 경간을 단순보로 간주하였을 때 인접한 두 경간의 내부지점에서 잉여력 및 실하중에 의한 처짐각은 연속이어야 한다는 적합조건식으로부터 인접한 두 경간마다 3연 모멘트식을 유도하고 각 지점의 힘의 경계조건을 적용하여 각 부재 양단의 휨모멘트를 구하는 방법이다.

(2) 3연 모멘트법의 적용

① 연속된 3지점에 대한 휨모멘트의 방정식을 만든다. (단, 부재 내에 내부힌지점과 같은 불연속점이 있는 경우에는 3연 모멘트법을 적용할 수 없다.)

② 고정단은 힌지지점으로 하여 단면 2차 모멘트가 무한대인 가상지간으로 만든다.

③ 단순보 지간별로 하중에 의한 처짐각이나 침하에 의한 부재각을 계산한다.

④ 왼쪽부터 2지간씩 중복되게 묶어 공식에 대입한다.

⑤ 연립하여 내부 휨모멘트를 계산한다.

⑥ 지간을 하나씩 구분하여 계산된 휨모멘트를 작용시켜 반력을 구한다.

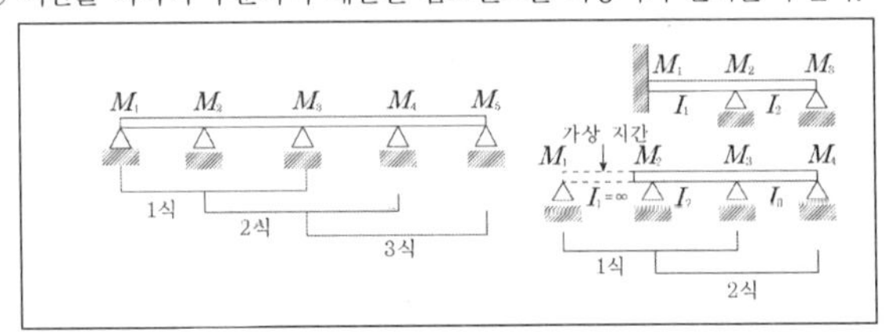

14.5. 처짐각법

(1) 연속보 또는 라멘에서 각 절점(지점 또는 강절점) 사이에 있는 부재의 재단 모멘트(부재양단의 회전모멘트)는 각 절점을 고정단으로 가정하였을 때 실하중에 의해 발생하는 고정단 모멘트와 절점의 회전 및 처짐에 의해 발생하는 재단 모멘트의 합이 된다는 중첩의 원리를 적용한 방법이다. 각 절점의 회전각과 부재각을 미지수로 하는 변위법이다.

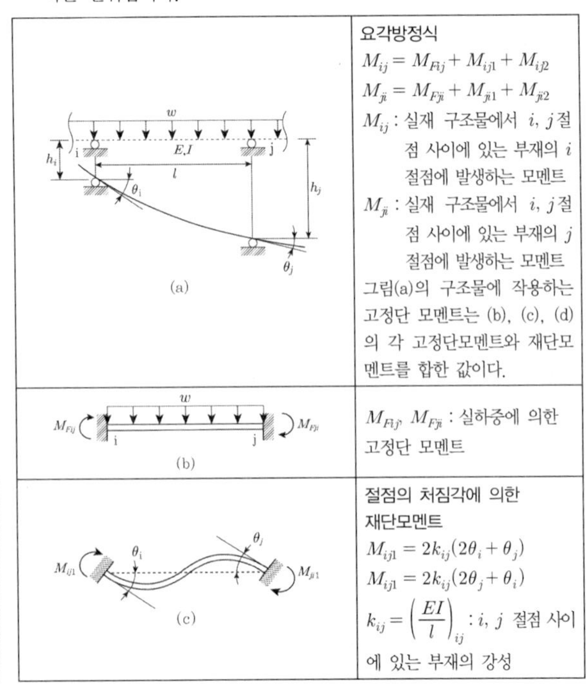

(a)	요각방정식 $M_{ij} = M_{Fij} + M_{ij1} + M_{ij2}$ $M_{ji} = M_{Fji} + M_{ji1} + M_{ji2}$ M_{ij} : 실재 구조물에서 i, j절점 사이에 있는 부재의 i절점에 발생하는 모멘트 M_{ji} : 실재 구조물에서 i, j절점 사이에 있는 부재의 j절점에 발생하는 모멘트 그림(a)의 구조물에 작용하는 고정단 모멘트는 (b), (c), (d)의 각 고정단모멘트와 재단모멘트를 합한 값이다.
(b)	M_{Fij}, M_{Fji} : 실하중에 의한 고정단 모멘트
(c)	절점의 처짐각에 의한 재단모멘트 $M_{ij1} = 2k_{ij}(2\theta_i + \theta_j)$ $M_{ij1} = 2k_{ij}(2\theta_j + \theta_i)$ $k_{ij} = \left(\frac{EI}{l}\right)_{ij}$: i, j 절점 사이에 있는 부재의 강성

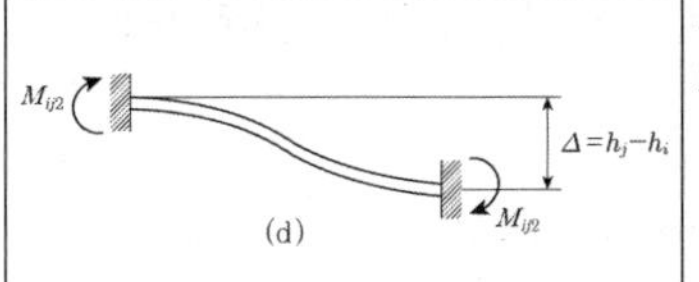

절점의 처짐에 의한 재단모멘트

$M_{ij2}=-\dfrac{6EI\Delta}{l^2}$

$M_{ji2}=-\dfrac{6EI\Delta}{l^2}$

위에 제시된 요각방정식을 간단하게 정리하면 다음과 같다.

$$M_{ij}=M_{Fij}+2k_{ij}(2\theta_i+\theta_j-3R)$$
$$M_{ji}=M_{Fji}+2k_{ij}(2\theta_j+\theta_i-3R)$$

여기서 $R=\dfrac{\Delta}{l}$은 지점침하, 상대변위 등에 의해서 발생되는 부재각이다. 처짐각법에서는 부재각, 절점의 회전각과 재단 모멘트가 시계방향일 때를 (+)로 약속한다.

(2) 재단모멘트의 일반식

재단모멘트의 일반식(요각방정식)은 부재 양단의 처짐각, 부재각, 하중항으로 구성된다.

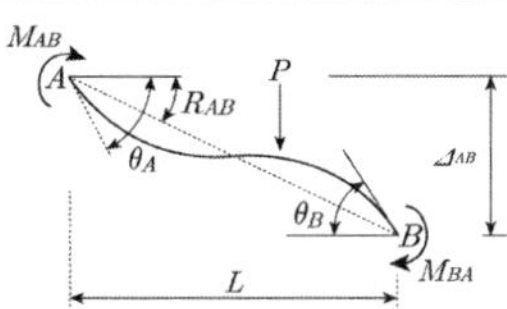

M_{AB} : AB부재에서 A단의 재단모멘트
M_{BA} : AB부재에서 B단의 재단모멘트
θ_A : A점의 처짐각
θ_B : B점의 처짐각
R : 부재각 $\left(=\dfrac{\Delta}{l}\right)$
C_{AB} : AB부재의 A단의 하중항
C_{BA} : AB부재의 B단의 하중항

$M_{AB}=2EK_{AB}(2\theta_A+\theta_B-3R)+C_{AB}$
$M_{BA}=2EK_{AB}(\theta_A+2\theta_B-3R)+C_{BA}$
$2EK_o(2\theta_A+\theta_B)$: 처짐각 θ_A와 θ_B에 의해 발생되는 모멘트
$2EK_o(-3R)$: 침하에 의해 발생되는 모멘트
여기서 강도 $K_{AB}=\dfrac{I}{l}$이므로

$$M_{AB}=\frac{2EI}{l}(2\theta_A+\theta_B-3R)+C_{AB}$$
$$M_{BA}=\frac{2EI}{l}(\theta_A+2\theta_B-3R)+C_{BA}$$

부재의 한쪽단이 힌지인 경우 (B단이 힌지인 경우) $M_{BA}=0$이가 되므로 $M_{AB}-\dfrac{1}{2}M_{BA}$를 통해서 다음의 식이 성립한다.

$$M_{AB}=2EK_{AB}(1.5\theta_A-1.5R)+C_{AB}-\frac{1}{2}C_{BA}$$

이 때 $C_{AB}-\dfrac{1}{2}C_{BA}=H_{AB}$로 설정하면 다음의 식이 성립하게 된다.

$$M_{AB}=2EK_{AB}(1.5\theta_A-1.5R)+H_{AB}$$

H_{AB} : 1단 힌지(B단이 힌지)인 경우 AB부재의 A단의 하중항

(3) 처짐각법을 적용한 해석시의 가정

① 각 부재의 교각은 변형 후에도 변화가 없다.
② 부재는 직선재이며 부재의 길이 방향의 변화는 없다.
③ 축방향력과 전단력에 의한 변형은 무시하며 휨모멘트에 의한 변형만을 고려한다.

(4) 처짐각법을 적용한 부정정구조물의 해법순서

① 각 절점(지점 또는 강절점) 사이의 부재 양단을 고정지지된 것으로 가정하여 각 절점의 고정단 모멘트를 계산한다.
② 절점각 및 부재각을 미지수로 정하여 요각 방정식을 전개하고 횡방향 상대변위가 발생하는 라멘의 경우 층방정식을 구한다.
③ 지점의 경계조건 및 절점에서의 평형방정식을 요각방정식에 적용하여 미지수의 수만큼 연립방정식을 전개한다.
④ 연립방정식으로부터 절점각 및 부재각을 결정한다.
⑤ 계산된 절점각 및 부재각을 요각방정식에 대입하여 각 부재의 재단모멘트를 계산한다.
⑥ 평형방정식을 사용하여 반력을 계산한다.

처짐각법을 적용한 연속보의 해석

w
A　I　B　I　C
l　l

고정단 모멘트

$M_{FAB}=-\dfrac{wl^2}{12}$, $M_{FBA}=-M_{FAB}=\dfrac{wl^2}{12}$

$M_{FBC}=-\dfrac{wl^2}{12}$, $M_{FCB}=-M_{FBC}=\dfrac{wl^2}{12}$

부재의 강성

$k_{AB}=\dfrac{EI}{l}$, $k_{BC}=\dfrac{EI}{l}$

처짐각 방정식

$M_{AB}=M_{FAB}+2k_{AB}(2\theta_A+\theta_B)$
$\quad=-\dfrac{wl^2}{12}+\dfrac{2EI}{l}(2\theta_A+\theta_B)$
$M_{BA}=M_{FBA}+2k_{AB}(2\theta_B+\theta_A)$
$\quad=\dfrac{wl^2}{12}+\dfrac{2EI}{l}(2\theta_B+\theta_A)$
$M_{BC}=M_{FBC}+2k_{BC}(2\theta_B+\theta_C)$
$\quad=-\dfrac{wl^2}{12}+\dfrac{2EI}{l}(2\theta_B+\theta_C)$
$M_{CB}=M_{FCB}+2k_{BC}(2\theta_C+\theta_B)$
$\quad=\dfrac{wl^2}{12}+\dfrac{2EI}{l}(2\theta_C+\theta_B)$

조건식

$M_{AB}=0$ (Hinge 지점)

$M_{AB}=-\dfrac{wl^2}{12}+\dfrac{2EI}{l}(2\theta_A+\theta_B)=0$

$2\theta_A+\theta_B=\dfrac{wl^3}{24EI}$

$M_{CB}=0$ (Roller 지점)

$$M_{CB}=\frac{wl^2}{12}+\frac{2EI}{l}(2\theta_C+\theta_B)=0$$

$$2\theta_C+\theta_B=-\frac{wl^3}{24EI}$$

B절점에서의 모멘트에 대한 평형방정식

M_{BA}, B, M_{BC}, S_{BL}, S_{BR}, R_{by}

$$\sum M_B=-M_{BA}-M_{BC}=0$$

$$-\frac{wl^2}{12}-\frac{2EI}{l}(2\theta_B+\theta_A)+\frac{wl^2}{12}$$

$$-\frac{2EI}{l}(2\theta_B+\theta_C)=0$$

$$\therefore\ -\frac{2EI}{l}\theta_A-\frac{2EI}{l}\theta_C=0$$

$$\therefore\ \theta_C=-\theta_A$$

절점의 처짐각

위의 식에서 처짐각관의 관계를 연립방정식으로 풀면

$$2\theta_A+\theta_B=\frac{wl^3}{24EI},\ -2\theta_A+\theta_B=-\frac{wl^2}{24EI}$$

$$\theta_A=\frac{wl^3}{48EI},\ \theta_B=0,\ \theta_C=-\theta_A=-\frac{wl^3}{48EI}$$

재단모멘트 산정결과

$$M_{AB}=-\frac{wl^2}{12}+\frac{2EI}{l}\left(2\times\frac{wl^3}{48EI}+0\right)=0$$

$$M_{BA}=\frac{wl^2}{12}+\frac{2EI}{l}\left(2\times0+\frac{wl^3}{48EI}\right)=\frac{wl^2}{8}$$

$$M_{BC}=-\frac{wl^2}{12}+\frac{2EI}{l}\left(2\times0-\frac{wl^3}{48EI}\right)=-\frac{wl^2}{8}$$

$$M_{CB}=\frac{wl^2}{12}+\frac{2EI}{l}\left[2\times\left(-\frac{wl^3}{48EI}\right)+0\right]=0$$

(5) 부재각

① 절점의 위치 이동이 없으면 부재각(R)이 발생하지 않는다.

② 수평부재의 일단이 고정지점이거나 힌지지점으로 되어 있으면 부재각이 발생하지 않는다. (부재의 길이는 변하지 않는다고 가정한다.)

③ 구조대칭이고 하중대칭이면 부재각은 발생하지 않는다. (단, 부재는 반드시 연속되어 있어야 한다.)

④ 구조대칭이고 하중대칭이더라도 부재가 연속되어 있지 않으면 부재각이 발생하게 된다.

⑤ 부재각의 수는 층수와 같고 부재의 길이에 따라 그 값은 다르다.

(6) 회전각

① 한 절점의 회전각(θ)은 그 절점에서 모두 같다.

② 미지 회전각의 수는 절점의 수와 같다.

③ 구조가 대칭이고 하중대칭 및 역대칭 구조물의 미지 회전각의 수는 절점 수의 1/2이 될 수 있다.

④ 구조대칭, 하중대칭의 라멘에서 대칭축상의 수직부재의 회전각은 0이다.

⑤ 고정단의 회전각은 0이고 힌지단의 회전각은 존재하지만 굳이 구할 필요는 없다.

(7) 절점방정식

① 한 절점에 모인 각 부재의 재단모멘트의 합은 0이 되어야 한다. 즉, $\sum M_0=M_{OA}+M_{OB}+M_{OC}=0$이 성립한다.

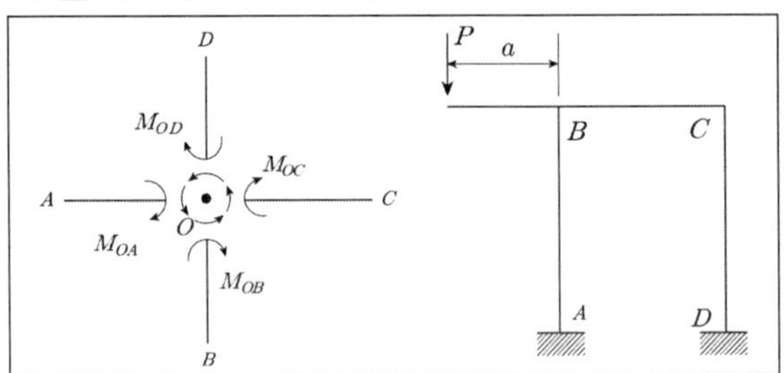

② 절점방정식은 절점의 수만큼 생긴다.

③ 구조물의 경우 B절점에 작용하는 절점모멘트의 합은 0이어야 하므로 $\sum M_B+P\cdot a=M_{BA}+M_{BC}+P=0$이 성립한다.

(8) 층방정식(전단방정식)

① 각 층의 수평력(전단력)의 합은 0이 되어야 한다는 조건의 방정식이다.

② 층방정식은 층수만큼 존재한다.

③ 층에서 전단력의 합은 그 층에 작용하는 횡하중과 같다.

$$P=-\left(\frac{M_{AB}+M_{BA}}{h}+\frac{M_{CD}+M_{DC}}{h}\right)$$

$$M_{AB}+M_{BA}+M_{CD}+M_{DC}+Ph=0$$

$$\sum(M_{상}+M_{하})+(\text{그 층의 수평력})\times(\text{기둥의 높이})=0$$

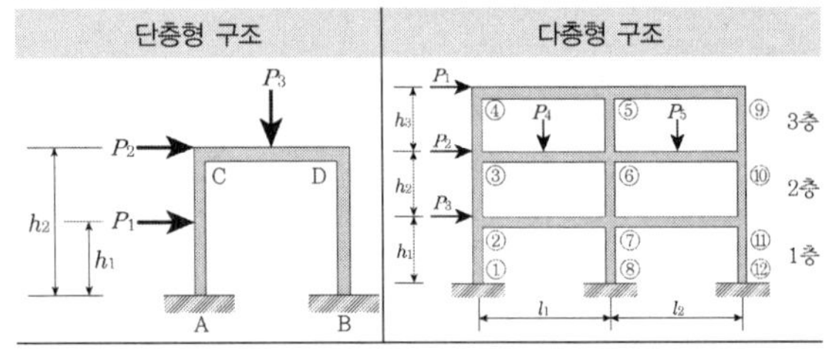

• 단층형 구조의 층방정식

$M_{AC}+M_{CA}+M_{DB}+M_{BD}+P_2\cdot h_2+P_1\cdot h_1=0$

• 다층형 구조의 층방정식

1층의 층방정식

$M_{1,2}+M_{2,1}+M_{7,8}+M_{8,7}+M_{11,12}+M_{12,11}+(P_1+P_2+P_3)/h_1=0$

2층의 층방정식

$M_{2,3}+M_{3,2}+M_{6,7}+M_{7,6}+M_{10,11}+M_{11,10}+(P_1+P_2)h_2=0$

3층의 층방정식

$M_{3,4}+M_{3,2}+M_{6,7}+M_{10,11}+M_{11,10}+(P_1+P_2)h_2=0$

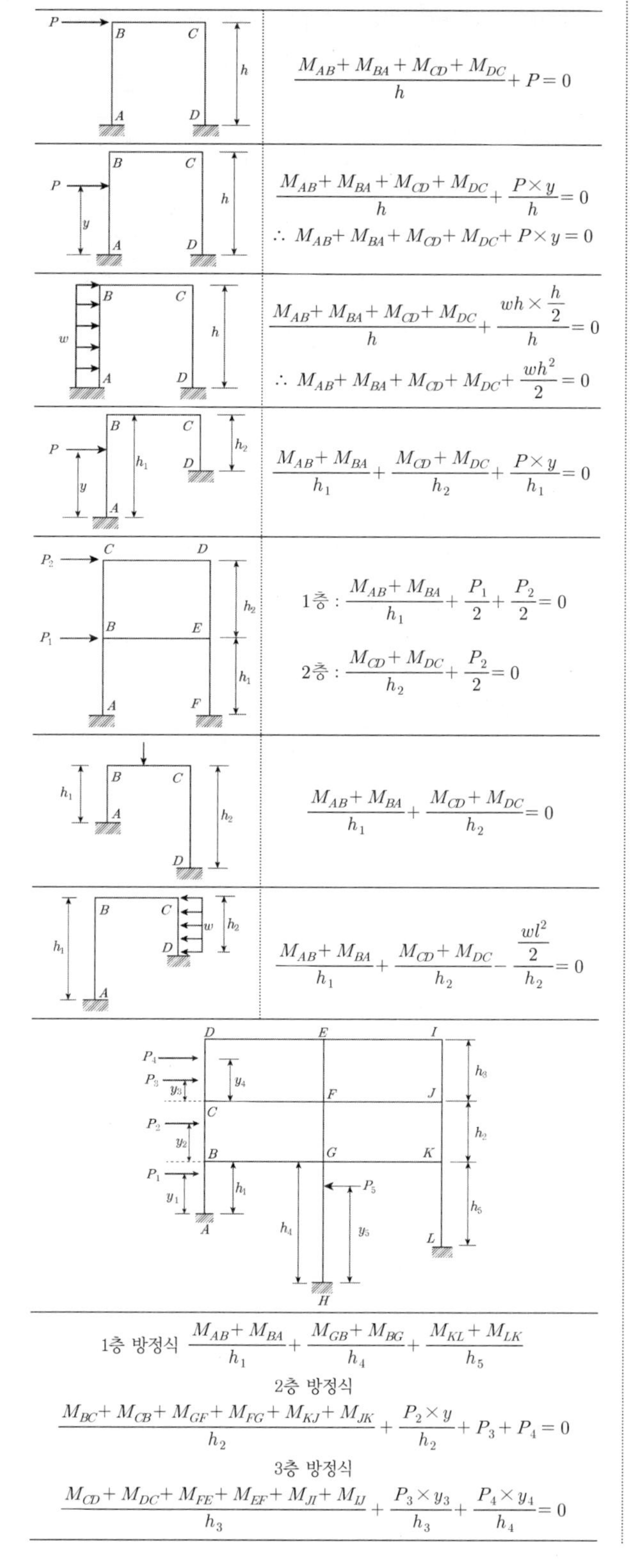

14.6. 모멘트분배법

(1) 모멘트분배법의 정의

① 모멘트분배법은 처짐각법과 함께 대표적인 강성법의 하나로서 기본 원리는 처짐각법과 같으나 경계조건 및 절점에서의 평형방정식을 적용하여 전개된 연립방정식을 풀지 않고 단순 반복계산을 수행하여 절점(지점 또는 강절점) 사이에 있는 부재의 재단모멘트를 구하는 방법이다.

② 모멘트분배법은 강절점에 연결된 각 부재의 연결점에서의 고정단 모멘트의 차이를 불균형 모멘트라고 정의하고, 고정지지를 다시 원상태로 변환시켰을 때 불균형 모멘트에 의해 절점이 회전하여 절점에 연결된 각 부재가 부담하는 모멘트는 각 부재의 강비에 비례한다는 원리와 전달모멘트의 개념을 적용하여 반복계산을 수행하는 방법이다 .

③ 1932년 Hardy Cross교수가 제시한 것으로 고차의 부정정구조물을 축차적이고 기계적인 방법으로 해석하는 것이다. 고차의 부정정구조물을 처짐각법으로 해석하면 많은 연립방정식을 풀어야 하므로 복잡하지만 모멘트 분배법으로 하면 분배모멘트의 순환과정을 통해 매우 신속하게 정확한 해석에 도달한다.

(2) 모멘트분배법을 적용하여 부정정구조물을 해석하는 순서

① 절점에 연결된 각 부재의 유효강비를 계산
② 절점에 연결된 각 부재의 모멘트분배율을 계산
③ 절점 사이에 있는 각 부재의 고정단모멘트를 계산
④ 절점에서 불균형모멘트를 계산
⑤ 절점에 연결된 각 부재의 분배모멘트를 계산
⑥ 절점에 연결된 각 부재의 전달모멘트를 계산
⑦ 절점에서의 불균형모멘트가 0에 가까워질 때까지 ④~⑥의 과정을 반복
⑧ 각 부재의 양단에서 계산된 고정단모멘트, 분배모멘트 및 전달모멘트를 모두 합하여 재단모멘트를 계산

(3) 모멘트분배법의 적용을 위한 기본개념들

① 강비 … 강절점에 연결된 각 부재의 양단을 고정지지로 가정했을 때 연결된 각 부재의 강성비

② 강도 … 부재의 단면 2차 모멘트를 길이로 나눈 값 $\left[\text{강도}(K)=\frac{I}{l},\ \text{강비}(k)=\frac{K}{K_0}\right]$ 이다. 부재의 끝단이 힌지지점이면 부재의 강도는 끝단이 고정단인 경우의 3/4값을 적용해야 한다.

③ 유효강비 … 모멘트분배법은 부재의 양단이 고정된 경우를 기준으로 하여 상대부재의 강비를 결정하는데 다음표의 부재상태에 대하여 그 부재의 강비에 적당한 계수를 곱하여 다른 부재와 같게 하여 분배율을 계산한다. 이 수정된 강비를 유효강비 또는 등가강비라고 한다. 즉, 한 절점에 연결된 각 부재의 다른 끝단(원단)이 고정지지가 아닐 경우 실제의 경계조건을 고려하여 기준 강비(원단이 고정인 경우의 부재의 강비)에 감소계수를 곱해주는 것이 바로 유효강비이다.

④ 하중항 … 부재를 양단고정보로 가정할 경우 단부에 발생하는 모멘트이다.

⑤ **불균형모멘트** … 한 절점에서의 절점모멘트의 총합은 0이 되어야하지만 그렇지 않은 경우가 있나. 이 때의 한 절점에서의 절점모멘트의 총합이 불균형모멘트이다. (강절점에 연결된 각 부재의 양단을 고정지지로 가정하였을 때 각 부재별로 연결 절점에서 계산된 고정단 모멘트의 차이이기도 하다.) 이 값의 역이 해체모멘트(균형모멘트)가 된다.

⑥ **모멘트분배율**(DF) … 강절점에서 계산된 불균형모멘트와 평형을 이루기 위해 강절점에 연결된 각 부재가 부담하는 모멘트의 비율이며 각 부재의 모멘트분배율은 각 부재의 강비에 비례한다.

$$DF_i = \frac{k_i}{\sum k_i},\ \sum k_i = k_{eOA} + k_{eOB} + k_{eOC}.$$

$$DF_{OA} : DF_{OB} : DF_{OC} = \frac{k_{eOA}}{\sum k_i} : \frac{k_{eOB}}{\sum k_i} : \frac{k_{eOC}}{\sum k_i}$$

⑦ **분배모멘트** … 둘 이상의 부재가 연결된 곳에 작용하는 불균형 모멘트와 평형을 이루기 위해 강절점에 연결된 각 부재가 부담하는 모멘트이다.(분배모멘트(D.M) = 분배율 × 불균형모멘트)이므로 $M_{OA} : M_{OB} : M_{OC} = M \cdot DF_{OA} : M \cdot DF_{OB} : M \cdot DF_{OC}$이다.

⑧ **전달모멘트** … 부재의 단순지지된 한쪽 끝단에 모멘트 M이 작용하여 θ만큼 처짐각이 발생하였을 때 부재의 다른 끝단이 고정단이라면 고정단에 전달되는 모멘트이다. (전달모멘트는 오직 고정단만이 가질 수 있다.)

㉠ 고정단은 분배모멘트를 전달만 받을 수 있으며 다른 지점으로 모멘트를 전달하지는 못한다.

㉡ 힌지단은 분배모멘트를 전달할 수는 있으나 다른 지점으로부터 전달을 받지는 못한다.

14.7. 다층 라멘구조의 근사해석법

(1) 포탈법(교문법)

① 같은 층에서 보의 전단력은 모두 같다고 가정한다.

② 외부 기둥에는 같은 크기의 인장력과 압축력이 작용하며 내부기둥에는 축력이 발생하지 않는다고 가정한다.

③ 양외측 기둥의 수평전단력은 서로 같고 각 내측기둥의 수평전단력은 외측기둥 전단력의 2배이다.

④ 임의 층에서 모든 기둥의 층전단력은 그 층 위에 작용하는 모든 수평하중의 총합과 같고 그 방향은 반대이다.

⑤ 모든 기둥과 보의 모멘트 변곡점은 각 부재의 중앙에 위치한다.

(2) 캔틸레버법

① 구조체는 횡하중을 받는 캔틸레버보와 동일한 거동을 한다고 가정하고 해석하는 방법이다. 횡하중은 보의 중립축으로부터 직선으로 변하는 휨응력을 일으킨다고 본다.

② 기둥에서 발생하는 축응력은 도심의 한쪽면에서는 인장이되고 다른 면에서는 압축이 된다.

③ 힌지는 모멘트가 0이 되는 점으로 가정하므로 각 거더의 중앙에 위치한다.

④ 힌지는 모멘트가 0이 되는 점으로 가정하므로 각 기둥의 중앙에 위치한다.

⑤ 프레임의 각 기둥에 발생히는 축응력은 동일 층 단면의 도심으로부터 각 기둥까지의 거리에 선형비례한다.

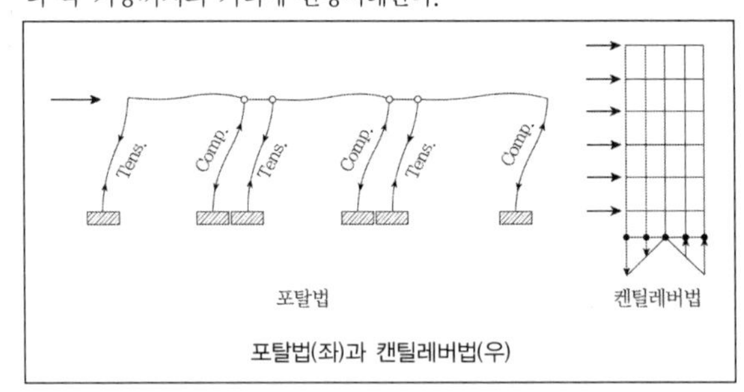

포탈법(좌)과 캔틸레버법(우)

(3) 포탈법과 캔틸레버법의 차이점

① 포탈법은 임의 층의 보의 전단력이 모두 일정하나 캔틸레버법에서는 그렇지 않다.

② 포탈법에서는 내부 기둥의 축력이 0이고 외부 기능의 축력만 생기면서 각각 압축력과 인장력으로만 구분된다. 그러나, 캔틸레버법에서는 기둥의 중심선에서부터 거리에 따라 선형비례하여 기둥의 축력이 압축, 인장으로 생긴다.

③ 포탈법에서는 내부 기둥의 축력이 0이고 외부기둥의 축력만 생기면서 각각 압축력과 인장력으로만 구분된다. 그러나 캔틸레버법에서는 기둥의 중심선에서부터의 거리에 따라 선형비례하여 기둥의 축력이 압축, 인장으로 생긴다.

④ 포탈법은 전단변형이 지배적인 낮고 폭이 넓은 구조의 근사해석에 적합하며 캔틸레버법은 휨변형이 지배적인 높고 세장한 건축물에 적합하다.

핵심이론

02 측량학

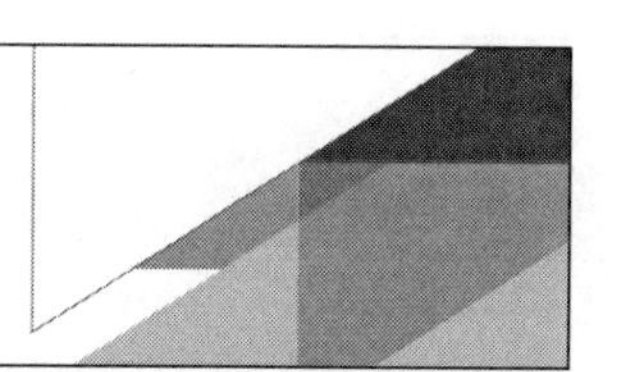

대분류	세부 색인
1. 총론	1.1. 중력측정
	1.2. 지구의 형상
	1.3. 측량원점과 기준면
	1.4. 좌표계
2. 거리측량	2.1. 거리측량 개요
	2.2. 거리측량 오차보정
	2.3. 경중률
3. 평판측량	3.1. 평판측량개요
	3.2. 평판측량방법
4. 수준측량	4.1. 용어정의
	4.2. 직접수준측량 시 주의사항
	4.3. 야장기입법
	4.4. 수준측량의 오차
5. 각 측량	5.1. 용어정의
	5.2. 트랜싯의 구비조건(조정조건)
	5.3 관측법의 종류
	5.4. 트랜싯의 조정
	5.5. 각측량의 오차
6. 트래버스측량	6.1. 트래버스 측량의 개요
	6.2. 트래버스의 종류
	6.3. 트래버스 측량의 수평각측정법
	6.4. 트래버스 측량 선점시 주의사항
	6.5. 오차의 처리(폐합오차의 조정)
	6.6. 면적계산
	6.7. 폐합비의 허용범위
7. 삼각측량	7.1. 삼각측량의 특징
	7.2. 삼각측량의 원리
	7.3. 삼각망
	7.4. 삼각망의 조건식 수 산정
	7.5. 삼각측량의 오차
	7.6. 삼각수준측량
	7.7. 삼변측량
8. 지형측량	8.1. 등고선
	8.2. 지표표시법
	8.3. 면적 및 체적계산법
	8.4. 유토곡선

대분류	세부 색인
9. 노선측량	9.1. 노선측량개요
	9.2 .기본용어
	9.3. 단곡선
	9.4. 완화곡선
	9.5. 설계속도와 최대종단경사
10. 하천측량	10.1. 하천수위
	10.2. 유속계
	10.3. 평균유속 측정법
11. 사진측량	11.1. 사진측량 개요
	11.2. 항공사진측량
	11.3. 촬영기선길이
	11.4. 표정
	11.5. 입체시
12. 위성측위시스템	12.1. GNSS측량
	12.2. GPS측량 개요
	12.3. GPS측량방법
	12.4. 위성측량의 DOP(Dilution of Precision)

1. 총론

1.1. 중력측정

- 표고를 알고 있는 수준점에서 중력에 의한 변화형상을 측정하여 중력을 구한다.
- 중력은 만유인력과 지구 자체의 원심력의 합력이다.
- 중력이상이 양(+)의 값이면 그 지점부근에 무거운 물질이 있다는 것을 의미한다.
- 중력이상에 의해 지표 밑의 상태를 추정할 수 있다.
- 중력의 실측값에서 중력에 의해 계산된 값을 뺀 것이 중력이상이다.

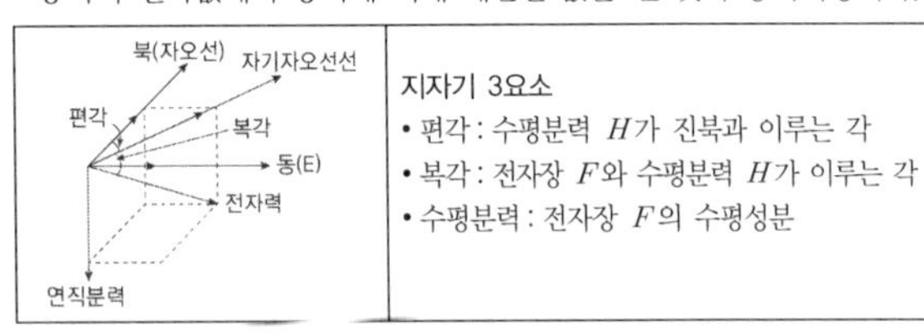

1.2. 지구의 형상

① 지구타원체

- ㉠ **회전타원체** : 한 타원의 지축을 중심으로 회전하여 생기는 입체 타원체
- ㉡ **지구타원체** : 실제의 지구와 가장 가까운 회전타원체를 지구의 형으로 규정한 타원체
- ㉢ **준거타원체** : 어느 지역의 대지측량계의 기준이 되는 타원체
- ㉣ **국제타원체** : 대지측량계의 통일을 위해 제정한 지구타원체

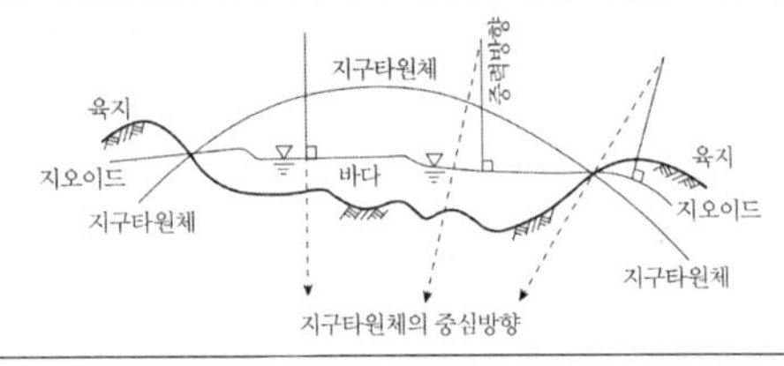

측량원점에서의 평균 곡률반지름은 $\dfrac{a+2b}{3}$

타원에 대한 지구의 곡률반지름은 $\dfrac{a-b}{a}$

지구의 편평률은 $\sqrt{N.R}$, 지구의 이심률(편심률)은 $\dfrac{\sqrt{a^2-b^2}}{a}$

(N : 지구의 횡곡률 반지름, R : 지구의 자오선 곡률반지름, a : 타원지구의 적도반지름, b : 타원지구의 극반지름)

② 지오이드

- 정지된 평균해수면을 육지까지 연장하여 지구 전체를 둘러싸고 있다고 가상한 곡면이다.
- 지구상에서 해발고도를 측정하는 기준이 되는 가상면이다.
- 고저측량은 지오이드면을 표고 0으로 하여 측량한다.
- 중력가속도를 측정할 때 기준면이 된다.
- 육지에서는 지구(회전)타원체보다 상부에 존재하며 해양에서는 지구(회전)타원체보다 하부에 존재한다.
- 지오이드면은 등포텐셜면으로 중력방향은 이 면에 수직이다.
- 지구상 어느 한 점에서 타원체의 법선과 지오이드 법선은 일치하지 않게 되며 두 법선의 차, 즉 연직선 편차가 생긴다.
- 실제로 지오이드는 굴곡이 심하므로 측지측량의 기준을 채택하기 어렵다.
- 지오이드는 극지방을 제외한 전 지역에서 회전타원체와 일치하지 않는다.

1.3. 측량원점과 기준면

- 평면직각좌표의 원점

명칭	경도	위도
동해원점	동경 131° 00′ 00″	북위 38°
동부원점	동경 129° 00′ 00″	북위 38°
중부원점	동경 127° 00′ 00″	북위 38°
서부원점	동경 125° 00′ 00″	북위 38°

- **위도, 경도원점** : 수원 국립지리원 내에 설치되어 있다.
- **수준원점** : 인하공대 내에 위치하고 있으며 표고는 26.687m이다.
- **수준망** : 각 수준점의 왕복관측으로 관측 오차가 허용오차 내로 오기 위해 출발점으로 돌아오던가, 다른 기지표고점으로 연결하여 형성된 망
- **수준점** : 기준 수준면에서 높이를 정확히 구하여 높은 점
- **표고** : 기준면으로부터 어느 측점까지의 수직거리
- **수준면** : 평균 해수면 각 점들이 중력방향에 직각으로 이루어진 곡면
- **지평면** : 수준선의 한 종류로 1점에서 수준면이 접하는 평면
- **지평선** : 기준으로 하는 어떤 수준면으로부터 그 점에 이르는 수직거리
- **묘유선** : 한 점을 지나는 자오선과 직교하는 선
- **자오선** : 양극을 지나는 대원의 남극과 북극 사이의 절반
- **항정선** : 자오선과 항상 일정한 각도를 유지하는 선
- **측지선** : 지표상 두 점간의 최단거리 선
- **측지경도** : 본초자오선과 임의의 점 A의 타원체상의 자오선이 이루는 적도면상 각거리
- **천문경도** : 본초자오선과 임의의 점 A의 지오이드상의 자오선이 이루는 적도면상 각거리
- **천문위도** : 지구상의 한 점에서 연직선이 적도면과 이루는 각
- **측지위도** : 지구상의 한 점에서 타원체에 대한 법선이 적도면과 이루는 각
- **지심위도** : 지구상의 한 점과 지구중심이 이루는 선이 적도면과 이루는 각
- **화성위도** : 지구 타원체의 A점을 지나는 적도면의 법선이 장반경 a를 반경으로 하는 원상에 만나는 A' 점과 지구중심을 연결하는 직선이 적도면과 이루는 각

1.4. 좌표계

- **경위도좌표** : 지구상 절대적 위치를 표시하는데 널리 이용되는 좌표계로서 위도, 경도, 고도로 3차원 위치를 표시한다.
- **평면직교좌표** : 측량범위가 크지 않은 일반측량에 사용되며 직교좌표값(x 좌표, y 좌표)으로 표시된다.
- **UTM좌표** : 지구를 회전타원체로 간주하고 Bessel값을 사용하였다. 북위 80°와 남위 80° 사이를, 경도 6° 간격으로 60등분, 위도 8° 간격으로 20등분하여 모두 1,200개의 좌표구역이 설정되어 있는 좌표계이다. (각 지대의 중앙자오선에 대해 횡메르카토르도법을 투영하였다.)

• UPS좌표 : 위도 80도 이상의 양극지역의 좌표를 표시하는데 사용되는 UPS좌표는 극심입체투영법에 의한 것이며 UTM좌표의 상사투영법과 같은 특징을 가진다.
• WGS84 좌표 : 지구중심좌표계의 일종으로 주로 위성측량에서 쓰는 좌표계이다.

2. 거리측량

2.1. 거리측량 개요

(1) 거리측량의 순서

계획 → 답사 → 선점 → 조표 → 골격측량 → 세부측량 → 계산

(2) 골격측량

① **방사법** … 측량 구역 내에 장애물이 없을 때, 좁은 지역의 측량에 이용
② **삼각구분법** … 장애물이 없고, 투시가 잘되며, 비교적 좁고 긴 경우에 이용
③ **수선구분법** … 측량구역의 경계선 상에 장애물이 있을 때 이용
④ **계선법** … 측량구역의 면적이 넓고, 장애물이 있어 대각선 투시가 곤란할 때 이용

(3) 세부측량

① **지거측량** … 측정하려고 하는 어떤 한 점에서 측선에 내린 수선의 길이를 지거라고 하며 이 지거를 이용하여 측량을 하는 방식이다.
② 야장기입법(고차식, 기고식, 승강식)

(4) 용어 정의

• 전시란 표고를 구하려는 점에 세운 표척의 눈금을 읽는 것을 말한다.
• 후시는 기지점에 세운 표척의 읽음 값이다.
• 중간점은 그 점에 표고만 구하기 위하여 전시만 취한 점으로 오차가 발생하면 그 점의 표고만 틀릴 뿐 다른 지역에 영향이 없다.
• 수평면은 각 점들의 중력방향에 직각을 이루고 있는 면이다.
• 수준점은 기준면에서 표고를 정확하게 측정하여 표시한 점이다.

(5) 오차의 원인과 종류

① 우연오차(기상변화오차, 시차에 의한 오차, 표척기울기오차, 습도변화로 인한 테이프의 신축현상에 의한 오차 등)는 전시와 후시를 같게 한다고 해도 제거되지 않는다.
② 빛의 굴절에 의한 오차는 우연오차가 아니고 충분히 보정할 수 있으며 전시와 후시를 같게 하여 제거할 수 있다.
③ 오차의 종류
㉠ **착오** : 관측자의 미숙과 부주위에 의해 주로 발생되는 오차
예 눈금을 크게 잘못 읽는다.
㉡ **정오차** : 주로 기계적 원인에 의해 일정하게 발생하여 측정횟수가 증가함에 따라 그 오차가 누적되는 오차
예 테이프의 길이가 표준길이보다 짧거나 길었다.
㉢ **부정오차** : 발생 원인이 확실치 않은 우연오차이다.
예 습도 변화로 테이프 신축이 발생하였다.

(6) 정밀도와 정확도

① **정밀도** … 관측의 균질성을 표시하는 척도로서 편차가 적으면 정밀하고 편차가 크면 정밀하지 못하다.
② **정확도** … 관측값과 얼마나 일치되는가를 표시하는 척도이다.

2.2. 거리측량 오차보정

구분	내용	공식
표준척(표준테이프)에 대한 보정	기선측량에 사용한 테이프가 표준줄자에 비해 얼마나 차이가 있는지를 검사하여 보정한다. 검사하여 구한 보정값을 테이프의 특성값이라고 하며 그 길이는 Δt: 테이프의 특성값(늘어난 길이, 줄어든 길이)	$L_0 = L\left(1 \pm \frac{\Delta l}{l}\right)$ C_0 : 특성값 보정량 Δl : 테이프의 특성값(길이변화) L_o : 보정한 길이 L : 측정길이
온도에 대한 보정	테이프는 온도의 증감에 따라 신축이 생기게 되는데 측정할 때의 온도가 테이프를 만들 때의 표준온도와 같지 않으면 보정을 해야 한다.	$C_t = \alpha L(t - t_0)$ C_t : 온도보정량 α : 테이프의 팽창계수 t : 측정할 때의 테이프의 온도 t_o : 테이프의 표준온도(15℃)
경사에 대한 보정	수평거리를 직접 측정하지 못하고 경사거리 L을 측정하였다면 다음의 경사보정량만큼 보정해야 한다.	$C_h = -\frac{h^2}{2L}$ (h는 기선 양 끝의 고도차)
표고 보정	기선은 평균해수면에 평행한 곡선으로 측정하므로 이것을 평균해수면에서 측정한 길이로 환산해야 한다. 따라서 보정량 C는 우측과 같다.	$C = -\frac{LH}{R}$ C : 평균해수면상의 길이로 보정하는 량 R : 지구의 평균반지름
장력 보정	강철테이프를 표준장력보다 큰 힘으로당기면 많이 늘어나고 작은 힘으로 당기면 조금만 늘어난다.	$C_p = \frac{(P - P_0)}{AE}L$ C_p : 장력에 대한 보정량 A : 테이프의 단면적 P : 측정시의 장력 P_o : 표준장력 E : 테이프의 탄성계수
처짐 보정	테이프를 두 지점에 얹어놓고 장력 P로 당기는 처지게 된다. 따라서 두 지점간의 관측거리는 실제 길이보다 길어지게 된다.	$C_s = -\frac{1}{24}\left(\frac{wl}{P}\right)^2$ C_s : 처짐에 대한 보정량 L : 측정길이 l : 지지말뚝의 간격 n : 지지말뚝의 구간수 P : 장력

2.3. 경중률

최확값은 단순히 산술평균이 아니라 조건과 경중률의 유무에 따라 달라진다. 경중률(weight)이란 여러 관측 값들 각각의 상대적인 신뢰도를 나타내는 것이다.
• 경중률은 중등오차의 제곱에 반비례한다.
• 경중률은 정밀도의 제곱에 비례한다.
• 직접수준측량에서 경중률은 노선거리에 반비례한다.
• 간접수준측량에서 경중률은 노선거리의 제곱에 반비례한다.

- 간접수준측량에서 오차는 노선거리에 비례한다.
- 직접수준측량의 오차는 노선거리의 제곱에 비례한다.

3. 평판측량

3.1. 평판측량개요

(1) 평판측량

도면(평판)을 삼각대 위에 올려놓고 앨리데이드를 사용하여 방향, 거리, 고저차를 측정함으로써 현지에서 직접 지도를 작성하는 측량이다.

① 현장에서 직접 측량결과를 제도함으로 필요한사항을 빠뜨리는 일이 없다.

② 내업이 적어 작업이 신속히 진행되며 측량의 과실을 발견하기 쉽다.

③ 기계구조가 간단하여 작업이 편리하며 대지측량과 달리 지구의 곡률을 고려하지 않는다.

④ 외업이 많으므로 일기의 영향을 많이 받으며 도지의 신축에 따른 오차가 발생하므로 일반적으로 정도가 낮다.

(2) 평판의 3대 요소

① **정준** … 평판이 수평이 되도록 하는 것

② **구심(치심)** … 지상의 측점과 도상의 측점을 일치시키는 것

③ **표정** … 평판을 일정한 방향에 따라 고정시키는 작업

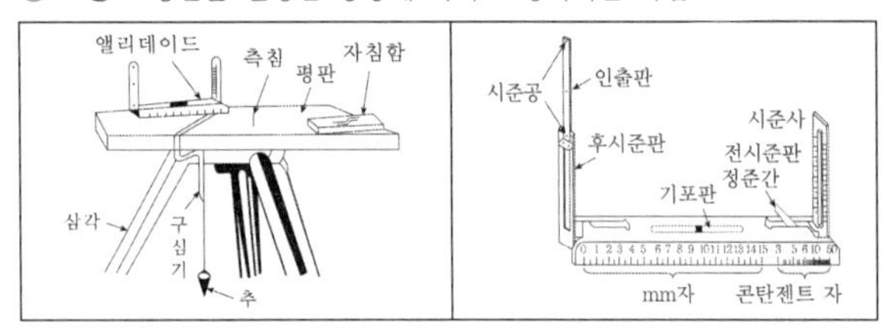

TIP

기지점 A에 평판을 세우고 B점에 수직으로 표척을 세워 시준하여 눈금 12.4d와 9.3을 얻었다. 표척 실제의 상하간격이 2m일 때 AB 두 지점의 거리는 앨리데이드 1눈금은 양시준판 간격의 1/100이므로, $l:(n_2-n_1)=D:h$ 이므로

$$D=\frac{l\cdot h}{n_2-n_1}=\frac{100\cdot 2}{12.4-9.3}=64.5[\mathrm{m}]$$

3.2. 평판측량방법

(1) 골조측량(기준점측량)

① **삼각측량** … 모든 측량의 기준이 되는 삼각점의 위치를 결정한다.

② **트래버스측량** … 삼각점 사이에 기준점을 만들기 위한 측량으로 결합트래버스와 폐합트래버스가 있다.

③ **평판의 전진법** … 도면상의 도해도근점을 결정한다.

(2) 세부측량(골조측량 후 실시)

① **평판측량방법** … 방사법, 전진법, 교회법, 스타디아 측량방법, 거리측량의 지거법

방사법	• 측량할 구역에 장애물이 없고 비교적 작업구역이 좁은 지역에 적합하다. • 평판을 한 번 세워서 여러 점 관측할 수 있는 장점이 있다. • 장애물 없이 시준이 잘되는 좁은 지역(60m 이내)에 이용되며 도면상의 각 점들을 쉽게 구할 수 있다. • 평판 설치횟수가 적어 오차발생이 적으나 오차의 점검이 어렵다.
전진법	• 측량지역에 장애물이 있어 이 장애물들을 비켜서 측점사이의 거리와 방향을 측정한 후 판을 옮겨 가면서 측량하는 방법이다. • 시가지와 같이 측량구역에 장애물이 있어 시준이 곤란할 때 사용된다. • 비교적 넓은 구역에 적용되며 폐합오차가 생기므로 거리에 따른 조정을 한다.
전방교회법	• 2개 이상의 기지점에 기계를 세우고 시준하여 얻어지는 방향선의 교점으로 거리를 측정하지 않고 도상의 위치를 정하는 방법이다. • 기지점에서 미지점의 위치를 결정하는 방법으로 측량지역이 넓고 장애물이 있어서 목표점까지 거리를 재기가 곤란한 경우 사용한다.
측방교회법	• 기지의 2점중 한 점에 접근이 곤란한 경우 기지의 2점을 이용하여 미지의 한 점을 구하는 방법이다. • 전방교회법과 후방교회법을 겸한 방법으로 시준이 잘되는 여러 목표들을 미리 정해 놓아 이 점들을 시준하여 다른 점들을 구하는데 이용된다.
후방교회법	• 기지의 3점으로부터 미지의 점을 구하는 방법이다. • 미지점에 평판을 세우고 기지점을 시준하여 그 방향선을 교차시켜 미지점의 위치를 구하는 방법으로 자침에 의한 방법, 우시에 의한 방법, 2점문제, 3점문제 등이 있다.
수선구분법	어느 한 점에서 출발하여 측점의 방향과 거리를 측정하고 다음 측점으로 평판을 옮겨 차례로 측정하는 방법으로 측량 지역이 좁고 긴 경우에 적당하다.

TIP

3점문제 … 미지점에 평판을 세우고 3개의 기지점을 이용하여 미지점의 위치를 도면상에 나타내는 방법으로 대표적인 후방교회법이다. 이 3점 문제는 삼각법에 의해 풀 수 있으나 평판측량에서는 주로 도해법이 적용된다. 도해법은 투사지법, 레만법, 뱃셀법이 있다.

② **투사지법** … 가장 간단하며 현장에서 많이 사용된다. 이 방법은 간단하고 쉬운 반면에 정밀도는 떨어진다.

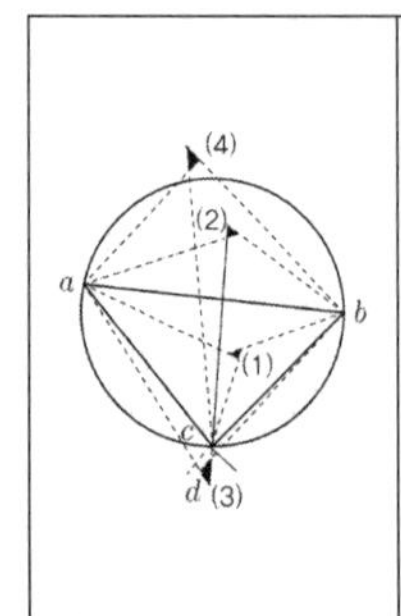	**레만법** 비교적 신속하게 작업할 수 있고 정확한 방법이나 경험이 요구된다. 시오삼각형을 해결하는 방법으로서 시오삼각형법이라고도 한다. 미지점에 평판을 세우고 시준을 하면 세 방향선의 교점이 한 점에서 만나지 않고 작은 삼각형(시오삼각형)을 만드는데 레만의 법칙에 따라 평판을 다시 표정하여 방향선을 그어 1점에서 만날 때까지 반복을 한다. 이 때 구하고자 하는 점이 삼각형 a, b, c의 외접원상에 있으면 평판의 표정오차가 발생해도 시오삼각형이 생기지 않는 불능상태가 된다.

③ **뱃셀법** … 원의 기하학적 성질을 이용하는 방법으로 정확한 위치를 경험이 없어도 구할 수 있으나 작업이 복잡하고 시간이 많이 걸린다.

4. 수준측량

4.1. 용어정의

- **수준측량** : 지표면 위에 있는 여러 점들 사이의 고저차를 측정하여 지도제작, 설계 및 시공에 필요한 자료를 제공하는 중요한 측량이다.
- **수평면** : 어떤 한 면 위에 어느 점에서든지 수선을 내릴 때 그 방향이 지구의 중력방향을 향하는 면으로서 각 점들의 중력방향에 직각을 이루고 있는 면이다.
- **수평선** : 지구의 중심을 포함한 평면과 수평면이 교차하는 선을 말하며, 모든 점에서 중력방향에 직각이 되는 선이다.
- **지평면** : 어떤 한 점에서 수평면에 접하는 평면이다.
- **지평선** : 어떤 한 점에서 수평면과 접하는 직선이다.

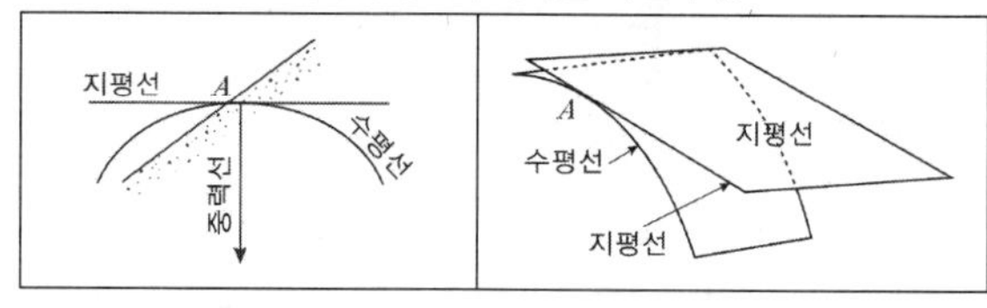

- **지오이드** : 평균해수면으로 전 지구를 덮었다고 생각할 경우의 가상적인 곡면이다.
- **기준면** : 높이의 기준이 되는 면이다.
- **수준원점** : 기준면으로부터 정확한 높이를 측정하여 기준이 되는 점이다.
- **수준점** : 수준원점을 출발하여 국도 및 주요도로에 수준표석을 설치한 점이며 부근의 높이를 결정하는데 기준이 되는 점으로서 1등 수준점은 4km마다 설치하고 2등 수준점은 2km마다 설치한다.
- **수준망** : 수준점을 연결한 수준노선으로 만들어지는 망이다.
- **특별기준면** : 한 나라에서 떨어져 있는 섬에서 본국의 기준면을 직접 연결할 수 없으므로 그 섬 특유의 기준면을 사용한 것이다.
- **전시(F.S)** : 표고를 구하려는 점(미지점)에 표척을 세워 읽는 것이다. 중간점(I.P)은 그 점에 표고만 구하기 위해 전시만 취한 점이며 이기점(T.P)는 기계를 옮기기 위한 점으로 전시와 후시를 동시에 취하는 점이다.
- **후시(B.S)** : 기지점에 표척을 세우고 읽은 값이다.
- **기계고** : 기준면에서부터 망원경 시준선까지의 높이
- **지반고** : 지점의 표고

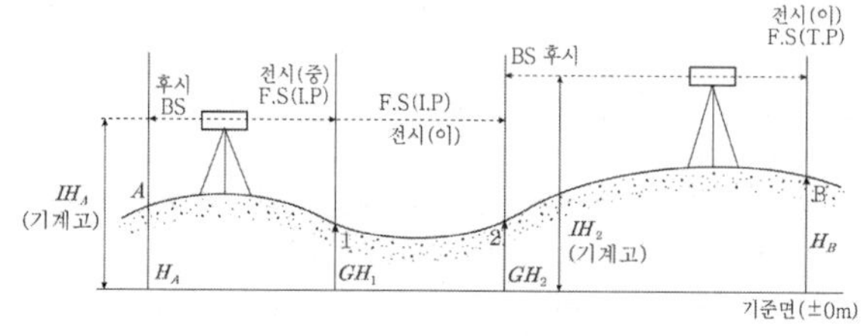

> **TIP**
>
> 시준거리(레벨과 표척사이의 거리)를 길게 하면 신속하게 측량작업을 수행할 수 있어 능률적이지만 오차가 생길 우려가 커지게 된다. 반대로 너무 짧게 하면 기계를 세우는 회수가 많아져 오차가 생기게 된다. (수준측량에 적정한 시준거리는 60m이다.)

4.2. 직접수준측량 시 주의사항

① 수준측량은 반드시 왕복측량을 하는 것을 원칙으로 한다.
② 왕복측량을 원칙으로 하되 노선거리는 다르게 한다.
③ 전시와 후시의 거리를 같게 한다.
④ 이기점은 1mm, 그 밖의 점은 5mm~10mm단위까지 읽는다.
⑤ 레벨을 세우는 횟수를 짝수로 한다. (표척의 0눈금 오차 소거)
⑥ 레벨과 표척 사이의 거리는 60m 이내로 한다.
⑦ 측량 시간은 가급적 오전과 오후 늦게 실시한다.

> **TIP**
>
> **교호수준측량**
>
> 전시와 후시의 거리를 같게 하는 것과 동일한 효과를 주기 위한 것이다.
>
> $$H = \frac{(a_1 - b_1) + (a_2 - b_2)}{2}$$

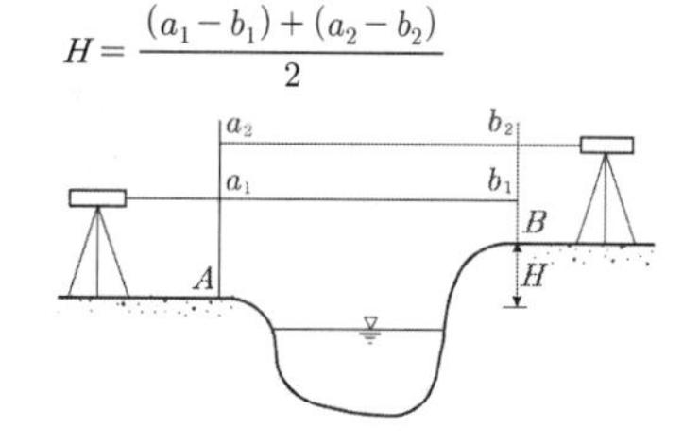

4.3. 야장기입법

① **고차식** … 두 점간의 고저차를 구하는 것이 주목적이고 도중에 있는 측점의 지반고를 구할 필요는 없을 때 사용하는 방법으로서 전시와 후시만 있는 경우 사용되는 야장기입법이다.
② **기고식** … 중간점이 많을 때 사용되는 야장기입법으로서 완전한 검산을 할 수 없다는 단점이 있다.
③ **승강식** … 중간점이 많은 경우 불편하지만 완전한 검산을 할 수 있는 장점이 있는 야장기법이다.

4.4. 수준측량의 오차

수준측량의 정오차	수준측량의 우연오차
• 표척의 0점오차 • 표척의 눈금부정에 의한 오차 • 광선의 굴절에 의한 오차 • 지구의 곡률에 의한 오차 • 표척의 기울기에 의한 오차 • 온도변화에 의한 표척의 신축 • 시준선 오차 • 레벨 및 표척의 침하에 의한 오차	• 시차에 의한 오차 • 레벨의 조정 불완전 • 기상변화에 의한 오차 • 기포관의 둔감 • 기초관 곡률의 부등에 의한 오차 • 진동, 지진에 의한 오차 • 대물렌즈의 출입에 의한 오차

① $E = \pm K\sqrt{L} = C\sqrt{N}$ … 직접수준측량의 오차는 거리와 측정횟수의 제곱근에 비례한다.
(K는 1km 수준측량시의 오차, L은 수준측량의 거리[km], C는 1회의 관측에 의한 오차)
② 1등 수준측량의 허용오차 = $2.5\text{mm}\sqrt{L}$
③ 2등 수준측량의 허용오차 = $5.0\text{mm}\sqrt{L}$

> **TIP**
>
> 1등, 2등 수준측량
>
> ㉠ 1등 수준측량 : 국도 또는 주요지방도를 따라 1등 수준점을 새로 설치하거나 이미 설치되어 있는 1등 수준점의 표고를 1급 이상의 레벨과 표척을 사용하여 규정된 정확도로 결정하는 측량을 말한다.
>
> ㉡ 2등 수준측량 : 1등 수준점으로 구성되는 1등 수준망을 보완하기 위하여 국도 또는 주요지방도를 따라 2등 수준점을 새로 설치하거나 이미 설치되어 있는 2등 수준점의 표고를 2급 이상의 레벨과 표척을 사용하여 규정된 정확도로 결정하는 측량을 말한다.

5. 각 측량

5.1. 용어정의

- **각측량** : 어떤 점에서 시준한 두 점 사이의 낀 각을 구하는 것을 말하며 공간을 기준으로 할 때 평면각, 공간각, 곡면각으로 구분하고 면을 기준으로 할 때 수직각, 수평각으로 구분할 수 있다.
- **평면각** : 평면삼각법을 기초로 넓지 않은 지역의 상대적 위치를 결정하며 호와 반경의 비율로 표시되는 각
- **방위각** : 진북방향과 측선이 이루는 우회각, 즉, 진북을 기준으로 시계방향으로 그 측선에 이르는 각이다.
- **방향각** : 도북과 측선이 이루는 우회각
- **위거** : 측선이 NS선에 투영된 길이 $L_{AB}=\overline{AB}\cdot\cos\theta$
- **경거** : 측선이 EW선에 투영된 길이 $D_{AB}=\overline{AB}\cdot\sin\theta$

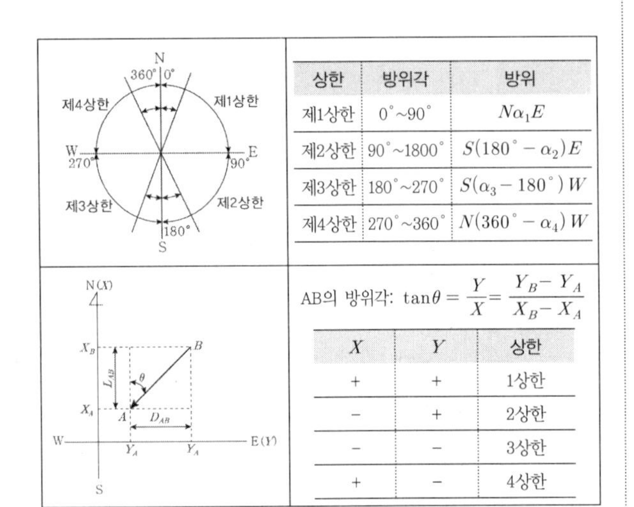

상한	방위각	방위
제1상한	0°~90°	$N\alpha_1 E$
제2상한	90°~1800°	$S(180° - \alpha_2)E$
제3상한	180°~270°	$S(\alpha_3 - 180°)W$
제4상한	270°~360°	$N(360° - \alpha_4)W$

AB의 방위각: $\tan\theta = \dfrac{Y}{X} = \dfrac{Y_B - Y_A}{X_B - X_A}$

X	Y	상한
+	+	1상한
−	+	2상한
−	−	3상한
+	−	4상한

5.2. 트랜싯의 구비조건(조정조건)

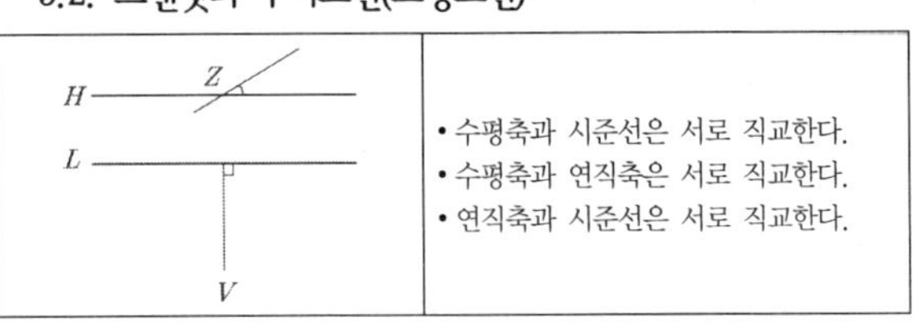

- 수평축과 시준선은 서로 직교한다.
- 수평축과 연직축은 서로 직교한다.
- 연직축과 시준선은 서로 직교한다.

5.3. 관측법의 종류

① **단각법** … 1개의 각을 1회 관측하는 방법으로 수평각측정법 중 가장 간단하며 관측결과가 좋지 않다.

② **배각법(반복법)** … 하나의 각을 2회 이상 반복 관측하여 누적된 값을 평균하는 방법으로 이중축을 가진 트랜싯의 연직축오차를 소거하는데 좋고 아들자의 최소눈금 이하로 정밀하게 읽을 수 있다.

③ **방향각법** … 어떤 시준방향을 기준으로 하여 각 시준방향에 이르는 각을 시계방향으로 차례로 관측하는 방법으로서 배각법에 비해 시간이 절약되나 정밀도가 낮아 3등 삼각측량에 이용된다.

④ **각관측법** … 수평각 관측방법 중 가장 정확한 방법으로 1등 삼각측량에 이용된다. 각관측횟수는 $n=\dfrac{s(s-1)}{2}$ (s는 측각방향선의 수)

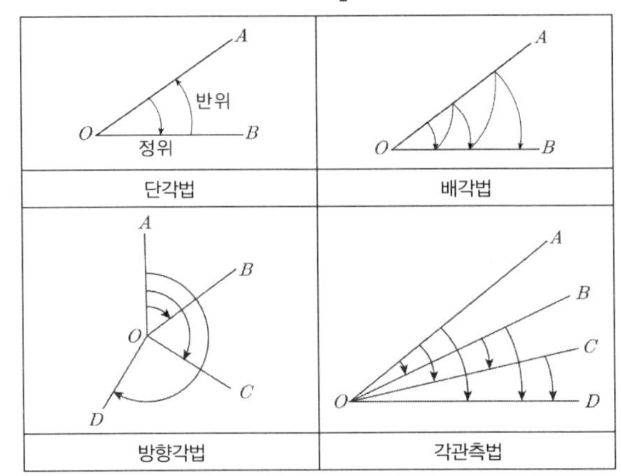

단각법	배각법
방향각법	각관측법

5.4. 트랜싯의 조정

- **제1조정** : 평반기포관 조정으로서 평반기포관축은 연직축에 직교해야 한다.
- **제2조정** : 십자종선 조정(수평축과 직교)으로서 십자종선은 수평축에 직교해야 한다.
- **제3조정** : 수평축 조정(연직축과 직교)으로서 수평축은 연직축과 평행해야 한다.
- **제4조정** : 십자횡선조성(수평축과 평행)으로서 십자선의 교점은 정확하게 망원경의 중심(광축)과 일치하고 십자횡선은 수평축과 평행해야 한다.
- **제5조정** : 망원경 기포관 조정(시준선과 평행)으로서 망원경에 장치된 기포관축과 시준선은 평행해야 한다.
- **제6조정** : 연직분도원 버니어조정으로서 시준선이 수평(기포관의 기포가 중앙)일 경우 연직분도원의 0o가 버니어의 0과 일치해야 한다.

5.5. 각측량의 오차

오차의 종류	오차의 원인	처리 방법
연직축 오차	평반 기포관축이 연직축과 직교하지 않을 때 또는 연직축이 연직선과 일치하지 않을 경우	소거가 불가능
시준축 오차	시준축과 수평축이 직교하지 않을 때	망원경을 정위와 반위로 관측한 값의 평균을 취한다.
수평축 오차	수평축이 연직축과 직교하지 않을 때	망원경을 정위와 반위로 관측한 값의 평균을 취한다.
외심 오차	망원경의 중심과 회전축이 일치하지 않을 때	망원경 정위와 반위로 관측한 다음 평균을 취한다.
내심 오차	수평회전축과 수평분도원의 중심이 일치하지 않을 때	A, B 두 버니어의 평균값을 취한다.
분도원 눈금오차	눈금의 간격이 균일하지 않을 때	분도원의 위치를 변화시키면서 대회관측을 하여 분도원 전체를 이용한다.

- **조정의 불완전에 의한 오차** : 시준측, 수평측, 연직측 오차
- **기계구조상 결함에 의한 오차** : 내심, 외심, 분도원 눈금오차
- **망원경 정반의 읽음값을 평균하면 없어지는 오차** : 시준축, 수평축, 외심 오차

6. 트래버스측량

6.1. 트래버스 측량의 개요

- **트래버스 측량** : 기준점을 연결하여 이루어지는 다각형에 대한 변의 길이와 각을 측정하여 측점의 위치를 결정하는 측량이다. 어느 지역을 측정하려면 삼각측량으로 결정된 삼각점을 기준으로 세부측량의 기준점을 연결할 때와 노선측량, 지적측량 등 골조측량에 이용되는 중요한 측량이다.
- 세부측량의 기준이 되는 점을 추가하고 설치할 경우에 편리하다.
- 복잡한 시가지나 지형의 기복이 심하여 시준이 어려운 지역의 측량에 적합하다.
- 선로(도로, 하천, 철도)와 같이 좁고 긴 곳의 측량에 적합하다.
- 거리와 각을 관측하여 도식해법에 의해 모든 점의 위치를 결정할 경우 편리하다.
- 삼각측량과 같이 높은 정도를 요구하지 않는 골조측량에 이용된다.
- 트래버스 측량의 순서는 계획→답사→선점→조표→거리관측→계산 및 측점의 전개이다.

6.2. 트래버스의 종류

① **개방트래버스** … 연속된 측점의 전개에 있어서 출발점과 종점 간에 아무런 관계가 없는 것으로 측량결과의 점검이 되지 않으므로 노선측량의 답사 등의 높은 정확도를 요구하지 않는 측량에 이용되는 트래버스이다.

② **폐합트래버스** … 어떤 한 측점에서 출발하여 최후에는 다시 출발점으로 돌아오는 트래버스이다. 이는 측량결과를 검토할 수 있고 조정이 용이하며 비교적 정확도가 높은 측량으로 소규모 지역에 주로 이용된다.

③ **결합트래버스** … 어떤 기지점에서 출발하여 다른 기지점에 결합시킨 트래버스로서 일반적으로 기지점은 삼각점을 이용한다. 정확도가 가장 높은 트래버스로서 대규모 지역의 측량에 이용된다.

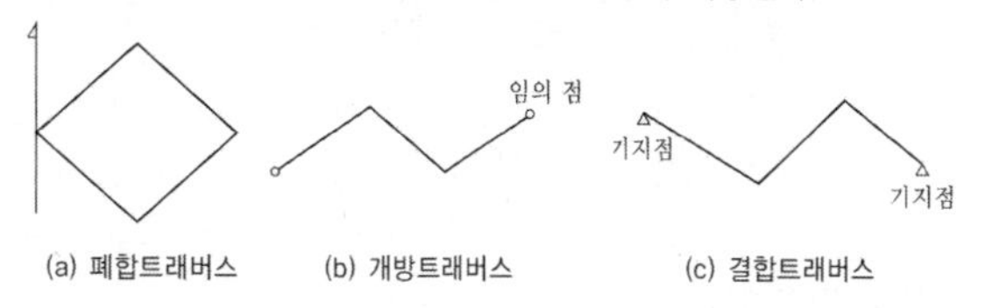

(a) 폐합트래버스 (b) 개방트래버스 (c) 결합트래버스

6.3. 트래버스 측량의 수평각측정법

- **교각법** : 전측선과 다음 측선이 이루는 각을 시계 또는 반시계방향으로 측정하는 방법. 협각법(included angle method)이라고도 한다. (교각 : 서로 이웃하는 측선이 이루는 각)
- **편각법** : 전측선의 연장선을 기준으로 다음 측선에 대한 각을 재는 방법. 폭이 좁고 길이가 긴 지형(도로, 하천, 수로, 터널, 철도 등)에 적합하다. (편각 : 각 측선이 전 측선의 연장선과 이루는 각)
- **방위각법** : 각 측선이 준거선으로 하는 시계회전방향의 수평각을 측정하는 도근측량법이다. 트래버스측량에서 관측값의 계산은 편리하나 한 번 오차가 생기면 그 영향이 끝까지 미치는 각관측방법이다. (방위각 : 진북을 기준으로 우회시켜 축선과 이루는 각)

6.4. 트래버스 측량 선점시 주의사항

- 측점수는 될 수 있는 한 적게 한다.
- 결합 트래버스의 출발점과 결합점간의 거리는 될 수 있는 한 단거리로 한다.
- 측점간 거리는 가능한 등거리로 하고 현저히 짧은 노선은 피한다.
- 측점은 기계를 세우기가 편하고 관측이 용이하며 표지가 안전하게 보존되며 침하가 없는 곳이 좋다.
- 노선은 가능한 폐합 또는 결합이 되게 한다.
- 거리측량과 각측량의 정확도가 균형을 이루게 한다.
- 선점할 때 측점간의 거리는 삼각점보다 짧은 거리고 시준이 잘 되는 곳에 선점한다.

6.5. 오차의 처리(폐합오차의 조정)

- **컴퍼스법칙** : 각관측과 거리관측의 정밀도가 비슷할 때 조정하는 방법으로서 각 측선 길이에 비례하여 폐합오차를 배분한다.
- **트랜싯법칙** : 각관측의 정밀도가 거리관측의 정밀도보다 높을 때 조정하는 방법으로서 위거와 경거의 크기에 비례하여 폐합오차를 배분한다.

20m줄자로 두 지점의 거리를 측정한 결과가 320m이었다. 1회 측정마다 ±3mm의 우연오차가 발생한다면 두 지점 간의 우연오차는

$$E = \pm\,\delta\sqrt{n} = \pm\,3\sqrt{\frac{320}{20}} = \pm\,12\,\text{mm}$$

> **TIP**
>
> 트래버스 측량의 결과로 위거오차 0.4m, 경거오차 0.3m를 얻었다. 총 측선의 길이가 1,500m이었다면 폐합오차는
>
> $E=\sqrt{(\text{위거오차량})^2+(\text{경거오차량})^2}$
>
> $=\sqrt{E_L^2+E_D^2}=\sqrt{0.4^2+0.3^2}=0.5\text{m}$
>
> 폐합비 $R=\frac{E}{\sum l}=\frac{l}{m}=\frac{0.5}{1500}=\frac{1}{3,000}$

6.6. 면적계산

- **횡거** : 측선의 중점으로부터 자오선에 내린 수선의 길이
- **배횡거** : 면적을 계산할 대 횡거를 그대로 사용하면 분수가 생겨 불편하므로 계산의 편리를 위해 이를 2배하는데 이를 배횡거라 한다.
- **배면적** : 배횡거와 위거를 곱한 값이다. (면적은 배면적을 2로 나눈 값이다.)

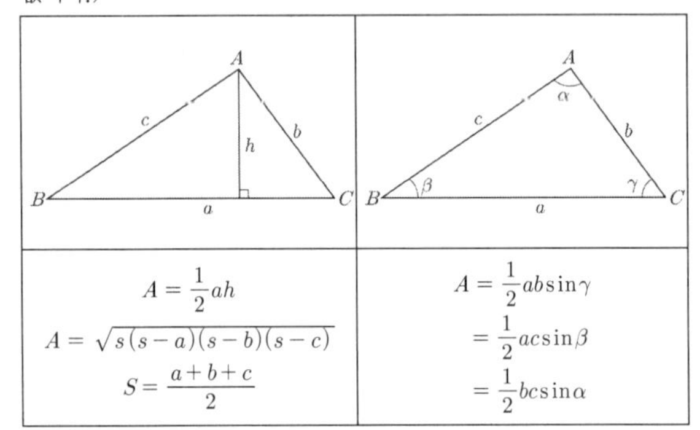

$A=\frac{1}{2}ah$ $A=\sqrt{s(s-a)(s-b)(s-c)}$ $S=\frac{a+b+c}{2}$	$A=\frac{1}{2}ab\sin\gamma$ $=\frac{1}{2}ac\sin\beta$ $=\frac{1}{2}bc\sin\alpha$

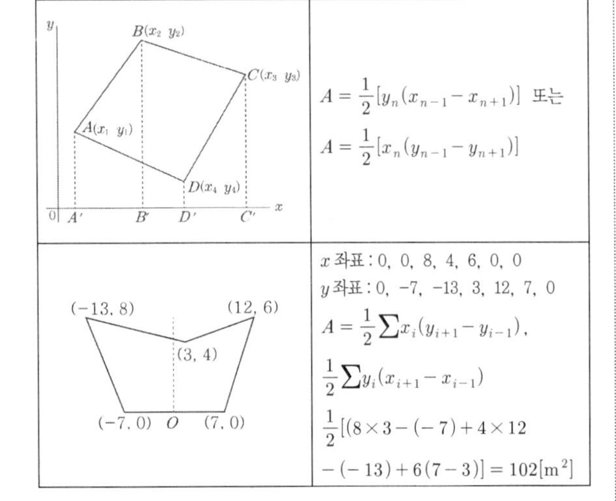

	$A=\frac{1}{2}[y_n(x_{n-1}-x_{n+1})]$ 또는 $A=\frac{1}{2}[x_n(y_{n-1}-y_{n+1})]$
	x좌표 : 0, 0, 8, 4, 6, 0, 0 y좌표 : 0, −7, −13, 3, 12, 7, 0 $A=\frac{1}{2}\sum x_i(y_{i+1}-y_{i-1})$, $\frac{1}{2}\sum y_i(x_{i+1}-x_{i-1})$ $\frac{1}{2}[(8\times3-(-7)+4\times12$ $-(-13)+6(7-3)]=102[\text{m}^2]$

6.7. 폐합비의 허용범위

측량지역	폐합비의 허용범위
시가지	$\frac{1}{5,000}\sim\frac{1}{10,000}$
산악지	$\frac{1}{300}\sim\frac{1}{1,000}$
논, 밭, 대지 등의 평지	$\frac{1}{1,000}\sim\frac{1}{2,000}$
산림, 임야, 호소지	$\frac{1}{500}\sim\frac{1}{1,000}$

7. 삼각측량

7.1. 삼각측량의 특징

- **삼각측량** : 다각측량, 지형측량, 지적측량 등 각종 측량의 골격이 되는 기준점인 삼각점의 위치를 삼각법의 이론을 이용하여 정밀하게 결정하기 위해 실시하는 측량으로서 높은 정확도를 기대할 수 있는 측량이다.
- 삼각점 간의 거리를 비교적 길게 취할 수 있고, 한 점의 위치를 정밀하게 결정할 수 있으므로 넓은 지역에 동일한 정확도로 기준점을 배치하는 것이 편리하다.
- 대삼각측량은 지구의 곡률을 고려하여 정확한 결과를 구하고자 하는 것이며 소삼각측량은 지구의 표면을 평면으로 간주하고 실시하는 측량이다.
- 삼각점은 서로 시통이 잘 이루어져야 하며 후속측량에 이용되므로 일반적으로 전망이 좋은 곳에 설치해야 한다.
- 산지 등 기복이 많은 곳에 알맞고 평야지대와 삼림지대에서는 시통을 위해 벌목과 높은 측표 등을 필요로 하므로 작업이 곤란하다.
- 조건식이 많아 계산 및 조정방법이 복잡하다.
- 각 단계에서 정도를 점검할 수 있다.(삼각형의 폐합차, 좌표 및 표고의 계산결과로부터 측량의 정확도를 조사할 수 있다.)

> **TIP**
>
> 조정계산이 완료된 조정각 및 기선으로부터 처음 신설하는 삼각점의 위치를 구하는 계산순서
>
> 편심조정계산 → 삼각형계산(변, 방향각) → 좌표조정계산 → 표고계산 → 경위도계산

7.2. 삼각측량의 원리

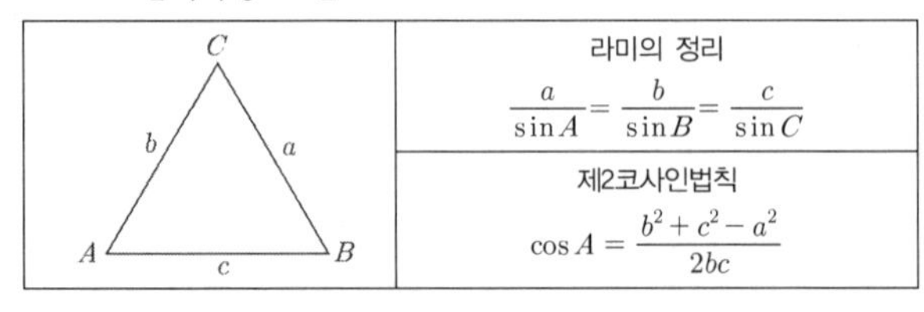

	라미의 정리 $\frac{a}{\sin A}=\frac{b}{\sin B}=\frac{c}{\sin C}$
	제2코사인법칙 $\cos A=\frac{b^2+c^2-a^2}{2bc}$

7.3. 삼각망

- **유심망** : 유심형 삼각망으로서 정도는 단열삼각망보다는 좋으나 사변형삼각망보다는 떨어진다. 농지측량 및 평탄하고 넓은 지역에 적합하다.
- **단열삼각망(단삼각망)** : 조건식이 적어 정도가 낮으며 거리에 비해 관측수가 적다. 측량이 신속하고 경비가 적게 드는 장점이 있다. 폭이 좁고 길이가 긴 지역에 적합한 방법으로 노선이나 하천, 터널 측량에 이용된다.
- **사변형망** : 사변형 삼각망으로서 조건식의 수가 가장 많아 정도가 높으나 조정이 복잡하고 시간과 비용이 많이 든다.

단열삼각망	기선 / 검기선
유심삼각망	기선 / 검기선
사변형삼각망	기선 / 검기선

TIP
정밀도 … 사변형망 > 유심망 > 단열삼각망

7.4. 삼각망의 조건식 수 산정

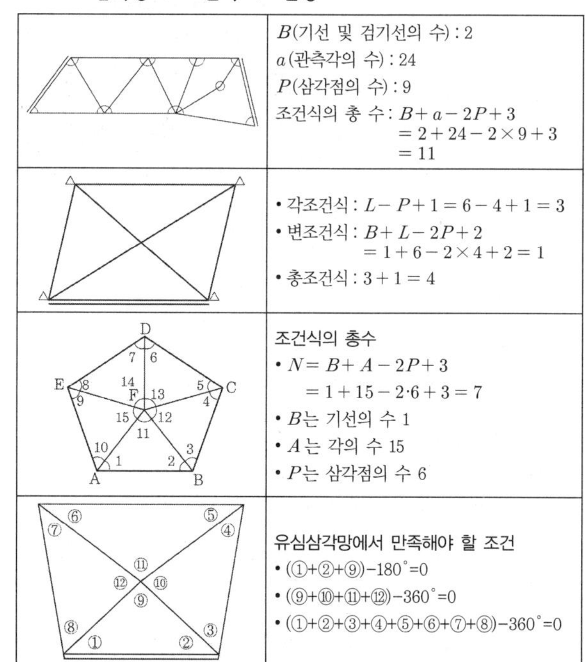

	B(기선 및 검기선의 수) : 2 a(관측각의 수) : 24 P(삼각점의 수) : 9 조건식의 총 수 : $B+a-2P+3$ $=2+24-2\times 9+3$ $=11$
	• 각조건식 : $L-P+1=6-4+1=3$ • 변조건식 : $B+L-2P+2$ $=1+6-2\times 4+2=1$ • 총조건식 : $3+1=4$
	조건식의 총수 • $N=B+A-2P+3$ $=1+15-2\cdot 6+3=7$ • B는 기선의 수 1 • A는 각의 수 15 • P는 삼각점의 수 6
	유심삼각망에서 만족해야 할 조건 • (①+②+⑨)−180˚=0 • (⑨+⑩+⑪+⑫)−360˚=0 • (①+②+③+④+⑤+⑥+⑦+⑧)−360˚=0

7.5. 삼각측량의 오차

- 구차(지구곡률에 의한 오차) : $e_1=\dfrac{D^2}{2R}$
- 기차(빛의 굴절에 의한 오차) : $-\dfrac{KD^2}{2R}$ (K는 굴절계수)
- 양차 : 구차와 기차의 합으로서

$$e=e_1+e_2=\frac{D^2}{2R}-\frac{KD^2}{2R}=\frac{D^2}{2R}(1-K)$$

7.6. 삼각수준측량

간접수준측량의 일종으로서 레벨을 사용하지 않고 트랜싯이나 데오돌라이트를 사용하여 두 점간의 연직각과 거리를 관측하여 고저차를 구하는 측량으로서 양차를 고려한다.

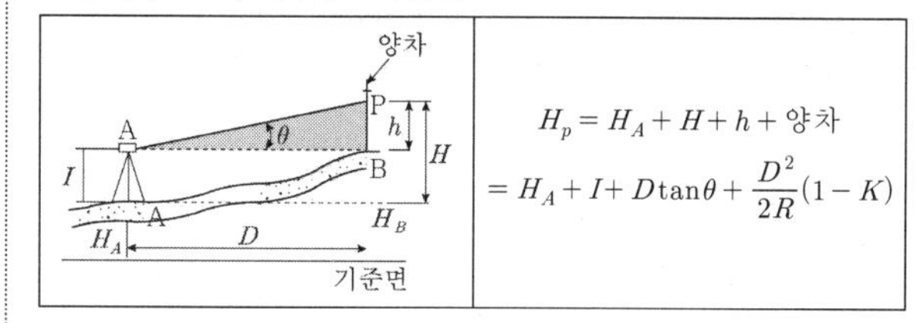

$$H_p=H_A+H+h+\text{양차}$$
$$=H_A+I+D\tan\theta+\frac{D^2}{2R}(1-K)$$

7.7. 삼변측량

- 기선과 수평각을 관측하는 삼각측량으로 삼각점의 위치를 결정하는 대신 전자파 거리측정기를 이용한 정밀한 장거리측정으로 삼변을 측점해서 삼각점의 위치를 결정하는 측량법이다.
- 삼변을 측정해서 삼각점의 위치를 결정한다.
- 기선장을 실측하므로 기선의 확대가 불필요하다.
- 조건식의 수가 적은 것이 단점이다.
- 좌표계산이 편리하다.
- 조정방법에는 조건방정식에 의한 조정과 관측방정식에 의한 조정이 있다.

8. 지형측량

8.1. 등고선

(1) 개요

① 평균해수면으로부터 높이가 같은 선을 말한다.
② 등고선의 간격이라 함은 주곡선의 간격을 말한다.
③ 등고선은 계곡선, 주곡선, 간곡선, 조곡선 등이 있다.

(2) 등고선의 종류

등고선 종류	선의 형상	1:10,000	1:25,000	1:50,000
계곡선	굵은 실선	25m	50m	100m
주곡선	가는 실선	5	10m	20m
간곡선	가는 파선	2.5m	5m	10m
조곡선	가는 점선	1.25m	2.5m	5m

(3) 등고선의 성질

① 같은 등고선 상에 있는 점들의 높이는 같다.
② 한 등고선은 도면 내외에서 반드시 폐합하는 곡선이다.
③ 높이가 다른 등고선은 동굴이나 절벽을 제외하고는 교차하지 않는다.
④ 급경사지는 간격이 좁고 완경사지는 간격이 넓다.
⑤ 최대경사방향은 (등고선 사이의 최단거리방향은) 등고선과 직각으로 교차한다.
⑥ 등고선이 계곡을 통과할 때는 계곡을 직각방향으로 횡단한다.
⑦ 등고선은 지물(건물, 도로 등)과 만나는 경우 끊겼다 이어진다.
⑧ 유역이나 집수면적은 능선을 따라 구분이 되어야 한다.

(4) 등고선의 측정법

① **직접측정법** … 레벨, 평판, 트렌싯 등을 함께 사용하는 방법이다.
② **좌표점고법** … 간접측정법으로서 측량하는 징력을 종횡으로 나누어 각 점의 표고를 기입해서 등고선을 삽입하는 방법이다. 토지의 정지작업, 정밀한 등고선이 필요할 때 많이 쓴다.
③ **종단점법** … 지성선과 같은 중요한 선의 방향에 여러 개의 측선을 내고 그 방향을 측정한다. 그 다음 이에 따라 여러 점의 표고와 거리를 구하여 등고선을 그리는 방법이다.
④ **횡단점법** … 종단측량을 하고 좌우에 횡단면을 측정하는데 줄자와 핸드레벨로 하는 때가 많다. 중심선에서 좌우방향으로 수선을 그어 그 수선상의 거리와 표고를 측정하여 등고선에 삽입하는 방법이다.
⑤ **기준점법** … 변화가 있는 지점을 선정하고 거리와 고저차를 구한 후 등고선을 그리는 방법이다. 지모변화가 심한 경우에도 정밀한 결과를 얻을 수 있다.

8.2. 지표표시법

- **점고법** : 지표면상에 있는 임의 점의 표고를 도상에 숫자로 표시하여 지표를 나타내는 방법으로 하천, 항만, 해양 등의 심천을 나타내는 경우에 사용된다.
- **채색법** : 지형도에 채색을 하여 지형이 높아질수록 색깔을 진하게, 낮아질수록 연하게 채색의 농도를 변화시켜 지표면의 고저를 나타내는 방법이다. (지리관계의 지도나 소축척의 지형도에 사용된다.)
- **영선법(우모법)** : 선의 굵기, 길이 및 방향 등으로 땅의 모양을 표시하는 방법으로 경사가 급하면 선이 굵고 완만하면 선이 가늘고 길게 새털 모양으로 지형을 표시한다.
- **음영법(명암법)** : 태양광선이 서북쪽에서 45o의 경사로 비친다고 가정할 때 지표의 기복에 대해서 그 명암을 도상에 3가지 이상의 색으로 지형의 기복을 표시하는 방법이다. (고저차가 크고 경사가 급한 곳에 주로 사용된다.)
- **지성선** : 지모의 골격이 되는 선으로서 능선(분수선), 계곡선(합수선), 경사변환선, 최대경사선(유하선) 등이 있다.
- **계곡선(합수선)** : 요(凹)선이라고도 하며 지표면의 가장 낮은 곳을 연결한 선으로서 빗물이 합쳐지므로 계곡선(합수선)이라고도 한다.
- **능선(분수선)** : 철(凸)선이라고도 하며 지표면의 가장 높은 곳을 연결한 선이며 빗물이 좌우로 흐르게 되므로 분수선이라고 한다.
- **경사변환선** : 동일 방향 경사면에서 경사의 크기가 다른 두 면의 교선이다.
- **최대경사선(유하선)** : 경사가 최대로 되는 방향을 표시한 선으로 등고선에 직각이며 등고선 간의 최단거리가 되고 물이 흐르는 유하선이 된다.

8.3. 면적 및 체적계산법

- **직선 면적 계산** : 삼사법, 삼변법, 사다리꼴법, 좌표법
- **곡선 면적 계산** : 지거법(사다리꼴, 심프슨법칙), 구적기법, 삼각형 분할법, 스트립법(띠선측법), 모눈종이법
- **체적 계산** : 단면법, 점고법, 등고선법이 있다.

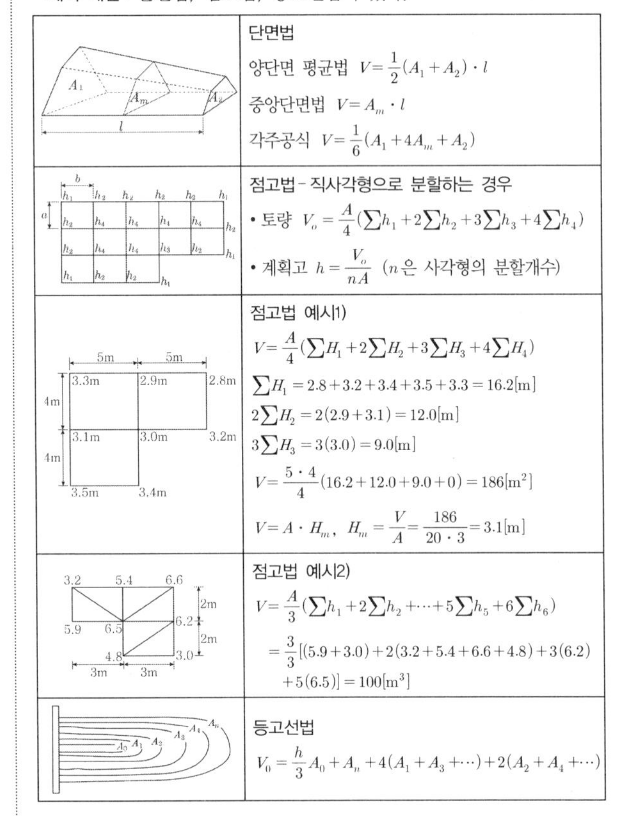

A_1, A_m, A_2, l	단면법 양단면 평균법 $V=\frac{1}{2}(A_1+A_2)\cdot l$ 중앙단면법 $V=A_m\cdot l$ 각주공식 $V=\frac{1}{6}(A_1+4A_m+A_2)$
b, a, h_1, h_2, h_3, h_4	점고법 - 직사각형으로 분할하는 경우 • 토량 $V_o=\frac{A}{4}(\sum h_1+2\sum h_2+3\sum h_3+4\sum h_4)$ • 계획고 $h=\frac{V_o}{nA}$ (n은 사각형의 분할개수)
5m, 5m, 3.3m, 2.9m, 2.8m, 4m, 3.1m, 3.0m, 3.2m, 4m, 3.5m, 3.4m	점고법 예시1) $V=\frac{A}{4}(\sum H_1+2\sum H_2+3\sum H_3+4\sum H_4)$ $\sum H_1=2.8+3.2+3.4+3.5+3.3=16.2[m]$ $2\sum H_2=2(2.9+3.1)=12.0[m]$ $3\sum H_3=3(3.0)=9.0[m]$ $V=\frac{5\cdot 4}{4}(16.2+12.0+9.0+0)=186[m^2]$ $V=A\cdot H_m,\ H_m=\frac{V}{A}=\frac{186}{20\cdot 3}=3.1[m]$
3.2, 5.4, 6.6, 2m, 5.9, 6.5, 6.2, 2m, 4.8, 3.0, 3m, 3m	점고법 예시2) $V=\frac{A}{3}(\sum h_1+2\sum h_2+\cdots+5\sum h_5+6\sum h_6)$ $=\frac{3}{3}[(5.9+3.0)+2(3.2+5.4+6.6+4.8)+3(6.2)+5(6.5)]=100[m^3]$
A_0, A_1, A_2, A_3, A_4, A_n	등고선법 $V_0=\frac{h}{3}A_0+A_n+4(A_1+A_3+\cdots)+2(A_2+A_4+\cdots)$

TIP
단면법의 체적산정크기 기준 … 양단면변곡법 > 각주공식 > 중앙단면법

8.4. 유토곡선

(1) 유토곡선의 개요

① 누가토량을 곡선으로 표시한 것으로서 곡선의 하향구간은 절토부, 상향구간은 성토부이다.
② 기선에서 임의의 평행선을 그었을 때 인접하는 교차점 사이의 토량은 절토량과 성토량이 균형을 이룬다.
③ +부분은 흙이 남아서 땅을 깎아야 하고 -부분은 흙이 모자라는 부분이므로 흙을 쌓을 부분이다.

(2) 유토곡선 작성 목적

① 시공 방법을 결정한다.
② 평균운반거리를 산출한다.
③ 운반거리에 대한 토공기계를 선정.
④ 토량을 배분한다.

(3) 유토곡선의 성질

① Mass curve로 운반장비를 선정함으로 경제적인 시공이 가능하다.
② 토적곡선을 작도하려면 먼저 토량 계산서를 작성하여야 한다.
③ 절토에서 성토로의 평균 운반거리는 절토의 중심과 성토의 중심과의 사이의 거리로 표시된다.
④ 곡선의 상향구간은 절토부, 하향구간은 성토부이다.
⑤ 곡선의 극소점 및 극대점은 각각 성토에서 절토, 절토에서 성토의 변이점이다.
⑥ 기선에서 임의의 평행선을 그었을 때 인접하는 교차점 사이의 토량은 절토량과 성토량이 균형을 이룬다.
⑦ 평형선에서 곡선까지의 높이는 운반토량을 나타낸다.
⑧ 기선에 평행한 임의직선을 그어 곡선과의 교점으로 둘러싸인 사이의 토공은 절토와 성토가 평형이다.
⑨ 기선과 평행한 선을 평형선이라 하며 평형선과의 교점을 평형점이라 한다.
⑩ 전토량의 1/2점을 통과하는 평행선의 길이가 평균운반거리이다.
⑪ 횡방향 유용토를 제외하므로 동일단면내의 절토량과 성토량을 구할 수가 없다.

(3) 유토곡선 작성 순서

① 측량에 의한 종단도상의 시공기면을 그린다.
② 횡단도상의 각 구간의 토량을 산출한다.
③ 토량 계산서를 이용하여 누가토량을 산출한다.
④ 종축에 누가토량 횡축에 거리를 취한 그래프에 누가토량을 기입한다.

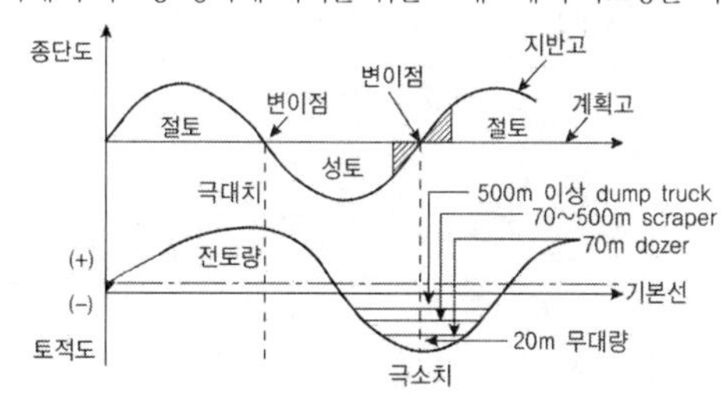

9. 노선측량

9.1. 노선측량개요

- 도로, 철도 수로, 관로, 송전선로, 갱도와 같이 길이에 비하여 폭이 좁은 지역의 구조물 설계와 시공을 목적으로 시행하는 측량이다.
- 노선측량의 순서 … 지형측량 → 중심선측량 → 종횡단측량 → 용지측량 → 시공측량
- 노선 선정 시 노선은 가능한 한 직선으로 하고 경사가 완만해야 한다.

수평곡선	원곡선	단곡선 • 복심곡선 : 반지름이 다른 2개의 원곡선이 1개의 공통접선을 가지고 접선의 같은 쪽에서 연결 • 반향곡선 : 반지름이 다른 2개의 원곡선이 1개의 공통접선의 양쪽에서 서로 곡선 중심을 가지고 연결 • 배향곡선 : 반향곡선을 연속시킨 형태로 산지에서 기울기를 낮추기 위해 사용
	완화곡선	3차포물선(철도), 클로소이드(고속도로), 램니스케이트(지하철), 반파장sin체감곡선(고속도로)
수직곡선	종단곡선	원곡선(철도), 2차포물선(도로)
	횡단곡선	직선, 쌍곡선, 2차포물선

9.2. 기본용어

- **편각** : 단곡선에서 접선과 현이 이루는 각
- **완화곡선** : 직선과 원곡선 사이에 곡률반경이 무한대로부터 점점 작아져서 일치하도록 설치하는 곡선 (차량을 안전하게 진행시키기 위하여 직선부에서 곡선부로 들어 갈 때 그 사이에 완만한 곡선을 삽입한 곡선)
- **클로소이드** : 곡률이 곡선길이에 비례하여 증가하는 일종의 나선형 곡선
- **종단곡선** : 노선의 종단구배가 변하는 곳에 충격을 완화하고 충분한 시거를 확보해줄 목적으로 적당한 곡선을 설치하여 차량이 원활하게 주행할 수 있도록 한 것

9-3. 단곡선

(1) 단곡선 관련 공식

- 접선길이 $T.L = R\tan\frac{I}{2}$, 외할 $E = R\left(\sec\frac{I}{2} - 1\right)$,
  중앙종거 $M = R\left(1 - \cos\frac{I}{2}\right)$
- 곡선의 길이 $C.L = 0.0174533RI$, $C.L. = R \cdot I^o \cdot \frac{\pi}{180^o}$
- 시단현의 편각 $\delta_1 = \frac{l_1}{R} \cdot \frac{90^o}{\pi}$ (시단현의 길이 δ_1)

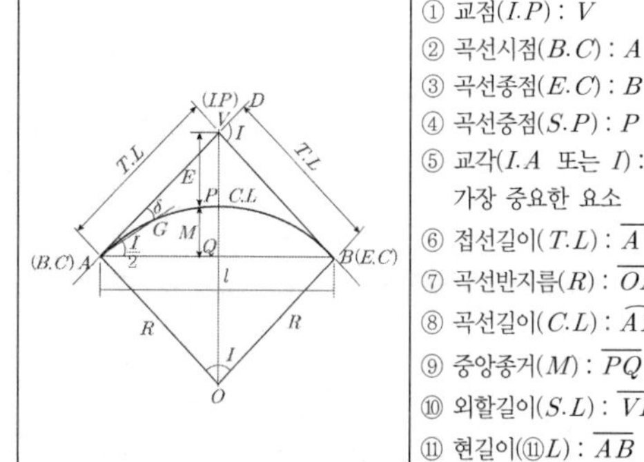

① 교점($I.P$) : V
② 곡선시점($B.C$) : A
③ 곡선종점($E.C$) : B
④ 곡선중점($S.P$) : P
⑤ 교각($I.A$ 또는 I) : $\angle DVB$ 가장 중요한 요소
⑥ 접선길이($T.L$) : $\overline{AV} = \overline{BV}$
⑦ 곡선반지름(R) : $\overline{OA} = \overline{OB}$
⑧ 곡선길이($C.L$) : $\widehat{AB}$
⑨ 중앙종거(M) : $\overline{PQ}$
⑩ 외할길이($S.L$) : $\overline{VP}$
⑪ 현길이(⑪L) : $\overline{AB}$
⑫ 편각(δ) : $\angle VAG$

(2) 단곡선 설치법

- **중앙종거법** : 곡선길이가 직고 편각법등으로 이미 설치된 중심말뚝 사이에 다시 세밀하게 설치하는 방법으로서 노선측량의 단곡선 설치방법 중 간단하고 신속하게 작업할 수 있어 철도, 도로 등의 기설곡선 검사에 주로 사용된다. (단, 말뚝의 중심간격을 20m마다 설치할 수 없는 결점이 있다.)
- **편각설치법** : 도로와 철도의 단곡선 설치에 주로 이용되는 방법으로 정확도가 가장 높다.
- **접선편거와 현편거에 의한 방법** : 측각기 없이 폴과 줄자만으로 곡선을 설치하는 방법으로서 정도는 낮으나 작업이 간단하고 신속하며 곡률이 큰 농로나 지방도에 이용된다.
- **접선에 대한 지거에 의한 방법** : 곡률이 작은 터널이나 산림지역 벌채량 감소 목적에 이용되는 방법이다.

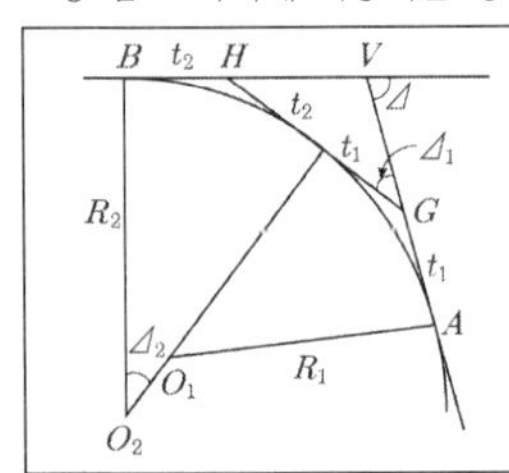

복곡선 관계식

$\Delta_1 = \Delta - \Delta_2$

$t_1 = R_1 \tan\frac{\Delta_1}{2}$, $t_2 = R_2 \tan\frac{\Delta_2}{2}$

$VG = (\sin\Delta_2)\left(\frac{GH}{\sin\Delta}\right)$

$VB = (\sin\Delta_1)\left(\frac{GH}{\sin\Delta}\right) + t_2$

9.4. 완화곡선

(1) 완화곡선의 개요

① 직선과 원곡선 사이에 곡률반경이 무한대로부터 점점 작아져서 일치하도록 설치하는 곡선

② 차량을 안전하게 진행시키기 위하여 직선부에서 곡선부로 들어 갈 때 그 사이에 완만한 곡선을 삽입한 곡선

(2) 완화곡선의 성질

① 곡선반경은 완화곡선의 시점에서 무한대, 종점에서 원곡선의 반지름값이 된다.

② 완화곡선의 접선은 시점에서 직선에, 종점에서 원호에 접한다.

③ 완화곡선에 연한 곡률반경의 감소율은 캔트의 증가율과 동률(부호는 반대)로 된다.

④ 완화곡선의 종점에서의 켄트는 원곡선의 캔트와 같다.

⑤ 완화곡선의 곡률은 곡선길이에 비례한다.

⑥ 모든 클로소이드는 닮은 꼴이며 클로소이드 요소에는 길이의 단위를 가진 것과 단위가 없는 것이 있다.

(3) 캔트

완화곡선부의 원심력을 줄이기 위하여 바깥부분을 안쪽보다 높이는 정도를 캔트라고 한다.

캔트(cant) $C = \frac{SV^2}{gR}$

(V : 열차속도(km / hr), g : 중력가속도(9.8 m / sec), R : 곡선반경(m), S : 궤간(mm))

① **확폭(슬랙)** … 차량과 레일이 꼭 끼어서 서로 힘을 잃게 되면 때로는 덜신의 위험이 생긴나. 이런 위험을 막기 위해서 레일 안쪽을 움직여 곡선부에서는 궤간을 넓혀야 하는데 이 넓힌 치수를 말한다.

② **편물매** … 캔트와 같은 이론으로 도로에서 바깥노면을 높이는 것이다.

③ **확도** … 도로의 곡선부에서 안전하게 원심력과 저항할 수 있는 여유를 잡아 직선부보다 약간 넓히는 것이다.

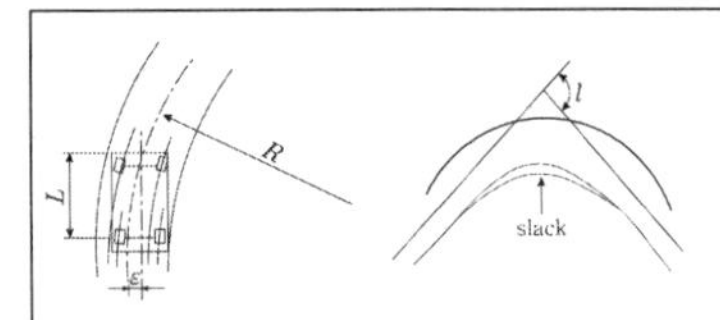

확폭량 $\varepsilon = \frac{L^2}{2R}$

이정량 $f = \frac{L^2}{24R}$

완화곡선길이 $L = \frac{NC}{1,000}$

(4) 클로소이드곡선

① 곡률이 곡선의 길이에 비례하는 곡선이다.

② 클로소이드의 요소는 단위를 가진 것과 단위가 없는 것이 있다. (모든 요소가 단위를 갖는 것은 아니다.)

③ 클로소이드에서 매개변수 A가 정해지면 클로소이드의 크기가 정해진다.

④ 곡선의 반지름 R, 곡선길이 L, 매개변수 A의 사이에는 $A^2 = RL$의 관계가 성립한다.

9.5. 설계속도와 최대종단경사

- 설계속도와 지형조건에 따라 종단경사의 기준값이 제시되어 있다.
- 종단경사는 도로의 진행방향 중심선의 길이에 대한 높이의 변화 비율이다.
- 종단경사는 환경적, 경제적 측면에서 허용할 수 있는 범위 내에서 최대한 완만하게 한다.
- 차도의 종단경사는 도로의 구분, 지형 상황과 설계속도에 따라 다음 표의 비율 이하로 하여야 한다. 다만, 지형 상황, 주변 지장물 및 경제성을 고려하여 필요하다고 인정되는 경우에는 다음 표의 비율에 1퍼센트를 더한 값 이하로 할 수 있다.

최대종단경사(퍼센트)

설계속도 (km/hr)	고속도로		간선도로		집산도로 및 연결로		국지도로	
	평지	산지 등	평지	산지 등	평지	산지 등	평지	산지 등
120	4	5						
110	4	6						
100	4	6	4	7				
90	6	7	6	7				
80	6	7	6	8	8	10		
70			7	8	9	11		
60			7	9	9	11	9	14
50			7	9	9	11	9	15
40			8	10	9	12	9	16
30					9	13	10	17
20							10	17

10. 하천측량

10.1. 하천수위

- **평균 최저수위** : 항선, 수력발전, 관개 등의 이수(수리)목적에 이용
- **평균 최고수위** : 제방, 교량, 배수 등의 치수목적에 이용
- **갈수위(량)** : 355일 이상 이보다 적어지지 않는 수위(유량)
- **저수위(량)** : 275일 이상 이보다 적어지지 않는 수위(유량)
- **평수위(량)** : 185일 이상 이보다 적어지지 않는 수위(유량)
- **홍수위(량)** : 최대수위(유량)
- **수애선** : 육지와 물과의 경계선(평수위에 의해 정해짐)

10.2. 유속계

- **표면부자** : 수류의 표면유속을 관측하기 위하여 소정의 구간에 대하여 수면에 띄워서 유하시키는 부자이다.
- **이중부자** : 표면부자에 수중부자를 끈으로 연결한 것으로 수중부표를 수면으로부터 6할쯤 되는 곳에 매달아 놓아 직접 평균유속을 구하기 위해 사용되는 부자이다.
- **프라이스(price)식 유속계(날개식 유속계)** : 유체 흐름의 속도를 측정하는 회전식 유속계의 일종으로, 여러 개의 원추형 컵의 단위시간당 회전수를 전기접점의 접촉수를 측정하여 유속으로 계산하는 형식의 유속계이다.
- **프로펠러식 유속계** : 물의 흐름방향과 평행한 수평회전축 주위로 회전하는 프로펠러를 가진 유속계로서, 프로펠러의 측정된 단위시간당 회전수의 함수로 유속을 계산한다.

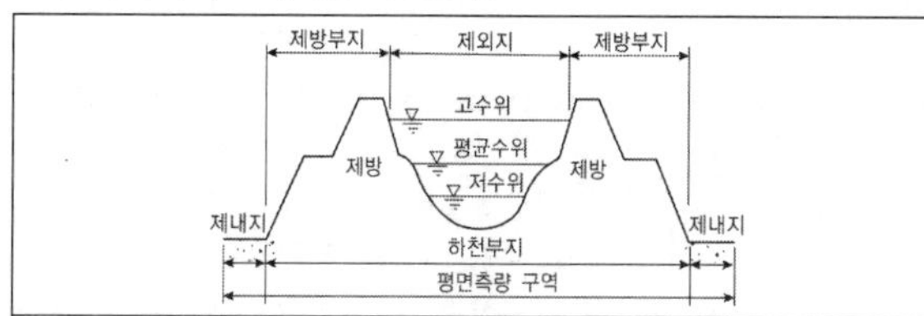

평면측량의 범위
- 유제부 : 제외지는 전 지역, 제내지의 경우 300m 내외
- 무제부 : 물이 흐르는 곳 전부와 홍수시 도달하는 물가선으로부터 100m정도 넓게
- 하천공사 : 하구에서 상류의 홍수피해가 미치는 지점까지
- 사방공사 : 수원지까지

10.3. 평균유속 측정법

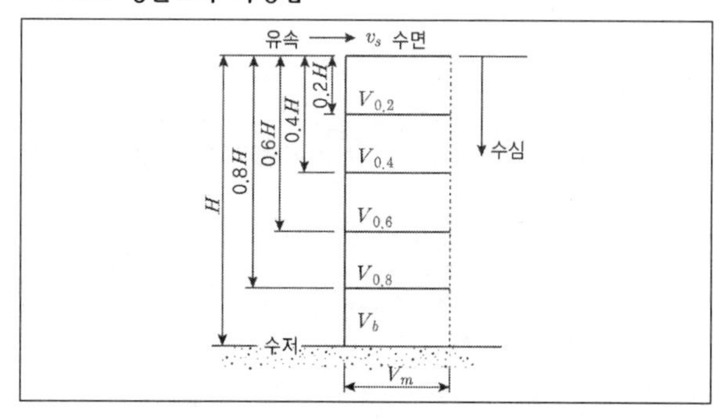

표면법 : $V_m = 0.85\,V_s$
- 1점법 : $V_m = V_{0.6}$
- 2점법 : $V_m = \dfrac{V_{0.2} + V_{0.8}}{2}$
- 3점법 : $V_m = \dfrac{V_{0.2} + 2V_{0.6} + V_{0.8}}{4}$
- 4점법 : $V_m = \dfrac{1}{5}\left[(V_{0.2} + V_{0.4} + V_{0.6} + V_{0.8}) + \dfrac{1}{2}\left(V_{0.2} + \dfrac{V_{0.2}}{2}\right)\right]$

V_m : 평균유속, V_n : 수심 nH되는 곳의 유속

11. 사진측량

11.1. 사진측량 개요

(1) 사진측량의 장점

① 정량적, 정성적 측량이 가능하고 정확도가 균일하다.
② 접근하기 어려운 대상물을 측정할 수 있으며 축척변경이 용이하다.
③ 4차원 측정도 가능하며 동적대상물에 대한 측량이 가능하다.
④ 4차원 측정도 가능하며 축적이 작고 광역일수록 경제적이다.

(2) 항공사진측량과 지상사진측량의 비교

① 지상사진은 항공사진에 비하여 기상변화의 영향이 작다.
② 지상사진은 축척 변경이 용이하지 않다.
③ 지상사진은 소규모 대상물의 판독이 유리하다.
④ 항공사진은 감광도에 중점을 두지만 지상사진은 렌즈수차만 작으면 된다.
⑤ 항공사진은 넓은 면적을 촬영하기 때문에 광각 사진이 바람직하지만 지상사진은 여러 번 찍을 수 있으므로 보통각이 좋다.

항공사진측량	지상사진측량
후방교회법	전방교회법
감광도중점	작은 렌즈수차 중점
광각이 좋음	보통각이 좋음
기상변화 민감	기상변화 덜 민감
축척변경 용이	축척변경 불편
평면정확도 우수	평면정확도 낮음
대규모지역에 적합	소규모지역에 적합

TIP

항공사진측량에서의 산악지역은 한 장의 사진이나 한 모델상에서 지형의 고저차가 비행고도의 10% 이상인 지역을 의미한다.

(3) 항공사진의 주점

① 경사사진의 경우, 경사각도에 따라 사진상의 주점과 지상주점과의 거리가 커지게 되어 축척이 달라지게 된다.
② 인접사진과의 주점길이가 과고감에 영향을 미친다.
③ 주점은 사진의 중심으로 경사사진에서는 연직점과 일치하지 않는다.
④ 주점은 연직점, 등각점과 함께 항공사진의 특수 3점이다.

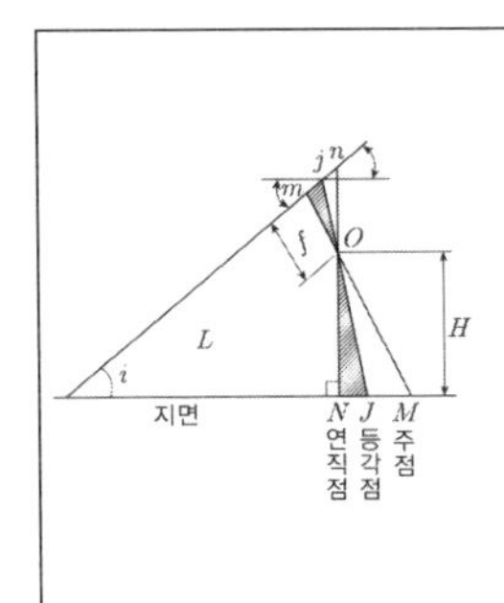

항공사진의 특수 3주점

- 주점 : 렌즈의 중심으로부터 화면에 내린 수선의 발 (렌즈의 광축과 화면이 교차하는 점)
- 연직점 : 렌즈의 중심으로부터 지면에 수선을 내렸을 때 만나는 점 (사진 렌즈의 외측절점을 통하여 연직선이 사진면 및 지면과 교차하는 점)
- 등각점 : 사진면에 직교되는 광선과 연직선이 만나는 점으로서 주점과 연직선이 이루는 각을 2등분한 점

(4) 사진촬영코스

① 촬영지역을 완전히 덮고 코스 사이의 중복도를 고려하여 결정한다.

② 도로, 하천과 같은 선형물체를 촬영시는 직선코스를 계획한다.

③ 넓은 지역 촬영 시에는 동서방향으로 직선코스를 계획한다.

④ 남북으로 긴 경우는 남북방향으로 계획한다.

⑤ 코스의 길이는 보통 30km 이내이다.

(5) 기선 고도비

사진 측량에 있어서 사진 촬영 간격 B와 촬영 고도 H와의 비. 기선 고도비의 특징은 다음과 같다.

① 사진 측량의 높이의 측정 정밀도는 기선 고도비가 클수록 좋다.

② 인간의 양눈 사이의 거리 b와 물체를 확실히 보는 거리 D와의 비보다 기선 고도비가 크면 과고(過高)로 실체시 된다.

11.2. 항공사진측량

- 항공 LiDAR : LiDAR는 Light Detection and Ranging의 약자이다. 이 측량은 지형도의 제작과 표고자료의 취득을 위해 항공기에 LiDAR를 탑재하여 지상의 점(빌딩, 나무 등)과 항공탑재 센서간의 거리를 빛, 레이저 광선을 발사하고 반사와 흡수를 이용하여 좌표를 측정하는 방식이다.

–시간, 계절 및 기상에 영향을 받는다.

–적외선 파장은 물에 잘 흡수 되므로 수면에 반사된 자료는 신뢰성이 떨어진다.

–사진촬영을 동시에 진행할 수 있어 자료의 판독이 용이하다.

–산림지역에서 지표면의 관측이 가능하다.

- 항공사진측량에서 축척에 대한 공식 $M=\dfrac{1}{m}=\dfrac{f}{H}=\dfrac{l}{s}$

(M : 기준면에 대한 사진축척, f : 초첨거리, H : 촬영고도, m : 사진축척 분모수, l : 사진상의 길이, s : 실제거리)

–촬영지역의 면적에 의한 사진의 매수 $N=\dfrac{F}{A_0}$ (F는 촬영대상지역의 면적, A_0은 촬영유효면적)

–안전율을 고려할 때 사진의 매수 : $N=\dfrac{F}{A_0}(1+\text{안전율})$

TIP

사진측량 시 필요한 사진매수 계산의 예

- 조건1 : 표고 300m의 지역(800km^2)을 촬영고도 3,300m에서 초점거리 152mm의 카메라로 촬영
- 조건2 : 사진크기 23cm×23cm, 종중복도 60%, 횡중복도 30%, 안전율 30%인

축척 $\dfrac{1}{m}=\dfrac{f}{H-h}=\dfrac{0.152}{3,300-300}=\dfrac{1}{19,736}$

유효모델면적 $A_e=(a\cdot m)^2\left(1-\dfrac{p}{100}\right)\left(1-\dfrac{q}{100}\right)\fallingdotseq 5.76\text{km}^2$

안전율을 고려할 경우 사진의 매수

$N=\dfrac{F}{A_o}(1+\text{안전율})=\dfrac{800}{5.76}(1+0.3)=181\text{매}$

11.3. 촬영기선길이

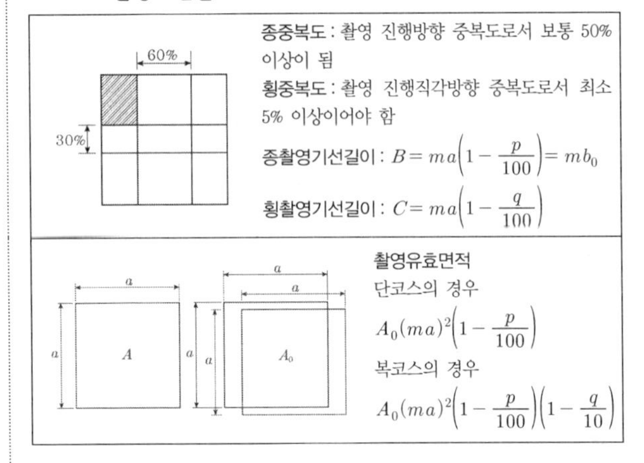

종중복도 : 촬영 진행방향 중복도로서 보통 50% 이상이 됨

횡중복도 : 촬영 진행직각방향 중복도로서 최소 5% 이상이어야 함

종촬영기선길이 : $B=ma\left(1-\dfrac{p}{100}\right)=mb_0$

횡촬영기선길이 : $C=ma\left(1-\dfrac{q}{100}\right)$

촬영유효면적

단코스의 경우

$A_0(ma)^2\left(1-\dfrac{p}{100}\right)$

복코스의 경우

$A_0(ma)^2\left(1-\dfrac{p}{100}\right)\left(1-\dfrac{q}{10}\right)$

11.4. 표정

- **표정의 순서** : 내부표정 → 상호표정 → 절대표정 → 접합표정
- **내부표정** : 도화기의 투영기에 촬영당시와 똑같은 상태로 양화건판을 정착시키는 작업
- **상호표정** : 양투영기에서 나오는 광속이 촬영당시 촬영면상에 이루어지는 종시차를 소거하여 목표지형물이 상대적 위치를 맞추는 작업
- **절대표정** : 상호표정에 의하여 구성된 입체모형을 실제지형과 정확히 상사조건이 되도록 하는 과정이며 첫 번째로 모형 축척의 결정, 두 번째로 수준면의 결정, 그리고 세 번째로 절대위치의 결정으로 이루어진다.
- **접합표정** : 한쪽의 인자는 움직이지 않고 다른 쪽만 움직여 접합시키는 방법으로 모델 간, 스트립 간의 접합요소를 결정하는 작업

11.5. 입체시

(1) 용어정의

- **정입체시** : 중복사진을 명시거리에서 왼쪽의 사진을 왼쪽눈, 오른쪽의 사진을 오른쪽 눈으로 보면 좌우의 상이 하나로 융합되면서 입체감을 얻게 된다.
- **역입체시** : 높은 것은 낮게, 낮은 것은 높게 보이는 현상으로서 입체시 과정에서 색안경의 적과 청을 좌우로 바꾸어 보거나 왼쪽사진을 오른쪽 눈으로, 오른쪽 사진을 왼쪽 눈으로 볼 경우 발생되는 입체시이다.
- **입체경** : 렌즈식 입체경과 반사식 입체경이 있다.

• 여색입체시 : 왼쪽은 청색, 오른쪽은 적색으로 현상하여 왼쪽은 적색, 오른쪽은 청색의 안경으로 보면 입체감을 얻을 수 있다.
• 과고감 : 높은 곳은 더 높게 보이고 낮은 곳은 더 낮게 과장되어 보이는 현상이다. (예 항공사진을 입체화할 때 산의 높이 등이 실제보다 과장하여 보이는 것.) 기선고도비(B/H)에 비례한다.

(2) 입체상의 변화

• 기선이 긴 경우가 짧은 경우보다 더 높게 보인다.
• 렌즈의 초점거리가 긴 쪽의 사진이 짧은 쪽의 사진보다 더 낮게 보인다.
• 같은 촬영기선에서 촬영할 때 대축척으로 촬영한 사진이 소축척보다 더 높게 보인다.
• 눈의 위치가 약간 높아짐에 따라 입체상은 더 높게 보인다.
• 눈을 옆으로 돌리면 눈이 움직이는 쪽으로 비스듬히 기울어져 보인다.

12. 위성측위시스템

12.1. GNSS측량

• 다양한 항법위성을 이용한 3차원 측위방법으로 GPS, GLONASS, Galileo 등이 있다.
• VRS 측위는 2대 이상의 수신기를 사용하는 상대측위 방법이다.
• 지구질량중심을 원점으로 하는 3차원 직교좌표체계를 사용한다.
• 정지측량, 신속정지측량, 이동측량 등으로 측위방법으로 구분할 수 있다.

12.2. GPS측량 개요

(1) GPS에 관한 일반사항

① 장거리 측량에 주로 이용된다.
② 우주부분, 제어부분, 사용자부분으로 되어 있다.
③ WGS-84 좌표체계를 사용한다.
④ 날씨에 영향을 많이 받지 않는다.
⑤ NNSS의 발전형으로 관측소요시간 및 정확도를 향상시킨 체계이다.
⑥ GPS에서 직접 구한 높이는 우리가 일상 사용하는 표고와 일치하지 않는다.

(2) GPS는 우주부문, 제어부문, 사용자부문의 3가지로 구성된다.

① 우주부문 … 전파신호를 발사하는 역할을 하며 전파송수신기, 원자시계, 컴퓨터 등을 탑재하고 있다.
② 제어부문 … 위성의 신호상태를 점검하고 궤도위치에 대한 정보를 모니터링하는 부분이다.
③ 사용자부문 … 위성에서 전송되는 신호정보를 이용하여 수신기의 정확한 위치와 속도를 결정하고 활용하는 부분이다.

12.3. GPS측량방법

(1) 절대관측법

① 4개 이상의 위성으로부터 수신한 신호 가운데 C/A코드를 이용해서 실시간으로 수신기의 위치를 결정하는 방법이다.
② 지구상에 있는 사용자의 위치를 관측하는 방법이다.
③ 위성신호 수신 즉시 수신기의 위치를 계산한다.
④ GPS의 가장 일반적이며 기초적인 응용단계이다.

(2) 정지측량법

① 2개 이상의 수신기를 각 측점에 고정하고 양 측점에서 동시에 4대 이상의 위성으로부터 신호를 수신하는 방식이다.
② 수신시간은 10분에서 2시간 정도까지이다.
③ 계산된 위치 및 거리 정확도가 가장 높은 GPS측량법이다.
④ VLBI의 보완 또는 대체가 가능하다.
⑤ 수신 완료 후 컴퓨터로 각 수신기의 위치, 거리를 계산한다.
⑥ 정도는 수 cm 정도이다.

(3) 이동측량법

① 기지점 1대 수신기를 고정국, 다른 수신기를 이동국으로 하여 4대 이상의 위성으로부터 신호를 수초-수분 정도 포맷하는 방식이다.
② 이동차량의 위치를 결정하고 공사측량 등에 이용된다.
③ 정도는 10cm~10m 정도이다.

12-4. 위성측량의 DOP(Dilution of Precision)

① GNSS 위치의 질을 나타내는 지표로서 정밀도 저하율을 의미하며, 위성과 수신기들 간의 기하학적 배치에 따른 오차를 나타낸다. (즉, 이 수치가 작을수록 정밀하다.)
② 위성의 위치, 높이, 시간에 대한 함수관계가 있으며 지표에서 가장 배치가 좋을 때의 DOP의 수치는 1이다.
③ DOP는 위성군(Constellation)에서 한 위성의 다른 위성에 대한 상대 위치와, GNSS 수신기에 대한 위성들의 기하 구조에 의해 결정된다.
④ 기하학적 DOP(GDOP), 3차원위치 DOP(PDOP), 수직위치 DOP(VDOP), 평면위치 DOP(HDOP), 시간 DOP(TDOP) 등이 있다.
⑤ DOP는 측량할 때 수신 가능한 위성의 궤도정보를 항법메시지에서 받아 계산할 수 있다.
⑥ 위성측량에서 DOP가 작으면 클 때보다 위성의 배치상태가 좋은 것이다.
⑦ 3차원 위치의 정확도는 PDOP에 따라 달라지는데 PDOP은 4개의 관측위성들이 이루는 사면체의 체적이 최대일 때 가장 정확도가 좋으며 이때는 관측자의 머리위에 다른 세 개의 위성이 각각 120도를 이룰 때이다.

TIP

DGPS(Differntial GPS)
이미 알고 있는 기지점 좌표를 이용하여 오차를 줄이는 측량법으로서, 좌표를 알고 있는 기지점에 기준국용 GPS 수신기를 설치하여 각 위성의 보정값을 구해 오차를 줄이는 방식

TIP

RTK(Real Time Kinematic)
실시간 이동측량으로 불리우며 현장에서 직접 데이터를 확인할 수 있으며 일필지 확정측량의 경계관측에 매우 양호한 측량방법이다.

- GPS오차의 원인 : 위성에서 발생하는 오차(위성궤도오차, 위성시계오차), 신호전달과 관련된 오차(전리층 오차, 대류권 오차), 수신기 오차(다중경로 오차, 사이클 슬립)
- SA오차(Selective Availability, 고의오차) : SA는 오차요소중 가장 큰 오차의 원인이다. 허가되지 않은 일반 사용자들이 일정한도내로 정확성을 얻지 못하게 하기 위해 고의적으로 인공위성의 시간에다 오차를 집어 넣어서 95% 확률로 최대 100m 까지 오차가 나게 만든 것을 말한다.
- 의사거리 : 수동 측정에 의한 측위 시스템에서 측정한 전파원으로부터의 거리. 이 거리는 송수신점의 시계의 오차에 해당하는 거리 오차를 포함하고 있다.

03

핵심이론

수리학 및 수문학

대분류	세부 색인
1. 물의 기본성질	1.1. 기본용어
	1.2. 표면장력과 모세관현상
	1.3. 차원과 단위
	1.4. 수리학에서 취급하는 주요 물리량의 차원
2. 정수역학	2.1. 정수압의 성질
	2.2. 평면에 작용하는 전수압
	2.3. 곡면에 작용하는 경수압
	2.4. 원관의 벽에 작용하는 동수압
	2.5. 파스칼의 원리
	2.6. 부체의 안정조건
3. 동수역학	3.1. 흐름의 분류
	3.2. 정류의 연속방정식
	3.3. 3차원 흐름의 연속방정식
	3.4. 유체가 가하는 압력
	3.5. 베르누이의 정리
	3.6. 물체에 작용하는 유체의 저항의 종류
	3.7. 역적-운동량방정식
4. 오리피스	4.1. 오리피스와 유량
	4.2. 오리피스의 배수시간
	4.3. 유량측정장치
	4.4. 단관과 노즐
	4.5. 수문
5. 위어	5.1. 위어의 정의
	5.2. 위어의 종류
	5.3. 유량오차
6. 관수로	6.1. 관수로 기본공식
	6.2. 관 내의 유속분포
	6.3. 수격작용, 서어징, 맥동현상, 피팅
	6.4. 미소손실(마찰 이외의 손실수두)
	6.5. 수차의 동력
7. 개수로	7.1. 개수로의 정의 및 특성
	7.2. 개수로의 단면형
	7.3. 한계수심, 한계경사, 한계유속
	7.4. 도수현상, 비에너지, 비력
	7.5. 수면곡선 계산법

대분류	세부 색인
8. 수리학적 상사	8.1. 상사
	8.2. 특별상사법칙
	8.3. 상사수
	8.4. 소류력
9. 지하수	9.1. 지하수의 정의
	9.2. 집수정의 방사상 정류
10. 수문학	10.1. 기본용어
	10.2. 강수의 종류
	10.3. 강우기록 추정법
	10.4. 평균강우량 산정법
	10.5. 강수량 자료의 해석
	10.6. 증발과 증산, 침투와 침루
	10.7. 유출
	10.8. 수문곡선
	10.9. 단위도(단위유량도)
	10.10. 첨두홍수량 산정

1. 물의 기본성질

1.1. 기본용어

- **밀도**: 단위체적당 질량으로서 비질량이라고도 한다.
- **단위중량**: 단위체적당 무게로서 비중량이라고도 한다.
- **비중**: 4도인 물의 체적과 동일한 체적의 무게비를 말한다. 즉, 물체의 단위중량을 물의 단위중량으로 나눈 값이다.
- **점성**: 운동하고 있는 유체 내부에 속도차가 있을 때 그 사이에 존재하는 유체입자들은 이 상대속도에 저항하여 유체의 흐름을 균일한 속도로 만들려고 내부적으로 조절작용을 하게 되는데 이와 같은 성질을 말한다.
- **점성유체(실제유체)**: 유체가 흐를 때 유체의 점성 때문에 유체 분자간 혹은 유체와 경계면 사이에 전단응력이 발생하는 유체이다.
- **압축성유체**: 일정한 온도하에서 압력을 변화시킴에 따라 체적이 쉽게 변하는 유체를 말하며 유체 중 기체가 압축성 유체이다. (액체는 비압축성유체이다.)
- **이상유체**: 완전유체라고도 하며 유체가 흐를 때 점성이 전혀 없어서 전단응력이 발생하지 않으며 압력을 가하여도 압축이 되지 않는 가상적인 유체이다.
- **뉴턴의 점성법칙** $\tau = \mu \frac{dx}{dy}$ (τ는 전단응력, μ는 점성계수, $\frac{dv}{dy}$는 상대속도변화율)
- **점성계수**: 물질에 따라 변하는 값으로서 동일 물질에 대해서는 온도에 따라 변화한다.
- **유동계수**: 점성계수의 역수이다.
- **동점성계수**: 점성계수를 유체의 밀도로 나눈 값이다.

1.2. 표면장력과 모세관현상

① **표면장력**…어떤 물질 내에 인접하고 있는 분자들은 서로 잡아당겨 엉키려는 응집력이 있는데 액체의 입자는 응집력에 의해 서로 잡아당겨 그 표면적을 최소로 하려는 힘이 작용하는 데 이 힘을 표면장력이라고 한다.

② **모세관현상**…액체의 부착력과 응집력으로 인하여 발생. 액체 속에 가느다란 관을 세우면 액체가 관을 따라 위로 상승하는 현상 (물은 응집력보다 부착력이 크므로 아래로 블록하게 나타나며 수은은 그 반대의 현상이 나타난다.)

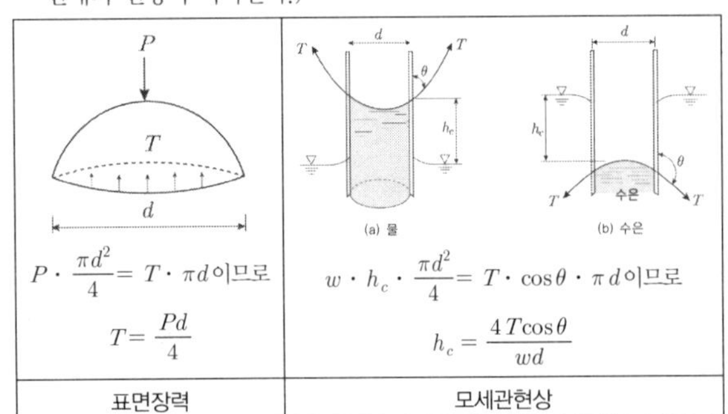

1.3. 차원과 단위

① **차원**…단위의 내소에 관계없이 길이(L), 질량(M), 시간(T)의 공통된 3개의 기본단위로 표시한 것이며 MLT(질량, 길이, 시간), FLT(힘, 길이, 시간)로 표시한다.

② **단위**…물리량의 크기를 나타내는 기준치로서 미터단위제와 SI단위제가 있다.

- 미터단위계: CGS단위계(길이 cm, 질량 g, 시간 sec), MKS단위계(길이 m, 힘 kg중, 시간 sec)
- SI단위계: (길이 m, 질량 kg, 시간 sec), 힘의 단위로 뉴턴(N)을 사용한다.

1.4. 수리학에서 취급하는 주요 물리량의 차원

물리량	MLT계	FLT계	물리량	MLT계	FLT계
길이	[L]	[L]	질량	[M]	$[FL^{-1}T^2]$
면적	$[L^2]$	$[L^2]$	힘	$[MLT^{-2}]$	[F]
체적	$[L^3]$	$[L^3]$	밀도	$[ML^{-3}]$	$[FL^{-4}T^2]$
시간	[T]	[T]	운동량, 역적	$[MLT^{-1}]$	[FT]
속도	$[LT^{-1}]$	$[LT^{-1}]$	비중량	$[ML^{-2}T^2]$	$[FL^{-3}]$
각속도	$[T^{-1}]$	$[T^{-1}]$	점성계수	$[ML^{-1}T^{-1}]$	$[FL^{-2}T]$
가속도	$[LT^{-2}]$	$[LT^{-2}]$	표면장력	$[MT^{-2}]$	$[FL^{-1}]$
각가속도	$[T^{-2}]$	$[T^{-2}]$	압력강도	$[ML^{-1}T^{-2}]$	$[FL^{-2}]$
유량	$[L^3T^{-1}]$	$[L^3T^{-1}]$	일, 에너지	$[ML^2T^{-2}]$	[FL]
동점성계수	$[L^2T^{-1}]$	$[L^2T^{-1}]$	동력	$[ML^2T^{-3}]$	$[FLT^{-1}]$

TIP

수리학에서의 주요 차원…점성계수 − g · sec/cm^2, 동점성계수 − cm^2/sec, 운동량 − kg · sec, 표면장력 − g/cm^2, 에너지 − kg · m

2. 정수역학

2.1. 정수압의 성질

① 정수압은 정지상태에 있거나 상대적인 운동이 없는 어떤 점, 또는 면에 작용하는 수압을 말한다.

② 깊이가 같은 임의 점에 대한 수압은 항상 같으며 수압은 수심에 비례한다.

③ 수압은 항상 면에 직각으로 작용한다.

④ 임의의 한 점에 작용하는 정수압강도는 모든 방향에 대하여 동일하다.

⑤ 수압의 크기는 단위면적에 작용하는 힘의 크기로 표시한다.

⑥ 수중의 유체는 상대적인 운동 및 점성이 없으므로 마찰력이 없다.

⑦ 한 단면을 기준으로 면의 양측에는 상대적인 운동이 없다.

2.2. 평면에 작용하는 전수압

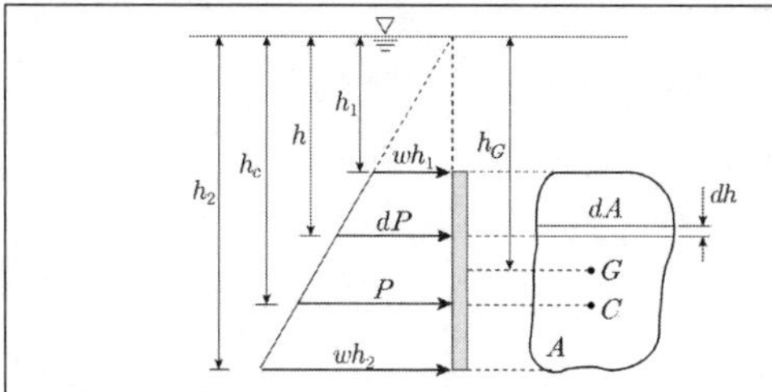

연직평면인 경우

합력의 크기 wh_GA

합력의 작용점 $h_c = h_G + \dfrac{I_X}{h_GA}$

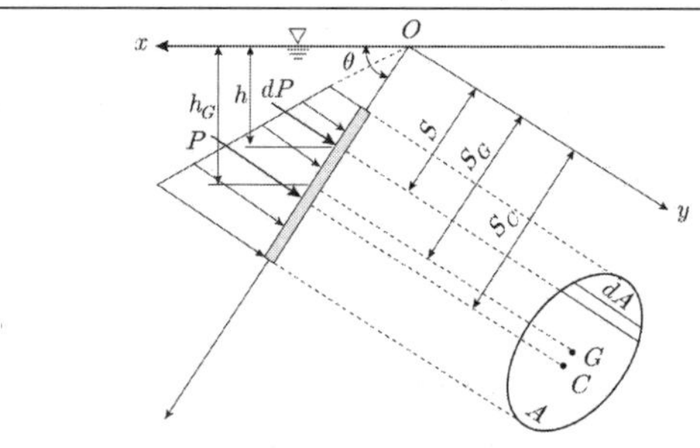

경사평면인 경우

합력의 크기 wh_GA

합력의 작용점 $h_c = h_G + \dfrac{I_Y \sin^2\theta}{h_GA}$

2.3. 곡면에 작용하는 정수압

- 곡면에 작용하는 전수압의 수평분력 : 곡면을 연직면상에 투영했을 때 생기는 투영면적에 작용하는 정수압으로 인한 힘의 크기와 같으며 작용점은 수중의 연직면에 작용하는 힘의 작용점과 같다.
- 곡면에 작용하는 전수압의 연직분력 : 곡면을 밑면으로 하는 연직물기둥의 무게와 같으며 그 작용점은 물기둥의 중심을 통과한다.

2.4. 원관의 벽에 작용하는 동수압

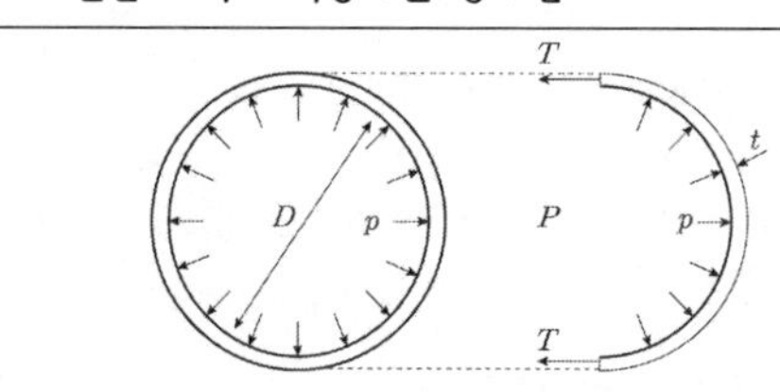

- 원관은 모든 방향으로 대칭이므로 그 절반만을 생각해서 자유물체도를 그려 해석한다.
- $2T = P = pDl$이 성립하므로 $T = \sigma_t t l$이 되며 따라서 $t = \dfrac{pD}{2\sigma_t}$가 된다.

(T는 관 단면의 인장력, P는 수압이 관의 반단면에 미치는 힘, p는 관속의 수압강도, l은 관의 길이, t는 관의 두께, σ_t는 관의 인장응력)

2.5. 파스칼의 원리

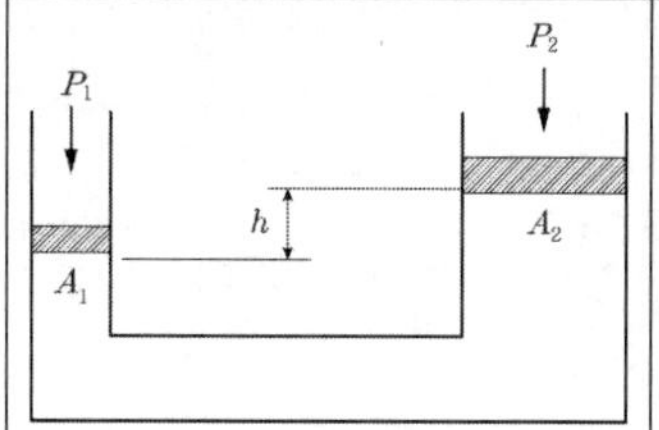

파스칼의 원리

밀폐된 용기 속에 담겨 있는 액체의 한쪽 부분에 주어진 압력은 그 세기에는 변함없이 같은 크기로 액체의 각 부분에 골고루 전달된다. 이를 식으로 표현하면 $\dfrac{P_1}{A_1} = \dfrac{P_2}{A_2}$이 된다.

2.6. 부체의 안정조건

경심(M)이 중심(G)보다 위에 있으면 안정상태이고 경심이 중심보다 아래에 있으면 불안정상태이다. 경심과 중심이 일치하면 중립상태이다.

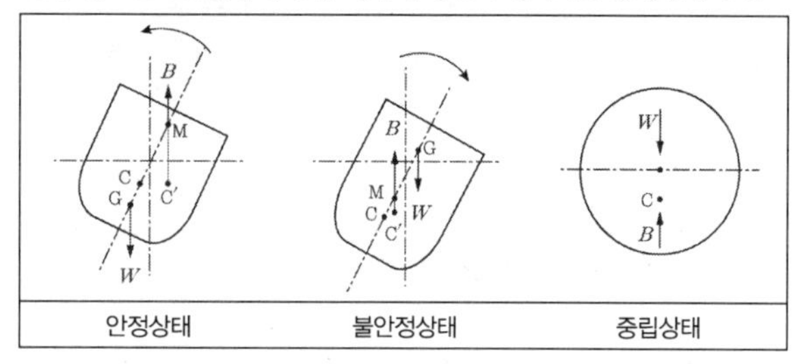

안정상태 불안정상태 중립상태

- 부심(C) : 부체가 배제한 물의 무게중심으로 배수용적의 중심이다.
- 경심(M) : 부체의 중심선과 부력의 작용선과의 교점이다.
- 경심고(MG) : 중심에서 경심까지의 거리
- 부양면 : 부체가 수면에 의해 절단되는 가상면
- 흘수 : 부양면에서 물체의 최하단까지의 깊이

3. 동수역학

3.1. 흐름의 분류

정류	수류의 한 단면에 있어서 유량이나 속도, 압력, 밀도, 유적 등이 시간에 따라 변화하지 않는 흐름이다. 평상 시 하천의 흐름을 정류라 한다.	$\dfrac{\partial Q}{\partial t} = 0,\ \dfrac{\partial V}{\partial t} = 0,\ \dfrac{\partial \rho}{\partial t} = 0$
부정류	수류의 한 단면에 있어서 유량이나 속도, 압력, 밀도, 유적 등이 시간에 따라 변하는 흐름이다. 홍수 시 하천의 흐름을 부정류라고 한다.	$\dfrac{\partial Q}{\partial t} \neq 0,\ \dfrac{\partial V}{\partial t} \neq 0,\ \dfrac{\partial \rho}{\partial t} \neq 0$
등류	정류상태에서 위치에 따라 유속, 단면적이 변하지 않는 흐름	$\dfrac{\partial v}{\partial t} = 0,\ \dfrac{\partial v}{\partial l} = 0$
부등류	정류상태에서 위치에 따라 유속, 단면적이 변하는 흐름	$\dfrac{\partial v}{\partial t} = 0,\ \dfrac{\partial v}{\partial l} \neq 0$

- 유적 : 수로를 흐름방향에 대해 직각으로 절단한 수로 단면 중 유체가 점하고 있는 부분
- 유적선 : 유체입자의 운동경로
- 유선 : 어느 시각에 있어서 각 입자의 속도벡터가 접선이 되는 가상적인 곡선(유선의 방정식 $\dfrac{dx}{u} = \dfrac{dy}{v} = \dfrac{dz}{w}$)

• 유관 : 유체 내부에 한 개의 폐곡선을 생각하여 그 곡선상의 각 점에서 유선을 그리면 유선은 일종의 경계면을 형성하게 되며 하나의 관 모양이 되는데 이 가상적인 관을 말한다.

TIP

어떤 크기를 가지는 유관은 극한에 가서는 본질적으로 한 개의 유선과 같이 취급할 수 있으므로 아주 작은 유관으로부터 유도되는 여러 가지 방정식들은 유선에도 그대로 적용할 수 있다.

3.2. 정류의 연속방정식

압축성 유체일 때: 정류에서 유관의 모든 단면을 지나는 질량유량은 항상 일정하다. $M=\rho_1 A_1 V_1=\rho_2 A_2 V_2$ $G=w_1 A_1 V_1=w_2 A_2 V_2$ 여기서, M : 질량유량(t/sec), G : 중량유량(tf/sec) 비압축성 유체일 때 $Q=A_1 V_1=A_2 V_2$	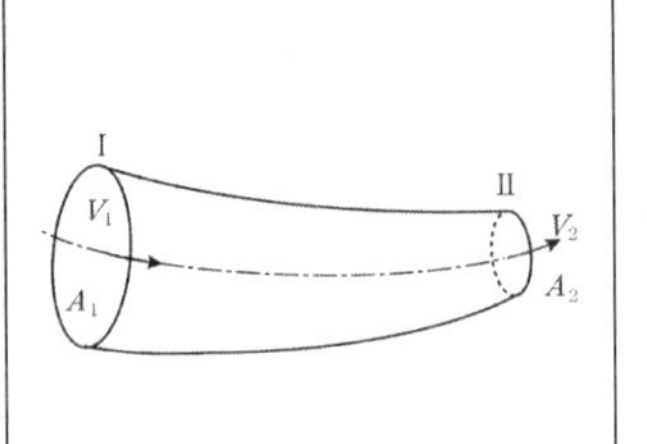

3.3. 3차원 흐름의 연속방정식

부등류의 연속방정식	압축성 유체일 때	$\frac{\partial(\rho u)}{\partial x}+\frac{\partial(\rho v)}{\partial y}+\frac{\partial(\rho w)}{\partial z}=-\frac{\partial\rho}{\partial t}$
	비압축성 유체일 때	$\frac{\partial u}{\partial x}+\frac{\partial v}{\partial y}+\frac{\partial w}{\partial z}=-\frac{\partial\rho}{\partial t}$
정류의 연속방정식	압축성 유체일 때	$\frac{\partial\rho}{\partial t}=0$이므로 $\frac{\partial(\rho u)}{\partial x}+\frac{\partial(\rho v)}{\partial y}+\frac{\partial(pw)}{\partial z}=0$
	비압축성 유체일 때	$\frac{\partial u}{\partial x}+\frac{\partial v}{\partial y}+\frac{\partial w}{\partial z}=0$

3.4. 유체가 가하는 압력

• 동압(動壓) : 속도를 갖는 유체가 가하는 압력으로서 $\frac{1}{2}$ · 밀도 · 유속^{2}으로 구한다. (유속이 조금만 빨라져도 동압이 급증하게 되어 수상구조가 어려운 것이다.)

• 정압(靜壓) : 정지해있는 유체가 가하는 압력으로서 중력에 의해 발생되는 압력이다.

• 정체압(停滯壓) : 동압과 정합의 합을 말한다. (정체점에서의 압력을 말하며 정체점이란 물체와 유체가 부딪혀 속도가 0이 되는 지점을 말한다.)

3.5. 베르누이의 정리

베르누이의 정리 • 유체의 에너지는 보존된다는 것을 식으로 나타낸 것 • 총에너지 $H_t=\frac{V^2}{2g}+\frac{P}{w}+Z=$ 일정 • $\frac{V^2}{2g}$: 유속수두, $\frac{P}{w}$: 압력수두, Z: 위치수두 • $P_1+\rho g h_1+\frac{1}{2}\rho v_1^2=P_2+\rho g h_2+\frac{1}{2}\rho v_2^2=$ 일정 • P는 그 점에서의 압력, ρ는 유체의 밀도, v는 그 점에서의 유체흐름속도, h는 그 점의 기준면에 대한 높이, g는 중력가속도
베르누이의 가정 • 흐름은 정류이다. • 임의의 두 점은 같은 유선상에 존재해야 한다. • 마찰에 의한 에너지 손실이 없는 비점성, 비압축성 유체인 이상유체의 흐름이다. • 일반적으로 하나의 유관 또는 유선에 대해 성립한다. • 하나의 유선(혹은 유관)상의 각 점(혹은 단면)에 있어서 총 에너지가 일정하다. (총 에너지=운동에너지+압력에너지+위치에너지=일정)

TIP

손실을 고려한 베르누이의 정리

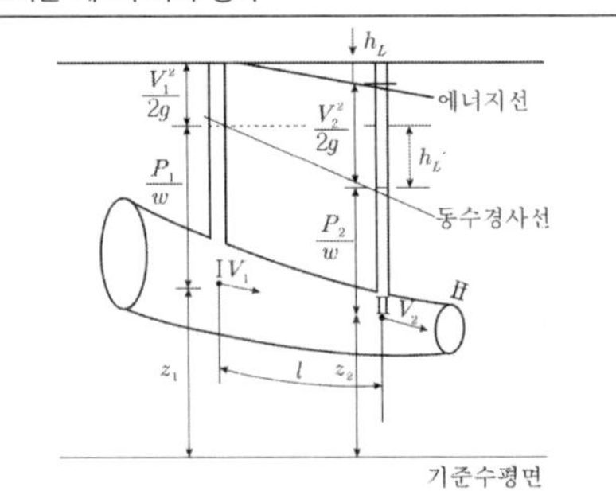

완전유체는 점성이 없으므로 마찰저항이 없지만 실제의 수류에는 그 내부 또는 주벽에 마찰저항이 있으므로 손실수두를 고려해야 한다.

$$H_t=\frac{V_1^2}{2g}+\frac{P_1}{w}+Z_1=\frac{V_2^2}{2g}+\frac{P_2}{w}+Z_2+h_L$$

• 에너지선 : 기준수평면에서 $Z+\frac{P}{w}+\frac{V^2}{2g}$의 점들을 연결한 선이다.

• 동수경사선 : 기준수평면에서 $\left(Z+\frac{P}{w}\right)$의 점들을 연결한 선이다.

3.6. 물체에 작용하는 유체의 저항의 종류

• 항력 : 유체 속을 물체가 움직일 때, 또는 흐르는 유체 속에 물체가 잠겨 있을 때는 유체에 의해 물체가 어떤 힘을 받게 되는데 이 때의 힘을 말한다. $D=C_D A\frac{\rho V^2}{2}$ (D는 유체의 전저항력, C_D는 저항계수, A는 흐름방향의 물체 투영면적)

• 표면저항(마찰저항) : 유체가 물체의 표면을 따라 흐를 때 점성과 난류에 의해 물체표면에 마찰이 생긴다. 이것을 표면저항이라 한다. (레이놀즈수가 작을 때 표면저항이 커진다.)

- **형상저항**(압력저항) : 레이놀즈수가 상당히 크게 되면 유선이 물체표면에서 떨어지고 물체의 후면에는 소용돌이인 후류(wake)가 발생한다. 이 후류 속에서는 압력이 저하되고 물체를 흐름방향으로 당기게 된다. 이것을 형상저항이라 한다. (레이놀즈수가 클 때 형상저항이 커진다.)
- **조파저항** : 물체가 수면에 떠 있을 때 수면에 파동이 생긴다. 이 파동을 일으키는 데 소요되는 에너지가 조파저항이다. (선박의 속도가 작을 때는 마찰저항이 대부분을 차지하지만 속도가 커짐에 따라 조파저항이 더 커지게 된다.)

3.7. 역적-운동량방정식

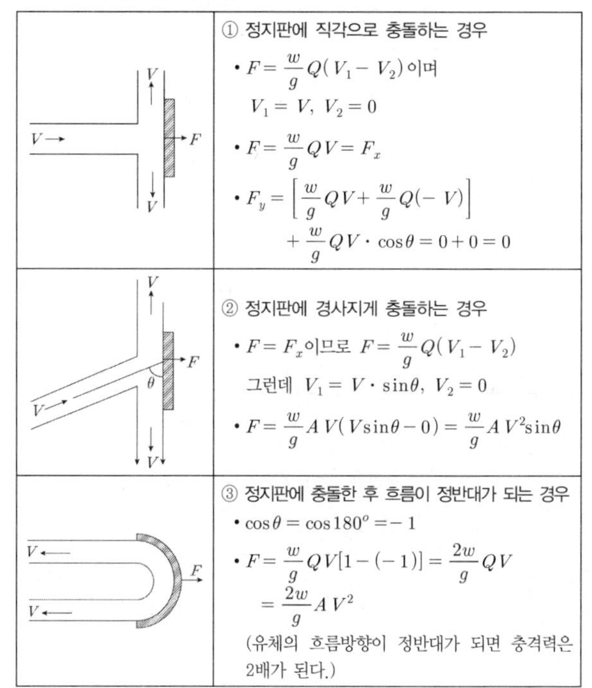

	① 정지판에 직각으로 충돌하는 경우 • $F=\frac{w}{g}Q(V_1-V_2)$ 이며 $V_1=V,\ V_2=0$ • $F=\frac{w}{g}QV=F_x$ • $F_y=\left[\frac{w}{g}QV+\frac{w}{g}Q(-V)\right]$ $+\frac{w}{g}QV\cdot\cos\theta=0+0=0$
	② 정지판에 경사지게 충돌하는 경우 • $F=F_x$이므로 $F=\frac{w}{g}Q(V_1-V_2)$ 그런데 $V_1=V\cdot\sin\theta,\ V_2=0$ • $F=\frac{w}{g}AV(V\sin\theta-0)=\frac{w}{g}AV^2\sin\theta$
	③ 정지판에 충돌한 후 흐름이 정반대가 되는 경우 • $\cos\theta=\cos 180^o=-1$ • $F=\frac{w}{g}QV[1-(-1)]=\frac{2w}{g}QV$ $=\frac{2w}{g}AV^2$ (유체의 흐름방향이 정반대가 되면 충격력은 2배가 된다.)

4. 오리피스

4.1. 오리피스와 유량

① 물통의 측벽 또는 바닥에 구멍을 뚫어서 물을 유출시킬 때 그 구멍을 오리피스라 한다. 오리피스는 유량을 측정하거나 조절하기 위해 사용한다.

② **작은 오리피스** … 오리피스의 크기가 오리피스에서 수면까지의 수두에 비해 작을 때를 작은 오리피스라 한다.(수두 H와 오리피스의 지름 d에서 $H>5d$이면 작은 오리피스이다.)

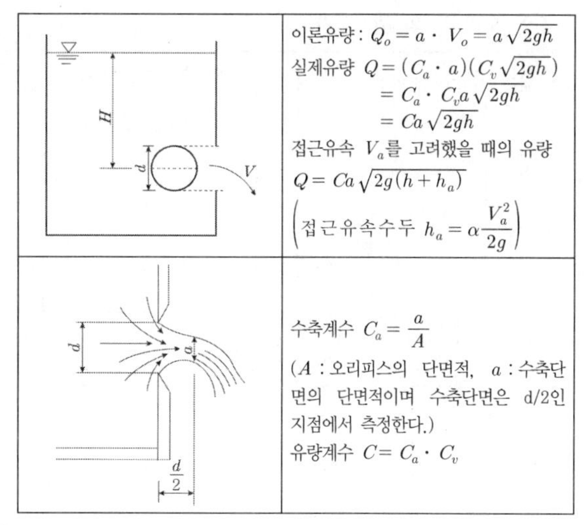

	이론유량 : $Q_o=a\cdot V_o=a\sqrt{2gh}$ 실제유량 $Q=(C_a\cdot a)(C_v\sqrt{2gh})$ $=C_a\cdot C_v a\sqrt{2gh}$ $=Ca\sqrt{2gh}$ 접근유속 V_a를 고려했을 때의 유량 $Q=Ca\sqrt{2g(h+h_a)}$ $\left(\text{접근유속수두 } h_a=\alpha\frac{V_a^2}{2g}\right)$
	수축계수 $C_a=\frac{a}{A}$ (A : 오리피스의 단면적, a : 수축단면의 단면적이며 수축단면은 d/2인 지점에서 측정한다.) 유량계수 $C=C_a\cdot C_v$

③ 직사각형 단면의 큰 오리피스

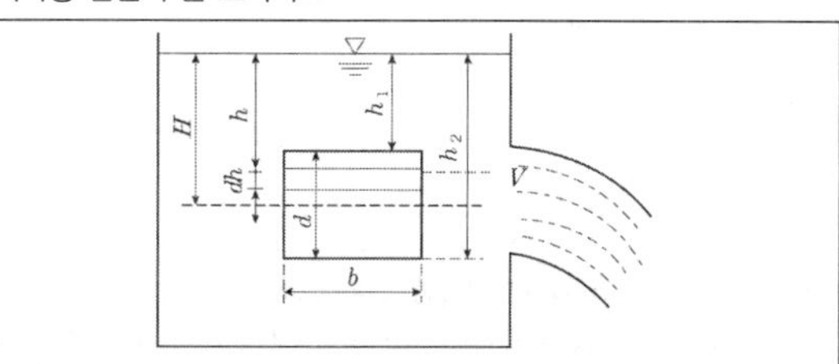

큰 오리피스

오리피스의 크기가 오리피스에서 수면까지의 수두에 비해 클 때에는 오리피스의 상단에서 하단까지의 수두변화를 고려해야 하는데 이러한 오리피스를 큰 오리피스라 한다.

(수두 H와 오리피스의 높이 d에서 $H<5d$이면 큰 오리피스이다.)

$$Q=\frac{2}{3}Cb\sqrt{2g}\,(h_2^{\frac{3}{2}}-h_1^{\frac{3}{2}})$$

④ **수중 오리피스** … 수조나 수로 등에서 수중으로 물이 유출되는 오리피스

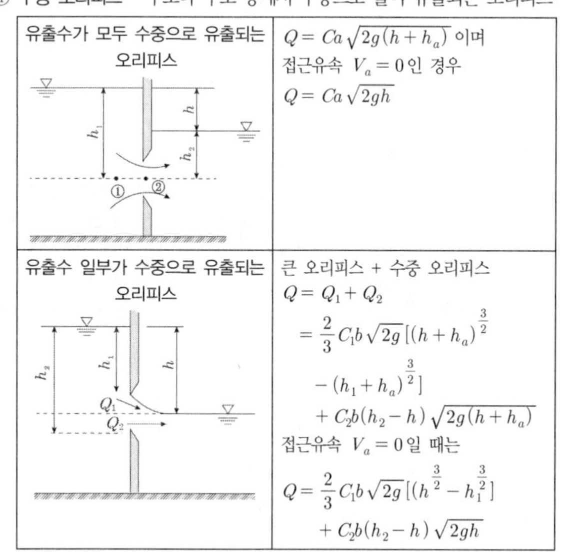

유출수가 모두 수중으로 유출되는 오리피스 	$Q=Ca\sqrt{2g(h+h_a)}$ 이며 접근유속 $V_a=0$인 경우 $Q=Ca\sqrt{2gh}$
유출수 일부가 수중으로 유출되는 오리피스 	큰 오리피스 + 수중 오리피스 $Q=Q_1+Q_2$ $=\frac{2}{3}C_1b\sqrt{2g}\,[(h+h_a)^{\frac{3}{2}}$ $-(h_1+h_a)^{\frac{3}{2}}]$ $+C_2b(h_2-h)\sqrt{2g(h+h_a)}$ 접근유속 $V_a=0$일 때는 $Q=\frac{2}{3}C_1b\sqrt{2g}\,[(h^{\frac{3}{2}}-h_1^{\frac{3}{2}}]$ $+C_2b(h_2-h)\sqrt{2gh}$

4.2. 오리피스의 배수시간

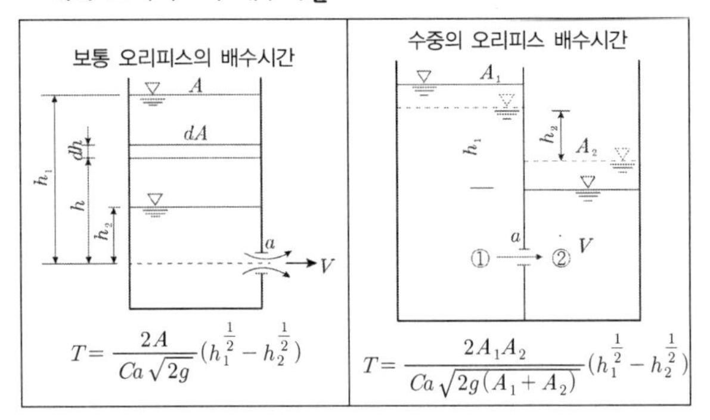

보통 오리피스의 배수시간	수중의 오리피스 배수시간
$T=\dfrac{2A}{Ca\sqrt{2g}}(h_1^{\frac{1}{2}}-h_2^{\frac{1}{2}})$	$T=\dfrac{2A_1A_2}{Ca\sqrt{2g(A_1+A_2)}}(h_1^{\frac{1}{2}}-h_2^{\frac{1}{2}})$

4.3. 유량측정장치

- **벤투리미터** : 관수로 도중 단면축소부를 연결하여 유량을 측정하는 장치이다.
- **관오리피스** : 구멍이 뚫린 얇은 판을 넣어서 유량을 측정하는 장치로서 벤투리미터와 함께 관수로의 유량을 측정하는 데 가장 정확하고 많이 사용된다.
- **관노즐** : 단관을 넣어서 유량을 측정하는 장치이며 유량은 관오리피스의 유량을 구하는 공식에 의해서 구한다. 관노즐은 확대 원추부가 없는 벤투리미터와 유사하다.
- **엘보미터** : 90도 만곡관의 내측과 외측에 피에조미터 구멍을 설치하여 시차액주계에 의해 압력수두차를 측정하여 유량을 측정하는 장치이다. 엘보미터(곡관)를 이용하여 유량을 측정하면 에너지손실이 적고 특수한 장치가 필요없으므로 경제적이나 정밀도가 낮다.

4.4. 단관과 노즐

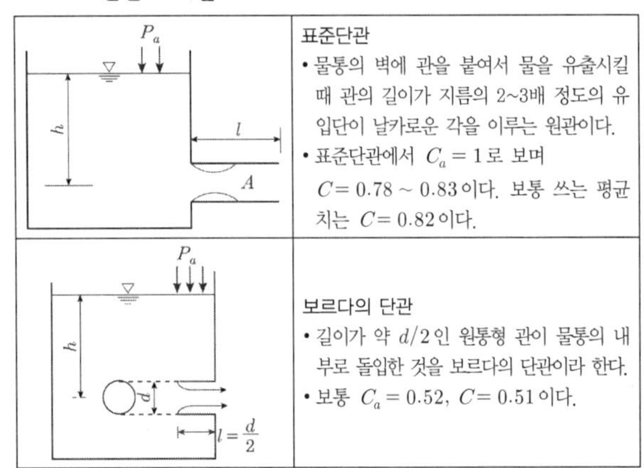

	표준단관 • 물통의 벽에 관을 붙여서 물을 유출시킬 때 관의 길이가 지름의 2~3배 정도의 유입단이 날카로운 각을 이루는 원관이다. • 표준단관에서 $C_a=1$로 보며 $C=0.78\sim0.83$이다. 보통 쓰는 평균치는 $C=0.82$이다.
	보르다의 단관 • 길이가 약 $d/2$인 원통형 관이 물통의 내부로 돌입한 것을 보르다의 단관이라 한다. • 보통 $C_a=0.52$, $C=0.51$이다.

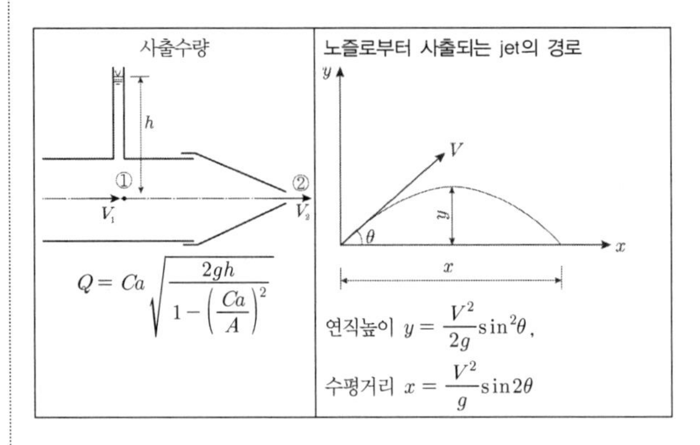

사출수량	노즐로부터 사출되는 jet의 경로
$Q=Ca\sqrt{\dfrac{2gh}{1-\left(\dfrac{Ca}{A}\right)^2}}$	연직높이 $y=\dfrac{V^2}{2g}\sin^2\theta$, 수평거리 $x=\dfrac{V^2}{g}\sin2\theta$

4-5. 수문

수로에 유량을 조절할 목적으로 개폐를 할 수 있는 장치를 수문이라 한다.

① **자유유출** … 수문에서 유출된 물의 수심이 점점 감소되다가 B점에서 일정한 수심으로 흐르는 상태의 유출을 자유유출이라 한다.

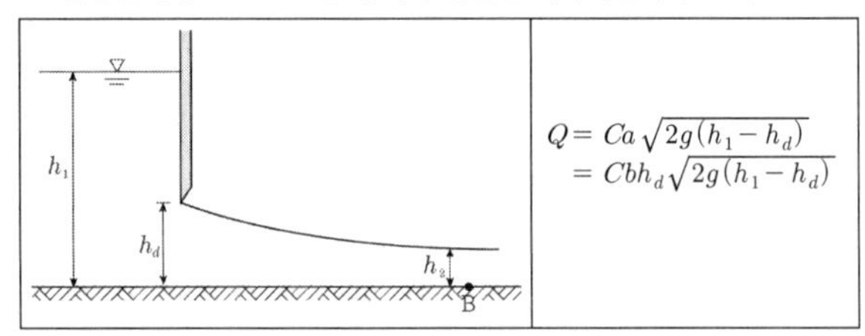

$$Q=Ca\sqrt{2g(h_1-h_d)}=Cbh_d\sqrt{2g(h_1-h_d)}$$

② **수중유출** … 수문의 개방높이(h_d)보다 하류측 수심(h_2)이 더 큰 상태의 유출을 수중유출이라 하며 유량공식은 수중 오리피스와 동일하다.

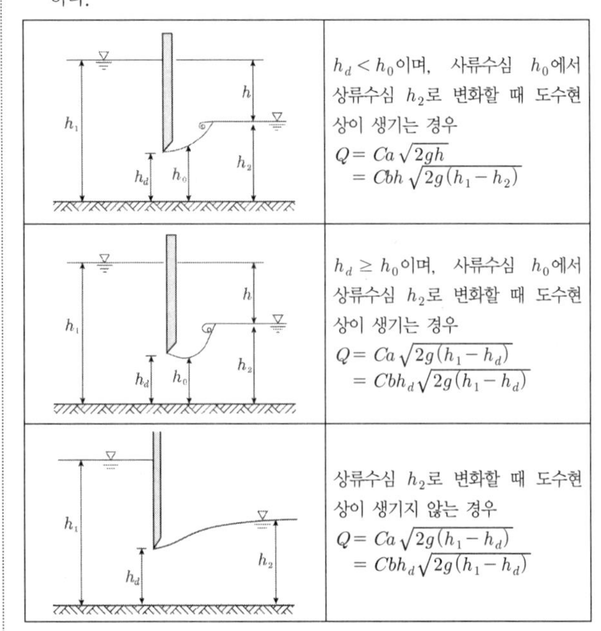

	$h_d<h_0$이며, 사류수심 h_0에서 상류수심 h_2로 변화할 때 도수현상이 생기는 경우 $Q=Ca\sqrt{2gh}$ $=Cbh\sqrt{2g(h_1-h_2)}$
	$h_d\geq h_0$이며, 사류수심 h_0에서 상류수심 h_2로 변화할 때 도수현상이 생기는 경우 $Q=Ca\sqrt{2g(h_1-h_d)}$ $=Cbh_d\sqrt{2g(h_1-h_d)}$
	상류수심 h_2로 변화할 때 도수현상이 생기지 않는 경우 $Q=Ca\sqrt{2g(h_1-h_d)}$ $=Cbh_d\sqrt{2g(h_1-h_d)}$

5. 위어

5.1. 위어의 정의

- 위어(Weir) : 하천을 가로막는 둑을 만들어 그 위로 물을 흐르게 하는 구조물로서 위어 위의 흐름은 자유수면을 가지므로 중력이 지배적인 힘이 된다. 위어는 개수로의 유량측정, 취수를 위한 수위 증가, 홍수가 도로를 범람시키는 것을 방지시키기 위해서 사용된다.

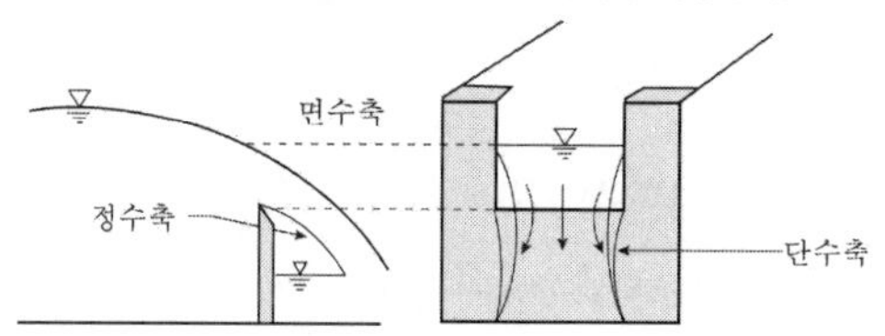

- 정수축 : 수평한 위어의 마루부에서 일어나는 수축이다.
- 면수축 : 수심의 약 2배가 되는 위어상류부에서 시작하여 위어에 이르기까지 수면이 계속하여 강하하는 수축을 말한다. (이 현상은 물이 위어 마루부에 접근함에 다라 유속이 가속됨으로써 위치에너지가 운동에너지로 변하기 때문이다.)
- 단수축 : 위어의 측벽면이 날카로와서 월류폭이 수축하는 것이다.
- 연직수축 : 정수축과 면수축을 합한 것이다.
- 완전수축 : 완전 수맥에서 발생하는 수축으로 정수축과 단수축을 합한 것이다.

월류하는 물의 얇은 층을 수맥이라 한다.

5.2. 위어의 종류

① 구형(사각형) 위어

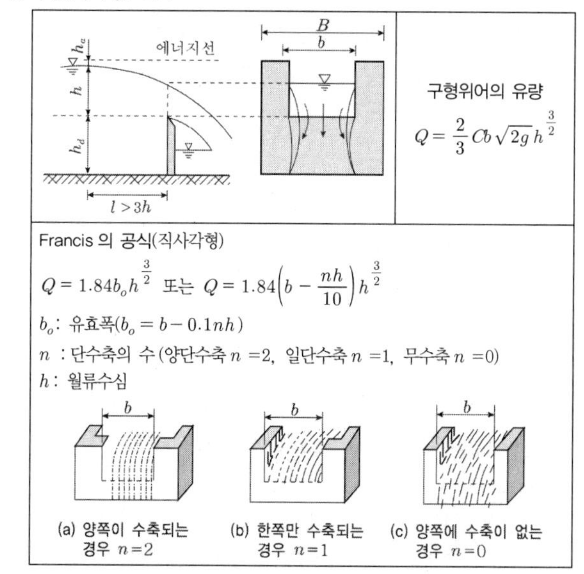

② 삼각형 위어 … 삼각위어는 보통 이등변삼각형이고 특히 실제로 많이 사용하는 것은 $\theta=90°$ 인 직각삼각위어이다. 수로의 단면적에 비해 위어의 유수단면적이 작으므로 보통 접근유속을 생략하며 개수로에서 유량이 적을 때 주로 사용된다.

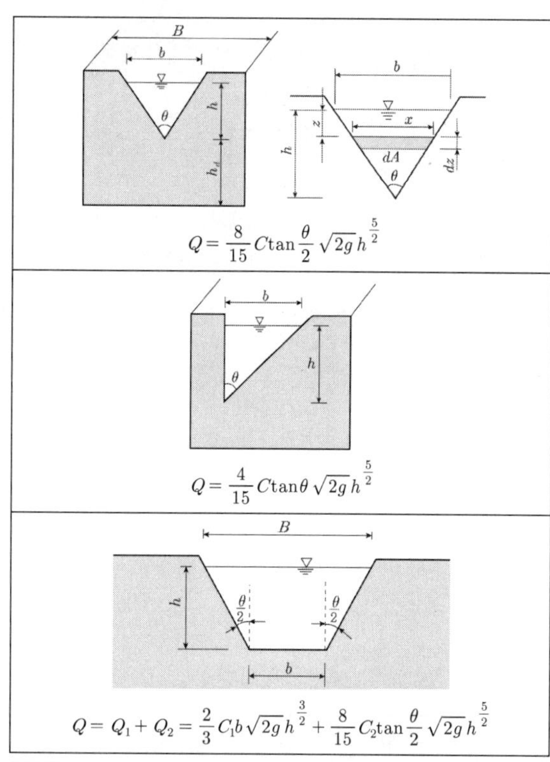

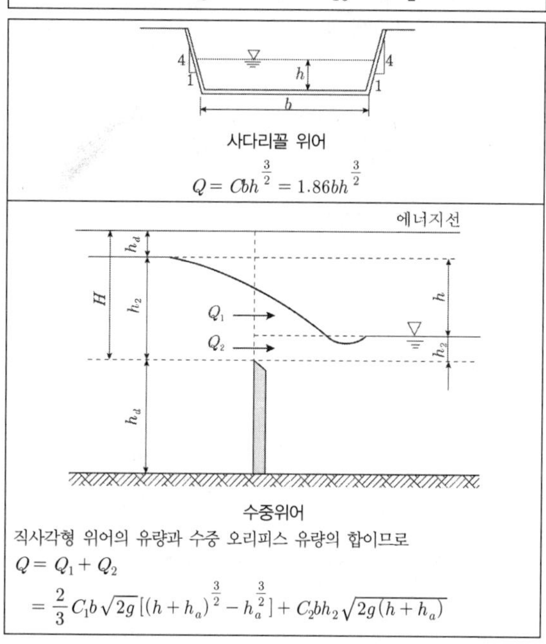

③ 광정위어(broad crested weir) … 월류수심 h에 비하여 위어 정부의 폭이 상당히 넓은 위어로서 위어상에서 한계수심이 발생하도록 하여 유량을 측정하는 배수구조물이다.

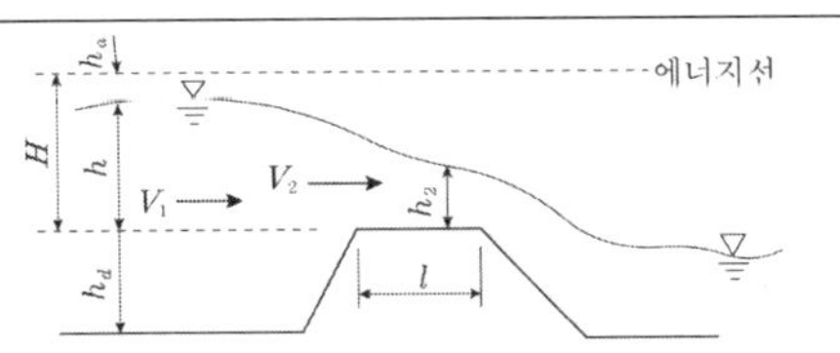

$h_2 = \frac{2}{3}H$이며 $Q = 1.7CbH^{\frac{3}{2}}$ $l > 0.7h$이면 수맥은 위어의 정면에 접촉하여 흐르며 일반수로의 유수와 거의 같은 상태로 된다.

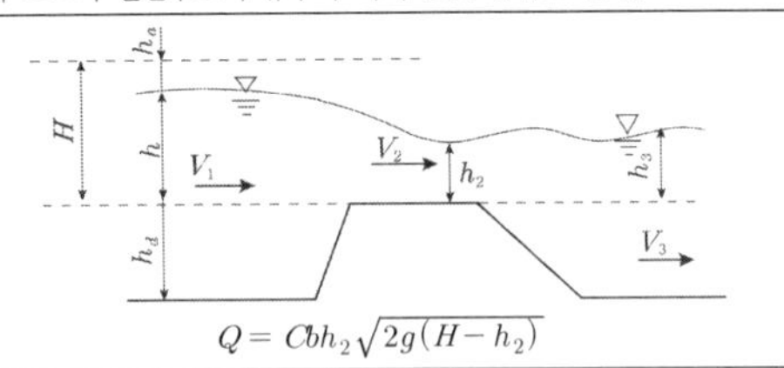

$Q = Cbh_2\sqrt{2g(H-h_2)}$

광정위어의 특성

- $h_3 < \frac{2}{3}H$ 일 때 : 정부에 사류가 생기므로 유량은 하류의 영향을 받지 않는다. 이처럼 하류의 영향을 받지 않는 것을 완전월류라 한다.
- $h_3 > \frac{2}{3}H$ 일 때 : 정부에 상류가 생기므로 유량은 하류의 영향을 받는다. 이와 같은 위어는 수중위어이다.
- $h_3 = \frac{2}{3}H$일 때 : 유량은 최대가 되며 한계류이다.

④ 나팔형 위어의 유량 … 저수지 속의 물을 배수하는데 사용하며 그 입구가 나팔형으로 되어 있다.

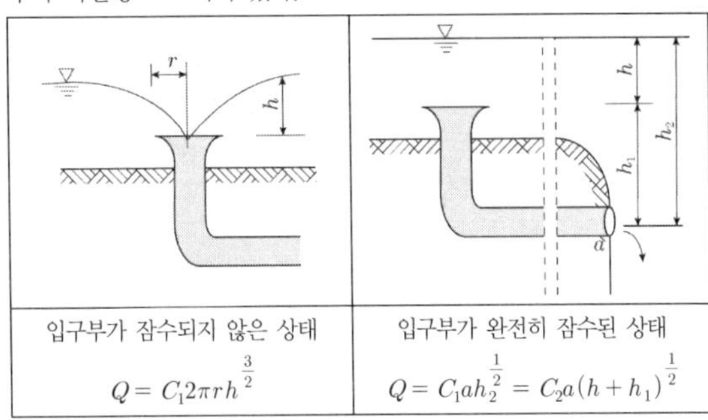

입구부가 잠수되지 않은 상태	입구부가 완전히 잠수된 상태
$Q = C_1 2\pi r h^{\frac{3}{2}}$	$Q = C_1 a h_2^{\frac{1}{2}} = C_2 a(h+h_1)^{\frac{1}{2}}$

⑤ 원통위어의 유량

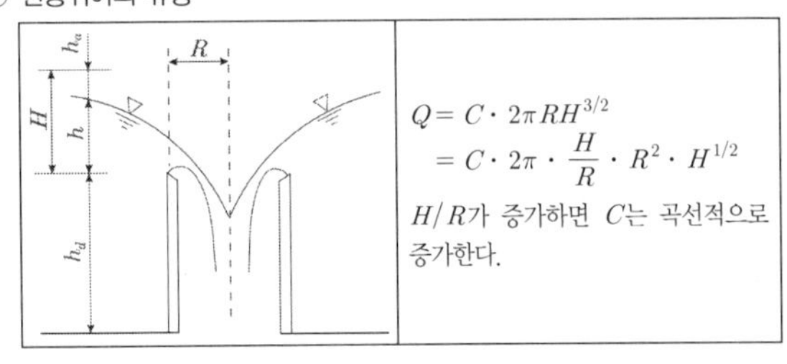

$Q = C \cdot 2\pi RH^{3/2}$
$= C \cdot 2\pi \cdot \frac{H}{R} \cdot R^2 \cdot H^{1/2}$

H/R가 증가하면 C는 곡선적으로 증가한다.

5.3. 유량오차

- 직사각형 위어의 오차 : $\frac{dQ}{Q} = \frac{3}{2}\frac{dh}{h}$
- 삼각형 위어의 오차 : $\frac{dQ}{Q} = \frac{5}{2}\frac{dh}{h}$
- 오리피스의 유량오차 : $\frac{dQ}{Q} = \frac{1}{2}\frac{dh}{h}$

6. 관수로

6.1. 관수로 기본공식

- 유량과 손실압력의 관계식 : $Q = \frac{w\pi h_L}{8\mu l}r^4$ (여기서, h_L : 손실수두, l : 관의 길이, D : 관의 지름, V : 관내 평균유속)
- Darcy-Weisbach의 마찰손실공식 : $h_L = f\frac{l}{D}\frac{V^2}{2g}$ (여기서, f : 마찰손실계수, l : 관의 길이, D : 관의 지름, V : 관내 평균유속)

마찰손실수두를 구하는 공식

층류 : $f = \frac{64}{Re}$, 난류 : smooth pipe인 경우 $f = 0.3164Re^{-\frac{1}{4}}$

Chezy 공식으로부터 $f = \frac{8g}{C^2}$, Manning 공식으로부터 $f = \frac{124.5n^2}{D^{\frac{1}{3}}}$

- 평균유속공식

−Chezy 공식 $V = C\sqrt{RI}$

−Manning 공식 $V = \frac{1}{n}R^{\frac{2}{3}}I^{\frac{1}{2}}$[m/sec]

(C는 평균유속계수, R은 경심, I는 동수경사)

- 레이놀즈수 : $R_e = \frac{VD}{\nu}$ (유속과 관경의 곱을 동점성계수로 나눈 값)
- 마찰속도 산정식 : $U_* = \sqrt{ghI}$ (마찰속도 : 흐름의 상태나 경계면의 상태에 무관하게 정의되며 매우 편리하게 사용되는 개념적 속도이다.)

6.2. 관 내의 유속분포

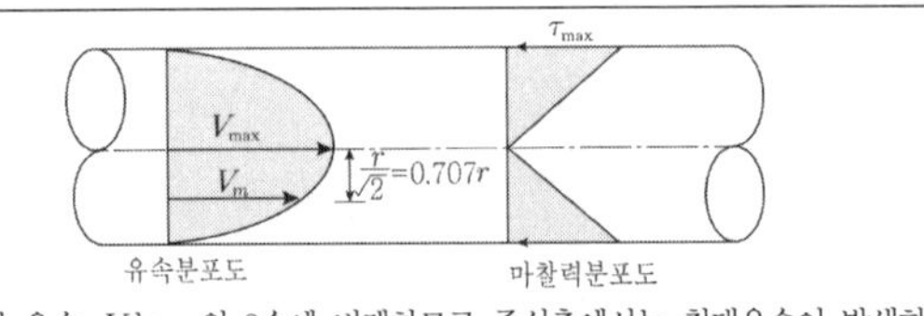

관 내의 유속 V는 r의 2승에 비례하므로 중심축에서는 최대유속이 발생하며 관벽에서는 0이 되므로 유속분포도와 마찰력분포도는 좌측과 같이 된다.

6.3. 수격작용, 서어징, 맥동현상, 피팅

- 수격작용(Water Hammer) : 관수로에 물이 흐를 때 밸브를 급히 닫으면 밸브위치에서의 유속은 0이 되고 수압은 현저하게 상승한다. 또 닫혀있는 밸브를 급히 열면 갑자기 흐름이 생겨 수압은 현저히 저하된다. 이와 같이 급격히 증감하는 압력을 수격압이라고 하고 이러한 작용을 수격작용이라 한다.

• 서어징(Surging) : 관수로에서 밸브를 급히 차단시키면 수격작용이 발생하고 이로 인해 수격파가 서지탱크 내로 유입하여 물이 진동하면서 수위가 상승하는 현상이다.
• 공동현상(Cavitation) : 유체압력이 국부적으로, 그 때 온도에서의 포화증기압 이하로 내려가 기포가 생성되는 현상이다.
• 맥동현상 : 펌프운전 중에 토출량이 주기적으로 변동하고 또한 주기적인 진동과 소음이 발생하는 현상이다.
• 피팅(Pitting) : 발생한 공동은 흐름방향으로 유하되고 압력이 큰 곳으로 이동하면서 순간적으로 압궤하면서 고체면에 강한 충격을 주게 되는 작용을 말한다. 수차의 회전차, 수리구조물 등은 이 작용 때문에 표면이 침식이 된다.

TIP

수격현상 방지하려면 관내 유속을 줄이고, 펌프의 급정지를 피하고 펌프에 fly wheel을 부착하거나 압력조절탱크, 공기밸브, 역지밸브, 안전밸브 등을 설치해야 한다.

6.4. 미소손실(마찰 이외의 손실수두)

관수로 속의 물이 직선적으로 흐를 때는 관벽의 마찰에 의한 마찰손실이 생기지만 관수로의 단면이 변화하든지 또는 그 방향이 변하하면 이에 따르는 손실이 생기는데 이를 미소손실이라고 한다. 미소손실은 유속수두에 비례하며 관로가 긴 경우에는 거의 무시할 수 있으나 짧은 경우에는 마찰손실 못지 않게 총 손실의 중요한 부분을 차지한다.

6.5. 수차의 동력

• 관수로를 통해 수차에 송수하여 동력을 얻는 경우
• 수차의 동력 : $E=wQ(H-\sum h_L)$ [kg · m/sec]
(H_e는 유효낙차, H는 수차의 자연낙차)
• 수차의 효율 η를 고려하면

$$E=9.8Q(H-\sum h_L)\eta[\text{kW}]=\frac{1,000}{75}Q(H-\sum h_L)\eta[\text{HP}]$$

7. 개수로

7-1. 개수로의 정의 및 특성

하천, 운하, 용수로 등을 흐르는 수류는 자유표면을 가진다. 이와 같은 수로를 개수로라 하며 흐름은 중력에 의하여 흐른다. 도시하수 혹은 우수관거와 같이 수로의 단면이 폐합단면이더라도 그 속의 흐름이 자유표면을 가질 경우에는 개수로로 취급한다.

개수로	관수로
• 자유수면을 가지고 물이 흐름 • 뚜껑이 없음 • 뚜껑이 있어도 물이 일부만 차서 흐름 • 중력에 의하여 흐름	• 대기압의 영향을 받지 않음 • 뚜껑이 있음 • 물이 충만하여 흐름 • 압력에 의하여 흐름 • 점성력의 영향을 크게 받음

TIP

• 암거 : 수로, 하수도와 같이 뚜껑이 있는 수로
• 개거 : 하천, 용수처럼 뚜껑이 없는 인공수로

7.2. 개수로의 단면형

① 인공개수로의 경우 직사각형, 사다리꼴 등을 가장 많이 사용한다.
② 하천과 같이 유량의 변화가 큰 경우에는 복합형이 많고 자연하천은 포물선형 단면이 많다.
③ 하수도의 경우 원형, 붕형, 마제형 등을 많이 사용한다.

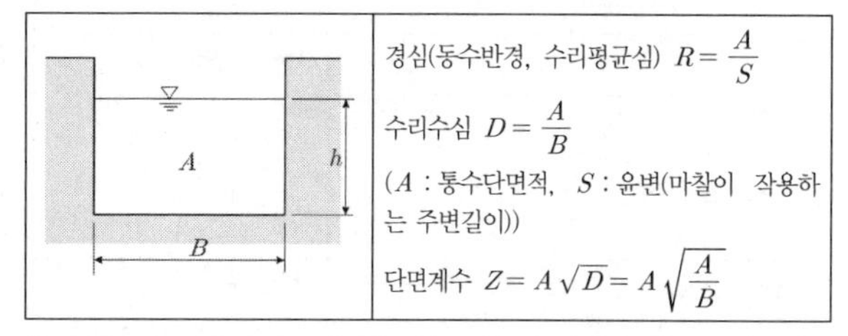

④ 최대유량 발생 단면 … 인공수로를 만들 때 주어진 재료를 사용하여 최대의 유량이 흐르는 수로를 만들어야 한다. 이와 같이 일정한 단면적에 대하여 최대유량이 흐르는 수로의 단면을 수리상 유리한 단면이라고 한다. 주어진 단면적과 수로경사, 조도에 대하여 최대유량이 흐르는 조건은 경심(R)이 최대가 되던가 윤변(S)가 최소가 되야 한다.

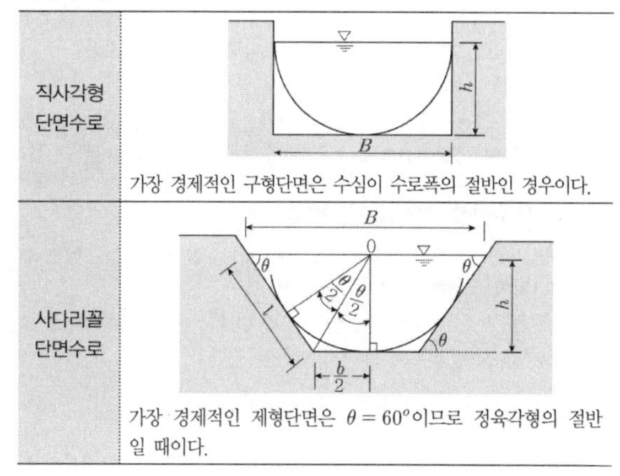

7.3. 한계수심, 한계경사, 한계유속

① 한계수심 … 비에너지가 최소일 때의 수심이다. 각 단면형의 한계수심 산정식은 다음과 같다.

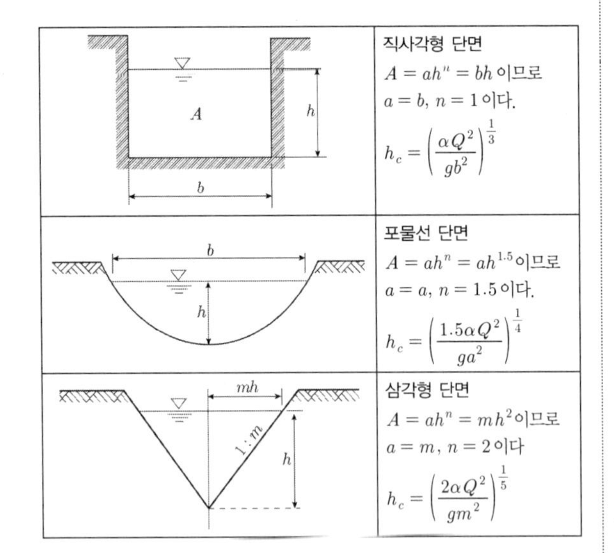

	직사각형 단면 $A = ah^n = bh$ 이므로 $a = b,\ n = 1$ 이다. $h_c = \left(\dfrac{\alpha Q^2}{gb^2}\right)^{\frac{1}{3}}$
	포물선 단면 $A = ah^n = ah^{1.5}$ 이므로 $a = a,\ n = 1.5$ 이다. $h_c = \left(\dfrac{1.5\alpha Q^2}{ga^2}\right)^{\frac{1}{4}}$
	삼각형 단면 $A = ah^n = mh^2$ 이므로 $a = m,\ n = 2$ 이다 $h_c = \left(\dfrac{2\alpha Q^2}{gm^2}\right)^{\frac{1}{5}}$

② **한계경사** $I_c = \dfrac{g}{aC^2}$ … 상류에서 사류로 변하는 단면을 지배단면이라 하고 이 한계의 경사를 말한다. (즉, 한계수심일 때의 수로경사이다.) 등단면 수로에서 정류가 흐른다면 경사가 급해질수록 유속은 가속되고 수심은 얕아진다.

③ **한계유속** … 수로의 경사가 한계경사가 되면 이 때의 단면을 지배단면이라 하며 한계수심으로 흐를 때의 유속을 한계유속이라고 한다.

7.4. 도수현상, 비에너지, 비력

① **도수현상** … 사류에서 상류로 변할 때 수면이 불연속적으로 뛰는 현상
- 에너지의 급격한 손실이 발생한다.
- 도수전후 수심의 차가 많을수록 에너지의 급격한 변화가 있다.
- 프루드수값이 클수록 에너지 변환이 크다.
- 도수에 의한 에너지 손실 : $\Delta H_e = \dfrac{(h_2 - h_1)^3}{4h_1h_2}$

② **비에너지(specific energy)** … 수로바닥을 기준으로 한 총수두이다. (수심에 속도수두를 더한 것이라고 정의할 수 있다.)
- 단위무게의 물이 가진 흐름의 에너지를 말한다.
- 상류일 때는 수심이 커짐에 따라 비에너지도 커진다.
- 수류가 등류이면 비에너지는 일정한 값을 갖는다.

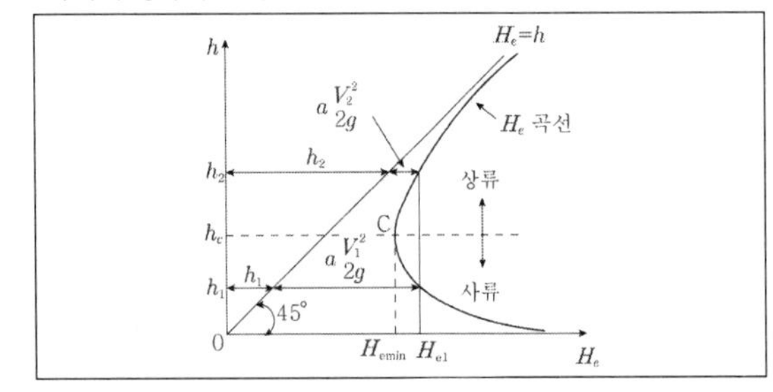

Froude수에 따라 흐름을 구별하면
$F_r < 1$ 이면 상류, $F_r = 1$ 이면 한계류, $F_r > 1$ 이면 사류로 본다.
사류가 일어나는 조건은 다음과 같다.
$V > V_c$; $h < h_c$; $F_r > 1$
$\dfrac{V}{\sqrt{gh}} > 1$; $I > \dfrac{g}{\alpha C^2}$

	상류	사류	한계류
수심	$h > h_c$	$h < h_c$	$h = h_c$
유속	$V < V_c$	$V > V_c$	$V = V_c$
경사	$I < I_c$	$I > I_c$	$I = I_c$
프루드수	$F_r < 1$	$F_r > 1$	$F_r = 1$

③ **비력(special force)** … $M = \eta\dfrac{Q}{g}V + h_G A =$ 일정
- 운동량을 기초로 하여 만들어진 방정식으로서 충력치로 표현하면서 M으로 표기하고, 비에너지(H_e)와 동일한 개념의 특성치
- 운동량 방정식에 의해 단위시간당 유체의 운동량변화가 물체에 작용하는 힘과 같다는 이론
- 1개의 M에 대해 2개의 수심이 존재[대응(공액)수심 ; h_1(사류수심), h_2(상류수심)]
- 관련 공식 : $\dfrac{h_2}{h_1} = \dfrac{1}{2}(-1 + \sqrt{1 + 8F_{r1}^{\ 2}})\ \left(F_{r1} = \dfrac{V_1}{\sqrt{gh_1}}\right)$

  $h_1,\ V_1$: 도수 전 사류의 수심과 평균유속, $h_2,\ V_2$: 도수 후 상류의 수심과 평균유속

TIP
한계수심은 비력이 최소가 되는 수심이다.

7.5. 수면곡선 계산법

계산은 지배단면에서의 기지의 수심에서 시작하여 상류시에는 상류방향으로 사류시에는 하류방향으로 작은 거리만큼 떨어져 있는 곳에서의 수심을 축차적으로 계산해 나간다. 이 때 인접하는 두 수심간 거리를 가능한 짧게 잡아 소구간의 수면곡선을 직선으로 간주할 수 있도록 해야 한다.

① **직접적분법** … 점변류의 기본방정식을 직접 적분하여 수면곡선을 구하는 방법이다.

② **축차계산법** … 점변류의 구하고자 하는 수면곡선을 여러 개의 소구간으로 나누어 지배단면에서부터 다른 쪽 끝까지 축차적으로 계산하는 방법이다.

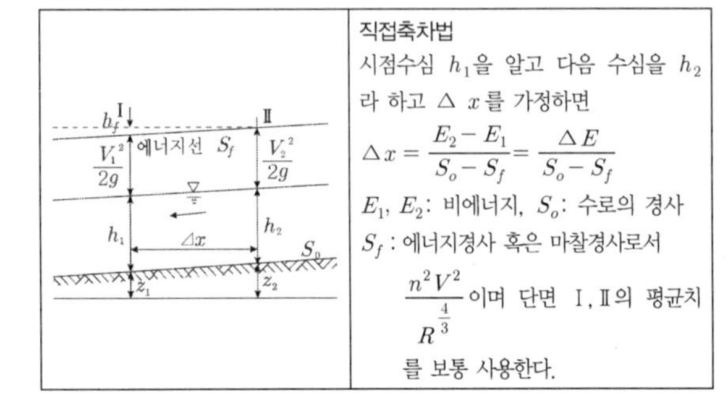

직접축차법
시점수심 h_1을 알고 다음 수심을 h_2라 하고 Δx를 가정하면
$\Delta x = \dfrac{E_2 - E_1}{S_o - S_f} = \dfrac{\Delta E}{S_o - S_f}$
$E_1,\ E_2$: 비에너지, S_o: 수로의 경사
S_f : 에너지경사 혹은 마찰경사로서 $\dfrac{n^2V^2}{R^{\frac{4}{3}}}$ 이며 단면 Ⅰ, Ⅱ의 평균치를 보통 사용한다.

③ **도식해법** … 점변류의 기본방정식을 사용하되 도식적으로 수면곡선을 계산하는 방법이다.

8. 수리학적 상사

8.1. 상사

실제상황을 실험실에서 재현하기 위하여 수리학적 개념을 적용해 실험실에서의 결과를 실제 구조에 적용하는 것이다. 예를 들어 강을 횡단하는 교량의 기초를 설치해야 될 때 강물의 하름에 대한 안정성을 검토한다고 하면 실제로 만들어서 실험을 할 순 없으니 실험실에 수리학적 상사를 이용하여 특정 비율만큼 축소하여 실제상황을 실험실에서 재현하는 일이 된다.

8.2. 특별상사법칙

① **프루드상사법칙** … 중력과 관성력이 흐름을 지배하며 개수로에 적용한다.

② **레이놀즈상사법칙** … 마찰력과 점성력이 흐름을 지배하며 관수로에 적용가능하다.

③ **웨버상사법칙** … 표면장력이 지배하며 파고가 극히 적은 파동에 적용가능하다.

④ **코시상사법칙** … 탄성력이 흐름을 지배하며 압축성 유체에 적용가능하다.

8.3. 상사수

- 레이놀즈수는 점성력에 대한 관성력의 비이다.
- 프루드수는 중력에 대한 관성력의 비이다.
- 웨버수는 표면장력에 대한 관성력의 비이다.
- 코시수는 탄성력에 대한 관성력의 비이다.
- 오일러수(압력계수)는 관성력에 대한 압축력의 비이다.
- 마하수는 음속에 대한 속도의 비이다.

8.4. 소류력(tractive force)

- 유수가 수로의 윤변에 작용하는 마찰력을 소류력이라 하는데 이 힘은 유수의 점성 때문에 생기는 흐름방향의 전단력이다. (소류력 $\tau_o = wRI$)
- **한계소류력**(critical tractive force) : 소류력이 수로바닥의 저항력보다 크게 되면 토사는 움직이기 시작할 때의 소류력이다.

9. 지하수

9.1. 지하수의 정의

지상에 떨어진 강수가 지표면을 통해 침투한 후 짧은 시간 내에 하천으로 방출되지 않고 지하에 머무르면서 흐르는 물을 지하수라 한다.

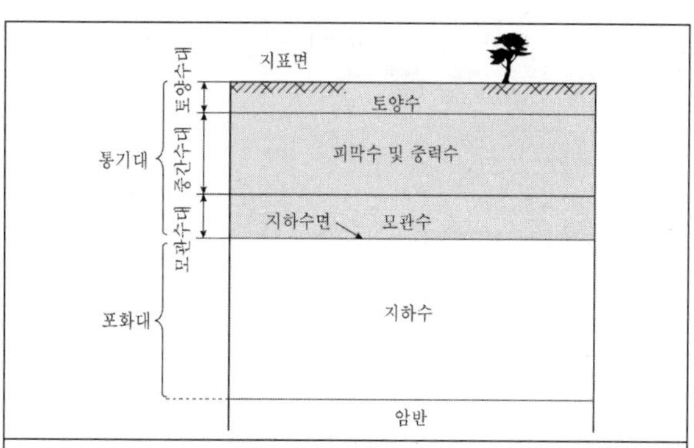

- **포화대** : 지하수면 아래의 물로 포화되어 있는 부분이며 이 포화대의 물을 지하수라 한다.
- **중간수대** : 토양수대의 하단에서부터 모관수대의 상단까지의 영역을 말하며 토양수대와 모관수대의 연결역할을 한다.
- **피막수** : 흡습력과 모관력에 의하여 토립자에 붙어서 존재하는 물이다.
- **중력수** : 중력에 의해 토양층을 통과하는 토양수의 여유분의 물을 말한다.
- **모관수대** : 지하수가 모세관현상에 의해 지하수면에서부터 올라가는 점까지의 영역을 말한다.

TIP

비피압대수층, 피압대수층

㉠ 비피압대수층 : 대수층 내에 지하수위면이 있어서 지하수의 흐름이 대기압을 받고 있는 대수층

㉡ 피압대수층 : 불투수성 지반 사시에 낀 대수층 내에 지하수면을 갖지 않는 지하수가 대기압보다 큰 압력을 받고 있는 대수층

9.2. 집수정의 방사상 정류

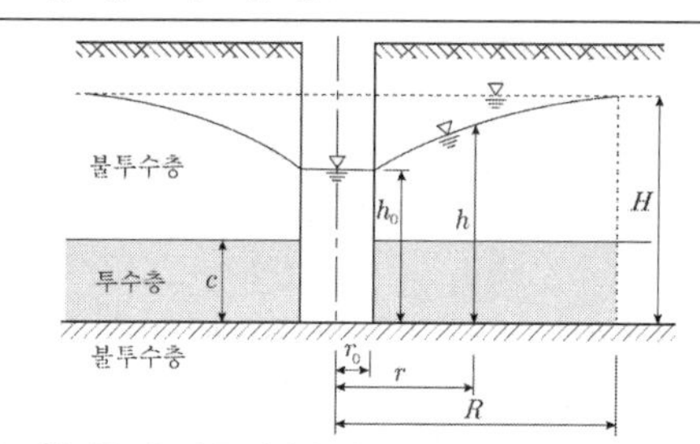

굴착정 : 집수정을 불투수층 사이에 있는 피압대수층까지 판 후 피압지하수를 양수하는 우물

$$Q = \frac{2\pi ck(H-h_o)}{2 \cdot 3\log\frac{R}{r_o}}$$

(c: 투수층의 두께, R: 영향원의 반지름, r_o: 우물의 반지름)

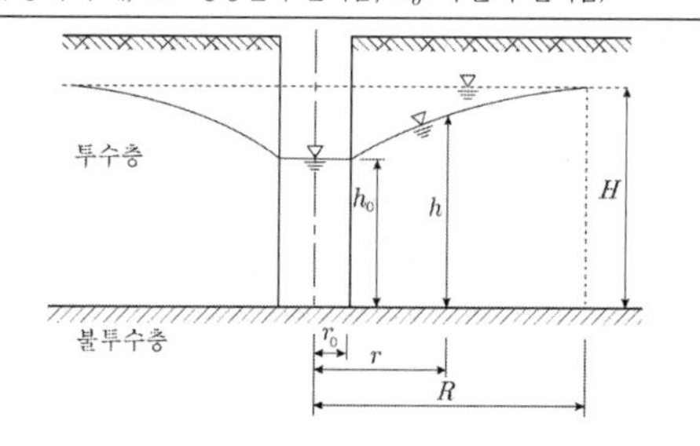

깊은 우물 : 불투수층 위의 비피압대수층에서 자유지하수를 양수하는 우물 중 집수정 바닥이 불투수층까지 도달한 우물

$$Q=\frac{\pi k(H^2-{h_o}^2)}{2\cdot 3\log\frac{R}{r_o}}$$

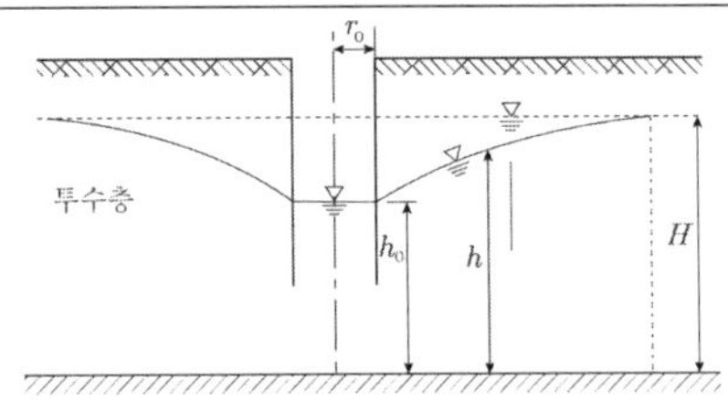

얕은 우물 : 집수정 바닥이 불투수층까지 도달하지 않은 우물

$Q=4kr_o(H-h_o)$

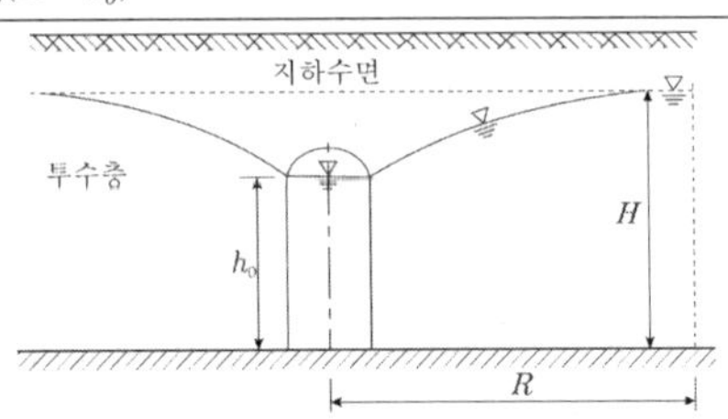

불투수층에 달하는 집수암거

- 암거 전체에 대한 유량 : $Q=\frac{kl}{R}(H^2-{h_o}^2)$
- 암거의 측벽에서만 유입할 때의 유량 : $Q=\frac{kl}{2R}(H^2-{h_o}^2)$

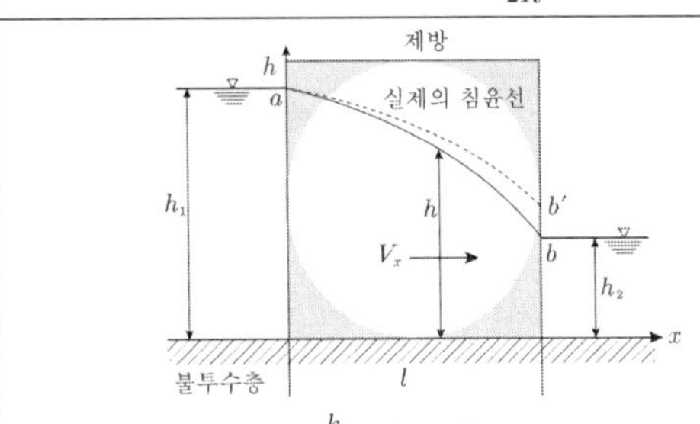

Dupuit의 침윤선 공식 : $q=\frac{k}{2l}({h_1}^2-{h_2}^2)$ (l은 제방의 두께)

TIP

집수암거

하안 또는 하상의 투수층에 암거나 구멍뚫린 관을 매설하여 하천에서 침투한 침출수를 취수하는 것

10. 수문학

10.1. 기본용어

- **평수위** : 1년 중에 고수위에서부터 185번째 수위
- **저수위** : 1년 중에 고수위에서부터 275번째 수위
- **갈수위** : 1년중에 고수위에서부터 355번째 수위
- **고수위** : 1년 중 2~3회 이상 이보다 적어지지 않는 수위
- **물수지방정식** : 강수량(P) = 유출량(R) + 증발산량(E) + 침투량(C) + 저유량(S)
- **일 평균기온** : 1일 평균기온을 말하며 계산방법은 매 시간 기온을 산술평균하는 방법 또는 3~6시간 간격의 기온을 평균하는 방법이다.
- **월 평균기온** : 해당 월의 일평균기온의 최고치와 최저치를 평균한 기온이다.
- **정상 일평균기온** : 특정 일의 일 평균기온을 30년간 산술평균한 값
- **정상 월평균기온** : 특정 월의 월 평균기온을 30년간 산술평균한 값

10.2. 강수의 종류

- **비** : 지름이 약 0.5mm 이상의 물방울
- **부슬비** : 지름이 0.1~0.5mm의 물방울
- **눈** : 대기 중의 수증기가 직접 얼음으로 변한 것
- **얼음** : 비나 부슬비가 강하하여 지상의 찬 것과 접촉하자마자 얼어버린 것
- **설편** : 여러 개의 얼음결정이 동시에 엉켜서 이루어진 것
- **진눈개비** : 빗방울이 강하하다가 빙점 이하의 온도를 만나 얼어버린 것
- **우박** : 지름 5~125mm의 구형 또는 덩어리모양의 얼음 상태의 강수

10.3. 강우기록 추정법

① **산술평균법** … 3개 각각의 관측점과 결측점의 정상연평균강우량의 차이가 10%이내일 때 사용한다. $P_x=\frac{1}{3}(P_A+P_B+P_C)$ (P_x는 결측점의 강우량, P_A, P_B, P_C는 A, B, C의 강우량)

② **정상연강우량비율법** … 3개의 관측점 중 1개라도 결측점의 정상 연평균강수량과의 차이가 10%이상일 때 사용하는 방법이다.

$P_x=\frac{N_x}{3}\left(\frac{P_A}{N_A}+\frac{P_B}{N_B}+\frac{P_C}{N_C}\right)$ (N_x는 결측점의 정상 연평균강수량, N_A, N_B, N_C는 관측점 A,B,C의 정상 연평균강수량)

③ **단순비례법** … 결측치를 가진 관측점 부근에 1개의 다른 관측점만이 존재하는 경우에 사용하는 방법이다. $P_x=\frac{P_A}{N_A}N_x$

10.4. 평균강우량 산정법

① **산술평균법** … 비교적 평야지역에서 강우분포가 균일하고 우량계가 등분포되고 유역면적이 500km2 미만인 경우에 적용이 가능하다.

$$P_m = \frac{P_1 + P_2 + \cdots + P_N}{N}$$

② **Thiessen가중법** … 산악의 영향이 비교적 적고 우량계가 불균등 분포한 경우 우량계의 분포상태를 고려하며 객관성이 있어 가장 널리 사용되는 평균우량 산정법이다. 유역면적은 500~5,000km^{2}에서 많이 사용된다. $P_m = \frac{\sum A_i P_i}{\sum A_i}$

③ **등우선법** … 우량계가 조밀하게 설치되어 있어 산악의 영향을 고려하고자 할 때 적용한다.

$P_m = \frac{A_1 P_{1m} + \cdots + A_N P_{Nm}}{A}$ (P_{1m}, …, P_{Nm} : 두 인접 등우선간의 평균강우량)

④ **삼각형법** … 역 내와 유역 주변의 관측소간을 삼각형이 되도록 직선으로 연결하여 구한다.

$$P_m = \frac{A_1\left(\frac{P_1 + P_2 + P_3}{3}\right) + A_2\left(\frac{P_2 + P_3 + P_1}{3}\right) + \cdots}{A}$$

10.5. 강수량 자료의 해석

① **강우강도(I)** … 단위시간 동안에 내리는 강우량[mm/h]으로 지속시간 t에 관한 함수이다.

$I = \frac{a}{t+b}$	$I = \frac{c}{t^n}$	$I = \frac{d}{\sqrt{t}+e}$
Talbot형	Sherman형	Japanese형

(a, b, c, d, e와 n은 지역에 따라 다른 값을 가지는 상수)

② **지속기간** … 강우가 계속되는 시간[min]

③ **재현기간(생기빈도)** … 임의의 강우량이 1회 이상 같거나 초과하는데 소요되는 연수

④ **지역적범위** … 우량계에 의해 측정되는 점우량을 적용시킬 수 있는 면적, 즉 개개의 우량계가 대표할 수 있는 공간적 범위를 의미한다.

⑤ **DAD분석** … 그 동안의 강우기록으로부터 Depth(강우량), Area(유역면적), Duration(지속시간)에 관한 데이터를 이용하여 강수량을 해석하는 방법이다. DAD곡선이라 함은 최대평균우량깊이-유역면적-강우지속시간 관계곡선이다.

10.6. 증발과 증산, 침투와 침루

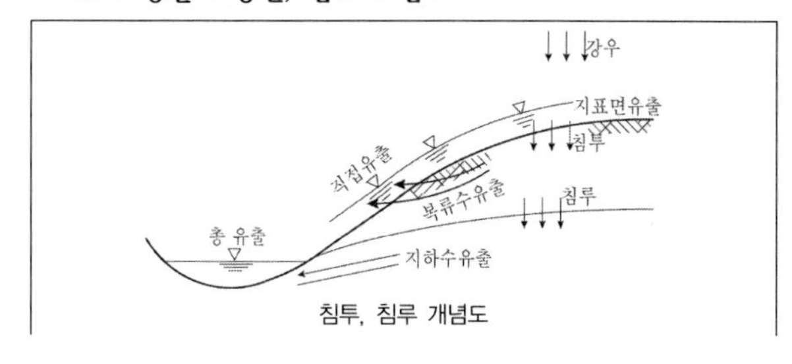

침투, 침루 개념도

- **침루** : 토양면을 통해 스며든 물이 중력의 영향으로 계속 지하로 이동하여 지하수면까지 도달하는 현상
- **침투** : 흙표면을 통해 물이 흡수되는 현상
- **침투율** : 지표면에 떨어진 빗물이 단위시간 동안에 지표면에서 토양속으로 침투해 들어가는 비율
- **침투능** : 주어진 조건에서 어떤 토양면을 통해 물이 침투할 수 있는 최대율로서 단위는 mm/h이다.
- **침투능** : 지표면을 통과한 물이 지하수면으로 움직일 수 있는 최대율

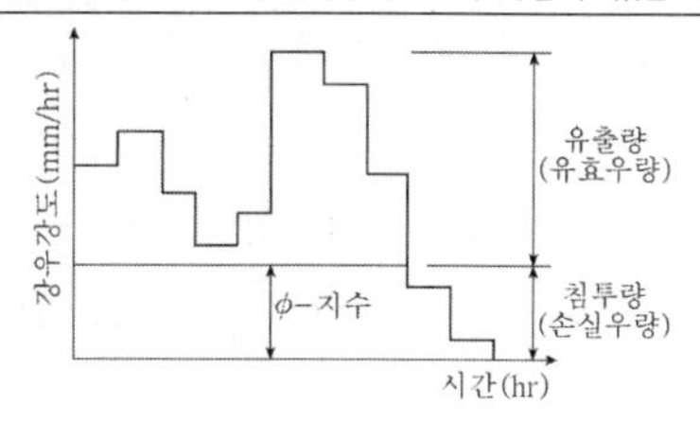

침투지수법에 의한 침투능 추정

ϕ-index법 : 우량주상도에서 유효우량과 손실우량을 구분하는 수평선의 강우강도를 ϕ-지수(index)라고 하며 이것이 평균침투능이다.

> **TIP**
>
> **W-index법** … ϕ-index법을 개선하여 지면보유, 증발산 등을 고려한다.

10.7. 유출

(1) 표면유출, 중간유출, 지하수유출 등 세 유형으로 분류할 수 있다. 여기서 표면유출과 중간유출을 직접유출이라고 하고, 지하수유출을 기저유출이라고 한다.

① **직접유출량** … 강수후에 비교적 짧은 시간에 하천으로 흘러 들어가는 량이며 유효우량으로 인해 하천으로 유출되는 유출량이다.

② **기저유출량** … 비가 오기 전의 건조시의 유출량이다.

③ **유효강수량** … 강수량에서 토양 증발과 흐름 따위에 의하여 잃은 수량을 뺀 나머지 수량. 즉, 강수 중에서 작물에 이용되거나 토양에 보유되는 물량.

④ 유출계수=하천유량/강수량=평균유출고/강우량깊이

⑤ **직접유출** … 지표면유출+단시간 지표하 유출수+수로상강수 (유효우량에 의한 유출량)

⑥ **기저유출** … 비가 오기전의 유출. 지하수유출+장시간 지연된 지표하 유출

(2) SCS의 초과강우량 산정법

어떤 호우로 인한 유출량 자료가 없는 경우에는 직접유출량의 결정이 불가능하므로 ϕ-index를 구할 수가 없으므로 초과강우량을 구할 수 없게 된다. 이와 같이 유출량 자료가 없는 경우에 유역의 토양특성과 식생피복상태 등에 대한 상세한 자료만으로서 총 우량으로부터 초과강우량을 산정하는 방법이다.

(3) 토양의 초기함수조건에 의한 유출량 산정법

① **선행강수시수법** … 토양의 초기함수조건에 의한 유출량 산정법으로서 선행강수지수를 결정한 후 유출량을 산정하는 방법이다.

② **지하수유출량법** … 지하수 유출량을 구해 유역의 유출량을 산정하는 방법이다. 지하수 유출량이 클수록 선행강수로 인하여 토양의 함유 수분이 커서 동일 강우량으로 인한 유출량이 더 크기 때문이다.

③ **토양함수미흡량법** … 증발산량과 강수량을 측정하여 토양함수 미흡량을 구한 후 유역의 유출량을 산정하는 방법이다.

10.8. 수문곡선

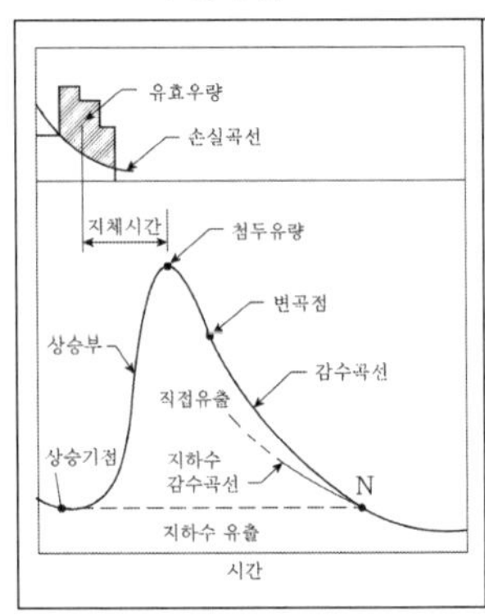

수문곡선의 구성

- **수문곡선** : 하천의 어떤 단면에서의 수위 혹은 유량의 시간에 따른 변화를 표시하는 곡선
- **첨두시간** : 첨두유량이 유지되는 시간
- **지체시간** : 유효우량주상도의 중심선으로부터 첨두유량이 발생하는 시각까지의 시간차
- **도달시간** : 유역의 가장 먼 지점으로부터 출구 또는 수문곡선이 관측된 지점까지 물의 유하시간
- **기저시간** : 직접유출이 시작되는 시각에서 끝나는 시각가지의 시간차

10.8. 단위도(단위유량도)

① **단위도** … 특정 유역에 일정한 지속기간 동안 균일한 강도로 유역전체에 걸쳐 균등하게 내리는 유효강우 1cm(1in)로 인해 발생하는 직접유출 수문곡선이다.

② 단위도의 가정

㉠ **일정 기저시간 지정** : 동일한 유역에 균일한 강도로 비가 내일 경우 지속기간은 같으나 강도가 다른 각종 강우로 인한 유출량은 그 크기가 다를지라도 기저시간은 동일하다.

㉡ **비례가정** : 동일한 유역에 균일한 강도로 비가 내릴 때 지속기간은 같으나 강도가 다른 각종 강우로 인한 유출량은 그 크기가 다를지라도 n배 만큼은 큰 강도로 비가 오면 이로 인한 수문곡선의 종거도 n배만큼 커지게 된다.

㉢ **중첩가정** : 일정기간 동안 균일한 강도의 유효강우량에 의한 총 유출은 각 기간의 유효우량에 의한 총 유출량합계와 같다.

③ 단위도의 종류

㉠ **순간 단위 유량도법** : 지속시간이 0에 가까운 순간적으로 내린 유효우량에 의한 유출수문곡선을 사용한 분석법이다.

㉡ **합성 단위 유량도법** : 어느 관측점에서 단위도 유도에 필요한 강우량 및 유량의 자료가 없을 때, 다른 유역에서 얻은 과거의 경험을 토대로 하여 단위도를 합성하여 미 계측지역에 대한 근사치로써 사용할 목적으로 만든 단위도를 이용하는 방법이다. (유효강우량이 유역에 적용되는 지속시간을 거의 0에 가깝게 잡으므로 이는 이론적인 개념일 뿐 실제 유역에서는 실현될 수 없다.)

10.10. 첨두홍수량 산정

- **첨두홍수량 산정식** : $Q = 0.2778CIA = \frac{1}{3.6}CIA[\text{m}^3/\text{sec}]$ (C는 유출계수, I는 강우강도[mm/hr], A는 유역면적[km^2])
- 일정한 강우강도를 가지는 호우로 인한 한 유역의 첨두홍수량을 구하는 공식은 여러 가지가 있으나 가장 대표적인 것은 합리식(좌우변의 단위가 서로 일치하므로 합리식으로 칭한다.)이다.
- **합리식** : 수문곡선을 이등변삼각형으로 가정하여 첨두유량을 계산하는 방법이다.
- 강우의 지속시간이 유역의 도달시간과 같거나 큰 경우에 첨두유량은 강우강도에 유역면적을 곱한 값과 같다.

핵심이론

04 철근콘크리트 및 강구조

대분류	중분류	세부 색인
1. 토질 및 기초		1.1 지반개량공법
		1.2 지내력시험
		1.3 말뚝중심간 간격
		1.4 지중의 응력분포
		1.5 흙의 연경도
		1.6 토질관련 주요 현상
		1.7. 토압
		1.8 Terzaghi의 수정지지력 공식
		1.9 지하수위가 기초에 근접해 있을 경우 극한지지력 산정
2. 철근콘크리트 구조설계	2.1. 철근콘크리트 일반	2.1.1. 콘크리트 탄성계수
		2.1.2. 콘크리트 최소피복두께
		2.1.3. 콘크리트 강도시험
		2.1.4. 콘크리트 배합강도
		2.1.5. 하중계수
		2.1.6. 강도감소계수
		2.1.7. 콘크리트의 균열
		2.1.8. 장기처짐
	2.2. 휨부재설계	2.2.1. 철근콘크리트 구조설계법
		2.2.2. 등가직사각형 응력블록 깊이 산정
		2.2.3. 순인장변형률
		2.2.4. 압축지배단면, 인장지배단면
		2.2.5. 철근비 산정식
		2.2.6. 복철근보 해석
		2.2.7. T형보 해석
		2.2.8. 모멘트 재분배 현상
	2.3. 압축부재설계	2.3.1. 단면의 핵과 핵점
		2.3.2. P-M 선도
		2.3.3. 단주와 장주의 구분
		2.3.4. 모멘트 확대계수
	2.4. 전단설계	2.4.1. 전단강도 기본산정식
		2.4.2. 전단철근의 간격제한
		2.4.3. 전단마찰설계
		2.4.4. 전단경간
		2.4.5. 최소전단철근 규정 예외
		2.4.6. 비틀림설계
		2.4.7. 브래킷과 내민받침에 대한 전단설계

	2.5. 슬래브설계	2.5.1. 1방향 슬래브의 실용해법(근사해석법)
		2.5.2. 2방향 슬래브의 하중분담
		2.5.3. 2방향 슬래브의 직접설계법
	2.6. 철근의 정착 및 이음, 부재의 처짐제한 등	2.6.1. 철근의 정착 및 이음
		2.6.2. 철근의 정착길이 산정
		2.6.3. 철근의 이음
		2.6.4. 부재의 처짐제한
	2.7. 기초설계	2.7.1. 기초설계 일반사항
		2.7.2. 기초판의 휨모멘트 산정
		2.7.3. 휨모멘트에 대한 위험단면
	2.8. 옹벽설계	2.8.1. 옹벽설계 일반사항
		2.8.2. 옹벽의 설계방법
	2.9. 프리스트레스트 콘크리트 설계	2.9.1. 설계 및 시방 일반사항
		2.9.2. 프리스트레싱
		2.9.3. PSC 구조물의 해석개념
		2.9.4. 프리스트레스의 도입 시 강도와 유효율
		2.9.5. PSC 휨부재의 공칭휨강도 계산에서 긴장재의 응력(정밀식)
		2.9.6. 프리스트레스 손실
		2.9.7. 국소구역과 일반구역
		2.9.8. PSC 긴장재 정착공법
		2.9.9. PSC 허용응력과 균열등급
	2.10. 아치구조물	2.10.1. 설계일반사항
		2.10.2. 좌굴에 대한 검토
3. 강구조 설계	3.1. 설계법	3.1.1. 강재의 응력선도
		3.1.2. 강재의 규격표시
		3.1.3. 한계상태설계법
		3.1.4. 강도감소계수
		3.1.5. 하중계수
	3.2. 압축재 설계	3.2.1. 기둥부재의 좌굴하중
	3.3. 전단설계	3.3.1. 강재의 순단면적 산정
		3.3.2. 블록전단파괴
	3.4. 합성구조설계	3.4.1. 합성보의 유효폭
		3.4.2. 합성기둥 주요 구조제한
		3.4.3. 플레이트 거더의 보강재
	3.5. 소성설계	3.5.1. 소성설계
4. 도로교 설계	4.1. 도로교 일반사항	4.1.1. 설계활하중
		4.1.2. 설계차로의 수
		4.1.3. 교량가설공법
		4.1.4. 교량의 철근콘크리트 바닥판에 배근되는 배력철근 설계기준
		4.1.5. 강재의 연결부에서 연결방법을 병용하는 규정
	4.2. 내진설계	4.2.1. 한계상태의 정의 및 분류
		4.2.2. 용어 정의
		4.2.3. 내진설계 일반사항
		4.2.4. 설계지반운동
		4.2.5. 풍하중
		4.2.6. 교량의 여유간격

1. 토질 및 기초

1.1. 지반개량공법

공법	적용되는 지반	종류
다짐공법	사질토	동압밀공법, 다짐말뚝공법, 폭파다짐법, 바이브로 컴포져공법, 바이브로 플로테이션공법
압밀공법	점성토	선하중재하공법, 압성토공법, 사면선단재하공법
치환공법	점성토	폭파치환공법, 미끄럼치환공법, 굴착치환공법
탈수 및 배수공법	점성토	샌드드레인공법, 페이퍼드레인공법, 생석회말뚝공법
	사질토	웰포인트공법, 깊은우물공법
고결공법	점성토	동결공법, 소결공법, 약액주입공법
혼합공법	사질토, 점성토	소일시멘트공법, 입도조정법, 화학약제혼합공법

(1) 점성토지반 개량공법의 종류

- **압성토공법** : 성토에 의한 기초의 활동 파괴를 막기 위하여 성토 비탈면 옆에 소단 모양의 압성토를 만들어 활동에 대한 저항모멘트를 증가시키는 공법이다. 이 공법은 압밀촉진에는 큰 효과는 없으나 샌드드레인공법을 병행하면 효과가 있다.
- **치환공법** : 연약 점토지반의 일부 또는 전부를 조립토로 치환하여 지지력을 증대시키는 공법으로 공사비가 저렴하여 많이 이용된다. 굴착치환공법과 강제치환공법이 있다.
- **프리로딩공법**(Preloading공법, 사전압밀공법, 여성토공법) : 구조물의 시공 전에 미리 하중을 재하하여 압밀을 끝나게 하여 지반의 강도를 증가시키는 공법이다.
- **샌드드레인공법**(Sand drain공법) : 연약 점토지반에 모래 말뚝을 설치하여 배수거리를 단축하므로 압밀을 촉진시켜 압밀시간을 단축시키는 공법이다
- **다짐모래말뚝공법**(Compozer공법, Sand Compaction공법, 모래말뚝 압입공법) : 연약지반 중에 진동 또는 충격하중으로 모래를 압입하여 직경이 큰 다져진 모래말뚝을 조성하는 공법이다.
- **페이퍼드레인공법** : 원리는 샌드드레인공법과 유사하며, 모래 말뚝 대신에 합성수지로 된 페이퍼를 땅 속에 박아 압밀을 촉진시키는 공법이다. 이 공법은 자연함수비가 액성한계 이상인 초연약점토 지반에 효과적인 공법이다.
- **팩드레인공법** : 샌드드레인공법의 모래말뚝 절단현상을 해결하기 위하여 합성섬유로 된 포대에 모래를 채워 넣어 연직 배수모래기둥을 만드는 연직배수공법이다.

> **TIP**
>
> **탈수공법**
>
> 일반적으로 탈수공법이라 함은 연직배수재를 지반에 관입시켜 배수거리를 짧게 함으로써 지중의 물을 빼내는 공법으로서 페이퍼드레인, 팩드레인과 같은 연직배수공법을 의미한다. (엄밀히 말하면 탈수공법은 배수공법의 일종으로 볼 수 있다.)

- **전기침투공법** : 포화된 점토지반 내에 직류 전극을 설치하여 직류를 보내면, 물이 (+)극에서 (-)극으로 흐르는 전기침투현상이 발생하는데 (-)극에 모인 물을 배수하여 탈수 및 지지력을 증가시키는 공법이다.
- **침투압공법** : 포화된 점토지반 내에 반투막 중공원통을 설치하고 그 속에 농도가 높은 용액을 넣어서 점토지반 내의 물을 흡수 및 탈수시켜 지반의 지지력을 증가시키는 공법이다.
- **생석회말뚝공법**(Chemico pile 공법) : 생석회는 수분을 흡수하면서 발열반응을 일으켜서 체적이 2배 이상으로 팽창하면서 탈수 효과, 건조 및 화학 반응 효과 압밀 효과 등에 의해 지반을 강화하는 공법이다

(2) 사질토지반 개량공법

- **다짐모래말뚝공법** : 나무말뚝, 콘크리트말뚝, 프리스트레스 콘크리트 말뚝 등을 땅속에 여러 개 박아서 말뚝의 체적만큼 흙을 배제하여 압축함으로써 간극을 감소시키고 단위 중량, 유효응력을 증가시켜서 모래지반의 전단강도를 증진시키는 공법이다.
- **바이브로플로테이션공법**(Vibro-floatation공법) : 공법은 연약한 사질지반에 수직으로 매어단 바이브로플로트라고 불리우는 봉둥이 모양의 진동체를 그 선단에 장치된 노즐에서 물을 분사시키면서 동시에 플로트를 진동시켜서 자중에 의하여 지중으로 관입하는 공법
- **폭파다짐공법** : 인공지진 즉, 다이너마이트의 폭발 시 발생하는 충격력을 이용하여 느슨한 모래지반을 다지는 공법으로 표층다짐은 잘 이루어지지 않으므로 추가 다짐이 필요하다.
- **전기충격공법** : 포화된 지반 속에 방전전극을 삽입한 후 이 방전전극에 고압전류를 일으켜서, 이 때 생긴 충격력에 의해 지반을 다지는 공법이다.
- **약액주입공법** : 지반의 특성을 목적에 적합하게 개량하기 위하여 지반 내 에 관입한 주입관을 통하여 약액을 주입시켜 고결하는 공법이다.

1.2. 지내력시험

(1) 평판재하시험

- 평판재하시험의 재하판은 직경 300mm를 표준으로 하며, 예정기초의 저면에 설치한다.
- 최대재하하중은 지반의 극한지지력 또는 예상되는 장기설계하중의 3배로 한다.
- 재하는 5회 이상으로 나누어 시행하고 각 하중 단계에 있어서 침하가 정지되었다고 인정된 상태에서 하중을 증가한다.
- 침하가 2시간에 0.1mm 이하일 때, 또는 총 침하량이 20mm 이하일 때 침하가 정지된 것으로 간주한다.
- 하중 증가의 크기는 매회 재하 10kN 이하 예정파괴 하중의 1/5 이하로 한다.
- 24시간이 경과한 후 0.1mm 이하의 변화를 보인 때의 총침하량이 20mm 침하될 때까지의 하중 또는 총침하량이 20mm 이하이지만 지반이 항복상태를 보인 때까지의 하중 가운데 작은 값을 기준으로 산정한 것을 단기허용지내력도로 한다.

• 실제 건축물에 적용되는 장기허용지내력도는 단기허용지내력도의 1/2로 한다.
• 장기하중에 대한 지내력은 단기하중 지내력의 1/2, 총 침하하중의 1/2, 침하정지 상태의 1/2, 파괴시 하중의 1/3 중 작은 값으로 한다.
• 하중 방법에 따라 직접 재하시험, 레벨 하중에 의한 시험, 적재물 사용에 의한 시험 등이 있다.

(2) 말뚝재하시험
• 사용 예정인 말뚝에 대해 실제로 사용되는 상태 또는 이것에 가까운 상태에서 지내력 판정의 자료를 얻는 시험으로서 직접적으로 지내력을 확인하는 방법이다.
• 말뚝의 재하시험에서 최대의 하중은 원칙적으로 말뚝의 극한지지력 또는 예상되는 장기설계하중의 3배로 하며 적절한 시행방법을 따른다.
• 정재하시험과 동재하시험으로 구분된다.

(3) 말뚝박기시험
• 말뚝의 허용지지력을 측정하기 위한 시험이다.
• 말뚝공이의 중량은 말뚝무게의 1~3배로 해야 한다.
• 시험용 말뚝은 실제말뚝과 꼭 같은 조건으로 박아야 한다.
• 정확한 위치에 수직으로 박고, 휴식시간없이 연속으로 박는다.
• 말뚝기초로 계획 시 시험말뚝은 영구말뚝과 같은 조건으로 하여 적어도 3개 이상을 박아 오차를 줄인다.
• 최종관입량은 5회 6mm 이하인 경우 거부현상으로 본다.
• 말뚝박기기계를 적절히 선택하고 필요한 깊이에서 매회의 관입량과 리바운드량을 측정하는 것을 원칙으로 한다.
• 떨공이의 낙고는 가벼운 공이일 때 2~3m, 무거운 공이일 때 1~2m 정도이다.

1.3. 말뚝중심간 간격

종별	중심간격	길이	지지력	특징
나무말뚝	2.5D 60cm 이상	7m 이하	최대 10ton	상수면 이하에 타입 끝마루직경 12cm 이상
기성 콘크리트 말뚝	2.5D 75cm 이상	최대 15m 이하	치대 50ton	주근 6개 이상 철근량 0.8% 이상 피복두께 3cm 이상
강재말뚝	직경, 폭의 2배 75cm 이상	최대 70m	최대 100ton	깊은 기초에 사용 폐단 강관말뚝간격 2.5배 이상
매입말뚝	2.0D 이상	RC말뚝과 강재말뚝	최대 50~100ton	프리보링공법 SIP공법
현장타설 콘크리트 말뚝	2.0D 이상 D+1m 이상		보통 200ton 최대 900ton	주근 4개 이상 철근량 0.25% 이상
공통 적용	간격 : 보통 3~4D (D는 말뚝외경, 직경) 연단거리 : 1.25D 이상, 보통 2D 이상 배치방법 : 정열, 엇모, 동일건물에 2종 말뚝 혼용금지			

1.4. 지중의 응력분포
• 모래질 지반 : 침하는 양단부에서 먼저 일어나게 된다.
• 점토질 지반 : 침하는 중앙부분이 응력분포가 적기 때문에 중앙부에서 먼저 일어난다.
• 접지압의 분포각도는 기초면으로부터 30° 이내로 제한한다.

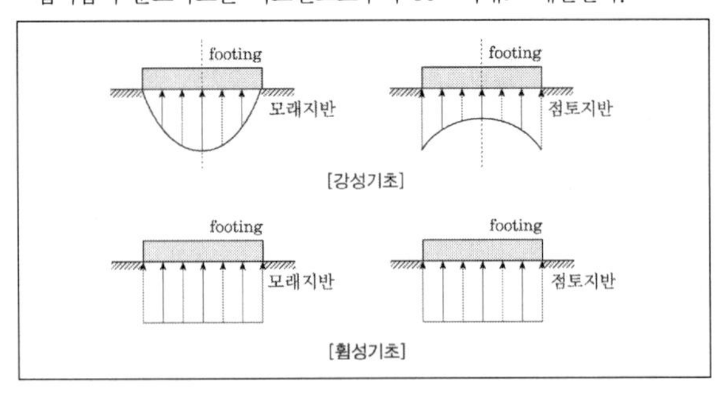

1.5. 흙의 연경도
점착성이 있는 흙은 함수량이 차차 감소하게 되면 액성→소성→반고체→고체의 상태로 변화하는데 함수량에 의해 나타나는 이러한 성질을 흙의 연경도라고 하며 각각의 변화한계를 아터버그 한계라고 한다.
(함수비가 낮음) 고체 - 수축한계 - 반고체 - 소성한계 - 소성 - 액성한계 - 액성 (함수비가 높음)

(1) 액성한계 : 액성상태에서 소성상태로 변하는 경계함수비
• 소성을 나타내는 최대함수비이다.
• 점성유체(액성상태)가 되는 최소함수비이다.
• 점토분(세립토)이 많을수록 액성한계와 소성지수가 크다.
• 함수비 변화에 대한 수축과 팽창이 크므로 노반재료로 부적당하다.

(2) 소성한계 : 반고체에서 소성상태로 변하는 경계함수비
• 소성을 나타내는 최소함수비이다.
• 반고체 영역의 최대함수비이다.

(3) 수축한계 : 고체에서 반고체상태로 변하는 경계함수비이다.
• 고체영역의 최대함수비이다.
• 반고체 상태를 유지할 수 있는 최소함수비이다.
• 함수량을 감소해도 체적이 감소하지 않고 함수비가 증가하면 체적이 증가한다.

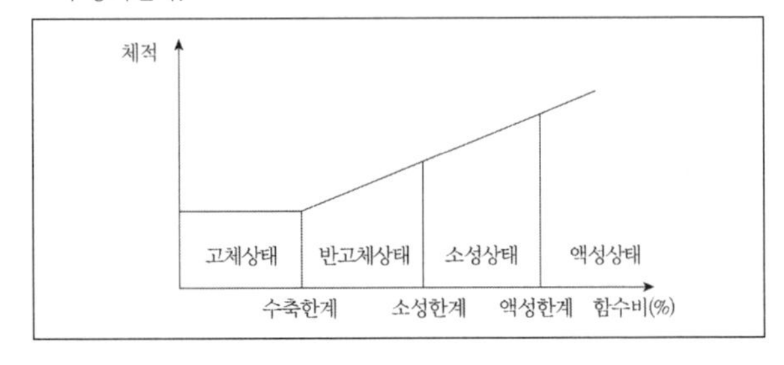

1.6. 토질관련 주요 현상

- **액상화현상** : 사질토 등에서 지진 등의 작용에 의해 흙 속에 과잉 간극 수압이 발생하여 초기 유효응력과 같아지기 때문에 전단저항을 잃는 현상이다.
- **다일레턴시(Dilatancy)** : 사질토나 점토의 시료가 느슨해져 입자가 용이하게 위치를 바꾸므로 용적이 변화하는 것을 의미한다.
- **용탈현상** : 약액주입을 실시한 지반 내 결합물질이 시간이 흐르면서 제 기능을 발휘하지 못하게 되는 현상이다.
- **틱소트로피** : 교란시켜 재성형한 점성토 시료를 함수비의 변화 없이 그대로 방치하여 두면 시간이 경과되면서 강도가 회복(증가)되는 현상이다.
- **리칭현상** : 점성토에서 충격과 진동 등에 의해 염화물 등이 빠져나가 지지력이 감소되는 현상이다.

1.7. 토압

- **정지토압** : 수평(횡)방향으로 변위가 없을 때의 토압
- **주동토압** : 벽체가 뒤채움 흙의 압력에 의해 배면 흙으로부터 떨어지도록 작용하는 토압
- **수동토압** : 주동토압이 발생할 때 뒤채움 흙 쪽으로 압축하는, 즉 벽체가 흙쪽으로 밀리도록 작용하는 수평(횡)방향의 토압
- **토압의 크기** : 수동토압(P_p) > 정지토압 > 주동토압(P_A)

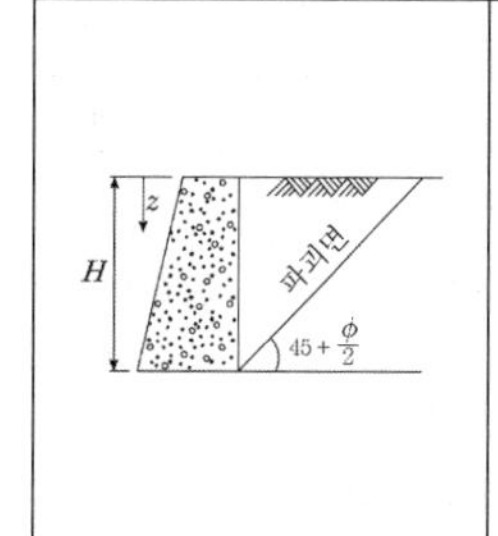

전주동토압 $P_A = \frac{1}{2} \cdot K_A \cdot r \cdot H^2$

주동토압계수

$K_A = \tan^2\left(45^o - \frac{\phi}{2}\right) = \frac{1-\sin\phi}{1+\sin\phi}$

수동토압계수 $K_p = \frac{1+\sin\phi}{1-\sin\phi}$

토압의 작용점 $\bar{y} = \frac{1}{3}H$

(ϕ : 입자간의 내부마찰각)

1.8. Terzaghi의 수정지지력 공식

극한지지력 $q_u = \alpha \cdot c \cdot N_c + \beta \cdot r_1 \cdot B \cdot N_r + r_2 \cdot D_f \cdot N_q$

N_c, N_r, N_q : 지지력 계수로서 ϕ의 함수이다.

c : 기초저면 흙의 점착력

B : 기초의 최소폭

r_1 : 기초 저면보다 하부에 있는 흙의 단위중량(t/m^3)

r_2 : 기초 저면보다 상부에 있는 흙의 단위중량(t/m^3)

단, r_1, r_2는 지하수위 아래에서는 수중단위중량(r_{sub})을 사용한다.

D_f : 근입깊이(m)

α, β : 기초모양에 따른 형상계수 (B : 구형의 단변길이, L : 구형의 장변길이)

구분	연속	정사각형	직사각형	원형
α	1.0	1.3	$1+0.3\frac{B}{L}$	1.3
β	0.5	0.4	$0.5-0.1\frac{B}{L}$	0.3

ϕ(내부마찰각)	N_c	N_r	N_q	N_q*
0	5.3	0	1.0	3.0
5	5.3	0	1.4	3.4
10	5.3	0	1.9	3.9
15	6.5	1.2	2.7	4.7
20	7.9	2.0	3.9	5.9
25	9.9	3.3	5.6	7.6
28	11.4	4.4	7.1	9.1
32	20.9	10.6	14.1	16.1
36	42.2	30.5	31.6	33.6
40 이상	95.7	114.0	81.2	83.2

1.9. 지하수위가 기초에 근접해 있을 경우 극한지지력 산정

(D_w는 지하수위의 깊이, D_f는 기초의 근입깊이이고 지하수의 흐름은 없는 것으로 가정)

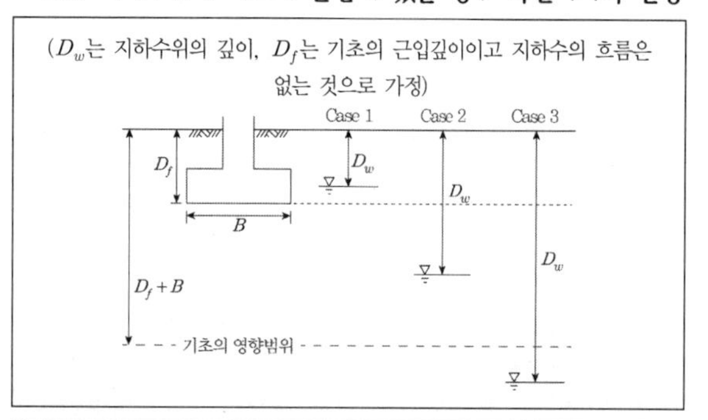

CASE 1	지하수위가 기초 바닥 위에 존재하는 경우(Case 1), 지하수위 위쪽 지반의 단위중량은 습윤단위중량 γ_t를 사용하고, 지하수위 아래쪽 지반의 단위중량은 수중단위중량 $\gamma'(=\gamma_{sat}-\gamma_w)$을 사용하여 극한지지력을 산정한다. 지하수위가 기초 바닥 위에 존재하는 경우(Case 1), Terzaghi 지지력공식은 $q_{ult} = cN_c + [\gamma_t D_w + \gamma'(D_f - D_w)]N_q + \frac{1}{2}\gamma' BN_\gamma$와 같이 수정하여 적용한다.
CASE 2	지하수위가 기초 바닥 아래와 기초의 영향범위 사이에 존재하는 경우(Case 2), Terzaghi 지지력공식에서 $q = \gamma_t D_f$를 사용 하고, $\frac{1}{2}\gamma BN_\gamma$는 $\frac{1}{2}[\frac{1}{B}(\gamma_t(D_w - D_f) + \gamma'(B-(D_w - D_f))]BN_\gamma$로 수정하여 극한지지력을 산정한다.
CASE 3	지하수위가 기초의 영향범위 아래에 존재하는 경우(Case 3), 지하수위가 기초의 영향범위($D_f + B$)보다 깊게 위치하여 지하수위에 대한 영향을 고려할 필요가 없으므로 흙의 단위 중량은 습윤단위중량 값를 사용하여 극한지지력을 산정한다.

2. 철근콘크리트 구조설계

2.1. 철근콘크리트 일반

2.1.1. 콘크리트 탄성계수

① 초기접선탄성계수 … 0점에서 맨 처음 응력-변형률 곡선에 그은 접선이 이루는 각의 기울기

$$E_{ci} = 10{,}000\sqrt[3]{f_{cm}}\,\text{MPa}$$

($f_{cm} = f_{ck} + \Delta f$: 재령 28일에서 콘크리트의 평균압축강도)

f_{ck}	Δf
40MPa 이하의 구간	4MPa
40~60MPa 구간	직선보간
60MPa 이상의 구간	6MPa

② 접선탄성계수 … 임의의 점 A에서 응력-변형률곡선에 그은 접선이 이루는 각의 기울기

③ 할선탄성계수 … 압축응력이 압축강도의 30~50% 정도이며 이 점을 A라고 할 경우 OA의 기울기 (콘크리트의 실제적인 탄성계수를 의미한다.)

㉠ 일반식(m_c값이 1,450~2,500kg/m^{3}인 콘크리트)

: $E_c = 0.077m_c^{1.5} \cdot \sqrt[3]{f_{cu}}\,(\text{MPa})$

㉡ 보통중량콘크리트($m_c = 2{,}300\text{kg/m}^3$인 콘크리트)

: $E_c = 8{,}500\sqrt[3]{f_{cm}}\,(\text{MPa})$

㉢ 초기접선탄성계수와 할선탄성계수는 $E_{ci} = 1.18E_c(\text{MPa})$, 또는 $E_c = 0.85E_{ci}(\text{MPa})$의 관계를 가지며 이 중 작은 값을 취한다.

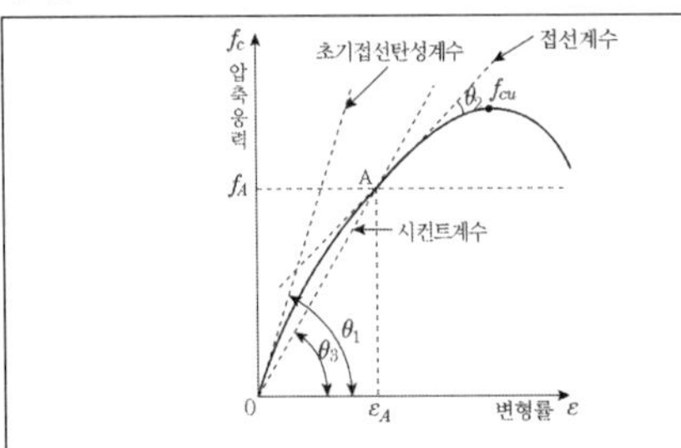

콘크리트의 탄성계수

- 초기접선계수 : 응력-변형률 선도의 초기점에 그은 접선의 기울기
- 할선계수 : 응력-변형률 선도의 초기점과 최대응력의 절반이 되는 점을 이은 직선의 기울기
- 접선계수 : 응력-변형률 선도의 $0.5f_{ck}$인 점(A)에 그은 접선의 기울기

2.1.2. 콘크리트의 최소피복두께

① 프리스트레스하시 않은 부재의 현장치기콘크리트의 최소피복두께

종류			피복두께
수중에서 타설하는 콘크리트			100mm
흙에 접하여 콘크리트를 친 후 영구히 흙에 묻혀있는 콘크리트			80mm
흙에 접하거나 옥외의 공기에 직접 노출되는 콘크리트	D29 이상의 철근		60mm
	D25 이하의 철근		50mm
	D16 이하의 철근		40mm
옥외의 공기나 흙에 직접 접하지 않는 콘크리트	슬래브, 벽체, 장선	D35 초과 철근	40mm
		D35 이하 철근	20mm
	보, 기둥		40mm
	쉘, 절판부재		20mm

단, 보와 기둥의 경우 f_{ck}(콘크리트의 설계기준압축강도)가 40MPa 이상이면 위에 제시된 피복두께에서 최대 10mm만큼 피복두께를 저감시킬 수 있다.

② 프리스트레스하는 부재의 현장치기콘크리트의 최소피복두께

종류			피복두께
흙에 접하여 콘크리트를 친 후 영구히 흙에 묻혀있는 콘크리트			80mm
흙에 접하거나 옥외의 공기에 직접 노출되는 콘크리트	벽체, 슬래브, 장선구조		30mm
	기타 부재		40mm
옥외의 공기나 흙에 직접 접하지 않는 콘크리트	슬래브, 벽체, 장선		20mm
	보, 기둥	주철근	40mm
		띠철근, 스터럽, 나선철근	30mm
	쉘부재 절판부재	D19 이상의 철근	철근직경
		D16 이하의 철근, 지름 16mm 이하의 철선	10mm

- 흙 및 옥외의 공기에 노출되거나 부식환경에 노출된 프리스트레스트콘크리트 부재로서 부분균열등급 또는 완전균열등급의 경우에는 최소 피복 두께를 50% 이상 증가시켜야 한다. (다만 설계하중에 대한 프리스트레스트 인장영역이 지속하중을 받을 때 압축응력 상태인 경우에는 최소 피복 두께를 증가시키지 않아도 된다.)
- 공장제품 생산조건과 동일한 조건으로 제작된 프리스트레스하는 콘크리트 부재에서 프리스트레스되지 않은 철근의 최소 피복 두께는 프리캐스트콘크리트 최소피복두께규정을 따른다.

③ 프리캐스트콘크리트의 최소피복두께

구분	부재	위치	최소피복두께
흙에 접하거나 또는 옥외의 공기에 직접 노출	벽	$D35$를 초과하는 철근 및 지름 40mm를 초과하는 긴장재	40mm
		$D35$ 이하의 철근, 지름 40mm 이하인 긴장재 및 지름 16mm 이하의 철선	20mm
	기타	$D35$를 초과하는 철근 및 지름 40mm를 초과하는 긴장재	50mm
		$D19$ 이상, $D35$ 이하의 철근 및 지름 16mm를 초과하고 지름 40mm 이하인 긴장재	40mm
		$D16$ 이하의 철근, 지름 16mm 이하의 철선 및 지름 16mm 이하인 긴장재	30mm
흙에 접하거나 또는 옥외의 공기에 직접 접하지 않는 경우	슬래브 벽체 장선	$D35$를 초과하는 철근 및 지름 40mm를 초과하는 긴장재	30mm
		$D35$ 이하의 철근 및 지름 40mm 이하인 긴장재	20mm
		지름 16mm 이하의 철선	15mm
	보 기둥	주철근	철근직경 이상 15mm 이상 (40mm 이상일 필요는 없음)
		띠철근, 스터럽, 나선철근	10mm
	쉘 절판	긴장재	20mm
		$D19$ 이상의 철근	15mm
		$D16$ 이하의 철근, 지름 16mm 이하의 철선	10mm

2.1.3. 콘크리트 강도시험

휨인장강도

150mm×150mm×530mm 장방형 무근콘크리트 보의 경간 중앙 또는 3등분점에 보가 파괴될 때까지 하중을 작용시켜서 균열모멘트 M_{cr}을 구한다. 이것을 휨공식 $f = \frac{M}{I}y$에 대입하여 콘크리트의 휨인장강도를 구하며 이를 파괴계수(f_r)라고 한다.

$f_r = 0.63\sqrt{f_{ck}}$(MPa)

(a) 압축강도시험

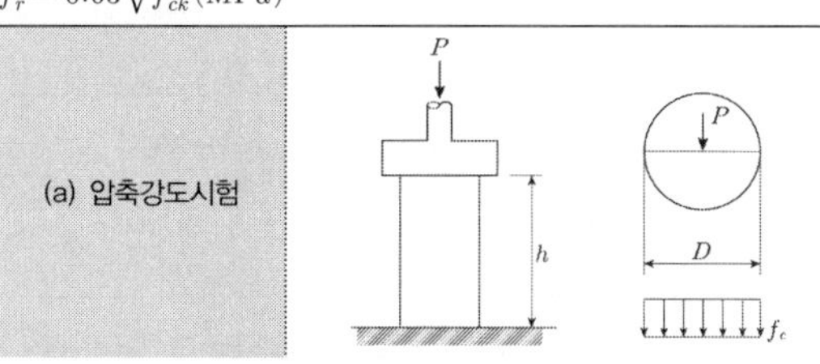

(b) 쪼갬인장강도시험

(c) 휨인장강도시험

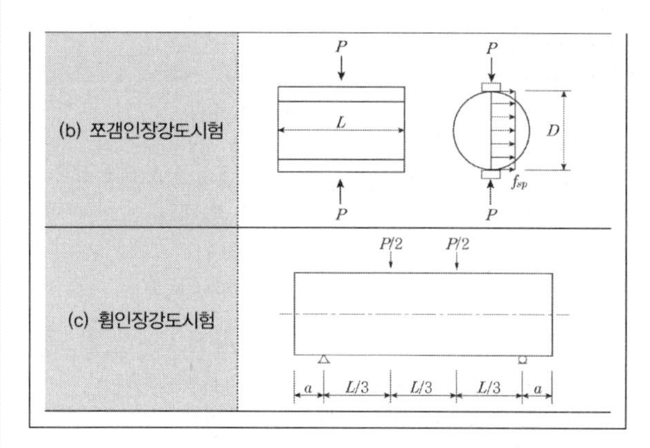

2.1.4. 콘크리트 배합강도

배합강도(f_{cr}) : 콘크리트의 배합을 정할 때 목표로 하는 압축강도

① 시험횟수 30회 이상인 경우(각각 두 식 중 큰 값이 지배)

$f_{ck} \leq 35\text{MPa}$ 배합강도	$f_{ck} > 35\text{MPa}$ 배합강도
$f_{cr} = f_{ck} + 1.34s$ $f_{cr} = (f_{ck} - 3.5) + 2.33s$	$f_{cr} = f_{ck} + 1.34s$ $f_{cr} = 0.9f_{ck} + 2.33s$

② 시험기록을 가지고 있지 않지만 시험회수가 29회 이하이고, 15회 이상인 경우

시험회수	표준편차의 보정계수
15회	1.16
20회	1.08
25회	1.03
30회 또는 그 이상	1.00

③ 시험회수가 14회 이하이거나 기록이 없는 경우

설계기준압축강도 f_{ck}(MPa)	배합강도 f_{cr}(MPa)
21 미만	$f_{ck} + 7$
21 이상~35 이하	$f_{ck} + 8.5$
35 초과	$1.1f_{ck} + 5$

콘크리트의 배합설계 과정

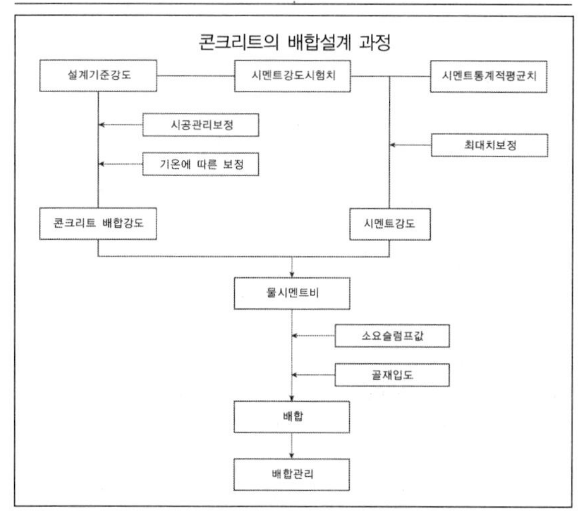

2.1.5. 하중계수

① 하중계수의 사용이유

㉠ 예상하지 못한 초과 활하중이 발생할 수 있다.

㉡ 사용 중에 여러 종류의 하중이 추가될 수 있다.

㉢ 서로 다른 하중간의 상호작용에 의해 하중이 증가될 수 있다.

㉣ 구조해석을 위해 구조물을 모델링할 때 부정확성과 오류가 발생할 수 있다.

② 하중조합에 의한 콘크리트구조기준 KCI 2012 소요강도(U)

$U = 1.4(D+F)$

$U = 1.2(D+F+T)+1.6(L+a_H \cdot H_v + H_h)+0.5(L_r \text{ or } S \text{ or } R)$

$U = 1.2D+1.6(L_r \text{ or } S \text{ or } R)+(1.0L \text{ or } 0.65W)$

$U = 1.2D+1.3W+1.0L+0.5(L_r \text{ or } S \text{ or } R)$

$U = 1.2(D+H_v)+1.0E+1.0L+0.2S+(1.0H_h \text{ or } 0.5H_h)$

$U = 1.2(D+F+T)+1.6(L+a_H \cdot H_v)+0.8H_h+0.5(L_r \text{ or } S \text{ or } R)$

$U = 0.9(D+H_v)+1.3W+(1.6H_h \text{ or } 0.8H_h)$

$U = 0.9(D+H_v)+1.0E+(1.0H_h \text{ or } 0.5H_h)$

(단, D는 고정하중, L은 활하중, W는 풍하중, E는 지진하중, S는 적설하중, H_v는 흙의 자중에 의한 연직방향 하중, H_h는 흙의 횡압력에 의한 수평방향 하중, a는 토피 두께에 따른 보정계수를 나타내며 F는 유체의 밀도를 알 수 있고, 저장 유체의 높이를 조절할 수 있는 유체의 중량 및 압력에 의한 하중 또는 이에 의해서 생기는 단면력이다.)

- 차고, 공공장소, $L \geq 5.0\text{kN/m}^2$인 모든 장소 이외에는 활하중(L)을 $0.5L$로 감소시킬 수 있다.
- 지진하중 E에 대하여 사용수준 지지력을 사용하는 경우 지진하중은 $1.4E$를 적용한다.
- 흙, 지하수 또는 기타 재료의 횡압력에 의한 수평방향하중(H_h)와 연직방향하중(H_v)로 인한 하중효과가 풍하중(W) 또는 지진하중(E)로 인한 하중효과를 상쇄시키는 경우 수평방향하중(H_h)와 연직방향하중(H_v)에 대한 계수는 0으로 한다.
- 측면토압이 다른 하중에 의한 구조물의 거동을 감소시키는 저항효과를 준다면 이를 수평방향하중에 포함시키지 않아야 하지만 설계강도를 계산할 경우에는 수평방향하중의 효과를 고려해야 한다.

TIP

하중조합

- 하중계수는 발생 가능한 최대하중을 고려한 것이다.
- $1.2D+1.6L$에서 활하중이 0인 경우 이를 $1.4D$로 수정해서 계산하는 이유는 $1.2D$만으로는 충분한 안전이 고려되지 않기 때문이다.
- $0.9D+1.3W$에서 0.9를 D에 곱해주는 이유는 풍하중의 영향을 저감시킬 수 있는 중력의 효과를 고려한 것이다.
- 공간이 많이 생기는 대형 철골조 창고나 공장의 경우 풍하중에 의한 양력효과를 고려하여 인발설계를 해야 한다.

2.1.6. 강도감소계수

① 강도감소계수의 사용이유

㉠ 재료의 강도와 치수가 변동할 수 있으므로 부재의 강도 저하 확률에 대비한 여유

㉡ 부정확한 설계방정식에 대비한 여유

㉢ 주어진 하중 조건에 대한 부재의 연성도와 소요신뢰도

㉣ 구조물에서 차지하는 부재의 중요도 반경

② 부재와 하중의 종류별 강도감소계수

부재 또는 하중의 종류	강도감소계수
인장지배단면	0.85
압축지배단면-나선철근부재	0.70
압축지배단면-스터럽 또는 띠철근부재	0.65
전단력과 비틀림모멘트	0.75
콘크리트의 지압력	0.65
포스트텐션 정착구역	0.85
스트럿타이-스트럿, 절점부 및 지압부	0.75
스트럿타이-타이	0.85
무근콘크리트의 휨모멘트, 압축력, 전단력, 지압력	0.55

2.1.7. 콘크리트의 균열

① 경하 전 … 소성 수축 균열, 침하균열

② 경화 후 … 온도 균열, 건조수축 균열, 화학적 침식에 의한 균열, 온도 응력 균열

③ 소성수축균열 … 콘크리트 표면의 물의 증발속도가 블리딩속도보다 빠른 경우와 같이 급속한 수분증발이 일어나는 경우에 주로 콘크리트 표면에 발생하는 균열이다.

④ 건조수축균열 … 콘크리트는 경화과정 중에 혹은 경화후에 건조에 의하여 체적이 감소하는 현상을 건조수축이라 하는데 이 현상이 외부에 구속되었을 때 인장응력이 유발되어 구조물에 발생하는 균열이다.

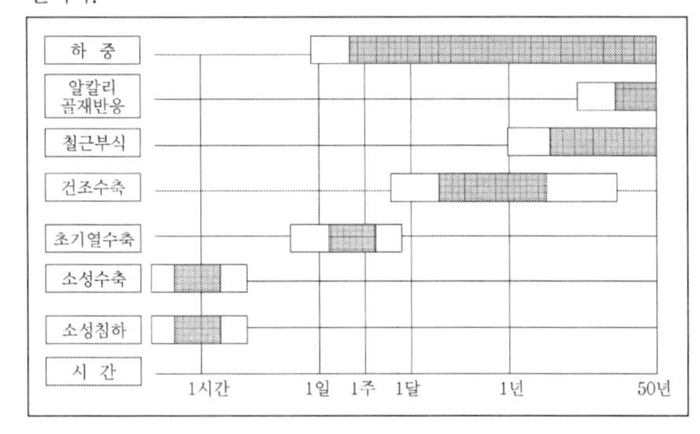

2.1.8. 장기처짐

콘크리트의 장기처짐

장기처짐 산정식 : 장기처짐 = 지속하중에 의한 탄성처짐 × λ

$\lambda = \dfrac{\xi}{1+50\rho'}$ (ξ : 시간경과계수, $\rho' = \dfrac{A_s'}{bd}$: 압축철근비)

시간 경과	3개월	6개월	12개월	5년 이상
시간경과계수 ξ	1.0	1.2	1.4	2.0

2.2. 휨부재설계

2.2.1. 철근콘크리트 구조설계법

(1) 허용응력설계법

① 허용응력설계법의 정의 … 부재에 작용하는 실제하중에 의해 단면 내에 발생하는 각종 응력이 그 재료의 허용응력 범위 이내가 되도록 설계하는 방법으로서 안전을 도모하기 위하여 재료의 실제강도를 적용하지 않고 이 값을 일정한 수치(안전률)로 나눈 허용응력을 기준으로 한다는 것이 특징이다. 허용응력설계법은 하중이 작용할 때 그 재료가 탄성거동하는 것을 기본원리로 하고 있으며 또한 그 원리에 따라 사용하중의 작용에 의한 부재의 실제응력이 지정된 그 재료의 허용응력을 넘지 않도록 설계하는 방법이다.

② 허용응력설계법의 특성
- ㉠ 설계 계산이 매우 간편하다.
- ㉡ 부재의 강도를 알기가 어렵다.
- ㉢ 파괴에 대한 두 재료의 안전도를 일정하게 만들기가 어렵다.
- ㉣ 성질이 다른 하중들의 영향을 설계상에 반영할 수 없다.

(2) 극한강도설계법

① 극한강도설계법의 정의 … 부재의 강도가 사용하중에 하중계수를 곱한 값인 계수하중을 지지할 수 있는 이상의 강도를 발휘할 수 있도록 설계하는 방법이다. 극한강도설계법에서는 인장측의 콘크리트강도를 무시해버리지만 허용응력설계법에서는 콘크리트가 아직 파괴가 된 상태가 아니므로 탄성체로 가정하며 철근의 거동은 콘크리트의 거동과 일체화되어 이루어진다.

② 극한강도설계법의 특성
- ㉠ 안전도의 확보가 확실하다.
- ㉡ 서로 다른 하중의 특성을 하중계수에 의해 설계에 반영할 수 있다.
- ㉢ 콘크리트 비선형응력-변형률을 고려해 허용응력설계법보다 실제에 가깝다.
- ㉣ 서로 다른 재료의 특성을 설계에 합리적으로 반영시키기 어렵다.
- ㉤ 사용성의 확보를 별도로 검토해야 한다.

③ 극한강도설계법이 필요한 이유
- ㉠ 콘크리트는 완전 탄성체가 아니고 소성체에 가깝다.
- ㉡ 콘크리트의 응력과 변형률은 낮은 응력에서는 비례하지만 응력이 높아질수록 비례하지 않는다.
- ㉢ 탄성이론에 의해 설계된 콘크리트 부재가 파괴될 때의 응력분포는 이론과 실제가 다르다.
- ㉣ 예상 최대하중이 작용할 때 적당한 안전율을 가지고 파괴에 이르도록 설계하는 것이 합리적이다.

(3) 허용응력설계법과 극한강도설계법의 비교

① 허용응력설계법의 원리 … 재료의 허용응력이 그 재료에 가해지는 응력보다 크도록 설계한다.

② 극한강도설계법의 원리 … 부재의 강도는 작용하는 하중에 하중계수를 곱한 계수하중을 지지하는데 요구되는 강도보다 크도록 설계한다.

③ 허용응력설계법은 콘크리트의 응력을 선형으로 가정하는 탄성설계법이며 변형 전에 부재축에 수직한 평면은 변형 후에도 부재축에 수직이다.

④ 극한강도설계법은 콘크리트의 극한상태에서의 응력분포는 포물선형태이나 설계 편의상 직사각형으로 가정한다.

TIP

허용응력설계법과 강도설계법 비교표

구분	허용응력설계법	강도설계법
개념	응력개념	강도개념
설계하중	사용하중	극한하중
재료특성	탄성범위	소성범위
안전확보	허용응력규제	하중계수를 고려

⑤ 허용응력설계법은 구조물을 안전하게 설계하기 위해 하중에 의해 부재에 유발된 응력이 허용응력을 초과하였는지를 검증한다.

⑥ 강도설계법은 기본적으로 부재의 파괴상태 또는 파괴에 가까운 상태에 기초를 둔 설계법이다.

⑦ 설계법은 이론, 재료, 설계 및 시공 기술 등의 발전과 더불어 허용응력설계법→강도설계법→한계상태설계법 순서로 발전되었다.

2.2.2. 등가직사각형 응력블록 깊이 산정

① 균형보에 있어 등가직사각형 응력블록의 깊이

$$a = \beta_1 c \ (\beta_1 : \text{등가압축영역계수},\ c : \text{중립축거리})$$

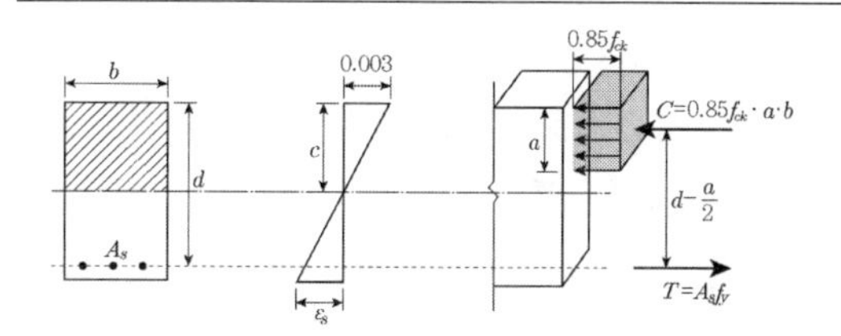

② 중립축거리(C)와 압축응력 등가블럭깊이(a)의 관계는 $a = \beta_1 C$가 성립하며 등가압축영역계수 β_1은 다음의 표를 따른다.

f_{ck}	등가압축영역계수 β_1
$f_{ck} \le 28\text{MPa}$	$\beta_1 = 0.85$
$f_{ck} \ge 28\text{MPa}$	$\beta_1 = 0.85 - 0.007(f_{ck} - 28) \ge 0.65$

2.2.3. 순인장변형률

공칭강도에서 최외단 인장철근 또는 긴장재의 인장변형률에서 프리스트레스, 크리프, 건조수축, 온도변화에 의한 변형률을 제외한 인장변형률이다.

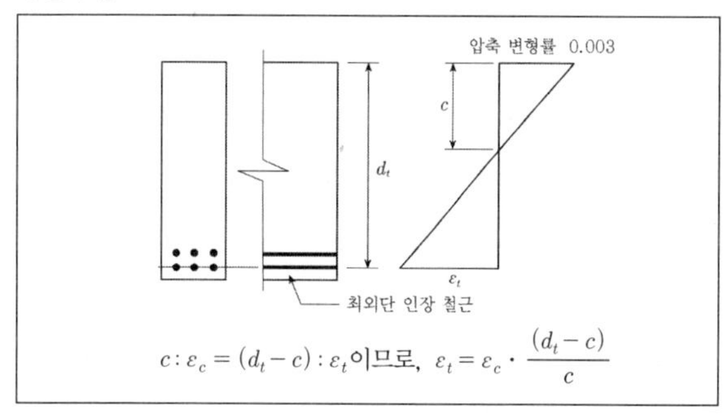

$$c : \varepsilon_c = (d_t - c) : \varepsilon_t \text{이므로}, \ \varepsilon_t = \varepsilon_c \cdot \frac{(d_t - c)}{c}$$

2.2.4. 압축지배단면, 인장지배단면

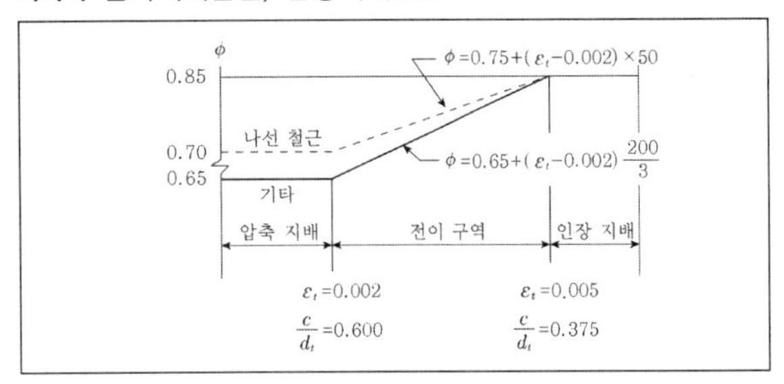

① 압축지배단면 … 공칭강도에 압축콘크리트가 가정된 극한변형률 0.003에 도달할 때 최외단 인장철근의 순인장변형률이 압축지배변형률 한계인 철근의 설계기준 항복변형률 0.002 이하인 단면이다.

② 인장지배단면 … 압축콘크리트가 가정된 극한변형률 0.003에 도달할 때 최외단 인장철근의 순인장변형률이 인장지배변형률 한계인 0.005 이상인 단면이다.

③ 압축지배단면이 강도감소계수가 인장지배단면의 것보다 작은 이유는 압축지배단면의 연성이 더 작고 콘크리트강도의 변동에 더 민감하며 더 넓은 영역의 하중을 지지하기 때문이다.

2.2.5. 철근비 산정식

균형철근비	$\rho_b = \dfrac{0.85 f_{ck}\beta_1}{f_y} \cdot \dfrac{\varepsilon_c}{\varepsilon_c + \varepsilon_y} = \dfrac{0.85 f_{ck}\beta_1}{f_y} \cdot \dfrac{600}{600+\varepsilon_y}$
최대철근비	$\rho_{\max} = \dfrac{(\varepsilon_c+\varepsilon_y)}{(\varepsilon_c+\varepsilon_t)}\rho_b = \dfrac{0.85 f_{ck}\beta_1}{f_y} \cdot \dfrac{\varepsilon_c}{\varepsilon_c+\varepsilon_t}$ (ε_t : 최소허용변형률)
최소철근비	$\rho_{\max} = \dfrac{0.25\sqrt{f_{ck}}}{f_y} \geq \dfrac{1.4}{f_y}$

2.2.6. 복철근보 해석

• 복철근의 유효깊이 산정

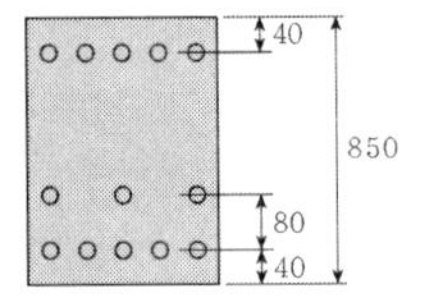

유효깊이를 d라고 할 경우,

압축연단으로부터 $3\times(850-120)+5\times(850-40)=8\times d$이므로

$$d=\frac{6240}{8}=720[\mathrm{mm}]$$

• 복철근보 해석식

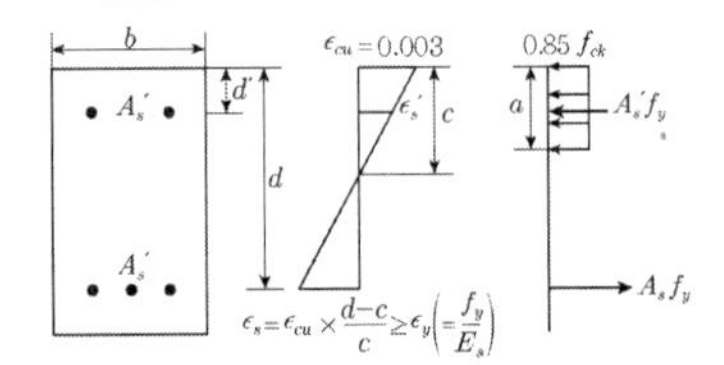

복철근보의 휨모멘트 산정식

$$M_n = A_s' f_y (d-d') + (A_s - A_s') f_y \left(d-\frac{a}{2}\right)$$

등가응력블록 깊이 $a=\dfrac{(A_s-A_s')f_y}{0.85 f_{ck} b}$

2.2.7. T형보 해석

① T형보의 유효폭(최솟값을 선정)

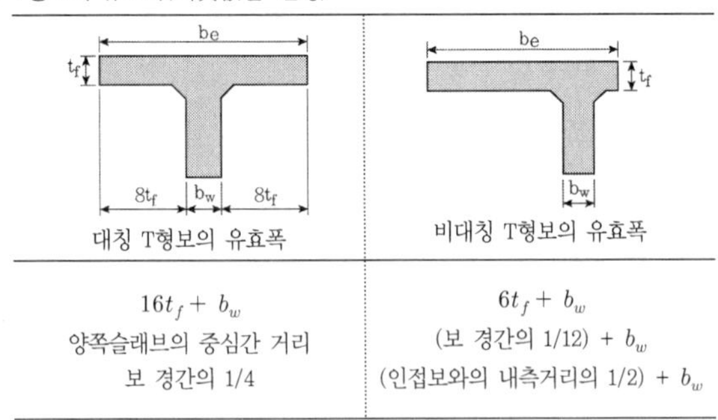

대칭 T형보의 유효폭	비대칭 T형보의 유효폭
$16t_f + b_w$ 양쪽슬래브의 중심간 거리 보 경간의 1/4	$6t_f + b_w$ (보 경간의 1/12) + b_w (인접보와의 내측거리의 1/2) + b_w

t_f : 슬래브의 두께, b_w : 웨브의 폭

② T형보 해석의 기본원칙

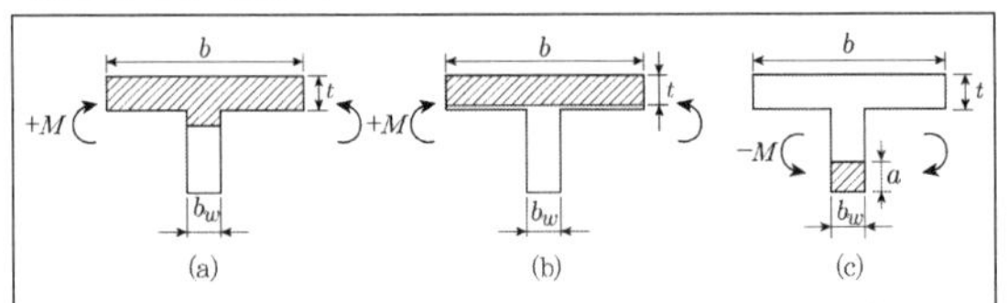

(a) : 정(+)의 모멘트를 받고 있으며 중립축이 플랜지 외부에 위치한 경우 T형보로 설계한다.

(b) : 정(+)의 모멘트를 받고 있으며 중립축이 플랜지 내부에 위치한 경우 폭을 b로 하는 직사각형보로 설계한다.

(c) : 부(−)의 모멘트를 받고 있으며 중립축이 플랜지 외부에 위치한 경우 폭을 b_w로 하는 직사각형보로 설계한다.

③ T형보 강도 산정

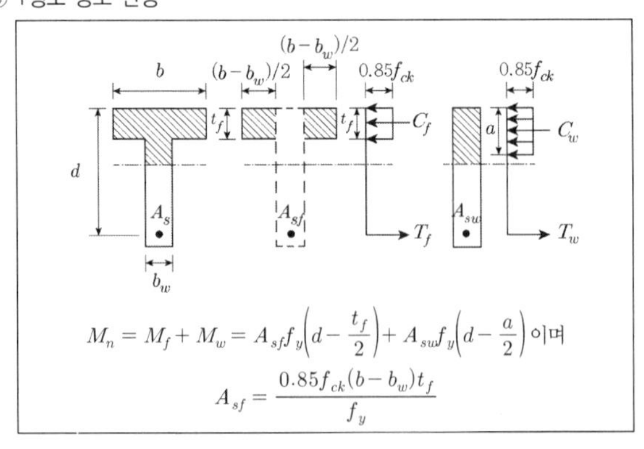

$$M_n = M_f + M_w = A_{sf} f_y\left(d-\frac{t_f}{2}\right) + A_{sw} f_y\left(d-\frac{a}{2}\right) \text{이며}$$

$$A_{sf} = \frac{0.85 f_{ck}(b-b_w)t_f}{f_y}$$

2.2.8. 모멘트 재분배 현상

극한하중의 1/2 이상의 하중에 대하여 콘크리트는 탄성적으로 거동하지 않는다. 그러므로 휨모멘트는 탄성이론에 의하여 구하고, 단면은 비탄성적으로 거동한다고 가정하고 설계하는 강도설계법은 모순점을 가지고 있다. 이와 같이 구조해석은 탄성적으로 하고 단면설계는 비탄성적으로 가정하고 있는 강도설계법은 모순점이 있기는 하지만 안전측이고 또한 강도에 여유가 있다. 일반적으로 철근 콘크리트 부정정구조물에 있어서는 하나의 단면의 항복이 곧 붕괴(Collapse)를 가

져오지 않으며 첫 항복과 붕괴 사이에는 상당한 강도의 여유가 있다. 즉, 부정정보나 라멘은 어느 한 단면이 극한 모멘트에 도달했다고 해서 곧 파괴되는 것은 아니다. 파괴에 이르기 전에 하중이 더 증가하여 높은 응력을 받는 단면에서 소성힌지(Plastic Hinge)가 형성되고 모멘트 분포에 변화가 일어나는 과정을 밟는다. 이 현상을 모멘트의 재분배(redistribution of moment)라고 한다. 다시 말하면 파괴에 이르는 단계에서 단면이 소성적으로 저항하여 부재에 회전가능한 부분이 생기는 바, 이 부분을 소성힌지라고 하며 소성힌지가 형성된 후 휨모멘트의 분포가 변화하는 현상이 일어난다. 즉, 소성힌지가 형성된 후 그 점의 모멘트는 변화하지 않고, 응력이 작은 부분의 모멘트가 증가해 간다. 이 현상이 바로 모멘트의 재분배이다.

2.3. 압축부재설계

2.3.1. 단면의 핵과 핵점

① **핵점** … 단면 내에 압축응력만이 일어나는 하중의 편심거리의 한계점

② **핵** … 핵점에 의해 둘러싸인 부분

③ **핵거리** … 인장응력이 생기지 않는 편심거리

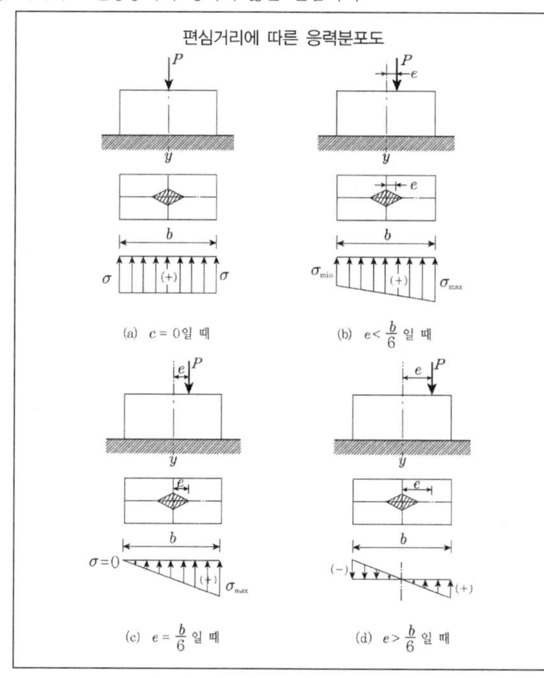

2.3.2. P-M 선도

P-M상관도는 기둥이 받을 수 있는 최대축력과 모멘트를 표시한 그래프이다. 이 선도 안쪽은 안전하나 밖은 파괴가 일어난다. 선도의 직선부는 기둥부재에서 아무리 주의를 기울여도 발생할 수밖에 없는 최소한의 편심을 고려한 것이다.

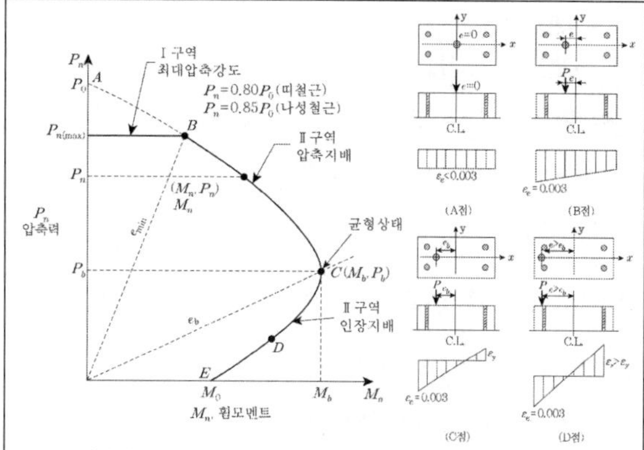

- A점 : 최대압축강도 발휘지점. 축하중이 기둥단면 도심에 작용하는 경우로 PM상관도에서 최대압축강도를 발휘하는 영역이다.
- B점 : 압축지배구역. 축하중이 기둥단면 도심을 벗어나 편심이 작용하는 경우로 압축측 콘크리트가 파괴변형률 0.003에 도달하는 경우이다. 그러나 여전히 전체 단면은 압축응력이 작용하고 있다.
- C점 : 균형상태. 하중이 편심을 계속 증가시키면 인장측 철근이 항복변형률($f_y=400\text{MPa}$인 경우 0.002)에 도달할 때 압축측 콘크리트가 파괴변형률 0.003에 도달하는 경우로 균형파괴를 유발하는 하중재하위치의 지점이다.
- D점 : 인장파괴. 균형파괴를 유발하는 하중작용점을 지나 계속 편심을 증가시키면 인장측 철근은 항복변형률보다 큰 극한변형률에 도달하여 인장측 철근이 파괴되는 형태를 보이는 구간이다. 기둥에 인장이 지배하는 구역이다.
- E점 : 순수휨파괴. 축하중은 0이 되고 모든 하중은 휨모멘트에 의해 작용하므로 파괴는 보가 휨만을 받을 때와 동일하게 된다.

2.3.3. 단주와 장주의 구분

세장비 $\lambda=\frac{k\cdot l_u}{r}$가 다음 값보다 작으면 장주로 인한 영향을 무시해서 단주로 해석할 수 있다.

비횡구속 골조 : $\lambda=\frac{k\cdot l_u}{r}\le 22$

횡구속 골조 : $\lambda=\frac{k\cdot l_u}{r}\le 34-12\cdot\left(\frac{M_1}{M_2}\right)\le 40$

M_1 : 1차 탄성해석에 의해 구한 단모멘트 중 작은 값

M_2 : 1차 탄성해석에 의해 구한 단모멘트 중 큰 값

M_1/M_2 : 단곡률(−), 복곡률(+)이며 −0.5 이상의 값이어야 한다.

TIP

비횡구속 골조란 횡방향 상대변위가 방지되어 있지 않은 압축부재이다.

2.3.4. 모멘트 확대계수

- 산정식 : $\delta_{ns}=\dfrac{C_m}{1-\dfrac{P_u}{0.75P_{cr}}}$ 이며 P_u : 계수축력, P_{cr} : 좌굴하중이다.
- 횡방향 상대변위가 구속이 되어 있고 기둥의 양단 사이에 횡방향 하중이 없는 경우

$C_m=0.6+0.4\cdot\frac{M_1}{M_2}\ge 0.4$ (그 외의 경우 $C_m=1.0$)

2.4. 전단설계

2.4.1. 전단강도 기본산정식

- 설계전단강도 : $V_n = V_c + V_s$
- 콘크리트가 받는 전단강도 : $V_c = \frac{1}{6}\sqrt{f_{ck}}b_w d$

  $\left[\text{원형단면인 경우 } \frac{1}{6}\sqrt{f_{ck}} \cdot (0.8D^2)\right]$
- 전단보강근의 전단강도 : $V_s = \frac{A_v \cdot f_{yt} \cdot d}{s}$
- 전단철근이 받는 전단강도의 범위 : $\frac{1}{3}\sqrt{f_{ck}}b_w d < V_s < \frac{2}{3}\sqrt{f_{ck}}b_w d$
- 전단설계 강도제한 : $\sqrt{f_{ck}} \le 8.4\text{MPa}$, $f_{yt} \le 400\text{MPa}$

2.4.2. 전단철근의 간격제한

(1) $V_s \le \frac{1}{3}\sqrt{f_{ck}} \cdot b_w \cdot d$인 경우

① 부재축에 직각인 스터럽의 간격 … RC부재인 경우 $d/2$ 이하, PSC 부재일 경우 $0.75h$ 이하이어야 하며 어느 경우이든 600mm 이하여야 한다.

② 경사스터럽과 굽힘철근은 부재의 중간높이 $0.5d$에서 반력점 방향으로 주인장철근까지 연장된 45° 선과 한 번 이상 교차되도록 배치해야 한다.

(2) $V_s > \frac{1}{3}\sqrt{f_{ck}} \cdot b_w \cdot d$인 경우

전단철근의 간격을 $V_s \le \frac{1}{3}\sqrt{f_{ck}} \cdot b_w \cdot d$인 경우의 1/2 이내로 한다.

$V_u > \frac{\phi V_c}{2}$일 경우 전단철근 최소단면적

: $A_{v,\min} = 0.0625\sqrt{f_{ck}} \cdot \frac{b_w \cdot s}{f_{yt}} \ge 0.35\frac{b_w \cdot s}{f_{yt}}$

(b_w : 복부의 폭(mm), s : 전단철근의 간격, f_{yt} : 전단철근의 항복강도)

<table>
<tr><th>소요전단강도</th><th colspan="2">전단보강 철근배치</th><th colspan="3">전단보강 철근간격</th></tr>
<tr><td>$V_u \le \frac{1}{2}\phi V_c$</td><td rowspan="2">콘크리트가 모두 부담할 수 있는 범위로서 계산이 필요 없음</td><td>안전상 필요 없음</td><td colspan="3">수직스터럽 사용</td></tr>
<tr><td>$\frac{1}{2}< V_u \le \phi V_c$</td><td>안전상 최소철근량 배치</td><td colspan="2">$d/2$ 이하 600mm 이하</td><td>일반 부재 설계 시</td></tr>
<tr><td>$\phi V_c < V_u$</td><td>계산상 필요량 배치</td><td>V_s</td><td>$V_s > \frac{1}{3}\sqrt{f_{ck}}b_w d$</td><td>$d/4$ 이하 400mm 이하</td><td>내진 부재 설계 시</td></tr>
<tr><td>$V_s > \frac{2}{3}\sqrt{f_{ck}}b_w d$</td><td colspan="5">전단보강 철근의 배치만으로는 부족하며 단면을 늘려야 한다.</td></tr>
</table>

2.4.3. 전단마찰설계

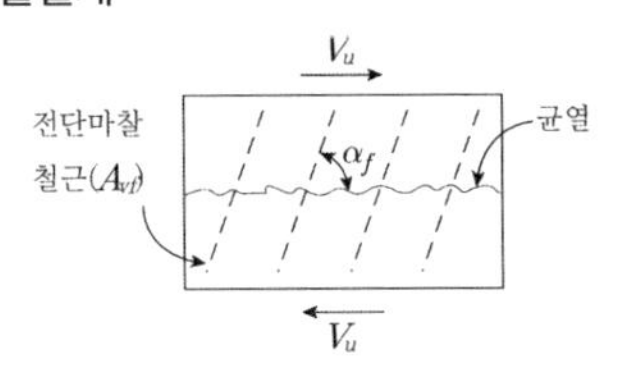

$V_u \le \phi f_y A_{vy}(\mu\sin\alpha + \cos\alpha)$를 충족해야 한다.

콘크리트의 이음면 상태	균열면의 마찰계수(μ)
일체로 타설된 콘크리트	1.4λ
규정에 따라 일부러 거칠게 만든 굳은 콘크리트면 위에 타설한 콘크리트	1.0λ
거칠게 처리하지 않은 굳은 콘크리트면 위에 타설한 콘크리트	0.6λ
보강스터드나 철근에 의하여 압연 구조강재에 정착된 콘크리트	0.7λ

2.4.4. 전단경간

전단경간/보의 깊이	전단력에 대한 거동
$a/d < 1$	높이가 큰 보에 있어서도 전단강도가 사인장균열 강도보다 크기 때문에 전단파괴를 보인다. 깊은 보이며 아치작용이 발생한다. 마찰저항이 작은 경우에는 쪼갬파괴가 되고 그렇지 않은 경우에는 지지부에서의 압축파괴가 발생한다.
a/d = 1~2.5	높이가 큰 보에 있어서도 전단강도가 사인장균열 강도보다 크기 때문에 전단파괴를 보인다.
a/d = 2.5~6	보통의 보에서는 전단강도가 사인장균열 강도와 같아서 사인장균열 파괴를 나타낸다.
$a/d > 6$	경간이 큰 보의 파괴는 전단강도보다 휨강도에 지배된다.

2.4.5. 최소전단철근 규정 예외

계수전단력 V_u가 콘크리트에 의한 설계전단강도 ϕV_c의 1/2을 초과하는 모든 철근콘크리트 및 프리스트레스트콘크리트 휨부재에는 다음의 경우를 제외하고 최소 전단철근을 배치하여야 한다.

① 슬래브와 기초판

② 콘크리트 장선구조

③ 전체 깊이가 250mm 이하이거나 I형보, T형보에서 그 깊이가 플랜지 두께의 2.5배 또는 복부폭의 중 큰 값 이하인 보

④ 교대 벽체 및 날개벽, 옹벽의 벽체, 암거 등과 같이 휨이 주거동인 판부재

⑤ 순단면의 깊이가 315mm를 초과하지 않는 속빈 부재에 작용하는 계수전단력이 $0.5\phi V_c$를 초과하지 않는 경우

⑥ 보의 깊이가 600mm를 초과하지 않고 설계기준압축강도가 40MPa을 초과하지 않는 강섬유콘크리트 보에 작용하는 계수전단력이 $\phi\left(\frac{\sqrt{f_{ck}}}{6}\right)b_w d$를 초과하지 않는 경우

2.4.6. 비틀림설계

① 입체 트러스 해석

㉠ 보는 일종의 관으로 생각할 수 있다. 비틀림은 관의 중심선을 따라서 일주하는 일정한 전단흐름을 통해서 저항된다.

㉡ 보 둘레에 일정두께를 가진 각형의 Tube로 근사화시켜 해석을 하며 단면 내부는 비틀림 저항성능이 없다고 가정한다.

㉢ 폐쇄스터럽은 인장재의 역할을 하고 콘크리트는 균열 후 대각선 방향으로 압축재의 역할을 하며 길이방향의 철근은 비틀림에 저항한다.

㉣ 콘크리트에 의한 비틀림강도는 설계식의 단순화를 위해 무시되었다. 따라서 콘크리트의 전단강도는 비틀림과 상관없이 일정하다.

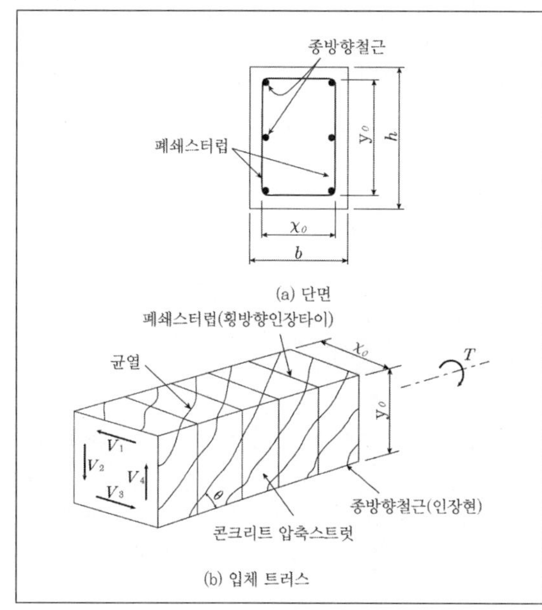

(a) 단면

(b) 입체 트러스

② 균열비틀림 및 보강

㉠ 공칭비틀림 강도 : $T_n = \dfrac{2A_s A_t f_{yt}}{s}\cot\theta$

A_o : 전단흐름 경로에 의해 둘러싸인 면적 (약 $0.85A_{oh}$로 볼 수 있다.)

A_{oh} : 폐쇄스터럽의 중심선으로 둘러싸인 면적

f_{yt} : 폐쇄스터럽의 설계기준 항복강도

s : 스터럽의 간격

θ : 압축경사각

㉡ 균열비틀림 모멘트

• 균열비틀림 모멘트 : $T_{cr} = \dfrac{1}{3}\sqrt{f_{ck}} \cdot \dfrac{A_{cp}^2}{P_{cp}}$

• 비틀림 보강여부 판정 : $T_u \geq \phi\dfrac{\sqrt{f_{ck}}}{12} \cdot \dfrac{A_{cp}^2}{P_{cp}}$이면 비틀림 보강을 해야 한다.

A_{cp} : 전 단면적 $(b \times h)$

P_{cp} : 전 둘레길이 $(x_o \times y_o)$

P_h : 스터럽의 중심 둘레길이 $2(x_o + y_o)$

㉢ 비틀림이 고려되지 않아도 되는 경우

• 철근콘크리트부재 : $T_u < \phi(\sqrt{f_{ck}}/12)\dfrac{A_{cp}^2}{p_{cp}}$

• 프리스트레스트 콘크리트 부재 :

$$T_u < \phi(\sqrt{f_{ck}}/12)\frac{A_{cp}^2}{p_{cp}}\sqrt{1+\frac{f_{pc}}{(\sqrt{f_{ck}}/3)}}$$

$T_u < \dfrac{T_{cr}}{4}$인 경우 비틀림은 무시할 수 있다. 이 경우 균열비틀림 모멘트는 $T_u = \dfrac{1}{3}\sqrt{f_{ck}}\dfrac{A_{cp}^2}{p_{cp}}$

T_u : 계수비틀림 모멘트

T_{cr} : 균열 비틀림 모멘트

p_{cp} : 단면의 외부둘레길이

A_{cp} : 콘크리트 단면의 바깥둘레로 둘러싸인 단면적으로서 뚫린 단면의 경우 뚫린 면적을 포함한다.

2.4.7. 브래킷과 내민받침에 대한 전단설계

① 전단마찰철근이 전단면에 수직한 경우 전단마찰철근량 A_{vf}는 $\dfrac{V_u}{\phi\mu f_y}$로 계산된다.

② 수평인장력 N_{uc}에 저항할 철근량 A_n은 $N_{uc} \leq \phi A_n f_y$로 결정된다. 이 때 N_{uc}는 크리프, 건조수축 또는 온도변화에 기인한 경우라도 활하중으로 간주하여야 한다.

③ 브래킷 상부에 배치되는 주인장철근의 단면적 A_s는 $(A_n + A_f)$와 $\left(\dfrac{2A_{vf}}{3} + A_n\right)$ 중 큰 값을 사용한다.

④ 주인장철근량 A_s와 나란한 폐쇄스터럽이나 띠철근의 전체 단면적 A_h는 $0.5(A_s - A_n)$ 이상이어야 하고, A_s에 인접한 유효깊이의 $\dfrac{2}{3}$ 내에 균등하게 배치하여야 한다.

⑤ 받침부 면의 단면은 계수전단력 V_u와 계수휨모멘트 $[V_u a_v + N_{uc}(h-d)]$ 및 계수수평 인장력 N_{uc}를 동시에 견디도록 설계하여야 한다.

⑥ 브래킷 또는 내민받침 위에 놓이는 부재가 인장력을 피하도록 특별한 장치가 마련되어 있지 않는 한 인장력 N_{uc}를 $0.2V_u$ 이상으로 하여야 한다.

⑦ 인장력 N_{uc}는 인장력이 비록 크리프, 건조수축 또는 온도변화에 기인한 경우라도 활하중으로 간주하여야 한다

⑧ 주인장철근의 단면적 A_s는 $(A_f + A_n)$와 $(2A_{vf}/3 + A_n)$ 중에서 큰 값 이상이어야 한다. (여기서 A_f=계수휨모멘트에 저항하는 철근 단면적, A_n=인장력 N_{uc}에 저항하는 철근 단면적, A_{vf}=전단마찰철근의 단면적을 의미한다.)

2.5. 슬래브설계

2.5.1. 1방향 슬래브의 실용해법(근사해석법)

슬래브 설계 시 최대응력이 발생하도록 하중을 재하(이를 패턴재하라고 한다.)하여 정밀해석을 해야 하지만 이 경우 해석이 매우 복잡하다. 이에 몇 가지 Case마다 각 구간에 작용하는 모멘트와 전단력의 근사치를 정해놓은 후 이를 근거로 하여 1방향 슬래브를 해석하는 방법이다.

① 실용해법의 적용조건
- ㉠ 2span 이상이어야 한다.
- ㉡ 부재 단면의 크기가 일정해야 한다.
- ㉢ 인접한 2개 span 길이의 차이가 짧은 span의 20% 이내이어야 한다.
- ㉣ 등분포 하중이 작용해야 한다.
- ㉤ 활하중이 고정하중의 3배 이내이어야 한다.

② 실용해법에 의한 1방향 슬래브의 휨모멘트 및 전단계수
- ㉠ 휨모멘트 : 표에 제시된 계수에 $w_u l_n^2$을 곱해야 한다.
- ㉡ 전단력 : 다음의 전단력계수에 $\dfrac{w_u \cdot l_n}{2}$을 곱해야 한다.(최외단 span의 연속단부 : 1.15, 그 외의 단부 : 1.0)
- ㉢ 1방향 연속슬래브의 근사해법에 적용하는 모멘트계수

$$M_n = C \cdot w_n \cdot l_n^2$$

모멘트를 구하는 위치 및 조건			C(모멘트계수)
경간내부(정모멘트)	최외측 경간	외측 단부가 구속된 경우(단순지지)	1/11
		외측 단부가 구속되지 않은 경우	1/14
	내부 경간		1/16
지점부(부모멘트)	최외측 지점	받침부가 테두리보나 구형인 경우	−1/24
		받침부가 기둥인 경우	−1/16
	첫 번째 내부지점 외측 경간부	2개의 경간일 때	−1/9
		3개 이상의 경간일 때	−1/10
	내측 지점(첫 번째 내부 지점 내측 경간부 포함)		−1/11
	경간이 3m 이하인 슬래브의 내측 지점		−1/12

2.5.2. 2방향 슬래브의 하중분담

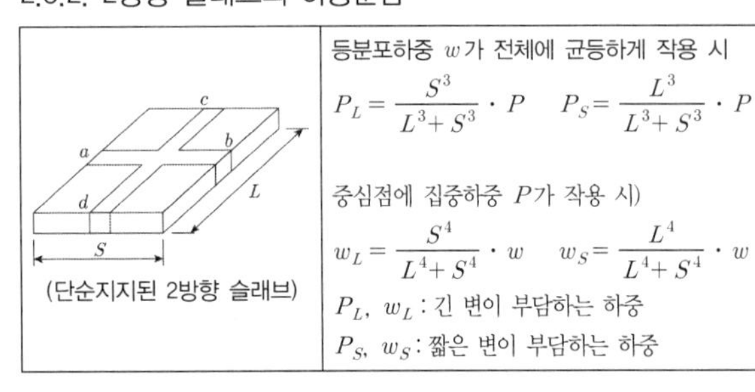

(단순지지된 2방향 슬래브)

등분포하중 w가 전체에 균등하게 작용 시

$$P_L = \frac{S^3}{L^3 + S^3} \cdot P \qquad P_S = \frac{L^3}{L^3 + S^3} \cdot P$$

중심점에 집중하중 P가 작용 시)

$$w_L = \frac{S^4}{L^4 + S^4} \cdot w \qquad w_S = \frac{L^4}{L^4 + S^4} \cdot w$$

P_L, w_L : 긴 변이 부담하는 하중

P_S, w_S : 짧은 변이 부담하는 하중

2.5.3. 2방향 슬래브의 직접설계법

① 정의 … 직사각형 평면형상의 슬래브에 등분포하중이 작용 시 이 등분포하중에 의해 발생하는 절대휨모멘트값인 전체 정적계수모멘트를 구한 후 이를 각 슬래브의 지지조건을 고려하여 정계수모멘트와 부계수모멘트로 분배하는 방법이다.

② 직접설계법의 적용조건
- ㉠ 변장비가 2 이하여야 한다.
- ㉡ 각 방향으로 3경간 이상 연속되어야 한다.
- ㉢ 각 방향으로 연속한 경간 길이의 차가 긴 경간의 1/3 이내이어야 한다.
- ㉣ 등분포 하중이 작용하고 활하중이 고정하중의 2배 이내이어야 한다.
- ㉤ 기둥 중심축의 오차는 연속되는 기둥 중심축에서 경간길이의 1/10 이내이어야 한다.
- ㉥ 보가 모든 변에서 슬래브를 지지할 경우 직교하는 두 방향에서 $\dfrac{a_1 \cdot L_2^2}{a_2 \cdot L_1^2}$에 해당하는 보의 상대강성은 0.2 이상 0.5 이하여야 한다.

③ 직접설계법의 적용 순서
- ㉠ 슬래브 두께 산정
- ㉡ 정적계수모멘트 산정
- ㉢ 경간에 따른 계수모멘트 분배
- ㉣ 보와 슬래브의 휨강성비, 비틀림 강성비 산정
- ㉤ 주열대와 중간대의 모멘트 분배
- ㉥ 기둥과 벽체의 모멘트 산정

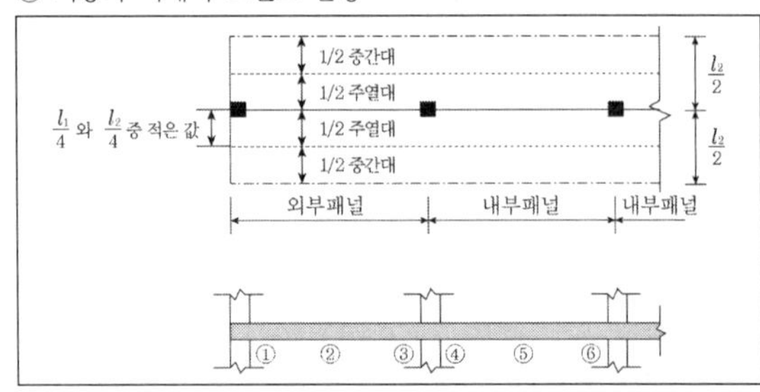

슬래브 모멘트	외부패널			내부패널		
	①	②	③	④	⑤	⑥
	외부 부모멘트	정모멘트	내부 부모멘트	내부 부모멘트	정모멘트	내부 부모멘트
총 모멘트	$0.26M_o$	$0.52M_o$	$0.70M_o$	$0.65M_o$	$0.35M_o$	$0.65M_o$
주열대	$0.26M_o$	$0.312M_o$	$0.525M_o$	$0.49M_o$	$0.21M_o$	$0.49M_o$
중간대	0	$0.208M_o$	$0.175M_o$	$0.16M_o$	$0.14M_o$	$0.16M_o$

	근사해법	직접설계법
조건	1방향 슬래브	2방향 슬래브
경간	2경간 이상	3경간 이상
경간차이	20% 이하	33% 이하
하중	등분포	등분포
활하중/고정하중	3배 이하	2배 이하
기타	부재단면의 크기가 일정해야 함	기둥이탈은 이탈방향 경간의 10%까지 허용

2.6. 철근의 정착 및 이음, 부재의 처짐제한 등

2.6.1. 철근의 정착 및 이음

(1) 표준갈고리 정착길이

① 주철근 표준갈고리

㉠ 90도 표준갈고리는 구부린 끝에서 철근직경의 12배 이상 더 연장

㉡ 180도 표준갈고리는 구부린 반원 끝에서 철근직경의 4배 이상, 또는 60mm 이상 연장

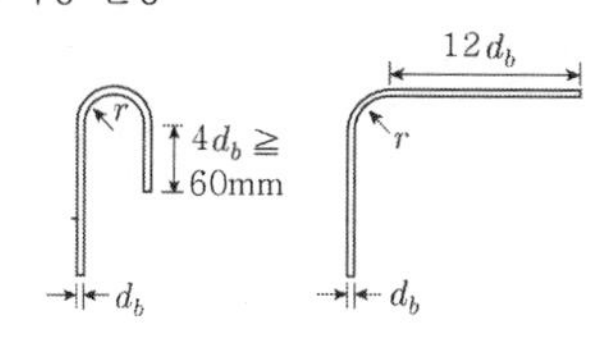

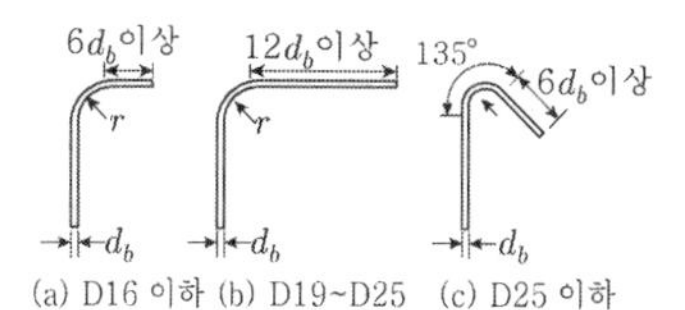

(a) D16 이하 (b) D19~D25 (c) D25 이하

② 스터럽과 띠철근의 표준갈고리(스터럽과 띠철근의 표준갈고리는 D25 이하의 철근에만 적용된다.)

㉠ D16 이하인 경우 90도 표준갈고리는 구부린 반원 끝에서 철근직경의 6배 이상 연장

㉡ D19~25인 경우 90도 표준갈고리는 구부린 반원 끝에서 철근직경의 12배 이상 연장

㉢ D25 이하인 경우 135도 구부린 후 철근직경의 6배 이상 연장

③ 내진갈고리 … 철근 지름의 6배 이상 또는 75mm 이상의 최소연장길이를 가진 135도 갈고리로 된 스터럽, 후프철근, 연결철근의 갈고리 (단, 원형후프철근의 경우 단부에 최소 90도의 절곡부를 가질 것)

(2) 철근 구부리기

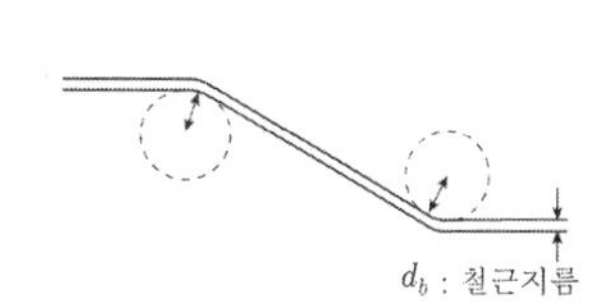

(a) 굽힘철근

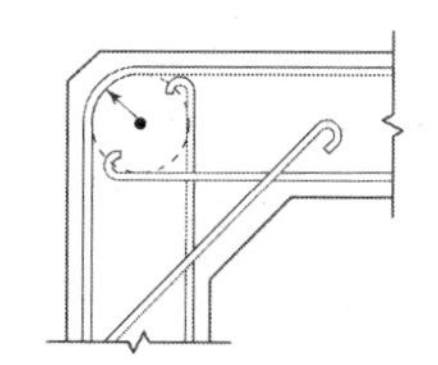

(b) 라멘구조와 접합부의 외측에 면하는 철근

철근 구부리기

① 철근을 구부릴 때, 구부리는 부분에 손상을 주지 않기 위해 구부림의 최소 내면 반지름을 정해두고 있다.

② 180도 표준갈고리와 90도 표준갈고리는 구부리는 내면 반지름은 아래의 표에 있는 값 이상으로 해야 한다.

③ 스터럽이나 띠철근에서 구부리는 내면 반지름은 D16 이하일 때 철근직경의 2배 이상이고 D19 이상일 때는 아래의 표를 따라야 한다.

④ 표준갈고리 외의 모든 철근의 구부림 내면 반지름은 아래에 있는 표의 값 이상이어야 한다.

철근의 크기	최소내면반지름
D10~D25	철근직경의 3배
D29~D35	철근직경의 4배
D38	철근직경의 5배

⑤ 그러나 큰 응력을 받는 곳에서 철근을 구부릴 때에는 구부림 내면 반지름을 더 크게 하여 철근 반지름 내부의 콘크리트가 파쇄되는 것을 방지해야 한다.

⑥ 모든 철근을 상온에서 구부려야 하며 콘크리트 속에 일부가 매립된 철근은 현장에서 구부리지 않는 것이 원칙이다.

2.6.2. 철근의 정착길이 산정

철근의 정착길이는 기본정착길이에 보정계수를 곱한 값 이상이어야 한다.

(1) 인장이형철근의 정착길이

인장이형철근 및 이형철선의 정착길이 l_d는 기본정착길이 l_{db}에 보정계수를 고려하는 방법 또는 정밀식에 의한 방법 중에서 어느 하나를 선택하여 적용할 수 있다. 다만, 이렇게 구한 정착길이 l_d는 항상 300mm 이상이어야 한다.

① 인장이형철근 및 이형철선의 기본정착길이 … $l_{db} = \dfrac{0.6 d_b f_y}{\lambda \sqrt{f_{ck}}}$

인장이형철근 정착길이 산정 보정계수

조건 \ 철근지름	D19 이하의 철근과 이형철선	D22 이상의 철근
정착되거나 이어지는 철근의 순간격이 d_b 이상이고, 피복 두께도 d_b 이상이면서 l_d 전 구간에 이 기준에서 규정된 최소 철근량 이상의 스터럽 또는 띠철근을 배치한 경우, 또는 정착되거나 이어지는 철근의 순간격이 $2d_b$ 이상이고 피복 두께가 d_b 이상인 경우	$0.8\alpha\beta$	$\alpha\beta$
기타	$1.2\alpha\beta$	$1.5\alpha\beta$

① α : 철근배치 위치계수로서 상부철근(정착길이 또는 겹침이음부 아래 300mm를 초과되게 굳지 않은 콘크리트를 친 수평철근)인 경우 1.3, 기타 철근인 경우 1.0

② β : 철근 도막계수

- 피복두께가 $3d_b$ 미만 또는 순간격이 $6d_b$ 미만인 에폭시도막철근 또는 철선인 경우 : 1.5
- 기타 에폭시 도막철근 또는 철선인 경우 : 1.2
- 아연도금 철근인 경우 : 1.0
- 도막되지 않은 철근인 경우 : 1.0

(에폭시 도막철근이 상부철근인 경우에 상부철근의 위치계수 α와 철근 도막계수 β의 곱, $\alpha\beta$가 1.7보다 클 필요는 없다.)

③ λ : 경량콘크리트계수로서 f_{sp}(쪼갬인장강도)값이 규정되어 있지 않은 경우 전경량콘크리트는 0.75, 모래경량콘크리트는 0.85가 된다. (단, 0.75에서 0.85사이의 값은 모래경량콘크리트의 잔골재를 경량잔골재로 치환하는 체적비에 따라 직선보간한다. 0.85에서 1.0 사이의 값은 보통중량콘크리트의 굵은골재를 경량골재로 치환하는 체적비에 따라 직선보간한다.) 또한 f_{sp}(쪼갬인장강도)값이 주어진 경우 $\lambda = f_{sp}/(0.56\sqrt{f_{ck}}) \le 1.0$이 된다.

② 인장이형철근 및 이형철선의 정착길이(정밀식)

$$l_d = \frac{0.90 d_b f_y}{\lambda \sqrt{f_{ck}}} \frac{\alpha\beta\gamma}{\left(\frac{c + K_{tr}}{d_b}\right)}$$

> 인장이형철근 정착길이(정밀식) 산정 보정계수
>
> ① γ : 철근 또는 철선의 크기계수
> D19 이하의 철근과 이형철선인 경우 0.8, D22 이상의 철근인 경우 1.0
>
> ② c : 철근 간격 또는 피복 두께에 관련된 치수
> 철근 또는 철선의 중심부터 콘크리트 표면까지 최단거리 또는 정착되는 철근 또는 철선의 중심간 거리의 1/2 중 작은 값을 사용하여 mm 단위로 나타낸다.
>
> ③ K_{tr} : 횡방향 철근지수$\left(\frac{40A_{tr}}{sn}\right)$이며 횡방향 철근이 배치되어 있더라도 설계를 간편하게 하기 위해 $K_{tr}=0$으로 사용할 수 있다.
> 단, $(c+K_{tr})/d_b$은 2.5 이하이어야 한다.

③ 휨부재에 배치된 철근량이 해석에 의해 요구되는 소요철근량을 초과하는 경우는 계산된 정착길이에 $\left(\frac{소요 A_s}{배근 A_s}\right)$를 곱하여 정착길이 l_d를 감소시킬 수 있다. 다만, 이때 감소시킨 정착길이 l_d는 300mm 이상이어야 한다. 또한 f_y를 발휘하도록 정착을 특별히 요구하는 경우에는 이를 적용하지 않는다.

④ 설계기준항복강도가 550MPa을 초과하는 철근은 횡방향 철근을 배치하지 않는 경우에는 c/d_b이 2.5 이상이어야 하며 횡방향 철근을 배치하는 경우에는 $K_{tr}/d_b \geq 0.25$와 $(c+K_{tr})/d_b \geq 2.25$을 만족하여야 한다.

(2) 압축이형철근의 정착길이

압축이형철근의 정착길이 l_d는 기본정착길이 l_{db}에 적용 가능한 모든 보정계수를 곱하여 구하여야 한다. 다만, 이때 구한 l_d는 항상 200mm 이상이어야 한다.

압축이형철근의 기본정착길이 $l_{db} = \frac{0.25 d_b f_y}{\lambda \sqrt{f_{ck}}}$

(다만, 이 값은 $0.043 d_b f_y$ 이상이어야 한다.)

> 압축이형철근 정착길이 산정 보정계수
>
> 해석 결과 요구되는 철근량을 초과하여 배치한 경우 : $\left(\frac{소요 A_s}{배근 A_s}\right)$
>
> 지름이 6mm 이상이고 나선 간격이 100mm 이하인 나선철근 또는 중심간격 100mm 이하로 KDS 14 20 50(4.4.2(3))의 요구 조건에 따라 배치된 D13 띠철근으로 둘러싸인 압축 이형철근 : 0.75

(3) 표준갈고리를 갖는 인장이형철근의 정착

단부에 표준갈고리가 있는 인장이형철근의 정착길이 l_{dh}는 기본정착길이 l_{hb}에 적용 가능한 모든 보정계수를 곱하여 구하여야 한다. 다만, 이렇게 구한 정착길이 l_{dh}는 항상 $8d_b$ 이상, 또한 150mm 이상이어야 한다.

표준갈고리를 갖는 인장이형철근의 기본정착길이 $l_{hb} = \frac{0.24\beta d_b f_y}{\lambda \sqrt{f_{ck}}}$

> 표준갈고리를 갖는 인장이형철근의 기본정착길이 산정 보정계수
>
> ① D35 이하 철근에서 갈고리 평면에 수직방향인 측면 피복 두께가 70mm 이상이며, 90° 갈고리에 대해서는 갈고리를 넘어선 부분의 철근 피복 두께가 50mm 이상인 경우 : 0.7
>
> ② D35 이하 90° 갈고리 철근에서 정착길이 l_{dh} 구간을 $3d_b$ 이하 간격으로 띠철근 또는 스터럽이 정착되는 철근을 수직으로 둘러싼 경우 또는 갈고리 끝 연장부와 구부림부의 전 구간을 $3d_b$이하 간격으로 띠철근 또는 스터럽이 정착되는 철근을 평행하게 둘러싼 경우 : 0.8
>
> ③ D35 이하 180° 갈고리 철근에서 정착길이 l_{dh} 구간을 $3d_b$ 이하 간격으로 띠철근 또는 스터럽이 정착되는 철근을 수직으로 둘러싼 경우 : 0.8
>
> ④ 전체 f_y를 발휘하도록 정착을 특별히 요구하지 않는 단면에서 휨철근이 소요철근량 이상 배치된 경우 : $\left(\frac{소요 A_s}{배근 A_s}\right)$
> (다만, 상기 ②와 ③에서 첫 번째 띠철근 또는 스터럽은 갈고리의 구부러진 부분 바깥면부터 $2d_b$ 이내에서 갈고리의 구부러진 부분을 둘러싸야 한다.)
>
> ⑤ λ : 경량콘크리트계수로서 f_{sp}(쪼갬인장강도)값이 규정되어 있지 않은 경우 전경량콘크리트는 0.75, 모래경량콘크리트는 0.85가 된다. (단, 0.75에서 0.85 사이의 값은 모래경량콘크리트의 잔골재를 경량잔골재로 치환하는 체적비에 따라 직선보간한다. 0.85에서 1.0 사이의 값은 보통중량콘크리트의 굵은골재를 경량골재로 치환하는 체적비에 따라 직선보간한다.) 또한 f_{sp}(쪼갬인장강도)값이 주어진 경우 $\lambda = f_{sp}/(0.56\sqrt{f_{ck}}) \leq 1.0$이 된다.

- 갈고리는 압축을 받는 경우 철근정착에 유효하지 않은 것으로 보아야 한다.
- 부재의 불연속단에서 갈고리 철근의 양 측면과 상부 또는 하부의 피복 두께가 70mm 미만으로 표준갈고리에 의해 정착되는 경우에 전 정착길이 l_{dh} 구간에 $3d_b$ 이하 간격으로 띠철근이나 스터럽으로 갈고리 철근을 둘러싸야 한다. 이때 첫 번째 띠철근 또는 스터럽은 갈고리의 구부러진 부분 바깥 면부터 $2d_b$ 이내에서 갈고리의 구부러진 부분을 둘러싸야 한다. 이때 상기의 ②와 ③의 보정계수 0.8을 적용할 수 없다.
- 설계기준항복강도가 550MPa을 초과하는 철근을 사용하는 경우에는 상기 (3)의 ②와 ③의 보정계수 0.8을 적용할 수 없다.

2.6.3. 철근의 이음

① 배치된 철근량이 이음부 전체 구간에서 해석결과 요구되는 소요철근량의 2배 이상이고 소요 겹침이음길이 내 겹침이음된 철근량이 전체 철근량의 $\frac{1}{2}$ 이하인 경우가 A급 이음이다.

② 철근의 이음은 설계도에서 요구하거나 설계기준에서 허용하는 경우, 또는 책임기술자의 승인 하에서만 할 수 있다.

③ D35를 초과하는 철근끼리는 겹침이음을 할 수 없다.

④ 3개의 철근으로 구성된 다발철근의 겹침이음 길이는 다발 내의 개개 철근에 대하여 다발철근이 아닌 경우의 각 철근의 겹침이음 길이보다 20% 증가시킨다.

2.6.4. 부재의 처짐제한

• 부재의 처짐과 최소두께 : 처짐을 계산하지 않는 경우의 보 또는 1방향 슬래브의 최소두께는 다음과 같다. (L은 경간의 길이)

부재	최소 두께 또는 높이			
	단순지지	일단연속	양단연속	캔틸레버
1방향 슬래브	$L/20$	$L/24$	$L/28$	$L/10$
보	$L/16$	$L/18.5$	$L/21$	$L/8$

• 위의 표의 값은 보통콘크리트($m_c = 2,300\text{kg/m}^3$)와 설계기준항복강도 400MPa철근을 사용한 부재에 대한 값이며 다른 조건에 대해서는 그 값을 다음과 같이 수정해야 한다.

• $1,500 \sim 2,000\text{kg/m}^3$범위의 단위질량을 갖는 구조용 경량콘크리트에 대해서는 계산된 $h_{\min}$값에 $(1.65-0.00031 \cdot m_c)$를 곱해야 하나 1.09보다 작지 않아야 한다.

• f_y가 400MPa 이외인 경우에는 계산된 $h_{\min}$값에 $\left(0.43+\frac{f_y}{700}\right)$를 곱해야 한다.

• 장기처짐 효과를 고려한 전체 처짐의 한계는 다음 값 이하가 되도록 해야 한다.

부재의 종류	고려해야 할 처짐	처짐한계
과도한 처짐에 의해 손상되기 쉬운 비구조 요소를 지지 또는 부착하지 않은 평지붕구조(외부환경)	활하중 L에 의한 순간처짐	$L/180$
과도한 처짐에 의해 손상되기 쉬운 비구조 요소를 지지 또는 부착하지 않은 바닥구조(내부환경)	활하중 L에 의한 순간처짐	$L/360$
과도한 처짐에 의해 손상되기 쉬운 비구조 요소를 지지 또는 부착한 지붕 또는 바닥구조	전체 처짐 중에서 비구조 요소가 부착된 후에 발생하는 처짐부분(모든 지속하중에 의한 장기처짐과 추가적인 활하중에 의한 순간처짐의 합)	$L/480$
과도한 처짐에 의해 손상될 우려가 없는 비구조 요소를 지지 또는 부착한 지붕 또는 바닥구조		$L/240$

2.7. 기초설계

2.7.1. 기초설계 일반사항

① 기초판은 계수하중과 그에 의해 발생되는 반력에 견디도록 설계하여야 한다.

② 기초판의 밑면적은 기초판에 의해 지반에 전달되는 사용하중과 허용지지력을 사용하여 산정한다.

③ 기초판에서 휨모멘트, 전단력에 대한 위험단면의 위치를 정할 경우, 원형 또는 정다각형인 콘크리트 기둥은 같은 면적의 정사각형 부재로 취급할 수 있다.

④ 말뚝기초의 기초판 설계에서 말뚝의 반력은 각 말뚝의 중심에 집중된다고 가정하여 휨모멘트와 전단력을 계산할 수 있다.

기초판의 면적

$$A_f = \frac{\text{사용하중}}{\text{순허용지내력}(q_e)} = \frac{1.0D+1.0L}{q_a - (\text{흙과 콘크리트의 평균중량}+\text{상재하중})}$$

(극한하중이 아닌, 사용하중을 적용하는 이유 : 상부구조의 부재설계에서는 하중계수와 강도감소계수 등 안전에 관련된 계수들이 개별적으로 적용되고 있는데 비해 허용지내력에 적용되는 안전율은 구조 전반에 걸쳐 고려된 값이므로 기초설계에서 기초판 크기를 결정할 경우 사용하중을 적용한다. 일반적으로 지반의 강도(지지력)는 허용값으로 주어지므로 기초판의 밑면적이나 말뚝의 개수를 산정할 경우에는 사용하중을 적용한다. 반면에 기초판이나 말뚝머리의 설계시에는 계수하중을 적용한다.)

TIP

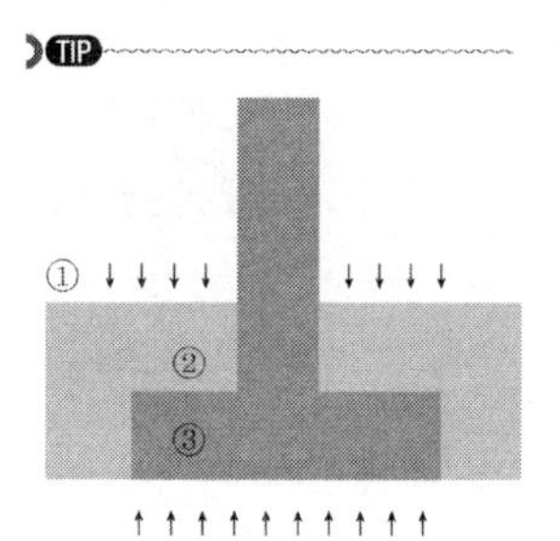

순허용지내력 = 허용지내력 − (흙과 콘크리트의 평균중량 + 상재하중)
이므로 $\frac{P}{A}+(0.5(①+②)+③) \le q_a$가 성립한다. 지내력은 지반에 해당되는 부분으로 건물하중 + 기초자중 + 상재흙 + 상재하중을 저항하여야 한다. 순허용지내력이란 말은 상부 건물에 대한 허용지내력을 의미하는 말로 건물하중을 제외한 다른 하중은 뺀 값을 의미한다.

2.7.2. 기초판의 휨모멘트 산정

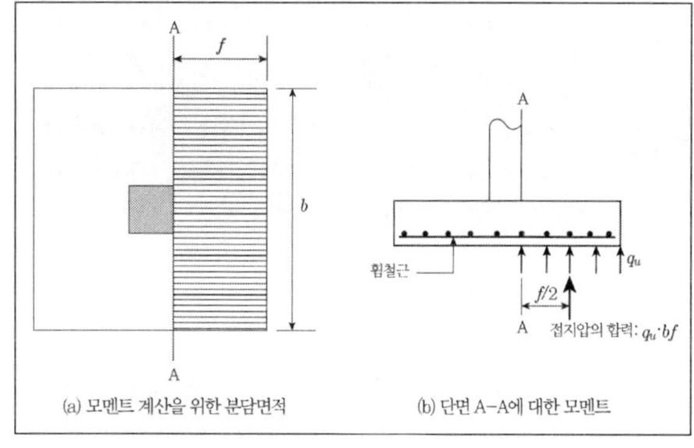

(a) 모멘트 계산을 위한 분담면적 (b) 단면 A−A에 대한 모멘트

① A−A 단면에 대한 휨모멘트

휨모멘트=힘×거리=응력×단면적×도심까지의 거리

$$M_u = q_u \cdot \frac{1}{2}(L-t) \cdot S \cdot \frac{1}{4}(L-t) = \frac{1}{8}q_u \cdot S(L-t)^2$$

② 전단내력의 검토 … 기초의 깊이는 대부분 전단내력에 의해 결정되며 전단강도는 1방향 전단과 2방향 전단 중 보다 불리한 것에 의해 결정된다.

㉠ **1방향 전단설계 단면과 전단강도**…일반적인 보에서와 같이 기둥 면으로부터 d거리의 위치에서 다음과 같이 검토한다.

$V_u \le \phi V_n \ (\phi = 0.75)$

$V_n = V_c + V_s = V_c$ (전단보강을 하지 않을 때)

$V_c = \frac{1}{6}\sqrt{f_{ck}}b_w d$

※ **기초판에 대한 1방향 전단강도의 검토식**

$V_u \le 0.75 \times \frac{1}{6}\sqrt{f_{ck}}b_w d$

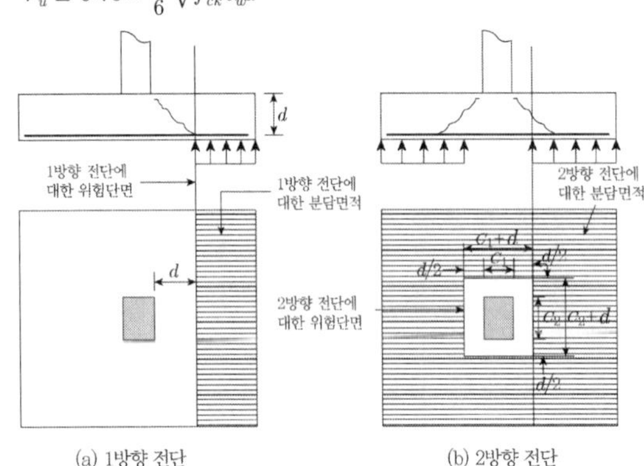

(a) 1방향 전단 (b) 2방향 전단

㉡ **2방향 전단설계 단면과 전단강도**: 기둥주변으로부터 $d/2$ 위치에서 b_w가 최소가 되는 단면

$V_u \le \phi V_n \ (\phi = 0.75)$

$V_n = V_c + V_s = V_c$ (전단보강을 하지 않을 경우)

$V_c = \frac{1}{6}\left(1 + \frac{2}{\beta_c}\right)\sqrt{f_{ck}}b_o d$, $V_c = \frac{1}{6}\left(1 + \frac{a_s d}{2b_o}\right)\sqrt{f_{ck}}b_o d$,

$V_c = \frac{1}{3}\sqrt{f_{ck}}b_o d$ 중 최소값

β_c : 기둥의 긴변 길이/짧은 변 길이, b_o : 위험단면의 둘레 길이

a_s : 40(내부기둥, 위험단면의 수가 4인 경우), 30(외부기둥, 위험단면의 수가 3인 경우), 20(모서리 기둥, 위험단면의 수가 2인 경우)

2.7.3. 휨모멘트에 대한 위험단면

① 최대 계수휨모멘트를 계산하기 위한 위험단면이다.

② 철근 콘크리트 기둥, 받침대 또는 벽체를 지지하는 확대기초는 기둥, 받침대 또는 벽체의 전면을 휨모멘트에 대한 위험단면으로 본다. 직사각형이 아닌 경우는 같은 면적을 가진 정사각형으로 고쳐 그 전면으로 한다.

③ 석공벽을 지지하는 확대기초는 벽의 중심선과 전면과의 중간선을 위험단면으로 본다.

④ 강철 저판을 갖는 기둥을 지지하는 확대기초는 강철 저판의 연단과 기둥 또는 받침대 전면의 중간선을 위험단면으로 본다.

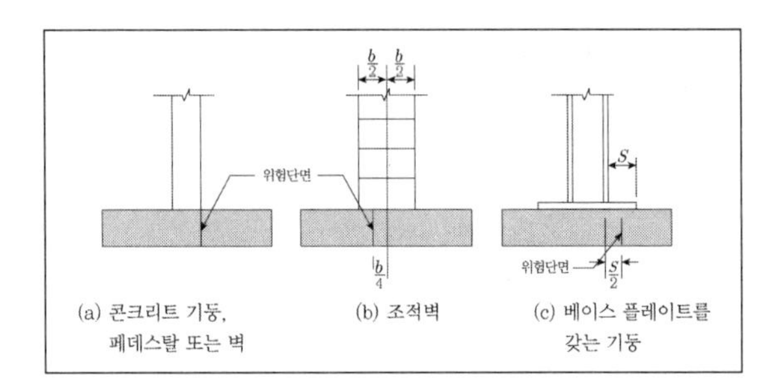

(a) 콘크리트 기둥, 페데스탈 또는 벽 (b) 조적벽 (c) 베이스 플레이트를 갖는 기둥

2.8. 옹벽설계

2.8.1. 옹벽설계 일반사항

① 옹벽은 외력에 대하여 활동, 전도 및 지반침하에 대한 안정성을 가져야 하며, 이들 안정은 사용하중에 의하여 검토하여야 한다.

② 활동에 대한 저항력은 옹벽에 작용하는 수평력의 1.5배 이상이어야 하며 전도에 대한 저항 휨모멘트는 횡토압에 의한 전도 모멘트의 2.0배 이상이어야 한다.

③ 옹벽에 작용하는 외력은 옹벽 자체 및 뒷채움 흙의 사하중, 토압 및 지표면상에 작용하는 적재 하중 등이 있으며 설계 시 이들 하중에 의한 활동, 전도 및 침하에 대한 안정이 검토가 되어야 한다.

④ 옹벽의 안전성 검사는 먼저 옹벽의 뒷채움 흙 및 기초지반을 포함한 전체에 대해 실시하고 옹벽의 활동, 전도 및 침하에 대한 소요의 안전도를 갖는지 조사한다.

⑤ 지반 침하에 대한 안정성 검토 시에 최대지반반력은 지반의 허용지지력 이하가 되도록 한다. 지반의 내부마찰각, 점착력 등과 같은 특성으로부터 지반의 극한지지력을 구할 수 있다. 다만, 이 경우에 허용지지력 q_a는 $q_u/3$이어야 한다.

2.8.2. 옹벽의 설계방법

(1) 옹벽의 구성요소

① **저판**

㉠ 저판의 뒷굽판은 좀 더 정확한 방법이 사용되지 않는 한 뒷굽판 상부에 재하되는 모든 하중을 지지하도록 설계가 되어야 한다.

㉡ 켄틸레버식 옹벽의 저판은 전면벽과의 접합부를 고정단으로 간주한 켄틸레버로 가정하고 설계한다.

㉢ 앞부벽식 및 뒷부벽식 옹벽의 저판은 뒷부벽 또는 앞부벽간의 거리를 경간으로 보고 고정보 또는 연속보로 설계한다.

② **전면벽**

㉠ 켄틸레버 옹벽의 전면벽은 저판에 지지된 캔틸레버로 설계한다.

㉡ 뒷부벽식 옹벽 및 앞부벽식 옹벽의 전면벽은 3면 지지된 2방향 슬래브로 설계한다.

㉢ 전면벽의 하부는 벽체로서 또는 켄틸레버로서도 작용하므로 연직방향으로 최소의 보강철근을 배치해야 한다.

③ **앞부벽 및 뒷부벽**

㉠ 앞부벽은 직사각형보로 설계한다.

㉡ 뒷부벽은 T형보로 보고 설계한다.

옹벽의 종류	설계위치	설계방법
캔틸레버 옹벽	전면벽 저판	캔틸레버 캔틸레버
뒷부벽식 옹벽	전면벽 저판 뒷부벽	2방향 슬래브 연속보 T형보
앞부벽식 옹벽	전면벽 저판 앞부벽	2방향 슬래브 연속보 직사각형 보

(2) 옹벽의 안정조건

① **옹벽의 안전률** … 사용하중에 의해 검토한다. 전도에 대한 안전율(저항모멘트를 전도모멘트로 나눈 값)은 2.0 이상, 활동에 대한 안전율(수평저항력을 수평력으로 나눈 값)은 1.5 이상, 지반의 지지력에 대한 안전율(지반의 허용지지력을 지반에 작용하는 최대하중으로 나눈 값)은 1.0 이상이어야 한다.

② **전도, 활동, 침하에 대한 안정**

㉠ 전도에 대한 안정 : $\dfrac{M_r}{M_a} = \dfrac{m(\sum W)}{n(\sum H)} \geq 2.0$

($\sum W$: 옹벽의 자중을 포함한 연직하중의 합계, $\sum H$: 토압을 포함한 수평하중의 합계)

㉡ 활동에 대한 안정 : $\dfrac{f(\sum W)}{\sum H} \geq 1.5$

㉢ 침하에 대한 안정 : $\dfrac{q_o}{q_{\max}} \geq 1.0$

(q_o : 기초 지반의 허용지지력, $q_{\max}$: 기초저면의 최대압력,

$q_{\max,\,\min} = \dfrac{\sum W}{B}\left(1 \pm \dfrac{6e}{B}\right)$)

㉣ 모든 외력의 합력의 작용점은 옹벽 저면의 중앙의 1/3 이내에 위치해야 한다.

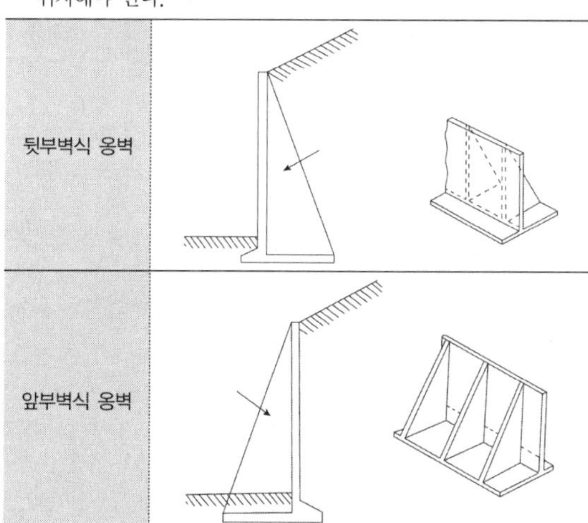

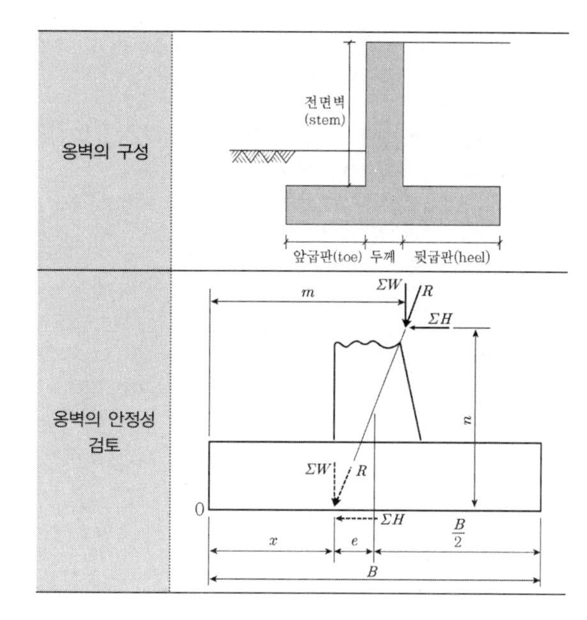

2.9. 프리스트레스트 콘크리트 설계

2.9.1. 설계 및 시방 일반사항

(1) 프리스트레스트 콘크리트의 일반사항

① **정의** … 외력에 의하여 발생되는 인장응력을 상쇄시키기 위해 미리 압축응력을 도입한 콘크리트 부재이다. 인장응력에 의한 균열이 방지되고 콘크리트의 전 단면을 유효하게 이용할 수 있는 장점이 있다.

② **프리스트레스트 콘크리트의 특징**

㉠ 장스팬의 구조가 가능하고 균열발생이 거의 없다.
㉡ 균열이 거의 발생되지 않기에 강재의 부식위험이 적고 내구성이 좋다.
㉢ 과다한 하중으로 일시적인 균열이 발생해도 하중을 제거하면 다시 복원이 되므로 탄력성과 복원성이 우수하다.
㉣ 콘크리트의 전단면을 유효하게 이용할 수 있다.
㉤ 구조물의 자중이 경감되며 부재단면을 줄일 수 있다.
㉥ 고강도 강재를 사용한다.
㉦ 프리캐스트 공법을 적용할 경우 시공성이 좋다.
㉧ 내수성, 복원성이 크고 공기단축이 가능하다.
㉨ 항복점 이상에서 진동, 충격에 약하다.
㉩ 화재에 약하여 5cm 이상의 내화피복이 요구된다.
㉪ 공정이 복잡하며 고도의 품질관리가 요구된다.
㉫ 단가가 비싸고 보조재료가 많이 사용되므로 공사비가 많이 든다.

(2) 프리스트레스트 콘크리트의 재료

① **PS강재의 종류**

㉠ **강선(wire)** : 지름 2.9~9mm 정도의 강재로 주로 프리텐션 공법에 많이 사용된다.
㉡ **강연선(strand)** : 강선을 꼬아서 만든 것으로 2연선, 7연선이 많이 사용되고 19연선, 37연선도 사용된다.
㉢ **강봉(bar)** : 지름 9.2~32mm 정도의 강재로 주로 포스트텐션공

법에 쓰인다. 강봉은 강선이나 강연선보다 강도는 떨어지지만 릴렉세이션이 작은 장점이 있다.

② PS강재의 특징

㉠ PS강선의 인장강도는 고강도 철근의 4배이며 PS강봉의 인장강도는 고강도 철근의 2배 정도이다.

㉡ PS강재의 인장강도의 크기 : PS강연선 > PS강선 > PS강봉

㉢ 지름이 작은 것일수록 인장강도나 항복점 응력은 커지고 파단시의 연신윤을 작아진다.

㉣ 뚜렷한 항복점이 존재하지 않으므로 offset법에 의해 항복점을 산정한다.

③ PS강재의 요구 성질

㉠ 인장강도가 클 것 : 고강도일수록 긴장력의 손실률이 적다.

㉡ 항복비$\left(\frac{\text{항복강도}}{\text{인장강도}}\times 100\%\right)$가 클 것

㉢ 릴렉세이션이 작을 것

㉣ 부착강도가 클 것

㉤ 응력부착에 대한 저항성이 클 것

㉥ 곧게 잘 펴지는 직선성이 좋을 것

㉦ 구조물의 파괴를 예측할 수 있도록 강재에 어느 정도의 연신율이 있을 것

④ 기타의 재료

㉠ 쉬스(sheath) : 포스트텐션 방식에서 사용하며 강재를 삽입할 수 있도록 콘크리트 속에 미리 뚫어두는 구멍을 덕트(duct)라고 한다. 덕트를 형성하기 위해 사용하는 관을 쉬스라고 한다. 쉬스는 파형의 원통이 가장 많이 쓰인다. 쉬스는 변형에 대한 저항성이 크고, 콘크리트와의 부착이 좋아야 하며 충격이나 진동기와의 접촉 등으로 변형되지 않아야 하고 쉬스 이음부는 시멘트 풀이 흘러 들어가지 않아야 한다.

㉡ 그라우트(grout) : 강재의 부식을 방지하고 동시에 콘크리트와 부착시키기 위해서 쉬스 안에 시멘트풀 또는 모르터를 주입한다. 이런 목적으로 만든 시멘트풀 또는 모르터를 그라우트라고 하며 그라우트를 주입하는 작업을 그라우팅이라고 한다. 그라우트의 요구조건은 다음과 같다.

- 팽창률 : 10% 이하
- 교반종료 후 주입완료까지의 시간은 30분을 표준으로 한다.
- 블리딩 : 3% 이하
- 재령 28일의 압축강도 : 20MPa 이상
- 물-시멘트비 : 45% 이하
- 염화물 함량 : 0.3kg/m^3 이하

㉢ 정착장치와 접속장치

- 정착장치 : 포스트텐션 방식에서는 긴장재를 긴장한 후, 그 끝부분을 부재에 정착시켜야 하는데 이 때 쓰이는 기구를 정착장치라 한다.
- 접속장치 : PS강재와 PS강재를 접속하거나 또는 정착장치와 정착장치를 접속할 때 사용하는 기구이며 나사를 이용하는 것이 많다.

⑤ 긴장재의 간격제한

㉠ 부재단에서 프리텐셔닝 긴장재 사이의 순간격은 강선의 경우 철근직경의 5배, 강연선의 경우 철근직경의 4배 이상이어야 한다.

㉡ 콘크리트에 사용되는 골재의 공칭최대치수는 긴장재 또는 덕트 사이 최소간격의 3/4배를 초과하지 않아야 한다.

㉢ 경간 중앙부에서 긴장재간의 수직간격을 부재단의 경우보다 좁게 하거나 다발로 사용할 수 있다.

㉣ 포스트텐셔닝 부재일 경우 콘크리트를 치는데 지장이 없고, 긴장시 긴장재가 덕트로부터 튀어 나오지 않도록 처리하였다면 덕트를 다발로 사용해도 좋다.

㉤ 덕트의 순간격은 굵은 골재 최대치수의 4/3배 이상, 25mm 이상이어야 한다.

⑥ 기타사항

㉠ 프리스트레스트 콘크리트 그라우트의 물-결합재 비는 45% 이하로 하며, 소요의 반죽질기가 얻어지는 범위 내에서 될 수 있는 대로 작게 할 필요가 있다.

㉡ 프리스트레스트 콘크리트 슬래브 설계에 있어 등분포하중에 대하여 배치하는 긴장재의 간격은 최소한 1방향으로는 슬래브 두께의 8배 또는 1.5m 이하로 하여야 한다.

㉢ 프리스트레스의 도입 후 시간이 경과함에 따라 발생되는 시간적 손실에 콘크리트의 탄성수축은 포함되지 않는다.

㉣ 프리스트레스의 도입 후, 시간이 경과함에 따라 발생되는 시간적 손실은 프리텐션 방식이 포스트텐션 방식보다 일반적으로 더 크다.

㉤ 프리텐션 방식에서 프리스트레스를 도입하기 위하여 긴장재의 고정을 풀어주면 압축응력이 작용하여 콘크리트 부재는 단축되며, 긴장재의 인장응력은 감소한다.

㉥ 포스트텐션 덕트에 있어 그라우트 시공 등의 용이성을 위해 그라우트되는 다수의 강선, 강연선 또는 강봉을 배치하기 위한 덕트는 내부 단면적이 긴장재 단면적의 2배 이상이어야 한다.

㉦ 그라우트 시공은 프리스트레싱이 끝나고 8시간이 경과한 다음 가능한 한 빨리 하여야 하며, 어떠한 경우에도 프리스트레싱이 끝난 후 7일 이내에 실시하여야 한다.

㉧ 포스트텐션 방식에서는 여러 개의 긴장재에 프리스트레스를 순차적으로 도입한다 할지라도 콘크리트의 탄성수축에 의한 손실을 고려해야 한다.

㉨ 포스트텐션 방식에서 긴장재의 인장력은 긴장재 끝에서 멀어질수록 감소한다.

㉩ 긴장재와 덕트가 완전히 직선인 것으로 가정할 경우, 긴장재의 파상마찰로 인한 손실은 일어나지 않는다.

2.9.2. 프리스트레싱

① **완전 프리스트레싱** … 부재에 설계하중이 작용할 때 부재의 어느 부분에서도 인장응력이 생기지 않도록 프리스트레스를 가하는 것이다.

② **부분 프리스트레싱** … 설계하중이 작용할 때 부재 단면의 일부에 인장응력이 생기는 경우이다.

③ **내적 프리스트레싱** … 긴장재를 부재속에 설치해 놓고 긴장하여 프리스트레스를 도입하는 방법이다.

④ **외적 프리스트레싱** … 긴장재를 콘크리트 부재 밖에 설치하여 프리스트레스를 도입하는 방법이다.

2.9.3. PSC 구조물의 해석개념

① **응력개념(균등질보개념)** … 콘크리트에 프리스트레스가 도입되면 콘크리트가 탄성체로 전환되어 탄성이론에 의한 해석이 가능하다는 개념이다.

㉠ PSC긴장재의 도심배치 $f=-\dfrac{P}{A}\pm\dfrac{M}{I}y$

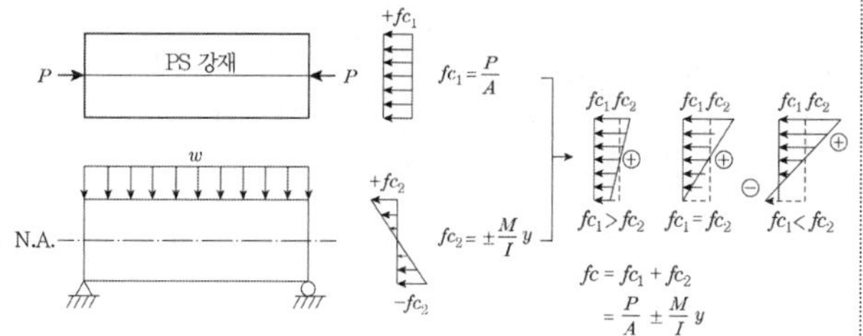

㉡ PSC긴장재의 편심배치 $f=-\dfrac{P}{A}\pm\dfrac{M}{I}y\pm\dfrac{Pe}{I}y$

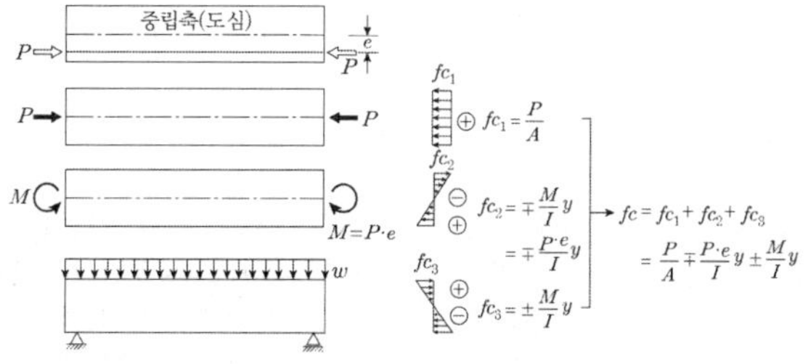

② **강도개념(내력모멘트개념)** … RC보와 같이 압축력은 콘크리트가 받고 인장력은 긴장재가 받도록 하여 두 힘에 의한 우력이 외력모멘트에 저항한다는 개념이다.

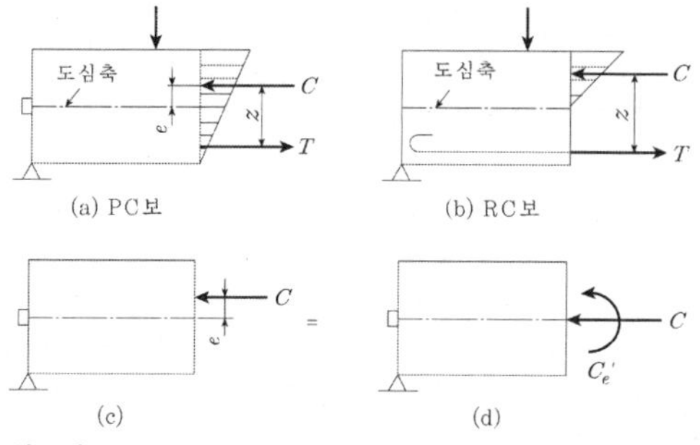

휨모멘트 $M=Cz=Tz$

강재에 작용하는 인장력을 P라고 하면

$$f_c=\frac{C}{A}\pm\frac{C\cdot e'}{A}y=\frac{P}{A}\pm\frac{P\cdot e'}{I}y$$

③ **하중평형개념(등가하중개념)** … 프리스트레싱에 의하여 부재에 작용하는 힘과 부재에 작용하는 외력이 평형되게 한다는 개념이다.

㉠ 강재가 포물선으로 배치된 경우 $\dfrac{ul^2}{8}=Ps$ 이므로 $u=\dfrac{8Ps}{l^2}$

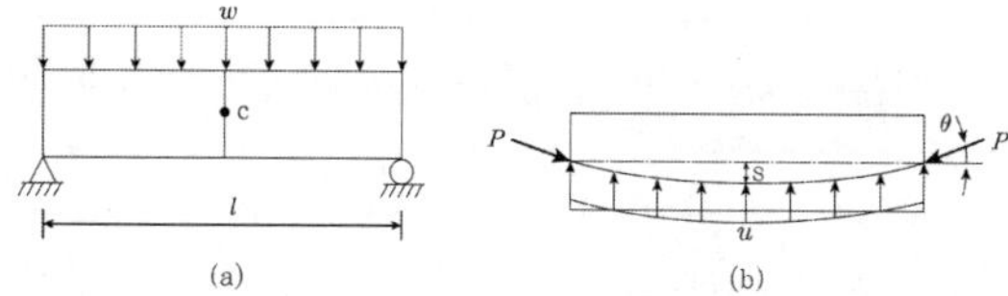

㉡ 강재가 절곡선으로 배치된 경우 하중평형조건 $\sum V=0$ 이므로 $U=2P\cdot\sin\theta$

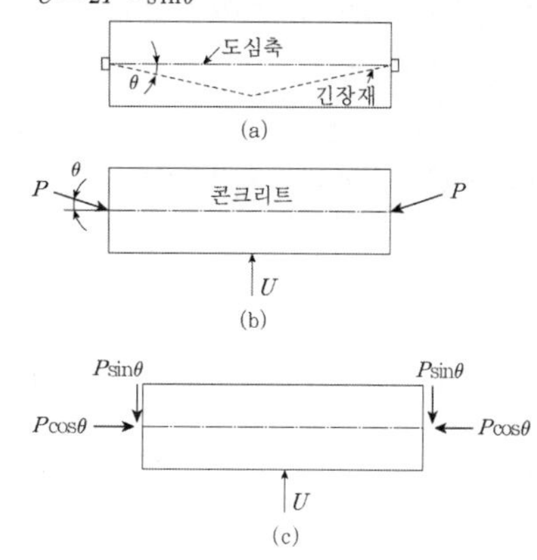

- 상향력 $U=2P\cdot\sin\theta$
- 상향력 $U=\dfrac{8P\cdot s}{l^2}$

2.9.4. 프리스트레스의 도입 시 강도와 유효율

① **초기 프리스트레싱(P_i)** … 재킹력에 의한 콘크리트의 탄성수축, 긴장재와 시스의 마찰 때문에 감소된 힘

② **유효프리스트레싱(P_e)** … $P_e=P_i(1-\text{감소율})$

③ **감소율(손실율)** … $\text{감소율}=\dfrac{\text{손실량}(\Delta P)}{\text{초기 프리스트레싱}(P_i)}\times 100\%$

④ **유효율(%)** … $\dfrac{P_i-\Delta P}{P_i}\times 100\%$

강도와 유효율	프리텐션	포스트텐션
설계기준압축강도	35MPa	30MPa
프리스트레스 도입시 압축강도	30MPa	28MPa
긴장력의 유효율	0.80	0.85
재킹력의 유효율	0.65	0.80

2.9.5. PSC의 휨부재의 공칭휨강도 계산에서 긴장재의 응력(정밀식)

$$f_{ps}=f_{pu}\left[1-\frac{\gamma_p}{\beta_1}\left\{\rho_p\frac{f_{pu}}{f_{ck}}+\frac{d}{d_p}(w-w')\right\}\right]$$

여기서 $\rho_p=\dfrac{A_{ps}}{bd_p}$, $w=\dfrac{\rho f_y}{f_{ck}}$, $w'=\dfrac{\rho' f_y}{f_{ck}}$

β_1 : 콘크리트 강도에 따른 중립축 위치에 관련된 등가직사각형 응력블록계수

f_{pe} : 긴장재의 유효프리스트레스력, MPa

f_{ps} : 공칭강도를 발휘할 때 긴장재의 인장응력, MPa

f_{pu} : 긴장재의 인장강도, MPa

f_{py} : 긴장재의 설계기준항복강도, MPa

γ_p : 긴장재의 종류에 따른 계수

$\frac{f_{py}}{f_{pu}} \geq 0.80$	$\frac{f_{py}}{f_{pu}} \geq 0.85$	$\frac{f_{py}}{f_{pu}} \geq 0.90$
0.55	0.4	0.28

2.9.6. 프리스트레스 손실

① **프리스트레스의 손실 분류**

㉠ **프리스트레스를 도입할 때 일어나는 손실원인(즉시손실)**

- 콘크리트의 탄성변형
- 강재와 시스의 마찰
- 정착단의 활동

㉡ **프리스트레스를 도입한 후의 손실원인(시간적 손실)**

- 콘크리트의 건조수축
- 콘크리트의 크리프
- 강재의 릴렉세이션

② **탄성변형에 의한 손실**

㉠ **프리텐션방식** : 부재의 강재와 콘크리트는 일체로 거동하므로 강재의 변형률 ε_p와 콘크리트의 변형률 ε_c는 같아야 한다.

$\Delta f_{pe} = E_p\varepsilon_p = E_p\varepsilon_c = E_p \cdot \frac{f_{ci}}{E_c} = n \cdot f_{ci}$ (f_{ci} : 프리스트레스 도입 후 강재 둘레 콘크리트의 응력, n : 탄성계수비)

㉡ **포스트텐션방식** : 강재를 전부 한꺼번에 긴장할 경우는 응력의 감소가 없다. 콘크리트 부재에 직접 지지하여 강재를 긴장하기 때문이다. 순차적으로 긴장할 때는 제일 먼저 긴장하여 정착한 PC강재가 가장 많이 감소하고 마지막으로 긴장하여 정착한 긴장재는 감소가 없다. 따라서 프리스트레스의 감소량을 계산하려면 복잡하므로 제일 먼저 긴장한 긴장재의 감소량을 계산하여 그 값의 1/2을 모든 긴장재의 평균손실량으로 한다. 즉, 다음과 같다.

(평균감소량) $\Delta f_{pe} = \frac{1}{2} \times$ (최초에 긴장하여 정착된 강재의 총 감소량), 또는 $\Delta f_{pe} = \frac{1}{2} n f_{ci} \frac{N-1}{N}$

(N : 긴장재의 긴장회수, f_{ci} : 프리스트레싱에 의한 긴장재 도심 위치에서의 콘크리트의 압축응력)

③ **활동에 의한 손실**

㉠ 프리텐션 방식은 고정지주의 정착 장치에서 발생한다.

㉡ **포스트텐션 방식의 경우(1단 정착일 경우)** : $\Delta f_{pe} = E\varepsilon = E_p \frac{\Delta l}{l}$

(E_p : 강재의 탄성계수, l : 긴장재의 길이, Δl : 정착장치에서 긴장재의 활동량)

④ **마찰에 의한 손실** … 강재의 인장력은 쉬스와의 마찰로 인하여 긴장재의 끝에서 중심으로 갈수록 작아지며 포스트텐션방식에만 해당된다.

㉠ **곡률마찰과 파상마찰을 동시에 고려할 때 인장단으로부터 x 거리에서의 긴장재의 인장력**

- $P_x = P_0 e^{-(kl_x + \mu a)}$
- P_x : 인장단으로부터 x거리에서의 긴장재의 인장력
- P_0 : 인장단에서의 긴장재의 인장력
- l_x : 인장단으로부터 고려하는 단면까지의 긴장재의 길이
- k : 긴장재의 길이 1m에 대한 파상 마찰계수
- a : l_x구간에서의 각 변화(radian)의 합계
- μ : 곡률 마찰계수

㉡ **근사식** : l이 40m 이내이고, 긴장재의 각변화(a)가 30° 이하인 경우이거나 $\mu a + kl \leq 0.3$인 경우의 근사식은 $P_x = P_0/(1 + kl_x + \mu a)$이며 긴장재의 손실량은 $\Delta P = P_o - P_x$

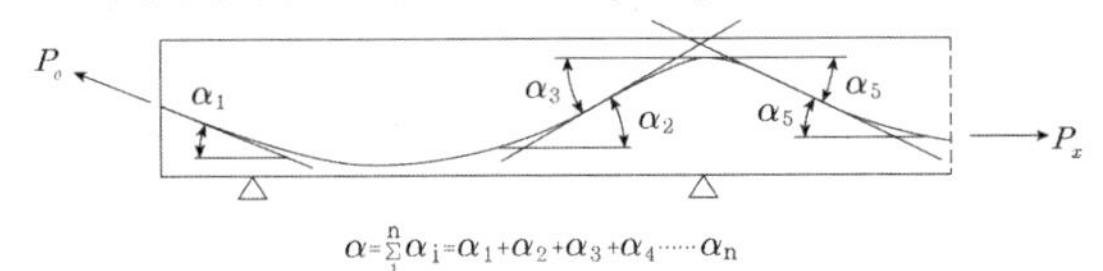

⑤ **건조수축과 크리프에 의한 손실**

㉠ **콘크리트의 건조수축에 의한 손실** : $\Delta f_{pe} = E_p \cdot \varepsilon_{cs}$

㉡ **콘크리트의 크리프에 의한 손실**

$\Delta f_{pe} = E_p \cdot \varepsilon_c = E_p \cdot \phi\varepsilon_e = \phi \frac{E_p}{E_c} f_{ci} = \phi n f_{ci}$ (ϕ : 크리프계수로서 프리텐션 부재는 2.0, 포스트텐션 부재는 1.6이다.)

2.9.7. 국소구역과 일반구역

① **국소구역**(local zone) … 정착장치 주위 및 바로 앞 콘크리트 부분으로 높은 국부지압응력을 받는 부분으로서 정착장치 및 이와 일체가 되는 구속철근과 이들을 둘러싸고 있는 콘크리트 사각기둥으로 정의한다. 정착장치의 적절한 기능수행을 위하여 필요한 위치에 국소구역 보강을 하여야 한다.

② **일반구역** … 집중된 프리스트레스 힘이 부재 단면상에 선형에 가까운 응력분포로 확산되는 구역, 또는 거더의 단부로부터 거더 높이(h)만큼 떨어진 일반단면 사이의 정착부 앞 구역을 의미하고, 부재의 단부가 아닌 보의 중간위치에 정착부가 있는 경우에는 정착장치 전방으로 거더 높이만큼 떨어진 구역이다. (즉, 일반구역은 국소구역을 포함한 정착구역으로 정의한다.)

2.9.8. PSC 긴장재 정착공법

① **VSL 공법** … 스위스에서 개발되어 우리나라에는 1984년 노량대교에 처음 도입되었다. 현재 국내 가장 많이 쓰여지는 공법으로 최고 55개의 강연선을 삽입할 수 있어 종래의 것보다 대형의 케이블을 사용할 수 있으며 커플러를 이용하여 케이블에 연결할 수 있다.

② **FRYSSINET 공법** … 보통 12개, 18개의 강연선이 중심 스파이럴 주위로 배치되는 고유의 나팔모양의 콘과 재크를 가지고 있다.

③ **GRUM&BILFINGER 공법** … 정착블럭의 원주위로 9개의 강선을 삽입하는 공법으로 구조상 중심부에 나선모양의 철근을 보강해야 한다.

④ **HELD&FRANKE AG 공법** … 강봉과 강선을 동시에 정착하여 사용하는 공법으로 보통 26ϕ, 강선은 7ϕ를 주로 사용한다.

⑤ **MAGNEL 공법** … 2개의 PC강재를 동시에 인장하여 Sandwich Plate에 정착하는 공법이다. 그밖에 각기 쐐기와 재크의 모양에 따라 MORAND공법, Pilipp Holzmann공법, Weyss&Feytag AG 공법등이 있다.

⑥ **BBRV 공법** … 1945년 스위스에서 개발된 공법으로 PC강재끝에 상온가공으로 리벳머리를 만들고 정착재를 연결하고 너트로 장착한다.

⑦ DYWIGAG 공법 … PC강봉을 이용한 공법으로 강봉끝단을 전조가공하여 특수강너트로 장착한다. 그외 강봉사용은 LEE MECALL공법이 있다.

⑧ PRESCON 공법 … 리벳형 머리에 지압강판과 와샤, 그사이에 두꺼운 강판을 사용하여 긴장하는 공법이다.

2.9.9. PSC의 허용응력과 균열등급

① 콘크리트의 허용응력

㉠ 프리스트레스 도입 직후 시간에 따른 프리스트레스 손실이 일어나기 전의 응력은 다음 값을 초과해서는 안 된다.

- 휨 압축응력 : $0.60f_{ci}$
- 휨 인장응력 : $0.25\sqrt{f_{ci}}$ (단순지지부재 단부 이외)
- 단순지지 부재 단부에서의 인장응력 : $0.50\sqrt{f_{ci}}$ (f_{ci} : 프리스트레스를 도입할 때의 콘크리트 압축강도)

㉡ 비균열등급 또는 부분균열등급 프리스트레스트 콘크리트 휨부재에 대해 모든 프리스트레스 손실이 일어난 후 사용하중에 의한 콘크리트의 휨응력은 다음 값 이하로 해야 한다. 이 때 단면 특성은 비균열 단면으로 가정하여 구한다.

- 압축연단응력(유효프리스트레스+지속하중) : $0.45f_{ck}$
- 압축연단응력(유효프리스트레스+전체하중) : $0.60f_{ck}$

㉢ PSC휨부재의 균열등급

- PSC 휨부재는 균열발생여부에 따라 그 거동이 달라지며 균열의 정도에 따라 세가지 등급으로 구분하고 구분된 등급에 따라 응력 및 사용성을 검토하도록 규정하고 있다.
- 완전균열등급 : 프리스트레스된 휨부재의 균열발생가능성을 나타내는 등급의 하나로 사용하중에 의한 인장측 연단응력이 $1.0\sqrt{f_{ck}}$ 를 초과하여 균열이 발생하는 단면에 해당하는 등급
- 완전균열등급 : 프리스트레스된 휨부재의 균열발생가능성을 나타내는 등급의 하나로 사용하중에 의한 인장측 연단응력이 $0.63\sqrt{f_{ck}}$ 를 초과하고, $1.0\sqrt{f_{ck}}$ 이하일 때 균열이 발생하는 단면에 해당하는 등급
- 비균열등급 : 프리스트레스된 휨부재의 균열발생가능성을 나타내는 등급의 하나로 사용하중에 의한 인장측 연단응력이 $0.63\sqrt{f_{ck}}$ 이하일 때 균열이 발생하는 단면에 해당하는 등급

② 강재의 허용응력

㉠ 긴장을 할 때 긴장재의 인장응력 : $0.8f_{pu}$, 또는 $0.94f_{py}$ 중 작은 값 이하

㉡ 프리스트레스 도입 직후

- 프리텐셔닝 : $0.74f_{pu}$, 또는 $0.82f_{py}$ 중 작은 값 이하
- 포스트텐셔닝 : $0.70f_{py}$

(f_{py} : 강재의 설계기준 항복강도, f_{pu} : 강재의 설계기준 인장강도)

2.10. 아치구조물

2.10.1. 설계일반사항

① 아치의 축선을 고정하중에 의한 압축력선이나 또는 고정하중과 등분포 활하중의 1/2이 재하된 상태하의 압축력선과 일치하도록 설계하여야 한다. 그렇지 않은 경우는 구조해석을 통하여 안전성을 충분히 검토하여야 한다.

② 아치의 축선은 곡선으로 되어 있기 때문에 경간이 긴 아치의 경우, 휨좌굴, 휨 및 비틀림을 동시에 받아 일어나는 좌굴 등에 대한 안전도 검사를 반드시 수행하여야 한다.

③ 아치 리브에 발생하는 단면력은 축선 이동의 영향을 받지만 일반적인 경우 그 영향이 작아서 미소변형이론에 의하여 단면력을 계산할 수 있다.

④ 아치의 축선은 아치 리브의 단면 도심을 연결하는 선으로 하여야 한다.

⑤ 부정정력을 계산하는 데 있어 아치 리브의 단면의 변화를 고려하여야 한다.

⑥ 아치 단면력을 산정할 때에는 콘크리트의 수축과 온도 변화의 영향을 고려하여야 한다.

⑦ 아치구조 해석 시 기초의 침하가 예상되는 경우에는 그 영향을 고려하여야 한다.

⑧ 아치리브에 발생하는 단면력은 축선 이동의 영향을 받으나 일반적인 경우 그 영향이 작아서 무시할 수 있으므로 미소변형이론에 기초하여 단면력을 계산할 수 있다. (아치리브 : 아치구조물에서 아치를 보강하기 위해 일정한 간격으로 배치되는 뼈대)

⑨ 아치의 축선은 아치 리브의 단면 도심을 연결하는 선으로 할 수 있다.

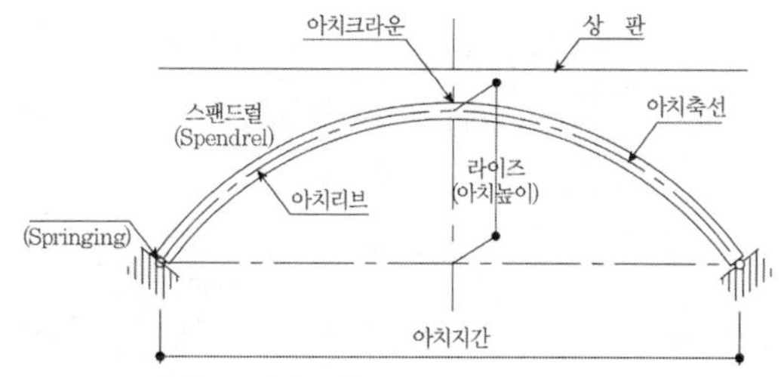

2.10.2. 좌굴에 대한 검토

① 아치 리브를 설계할 때는 응력이나 단면력의 검토 외에 면내 및 면외방향의 좌굴에 대한 안정성을 아래 규정에 따라 확인해야 한다.

㉠ $\lambda \leq 20$: 좌굴검사는 필요치 않음.

㉡ $20 < \lambda \leq 70$: 유한변형에 의한 영향을 편심하중에 의한 휨모멘트로 치환하여 발생모멘트에 더하여 단면의 계수 휨모멘트에 대한 안정성을 검토하여야 한다.

㉢ $70 < \lambda \leq 200$: 유한변형에 의한 영향에 대하여, 철근콘크리트 부재의 재료의 비선형성에 의한 영향을 고려하여 좌굴에 대한 안정성을 검토하여야 한다.

㉣ $200 < \lambda$: 아치구조물로서 적합하지 않다.

② 아치의 면외좌굴에 대해서는 아치 리브를 직선기둥으로 가정하고, 이 기둥이 아치 리브 단부에 발생하는 수평반력과 같은 축력을 받는다고 가정할 수 있다. 이 경우 기둥의 길이는 원칙적으로 아치 경간과 같다고 가정하여야 한다.

3. 강구조 설계

3.1. 설계법

3.1.1. 강재의 응력선도

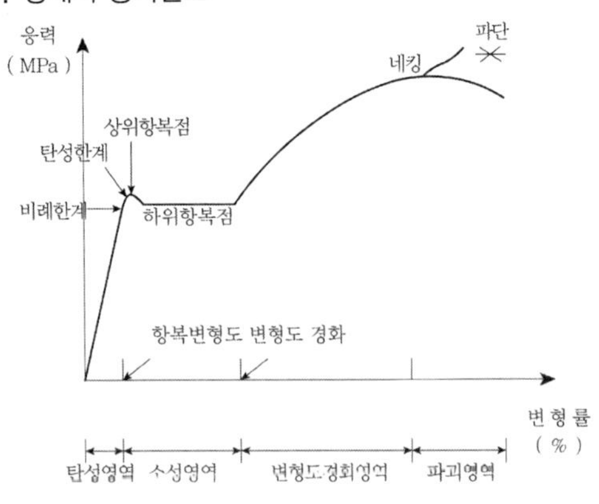

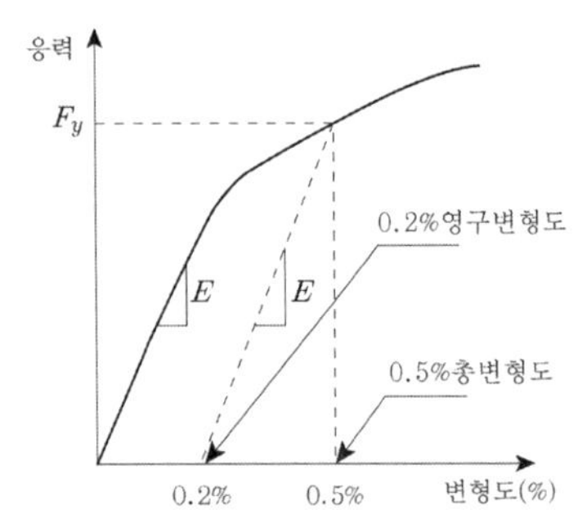

① **변형도경화** … 연성이 있는 강재에서 항복점을 지나 상당한 변형이 진행된 후 항복강도 이상의 저항능력이 다시 나타나는 현상이다.

② **루더선** … 강재의 인장 파단면에서 강재의 축선과 45°기울기를 갖는 미끄럼면에서 특유한 모양으로 발생되며, 이 미끄럼 모양 또는 미끄럼면과 표면이 만나는 선이다. 부재의 파괴원인을 파괴면에서 추정할 수 있으며 하항복점과 변형도 경화개시점 사이(Ⅱ구간)에서 나타난다.

③ **항복점이 분명하지 않은 경우의 항복강도** … 항복점이 분명하지 않은 O-a기울기를 0.2%로 오프셋하여 만나는 점을 항복강도로 하거나 0.5%의 총변형도에 해당하는 응력을 항복강도로 정의한다.

④ 복원계수는 재료가 비례한도에 해당하는 응력을 받고 있을 때까지를 기준으로 산정한다. 인성계수는 재료가 파괴되기까지를 기준으로 산정한다.

⑤ 저탄소강의 경우는 아래의 좌측과 같은 응력-변형률 선도를 그리지만 고탄소강의 경우는 우측과 같은 응력-변형률 선도를 그린다.

3.1.2. 강재의 규격표시

번호	명칭	강종
KS D 3503	일반 구조용 압연 강재	SS275
KS D 3515	용접 구조용 압연 강재	SM275A, B, C, D, -TMC SM355A, B, C, D, -TMC SM420A, B, C, D, -TMC SM460B, C, -TMC
KS D 3529	용접 구조용 내후성 열간 압연 강재	SMA275AW, AP, BW, BP, CW, CP SMA355AW, AP, BW, BP, CW, CP
KS D 3861	건축구조용 압연 강재	SN275A, B, C SN355B, C
KS D 3866	건축구조용 열간 압연 형강	SHN275, SHN355
KS D 5994	건축구조용 고성능 압연강재	HSA650

3.1.3. 한계상태설계법

① **한계상태설계법의 정의** … 강구조의 한계상태 설계법은 신뢰성 이론에 근거하여 제정된 진보된 설계방법으로서 하중계수와 저항계수로 구분하여 안전율을 결정하는 근거로 확률론적 수학모델이 사용되며 일관된 신뢰성을 갖도록 유도한 합리적인 설계방법이다.

$$\sum r_i \cdot Q_{\ni} \leq \phi \cdot R_n$$

r_i : 하중계수(≥ 1), $Q_{\ni}$: 부재의 하중효과, ϕ : 강도감소계수, R_n : 이상적 내력상태의 공칭강도

TIP

구조물의 저항능력을 확률변수 R, 작용하는 하중효과를 확률변수 Q로 나타내고 R과 Q가 서로 독립이라고 가정하면 다음과 같은 세가지 상태의 관계로 정의할 수 있다.

$R > Q$: 안전, $R < Q$: 파괴, $R = Q$: 한계상태

② **구조체의 한계상태**

㉠ **강도한계상태** : 구조체에 작용하는 하중효과가 구조체 또는 구조체를 구성하는 부재의 강도보다 커져 구조체가 하중지지능력을 잃고 붕괴되는 상태

㉡ **사용성한계상태** : 구조체가 붕괴되지는 않더라도 구조기능이 저하되어 외관, 유지관리, 내구성 및 사용에 매우 부적합하게 되는 상태

3.1.4. 강도감소계수

부재의 설계강도 계산 시 부재가 저항하고 있는 부재력의 종류와 파괴의 형태에 따라 각기 다른 저항계수를 적용해야 한다.

부재력	파괴형태	저항계수
인장력	총단면항복	0.9
	순단면파괴	0.75
압축력	국부좌굴 발생 안될 경우	0.9
휨모멘트	국부좌굴 발생 안될 경우	0.9
전단력	총단면 항복	0.9
	전단파괴	0.75
국부하중	플랜지 휨 항복	0.9
	웨브국부항복	1.0
	웨브크리플링	0.75
	웨브압축좌굴	0.9
고력볼트	인장파괴	0.75
	전단파괴	0.6

3.1.5. 하중계수

① 강도한계상태설계의 식에 있어서 하중계수 r_i를 사용한 구조물과 구조부재의 소요강도는 아래의 하중조합 중에서 가장 불리한 경우에 따라서 결정된다.

$U=1.4(D+F+H_v)$
$U=1.2(D+F+T)+1.6(L+a_H \cdot H_v+H_h)+0.5(L_r \text{ or } S \text{ or } R)$
$U=1.2D+1.6(L_r \text{ or } S \text{ or } R)+(1.0L \text{ or } 0.65W)$
$U=1.2D+1.3W+1.0L+0.5(L_r \text{ or } S \text{ or } R)$
$U=1.2(D+H_v)+1.0E+1.0L+0.2S+(1.0H_h \text{ or } 0.5H_h)$
$U=1.2(D+F+T)+1.6(L+a_H \cdot H_v)+0.8H_h+0.5(L_r \text{ or } S \text{ or } R)$
$U=0.9(D+H_v)+1.3W+(1.6H_h \text{ or } 0.8H_h)$
$U=0.9(D+H_v)+1.0E+(1.0H_h \text{ or } 0.5H_h)$
(단, D는 고정하중, L은 활하중, W는 풍하중, E는 지진하중, S는 적설하중, H_v는 흙의 자중에 의한 연직방향 하중, H_h는 흙의 횡압력에 의한 수평방향 하중, a는 토피 두께에 따른 보정계수를 나타내며 F는 유체의 밀도를 알 수 있고, 저장 유체의 높이를 조절할 수 있는 유체의 중량 및 압력에 의한 하중 또는 이에 의해서 생기는 단면력이다.)

② 차고, 공공장소, $L \geq 5.0\text{kN/m}^2$인 모든 장소 이외에는 활하중(L)을 $0.5L$로 감소시킬 수 있다.

③ 지진하중 E에 대하여 사용수준 지지력을 사용하는 경우 지진하중은 $1.4E$를 적용한다.

④ 흙, 지하수 또는 기타 재료의 횡압력에 의한 수평방향하중(H_h)와 연직방향하중(H_v)로 인한 하중효과가 풍하중(W) 또는 지진하중(E)로 인한 하중효과를 상쇄시키는 경우 수평방향하중(H_h)와 연직방향하중(H_v)에 대한 계수는 0으로 한다.

⑤ 측면토압이 다른 하중에 의한 구조물의 거동을 감소시키는 저항효과를 준다면 이를 수평방향하중에 포함시키지 않아야 하지만 설계강도를 계산할 경우에는 수평방향하중의 효과를 고려해야 한다.

TIP

하중조합

- 하중계수는 발생가능한 최대하중을 고려한 것이다.
- $1.2D+1.6L$에서 활하중이 0인 경우 이를 $1.4D$로 수정해서 계산하는 이유는 $1.2D$만으로는 충분한 안전이 고려되지 않기 때문이다.
- $0.9D+1.3W$에서 0.9를 D에 곱해주는 이유는 풍하중의 영향을 저감시킬 수 있는 중력의 효과를 고려한 것이다.
- 공간이 많이 생기는 대형 철골조 창고나 공장의 경우 풍하중에 의한 양력효과를 고려하여 인발설계를 해야 한다.

3.2. 압축재 설계

3.2.1. 기둥부재의 좌굴하중

(1) 오일러의 탄성좌굴하중

$$\text{탄성좌굴하중 } P_{cr}=\frac{\pi^2 EI_{\min}}{(KL)^2}=\frac{n \cdot \pi^2 EI_{\min}}{L^2}=\frac{\pi^2 EA}{\lambda^2}$$

$$\text{좌굴응력 } f_{cr}=\frac{P_{cr}}{A}=\frac{\pi^2 EI_{\min}}{(KL)^2 \cdot A}=\frac{\pi^2 E \cdot r_{\min}^2}{(KL)^2}=\frac{\pi^2 E}{\lambda^2}$$

E : 탄성계수 (MPa, N/mm^2)
$I_{\min}$: 최소단면2차 모멘트(mm^4)
K : 지지단의 상태에 따른 유효좌굴길이계수
$KL=L_e$: 유효좌굴길이(mm)
λ : 세장비
f_{cr} : 임계좌굴응력

(2) 유효좌굴길이 계수와 압축재의 세장비 제한

단부구속 조건	양단 고정	1단 힌지 타단 고정	양단 힌지	1단 회전구속 이동자유 타단 고정	1단 회전자유 이동자유 타단 고정	1단 회전구속 이동자유 타단 힌지
좌굴형태						
이론적인 K값	0.50	0.70	1.0	1.0	2.0	2.0

절점조건의 범례
회전구속, 이동구속 : 고정단
회전자유, 이동구속 : 힌지
회전구속, 이동자유 : 큰 보강성과 작은 기둥강성인 라멘
회전자유, 이동자유 : 자유단

(3) 공칭압축강도를 구하기 위한 오일러공식과 접선계수공식의 기본적 가정

① 기둥은 완전한 직선이고, 초기 굽힘은 없다.
② 하중은 도심에 작용하고 있다.
③ 기둥은 하중에 대해 선형탄성거동을 한다.
④ 좌굴이 일어나기 전에 부재에 휨모멘트가 발생하지 않는다.
⑤ 하중은 편심이 없는 축하중이다.
⑥ 기둥의 양단은 힌지지점이다.

3.3. 전단설계

3.3.1. 강재의 순단면적 산정

볼트가 다음의 그림과 같이 엇모배치로 되어 있는 경우에는 4가지 파단선을 생각해볼 수 있다. 이들 각 경우에 대한 순단면적을 구하면 다음과 같다.

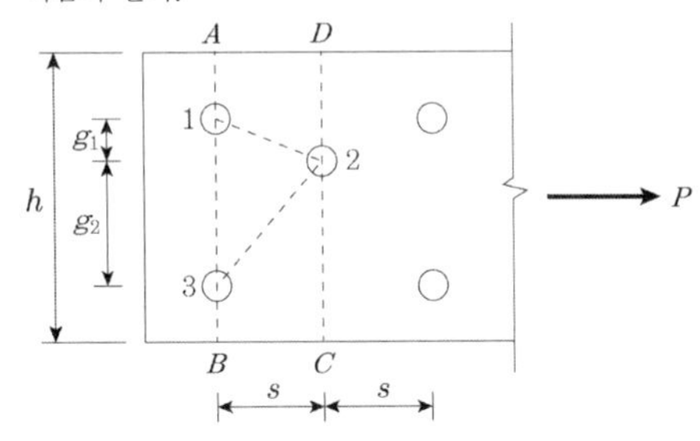

- 파단선 $A-1-3-B$: $A_g=(h-2d)\cdot t$
- 파단선 $A-1-2-3-B$: $A_g=\left(h-3d+\dfrac{s^2}{4g_1}+\dfrac{s^2}{4g_s}\right)\cdot t$
- 파단선 $A-1-2-C$: $A_n=\left(h-2d+\dfrac{s^2}{4g_1}\right)\cdot t$
- 파단선 $D-2-3-B$: $A_n=\left(h-2d+\dfrac{s^2}{4g_2}\right)\cdot t$

이 중 순단면적의 크기가 가장 작은 경우가 실제로 파괴가 일어나게 되는 파단선이며 인장재의 순단면적이 된다. 위의 4가지 파단선 중 $A-1-2-C$와 $D-2-3-B$의 순단면적은 파단선 $A-1-3-B$의 경우보다 항상 크게 되므로 파단선 $A-1-2-C$와 $D-2-3-B$의 경우는 처음부터 고려할 필요가 없음을 알 수 있다.

3.3.2. 블록전단파괴

① **블록전단파괴** … 고력볼트의 사용이 증가함에 따라 접합부의 설계는 보다 적은 개수의 그리고 보다 큰 직경의 볼트를 사용하는 경향으로 변모함에 따라 접합부에서 블록전단파단이라는 파괴양상이 일어날 수 있는 가능성을 크게 만들었다. 블록전단파단이란 아래 그림에서와 같이 $a-b$ 부분의 전단파괴와 $b-c$ 부분의 인장파단에 의해 접합부의 일부분이 찢어져 나가는 파괴형태이다.

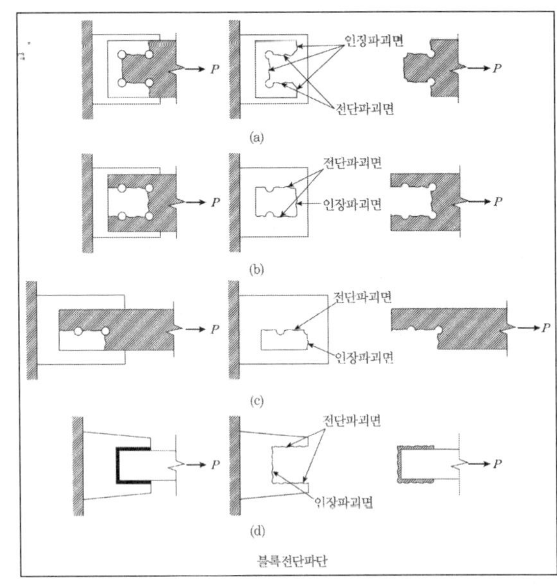

블록전단파단

② **블록전단파괴시 설계인장강도**

전단영역의 항복과 인장영역의 파괴시 $(F_u\cdot A_{nt}\geq 0.6F_u\cdot A_{nv})$

$\phi R_n=\phi(0.6F_yA_{gv}+F_uA_{nt})$

인장영역의 항복과 전단영역의 파괴시 $F_u\cdot A_{nt}<0.6F_u\cdot A_{nv}$

$\phi R_n=\phi(0.6F_uA_{nv}+F_yA_{gt})$

A_{gv} : 전단력에 대한 총단면적
A_{gt} : 인장력에 대한 총단면적
A_{nv} : 전단력에 대한 순단면적
A_{nt} : 인장력에 대한 순단면적

③ **설계인장강도** … 인장재의 설계인장강도 ϕ_tP_n은 총단면의 항복과 유효순단면의 파단이라는 두 가지 한계상태의 ϕ_t와 P_n으로부터 산정한 값 중에서 작은 값을 블록전단파단강도와 비교하여 둘 중 작은 값으로 결정한다.

㉠ 총단면 항복에 의한 설계인장강도
$\phi_tP_n=\phi_t(F_y\cdot A_g)\quad(\phi_t=0.90)$

㉡ 유효순단면의 파단에 의한 설계인장강도
$\phi_tP_n=\phi_t(F_u\cdot A_e)\quad(\phi_t=0.75)$

(예시문제)

우측 그림과 같이 거셋 플레이트에 항복강도$f_y=200$[MPa], 인장강도$f_u=400$[MPa], 두께가 10mm인 인장부재가 연결되어 있다. 하중저항계수설계법으로 계산할 때, 굵은 점선을 따라 발생되는 설계 블록전단파단강도[kN]는? (단, 인장응력은 균일하며, 강도저항계수는 0.75, 연결재의 볼트구멍 직경은 20mm, 설계코드(KDS : 2016)와 2016년도 강구조설계기준을 적용한다)

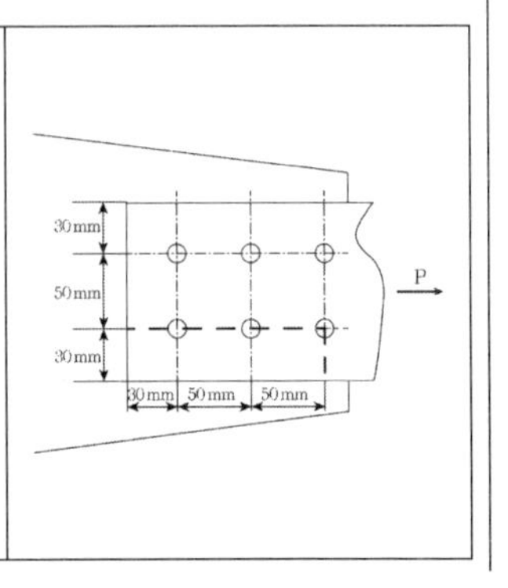

거셋플레이트의 항복강도 $f_y = 200\text{MPa}$, 인장강도 $f_y = 400\text{MPa}$, 두께는 10mm인 인장부재가 연결되어 있을 때 굵은 점선을 따라 발생되는 설계블록 전단파단강도[kN]는 177[kN]이 된다. (강도저항계수 0.75, 볼트구멍의 직경 20mm이다.)
전단파괴선을 따라 발생하는 전단파단과 직각으로 발생하는 인장파단의 블록 전단파단 한계상태에 대한 설계강도는 다음과 같이 산정한 공칭강도에 $\phi = 0.75$을 적용해서 구해야 한다.
$R_n = [0.6F_u A_{nv} + U_{be} F_u A_{nt}] \le [0.6F_y A_{gv} + U_{be} F_u A_{nt}]$
A_{gv} : 전단저항 총단면적
A_{nv} : 전단저항 순단면적
A_{nt} : 인장저항 순단면적
U_{be} : 인장응력이 균일할 경우는 1.0, 불균일할 경우는 0.5
$A_{nv} = (30+50+50-20 \cdot 2.5) \cdot 10 = 800\text{mm}^2]$
$A_{nt} = (30-20 \cdot 0.5) \cdot 10 = 200[\text{mm}^2]$
$A_{gv} = (30+50+50) \cdot 10 = 1{,}300[\text{mm}^2]$
$R_{n1} = 0.6F_u A_{nv} + U_{be} F_u A_{nt} = (0.6 \cdot 400 \cdot 800 + 1.0 \cdot 400 \cdot 200) \cdot 10^{-3} = 272[\text{kN}]$
$R_{n2} = 0.6F_y A_{gv} + U_{be} F_u A_{nt} = (0.6 \cdot 200 \cdot 1{,}300 + 1.0 \cdot 400 \cdot 200) \cdot 10^{-3} = 236[\text{kN}]$
$R_n = [R_{n1}, R_{n2}]_{\min} = 236[\text{kN}]$
$\therefore \phi R_n = 0.75 \cdot 236 = 177[\text{kN}]$

3.4. 합성구조설계

3.4.1. 합성보의 유효폭

합성보의 콘크리트 슬래브의 유효폭은 보 중심을 기준으로 좌우 각 방향에 대한 유효폭의 합으로 구해지며 각 방향에 대한 유효폭은 다음 중에서 최솟값을 갖는다.

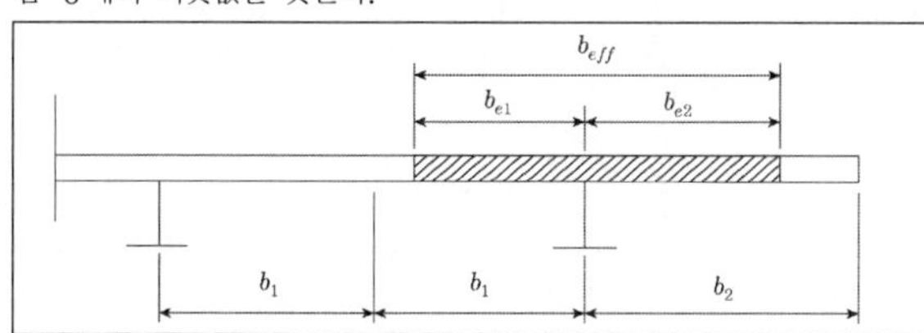

합성보 콘크리트 슬래브의 유효폭은 좌측의 값과 우측의 값을 합산한 결과이므로 아래 값에 2를 곱한 값이 된다.
합성보에서 콘크리트 슬래브의 유효폭 산정식 (최솟값)

- 보 스팬의 1/8 (연속배치일 경우 보 스팬의 1/4)
- 보 중심선에서 인접보 중심선까지의 거리의 1/2
- 보 중심선에서 슬래브 가장자리까지의 거리

TIP

완전합성보와 불완전합성보

㉠ 완전합성보 : 강재보와 슬래브가 완전한 합성작용이 이루어지도록 시어커넥터가 충분히 사용되는 합성보이다. 합성보가 완전합성보의 내력을 충분히 발휘할 때까지 시어커넥터가 파괴되지 않아야 한다.
㉡ 불완전합성보 : 완전합성보로 작용하기에 요구되는 양보다 적은 양의 시어커넥터가 사용된 합성보이다. 합성보가 완전합성보의 내력을 충분히 발휘할 때까지 시어커넥터가 먼저 파괴된다.

3.4.2. 합성기둥 주요 구조제한

① 강재비 … 강재단면적은 총단면적의 1% 이상이어야 한다.
② 콘크리트의 설계기준강도는 21MPa 이상이어야 한다.
③ 강재코어를 매입한 콘크리트는 연속된 길이방향철근과 띠철근 또는 나선철근으로 보강되어야 한다. 횡방향철근의 단면적은 띠철근 간격 1mm당 0.23mm² 이상으로 한다.
④ 강재 및 철근의 항복강도는 440N/mm² 이하여야 한다.
⑤ 충전형 합성기둥의 경우 국부좌굴 방지를 위한 폭두께비, 지름두께비는 다음과 같다.

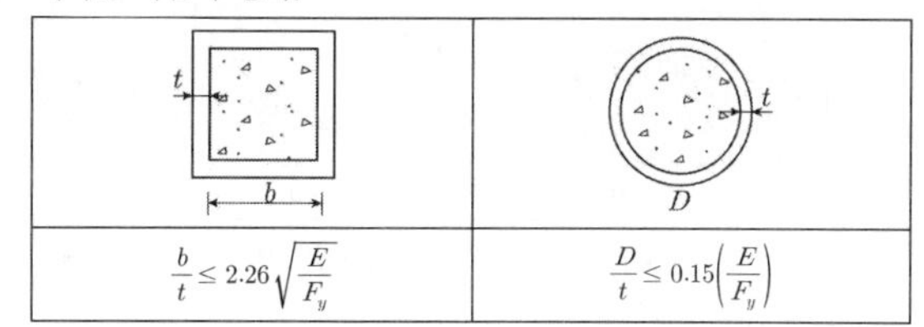

각형	원형
$\frac{b}{t} \le 2.26\sqrt{\frac{E}{F_y}}$	$\frac{D}{t} \le 0.15\left(\frac{E}{F_y}\right)$

3.4.3. 플레이트 거더의 보강재

① 수직보강재의 폭은 복부판 높이의 1/30에 50mm 가산한 것보다 크게 잡는 것이 좋다.
② 수직보강재의 간격은 지점부에서 복부판 높이(상하플랜지의 순간격)의 1.5배 이하, 그 밖에는 3.0배 이하까지 허용되지만, 일반적으로 복부판의 높이보다 작게 선택한다.
③ 수평보강재와 수직보강재는 복부판의 같은 쪽에 붙일 필요는 없지만 같은 쪽에 붙일 경우 수평보강재는 수직보강재 사이에서 되도록 폭을 넓혀 붙인다.
④ 수평보강재를 1단 설치하는 경우 압축플랜지에서 $0.2h$ (h는 복부판 높이)부근, 2단 설치하는 경우에는 $0.14h$와 $0.36h$ 부근에 설치하는 것을 원칙으로 한다.

3.5. 소성설계

3.5.1. 소성설계

① **설계법상의 개념** … 소성설계는 강재의 인성과 구조물의 부정정도를 효과적으로 이용하여 강재의 경제성을 높이기 위하여 시도되는 설계법으로 연속보나 골조 등 부정정구조물에 최대 응력을 받는 지점이 항복점에 이르러서도 강재의 연성에 의한 소성힌지 개념을 도입하여 붕괴기구가 형성되어 최종적인 구조물 붕괴가 일어나기까지 구조효율을 최대한으로 반영시키는 설계법이다.
② **소성설계의 장·단점**
㉠ 탄성설계시보다 강재의 사용량을 절감할 수 있다.
㉡ 구조체가 지지할 수 있는 최대하중과 구조체의 실제 안전율을 정확하게 계산이 가능하다.
㉢ 부등침하나 시공시 큰 응력을 받는 구조물이나 복잡한 구조체에 소성해석의 적용이 탄성해석보다 쉽다.
㉣ 고강도 강재는 연강보다 연성이 부족하여 소성설계가 실제로 적용되기는 어렵다.
㉤ 피로응력이 문제가 되는 구조물에는 적용이 어렵다.
㉥ 보에 있어서는 재료절약의 이점이 있으나 기둥구조에서는 재료절약이 거의 없다.

③ 소성설계의 기본해석이론

㉠ 응력-변형률 곡선에서 변형도 경화 이후의 재료의 변형도 이력을 무시한다.

㉡ **소성힌지** : 부재의 전 단면이 소성상태가 될 때 이론상 무한한 변형이 허용되는 지점이다.

㉢ **소성모멘트** : 부재 단면을 완전 소성상태에 이르게 하는 모멘트이다.

㉣ 장방형 보 단면의 소성화과정은 다음과 같다.

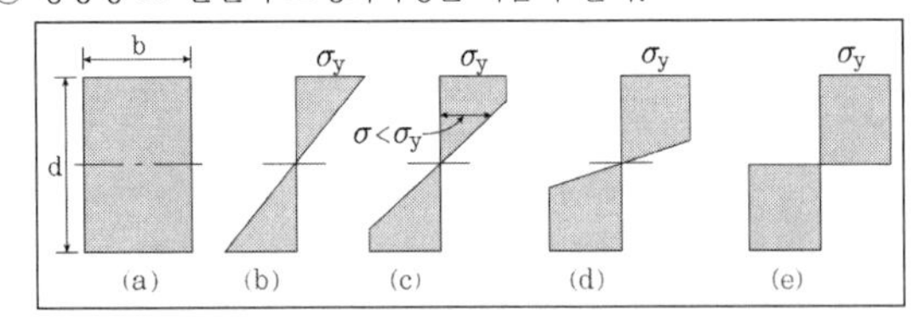

㉤ **소성단면계수** : 단면의 도심을 지나는 전단면적을 2등분하는 축에 대한 단면계수이다.

㉥ **형상계수** : 소성모멘트를 항복모멘트로 나눈 값이다.

㉦ **종국하중**(붕괴하중) : 소성힌지 발생에 의해 구조물을 붕괴에 이르게 하는 하중이다.

㉧ **붕괴기구** : 부정정 구조물에 소성힌지가 발생하여 붕괴에 이르도록 하는 과정이다.

4. 도로교 설계

4.1. 도로교 일반사항

4.1.1. 설계활하중

- 교량의 설계하중은 고정하중, 활하중 및 기타 다양한 하중으로 구성된다.
- 활하중에는 차량하중과 보도하중으로 구성되게 되는데 이 중 차량하중은 크게 표준트럭하중(DB하중)과 차로하중(DL하중)으로 구성된다.
- DB하중은 세미트레일러형태의 가상의 설계차량하중이며, DL하중은 경간이 길어져서 여러 대의 차량이 교량의 경간내에 재하될 경우를 고려한 가상의 설계분포하중이다.
- 차량하중은 크게 3가지 등급으로 구분되는데 1등급은 DB24, 2등급은 DB-18, 3등급은 DB-13.5로 나타낸다. 반면 차선하중은 등분포하중을 적용하는데 DL-24인 경우 미터당 1,270kg을 적용한다.
- 통상적으로 교량을 설계할 때에는 주형의 경우 DB하중과 DL하중에 대해서 모두 검토한 후 더 불리한 하중에 대해서 설계하도록 되어 있다. (일반적으로 지간 45m를 기준으로 이 보다 짧은 경우는 DB하중을 고려하고 이보다 긴 지간의 경우 DL하중이 설계하중으로 고려된다.)
- 아래의 그림을 살펴보면 표준트럭의 모양은 축이 3개이고 앞바퀴 2개, 중간바퀴 2개, 뒷바퀴 2개로 총 6개의 바퀴들로 구성되며 앞바퀴는 각각 0.1W, 중간과 뒷바퀴는 각각 0.4W의 하중을 부담하므로 이를 모두 합하면 1.8W의 하중을 지지한다.
- 차량하중 기준으로 DB-24등급이라고 한다면 여기서 24는 W의 크기(톤)를 의미하므로 1.8×24=43.2톤을 지지하는 능력이 있다는 의미이다.

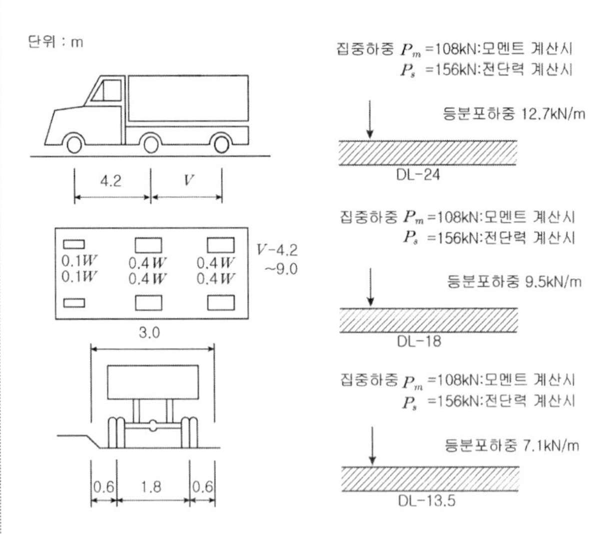

4.1.2. 설계차로의 수

연석간의 교폭(W_C)에 따른 설계차로의 수는 다음의 식과 표에 따라 결정한다.

설계차로폭 $W = \dfrac{W_C}{N} \leq 3.6[\mathrm{m}]$

W_C : 연석, 또는 방호울타리(중앙분리대 포함)간의 교폭

W_P : 발주자에 의해 정해진 계획차로의 폭

W_C의 범위(m)	N
$6.0 \leq W_C < 9.1$	2
$9.1 \leq W_C < 12.8$	3
$12.8 \leq W_C < 16.4$	4
$16.4 \leq W_C < 20.1$	5
$20.1 \leq W_C < 23.8$	6
$23.8 \leq W_C < 27.4$	7
$27.4 \leq W_C < 31.1$	8
$31.1 \leq W_C < 34.7$	9
$34.7 \leq W_C < 38.4$	10

4.1.3. 교량가설공법

① **압출공법**(ILM공법) … 교대 후방의 제작장에서 1세그먼트씩 제작된 교량의 상부 구조물에 교량 구간을 통과할 수 있도록 프리스트레스를 가한 후 특수 장비를 이용하여 밀어내는 공법이다.

② **이동식비계공법**(MSS공법) … 교량의 상부구조를 시공할 때 동바리를 사용하지 않고, 거푸집이 부착되어 있는 특수한 이동식 비계를 이용하여 한 경간씩 콘크리트를 타설해 나가는 공법이다.

③ **프리캐스트세그먼트공법**(PSM공법) … 현장타설 공법과는 달리 공장제작상에서 미리 세그먼트를 제작하여 현장에서 크레인을 이용하여 1세그먼트에 시공하는 방법이다.

④ **동바리공법**(FSM공법) … 콘크리트를 치는 경간에 동바리를 설치하여 콘크리트가 강도를 낼 때까지 콘크리트의 자중, 거푸집의 자중, 작업대 등의 자중을 일시적으로 동바리가 지지하는 공법이다. 전체지지식, 지주지지식, 거더지지식 등이 있다.

⑤ **캔틸레버공법**(FCM공법) … Form Traveller를 이용하여 이미 만들어진 교각으로부터 좌우로 균형을 이루면서 3~5m 길이의 세그먼트를 순차적으로 시공하여 나가는 공법이다.

4.1.4. 교량의 철근콘크리트 바닥판에 배근되는 배력철근 설계기준

- 배근되는 배력철근량은 온도 및 건조수축에 대한 철근량 이상이어야 하며 이때 바닥판 단면에 대한 온도 및 건조수축 철근량의 비는 0.2%이다.
- 배력철근의 양은 정모멘트 구간에 필요한 주철근에 대한 비율로 나타낸다.
- 배력철근의 양은 주철근이 차량진행방향에 평행할 경우는, $55/\sqrt{L}\%$ [L : 바닥판의 지간(m)]와 50% 중 작은 값 이상으로 한다.
- 집중하중으로 작용하는 활하중을 수평방향으로 분산시키기 위해 바닥판에는 주철근의 직각방향으로 배력철근을 배치하여야 한다.

4.1.5. 강재의 연결부에서 연결방법을 병용하는 규정

- 홈용접을 사용한 맞대기이음과 고장력 볼트 마찰이음을 병용할 수 있으며 응력은 각각 분담한다.
- 응력방향과 직각을 이루는 필릿용접과 고장력볼트 마찰이음을 병용해서는 안 된다.
- 응력방향에 평행한 필릿용접과 고장력볼트 마찰이음을 병용할 수 있으며 응력은 각각 분담한다.
- 용접과 고장력 볼트 지압이음을 병용해서는 안 된다.

4.2. 내진설계

4.2.1 한계상태의 정의 및 분류

① 한계상태는 설계에서 요구하는 성능을 더 이상 발휘할 수 없는 한계이다.

② **사용한계상태** … 정상적 사용 중에 구조적 기능과 사용자의 안녕, 그리고 구조물의 외관에 관련된 특정한 사용성 요구 성능을 더 이상 만족시키지 않는 한계상태이다.

③ **극한한계상태** … 사용자의 안전을 위험하게 하는 구조적 손상 또는 파괴에 관련된 것으로 부재의 정역학적 평형 손실 한계상태 등에 대하여 검토한다. 구조물 또는 부재가 파괴 또는 파괴에 가까운 상태가 되어 기능을 상실한 상태이다. 도로교설계기준에 따르면 교량의 설계수명 이내에 발생할 것으로 기대되는, 통계적으로 중요하다고 규정한 하중조합에 대하여 국부적/전체적 강도와 안정성을 확보하는 것으로 규정한다.

④ **극단상황한계상태** … 지진 또는 홍수 발생 시, 또는 세굴된 상황에서 선박, 차량 또는 유빙에 의한 충돌 시 등의 상황에서 교량의 붕괴를 방지하는 것으로 규정한다.

⑤ **피로한계상태** … 교량의 사용 수명 동안 작용하는 활하중에 의한 교번응력에 대하여 검토한다.

4.2.2. 용어 정의

① **기본풍속** … 재현기간 100년에 해당되는 재활지에서의 지상 10m의 10분간 평균풍속을 의미한다. (재활지는 앞이 막힘없이 탁 트여 시원하게 열려 있는 땅을 의미한다.)

② **가속도계수** … 지진구역계수와 위험도계수를 곱한 값이다.

③ **설계속도** … 도로설계의 기초가 되는 자동차의 속도를 말하며, 도로의 기능별 구분과 지역 및 지형에 따라 결정한다.

④ **위험도계수** … 평균재현주기별 최대유효지반가속도(구역계수)의 비이다. (위험도계수 I는 평균재현주기가 500년인 지진의 유효수평 지반가속도 S를 기준으로 평균재현주기가 다른 지진의 유효 수평지반가속도의 상대적 비율을 의미한다. 교량이 위치할 부지에 대한 지진지반운동의 유효수평지반가속도 S는 지진구역계수 Z에 각 평균재현주기의 위험도계수 I를 곱하여 결정한다.)

⑤ **응답수정계수** … 탄성해석으로 구한 각 요소의 내력으로부터 설계지진력을 산정하기 위한 보정계수이다.

⑥ **지반계수** … 가속도계수를 수정하는데 사용되는 지반의 종류에 따른 계수이다. 지반상태가 탄성지진응답계수에 미치는 영향을 반영하기 위한 보정계수이다.

⑦ **지진구역계수** … 지진구역에서 평균재현주기 500년에 해당되는 암반상 지반운동의 세기이다.

⑧ **초과홍수** … 유량이 100년 빈도 홍수보다 많고 500년 빈도 홍수보다 적은 홍수 또는 조석흐름을 말한다.

⑨ **소형차도로** … 대도시 및 도시 근교의 교통 과밀지역의 용량 확대와 교통시설 구조 개선 등 도로정비 차원에서 소형자동차만이 통행할 수 있는 도로다.

⑩ **도로의 설계서비스 수준** … 도로를 계획하거나 설계할 때의 기준으로서 도로의 통행속도, 교통량과 교통용량의 비율, 교통밀도와 교통량 등에 따른 도로운행 상태의 수준을 나타내는 것이다. 지방지역 고속도로의 경우 설계서비스 수준은 C를 사용하고 도시지역의 고속도로나 일반도로의 경우는 설계서비스 수준을 D로 사용한다.

4.2.3. 내진설계 일반사항

① 교량의 내진등급은 중요도에 따라 내진특등급, 내진I등급, 내진II등급으로 분류하며 지방도의 교량은 내진I등급이다.

② 내진설계기준은 남한의 전역에 적용할 수 있으므로 제주도에도 적용할 수 있다.

③ 지진 시 교량 부재들의 부분적인 피해는 허용하나 전체적인 붕괴는 방지한다.

④ 지진 시 가능한 한 교량의 기본 기능은 발휘할 수 있게 한다.

⑤ 교량의 정상수명 기간 내에 설계지진력이 발생할 가능성은 희박하다.

⑥ 지진시 상부구조와 교대 혹은 인접하는 상부구조간의 충돌에 의한 주요 구조부재의 손상을 방지하고, 지진 시 인명피해를 최소화 한다.

⑦ 지진 시 교량의 기본 기능은 가능한 한 발휘할 수 있게 하며 교량부재들의 부분적인 피해는 허용하나 전체적으로 붕괴는 방지한다.

⑧ 고속도로, 자동차전용도로, 특별시도, 광역시도 또는 일반 국도상 교량의 내진등급은 내진 I등급으로 설계해야 한다.

⑨ 창의력을 발휘하여 보다 발전된 설계를 할 경우에는 이를 인정한다.

4.2.4. 설계지반운동

① 설계지반운동은 부지 정지작업이 완료된 시표면에서의 자유장 운동으로 정의한다.

② 국지적인 토질조건, 지질조건이 지반운동에 미치는 영향을 고려해야 한다.

③ 설계지반운동은 수평 2축 방향과, 수직방향 성분으로 정의된다.

④ 모든 점에서의 똑같이 가진하는 것이 합리적일 수 없는 특징을 갖는 구조물에 대해서는 지반운동의 공간적 변화모델을 사용해야 한다.

4.2.5. 풍하중

① 일반 중소지간 교량의 설계기준풍속(V_D)은 40m/s로 한다.

② 태풍에 취약한 지역에 위치한 중장대 지간의 교량은 설계기준풍속(V_D)은 대상지역의 풍속기록과 구조물 주변의 지형 및 환경 그리고 교량상부구조의 지상 높이 등을 고려하여 합리적으로 결정한 10분 평균 풍속이다.

4.2.6. 교량의 여유간격

상부구조의 여유간격은 지진 시 지반에 대한 상부구조의 총변위량 뿐만 아니라 콘크리트의 건조수축에 의한 이동량이나 콘크리트 크리프에 의한 이동량, 온도변화에 의한 이동량도 고려해야 한다. 또한 교축직각방향의 지진 시 변위에 의한 인접상부구조 및 주요구조부재간의 충돌가능성이 있을 때는 이를 방지하기 위한 여유간격을 설치해야 한다.

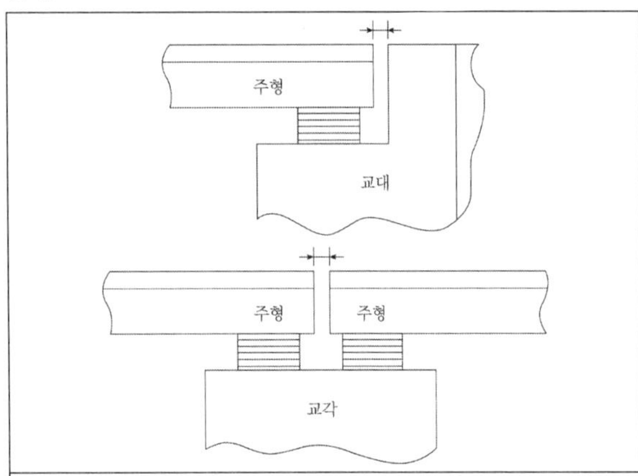

$\Delta l_i = d + \Delta l_s + \Delta l_c + 0.4\Delta l_t$

Δl_i : 상부구조의 여유간격(mm)

d : 지반에 대한 상부구조의 총변위($d_i + d_{sub}$)(mm)

Δl_s : 콘크리트의 건조수축에 의한 이동량(mm)

Δl_c : 콘크리트의 크리프에 의한 이동량(mm)

Δl_t : 온도변화로 인한 이동량(mm)

지진시에 상부구조와 교대 혹은 인접하는 상부구조간의 충돌에 의한 주요구조부재의 손상을 방지하고, 설계 시 고려된 내진성능이 충분히 발휘될 수 있도록 하기 위하여 상부구조의 단부에는 그림과 같이 여유간격을 설치한다. 상부구조의 여유간격은 왼쪽의 식에 의한 값보다 작아서는 안 되며 여유량을 고려한 가동받침의 이동량보다는 커야 한다.

핵심이론

05 토질 및 기초

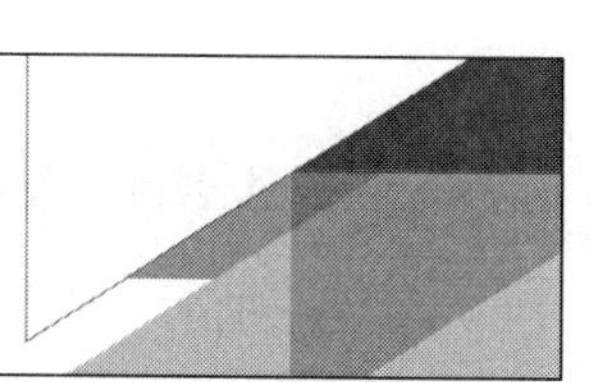

대분류	세부 색인
1. 흙의 기본적 성질 및 분류	1.1. 조립토, 세립토, 유기질토
	1.2. 몬모릴로나이트, 할로이사이트, 고령토, 일라이트
	1.3. 단립구조와 봉소구조
	1.4. 흙의 물리적 성질과 공학적 성질
2. 흙의 상태	2.1. 기본용어
	2.2. 흙의 단위중량
	2.3. 흙의 연경도
3. 흙의 분류	3.1. 기본용어
	3.2. 입경에 의한 분류
	3.3. 통일분류법
	3.4. AASHTO분류법
4. 흙의 투수성과 침투	4.1. 모관현상
	4.2. 모관포텐셜
	4.3. 모관상승고 공식
	4.4. Darcy의 법칙
	4.5. 비균질 토층의 평균투수계수
	4.6. 유선망
	4.7. 침윤선
5. 유효응력	5.1. 유효응력의 개념
	5.2. 침투수압
	5.3. 분사현상
6. 지중응력	
7. 흙의 동해	7.1. 동상현상
	7.2. 동상방지대책
8. 흙의 압축성	8.1. 압밀
	8.2. 침하의 종류
	8.3. Terzaghi의 압밀이론 가정
	8.4. 압밀시험
	8.5. 압밀점토
	8.6. 압밀침하량 및 압밀시간 산정
9. 흙의 전단강도	9.1. Mohr-Coulomnb의 파괴이론
	9.2. 모어의 응력원(Mohr's-circle)
	9.3. 전단강도시험 산정시험
	9.4. 삼축압축시험
	9.5. 간극수압계수
	9.6. 응력경로
	9.7. 내부마찰각과 N치 값

대분류	세부 색인
10. 다짐	10.1. 다짐곡선
	10.2. 다짐에너지
	10.3. CBR시험(노상토 관입시험)
11. 토압	11.1. 정지토압, 주동토압, 수동토압
	11.2. 옹벽에 작용하는 토압
	11.3. 토압이론
12. 사면의 안정	12.1. 기본용어
	12.2. 유한사면의 안정
	12.3. 무한사면의 안정
	12.4. 사면안정해석법
13. 지반	13.1. 보링
	13.2. 사운딩
	13.3. 표준관입시험
14. 얕은 기초	14.1. 얕은 기초의 종류
	14.2. 얕은 기초의 접지압과 침하, 지지력
	14.3. 침하량
	14.4. 얕은 기초지반의 극한지지력
	14.5. 얕은 기초지반의 파괴형태
	14.6. 얕은 기초지반의 극한지지력
	14.4. 얕은 기초 지반파괴 메커니즘
15. 깊은 기초	15.1. 말뚝기초
	15.2. 말뚝의 지지력 공식
	15.3. 부주면 마찰력
	15.4. 군항(우리)말뚝
16. 연약지반 개량공법	16.1. 기본용어
	16.2. 지반 개량 공법

1. 흙의 기본적 성질과 분류

1.1. 조립토, 세립토, 유기질토

- **조립토** : 자갈, 모래처럼 입자가 큰 흙을 총칭한다.
- **세립토** : 실트, 점토처럼 입자가 작은 흙을 총칭한다.
- **유기질토** : 이탄, 흑니, 산호토처럼 유기물을 함유한 흙을 총칭한다.

공학적 성질	조립토	세립토
투수성	크다	작다
소성	비소성	소성
간극률	작다	크다
점착성	0	크다
압축성	작다	크다
압밀속도	순간적	장기적
마찰력	크다	작다

1.2. 몬모릴로나이드, 힐로이사이트, 고령토, 일라이트

- **몬모릴로나이트**(montmorillonite) : 공학적 안정성이 매우 작으며 3대 점토광물 중에서 결합력도 가장 약하여 물이 침투하면 쉽게 팽창하게 된다.
- **할로이사이트**(halloysite) : 생체 적합성 천연 나노재료로 꼽히는 점토광물로서 서로 다른 이종의 점토광물과 혼합된 상태로 나타난다. 알루미늄과 실리콘의 비가 1:1인 규산알루미늄 점토광물이다.
- **고령토**(kaolinite) : 1개의 실리카판과 1개의 알루미나판으로 이루어진 층들이 무수히 많이 결합한 것으로서 다른 광물에 비해 상당히 안정된 구조를 이루고 있으며 물의 침투를 억제하고 물로 포화되더라도 팽창이 잘 일어나지 않는다. 정장석, 소다장석, 회장석과 같은 장석류가 탄산 또는 물에 의해 화학적으로 분해되는 풍화에 의해 생성된다.
- **일라이트**(illite) : 두 개의 규소판 사이에 한 개의 알루미늄판이 결합된 3층구조가 무수히 많이 연결되어 형성된 점토광물로서 각 3층구조사이에는 칼륨이온(K+)으로 결합되어 있는 것이다. 중간정도의 결합력을 가진다.

1.3. 단립구조와 봉소구조

단립구조	봉소구조
• 조립토가 물속에 침강 시 생긴다. • 입자가 조밀히 맞물려 상당히 안정적이다. • 면모구조를 이룬다. • 흡인력이 반발력보다 크다.	• 세립토가 물속에 침강 시 생긴다. • 공극비가 크므로 불안정하다. • 분산구조를 이룬다. • 반발력이 흡인력보다 크다.

1.4. 흙의 물리적 성질과 공학적 성질

(1) 흙의 물리적 성질

- 흙의 구성상태나 구성요소간의 상관관계 등을 말한다.
- 함수비시험, 비중시험, 아터버그한계시험, 입도분석시험 등이 있다.
- 교란된(흐트러진) 시료를 사용하여 측정한다.

(2) 흙의 공학적 성질

- 자연상태의 흙이 가지고 있는 투수성, 압축성, 강도 등을 말한다.
- 투수시험, 압밀시험, 전단강도시험, 다짐시험, CBR시험 등이 있다.
- 불교란(흐트러지지 않은) 시료를 사용하여 측정한다.

> **TIP**
> 교란된 시료를 실내 토질실험을 하면 불교란 시료에 대한 시험에 비해 현저한 차이를 가져오나 소성한계, 수축한계, 비중 등은 차이가 나지 않는다.

2. 흙의 상태

2.1. 기본용어

- **흡착수** : 이중층 내에 있는 물을 말하며 물이라기보다는 고체에 가까운 성질을 갖는다. 점토의 consistency, 투수성, 팽창성, 압축성, 전단강도 등 공학적 성질을 좌우한다.
- **자유수** : 이중층 외부에 있는 물을 말한다. 시료 건조시 노건조하는 것은 자유수만을 제거하기 위함이다.
- **상대밀도** : 조립토가 자연상태에서 조밀한가 또는 느슨한가를 나타내는 것으로 사질토의 다짐정도를 나타낸다.
- **아터버그 한계** : 토양수분상태가 소수성과 액성의 중간인 점. 특정기로 25회 낙하시킬 때 1㎝간격으로 떨어졌던 토양이 만나게 되는 수분상태.
- **수축지수** : 소성한계와 수축한계의 차로서 흙이 반고체로 전재할 수 있는 범위이다.
- **소성지수** : 액성 한계와 소성 한계의 차로서 흙이 소성상태로 존재할 수 있는 함수비의 범위를 나타낸다. (즉, 균열이나 점성적 흐름 없이 쉽게 모양을 변화시킬 수 있는 범위를 표시한다.) 이 값이 클수록 역얀지반이 되므로 기초기반으로 부적합하다.
- **액성지수** : 흙이 자연 상태에서 함유하고 있는 함수비의 정도를 표시하는 지수이다. (단위가 무차원임에 유의) 액성지수가 1보다 큰 흙은 액체상태에 있는 흙이다.
- **연경지수** : 액성한계와 자연함수비의 차를 소성지수로 나눈 값이다. (단위가 무차원임에 유의) 이 값이 1이상이면 흙은 안정상태에 있다고 보며 0미만(음수)이면 불안정상태로 보며 액체상태에 있다.
- **팽창작용** : 벌킹은 모래속의 물의 표면장력에 의해 팽창하는 현상이며 스웰링은 점토가 물을 흡수하여 팽창하는 현상이다.
- **비화작용** : 점착력이 있는 흙을 물속에 담글 때 고체-반고체-소성-액성의 단계를 거치지 않고 물을 흡착함과 동시에 입자간의 결합력이 약해져 바로 액성상태로 되어 붕괴되는 현상

2.2. 흙의 단위중량

- **공극(간극)비** : e로 표기하며, 흙 입자만의 체적에 대한 공극의 체적비(무차원)로서 1보다 클 수 있다.
- **공극률** : n으로 표기하며, 흙 전체의 체적에 대한 공극의 체적 백분율(%)
- **포화도** : S로 표기하며 공극 속에 물이 차 있는 정도로서 공극체적에 대한 물의 체적비
- **함수비** : w로 표기하며, 흙 입자만의 중량에 대한 물의 중량 백분율(%)
- **함수율** : w'로 표기하며, 흙 전체의 중량에 대한 물의 중량 백분율(%)

- **체적과 중량의 상관관계식** : $S \cdot e = w \cdot G_s$ (포화도와 공극비의 곱은 함수비와 비중의 곱과 같다.)
- **습윤밀도** : r_t로 표기하며, 흙덩어리의 중량을 이에 해당되는 체적으로 나눈 값
- **건조밀도** : r_d로 표기하며, 물을 제외한 흙 입자만의 중량을 체적으로 나눈 값
- **포화단위중량** : r_{sat}로 표기하며 공극에 물이 가득찼을 때의 습윤단위중량
- **수중단위중량** : 물 속에서의 단위중량이며 r_{sub}로 표기한다. 포화단위중량에서 물의 단위중량을 뺀 값이다.

TIP

단위중량의 대소 : 흙입자만의 단위중량 r_s ≥포화단위중량 r_{sat} ≥습윤단위중량 r_t ≥건조단위중량 r_d ≥수중단위중량 r_{sub}

습윤밀도	건조밀도	포화단위중량	수중단위중량
$r_t = \dfrac{G_s + \dfrac{S \cdot e}{100}}{1+e} \cdot \gamma_w$	$r_d = \dfrac{r_t}{1+\dfrac{w}{100}}$	$r_{sat} = \dfrac{G_s + e}{1+e}\gamma_w$	$r_{sub} = \dfrac{G_s - e}{1+e}\gamma_w$

상대밀도 $D_r = \dfrac{e_{\max} - e}{e_{\max} - e_{\min}} = \dfrac{\gamma_d - \gamma_{dmin}}{\gamma_{dmax} - \gamma_{dmin}} \times \dfrac{\gamma_{dmin}}{\gamma_d} \times 100$

$e_{\max}$: 가장 느슨한 상태의 공극비

$e_{\min}$: 가장 조밀한 상태의 공극비,

e : 자연상태의 공극비,

r_{dmax} : 가장 조밀한 상태의 건조단위중량

r_{dmin} : 가장 느슨한 상태의 건조단위중량

r_d : 자연상태의 건조단위중량

2.3. 흙의 연경도

점착성이 있는 흙은 함수량이 점점 감소함에 따라 액성, 소성, 반고체, 고체의 상태로 변화하는데 함수량에 의해 나타나는 이러한 성질을 흙의 연경도라고 한다.

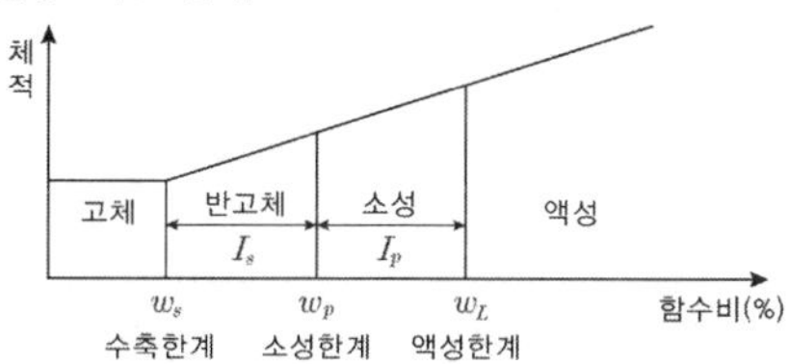

아터버그 한계 … 수축한계, 소성한계, 액성한계로 구분된다.

① **수축한계** … 흙이 고체에서 반고체상태로 변하는 경계함수비이다.
- 고체영역의 최대함수비이다.
- 반고체 상태를 유지할 수 있는 최소함수비이다.
- 함수량을 감소해도 체적이 감소하지 않고 함수비가 증가하면 체적이 증가한다.

② **소성한계** … 흙이 반고체에서 소성상태로 변하는 경계함수비
- 소성을 나타내는 최소함수비이다.
- 반고체 영역의 최대함수비이다.

③ **액성한계** … 흙이 소성 상태에서 액체 상태로 바뀔 때의 함수비
- 소성을 나타내는 최대함수비이다.
- 점성유체(액성상태)가 되는 최소함수비이다.
- 유동곡선에서 낙하회수 25회에 해당하는 함수비이다.
- 점토분(세립토)이 많을수록 액성한계와 소성지수가 크다.
- 함수비 변화에 대한 수축과 팽창이 크므로 노반재료로 부적당하다.

④ **소성지수** … 흙이 소성상태로 존재할 수 있는 함수비의 범위로서 액성한계에서 소성한계를 뺀 값이다.

소성지수(%)	수축지수(%)	액성지수(무차원)	연경지수(무차원)
$PI = w_L - w_P$	$SI = w_p - w_s$	$LI = \dfrac{w_n - w_p}{I_P}$	$CI = \dfrac{w_L - w_n}{I_p}$

TIP

액성한계와 소성지수의 값이 크면 점토와 콜로이드 크기의 입자함량이 많으므로 기초에 적합하지 않다.

3. 흙의 분류

3.1. 기본 용어

- **유효입경**(D_{10}) : 통과중량 백분율 10%에 해당하는 입자의 지름이다. (이는 입도분포곡선(입경가적곡선)을 통해서 찾을 수 있다.)
- **균등계수**$\left(C_u = \dfrac{D_{60}}{D_{10}}\right)$: 입도분포가 좋고 나쁜 정도를 나타내는 계수로서 이 값이 크면 입도가 좋다.(D_{60}은 통과중량 백분율 60%에 해당되는 입자의 지름이다.)
- 곡률계수$\left(C_g = \dfrac{D_{30}^{\ 2}}{D_{10} \cdot D_{60}}\right)$

TIP

균등계수와 곡률계수 둘 중 어느 하나라도 만족하지 않으면 빈입도(입도분포가 나쁨)로 간주한다.

3.2. 입경에 의한 분류

- **유효입경** : 통과중량 백분율 10%에 해당되는 입자의 지름(D_{10})으로서 투수계수 추정 등에 이용된다.
- **균등계수** : $C_u = \dfrac{D_{60}}{D_{10}}$, 이 값이 크면 입경가적곡선의 이굴이가 완만하다. (입도분포가 양호하다.)
- **곡률계수** : $C_g = \dfrac{D_{30}^{\ 2}}{D_{10} \cdot D_{60}}$

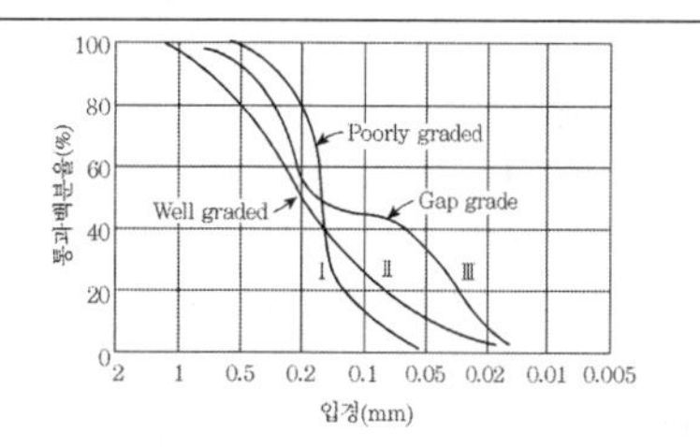

입경가적곡선

Ⅰ곡선: 대부분의 입자의 크기가 거의 같으므로 입도분포가 불량하다.

Ⅱ곡선: 흙 입자가 크고 작은 것이 골고루 섞여 있으므로 입도분포가 양호하다.

Ⅲ곡선 : 2가지 이상의 흙이 섞여 있어 균등계수는 크지만 곡률계수가 만족되지 않은 빈입도이다.

3.3. 통일분류법

(1) 제1문자

- 조립토 : No.200체의 통과량이 50% 이하 – G(자갈), S(모래)
(자갈은 No.4체의 통과량이 50% 이하, 모래는 50% 이상)
- 세립토 : No.200체의 통과량이 50% 이상 – M(실트), C(무기질 점토), O(유기질 실트 및 점토)

(2) 제2문자

- No.200체의 통과량이 5% 이하일 때 운동계수와 곡률계수에 의해 W(양립토), P(빈립토)로 표시한다.
- No.200체의 통과량이 12% 이상일 때 소성지수에 의해 M(실트질), C(점토질)로 표시한다.

구분	조립토	세립토	유기질토
제1문자	G : 자갈 S : 모래	M : 실트 C : 점토 O : 유기질토	Pt : 이탄
제2문자	W : 양립도 P : 빈립토 M : 실트질 C : 점토질	L : 저압축성 H : 고압축성	
예시	• GW : 입도분포 양호한 자갈 또는 모래혼합토 • GP : 입도분포 불량한 자갈 또는 모래 혼합토 • GM : 실트질 자갈, 자갈모래실트혼합토 • GC : 점토질 자갈, 자갈모래점토혼합토 • SW : 입도분포가 양호한 모래 또는 자갈섞인 모래 • SP : 입도분포가 불량한 모래 또는 자갈섞인 모래 • SM : 실트질모래, 실트섞인 모래 • SC : 점토질모래, 점토섞인 모래 • ML : 무기질점토, 극세사, 암분, 실트 및 점토질세사 • CL : 저 · 중소성의 무기질점토, 자갈섞인 점토, 모래섞인점토, 실트섞인 점토, 점성이 낮은 점토 • OL : 저소성 유기질실트, 유기질 실트 점토 • MH : 무기질실트, 운모질 도는 규조질세사 또는 실트, 탄성이 있는 실트 • CH : 고소성 무기질점토, 점성많은 점토 • OH : 중 또는 고소성 유기질점토 • Pt : 이탄토 등 기타 유기질토		

3.4. AASHTO분류법

- 흙의 입도분석, 액성한계, 소성한계, 소성지수, 군지수를 사용하여 분류하는 방법
- No.200체 통과량이 35% 이하이면 조립토, 35% 초과이면 세립토로 분류한다.
- 군지수 : $GI=0.2a+0.005ac+0.01bd$ (a는 No.200체 통과율–35, b는 No.200체 통과율–15, c는 액성한계, d는 소성지수)
- 군지수 GI의 값이 음(–)의 값을 가지면 0으로 하며 가장 가까운 정수로 반올림한다.
- 군지수가 클수록 공학적 성질이 불량하다.

TIP

통일분류법과 AASHTO분류법의 차이

- 통일분류법에서는 No.200체 통과량 50%를 기준으로 하나 AASHTO분류법에서는 35%를 기준으로 한다.
- 통일분류법에서는 No.4체를 기준으로 하지만 AASHTO분류법에서는 No.10체를 기준으로 한다.
- 통일분류법에서는 자갈질 흙과 모래질 흙의 구분이 명확히 이루어질 수 있지만 AASHTO분류법에서는 그렇지 않다.
- 통일분류법에는 유기질 흙이 제시되나 AASHTO분류법은 그렇지 않다.

4. 흙의 투수성과 침투

4.1. 모관현상

- 유체의 부착력과 표면장력으로 인해 발생하는 현상이다.
- 입경이 작을수록, 공극이 클수록, 함수비가 낮을수록 모관 상승고는 낮아진다.
- 모관상승고는 간극비에 반비례, 유효입경에 반비례한다.
- 모관상승고는 세립토가 조립토보다 높다.
- 유효입경이 작을수록 모관상승고는 크다.
- 모관상승이 있는 부분은 유효응력이 증가한다.
- 세립토일수록 투수계수가 작으므로 모관상승속도는 느리지만 모관상승고는 크다.
- 조립토일수록 모관상승속도는 빠르지만 모관상승고는 작다.
- 시간이 무한대일 때 흙의 종류에 따른 모관상승고는 점토, 실트, 모래, 자갈 순서이다.

4.2. 모관포텐셜

- 흙 속에서 모관수를 지지하는 힘(–간극수압)을 말한다.
- 완전히 포화된 흙의 모관포텐셜 $\phi=-\gamma_w h$, 부분포화된 흙의 모관포텐셜 $\phi=-\frac{S}{100}\gamma_w h$ (h는 지하수면으로부터 구하고자 하는 임의 지점까지 측정한 높이, S는 포화도)
- 단위질량의 모관수를 빼내는데 필요한 일량을 의미한다.
- 입경, 함수비, 공극비, 온도가 작을수록 저포텐셜이 된다.
- 염류의 용해량이 클수록 저포텐셜이 된다.
- 모관상승 현상이 있는 부분은 –공극수압이 생겨서 유효응력이 증가하여 전단강도가 커진다.
- 지하수면은 모관현상과 관련이 없다.
- 모관현상에 의해 지표면이 포화되어 있는 경우 지표면의 전응력은 0이지만 유효응력은 0이 아니다.

TIP

모관수상승에서 포텐셜에너지가 음의 값을 갖는 이유는 아래에서 잡아당기는 상태이기 때문이다.

4.3. 모관상승고 공식

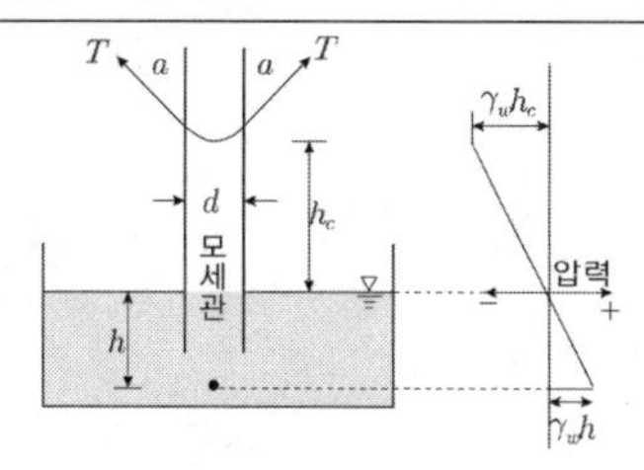

일반적인 모관상승고 산정식

물의중량=표면장력이어야 하므로 $\gamma_w \cdot \dfrac{\pi \cdot D^2}{4} \cdot h_c = \pi \cdot D \cdot T \cdot \cos\alpha$

가 성립하며 일반적인 모관상승고 산정식은 $h_c = \dfrac{4T\cos\alpha}{\gamma_w D}$ 이다.

(T : 표면장력(g/cm), α : 접촉각, D : 모세관의 지름(cm), γ_w : 물의 단위중량(g/cm^3))

Hazen의 모관상승고 공식

$h_c = \dfrac{c}{e \cdot D_{10}}$ (e : 공극비, D_{10} : 유효입경, c : 입자의 모양이나 상태에 의한 상수로 $0.1 \sim 0.5\text{cm}^2$)

4.4. Darcy의 법칙

물의 유출속도 : $V = KI = K\dfrac{\Delta h}{L}$, $V_s = \dfrac{V}{n}$

(V : Darcy의 평균유속(간극 속을 통과하는 유속, K : 투수계수(cm / sec)

투수계수 $K = D_s{}^2 \cdot \dfrac{r_w}{\eta} \cdot \dfrac{e^3}{1+e} \cdot C$

D_s : 흙 입자의 입경, r_w : 물의 단위중량

η : 물의 점성계수, e : 공극비, C : 합성형상계수

- 지하수의 흐름은 층류이며 정상류이다.
- 투수물질은 균일하고 동질이다.
- 대수층내의 모관수대는 존재하지 않는다.
- 1 Darcy는 약 $0.987 \times 10^{-8}\text{cm}^2$이다.
- Darcy법칙은 일반적으로 $Re < 4$의 범위에서 적용하며 $1 < Re < 10$인 범위에서 적용가능하다.(지하수는 레이놀즈수가 1이므로 적용가능하다.)
- 흙 입자의 크기가 클수록 투수계수가 증가한다.
- 물의 밀도와 농도가 클수록 투수계수가 증가한다.
- 물의 점성계수가 클수록 투수계수가 감소한다.
- 온도가 높을수록 물의 점성계수가 감소하여 투수계수는 증가한다.
- 간극비가 클수록 투수계수가 증가한다.
- 지반의 포화도가 클수록 투수계수가 증가한다.
- 점토의 구조에 있어서 면모구조가 이산구조보다 투수계수가 크다.
- 점토는 입자에 붙어 있는 이온농도와 흡착수 층의 두께에 영향을 받는다.
- 흙 입자의 비중은 투수계수와 관련이 없다.

TIP

투수계수에 대한 경험공식 (Hazen공식): 매우 균등한 모래에 적용하는 공식으로 $K = C \cdot D_{10}^2$ (C는 100~150/cm · sec, D_{10}은 유효입경(cm))

4.5. 비균질 토층의 평균투수계수 (K_h : 수평방향 투수계수, K_v : 수직방향 투수계수)

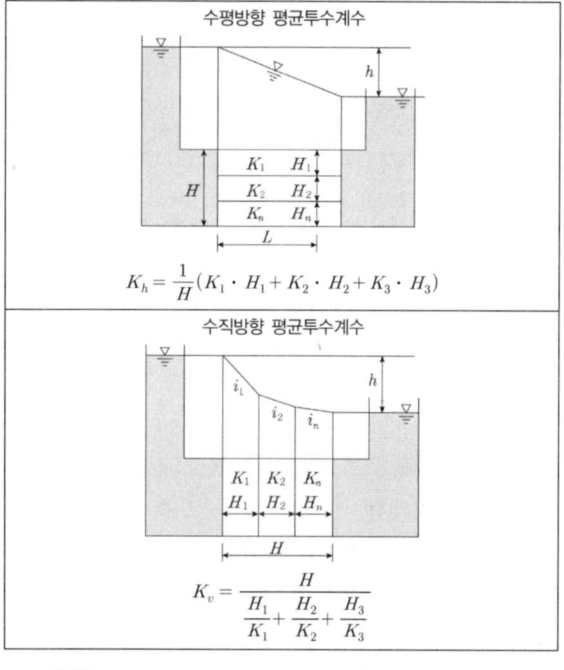

TIP

등가등방성 투수계수 산정식 ⋯ $K' = \sqrt{K_h \cdot K_z}$

4.6. 유선망

(1) 유선망의 기본가정

- Darcy의 법칙을 기본전제로 한다.
- 흙은 등방성이며 균질하다.
- 흙은 포화상태이고 모관현상은 고려하지 않는다.
- 흙이나 물은 비압축성이며 물이 흐르는 동안 압축이나 팽창은 발생하지 않는다.

(2) 용어정리

- **유선** : 투수층의 상류부에서 하류부로 물이 흐르는 자취
- **유로** : 인접한 두 유선 사이의 통로
- **등수두선** : 손실수두가 서로 같은 점을 연결한 선으로 동일 선상의 모든 점에서 전수두가 같다.
- **등수두면** : 인접한 두 등수두선 사이의 공간을 말한다.

(3) 유선망의 특징

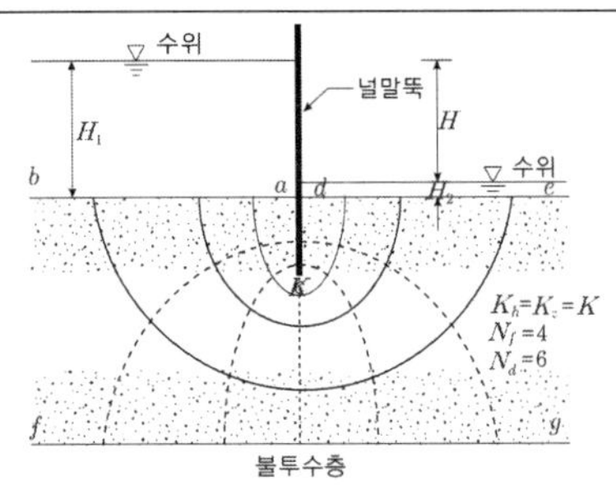

q는 침투유량, H는 전수두차,
N_f는 유로(유면)의 수, N_d는 등수두면의 수

- 유로는 인접한 유선 사이에 있는 물이 흐르는 띠 모양의 부분으로서 각 유로의 침투유량은 동일하다.
- 각 등수두면 간의 손실수두는 모두 같다. (인접한 등수두선의 수두차는 동일하다.)
- 유선과 등수두선은 서로 직교한다.
- 유선망으로 만들어지는 사각형은 이론상 정사각형이므로 유선망의 폭과 길이는 같다.
- 침투속도 및 동수구배는 유선망의 폭(간격)에 반비례한다.
- 투수층의 상류표면(ab), 하류표면(de)은 등수두선이다.
- 불투수층의 경계면(fg)은 유선이다.
- 널말뚝(acd)도 불투수층이므로 유선이다.
- 유선의 수가 6개이면 유로의 수는 5개이다.

(4) 유선망의 수두결정

- **전수두** : 기준면에서부터 피에조미터 내의 수면까지의 물기둥 높이
- **압력수두** : 피에조미터를 꽂은 점에서부터 피에조미터 내의 수면까지의 물기둥높이
- **위치수두** : 기준면에서부터 피에조미터를 꽂은 점까지의 물기둥 높이 (기준면보다 피에조미터를 꽂은 점이 아래에 있으면 -값이다.)

4.7. 침윤선

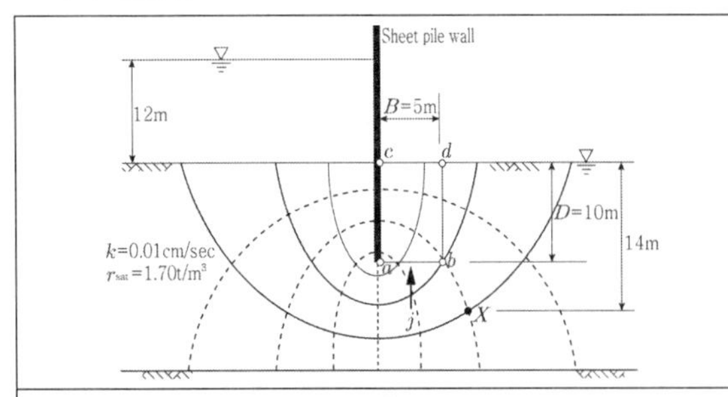

지반의 포화단위중량 : $\gamma_{sat} = 1.7\text{t/m}^3$

투수계수 : $K = 0.01\text{cm/sec}$

유면 $N_f = 4$, 등수두면 $N_d = 8$

유량의 산정 : $Q = KH\dfrac{N_f}{N_d} = 51.84\text{m}^3/\text{day/m}$

X점의 전수두 : $h = \dfrac{H}{N_d}N_X{}' = \dfrac{12}{8}(2) = 3\text{m}$

X점의 위치수두 : $h_e = -z = -14\text{m}$

X점의 압력수두 : $h_p = h - h_e = 3 - (-14) = 17\text{m}$

간극수압 : $u = \gamma_w h_p = 1 \cdot 17 = 17\text{t/m}^2$

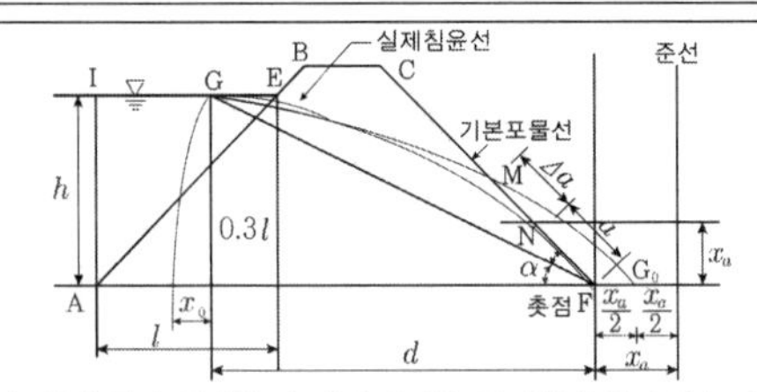

- 흙댐을 통해 물이 통과할 때 여러 유선들 중 최상부의 유선을 말한다.
- 형상은 일반적으로 포물선으로 가정한다.
- 일종의 자유수면이므로 압력수두가 0이다.
- 위치수두만 존재한다.
- 불투수층 경계면도 유선으로 친다.
- 일종의 등압선이다.
- 상류측 경사는 전수두가 일정하므로 등수두선이다.
- 필터가 있을 경우에는 필터층은 전수두가 0인 등수두선이다.
- 하류측 경사는 등수두선도, 유선도 아니다.

5. 유효응력

5.1. 유효응력의 개념

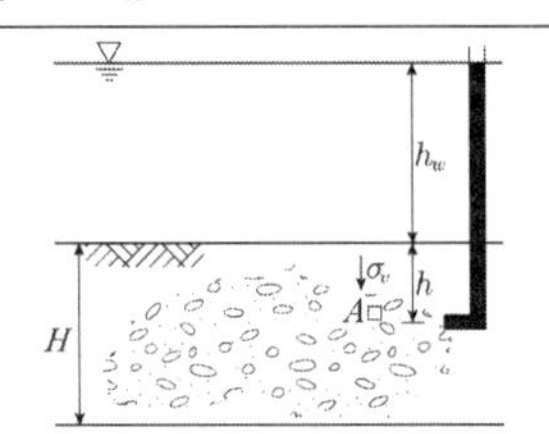

- **전응력(σ)** : 전체 흙에 작용하는 단위면적당 법선응력으로서 유효응력과 간극수압의 합 $\sigma = \gamma_w h_w + \gamma_{sat} h$
- **유효응력(σ')** : 전응력에서 간극수압을 뺀 값 (흙입자가 부담하는 응력으로 흙 입자의 접촉점에서 발생하는 단위면적당 작용하는 힘)
  $\sigma' = \sigma - u = \gamma_w h_w + \gamma_{sat} h - \gamma_w h_w - \gamma_w h = \gamma_{sub} h$
- **간극수압(u)** : 간극을 채우고 있는 물이 부담하는 응력
  $u = \gamma_w h_w + \gamma_w h = \gamma_w (h_w + h)$
- **과잉간극수압** : 포화되어 있는 흙에 하중이 작용하면 그 외부하중으로 인하여 간극수에 작용하는 간극수압

5.2. 침투수압

지반 내부의 임의 지점에서의 유효응력은 물의 침투 때문에 변화하는데 상향침투 시 유효응력은 침투수압만큼 감소하고 하향침투 시 유효응력은 침투수압만큼 증가한다. 즉, 상향침투 시 간극수압은 침투수압만큼 증가하며 하향침투시 간극수압은 침투수압만큼 감소한다.

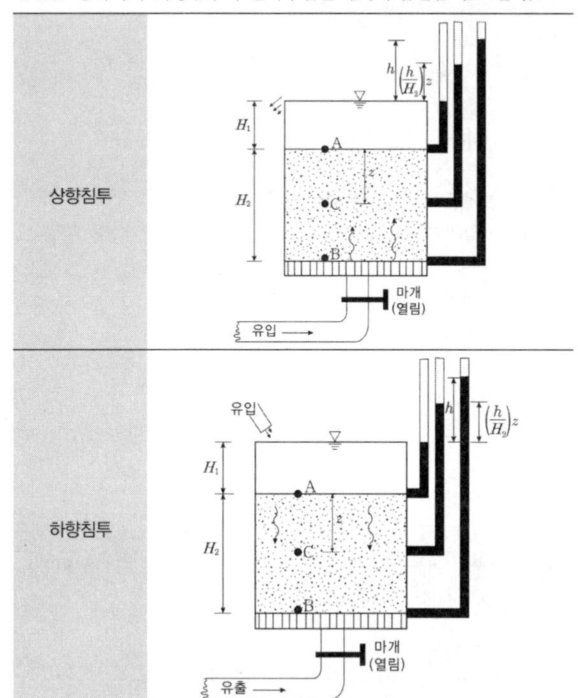

지점	상향침투 시 간극수압
A	$\gamma_w \cdot H_1$
C	$\gamma_w(H_1+z)+i\cdot\gamma_w\cdot z$
B	$\gamma_w(H_1+H_2+h)$

지점	하향침투 시 간극수압
A	$\gamma_w \cdot H_1$
C	$\gamma_w(H_1+z)-i\cdot\gamma_w\cdot z$
B	$\gamma_w(H_1+H_2-h)$

5.3. 분사 현상

- 분사현상 : 침투수압에 의해 흙 입자가 물과 함께 유출되는 현상으로 주로 모래에서 일어난다.
- 한계동수경사 : 상향침투에서 유효응력이 0이 될 때의 동수경사

$$i_c=\frac{\gamma_{sub}}{\gamma_w}=\frac{G_s-1}{1+e}$$

- 분사현상이 일어날 조건 : 동수경사가 한계동수경사이상인 경우 $(i \geq i_c)$
- 안전율 : $F_s=\dfrac{i_c}{i}=\dfrac{\dfrac{G_s-1}{1+e}}{\dfrac{h}{L}}$

6. 지중응력

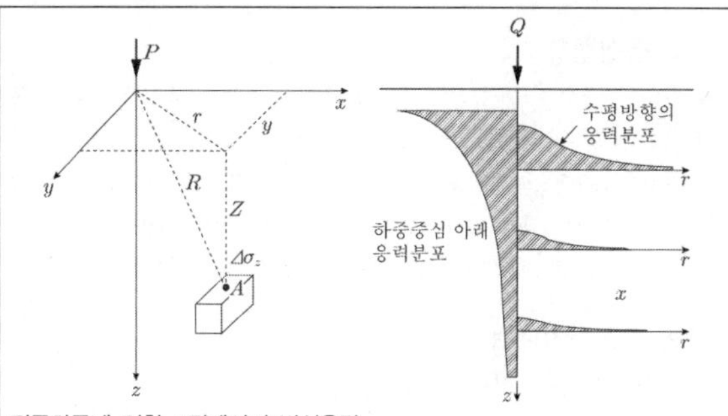

집중하중에 의한 A점에서의 법선응력

$$\Delta\sigma_Z=\frac{P}{Z^2}I_1$$

$$I=\frac{3Z^5}{2\pi R^5} \quad (R=\sqrt{r^2+Z^2})$$

지반을 균질, 등방성의 자중이 없는 반무한 탄성체로 가정하였다.(탄성변형계수(E)는 고려되지 않았다.)

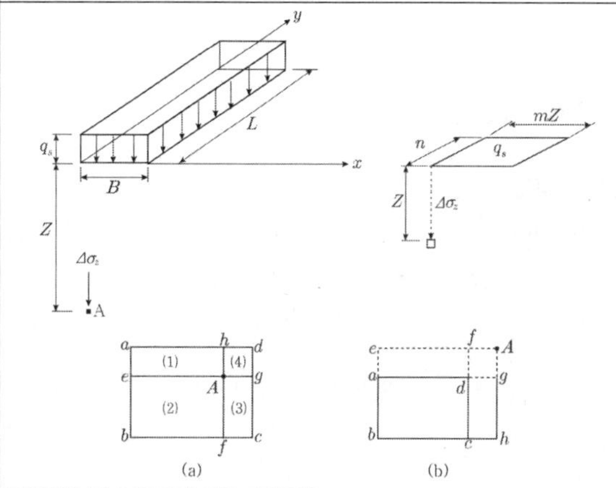

직사각형 등분포하중에 의한 지중응력

연직응력의 증가량 : $\Delta\sigma_Z=q_sI$

영향계수 : $I=f(m,\ n)=f\left(\dfrac{B}{Z},\ \dfrac{L}{Z}\right)$

(a) 임의의 점 A가 구형안에 있는 경우

$$\Delta\sigma_Z=\sigma_{Z(aeAh)}+\sigma_{Z(bfAe)}+\sigma_{Z(cgAf)}+\sigma_{Z(dhAg)} = q[I(1)+I(2)+I(3)+I(4)]$$

(b) 임의의 점 A가 구형 밖에 있는 경우

$$\Delta\sigma_Z=\sigma_{Z(Aebh)}+\sigma_{Z(Afdg)}-\sigma_{Z(Aeag)}-\sigma_{Z(Afch)}$$

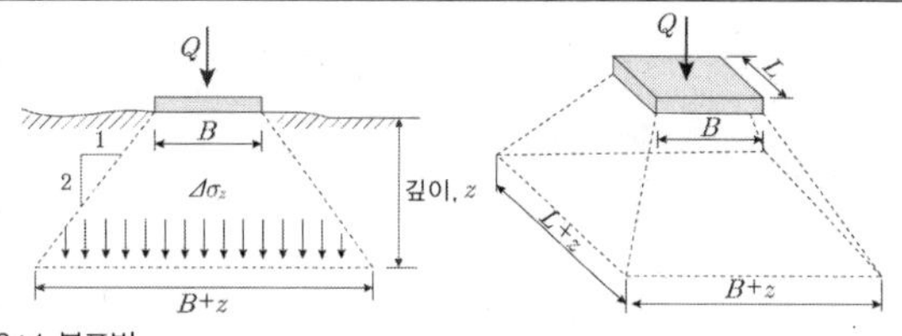

2 : 1 분포법

$$P=q_SBL=\Delta\sigma_z(B+Z)(L+Z)$$

$$\Delta\sigma_z=\frac{P}{(B+Z)(L+Z)}=\frac{q_sBL}{(B+Z)(L+Z)}$$

7. 흙의 동해

7.1. 동상현상

- 흙 속의 공극수가 동결되어 부피가 팽창되기 때문에 지표면이 부풀어 오르는 현상이다.
- 0℃ 이하의 온도가 장기간 지속되면 모세관 압력에 의해 물이 상승하여 서릿발(Ice lense)이 형성되어 동상의 원인이 된다.
- 모래, 자갈층보다 실트와 같은 세립토층에서 쉽게 발생한다.

7.2. 동상방지대책

- 단열재와 배수층을 필히 설치한다.
- 중요한 구조물의 기초는 동결심도 이하에 설치한다.
- 화학약품을 처리하여 동결온도를 저하시킨다.
- 동상현상은 동결심도 상부의 흙을 동결하기 어려운 자갈, 쇄석 등으로 채우면 훨씬 덜해진다.
- 눈이 많이 쌓이는 지방에서는 쌓인 눈이 어느 정도 보온(保溫)의 역할을 하므로, 지중의 냉각을 약화시켜 심한 동상이 감소되는 수도 있다.

8. 흙의 압축성

8.1. 압밀

(1) 압밀일반사항

- 압밀은 간극 속의 물과 공기를 제거하는 것을 말한다.
- 압밀시험을 통해 압축지수, 압밀계수, 압밀시간, 압밀 침하량 등을 구할 수 있다.
- 프리로딩고업, 샌드드레인공법 등을 적용하면 연약지반을 개량할 수 있다.
- 교란된 시료로 압밀시험을 하면 실제보다 침하량이 작게 계산된다.
- 2차 압밀량은 유기질토에서 크게 나타난다.
- e-log p곡선에서 선행압밀하중을 구할 수 있다.
- 압밀계수를 구하는 방법에는 $\sqrt{t}$ 방법과 log t 방법이 있다.

(2) 평균압밀도(U_{age})

임의시간에서 깊이에 따른 과잉간극수압의 분포도로서 위치에 따라 압밀도가 다르므로 전 층에 대해 평균한 압밀도를 말한다.

$U_{age} = 1-(1-U_v)(1-U_h)$

($\overline{U}=\dfrac{S_{ct}}{S_c}$, $\overline{U}$: 평균압밀도, S_c : 전 압밀침하량, S_{ct} : t 시간에서의 침하량)

8.2. 침하의 종류

탄성(즉시)침하량

$$S_t = qB\frac{1-\mu^2}{E}I_w$$

q : 기초의 하중강도(t/m^2)
B : 기초의 폭(m)
μ : 지반의 푸아송비
E : 흙의 탄성계수
I_w : 침하에 의한 영향값

8.3. Terzaghi의 압밀이론 가정

Terzaghi는 압밀이론을 유도함에 있어서 아래와 같은 가정을 하였다.

- 흙은 균질하다.
- 흙 입자 사이의 공극은 완전히 포화되어 있다.
- 흙 입자와 물의 압축성은 무시한다.
- 흙 속의 물의 이동은 다르시의 법칙(Darcy's Law)을 따른다.
- 압력의 크기에 관계없이 투수계수는 일정하다.
- 흙의 압축은 1차원 연직 방향으로만 발생하며, 횡방향의 변위는 구속되어 있다.
- 물의 흐름은 1차원 연직 방향으로만 일어난다.
- 간극비는 유효응력 증가에 반비례하여 감소한다.
- 미소 흙요소의 거동은 흙이 받는 압력의 크기에 관계없이 일정하다.
- 2차 압밀(secondary consolidation)은 무시한다.

8.4. 압밀시험

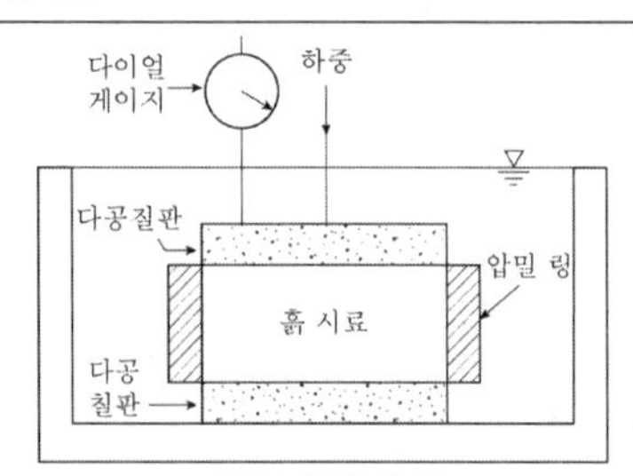

1차원 표준압밀시험

- 흙 시료를 금속 고리 속에 넣고 2개의 다공질 석판을 상하면에 각각 넣는다.
- 시료의 직경은 보통 60mm이며 두께는 20mm이다.
- 시료에 대한 하중은 재하지레(lever arm)를 사용하여 가하며 압축량은 정밀한 변형량 측정 장치로 잰다.
- 시험하는 동안 시료는 물 속에 잠기게 한다.
  각 압력은 보통 24시간동안 재하한 상태로 두며, 압력을 2배씩 증가해 가면서(즉, 시료에 대한 압력을 2배로 한다.) 압축량을 계속 측정한다.
- 시험의 맨 마지막에 시료의 건조중량을 측정한다.

8.5. 압밀점토

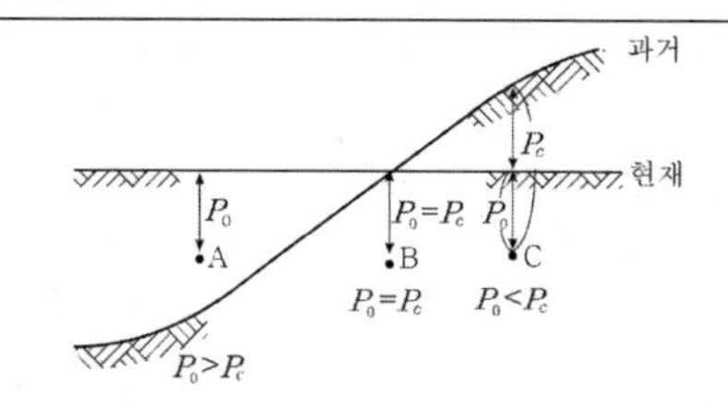

- 압밀진행중인 점토(A점) : 하중을 가하지 않은 점토로서 OCR<1로서 공학적으로 불안정상태이다.
- 정규압밀점토(B점) : 현재 받고 있는 유효상재하중이 과거에 받았던 최대하중인 경우로 OCR=1이다.
- 과압밀점토(C점) : 현재 받고 있는 유효상재하중이 과거에 받았던 최대하중보다 작은 하중인 경우로 OCR>1이며 공학적으로 안정상태이다.

8.6. 압밀침하량 및 압밀시간 산정

압밀침하량 : $\Delta H = \dfrac{e_1 - e_2}{1+e_1}H = \dfrac{C_c}{1+e_1}\log\dfrac{P_2}{P_1}H$

압밀시간 : $t_n = \dfrac{T_v H^2}{C_v}$

압축지수 $C_c = \dfrac{e_1 - e_2}{\log P_2 - \log P_1}$	$e - \log P$ 곡선에서 직선부분의 기울기로서 무차원이다.
압축계수 $a_v = \dfrac{e_1 - e_2}{P_2 - P_1}(cm^2/kg)$	하중 증가에 대한 간극비의 감소비율을 나타내는 계수로서 e-P곡선의 기울기이다.
체적변화계수 $m_v = \dfrac{a_v}{1+e}(cm^2/kg)$	하중 증가에 대한 시료체적의 감소비율을 나타내는 계수이다.
압밀계수(C_v)	압밀진행의 속도를 나타내는 계수로서 시간-침하곡선에서 구한다.

(T_v : 시간계수, H : 배수거리(양면배수시는 점토층 두께의 1/2, 일면배수시에는 점토층 두께이다.)

9. 흙의 전단강도

9.1. Mohr-Coulomb의 파괴이론

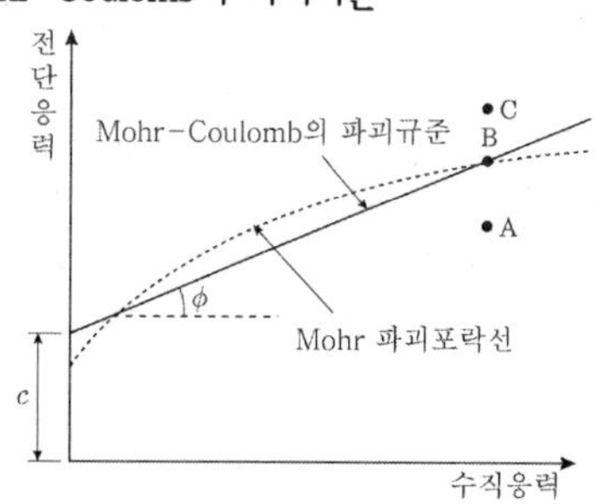

- A점 : 전단파괴가 일어나지 않는다.
- B점 : 전단파괴가 일어난다.
- C점 : 전단파괴가 일어난 이후로서 이러한 경우는 존재할 수 없다.

- 수직응력은 단면에 수직방향의 응력을 의미한다.
- 수직응력에는 인장응력과 압축응력이 있다.
- 전단응력은 단면과 나란한 방향의 응력이다.
- 전단강도는 점착력과 내부마찰각의 크기로 나타난다.
- 전단강도는 수직응력에 비례한다.
- 점착력은 파괴면에 작용하는 수직응력의 크기에 무관하다.
- 전단응력이 전단강도를 초과하면 흙의 내부에서 파괴가 발생한다.
- 내부마찰각은 수직응력에 무관하다.

9.2. 모어의 응력원(Mohr's circle)

- 평면에 작용하는 요소의 응력을 원으로 표시하여 주응력 및 경사면에서의 응력을 구하는 방법이다.
- 축방향력을 받는 부재의 임의 단면에 발생하는 응력의 성질을 나타낸다.
- 흙의 전단강도나 토압이론 등 토질역학을 연구하는 데 중요한 수단이 된다.
- 모어원으로부터 주응력의 크기와 방향을 구할 수 있다.
- 최대 전단응력의 크기는 두 주응력의 차이의 반이다.
- 모어원의 중심의 x좌표값은 직교하는 두 축의 수직응력의 평균값과 같고 y좌표값은 0이다.
- 모어원이 그려지는 두 축 중 연직(y)축은 전단응력의 크기를 나타낸다.

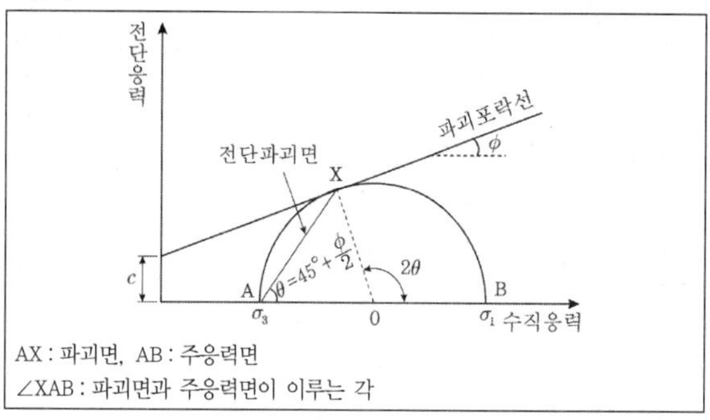

AX : 파괴면, AB : 주응력면
∠XAB : 파괴면과 주응력면이 이루는 각

- 파괴포락선과 Mohr원이 X점에서 접한다. (포락선 : 특정한 규칙성을 가진 곡선무리의 모두에 접하는 곡선)
- A와 X를 잇는 선이 파괴면이다.
- 파괴면과 최대주응력면이 이루는 각은 θ이다.
- 모어원 작도시 부호는 수직응력은 압축을 +, 전단응력은 반시계방향을 +로 한다.
- 최대주응력면이 파괴면과 이루는 각 $\theta = 45^o + \dfrac{\phi}{2}$
- 최소주응력면이 파괴면과 이루는 각 $\theta = 45^o - \dfrac{\phi}{2}$
- 극점(평면기점) : 최대주응력점에서 최대주응력면에 평행선을 그어 모어원과 만나는 점
- 응력점 : 극점에서 파괴면과 평행선을 그어 모원과 만나는 점

9.3. 전단강도정수 산정시험

(1) 직접전단시험

- 흙 시료의 전단파괴면을 미리 정해놓고 흙의 강도를 구하는 시험으로서 흙 시료의 전단강도를 측정하는 실내실험이다. 시공 중 즉각적인 함수비의 변화가 없고 체적의 변화가 없는 경우 점토의 초기 안정해석(단기안정해석)에 적용한다.
- 배수가 용이하나 조절이 어렵고 진행성 파괴가 일어나며 간극수압의 측정이 곤란하다. 또한 응력이 전단면에 골고루 분포되지는 않는다.

(2) 일축압축시험

- **일축압축시험** : 비압밀 비배수 시험에서 $\sigma_3 = 0$인 상태의 삼축압축시험과 같다.
- 최대주응력면이 파괴면과 이루는 각 $\theta = 45^o + \dfrac{\phi}{2}$
- 최소주응력면이 파괴면과 이루는 각 $\theta = 45^o - \dfrac{\phi}{2}$
- 일축압축강도 $q_u = 2c \cdot \tan\left(45^o + \dfrac{\phi}{2}\right) \fallingdotseq \dfrac{N}{8}$
- **변형계수** : 일축압축강도의 1/2되는 곳의 응력과 변형률의 비(기초의 즉시침하량에 이용됨)

9.4. 삼축압축시험

(1) 삼축압축시험

- 측압에 대한 파괴시의 최대주응력을 측정하고 측압을 증가시켜 가면서 그 때마다 최대주응력을 모어응력원에 작성하고 파포락선을 그려 강도정수를 구하는 시험이다. 비압밀비배수, 압밀비배수, 압밀배수시험으로 분류되며 강도정수를 구하는데 가장 유용하게 사용되는 신뢰성 높은 시험이다.
- 현장조건과 가장 유사한 실내 전단강도시험으로서 모든 토질에 이용이 가능하다.
- 전단 중에 간극수압을 측정할 수가 있다.
- 배수조건에 따라 UU(비압밀비배수), CU(압밀비배수), CD(압밀배수) 시험이 가능하다.
- 배수조건 조절이 가능하므로 현장조건과 거의 일치된 결과를 얻을 수가 있다.
- 파괴면의 방향이 자연 상태와 거의 비슷하다.
- 현장에서의 응력상태를 재현할 수가 있다.

(2) 삼축압축시험의 종류

① **비압밀 비배수시험**(단기간 안정해석) … 시료 내의 공극수가 빠져나가지 못하도록 한 상태에서 구속압력을 가한 다음 비배수 상태로 축차응력을 가해 시료를 전단파괴시키는 시험이다. 포화점토가 성토 직후에 급속한 파괴가 예상되는 조건으로 행하는 시험이다.
- 점토지반이 급속시공 중 또는 급속성토한 후 급속한 파괴가 예상되는 경우
- 압밀이나 함수비의 변화가 없이 급속한 파괴가 예상되는 경우
- 재하속도가 과잉공극수압의 소산속도보다 빠른 경우
- 즉각적인 함수비의 변화, 체적의 변화가 없는 경우
- 점토지반의 단기적 안정해석을 하는 경우

> **TIP**
> 비배수라 함은 점토에서는 배수에 오랜 시간이 필요한데 파괴가 급한 속도로 일어났으므로 배수가 일어나지 않은 상황이다.

② **압밀 비배수시험**(중기안정해석) … 포화시료에 구속응력을 가해 공극수압이 0이 될 때까지 압밀시킨 다음 비배수 상태로 축차응력을 가해 시료를 전단파괴시키는 시험이다. 어느 정도 성토를 시켜놓고 압밀이 이루어지게 한 후 몇 개월 후에 다시 성토를 하면 압밀이 다시 일어나도록 한 시험이다.
- 어느 정도 성토를 시켜놓고 압밀이 이루어지게 한 후 몇 개월 후에 다시 성토를 하면 압밀이 다시 일어나면서 급속한 파괴가 일어난다.
- 기존의 제방, 흙 댐에서 수위가 급강하할 때의 안정해석을 하는 경우
- 사전압밀 후 급격한 재하시의 안정해석을 하는 경우

③ **압밀 배수시험**(장기안정해석) : 포화시료에 구속응력을 가해 압밀시킨 다음 배수가 허용되도록 밸브를 열어 놓고 공극수압이 발생하지 않도록 서서히 축차응력을 가해 시료를 전단파괴시키는 시험이다. 과잉수압이 빠져나가는 속도보다 더 느리게 시공을 하여 완만하게 파괴가 일어나도록 하는 시험이다.
- 성토하중에 의하여 압밀이 서서히 진행되고 파괴도 극히 완만하게 진행될 때, 즉 과잉수압이 빠져나가는 속도보다 더 느리게 시공을 하여 완만하게 파괴가 일어나는 경우
- 공극수압의 측정이 곤란한 경우
- 점토지반의 장기적 안정해석을 하는 경우
- 흙 댐의 정상류에 의한 장기적인 공극수압을 산정하는 경우
- 과압밀점토의 굴착이나 자연사면의 장기적 안정해석을 하는 경우
- 투수계수가 큰 모래지반의 사면 안정해석을 하는 경우

> **TIP**
> 비압밀배수시험은 토질 및 기초에서 다루지 않는 개념이다. 점토 자체가 물을 빨아들이는 성질이 있으므로 하중(압력)을 받지 않으면 가지고 있는 물을 배출하지 않게 된다. 햇빛을 오래 동안 쬐게 되면 점토 내의 수분이 제거되기는 하겠지만 기본적으로 점토는 불투수성이기 때문에 햇빛을 장기간 쬐어도 내부의 수분은 좀처럼 제거되지 않는다. 즉, 점토의 경우 압밀되는 상황이 아니라면 배수가 이뤄지지 않으며 따라서 비압밀배수라는 것은 자연적인 상태로 볼 수 없기 때문이다.

9.5. 간극수압계수

- 간극수압의 증가량을 전응력의 증가량으로 나눈 값이다.
- **A계수** : 삼축압축 시 생기는 공극수압계수(-0.5와 1사이의 값)
- **B계수** : 등방압축 시 생기는 공극수압계수(포화토일 경우 1)
- **D계수** : 일축압축 시 생기는 공극수압계수

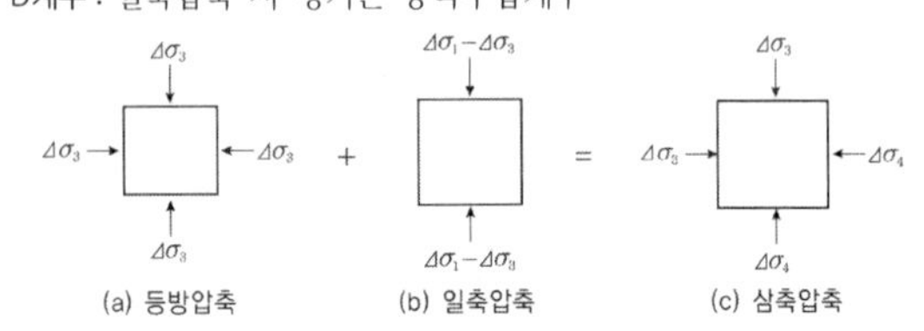

(a) 등방압축 (b) 일축압축 (c) 삼축압축

9.6. 응력경로

지반 내 임의의 요소에 작용되어 온 하중의 변화과정을 응력평면 위에 나타낸 것이다. 흙의 한 요소가 받는 응력상태는 Mohr원으로 나타낼 수 있으며 최대전단응력을 나타내는 Mohr원 정점의 좌표인 (p, q)점의 궤적을 응력경로라고 한다. 응력경로는 전응력으로 표시하는 전응력경로(Total Stress Path : TSP)와 유효응력으로 표시하는 유효응력경로(Effective Stress Path : ESP)로 구분된다.

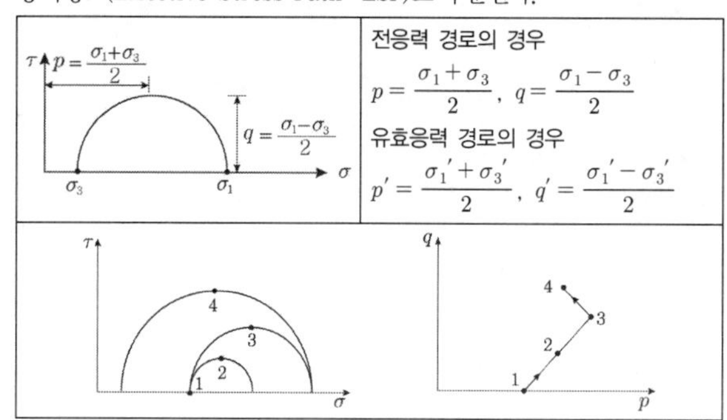

9.7. 내부마찰각과 N치의 관계

입도 및 입자상태	내부마찰각
흙 입자가 모가 나고 입도가 양호	$\phi=\sqrt{12N}+25$
흙 입자가 모가 나고 입도가 불량 흙 입자가 둥글고 입도가 양호	$\phi=\sqrt{12N}+20$
흙 입자가 둥글고 입도가 불량	$\phi=\sqrt{12N}+15$

10. 흙의 다짐

10.1. 다짐곡선

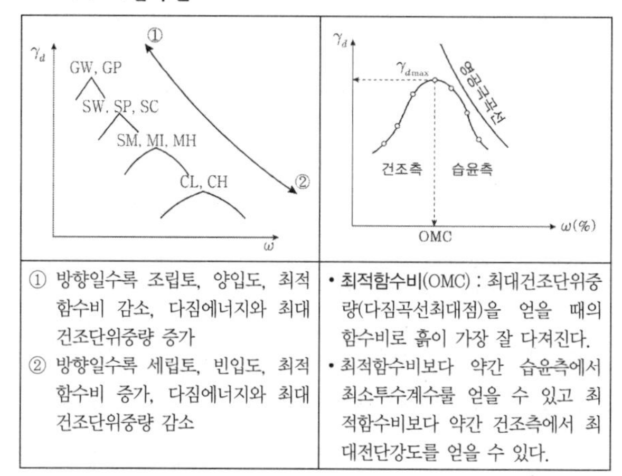

TIP

흙을 아무리 잘 다져도 공기를 완전히 배출시킬 수가 없으므로 다짐곡선은 반드시 영공극곡선의 왼쪽에 그려진다.

10.2. 다짐에너지

흙을 다질 때 단위체적당 흙에 가해지는 에너지로서 다음의 식에 따라 산정된다.

$$E=\frac{W_R\cdot H\cdot N_B\cdot N_L}{V}$$

$$=\frac{\text{램머무게[kg]}\cdot\text{낙하고}\cdot\text{다짐횟수}\cdot\text{다짐층수}}{\text{몰드의 체적[cm}^3\text{]}}$$

TIP

다짐에너지가 증가하면 최적함수비는 감소하고 최대건조중량은 증가한다.

10.4. CBR시험(노상토 관입시험)

- 노상토의 지지력비를 결정하기 위한 시험이며 주로 아스팔트포장도로의 포장설계 시 두께를 산정하기 위해 사용된다.
- CBR값 = (실험단위하중/표준단위하중)×100[%]이다.
- 관입시험 시 어떤 관입량에서의 표준 하중강도에 대한 시험하중 강도의 백분율로써 통상 관입량 2.5mm에서의 값이다.
- 공시체를 사용해야 하며 실험실의 CBR시험 이후 현장의 CBR시험을 수행한다.

11. 토압

11.1. 정지토압, 주동토압, 수동토압

- 정지토압(P_o) : 횡방향 변위가 없는 상태에서 수평방향으로 작용하는 토압
- 주동토압(P_A) : 뒤채움 흙의 압력에 의해 옹벽이 뒤채움 흙으로부터 멀어지는 경우, 뒤채움 흙이 팽창하여 파괴될 대의 수평방향의 토압
- 수동토압(P_p) : 어떤 힘에 의해 옹벽이 뒤채움 흙 쪽으로 움직인 경우, 뒤채움 흙이 압축하여 파괴될 때의 수평방향의 토압

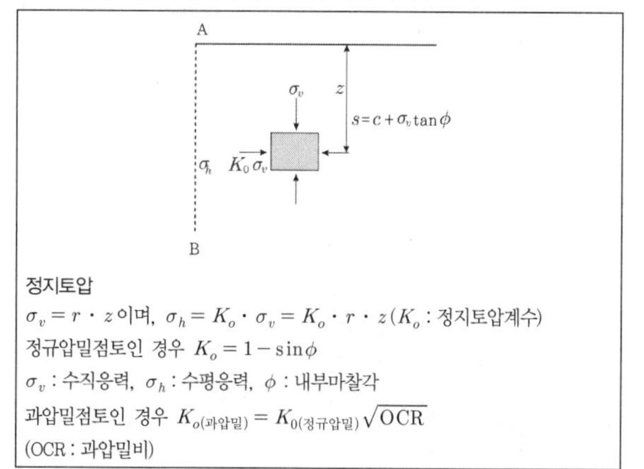

정지토압

$\sigma_v=r\cdot z$이며, $\sigma_h=K_o\cdot\sigma_v=K_o\cdot r\cdot z$ (K_o : 정지토압계수)

정규압밀점토인 경우 $K_o=1-\sin\phi$

σ_v : 수직응력, σ_h : 수평응력, ϕ : 내부마찰각

과압밀점토인 경우 $K_{o(\text{과압밀})}=K_{0(\text{정규압밀})}\sqrt{OCR}$

(OCR : 과압밀비)

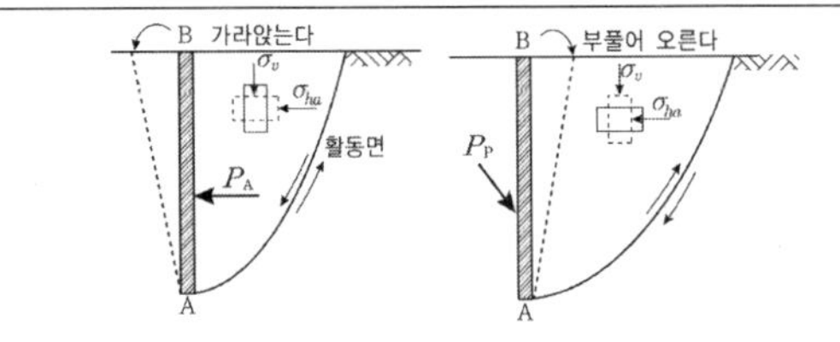

	주동토압상태	수동토압상태
지반상태	팽창	압축
수평응력	최소주응력	최대주응력
지표면	가라앉는다	부풀어오른다
활동면	급하다	완만하다

11-2. 옹벽에 작용하는 토압

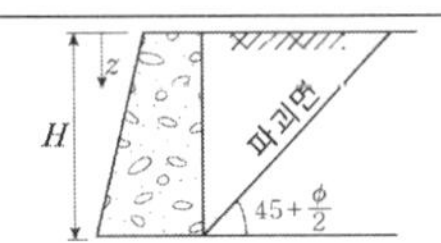

연직옹벽에 작용하는 토압

주동토압계수 $K_A = \tan^2\left(45^o - \frac{\phi}{2}\right) = \frac{1-\sin\phi}{1+\sin\phi}$

전주동토압 $P_A = \frac{1}{2} \cdot K_A \cdot r \cdot H^2$

토압의 작용점 $\bar{y} = \frac{1}{3}H$

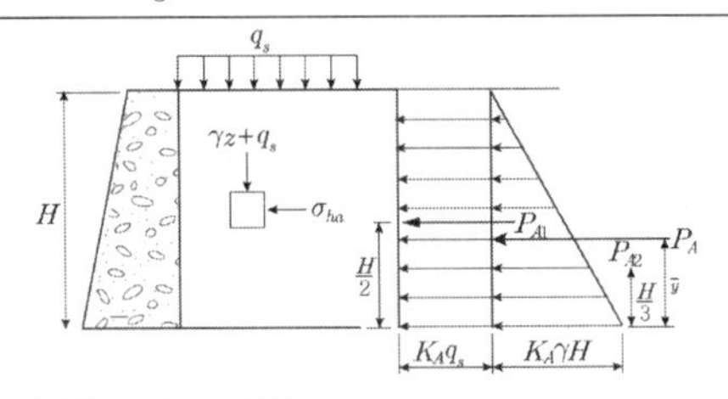

상재하중이 있는 경우의 토압분포

전주동토압

$P_A = P_{A1} + P_{A2} = K_A \cdot q_s \cdot H + \frac{1}{2} \cdot K_A \cdot r \cdot H^2$

토압의 작용 $\bar{y} \cdot P_A = P_{A1} \times \frac{H}{2} + P_{A2} \times \frac{H}{3}$

$$\bar{y} = \frac{\left(P_{A1} \times \frac{H}{2} + P_{A2} \times \frac{H}{3}\right)}{P_{A1} + P_{A2}}$$

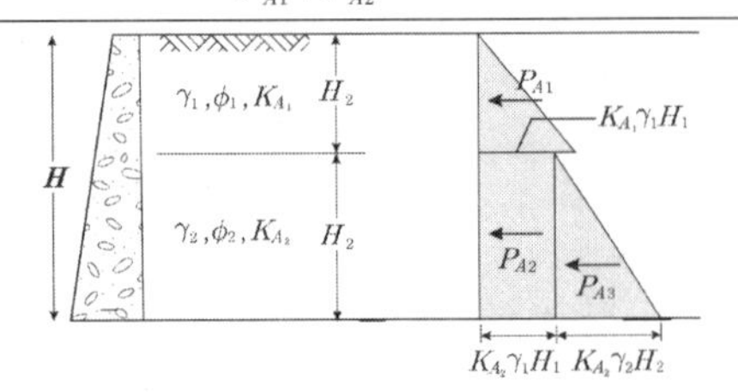

뒤채움 흙이 이질층인 경우의 토압

전주동토압

$P_A = \frac{1}{2} \cdot K_{A1} \cdot r_1 \cdot H_1^2 + K_{A2} \cdot r_1 \cdot H_1 \cdot H_2 + \frac{1}{2} \cdot K_{A2} \cdot r_2 \cdot H_2^2$

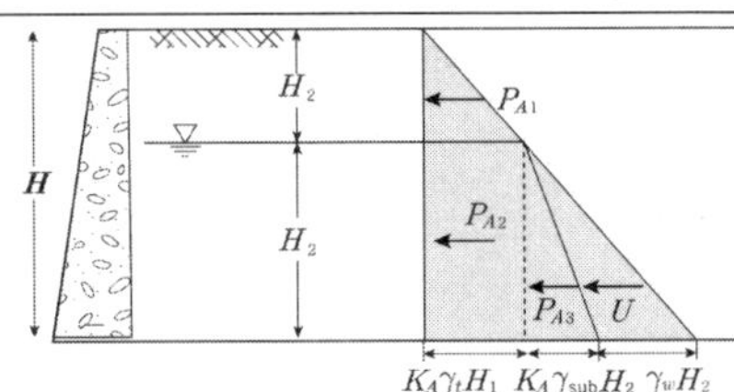

지하수가 있는 경우의 토압

전주동토압

$P_A = \frac{1}{2} \cdot K_{A1} \cdot r_1 \cdot H_1^2 + K_{A2} \cdot r_1 \cdot H_1 \cdot H_2 + \frac{1}{2} \cdot K_{A2} \cdot r_{sub} \cdot H_2^2 + \frac{1}{2} \cdot r_w \cdot H_2^2$

TIP

전주동토압 $P_A = P_{A1} + P_{A2} = K_A \cdot q_s \cdot H + \frac{1}{2} \cdot K_A \cdot r \cdot H^2$ 에서 $P_{A1} = K_A \cdot q_s \cdot H$는 모든 깊이에서 작용하는 등분포하중 q_s에 토압계수를 곱한 후 이를 높이에 따라 적분한 값이다. (힘은 응력을 적분한 값이므로)

TIP

그림을 자세히 살펴보면 $P_{A2} = K_{A1} r_1 H_1$이며 이는 상재하중에 토압계수 K_{A1}를 곱한 값이다. 그러므로 P_{A1}과 P_{A2}는 서로 다른 크기를 갖게 된다.

TIP

지하수가 있는 경우의 토압에서는 r_{sub}는 부력에 의해 비중이 줄어드는 수중단위중량이며 U의 분포도가 왼쪽으로 편향된 것은 본래 직각삼각형이었으나 이 값을 좌측의 P_{A3}에 합쳐서 위와 같은 형상이 된 것이다.

11.3. 토압이론

Rankine 토압론	Colomb 토압론
• 흙은 비압축성이고 균질등방성인 입자이다. • 지표면은 무한히 넓게 존재한다. • 토립자는 입자간의 마찰력에 의해서만 평형을 유지한다. • 중력만 작용하며 지반은 소성평형상태이다. • 지표면에 하중이 있으면 등분포하중이다. • 토압은 지표면에 평행하게 작용한다. • 벽마찰각을 무시한다.	• 파괴면은 평면이며 벽마찰각을 고려한다. • 가상 파괴면 내의 흙쐐기는 하나의 강체와 같이 작용한다.

TIP

옹벽배면각이 90도이고 뒤채움 흙이 수평이며, 벽마찰을 무시하면 Colomb의 토압은 Rankine의 토압과 같다. 또한 옹벽배면각이 90도이고 지표면의 경사각과 옹벽배면과 흙과의 마찰각이 같은 경우는 Colomb의 토압은 Rankine의 토압과 같다.

12. 사면의 안정

12.1. 기본용어

- **유한사면** : 활동하는 깊이가 사면의 높이에 비하여 비교적 큰 사면으로서 직립사면(흙막이 굴착 등), 단순사면(사면의 정부와 선단이 평면을 이루고 있는 사면)이 있다. 제방이나 댐이 그 예이다.
- **무한사면** : 활동하는 깊이가 사면의 높이에 비하여 작은 사면이며 암반이나 산의 사면이 그 예이다.

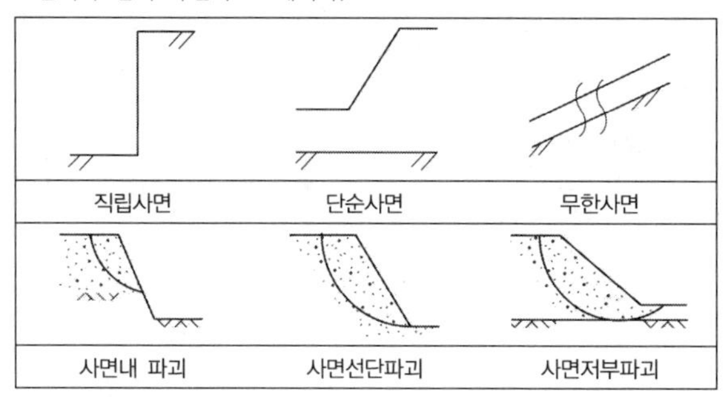

- **선행압밀하중** : 현재 지반 중에서 과거에 최대로 받았던 압밀하중을 말한다.
- **임계원** : 토괴의 이론 해석에 있어 가정된 안전율이 최소인 원이다. 임계활동면이 원형일 때를 말하며, 주어진 사면에서 임계원에 대한 최소안전율과 안전율표를 비교하여 안정성으로 판정한다.
- **한계고** : 구조물의 설치없이 사면이 유지되는 높이, 즉 토압의 합력이 0이 되는 깊이를 말한다. (한계고는 인장균열깊이, 즉 점착고의 2배이다.)

12.2. 유한사면의 안정

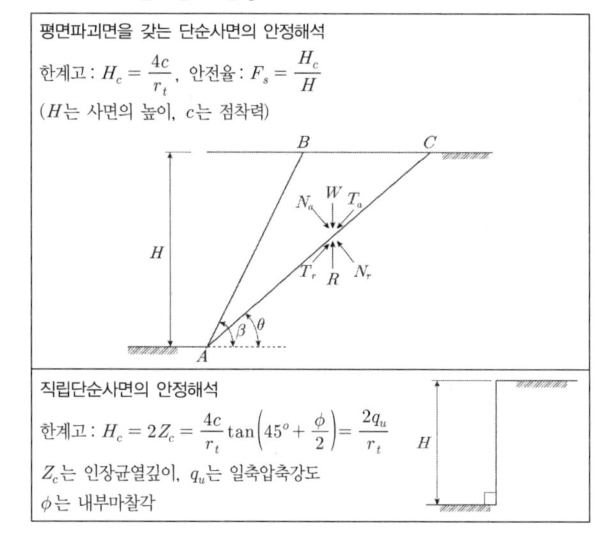

평면파괴면을 갖는 단순사면의 안정해석

한계고 : $H_c = \frac{4c}{r_t}$, 안전율 : $F_s = \frac{H_c}{H}$

(H는 사면의 높이, c는 점착력)

직립단순사면의 안정해석

한계고 : $H_c = 2Z_c = \frac{4c}{r_t}\tan\left(45^o + \frac{\phi}{2}\right) = \frac{2q_u}{r_t}$

Z_c는 인장균열깊이, q_u는 일축압축강도

ϕ는 내부마찰각

12.3. 무한사면의 안정

지하수위가 파괴면 아래에 있는 무한사면인 경우

수직응력 $\sigma = r \cdot H \cdot \cos^2\beta$

전단응력 $\tau = r \cdot H \cdot \cos\beta \cdot \sin\beta$

지하수위가 지표면과 일치하는 무한사면인 경우

수직응력 $\sigma = r_{sat} \cdot H \cdot \cos^2\beta$

간극수압 $u = r_w \cdot H \cdot \cos^2\beta$

전단응력 $\tau = r_{sat} \cdot H \cdot \cos\beta \cdot \sin\beta$

안전율 기본식 $F_s = \frac{\tau_f}{\tau_d} = \frac{c' + (\sigma - u) \cdot \tan\phi'}{\tau_d}$

모래지반은 점착력이 0이므로 $F_s = \frac{\tan\phi}{\tan\beta}$

12.4. 사면안정해석법

- **질량법** : 활동을 일으키는 파괴면 위의 흙을 하나의 물체로 취급ㄴ하는 방법으로 흙이 균질한 경우에 적용이 가능하나 자연사면의 경우 거의 적용할 수 없다.

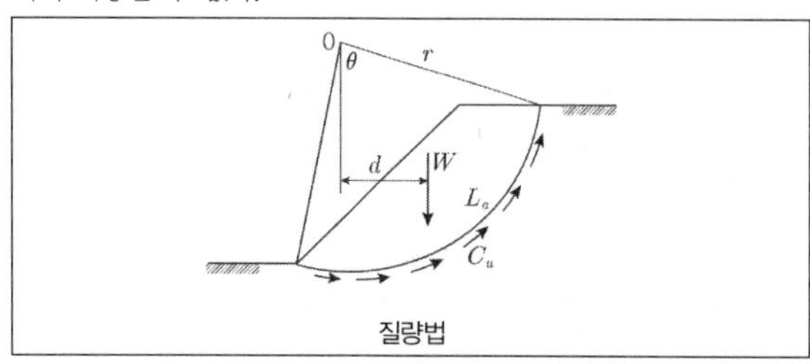

질량법

- **절편법(분할법)** : 활동을 일으키는 파괴면 위의 흙을 여러 개의 절편으로 나눈 후 각각의 절편에 대해 해석을 하는 방법이다. 균질하지 않은 지반의 사면안정해석에 적합하며 스웨덴법이라고도 한다. 분할법에 의한 사면안정해석시 가상활동면을 가장 먼저 결정해야 한다. (이질토층, 지하수위가 있는 경우에 적용할 수 있다.) Fellenius의 방법과 Bishop의 간편법이 주로 사용된다.

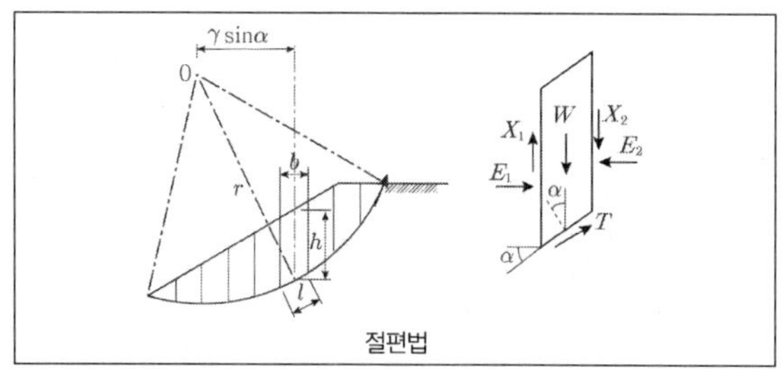

절편법

> Fellenius의 방법
> - 분할세편 양쪽에 작용하는 힘의 합력은 0이다.
> - $X_1 - X_2 = 0, E_1 - E_2 = 0$으로 가정한다.
> - 전응력해석 시 적용하며 단기안정해석(내부마찰각 ϕ=0)에 사용하고 간극수압을 무시한다.
>
> Bishop의 간편법
> - 분할세편 양쪽에 작용하는 힘들의 합은 수평방향으로 작용하고 연직방향의 합력은 0으로 가정한다. $X_1 - X_2 = 0, (E_1 \neq E_2)$으로 가정한다.
> - 간극수압을 고려하고 가장 널리 사용한다.
> - 유효응력 해석 시 적용하며 장기안정해석에 사용한다.

13. 지반조사

13.1. 보링

지반을 천공기로 구멍을 뚫은 후 심층까지 조사하는 방법으로서 흐트러진시료와 흐트러지지 않는 시료를 채취하고 지층의 변화, 지하수위 관측 등을 실시한다.

(1) 보링을 통한 암질판정

- **암질** : 암석은 여러 가지의 광물들이 모여 이루어지는데 이러한 암석을 구성하고 있는 광물의 조성이나 입도, 원마도, 도태도, 집합상태 등으로 본 암석의 여러 성질을 말한다.
- **암질지수(RQD)** : 절리의 다소를 나타내는 지표로서, RQD가 크면 암반의 상태가 양호하고 안정된 상태이고 RQD적으면 균열, 절리가 심한 불량한 암반이다. 그리고 탄성파 전파속도는 지질의 종류, 풍화의 정도 등의 지하 지질 구조를 추정하는 방법이다.
  - 암석의 암질지수
    : $\dfrac{\text{10cm 이상으로 회수된 암석 조각들의 길이의 합}}{\text{암석 코어의 이론상 길이}} \times 100\%$
  - 암석의 회수율 : $\dfrac{\text{회수된 암석의 길이}}{\text{암석 코어의 이론상 길이}} \times 100$
- **암반평점기준** : 암석의 강도, 암질지수(RQD), 절리의 상태, 절리의 간격, 지하수, 탄성파속도

> TIP
>
> 암질판정에 사용되는 암질지수(RQD)는 (절리의 다소)를 나타내는 지표로서 이 값이(크면) 암반의 상태가 양호하고 안정된 상태이다. 이를 산정하는 공식은 "암질지수(RQD) = (10)cm 이상으로 회수된 암석조각들의 길이의 합 / 암석 코어의 (이론상)길이) × 100(%)"이다. 또한 (탄성파 전파속도)를 이용하여 지질의 종류, 풍화의 정도 등의 지하 지질 구조를 추정할 수 있다.

(2) 보링 작업 중 샘플러로 채취한 시료의 불교란 조건

일반적으로 면적비가 10% 이하이면 잉여토의 혼입이 불가능한 것으로 보고 불교란 시료로 간주한다.

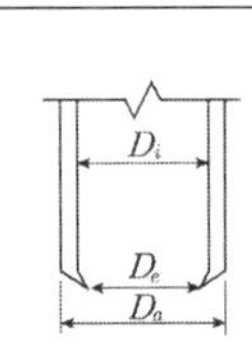

면적비 $A_r = \dfrac{D_0^2 - D_e^2}{D_e^2} \times 100\%$

D_0 : 샘플러의 외경

D_e : 샘플러의 내경

내부간격률 : 관 내부의 균등성을 보장하기 위한 조건

내부간격률 $= \dfrac{D_i - D_e}{D_e} \times 100\%$

13.2. 사운딩

Rod 선단에 설치한 저항체를 지중에 관입시키고 인발, 회전 등에 대한 저항치를 구한 후 이를 근거로 지반의 특성을 파악하는 지반조사 방법이다. 표준관입시험이 대표적인 예이다.

> 표준관입시험
> - 추의 무게는 63.5kg, 추의 낙하높이는 75cm, N치는 30cm 관입하는 타격 횟수, 토질 시험의 일종이다.
> - 지반이 건물 무게를 견딜 수 있는 능력을 측정하는 시험이다.
> - 기초의 설계 및 흙막이 설계를 위해 시험한다.
> - 사질토의 상대밀도, 점성토의 전단강도 등 여러 가지 지반의 특성을 파악한다.

> TIP
>
> 표준관입시험을 위해 보링을 하여 구멍을 뚫으면 보링날에 의해 굴착면의 흙들이 보링에 의해 교란되어 있는 상태여서 정확한 시험을 행할 수가 없다. 따라서 이를 고려하여 로드를 우선 타격하여 15cm 정도를 관입시킨 상태에서 추가로 30cm를 관입시키는데 요하는 타격 수 N값을 측정한다.

표준관입시험 N값의 밀도측정 및 N값 보정법

N값	점토지반	N값	모래지반
30~50	매우 단단한 점토	30~50	밀실한 모래
15~30	단단한 점토	10~30	중정도 모래
8~15	비교적 경질 점토	5~10	느슨한 모래
4~8	중정도 점토	5 이하	아주 느슨한 모래
2~4	무른 점토		
0~2	아주 무른 점토		

N값의 보정방법 : 토질에 의한 방법, 상재압에 의한 보정방법, Rod 길이에 따른 응력보정법, 해머낙하방법에 의한 에너지 보정법

13.3. 평판재하시험

(1) 평판재하시험 유의사항

- 시험위치는 최소한 3개소에서 시험을 하여야 하며 시험개소 사이의 거리는 최대 재하판 지름의 5배 이상이어야 한다. 함수비의 변화가 없도록 가능한 한 신속하게 재하시험을 실시한다.
- 지하수위가 높은 경우는 재하면을 지하수위 위치와 일치시킨다.
- 재하대는 재하도중에 올려지거나 지반 침하에 의해 기울어지지 않아야하며 지지점은 재하판으로부터 2.4m 이상 떨어져 있어야 한다.
- 수력 구조물 등 장기적으로 습윤상태가 유지될 경우에는 최대재하판 지름의 2배 이상의 깊이까지 미리 수침하여 포화시킨다.
- 정밀도 0.01mm의 다이얼게이지 또는 LVDT로 침하량을 측정하며 모든 치하량을 계속해서 기록한다.
- 침하량 측정은 하중재하가 된 시점에서, 그리고 하중이 일정하게 유지되는 동안 15분까지는 1, 2, 3, 5, 10, 15에 각각 침하를 측정하고 그 이후에는 동일시간 간격으로 측정한다.
- 15분까지 침하 측정 이후에 10분당 침하량이 0.05mm/min 미만이거나 15분간 침하량이 0.01mm 이하이거나 1분간의 침하량이 그 하중강도에 의한 그 단계에서의 누적 침하량의 1% 이하가 되면 침하의 진행이 정지된 것으로 본다.

(2) 지지력계수

지지력계수 $K = \frac{q}{y}$ (K는 지지력계수[kg/cm^3], q는 하중강도[kg/cm^2], y는 침하량)

(3) 재하판 크기에 의한 영향(Scale Effect)

- 점토지반의 지지력은 재하판의 폭과 무관하다.
- 모래지반의 지지력은 재하판의 폭에 비례하여 증가한다.
- 점토지반의 침하량은 재하판의 폭에 비례하여 증가한다.
- 모래지반의 침하량은 재하판의 크기가 커지면 약간 커지나 폭에 비례하지는 않는다.

	점토	모래
지지력	$q_{u(기초)} = q_{u(재하판)}$	$q_{u(기초)} = q_{u(재하판)} \cdot \frac{B_{(기초)}}{B_{(재하판)}}$
침하량	$S_{u(기초)} = S_{u(재하판)} \cdot \frac{B_{(기초)}}{B_{(재하판)}}$	$S_{u(기초)} = S_{u(재하판)} \cdot \left[\frac{2B_{(기초)}}{B_{(기초)} + B_{(재하판)}}\right]^2$

14. 얕은 기초

14.1. 얕은 기초의 종류

- 독립기초 : 기둥마다 별개의 독립된 기초판을 설치하는 것. 일체식 주고에서는 지중보를 설치하여 기초판의 부동침하를 막고 주각부의 휨모멘트를 흡수하여 구조물 전체의 강성을 높인다.
- 복합기초 : 2개 이상의 기둥으로부터 전달되는 하중을 1개의 기초판으로 지지하는 방식이다. 기둥간격이 좁거나 대지경계선 너머로 기초를 내밀 수 없을 때 사용한다.
- 줄기초 : 일정한 폭과 깊이를 가진 연속된 띠 형태의 기초. 건축물 밑부분에 공기층을 형성하여 환기등이 원활하여 더운지방에서 많이 이용한다.
- 온통기초 : 건물의 하부 전체 또는 지하실 전체를 하나의 기초판으로 구성한 기초로 상부구조물의 하중이 클 때, 연약지반일 때 사용한다.

14.2. 얕은 기초의 접지압과 침하, 지지력

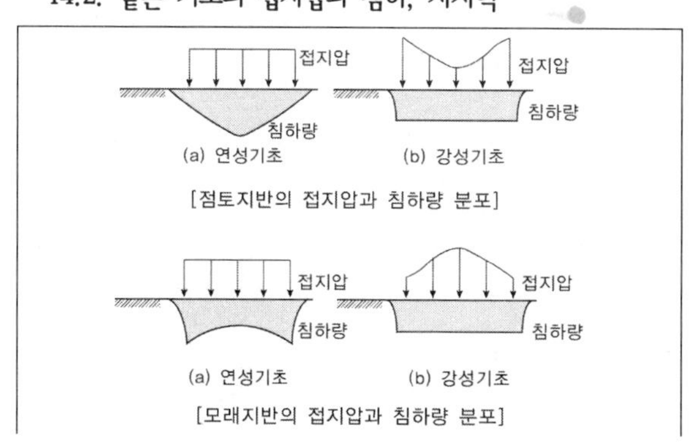

[점토지반의 접지압과 침하량 분포]

[모래지반의 접지압과 침하량 분포]

장기허용지지력 $q_a = q_t + \frac{1}{3} \cdot r \cdot D_f \cdot N_q$

단기허용지지력 $q_a = 2q_t + \frac{1}{3} \cdot r \cdot D_f \cdot N_q$

q_t : 재하시험에 의한 항복강도의 1/2, 또는 극한강도의 1/3중 작은 값
D_f : 기초에 근접된 최저 지반면에서 기초하중면까지의 깊이 (근입깊이)
N_q : 지지력계수

14.3. 침하량

총 침하량은 즉시(탄성)침하량, 압밀침하량, 2차압밀 침하량의 합이다.

- 즉시침하(탄성침하)량 산정식 : $S_i = q_o \cdot B \cdot \frac{1-\mu^2}{E_s} \cdot I_s$ (q_o은 기초의 하중강도, B는 기초의 폭, I_s는 영향계수, μ는 지반의 포아송비, E_s는 지반탄성계수)
- 압밀침하 : 간극의 물이 빠져나가면서 지반의 체적이 감소되어 일어나는 침하로서 1차 압밀침하라고도 한다.
- 2차 압밀침하 : 과잉간극수압이 완전 소멸된 후 구조의 재조정에 의해 발생되는 침하

14.4. 얕은 기초 지반의 극한지지력

Skempton의 공식 (점토지반의 극한지지력)	Meyerhof 공식(모래지반의 극한지지력)
$q_u = c \cdot N_c + r \cdot D_f$	$q_u = 3 \cdot NB \cdot \left(1 + \frac{D_f}{B}\right) = \frac{3}{40} \cdot q_c \cdot B \cdot \left(1 + \frac{D_f}{B}\right)$
N_c : Skempton 지지력계수, N : 표준관입시험의 N값, q_c : 콘 관입 저항치(t/m^2), r_1 : 기초바닥 아래 흙의 단위중량, r_2 : 근입깊이 흙의 단위중량, D_f : 기초에 근접된 최저 지반면에서 기초하중면까지의 깊이 (근입깊이), q_t : 재하시험에 의한 항복강도의 1/2, 또는 극한강도의 1/3 중 작은 값	

14.5. 얕은 기초 지반의 파괴형태

전반전단 파괴	• 압축성이 낮은 흙(조밀한 사질토, 굳은 점성토지반)에서 흔히 발생한다. • 재하초기에는 하중-침하량곡선의 경사가 완만하고, 직선적이다. • 항복하중에 도달하면 침하가 급격히 커지고 히빙이 발생하며 지표면에 균열이 발생한다.
국부전단 파괴	• 느슨한 사질토나 연약한 점성토에서 발생하며 약간의 융기현상이 발생한다. • 전반전단파괴의 하중-침하곡선의 경사보다 더 급하고 뚜렷한 항복점을 나타내지 않는다. • 전반전단파괴의 극한지지력보다 작다.
관입전단 파괴	• 대단히 느슨한 모래지반 및 대단히 연약한 점토지반에서 흔히 발생한다. • 흙은 가라앉기만 하고 부풀어 오르지는 않으면서 상대적으로 큰 침하 발생 • 액상화 시 침하형태이며 준설초기의 지반상태이다.

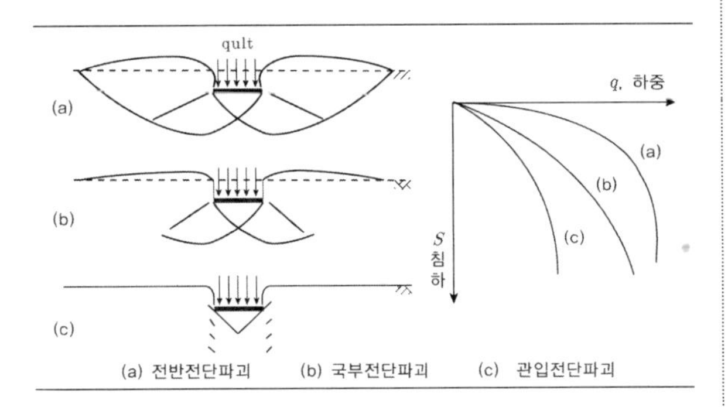

14-6. 얕은 기초 지반파괴 매커니즘

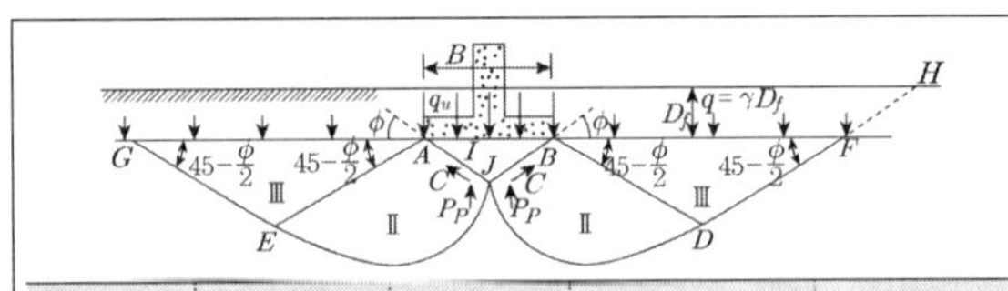

구분	연속	정사각형	직사각형	원형
α	1.0	1.3	$1+0.3\dfrac{B}{L}$	1.3
β	0.5	0.4	$0.5-0.1\dfrac{B}{L}$	0.3

- Ⅰ영역 : 탄성영역(흙쐐기)
- Ⅱ영역 : 방사전단영역, 원호전단영역
- Ⅲ영역 : 수동영역

Terzaghi의 수정지지력 공식

$q_u = \alpha \cdot c \cdot N_c + \beta \cdot r_1 \cdot B \cdot N_r + r_2 \cdot D_f \cdot N_q$

N_c, N_r, N_q : 지지력 계수로서 ϕ의 함수이다.

c : 기초저면 흙의 점착력

B : 기초의 최소폭

r_1 : 기초 저면보다 하부에 있는 흙의 단위중량(t/m^3)

r_2 : 기초 저면보다 상부에 있는 흙의 단위중량(t/m^3)

단, r_1, r_2는 지하수위 아래에서는 수중단위중량(r_{sub})을 사용한다.

D_f : 근입깊이(m)

α, β : 기초모양에 따른 형상계수 (B : 구형의 단변길이, L : 구형의 장변길이)

- 얕은 기초의 파괴거동을 살펴보면 우선 기초가 침하를 하게 되고 침하된 기초에 의해 주변의 지반이 밀리게 되며 히빙이 발생하게 된다. 이후 좀 더 강한 하중이 가해지면 기초의 바로 아래 부분의 지반이 쐐기파괴를 일으키면서 파괴가 된다.
- 지반이 파괴될 정도의 하중이 작용하면 지반 내의 흙은 소성평형상태로 되고 파괴는 활동면을 따라 발생하여 지표는 융기하게 된다.
- 하중으로 기초 바로 아래의 Ⅰ영역(흙쐐기)는 주동상태 즉, 재하로 침하되며 수평방향으로 팽창이 된다.
- Ⅱ영역은 Ⅰ영역의 수평팽창으로 인해 곡선의 활동면을 따라 전단영역이 발생하게 된다.
- Ⅲ영역은 Ⅱ영역의 전단으로 Ⅲ영역은 수동상태가 되고 파괴시 지표의 공기를 수반하며 활동면은 직선이 된다.

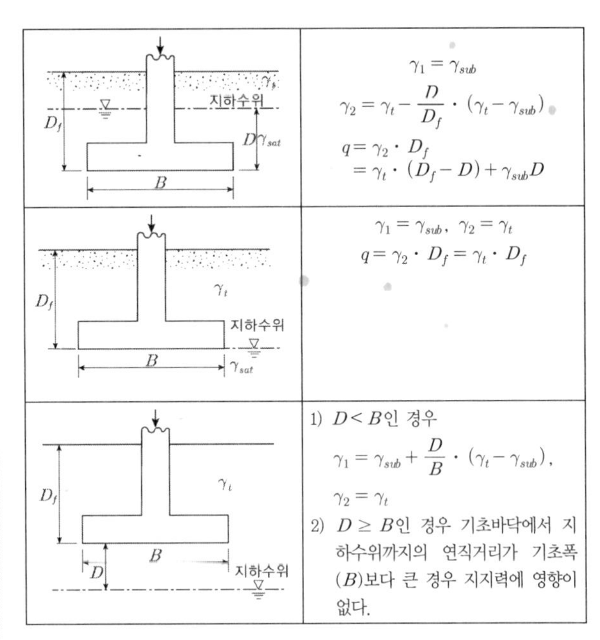

$\gamma_1 = \gamma_{sub}$

$\gamma_2 = \gamma_t - \dfrac{D}{D_f} \cdot (\gamma_t - \gamma_{sub})$

$q = \gamma_2 \cdot D_f$
$= \gamma_t \cdot (D_f - D) + \gamma_{sub} D$

$\gamma_1 = \gamma_{sub}$, $\gamma_2 = \gamma_t$

$q = \gamma_2 \cdot D_f = \gamma_t \cdot D_f$

1) $D < B$인 경우

$\gamma_1 = \gamma_{sub} + \dfrac{D}{B} \cdot (\gamma_t - \gamma_{sub})$,

$\gamma_2 = \gamma_t$

2) $D \geq B$인 경우 기초바닥에서 지하수위까지의 연직거리가 기초폭(B)보다 큰 경우 지지력에 영향이 없다.

15. 깊은 기초

15.1. 말뚝기초

(1) 기능에 따른 말뚝의 분류

- 선단지지 말뚝(point bearing pile) : 축하중의 대부분을 말뚝 선단을 통하여 지지층에 전달하는 말뚝으로서 지지층이란 말뚝의 재료에 따라 다르겠으나 사질토층는 SPT의 N값 50 이상, 점성토 지반은 N값 30 이상인 지층이 상당한 두께(5m) 이상 존재할 때를 말한다. 선단지지 말뚝은 대체로 장기 하중에 대해서 잔류 침하량이 크지 않아서 침하에 까다로운 구조물 기초에 적당하다.
- 지지 말뚝(bearing pile) : 하부에 존재하는 견고한 지반에 어느 정도 관입시켜 지지하게 하는 것으로 관입한 부분의 마찰력과 선단지지력에 의존하는 말뚝이다.
- 마찰 말뚝(friction pile) : 상부구조물의 하중을 주로 말뚝의 주변마찰력으로 지지하며 지지 가능한 지층이 너무 깊게 위치하여 지지층까지 말뚝을 설치할 수 없어서 말뚝의 선단지지력을 기대하지 못할 때에 적용한다. 마찰말뚝의 길이는 흙의 전단 강도, 가해진 하중, 그리고 말뚝의 크기에 따라 달라진다.
- 다짐말뚝(compaction pile) : 말뚝을 지반에 타입하여 지반의 간극을 말뚝의 부피만큼 감소시켜서 지반이 다져지는 효과를 얻기 위하여 사용하는 말뚝으로 주로 느슨한 사질지반의 개량에 사용된다.
- 활동억제말뚝(sliding control pile) : 사면 등의 활동을 억제하거나 중지시킬 목적으로 유동중인 지반에 설치하는 말뚝으로 대개 충분한 전단강도를 얻기 위하여 직경 2~3m로 시공한다.
- 수평저항말뚝(lateral load bearing pile) : 말뚝에 작용하는 수평력은 말뚝의 강성과 주변 지반, 특히 지표 부근 표층의 지반 반력으로 저항하게 되므로 말뚝과 지반의 상성이 충분히 확보되어야 한다. 수평하중을 지지하는 데는 연직 말뚝보다 경사 말뚝을 이용하

는 것이 더 바람직하다.

- **인장말뚝**(tension pile) : 주로 인발력에 저항하도록 계획된 말뚝으로 마찰말뚝과 원리는 같으나 힘의 방향이 다르다. 말뚝자체가 인장력을 받으므로 인장에 강한 재질을 사용한다.

(2) 말뚝기초의 지지력 특성

- 말뚝의 부(負)의 주면마찰력이 작용하면 지지력은 감소한다.
- 말뚝의 지지력은 선단저항력과 주면마찰력의 합과 같다.
- 일반적으로 말뚝 끝이 암반에 도달하면 선단지지말뚝, 연약점성토에 도달하면 마찰말뚝으로 구분한다.
- 무리말뚝의 각 개의 말뚝이 발휘하는 지지력은 단독말뚝보다 작다.
- 말뚝의 지지력을 추정하는데는 재하시험, 동역학적지지력 공식, 정역학적 지지력 공식등이
- 말뚝기초는 재질, 기능, 시공방법으로 분류된다.
- 부마찰력을 방지 하기 위해 표면적이 작은 말뚝을 사용한다.
- 정역학적 공식에 의한 분류로 Terzaghi의 지지력 공식과 Meyerhof의 지지력 공식으로 나뉜다.

15-2. 말뚝의 지지력 공식

- **정역학적 공식** : Terzaghi, Meyerhof, Dunham, Dorr 등이 있으며 시공 전 설계에 주로 적용되며 N치 이용 가능하다.
- **동역학적 공식** : Engineering-news, Hiley. Sander, Weisbach 등이 있으며 시공 시 주로 적용되며 점토지반에는 부적합하다.

Terzaghi의 극한지지력

$$Q_u = Q_p + Q_f = (a \cdot c \cdot N_c + \beta \cdot r_1 \cdot B \cdot N_r + r_2 \cdot D_f \cdot N_q) \cdot A_P + U \cdot L \cdot f_s$$

Q_u : 말뚝의 극한지지력, Q_p : 말뚝의 선단지지력,

Q_f : 말뚝의 주면마찰력, $Q_a(\text{허용지지력}) = \dfrac{Q_u}{F_s} = \dfrac{Q_u}{3}$

A_P : 말뚝의 선단지지단면적, U : 말뚝의 둘레길이

B : 말뚝의 지름 또는 단변장, L : 말둑의 관입깊이

f_s : 말뚝 주변의 평균마찰력

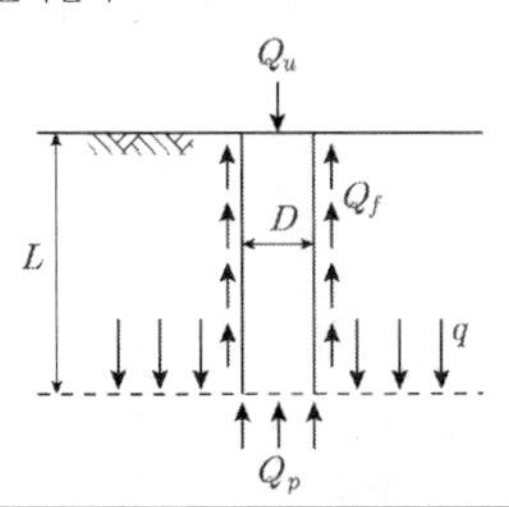

Meyerfhof의 극한지지력

$$R_u = R_p + R_f = 40NA_p + \frac{1}{5}\overline{N_s}A_s + \frac{1}{2}\overline{N_c} \cdot A_c$$

A_p : 말뚝의 선단단면적(m^2), N : 말뚝 선단부위의 N치

$\overline{N_s}$: 말뚝 둘레의 모래층의 평균 N치

$\overline{N_c}$: 말뚝 둘레의 점토층의 평균 N치

A_s : 모래층의 말뚝의 주면적(m^2)

U : 말뚝의 둘레길이

l_c : 점토층 내의 말뚝길이(m)

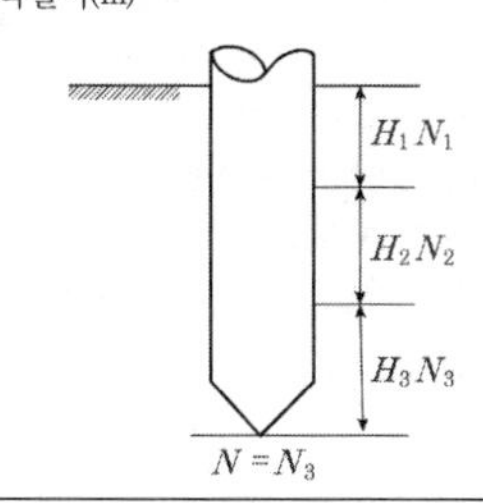

15.3. 부주면 마찰력

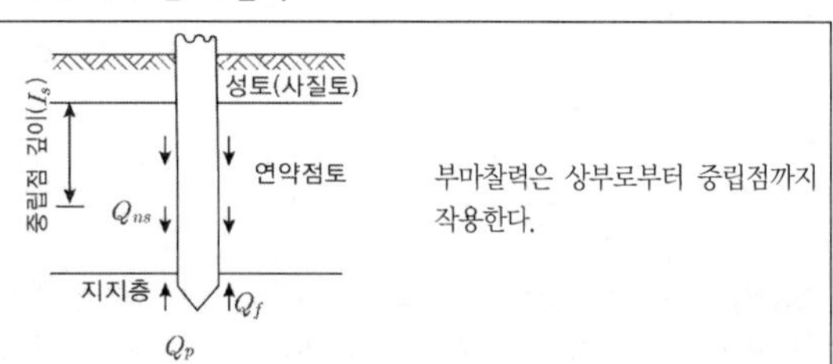

부마찰력은 상부로부터 중립점까지 작용한다.

말뚝주위의 지반이 말뚝보다 더 많이 침하하게 되면 주면마찰력이 하향으로 발생하여 하중역할을 하게 되는데 이처럼 아랫방향으로 가해지는 주면마찰력을 의미한다. (줄여서 부(-)마찰력이라고도 한다.)

위의 그림에서 Q_{ns}로 표시된 힘이 부마찰력이며 지지력은 선단지지력에서 부마찰력을 뺀 값인 $Q_u = Q_p - Q_{ns}$이다.

부마찰력 발생원인

- 지반 중 연약한 점토층의 압밀침하가 진행되고 있는 경우
- 연약한 점토층 위의 성토하중을 가한 경우
- 지하수위가 저하된 경우
- Pile 간격을 매우 조밀하게 시공했을 경우
- 진동으로 인한 급속한 압밀침하가 발생한 경우
- 지표면에 과적재물을 장기적으로 적재한 경우

15.4. 군항(무리)말뚝

- **군항판정식** : $D = 1.5\sqrt{rL}$ (D는 말뚝간격, r은 말뚝반경, L은 말뚝길이), $D > d$인 경우 군항으로 보며 그 외의 경우는 단항으로 본다.
- **군항의 허용지지력** : $R_{군항} = E \cdot N \cdot R_a$ (E는 군항효율, N은 말뚝개수, R_a는 말뚝 1개의 허용지지력)
- 군항은 단항보다도 각각의 말뚝이 발휘하는 지지력이 작다.
- 말뚝을 좁은 간격으로 시공할 때에는 단항인지 군항인지를 따져봐야 한다.
- 말뚝이 점토지반을 관통하고 있을 때에는 부 마찰력에 대해 검토를 할 필요가 있다.
- 말뚝기초는 기초의 분류에서 깊은 기초에 속한다.

• 말뚝의 지지력은 선단지지력과 주변마찰력의 합으로 나타내어진다.

16. 연약지반 개량공법

16.1. 기본 용어

• **액상화현상**(Liguefaction) : 느슨하고 포화된 가는 모래에 충격을 주어 체적이 수축하여 정의 간극수압이 발행하여 유효응력이 감소되어 전단강도가 작아지는 현상이다. 사질토 등에서 지진등의 작용에 의해 흙 속에 과잉 간극 수압이 발생하여 초기 유효 응력과 같게 되기 때문에 전다 저항을 잃는 현상.

• **다일레이턴시**(Dilatancy) : 사질토나 점토의 시료가 느슨해져 입자가 용이하게 위치를 바꾸므로 용적이 변화하는 것을 의미한다.

• **예민비**(Sensitivity ratio) : 흙의 압밀에서 진흙의 자연시료는 어느 정도의 강도가 있으나 그 함수율을 변화시키지 않고 이기면 약하게 되는 성질이 있는 바 그 정도를 나타낸 것을 말함.

• **틱소트로피**(Thixotropy) : 점토를 계속해서 뭉개어 이기면 강도가 저하하지만 그대로 방치하면 강도가 회복되는 현상.

• **퀵 샌드**(Quick sand) : 사질토가 물로 채워지고 외부로부터 힘을 받으면 물이 압력을 가져 모래 입자를 움직이기 쉽게 한다. 이와 같은 상태가 되면 사질토는 물에 뜬 것과 같은 상태로 된다.

• **파이핑현상**(piping) : 흙입자가 이탈된 위치에 유량이 집중되어 흙입자 이탈이 더욱 가속화되므로 끝내는 파이프와 같은 공동이 형성되는 현상

• **액화현상** : 느슨하고 포화된 가는 모래에 충격을 주어 체적이 수축하여 정의 간극수압이 발행하여 유효응력이 감소되어 전단강도가 작아지는 현상이다.

• **분사현상** : 사질토가 물로 채워지고 외부로부터 힘을 받으면 물이 압력을 가져 모래 입자를 움직이기 쉽게 한다. 이와 같은 상태가 되면 사질토는 물에 뜬 것과 같은 상태이다. 한계동수구배에 도달하면 유효응력이 0이 되어 점착력이 없는 모래 지반은 전단강도를 가질 수 없으므로 흙입자가 원위치를 이탈하여 분출하는 현상

• **틱소트로피** : 교란시켜 재성형한 점성토 시료를 함수비의 변화없이 그대로 방치하여 두면 시간이 경과되면서 강도가 회복(증가)되는 현상이다.

• **리칭현상** : 점성토에서 충격 진동 그리고 염화물 등이 빠져나가 지지력이 감소되는 현상이다.

• **보일링현상** : 모래지반을 굴착할 때 굴착 바닥면으로 뒷면의 모래가 솟아 오르는 현상

• **용탈현상** : 용탈현상이란 약액주입을 실시한 지반 내 결합물질이 시간이 흐르면서 제 기능을 발휘하지 못하게 되는 현상

• **모관현상** : 액체 안에 모세관을 세우면, 액이 관의 내측 벽면을 적실 때, 외부 액면보다 관의 내부 액면이 높게 올라가고, 적시지 않을 때는 내부 액면이 낮게 되는 현상

TIP

분사현상이 정적하중, 지반 내 물의 흐름에 의한 간극수압증가로 본다면 액상화(Liquefaction)는 동적하중(지진)에 의한 간극수압의 증가 현상이다.

16-2. 지반 개량 공법

(1) 점토지반개량공법

• **프리로딩공법** : 구조물의 시공 전에 미리 하중을 재하하여 압밀을 끝나게 하여 지반의 강도를 증가시키는 공법이다.

• **샌드드레인공법** : 연약 점토지반에 모래 말뚝을 설치하여 배수거리를 단축하므로 압밀을 촉진시켜 압밀시간을 단축시키는 공법이다.

• **샌드드레인버큠공법**(대기압공법) : 드레인(drain)을 땅속에 설치하고 다시 샌드매트에 그물방식의 격자 배관망을 만든 다음, 펌프를 가동시켜 지반 내부를 진공 상태로 만들어 대기압의 하중을 지표 및 지중에 작용시켜 지반을 개량하는 공법이다.

• **압성토공법** : 성토에 의한 기초의 활동 파괴를 막기 위하여 성토 비탈면 옆에 소단 모양의 압성토를 만들어 활동에 대한 저항모멘트를 증가시키는 공법이다. 이 공법은 압밀촉진에는 큰 효과는 없으나 샌드드레인 공법을 병행하면 효과가 있다.

• **생석회말뚝공법** : 생석회는 수분을 흡수하면서 발열반응을 일으켜서 체적이 2배 이상으로 팽창하면서 탈수 효과, 건조 및 화학 반응 효과 압밀 효과 등에 의해 지반을 강화하는 공법이다.

• **팩드레인공법** : 샌드드레인공법의 모래말뚝 절단현상을 해결하기 위하여 합성섬유로 된 포대에 모래를 채워 넣어 연직 배수모래기둥을 만드는 연직배수공법이다.

• **전기침투공법** : 포화된 점토지반 내에 직류 전극을 설치하여 직류를 보내면, 물이 (+)극에서 (−)극으로 흐르는 전기침투현상이 발생하는데 (−)극에 모인 물을 배수하여 탈수 및 지지력을 증가시키는 공법이다.

• **침투압공법** : 포화된 점토지반 내에 반투막 중공원통을 설치하고 그 속에 농도가 높은 용액을 넣어서 점토지반 내의 물을 흡수 및 탈수시켜 지반의 지지력을 증가시키는 공법이다.

• **치환공법** : 연약 점토지반의 일부 또는 전부를 조립토로 치환하여 지지력을 증대시키는 공법으로 공사비가 저렴하여 많이 이용된다. 굴착치환공법과 강제치환공법이 있다.

• **동결공법** : 지반 중의 물이나 액에 질소 등을 동결시켜서 지반붕괴나 용수의 누출을 방지하는 일시적인 지반 개량공법을 말한다.

(2) 모래지반개량공법

• **다짐모래말뚝공법** : 나무말뚝, 콘크리트말뚝, 프리스트레스 콘크리트 말뚝 등을 땅속에 여러 개 박아서 말뚝의 체적만큼 흙을 배제하여 압축함으로써 간극을 감소시키고 단위 중량, 유효응력을 증가시켜서 모래지반의 전단강도를 증진시키는 공법이다.

• **바이브로플로테이션공법** : 연약한 사질지반에 수직으로 매어단 바이브로 플로트라고 불리우는 몽둥이 모양의 진동체를 그 선단에 장치된 노즐에서 물을 분사시키면서 동시에 플로트를 진동시켜서 자중에 의하여 지중으로 관입하는 공법으로 다짐모래말뚝공법과는 전혀 다른 공법이다.

• **폭파다짐공법** : 인공지진(다이너마이트의 폭발시 발생하는 충격력)을 이용하여 느슨한 모래 지반을 다지는 공법으로 표층 다짐은 잘 이루어지지 않으므로 추가 다짐이 필요하다.

• **전기충격공법** : 포화된 지반 속에 방전전극을 삽입한 후 이 방전전극에 고압전류를 일으켜서, 이 때 생긴 충격력에 의해 지반을 다지는 공법이다.

• **약액주입공법** : 지반의 특성을 목적에 적합하게 개량하기 위하여 지반 내에 관입한 주입관을 통하여 약액을 주입시켜 고결하는 공법이다.

핵심이론

06 상하수도공학

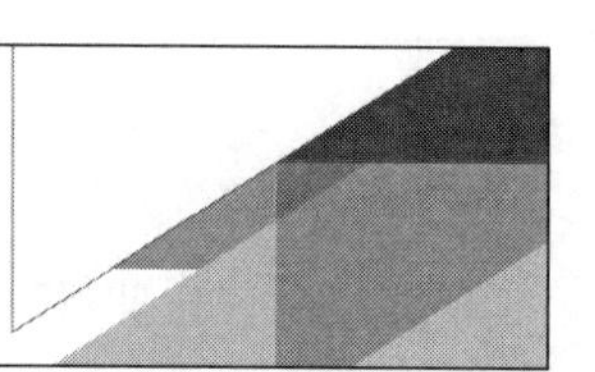

대분류	세부 색인
1. 상수도시설	1.1. 상수도의 구성 및 계통
	1.2. 수도의 종류
	1.3. 상수도 시설의 기본계획
	1.4. 수원의 종류
	1.5. 지하수의 종류
	1.6. 취수
2. 수질관리 및 기준	2.1. 정체현상, 부영양화, 적조현상
	2.2. 물의 자정작용
3. 상수관로시설	3.1. 도수 및 송수방식
	3.2. 계획 시 유의사항
	3.3. 도·송수관의 유속
	3.4. 수로부속설비
	3.5. 상수도관의 종류별 특징
	3.6. 상수도관의 접합
	3.7. 상수관로의 설계공식
	3.8. 크로스커넥션(교차연결)
	3.9. 배수시설
4. 정수장시설	4.1. 기본용어
	4.2. 응집
	4.3. 침전
	4.4. Stokes의 법칙
	4.5. 여과방식
	4.6. 고도정수처리
	4.7. 염소처리
	4.8. 오존처리
	4.9. 기타소독법
5. 하수도시설	5.1. 하수배제방식
	5.2. 계획하수량
	5.3. 계획강우량
6. 하수관로시설	6.1. 하수관거 설치
	6.2. 하수관거의 접합방식
	6.3. 우수의 유달시간
	6.4. 관정부식

대분류	세부 색인
7. 하수처리장시설	7.1. 하수처리 일반사항
	7.2. 미생물
	7.3. 슬러지 처리
	7.4. 호기성 소화, 혐기성 소화
	7.5. 각종 하수처리법
8. 펌프장시설	8.1. 기본용어
	8.2. 펌프의 종류
	8.3. 펌프 선정 관련 주요사항
	8.4. 비교회전도
	8.5. 펌프의 축동력
	8.6. 펌프의 특성곡선
	8.7. 펌프 운전 시 발생하는 이상현상

1. 상수도시설

1.1. 상수도의 구성 및 계통

(1) 기본용어

- **원수** : 음용, 공업용 등에 제공되는 정수처리전 자연상태의 물(단, 농어촌용수는 제외한다.)
- **상수원** : 음용, 공업용 등에 제공하기 위해 취수시설을 설치한 지역의 하천, 호소 및 저수지, 지하수 등을 말한다.
- **광역상수원** : 2 이상의 지방자치단체에 제공되는 상수원을 말한다.
- 수도는 크게 일반수도(광역상수도, 지방상수도, 마을상수도), 공업용수도, 전용수도(전용상수도, 전용공업용수도)로 나뉜다.
- **광역상수도** : 국가, 지방자치단체, 국토해양부장관이 인정하는 자가 2 이상의 지방자치단체에 원수 또는 정수를 공급하는 일반수도이다.
- **지방상수도** : 자빙자치단체가 관할지역 주민에게 원수, 정수를 공급하는 일반수도
- **전용공업용수도** : 수도사업에서 제공되는 수도외의 것으로 원수 및 정수를 공업용에 적합하게 처리하여 사용하는 수도이다.
- **중수도** : 사용한 수돗물을 생활용수, 공업용수 등으로 재활용할 수 있도록 다시 처리한 수도시설을 말한다.

(2) **상수도 계통순서** : 수원 – 취수 – 도수 – 정수 – 송수 – 배수 – 급수

- **집수시설** : 저수시설로서 갈수기에도 원수를 필요한 만큼 공급할 수 있는 저수능력을 갖춘 댐, 제방, 수문 또는 그 밖의 구조물 등의 시설을 말한다. 댐, 저수지, 호소 등
- **취수시설** : 적당한 수질의 물을 수원으로부터 필요한 수량만큼 취수하는 시설을 말한다. 취수관, 취수탑, 취수틀, 취수언, 취수문, 취수펌프 등
- **도수시설** : 처리가 안 된 원수를 수원지에서 정수장의 착수정 전까지 운반하는 모든 시설을 말한다. 펌프, 도수관 등
- **정수시설** : 원수의 수질을 사용목적에 적합하게 개선하기 위한 정수장 내의 모든 시설
- **송수시설** : 정수장에서 나온 정수를 배수지까지 수송하는 모든 시설로 송수펌프, 송수관 등
- **배수시설** : 배수지부터 수도계량기까지의 모든 시설로서 물을 적당한 수압으로 필요한 수량만큼 계속 공급할 수 있는 배수지 펌프, 배수관 등의 시설이다.
- **급수시설** : 수도계량기부터 급수전까지의 모든 시설

(3) 상수도의 수원에 요구되는 조건

- 수량이 풍부하고, 수질이 좋을 것
- 되도록 상수소비지와 가까울 것
- 건설비 및 유지관리비가 저렴할 것
- 수도시설의 확장이 가능할 것
- 자연유하로 도수할 수 있어야 하므로 가능한 소비지보다 높은 곳에 위치할 것
- 계획취수량이 최대갈수기에도 확보가능할 것

1.2. 수도의 종류

(1) **일반수도** : 광역상수도 · 지방상수도 및 마을상수도를 말한다.

- **광역상수도** : 국가 · 지방자치단체 · 한국수자원공사 또는 둘 이상의 지방자치단체에 원수나 정수를 공급(일반 수요자에게 공급하는 경우 포함)하는 일반수도를 말한다.
- **지방상수도** : 지방자치단체가 관할 지역주민, 인근 지방자치단체 또는 그 주민에게 원수나 정수를 공급하는 일반수도로서 광역상수도 및 마을상수도 외의 수도를 말한다.
- **마을상수도** : 지방자치단체가 관할지역 주민의 음용 등에 제공하기 위하여 원수를 수질기준에 맞게 처리할 수 있는 정수시설을 갖추어 운영하는 수도시설로서 환경부장관이 정하는 기준에 맞는 수도시설에 따라 100명 이상 2,500명 이내의 급수인구에게 정수를 공급하는 일반수도로서 1일 공급량이 $20m^3$ 이상 $500m^3$ 미만인 수도 또는 이와 비슷한 규모의 수도로서 특별자치도지사 · 시장 · 군수 · 구청장이 지정하는 수도를 말한다.

(2) **공업용수도** : 공업용수도사업자가 원수 또는 정수를 공업용에 맞게 처리하여 공급하는 수도를 말한다.

(3) **전용수도** : 전용상수도와 전용공업용수도를 말한다.

- **전용상수도** : 100명 이상을 수용하는 기숙사 · 사택 · 요양소, 그 밖의 시설에서 사용되는 자가용의 수도와 수도사업에 제공되는 수도 외의 수도로서 100명 이상 5천명 이내의 급수인구(학교 · 교회 등의 유동인구 포함)에 대하여 원수나 정수를 공급하는 수도를 말한다. 다만, 다른 수도에서 공급되는 물만을 상수원으로 하는 것 중 일일 급수량이 $20m^3$ 미만인 것과 그 수도 시설의 규모가 일정 기준에 못 미치는 것은 제외한다.
- **전용공업용수도** : 수도사업에 제공되는 수도 외의 수도로서 원수 또는 정수를 공업용에 맞게 처리하여 사용하는 수도를 말한다. 다만, 다른 수도에서 공급되는 물만을 상수원으로 하는 것 중 일일급수량이 $20m^3$ 미만인 것과 그 수도 시설의 규모가 일정 기준에 못 미치는 것은 제외한다.

1.3. 상수도 시설의 기본계획

(1) 상수도 기본계획시 조사사항

- 급수량의 현황과 추정
- 상수원의 수질과 물이용현황
- 주변의 자연조건
- 환경조건
- 도로, 지하매설물 및 하천계획
- 교통

(2) 계획년도

- 계획년도란 수도시설 계획시 장기간에 걸친 급수수요의 예측이나 수자원 확보 등에 대한 확신이 어렵기 때문에 기본계획 책정이 완료된 시저부터 장래의 어떤 일정한 기간을 대상으로 한 계획을 실시하게 되는 기간이다.

- 상수도 시설의 신설 및 확장은 시설에 따라 다르나 평균적으로 15~20년간의 경제성을 고려하여 각 시설들의 계획년도를 결정한다.
- 계획급수인구는 급수구역 내에 상주인구만을 고려한다.

시설 구분	특징	계획 기간
큰 댐, 대구경 관로	확장이 어렵고 비싸다.	20~50년
우물, 배수관로 및 여과지	• 확장이 용이하나 비싸다 • 이자율이 3% 이하인 경우 • 이자율이 3% 이상인 경우	 20~25년 10~15년
직경 30cm 이상인 관	더 작은 관으로 대체 시 비싸다	20~25년
직경 30cm 이하인 관	필요에 따라 단시일 내 대처한다.	수요에 따라 결정

- 항만 및 공업도시는 급수보급률이 일반도시보다 평균적으로 높다.
- 큰 댐이나 대규모 도수 및 송수시설은 확장이 어렵고 비싸기 때문에 계획기간을 25~30년으로 설정한다.

(3) 계획년도 결정시 고려사항

- 채용하는 구조물과 시설의 내용년수
- 시설확장의 난이도
- 도시의 산업발전 정도와 인구증가에 대한 전망
- 금융사정, 자금취득의 난이, 건설비
- 수도수입의 연차별 예상

(4) 계획급수인구의 추정방법

① 개요

- 과거 약 20년간의 인구증감 자료와 도시의 특수성, 발전가능성 등을 고려하여 각 방법들 중에서 결정한다.
- 인구추정은 추정년도가 커질수록 낮아진다.
- 인구추정은 인구가 감소되는 경우가 많을수록 낮아진다.
- 인구추정은 인구증가율이 높아질수록 낮아진다.
- 계획급수인구는 급수구역 내에 상주인구만을 고려한다.
- 항만 및 공업도시는 급수보급률이 일반도시보다 평균적으로 높다.
- 큰 댐이나 대규모 도수 및 송수시설은 확장이 어렵고 비싸기 때문에 계획기간을 25~30년으로 설정한다.

② 등차급수법

- 연평균 인구증가수가 일정하다는 가정 하에 장래인구를 추정하는 방법이다.
- 발전이 느린 도시에 적합하다.
- 추정인구가 과소평가될 우려가 있다.

③ 등비급수법

- 연평균 인구증가율이 일정하다는 가정 하에 장래의 인구를 추정하는 방법이다.
- 상당히 긴 기간 동안 같은 인구증가율을 가진 발전가능성이 있는 도시에 적용가능하다.
- 인구증가율이 감소되는 도시에 과대한 추정을 할 우려가 있다.

④ 최소자승법

- 과거의 인구통계 자료를 통계학적 방법을 이용하여 간단한 1차 함수로 만들어 예측하는 방법이다.
- 단기간 인구추정에 적합하다.

등비증가법 $P_n = P_0(1+r)^n$	등차증가법 $P_n = P_0 + na$	P_0 : 현재인구, n : 계획년간 a : 연평균 인구수$\left(a = \frac{P_0 - P_t}{t}\right)$ P_t : 현재로부터 t 년 전 인구 t : 경과년수

⑤ 감소증가율법

- 포화인구를 먼저 추정하고 장래인구를 예측하는 방법이다.
- 인구가 매년 감소하는 비율로 증가한다는 가정에 기초한다.
- 포화인구를 먼저 추정하기가 어려운 것이 단점이다.

⑥ 논리곡선법

- 인구가 무한 년 전에 0이고 경과년수에 다라 점증하여 중간시점에서 증가율이 가장 크고 그 후 증가율이 점감하여 무한년 후에 포화된다는 이론에 기초한 방법이다.
- 감소증가율법처럼 포화인구를 추정하는 것이 어렵다.
- 장래 인구추정방법 중에서 가장 정확한 방법이다.

⑦ 비상관법 … 어떤 도시의 인구증가율이 다른 큰 도시의 인구증가율과 관계가 있다는 가정하에 장래 인구를 추정하는 방법

(5) 계획급수량과 수도시설의 규모계획

- 1일 평균급수량은 수원지, 저수지, 유역면적을 결정한다.
- 1일 최대급수량은 취수, 도송수, 정수, 배수시설을 결정한다.
- 시간 최대급수량은 배수본관의 구경, 배수펌프의 용량을 결정한다.

(6) 계획 1일 평균급수량의 산정

정수를 위한 약품, 전력 사용량의 산정이나 유지관리비, 상수도 요금 산정 등의 수도재정계획에 필요한 급수량을 말하며, 계획 1일 최대급수량의 70~80%를 표준으로 한다.

$$\text{계획1일 평균급수량} = \frac{\text{연간 총 급수량}}{365\text{일}} = \text{계획 1일 최대급수량} \times \begin{cases} 0.7 \ (\text{중소도시}) \\ 0.85 \ (\text{대도시, 공업도시}) \end{cases}$$

(7) 계획 1인 1일 평균급수량의 특징

- 도시규모가 클수록 평균급수량은 증가한다.
- 생활수준이 높을수록 평균급수량은 증가한다.
- 공업이 발달한 도시일수록 평균급수량은 증가한다.
- 정액제의 급수가 정률제에 의한 것보다 평균급수량이 증가한다.
- 수압이 높을수록 평균급수량은 증가한다.
- 기온이 높은 지방일수록 평균급수량이 증가한다.
- 누수량이 많을수록 평균급수량은 증가한다.

(8) 계획 최대급수량

- 계획1일 최대급수량 : 상수도시설 설계기준이 되는 수량으로 연간 1일 급수량의 최대인 날의 급수량이다.
- 계획시간 최대급수량 : 배수관 설계기준이 되는 수량으로 1일 중에서 사용수량이 최대가 되는 시간대의 1시간당 급수량이다.

급수량	연평균 1일 사용수량에 대한 비	대상 구조물
1일 평균급수량	1	수원지, 저수지, 유역면적 결정
1일 최대 평균급수량	1.25	보조저수지, 보조용수펌프의 용량 결정
1일 최대급수량	1.5	취수, 정수, 배수시설(송수관구경, 배수지) 결정
시간 최대 급수량	2.25	배수본관의 구경 결정, 배수펌프의 용량 결정

TIP

우리나라의 급수보급률은 약 85% 정도이다.

1.4. 수원의 종류

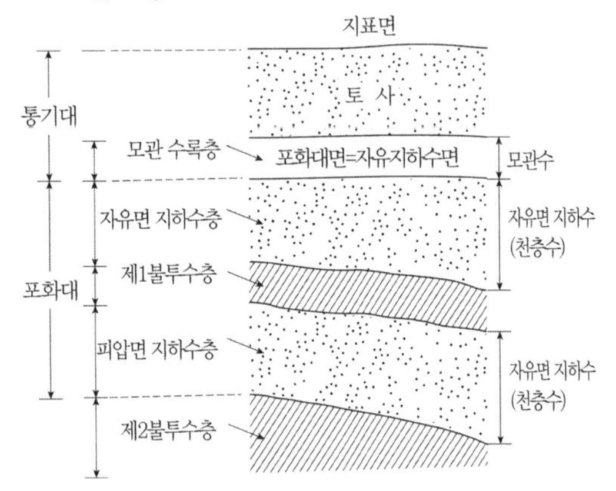

- **천수** : 우수가 주를 이룬다. 상수원으로는 수량이 적고 일정하지 못하여 부적합하다. 도서지방 등 특수한 지역에서 사용된다.
- **지표수** : 하천수, 호조수, 저수지수 등으로 구성된다. 수원으로 가장 널리 사용되며 그 중 하천수를 가장 많이 사용한다. 주위의 오염원으로 인해 오염가능성이 높고, 기상의 영향을 받기 쉽다.
- **지하수** : 천층수, 심층수, 복류수, 용천수 등으로 구성된다. 무기질이 풍부하고 경도가 높고 지표수보다 수질이 깨끗하다. 지표수 다음으로 수원으로 많이 사용한다.
- **자유수면 지하수(천층수)** : 강수가 지하로 침투한 뒤 제1불투수층 위에 고인 물로 자유수면 지하수를 말한다. 지층이 얕아 정화가 부족하여 위생상 위험한 경우가 있고 대장균이 발생할 수 있다. 지표면에서 깊지 않아 공기의 투과가 양호하므로 산화작용이 활발하게 진행된다.
- **피압면 지하수(심층수)** : 제1불수층과 제2불수층 사이의 피압면 지하수이다. 대지의 정화작용이 활발하여 무균 또는 이에 가까운 상태의 수질을 유지한다. 수온도 연간 일정하고 물의 성분변화도 적다. 산소가 부족하므로 환원작용을 받을 수 있다.
- **복류수** : 하천 및 호소의 바닥이나 변두리의 자갈,모래층에 함유되어 있는 물이다. 철,망간 및 부유물질의 함유량이 적고 수량도 풍부해 수원으로 가장 적합하다. 수원으로 이용할 경우 수질이 양호하여 침전과정을 생략할 수 있다.
- **용천수** : 피압 지하수면이 지표면 상부에 있을 경우 지하수가 자연스럽게 지표로 용출되는 지하수를 말한다. 성질이 피압면 지하수와 비슷해 깨끗하고 세균도 적다. 한 곳에서 대량의 물을 얻을 수 없어 상수도의 수원으로 이용되는 경우는 희박하다.

TIP

수원은 계절적으로 수량 및 수질의 변동이 적고 유속은 완만해야 하며 수리학적으로 가능한 한 자연유하식을 이용할 수 있는 높은 곳이어야 한다.

1.5. 지하수의 종류

(1) 복류수(River bed water)

- 복류수는 하천이나 호소의 저부 또는 측부의 자갈, 모래층에 함유되어 있는 지하수를 말한다.
- 그 질은 우수하나 호소의 물이 지하에 침투한 것이라고 단정할 수 없으나, 어느정도 여과된 것이므로 지표수에 비하여 수질이 양호하며 대개의 침전지를 생략할 수 있다.
- 심층수와 같이 철분(Fe), 망간(Mn) 등의 광물질 함유량이 적고 수원으로 가장 적합하며 수량은 심층수에 비하여 안전 확실하다. (침전과정 생략가능)

(2) 용천수(Spring water)

- 용천수는 지표수가 지하로 침투하여 암석 또는 점토와 같은 불투수층에 차단되어 한 쪽으로 출구를 찾아서 솟아나온 것을 말한다. 피압지하수면이 지표면 상부에 있을 경우 지하수는 우물로부터 용출하게 된다.
- 지하수가 자연스럽게 지표에 나타나는 것으로 그 성질도 지하수와 비슷하다.

(3) 천층수(Sub-surface water)

- 천층수는 지하로 침투한 물이 제1불투수층 위에 고인 물로 자유면 지하수를 말한다.
- 천층수는 지층이 얕아서 정화가 아직 부족한 상태의 물이므로 수질은 위생상 위험할 때가 있고 대장균이 나타나는 경우도 있다.

(4) 심층수(Ground water)

- 심층수는 지하수 제1불투수층과 제2불투수층 사이의 피압면 지하수를 말한다.
- 심층수는 대지의 정화작용이 왕성하며 무균 또는 이에 가까운 상태의 물이다.
- 수온도 계절을 통하여 대체로 일정하고 물의 성분 변화도 적다.
- 그러나 심층수에서는 산소가 부족되기 때문에 오히려 환원작용도 받을 수가 있다.

1.6. 취수

(1) 취수지점의 선정조건

- 계획수량을 확실히 취수할 수 있어야 한다.
- 수질오염을 받을 우려가 적어야 한다.
- 유지관리가 용이해야 한다.
- 해수의 영향이 없어야 한다.
- 수리권 확보가 가능해야 한다.
- 건설비와 유지비가 저렴해야 한다.
- 장래의 시설확장에 유리해야 한다.

(2) 하천수의 취수지점

- 수심의 변화, 하상의 상승 및 하저에 대비해 유속이 완만한 곳이어야 한다.
- 취수지점 및 그 주위지역의 지질이 견고하고 비상사태에 의한 취수의 방해 및 시설 피해가 없는 곳이어야 한다.
- 하수에 의한 오염, 바닷물 역류에 영향을 받지 않는 곳이어야 한다.
- 장래의 하천개수 계획을 고려하여 그 실시에 영향을 받지 않는 곳이어야 한다.

(3) 지하수의 취수지점

- 해수의 영향을 받지 않고 부근의 우물이나 집수매거에 영향을 적게 미치는 곳이어야 한다.
- 천층수나 복류수의 경우에는 오염원에서 15m이상 떨어져 장래의 오염에 영향을 받지 않는 곳이어야 한다.
- 얕은 호수나 저수지에서의 취수는 수면으로부터 3~4m, 큰 호수는 10m이상 깊은 곳에서 취수해야 한다.

(4) 호소 및 저수지수의 취수시설

- 하천수와 마찬가지로 취수관, 취수탑, 취수문 등을 주로 이용한다.
- 비교적 수심이 깊지 않은 자연호소에서는 취수틀을 많이 사용한다.
- 인공저수지에서는 주로 댐의 본체에 취수시설이 설치되어 있다.
- 하천수 취수시설 중 취수언은 사용하지 않는다.

(5) 천정호, 심정호, 굴정호

- **천정호** : 관정이 제1불투수층 바닥까지 도달하지 않은 우물을 말하며 관정바닥 및 관측벽으로 취수된다. 취수된 물의 수질이 양호하지 못하다.
- **심정호** : 관정이 제1불투수층 바닥까지 완전히 도달되므로 관측벽으로만 물을 취수한다. 천정호에 비해 취수된 물의 수질이 양호하다.
- **굴정호**(굴착정) : 제1불투수층을 뚫고 들어가 2개의 불투수층 사이에 있는 피압지하수를 양수한다. 양질의 물을 취수할 수 있다.

(6) 취수시설

- **지표수 취수시설** : 취수탑(대량취수시 유리, 연간 수위변화가 큰 지점에서 안정된 취수를 가능하게 함), 취수문, 취수구, 취수관, 취수언(하천유량의 불안정시 적합, 대량취수시 가장 안정), 취수틀(비교적 수심이 얕은 곳에서 사용) 등
- **지하수 취수시설** : 집수매거(복류수), 천정호 및 심정호(자유수면지하수), 굴착정(피압면 지하수) 등
- **하천수 취수시설** : 취수문, 취수언(취수보), 취수탑, 취수관거, 취수틀
- **취수관** : 수중에 관을 부설하여 취수하며 수위변화에 영향을 받지 않고 안전하게 취수할 수 있는 지점에 설치한다.
- **취수문** : 직접 하안에 취수구를 설치하며 콘크리트 암거구조로 구성된다. 취수구에 스크린, 수문, 수위조절판을 설치하였다. 하천의 중상류 지반이 견고한 지점에 설치하는 경우가 많다. 지반의 부등침하나 암거시공시 이음, 균열 등으로 누수발생의 우려가 있다. 일반적으로 농업용수의 취수나 하천유량이 안정된 곳의 취수에 사용된다. 토사나 부유물의 유입방지가 불가능하다. 유입속도는 0.8m/sec 이하이다.
- **취수탑** : 대량취수시 유리하며 여러 수위에서 취수가 가능하도록 각각 다른 높이에 여러개의 취수구를 설치하여 양질의 물을 취수할 수 있다. 연간 수위변화가 큰 지점에서 안정된 취수를 가능하게 한다. 하천의 중하류부, 저수지 및 호소 등에서 널리 사용된다. 최소수심은 2m 이상, 토사유입이 큰 하천의 경우 유입속도는 15~30cm/sec 정도이다. 갈수기에도 일정 이상의 수심이 확보가능하며 유지관리가 용이하나 건설비가 많이 든다.
- **취수언**(취수보) : 하천의 흐름방향에 직각방향으로 댐을 축조하여 물을 막아 하천의 수위를 높여서 수문에 의하여 조절되는 취수구를 통하여 물을 취수하는 시설이다. 고정보(전폭위어)일 경우 홍수시 취수구의 주변수위가 상승할 우려가 있으므로 하천의 협곡부를 피하여 설치한다. 하천유량(유황)의 불안정시 적합하며 대량취수에 적합한 가장 안정된 취수시설이다.
- **취수틀** : 하천이나 호소 등의 수중에 설치되는 시설로서 소량취수시 적당하다. 하상이나 호소바닥의 변화가 큰 곳에서는 부적절하며 안정된 하상의 경우에 적합하다. 최소 수심이 3m이상인 장소에 사용된다. 유입속도는 하천의 경우 15~30cm/sec, 호소 및 저수지의 경우는 1~2m/sec가 되도록 한다.

(7) 복류수 취수시설

- **집수매거**(집수암거) : 제내지 또는 사구 등의 얕은 곳에 있는 복류수를 취수할 때에는 개거식구조로 저부 또는 측벽으로부터 집수하는 구조로 되어 있다. 하상아래나 제내지 등의 비교적 깊은 곳으로부터 취수하는 경우에는 터널식으로 하며 유공철근콘크리트관이 주로 사용된다. 복류수의 흐름방향에 직각으로 깊이 5m 이상 매설해야 한다. 집수공의 유입속도는 모래가 유입되어 집수공을 폐쇄시키지 않도록 하기 위해 3cm/sce 이하로 해야 한다.
- **집합정** : 집수매거의 종점, 또는 중간 적당한 지점에 손실수두의 감소를 위해 설치된 침사지 겸용 시설이다.
- **침사지** : 취수된 물 속의 모래가 도수관거 내에서 침전하는 것을 방지하기 위해 취수구 바로 하류에 즉, 취수펌프 유입전에 설치한다. 침사지 바닥구배는 종방향 1/100, 횡방향1/50이다.

(8) 침사지

- 수원에서 취수한 물속의 모래가 도수관거 내에서 침전하는 것을 방지하기 위해 취수구 부근의 안전한 제내지에 설치한다.

- 취수펌프를 보호하고 도수관의 모래 침전을 방지하며 침전지로의 모래 유입을 방지한다.
- 취수구에 가까운 제내지에 설치하며 유입부는 점차 확대하고 유출부는 점차 축소시킨다.

침사지의 내용	침사지의 제원
침사지 형상	장방향으로 길이는 폭의 3~8배
계획 취수량	10~20분
제거 모래 입경	0.1~0.2mm
침사지 내 유속	2~7cm/s
유효 수심	3~4m
여유고	0.5~1.0m
침사지 바닥 경사	종방향 1/1,000, 횡방향 1/50

2. 수질관리 및 기준

2.1. 정체현상, 부영양화, 석소현상

(1) 정체현상(성층현상)

- 순수한 물은 4도에서 밀도가 최대가 되며 온도가 증가하거나 감소하면 밀도는 감소한다. 겨울철의 호수 중 내부수온이 4도이고 표면이 4도보다 낮을 경우 위로 올라갈수록 밀도가 낮아지므로 수직혼합이 일어나지 않는 일이 흔하다. 이처럼 밀도차에 의해 수직혼합이 발생하지 않게 되는 현상을 말한다.
- 겨울의 정체현상 : 겨울의 경우 수면이 결빙되어 표면부근이 0도가 되나 깊은 곳의 물은 4도 부근에서 최대밀도를 가진다.
- 봄의 정체현상 : 수면온도가 상승, 4도에 도달하면 상층부의 물이 최대밀도가 되어 하층부로 하강한다. 하층부의 물은 밀도가 작아 상층부로 이동하여 순환이 발생하지만 주로 표면에서 부분적으로 발생한다.
- 여름의 정체현상 : 수면온도가 높아져 상층부의 물은 밀도가 작아지지만 물의 열전도율이 낮아 심층부의 수온이 거의 변하지 않으므로 밀도가 상대적으로 크다. 물이 안정되어 다시 겨울과 같이 정체현상을 이룬다.
- 가을의 전도현상(대순환) : 표층수의 수온이 하강, 밀도증가로 인해 다시 물이 순환한다. 표층부의 물이 심층부까지 도달, 모든 물의 혼합순환으로 등온상태인 완전순환이 발생한다.

> TIP
>
> **취수 시 계절별 특징** … 여름, 겨울에는 정체현상으로 물의 상, 하층부 이동이 없어 비교적 깨끗한 물의 취수가 가능하다. 봄, 가을에는 전도현상 발생으로 수질교란이 일어나 물이 혼탁해져 양질의 물을 취수하기가 어렵다. 여름은 겨울보다 수심에 따른 수온차이가 더 커서 호소가 가장 안정된 성층현상을 이룬다.

(2) 부영양화

호수나 저수지에 영양염류(탄소, 질소, 인)가 유입되어 조류가 번식하다가 이 조류가 죽어서 부패하면 그 구성성분이 물속에 녹아 들어가서 조류의 번식이 활발해지는데 이 과정이 반복되면 호수에 영양염류가 증가하여 자연 호수 연안부의 수생 식물이 무성해지는 것을 시점으로 호수의 투명도가 저하되고 플랑크톤의 증가와 종의 변화가 일어나며 호수의 저층부에 용존산소가 감소하는 현상이다.

(3) 부영양화의 특징

- 정체성 수역의 상층에서 발생하기 쉽다.
- 부영양화된 수원의 상수는 냄새로 인해 음료수로 부적당하다.
- 부영양화로 식물성 플랑크톤의 번식이 증가되어 투명도가 저하된다.
- 부영양화 현상으로 사멸된 조류의 분해작용에 의해 심층수의 용존산소는 줄어든다.
- 부영양화가 발생하면 용존산소와 색도가 증가한다.
- 부영양화의 원인물질은 질소와 인이다.
- 부영양화는 수심이 낮은 호소에서도 잘 발생된다.
- 부영양화로 식물성 플랑크톤의 번식이 증가되어 투명도가 저하된다.
- 부영양화는 정체성 수역의 상층에서 발생하기 쉽다.
- 호소의 정체현상은 물의 온도가 주원인이며 여름과 겨울에 주로 발생한다.
- 호소의 전도현상은 호소의 물이 수직으로 혼합되는 현상을 말한다.
- 여름은 겨울보다 수심에 따른 수온차이가 더 커서 호소가 가장 안정된 성층현상을 이룬다.
- 부영양화는 질소, 인 등의 각종 영양물질의 농도증가로 인하여 조류가 과도하게 번식되어 호소의 수질이 악화되는 현상이다.
- 주요한 원인으로 질소나 인과 같은 영양분의 과잉을 들 수 있다.
- 부영양화로 식물성 플랑크톤의 번식이 증가되어 산소결핍으로 어패류의 생존을 위협한다.
- 수면에 조류피막이나 부패덩이가 생긴다.
- 냄새가 발생하거나 퇴색이 일어난다.
- 부영양화로 상수원으로 사용하기 어렵다.
- 하천의 유속 증가와 비점 오염원의 감소가 부영양화의 대책으로 좋다.
- 도로 등의 초기우수처리에 대한 대책 마련이 필요하다.

(4) 부영양화 방지대책

- 질소, 인의 유입을 방지해야 한다.
- 하수 내 조류의 영양원인 질소, 인을 제거하기 위해 하수의 3차처리(고도처리)를 실시한다.
- 질소, 인 등을 함유한 합성세제의 사용을 금지하거나 사용량을 감소시킨다.
- 조류의 이상번식시 황산동, 또는 염산동을 투입하여 제거한다.

(5) 적조현상

산업폐수나 도시하수의 유입에 의한 해역의 부영양화가 기반이 되어 해수 중에서 부유생활을 하고 있는 식물성 플랑크톤이 단기간에 급격히 증식한 결과 해수가 적색, 또는 녹색으로 변하는 현상이다. 적조가 자주 발생하는 곳은 일반적으로 해수의 수질안정도가 높고 일조량과 무기영양염류가 충분한 곳이다.

(6) 정기수질검사항목

정수장에서의 검사		수도전에서의 검사	
검사항목	검사빈도	검사항목	검사빈도
색도, 탁도, 잔류염소, 맛, 냄새, pH	매일 1회 이상	일반세균 대장균군 잔류염소	매월 1회 이상
NH_3-N, NO_3-N, $KMnO_4$소비량 일반세균 대장균군 증발잔류물	매주 1회 이상		
상기외의 수질검사항목	매월 1회 이상		

- **균류** : 효모, 사상균 등으로 탄소동화작용을 하지 않는 미생물이지만 폐수 내에 질소와 용존산소가 부족한 경우에도 잘 성장한다. 활성 슬러지법에서 슬러지가 잘 침전되지 않고 슬러지 팽화를 일으키는 원인이 되는 미생물이다.
- **조류** : 부영양화를 일으키며 수돗물 냄새의 원인이 되는 미생물이다. 광합성 시에 수중의 이산화탄소를 취하므로 수중의 CO_2를 섭취하므로 수중의 이산화탄소 농도가 pH에 영향을 미친다.

2.2. 물의 자정작용

(1) 자정작용의 인자

- **물리적 인자** : 침전작용이 물리적 작용 중에서 가장 중요한 요소를 차지한다.
- **화학적 작용** : 용존산소에 의해 철, 망간 등이 수산화물로 되어 자연적으로 응집된 후 침전되는 것을 산화라고 하는데 가장 일반적인 화학작용이다.
- **생물학적 작용** : 호기성 및 혐기성 세균류가 유기물질을 무기물질로 분해하고 있는 것이다. 자정작용 중에서 오염물질 제거에 가장 큰 역할을 담당하고 있다.

(2) 자정계수

- 자정계수(재폭기계수/탈산소계수)가 높으면 자정작용이 잘 유지되고 있다는 것이다.
- 수온이 높아지면 탈산소계수가 커지며 수심이 깊어져도 탈산소계수가 커진다.
- 난류가 심한 하천은 대기로부터 산소공급량이 크며 실트질보다는 자갈이 난류를 더욱 잘 일으킨다.
- 하천의 유속이 클수록 폭기가 발생하여 그 값이 커지게 된다.
- 자갈은 실트질보다 난류를 더욱 잘 일으키므로 자정계수와 폭기계수가 커지게 된다.

영향인자 \ 항목		탈산소 계수	재폭기 계수	자정 계수	비고
수온	높아지면	커진다	작아진다	작아진다	
	낮아지면	작아진다	커진다	커진다	
수심	깊을수록		작아진다	작아진다	
	얕을수록		커진다	커진다	
유속, 난류, 구배	클수록		커진다	커진다	구배가 커지면 유속과 난류가 커진다.
	작을수록		작아진다	작아진다	

(3) 하천의 수질변화 : 분해지대 – 활발한 분해지대 – 회복지대 – 정수지대

- **분해지대** : 호기성 미생물의 활동에 의해 BOD가 감소한다.
- **활발한 분해지대** : 용존산소가 없기에 혐기성 미생물의 분해가 진행된다. 부패상태에 도달해 악취가 발생한다.
- **회복지대** : 분해지대와 반대현상이 일어나 용존산소의 증가에 따라 물이 깨끗해진다.
- **정수지대** : 오염되지 않은 자연수처럼 보이며 물고기도 보이나 정수처리를 해야 음료수를 사용할 수 있다.

(4) 호소의 물순환 및 부영향화

- **호소의 정체(성층)현상** : 호소의 물이 수심에 따라 여러 개의 층으로 분리되는 현상을 말한다. 물의 온도가 원인이며, 여름과 겨울에 발생한다.
- **호소의 전도현상** ; 호소의 물이 수직으로 혼합되는 현상이며 혼합물의 온도와 밀도차가 주원인이다. 주로 봄과 가을에 발생한다.

(5) 자정작용

- 하천이나 호수에 생활하수나 폐수를 방류하면 유입지점의 수질은 악화되지만 기간이 지남에 따라 수질이 서서히 양호해져서 본래의 상태로 회복되는 현상
- 물리적, 화학적, 생물학적인 3가지 작용이 상호 연관되어 장기적으로 넓은 공간에서 정화가 이루어지는 것이다.
- 일반적으로 하천 등에서는 미생물에 의한 생물학적 작용이 주역할을 한다.
- 물리적작용으로는 희석, 확산, 혼합, 침전, 흡착, 여과 등이 있으며 수중오염물질의 농도가 저하되거나 포기에 의해서 공기 중의 산소가 용해되면 유기물의 분해가 촉진된다.
- 화학적 작용으로는 산화작용이 주를 이루는데 이는 물 속에 용해되어 있던 철이나 망간 드이 수산화물로 변하여 자연적으로 응집된 후 침전되는 현상을 말한다.
- 생물학적 작용은 물의 자정작용 중 가장 큰 작용을 하며, 자정작용의 진행을 좌우하는 외적환경조건으로는 온도, pH, 용존산소, 햇빛 등이 중요하다. 수온이 낮을수록, 하천의 유속이 급류일수록, 수심이 낮을수록, 하상경사가 클수록 자정작용은 활발히 이루어진다.
- 표층부는 재폭기가 활발하여 용존산소가 많아 호기성 상태를 유지하나 심층부는 재폭기 작용이 없어 용존산소가 부족하며 혐기성 상태를 유지한다.

- 부영양화된 호수는 회복되기가 매우 어렵다. 부영양화를 방지하기 위해서는 인이 함유된 합성세제의 사용을 금하고 조류의 이상 번식 시 황산구리나 활성탄을 뿌려서 제거한다.

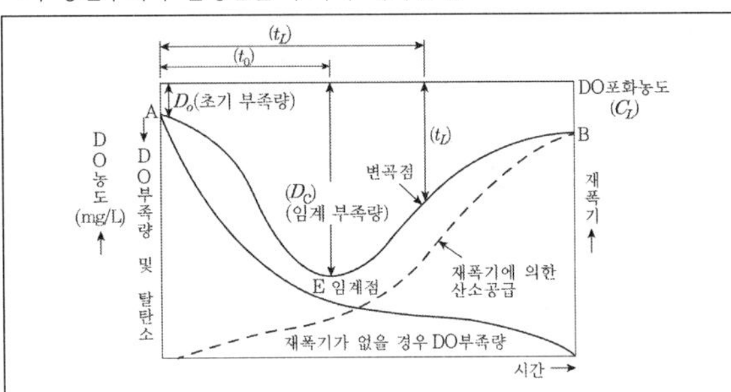

임계점은 용존산소가 가장 부족한 지점이며 변곡점은 산소복귀율이 가장 큰 지점이다.

- **적조현상** : 도시하수 유입에 의한 해역의 부영양화가 기반이 되어 해수 중에서 부유생활을 하고 있는 식물성 플랑크톤이 단기간에 급증하여 해수가 적색이나 녹색으로 변하는 현상이다.

(6) 하천의 수질변화

수원이 하수나 기타 오염물질에 의해 오염이 되면 물에는 일련의 변화가 일어나게 되는데 이러한 변화가 일어나는 지역을 유하거리 및 유하시간에 따라 분해지대-활발한 분해지대-회복지대-정수지대로 구분하였다.

- **분해지대** : 세균수가 증가되며 슬러지침전이 많아지는 지대로서 분해가 심해짐에 따라 곰팡이류가 많이 번식하게 되고 호기성 미생물의 활동에 의해 BOD가 감소한다.
- **활발한 분해지대** : 용존산소가 없기에 혐기성 미생물의 분해가 진행된다. 부패상태에 도달해 악취가 발생하며 pH가 급격히 저하된다.
- **회복지대** : 혐기성균에서 호기성균으로의 교체가 이루어지며 세균의 수가 감소한다. 분해지대와 반대현상이 일어나 용존산소의 증가에 따라 물이 깨끗해진다.
- **정수지대** : 용존산소량이 풍부하고 pH가 정상이며 다종, 다수의 물고기가 성장할 수 있다. 오염되지 않은 자연수처럼 보이며 물고기도 보이나 정수처리를 해야 음료수를 사용할 수 있다.

3. 상수관로시설

3.1. 도수 및 송수방식

(1) 자연유하식

- 수리학적으로 개수로식과 관수로식으로 분류된다.
- 도수, 송수가 안전하고 확실하다.
- 유지관리가 용이하여 관리비가 적게 소요되며 경제적이다.
- 수원의 위치가 높고 도수로가 길 때 적당하다.
- 급수구역을 자유롭게 선택할 수 없고, 평상시 수량과 수압조절이 불가능하다.
- 오수가 침입할 염려가 있다.
- 낙차를 최대한 이용하여 유속을 가급적 크게 하고 관경을 최소화하는 것이 경제적이다.

(2) 펌프압송식

- 수리학적으로 전부 관수로식이다.
- 수원이 급수지역과 가까운 곳에 있을 경우에 적당하다.
- 수로를 짧게 할 수 있어 건설비를 절감할 수 있다.
- 자연유하식에 비해 전력비 등 유지관리비가 많이 든다.
- 정전, 펌프 고장 등으로 도수 및 송수의 안정성과 확실성이 부족하다.
- 관수로에만 이용할 수 있고, 수압으로 인한 누수의 위험이 존재한다.
- 지하수가 수원일 경우 적당하다.

3.2. 계획 시 유의사항

(1) 도수 및 송수방식 선정시 고려사항

- 수원에서 정수장 또는 정수장에서 배수지간의 고저차를 고려해야 한다.
- 계획도수량 및 송수량의 대소를 비교해야 한다.
- 노선의 입지조건을 고려해야 한다.
- 송수관은 오염방지를 위해 설계시 관수로를 원칙으로 한다.

(2) 도수 및 송수관로의 선정 시 유의사항

- 계획취수량 전량을 유입시킬 수 있어야 한다.
- 최소 동수구배선 이하가 되게 하고 가급적 단거리로 한다.
- 수평, 수직의 급격한 굴곡은 피해야 한다. (수평 및 종단방향 모두 45° 이상의 급격한 굴곡은 피하고 직선으로 해야 한다.)
- 장래의 예상 증가량을 감안해야 한다.
- 하부성토 등 지반이 불안전한 장소는 피해야 한다.
- 이상 수압을 받지 않도록 한다.
- 관내의 마찰손실수두가 최소가 되도록 한다.
- 관수로의 경우 관내면에 작용하는 최대 정수두가 관의 최대 사용 정수두 이하가 되도록 한다.
- 노선은 가능한 한 공공도로를 이용한다.
- 하천, 도로, 철도를 횡단하는 경우에는 경제적인 면을 고려하여 선정한다.
- 양수연장이 길 경우 관로에 안전밸브, 또는 압력조절탱크를 설치하여 수격작용에 대비해야 한다.
- 사고를 대비하여 관을 2조로 매설하고 중요한 장소에 연결관을 설치한다.

3.3. 도 · 송수관 유속

① **도 · 송수관의 평균유속** … 0.3~3.0[m/s]
② **오수 · 차집관** … 0.6~3.0[m/s]
③ **우수 · 합류관** … 0.8~3.0[m/s]
④ **도 · 송수관의 평균유속 최대한도** … 모르타르 또는 콘크리트관 3.0[m/s], 모르타르라이닝 실트도장관 5.0[m/s], 강철, 주철, 경질염화비닐관 6.0[m/s]

⑤ 관로의 결정시 고려사항

- 수평 또는 수직방향의 급격한 굴곡을 피하고 항상 최소동수구배선 이하가 되도록 한다.
- 관로가 최소 동수구배선 위에 있을 경우 이 지점을 경계로 해서 상류측 관경을 크게 해서 동수구배선을 상승시킨다.
- 관로가 최소 동수구배선 위에 있을 경우 해결할 수 있는 다른 방법은 그 지점에 접합정을 설치하는 것이나 비경제적이다.
- 펌프의 양수연장이 길 경우 필요에 따라 관로에 안전밸브 또는 조압수조를 설치하여 수격작용에 대비해야 한다.
- 배수지는 정수를 저장하였다가 배수량의 시간적 변화를 조절하는 직류시설이며 배수관의 유속은 1~2.5m/sec이며 Hazen-Williams공식으로 주로 설계한다.

3.4. 수로부속설비

(1) 개수로 부속설비

- **스크린** : 개거의 경우에 낙엽 등의 유입을 방지하기 위해 수로의 도중에 설치한다.
- **신축이음** : 개수로에는 온도변화에 따른 콘크리트의 신축을 위해 대개 30~50m 간격으로 시공이음을 겸한 신축이음을 한다.
- **여수토구** : 정수장 등의 사고에 의해 급히 물의 흐름을 차단해야 할 필요가 있을 대 수로 도중에서 물을 배수하기 위해 하천 등의 적당한 위치에 설치한다.

(2) 관수로 부속설비

- **제수밸브** : 유지관리 및 사고시에 있어서 통수량을 조절하는 장치이다. 니토관 및 그 이외의 중요한 관로구조물의 전후에 설치한다.
- **공기밸브** : 관내공기를 자동적으로 배제 또는 흡입하는 시설로 배수본관의 요철부에 설치한다.
- **역지밸브** : 펌프압송 중에 정전이 되면 물이 역류하여 펌프를 손상시킬 수 있어 물의 역류를 방지하는 장치로 높은 저수지의 입구, 펌프 유출간의 시점, 배수관에서 분기되는 급수관의 시점 등에 설치한다.
- **안전밸브** : 관수로 내에서 이상수압이 발생했을 경우 관의 파열을 막기 위해 자동적으로 물을 배출하여 관로의 안전을 도모하기 위한 밸브이다. 수격작용이 일어나기 쉬운 곳에 설치하는데 주로 배수펌프나 중압펌프의 급정지, 급시동 때 수격작용이 잘 일어나는 곳에 설치한다.
- **접합정** : 물 흐름의 원활함과 손실수두의 감소를 위하여 수로의 분기, 합류 및 관수로로 변하는 곳에 설치한다.

3.5. 상수도관의 종류별 특징

주철관	내식성도 크고 강도도 크고 내구성이 강하며 시공이 간단하고 확실하며 이형관의 제작에 용이하다.	강관에 비해 충격에 약하고 무겁고 운반비가 많이 들며 접합부 이탈이 쉽게 발생하고 관내면에 스케일링이 발생한다.
덕타일주철관	강도와 인성이 크고 충격에 강하며 시공성이 용이하고 신축성과 휨성 및 지반변동에 유연하다.	중량이 비교적 크고 대구경관은 휘어지기 쉬우며 부식에 약하다.
강관	내외압 및 충격에 강하고 가볍고 시공이 용이하며 지반변형에 대한 적응도가 높다.	처짐이 크고 부식되기 쉬우며 전식에 약하며 스케일이 많이 발생한다.
경질염화비닐관	내식성, 내전식성이 크고 가볍고 시공이 용이하며 가격이 저렴하다.	강도가 낮으며 충격에 약하고 유기용제, 열, 자외선에 약하다.
콘크리트관	부식에 강하고 가격이 저렴하다.	강도가 작고 충격에 약하며 유기용매와 열과 자외선에 약하다.
석면시멘트관	내식성과 내전식성이 있으며 가볍고 신축성이 있고 시공성이 양호하다	충격에 약하고 수질과 토질에 따라 부서지기 쉽다.

3.6. 상수도관의 접합

- **소켓접합** : 철근콘크리트관, PVC관 등의 접합에 이용되며 지진 등의 횡방향력에 강하나 교통하중에 의한 진동이 심한 연약지반에는 접합이 느슨해져 누수가 생기기 쉽다.
- **칼라접합** : 흄관의 접합에 주로 사용되며 수밀성이 부족하고 하중 재하시 접합부분의 균열 등의 문제가 있으며 많은 인력작업이 소요된다.
- **미케니컬접합** : 덕타일 주철관에 이용되며 소켓접합과 비슷하나 플랜지가 달려 있는 것이 다르다.
- **플랜지접합** : 펌프의 주위배관, 제수밸브, 공기밸브 등의 특수장소에 사용되며 관단의 플랜지와 플랜지 사이에는 고무패킹을 넣고 볼트로 조여 접합한다.
- **타이튼접합** : 소구경관에 이용되며 접합에 고무링이 들어가고 간단, 신속하며 접합부의 신축성이 크다.
- **내면접합** : 관경 1000mm이상의 대구경에만 사용되는 특수접합으로 터널내에 관을 부설하는 경우 굴착단면과 폭을 최소로 할 때 적합하다.

3.7. 상수관로의 설계공식

(1) 수압에 의해 곡선부에 작용하는 외향력의 크기

$P = 2pA\sin\frac{a}{2}$ (p : 관내의 수압(kg/cm²), A : 관단면적(cm²), a : 곡선각도)

TIP

곡관, T자관 등의 이형관은 수평, 수직방향에서 관내의 수압과 유속에 의해 외향력이 발생하고 관이 이탈할 우려가 있어 방호공을 설치하여 보호해야 한다.

(2) 관 마찰손실수두

관 마찰손실수두 $h_l = f\frac{l}{D} \cdot \frac{V^2}{2g}$ (f는 마찰손실계수, l은 관길이[m], D는 관직경[m], V는 유속[m/sec])이며, 이 때 관 마찰 손실계수는 관이 신주철관일 때 0.02, 관이 구주철관일 때 0.04, 흐름이 층류일 때 $f = \frac{64}{R_e}$, 흐름이 난류일 때 $f = 0.3164R_e^{-1/4}$, Manning의 n을 알 경우 $f = \frac{124.5n^2}{D^{1/3}}$, Chezy의 C를 알 때 $f = \frac{8g}{C^2}$를 적용한다.

(3) 미소손실

관 마찰 외의 손실에는 입구손실, 급확대손실, 급축소손실, 점확대손실, 점축소손실, 굴절손실, 굴곡손실, 밸브손실, 출구손실 등이 있으며 모두 속도수두에 비례한다.

3.8. 크로스커넥션(교차연결)

음용수를 공급하는 수도에 위생관리가 불충분하고 부적당한 물을 공급하는 공업용수도 등과 배수관을 서로 연결한 것

(1) 교차연결의 발생원인

- 물의 사용량 변화가 심할 때
- 화재 등으로 소화전을 열었을 때
- 배수관의 수리나 청소를 위하여 니토관을 열었을 때
- 지반의 고저차가 심한 급수구역의 고지구에서 압력저하가 발생할 때
- 배수관에 직접 연결된 가압펌프의 운전에 따라 상류측에 압력저하가 일어날 때

(2) 교차연결의 방지대책

- 수도관과 공업용 수도관, 하수관 등을 같은 곳에 매설하지 않는다.
- 수도관의 진공의 발생을 방지하기 위한 공기밸브를 부착한다.
- 연결관에 제수밸브, 역지밸브 등을 설치한다.
- 오염된 물의 유출구를 상수관보다 낮게 설치한다.
- 급수시 물의 역류를 방지하기 위해 저수탱크를 설치한다.

3.9. 배수시설

- 유효용량 : 계획1일 최대급수량의 8~12시간분을 표준으로 하며 최소 6시간분 이상이어야 한다. 유효수심은 3~6m를 표준으로 한다.
- 배수탑 : 자연유하에 의한 배수를 가능하게 하는 배수지를 설치할 적당한 고지가 없거나 배수구역 말단의 급수불량을 보완하기 위해 설치한다. 총수심은 20m 정도이며 고가탱크의 수심은 3~6m 정도로 설정한다. 배수탑과 고가탱크는 펌프가압식에 비해 수격작용의 방지가 가능하고 경제적이긴 하지만 건설비가 많이 든다.
- 배수관 : 다른 지하매설물과 30cm 이상 간격을 유지해야 한다.

(1) 배수관의 배치방식

구분	장점	단점
격자식	물이 정체하지 않고 수압유지가 용이하며 화재시 등 사용량 변화에 대한 대처가 용이하다.	시공이 어렵고 관망의 수리계산이 복잡하며 건설비가 많이 소요되며 제수밸브가 많이 필요하다. 단수시 대상지역이 좁아진다.
수지상식	관망 수리계산이 간단하고 제수밸브가 적게 설치되며 시공이 용이하다.	수량의 상호보충이 불가능하다. 관 말단에 물이 정체되어 맛, 냄새, 적수 등이 발생한다.

(2) 배수관망의 계산

등차관법(관망을 설계하기 전에 복잡한 관망을 좀 더 간단한 관망으로 골격화시키기 위한 예비작업에 적용하는 방법), Hardy- Cross법(관망이 복잡한 경우에 사용하며 가정된 유량을 적용하면 관망에서의 유량, 손실수두 및 보정유량을 정확히 계산할 수 있다.) 우선 1차적으로 등치관법 적용(복잡한 관망의 단순화)한 후 2차적으로 Hardy-Cross법을 적용(정확한 계산)하여 산출한다.

4. 정수장시설

4.1. 기본용어

- 착수정 : 도수시설에서 유입되는 원수를 정수처리장에서 최초로 도입하는 공정의 시설로서 원수의 수위를 안정시키고 원수량을 조절한다.
- 응집지 : 약품응집 조작에 의해 콜로이드성 물질을 침전성이 양호한 플록으로 형성시키는 시설을 말한다.
- 침전지 : 물보다 무거운 수중 고형물을 중력에 의해 자연 침강시켜 물로부터 분리하기 위한 시설로 보통침전지, 약품침전지 등으로 분류된다.
- 여과지 : 원수를 인공 모래층으로 침투유하시켜 원수중에 있는 부유물질, 콜로이드, 세균 및 용해성 물질 등을 제거하기 위한 시설로 완속여과지와 급속여과지로 분류된다.
- 소독지 : 여과지에서 나온 물 속에 포함된 세균을 제거하기 위한 시설로 염소소독지, 클로라민 소독지, 이산화염소 소독지 등이 있다.
- 정수지: 운전관리상 발생하는 여과수량과 송수량의 불균형을 조절하고 완화하며 고장시 대응, 시설점검시 대비, 주입된 염소를 균일화하는 시설로 정수장의 최종단계 정수저류시설이다.

4.2. 응집

- 일반적인 침전처리에서 제거되지 않는 미세한 점토, 유기물, 세균, 조류, 색도, 탁도 성분이나 콜로이드 상태로 존재하는 물질 및 맛과 냄새를 제거하기 위해 약품을 사용하는 것을 말한다.
- 콜로이드의 전기적 특성을 콜로이드가 띠고 있는 전하와 반대되는 전하를 갖는 물질을 투여하여 그 특성을 변화시키고 pH의 변화를 일으켜 콜로이드가 갖고 있는 반발력을 감소시킴으로서 입자가 결합하도록 한 것이다.
- 응집을 시키기 위해 가하는 화약양품을 응집제라고 하며 그 입자의 덩어리를 플록이라 한다.

(1) 고속응집침전지의 특징

종류	체류시간	유속	유속방향
보통침전지	8시간	30cm/min	횡류유속
약품침전지	3~5시간	40cm/min	횡류유속
경사판 침전지	2.4~4.6시간	60cm/min	횡류유속
고속응집침전지	1.5~2.0시간	4~5cm/min	상승유속

(2) 응집제 및 응집보조제

① 황산알루미늄

- 저렴, 무독성 때문에 대량첨가가 가능하고 대부분의 수질에 적합하다.
- 결정은 부식성, 자극성이 없어 취급이 쉽다.
- 탁도, 색도, 세균, 조류 등 대부분의 현탁물 또는 부유물에 대한 제거효과가 있다.
- 황산반토의 수용액은 강산성이므로 취급에 주의가 요망된다.
- 철염에 비해 생성된 플록이 가볍고 적정 pH(pH 7부근)의 폭이

좁은 것이 단점이다.

② 폴리염화알루미늄

- 플록형성이 황산알루미늄보다 현저히 빨라 응집효과도 뛰어나며, 생성된 플록이 대형이므로 침강속도가 빠르다.
- pH, 알칼리도의 저하는 황산알루미늄의 1/2 이하로 작다.
- 적정 주입률의 폭이 크며 과잉 주입하여도 효과가 떨어지지 않는다.
- 탁도제거 효과가 탁월하다.
- 수온이 낮아도 응집효율이 쉽게 떨어지지 않는다.

③ 응집보조제

- 한층 무겁고 신속히 침강하는 플록을 만들고 플록의 결합강도를 증가시키기 위해 사용되며 결국 응집제의 사용량을 절감할 수 있다.
- 알긴산나트륨, 활성규산 등이 있다.

④ 알칼리제

- 응집반응을 실시하면 많은 OH^-기가 소모되어 pH가 저하되므로 알칼리제를 투입, 보충하지 않으면 응집효율은 점차 떨어진다.
- 생석회, 소석회, 소다회, 가성소다 등이 있다.

4.3. 침전

(1) 침전법

액체상의 부유물질을 중력에 의해서 가라앉히는 방법이며 침전효과는 부유물질의 제거율로 나타낸다.

(2) 침전지의 형식과 특성

- **단독침전**: 저농도 현탁 입자의 침전, 독립인자로서 침전하며 이웃입자와의 간섭이 없음
- **응집침전**: 저농도 응집성 입자의 침전, 침전하면서 응집하여 침강속도가 변함
- **지역침전**: 뚜렷한 경계면 형성층을 이루어 침전
- **압축침전**: 슬러지 침적층의 압축과 간극수의 상승 분리

(3) 보통침전지의 구조

- 침전지는 2지 이상으로 하며 용량은 계획정수량의 8시간분을 표준으로 한다.
- 침전지는 직사각형으로 하고 길이는 폭의 3~8배를 표준으로 한다.
- 유효수심은 4.5m~5.5m로 하고 슬러지 퇴적심도로서 30cm 이상을 둔다.
- 고수위에서 침전지 벽체 상단까지의 여유고는 30cm 정도로 한다.
- 보통 침전지의 평균유속은 30cm/min 이상을 표준으로 한다.

(4) 약품침전법

보통침전법으로 제거하지 못하는 미세부유물질이나 콜로이드성 물질, 미생물 및 비교적 분자가 큰 용해성 물질을 약품을 사용하여 침전이 가능하도록 불용성 플록을 형성시켜 제거하는 방법

- 침전지는 2지 이상으로 하며 용량은 계획정수량의 3~5시간분을 표준으로 한다.
- 침전지는 직사각형으로 하고 길이는 폭의 3~8배를 표준으로 한다.
- 유효수심은 4.5m~5.5m로 하고 슬러지 퇴적심도로서 30cm 이상을 둔다.
- 고수위에서 침전지 벽체 상단까지의 여유고는 30cm 정도로 한다.
- 보통 침전지의 평균유속은 40cm/min 이상을 표준으로 한다.

(5) 침전형태

- **1형 침전**(독립침전) : 비중이 1보다 큰 무기성 입자가 침전할 때 입자들이 다른 입자의 영향을 받지 않고 중력에 의해 자연스럽게 침강되는 현상이다. 비응집성 입자의 침전으로 입자 상호간에 간섭이 없는 형태로 침사지, 보통 침전지 등에서 이루어진다.
- **2형 침전**(응집침전) : 부유물질, 화학 응집성 입자들이 침전하면서 주변의 입자들과 충돌, 결합하여 더 큰 입자로 침전하는 형태로 약품침전지 등에서 이루어진다.
- **3형 침전**(지역, 방해, 간섭침전) : 고형물질 입자의 농도가 높을 경우 입자간에 방해(간섭)을 일으켜 침전속도가 점차 감소하게 되며 침전하는 부유물과 상등액 간에 뚜렷한 경계면이 형성하는 경계면 침전형태로 하수처리장의 2차 침전지 등에서 나타난다.
- **4형 침전**(압축침전) : 침전되어 쌓여있는 입자의 무게에 의해 계속 압축을 가하여 입자들이 서로 접촉한 사이로 물이 빠져나가 계속 농축이 되는 현상으로 하수처리장의 2차 침전지 및 농축조의 저부에서 발생한다.

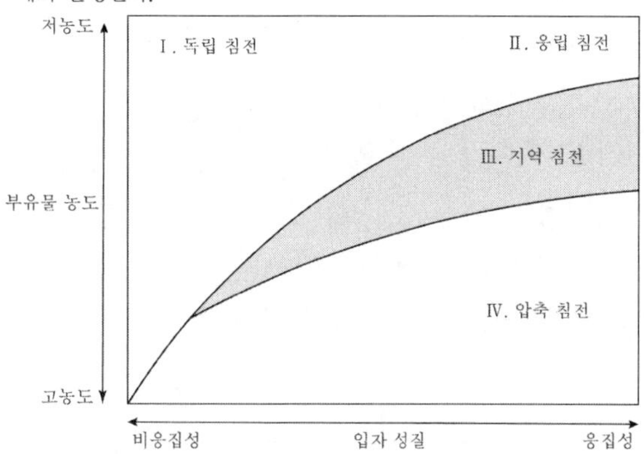

4.4. Stokes의 법칙

- 액체 중에서 침전하는 독립입자는 가속도를 받다가 짧은 시간 내에 입자에 작용하는 중력과 액체의 저항이 평형상태에 도달하게 되어 일정한 침강속도로 침전하게 된다. 레이놀즈수가 0.5보다 작은 경우 구형의 독립입자가 정지유체 또는 층류 중을 침강할 때의 속도는 Stokes의 법칙에 의해 다음과 같이 표현된다.

$$\text{입자의 침강속도 } V_s = \frac{(\rho_s - \rho_w)gd^2}{18} = \frac{(s-1)gd^2}{18\nu}$$

(ρ_s는 입자의 밀도, ρ_w는 물의 밀도, s는 비중, μ는 물의 점성계수, ν는 물의 동점성계수, d는 입자의 직경)

- **Stokes 법칙의 기본가정** : 입자의 크기는 일정하고 형상은 구형(원형)이며 물의 흐름은 층류상태이다.

4.5. 여과방식

- 완속여과 : 취수 – 도수 – 착수정 – 보통침전지 – 완속여과지 – 염소소독–정수지 – 송수
- 급속여과 : 취수 – 도수 – 착수정 – 혼화지 – 플록형성지 – 약품침전지 – 급속여과지 – 염소소독 – 정수지 – 송수
- 고도정수처리 : 취수 – 도수 – 착수정 – 혼화지 – 플록형성지 – 약품침전지 – 급속여과지 – 오존처리 – 활성탄 – 염소소독 – 정수지 – 송수

(1) 완속여과방식

- 세균 제거율이 98% 이상으로 매우 높다.
- 여과속도는 4~5[m/day] 정도이므로 손실수두가 적게 발생한다.
- 저탁도수의 유입수에 적합하다.(탁도가 심한 오염수는 생물층이 형성되기 어렵다.)
- 유출수(처리수)의 수질이 양호하다.
- 약품처리가 불필요하며 유지관리비가 저렴하다.
- 소규모 용량 처리에 적합하다.
- 여과속도가 느리므로 여과지 면적이 넓고 건실비가 고가이나.
- 여재 청소 시 인력으로 하므로 경비가 많이 들고 오염의 염려가 있다.

(2) 급속여과방식

- 탁도가 높은 오염수에도 적영이 가능하고 철, 조류 등도 처리할 수 있다.
- 완속여과에 비하여 용지면적이 작아도 되며 건설비가 낮다.
- 인력이 적게 소요되며, 자동제어화가 가능하다.
- 여과 시 손실수두가 크게 발생한다.
- 완속여과에 비하여 세균처리의 확실성이 떨어진다.
- 전처리 과정으로서 응집침전이 필요하다.
- 탁도는 잘 제거되나 세균, NH3, 망간(Mn), 냄새 등은 잘 제거되지 못한다.
- 여재 청소를 기계적으로 하므로 경비가 많이 소요되나 청소시간이 적게 들고 오염의 염려도 적다.

구분	완속여과	급속여과
용지면적	크다	작다
세균제거	좋다	나쁘다
수질	양호	–
약품처리	불필요	필요
손실수두	작다	크다
건설비	많다	적다
유지관리비	적다	많다
원수수질	저탁도	고탁도
여재 세척법	많이 소요	적게 소요
관리기술	불필요	필요

(3) Jar–Test

- 하수나 폐수를 응집하여 처리할 때 가장 적합한 응집제의 종류, 첨가량, 첨가 조건 등을 판단하기 위해 소규모로 하는 응집 시험이다.
- 각각의 폐수에 맞는 응집제와 응집보조제를 선택한 후 적정한 pH를 찾고 이 pH조건하에 최적 주입량을 결정하기 위한 시험이다.

> - 6개의 비커에 처리하려는 물을 동일량(500mL, 또는 1L)으로 채운 다음 교반기로 최대속도(120~140rpm)로 15~90초간 급속교반 시킨 다음 pH 조정을 위한 약품과 응집제를 짧은 시간 내에 주입한다.
> - 교반기는 회전속도를 20~70rpm으로 감소시키고 20분~1시간 완속 교반을 하여 플록을 생성시키는데 걸리는 시간을 기록한다. (급속교반 후 완속교반을 하는 이유는 플록을 깨뜨리지 않고 크기를 증가시키기 위해서 이다.)
> - 약 30~60분간 침전시킨 후 상등수를 분석한다.

4.6. 고도정수처리

(1) 오존처리법

- 오존의 산화력을 이용하여 오수의 유기물제거를 통하여 BOD 농도의 저감과 탈색 · 탈취에 유효하게 이용한다.
- 오수처리는 대부분 미생물 제거 즉 활성오니를 이용하는 장기폭기법이나 접촉산화법이 주류를 이루고 있는데 오존처리는 그 후처리로서 난분해성 물질들을 미생물이 분해할 수 있는 물질들로 변화시킨다.
- 강력한 산화제이며 바이러스에 대해서도 매우 유효한 소독제이다.
- 색도, 냄새, 맛, 철, 망간, 유기물, 세균, 바이러스, 페놀, THM 등을 처리대상으로 한다.

장점	단점
• 물에 화학물질이 남지 않는다. • 물에 염소와 같은 맛, 냄새가 남지 않는다. • 유기물에 의한 이취미가 제거된다. • 철, 망간의 제거능력이 크다.	• 경제성이 낮다. • 소독의 잔류효과가 없다. • 복잡한 오존 발생장치가 필요하다. • 수온이 높아지면 오존소비량이 많아진다.

(2) 활성탄처리법

- 통상의 정수처리로 제거되지 않는 맛, 냄새, 색도, THM, 페놀 등을 흡착반응을 통해 제거하는 것이다.
- 정수 처리에서 침전과 여과 과정을 거친 처리수에 남아 있는 용해성 유기물을 활성탄 표면에 달라붙게 하여 처리하는 방법이다.
- 냄새, 색, 페놀류의 미량 유해 물질 따위를 제거하는 데 효과적이다.
- 분말활성탄–응집 전이나 응집 중에 주입시켜 오염물질을 흡착처리한 뒤 침전, 여과해서 분리하며 주로 응급처리용이며 단시간 사용할 때에 적합하며 새로운 처리시설이 필요 없다.
- 입상활성탄–일반적으로 여과와 염소소독의 중간에 실시하며 연속처리 또는 장기간 처리에 이용되며 새로운 처리시설(여과조)가 필요하다.

(3) 생물학적 전처리법

- 일반 정수처리로 충분히 제거되지 않는 NH_3–N, 조류, 냄새물질, 철, 망간 등의 처리에 적용된다.
- 응집, 침전, 여과 등 통상의 정수처리의 전처리용 외에도 오존, 활성탄 등의 처리공정과의 조합으로 실시되기도 한다.
- 호기성 처리와 혐기성 처리로 분류되나 상수도에서는 보통 호기성 처리가 사용되고 있다.

(4) 경수의 연수화

- 물속에 있는 경도성분을 일정수준 이하로 낮추는 과정이다.
- **탄산경도(일시경도)제거** : 소석회, 생석회, 수산화나트륨 등을 첨가하여 침전, 제거시킨다.
- **비탄산경도(영구경도)제거** : 소다회를 첨가하여 침전, 제거시킨다.

(5) 경도(Hardness)

- 수중의 칼슘 및 마그네슘 이온량을 이에 대응하는 탄산칼슘의 ppm으로 환산해서 표시한다.
- **총경도** : 수중의 칼슘 및 마그네슘 이온의 총량으로 표시되는 경도
- **칼슘경도** : 수중의 칼슘 이온의 총량으로 표시되는 경도
- **마그네슘경도** : 수중의 마그네슘 이온의 총량으로 표시되는 경도
- **비탄산염경도(영구경도)** : 황산염, 질산염, 염화물 등에서 석출되는 칼슘 및 마그네슘염에 의한 경도
- **탄산염경도(일시경도)** : 중탄산염, 칼슘, 마그네슘에 의한 경도

4.7. 염소처리

(1) 염소의 성질

- 염소를 물에 주입할 경우(염소의 가수분해)
- $Cl_2 + H_2O \leftrightarrow HOCl$(치아염소산) $+ H^+ + Cl^-$ [낮은 pH에서]
- $HOCl \leftrightarrow H^+ + OCl^-$ (치아염소산 이온) [높은 pH에서]
- HOCl과 OCl^-를 유리잔류염소라 한다.
- 염소를 주입하면 계속 H^+가 발생하여 pH가 저하된다.
- 살균력의 세기는 O_3(오존) > HOCl > OCl^- > 클로라민 순이다.

염소는 통상 소독의 목적으로 여과 후에 주입되나 소독, 살조 작용과 함께 강력한 산화력을 가지고 있기 때문에 오염된 원수의 정수처리대책의 일환으로 응집, 침전 이전의 처리과정에서 주입하는 경우와 침전지와 여과지의 사이에서 주입하는 경우가 있다. 전자를 전염소처리, 후자를 중간염소처리라 한다.

(2) 염소처리 시 고려사항

- 염소제 주입장소는 취수시설, 도수관로, 착수정, 혼화지, 염소 혼화지 등에서 교반이 잘일어나는 장소로 한다.
- 염소제 주입율은 처리목적에 따라 필요로 하는 염소량 및 원수의 염소요구량 등을 고려하여 산정한다.
- 염소제의 종류, 주입량, 저장주입제해시설 등에 관하여서는 소독설비에 준한다.

(3) 전염소처리

- 염소를 침전지 이전에 주입하는 것으로 소독작용이 아닌 산화, 분해작용이 주목적이다.
- 조류, 세균 등이 다수 서식하고 있을 때 이들의 번식을 방지하고자 할 때 사용된다.
- 암모니아성 질소, 아질산성 질소, 황화수소, 페놀류, 기타 유기물 등을 산화시켜 제거할 경우에 사용된다.
- 완속여과에서는 염소가 여과막 생물에 좋지 않은 영향을 주므로 원칙적으로 전염소처리를 피해야 한다.
- **중간염소처리** : 응집, 침전으로 부식질을 어느 정도 제거한 후 염소처리를 하는 것이다. (부식질 등의 유기물은 유리잔류염소와 반응하여 트리할로메탄이 생성되기 때문이다.)

(4) 중간염소처리

- 원수 중에 부식질 등의 유기물이 존재하면 유리잔류염소와 반응하여 트리할로메탄이 생성되므로 이러한 우려가 높을 경우에는 응집, 침전으로 부식질을 어느 정도 제거한 후 염소처리를 하는 것을 말한다.
- 침전지와 여과지 사이에 염소를 주입한다.

(5) 후염소처리(염소소독)

- 염소는 살균제인 동시에 강력한 산화제이기 때문에 수중에 유기물, 세균 등이 존재하면 염소는 살균 및 산화가 종료될 때까지 소비가 계속된다.
- 세균의 부활을 막기 위해 급수관에서는 항상 0.2mg/L 이상, 소화기 계통의 전염병 유행시에는 0.4mg/L의 잔류염소가 남도록 염소를 주입한다.
- 소독효과가 완전하고 대량의 물에 대해서도 쉽게 소독할 수 있으며 잔류성이 있는 것이 특징이다.
- 가격이 저렴하며 조작이 간단하지만 염소가스가 누출될 염려가 있다.
- 페놀과 반응하여 냄새, 맛 등을 발생시킨다.
- THM을 생성시키고 암모니아성질소와 반응하여 소독의 효과를 감소시킨다.
- 염소주입은 건식과 습식이 있으며 액화염소를 사용할 경우 고압가스 관련법령이나 기준의 적용을 받는다.

> 염소를 물에 주입 시 다음과 같은 화학반응이 진행된다.
> - $Cl_2 + H_2O \Leftrightarrow HOCl$(차아염소산) $+ H^+ + Cl^-$ [낮은 pH]
> - $HOCl \Leftrightarrow H^+ + OCl^-$(차아염소산 이온) [높은 pH]
> - HOCl과 OCl^-를 유리염소라 한다.
> - 염소를 계속 주입하면 H^+가 증가하여 pH가 저하된다.
> - 살균력의 세기는 O_3 > HOCl > OCl^- > 클로라민 순이다.

(6) 염소처리효과

- pH가 낮은 쪽이 살균효과가 가장 높다.
- 접촉시간이 길수록 살균력도 증가한다.
- 염소의 농도가 증가하면 살균력도 증가한다.
- 염소는 기화열이 필요하므로 수온이 높을수록 염소 및 클로라민의 살균력은 증대된다.
- 알칼리도가 낮을수록 살균력이 증가한다.

(7) 불연속점

일정량의 염소를 주입할 때가지 결합염소농도가 증가하다 최댓점에 도달한 후에는 염소주입량을 증가시켜도 잔류염소농도는 반대로 감소하여 거의 0으로 저하되는데 그것은 과잉염소가 클로라민과 반응하여 클로라민을 N_2 등으로 가스화시키기 때문이다. 잔류염소가 거의 0이 된 점에서 염소를 계속 주입하면 유리잔류염소가 나타나기 시작하여 염소의 살균작용이 비로소 진행되는데 이 점을 파괴점 또는 불연속점이라고 한다.

(8) 클로라민

암모니아가 함유된 물에 염소를 주입하면 염소와 암모니아성 질소가 결합하여 클로라민(결합잔류염소)가 생성된다. 살균작용이 오래 지속되며 살균 후 물에 맛과 냄새를 주지 않으며 휘발성이 약하다.

(9) 잔류염소와 염소요구량

- 1형 : 증류수에 염소를 주입할 때, 즉 염소요구량이 0일 경우이며 주입량에 비례해서 주입량과 같은 잔류염소가 발생한다.
- 2형 : 물이 일정량의 유기물이나 산화가능한 무기물을 포함하는 경우, 이 물질들이 염소와 반응해 모두 산화, 분해될 때까지는 잔류염소가 존재하지 않으며 파괴점을 지나면서 유리 잔류염소가 나타나는 특성을 가지는데 일반적으로 수돗물이 2형에 해당된다.
- 3형 : 전염소처리시에 나타나는 형으로 유기 및 무기성분과 함께 암모니아 화합물 또는 유기성 질소화합물을 많이 포함한 물에서 볼 수 있다.

4.8. 오존처리

(1) 오존처리의 특징

- 오존처리는 염소보다 훨씬 강한 오존의 산화력을 이용하여 소독, 맛 냄새물질 및 색도의 제거, 유기화합물의 저감, 철, 망간 등 금속류의 산화 등을 목적으로 한다.
- 맛냄새물질 및 색도제거 효과가 우수하다.
- 유기물질의 생분해성을 증가시킨다.
- 난분해성 유기물의 생분해성을 증대시켜 후속 입상 활성탄(생물활성탄으로 운전시)의 처리성을 향상시킨다.
- 염소주입에 앞서 오존을 주입하면 염소의 소비량을 감소시킨다.
- 철, 망간의 산화능력이 크다.
- 오존은 유기화합물과 반응하여 부산물을 생성하므로 일반적으로 오존처리와 활성탄처리는 병행된다. 오존처리 공정의 설계 및 운전요소로서 처리목적에 따라 주입점, 주입율 등을 고려하고 파일럿플랜트 등 실험결과에 근거하여 결정한다.

(2) 오존처리에 있어서 유의할 점

- 충분한 산화반응을 진행시킬 접촉지가 필요하다.
- 배출오존 처리설비가 필요하다.
- 전 염소처리를 할 경우 염소와 반응하여 잔류염소가 감소한다.
- 온이 높아지면 용해도가 감소하고 분해가 빨라진다.
- 설비의 사용재료는 충분한 내식성이 요구된다.

4.9. 기타소독법

(1) 클로라민

- 암모니아가 함유된 물에 염소를 주입하면 염소와 암모니아성 질소가 결합하여 클로라민(결합잔류염소)이 생성된다.
- 차아염소산이온보다 살균력이 약해 주입량이 많이 요구된다.
- 접촉시간이 30분 이상 필요하다.
- 살균 후 물에 맛과 냄새를 주지 않고 살균작용이 오래 지속된다.
- 초기에는 물속에 페놀이 있을 경우 발생하는 냄새를 제거할 목적으로 사용하다가 최근 염소살균시 발생하는 THM 등으로 인해 염소를 대신하는 대체 소독제로 평가되고 있다.
- 휘발성이 약하다.

(2) 이산화염소

- 불안정한 가스이므로 처리현장에서 직접 만들어 사용하며 강력한 산화제로서 클로라민을 생성하지 않고 페놀에 대해 염소와 같이 클로로페놀을 생성함이 없이 분해하므로 유용하다.
- 폭발성이 있고, 부식성 및 독성이 강하므로 취급에 주의를 요한다.
- 미생물에 대한 소독력이 크고 잔류효과도 양호하다.
- 맛, 냄새 제거에도 효과적이며 THM생성반응을 하지 않는다.
- 염소와 같은 효과를 얻기 위해서는 염소주입량의 1/2만 주입하면 되므로 경제적이다.

(3) 자외선 소독법

- 약품을 주입하지 않는 청정 소독법이지만 고가이며 잔류효과가 없어 일반화되어 있지 않다.
- 주로 호텔수영장, 청량음료, 식품공장 등에서 사용되기도 한다.

5. 하수도시설

5.1. 하수배제방식

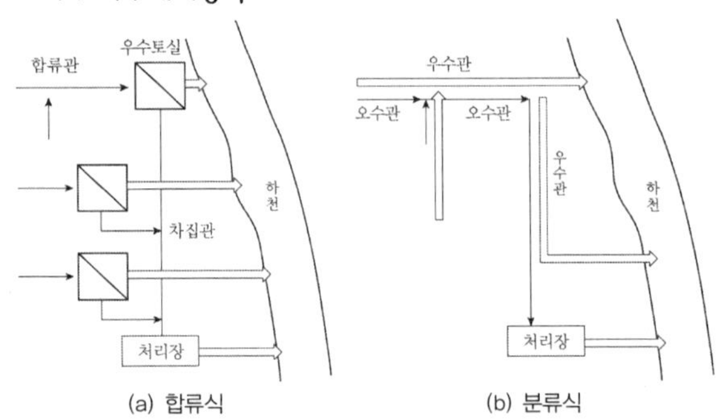

(a) 합류식 (b) 분류식

(1) 분류식

위생적인 관점에서 유리한 방식으로서 오수관과 우수관을 별도로 설치하여 오수만을 처리장으로 이송하는 방식으로 강우 시 오수가 방류되는 일이 없으므로 수질오염방지에 효과적이다.

장점	단점
• 하수에 우수가 포함되지 않아서 처리부하와 처리비용을 절감시킬 수 있다. • 유속과 유량이 일정한 편이며, 유속이 빨라 관내에 침전물이 생기지 않는다. • 오수의 완전처리가 가능하고 처리장에 유입되는 토사의 유입량이 적다.	• 관로의 직경이 작으나 관거의 수가 많아져서 공사비가 많이 들게 된다. • 강우 초기에는 도로나 관로 내에 퇴적된 오염물질이 그대로 강으로 합류된다. • 오수관거가 소구경이므로 합류식에 비해 경사가 급해지고 매설깊이가 깊어진다. • 우천 시 우수가 미처리되어 공공수역에 방류되기 때문에 수질 문제가 발생한다. • 지하수의 유입량을 고려해야만 한다.

(2) 합류식

경제적인 관점에서 유리한 방식으로서 단일 관거로 오수와 우수를 한 번에 배제하는 방식으로서 침수피해가 빈번한 지역에 효과적이다.

장점	단점
• 전 우수량을 처리장으로 도달시켜 완전처리가 가능하다. • 강우 시 수세효과를 기대할 수 있다. • 단면적이 크므로 폐쇄의 염려가 적으며 관의 검사가 용이하고 경사가 완만하다. • 침수피해 다발지역이나 우수배제시설이 정비되지 않은 지역에 유리하다. • 관거의 부설비가 적게 든다.	• 우천 시 유량이 일정량 이상이 되면 오수의 월류 현상이 발생한다. • 우천 시 처리장으로 다량의 토사가 유이보디어 침전지에 퇴적이 된다. • 강우 시 비점오염원이 하수처리장에 유입되어 이에 대한 대책이 요구된다. • 청천 시 수위가 낮고 유속이 느려 오물이 침전되기 쉽다. • 하수관거 내의 유속변화가 크다. • 하수처리장에 유입하는 하수의 수질 변동이 크다.

5.2. 계획하수량

(1) 계획하수량 산정식

- **분류식 오수관거** : 계획시간 최대오수량
- **분류식 우수관거** : 계획우수량
- **합류식 합류관거** : 계획시간 최대오수량 + 계획우수량
- **합류식 차집관거** : 우천 시 계획오수량의 3배
- **합류식의 계획하수량**

종별	하수량
오수관거	계획시간 최대오수량을 기준으로 계획
우수관거	계획우수량을 기준으로 계획
관거(차집관거 제외)	계획시간 최대오수량 + 계획우수량
차집관거 및 펌프장	계획시간 최대오수량의 3배 이상
처리장의 최초침전지까지 및 소독설비	계획시간 최대오수량의 3배 이상
처리장에서 상기 이외의 처리시설	계획 1일 최대오수량

(2) 계획오수량 산정식

- **계획 1일 평균오수량** : 1년 동안 유출되는 총 오수량으로부터 1일당의 평균값을 나타낸 것으로서 계획 1일 평균오수량은 계획 1일 최대오수량의 70~80%를 표준으로 한다. 계획 1일 최대오수량 × 0.7(중소도시), 0.8(대도시, 공업도시)로 구한다.
- **계획시간 최대오수량** : (계획 1일 최대오수량/24) × 1.3(대도시 및 공업도시), 1.5(중소도시), 1.8(농촌, 주택단지)
- **계획 1일 최대오수량** : 1년 중 가장 많은 오수가 유출된 날의 오수량으로서 하수처리시설의 설계기준 및 처리용량을 결정하는 기준이 된다. (1인 1일 최대오수량 × 계획배수인구) + 공장폐수량 + 지하수량 + 기타로 구한다.
- **생활오수량** : 1인 1일 최대오수량 × 계획배수인구

- 합류식에서 우천 시 계획오수량은 원칙적으로 계획시간 최대오수량의 3배 이상으로 한다.

<table>
<tr><th colspan="2" rowspan="2">구분</th><th colspan="2">계획하수량</th></tr>
<tr><th>분류식 하수도</th><th>합류식 하수도</th></tr>
<tr><td rowspan="2">1차 처리
(1차 침전지까지)</td><td>처리시설(소독시설 포함)</td><td>계획 1일 최대오수량</td><td>계획 1일 최대오수량</td></tr>
<tr><td>처리장내 연결관거</td><td>계획시간 최대오수량</td><td>우천시 계획오수량</td></tr>
<tr><td rowspan="2">2차 처리</td><td>처리시설</td><td>계획 1일 최대오수량</td><td>계획 1일 최대오수량</td></tr>
<tr><td>처리장내 연결관거</td><td>계획시간 최대오수량</td><td>계획시간 최대오수량</td></tr>
<tr><td rowspan="2">3차 처리 및 고도처리</td><td>처리시설</td><td>계획 1일 최대오수량</td><td>계획 1일 최대오수량</td></tr>
<tr><td>처리장내 연결관거</td><td>계획시간 최대오수량</td><td>계획시간 최대오수량</td></tr>
</table>

5.3. 계획강우량

(1) 우수유출량 산정식

- 유량계산식 : $Q = AV$이며 $V = \frac{1}{n}R^{2/3}I^{1/2}$(Manning공식, Q는 유량, A는 유로의 단면적, V는 평균유속, R은 경심, I는 동수구배, n은 조도계수이다.)
- 최대계획 우수유출량(합리식) : $Q = \frac{1}{3.6}CIA$ [m³/s](C는 유출계수, I는 홍수도달시간의 평균강우강도[mm/h], A는 면적[km²])

유출계수 : 수관거에 유입된 실제 우수 유출량 / 유역에 내린 전체 강우량
강우강도(I) : 단위시간당 내린 비의 깊이(mm/hr)이며 강우강도 공식으로는 Talbot형, Sherman형, Japanese형이 있다.

Talbot형 강우강도	Sherman형 강우강도	Japanese형 강우강도
$I = \frac{a}{t+b}$	$I = \frac{c}{t^n}$	$I = \frac{d}{\sqrt{t}+e}$

I는 강우강도(mm/h), t는 지속시간(min), a, b, c, d, e, n은 상수

TIP

유역면적의 단위가 [ha]이면 $Q = \frac{1}{360}CIA$ [m³/s]를 적용해야 한다.

유출계수는 하수관거에 유입된 실제 우수 유출량을 유역에 내린 전체 강우량으로 나눈 값이다.

(2) 강우량 산정법

- **산술평균법** : 비교적 평야지역에서 강우분포가 균일하고 우량계가 등분포되고 유역면적이 500km² 미만인 경우에 적용이 가능하다. 강우계의 관측분포가 균일한 평야지역의 작은 유역에 발생한 강우에 적합한 유역 평균 강우량 산정법이다. $P_m = \frac{\sum P_i}{N}$
- **Thiessen의 가중법** : 유역의 평균강우량을 산정하는 방법으로서 각 관측소가 차지하는 면적에 비례하여 가중 평균을 구하는 방법이다. 다수의 우량관측소가 있는 유역에서 관측소간 연결선의 수직이등분선들로 구성된 티센다각형의 면적비를 가중치로 대상유역의 면적평균강우량을 산정하는 방법이다. 산악의 영향이 비교적 적고 우량계가 불균등 분포한 경우 우량계의 분포상태를 고려하며 객관성이 있어 가장

널리 사용되는 평균우량 산정법이다. 유역면적은 500~5000km²에서 많이 사용된다.

$$P_m = \frac{\sum A_i P_i}{\sum A_i}$$

- **Talbot의 강도법** : 강우강도(강우의 깊이를 1시간당 우량으로 환산한 값)을 구하는 방법이다.
- **정상연강수량비율법** : 강수량 자료의 보완을 위해 사용되는 방법의 일종이다. 정상연강수량을 사용한다. (정상연강수량이란 30년 이상의 연강수량의 평균값을 의미한다.)
- **DAD분석** : 그 동안의 강우기록으로부터 Depth(강우량), Area(유역면적), Duration(지속시간)에 관한 데이터를 이용하여 강수량을 해석하는 방법이다. DAD곡선이라 함은 최대평균우량깊이-유역면적-강우지속시간 관계곡선이다.
- **선행 강수 지수법** : 토양의 초기함수조건에 의한 유출량 산정법으로서 선행강수지수를 결정한 후 유출량을 산정하는 방법이다.
- **순간 단위 유량도법** : 지속시간이 0에 가까운 순간적으로 내린 유효우량에 의한 유출수문곡선을 사용한 분석법이다.
- **합성 단위 유량도법** : 어느 관측점에서 단위도 유도에 필요한 강우량 및 유량의 자료가 없을 때, 다른 유역에서 얻은 과거의 경험을 토대로 하여 단위도를 합성하여 미 계측지역에 대한 근사치로써 사용할 목적으로 만든 단위도를 이용하는 방법이다.(유효강우량이 유역에 적용되는 지속시간을 거의 0에 가깝게 잡으므로 이는 이론적인 개념일 뿐 실제 유역에서는 실현될 수 없다.)
- **이중누가우량분석** : 우량계의 위치, 노출상태, 관측방법, 주위 환경변화로 인한 강수자료의 일관성을 상실한 경우, 기록치를 교정하는 방법이다. 강우자료의 변화요소가 발생한 과거의 기록치를 보정하기 위하여 전반적인 자료의 일관성을 조사하려고 할 때, 사용할 수 있는 가장 적절한 방법이다.

단위도(단위유량도) : 특정 유역에 일정한 지속기간 동안 균일한 강도로 유역전체에 걸쳐 균등하게 내리는 유효강우 1cm(1in)로 인해 발생하는 직접유출 수문곡선이다.

6. 하수관로시설

6.1. 하수관거 설치

(1) 하수관거의 구배(경사)

- 관거 내의 토사 등이 침전, 정체하지 않는 유속의 경사이어야 한다.
- 하류에서의 유속은 상류보다 크게 해야 한다.
- 구배는 하류로 갈수록 완만하게 한다.
- 관거에 손상을 주는 급경사는 피하도록 한다.

(2) 하수관 매설깊이 결정시 고려사항

- 도로계획상의 최소요구 피복두께
- 가정배수설비와 연결을 위한 최소심도
- 상수관 등 지하매설물과의 횡단문제
- 지하수위와 지반의 토질조건

(3) Marston의 매설관 하중공식

관이 받는 하중 $W = C_1 \cdot \gamma \cdot B^2$($C_1$는 토피의 깊이와 토양종류에 따른 상수, γ는 매설토의 단위중량[t/m³], B는 도랑의 폭[m]이며 $B = 1.5D + 0.3$[m])

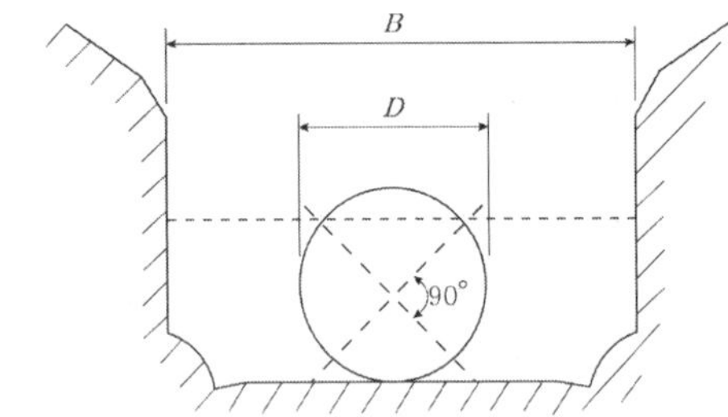

구분	최소 관경	최소 토피
오수관거, 차집관거	200mm	관거의 최소 토피 1.0m
우수관거, 합류관거	250mm	차도에서는 1.2m 보도에서는 1.0m 보통은 1.5~2.0m 정도로 매설

(4) 오수관거계획

- 오수관거 : 계획시간 최대오수량을 기준으로 계획한다.
- 차집관거 : 합류식에서의 차집관거는 우천시 계획오수량(계획 시간 최대오수량의 3배)을 기준으로 계획한다.
- 관거의 역사이펀을 가능한 피하도록 하며 오수관거와 우수관거가 교차하여 역사이펀을 피할 수 없는 경우에는 오수관거를 역사이펀으로 하는 것이 바람직하다.

(5) 우수관거계획

- 우수관거 : 계획우수량을 기준으로 계획한다.
- 손실수두가 최소가 되도록한다.
- 동수구배선이 지표면보다 높지 않도록 한다.
- 관거 내에 침전물이 퇴적되지 않도록 적당한 유속을 확보해야 한다.
- 관거 내에 토사 등이 침전되거나 정체되지 않는 유속이어야 한다.
- 하류관거의 유속은 상류보다 빠르게 한다.
- 경사는 하류로 갈수록 완만하게 해야 한다.
- 급류는 관거에 손상을 주므로 피해야 한다.
- 우수의 방류방식은 자연유하를 원칙으로 한다.
- 효율을 높이기 위해 다목적으로 계획한다.
- 방류관거는 하천의 유하능력을 고려하되 계획방류량을 방류시킬 수 있어야 한다.
- 유역의 강우강도식을 필요로 하며, 설계강우조건, 물의 이용분배조건, 유역의 면적조건 등을 고려해야 한다.
- 첨두유입량은 첨두유출량에 비하여 크게 한다.

(6) 하수관거의 시공

① 개착공법

- 하수관 설치공법 중에서 가장 널리 쓰이는 방법이다.
- 지표면에서부터 밑으로 파내려 가는 방법으로 도로의 통행제한 및 주변 시설물이나 다른 매설물에 미치는 피해가 크다.
- 시공자체가 간단하며 특히 매설깊이가 작을 때 유리한 공법이다.

② 관추진공법

- 터널공법의 일종으로서 개착공법으로 시공하기 어려울 경우에 사용된다.
- 하수관거의 매설깊이가 매우 크거나 지하 매설물이 많은 경우, 또는 도로폭이 좁거나 교통이 번잡하여 지상의 시공이 어려울 경우 및 소음, 진동으로 주변에 피해가 클 경우에 이용한다.

③ 실드공법

- 터널공법의 일종이다.
- 연약지반 또는 대수층 내에 터널을 굴착하기 위해 개발된 방법이다.

(7) 하수관거 배치방식

① 직각식

- 하수관거를 방류수면에 직각으로 배치하는 방식으로 하수배제가 가장 신속하며 경제적이지만 비교적 토구의 수가 많아지는 단점이 있다.
- 하천이 도시의 중심을 지나거나 해안을 따라 발달한 도시에 적당한 방식이나 도시하천의 수질오염문제를 유발할 가능성이 있다.

② 차집식 … 직각식을 개량한 것으로 오염을 막기 위해 하천 등에 나란히 차집관거를 설치하여 오수를 하류지점으로 수송하고 그 곳에 하수처리장을 설치하여 하수를 배수시키는 방식이다.

③ 선형식

- 지형이 한쪽 방향으로 경사되어 있거나 하수처리 관계상 전체 지역의 하수를 1개의 어떤 한정된 장소로 집중시켜야만 할 경우에 그 배수계통을 나뭇가지형으로 배치하는 방식이다.
- 지형이 한 곳으로 모이기 쉽거나 한쪽방향으로 경사진 곳이 적당하지만 시가지 중심에 하수간선, 펌프장 등이 집중된 대도시에는 적당하지 않다.

④ 방사식

- 지역이 광대해서 하수를 한 곳으로 배수하기 곤란할 때 배수지역을 여러개 또는 그 이상으로 구분해서 중앙으로부터 방사형으로 배관하여 각 개별로 배제하는 방식이다.
- 관거의 최대연장이 짧으며 소구경이므로 하수관거의 매설비용을 절약할 수 있다.
- 오수를 수송할 경우 처리장이 많아지거나 단일 처리장인 경우 처리장으로의 수송에 문제가 있다.
- 시가지 중앙부가 높고 주변에 방류수역이 분포되어 있으며 방류수역 방향이 경사져 있는 경우에 경제적이며 대도시에 적합하다.

⑤ 평행식

- 계획구역 내의 고저차가 심할 때 고저에 따라 고지구, 저지구를 구분하여 각각 독립된 간선을 만들어 배수하는 방식이다.
- 도시가 고지대와 저지대로 구분되는 경우에 적합하며 광대한 대도시에 합리적이고 경제적이다.

⑥ 집중식

- 사방에서 1개 지점의 장소로 향하여 집중적으로 흐르게 한 후 다음 지점으로 수송하거나 저지구의 하수를 중계 펌프장으로 집중시켜 양수하는 방식이다.
- 도심지 중심부가 저지대인 경우에 적합하다.

TIP

대부분의 하수관거는 수리학적으로 개수로이며, 관거는 원칙적으로 암거로 한다.

6.2. 하수관거의 접합방식

(1) 완경사시 접합방법

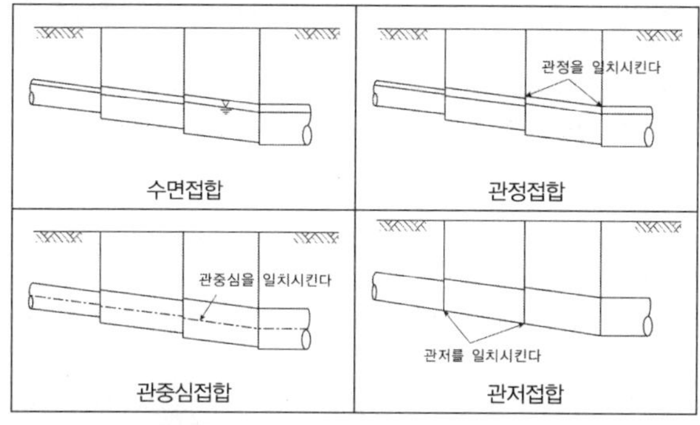

① **수면접합(水面接合)** … 관내의 수면을 일치시키는 방법으로서 접속하는 상류관거와 하류관거의 수위가 계획유량이 흐를 때에 일치되도록 관거를 접속하는 방법이다.

- 수리학적으로 가장 좋은 방법으로 정류흐름을 얻을 수 있다.
- 정류(Steady Flow)를 얻기 쉽기 때문에 수리학적으로 가장 안정하다.
- 수리계산 및 설계, 시공이 다소 복잡하지만 널리 이용된다.

② **관정접합(管頂接合)** … 관거의 내면상부를 일치시키는 방식으로 접속하는 상류관거와 하류관거의 내면상부(Crown)를 일치되도록 접속하는 방법이다.

- 만류시에도 단면이 유효하게 이용되며, 수면접합에 비해서는 다소 미흡하나 비교적 정류를 얻기 쉽다.
- 수위저하가 크므로 지세가 어느 정도 경사를 가진 장소에 적합함
- 관저차(管底差)에 의한 낙차를 크게 발생시켜 평탄지에서는 관거의 매설깊이를 증대시키므로 토공비가 많게 된다.
- 굴착깊이가 증가되어 공사비가 증대되고 펌프배수시에는 배수양정이 증대된다.
- 펌프 배수지역에서는 양정(揚程)을 높게 하는 등의 불리한 점이 있다.

③ **관중심 접합(管中心 接合)** … 상 · 하류관의 관중심을 일치시키는 방법이다.

- 수위접합과 관정접합의 중간방법이다.
- 계획하수량에 대응하는 수위를 계산할 필요가 없다.

④ **관저접합(管底接合)** … 접속하는 관거의 상류관과 하류관의 내면하부(Invert)가 일치되도록 접속하는 방법

- 지세가 아주 급한 경우에 관거의 기울기와 토공량을 줄이기 위해 사용되는 방식이다.
- 굴착깊이를 감소시켜 평탄한 지형에서 토공량을 줄여 공사비를 절감할 수 있다.
- 수위상승을 방지하고 양정고(揚頂高)를 줄일 수 있어서 펌프 배수지역의 경우에 유리하다.
- 상류부의 동수경사선이 관정(管頂)보다 높이 올라 갈 우려가 있다.
- 수리학적으로 좋지 않고 하수관거의 접합방식으로 가장 부적절하다.

(2) 급경사시 접합방법

① **단차접합**(段差接合)

- 지세가 아주 급한 경우에 관거의 기울기와 토공량을 줄이기 위하여 사용됨
- 지표의 경사에 따라 적당한 간격으로 맨홀을 설치함
- 맨홀 1개당 단차(段差)는 1.5m 이내로 하는 것이 바람직하며, 단차가 0.6m 이상인 경우에는 부관을 설치함

② **계단접합**(階段接合)

- 지세가 아주 급한 경우에 관거의 기울기와 토공량을 줄이기 위하여 사용됨
- 일반적으로 경사지 지역의 대구경 관거 또는 현장타설 관거에 설치함
- 계단의 높이는 1계단당 0.3m 이내로 하는 것이 바람직하지만 지표의 경사와 단면에 따라 계단의 길이와 높이를 변화시킬 수 있음

(3) 하수관거 부대시설

- **맨홀** : 하수관거의 청소, 점검, 장애물 제거, 보수를 위한 사람 및 기계의 출입을 가능하게 하고 악취나 부식성 가스의 통풍 및 환기, 관거의 접합을 위한 시설이다.
- **인버트** : 맨홀 저부에 반원형의 홈을 만들어 하수를 원활히 흐르게 하는 것으로 오수받이 저부에 설치한다.
- **등공**(lamp hole) : 대구경 하수관거에서 맨홀의 간격이 긴 경우 또는 곡선부가 있을 때 관거 내에 등을 달아서 부근의 맨홀에서 관거 내의 점검 및 청소를 하는 작업원에게 위치를 알리기 위해 설치하는 맨홀 대용의 구멍이다.
- **우수받이** : 우수내의 부유물이 관거 내에서 침전하여 일어나는 부작용을 방지하기 위해 설치한다.
- **오수받이** : 사설하수도와 공공하수도를 이어주는 역할로 공공도로와 사유지 경계부근에 설치하며, 가정이나 건물에서 발생하는 분뇨 및 잡배수를 모아 공공하수도로 연결하는 중간 시설물이다.
- **우수토실**(분수구) : 합류식으로서 우천시 오수로서 처리하는 유량 이외는 하천이나 바다로 방류하는데 이를 위해 만들어지는 탱크로서 월류(제방이나 방파제, 호안 등에서 물이 넘쳐흐르는 현상이나 물의 양)둑을 갖는다.
- **측구** : 도로와 접한 사유지에서 우수를 배제하기 위해 도로 양쪽 사유지와 도로의 경계선을 따라 설치한 배수로이다.
- **우수침투트렌치** : 강우유출수를 처리하기 위해서 1~2.5m(현장여건에 따라 0.3~3.0m) 깊이로 굴착한 도랑에 자갈이나 돌을 충전하여 조성한 일종의 지하 저류조이다.
- **토구**(out fall) : 하수도시설로부터 하수를 공공수역에 방류하는 시설이다.
- **환기장치** : 하수관거 내에서 발생하는 메탄, 황화수소, 탄산 등 폭발성 또는 유독성 기체를 제거하고 기압이 축적되는 것을 방지하기 위한 장치
- **역사이폰** : 하수관거가 지하매설물을 횡단하는 경우 평면교차로서는 관거접합이 되지 않아 그 아래를 통과해야 하는데 이런 하수관거를 역사이폰이라고 한다. (단면을 축소시켜 상류층관거 내의 유속보다 20~30% 정도 증가시킨다. 또한 역사이폰실에는 수문설비 및 깊이 0.5m정도의 니토실을 설치하고 유입 및 유출구는 손실수두를 작게 하기 위해 종구형으로 한다.)
- **간선과 지선** : 간선은 하수의 종말처리장 지점에 연결도입되는 모든 노선을 말하며 지선은 준간선 또는 간선 하수관거와 연결되어 있는 것으로서 각 건물로부터 배수와 노면배수를 원활하게 하기 위해 설치하는 하수관이다.

(4) 우수조정지시설

- **우수조정지**(유수지) : 우천 시 배수구역으로부터 방류되는 초기 우수의 오염 부하량을 감소시키고 우수량이 많아서 펌프에 의한 양수가 곤란한 경우에는 우수를 임시로 저장하여 유량을 조절함으로써 하류 지역의 우수유출이나 침수를 방지하는 시설이다. 시가지의 침수를 방지하고 유출계수와 첨두유량을 감소시키며 유달시간을 증대시킨다.
- **우수저류지** : 우천 시에 우수가 오수와 더불어 무처리 상태로 공공수역에 합류되는 합류식 하수도의 결점을 개선하기 위한 방법이다. 우천 시 방류부하량을 감소시키고 하수의 침진을 촉진하며 합류식 하수의 일시적 저류 효과 등이 있다.

6.3. 우수의 유달시간

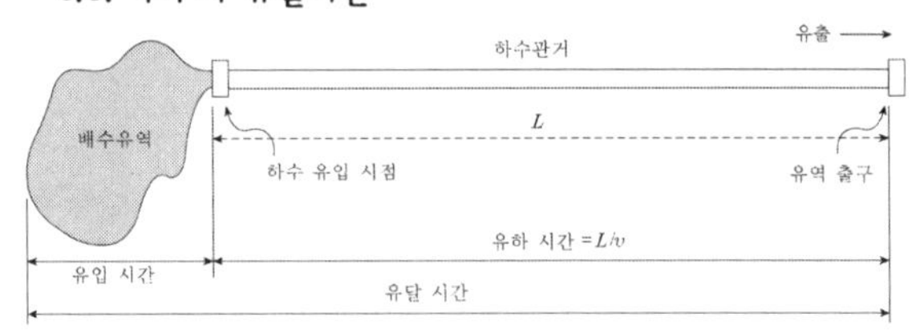

- **유달시간** : 우수가 배수 유역의 최원격 지점에서 유역출구까지 도달하는 데 걸리는 시간으로 유입시간과 유하시간의 합으로서 강우지속시간이라고도 한다.
- **유입시간** : 우수가 배수유역의 최원격 지점에서 하수관거 입구까지 유입되는 데 걸리는 시간
- **유하시간** : 하수관거 내에 유입된 우수가 하수관거 내를 흘러 유역출구까지 유하하는데 걸리는 시간
- 배수지역이 작아 형상계수가 작고 지세가 급하면서 지표가 비투수성일수록 유달시간이 짧다.
- 지면이 건조, 불규칙하며 식물이 우거지고 유역저수지 등에 저류될수록 유달시간이 길어진다.
- 유입시간은 간선 오수관인 경우 5분, 지선 오수관인 경우 7~10분을 표준치로 설정하고 관거를 설계한다.

> **TIP**
> 유달시간은 경사가 급할수록, 비투수성 지표일수록, 유역면적과 형상계수가 작을수록 짧다.

> **TIP**
> **형상계수** … "유역의 면적 / 주하천 길이의 제곱"이며 이 값이 작을수록 지체현상이 커지게 된다.

6.4. 관정부식

① 개요

- 하수 내의 유기물, 단백질 기타 황화합물이 혐기성 상태에서 분해환원되어 황화수소(H_2S)가 생성된다.
- H_2S가 하수관 내의 공기 중으로 올라가 호기성 미생물에 의해 SO_2, SO_3로 산화되어 관정부의 물방울에 녹아 황산(H_2SO_4)이 된다.
- H_2SO_4가 콘크리트관 내에 함유된 철, 칼슘, 알루미늄과 반응, 황산염이 되어 콘크리트관을 부식시킨다.

② 관정부식의 대책

- 하수의 유속을 증가시켜 하수관내 유기물질의 퇴적을 방지해야 한다.
- 용존산소 농도를 증가시켜 하수내 생성된 황화물질을 변화시켜야 한다.
- 하수관 내를 호기성 상태로 유지하여 황화수소의 발생을 방지하도록 한다.
- 하수관 내에 염소 등의 소독제를 주입하여 관내의 미생물을 제거, 황화합물의 변환매카니즘을 파괴해 버린다.
- 콘크리트관 내부를 PVC나 기타 물질로 피복하고 이음부분은 합성수지로 처리한다.
- 내마모성, 내약품성, 내식성 재료의 관거를 사용한다.

7. 하수처리장 시설

7.1. 하수처리 일반사항

(1) 1차 하수처리 : 물리화학적 처리

- 수중의 부유물질의 제거를 위한 것으로 예비처리라고 할 수 있다.
- 부유물의 제거와 아울러 BOD의 일부도 제거된다.
- 일반적으로 스크린, 분쇄기, 침사지, 침전지 등으로 이루어진다.
- 물리적 처리가 그 주를 이룬다.

(2) 2차 하수처리 : 생물학적 처리

- BOD의 상당부분 제거되는 처리과정이다.
- 수중의 용해성 유기 및 무기물의 처리 공정이다.
- 활성슬러지법, 살수여상 등의 생물학적 처리와 산화, 환원, 소독, 흡착, 응집 등의 화학적 처리를 병용하거나 단독으로 이용한다.

(3) 3차 하수처리 : 고도처리-부영양화와 적조현상방지

- 2차 처리수를 다시 고도의 수질로 하기 위하여 행하는 처리법이다.
- 제거해야 할 물질(질소, 인, 분해되지 않은 유기물과 무기물, 중금속, 바이러스 등)의 종류에 따라 각각 다른 방법이 적용된다.

7.2. 미생물

- 미생물을 이용하여 하수처리를 실시할 때 유기물 분해속도가 가장 빠른 미생물의 성장단계는 대수성장단계이다.
- **대수성장단계** : 유기물의 분해속도가 가장 빠른 단계이다.
- **감소성장단계** : 침전성이 양호해지는 단계로서 플록의 형성이 시작되는 단계이다.
- **내성호흡단계** : 침전효율이 가장 양호한 단계이다.

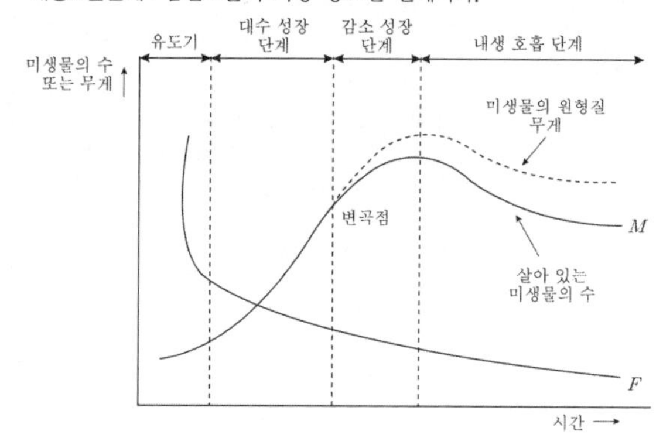

7.3. 슬러지 처리

(1) 기본용어

- **슬러지팽화** : 최종침전지에서 슬러지가 잘 침전되지 않고 부풀어 오르는 현상 (유기물질의 과도한 부하, MLSS농도 저하 등이 원인)
- **슬러지부상** : 최종침전지에서 용존산소가 부족하면 탈질화현상이 일어나며 이 때 발생하는 질소기포가 슬러지를 부상시키는 현상
- **잉여슬러지** : 활성을 잃어 더 이상 활동을 하지 않는 미생물 덩어리

(2) 슬러지처리법

- 생물학적 방법으로서 유기물을 무기물로 바꿔 안정화시키는 과정(슬러지소화)이다
- 슬러지 부피를 감소시켜 후속 공정의 규모를 줄이고 처리 효율을 향상시키기 위한 목적을 가지고 있으며, 최초 침전지에서 발생하는 슬러지는 농축 과정을 생략하고 바로 소화 과정으로 이송한다.
- 슬러지 탈수 및 최종 처분을 용이하게 하기 위하여 슬러지 내 유기물을 분해해서 부패성을 감소시키고 병원균 등을 사멸시켜 위생적으로 안전하게 만드는 안정화방식이다.

(3) 슬러지처리 효과

- 슬러지 중의 유기물을 무기물로 바꾸어 생화학적으로 안정화
- 병원균을 제거함으로써 위생적으로 안정화
- 슬러지의 처분량을 줄이는 부피의 감량화
- 부패와 악취의 감소 및 제거

(4) 활성슬러지법

폭기조로 유입되는 하수에 산소를 공급하면 이 조건에 적합한 호기성 미생물이 번식하여 이 미생물들과 용존미립자들이 계면현상에 의해 뭉쳐져 플록이 형성된다.(활성슬러지 플록) 이 활성슬러지는 흡수 및 흡착력이 뛰어나 하수 중의 유기물이 흡수, 흡착되어 미생물의 정화

작요엥 의해 일부는 탄산가스와 물로 분해되고 나머지는 생물체로 변화게 된다.
- 설치면적이 적게 든다.
- 처리수질이 우수하다.
- 악취발생이 거의 없다.
- 2차공해의 우려가 없다.
- 유리관리가 어렵다.
- 수량, 수질이 영향받기 쉽다.
- 슬러지 생성량이 많다.

> - **혐기 호기 활성슬러지법** : 활성슬러지에 혐기상태와 호기상태를 연속해서 경험시키면, 세포내에 인을 폴리인(Poly-P)으로서 축적하는 미생물이 집적한다. 이 원리를 응용하여 활성슬러지법의 반응조 일부에 혐기상태를 설치함으로써 생물학적으로 인을 제거를 하는 방법이다.
> - **연속회분식 활성슬러지법** : 연속회분식 반응조의 활성 슬러지를 이용한 하수처리법이다. 한 반응조에서 유입, 반응, 침전, 배출, 휴지 공정을 연속적으로 수행하며 이를 바탕으로 인과 질소처리 효율을 증가시키기 위해 무산소조나 혐기조를 설치하고 때에 따라 약품을 주입하는 변형공법도 많다.
> - **순산소식 활성슬러지법** : 폭기조 내의 미생물을 위해 공기를 주입시키는 대신에 순산소를 주입시키는 방법이다. 용존산소 공급에 전력소모가 적고 활성슬러지의 반응상태를 양호하게 하여 반응시간을 줄일 수 있으며 잉여슬러지양을 감소시키고 슬러지 침전특성을 양호하게 하고 처리장의 부지요구량이 적다.

(5) 슬러지의 용적지수

- 슬러지의 침강농축성을 나타내는 지표이다.
- 폭기조 내 혼합액 1L를 30분간 침전시킨 후 1g의 MLSS가 점유하는 침전 슬러지의 부피(mL)이다
- 슬러지 팽화의 발생 여부를 확인하는 지표이다.
- SVI가 50~150이면 침전성은 양호하다.
- SVI가 200 이상이면 슬러지 팽화가 발생한다.
- SVI가 작을수록 농축성이 양호하다.
  [$MLSS$: 혼합액 부유고형물, $MLVSS$: 혼합액 휘발성 부유고형물, SRT : 고형물 체류시간, SVI : 슬러지 용적지수, SDI : 슬러지 밀도지수, HRT : 수리학적 체류시간(물의 체류시간)]

(6) 슬러지 농축방법

① 중력식 농축조
- 구조가 간단하며 유지관리가 용이하다.
- 1차 슬러지에 적합하다.
- 저장과 농축이 동시에 가능하다.
- 약품이 소요되지 않는다.
- 동력비의 소요가 적다.
- 악취문제가 발생한다.
- 잉여슬러지의 농축에 부적합하다.
- 잉여슬러지의 농축 소요면적이 크다.

② 부상식 농축조
- 잉여슬러지에 효과적이다.
- 고형물 회수율이 비교적 높다.
- 약품 주입이 없어도 운전이 가능하다.
- 동력비가 많이 소요된다.
- 악취문제가 발생한다.
- 다른 방법보다 소요부지가 크다.
- 유지관리가 어렵고 부식이 유발된다.

③ 원심 농축조
- 소요부지가 적다.
- 잉여슬러지에 효과적이다.
- 악취문제가 적다.
- 약품주입이 없어도 운전이 가능하다.
- 고농도로 농축이 가능하다.
- 시설비와 유지비가 고가이다.
- 유지관리가 어렵다.
- 연속운전이 필수이다.

7.4. 호기성 소화, 혐기성 소화

- **호기성 소화** : 호기성 및 임의성 미생물이 산소를 이용하여 분해 가능한 유기물과 세포질을 분해시켜 무기물화하는 방식으로 반응이 빠르고 생물의 에너지 효율이 높다.
- **혐기성 소화** : 유기물이 혐기성 세균의 활동에 의해 무기물로 분해되어 안정화하는 방식으로 슬러지 무게와 부피가 감소되며 메탄과 같은 유용한 가스를 얻는다. 1단계인 유기산 생성 단계와 2단계인 메탄 생성 단계로 구성되는 2단계 소화 방식이다. 2단계에서 소화 가스 발생량은 메탄이 2/3, 이산화탄소가 1/3의 비율로 생성된다.

구분	호기성	혐기성
BOD	처리수의 BOD가 낮음(처리수 수질 양호)	처리수의 BOD가 높음(처리수 수질 불량)
동력	동력이 소요됨	동력시설없이 연속처리 가능
냄새	매우 적다	많이 난다
비료	비료가치가 높음	비료가치가 낮음
시설비	적게 든다	많이 든다
운전	쉽다	까다롭다
질소	산화되어 이산화질소로 방출	NH3-N으로 방출
규모	소규모 시설에 적합	대규모시설에 적합
적용	2차(저농도)슬러지에 적합	1차(고농도)슬러지에 적합
병원균	사멸률이 낮음	사멸률이 높음
최초 시설비	적게 든다	많이 든다

7.5. 각종 하수처리법

(1) 생물막법

원판이나 침지상 등에 미생물을 부착고정시켜 생물막을 형성하게 하고, 폐수가 그 생물막에 자주 접촉하게 하여 폐수를 정화시키는 방법으로 살수여상법, 회전원판법이 있다.

(2) 살수여상법

도시하수의 2차 처리를 위해 사용되며 최초 침전지의 유출수를 미생물 점막으로 덮인 여재 위에 뿌려서 미생물막과 폐수 중의 유기물을 접촉시켜 처리하는 방법으로서 침사지, 침전지, 활성슬러지보다 손실수두가 큰 시설이다.

- 도시하수의 2차 처리를 위해 사용된다.
- 건설비와 유지비가 적게 든다.
- 폭기에 동력이 필요 없다.
- 운전이 간편하고 수량변동에 덜 민감하다.
- 악취가 발생하기 쉽다.
- 겨울철에 동결문제가 발생한다.
- 미생물의 탈락으로 처리수가 악화될 수 있다.
- 수도손실이 크고 처리효율이 낮다.

(3) 회전원판법

원관들을 연결하여 수평 회전축을 중심으로 회전시키며 수평축 아래의 원판을 하수에 잠기게 하여 원판에 부착되어 번식한 미생물균을 이용하여 하수 중의 유기물질을 흡착 · 산화 제거하여 하수를 정화하는 방법이다.

- 별도의 폭기장치가 필요 없다.
- 유지비가 적게 든다.
- 다단식을 취하므로 BOD부하변동에 강하다.
- 고농도, 저농도 모두 처리가 가능하다.
- 질소와 인의 제거가 가능하다.
- pH변화에 비교적 잘 적응한다.
- 정화기구가 복잡하다.
- 폐수의 성상에 따라 처리효율이 크게 좌우된다.
- 온도의 영향을 크게 받는다.
- 악취가 발생할 우려가 있다.

(4) 산화구법

활성 슬러지법의 변법의 하나로서, 1차 침전지를 설치하지 않으며, 타원형 수로 형태의 반응조에서 기계식 포기장치에 의해 공기를 포기하며, 2차 침전지에서 고액분리가 이루어지는 활성슬러지법이다. 질화와 탈질이 1개의 폭기조 내에서 진행되는 장점이 있다.

(5) 산화지법

얕은 연못에서 박태리아와 조류 사이의 공생관계에 의해 유기물을 분해 · 처리하는 방법이다.

- 시공비, 운영비가 적게 든다.
- 하천유량이 적은 경우 산화지의 방류를 억제할 수 있다.
- 체류시간이 길고 소유부지가 많이 소요된다.
- 냄시를 발생시킬 우려가 있다.

(6) 폭기법

- 폭기라 함은 물을 공기에 노출시켜 물에 산소를 공급하는 방법을 말한다.
- 유기물이 많은 하수처리에 이용되는 활성슬러지법에서는 미리 고형물을 제거한 하수에 활성슬러지를 첨가해서 폭기조로 흘려보낸다. 이 때 미생물에 의한 유기질의 분해가 왕성하게 행하여지게 하기 위해서는 충분한 산소의 보급이 중요하다.
- **계단식 폭기법** : 폐수가 전량이 폭기조 유입부에 공급되는 것이 아니라 폭기조의 길이에 따라 몇 번에 나눠어 주입함으로써 유기물농도와 산소요구량을 비교적 균일하게 만드는 방법이다. 반송슬러지를 폭기조의 유입구에 전량반송하지만 유입수는 폭기조의 길이에 걸쳐 골고루 하수를 분할해서 유입시키는 방법이다.
- **장시간 폭기법** : 활성 슬러지법의 원리를 이용한 것으로써, 오수중의 유기물을 장시간, 폭기하여 산화 처리하는 방법이다
- **점강식 폭기법** : 산기식 포기장치를 사용하며 유입부에 여러개의 산기장치를 설치하고 포기조의 말단부에는 적은 수의 산기기를 설치하여 포기조의 위치에 따른 산소요구의 변화에 적합하도록 포기하는 방법이다.

(7) 접촉안정법

폐수를 폭기조에서 짧은 시간(약 30분) 동안 폭기시킨 후 2차 침전지에서 슬러지를 분리시키고 안정조(stabilization tank)에서 반송슬러지를 약 6시간 재폭기시키는 방법이다. 일반적으로 최초 침전지를 생략한다.

(8) 혐기무산소호기 조합법

- 생물학적 인 제거 공정과 생물학적 질소제거 공정을 조합시킨 처리법으로서 하수 중에 함유되어 있는 영양염류물질(T-N, T-P)을 호기성 및 혐기성균을 이용하여 분해 제거하는 공정으로서, 혐기조, 무산소조, 호기조의 조합에 의하여 여러 가지의 종류로 나눌 수 있다.
- 혐기성과 호기성 상태에서 인의 방출과 섭취의 개념을 이용한 생물학적인 제거를 주목적으로 개발된 방법으로서 호기단계에서 적절한 체류시간으로 질산화를 이룰 수도 있다.

(9) 연속회분식 반응조(SBR, Sequencing Batch Reactor)법

- 연속회분식 활성슬러지법으로서 한 반응조에서 유입, 반응, 침전, 배출, 휴지 공정을 연속적으로 수행하며, 인과 질소처리 효율을 증가시키기 위해 무산소조나 혐기조를 설치하고 때에 따라 약품을 주입하는 등 다양한 변형공법(간헐유입식, 연속유입식, 등)이 있다.
- 회분식 반응조는 1회 처리량을 받아서 연속적인 흐름이나 배출없이 일정 시간 처리 후 배출하는 방법이다.

(10) 정석탈인법

수중의 인을 난용성 인산칼슘 결정으로 정석표면에 석출시키는 방법이다.

8. 펌프장시설

8.1. 기본용어

- **펌프의 양정** : 펌프가 물을 양수하는데 있어 보낼 수 있는 수직높이이다. 펌프의 양정은 원심력펌프(4m 이상) > 사류펌프(3~12m) > 축류펌프(4m 이하)이다.
- **펌프의 실양정** : 펌프가 실제적으로 물을 양수한 높이를 말한다.
- **비교회전도**(비속도) : 펌프의 성능이 최고가 되는 상태를 나타내기 위한 회전수이다.

• 펌프의 예비대수 : 필요에 따라 설치를 검토하지만 미설치가 원칙이다. (건설비를 절약하기 위해)

8.2. 펌프의 종류

① 원심력(와권)펌프 … 임펠러회전에 의해 물에 생기는 원심력을 케이싱을 통하여 압력으로 바꾸는 펌프이다. 전양정이 4m 이상인 경우에 적합하며 상, 하수도용으로 많이 사용된다.
- 운전과 수리가 용이하고 최초시설비가 저렴하다.
- 효율이 높고 적용범위가 넓고 주로 상하수도용으로 사용된다.
- 흡입성능이 우수하고 공동현상이 잘 발생하지 않는다.
- 임펠러의 교환에 따라 특성이 변한다.

② 축류펌프
- 임펠러의 양력작용에 의하여 물이 축방향으로 들어와 축방향으로 토출하는 펌프이다.
- 전 양정이 4m 이하인 경우에 경제적으로 유리하다.

③ 사류펌프
- 원심력펌프와 축류펌프의 중간형태로 양정의 큰 변화에 대응하기 쉽고 운전시 동력이 일정하다.
- 양정은 원심력펌프와 축류펌프의 중간인 3~12m 정도이다.

항목	원심력펌프	축류펌프	사류펌프
임펠러의 회전수	느리다	나쁘다	중간
형태의 대소	크다	적다	중간
효율	좋다	나쁘다	중간
양정변동에 의한 효율저하	많다	적다	중간
양정의 변동률	규격의 0.6~1.2	규격의 0.6~1.5	
흡수고	높다	낮다	
총 양정	높다	낮다	
구조	복잡하다	간단하다	
기동력	작다	크다	
자동운전	용이하다	곤란하다	약간 곤란하다

8.3. 펌프 선정 관련 주요사항

- 펌프의 흡입구경 $D=146\sqrt{\dfrac{Q}{V}}$ (Q는 펌프의 토출유량[m^3/min, V는 흡입구유속[m/sec]]
- 전양정이 6m 이하, 구경이 200mm 이상인 경우 사류 또는 축류펌프를 선정함을 표준으로 한다.
- 전양정이 20m 이상이고 구경이 200mm 이하의 경우 원심펌프를 선정함을 표준으로 한다.
- 흡입실 양정이 -6m 이상일 때 또는 구경이 1,500mm를 초과하는 경우 사류 또는 축류펌프는 압축형 펌프를 선정한다.
- 펌프의 크기는 보통 구경의 크기(mm)로 결정한다.
- 펌프의 구경은 흡입구경과 토출구경으로 표시되며 흡입구경과 토출구경이 같은 경우에는 1개의 구경으로 표시한다.
- 흡입구경은 토출량과 흡입구 유속에 의해서 결정되며 토출구경은 흡입구경, 전양정 및 비교회전도 등을 고려하여 결정한다.
- 펌프 흡입구의 유속은 1.5~3.0m/sec를 표준으로 하며, 펌프의 회전수가 클 때는 유속을 빠르게 하고 회전수가 적을 때는 유속을 느리게 한다.
- 침수의 위험이 있는 장소는 압축형 펌프를 선정한다.
- 깊은 우물의 경우는 수중모터펌프 또는 깊은 우물용 펌프를 사용한다.

8-4. 비교회전도

펌프의 성능이 최고가 되는 상태를 나타내기 위한 회전수이다.

치수가 다른 기하학적으로 닮은 임펠러가 유량 1m^3/min을 1m 양수하는데 필요한 회전수이다.

비교회전도의 크기 $N_s = N \cdot \dfrac{Q^{1/2}}{H^{3/4}}$ (N은 펌프의 회전수, Q는 최고효율 시 양수량, H는 최고효율 시 전양정)

- 비교회전도가 작으면 토출량이 적은 고양정펌프, 비교회전도가 크면 토출량이 많은 저양정펌프이다.
- 양수량과 전양정이 동일하면 회전수가 클수록 비교회전도는 커진다.
- 양수량과 전양정이 동일하면 비교회전도가 커짐에 따라 펌프는 소형이 된다.
- 비교회전도가 같으면 펌프의 크기에 관계없이 모두 같은 형식이며 특성도 대체로 같다.
- 비교회전도가 클수록 흡입성능이 나쁘고 공동현상이 발생하기 쉽다.

8.5. 펌프의 축동력

$$P=\frac{1{,}000\cdot Q(H+\sum h_L)}{75\eta_1\eta_2}=\frac{13.33Q(H+\sum h_L)}{\eta_1\eta_2}[\mathrm{HP}]$$

$$P=\frac{1{,}000\cdot Q(H+\sum h_L)}{102\eta_1\eta_2}=\frac{9.8Q(H+\sum h_L)}{\eta_1\eta_2}[\mathrm{kW}]$$

(Q는 양수량, H는 전양정, η_1, η_2는 원동기 및 펌프의 효율)

펌프를 운전하는 전동기 출력 $P=\dfrac{P_S(1+\alpha)}{\eta}$ (P는 전동기출력, P_S는 펌프의 축동력[kW], α는 여유율, η는 전달효율[직결의 경우 1.0])

8.6. 펌프의 특성곡선

펌프의 회전속도를 일정하게 고정하고 토출관의 밸브를 조절하여 펌프용량을 변화시킬 때 나타나는 양정, 효율, 축동력이 펌프용량에 따라 변하는 관계를 각기의 최대효율점에 대한 비율로 나타낸 곡선이다.

- 토출량이 증가함에 따라 양정은 급격히 감소한다.
- 펌프의 적정 토출량까지는 효율이 증가하다가 이후에는 떨어진다.
- 펌프는 용량이 클수록 효율이 높다.

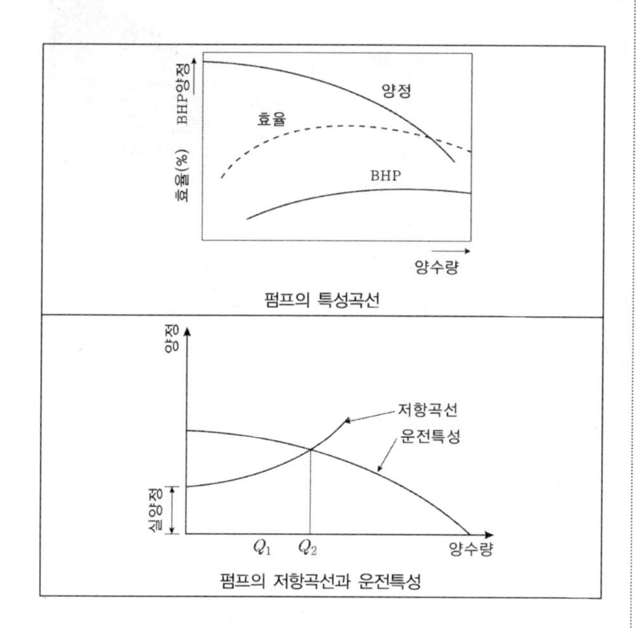

펌프의 특성곡선

펌프의 저항곡선과 운전특성

8.7. 펌프 운전 시 발생하는 이상현상

- **공동현상**(cavitation) : 유체 속에서 압력이 낮은 곳이 생기면 물 속에 포함되어 있는 기체가 물에서 빠져나와 압력이 낮은 곳에 모이는데, 이로 인해 물이 없는 빈공간이 생긴 것을 가리킨다.
- **서징현상** : 펌프를 운전할 때 송출압력과 송출유량이 주기적으로 변동하여 펌프입구 및 출구에 설치된 진공계, 압력계의 지침이 흔들리는 현상을 말한다. 밸브의 급작스런 개폐에 의한 수격작용을 완화하기 위해 압력수로와 압력관 사이에 자유수면(대기압을 접하는 수면)을 가진 조절수조를 설치하여 수로(수압관)를 일시적으로 폐쇄하면 흐르던 물이 서지 탱크 내로 유입하여 수원과 탱크 사이의 수면이 상승한다. 이러한 진동현상을 서징이라 한다.
- **수격작용** : 관로 안의 물의 운동상태가 급격히 변화하면서 일어나는 압력파 현상으로 큰 소음을 동반한다.
- **맥동현상** : 펌프, 송풍기 등이 어느 특정범위에서 운전 중에 압력이 주기적으로 변동하여 운전상태가 매우 불안정하게 되는 현상이다.
- **도수현상**(hydraulic jump) : 흐름이 사류에서 상류로 변화할 때 표면에 소용돌이가 발생하면서 수심이 급격하게 증가하는 현상이다.

핵심이론

07 구조역학공식

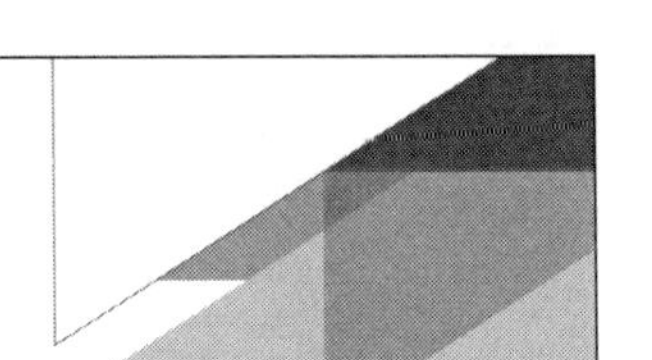

하중조건	처짐각	처짐
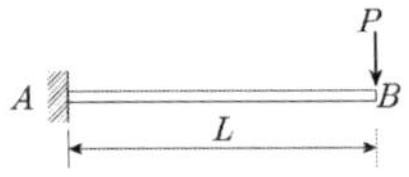	$\theta_B = \dfrac{PL^2}{2EI}$	$\delta_B = \dfrac{PL^3}{3EI}$
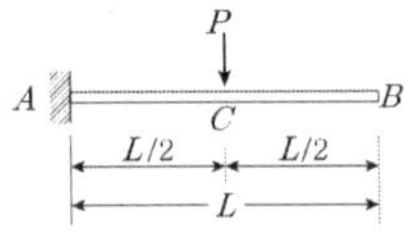	$\theta_B = \dfrac{PL^2}{8EI}$, $\theta_C = \dfrac{PL^2}{8EI}$	$\delta_B = \dfrac{PL^3}{24EI}$, $\delta_C = \dfrac{5PL^3}{48EI}$
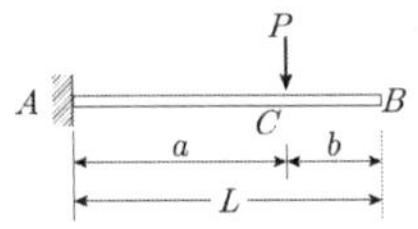	$\theta_B = \dfrac{Pa^2}{2EI}$, $\theta_C = \dfrac{Pa^2}{2EI}$	$\delta_B = \dfrac{Pa^2}{6EI}(3L-a)$, $\delta_C = \dfrac{Pa^3}{3EI}$
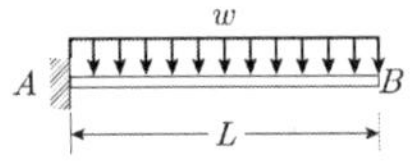	$\theta_B = \dfrac{wL^3}{6EI}$	$\delta_B = \dfrac{wL^4}{8EI}$
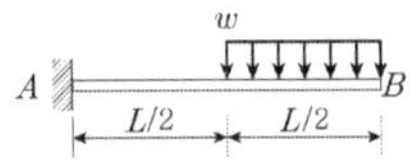	$\theta_B = \dfrac{7wL^3}{46EI}$	$\delta_B = \dfrac{41wL^4}{384EI}$
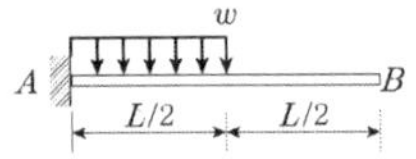	$\theta_B = \dfrac{wL^3}{48EI}$	$\delta_B = \dfrac{7wL^4}{384EI}$
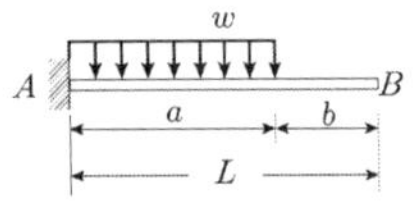	$\theta_B = \dfrac{wa^3}{6EI}$	$\delta_B = \dfrac{wa^3}{24EI}(3a+4b)$
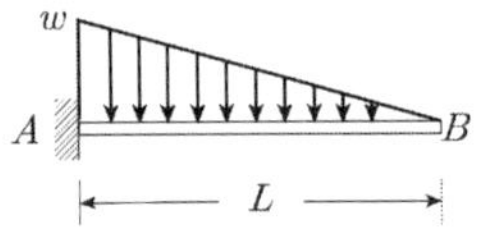	$\theta_B = \dfrac{wL^3}{24EI}$	$\delta_B = \dfrac{wL^4}{30EI}$
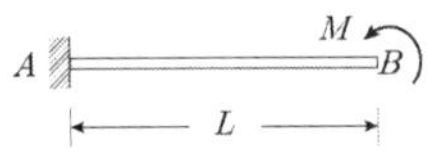	$\theta_B = \dfrac{ML}{EI}$	$\delta_B = \dfrac{ML^2}{2EI}$
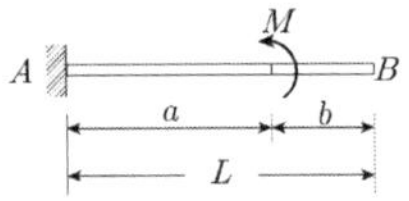	$\theta_B = \dfrac{Ma}{EI}$	$\delta_B = \dfrac{Ma}{2EI}(L+b)$
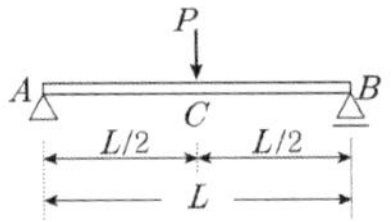	$\theta_A = -\theta_B = \dfrac{PL^2}{16EI}$	$\delta_{\max} = \delta_C = \dfrac{PL^3}{48EI}$ $\delta_{\max} = \delta_C = \dfrac{PL^3}{48EI}$

하중조건	처짐각	처짐
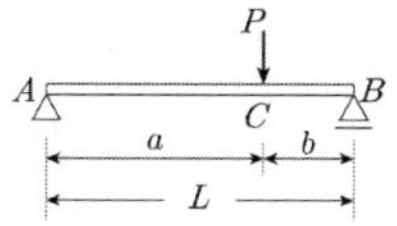 P, A, B, C, a, b, L	$\theta_A = \dfrac{Pab}{6EI \cdot L}(a+2b)$ $\theta_B = -\dfrac{Pab}{6EI \cdot L}(2a+b)$	$\delta_C = \dfrac{Pa^2b^2}{3LEI}$ $\delta_{\max} = \dfrac{Pb}{9\sqrt{3}\,EI \cdot L}\sqrt{(L^2-b^2)^3}$ (최대처짐위치: A로부터 $\sqrt{\dfrac{L^2-b^2}{3}}$)
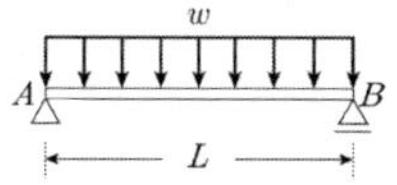 w, A, B, L	$\theta_A = -\theta_B = \dfrac{wL^3}{24EI}$	$\delta_{\max} = \dfrac{5wL^4}{384EI}$
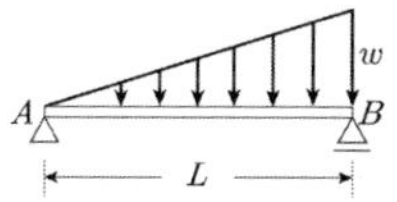 w, A, B, L	$\theta_A = \dfrac{7wL^3}{360EI}$ $\theta_B = -\dfrac{8wL^3}{360EI}$	$\delta_{\max} = \dfrac{wl^4}{153EI}$
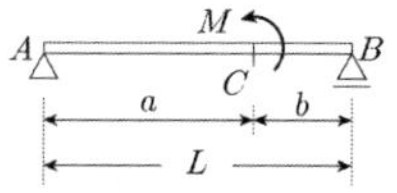 M, A, B, C, a, b, L	$\theta_A = \dfrac{M}{6EI \cdot L^2}(a^3+3a^2b-2b^3)$ $\theta_B = \dfrac{M}{6EI \cdot L^2}(b^3+3ab^2-2a^3)$	$\delta_C = \dfrac{Ma}{3EI \cdot L}(3aL-L^2-2a^2)$
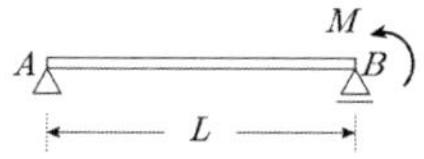 M, A, B, L	$\theta_A = \dfrac{ML}{6EI}$ $\theta_B = -\dfrac{ML}{3EI}$	$\delta_{\max} = \dfrac{ML^2}{9\sqrt{3}\,EI}$
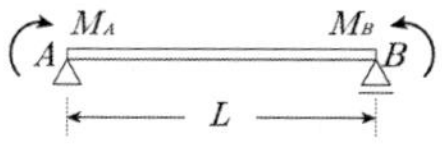 M_A, M_B, A, B, L	$\theta_A = \dfrac{L}{6EI}(2M_A+M_B)$ $\theta_B = -\dfrac{L}{6EI}(M_A+2M_B)$	최대처짐 $\delta_{\max} = \dfrac{L^2}{16EI}(M_A+M_B)$

하중조건	A점의 처짐각(θ_A)	B점의 처짐각(θ_B)
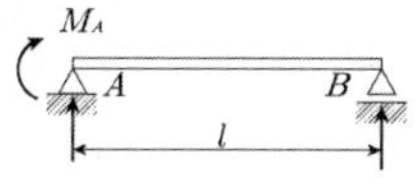 M_A, A, B, l	$\theta_A = \dfrac{M_A \cdot l}{3EI}$	$\theta_B = -\dfrac{M_A \cdot l}{6EI}$
 M_A	$\theta_A = -\dfrac{M_A \cdot l}{3EI}$	$\theta_B = \dfrac{M_A \cdot l}{6EI}$
 M_B	$\theta_B = \dfrac{M_B \cdot l}{6EI}$	$\theta_B = -\dfrac{M_B \cdot l}{3EI}$
 M_B	$\theta_B = -\dfrac{M_B \cdot l}{6EI}$	$\theta_B = \dfrac{M_B \cdot l}{3EI}$
 M_A, M_B	$\theta_A = \left(\dfrac{M_A \cdot l}{3EI} - \dfrac{M_B \cdot l}{6EI}\right)$	$\theta_B = \left(\dfrac{M_B \cdot l}{3EI} + \dfrac{M_A \cdot l}{6EI}\right)$
 M_A, M_B	$\theta_A = \left(\dfrac{M_A \cdot l}{3EI} + \dfrac{M_B \cdot l}{6EI}\right)$	$\theta_B = -\left(\dfrac{M_B \cdot l}{3EI} + \dfrac{M_A \cdot l}{6EI}\right)$
 M_A, M_B	$\theta_A = -\left(\dfrac{M_A \cdot l}{3EI} + \dfrac{M_B \cdot l}{6EI}\right)$	$\theta_B = \left(\dfrac{M_B \cdot l}{3EI} + \dfrac{M_A \cdot l}{6EI}\right)$
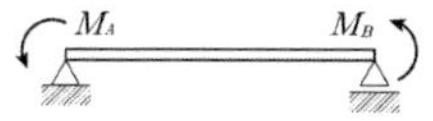 M_A, M_B	$\theta_A = \left(-\dfrac{M_A \cdot l}{3EI} + \dfrac{M_B \cdot l}{6EI}\right)$	$\theta_B = \left(-\dfrac{M_B \cdot l}{3EI} + \dfrac{M_A \cdot l}{6EI}\right)$

부정정구조물과 하중	지점반력	부정정구조물과 하중	지점반력
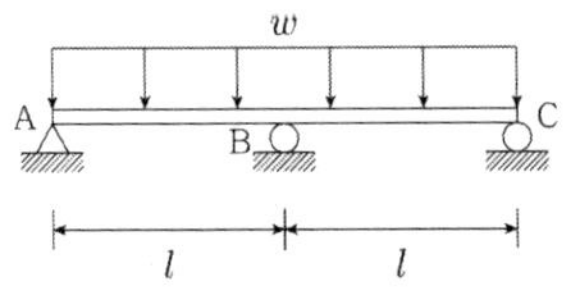 w A B C l l	$M_B = -\frac{wl^2}{8}$, $R_{By} = \frac{5wl}{4}$	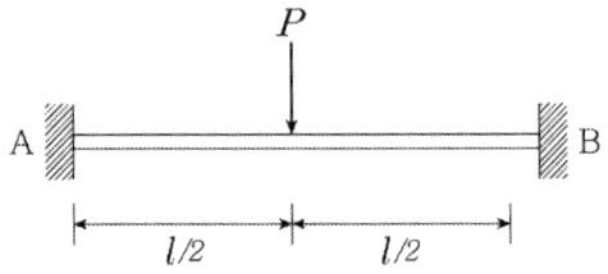 P A B $l/2$ $l/2$	$M_B = -\frac{Pl}{8}$, $M_B = M_A$ $\delta_{max} = \frac{PL^3}{192EI}$
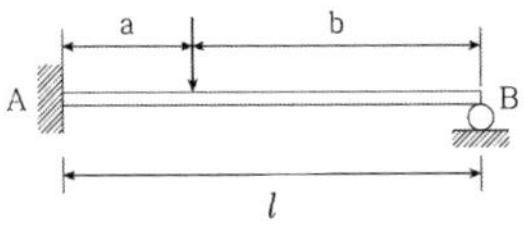 a b A B l	$M_A = -\frac{Pab(l+b)}{2l^2}$ $R_{By} = \frac{Pa^2(3l-a)}{2l^3}$	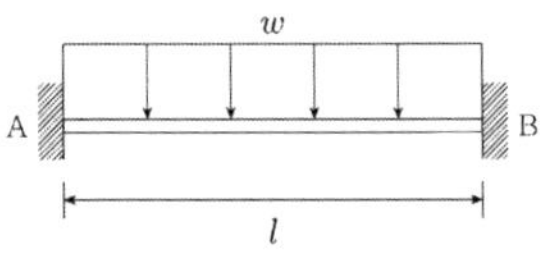 w A B l	$M_B = -\frac{wl^2}{12}$, $M_B = M_A$ $\delta_{max} = \frac{wl^4}{384EI}$
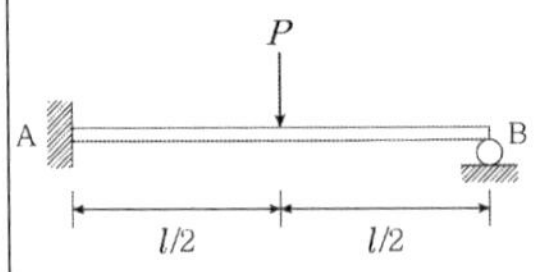 P A B $l/2$ $l/2$	$M_A = -\frac{3Pl}{16}$ $M_P = \frac{5Pl}{32}$, $R_{By} = \frac{5P}{16}$	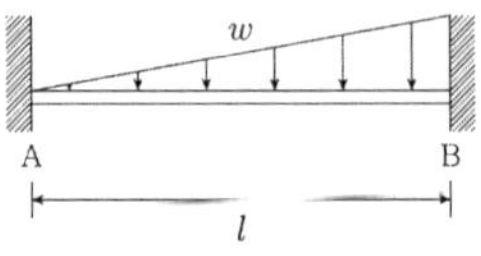 w A B l	$M_A = -\frac{wl^2}{30}$ $M_B = -\frac{wl^2}{20}$
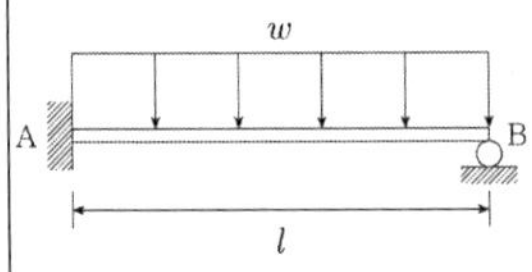 w A B l	$M_B = -\frac{wl^2}{8}$ $M_{P1} = \frac{wl^2}{8}$, $M_{P2} = \frac{9wl^2}{128}$ $R_{By} = \frac{3wl}{8}$	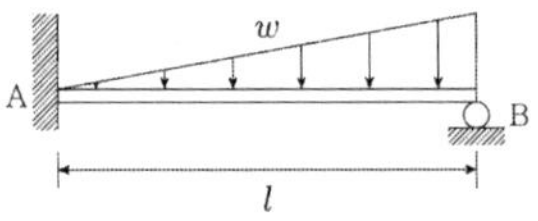 w A B l	$M_A = -\frac{7wL^2}{120}$
		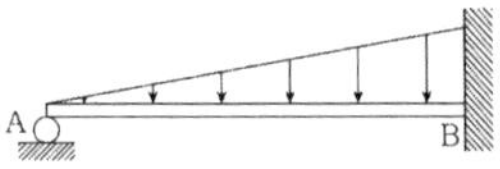 A B	$M_B = -\frac{wL^2}{15}$
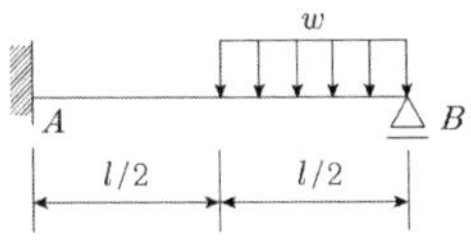 w A B $l/2$ $l/2$	$M_A = -\frac{7wl^2}{128}$ $R_A = \frac{23wl}{128}$, $R_B = \frac{41wl}{128}$	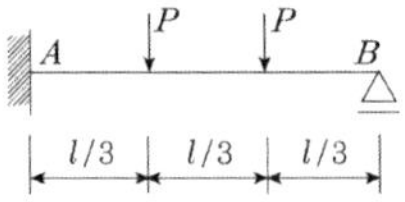 A P P B $l/3$ $l/3$ $l/3$	$M_A = -\frac{PL}{3}$ $R_A = \frac{4P}{3}$ $R_B = \frac{2P}{3}$
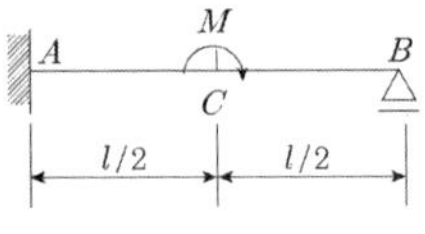 M A C B $l/2$ $l/2$	$M_A = \frac{M}{8}$, $R_A = \frac{9M}{8L}$		
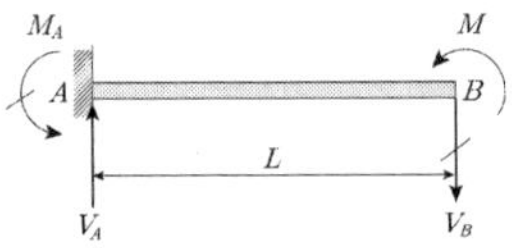 M_A M A B L V_A V_B	$V_B = -\frac{3M}{2L}(\downarrow)$ $M_A = -\frac{M}{2}$	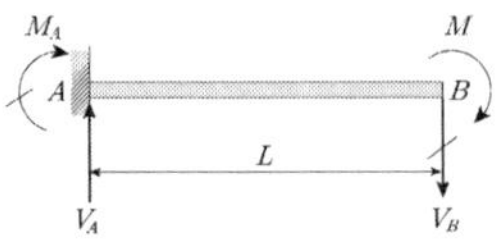 M_A M A B L V_A V_B	$V_B = \frac{3M}{2L}(\uparrow)$ $M_A = \frac{M}{2}$
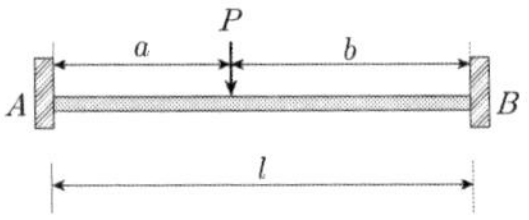 a P b A B l	$M_A = -\frac{Pab^2}{l^2}$ $M_B = -\frac{Pa^2b}{l^2}$	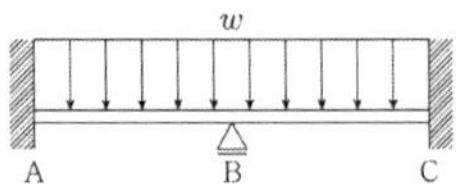 w A B C	$R_A = R_C = \frac{wl}{2}$ $M_A = M_B = M_c = -\frac{wl^2}{12}$ $M_{max} = \frac{wl^2}{24}$

부정정구조물과 하중	지점반력	부정정구조물과 하중	지점반력
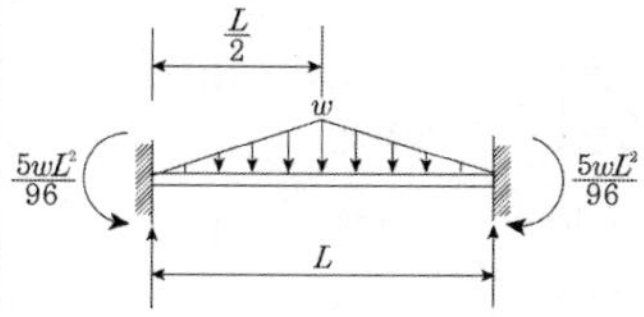 $\frac{L}{2}$, w, $\frac{5wL^2}{96}$, $\frac{5wL^2}{96}$, L	$M=\frac{5wL^2}{96}$	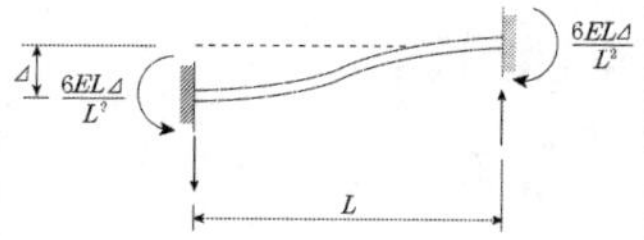 $\varDelta$, $\frac{6EI\varDelta}{L^2}$, $\frac{6EI\varDelta}{L^2}$, L	$M=\frac{6EI\triangle}{L^2}$ $R_A=\frac{12EI\triangle}{l^3}$ (△는 발생변위)
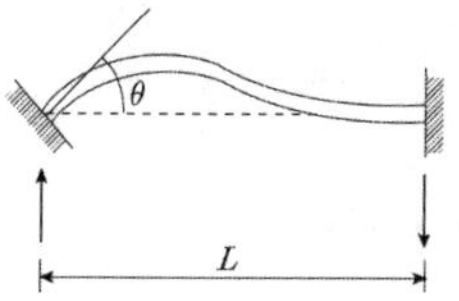 θ, L	$M_L=\frac{4EI\theta}{L}$, $M_R=\frac{2EI\theta}{L}$		
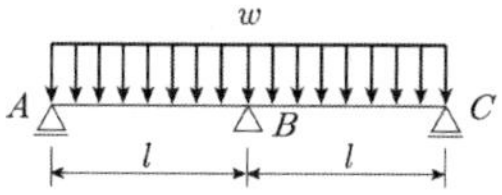 w, A, B, C, l, l	$M_B=-\frac{wl^2}{8}$ $R_A=\frac{3wl}{8}$ $R_B=\frac{5wl}{4}$	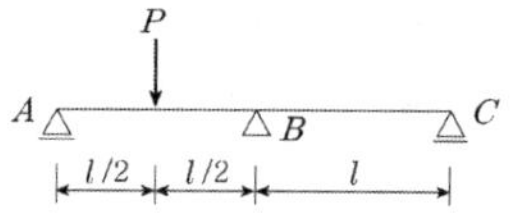 P, A, B, C, $l/2$, $l/2$, l	$M_B=-\frac{3Pl}{32}$ $R_A=\frac{13P}{32}$ $R_B=\frac{11P}{16}$ $R_C=\frac{3P}{32}$
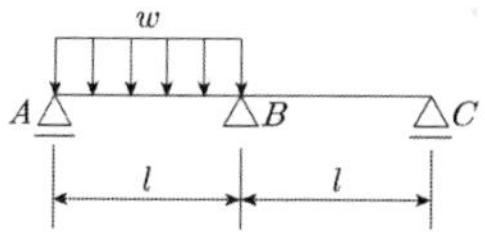 w, A, B, C, l, l	$M_B=-\frac{wl^2}{16}$ $R_A=\frac{7wl}{16}$ $R_B=\frac{5wl}{8}$ $R_C=\frac{wl}{16}$	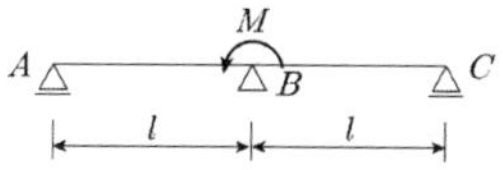 M, A, B, C, l, l	$M_{BA}=\frac{M}{2}$ $M_{BC}=-\frac{M}{2}$ $R_B=0$ $R_C=\frac{M}{2l}$
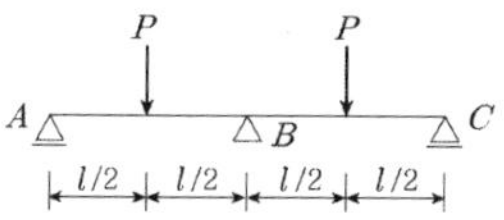 P, P, A, B, C, $l/2$, $l/2$, $l/2$, $l/2$	$M_B=-\frac{3Pl}{16}$ $R_A=\frac{5P}{16}$ $R_B=\frac{22P}{16}$	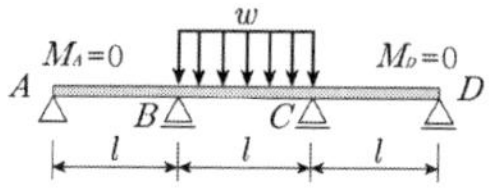 w, $M_A=0$, $M_D=0$, A, B, C, D, l, l, l $M_B=M_C=-\frac{wl^2}{20}$	
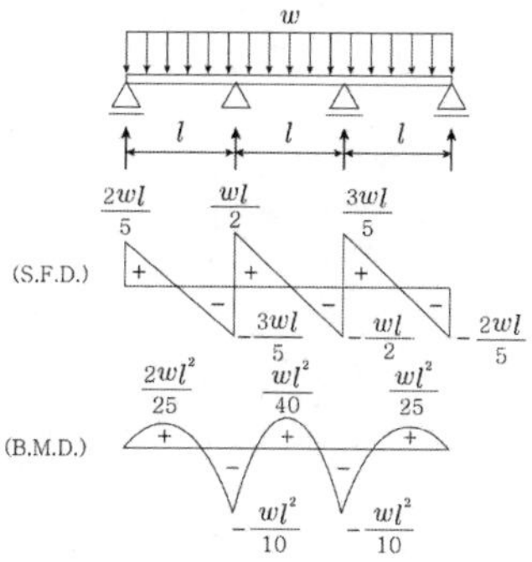 w, l, l, l (S.F.D.) $\frac{2wl}{5}$, $\frac{wl}{2}$, $\frac{3wl}{5}$, $-\frac{3wl}{5}$, $-\frac{wl}{2}$, $-\frac{2wl}{5}$ (B.M.D.) $\frac{2wl^2}{25}$, $\frac{wl^2}{40}$, $\frac{wl^2}{25}$, $-\frac{wl^2}{10}$, $-\frac{wl^2}{10}$			

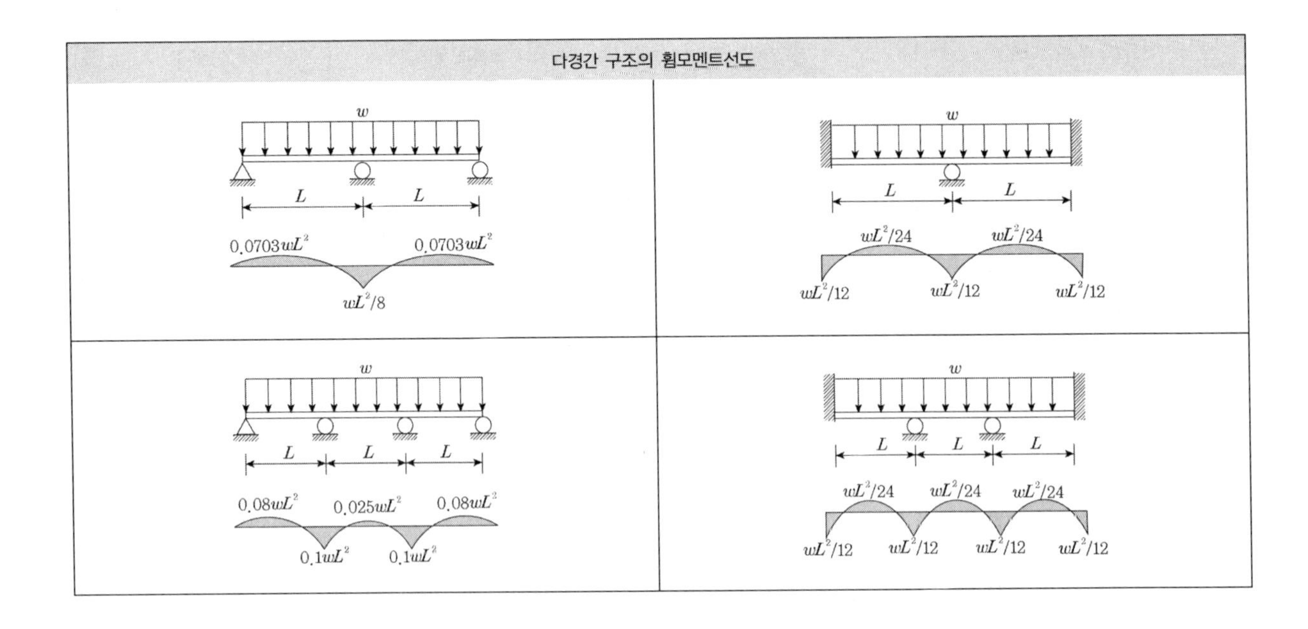
다경간 구조의 휨모멘트선도
w
L
L
0.0703wL²
0.0703wL²
wL²/8
w
L
L
wL²/24
wL²/24
wL²/12
wL²/12
wL²/12
w
L
L
L
0.08wL²
0.025wL²
0.08wL²
0.1wL²
0.1wL²
w
L
L
L
wL²/24
wL²/24
wL²/24
wL²/12
wL²/12
wL²/12
wL²/12

보에 작용하는 하중	휨모멘트에 의한 변형에너지	전단력에 의한 변형에너지
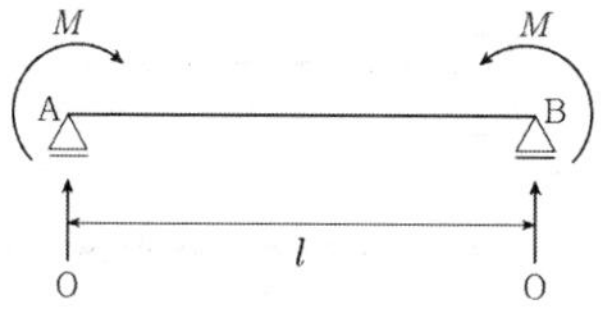 M, M, A, B, l, O, O	$U=\int_0^l \frac{M_x^2}{2EI}dx=\frac{M^2l}{2EI}$	반력이 0이므로 $U=0$
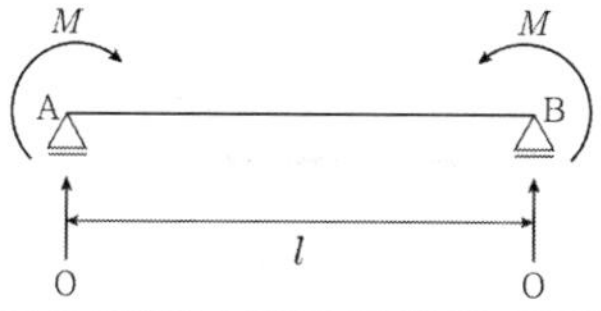 M, M, A, B, l, O, O	$S_x=-\frac{2M}{l}$, $\theta_A=\theta_B=\frac{Ml}{6EI}$ $U=\frac{M}{2}\times\frac{Ml}{6EI}\times 2=\frac{M^2l}{6EI}$	$U=\frac{\alpha_s 4M^2}{2GAl}$
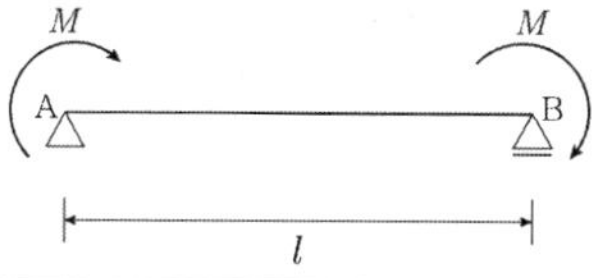 M, M, A, B, l	$M_x=\frac{M}{l}x$, $S_x=-\frac{M}{l}$ $U=\frac{M^2l}{6EI}$	$U=\frac{\alpha_s M^2}{2GAl}$
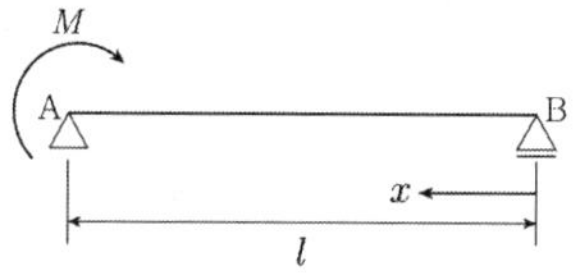 M, A, B, x, l	$U=\frac{P^2l^3}{6EI}$	$U=\frac{\alpha_s P^2l}{2GA}$
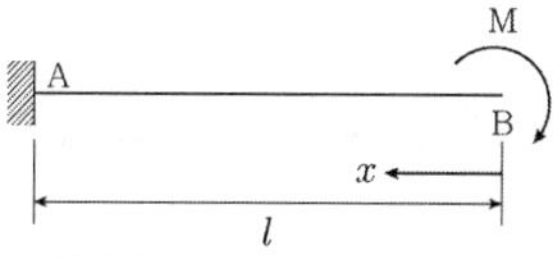 M, A, B, x, l	$U=\frac{M^2l}{2EI}$	$U=0$
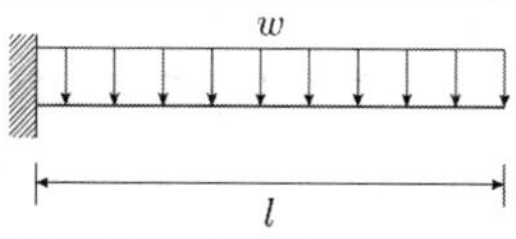 w, l	$U=\frac{w^2l^5}{40EI}$	$U=\frac{\alpha_s w^2l^3}{6GA}$
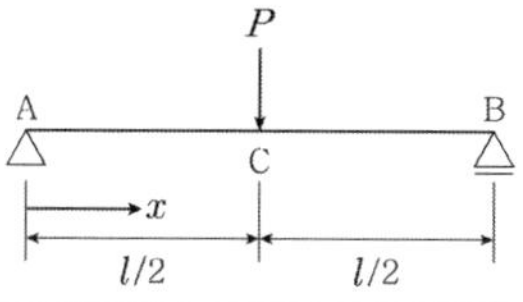 P, A, B, C, x, l/2, l/2	$U=\frac{P^2l^3}{96EI}$	$U=\frac{\alpha_s P^2l}{8GA}$
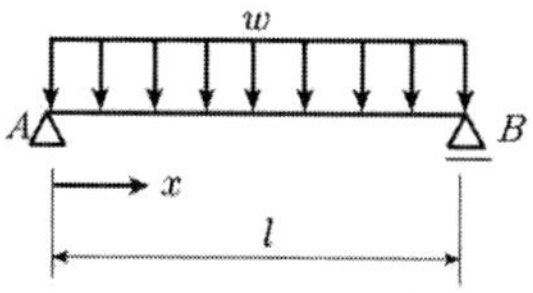 w, A, B, x, l	$U=\frac{w^2l^5}{240}$	$U=\frac{\alpha_s w^2l^3}{24}$
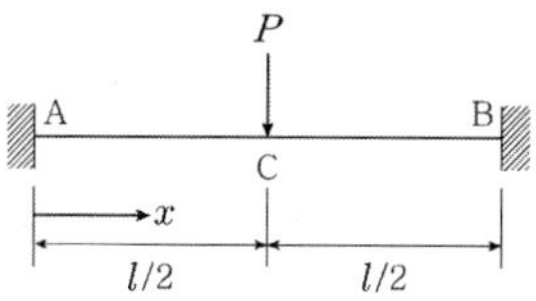 P, A, B, C, x, l/2, l/2	$U=\frac{P^2l^3}{384EI}$	$U=\frac{\alpha_s P^2l}{8GA}$

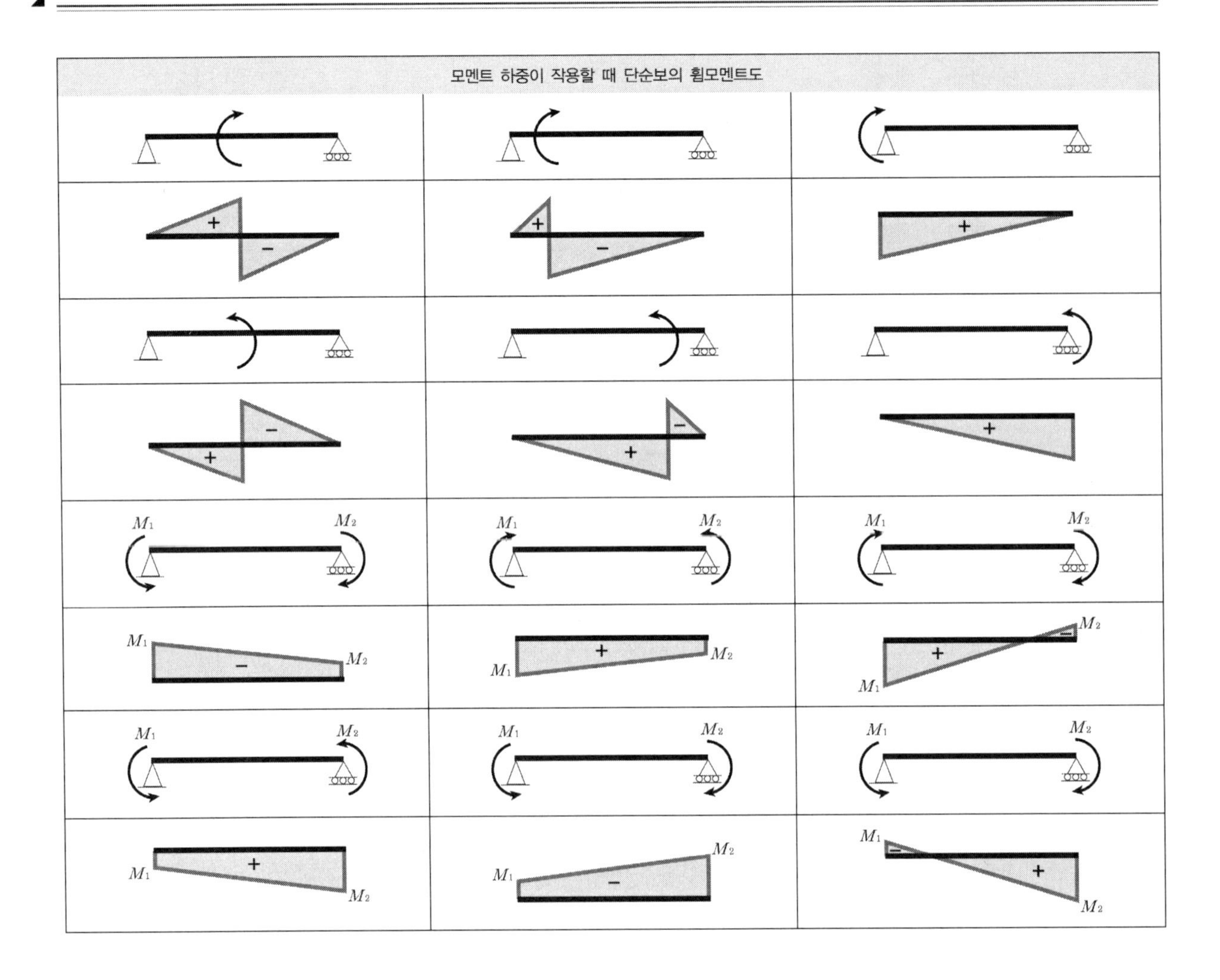
모멘트 하중이 작용할 때 단순보의 휨모멘트도
M1
M2

당신의 꿈은 뭔가요?

MY BUCKET LIST !

꿈은 목표를 향해 가는 길에 필요한 휴식과 같아요.
여기에 당신의 소중한 위시리스트를 적어보세요. 하나하나 적다보면 어느새 기분도 좋아지고 다시 달리는 힘을 얻게 될 거예요.

- [ ] ____
- [ ] ____
- [ ] ____
- [ ] ____
- [ ] ____
- [ ] ____
- [ ] ____
- [ ] ____
- [ ] ____
- [ ] ____
- [ ] ____
- [ ] ____
- [ ] ____
- [ ] ____
- [ ] ____
- [ ] ____
- [ ] ____
- [ ] ____
- [ ] ____
- [ ] ____
- [ ] ____
- [ ] ____
- [ ] ____
- [ ] ____
- [ ] ____
- [ ] ____
- [ ] ____
- [ ] ____
- [ ] ____
- [ ] ____
- [ ] ____
- [ ] ____
- [ ] ____
- [ ] ____
- [ ] ____
- [ ] ____
- [ ] ____
- [ ] ____
- [ ] ____
- [ ] ____
- [ ] ____
- [ ] ____
- [ ] ____
- [ ] ____
- [ ] ____
- [ ] ____
- [ ] ____
- [ ] ____
- [ ] ____
- [ ] ____
- [ ] ____
- [ ] ____
- [ ] ____
- [ ] ____

창의적인 사람이 되기 위해서

정보가 넘치는 요즘, 모두들 창의적인 사람을 찾죠.
정보의 더미에서 평범한 것을 비범하게 만드는 마법의 손이 필요합니다.
어떻게 해야 마법의 손과 같은 '창의성'을 가질 수 있을까요. 여러분께만 알려 드릴게요!

01. 생각나는 모든 것을 적어 보세요.

아이디어는 단번에 솟아나는 것이 아니죠. 원하는 것이나, 새로 알게 된 레시피나, 뭐든 좋아요.
떠오르는 생각을 모두 적어 보세요.

02. '잘하고 싶어!' 가 아니라 '잘하고 있다!' 라고 생각하세요.

누구나 자신을 다그치곤 합니다. 잘해야 해. 잘하고 싶어.
그럴 때는 고개를 세 번 젓고 나서 외치세요. '나, 잘하고 있다!'

03. 새로운 것을 시도해 보세요.

신선한 아이디어는 새로운 곳에서 떠오르죠. 처음 가는 장소, 다양한 장르에 음악, 나와 다른 분야의 사람.
익숙하지 않은 신선한 것들을 찾아서 탐험해 보세요.

04. 남들에게 보여 주세요.

독특한 아이디어라도 혼자 가지고 있다면 키워 내기 어렵죠.
최대한 많은 사람들과 함께 정보를 나누며 아이디어를 발전시키세요.

05. 잠시만 쉬세요.

생각을 계속 하다보면 한쪽으로 치우치기 쉬워요. 25분 생각했다면 5분은 쉬어 주세요.
휴식도 창의성을 키워 주는 중요한 요소랍니다.